计 算 机 科 学 丛 书

原书第4版

数据结构与问题求解
Java语言描述

[美] 马克·艾伦·维斯（**Mark Allen Weiss**） 著
佛罗里达国际大学

辛运帏 译
南开大学

Data Structures and Problem Solving Using Java
Fourth Edition

MARK ALLEN WEISS

Data Structures & Problem Solving Using
Java™

FOURTH EDITION

★ 机械工业出版社
CHINA MACHINE PRESS

图书在版编目（CIP）数据

数据结构与问题求解：Java 语言描述：原书第 4 版 /（美）马克·艾伦·维斯（Mark Allen Weiss）著；辛运帏译 . —北京：机械工业出版社，2024.1

（计算机科学丛书）

书名原文：Data Structures and Problem Solving Using Java, Fourth Edition

ISBN 978-7-111-74687-4

Ⅰ. ①数… Ⅱ. ①马… ②辛… Ⅲ. ①数据结构 ②JAVA 语言–程序设计 Ⅳ. ① TP311.12 ② TP312.8

中国国家版本馆 CIP 数据核字（2024）第 024654 号

机械工业出版社（北京市百万庄大街 22 号　邮政编码 100037）

策划编辑：朱　劼　　　　　责任编辑：朱　劼
责任校对：张爱妮　梁　静　　责任印制：常天培
北京铭成印刷有限公司印刷
2024 年 4 月第 1 版第 1 次印刷
185mm × 260mm · 40.75 印张 · 1168 千字
标准书号：ISBN 978-7-111-74687-4
定价：169.00 元

电话服务　　　　　　　　网络服务
客服电话：010-88361066　机　工　官　网：www.cmpbook.com
　　　　　010-88379833　机　工　官　博：weibo.com/cmp1952
　　　　　010-68326294　金　书　网：www.golden-book.com
封底无防伪标均为盗版　机工教育服务网：www.cmpedu.com

伴随着 2022 年北京冬奥会的落幕，本书的翻译工作也终于完成了。

数据结构课程是计算机专业的经典课程，其基础性早已成为业内共识。但是，数据结构课程在传统内容之外还应该扩展哪些内容？使用什么语言更便于描述和实现？与其他课程的内容应如何衔接？甚至，数据结构和实现语言之间谁主导谁？对于这些问题，编写数据结构相关书籍的作者各有高见，授课教师在进行教学工作时也会面临不同的选择。仁者见仁，智者见智，这些问题也没有唯一的答案，只有更合适的安排。本书作者也给出了自己的见解。

全书围绕着数据结构这个主题，沿数据结构及其实现、实际的应用两条主线展开，始终贯彻将数据结构的规范说明与其实现分开的原则，各章节内容环环相扣、脉络清晰，又相对独立、自成一体。本书从抽象思维的视角去描述数据结构，并规范对数据结构的操作；然后结合 Java 语言的特点，给出具体的实现。这符合提出数据结构的初衷，也为全书其他内容的展开奠定了良好的基础。

本书在介绍数据结构传统内容的同时，也介绍了一些相关的应用，这些内容是许多数据结构书籍欠缺的，通常也是教学中的短板，但却是学习数据结构的目的之一。数据结构中的算法，基本上都是从很多实际问题中抽象出来的，浓缩了各类问题的特点。由于这个原因，将相关算法应用于具体问题时，针对性不足。本书在论述中兼顾了抽象与实用性，在介绍了数据结构和经典算法后，会从某个实际应用入手，介绍影响算法选择的因素，以及如何去做选择从而解决应用问题。这样的安排为读者提供了不同以往的视角，让抽象的知识与具体的问题紧密结合。读者学以致用，拓展了视野，提高了学习兴趣，也提升了处理工程问题的能力。

本书将对 Java 类库的介绍穿插于文中，将书中实现的算法与 Java 类库中的算法进行了对比，对于想了解并掌握 Java 类库的读者非常有帮助。

本书的内容广泛，不仅包含了数据结构及其基本算法，也对必要的数学知识进行了简单介绍，描述了常用的编程方式，讨论了 Java 中类库的组织与实现，将所实现的类应用于具体的实例中。为了内容的完备性，作者还给出了相关的证明。这些内容既相互关联，又有一定的独立性。每章最后都给出了相当丰富的练习和重要的参考文献（部分章节没有）。

本书在安排章节次序时也非常用心，专门在前言中给出了使用本书的方法。教师可以只选择讲授经典的数据结构及算法实现的部分，将本书作为基础和核心能力课程的教材使用；也可以增加讲授应用部分，将此书作为高级和综合能力课程的教材使用。本书中还有一些非常前沿的内容，可以作为学生的拓展资料。教师有充分的选择空间。建议选用本书作为教材的教师，先参考作者给出的意见，根据学时和授课对象来合理安排课程内容。

非常感谢机械工业出版社提供这个翻译机会，让译者在翻译的过程中也学习了很多。还要感谢东南大学姜浩教授和北京理工大学陈朔鹰主任，在本书的翻译过程中，译者与他们一直保持良好的沟通，他们为译者提出了许多非常好的建议。

虽然在翻译时译者非常认真努力，期望能以尽量高的水平将本书呈现给读者，但限于译者的水平，可能有些地方未能完全体现作者的原意，翻译过程中难免会有错误之处，敬请广大读者指正。读者的任何意见和建议都是译者进一步完善本书的动力。

再次感谢读者选择了本书。

译者

2024 年 3 月于天津

　　本书是为计算机科学专业两学期系列课程而设计的，从典型的数据结构开始，然后介绍高级数据结构和算法分析。它适用于 2001 年计算机课程项目（CC2001，ACM 和 IEEE 的联合项目）的最终报告所概述的"B.1 导论课程"中两门或三门课程系列中的课程。

　　数据结构课程的内容已经发展了很多年。虽然涉及主题时有普遍的共识，但在细节上仍存在相当大的分歧。被一致接受的主题之一是软件开发原则，最突出的是封装和信息隐藏的概念。算法方面，所有数据结构课程都倾向于包括运行时间分析、递归、基本排序算法和基本数据结构的介绍。许多大学提供高级课程，涵盖更高层次的数据结构、算法及运行时间分析主题。本书的内容旨在涵盖两个层次的课程，所以不需要购买第二本教材。

　　虽然数据结构中最激烈的争论围绕着编程语言的选择，但也需要做出其他基本选择：

- 先介绍面向对象设计还是基于对象的设计。
- 数学严谨程度。
- 数据结构的实现和其用途之间的适当平衡。
- 与所选语言相关的编程细节（例如，GUI 应该尽早使用）。

　　我编写这本书时的目的是，希望从抽象思维及问题求解的视角提供数据结构和算法的实用性介绍。我试图覆盖关于数据结构、数据结构的分析及其 Java 实现的所有重要细节，但同时避开在理论上有趣但没有广泛应用的数据结构。在一门课程中，不可能覆盖所有不同的数据结构，包括它们的使用及分析。所以，我设计了本书，让教师在选择主题时具有灵活性。教师需要在实践和理论方面进行适当的平衡，然后选择最适合课程的主题。正如我将在后面所讨论的，我组织内容时会尽量减少各章之间的依赖性。

第 4 版更新

- 提供了关于使用类（第 2 章）、编写类（第 3 章）及接口（第 4 章）的额外讨论。
- 第 6 章包含了附加资料，讨论了线性表的运行时间、映射的使用及 Java Collections API 中视图的使用。
- 描述了 Scanner 类，贯穿全书的代码使用了 Scanner 类。
- 第 9 章描述并实现了 48 位线性同余生成器，这是 Java 和 C++ 库中的一部分。
- 第 20 章有一些关于独立链散列表及 String hashCode 方法的新资料。
- 对文字做了大量修订，改进了上一版的文字表达。
- 在第一、二和四部分提供了更多新练习。

独特的方法

　　我的基本前提是，所有语言中的软件开发工具都带有大型库，而且许多数据结构都是这些库的一部分。我设想最终将数据结构课程的重点从实现转移到使用。在本书中，我采用了独特的方法，将数据结构划分为规范说明和后续实现，并利用了已有的数据结构库 Java Collections API。

　　第二部分的第 6 章讨论了适合大部分应用的 Collections API 的子集。第二部分还涉及基本分析技术、递归和排序。第三部分包含使用 Collections API 数据结构的众多应用程序。使用过的数据结构的 Collections API 的实现将在第四部分展示。因为 Collections API 是 Java 的一部分，所以学生可以在早期使用已有的软件组件设计大型项目。

尽管本书中主要使用了 Collections API，但本书既不是关于 Collections API 的书，也不是关于实现 Collections API 的入门教材。本书仍是一本强调数据结构及基本的问题求解技术的书。当然，用来设计数据结构的一般技术也适用于 Collections API 的实现，所以第四部分的几章中包括了 Collections API 的实现。不过，教师可以选择第四部分中没有讨论 Collections API 协议的更简单的实现。用于介绍 Collections API 的第 6 章对理解第三部分中的代码很重要。我试图仅使用 Collections API 的基本部分。

很多教师更愿意选择传统的方法，即定义、实现然后使用每个数据结构。因为第三部分和第四部分的内容之间没有依赖性，所以使用本书也可以用来讲授传统课程。

先导课

使用本书的学生应该具备面向对象或面向过程程序设计语言的知识。假设学生已经了解了基本特性，包括基本数据类型、运算符、控制结构、函数（方法），以及输入输出（但不一定是数组和类）。

学习过 C++ 或 Java 的学生可能发现前四章的某些地方阅读起来很轻松。不过，如果之前学过的课程中没有涉及 Java 细节的部分，阅读起来依然会相当困难。

学习过另一种语言的学生，应该从第 1 章开始，循序渐进。如果学生想使用一些 Java 参考书，那么第 1 章中给出了一些推荐。

离散数学的知识对本书的学习是有帮助的，但离散数学不是绝对必要的先导课。本书给出了几个数学证明，且在更复杂的证明之前都进行了简单的数学回顾。第 7 章和第 19 ~ 24 章需要一定程度的数学知识。教师可以选择简单跳过证明的数学内容，只给出结果。本书中的所有证明都清楚地标注出来。

Java

本书使用 Java 编程语言给出相关代码。Java 语言常常与 C++ 进行比较。Java 更有优势，程序员常常认为 Java 比 C++ 更安全、更便携、更易于使用。

在编写本书时，使用 Java 需要做一些决定。所做的决定如下：

- 需要的编译器版本最低是 Java 5。请确保你正使用的编译器与 Java 5 兼容。
- 不强调 GUI。虽然 GUI 是 Java 中一个很好的特性，但它们似乎是实现细节，而不是核心数据结构的主题。我们在书中没有使用 Swing，但因为许多教师可能愿意使用，所以在附录 B 中对 Swing 进行了简短介绍。
- 不强调 Applet。Applet 使用 GUI。另外，本书的重点是数据结构，而不是语言特性。愿意讨论 Applet 的教师需要使用 Java 参考资料来进行补充。
- 没有使用内部类。内部类主要用在 Collections API 的实现中，如果愿意的话，教师可以避免使用。
- 在介绍引用变量时讨论了指针的概念。Java 没有指针类型，但有引用类型。不过，传统上指针是数据结构中需要介绍的重要主题。在讨论引用变量时我用其他语言说明了指针的概念。
- 没有讨论线程。计算机科学社区的有些成员在争论，在入门级编程系列课程中，多线程计算是否应该成为核心主题。虽然在未来这是有可能的，但很少有入门级编程课程讨论这个困难的主题。
- Java 5 的有些特性没有用到。包括：

- 静态引入。没有使用是因为在我看来，它实际上让代码变得难读。
- 枚举类型。没有使用是因为很少有地方能声明客户可用的公有枚举类型。在少数几个可能的地方，它似乎对代码的可读性没有帮助。

本书的组织

本书在第一部分介绍 Java 和面向对象编程（特别是抽象）。在设计类和继承之前，讨论了基本类型、引用类型和一些预定义的类及异常。

在第二部分，讨论了大 O 及算法范式，包括递归和随机。用完整的一章介绍排序，有一章描述了基本的数据结构。我使用 Collections API 来表示数据结构的接口和运行时间。在本书的这些章节中，教师可以采取几种方法来介绍其余的内容，包括以下两种：

- 当描述每种数据结构时，讨论第四部分中相应的实现（Collections API 版本或更简单的版本）。教师可以按照练习中的建议，要求学生以不同的方式扩展类。
- 展示如何使用每个 Collections API 类，并在课程后期介绍其实现。第三部分的案例研究可用来支持这种方法。由于每个现代 Java 编译器都有完整的实现，因此教师可以在编程项目中使用 Collections API。稍后给出使用这种方法的细节。

第五部分描述高级数据结构，如伸展树、配对堆和不相交集合数据结构，如果时间允许，可以介绍这些内容，或者在后续课程中介绍。

各章结构组织

第一部分由四章组成，描述了贯穿本书所用的 Java 的基本内容。第 1 章描述基本类型，说明如何用 Java 编写基本的程序。第 2 章讨论引用类型，说明指针的一般概念——虽然 Java 没有指针——以便学生能了解这个重要的数据结构主题；还说明了几种基本的引用类型（字符串、数组、文件和 Scanner），讨论了异常的使用。第 3 章继续这个讨论，描述如何实现一个类。第 4 章说明了在设计层次关系中继承的使用（包括异常类和 I/O）及泛型组件。包括包装类、适配器和装饰器模式在内的设计模式的资料都在第一部分讨论。

第二部分重点介绍基本算法和构成要素。第 5 章全面讨论时间复杂度和大 O 符号，还讨论并分析了二分搜索。第 6 章很重要，因为它涉及 Collections API，并直观讨论了每个数据结构应该支持的操作的运行时间。（这些数据结构的实现，包括 Collections API 风格及简化版本，都在第四部分提供。）这一章还介绍了迭代器模式及嵌套类、局部类和匿名类。内部类推迟到第四部分，届时作为一种实现技术来讨论。第 7 章先介绍归纳法证明，从而描述递归，还讨论了分治、动态规划和回溯。其中一节描述了几个用于实现 RSA 加密系统的递归数值算法。对于许多学生来说，第 7 章后半部分的内容更适合后续课程。第 8 章描述并编写代码，分析了几个基本排序算法，包括插入排序、希尔排序、归并排序和快速排序，以及排序附带的内容，还证明了排序的经典下界，并讨论了选择的相关问题。最后，第 9 章是个简单的章节，讨论了随机数，包括它们的生成以及在随机算法中的使用。

第三部分提供了几个案例研究，每一章围绕一个一般性的主题进行组织。第 10 章通过研究游戏说明了一些重要的技术。第 11 章通过研究检查平衡符号的算法和经典的运算符优先级解析算法，讨论了栈在计算机语言中的使用，同时提供了这两个算法的完整代码实现。第 12 章讨论了文件压缩和交叉引用生成的基本实用程序，提供了二者的完整实现。第 13 章先观察了一个可以被视为模拟的问题，然后研究了更经典的事件驱动模拟，从而对模拟进行了广泛研究。最后，第 14 章说明了如何使用数据结构高效实现图的几种最短路径算法。

第四部分呈现了数据结构的实现。第 15 章讨论了作为一种实现技术的内部类，并说明了

它们在实现 `ArrayList` 中的作用。在第四部分的其余章节中，提供了使用简单协议（`insert`、`find`、`remove` 及它们的变形）的实现。有些情况下，（除了由于需要大量的操作而变得复杂之外）还提出了倾向于使用更复杂 Java 语法的 Collections API 实现。这部分还运用了数学知识，特别是在第 19～21 章，可以由教师决定是否跳过。第 16 章提供了栈和队列的实现。这些数据结构首先使用扩展数组实现，然后使用链表实现。Collections API 版本在第 16 章最后讨论。第 17 章描述了一般链表。单链表用一个简单的协议来说明，本章最后给出了使用双向链表的更复杂的 Collections API 版本。第 18 章描述了树，并说明基本遍历机制。第 19 章详细介绍了二叉搜索树的几种实现。首先，展示了基本的二叉搜索树，然后派生出支持次序统计的二叉搜索树。讨论了 AVL 树，但没有实现，实现了更实用的红黑树和 AA 树。然后实现了 Collections API 的 `TreeSet` 和 `TreeMap`。最后研究了 B 树。第 20 章讨论了散列表，并在检查一个更简单的替代方案后，实现了作为 `HashSet` 和 `HashMap` 中一部分的二次探查方案。第 21 章描述了二叉堆，并研究了堆排序和外排序。

第五部分包含的资料适用于更高级的课程，或作为一般参考文献使用。即使是一年级的学生也可以使用算法。不过，出于对完整性的考虑，给出的数学分析肯定超出了一年级学生所要求的复杂度。第 22 章描述了伸展树，这是二叉搜索树，在实践中似乎执行得相当好，在某些需要优先队列的应用中伸展树是二叉堆的竞争对手。第 23 章描述了支持合并操作的优先队列，提供了配对堆的实现。最后，第 24 章研究了经典的不相交集合数据结构。

附录包含附加的 Java 参考资料。附录 A 列出了运算符和它们的优先级，附录 B 是关于 Swing 的材料，而附录 C 描述了第 12 章用过的按位运算符。

章节依赖关系

一般来说，大多数章节彼此独立。不过，以下是要注意的依赖关系。

- 第一部分（Java 之旅）。前 4 章应该按照它们的顺序全部介绍，然后再介绍本书的其他部分。
- 第 5 章（算法分析）。本章应该在第 6 章和第 8 章之前介绍。递归（第 7 章）可以在第 5 章之前介绍，但教师必须对某些细节多加介绍以避免低效的递归。
- 第 6 章（Collections API）。本章可以在第三部分或第四部分之前介绍，也可以一起介绍。
- 第 7 章（递归）。7.1～7.3 节的内容应该在讨论递归排序算法、树、井字棋游戏案例研究及最短路径算法之前介绍。像 RSA 加密系统、动态规划和回溯（除非讨论井字棋游戏）等有关内容是可选的。
- 第 8 章（排序算法）。本章应该接在第 5 章和第 7 章之后。不过，不需要学完第 5 章和第 7 章也可以介绍希尔排序。希尔排序不是递归的（所以不需要第 7 章），其运行时间的严谨分析过于复杂，本书没有介绍（所以学习希尔排序几乎不需要第 5 章的知识）。
- 第 15 章（内部类和 `ArrayList` 的实现）。本章应该排在讨论 Collections API 的实现之前。
- 第 16 章和第 17 章（栈和队列 / 链表）。这两章可以按任意次序介绍。不过，我推荐先介绍第 16 章，因为它提供了更简单的链表示例。
- 第 18 章和第 19 章（树 / 二叉搜索树）。这两章可以按任意次序介绍或同时介绍。

独立章节

其他章节很少存在或不存在依赖关系。

- 第 9 章（随机化）。关于随机数的资料可以在需要的任何时刻介绍。
- 第三部分（应用程序）。第 10～14 章可以与 Collections API（第 6 章）一起或在其后介绍，并且大致可以按任意次序介绍。有一些内容与前面的章节相关，10.2 节（井字棋游戏）与

7.7 节的讨论相关，12.2 节（交叉引用生成器）与 11.1 节（平衡符号检查）类似的文法分析代码相关。

- 第 20 章和第 21 章（散列表 / 优先队列：二叉堆）。这两章可以在任何时候介绍。
- 第五部分（高级数据结构）。第 22 ～ 24 章的资料是相对独立的，通常在后续课程中介绍。

数学

我试图将数学严谨性用在强调理论的数据结构课程以及需要更多分析的后续课程中。不过，这些资料以单独的定理形式（有些情况下是单独的节或小节）出现，与正文分开。因此，在不强调理论的课程中，教师可以跳过。

在所有情况下，定理的证明对于理解定理的意义来说不是必要的。这是将接口（定理陈述）与其实现（证明）分离的又一个实例。可以跳过一些固有的数学资料，例如 7.4 节（数值应用），而不影响对本章其余内容的理解。

课程组织

本课程教学中的一个关键问题是决定如何使用第二～四部分中的资料。第一部分中的资料应该深入介绍，学生应该编写一个或两个程序来说明类及泛型类的设计、实现和测试，可能要使用继承进行面向对象的设计。第 5 章讨论大 O 符号。可以给学生布置一个练习，要求编写一个短程序，比较运行时间并进行分析，以检测学生的理解程度。

采用分离的方式，第 6 章的核心概念是不同的数据结构以不同的效率支持不同的访问机制。任何案例研究（除了使用了递归的井字棋游戏示例）都可以用来说明数据结构的应用。以这种方式，学生能明白数据结构及如何使用它，但不明白如何高效实现它。这确实是独立的。以这种方式看待事物，将大大加强学生的抽象思维能力。学生还可以提供某些 Collections API 组件的简单实现（有一些已经在第 6 章的练习中给出），并看到在现有 Collections API 中数据结构的高效实现与他们自己编写的低效实现之间的差别。还可以要求学生扩展案例研究，但同样，不需要了解数据结构的任何细节。

教师可以在感觉合适的时候再讨论数据结构的高效实现，在介绍二叉搜索树之前介绍递归。在介绍完递归之后的任何时候都可以讨论排序的细节，这个时候，可以使用同样的案例研究并尝试修改数据结构的实现来继续课程。例如，学生可以尝试平衡二叉搜索树的不同形式。

选择更传统方法的教师，可以在讨论第四部分数据结构的实现之后，再简单地讨论第三部分的一个案例研究。再次说明，本书章节的设计尽可能相互独立。

练习

本书的练习各具特色，分为 4 种类型。基本的简答题要求回答一个简单问题或需要手动模拟书中描述的一个算法。理论题部分要么需要数学分析来回答，要么回答理论上有趣的问题求解方案。实践题含有简单的编程问题，包括关于语法或特别棘手的代码行的问题。最后，程序设计项目部分含有扩展任务的思想。

教学特色

- 部分章节用来突出重要主题的板块。
- 核心概念部分列出重要的术语和定义。
- 每章结尾处的常见错误部分列出了容易出现的问题。
- 大部分章节的最后给出了进一步阅读的参考文献。

补充

本书提供了各类补充资料。读者可在 http://www.aw.com/cssupport 处获取本书的源代码文件。(在每章结尾处的网络资源部分列出了各章代码的文件名。) 另外，有资质的教师可以得到补充资料。需要访问 http://www.pearsonhighered.com/cs，并根据书名 *Data Structures and Problem Solving Using Java* 查找我们的目录[⊖]。找到本书的目录页后，选择到 Instructor Resources 的链接，有下列资源。

- 本书所有图片的 PPT。
- 教师指南。它包括试题、作业和教学大纲的示例，还提供了部分练习的答案。

致谢

准备这本书时我得到了很多人的帮助。在前一版及相关的 C++ 版本中已经致谢过很多人。许多人给我发过电子邮件指出了阐述中的错误或不一致的地方，我在这个版本中都试着去修正了，在此对他们表示感谢。

对这一版，我要感谢我的编辑 Michael Hirsch、编辑助理 Stephanie Sellinger、高级产品主管 Marilyn Lloyd 和项目经理 Rebecca Lazure 及她在 Laserwords 的团队。还要感谢市场部的 Allison Michael 和 Erin Davis，以及 Night & Day Design 的 Elena Sidorova 和 Suzanne Heiser，她们设计了绝佳的封面。

本书中的一些资料改编自我的教材 *Efficient C Programming: A Practical Approach*(Prentice Hall, 1995)，这些资料的使用得到了出版商的许可。我已经将其放在合适的章节结尾处的参考文献中。

我的个人网页是 http://www.cs.fiu.edu/~weiss，网页包含更新的源代码、勘误表和用于接收错误报告的链接。

Mark Allen Weiss
佛罗里达州，迈阿密

⊖ 关于教辅资源，仅提供给采用本书作为教材的教师用作课堂教学，布置作业、发布考试等。如有需要的教师，请直接联系 Pearson 北京办公室查询并填表申请。联系邮箱：Copub.Hed@pearson.com。——编辑注

译者序

前言

第一部分　Java 之旅

第1章　Java 的基本特性 ………… 2

1.1　总体运行环境 ………… 2
1.2　第一个程序 ………… 3
　　1.2.1　注释 ………… 3
　　1.2.2　main ………… 3
　　1.2.3　终端输出 ………… 4
1.3　Java 的基本类型 ………… 4
　　1.3.1　基本类型 ………… 4
　　1.3.2　常量 ………… 4
　　1.3.3　基本类型的声明和初始化 ……… 5
　　1.3.4　终端输入和输出 ………… 5
1.4　基本运算符 ………… 5
　　1.4.1　赋值运算符 ………… 5
　　1.4.2　二元算术运算符 ………… 6
　　1.4.3　一元运算符 ………… 6
　　1.4.4　类型转换 ………… 7
1.5　条件语句 ………… 7
　　1.5.1　关系运算符和相等运算符 ……… 7
　　1.5.2　逻辑运算符 ………… 8
　　1.5.3　if 语句 ………… 8
　　1.5.4　while 语句 ………… 9
　　1.5.5　for 语句 ………… 9
　　1.5.6　do 语句 ………… 10
　　1.5.7　break 和 continue 语句 …… 11
　　1.5.8　switch 语句 ………… 11
　　1.5.9　条件运算符 ………… 12
1.6　方法 ………… 12
　　1.6.1　方法名的重载 ………… 13
　　1.6.2　存储类 ………… 13
1.7　总结 ………… 13

1.8　核心概念 ………… 14
1.9　常见错误 ………… 15
1.10　网络资源 ………… 15
1.11　练习 ………… 15
1.12　参考文献 ………… 16

第2章　引用类型 ………… 18

2.1　什么是引用 ………… 18
2.2　对象和引用的基础知识 ………… 19
　　2.2.1　点运算符 ………… 19
　　2.2.2　对象的声明 ………… 20
　　2.2.3　垃圾收集 ………… 20
　　2.2.4　= 的含义 ………… 21
　　2.2.5　参数传递 ………… 22
　　2.2.6　== 的含义 ………… 22
　　2.2.7　没有对象的运算符重载 ……… 23
2.3　字符串 ………… 23
　　2.3.1　字符串操作的基础 ………… 23
　　2.3.2　字符串连接 ………… 23
　　2.3.3　字符串比较 ………… 24
　　2.3.4　其他 String 方法 ………… 24
　　2.3.5　将其他类型转换为字符串 ……… 24
2.4　数组 ………… 25
　　2.4.1　声明、赋值和方法 ………… 25
　　2.4.2　动态数组扩展 ………… 27
　　2.4.3　ArrayList ………… 29
　　2.4.4　多维数组 ………… 30
　　2.4.5　命令行参数 ………… 31
　　2.4.6　增强的 for 循环 ………… 31
2.5　异常处理 ………… 32
　　2.5.1　处理异常 ………… 32
　　2.5.2　finally 子句 ………… 33
　　2.5.3　常见的异常 ………… 33
　　2.5.4　throw 和 throws 子句 ……… 34
2.6　输入和输出 ………… 35

2.6.1 基本的流操作 …………… 35
2.6.2 Scanner 类型 …………… 36
2.6.3 顺序文件 …………… 38
2.7 总结 …………… 40
2.8 核心概念 …………… 40
2.9 常见错误 …………… 41
2.10 网络资源 …………… 42
2.11 练习 …………… 42
2.12 参考文献 …………… 45

第3章 对象和类 …………… 46
3.1 什么是面向对象程序设计 …………… 46
3.2 简单示例 …………… 47
3.3 javadoc …………… 48
3.4 基本方法 …………… 50
3.4.1 构造方法 …………… 50
3.4.2 设置方法和访问方法 …………… 51
3.4.3 输出和 toString …………… 52
3.4.4 equals …………… 52
3.4.5 main …………… 52
3.5 示例：使用 java.math.
BigInteger …………… 52
3.6 其他结构成分 …………… 54
3.6.1 this 引用 …………… 54
3.6.2 用于构造方法的 this 简写 …………… 55
3.6.3 instanceof 运算符 …………… 55
3.6.4 实例成员和静态成员 …………… 55
3.6.5 静态域和方法 …………… 55
3.6.6 静态初始化程序 …………… 57
3.7 示例：实现 BigRational 类 …………… 58
3.8 包 …………… 61
3.8.1 import 指令 …………… 61
3.8.2 package 语句 …………… 62
3.8.3 CLASSPATH 环境变量 …………… 63
3.8.4 包可见性规则 …………… 64
3.9 设计模式：复合 …………… 64
3.10 总结 …………… 65
3.11 核心概念 …………… 66
3.12 常见错误 …………… 67
3.13 网络资源 …………… 67
3.14 练习 …………… 67

3.15 参考文献 …………… 71

第4章 继承 …………… 72
4.1 什么是继承 …………… 72
4.1.1 创建新的类 …………… 72
4.1.2 类型兼容性 …………… 76
4.1.3 动态调度和多态 …………… 76
4.1.4 继承层次结构 …………… 77
4.1.5 可见性规则 …………… 77
4.1.6 构造方法和 super …………… 78
4.1.7 final 方法和类 …………… 79
4.1.8 覆盖一个方法 …………… 80
4.1.9 再次讨论类型兼容性 …………… 81
4.1.10 数组类型的兼容性 …………… 82
4.1.11 协变返回类型 …………… 82
4.2 设计层次结构 …………… 83
4.2.1 抽象方法和类 …………… 85
4.2.2 为未来而设计 …………… 86
4.3 多继承 …………… 87
4.4 接口 …………… 88
4.4.1 规范接口 …………… 89
4.4.2 实现一个接口 …………… 89
4.4.3 多接口 …………… 90
4.4.4 接口是抽象类 …………… 90
4.5 Java 中的基本继承 …………… 90
4.5.1 Object 类 …………… 90
4.5.2 异常的层次结构 …………… 90
4.5.3 I/O：装饰器模式 …………… 92
4.6 使用继承实现泛型组件 …………… 94
4.6.1 Object 用于泛型 …………… 94
4.6.2 基本类型的包装类 …………… 96
4.6.3 装箱/拆箱 …………… 97
4.6.4 适配器：改变接口 …………… 97
4.6.5 为泛型使用接口类型 …………… 98
4.7 使用 Java 5 泛型实现泛型组件 …………… 99
4.7.1 简单的泛型类和接口 …………… 99
4.7.2 有界通配符 …………… 100
4.7.3 泛型静态方法 …………… 101
4.7.4 类型限定 …………… 101
4.7.5 类型擦除 …………… 102
4.7.6 对泛型的限制 …………… 103

4.8 函子 ……………………… 105
   4.8.1 嵌套类 ………………… 107
   4.8.2 局部类 ………………… 108
   4.8.3 匿名类 ………………… 109
   4.8.4 嵌套类和泛型 ………… 110
4.9 动态调度细节 ……………… 110
4.10 总结 ……………………… 112
4.11 核心概念 ………………… 113
4.12 常见错误 ………………… 114
4.13 网络资源 ………………… 114
4.14 练习 ……………………… 115
4.15 参考文献 ………………… 121

第二部分 算法和构成要素

第 5 章 算法分析 …………… 124
5.1 什么是算法分析 …………… 124
5.2 算法运行时间示例 ………… 126
5.3 最大连续子序列和问题 …… 127
   5.3.1 容易理解的 $O(N^3)$ 算法 … 128
   5.3.2 改进的 $O(N^2)$ 算法 …… 129
   5.3.3 线性算法 ……………… 130
5.4 一般的大 O 规则 ………… 132
5.5 对数 ………………………… 134
5.6 静态搜索问题 ……………… 136
   5.6.1 顺序搜索 ……………… 136
   5.6.2 二分搜索 ……………… 136
   5.6.3 插值搜索 ……………… 138
5.7 检查算法分析 ……………… 139
5.8 大 O 分析的局限性 ……… 140
5.9 总结 ………………………… 140
5.10 核心概念 ………………… 140
5.11 常见错误 ………………… 141
5.12 网络资源 ………………… 141
5.13 练习 ……………………… 141
5.14 参考文献 ………………… 148

第 6 章 Collections API ……… 149
6.1 介绍 ………………………… 149
6.2 迭代器模式 ………………… 150
   6.2.1 迭代器的基本设计 …… 151

6.2.2 基于继承的迭代器和工厂
     方法 ……………………… 152
6.3 Collections API：容器和迭代器 … 154
   6.3.1 Collection 接口 ……… 154
   6.3.2 Iterator 接口 ………… 156
6.4 泛型算法 …………………… 158
   6.4.1 Comparator 函数对象 … 158
   6.4.2 Collections 类 ……… 159
   6.4.3 二分搜索 ……………… 160
   6.4.4 排序 …………………… 162
6.5 List 接口 …………………… 162
   6.5.1 ListIterator 接口 …… 163
   6.5.2 LinkedList 类 ……… 164
   6.5.3 List 的运行时间 …… 166
   6.5.4 在 List 的中间进行删除和
     插入 ……………………… 168
6.6 栈和队列 …………………… 169
   6.6.1 栈 ……………………… 169
   6.6.2 栈和计算机语言 ……… 170
   6.6.3 队列 …………………… 171
   6.6.4 Collections API 中的栈和
     队列 ……………………… 171
6.7 集合 ………………………… 172
   6.7.1 TreeSet 类 …………… 173
   6.7.2 HashSet 类 …………… 174
6.8 映射 ………………………… 177
6.9 优先队列 …………………… 181
6.10 Collections API 中的视图 … 183
   6.10.1 List 中的 subList 方法 … 183
   6.10.2 SortedSet 中的 headSet、
     subSet 和 tailSet 方法 … 183
6.11 总结 ……………………… 184
6.12 核心概念 ………………… 184
6.13 常见错误 ………………… 185
6.14 网络资源 ………………… 185
6.15 练习 ……………………… 186
6.16 参考文献 ………………… 192

第 7 章 递归 …………………… 193
7.1 什么是递归 ………………… 193
7.2 背景：数学归纳法证明 …… 194

7.3 基本递归 ················· 195
  7.3.1 输出任意基数的数 ·········· 196
  7.3.2 递归为什么有效 ·········· 198
  7.3.3 递归的工作原理 ·········· 199
  7.3.4 出现过多的递归可能是危险的 ·················· 200
  7.3.5 树的预览 ·············· 201
  7.3.6 其他示例 ·············· 202
7.4 数值应用 ················· 204
  7.4.1 模运算 ················ 205
  7.4.2 模幂运算 ·············· 205
  7.4.3 最大公约数和乘法逆元 ····· 206
  7.4.4 RSA 加密系统 ·········· 208
7.5 分治算法 ················· 210
  7.5.1 最大连续子序列和问题 ······ 210
  7.5.2 基本分治重现的分析 ······· 212
  7.5.3 分治法运行时间的一般上界 ··· 214
7.6 动态规划 ················· 216
7.7 回溯 ···················· 218
7.8 总结 ···················· 221
7.9 核心概念 ················· 222
7.10 常见错误 ················ 222
7.11 网络资源 ················ 223
7.12 练习 ··················· 223
7.13 参考文献 ················ 228

第8章 排序算法 ············· 229
8.1 排序的重要性 ············· 229
8.2 预备知识 ················· 230
8.3 插入排序和其他简单排序的分析 ··· 230
8.4 希尔排序 ················· 232
8.5 归并排序 ················· 235
  8.5.1 线性时间内有序数组的合并 ··· 235
  8.5.2 归并排序算法 ··········· 236
8.6 快速排序 ················· 238
  8.6.1 快速排序算法 ··········· 239
  8.6.2 快速排序的分析 ·········· 240
  8.6.3 选择枢轴 ·············· 243
  8.6.4 划分策略 ·············· 244
  8.6.5 关键字等于枢轴 ·········· 245
  8.6.6 三元中值划分 ··········· 246

8.6.7 小数组 ················ 246
8.6.8 Java 快速排序例程 ········· 247
8.7 快速选择 ················· 248
8.8 排序的下界 ··············· 250
8.9 总结 ···················· 250
8.10 核心概念 ················ 251
8.11 常见错误 ················ 251
8.12 网络资源 ················ 251
8.13 练习 ··················· 251
8.14 参考文献 ················ 255

第9章 随机化 ··············· 256
9.1 为什么需要随机数 ·········· 256
9.2 随机数生成器 ············· 256
9.3 不均匀随机数 ············· 262
9.4 生成一个随机排列 ·········· 263
9.5 随机算法 ················· 264
9.6 随机素数测试 ············· 266
9.7 总结 ···················· 268
9.8 核心概念 ················· 268
9.9 常见错误 ················· 269
9.10 网络资源 ················ 269
9.11 练习 ··················· 269
9.12 参考文献 ················ 270

第三部分 应用程序

第10章 娱乐和游戏 ··········· 274
10.1 字谜游戏 ················ 274
  10.1.1 理论 ················· 274
  10.1.2 Java 实现 ············· 275
10.2 井字棋游戏 ·············· 280
  10.2.1 α-β 剪枝 ············· 280
  10.2.2 置换表 ··············· 282
  10.2.3 计算机下棋 ············ 285
10.3 总结 ··················· 286
10.4 核心概念 ················ 286
10.5 常见错误 ················ 286
10.6 网络资源 ················ 286
10.7 练习 ··················· 286
10.8 参考文献 ················ 288

第11章 栈和编译器 ········ 289

11.1 平衡符号检查 ········ 289
  11.1.1 基本算法 ········ 289
  11.1.2 实现 ········ 290
11.2 一个简单的计算器 ········ 297
  11.2.1 后缀机器 ········ 298
  11.2.2 中缀到后缀的转换 ········ 299
  11.2.3 实现 ········ 300
  11.2.4 表达式树 ········ 306
11.3 总结 ········ 307
11.4 核心概念 ········ 307
11.5 常见错误 ········ 308
11.6 网络资源 ········ 308
11.7 练习 ········ 308
11.8 参考文献 ········ 309

第12章 实用工具 ········ 310

12.1 文件压缩 ········ 310
  12.1.1 前缀编码 ········ 311
  12.1.2 霍夫曼算法 ········ 312
  12.1.3 实现 ········ 314
12.2 交叉引用生成器 ········ 325
  12.2.1 基本思想 ········ 325
  12.2.2 Java 实现 ········ 325
12.3 总结 ········ 328
12.4 核心概念 ········ 328
12.5 常见错误 ········ 328
12.6 网络资源 ········ 328
12.7 练习 ········ 329
12.8 参考文献 ········ 331

第13章 模拟 ········ 332

13.1 约瑟夫问题 ········ 332
  13.1.1 简单的解决方案 ········ 333
  13.1.2 更有效率的算法 ········ 334
13.2 事件驱动模拟 ········ 335
  13.2.1 基本思路 ········ 336
  13.2.2 示例：电话银行模拟 ········ 336
13.3 总结 ········ 342
13.4 核心概念 ········ 342

13.5 常见错误 ········ 342
13.6 网络资源 ········ 342
13.7 练习 ········ 343

第14章 图和路径 ········ 344

14.1 定义 ········ 344
14.2 无权最短路径问题 ········ 353
  14.2.1 理论 ········ 353
  14.2.2 Java 实现 ········ 355
14.3 正权值最短路径问题 ········ 356
  14.3.1 理论：Dijkstra 算法 ········ 356
  14.3.2 Java 实现 ········ 359
14.4 负权值最短路径问题 ········ 360
  14.4.1 理论 ········ 360
  14.4.2 Java 实现 ········ 361
14.5 无环图中的路径问题 ········ 362
  14.5.1 拓扑排序 ········ 362
  14.5.2 无环最短路径算法的
      理论 ········ 364
  14.5.3 Java 实现 ········ 364
  14.5.4 应用：关键路径分析 ········ 366
14.6 总结 ········ 367
14.7 核心概念 ········ 368
14.8 常见错误 ········ 369
14.9 网络资源 ········ 369
14.10 练习 ········ 369
14.11 参考文献 ········ 371

第四部分 实现

第15章 内部类和 ArrayList 的
实现 ········ 374

15.1 迭代器和嵌套类 ········ 374
15.2 迭代器和内部类 ········ 376
15.3 AbstractCollection 类 ········ 378
15.4 StringBuilder ········ 381
15.5 实现带迭代器的 ArrayList ········ 382
15.6 总结 ········ 386
15.7 核心概念 ········ 386
15.8 常见错误 ········ 386
15.9 网络资源 ········ 386

15.10　练习 ································· *386*

第 16 章　栈和队列 ········· *389*

16.1　动态数组实现 ············· *389*
　　16.1.1　栈 ················· *389*
　　16.1.2　队列 ··············· *392*
16.2　链式实现 ················· *396*
　　16.2.1　栈 ················· *397*
　　16.2.2　队列 ··············· *399*
16.3　两种方法的比较 ··········· *402*
16.4　java.util.Stack 类 ······· *402*
16.5　双端队列 ················· *403*
16.6　总结 ····················· *403*
16.7　核心概念 ················· *404*
16.8　常见错误 ················· *404*
16.9　网络资源 ················· *404*
16.10　练习 ···················· *404*

第 17 章　链表 ············· *405*

17.1　基本思想 ················· *405*
　　17.1.1　头结点 ············· *406*
　　17.1.2　迭代器类 ··········· *407*
17.2　Java 实现 ················ *408*
17.3　双向链表和循环链表 ······· *413*
17.4　有序链表 ················· *414*
17.5　Collections API LinkedList 类的
　　　实现 ···················· *415*
17.6　总结 ····················· *424*
17.7　核心概念 ················· *424*
17.8　常见错误 ················· *424*
17.9　网络资源 ················· *425*
17.10　练习 ···················· *425*

第 18 章　树 ··············· *427*

18.1　一般树 ··················· *427*
　　18.1.1　定义 ··············· *427*
　　18.1.2　实现 ··············· *428*
　　18.1.3　应用：文件系统 ····· *429*
　　18.1.4　Java 实现 ·········· *431*
18.2　二叉树 ··················· *432*

18.3　递归与树 ················· *436*
18.4　树的遍历：迭代器类 ······· *438*
　　18.4.1　后序遍历 ··········· *441*
　　18.4.2　中序遍历 ··········· *444*
　　18.4.3　前序遍历 ··········· *445*
　　18.4.4　层序遍历 ··········· *446*
18.5　总结 ····················· *448*
18.6　核心概念 ················· *448*
18.7　常见错误 ················· *448*
18.8　网络资源 ················· *449*
18.9　练习 ····················· *449*

第 19 章　二叉搜索树 ······· *452*

19.1　基本思想 ················· *452*
　　19.1.1　操作 ··············· *452*
　　19.1.2　Java 实现 ·········· *454*
19.2　次序统计 ················· *459*
19.3　二叉搜索树操作的分析 ····· *462*
19.4　AVL 树 ··················· *465*
　　19.4.1　特性 ··············· *465*
　　19.4.2　单旋转 ············· *466*
　　19.4.3　双旋转 ············· *468*
　　19.4.4　AVL 插入的总结 ····· *470*
19.5　红黑树 ··················· *471*
　　19.5.1　自底向上的插入 ····· *471*
　　19.5.2　自顶向下的红黑树 ··· *473*
　　19.5.3　Java 实现 ·········· *474*
　　19.5.4　自顶向下的删除 ····· *479*
19.6　AA 树 ···················· *481*
　　19.6.1　插入 ··············· *482*
　　19.6.2　删除 ··············· *484*
　　19.6.3　Java 实现 ·········· *484*
19.7　Collections API TreeSet 和
　　　TreeMap 类的实现 ········· *487*
19.8　B 树 ····················· *501*
19.9　总结 ····················· *505*
19.10　核心概念 ················ *505*
19.11　常见错误 ················ *506*
19.12　网络资源 ················ *506*
19.13　练习 ···················· *506*

19.14 参考文献 ·············· 509

第 20 章 散列表 ·············· 511

20.1 基本思想 ·············· 511
20.2 散列函数 ·············· 512
20.3 线性探查 ·············· 514
    20.3.1 线性探查的简单分析 ········ 515
    20.3.2 真正发生了什么：基本
        聚集 ·············· 516
    20.3.3 find 操作的分析 ········ 517
20.4 二次探查 ·············· 518
    20.4.1 Java 实现 ·············· 521
    20.4.2 二次探查的分析 ········ 528
20.5 独立链散列 ·············· 528
20.6 散列表对比二叉搜索树 ········ 530
20.7 散列应用 ·············· 530
20.8 总结 ·············· 531
20.9 核心概念 ·············· 531
20.10 常见错误 ·············· 531
20.11 网络资源 ·············· 531
20.12 练习 ·············· 532
20.13 参考文献 ·············· 533

第 21 章 优先队列：二叉堆 ········ 535

21.1 基本思想 ·············· 535
    21.1.1 结构属性 ·············· 536
    21.1.2 堆的次序属性 ·············· 536
    21.1.3 允许的操作 ·············· 537
21.2 基本操作的实现 ·············· 539
    21.2.1 插入 ·············· 539
    21.2.2 deleteMin 操作 ········ 540
21.3 buildHeap 操作：线性时间
    构造堆 ·············· 542
21.4 高级操作：decreaseKey 和
    merge ·············· 544
21.5 内部排序：堆排序 ·············· 545
21.6 外排序 ·············· 546
    21.6.1 为什么我们需要新的算法 ··· 547
    21.6.2 外排序模型 ·············· 547
    21.6.3 简单算法 ·············· 547

21.6.4 多路归并 ·············· 548
21.6.5 多相合并 ·············· 549
21.6.6 置换选择 ·············· 550
21.7 总结 ·············· 551
21.8 核心概念 ·············· 552
21.9 常见错误 ·············· 552
21.10 网络资源 ·············· 552
21.11 练习 ·············· 552
21.12 参考文献 ·············· 555

第五部分 高级数据结构

第 22 章 伸展树 ·············· 558

22.1 自调整和摊销分析 ·············· 558
    22.1.1 摊销时间界 ·············· 559
    22.1.2 简单自调整策略——无效 ··· 559
22.2 最简单的自底向上伸展树 ········ 560
22.3 基本的伸展树操作 ·············· 562
22.4 自底向上伸展的分析 ········ 562
22.5 自顶向下伸展树 ·············· 565
22.6 自顶向下伸展树的实现 ········ 568
22.7 伸展树与其他搜索树的比较 ···· 572
22.8 总结 ·············· 572
22.9 核心概念 ·············· 572
22.10 常见错误 ·············· 572
22.11 网络资源 ·············· 573
22.12 练习 ·············· 573
22.13 参考文献 ·············· 573

第 23 章 合并优先队列 ·············· 575

23.1 斜堆 ·············· 575
    23.1.1 合并是基础 ·············· 575
    23.1.2 堆次序树的简单合并 ········ 576
    23.1.3 斜堆——简单的修改 ········ 576
    23.1.4 斜堆的分析 ·············· 577
23.2 配对堆 ·············· 578
    23.2.1 配对堆操作 ·············· 579
    23.2.2 配对堆的实现 ·············· 580
    23.2.3 应用：Dijkstra 最短带权路径
        算法 ·············· 585

23.3 总结 ·················· 587
23.4 核心概念 ·············· 587
23.5 常见错误 ·············· 587
23.6 网络资源 ·············· 587
23.7 练习 ·················· 587
23.8 参考文献 ·············· 588

第 24 章 不相交集合类 ·········· 589

24.1 等价关系 ·············· 589
24.2 动态等价及应用 ········ 589
24.2.1 应用：生成迷宫 ········ 590
24.2.2 应用：最小生成树 ······ 592
24.2.3 应用：最近共同祖先问题 ··· 594
24.3 快查算法 ·············· 596
24.4 快并算法 ·············· 597
24.4.1 聪明的 union 算法 ········ 598
24.4.2 路径压缩 ·············· 600

24.5 Java 实现 ·················· 600
24.6 按秩合并和路径压缩的最差情形 ·················· 602
24.7 总结 ·················· 607
24.8 核心概念 ·············· 607
24.9 常见错误 ·············· 607
24.10 网络资源 ·············· 608
24.11 练习 ·················· 608
24.12 参考文献 ·············· 609

附录

附录 A 运算符 ·················· 612

附录 B 图形用户界面 ·················· 613

附录 C 按位运算符 ·················· 632

第一部分

Data Structures and Problem Solving Using Java, Fourth Edition

Java 之旅

第 1 章　Java 的基本特性

第 2 章　引用类型

第 3 章　对象和类

第 4 章　继承

Java 的基本特性

本书主要聚焦于问题求解技术，使用它们能构建复杂的、时间效率高的程序。本书讨论的几乎全部内容都适用于任何编程语言。一些人认为，使用概括性的伪代码描述这些技术就足以说明这些概念了。但我们相信给出相应的代码也是至关重要的。

可供使用的编程语言有很多。本书使用 Java 语言，它在学术研究和商业市场中都很流行。在前 4 章，我们讨论全书中会用到的 Java 特性，本书中没有用到的特性和技术将不被介绍。想研究 Java 更深层信息的读者，可以在其他 Java 书籍中查找相关的内容。

我们首先讨论反映 20 世纪 70 年代编程语言（如 Pascal 语言或 C 语言）的部分语言成分。这些内容包括基本类型、基本操作、条件结构、循环结构，以及 Java 中对应函数的等价成分。

本章中，我们将看到：

- Java 的基础知识，包括简单的词法元素。
- Java 的基本类型，以及基本类型变量可以执行的一些操作。
- Java 中如何实现条件语句和循环结构。
- 静态方法（static method）的介绍——Java 中对应非面向对象语言中使用的函数和过程的等价成分。

1.1 总体运行环境

javac 编译 .java 文件并生成含有字节码（bytecode）的 .class 文件。java 调用 Java 解释器（也称为虚拟机（virtual machine））。

Java 应用程序是如何输入、编译和运行的？当然，答案取决于 Java 编译器所在的特定平台。

Java 源代码放在文件名后缀为 .java 的文件中。本地编译器 javac 编译程序并生成包含字节码的 .class 文件。Java 字节码（bytecode）表示可移植的中间语言，中间语言通过运行 Java 解释器 java 进行解释。解释器也称为虚拟机（virtual machine）。

对于 Java 程序来说，输入可以来自以下任何一种：

- 终端，其输入表示为标准输入（standard input）。
- 虚拟机调用时的其他参数——命令行参数（command-line argument）。
- GUI 组件。
- 文件。

命令行参数对于指定程序选项特别重要，这些内容将在 2.4.5 节讨论。Java 提供了读写文件的机制，这些内容将在 2.6.3 节进行简要讨论，然后在 4.5.3 节作为装饰器模式（decorator pattern）的示例讨论更多细节。许多操作系统提供了称为文件重定向（file redirection）的替代方法，在这种机制下由操作系统安排，以一种对运行的程序透明的方式从文件中读入或向文件中写出。例如，在 UNIX（也可以在 MS/DOS 窗口）中，命令

```
java Program < inputfile > outputfile
```

自动安排事情，所以任何终端读入重定向为从 inputfile 获取，终端写出重定向到 outputfile 中。

1.2　第一个程序

让我们从分析图 1.1 所示的简单 Java 程序开始。这个程序在终端上打印一小段话。注意，在代码左侧显示的行号不属于程序的内容，它们是为了方便引用语句才给出的。

```
 1  // 第一个程序
 2  // MW, 5/1/10
 3
 4  public class FirstProgram
 5  {
 6      public static void main( String [ ] args )
 7      {
 8          System.out.println( "Is there anybody out there?" );
 9      }
10  }
```

图 1.1　第一个简单的程序

将程序放到源文件 FirstProgram.java 中，然后编译并运行它。注意，源文件的名字必须与类的名字（显示在第 4 行）一致，包括大小写约定。如果你使用的是 JDK，则命令是⊖：

```
javac FirstProgram.java
java FirstProgram
```

1.2.1　注释

> 注释使得代码更易于人类阅读。Java 有三种形式的注释。

Java 有三种形式的注释。第一种形式是从 C 语言继承下来的，由标记 /* 开始，到标记 */ 结束。示例如下：

```
/* This is a
   two-line comment */
```

注释不嵌套。

第二种形式是从 C++ 语言继承下来的，由标记 // 开始，没有结束标记。更确切地说，注释延伸到行尾结束。这种形式的注释如图 1.1 中的第 1 行和第 2 行所示。

第三种形式是由标记 /** 而不是由 /* 开始。这种形式用来向实用程序 javadoc 提供信息，以便由注释生成文档。这种形式的注释将在 3.3 节讨论。

注释的存在使得代码更易于人类阅读，其中包括可能要修改或使用你代码的其他程序员，也包括你自己。编写具有良好注释的程序是优秀程序员的标志。

1.2.2　main

> 当运行程序时，会调用特殊的 main 方法。

Java 程序由一组相互作用的类组成，类中包含方法。Java 中对应函数或过程的等价成分是静态方法（static method），这将在 1.6 节描述。当运行程序时，会调用特殊的静态方法 main。图 1.1 中第 6 行展示了如何调用静态方法 main，可能使用有命令行参数。main 的参数类型及返回类型 void 是必要的。

⊖　如果你使用的是 Oracle 的 JDK，则直接使用 javac 和 java。否则，在典型的交互式开发环境（IDE，如 Netbeans 或 Eclipse）中，系统在后台代表你执行这些命令。

1.2.3　终端输出

> println 用来执行输出。

图 1.1 中的程序含有唯一一条语句，如第 8 行所示。println 是 Java 中的主要输出机制。这里，通过调用 println 方法，将常量字符串送给标准输出流 System.out。我们将在 2.6 节更详细地讨论输入和输出。这里我们仅提及用于对任何实体执行输出的相同的语法，无论实体是整数、浮点数、字符串还是其他类型。

1.3　Java 的基本类型

Java 定义了 8 种基本类型（primitive type），它还允许程序员更灵活地定义新的对象类型，称为类（class）。但是基本类型和用户定义的类型在 Java 中有重要的区别。本节我们探讨基本类型以及可对基本类型执行的基本操作。

1.3.1　基本类型

> Java 的基本类型是整型、浮点型、布尔型和字符型。
> Unicode 标准包含超过 30 000 个不同的编码字符，涵盖了主要的书面语言。

Java 有 8 种基本类型，如图 1.2 所示。最常见的是整数，由关键字 int 指定。与许多其他语言不同，整数的范围不依赖机器，相反，无论底层的计算机体系结构如何，它在任何 Java 实现中都是相同的。Java 还允许 byte、short 和 long 类型的实体，这些被称为整型（integral type）。浮点数由 float 类型和 double 类型表示。double 有更多的有效数字，所以我们更建议使用它而不是使用 float。char 类型用来表示单个字符。一个 char 字符占用 16 位以表示 Unicode 标准。Unicode 标准包含超过 30 000 个不同的编码字符，涵盖了主要的书面语言。Unicode 的低端与 ASCII 相同。最后一个基本类型是 boolean，它要么是 true，要么是 false。

基本类型	存储的内容	范围
byte	8 位整数	$-128 \sim 127$
short	16 位整数	$-32\,768 \sim 32\,767$
int	32 位整数	$-2\,147\,483\,648 \sim 2\,147\,483\,647$
long	64 位整数	$-2^{63} \sim 2^{63}-1$
float	32 位浮点数	6 位有效数字（$10^{-46}, 10^{38}$）
double	64 位浮点数	15 位有效数字（$10^{-324}, 10^{308}$）
char	Unicode 字符	
boolean	布尔变量	false 和 true

图 1.2　Java 中的 8 种基本类型

1.3.2　常量

> 整数常量可以用十进制、八进制或十六进制形式表示。
> 字符串常量（string constant）由用双引号括起来的字符序列组成。
> 转义序列（escape sequences）用来表示特定字符常量。

整数常量（integer constant）可以用十进制、八进制或十六进制形式表示。八进制形式以前导 0 表示，十六进制形式以前导 0x 或 0X 表示。整数 37 可以用 37、045、0x25 表示。本书中不使用八进制整数。不过，我们必须知道它们，这样，我们才能在想用的时候使用前导 0。我们只在一个地方使用十六进制（见 12.1 节），那时我们再重新讨论这个内容。

字符常量（character constant）使用一对单引号括起来，如 'a'。在内部，这个字符序列解释为一个小的数值。随后输出例程将这个小的数值解释为对应的字符。字符串常量（string constant）由用双引号括起来的字符序列组成，如 "Hello"。还会用到一些特殊的序列（例如，如何表示一个单引号），这样的序列称为转义序列（escape sequence）。本书中，我们使用 '\n'、'\\'、'\''和 '\"'，分别表示换行符、反斜杠符、单引号和双引号。

1.3.3 基本类型的声明和初始化

变量使用标识符（identifier）命名。

任何变量（包括基本类型的变量），都通过提供其名字、类型和可选的初始值来声明。名字必须是一个标识符（identifier）。标识符可以是字母、数字和下划线字符的任意组合，但不能以数字开头。不允许是保留字，例如 int。不应该重用明显使用过的标识符名称（例如，不要将 main 用作实体名），尽管这样做是符合语法的。

Java 是大小写敏感的。

Java 是大小写敏感（case-sensitive）的，意思是说 Age 和 age 是不同的标识符。本书使用如下约定命名变量：所有的变量以小写字母开头，每个新词以大写字母开头。例如标识符 minimumWage。

以下是几个声明示例：

```
int num3;                      // 默认初始化
double minimumWage = 4.50;     // 标准初始化
int x = 0, num1 = 0;           // 声明两个实体
int num2 = num1;
```

变量应该在它首次使用之前的不远处声明。本书后面会说明，声明的位置决定了其范围和含义。

1.3.4 终端输入和输出

基本格式化终端 I/O 由 nextLine 和 println 完成。标准输入流是 System.in，标准输出流是 System.out。

格式化 I/O 的基本机制使用的是字符串（String）类型，这个类型将在 2.3 节讨论。对于输出，+ 将两个字符串拼接起来。如果第二个参数不是字符串而是基本类型，则为其创建一个临时字符串。我们也可以为对象定义到字符串的转换（3.4.3 节）。对于输入，我们将 Scanner 对象与 System.in 关联。这样可以读取字符串或基本类型。关于 I/O 更详细的讨论，包括对格式化文件的处理，详见 2.6 节。

1.4 基本运算符

本节介绍 Java 语言中可以使用的一些运算符。这些运算符用来形成表达式（expression）。常量或实体自身就是表达式，常量和变量与运算符组合在一起也是表达式。后面紧跟分号的表达式是一条简单的语句。在 1.5 节，我们将详细讨论其他类型的语句，其中会引入一些额外的运算符。

1.4.1 赋值运算符

Java 提供了很多赋值运算符，包括 =、+=、-=、*= 和 /=。

图 1.3 所示的简单 Java 程序演示了几个运算符。基本的赋值运算符（assignment operator）是等号。例如，第 16 行变量 c 的值（那一刻的值是 6）赋给变量 a。后续 c 值的改变不会影响 a。赋值运算符可以连写，例如 z=y=x=0。

　　另一个赋值运算符是 +=，图中第 18 行演示了它的使用。+= 运算符将（+= 运算符）右侧的值加到左侧的变量上。所以图中 c 的值从第 18 行之前的 6，增加到 14。

　　Java 提供了各种其他赋值运算符，如 -=、*= 和 /=，它们分别通过减法、乘法和除法改变运算符左侧的变量。

```java
1  public class OperatorTest
2  {
3      // 演示基本运算符的程序
4      // 输出如下:
5      // 12 8 6
6      // 6 8 6
7      // 6 8 14
8      // 22 8 14
9      // 24 10 33
10
11     public static void main( String [ ] args )
12     {
13         int a = 12, b = 8, c = 6;
14
15         System.out.println( a + " " + b + " " + c );
16         a = c;
17         System.out.println( a + " " + b + " " + c );
18         c += b;
19         System.out.println( a + " " + b + " " + c );
20         a = b + c;
21         System.out.println( a + " " + b + " " + c );
22         a++;
23         ++b;
24         c = a++ + ++b;
25         System.out.println( a + " " + b + " " + c );
26     }
27 }
```

图 1.3　演示运算符的程序

1.4.2　二元算术运算符

　　Java 提供了几个二元算术运算符，包括 +、-、*、/ 和 %。

　　图 1.3 中第 20 行展示了所有程序设计语言中典型二元算术运算符（binary arithmetic operator）中的一个——加法运算符（+）。运算符 + 让 b 和 c 的值相加在一起，b 和 c 维持不变，并将结果值赋给 a。Java 中通常使用的其他算术运算符有 -、*、/ 和 %，分别用于减法、乘法、除法和取模。整数除法仅返回整数部分，丢弃余数。

　　通常情况下，加法和减法有相同的优先级，这个优先级低于乘法、除法和取模这一组运算符的优先级，因此 1+2*3 的计算结果是 7。所有这些运算符都有从左向右的结合律，因此 3-2-2 的计算结果是 -1。所有的运算符都有优先级和结合律。完整的运算符表见附录 A。

1.4.3　一元运算符

　　定义了几个一元运算符，包括 -。
　　自增和自减分别加 1 和减 1。执行此操作的运算符是 ++ 和 --。自增和自减均有前缀和后缀两种形式。

　　除了需要两个操作数的二元算术运算符外，Java 还提供了只需要一个操作数的一元运算符（unary operator）。其中，我们最熟悉的莫过于一元减号，它的计算结果是操作数的负数。所以 -x

返回 x 的负数。

　　Java 还提供了为变量加 1 的自增运算符（用 ++ 表示），以及为变量减 1 的自减运算符（用 -- 表示）。最开始用到的地方是图 1.3 中的第 22 行和第 23 行。这两行中，自增运算符 ++ 将变量的值加 1。不管怎样，在 Java 中，运算符作用于表达式得到一个有值的表达式。虽然可以保证在执行下一条语句之前变量的值将会增加，但问题是如果用在更大的表达式中，那么自增表达式的值是什么？

　　这种情况下，++ 的位置至关重要。++x 的语义是，表达式的值是 x 的新值，这称为前缀增量（prefix increment）。相反，x++ 表明，表达式的值是 x 的原值，这称为后缀增量（postfix increment）。这个特性如图 1.3 的第 24 行所示。a 和 b 都增加了 1，而 a 的原值加上 b 增量后的值得到 c 的值。

1.4.4　类型转换

> 类型转换运算符用来生成新类型的临时实体。

　　类型转换运算符（type conversion operator）用来生成新类型的临时实体。例如，考虑：

```
double quotient;
int x = 6;
int y = 10;
quotient = x / y;      // 可能出错！
```

第一个操作是除法，因为 x 和 y 都是整数，所以执行整数除法，结果得到 0。然后整数 0 隐式转换为 double 类型，以便能赋给 quotient。但我们本打算将 0.6 赋值给 quotient。解决的办法是为 x 或 y 生成一个临时变量，以便使用 double 的规则执行除法。具体做法如下：

```
quotient = ( double ) x / y;
```

注意 x 和 y 都没有改变。我们创建了一个无名的临时变量，用它的值进行除法。类型转换运算符的优先级比除法运算符的优先级高，所以 x 先进行类型转换，然后执行除法（而不是先执行两个 int 的除法再进行转换）。

1.5　条件语句

　　本节介绍影响控制流的语句——条件语句和循环。我们还将为此介绍新的运算符。

1.5.1　关系运算符和相等运算符

> 在 Java 中，相等运算符是 == 和 !=。
> 关系运算符是 <、<=、> 和 >=。

　　可以对基本类型执行的基本测试是比较。我们可以使用相等、不相等运算符，以及关系运算符（小于、大于等）来进行比较。

　　在 Java 中，相等运算符（equality operator）是 == 和 !=。例如，如果 leftExpr 与 rightExpr 相等，则

```
leftExpr==rightExpr
```

的计算结果为 true；否则，计算结果为 false。同样，如果 leftExpr 与 rightExpr 不等，则

```
leftExpr!=rightExpr
```

的计算结果为 true；否则，计算结果为 false。

关系运算符（relational operator）是 <、<=、> 和 >=。对于内置类型来说，它们有自然的含义。关系运算符比相等运算符有更高的优先级。这两类又都比算术运算符的优先级低，但比赋值运算符的优先级高，所以通常不需要使用括号。所有这些运算符都有从左到右的结合律，不过这也没什么用，例如，在表达式 a<b<6 中，第一个 < 生成一个 boolean 值，第二个是不合法的，因为 < 不能用于 boolean。我们将在下一节描述执行这个测试的正确方法。

1.5.2　逻辑运算符

> Java 提供了逻辑运算符，用来模拟布尔代数的 AND、OR 和 NOT 概念。对应的运算符是 &&、|| 和 !。
>
> 短路计算是指如果可以由第一个表达式的计算结果确定逻辑运算符的结果，则不用计算第二个表达式的值。

Java 提供了逻辑运算符（logical operator），用来模拟布尔代数的 AND、OR 和 NOT 概念。有时它们分别被称为合取（conjunction）、析取（disjunction）和否定（negation），对应的运算符是 &&、|| 和 !。对于 1.5.1 节的测试，正确的写法是 a<b && b<6。合取和析取的优先级足够低，所以不需要括号。&& 比 || 的优先级高，而 ! 与其他一元运算符同组（所以在三者中 ! 优先级最高）。逻辑运算符的操作数和结果是 boolean 类型的。图 1.4 显示了对于所有可能的输入，应用逻辑运算符的结果。

一个重要的规则是，&& 和 || 是短路计算运算。短路计算（short-circuit evaluation）是指如果可以由第一个表达式的计算结果确定最终的计算结果，则不用计算第二个表达式的值。例如，

x	y	x && y	x || y	!x
false	false	false	false	true
false	true	false	true	true
true	false	false	true	false
true	true	true	true	false

图 1.4　逻辑运算符的结果

```
x != 0 && 1/x != 3
```

如果 x 是 0，则前半部分是 false。必然地，AND 的结果也必须是 false，所以不用计算后半部分的值。这是好事，因为被 0 除是一种错误的动作。短路计算让我们不必担心被 0 除这种情况。⊖

1.5.3　if 语句

> if 语句是基本的决策结构。
>
> 分号本身就是空语句。
>
> 块是括在大括号中的语句序列。

if 语句是基本的决策结构。它的基本形式是：

```
if( expression )
    statement
next statement
```

如果 expression（表达式）的计算结果是 true，则执行 statement（语句）；否则什么也不做。当 if 语句完成后（没有未处理的错误），控制传递给下一条语句。

我们还可以选择使用 if-else 语句，如下所示：

⊖　在（极）罕见的情况下，最好不要执行短路计算。这种情况下，带有 boolean 参数的 & 和 | 运算符要确保两个参数都要计算，尽管从第一个参数就可以确定运算结果。

```
if( expression )
    statement1
else
    statement2
next statement
```

在这种情况下，如果 expression（表达式）的计算结果为 true，则执行 statement1（语句 1）；否则执行 statement2（语句 2）。无论哪种情况，接下来控制都传递给下一条语句，如：

```
System.out.print( "1/x is " );
if( x != 0 )
    System.out.print( 1 / x );
else
    System.out.print( "Undefined" );
System.out.println( );
```

记住，不论如何缩进，每个 if 和 else 子句最多含有一条语句。下面展示两个错误：

```
if( x == 0 );     // ; 是空语句（也计数）
    System.out.println( "x is zero " );
else
    System.out.print( "x is " );
    System.out.println( x ); // 两条语句
```

第一个错误是第一个 if 的最后含有分号；。这个分号本身算作一条空语句（null statement），因此，这段代码不会被编译（else 不再与 if 关联）。当改正了这个错误后，还有一个逻辑错误：最后一行不是 else 中的一部分，尽管缩进表明它是。要修改这个问题，必须使用一个块（block），块中使用一对大括号将语句序列括起来：

```
if( x == 0 )
    System.out.println( "x is zero" );
else
{
    System.out.print( "x is " );
    System.out.println( x );
}
```

　　if 语句本身可以出现在 if 子句或 else 子句中，本节后面将要讨论的其他控制语句也一样可以。在嵌套的 if-else 语句情形下，else 与最内层的空悬的 if 配对。如果这不是预期的意思，则可能需要添加大括号。

1.5.4　while 语句

> while 语句是循环的三种基本形式之一。

　　Java 提供了三种基本形式的循环：while 语句、for 语句和 do 语句。while 语句的语法是：

```
while( expression )
    statement
next statement
```

注意，与 if 语句一样，语法中没有分号。如果有分号，则它被看作空语句。

　　当 expression 为 true 时，执行 statement，然后再次计算 expression 的值。如果 expression 初始为 false，则永远不会执行 statement。一般来说，statement 要做一些可能改变 expression 值的事情，否则，循环可能是无限的。当 while 循环（正常）终止时，控制从下一条语句继续。

1.5.5　for 语句

> for 语句是循环结构，主要用来执行简单的迭代。

while 语句足以表达所有的重复。即便如此，Java 还是提供了循环的另外两种格式：for 语句和 do 语句。for 语句主要用于迭代。它的语法是：

```
for( initialization; test; update )
    statement
next statement
```

其中，initialization（初始化）、test（测试）和 update（更新）都是表达式，而且这三个都是可选的。如果没有提供 test，则其默认值是 true。闭括号的后面没有分号。

执行 for 语句时首先执行 initialization。然后当 test 为 true 时，执行 statement，然后执行 update。如果省略了 initialization 和 update，则 for 语句的行为与 while 语句完全相同。for 语句的优点在于，对于计数（或迭代）的变量，for 语句更容易看清计数器的范围。下列程序段输出前 100 个正整数：

```
for( int i = 1; i <= 100; i++ )
    System.out.println( i );
```

这个程序段演示了在循环的初始化部分声明计数器的常见技术。该计数器的作用域仅限于循环的内部。

initialization 和 update 部分都可以使用逗号，从而允许多个表达式。下面的代码段说明了这个惯用语法：

```
for( i = 0, sum = 0; i <= n; i++, sum += n )
    System.out.println( i + "\t" + sum );
```

循环嵌套的方式与 if 语句是一样的。例如，我们可以找到所有其和等于乘积的小的数值对（如 2 和 2，它们的和与乘积都是 4）：

```
for( int i = 1; i <= 10; i++ )
    for( int j = 1; j <= 10; j++ )
        if( i + j == i * j )
            System.out.println( i + ", " + j );
```

然而，正如我们将看到的，当循环嵌套时，很容易让创建的程序的运行时间快速增长。

Java 5 添加了"增强的"for 循环。我们将在 2.4 节和第 6 章讨论新增的内容。

1.5.6　do 语句

do 语句是循环结构，保证循环至少执行一次。

while 语句重复地执行测试。如果测试为 true，则执行嵌入的语句。但是如果初始测试为 false，则嵌入的语句永远不会执行。但在某些情况下，我们想要保证嵌入的语句至少执行一次。使用 do 语句可以做到这一点。do 语句与 while 语句是一样的，除了测试是在执行了嵌入的语句后进行的，它的语法是：

```
do
    statement
while( expression );
next statement
```

注意，do 语句包含一个分号。下面的伪代码段展示的是 do 语句的典型用法：

```
do
{
    Prompt user;
    Read value;
} while( value is no good );
```

到目前为止，do 语句是三种循环结构中使用频率最低的。不过，当我们必须至少要做一次某件事，且因某种原因不适合选用 for 循环时，do 语句就是被选中的方法。

1.5.7　break 和 continue 语句

> break 语句从最内层的循环或从 switch 语句中退出。标号 break 语句可以从嵌套的循环中退出。
>
> continue 语句转到最内层循环的下一次迭代。

for 语句和 while 语句提供的终止机制是在重复语句开始之前执行的。do 语句允许的终止是在执行一次重复语句之后。有时，我们想在重复（复合）语句的中间终止运行，break 语句（即在关键字 break 后跟一个分号）可用来实现此目的。通常，break 之前会有一条 if 语句，如：

```
while( ... )
{
    ...
    if( something )
        break;
    ...
}
```

break 语句仅退出最内层的循环（它也与 switch 语句一起使用，我们将在下一节介绍）。如果要退出多个循环，那么 break 将不起作用，这或许说明你的代码设计得很糟糕。即便如此，Java 还是提供了标签 break 语句。在标签 break 语句中，为一个循环加上标签，然后就可以对循环应用 break 语句，而不管嵌套了多少其他的循环。下面是一个例子：

```
outer:
    while( ... )
    {
        while( ... )
            if( disaster )
                break outer; // 到 outer 之后
    }
    // 退出 outer 循环后，控制传递到这里
```

有时我们想放弃循环的当前迭代，开始下一次迭代。这可以通过 continue 语句来处理。与 break 语句一样，continue 语句含有一个分号，且仅应用于最内层循环。下列代码段输出前 100 个整数，但不包括能被 10 整除的那些整数：

```
for( int i = 1; i <= 100; i++ )
{
    if( i % 10 == 0 )
        continue;
    System.out.println( i );
}
```

当然，本例中可以用其他的选择来替代 continue 语句。不过，continue 通常用来避免循环中出现复杂的 if-else 模式。

1.5.8　switch 语句

> switch 语句用来在几个小整数（或字符）值中进行选择。

switch 语句用来在几个小整数（或字符）值中进行选择。它由一个表达式和一个块组成。块中含有一系列语句和一组标签，标签代表表达式的可能取值。所有的标签必须是不同的编译时（compile-time）常量。可选的 default 标签（如果有的话）与没有出现的任何标签匹配。如果

switch 表达式没有适用的情况，则 switch 语句结束；否则，控制传递到相应的标签，执行从那里开始的所有语句。break 语句可用来强制提前终止 switch 的执行，而且几乎总是用来区分逻辑上不同的情形。图 1.5 所示的例子是一个典型的结构。

1.5.9 条件运算符

> 条件运算符 ?: 用作简单 if-else 语句的简略形式。

条件运算符（conditional operator）?: 用作简单 if-else 语句的简略形式。一般格式是：

testExpr ? yesExpr : noExpr

首先计算 testExpr（测试表达式）的值，然后计算 yesExpr（是表达式）或 noExpr（否表达式）的值，从而得到整个表达式的值。如果 testExpr 的值为 true，则表达式的值为 yesExpr 的值，否则值为 noExpr 的值。条件运算符的优先级恰好高于赋值运算符的优先级。这使得我们在将条件运算符的结果赋给变量时避免使用括号。例如，将 x 和 y 中较小的那个赋给 minVal，如下所示：

minVal = x <= y ? x : y;

```
1  switch( someCharacter )
2  {
3    case '(':
4    case '[':
5    case '{':
6        // 处理开符号的代码
7        break;
8
9    case ')':
10   case ']':
11   case '}':
12       // 处理闭符号的代码
13       break;
14
15   case '\n':
16       // 处理换行符的代码
17       break;
18
19   default:
20       // 处理其他情况的代码
21       break;
22 }
```

图 1.5 switch 语句的结构布局

1.6 方法

> 方法类似于其他语言中的函数。方法头由方法名、返回类型和参数列表组成。方法声明包含方法体。
> public static（公有静态）方法相当于 "C 语言风格" 的全局函数。
> 在按值调用（call-by-value）中，将实参复制给形参。通过按值调用传递变量。
> return 语句用来给调用者返回一个值。

在其他语言中被称为函数或过程的语言成分，在 Java 中被称为方法（method）。第 3 章将更完整地介绍方法。本节介绍以非面向对象方式（像在 C 语言中遇到的那样）编写像 main 这样的函数的一些基础内容，以便我们能写一些简单的程序。

方法头（method header）由方法名、参数列表（可能为空）和返回类型组成。实现方法的实际代码——有时称为方法体（method body）——形式上是一个块（block）。方法声明（method declaration）由方法头加上方法体组成。方法声明的示例及使用这个方法的 main 例程如图 1.6 所示。

通过让每个方法以 public static（公有静态）开头，我们就可以模仿 C 语言风格的全局函数了。虽然在某些情况下，将方法声明为 static 是一项有用的技术，但不应过度使用，因为通常我们不想用 Java 来编写 "C 语言风格" 的代码。我们将在 3.6 节讨论

```
1  public class MinTest
2  {
3      public static void main( String [ ] args )
4      {
5          int a = 3;
6          int b = 7;
7
8          System.out.println( min( a, b ) );
9      }
10
11     // 方法声明
12     public static int min( int x, int y )
13     {
14         return x < y ? x : y;
15     }
16 }
```

图 1.6 方法声明和调用的示例

static 更典型的用法。

方法名是一个标识符。参数列表由零个或多个形参（formal parameter）组成，每个参数都有一个指定的类型。当调用方法时，使用普通的赋值将实参（actual argument）的值传递给形参。这意味着，基本类型仅使用按值调用（call-by-value）参数传递。函数不能更改实参的值。与大多数现代编程语言一样，方法声明可以按任意顺序排列。

return 语句用来给调用者返回一个值。如果返回类型是 void，则不返回任何值，而且应该用 return;。

1.6.1　方法名的重载

> 方法名的重载意味着只要几个方法的参数列表类型不同，它们可能有相同的名字。

假设我们需要编写一个例程，返回三个 int 类型的数据中的最大者。合理的方法头应该是：

```
int max( int a, int b, int c )
```

在一些语言中，如果已经声明了 max，则上述写法可能是不可接受的。例如，我们还可能有：

```
int max( int a, int b )
```

Java 允许方法名的重载（overloading）。这意味着，只要几个方法的签名（signature）（即它们的参数列表类型）不同，它们就可以有相同的名字，并且在同一个类作用域中声明。当调用 max 时，编译器可以根据实参的类型推断出想调用的应该是哪个。两个签名可以有相同个数的参数，只要参数列表类型中至少有一个不同。

注意，返回类型不包含在签名中。这意味着，在相同的类作用域中，两个方法仅返回类型不同是不合法的。不同类作用域中的方法可以有相同的名字、签名，甚至是返回类型，这些将在第 3 章讨论。

1.6.2　存储类

> static final 变量是常量。

在方法体内部声明的实体是局部变量，只能在方法体内按名访问。这些实体在执行方法体时创建，在方法体结束时消失。

在方法体外声明的变量是类的全局变量。如果使用了字 static（为了能让静态方法访问实体，这可能是需要的），则它类似其他语言中的全局变量。如果同时使用 static 和 final，则它们是全局符号常量。如下所示：

```
static final double PI = 3.1415926535897932;
```

注意，使用命名符号常量的常见约定是全大写。如果标识符名字是由几个词组成的，则它们用下划线字符分隔，如 MAX_INT_VALUE。

如果省略了字 static，则变量（或常量）有不同的含义，这将在 3.6.5 节讨论。

1.7　总结

本章讨论了 Java 的基本特性，如基本类型、运算符、条件语句、循环语句，以及几乎所有语言中都能找到的方法。

任何非常规的程序都要用到非基本类型，称为引用类型（reference type），这些内容将在下一章讨论。

1.8   核心概念

赋值运算符。在 Java 中，用于改变变量的值。这些运算符包括 =、+=、-=、*= 和 /=。

自增（++）和自减（--）运算符。分别是加 1 和减 1 运算符。加和减都分别有前缀和后缀两种格式。

二元算术运算符。用来执行基本的算术运算。Java 提供了几个，包括 +、-、*、/ 和 %。

块。大括号内的语句序列。

break 语句。存在于最内层循环或 switch 语句中的一种语句。

字节码。由 Java 编译器生成的可移植的中间代码。

按值调用。Java 参数传递机制，其中，将实参复制给形参。

注释。使代码更易于人类阅读，但没有语义意义。Java 的注释有三种形式。

条件运算符 (?:)。用在表达式中作为简单 if-else 语句简略形式的一种运算符。

continue 语句。转到最内层循环的下一次迭代的语句。

do 语句。一种循环结构，保证循环至少执行一次。

相等运算符。在 Java 中，== 和 != 用来比较两个值，它们返回 true 或 false（视情况而定）。

转义序列。用来表示某些字符常量。

for 语句。一种循环结构，主要用于简单迭代。

标识符。用来命名一个变量或方法。

if 语句。基本的决策结构。

整型。byte、char、short、int 和 long。

java。Java 解释器，它处理字节码。

javac。Java 编译器，它生成字节码。

标签 break 语句。用来从嵌套循环中退出的 break 语句。

逻辑运算符。&&、|| 和 !，用来模拟布尔代数的 AND、OR 和 NOT 概念。

main。当运行程序时要调用的特殊方法。

方法。Java 中对应函数的成分。

方法声明。由方法头和方法体组成。

方法头。由方法名、返回类型和参数列表组成。

空语句。仅包含分号自身的语句。

八进制和十六进制整数常量。整数常量可以用十进制、八进制或十六进制表示。八进制形式以前导 0 表示，十六进制形式以前导 0x 或 0X 表示。

方法名的重载。只要几个方法的参数列表类型不同，允许它们有相同名字的操作。

基本类型。在 Java 中，指整型、浮点型、布尔型和字符型。

关系运算符。在 Java 中，<、<=、> 和 >= 用来确定两个值中哪个更小或更大，它们返回 true 或 false。

return 语句。用来给调用者返回信息的语句。

短路计算。只要计算第一个表达式的结果就可以确定逻辑运算符的结果，而不用计算第二个表达式的过程。

签名。方法名和参数列表类型的组合。返回类型不是签名的一部分。

标准输入。终端，除非重定向。还有用于标准输出和标准错误的流。

static final 实体。全局常量。

static 方法。有时用来模仿 C 语言风格，更详细的讨论在 3.6 节。

字符串常量。使用双引号括起来的由一系列字符组成的常量。

switch 语句。用来在几个小的整型值中进行选择的语句。

类型转换运算符。用来生成新类型的无名临时变量的运算符。

一元运算符。需要一个操作数。定义了几个一元运算符，包括一元减（-）及自增和自减运算符（++ 和 --）。

Unicode。含有超过 30 000 个不同字符覆盖主要书面语言的国际字符集。

while 语句。最基本的循环形式。

虚拟机。字节码解释器。

1.9　常见错误

- 添加不必要的分号会带来逻辑错误，因为分号本身是空语句。这意味着紧跟在 for、while 或 if 语句后面计划外添加的分号很可能发现不了，且它会破坏程序。
- 编译时，Java 编译器需要检查所有的应该返回一个值但没有这样做的方法实例。有时，它会给出错误警告，你必须重新修改代码。
- 在源代码中看到一个整数常量时，前导 0 代表这是一个八进制的数据。故 037 等于十进制的 31。
- && 和 || 用于逻辑操作，& 和 | 没有短路功能。
- else 子句与最近的空悬的 if 匹配。当让 else 与较远处空悬的 if 匹配时，通常会忘记添加所需的大括号。
- 当使用 switch 语句时，通常会忘记在逻辑情形之间的 break 语句。如果忘记了，控制会一直传递到下一个情形中。一般来说，这不是所期望的动作。
- 转义序列以反斜杠 \ 开始，而不是斜杠 /。
- 不匹配的大括号可能会给出误导性的答案。可以使用 11.1 节介绍的 Balance 来检查这是不是编译器给出出错信息的原因。
- Java 源文件的名字必须与要编译的类的名字一致。

1.10　网络资源

以下是本章的可用文件。每个文件都是独立的，本书后面将不再用到。

FirstProgram.java。第一个程序，如图 1.1 所示。

OperatorTest.java。不同运算符的演示程序，如图 1.3 所示。

MinTest.java。方法的说明，如图 1.6 所示。

1.11　练习

简答题

1.1　Java 源文件和编译文件的扩展名是什么？

1.2　描述 Java 程序中使用的三种注释。

1.3　Java 中的八种基本类型是什么？

1.4　运算符 * 和 *= 有什么区别？

1.5　解释自增运算符的前缀形式与后缀形式的区别是什么。

1.6　描述 Java 中循环的三种类型。

1.7　描述 break 语句所有的用法。标签 break 语句的用法是什么？

1.8　continue 语句是干什么用的？

1.9　什么是方法重载？

1.10　描述按值传递。

理论题

1.11 令 b 的值是 5，c 的值是 8。执行下列程序段的每行后，a、b 和 c 的值各是什么？

```
a = b++ + c++;
a = b++ + ++c;
a = ++b + c++;
a = ++b + ++c;
```

1.12 `true && false || true` 的结果是什么？

1.13 对于下面的程序段框架，给出一个示例，其中左侧的 `for` 循环与右侧的 `while` 循环不等价：

```
for( init; test; update )          init;
{                                  while( test )
    statements                     {
}                                      statements
                                       update;
                                   }
```

1.14 下面的程序可能输出什么？

```java
public class WhatIsX
{
    public static void f( int x )
      { /* 未知的方法体 */ }

    public static void main( String [ ] args )
    {
        int x = 0;
        f( x );
        System.out.println( x );
    }
}
```

实践题

1.15 写出与下列 `for` 代码段等价的 `while` 语句。并说明为什么它很有用？

```
for( ; ; )
    statement
```

1.16 写一个程序，生成一位数的加法和乘法表（适用于小学生）。

1.17 写两个静态方法。第一个应该返回 3 个整数中的最大者，第二个应该返回 4 个整数中的最大者。

1.18 写一个静态方法，将年份作为参数，如果是闰年则返回 `true`，否则返回 `false`。

程序设计项目

1.19 写一个程序，给出所有的正整数对 (a, b)，满足 $a<b<1000$ 且 $(a^2+b^2+1)/(ab)$ 是一个整数。

1.20 写一个方法，将其整数参数按罗马数字形式输出。例如，如果参数是 1998，则输出是 MCMXCVIII。

1.21 假定你想将数放在方括号中输出，格式如下：[1][2][3]，以此类推。写一个带有参数 howMany 和 lineLength 的方法。方法将按前面那样的格式，输出从 1 到 howMany 的行号，但在任何一行中都不能输出多于 lineLength 个字符。除非有符号]，否则不能输出 [。

1.22 在下述十进制算术拼图中，十种不同字母中的每一个都指定了一个数字。写一个程序，找出所有可能的解，其中之一如下所示：

```
   MARK     A=1 W=2 N=3 R=4 E=5        9147
+ ALLEN     L=6 K=7 I=8 M=9 S=0     + 16653
  -----                               -----
  WEISS                               25800
```

1.12 参考文献

本章中的一些 C 语言风格的资料摘自 [5]。完整的 Java 语言规范可以在 [2] 中找到。介绍

Java 语言的书是 [1]、[3] 和 [4]。

[1] G. Cornell and C. S. Horstmann, *Core Java 2 Volumes 1 and 2*, 8th ed., Prentice Hall, Upper Saddle River, NJ, 2008.

[2] J. Gosling, B. Joy, G. Steele, and G. Bracha, *The Java Language Specification*, 3rd ed., Addison-Wesley, Reading, MA, 2006.

[3] J. Lewis and W. Loftus, *Java Software Solutions,* 6th ed., Addison-Wesley, Boston, MA, 2008.

[4] W. Savitch, and F. M. Carrano, *Java: An Introduction to Problem Solving & Programming*, 5th ed., Prentice Hall, Upper Saddle River, NJ, 2009.

[5] M. A. Weiss, *Efficient C Programming: A Practical Approach*, Prentice Hall, Upper Saddle River, NJ, 1995.

引 用 类 型

第 1 章研究了 Java 的基本类型。任何不属于 8 种基本类型的类型都是引用类型（reference type），包括如字符串、数组和文件流这样的重要实体。

本章中，我们将看到：

- 什么是引用类型，其值是什么。
- 引用类型与基本类型的区别是什么。
- 引用类型的示例，包括字符串、数组和流。
- 如何用异常去预示错误行为。

2.1 什么是引用

第 1 章描述了 8 种基本类型，以及这些类型可以执行的操作。Java 中所有其他的类型都是引用类型，包括字符串、数组和文件流。什么是引用？ Java 中的引用变量（reference variable，常简单地缩写为引用）是一个变量，它以某种方式存储对象所在的内存地址。

例如，图 2.1 是 Point 类型的两个对象。碰巧，这两个对象分别存储在位置为 1000 和 1024 的内存中。对于这两个对象，一共有三个引用：point1、point2 和 point3。point1 和 point3 都指向存储在内存位置为 1000 的对象，point2 指向存储在内存位置为 1024 的对象。point1 和 point3 中保存值 1000，而 point2 中保存值 1024。注意，实际的位置（如 1000 和 1024）是由运行时系统自行分配的（当它找到可用内存时）。所以这些值作为数字在外部是没什么用的。但是，point1 和 point3 保存同样的值这一事实是有用的，这意味着它们指向同一个对象。

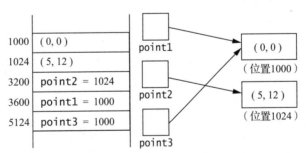

图 2.1　引用的示例。存储在内存位置 1000 的 Point 对象由 point1 和 point3 指向。存储在
　　　　内存位置 1024 的 Point 对象由 point2 指向。保存变量的内存位置是任意的

引用中总保存某对象所在的内存地址，除非它当前不指向任何对象。在这种情况下，它保存的是空引用（null reference）null。Java 不允许引用指向基本类型变量。

有两大类操作适用于引用变量。一类能让我们检查或处理引用的值。例如，如果我们改变 point1 中保存的值（值为 1000），则可以让它指向另一个对象。我们还可以比较 point1 和 point3，并确定它们是不是指向同一个对象。另一类操作适用于所指向的对象，我们或许可以检查或修改某个 Point 对象的内部状态。例如，我们可以检查某个 Point 对象中的 x 和 y 坐标。

在描述可以使用引用做什么之前，我们先来看看不能做什么。考虑表达式 point1*point2。因为 point1 和 point2 中存储的值分别是 1000 和 1024，所以它们的乘积是 1 024 000。不过，这是个毫无意义的计算，因为没有任何可用之处。引用变量保存的是地址，两个地址相乘没有任何逻辑意义。

类似地，point1++ 在 Java 中也没有意义，它表明 point1（1000）要被加到 1001，但那样的话，它可能不会指向一个合理的 Point 对象。许多语言（例如 C++）定义了指针（pointer），它的行为很像引用变量。不过 C++ 中的指针危险得多，因为语言允许对存储地址进行算术运算。所以在 C++ 中，point1++ 是有意义的。因为 C++ 允许指针指向基本类型，所以必须谨慎区分算术运算是应用于地址的还是应用于所指向的对象的。通过显式解引用（dereferencing）指针就可以做到。实际上，C++ 中不安全的指针往往会导致大量的编程错误。

有些操作是对引用本身执行的，而其他一些操作是对所引用的对象执行的。在 Java 中，作用于引用类型（String 类型除外）的运算符仅有用于赋值的 =，以及进行相等比较的 == 或 !=。

图 2.2 说明了作用于引用变量的赋值运算符。将 point2 中保存的值赋给 point3，结果是让 point3 指向了 point2 正指向的同一对象。现在，point2==point3 为 true，因为 point2 和 point3 都保存了 1024，因此指向了同一个对象。point1!=point2 也为 true，因为 point1 和 point2 指向不同的对象。

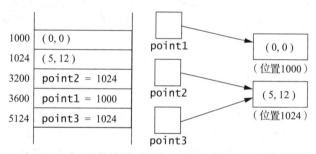

图 2.2 point3=point2 的结果，现在 point3 与 point2 指向同一个对象

其他的操作是处理正指向的对象的。只可以实施 3 种基本操作：

- 应用类型转换（见 1.4.4 节）。
- 通过点运算符（.）访问内部域或调用一个方法（见 2.2.1 节）。
- 使用 instanceof 运算符验证存储的对象是否为特定类型（见 3.6.3 节）。

下一节我们将更详细地说明常用的引用操作。

2.2 对象和引用的基础知识

在 Java 中，对象是任何非基本类型的实例。

在 Java 中，对象（object）是任何非基本类型的实例。对象与基本类型是不同的。如前文所述，基本类型是按值（value）处理的，意思是说基本类型变量所掌管的值保存在那些变量中，赋值时从基本变量复制给基本变量。如 2.1 节所示，引用变量保存指向对象的引用。实际的对象保存在内存的某个地方，引用变量保存的是对象的内存地址。所以引用变量只代表那部分内存的名字。这表明，基本类型变量和引用变量的行为是不同的。本节会详细地探讨这些不同，并说明允许用于引用变量的操作。

2.2.1 点运算符

点运算符（.）用来选择应用于对象的方法。例如，假设有一个 Circle 类型的对象，而

Circle 定义了一个 area 方法。如果 theCircle 指向一个 Circle，则我们可以计算所指向的 Circle 对象的面积（并将它保存到 double 类型的变量中），操作如下：

```
double theArea = theCircle.area( );
```

theCircle 保存的可能是 null（空）引用。这种情况下，当运行程序时，应用点运算符会产生 NullPointerException。通常，这会让程序非正常终止。

点运算符还可以用来访问对象的各个组件，前提是已经设定好允许内部组件可见。第 3 章将讨论如何进行这些设定。第 3 章还解释了通常情况下，为什么最好不允许直接访问各组件。

2.2.2   对象的声明

当声明引用类型时，没有分配对象。那时引用为 null。要创建对象，使用 new 关键字。new 关键字用来构造一个对象。

使用 new 关键字时需要加括号。

构造可以指定对象的初始状态。

我们已经见过声明基本类型变量的语法了。对于对象，有一个重要的区别。当声明一个引用变量时，我们只提供了一个名字，用它可以指向存储在内存中的对象。但是，声明本身并没有提供对象。例如，假定有一个 Button 类型的对象，我们想使用方法 add（这些都在 Java 库中提供了）将其添加到已有的 Panel p 中。考虑语句：

```
Button b;            // b 可以指向一个 Button 对象
b.setLabel( "No" );  // 按钮 b 上的标签设为 "No"
p.add( b );          // 将它添加到 Panel p 中
```

这些语句似乎都没有问题，直到我们记起 b 只是某个 Button 对象的名字，但我们还没有创建任何的 Button。结果，声明 b 之后，引用变量 b 中保存的值是 null，就是说 b 还没有指向有效的 Button 对象。因为我们正试图改变一个不存在的对象，所以第 2 行是不合法的。这种情况下，编译器可能会检测到错误，并指出"b 未初始化"。另外一些情形下，编译器没有理会，而运行时错误将导致含义不明确的 NullPointerException 错误信息。

分配对象的（唯一常用）方法是使用 new 关键字。new 关键字用来构造一个对象。做这件事的一个方法如下所示：

```
Button b;            // b 可以指向一个 Button 对象
b = new Button( );   // 现在 b 指向一个已分配的对象
b.setLabel( "No" );  // 按钮 b 上的标签设为 "No"
p.add( b );          // 将它添加到 Panel p 中
```

注意，对象名字的后面是需要加括号的。

还可以将声明和对象的构造合在一起，如下所示：

```
Button b = new Button( );
b.setLabel( "No" );  // Button b 上的标签设为 "No"
p.add( b );          // 将它添加到 Panel p 中
```

还可以用初始值构造对象。例如，构造一个 Button 对象时可以带一个指定标签的 String：

```
Button b = new Button( "No" );
p.add( b );          // 将它添加到 Panel p 中
```

2.2.3   垃圾收集

Java 使用垃圾收集。有了垃圾收集，不再引用的内存会自动回收。

因为所有的对象都必须被构造，所以我们或许会希望当不再需要它们时，必须显式销毁它们。在 Java 中，当构造的对象不再被任何对象变量引用时，它消耗的内存被自动回收，然后可以再使用。这个技术称为垃圾收集（garbage collection）。

运行时系统（即 Java 虚拟机）保证，一个对象只要还能通过引用或引用链来访问，那它永远不会被回收。一旦对象不能再通过引用链来访问，那就由运行时系统在内存不足时自行决定是否回收它。如果内存充裕，虚拟机也可能不尝试回收这些对象。

2.2.4　= 的含义

> lhs 和 rhs 分别代表左侧和右侧。
> 对于对象，= 是引用赋值，而不是对象复制。

假定我们有两个基本类型变量 lhs 和 rhs，其中 lhs 和 rhs 分别代表左手侧（left-hand side）和右手侧（right-hand side）。则赋值语句：

```
lhs = rhs;
```
的含义很简单，即把保存在 rhs 中的值复制给基本类型变量 lhs。后续对 lhs 或 rhs 的改变都不会影响另外一个。

对于对象，= 的含义是相同的，即复制所保存的值。如果 lhs 和 rhs 是（兼容类型的）引用，则执行赋值语句后，lhs 将指向 rhs 所指向的同一对象。此处，被复制的是一个地址。lhs 不再指向它原来指向的对象。如果 lhs 是指向那个对象的唯一引用，那么那个对象现在就不被引用了，并且要服从垃圾收集。注意，对象没有进行复制。

让我们来看一些例子。首先，假定我们想要两个 Button 对象。假定得到它们的步骤是：先创建 noButton，然后再通过修改 noButton 去创建 yesButton。如下所示：

```
Button noButton = new Button( "No" );
Button yesButton = noButton;
yesButton.setLabel( "Yes" );
p.add( noButton );
p.add( yesButton );
```

这段代码达不到目的，因为只构造了一个 Button 对象。所以第二个赋值语句仅仅表明 yesButton 是第 1 行所构造的 Button 的另外一个名字。现在，所构造的 Button 有了两个名字。在第 3 行，所构造的 Button 的标签被改为 Yes，这意味着，这个唯一的有两个名字的 Button 对象，其标签现在是 Yes。最后两行将 Button 对象添加到 Panel p 中两次。

yesButton 没有指向它自己对象的这一事实，在本例中无关紧要。我们要说明的问题是赋值。考虑：

```
Button noButton = new Button( "No" );
Button yesButton = new Button( );
yesButton = noButton;
yesButton.setLabel( "Yes" );
p.add( noButton );
p.add( yesButton );
```

结果也是一样的。这里创建了两个 Button 对象。在语句序列的最后，第一个对象被 noButton 和 yesButton 所指向，而第二个对象没有被指向。

乍一看，对象不能被复制这一事实似乎是苛刻的限制。实际上并不是，不过这需要花点时间去习惯一下。（有些对象确实需要复制。对那些对象，如果可以使用 clone 方法，就应该使用。不过，本书中并不使用 clone。）

2.2.5 参数传递

> 按值调用意味着，对于引用类型，形参与实参指向的是同一个对象。

因为是按值调用，所以使用一般赋值将实参送到形参中。如果参数是引用类型，则我们知道，一般赋值意味着现在形参与实参指向同一个对象。作用于形参的任何方法，也作用于实参。换句话说，这就是所谓的按引用参数传递（call-by-reference parameter passing）。在 Java 中使用这个术语会产生一些误导，因为它的潜台词是说参数传递是不一样的。实际上，参数传递没有改变，改变的是参数，从非引用类型改变为引用类型。

例如，假设我们将 yesButton 作为参数传给如下定义的 clearButton 例程：

```java
public static void clearButton( Button b )
{
    b.setLabel( "No" );
    b = null;
}
```

则如图 2.3 所示，b 与 yesButton 指向同一个对象，而且通过 b 来调用方法对这个对象状态的任何改变，当从 clearButton 返回时也能看到。对 b 的值的修改（例如，它指向的是哪个对象）不会影响到 yesButton。

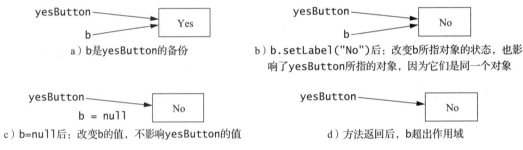

图 2.3　按值调用的结果

2.2.6 == 的含义

> 对于引用类型，仅当两个引用指向同一个对象时，== 为 true。
> equals 方法可用来测试两个引用所指向的对象有没有相同的状态。

对于基本类型，如果保存的值是相同的，则 == 为 true。对于引用类型，它的含义是不同的，但与前面的讨论完全一致。

如果两个引用指向的是同一个已存储的对象（或者它们都是 null），则通过 == 表示它们是相等的。例如，考虑如下代码段：

```java
Button a = new Button( "Yes" );
Button b = new Button( "Yes" );
Button c = b;
```

这里有两个对象。第一个的名字是 a，第二个有 b 和 c 两个名字。b==c 为 true。但是，即使 a 和 b 指向的对象有相同的值，a==b 也是 false，因为它们指向的是不同的对象。类似的规则也适用于 !=。

有时，知道所指向的对象的状态是否相同很重要。所有的对象都可以使用 equals 进行比较，但对于许多对象（包括 Button）来说，equals 返回 false，除非两个引用指向同一个对象（换句话说，对有些对象来说，equals 所做的也就是 == 测试）。在 2.3 节讨论 String 类型时，我们会看到一个示例，表明 equals 还是有用的。

2.2.7 没有对象的运算符重载

除了下一节要描述的一种特殊情况之外，不能定义新的运算符来处理对象，如 +、-、* 和 /。所以，任何对象都不能使用 < 运算符。取而代之的是要定义一个命名方法（例如 lessThan）来完成这项任务。

2.3 字符串

> String 的行为很像引用类型。

Java 中的字符串是由引用类型 String 来处理的。语言让 String 类型看上去像是基本类型，因为它提供了用于连接操作的 + 和 += 运算符。不过，这是唯一允许重载运算符的引用类型。在其他方面，String 的行为无异于任何其他的引用类型。

2.3.1 字符串操作的基础

> 字符串是不变的，即 String 对象不能被改变。

关于 String 对象有两条基本规则。第一，除了连接运算符之外，它的行为像是一个对象。第二，String 是不变的（immutable）。这意味着，一旦构造了一个 String 对象，它的内容就不能被改变。

因为 String 是不变的，所以对它使用 = 运算符总是安全的。因此可以通过下述方式来声明一个 String：

```
String empty   = "";
String message = "Hello";
String repeat  = message;
```

声明之后有两个 String 对象。第一个是空字符串，由 empty 指向。第二个是字符串 "Hello"，它同时由 message 和 repeat 指向。对大多数对象来说，同时由 message 和 repeat 指向可能会出现问题。但是，因为 String 是不变的，所以共享 String 是安全的，而且效率较高。改变字符串 repeat 所指向的值的唯一方法是构造一个新的 String，并让 repeat 指向它。这不会影响 message 所指向的 String。

2.3.2 字符串连接

> 字符串连接是用 +（和 +=）执行的。

Java 不允许引用类型的运算符重载。但是，对于字符串连接，有一种特殊的语言豁免。

当至少一个操作数是 String 时，运算符 + 执行连接操作。结果指向新构造的 String 对象的一个引用。例如：

```
"this" + " that"    // 生成 "this that"
"abc" + 5           // 生成 "abc5"
5 + "abc"           // 生成 "5abc"
"a" + "b" + "c"     // 生成 "abc"
```

单字符的字符串不能替换为字符常量，练习 2.7 将要求你说明原因。注意，运算符 + 是左结合律的，所以

```
"a" + 1 + 2        // 生成 "a12"
1 + 2 + "a"        // 生成 "3a"
1 + ( 2 + "a" )    // 生成 "12a"
```

另外，运算符 += 也可以用于 String。str+=exp 的作用与 str=str+exp 是一样的。具体来说，它的含义是：str 将指向由 str+exp 新构造的 String。

2.3.3 字符串比较

> 使用 equals 和 compareTo 执行字符串的比较。

因为基本的赋值运算符可以用于 String，所以很容易让我们觉得关系运算符和相等运算符也能用于 String。但这不是真的。

根据禁止运算符重载的规定，没有为 String 类型定义关系运算符（<、>、<= 和 >=）。进一步来说，== 和 != 对引用类型变量有特殊的含义。例如，对于两个 String 对象 lhs 和 rhs，仅当 lhs 和 rhs 指向同一个 String 对象时，lhs==rhs 才为 true。所以，如果它们指向不同但有相等内容的对象，则 lhs==rhs 为 false。对 != 也有类似的逻辑。

为了比较两个 String 对象是否相等，我们使用 equals 方法。如果 lhs 和 rhs 指向的两个 String 对象有相等的值，则 lhs.equals(rhs) 为 true。

使用 compareTo 方法可以进行更一般的测试。lhs.compareTo(rhs) 比较两个 String 对象 lhs 和 rhs。它根据 lhs 是否按字典序小于、等于或大于 rhs，分别返回一个负数、零或正数。

2.3.4 其他 String 方法

> 使用 length、charAt 和 substring 方法，分别计算字符串的长度、得到一个字符以及得到一个子串。

方法 length 可以得到 String 对象的长度（空字符串的长度为 0）。因为 length 是一个方法，所以需要括号。

还定义了两个方法用来访问 String 中的某个（或某些）字符。方法 charAt 得到指定位置的一个字符（第一个位置是位置 0）。方法 substring 返回指向新构造的 String 的一个引用。调用时指定起始点和第一个不包含的位置。

以下是这三个方法的示例。

```
String greeting = "hello";
int len    = greeting.length( );       // len 是 5
char ch    = greeting.charAt( 1 );     // ch 是 'e'
String sub = greeting.substring( 2, 4 ); // sub 是 "ll"
```

2.3.5 将其他类型转换为字符串

> toString 将基本类型（和对象）转换为 String。

字符串连接提供了将任意基本类型转换为 String 类型的直接方法。例如，""+45.3 返回新构造的 String "45.3"。还有一些方法可以直接完成这个功能。

可以使用 toString 方法将任意基本类型转换为 String 类型。例如，Integer.toString(45) 返回指向新构造的 String "45" 的引用。所有的引用类型都提供了 toString 的标准不一的实现。事实上，当运算符 + 的参数中仅有一个是 String 时，非字符串的参数采用相应的 toString 方法自动转换为 String 类型。对于整型类型，Integer.toString 方法的另一个版本可以指定基数。所以

```
System.out.println( "55 in base 2: " + Integer.toString( 55, 2 ) );
```

输出 55 的二进制表示。

调用 Integer.parseInt 方法可以得到由 String 表示的 int 值。如果 String 没有表示一个 int，那么这个方法会产生一个异常。异常将在 2.5 节讨论。类似的思想也适用于 double 类型。下面是两个示例：

```
int    x = Integer.parseInt( "75" );
double y = Double.parseDouble( "3.14" );
```

2.4 数组

> 数组保存一组相同类型的实体。
>
> 使用数组下标运算符可以访问数组中的任何对象。
>
> 数组下标从 0 开始。通过 length 域能够得到数组中保存的项数。不使用括号。

聚合（aggregate）是保存在一个单元中的一组实体。数组（array）是存储一组相同类型实体的基本机制。在 Java 中，数组不是基本类型。相反，它的行为非常像对象。所以用于对象的许多规则，也同样适用于数组。

数组中的每个实体可以通过数组下标运算符（array indexing operator）[] 来访问。我们说，运算符 [] 索引（index）了数组，意思是说它指定了要访问的对象。与 C 和 C++ 不同，越界检查是自动执行的。

在 Java 中，数组下标总是从 0 开始。所以有 3 个项的数组 a 存储 a[0]、a[1] 和 a[2]。通过 a.length 可以得到数组 a 中能保存的项的个数。注意，没有括号。典型的数组循环会用到如下的语句：

```
for( int i = 0; i < a.length; i++ )
```

2.4.1 声明、赋值和方法

> 要分配一个数组，可以使用 new。
>
> 始终确保声明的数组大小是正确的。差 1 的错误是常见的。
>
> 数组的内容按引用传递。

数组是对象，所以当给出数组声明

```
int [ ] array1;
```

时，还没有分配保存数组的内存。array1 只是数组的名字（引用），此时这个引用是 null。例如，若要含有 100 个 int，则使用 new：

```
array1 = new int [ 100 ];
```

此刻，array1 指向含 100 个 int 的一个数组。

声明数组还有其他的方法。例如，某些情况下，

```
int [ ] array2 = new int [ 100 ];
```

也是可接受的。另外，可以使用像 C 或 C++ 那样的初始化列表来指定初值。下面的例子中，分

配了含 4 个 int 的数组，然后由 array3 指向它。

```
int [ ] array3 = { 3, 4, 10, 6 };
```

方括号既可以放在数组名之前，也可以放在数组名之后。放在前面的话，容易看出这个名字是数组类型的，所以这里就使用了这种格式。声明一个引用类型（而不是基本类型）的数组所用的语法是相同的。但要注意，当分配引用类型的数组时，每个引用初始时都保存一个 null 引用。每个引用必须要指向所构造的对象。例如，构造一个有 5 个按钮的数组如下所示：

```
Button [ ] arrayOfButtons;
arrayOfButtons = new Button [ 5 ];
for( int i = 0; i < arrayOfButtons.length; i++ )
    arrayOfButtons[ i ] = new Button( );
```

图 2.4 说明了在 Java 中数组的用法。图 2.4 中的程序重复选择 1 ～ 100 之间的数（含 1 和 100）。输出每个数出现的次数。第 1 行的 import 命令将在 3.8.1 节讨论。

```
 1  import java.util.Random;
 2
 3  public class RandomNumbers
 4  {
 5      // 产生随机数（1～100）
 6      // 输出每个数出现的次数
 7
 8      public static final int DIFF_NUMBERS  =       100;
 9      public static final int TOTAL_NUMBERS = 1000000;
10
11      public static void main( String [ ] args )
12      {
13          // 创建数组，初始化为 0
14          int [ ] numbers = new int [ DIFF_NUMBERS + 1 ];
15          for( int i = 0; i < numbers.length; i++ )
16              numbers[ i ] = 0;
17
18          Random r = new Random( );
19
20          // 产生数
21          for( int i = 0; i < TOTAL_NUMBERS; i++ )
22              numbers[ r.nextInt( DIFF_NUMBERS ) + 1 ]++;
23
24          // 输出结果
25          for( int i = 1; i <= DIFF_NUMBERS; i++ )
26              System.out.println( i + ": " + numbers[ i ] );
27      }
28  }
```

图 2.4   数组的简单示例

第 14 行声明了一个整型数组，用来记录每个数出现的次数。因为数组下标从 0 开始，所以如果我们想访问在位置 DIFF_NUMBERS 中的项，那 +1 是至关重要的。没有它，我们将得到下标范围在 0 ～ 99 之间的数组，所以对下标 100 的任何访问都会是越界的。第 15 行和第 16 行的循环将数组项初始化为 0，实际上这没有必要，因为默认情况下，基本类型的数组元素初始化为 0，引用类型的元素初始化为 null。

程序的其余部分相对简单。它用到了 java.util 库中定义的 Random 对象（所以第 1 行是 import 指令）。nextInt 方法重复地给出一个（有点儿）随机的数，数的范围在 0 到传给 nextInt 的参数减 1 之间，所以加 1 后得到我们想要的范围内的数。第 25 行和第 26 行输出结果。

因为数组是引用类型，所以 = 不是复制数组。相反地，如果 lhs 和 rhs 都是数组，则

```
int [ ] lhs = new int [ 100 ];
int [ ] rhs = new int [ 100 ];
    ...
lhs = rhs;
```

的结果是，rhs 所指向的数组对象现在也被 lhs 所指向。所以改变 rhs[0] 也就改变了 lhs[0]。
（要让 lhs 独立复制 rhs，可以使用 clone 方法，但通常没有必要全部复制。）

　　最后，数组可用作方法的参数。这些规则从逻辑上遵从我们对数组名是引用的理解。假定有
methodCall 方法，它接受一个 int 数组作为参数。调用者 / 被调函数的方式是：

```
methodCall( actualArray );               // 方法调用
void methodCall( int [ ] formalArray )  // 方法声明
```

根据 Java 中引用类型的参数传递约定，formalArray 指向 actualArray 所指向的同一数组。所
以 formalArray[i] 访问 actualArray[i]。这意味着，如果方法修改了数组中的任何元素，则
方法执行完毕，这些修改是可见的。还要注意下面这样的语句：

```
formalArray = new int [ 20 ];
```

对 actualArray 没有影响。最后，因为数组名是简单的引用，所以可以返回它们。

2.4.2　动态数组扩展

> 动态数组扩展允许分配一个任意大小的数组，然后在需要时让它们变大。
> 数组经常扩展到原大小的某个常数倍。双倍是个很好的选择。

　　假设我们想读入一系列数并将它们保存在数组中等待处理。数组的基本属性要求我们声明大
小，以便编译器能分配正确的内存量。而且我们必须在第一次访问数组之前进行声明。如果我们
不能预料到有多少项，则合理地选择数组大小就很困难。本节将展示如果数组初始大小很小时，
该如何扩展数组。这项技术称为动态数组扩展（dynamic array expansion），它能让我们分配任意
大小的数组，当程序运行时让它变大或缩小。

　　到目前为止，我们看到的数组分配方法是：

```
int [ ] arr = new int[ 10 ];
```

假定在声明后我们决定实际需要 12 个 int 而不是 10 个。在这种情况下，可以使用下列技巧（如
图 2.5 所示）：

```
int [ ] original = arr;           // 1. 保存指向 arr 的引用
arr = new int [ 12 ];             // 2. 让 arr 指向更大的内存
for( int i = 0; i < 10; i++ )     // 3. 复制原来的数据
    arr[ i ] = original[ i ];
original = null;                  // 4. 取消对 original 数组的引用
```

　　稍微思考一下就会让你相信这是一个代价十分昂贵的操作。这是因为我们要将所有的元素从
original 复制回 arr。例如，如果这个数组扩展是为了响应读取输入，那么每次读几个元素都
要重新扩展将是十分低效的。所以，当实现数组扩展时总是让它的大小乘上一个常数倍。例如，
可能将它扩展为两倍大小。这样，当我们将数组从 N 项扩展到 $2N$ 项时，复制 N 项的代价将平均
分摊在后面的 N 项上，它们插入数组中时无须扩展。

　　为了更具体地进行说明，图 2.6 和图 2.7 展示了从标准输入设备读入数量任意多个字符串并
将结果保存到动态扩展数组的一个程序。空行用来表示输入结束。（这里用到的 I/O 的少量细节对
本例不重要，这些内容将在 2.6 节讨论。）resize 例程执行数组扩展（或缩小），返回指向新数组
的引用。类似地，方法 getStrings 返回其所在数组（的引用）。

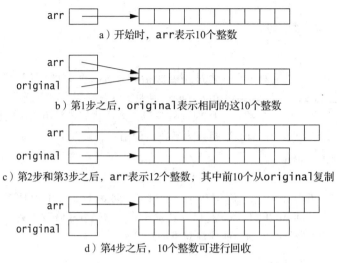

图 2.5 数组扩展

```
1  import java.util.Scanner;
2
3  public class ReadStrings
4  {
5      // 读入任意多个 String，返回 String [ ]
6      // 这里用到的 I/O 细节对于本例不重要
7      // 将在 2.6 节讨论
8      public static String [ ] getStrings( )
9      {
10         Scanner in = new Scanner( System.in );
11         String [ ] array = new String[ 5 ];
12         int itemsRead = 0;
13
14         System.out.println( "Enter strings, one per line; " );
15         System.out.println( "Terminate with empty line: " );
16
17         while( in.hasNextLine( ) )
18         {
19             String oneLine = in.nextLine( );
20             if( oneLine.equals( "" ) )
21                 break;
22             if( itemsRead == array.length )
23                 array = resize( array, array.length * 2 );
24             array[ itemsRead++ ] = oneLine;
25         }
26
27         return resize( array, itemsRead );
28     }
```

图 2.6 读入任意多个 String 并输出它们的代码（第 1 部分）

```
29     // 重定 String[ ] 数组的大小；返回新数组
30     public static String [ ] resize( String [ ] array,
31                                      int newSize )
32     {
33         String [ ] original = array;
34         int numToCopy = Math.min( original.length, newSize );
35
36         array = new String[ newSize ];
37         for( int i = 0; i < numToCopy; i++ )
```

图 2.7 读入任意多个 String 并输出它们的代码（第 2 部分）

```
38              array[ i ] = original[ i ];
39          return array;
40      }
41
42      public static void main( String [ ] args )
43      {
44          String [ ] array = getStrings( );
45          for( int i = 0; i < array.length; i++ )
46              System.out.println( array[ i ] );
47      }
48 }
```

图 2.7　读入任意多个 String 并输出它们的代码（第 2 部分）(续)

getStrings 开始时，itemsRead 设置为 0，从一个初始时含 5 个元素的数组开始。在第 19 行反复读入新的项。如果第 22 行的测试成功了，则表明数组已满，调用 resize 扩展数组。第 42 ~ 48 行使用前面概述的精确策略执行数组扩展。第 24 行，实际输入的项赋给数组，读取的项数递增。如果输入时出现错误，则仅简单地停止这个处理。最后，第 27 行缩小数组以匹配返回前已读入的项数。

2.4.3　ArrayList

> ArrayList 用来扩展数组。
>
> add 方法将大小加 1，将新项添加到数组中适当的位置，如果需要则扩展容量。

2.4.2 节用到的技术很常见，因此 Java 库中包含了 ArrayList 类型，内置了模仿它的类似功能。基本思想是，ArrayList 不仅维护大小，也维护容量。容量是它保留的内存量。ArrayList 的容量实际上是一个内部细节，无须担心。

add 方法将大小加 1，将新项添加到数组中适当的位置。如果没有达到容量，这是一个常规操作。如果达到容量，则使用 2.4.2 节描述的策略自动扩展容量。ArrayList 初始时大小为 0。

因为通过 [] 使用下标只能用于基本类型的数组，所以与 String 的情形类似，我们必须使用方法来访问 ArrayList 项。get 方法返回指定下标处的对象，而 set 方法可用来改变指定的下标所指向的值，所以，get 的行为很像 charAt 方法。我们将描述 ArrayList 几个核心问题的实现细节，并最终编写我们自己的版本。

图 2.8 中的代码展示了在 getStrings 中如何使用 add，显然它比 2.4.2 节中的 getStrings 函数简单得多。如第 19 行所示，ArrayList 指定了它保存的对象类型。只有指定类型的对象才能添加到 ArrayList 中，添加其他类型的对象会引发一个编译错误。这里要提到的重要一点是，只有（被引用类型变量所访问的）对象才能添加到 ArrayList 中。8 种基本类型的值不能添加。不过，有一种简单的解决方法，这将在 4.6.2 节讨论。

```
1  import java.util.Scanner;
2  import java.util.ArrayList;
3
4  public class ReadStringsWithArrayList
5  {
6      public static void main( String [ ] args )
7      {
8          ArrayList<String> array = getStrings( );
9          for( int i = 0; i < array.size( ); i++ )
10             System.out.println( array.get( i ) );
11     }
```

图 2.8　使用 ArrayList 读任意多个 String 并输出它们的代码

```
12
13        // 读入任意多个 String，返回一个 ArrayList
14        // 这里用到的 I/O 细节对于本例不重要
15        // I/O 细节将在 2.6 节讨论
16        public static ArrayList<String> getStrings( )
17        {
18            Scanner in = new Scanner( System.in );
19            ArrayList<String> array = new ArrayList<String>( );
20
21            System.out.println( "Enter any number of strings, one per line; " );
22            System.out.println( "Terminate with empty line: " );
23
24            while( in.hasNextLine( ) )
25            {
26                String oneLine = in.nextLine( );
27                if( oneLine.equals( "" ) )
28                    break;
29
30                array.add( oneLine );
31            }
32
33            System.out.println( "Done reading" );
34            return array;
35        }
36 }
```

图 2.8　使用 ArrayList 读任意多个 String 并输出它们的代码（续）

　　类型的规范说明是 Java 5 中增加的一个特性，称为泛型（generic）。在 Java 5 之前，ArrayList 并不指定对象的类型，而且任何类型都可以添加到 ArrayList 中。为了向后兼容，仍然允许在 ArrayList 声明中不指定对象类型，但这会产生一条警告信息，因为它丢掉了编译器检查类型不匹配的能力，迫使这些错误在很久以后由虚拟机在程序实际运行时检查。4.6 节和 4.8 节将描述旧的风格和新的风格。

2.4.4　多维数组

> 多维数组是一个通过多个下标访问的数组。

　　有时数组需要通过多个下标来访问。一个常见的例子就是矩阵。多维数组（multidimensional array）是一个通过多个下标访问的数组。它通过指定下标的大小来分配，且通过将每个下标放在自己的一对括号中来访问每个元素。下面的声明：

```
int [ ][ ] x = new int[ 2 ][ 3 ];
```

定义了二维数组 x，第一个下标（对应行数）的范围从 0 ～ 1，第二个下标（对应列数）的范围从 0 ～ 2（总共有 6 个 int）。为这些 int 留出了 6 个内存位置。

　　在上面这个例子中，二维数组实际上是数组的数组。因此，行数是 x.length，这是 2。列数是 x[0].length 或者 x[1].length，都是 3。

　　图 2.9 说明了如何输出二维数组的内容。代码不仅能用于矩形的二维数组，也适用于不规则二维数组（ragged two-dimensional array），其中的列数因行而异。第 11 行使用 m[i].length 表示第 i 行中的列数，列数问题很容易处理。我们还处理了可能为 null（这与长度为 0 不同）的行的可能性，这个测试在第 7 行。main 例程说明了已知初始值的二维数组的声明。这是 2.4.1 节讨论的一维数组情形的简单扩展。数组 a 是一个简单的矩形矩阵，数组 b 有一行是 null，而数组 c 是不规则的。

```
1  public class MatrixDemo
2  {
3      public static void printMatrix( int [ ][ ] m )
4      {
5          for( int i = 0; i < m.length; i++ )
6          {
7              if( m[ i ] == null )
8                  System.out.println( "(null)" );
9              else
10             {
11                 for( int j = 0; j < m[i].length; j++ )
12                     System.out.print( m[ i ][ j ] + " " );
13                 System.out.println( );
14             }
15         }
16     }
17
18     public static void main( String [ ] args )
19     {
20         int [ ][ ] a = { { 1, 2 }, { 3, 4 }, { 5, 6 } };
21         int [ ][ ] b = { { 1, 2 }, null, { 5, 6 } };
22         int [ ][ ] c = { { 1, 2 }, { 3, 4, 5 }, { 6 } };
23
24         System.out.println( "a: " ); printMatrix( a );
25         System.out.println( "b: " ); printMatrix( b );
26         System.out.println( "c: " ); printMatrix( c );
27     }
28 }
```

图 2.9　输出二维数组

2.4.5　命令行参数

通过检查 main 的参数可以使用命令行参数。

通过检查 main 的参数可以使用命令行参数。字符串数组表示附加的命令行参数。例如，当执行程序

java Echo this that

时，args[0] 指向 String "this"，而 args[1] 指向 String "that"。所以图 2.10 中的程序模拟标准的 echo 命令。

```
1  public class Echo
2  {
3      // 列出命令行参数
4      public static void main( String [ ] args )
5      {
6          for( int i = 0; i < args.length - 1; i++ )
7              System.out.print( args[ i ] + " " );
8          if( args.length != 0 )
9              System.out.println( args[ args.length - 1 ] );
10         else
11             System.out.println( "No arguments to echo" );
12     }
13 }
```

图 2.10　echo 命令

2.4.6　增强的 for 循环

Java 5 添加了新语法，允许不使用数组下标就可以访问数组或 ArrayList 中的每个元素。

语法是：

```
for( type var : collection )
    statement
```

在 statement 中，var 表示迭代中的当前元素。例如，要输出类型为 String [] 的 arr 中的元素，我们可以写：

```
for( String val : arr )
    System.out.println( val );
```

如果 arr 的类型是 ArrayList<String>，则代码不用修改同样有效，这是额外的好处，因为如果没有增强的 for 循环，当类型从数组变为 ArrayList 时必须重新编写循环代码。

增强的 for 循环有一些局限性。首先，在许多应用程序中必须有下标，尤其是在更改数组（或是 ArrayList）值时。第二，增强的 for 循环仅用于按顺序访问每个项的情况。如果要排除一项，则应该使用标准的 for 循环。不易使用增强的 for 循环重新编写的循环示例包括：

```
for( int i = 0; i < arr1.length; i++ )
    arr1[ i ] = 0;

for( int i = 0; i < args.length - 1; i++ )
    System.out.println( args[ i ] + " " );
```

除了允许通过数组和 ArrayList 进行迭代之外，增强的 for 循环也可以用于其他类型的集合。这个用法在第 6 章讨论。

2.5　异常处理

> 异常用来处理不正常的事情，比如错误。

异常（exception）是保存信息的对象，且在正常返回序列之外传输。它们沿调用序列回传，直到某些例程捕获（catch）异常。这时，可以提取对象中保存的信息提供给错误处理程序。这类信息始终包含创建异常位置的详细内容。另一个重要信息是异常对象的类型。例如，传播 ArrayIndexOutBoundsException 时，很显然基本问题是不正确的下标。异常用来表示出现了不正常的事情，比如错误。

2.5.1　处理异常

> try 块包含可能产生异常的代码。
> catch 块处理异常。

图 2.11 中的代码说明了异常的使用。可能导致异常传播的代码包含在 try 块中。try 块从第 11 行一直延伸到第 16 行。紧接在 try 块之后的是异常处理程序。只有当引发异常时才会转到代码的这一部分。引发异常时，异常所在的 try 块视为终止。按顺序尝试每个 catch 块（本代码中仅有一个），直到找到一个匹配的处理程序。如果 oneLine 不能转换为 int，则由 parseInt 生成 NumberFormatException 异常。

如果匹配相应的异常，则执行 catch 块中的代码（本例中是第 18 行）。然后 catch 块和 try/catch 序列视为终止[⊖]。从异常对象 e 输出一些有意义的信息。或者，给出附加处理及更详细的错误信息。

⊖ 注意，try 和 catch 都需要一个块，而不单单是一条语句，所以括号不是可选的。为节省篇幅，我们常将一个简单的 catch 子句与其括号放在一行，缩进两格，而不是占用三行。本书后面也将使用这种风格表示单行的方法。

```
1   import java.util.Scanner;
2
3   public class DivideByTwo
4   {
5       public static void main( String [ ] args )
6       {
7           Scanner in = new Scanner( System.in );
8           int x;
9
10          System.out.println( "Enter an integer: " );
11          try
12          {
13              String oneLine = in.nextLine( );
14              x = Integer.parseInt( oneLine );
15              System.out.println( "Half of x is " + ( x / 2 ) );
16          }
17          catch( NumberFormatException e )
18            { System.out.println( e ); }
19      }
20  }
```

图 2.11　说明异常的简单程序

2.5.2　finally 子句

finally 子句总要在块结束之前执行，不管有没有异常。

在 try 块中创建的一些对象必须要清理。例如，在 try 块中打开的文件可能需要在离开 try 块之前关闭。这就会存在一个问题，如果在执行 try 块过程中抛出了一个异常对象，那么清理工作可能就被忽略了，因为异常将导致 try 块立即中断。虽然我们可以在最后一个 catch 子句后立即进行清理工作，但仅当异常被其中一个 catch 子句捕获时才有效。而且这也很难保证。

在这种情形下，我们可以使用紧接在最后一个 catch 块（或是 try 块，如果没有 catch 块）后的 finally 子句。finally 子句由关键字 finally 及其后的 finally 块组成。有三种基本情况。

- 如果 try 块执行时没有发生异常，则控制传递给 finally 块。即使在最后一条语句之前通过 return、break 或 continue 退出 try 块，也是如此。
- 如果在 try 块内遇到了未捕获的异常，则控制传递给 finally 块。在执行 finally 块后，传播异常。
- 如果在 try 块内遇到了捕获的异常，控制传递给相应的 catch 块。在执行了 catch 块后，执行 finally 块。

2.5.3　常见的异常

运行时异常不必处理。
受检异常必须进行处理，或列在 throws 子句中。
错误是不可恢复的异常。

在 Java 中有几种标准类型异常。标准运行时异常（standard runtime exception）包括像整数被零除和非法数组访问这样的事件。因为这些事情几乎可以发生在任何地方，因此要求异常处理程序进行处理的话显得过于繁重。如果提供了 catch 块，则这些异常的行为与其他任何异常一样。如果没有为标准异常提供 catch 块，并且抛出了标准异常，那么它会如常传播，可能会超过 main。这种情况下，它使得程序异常终止，会产生一条错误信息。图 2.12 中列出了一些常见的标准运行时异常。一般来说，这些是程序错误，不应该被捕获。明显违反这一原则的是

NumberFormatException，不过 NullPointerException 更典型。

标准运行时异常	意义
ArithmeticException	溢出或整数被零除
NumberFormatException	将 String 非法转换为数值类型
IndexOutOfBoundsException	数组或 String 中的下标不合法
NegativeArraySizeException	试图创建负数长度数组
NullPointerException	试图使用 null 引用错误
SecurityException	违反运算时安全规则
NoSuchElementException	尝试获取"next"项时失败

图 2.12　常见的标准运行时异常

　　大多数异常是标准受检异常（standard checked exception）。如果调用的方法可能直接或间接抛出标准受检异常，那么程序员必须为其提供 catch 块，或明确地指示该异常要使用方法声明中的 throws 子句来传播。注意，最终应该处理它，因为让 main 方法中存在 throws 子句是一个非常糟糕的设计风格。图 2.13 列出了一些常见的标准受检异常。

标准受检异常	意义
java.io.EOFException	输入完成前遇到了文件结束符
java.io.FileNotFoundException	没有找到要打开的文件
java.io.IOException	包括大多数 I/O 异常
InterruptedException	由 Thread.sleep 方法抛出

图 2.13　常见的标准受检异常

　　error（错误）是虚拟机问题。OutOfMemoryError 是最常见的错误。其他错误还包括 InternalError 和臭名昭著的 UnknownError，后者虚拟机确定存在问题，但不知道原因，也不想继续。一般来说，错误是不可恢复的，也不应该被捕获。

2.5.4　throw 和 throws 子句

> throw 子句用来抛出异常。
> throws 子句指示传播的异常。

　　程序员可以使用 throw 子句产生异常。例如，我们可以使用语句：

```
throw new ArithmeticException( "Divide by zero" );
```

创建然后抛出 ArithmeticException 对象。

　　由于抛出一个异常的初衷是想给调用者一个这里存在问题的信号，所以永远不应该为了在同一作用域内的几行之后来捕获它而抛出。换句话说，不要在 try 块内放置 throw 子句，然后在相应的 catch 块内立即处理。相反，不处理它，并且将异常上传给调用者。否则，就是将异常当作廉价的 go to 语句来用了，这并不是好的编程风格，而且肯定也不是异常的用途——将异常作为不正常事件的信号才是。

　　Java 允许程序员创建自己的异常类型。第 4 章将介绍如何创建并抛出用户自定义异常的详细内容。

　　正如我们之前提到的，标准受检异常必须被捕获或显式地传播给调用者例程，但作为最后的手段，它们最终应该在 main 中处理。要实现后者，不想去捕获异常的方法必须通过 throws 子句明确表明可能要传播的异常。throws 子句附加在方法头的末尾。图 2.14 演示了一个方法，它传播所遇到的任何 IOException 异常，这些异常最终必须在 main 中被捕获（因为我们不会在 main 中放置 throws 子句）。

```
1  import java.io.IOException;
2
3  public class ThrowDemo
4  {
5      public static void processFile( String toFile )
6                                         throws IOException
7      {
8          // 忽略的实现代码将抛出的
9          // 所有 IOExceptions 传播回调用者
10     }
11
12     public static void main( String [ ] args )
13     {
14         for( String fileName : args )
15         {
16             try
17               { processFile( fileName ); }
18             catch( IOException e )
19               { System.err.println( e ); }
20         }
21     }
22 }
```

图 2.14 throws 子句的说明

2.6 输入和输出

使用 java.io 包可以实现 Java 中的输入和输出（I/O）。I/O 包中的类型都带有前缀 java.io，包括我们之前看到过的 java.io.IOException。import 命令能让你避免使用全名。例如，在代码顶部写

```
import java.io.IOException;
```

就可以用 IOException 作为 java.io.IOException 的简写。（如 String 和 Math 等许多常见的类型，不需要 import 命令，因为它们在 java.lang 中，因此使用简写方式也是自动可见的。）

Java 库非常复杂，且有大量的选项。这里我们只研究最基本的用法，全部集中在格式化 I/O 上。在 4.5.3 节，我们将讨论库的设计。

2.6.1 基本的流操作

预定义的流是 System.in、System.out 和 System.err。

与许多语言一样，Java 使用流的概念进行 I/O。为了对终端、文件或互联网执行 I/O，程序员要创建关联的流。一旦创建完，所有的 I/O 命令都被定向到流。程序员为每个 I/O 目标（例如，需要输入或输出的每个文件）定义一个流。

为终端 I/O 预定义了 3 个流：标准输入流 System.in，标准输出流 System.out 和标准错误流 System.err。

正如我们前面提到的，print 和 println 方法用于格式输出。任何类型都可以通过调用其 toString 方法转换为适合输出的 String，多数情形下，这是自动完成的。与有大量格式化选项的 C 和 C++ 不一样，在 Java 中的输出，几乎完全由 String 连接完成，没有内置的格式。

2.6.2　Scanner 类型

读取格式化输入的最简单方法是使用 Scanner。Scanner 允许用户使用 nextLine 一次读取一行，使用 next 一次读取一个 String，或使用像 nextInt 和 nextDouble 这样的方法一次读取一个基本类型的值。在尝试执行读取操作之前，按惯例要使用像 hasNextLine、hasNext、hasNextInt 和 hasNextDouble 这样的方法来检查读取是否能成功，这些方法得到 boolean 结果。正因如此，通常不需要处理异常。当使用 Scanner 时，按惯例要提供 import 指令：

```
import java.util.Scanner;
```

要使用 Scanner 从标准输入读取，我们必须先从 System.in 构造一个 Scanner 对象。图 2.11 的第 7 行说明了这个步骤。在图 2.11 中，我们可以看到，用 nextLine 来读一个 String，然后将 String 转换为 int。从上一段对 Scanner 的讨论可知，还可以有其他几种替代做法。

下面这种可能是最简单的替代方法，使用 nextInt 和 hasNextInt 方法完全避免了异常：

```
System.out.println( "Enter an integer: " );
if( in.hasNextInt( ) )
{
    x  = in.nextInt( );
    System.out.println( "Half of x is " + ( x / 2 ) );
}
else
  { System.out.println("Integer was not entered."  }
```

使用 Scanner 中不同的 next 和 hasNext 组合，通常能达到目的，但可能会有一些限制。例如，假定我们想读取两个整数并输出最大值。

如果我们想进行正确的错误检查，图 2.15 展示了一个很麻烦的没有使用异常的想法。每次调用 nextInt 前都要调用 hasNextInt，且除非在标准输入流中实际提供了两个 int，否则就要报告错误信息。

```
 1  import java.util.Scanner;
 2
 3  class MaxTestA
 4  {
 5      public static void main( String [ ] args )
 6      {
 7          Scanner in = new Scanner( System.in );
 8          int x, y;
 9
10          System.out.println( "Enter 2 ints: " );
11
12          if( in.hasNextInt( ) )
13          {
14              x = in.nextInt( );
15              if( in.hasNextInt( ) )
16              {
17                  y = in.nextInt( );
18                  System.out.println( "Max: " + Math.max( x, y ) );
19                  return;
20              }
21          }
22
23          System.err.println( "Error: need two ints" );
24      }
25  }
```

图 2.15　使用 Scanner 读入两个整数并输出最大者，不使用异常

图 2.16 展示了另一种做法，其中不调用 hasNextInt，相反调用 nextInt，如果没有 int

可用，则抛出 NoSuchElementException，这使得代码读起来更清晰。使用异常可能是合理的决策，因为程序不必考虑用户可能没有输入两个整数这样的非正常情形。

```
1  class MaxTestB
2  {
3      public static void main( String [ ] args )
4      {
5          Scanner in = new Scanner( System.in );
6
7          System.out.println( "Enter 2 ints: " );
8
9          try
10         {
11             int x = in.nextInt( );
12             int y = in.nextInt( );
13
14             System.out.println( "Max: " + Math.max( x, y ) );
15         }
16         catch( NoSuchElementException e )
17           { System.err.println( "Error: need two ints" ); }
18     }
19 }
```

图 2.16　使用 Scanner 读入两个整数并输出最大者，使用异常

但是，这两种做法都有局限，因为在很多情形下，我们可能坚持要在一行文本中输入两个整数。甚至可能坚持某一行中没有其他的数据。图 2.17 展示了一种不同的做法。通过提供一个 String，可以构造 Scanner 对象。所以可以先从 System.in 创建一个 Scanner 对象（第 7 行）去读一行（第 12 行），然后创建第二个 Scanner 对象（第 13 行）从这一行中提取两个整数（第 15 行和第 16 行）。如果出错了，将处理 NoSuchElementException。

```
1  import java.util.Scanner;
2
3  public class MaxTestC
4  {
5      public static void main( String [ ] args )
6      {
7          Scanner in = new Scanner( System.in );
8
9          System.out.println( "Enter 2 ints on one line: " );
10         try
11         {
12             String oneLine = in.nextLine( );
13             Scanner str = new Scanner( oneLine );
14
15             int x = str.nextInt( );
16             int y = str.nextInt( );
17
18             System.out.println( "Max: " + Math.max( x, y ) );
19         }
20         catch( NoSuchElementException e )
21           { System.err.println( "Error: need two ints" ); }
22     }
23 }
```

图 2.17　使用两个 Scanner 对象从同一行读入两个整数并输出最大者

图 2.17 中使用第二个 Scanner 对象有效且便捷。不过，如果确保在每行有不多于两个的整数很重要，那就必须添加代码。具体来说，必须添加调用 str.hasNext() 的代码，如果它返回 true，那我们就知道出了问题。这由图 2.18 来说明。还有其他的做法，比如 String 中的

split 方法，这个在练习中描述。

```
 1  class MaxTestD
 2  {
 3      public static void main( String [ ] args )
 4      {
 5          Scanner in = new Scanner( System.in );
 6
 7          System.out.println( "Enter 2 ints on one line: " );
 8          try
 9          {
10              String oneLine = in.nextLine( );
11              Scanner str = new Scanner( oneLine );
12
13              int x = str.nextInt( );
14              int y = str.nextInt( );
15
16              if( !str.hasNext( ) )
17                  System.out.println( "Max: " + Math.max( x, y ) );
18              else
19                  System.err.println( "Error: extraneous data on the line." );
20          }
21          catch( NoSuchElementException e )
22            { System.err.println( "Error: need two ints" ); }
23      }
24  }
```

图 2.18   使用两个 Scanner 对象从同一行精准地读入两个整数并输出最大者

2.6.3   顺序文件

> FileReader 用于文件输入。
> FileWriter 用于文件输出。

Java 的一条基本规则是，能用于终端 I/O 的也能用于文件。要处理文件，我们不从 InputStreamReader 构造 BufferedReader 对象。相反地，从 FileReader 对象构造它，通过提供一个文件名可以构造它。

说明这个基本思路的示例如图 2.19 所示。其中的程序将列出由命令行参数所指定的文本文件的内容。main 例程只需要遍历命令行参数，将每个参数传给 listFile。在 listFile 中，第 22 行代码构造 FileReader 对象，然后用它去构造一个 Scanner 对象 fileIn。之后的读取过程与前面看到的是一样的。

文件操作完毕必须要关闭它，否则最后可能会耗尽流。注意，这个不能在 try 块结尾处进行，因为异常可能导致从块中过早地退出。所以我们在 finally 块中关闭文件，这能确保无论是没有发生异常、处理异常还是不处理异常，都能关闭。处理 close 的代码很复杂，因为

- fileIn 必须在 try 块外声明，目的是能在 finally 块内可见。
- fileIn 必须初始化为 null，避免编译器提示有一个可能未初始化的变量。
- 在调用 close 之前，我们必须检查 fileIn 不是 null，避免产生 NullPointerException 异常（如果文件未找到，则 fileIn 可能是 null，导致在进行这个任务之前发生 IOException）。
- 某些情况下（但不是我们的例子中），close 本身可能会抛出一个受检异常，然后需要额外的 try/catch 块。

格式文件输出类似文件输入，用 FileWriter、PrintWriter 和 println 分别替换 FileReader、Scanner 和 nextLine。图 2.20 演示了一个隔行文件的程序，文件由命令行指定（生成的文件保

存在一个以 `.ds` 为扩展名的文件中）。

```java
1  import java.util.Scanner;
2  import java.io.FileReader;
3  import java.io.IOException;
4
5  public class ListFiles
6  {
7      public static void main( String [ ] args )
8      {
9          if( args.length == 0 )
10             System.out.println( "No files specified" );
11         for( String fileName : args )
12             listFile( fileName );
13     }
14
15     public static void listFile( String fileName )
16     {
17         Scanner fileIn = null;
18
19         System.out.println( "FILE: " + fileName );
20         try
21         {
22             fileIn  = new Scanner( new FileReader( fileName ) );
23             while( fileIn.hasNextLine( ) )
24             {
25                 String oneLine = fileIn.nextLine( );
26                 System.out.println( oneLine );
27             }
28         }
29         catch( IOException e )
30           { System.out.println( e ); }
31         finally
32         {
33             // 关闭流
34             if( fileIn != null )
35                 fileIn.close( );
36         }
37     }
38 }
```

图 2.19 列出文件内容的程序

```java
1  // 隔行文件在命令行指定
2
3  import java.io.FileReader;
4  import java.io.FileWriter;
5  import java.io.PrintWriter;
6  import java.io.IOException;
7  import java.util.Scanner;
8
9  public class DoubleSpace
10 {
11     public static void main( String [ ] args )
12     {
13         for( String fileName : args )
14             doubleSpace( fileName );
15     }
16
17     public static void doubleSpace( String fileName )
18     {
19         PrintWriter  fileOut = null;
20         Scanner      fileIn = null;
```

图 2.20 隔行文件的程序

```
21
22        try
23        {
24            fileIn  = new Scanner( new FileReader( fileName ) );
25            fileOut = new PrintWriter(  new FileWriter( fileName + ".ds" ) );
26
27            while( fileIn.hasNextLine( ) )
28            {
29                String oneLine = fileIn.nextLine( );
30                fileOut.println( oneLine + "\n" );
31            }
32        }
33        catch( IOException e )
34          { e.printStackTrace( ); }
35        finally
36        {
37            if( fileOut != null )
38                fileOut.close( );
39            if( fileIn != null )
40                fileIn.close( );
41        }
42    }
43 }
```

图 2.20　隔行文件的程序（续）

这里描述的 Java I/O 足以应付基本的格式化 I/O，不过隐藏了有趣的面向对象的设计，更详细的内容将在 4.5.3 节讨论。

2.7　总结

本章讨论了引用类型。引用（reference）是一个变量，用来保存对象所在的内存地址，或保存特殊的值 null。只有对象才可以被引用。任何对象都可以被多个引用变量引用。当两个引用通过 == 进行比较时，如果引用指向同一个对象，则结果为 true。类似地，= 使引用变量指向另一个对象。仅有少数其他操作可用。最重要的是点运算符，它允许选择对象的方法，或访问它的内部数据。

因为只有 8 种基本类型，所以在 Java 中，几乎所有重要的东西都是一个对象，且通过引用进行访问。这包括 String（字符串）、数组、异常对象、数据和文件流及字符串分隔符。

因为 + 和 += 可用于连接，所以 String 是一种特殊的引用类型。否则，String 就像任何其他的引用一样。需要用 equals 来测试两个字符串的内容是否相同。数组（array）是相同类型值的集合。数组下标从 0 开始，且必须进行下标范围检查。可以使用 new 去分配一个更大量内存的数组，然后复制每个元素，这样就可以动态扩展数组。这个过程被 ArrayList 自动执行。

异常（exception）用来预示异常事件。由 throw 子句预示异常，异常被传播，直到被对应 try 块的 catch 块处理。除了运行时异常和错误外，每个方法都必须用 throws 列表预示可能传播的异常。

StringTokenizer 用于将 String 解析为其他的 String。通常，它们与其他输入例程一起使用。输入由 Scanner 和 FileReader 对象处理。

下一章我们将介绍如何通过定义一个类（class）来设计新类型。

2.8　核心概念

聚合。保存在一个单元中的一组实体。

数组。保存一组相同类型的对象。

数组下标运算符 []。提供对数组中任何元素的访问。

ArrayList。以类似数组的格式保存一组对象，通过 add 方法很容易扩展。

按引用调用。在许多程序设计语言中，意味着形参是对实参的引用。这就是在 Java 中将按值调用用于引用类型时的自然效果。

catch **块**。用于处理异常。

受检异常。必须被捕获或通过 throws 子句显式允许传播。

命令行参数。被 main 的参数所访问。

构造。用于对象，通过关键字 new 执行。

点成员运算符 (.)。允许访问对象的每个成员。

动态数组扩展。允许数组按需变大。

增强的 for 循环。Java 5 中新增，允许在一组项上进行迭代。

equals。用来测试两个对象中保存的值是否相同。

错误。不可恢复的异常。

异常。用来处理不正常情况，例如错误。

FileReader。用于文件输入。

FileWriter。用于文件输出。

finally **子句**。总是在退出 try/catch 序列前执行。

垃圾收集。自动回收不再引用的内存。

不变的。其状态不能改变的对象。具体来说，String 是不变的。

输入和输出 (I/O)。通过使用 java.io 包来实现。

java.io。用于重要 I/O 的包。

length **域**。用来判定数组的大小。

length **方法**。用来判定字符串的长度。

lhs 和 rhs。分别代表左侧和右侧。

多维数组。通过多个下标访问的数组。

new。用来构造对象。

null **引用**。不指向任何对象的对象引用的值。

NullPointerException。当试图将一个方法用于 null 引用时产生。

对象。不是基本类型的实体。

引用类型。不是基本类型的类型。

运行时异常。不必处理。示例包括 ArithmeticException 和 NullPointerException。

Scanner。用于一次一行的输入。还用于从单个字符源（如输入流或 String）提取行、字符串和基本类型值。在 java.util 包中。

String。用于保存一组字符的特殊对象。

字符连接。使用 + 和 += 运算符实现。

System.in、System.out 和 System.err。预定义的 I/O 流。

throw **子句**。用于抛出异常。

throws **子句**。表示方法可能传播一个异常。

toString **方法**。将基本类型或对象转换为 String。

try **块**。包含可以生成异常的代码。

2.9　常见错误

- 对于引用类型和数组，= 不能复制对象的值。相反，它复制的是地址。
- 对于引用类型和字符串，应该使用 equals 替代 == 去测试两个对象是否有相同的状态。

- 在所有语言中差 1 错误都是常见的。
- 引用类型默认的初始值是 null。所有对象都由 new 来构造。"未初始化的引用变量（uninitialized reference variable）"或 NullPointerException 表示你忘了分配对象。
- 在 Java 中，数组下标从 0 到 N-1，其中 N 是数组大小。不过，会执行范围检查，以便在运行时检测到数组越界访问。
- 二维数组的下标是 A[i][j]，而不是 A[i,j]。
- 受检异常必须被捕获或显式使用 throws 子句传播。
- 输出空白时使用 " " 而不是 ' '。

2.10　网络资源

以下是本章的可用文件。每个文件都是独立的，本书后面将不再用到。

RandomNumbers.java。含有图 2.4 中示例的代码。

ReadStrings.java。含有图 2.6 和图 2.7 中示例的代码。

ReadStringsWithArrayList.java。含有图 2.8 中示例的代码。

MatrixDemo.java。含有图 2.9 中示例的代码。

Echo.java。含有图 2.10 中示例的代码。

ForEachDemo.java。说明增强的 for 循环。

DivideByTwo.java。含有图 2.11 中示例的代码。

MaxTest.java。含有图 2.15 ～图 2.18 中示例的代码。

ListFiles.java。含有图 2.19 中示例的代码。

DoubleSpace.java。含有图 2.20 中示例的代码。

2.11　练习

简答题

2.1　列出引用类型和基本类型主要的不同点。

2.2　列出能用于引用类型的 5 种操作。

2.3　数组和 ArrayList 之间的不同点是什么？

2.4　描述 Java 中异常是如何作用的？

2.5　列出可在 String 上执行的基本操作。

2.6　解释 Scanner 类型上 next 和 hasNext 的作用。

理论题

2.7　如果 x 和 y 的值分别是 5 和 7，则下列语句的输出是什么？

```
System.out.println( x + ' ' + y );
System.out.println( x + " " + y );
```

2.8　finally 块令 Java 语言规范有些混乱。写一个程序来确定图 2.21 中 foo 返回的值是什么，以及 bar 抛出的异常是什么。

实践题

2.9　校验和（checksum）是 32 位整数，即文件中 Unicode 字符的和（我们允许沉默溢出，但如果所有字符都是 ASCII，则不太可能会沉默溢出）。两个相同的文件有相同的校验和。编写一个程序，计算

```
public static void foo( )
{
    try
    {
        return 0;
    }
    finally
    {
        return 1;
    }
}

public static void bar( )
{
    try
    {
        throw new NullPointerException( );
    }
    finally
    {
        throw new ArithmeticException( );
    }
}
```

图 2.21　由 finally 块导致的混乱

由命令行参数提供的文件的校验和。

2.10 修改图 2.19 中的程序，如果没有给出命令行参数，则使用标准输入。

2.11 编写一个方法，如果 String str1 是 String str2 的前缀，则返回 true。不要使用除 charAt 之外的任何常规字符串查找例程。

2.12 编写一个例程，输出作为参数传入的 String [] 中 String 的总长。如果参数改为 ArrayList <String>，那么你的例程不经修改也应该能正确运行。

2.13 下列代码的错误是什么？

```
public static void resize( int [ ] arr )
{
    int [ ] old = arr;
    arr = new int[ old.length * 2 + 1 ];

    for( int i = 0; i < old.length; i++ )
        arr[ i ] = old[ i ];
}
```

2.14 实现下列方法，接受一个 double 数组并返回数组的和、平均值和众数（最常见的项）。

```
public static double sum( double [ ] arr )
public static double average( double [ ] arr )
public static double mode( double [ ] arr )
```

2.15 实现下列方法，接受一个 double 型二维数组并返回二维数组的和、平均值和众数（最常见的项）。

```
public static double sum( double [ ][ ] arr )
public static double average( double [ ][ ] arr )
public static double mode( double [ ][ ] arr )
```

2.16 实现下列方法，将 String 的数组或 ArrayList 逆置。

```
public static void reverse( String [ ] arr )
public static void reverse( ArrayList<String> arr )
```

2.17 实现下列方法，返回参数传递的一组项中的最小值。对于 String，最小值是由 compareTo 确定的按字母序排列的最小值。

```
public static int min( int [ ] arr )
public static int min( int [ ][ ] arr )
public static String min( String [ ] arr )
public static String min( ArrayList<String> arr )
```

2.18 实现以下方法，返回含有最多个 0 的行的下标。

```
public static int rowWithMostZeros( int [ ] [ ] arr )
```

2.19 实现各种 hasDuplicates 方法，如果在指定的元素组内有任何重复项，则这些方法都返回 true。

```
public static boolean hasDuplicates( int [ ] arr )
public static boolean hasDuplicates( int [ ][ ] arr )
public static boolean hasDuplicates( String [ ] arr )
public static boolean hasDuplicates( ArrayList<String> arr )
```

2.20 实现以下两个 howMany 方法，它们返回在 arr 中出现 val 的次数。

```
public static int howMany( int [ ] arr, int val )
public static int howMany( int [ ][ ] arr, int val )
```

2.21 实现以下两个 countChars 方法，它们返回在 str 中出现 ch 的次数。

```
public static int countChars( String str, char ch )
public static int countChars( String [ ] str, char ch )
```

2.22 使用 String 方法 toLowerCase，它创建一个新的 String，是已有 String 的小写等价形式（即 str.toLowerCase() 返回 str 的小写等价形式，而 str 不改变），实现以下的 getLowerCase 和

makeLowerCase 方法。getLowerCase 返回 String 的新集合，而 makeLowerCase 修改已有的集合。

```
public static String [ ] getLowerCase( String [ ] arr )
public static void makeLowerCase( String [ ] arr )
public static ArrayList<String> getLowerCase( ArrayList<String> arr )
public static void makeLowerCase( ArrayList<String> arr )
```

2.23 如果在二维数组的每一行所有的项都单增，在每一列所有的项同样都单增，则方法 isIncreasing 返回 true。实现 isIncreasing。

```
public static boolean isIncreasing( int [ ] [ ] arr )
```

2.24 实现 startsWith 方法，它返回由 arr 中以字符 ch 开头的所有 String 组成的 ArrayList。

```
public ArrayList<String> startsWith( String [ ] arr, char ch )
```

2.25 实现 split 方法，返回含有 String 标记的 String 数组。使用 Scanner。split 方法的签名是

```
public static String [ ] split( String str )
```

2.26 使用 Scanner 处理 String 的另一种方法是使用 split 方法。具体来说，在如下的语句中：

```
String [ ] arr = str.split( "\\s" );
```

如果 str 是 "this is a test"，则 arr 是一个数组，保存 4 个 String："this"、"is"、"a" 和 "test"。修改 2.6.2 节的代码，使用 split 方法替代 Scanner。

2.27 Scanner 和 split 都可以设置使用区别于普通空白的分隔符。例如，在以逗号分隔的文件中，唯一的分隔符是逗号。对于 split，在

```
scan.useDelimiter( "[,]" )
```

中，使用 "[,]" 作为参数，对 Scanner 也是。基于这些信息，修改 2.6.2 节的代码，处理逗号分隔的输入行。

程序设计项目

2.28 创建一个包含浮点数的数据文件 double1.txt，能用于练习 2.14。编写一个方法，调用练习 2.14 中的函数来处理你文件中的数据。确保每行只有 1 项，并处理所有问题。

2.29 创建一个包含二维数组中浮点数的数据文件 double2.txt，能用于练习 2.15。编写一个方法，调用练习 2.15 中的函数来处理你文件中的数据。若练习 2.15 中的代码要求二维数组是矩形的，那么如果数据文件中提供的不是矩形数组，则在调用你的方法之前抛出一个异常。

2.30 创建一个包含二维数组中的浮点数的数据文件 double3.txt，能用于练习 2.15。每一行的数应该用逗号分隔。编写一个方法，调用那个练习中的函数来处理你文件中的数据。若练习 2.15 中的代码要求二维数组是矩形的，那么如果数据文件中提供的不是矩形数组，则在调用你的方法之前抛出一个异常。

2.31 编写程序，输出命令行参数提供的文件中的字符数、字数及行数。

2.32 在 Java 中，浮点被零除是合法的，不会导致异常（而是给出一个无穷大、负无穷大或一个特殊的非数符号的表示）。

　　a. 执行某些浮点除法验证上面的描述。

　　b. 编写一个带两个参数的静态方法 divide，返回它们的商。如果除数是 0.0，则抛出 ArithmeticException。throws 子句是必要的吗？

　　c. 编写 main 程序，调用 divide，捕获 ArithmeticException。catch 子句应该放在哪个方法中？

2.33 实现复制文本文件的程序，包括测试，以确保源文件和目标文件不是同一个文件。

2.34 文件的每一行含有名字（字符串）和年龄（整数）。

    a. 编写程序，输出最年长者。如果有年龄一样大的，输出任何一位。

    b. 编写程序，输出最年长者。如果有年龄一样大的，输出所有的。（提示：在 ArrayList 中维护最年长者组。）

2.35 编写程序，计算课程成绩。程序应该提示用户输入存储考试成绩的文件名。文件的每一行有下列格式：

```
LastName:FirstName:Exam1:Exam2:Exam3
```

第 1 次考试权值为 25%，第 2 次考试权值为 30%，第 3 次考试权值为 45%。在此基础上，给学生一个最终的成绩：如果总分至少为 90 分则为 A，如果总分至少为 80 分则为 B，如果总分至少为 70 分则为 C，如果总分至少为 60 分则为 D，总分低于 60 分为 F。基于总分所给的成绩通常给最高的，故 75 分是 C。

    程序应该在屏幕上列出学生名单及学生的成绩对应的字母，如下所示：

```
LastName FirstName LetterGrade
```

这些数据还应该输出到文件中，文件名由用户提供，每行的格式为：

```
LastName FirstName Exam1 Exam2 Exam3 TotalPoints LetterGrade
```

完成后，要输出成绩分布。如果输入为：

```
Doe:John:100:100:100
Pantz:Smartee:80:90:80
```

则屏幕上的输出为：

```
Doe John A
Pantz Smartee B
```

输出文件中将含有

```
Doe John 100 100 100 100 A
Pantz Smartee 80 90 80 83 B
A 1
B 1
C 0
D 0
F 0
```

2.36 修改练习 2.35，使用更宽容的评分标准，最高分权值是 45%，次高分权值是 30%，最低分权值是 25%。其他规则不变。

2.12 参考文献

可以在 1.12 节参考文献中找到更多的信息。

对 象 和 类

本章开始讨论面向对象程序设计（object-oriented programming）。面向对象程序设计的基本组成部分是对象的规范、实现和使用。在第 2 章中，我们看过对象的几个示例，包括字符串和文件，那些属于 Java 库的一部分。我们还看到这些对象有内部状态，使用点运算符选择一个方法能操作它们。在 Java 中，定义一个类可以给出对象的状态和功能。一个对象是类的一个实例。

本章中，我们将看到：

- Java 是如何使用类来实现封装和信息隐藏的。
- 如何实现类及自动生成文档。
- 类是如何组织为包（package）的。

3.1 什么是面向对象程序设计

> 对象是有结构和状态的实体。每个对象定义了可以访问或操纵其状态的操作。
>
> 对象是一个原子单元，它的各部分不能被对象的一般使用者拆分。
>
> 信息隐藏使实现细节、包括对象的组件不可访问。
>
> 封装让一组数据与应用于它们的操作形成聚合，同时隐藏聚合的实现。
>
> Java 中的类由保存数据的域和应用于类实例的方法组成。

面向对象程序设计（object-oriented programming）作为 20 世纪 90 年代中期主流编程模式出现。本节我们讨论 Java 面向对象的特点，以及面向对象程序设计的原则。

面向对象程序设计的核心是对象（object）。一个对象是一个有结构和状态的数据类型。每个对象定义了可以访问或操纵其状态的操作。正如我们已经看到的，在 Java 中对象与基本类型是有区别的，不过这是 Java 的特性而不是面向对象的范式。除了执行一般操作外，我们还可以：

- 创建新对象，可能需要初始化。
- 复制或测试相等。
- 对这些对象执行 I/O 操作。

另外，我们将对象看作一个原子单元（atomic unit），用户不应该拆分它。我们中的大多数人甚至不会想折腾表示浮点数的那些位，而且你会发现，试图以一己之力改变浮点数的内部表示，而让浮点数对象变大是完全荒谬的。

原子原理就是所谓的信息隐藏（information hiding）。用户不能直接访问对象中的部分或它们的实现，只能间接地通过对象提供的方法来访问。可以认为每个对象都带有一条警示"不要打开——内部没有用户可维修的部分"。实际生活中，想试着修理东西的大多数人都知道多一事不如少一事。在这方面，编程与现实世界一样。一组数据与应用于它们的操作形成聚合，同时隐藏聚合的实现，这称为封装（encapsulation）。

面向对象程序设计的一个重要目标是支持代码重用。就像工程师在他们的设计中反复使用组件一样，程序员也应该能重用对象而不是重复地重新实现它们。当我们需要使用的对象有一个精准匹配的实现时，重用它是一件简单的事情。当要使用的对象与现有对象不能精准匹配但又非常相似时, 重用它就是个挑战。

面向对象语言提供了几种机制帮助我们达成上述目标。一种是使用泛型 (generic) 代码。如果除了对象的基本类型之外, 实现是一样的, 则不需要完全重写代码, 而是编写泛型代码, 让它能用于任何类型。例如, 用于排序对象数组的逻辑, 与要排序的对象的类型无关, 因此可以使用泛型算法。

继承 (inheritance) 机制允许我们扩展对象的功能。换句话说, 我们可以限制 (或扩展) 原始类型的属性从而创建新类型。继承对于代码重用起了很大作用。

面向对象的另一个重要原则是多态 (polymorphism)。多态引用类型可以指向几种不同类型的对象。当方法应用于多态类型时, 会自动选择对应实际引用对象的操作。在 Java 中, 这个也作为继承的一部分来实现。多态允许我们实现共享公共逻辑的类。正如第 4 章要讨论的, 这个在 Java 库中有说明。使用继承创建这些层次, 正是面向对象程序设计区别于简单的基于对象程序设计 (object-based programming) 的地方。

在 Java 中, 泛型算法已经作为继承的一部分来实现。第 4 章讨论继承和多态。本章, 我们讨论 Java 如何使用类来实现封装和信息隐藏。

在 Java 中, 一个对象 (object) 是类的一个实例。类 (class) 类似 C 语言的结构或 Pascal/Ada 语言的记录, 但有两点重要的加强。第一点, 成员可以是函数和数据, 分别称为方法 (method) 和域 (field)。第二点, 可以限制这些成员的可见性。因为操纵对象状态的方法是类的成员, 因此可以像访问域一样通过点成员运算符来访问它们。使用面向对象的术语来描述, 就是当调用方法时, 给对象传递一条消息。第 2 章所讨论的类型 (如 **String**、**ArrayList**、**Scanner** 和 **FileReader**) 都是 Java 库中实现的类。

3.2 简单示例

> 函数是作为额外的成员来提供的, 这些方法操纵对象的状态。
> 公有成员对非类例程可见, 私有成员不可见。
> 声明为 **private** 的成员对于非类例程不可见。
> 域 (field) 是保存数据的成员, 方法 (method) 是执行动作的成员。

回想一下, 在设计类时, 能对类的使用者隐藏内部细节很重要。有两种方法可以做到这一点。第一, 类可以将函数定义为类的成员, 称为方法 (method)。有些方法描述如何创建和初始化结构实例、如何执行相等测试, 以及如何执行输出。另外一种方法是针对具体结构的。其思想是, 表示对象状态的内部数据域不应该被类的使用者直接操纵, 而应该仅通过使用这些方法来操纵。对用户隐藏成员就可以支持这个想法。为了做到这一点, 我们可以指定成员保存在私有 (private) 部分。编译器强制规定私有部分的成员不可被不在对象类中的方法所访问。一般来说, 所有数据成员都应该是私有的。

图 3.1 是 **IntCell** 对象的类的声明⊖。声明由公有的 (public) 和私有的 (private) 两部分组成。公有成员表示对象的使用者可见的部分。因为我们期望隐藏数据, 所以一般来说只有方法和常量应该放在 public 部分。在我们的示例中, 有对 **IntCell** 对象进行读写的方法。private 部分含有数据, 对于对象的用户来说这是不可见的。**storedValue** 成员必须通过公有可见例程 **read** 和 **write** 来访问, 它不能直接被 **main** 访问。另一种展示方式如图 3.2 所示。

⊖ 公有类必须放在有相同名字的文件中。所以 **IntCell** 必须放在文件 **IntCell.java** 中。在讨论包时将讨论第 5 行 public 的含义。

```
1  // IntCell 类
2  //   int read( )           -->   返回保存的值
3  //   void write( int x ) -->   保存 x
4
5  public class IntCell
6  {
7        // 公有方法
8      public int read( )            { return storedValue; }
9      public void write( int x ) { storedValue = x; }
10
11        // 私有内部数据表示
12      private int storedValue;
13  }
```

图 3.1   IntCell 类的完整说明

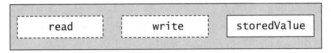

图 3.2   IntCell 成员，read 和 write 是可访问的，但 storedValue 是隐藏的

图 3.3 展示如何使用 IntCell 对象。因为 read 和 write 是 IntCell 类的成员，所以可以使用点成员运算符来访问。storedValue 成员也能使用点成员运算符来访问，但因为它是 private 的，所以如果第 14 行没有被注释掉的话，那么这个访问是不合法的。

```
1  // 练习 IntCell 类
2
3  public class TestIntCell
4  {
5      public static void main( String [ ] args )
6      {
7          IntCell m = new IntCell( );
8
9          m.write( 5 );
10          System.out.println( "Cell contents: " + m.read( ) );
11
12          // 如果没有注释掉，则下一行是不合法的
13          // 因为 storedValue 是私有成员
14      // m.storedValue = 0;
15      }
16  }
```

图 3.3   展示如何访问 IntCell 对象的简单测试例程

下面给出术语摘要。类定义了成员，可以是域（数据）或方法（函数）。方法可以作用于域，也可以调用其他的方法。可见性修饰符 public 意味着该成员可被任何人通过点运算符访问。可见性修饰符 private 意味着该成员仅能被本类的其他方法访问。

如果没有可见性修饰符，则有包可见访问性，这部分内容在 3.8.4 节讨论。还有第 4 个称为 protected 的修饰符，将在第 4 章讨论。

3.3   javadoc

类规范说明描述了可以对对象执行的操作。实现表示的是如何满足规范说明的内部细节。javadoc 程序为类自动生成文档。

> javadoc 标签包括 @author、@param、@return 和 @throws。它们可用在 javadoc 注释中。

当设计类时，类规范说明（class specification）表示类的设计，并告诉我们能对对象进行什么操作。实现（implementation）表示内部是如何实现的。这些内部细节不是类用户所关心的重要部分。在很多情况下，实现表示类设计者可能不想共享的专有信息。不过，规范说明必须共享，否则这个类就不可用。

在许多语言中，通过将规范说明及其实现放在不同的源文件中，可以兼顾共享规范说明和隐藏实现细节。例如，C++ 语言有类接口，它放在一个 .h 文件中，而类的实现放在一个 .cpp 文件中。在 .h 文件中，类接口（通过提供方法头）再次声明要被类实现的方法。

Java 采用不同的方式。很容易看出，从实现中可以自动记录一个类中的方法列表，且带有签名及返回类型。Java 使用的就是这个想法：执行所有 Java 系统附带的程序 javadoc，可以自动为类生成文件。javadoc 的输出是一组 HTML 文件，可以在浏览器中查看或打印。

Java 实现文件也可以添加 javadoc 注释，注释的开头标记是 /**。那些注释以统一一致的方式自动添加到 javadoc 产生的文档中。

还有几种特殊的标签可以用在 javadoc 注释中。其中一些是 @author、@param、@return 和 @throws。图 3.4 说明了 IntCell 类中 javadoc 注释功能的使用。在第 3 行使用了 @author 标签，这个标签必须出现在类定义之前。第 10 行使用了 @return 标签，第 19 行使用了 @param 标签，这些标签必须出现在方法声明之前。@param 标签之后的第一个符号是参数名。@throws 标签没有显示，它的语法与 @param 是一样的。

```
1   /**
2    *  模拟一个整数内存单元的类
3    *  @author Mark A. Weiss
4    */
5
6   public class IntCell
7   {
8       /**
9        *  得到保存的值
10       *  @return : 保存的值
11       */
12      public int read( )
13      {
14          return storedValue;
15      }
16
17      /**
18       *  保存一个值
19       *  @param x : 要保存的数
20       */
21      public void write( int x )
22      {
23          storedValue = x;
24      }
25
26      private int storedValue;
27  }
```

图 3.4　带 javadoc 注释的 IntCell 类的声明

执行 javadoc 得到的部分输出显示在图 3.5 中。通过提供源文件的名字（包括 .java 扩展名）执行 javadoc。

javadoc 的输出除了方法头外全部是注释。编译器不检查这些注释是否已经实现。尽管如此，强调正确记录类的重要性永远都不为过。javadoc 使得生成格式良好文档的任务更容易了。

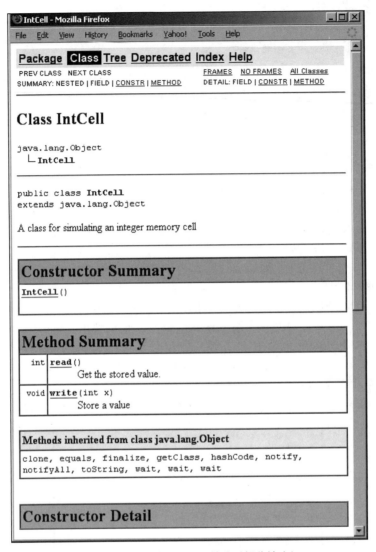

图 3.5   图 3.4 的 javadoc 输出（部分输出）

3.4   基本方法

有些方法对所有类都是通用的。本节讨论设置方法（mutator）、访问方法（accessor）和三个特殊方法（构造方法、toString 方法和 equals 方法）。还要讨论 main。

3.4.1   构造方法

> 构造方法告诉我们如何声明并初始化一个对象。
>
> 默认构造方法是逐个成员进行默认初始化的。

正如我们之前提到过的，对象的一个基本属性是可以通过初始化来定义它们。在 Java 中，控制对象如何创建和初始化的方法称为构造方法（constructor）。因为重载，一个类可以定义多个构造方法。

如果没有提供构造方法（如图 3.1 中 IntCell 类那种情况），则会生成一个默认构造方法，它使用典型默认值初始化每个数据成员。这意味着基本类型的域初始化为 0，引用类型的域初始化为 null 引用。(这些默认初始化可以替换为内联域的初始化过程，在构造方法体执行之前执行。)所以，在 IntCell 的那种情况下，storedValue 的值是 0。

要编写构造方法，我们要提供一个与类同名且没有返回类型的方法（不写返回类型是至关重要的，一个常见错误是将 void 当作返回类型，结果是声明了一个不是构造方法的方法）。图 3.6 中有两个构造方法，一个从第 7 行开始，另一个从第 15 行开始。使用这些构造方法，可以用下列两种方式构造 Date 对象：

```
Date d1 = new Date( );
Date d2 = new Date( 4, 15, 2010 );
```

注意，一旦写了构造方法，就不再生成 0 参数的默认构造方法。如果你想要一个，则必须自己来写。所以第 7 行的构造方法是必要的，目的是允许构造 d1 引用的对象。

```
1    // 用来说明某些 Java 特性的最小的 Date 类
2    // 没有错误检查或是 javadoc 注释
3
4    public class Date
5    {
6        // 0 参数的构造方法
7        public Date( )
8        {
9            month = 1;
10           day = 1;
11           year = 2010;
12       }
13
14       // 3 参数的构造方法
15       public Date( int theMonth, int theDay, int theYear )
16       {
17           month = theMonth;
18           day   = theDay;
19           year  = theYear;
20       }
21
22       // 如果两个值相等则返回 true
23       public boolean equals( Object rhs )
24       {
25           if( ! ( rhs instanceof Date ) )
26               return false;
27           Date rhDate = ( Date ) rhs;
28           return rhDate.month == month && rhDate.day == day &&
29                   rhDate.year == year;
30       }
31
32       // 转换为 String
33       public String toString( )
34       {
35           return month + "/" + day + "/" + year;
36       }
37
38       // 域
39       private int month;
40       private int day;
41       private int year;
42   }
```

图 3.6 用来说明构造方法、equals 及 toString 方法的最小的 Date 类

3.4.2 设置方法和访问方法

检查但不改变对象状态的方法是访问方法。改变状态的方法是设置方法。

类的域通常声明为 private。所以它们不能被非类例程直接访问。但我们可能想要检查域的值，甚至可能想改变它。

这件事的另一种做法是将域声明为 public。不过通常这不是好的选择，因为它违反了信息隐藏原则。相反，我们可以提供方法来检查和改变每个域。检查但不改变对象状态的方法是访问方法（accessor）。改变状态的方法是设置方法（mutator），因为它使对象的状态变异。

访问方法和设置方法的特例是仅检查单个域。这些访问方法的名字通常都以 get 开头，例如 getMonth。而这些设置方法的名字通常都以 set 开头，例如 setMonth。

使用设置方法的好处是，设置方法可以确保对对象状态的改变是一致的。所以改变 Date 对象的 day 域的设置方法可以保证有合法的日期结果。

3.4.3 输出和 toString

> 可以提供 toString 方法。它根据对象状态返回一个 String。

通常，我们想使用 print 输出对象的状态。编写一个类方法 toString 就可以做到。这个方法返回一个适合输出的 String。例如，图 3.6 显示了 Date 类中 toString 方法的基本实现。

3.4.4 equals

> 可以提供 equals 方法用来测试两个引用是否指向相同的值。
> equals 的参数具有 Object 类型。

equals 方法可以用来测试两个对象是否表示相同的值。签名始终是如下的形式：

```
public boolean equals( Object rhs )
```

注意到，参数是引用类型 Object，而不是类类型（原因将在第 4 章讨论）。通常，ClassName 类的 equals 方法实现为：仅当 rhs 是 ClassName 的实例，而且在转换为 ClassName 后，所有基本类型域是相等的（通过 ==），且所有引用类型域是相等的（逐成员应用 equals 方法），此时才返回 true。

图 3.6 中提供了一个示例，说明了如何在 Date 类中实现 equals 方法。instanceof 运算符将在 3.6.3 节讨论。

3.4.5 main

当发出 java 命令启动解释器时，会调用 java 命令涉及的类文件中的 main 方法。所以每个类可以有自己的 main 方法，不会出现问题。这样做可以很容易测试单个类的基本功能。不过，虽然可以测试功能，但将 main 放在类中，会让 main 的可见性超出了通常允许的程度。所以从 main 中调用同一类中的非公有方法就会被编译，尽管在更一般的情况下这样做是不合法的。

3.5 示例：使用 java.math.BigInteger

3.3 节讨论了如何从一个类生成文档，3.4 节讨论了类的一些典型成分，包括构造方法、访问方法和设置方法，尤其是 equals 和 toString。本节，我们展示程序员最常用的文档部分。

图 3.7 展示了类库 java.math.BigInteger 在线文档中的一节。缺少的是用类似英语的形式概述类的一节（与图 3.5 相比较可以看到缺少的这个序言）。除一些信息外，缺少的序言还告诉我们，BigInteger 和 String 一样是不可变的，一旦创建了一个 BigInteger，它的值就不能被改变。

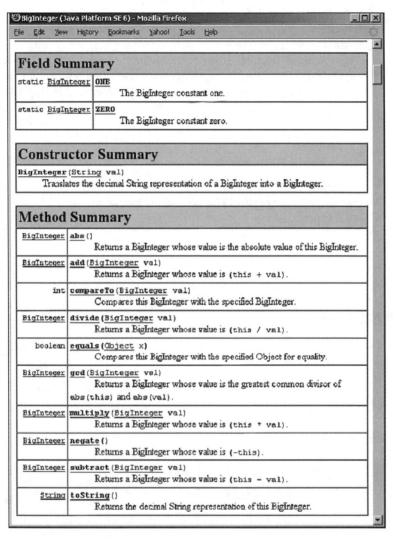

图 3.7　java.math.BigInteger 的 Javadoc 简化版

接下来列出的是域，本例中是常量 ZERO 和 ONE。如果点击超链接 ZERO 或者 ONE，就可以得到更完整的描述，告诉我们这些是 public static final 实体。

下一节列出可用的构造方法。实际上有 6 个，但在给出的缩列表中只显示了 1 个，它需要一个 String。再强调一次，如果单击构造方法名，超链接会转去更完整的描述，如图 3.8 所示。除一些信息外，我们还发现，如果 String 中含有无关的空白，则构造方法将失败并且抛出一个异常。这类细节总是值得了解的。

接下来会看到许多方法（重申一次，这是缩列表）。两个重要的方法是 equals 和 toString。因为在这里特别地列出了它们，所以可以确定用 equals 来比较 BigInteger 是安全的，而且会以合理的表示形式输出。还有一个是 compareTo 方法，如果单击超链接，会发现 compareTo 的一般行为与 String 类中的 compareTo 方法是一样的。这并不意外，我们将在第 4 章看到。还要注意，通过查看签名及简要描述，可以看到像 add 和 multiply 这样的方法，返回新创建的 BigInteger 对象，而原对象保持不变。这当然是必要的，因为 BigInteger 是不可变类。

本章的后面将用 BigInteger 类作为组件，实现自己的 BigRational 类——一种表示有理数的类。

BigInteger

```
public BigInteger(String val)
```
Translates the decimal String representation of a BigInteger into a
BigInteger. The String representation consists of an optional minus
sign followed by a sequence of one or more decimal digits. The
character-to-digit mapping is provided by `Character.digit`. The String
may not contain any extraneous characters (whitespace, for example).

Parameters:
val - decimal String representation of BigInteger.

Throws:
`NumberFormatException` - val is not a valid representation of a
BigInteger.

See Also:
`Character.digit(char, int)`

图 3.8 `BigInteger` 构造方法的细节

3.6 其他结构成分

另外三个关键字是 this、instanceof 和 static。在 Java 中关键字 this 有几种用途，本节将讨论两种。关键字 instanceof 也有几种一般用途，这里使用它可以确保类型转换是成功的。同样地，static 也有多种用途。我们已经讨论过静态方法，本节将介绍静态域（static field）和静态初始化程序（static initializer）。

3.6.1 this 引用

> this 是指向当前对象的引用。可以用它将当前对象作为一个单元传给其他方法。
> 别名是当同一个对象表现为多个角色时出现的一种特殊情况。

this 的第一种用途是作为指向当前对象的引用。把这个引用想象成一个自动跟踪装置，在任何时刻，告诉你自己在哪里。this 引用的一个重要用途是处理自我赋值的特殊情况。例如在展示其用法的一个程序中，将一个文件复制给另一个文件。正常的算法首先将目标文件截短为 0 长度。如果不进行检查，以确保源文件和目标文件不是同一个文件，则源文件可能也被截短——不会需要这样的功能。当要处理两个对象（一个用来写入另一个用来读出）时，我们首先应该检查这种特殊情形，这称为别名（alias）。

对于第二个示例，假定我们有一个 Account 类，它有 finalTransfer 方法。这个方法将一个账号中的所有钱转至另一个账号中。原则上，这是个容易编写的例程：

```java
// 将所有钱从 rhs 转账到当前账号
public void finalTransfer( Account rhs )
{
    dollars += rhs.dollars;
    rhs.dollars = 0;
}
```

不过，考虑以下结果：

```java
Account account1;
Account account2;
    ...
account2 = account1;
account1.finalTransfer( account2 );
```

由于是在同一个账号间进行转账，所以账号应该没有变化。然而，`finalTransfer` 中最后一条语句确保账号为空。避免这种情况的一个办法是使用别名测试：

```
// 将所有钱从 rhs 转账到当前账号
public void finalTransfer( Account rhs )
{
    if( this == rhs )       // 别名测试
        return;
    dollars += rhs.dollars;
    rhs.dollars = 0;
}
```

3.6.2 用于构造方法的 this 简写

> 可以使用 this 调用在同一个类中的另一个构造方法。

许多类有行为相似的多种构造方法。我们可以在构造方法中使用 `this` 去调用类的另一个构造方法。图 3.6 中 0 参数的 Date 构造方法的另一种写法是：

```
public Date( )
{
    this( 1, 1, 2010 ); // 调用 3 参数的构造方法
}
```

还可能有更复杂的用法，不过对 `this` 的调用必须是构造方法的第一条语句，后面可以有其他语句。

3.6.3 instanceof 运算符

> instanceof 运算符可以用来测试表达式是不是某个类的实例。

instanceof 运算符执行运行时测试。如果 exp 是 ClassName 的一个实例，则表达式

```
exp instanceof ClassName
```

的结果为 `true`，否则为 `false`。如果 exp 为 `null`，则结果永远为 `false`。instanceof 运算符通常在执行类型转换之前使用，如果类型转换可以成功，则为 `true`。

3.6.4 实例成员和静态成员

> 实例成员是没有使用 static 修饰符声明的域或方法。

使用关键字 `static` 声明的域和方法称为静态成员（static member）。如果没有使用关键字 `static` 声明，则称它们为实例成员（instance member）。下一节解释实例成员和静态成员之间的不同。

3.6.5 静态域和方法

> 静态方法是不需要一个控制对象的方法。
> 静态域本质上是有类作用域的全局变量。
> 静态域被类的所有（可能为 0）实例共享。
> static 方法没有隐式的 this 引用，而且不需要对象引用就可以被调用。

静态方法（static method）是不需要一个控制对象的方法，所以调用时通常提供类名而不是提供控制对象。最常见的静态方法是 `main`。其他一些静态方法可以在 Integer 和 Math 类中找

到。比如 `Integer.parseInt`、`Math.sin` 和 `Math.max` 方法。访问静态方法时使用与静态域同样的可见性规则。这些方法模仿了非面向对象语言中的全局函数。

当有一个变量需要被某类的所有成员共享时，那就使用静态域（static field）。通常，这是一个符号常量，但事实并非如此。当一个类变量使用 `static` 声明时，仅创建该变量的唯一实例。它不属于类的任何实例。相反，它的行为像是一个全局变量，但有类作用域。换句话说，在声明

```java
public class Sample
{
    private int x;
    private static int y;
}
```

中，`Sample` 类的每个对象保存自己的 x，但仅有一个共享的 y。

静态域的一个常见用法是用作常数。例如，`Integer` 类中定义了 MAX_VALUE 域，如下所示：

```java
public static final int MAX_VALUE = 2147483647;
```

如果这个常数不是静态域，那么 `Integer` 的每个实例都有一个名为 MAX_VALUE 的数据域，既浪费空间也浪费初始化时间。相反，现在仅有一个名为 MAX_VALUE 的变量。`Integer` 的任何方法使用标识符 MAX_VALUE 都可以访问它。也可以通过 `Integer` 对象 `obj` 使用 `obj.MAX_VALUE` 访问它，就像是任何域一样。注意，因为 MAX_VALUE 是公有的，所以才允许这样做。最后，可以使用类名（如 `Integer.MAX_VALUE`）来访问 MAX_VALUE（再次申明，因为是公有的，所以才允许这样做）。对于非静态域，这是不允许的。最后一种形式更好，因为它告诉了读者这个域实际上是一个静态域。静态域的另一个例子是常量 `Math.PI`。

即使没有 `final` 限定符，静态域仍是有用的。图 3.9 说明了一个典型例子。我们想构造 `Ticket` 对象，给每张票一个唯一的序列号。为此，必须有办法记录之前已经用过的所有的序列号。这显然是共享数据，并且不是任意一个 `Ticket` 对象的一部分。

每个 `Ticket` 对象都有其实例成员 `serialNumber`，这是实例数据，因为 `Ticket` 的每个实例都有自己的 `serialNumber` 域。所有的 `Ticket` 对象共享变量 `ticketCount`，它表示已经创建的 `Ticket` 对象的个数。这个变量是类的一部分，而不是特定对象的一部分，因此它被声明为 `static`。不管现在是有 1 个 `Ticket`、10 个 `Ticket`，还是没有 `Ticket` 对象，都仅有一个 `ticketCount`。最后一点——静态数据甚至在类的任何实例创建之前就已经存在——很重要，因为这意味着静态数据不能在构造方法中被初始化。在声明字段时，进行初始化的一种方法是内联的。更复杂的初始化过程将在 3.6.6 节描述。

在图 3.9 中，我们可以看到构造 `Ticket` 对象，使用 `ticketCount` 作为序列号，并且 `ticketCount` 自增。我们还提供了一个静态方法 `getTicketCount`，它返回票数。因为它是静态的，所以调用时可以不提供对象引用，如第 36 行和第 41 行所示。第 41 行的调用可以使用 t1 或 t2 进行，不过有很多争议，认为使用一个对象引用调用静态方法不是好的设计风格，本书中我们不会这样做。然而重要的是，第 36 行的调用显然不能通过对象引用进行，因为此刻还没有有效的 `Ticket` 对象。这就是为什么将 `getTicketCount` 声明为静态方法很重要，如果它被声明为实例方法，那么它仅能通过对象引用来调用。

```java
1  class Ticket
2  {
3      public Ticket( )
4      {
5          System.out.println( "Calling constructor" );
6          serialNumber = ++ticketCount;
7      }
```

图 3.9 `Ticket` 类：静态域和方法的示例

```
8
9      public int getSerial( )
10     {
11         return serialNumber;
12     }
13
14     public String toString( )
15     {
16         return "Ticket #" + getSerial( );
17     }
18
19     public static int getTicketCount( )
20     {
21         return ticketCount;
22     }
23
24     private int serialNumber;
25     private static int ticketCount = 0;
26 }
27
28 class TestTicket
29 {
30     public static void main( String [ ] args )
31     {
32         Ticket t1;
33         Ticket t2;
34
35         System.out.println( "Ticket count is " +
36                             Ticket.getTicketCount( ) );
37         t1 = new Ticket( );
38         t2 = new Ticket( );
39
40         System.out.println( "Ticket count is " +
41                             Ticket.getTicketCount( ) );
42
43         System.out.println( t1.getSerial( ) );
44         System.out.println( t2.getSerial( ) );
45     }
46 }
```

图3.9 Ticket类：静态域和方法的示例（续）

当方法声明为静态方法时，没有隐式的 this 引用。严格来说，不提供对象引用就不能访问实例数据或调用实例方法。换句话说，从 getTicketCount 内部对 serialNumber 域的非限定访问将隐含着 this.serialNumber，但因为没有 this，所以编译器会发出一条错误信息。因此，只有在提供了控制对象的情况下，静态类方法才能访问作为类的每个实例的一部分非静态字段。

3.6.6 静态初始化程序

> 静态初始化程序是一个代码块，用来初始化静态域。

静态域的初始化是在载入类时进行的。有时，我们需要一个复杂的初始化。例如，假设我们需要一个静态数组，它保存前100个整数的平方根。最好能够让这些值自动计算。一个可能的方法是提供一个静态方法，并要求程序员在使用数组之前调用它。

另一种办法是利用静态初始化程序（static initializer）。图3.10演示了一个例子。其中，静态初始化程序从第5行延伸到第9行。静态初始化程序最简单的用法是将用于静态域的初始化代码放在一个块中，前面加上关键字 static。静态初始化程序必须跟在静态成员的声明后面。

```
1  public class Squares
2  {
3      private static double [ ] squareRoots = new double[ 100 ];
4
5      static
6      {
7          for( int i = 0; i < squareRoots.length; i++ )
8              squareRoots[ i ] = Math.sqrt( ( double ) i );
9      }
10     // 类的其余部分
11 }
```

图 3.10　静态初始化程序的示例

3.7　示例：实现 BigRational 类

本节中，我们编写一个类来说明本章介绍的许多概念，包括：

- public static final 常量。
- 已有的 BigInteger 类的使用。
- 多个构造方法。
- 抛出异常。
- 实现一组访问方法。
- 实现 equals 和 toString。

我们编写的类将表示有理数。有理数保存分子和分母，我们使用 BigInteger 表示分子和分母。所以我们的类将被恰当地命名为 BigRational。

图 3.11 展示了 BigRational 类。网络资源中有完整的注释，在这里为了节省版面，我们省略了注释。第 5 行和第 6 行是常量 BigRational.ZERO 和 BigRational.ONE。我们还可以看到数据表示是两个 BigInteger：num 和 den，代码实现的方式是保证分母永远不是负的。我们提供 4 个构造方法，其中两个构造方法使用 this 语法实现。另外两个构造方法的实现更复杂，如图 3.12 所示。我们看到，两个参数的 BigRational 类构造方法将分子和分母初始化为指定值，然后必须确保分母不是负的（调用私有方法 fixSigns 来完成），然后约掉公约数（调用私有方法 reduce 来完成）。类中还提供了一个检查，确保不接受 0/0 是一个 BigRational 对象，这由 check00 来完成，如果试图构造这样一个 BigRational 对象，则抛出异常。将 check00、fixSigns 和 reduce 用在构造方法和其他方法中，让类的设计者保证对象永远处于合理的状态这一事实，远比 check00、fixSigns 和 reduce 的实现细节更加重要。

```
1  import java.math.BigInteger;
2
3  public class BigRational
4  {
5      public static final BigRational ZERO = new BigRational( );
6      public static final BigRational ONE = new BigRational( "1" );
7
8      public BigRational( )
9        { this( BigInteger.ZERO ); }
10     public BigRational( BigInteger n )
11       { this( n, BigInteger.ONE ); }
12     public BigRational( BigInteger n, BigInteger d )
13       { /* 实现在图 3.12 中 */ }
14     public BigRational( String str )
15       { /* 实现在图 3.12 中 */ }
16
17     private void check00( )
```

图 3.11　带部分实现的 BigRational 类

```
18          { /* 实现在图 3.12 中 */ }
19      private void fixSigns( )
20          { /* 实现在图 3.12 中 */ }
21      private void reduce( )
22          { /* 实现在图 3.12 中 */ }
23
24      public BigRational abs( )
25          { return new BigRational( num.abs( ), den ); }
26      public BigRational negate( )
27          { return new BigRational( num.negate( ), den ); }
28
29      public BigRational add( BigRational other )
30          { /* 实现在图 3.13 中 */ }
31      public BigRational subtract( BigRational other )
32          { /* 实现在图 3.13 中 */ }
33      public BigRational multiply( BigRational other )
34          { /* 实现在图 3.13 中 */ }
35      public BigRational divide( BigRational other )
36          { /* 实现在图 3.13 中 */ }
37
38      public boolean equals( Object other )
39          { /* 实现在图 3.14 中 */ }
40      public String toString( )
41          { /* 实现在图 3.14 中 */ }
42
43      private BigInteger num;  // 只有这个可以是负的
44      private BigInteger den;  // 永远不是负数
45  }
```

图 3.11 带部分实现的 BigRational 类 (续)

```
1   public BigRational( BigInteger n, BigInteger d )
2   {
3       num = n; den = d;
4       check00( ); fixSigns( ); reduce( );
5   }
6
7   public BigRational( String str )
8   {
9       if( str.length( ) == 0 )
10          throw new IllegalArgumentException( "Zero-length string" );
11
12      // 检查 '/'
13      int slashIndex = str.indexOf( '/' );
14      if( slashIndex == -1 )
15      {
16          num = new BigInteger( str.trim( ) );
17          den = BigInteger.ONE;           // 没有分母 ... 用 1
18      }
19      else
20      {
21          num = new BigInteger( str.substring( 0, slashIndex ).trim( ) );
22          den = new BigInteger( str.substring( slashIndex + 1 ).trim( ) );
23          check00( ); fixSigns( ); reduce( );
24      }
25  }
26
27  private void check00( )
28  {
29      if( num.equals( BigInteger.ZERO ) && den.equals( BigInteger.ZERO ) )
30          throw new ArithmeticException( "ZERO DIVIDE BY ZERO" );
31  }
32
```

图 3.12 BigRational 的构造方法，check00、fixSigns 和 reduce 方法

```
33      private void fixSigns( )
34      {
35          if( den.compareTo( BigInteger.ZERO ) < 0 )
36          {
37              num = num.negate( );
38              den = den.negate( );
39          }
40      }
41
42      private void reduce( )
43      {
44          BigInteger gcd = num.gcd( den );
45          num = num.divide( gcd );
46          den = den.divide( gcd );
47      }
```

图 3.12　BigRational 的构造方法，check00、fixSigns 和 reduce 方法（续）

BigRational 类还包含了返回绝对值和负值的方法。这些方法很简单，见图 3.11 的第 24 ～ 27 行。注意，这些方法返回新的 BigRational 对象，原对象丝毫不变。

add、subtract、multiply 和 divide 方法列在图 3.11 的第 29 ～ 36 行，其实现如图 3.13 所示。数学不如基本概念有趣，因为 4 个例程中的每一个都在最后创建一个新的 BigRational，而 BigRational 构造方法调用 check00、fixSigns 和 reduce，得到的答案总是表示为正确的约简格式，试图做 0 除 0 将会自动被 check00 捕获。

```
1       public BigRational add( BigRational other )
2       {
3           BigInteger newNumerator =
4                       num.multiply( other.den ).add(
5                       other.num.multiply( den ) );
6           BigInteger newDenominator = den.multiply( other.den );
7
8           return new BigRational( newNumerator, newDenominator );
9       }
10
11      public BigRational subtract( BigRational other )
12      {
13          return add( other.negate( ) );
14      }
15
16      public BigRational multiply( BigRational other )
17      {
18          BigInteger newNumer = num.multiply( other.num );
19          BigInteger newDenom = den.multiply( other.den );
20
21          return new BigRational( newNumer, newDenom );
22      }
23
24      public BigRational divide( BigRational other )
25      {
26          BigInteger newNumer = num.multiply( other.den );
27          BigInteger newDenom = den.multiply( other.num );
28
29          return new BigRational( newNumer, newDenom );
30      }
```

图 3.13　BigRational 类的 add、subtract、multiply 和 divide 方法

最后，equals 和 toString 的实现如图 3.14 所示。正如之前讨论的，equals 的签名需要一个 Object 类型的参数。在标准的 instanceof 测试和类型转换后，可以比较分子和分母。注意，我们使用 equals（不是 ==）来比较分子和分母，还要注意，因为 BigRational 总是约简格

式，因此测试相对简单一些。对于返回 BigRational 的 String 表示的 toString 方法，其实现可以为 1 行，但我们添加了处理无穷和负无穷，以及当分母是 1 时也不输出分母的代码。

```
1       public boolean equals( Object other )
2       {
3           if( ! ( other instanceof BigRational ) )
4               return false;
5
6           BigRational rhs = (BigRational) other;
7
8           return num.equals( rhs.num ) && den.equals( rhs.den );
9       }
10
11      public String toString( )
12      {
13          if( den.equals( BigInteger.ZERO ) )
14              if( num.compareTo( BigInteger.ZERO ) < 0 )
15                  return "-infinity";
16              else
17                  return "infinity";
18
19          if( den.equals( BigInteger.ONE ) )
20              return num.toString( );
21          else
22              return num + "/" + den;
23      }
```

图 3.14 BigRational 类的 equals 和 toString 方法

观察到 BigRational 类没有设置方法：像 add 这样的例程简单地返回表示和的新 BigRational。所以 BigRational 是一个不可变类型。

3.8 包

> 包用来组织类的集合。
>
> 按照惯例，类名首字母大写，而包名不是。

包（package）用来组织类似的类。每个包由一组类组成。同一个包中两个类之间的可见性限制，要少于它们在不同包中应有的限制。

Java 提供了几个预定义的包，包括 java.io、java.lang 和 java.util。java.lang 包中的类有 Integer、Math、String 和 System 等。java.util 包中的类有 Date、Random 和 Scanner 等。java.io 包用于 I/O，包含 2.6 节见过的各种流类。

包 p 中的类 C 指定为 p.C。例如，我们可以用当前时间和日期作为初始状态构造 Date 对象，语句如下：

java.util.Date today = new java.util.Date( );

注意，通过包含包名，可以避免与其他包中同名的类（例如我们自己的 Date 类）发生冲突。另外，可以观察到典型的命名约定：类名首字母大写，而包名不是。

3.8.1 import 指令

> import 指令用来提供完全限定类名的简写。
>
> 不仔细使用 import 指令会导致命名冲突。
>
> java.lang.* 是自动引入的。

使用完全的包名和类名可能很麻烦。为了避免麻烦，可以使用 import 指令。import 指令有两种格式，允许程序员指定一个类时不必用包名作为其前缀。

```
import packageName.ClassName;
import packageName.*;
```

在第一种格式中，ClassName 可以用作完全限定类名的简写。在第二种格式中，这个包中的所有类都可以使用对应的类名简写。

例如，有如下的 import 指令：

```
import java.util.Date;
import java.io.*;
```

则可以使用

```
Date today = new Date( );
FileReader theFile = new FileReader( name );
```

使用 import 指令可以减少输入字符。而且，使用第二种格式节省了大部分的输入，所以你会看到，经常使用第二种格式。import 指令有两个不利因素。首先，当存在很多 import 指令时，通过阅读代码很难判断简写使用的是哪个类。其次，第二种格式可能会让简写用于并不想使用的类，导致命名冲突，因此必须通过全限定类名来解决。

假定我们使用

```
import java.util.*;    // 类库中的包
import weiss.util.*;   // 自定义的包
```

引入 java.util.Random 类和自己写的一个包。如果在 weiss.util 中有自己的 Random 类，则 import 指令会与 weiss.util.Random 产生冲突，因此必须用全限定名。而且，如果我们正在用这些包中的一个类，通过阅读代码，我们很难判断它来自类库的包还是自己的包。如果我们使用格式

```
import java.util.Random;
```

就可以避免这个问题。出于以上原因，本书中我们仅使用第一种格式，以避免"通配符"import 指令。

import 指令必须出现在类声明开始之前。如图 2.19 中的例子所示。另外，自动导入整个 java.lang 包。这就是为什么我们可以使用如 Math.max、Integer.parseInt、System.out 等简写。

在 Java 5 之前的版本中，静态成员（如 Math.max 和 Integer.MAX_VALUE）不能简写成简单的 max 和 MAX_VALUE。大量使用数学库的程序员一直希望推广 import 指令，允许使用像 sin、cos、tan 这样的方法而不是更冗长的 Math.sin、Math.cos、Math.tan。在 Java 5 中，通过静态引入指令，在语言中添加了这个功能。静态引入指令（static import directive）允许在不显式提供类名的情况下访问静态成员（方法和域）。静态引入指令有两种格式：单成员引入和通配符引入。所以

```
import static java.lang.Math.*;
import static java.lang.Integer.MAX_VALUE;
```

能让程序员用 max 替代 Math.max，PI 替代 Math.PI，MAX_VALUE 替代 Integer.MAX_VALUE。

3.8.2 package 语句

> package 语句表示一个类是包的一部分，它必须出现在类定义之前。

要说明一个类是包的一部分，必须做两件事。第一，我们必须在第一行包含 package 语句，

且要在类定义之前。第二，我们必须将代码放在适当的子目录中。

本书中，我们使用图 3.15 中展示的两个包。其他的程序（包括测试程序及本书第三部分的应用程序）都是独立的类，不是包的一部分。

包	用途
weiss.util	java.util 包中子集的再实现，包含各种数据结构
weiss.nonstandard	各种简化形式的数据结构，使用区别于 java.util 的非标准的惯例

图 3.15　本书中定义的包

package 语句的使用示例如图 3.16 所示，我们将 BigRational 类放到新的 weiss.math 包中。

```
1  package weiss.math;
2
3  import java.math.BigInteger;
4
5  public class BigRational
6  {
7      /* 在网络资源中显示整个的类 */
8  }
```

图 3.16　将 BigRational 类放到 weiss.math 包中

3.8.3 CLASSPATH 环境变量

> CLASSPATH 环境变量指定查找类时要搜索的文件和目录。
> 包 p 中的类必须在目录 p 中，通过搜索 CLASSPATH 列表就能找到。

在 CLASSPATH 变量所提供的位置搜索包。这是什么意思？下面是 CLASSPATH 的可能设置，第一个用于 Windows 系统，第二个用于 UNIX 系统：

```
SET CLASSPATH=.;C:\bookcode\
setenv CLASSPATH .:$HOME/bookcode/
```

在这两种情况下，CLASSPATH 变量都列出了含有包类文件的目录（或 jar 文件[○]）。例如，如果你的 CLASSPATH 已损坏，则即使最简单的程序也不能运行，因为找不到当前目录。

包 p 中的类必须在目录 p 中，通过搜索 CLASSPATH 列表就能找到。包名中的每个 . 表示一个子目录。从 Java 1.2 版本开始，如果根本没有设置 CLASSPATH，则总要扫描当前目录（目录 .），所以如果只在单一的主目录下工作，则可以只简单地在其中创建子目录，而不用设置 CLASSPATH。不过，可能你想创建单独的 Java 子目录，然后在那里创建包的子目录。这样的话，你应该扩充 CLASSPATH 变量，使其包含 . 和 Java 子目录。在前面的 UNIX 声明中，要做的是在 CLASSPATH 中添加 $HOME/bookcode/。在 bookcode 目录内，创建名为 weiss 的子目录，在那个子目录中，创建 math、util 和 nonstandard 子目录。在 math 子目录中放置 BigRational 类的代码。

然后，在任何目录中编写的应用程序都可以通过 BigRational 类的全名

　　weiss.math.BigRational;

来使用 BigRational 类，或者如果提供了合适的 import 指令的话，可以简单地使用 BigRational 来使用 BigRational 类。

○ jar 文件基本上是一个压缩归档文件（像是一个 zip 文件），其中包含 Java 专用信息的额外文件。JDK 提供的 jar 工具可用来创建和展开 jar 文件。

将一个类从一个包移到另一个包可能是个苦力活，因为可能要修改一系列的 `import` 指令。许多开发工具会自动完成这项工作，作为重构（refactoring）的选项之一。

3.8.4 包可见性规则

> 没有可见性修饰符的域是包可见的，这意味着它们仅对同一包中的其他类可见。
> 非公有类仅对同一包中的其他类可见。

包有几条重要的可见性规则。第一条，如果一个域没有指定可见性修饰符，则该域称为包可见的（package visible）。这意味着它仅对同一包中的其他类可见。这比 private（即使对同一包中的其他类也不可见）有更宽松的可见性，但比 public（不同包中的类也可见）有更受限的可见性。

第二条，只有包的公有类可以在包外使用。这就是为什么我们常常在 `class` 的前面使用 `public` 限定符。类可能不能声明为 `private`⊖。包可见性访问也扩展到类。如果一个类没有声明为 `public`，则它只能被同一包中的其他类访问，这就是一个包可见类（package-visible class）。在第四部分，我们会看到可以在不违反信息隐藏原则的前提下使用包可见类。因此，在有些情形下，包可见类还是非常有用的。

不是包的一部分但通过 CLASSPATH 变量能访问的所有类，都看作同一默认包的一部分。因此，包可见性规则适用于它们之间。这就是为什么如果非包中的类省略了 `public` 修饰符，其可见性不受影响的原因。不过，这样使用包可见成员访问是不好的。我们只有在将几个类放在一个文件中时才这样使用，因为这样容易检查和输出示例。由于公有类必须放在同名的文件中，因此每个文件只能有一个公有类。

3.9 设计模式：复合

> 设计模式描述软件工程中反复出现的一个问题，然后以一种足够通用的方式描述解决方案，使其在各种上下文中适用。
> 一种常见的设计模式是将两个对象配对（pair）返回。
> 配对有助于实现映射及字典中的关键字 - 值对。

虽然软件设计和编程通常是困难的挑战，但许多经验丰富的软件工程师会认为软件工程实际上只有一些相对较小的基本问题。也许这是一种轻描淡写的说法，但确实有许多基本问题反复地出现在软件项目中。熟悉这些问题的软件工程师，尤其是了解其他程序员解决这些问题时所做的工作的软件工程师，具有不需要从头开始的优势。

设计模式的思想是，记录问题及其解决方案，使其他人可以利用整个软件工程界的集体经验。编写一个模式很像为烹饪书编写一个食谱。软件工程师已经编写了许多常见的模式，不需要花精力从头开始，而是可以用这些模式编写更好的程序。所以设计模式（design pattern）描述软件工程中反复出现的一个问题，然后以一种足够通用的方式描述解决方案，使其能够应用于各种场合中。

本书将讨论设计中经常出现的几个问题，以及用来解决这些问题的经典解决方案。我们从下列简单问题入手。

在大多数语言中，函数仅能返回单个对象。如果我们需要返回两个或多个对象该怎么办？最简单的办法是使用数组或类将对象联合成一个单一对象。需要返回多个对象的最常见的情形是返回两个对象。所以一种常见的设计模式是将两个对象配对（pair）返回。这是复合模式（composite pattern）。

除了上面描述的情形外，在实现映射和字典时配对也是有用的。在这两种抽象中，我们维护

⊖ 这适用于目前展示的顶层类。后面我们会看到嵌套类和内层类，它们可能用 `private` 来声明。

关键字 – 值对：将配对添加到映射或字典中，然后查找关键字，返回它的值。实现映射的常用方法是使用一个集合。在集合中有一组项，并搜索匹配项。如果项是关键字 – 值对，且匹配的原则完全基于关键字 – 值对中的关键字成分，则很容易编写一个基于集合构造映射的类。第 19 章中我们将更详细地探讨这个想法。

3.10　总结

本章描述了 Java 中类和包的结构。类是 Java 用来创建新引用类型的机制，包用来将相关的类分组。对每个类，我们可以：

- 定义对象的构造。
- 提供信息隐藏和原子性。
- 定义操纵对象的方法。

类由两部分组成：规范说明和实现。规范说明用来告诉类的用户类做什么，实现用来完成。实现通常含有专有代码，有些情况下仅作为 .class 文件发布。规范说明是公共知识。在 Java 中，可以通过使用 javadoc 从实现中生成列出类方法的规范说明。

使用 private 关键字可以强制实现信息隐藏。对象的初始化由构造方法控制，通过访问方法和设置方法，可以分别检查和修改对象的组件。图 3.17 展示了其中的许多概念，与用于简化版本的 ArrayList 中的概念是一样的。StringArrayList 类支持 add、get 和 size。包括 set、remove 和 clear 的更完整版本请参考网络资源。

```java
1   /**
2    * StringArrayList 实现了一个可变大的字符串数组
3    * 插入总是在最后完成的
4    */
5   public class StringArrayList
6   {
7       /**
8        * 返回此集合中的项数
9        * @return: 此集合中的项数
10       */
11      public int size( )
12      {
13          return theSize;
14      }
15
16      /**
17       * 返回位置 idx 处的项
18       * @param idx : 要搜索的下标
19       * @throws ArrayIndexOutOfBoundsException : 如果下标不正确
20       */
21      public String get( int idx )
22      {
23          if( idx < 0 || idx >= size( ) )
24              throw new ArrayIndexOutOfBoundsException( );
25          return theItems[ idx ];
26      }
27
28      /**
29       * 在末尾向此集合添加项
30       * @param x : 任何对象
31       * @return true ( 和 java.util.ArrayList 中的每个方法一样 )
32       */
33      public boolean add( String x )
34      {
35          if( theItems.length == size( ) )
```

图 3.17　带有 add、get 和 size 的简化版 StringArrayList

```
36          {
37              String [ ] old = theItems;
38              theItems - new String[ theItems.length * 2 + 1 ];
39              for( int i = 0; i < size( ); i++ )
40                  theItems[ i ] = old[ i ];
41          }
42
43          theItems[ theSize++ ] = x;
44          return true;
45      }
46
47      private static final int INIT_CAPACITY = 10;
48
49      private int            theSize = 0;
50      private String [ ] theItems = new String[ INIT_CAPACITY ];
51  }
```

图 3.17   带有 add、get 和 size 的简化版 StringArrayList（续）

本章讨论的特性实现了面向对象程序设计的基本方面。下一章将讨论继承，这是面向对象程序设计的核心。

3.11   核心概念

访问方法。检查一个对象但不改变其状态的方法。

别名。当同一个对象出现在多个角色中时的一种特例。

原子单元。对于一个对象，它的各个部分不能被该对象的一般用户拆分。

类。由应用于类实例的域和方法组成。

类规范说明。描述功能，但不实现功能。

CLASSPATH 变量。指定要搜索类的目录和文件。

复合模式。将两个或多个对象保存为一个实体的模式。

构造方法。告诉对象如何声明及初始化。默认构造方法逐成员默认初始化，基本类型域初始化为 0，引用类型域初始化为 null。

设计模式。描述了软件工程中反复出现的一个问题，然后以一种足够通用的方式描述解决方案，使其在各种上下文中适用。

封装。让一组数据与应用于它们的操作形成聚合，同时隐藏聚合的实现。

equals 方法。可以实现来测试两个对象是否表示相同的值。形参总是 Object 类型的。

域。保存数据的类成员。

实现。表示如何满足规范说明的内部细节。这些内部细节不是类用户所关心的重要部分。

import 指令。用来提供完全限定类名的简写。Java 5 增加了静态引入，允许简写静态成员。

信息隐藏。让实现细节（包括对象的组件）不可访问。

实例成员。不使用静态修饰符声明的成员。

instanceof 运算符。测试一个表达式是不是类的一个实例。

javadoc。自动生成类文档。

javadoc 标签。包含 @author、@param、@return 和 @throws。用于 javadoc 注释中。

方法。作为成员提供的函数，如果不是静态的，则对类的实例进行操作。

设置方法。改变对象状态的方法。

对象。有结构和状态的实体，定义了可以访问或操纵该状态的操作。类的一个实例。

基于对象的程序设计。使用对象的封装和信息隐藏特性，但不使用继承。

面向对象的程序设计。区别于基于对象的程序设计，使用继承形成类的层次。

包。用来组织类的集合。

package 语句。指示类是包的一个成员。必须在类定义之前。

包可见访问。没有可见性修饰符的成员，只能被同一包内类中的方法所访问。

包可见类。不是公有的类，仅能被同一包中的其他类所访问。

配对。有两个对象的复合模式。

私有。非类方法不可见的成员。

公有。非类方法可见的成员。

静态域。被类的所有实例共享的域。

静态初始化程序。用来初始化静态域的代码块。

静态方法。没有隐式 this 引用的方法，所以可以在没有控制对象引用的情况下调用。

this 构造方法调用。用于调用同类中的另一个构造方法。

this 引用。指向当前对象的引用。用来将当前对象作为一个单元发送给其他方法。

toString 方法。返回一个基于对象状态的 String。

3.12　常见错误

- 私有成员不能在类之外被访问。记住，默认情况下，类成员是包可见的，它们只能在包中是可见的。
- 使用 public class 而不是 class，除非你想编写一个临时性的辅助类。
- equals 的形参必须是 Object 类型。否则，虽然程序能被编译，但在有些情况下，会使用默认的 equals（只简单地模仿 ==）。
- 静态方法不能在没有控制对象时访问非静态成员。
- 作为包的一部分的类必须放在名称一样且从 CLASSPATH 可到达的目录中。
- this 是终极引用，且不能被改变。
- 构造方法没有返回类型。如果你编写了一个带有返回类型 void 的"构造方法"，实际上编写的是一个与类同名的方法，但不是构造方法。

3.13　网络资源

以下是本章的可用文件。

TestIntCell.java。含有测试 IntCell 类的 main，如图 3.3 所示。

IntCell.java。含有 IntCell 类，如图 3.4 所示。还可以在 IntCell.html 中找到 javadoc 的输出。

Date.java。含有 Date 类，如图 3.6 所示。

BigRational.java。含有 BigRational 类，见 3.7 节，可以在 weiss.math 包中找到。

Ticket.java。含有图 3.9 所示的 Ticket 静态成员示例。

Squares.java。含有图 3.10 所示的静态初始化程序示例代码。

StringArrayList.java。含有图 3.17 所示 StringArrayList 代码的更完整版本。

ReadStringsWithStringArrayList.java。含有 StringArrayList 的测试程序。

3.14　练习

简答题

3.1　什么是信息隐藏？什么是封装？Java 是如何支持这些概念的？

3.2　解释类的公有部分和私有部分。

3.3　描述构造方法的角色。

3.4 如果类没有提供构造方法，结果是什么？

3.5 解释 this 在 Java 中的作用。

3.6 如果试图编写一个带有 void 返回类型的构造方法，会发生什么情况？

3.7 什么是包可见访问？

3.8 对于类 ClassName，如何执行输出？

3.9 给出 import 的两种指令形式，在不提供包名 weiss.math 时，允许使用 BigRational。

3.10 实例域和静态域的区别是什么？

3.11 在什么情况下静态方法可以引用同类中的一个实例域？

3.12 什么是设计模式？

3.13 对于图 3.18 中的代码，它全部保存在一个文件中。

　　a. 第 17 行是不合法的，尽管第 18 行是合法的。请解释原因。

　　b. 第 20 ～ 24 行中，哪行是合法的，哪行是不合法的？请解释原因。

```
 1  class Person
 2  {
 3      public static final int NO_SSN = -1;
 4
 5      private int SSN = 0;
 6      String name = null;
 7  }
 8
 9  class TestPerson
10  {
11      private Person p = new Person( );
12
13      public static void main( String [ ] args )
14      {
15          Person q = new Person( );
16
17          System.out.println( p );                  // 不合法
18          System.out.println( q );                  // 合法
19
20          System.out.println( q.NO_SSN );        // ?
21          System.out.println( q.SSN );           // ?
22          System.out.println( q.name );          // ?
23          System.out.println( Person.NO_SSN ); // ?
24          System.out.println( Person.SSN );      // ?
25      }
26  }
```

图 3.18 练习 3.13 的代码

理论题

3.14 一个类提供了单一的私有构造方法。为什么这会是有用的？

3.15 假设图 3.3 中的 main 方法是 IntCell 类的一部分。

　　a. 这个程序还可以正常工作吗？

　　b. main 中被注释掉的行可以取消注释而不产生错误吗？

3.16 下列 import 指令，试图引入几乎整个的 Java 库，合法吗？

import java.*.*;

3.17 假定图 3.3 中的代码（TestIntCell）和图 3.4 的代码（IntCell）都编译成功。然后通过增加带一个参数的构造方法修改图 3.4 中的 IntCell 类（从而删除了默认 0 参数的构造方法）。当然，如果再次编译 TestIntCell 会产生一个编译错误。但如果 TestIntCell 没有被重新编译，且 IntCell 自己重新编译，就不会有错误。当 TestIntCell 运行时会发生什么？

实践题

3.18　密码锁有下列基本特性：密码（三位数字序列）是隐藏的，提供密码可以开锁，密码只能由知道当前密码的人来改变。设计一个类，带有公有方法 open 和 changeCombo，以及保存密码的私有数据域。在构造方法中设置密码。

3.19　通配符引入指令是危险的，因为可能会引入歧义和其他意外情况。回想一下，java.awt.List 和 java.util.List 都是类。从图 3.19 中的代码开始：

a. 编译代码，你会得到一条二义性错误。

b. 添加 import 指令来显式地使用 java.awt.List。代码现在应该可以编译并运行了。

c. 取消对本地 List 类的注释，并删除刚刚添加的 import 指令。代码应该能编译且运行。

d. 再次注释掉本地 List 类，又回到开始时的情形。再次编译，会看到令人惊讶的结果。如果在步骤 b 中添加显式的 import 指令，会发生什么？

```
 1  import java.util.*;
 2  import java.awt.*;
 3
 4  class List  // 注释掉这个类以开始实验
 5  {
 6      public String toString( ) { return "My List!!"; }
 7  }
 8
 9  class WildCardIsBad
10  {
11      public static void main( String [ ] args )
12      {
13          System.out.println( new List( ) );
14      }
15  }
```

图 3.19　练习 3.19 的代码，说明为什么通配符引用是不好的

3.20　将 IntCell 类（图 3.3）移到 weiss.nonstandard 包中，相应地修改 TestIntCell（图 3.4）。

3.21　将下列方法添加到 BigRational 类中，确保抛出任何合适的异常：

```
BigRational pow( int exp )    // 如果 exp<0，异常
BigRational reciprocal( )
BigInteger  toBigInteger( )   // 如果分母不是 1，异常
int         toInteger( )      // 如果分母不是 1，异常
```

3.22　对于 BigRational 类，添加额外的带两个 BigRational 对象作为参数的构造方法，确保抛出合适的异常。

3.23　修改 BigRational 类，以便 0/0 是合法的，且 toString 将其解释为"不确定"。

3.24　编写一个程序，读入含有有理数的数据文件，每行一个数，将数据保存到 ArrayList 中，删除任何重复的值，然后输出所剩余的不同有理数的和、算术平均数以及调和平均数。

3.25　假设你想输出所有元素值在 0 ～ 999 之间的二维数组。以正常方式输出每个数时可能会让数组对不齐。例如：

```
54   4   12  366  512
756 192  18   27    4
14   18  99  300   18
```

查看 String 类中 format 方法的文档，并编写一个例程，以更好的格式输出二维数组，例如：

```
 54    4   12  366  512
756  192   18   27    4
 14   18   99  300   18
```

3.26　java.math 包中含有 BigDecimal 类，用来表示任何精度的十进制数。读 BigDecimal 文档，

回答下列问题：

a. `BigDecimal` 类是不可变类吗？

b. 如果 `bd1.equals(bd2)` 为 true，则 `bd1.compareTo(bd2)` 是什么？

c. 如果 `bd1.compareTo(bd2)` 为 0，则什么时候 `bd1.equals(bd2)` 为 false ？

d. 如果 `bd1` 表示 1.0，`bd2` 表示 5.0，则默认情况下 `bd1.divide(bd2)` 是什么？

e. 如果 `bd1` 表示 1.0，`bd2` 表示 3.0，则默认情况下 `bd1.divide(bd2)` 是什么？

f. `MathContext.DECIMAL128` 是什么？

g. 修改 `BigRational` 类，以保存一个 `MathContext`，可以用额外的 `BigRational` 构造方法初始化（或者默认时为 `MathContext.UNLIMITED`）。则为 `BigRational` 类增加一个 `toBigDecimal` 方法。

3.27　`Account` 类保存当前的余额，提供 `getBalance`、`deposit`、`withdraw` 和 `toString` 方法，此外至少还有一个构造方法。编写并测试 `Account` 类。确保你写的 `withdraw` 方法在适当的时候抛出异常。

3.28　`BinaryArray` 表示任意长的二进制变量序列。私有数据表示的是一个 `Boolean` 变量数组。例如，`BinaryArray` "TFTTF" 表示的将是一个长度为 5 的数组，下标 0、1、2、3 和 4 中保存的值分别是 `true`、`false`、`true`、`true`、`false`。`BinaryArray` 类有下列功能：

- 含有一个 `String` 的单参数构造方法。如果有非法字符的话，抛出 `IllegalArgumentException`。
- `toString` 方法。
- `get` 和 `set` 方法访问或修改指定下标处的变量。
- `size` 方法，返回 `BinaryArray` 中二进制变量的个数。

实现 `BinaryArray` 类，将它放在你选择的包中。

程序设计项目

3.29　实现一个简单的 `Date` 类。应该能表示 1800 年 1 月 1 日到 2500 年 12 月 31 日之间的任意日期、两个日期相减、一个日期加上几天，以及使用 `equals` 和 `compareTo` 比较两个日期。`Date` 类内部表示为从某个开始点算起的天数，此处，是从 1800 处开始。这使得除了构造方法和 `toString` 方法外，所有方法都非常简单。

　　闰年的规则是，如果某一年能被 4 整除且不能被 100 整除，除非还能被 400 整除，则该年是闰年。所以，1800 年、1900 年和 2100 年都不是闰年，而 2000 年是。构造方法必须检查日期的有效性，`toString` 方法也必须如此。如果加法或是减法运算符导致日期超出范围，则 `Date` 可能是错的。

　　一旦你完成了规范说明，就可以着手实现了。困难的地方在于日期在内部和外部表示间的转换。下面是一个可能的算法。

　　设置两个数组，它们都是静态域。第一个数组 `daysTillFirstOfMonth` 将包含在闰年中每个月的第一天之前的天数。因此它包含 0、31、59、90 等。第二个数组 `daysTillJan1` 将含从 `firstYear` 开始直到每年第一天之前的天数。所以它含有 0、365、730、1095、1460、1826 等，因为 1800 年不是闰年，而 1804 年是。你应该让你的程序使用静态初始化程序来初始化这个数组一次。然后使用数组将内部表示转换为外部表示。

3.30　`PlayingCard` 表示扑克和黑杰克等游戏中使用的牌，并保存花色值（红心、方块、梅花或黑桃）和点数值（2 ～ 10，或 J、Q、K、A）。`Deck` 表示完整的 52 张 `PlayingCard` 集合。`MultipleDeck` 表示一个或多个 `Deck`（确切的牌数在构造方法中指定）。实现三个类，`PlayingCard`、`Deck` 和 `MultipleDeck`，为 `PlayingCard` 提供合理的功能，对于 `Deck` 和 `MultipleDeck`，最少要提供洗牌、发牌及检查是否还有剩牌的功能。

3.31　复数保存实部和虚部。实现 `BigComplex` 类，其中的数据表示是分别代表实部和虚部的两个

BigDecimal。

3.32 有时复数表示为一个量值和一个角度（在 0° ~ 360° 半开范围内）。实现 BigComplex 类，其中数据表示是表示量值的一个 BigDecimal 和表示角度的一个双精度。

3.33 实现 Polynomial 类，表示单变量多项式，编写一个测试程序。Polynomial 类的功能如下：

- 至少提供三个构造方法：一个带 0 个参数的构造方法让多项式为 0，一个构造方法独立复制现有的多项式，一个构造方法根据 String 规范创建多项式。最后一个构造方法，当 String 规范不合法时可以抛出一个异常，你需要决定合法的规范是什么。

- negate 返回该多项式的负数。

- add、subtract 和 multiply 返回一个新的多项式，它分别是这个多项式与另一个多项式 rhs 的和、差和积。这些方法都不会改变原来的多项式。

- equals 和 toString 遵从这些函数的标准约定。对于 toString，尽可能让 String 的表示美观。

- 多项式由两个域表示。第一个域 degree 表示多项式的次数。所以 x^2+2x+1 的次数是 2，$3x + 5$ 的次数是 1，而 4 的次数是 0。0 的次数自动为 0。第二个域 coeff 表示系数（coeff[i] 表示 x^i 的系数）。

3.34 修改前一个练习中的类，系数使用 BigRational 来保存。

3.35 实现完整的 IntType 类，支持一组合理的构造方法，还有 add、subtract、multiply、divide、equals、compareTo 和 toString 方法。将 IntType 保存在一个足够大的数组中。对于这个类，困难的操作是除法，其次是乘法。

3.15 参考文献

关于类的更多信息，可以在 1.12 节参考文献中找到。关于设计模式的经典文献是 [1]。这本书描述了 23 种标准模式，后面我们将讨论其中的几种。

[1] E. Gamma, R. Helm, R. Johnson, and J. Vlissides, *Elements of Reusable Object-Oriented Software*, Addison-Wesley, Reading, MA, 1995.

继　　承

正如第 3 章中提到的，面向对象程序设计的重要目标是代码重用。就像工程师在其设计中重复地使用组件一样，程序员应该能重用对象而不是重复地重新实现它们。在面向对象程序设计语言中，代码重用的基本机制是继承（inheritance）。继承能让我们扩展对象的功能。换句话说，我们可以对原类型限制（或是扩展）属性来创建新类型，实际上形成了类的层次结构。

不过继承不是简单的代码重用。通过正确地使用继承，程序员能够更容易地维护代码及更新代码，这两点对于大型的商业应用程序来说都是必不可少的。要编写有意义的 Java 程序，必须理解继承的使用，Java 也使用继承来实现泛型方法和类。

本章中，我们将看到：

- 继承的一般原则，包括多态（polymorphism）。
- Java 中如何实现继承。
- 如何从单一抽象类派生一组类。
- 接口（interface），这是一种特殊的类。
- Java 如何使用继承实现泛型编程。
- Java 5 如何使用泛型类实现泛型编程。

4.1　什么是继承

在 IS-A 关系中，我们说派生类是（is a）基类（的变体）。

在 HAS-A 关系中，我们说派生类有（has a）基类（的实例）。组合用来建立 HAS-A 关系模型。

继承（inheritance）是面向对象的基本原则，使用继承可以在相关类之间重用代码。继承建立了 IS-A 关系模型。在 IS-A 关系中，我们说派生类是（is a）基类（的变体）。例如，圆是形状，轿车是车辆。但是椭圆不是圆。继承关系组成层次结构（hierarchy）。例如，我们可以由轿车再扩展出其他的类，因为外国轿车是轿车（支付关税），而国内轿车也是轿车（不支付关税），以此类推。

另一种关系是 HAS-A（或者 IS-COMPOSED-OF）关系。这种类型的关系不具有继承层次结构中的自然属性。HAS-A 关系的一个例子是，轿车有（has a）方向盘。HAS-A 关系不应该用继承来建模。相反，应该使用组合（composition）的技术，其中，组件只作为私有数据域。

在接下来的章节中我们将看到，Java 语言本身在实现它的类库时广泛使用了继承。

4.1.1　创建新的类

继承允许从基类派生类而不会妨碍基类的实现。

extends 子句用来声明一个类派生于另一个类。

派生类继承基类的所有数据成员，还可以添加更多的成员。

派生类继承基类的所有方法。可以接受或重新定义它们。也可以定义新方法。

我们将围绕一个示例展开关于继承的讨论。图 4.1 演示了一个典型的类。Person 类用来保存一个人的信息，本例中我们有私有数据，包括姓名、年龄、地址和电话号码，还有一些公有方法，可用来访问这些信息，也可能用来修改这些信息。能够想象，在实际中这个类要复杂得多，可能存储 30 个数据域，带有 100 个方法。

```
1   class Person
2   {
3       public Person( String n, int ag, String ad, String p )
4         { name = n; age = ag; address = ad; phone = p; }
5
6       public String toString( )
7         { return getName( ) + " " + getAge( ) + " "
8                             + getPhoneNumber( ); }
9
10      public String getName( )
11        { return name; }
12
13      public int getAge( )
14        { return age; }
15
16      public String getAddress( )
17        { return address; }
18
19      public String getPhoneNumber( )
20        { return phone; }
21
22      public void setAddress( String newAddress )
23        { address = newAddress; }
24
25      public void setPhoneNumber( String newPhone )
26        { phone = newPhone; }
27
28      private String name;
29      private int    age;
30      private String address;
31      private String phone;
32  }
```

图 4.1 Person 类保存姓名、年龄、地址和电话号码

现在假设我们想要一个 Student 类或一个 Employee 类，或两个都要。假设 Student 类类似于 Person 类，再额外添加几个数据成员和方法。在这个简单示例中，假设不同的是 Student 类添加了 gpa 域和 getGPA 访问方法。类似地，假设 Employee 类有 Person 类中的全部组件，但还有一个 salary 域和操纵 salary 的方法。

设计这些类的一个选择是经典的复制 – 粘贴方式：我们复制 Person 类，修改类名和构造方法，然后添加新的内容。图 4.2 演示了这种策略。

复制 – 粘贴不是一种好的设计选择，存在许多麻烦。首要的一个问题是，如果你复制垃圾，最终会得到一个垃圾。这使得修改检测到的程序错误会非常困难，特别是很晚才检测到的错误。

第二个问题与维护和版本控制有关。假设我们决定在第二版中，最好是按姓、名的格式存储姓名，而不是按单一的域。或者最好是使用专门的 Address 类来保存地址。为了保持一致性，应该对所有的类都进行修改。使用复制 – 粘贴的话，这些设计更改不得不在许多的地方完成。

第三个问题更微妙，使用复制 – 粘贴，Person、Student 和 Employee 是三个独立的实体，尽管它们很相似，但它们彼此没有任何关系。所以，举例来说，如果有一个接受 Person 作为参数的例程，我们就不能给它发送一个 Student 参数。所以必须复制 – 粘贴所有的例程，保证它们对新类型也是有效的。

```
1  class Student
2  {
3      public Student( String n, int ag, String ad, String p,
4                     double g )
5        { name = n; age = ag; address = ad; phone = p; gpa = g; }
6
7      public String toString( )
8        { return getName( ) + " " + getAge( ) + " "
9              + getPhoneNumber( ) + " " + getGPA( ); }
10
11     public String getName( )
12       { return name; }
13
14     public int getAge( )
15       { return age; }
16
17     public String getAddress( )
18       { return address; }
19
20     public String getPhoneNumber( )
21       { return phone; }
22
23     public void setAddress( String newAddress )
24       { address = newAddress; }
25
26     public void setPhoneNumber( String newPhone )
27       { phone = newPhone; }
28
29     public double getGPA( )
30       { return gpa; }
31
32     private String name;
33     private int    age;
34     private String address;
35     private String phone;
36     private double gpa;
37 }
```

图 4.2   通过复制 – 粘贴，Student 类保存姓名、年龄、地址、电话号码和 gpa

继承解决了上述三个问题。使用继承，我们可以说，Student 是（IS-A）Person。然后可以明确说明 Student 相对于 Person 的变化。仅允许以下三种类型的改变：

- Student 可以添加新的域（例如 gpa）。
- Student 可以添加新的方法（例如 getGPA）。
- Student 可以覆盖已有的方法（例如 toString）。

有两种改变是不允许的，因为它们会违反 IS-A 关系的概念：

- Student 不能删除域。
- Student 不能删除方法。

最后，新类必须规范说明自己的构造方法。这可能涉及一些语法问题，我们将在 4.1.6 节讨论。

图 4.3 演示了 Student 类。Person 和 Student 类的数据布局如图 4.4 所示。它说明了任何 Student 对象的内存空间中都包括 Person 对象中包含的所有域。不过，因为那些域被 Person 类声明为私有的，所以不能被 Student 类的方法访问。这就是构造方法此时出现问题的原因：我们不能在 Student 的任何方法中访问数据域，相反，只能使用 Person 中公有的方法操纵继承的私有域。当然，我们可以让被继承的域是公有的，但这通常是一个糟糕的设计决策。它鼓励 Student 类和 Employee 类的实现者直接访问所继承的域。如果真这样做了，并且对 Person 类进行了诸如修改 Person 中名字或地址的数据表示等修改，那么必须跟踪所有的依赖关系，这将

我们带回与复制–粘贴一样的麻烦中。

```
1  class Student extends Person
2  {
3      public Student( String n, int ag, String ad, String p,
4                   double g )
5      {
6          /* 面向对象编程! 需要某些语法知识; 见第 4.1.6 节 */
7          gpa = g; }
8
9      public String toString( )
10        { return getName( ) + " " + getAge( ) + " "
11              + getPhoneNumber( ) + " " + getGPA( ); }
12
13     public double getGPA( )
14        { return gpa; }
15
16     private double gpa;
17 }
```

图 4.3   用来创建 Student 类的继承

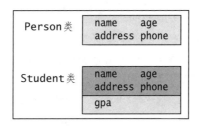

图 4.4   带继承的内存布局。浅色底纹表示私有域，只能被类的方法访问。Student 类中的深色底纹表示在 Student 类内不可访问，但仍存在的域

正如我们所看到的，除了构造方法以外，代码相对简单。我们增加了一个数据域，增加了一个新方法，并覆盖了一个已有的方法。在内部，我们拥有所有继承的域的空间，我们还实现了没有被覆盖的所有原始方法。不管 Person 类或大或小，我们为 Student 所编写的新代码量必须大致相同，我们得到了直接代码重用（direct code reuse）和易于维护的好处。还要注意的是，我们这样处理并不会妨碍已有类的实现。

让我们来总结一下到目前为止涉及的语法。派生类（derived class）继承基类的所有属性。然后它可以添加数据成员、覆盖方法以及添加新方法。每个派生类都是一个全新的类。继承的典型布局如图 4.5 所示，并且使用 extends 子句。extends 子句声明一个类是从另一个类派生出来的。派生类扩展（extend）基类。下面是派生类的简要描述：

- 一般来说，所有的数据都是私有的，所以我们在派生类中添加的额外数据域要在私有部分说明它们。
- 没有在派生类中规范说明的基类的任何方法都被不变地继承下来，除了构造方法。4.1.6 节讨论构造方法的特殊情况。
- 在派生类中公有部分声明的基类的任何方法，都被覆盖。新的定义将作用于派

```
1  public class Derived extends Base
2  {
3      // 任何未列出的成员都是丝毫不差继承的
4      // 除了构造方法
5
6          // 公有成员
7      // 构造方法，如果不接受默认构造方法的话
8      // 定义要在派生类中改变的基类方法
9      // 其他的公有方法
10
11         // 私有成员
12     // 其他的数据域（通常是私有的）
13     // 其他的私有方法
14 }
```

图 4.5   继承的典型布局

生类的对象。

- 不能在派生类的私有部分覆盖公有的基类方法，因为这相当于删除了方法，并且违反了 IS-A 关系。
- 在派生类中可以添加额外的方法。

4.1.2　类型兼容性

> 每个派生类都是一个全新的类，尽管如此，它与派生出它的那个类有一定的兼容性。

前面所描述的直接代码重用是一个重要的收益。然而，更有意义的收益是间接代码重用 (indirect code reuse)。这个收益来自 Student 是（IS-A）Person 及 Employee 是（IS-A）Person 这一事实。

因为 Student 是（IS-A）Person，所以 Student 对象可以被 Person 引用访问。所以下列代码是合法的：

```
Student s = new Student( "Joe", 26, "1 Main St",
                        "202-555-1212", 4.0 );
Person p = s;
System.out.println( "Age is " + p.getAge( ) );
```

这是合法的，因为 p 的静态类型（即编译时类型）是 Person。所以 p 可以指向是（IS-A）Person 的任何对象，通过引用 p 调用的任何方法都能保证是有意义的，因为一旦为 Person 定义了一个方法，该方法就不能被派生类删除。

你可能要问，为什么这件事这么重要。原因是，这不只适用于赋值，还适用于参数传递。形参是 Person 的方法可以接受是（IS-A）Person 的任何对象，包括 Student 和 Employee。

考虑写在任意类中的如下代码：

```
public static boolean isOlder( Person p1, Person p2 )
{
    return p1.getAge( ) > p2.getAge( );
}
```

考虑下列声明，其中为节省篇幅省略了构造方法的参数：

```
Person   p = new Person( ... );
Student  s = new Student( ... );
Employee e = new Employee( ... );
```

单个 isOlder 例程可用于以下所有调用：

isOlder(p,p), isOlder(s,s), isOlder(e,e), isOlder(p,e), isOlder(p,s),
isOlder(s,p), isOlder(s,e), isOlder(e,p), isOlder(e,s)

总而言之，现在我们有一个无所不能的非类例程可用于 9 种不同的情形。实际上，我们获得的重用量是没有限制的。一旦我们使用继承将第 4 个类添加到层次结构中，我们就会有 $4 \times 4 = 16$ 种不同的方法，而完全不用改变 isOlder。如果一个方法将 3 个 Person 引用作为参数，则重用就更加重要了。想象一下，如果一个方法接受 Person 引用的数组，则代码重用量将多么可观。

所以对于许多人来说，派生类类型与它们的基类兼容，是关于继承最重要的事情，因为它会导致大量的间接代码重用。正如 isOlder 所说明的，这使得添加自动使用已有方法的新类型变得非常容易。

4.1.3　动态调度和多态

> 多态变量可以指向几种不同类型的对象。当操作应用于多态变量时，将自动选择适用于

所指向对象的操作。

覆盖方法存在一些问题：如果引用类型和所指向对象的类（在上面的例子中，分别是 Person 和 Student）不一致，且它们有不同的实现，那么该用哪个实现呢？

例如，考虑下面的代码段：

```
Student s = new Student( "Joe", 26, "1 Main St",
                                "202-555-1212", 4.0 );
Employee e = new Employee( "Boss", 42, "4 Main St.",
                                "203-555-1212", 100000.0 );
Person p = null;
if( getTodaysDay( ).equals( "Tuesday" ) )
    p = s;
else
    p = e;
System.out.println( "Person is " + p.toString( ) );
```

这里 p 的静态类型是 Person。当我们运行程序时，动态类型（即对象实际指向的类型）要么是 Student，要么是 Employee。在程序运行前不可能推断出动态类型。当然，我们希望使用动态类型，而这正是 Java 所做的。当运行这段代码时，使用的 toString 方法将是适合于控制对象引用的动态类型的版本。

这是面向对象中的重要原则，称为多态（polymorphism）。多态的引用变量可以指向几种不同类型的对象。当操作应用于引用时，自动选择适用于实际引用对象的操作。在 Java 中，所有引用类型都是多态的。这也称为动态调度（dynamic dispatch）或后绑定（late binding），有时也称为动态绑定（dynamic binding）。

派生类与其基类是类型兼容（type-compatible）的，意思是说，基类类型的引用变量可以指向派生类的对象，但反过来不可以。兄弟类（即派生于共同类的类）不是类型兼容的。

4.1.4 继承层次结构

如果 X IS-A Y，则 X 是 Y 的子类而 Y 是 X 的超类。这些关系是传递的。

正如我们之前提到过的，使用继承通常会生成类的层次结构。图 4.6 说明了一个可能的 Person 层次结构。注意，Faculty 是间接地而不是直接地从 Person 派生，所以 Faculty 也是 Person。这个事实对类的使用者来说是显而易见的，因为 IS-A 关系是传递的。换句话说，如果 X IS-A Y 且 Y IS-A Z，则 X IS-A Z。Person 层次结构说明了典型的设计问题，即把共性的东西放到基类，然后再详细说明派生类。在这

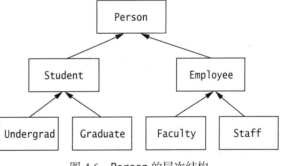

图 4.6 Person 的层次结构

个层次结构中，我们说，派生类是基类的子类（subclass），基类是派生类的超类（superclass）。这些关系是传递的，此外，instanceof 运算符能用于子类。所以，如果 obj 具有类型 Undergrad（不是 null），则 obj instanceof Person 为 true。

4.1.5 可见性规则

受保护的类成员对派生类及同一包中的类是可见的。

我们知道，用私有可见性声明的任何成员仅能被类中的方法所访问。所以正如我们看到的，基类中的任何私有成员不能被派生类访问。

有时，我们希望派生类能够访问基类成员。有两种基本的选择。第一种是使用公有或包可见访问（如果基类和派生都在同一个包中），视情况而定。但是，这允许派生类之外的其他类访问。

如果想限制仅允许派生类访问，可以让成员是受保护的。受保护的类成员（protected class member）对派生类的方法是可见的，对同一个包中的类的方法也是可见的，但对其他的都不可见⊖。将数据成员声明为 protected 或 public 的，违反了封装和信息隐藏的精髓，通常只是出于编程方便的考虑才这样做。更好的替代方法是编写访问方法和设置方法。不过，如果受保护的声明能让你避免编写复杂的代码，那么使用它也不是没有道理的。本书中，正是出于这个原因，所以使用了受保护的数据成员。本书中还使用了受保护的方法。这允许派生类继承内部方法，而无须在类层次结构之外可访问。注意，示例代码中的所有类都在一个默认的未命名包中，受保护的成员都是可见的。

4.1.6　构造方法和 super

> 如果没有编写构造方法，则会生成唯一的 0 参数的默认构造方法，该构造方法将调用基类 0 参数构造方法用于所继承的部分，然后对其他的数据域使用默认初始化。
>
> super 用来调用基类构造方法。

每个派生类都应该定义自己的构造方法。如果没有编写构造方法，则会生成唯一的 0 参数的默认构造方法。该构造方法将调用基类 0 参数构造方法用于所继承的部分，然后对其他的数据域使用默认初始化（就是说基本类型的为 0，引用类型的为 null）。

通过先构造所继承的部分来构造派生类对象是标准做法。实际上，这是默认的，即使显式给出了派生类的构造方法。这是很自然的，因为封装观点告诉我们继承的部分是单一的实体，且基类构造方法告诉我们如何初始化这个单一实体。

使用 super 方法可以显式调用基类的构造方法。所以派生类的默认构造方法实际上是：

```
public Derived( )
{
    super( );
}
```

调用 super 方法时可以使用与基类构造方法匹配的参数。图 4.7 演示了 Student 构造方法的实现。

super 方法只能用作构造方法的第一行。如果没有提供，则生成一个对 super 不带参数的自动调用。

⊖　保护可见性规则相当复杂。类 B 的受保护成员对与 B 在同一包中的任何类的所有方法都可见。对与 B 不在同一包但从 B 扩展而来的任何类 D 中的方法也是可见的，但仅能通过与 D 类型兼容的引用来访问（包括隐式或显式的 this）。更具体地说，通过类型 B 的引用在类 D 中是不可见的。下面的例子说明了这个问题。

```
1  class Demo extends java.io.FilterInputStream
2  {       // FilterInputStream has protected data field named in
3      public void foo( )
4      {
5          java.io.FilterInputStream b = this;   // 合法的
6          System.out.println( in );             // 合法的
7          System.out.println( this.in );        // 合法的
8          System.out.println( b.in );           // 不合法的
9      }
10 }
```

```
1   class Student extends Person
2   {
3       public Student( String n, int ag, String ad, String p,
4                       double g )
5       { super( n, ag, ad, p );  gpa = g; }
6
7       // 省略了 toString 和 getAge
8
9       private double gpa;
10  }
```

图 4.7　用于新的 Student 类的构造方法, 使用了 super

4.1.7　final 方法和类

final 方法在继承层次结构上是不变的, 不能被覆盖。
当方法在继承层次结构上保持不变时, 可以使用静态绑定。
静态方法没有控制对象, 所以在编译时使用静态绑定解析。
final 类不能被扩展。叶子类是一个终极类。

正如前文所述, 派生类要么覆盖要么接受基类方法。很多情况下, 一个特定的基类方法在层次结构中明显是不变的, 这意味着, 派生类不应该覆盖它。在这种情况下, 我们可以将那个方法声明为 final (终极), 且不能被覆盖。

将不变的方法声明为 final, 不仅是一种好的编程惯例, 而且还能得到更高效的代码。因为除了向程序和文档的读者声明你的意图外, 还能阻止意外覆盖一个不应该被覆盖的方法。

为了明白为什么使用 final 能使代码的效率更高, 假设基类 Base 声明了一个终极方法 f, 再假设 Derived 扩展 Base。考虑例程

```
void doIt( Base obj )
{
    obj.f( );
}
```

因为 f 是终极方法, 所以 obj 实际指向的是 Base 对象还是 Derived 对象都没有关系。f 的定义是不变的, 所以我们知道 f 要做什么。因此, 可能使用编译时决策而不是运行决策来解析方法调用。这称为静态绑定 (static binding)。因为在编译阶段而不是运行时进行绑定, 所以程序应该运行得更快。运行加快的明显程度, 取决于运行程序时避免执行运行时决策的次数。

通过观察可知, 如果 f 是一个常规方法 (例如某一个域的访问方法, 并且将它声明为 final), 则编译器可能用它的内联定义替换对 f 的调用。所以方法调用可以替换为访问一个数据域的一行程序, 由此节省了时间。如果 f 没有声明为 final, 那么这是不可能的, 因为 obj 可能指向一个派生类对象, 其 f 的定义可能是不同的⊖。静态方法不是终极方法, 但没有控制对象, 所以在编译时使用静态绑定解析。

与终极方法类似的是终极类 (final class)。终极类不能被扩展。因此, 它的所有方法都自动成为终极方法。例如, String 类是一个终极类。注意这样一个事实, 一个类仅有终极方法并不意味着它是终极类。终极类也称为叶子类 (leaf class), 因为在看起来像是一棵树的继承层次结构中, 终极类在边缘, 像是叶子结点。

⊖　在前两段中, 我们说, 静态绑定和内联优化"可能"进行, 是因为虽然编译时决策似乎是有意义的, 但语言规范中明确指出, 对于常规的终极方法可以进行内联优化, 但这个优化必须由虚拟机在运行时完成, 而不是由编译器在编译时完成。这保证了有依赖关系的类不会因为优化而失去同步。

在 Person 类中，常规的访问方法和设置方法（以 get 和 set 开头的方法）都是终极方法的优秀候选对象，而且，在我们的网络资源中它们也是这样声明的。

4.1.8 覆盖一个方法

派生类方法必须有相同的返回类型和签名，且不能在 throws 列表中增加异常。

部分覆盖需要使用 super 调用基类方法。

基类中的方法可以在派生类中被覆盖，通过提供一个有相同签名的派生类方法来完成[⊖]。派生类方法必须有相同的返回类型，且不能在 throws 列表中增加异常[⊖]。派生类不能降低可见性，因为这将违反 IS-A 关系的精髓。所以不能用包可见方法覆盖公有方法。

有时派生类方法想调用基类方法。通常，这称为部分覆盖（partial overriding）。即我们想做基类要做的事，再多做一点点其他的事，而不是做完全不一样的事情。使用 super 可以调用基类方法。下面是一个例子：

```java
public class Workaholic extends Worker
{
    public void doWork( )
    {
        super.doWork( );    // 像 Worker 一样工作
        drinkCoffee( );     // 休息一下
        super.doWork( );    // 像 Worker 一样再次工作
    }
}
```

更典型的例子是覆盖标准方法，例如 toString。图 4.8 说明了在 Student 和 Employee 类中的这种用法。

```java
 1  class Student extends Person
 2  {
 3      public Student( String n, int ag, String ad, String p,
 4                      double g )
 5        { super( n, ag, ad, p ); gpa = g; }
 6
 7      public String toString( )
 8        { return super.toString( ) + getGPA( ); }
 9
10      public double getGPA( )
11        { return gpa; }
12
13      private double gpa;
14  }
15
16  class Employee extends Person
17  {
18      public Employee( String n, int ag, String ad,
19                       String p, double s )
20        { super( n, ag, ad, p ); salary = s; }
21
22      public String toString( )
23        { return super.toString( ) + " $" + getSalary( ); }
24
```

图 4.8 完整的 Student 和 Employee 类，使用了两种形式的 super

⊖ 如果使用了不同的签名，则只是重载了该方法，这样就得到了有不同签名的两个方法供编译器选择。

⊖ Java 5 放宽了这个要求，允许派生类方法的返回类型稍有不同，只要是"兼容的"即可。这个新规则在 4.1.11 节讨论。

```
25      public double getSalary( )
26        { return salary; }
27
28      public void raise( double percentRaise )
29        { salary *= ( 1 + percentRaise ); }
30
31      private double salary;
32  }
```

图 4.8 完整的 Student 和 Employee 类，使用了两种形式的 super（续）

4.1.9 再次讨论类型兼容性

> 向下转换（downcast）是在继承层次结构中向下转换。转换总由虚拟机在运行时验证。

图 4.9 演示了数组多态的典型用法。在第 17 行，创建一个有 4 个 Person 引用的数组，每一个都被初始化为 null。这些引用的值可以在第 19 ～ 24 行设置，我们知道，所有这些赋值都是合法的，因为基类型引用能指向派生类型的对象。

```
1  class PersonDemo
2  {
3      public static void printAll( Person [ ] arr )
4      {
5          for( int i = 0; i < arr.length; i++ )
6          {
7              if( arr[ i ] != null )
8              {
9                  System.out.print( "[" + i + "] " );
10                 System.out.println( arr[ i ].toString( ) );
11             }
12         }
13     }
14
15     public static void main( String [ ] args )
16     {
17         Person [ ] p = new Person[ 4 ];
18
19         p[0] = new Person( "joe", 25, "New York",
20                            "212-555-1212" );
21         p[1] = new Student( "jill", 27, "Chicago",
22                            "312-555-1212", 4.0 );
23         p[3] = new Employee( "bob", 29, "Boston",
24                            "617-555-1212", 100000.0 );
25
26         printAll( p );
27     }
28 }
```

图 4.9 数组多态的示例

printAll 例程简单地遍历数组，并使用动态调度调用 toString 方法。第 7 行的测试很重要，因为正如我们所看到的，数组中有些引用可能是 null。

在例子中，假设在完成输出之前想给 p[3]——我们知道它是一个 Employee——加薪。因为 p[3] 是一个 Employee，所以语句

p[3].raise(0.04);

似乎是合法的。但其实不是。问题在于 p[3] 的静态类型是 Person，而 Person 中没有定义 raise。编译时，只有引用的静态类型（可见）的成员才可以出现在点运算符的右边。

我们可以使用转换改变静态类型：

```
((Employee) p[3]).raise( 0.04 );
```

上面的代码使点运算符左侧的引用的静态类型变为 Employee。如果这是不可行的（例如，p[3]
在一个完全不同的层次结构中），编译器将会报错。如果转换是合理的，程序将被编译，因此上
面的代码将成功地为 p[3] 加薪 4%。在这种构造中，我们将表达式的静态类型从基类改为继承
层次结构中更低的类，这种构造称为向下转换（downcast）。

如果 p[3] 不是 Employee 会怎样呢？例如，如果使用下列语句：

```
((Employee) p[1]).raise( 0.04 ); // p[1] 是一个 Student
```

在这种情况下，程序可以编译，但虚拟机会抛出 ClassCastException，这是表示程序错误的运
行时异常。转换总会在运行时进行复查，以确保程序员（或是恶意黑客）不会试图破坏 Java 的强
类型系统。执行这类调用的安全方法是先使用 instanceof：

```
if( p[3] instanceof Employee )
    ((Employee) p[3]).raise( 0.04 );
```

4.1.10　数组类型的兼容性

> 子类的数组与超类的数组是类型兼容的，这称为协变数组。
> 如果一个不兼容类型的对象插入数组中，虚拟机会抛出 ArrayStoreException。

语言设计的困难之一是如何处理聚合类型的继承。在我们的例子中，我们知道 Employee
IS-A Person。但 Employee[] IS-A Person[] 还是真的吗？换句话说，如果编写的一个例程接
受的参数是 Person[]，那么我们能将 Employee[] 作为参数传递给它吗？

乍一看，这似乎是一个不需要考虑的问题，Employee[] 应该与 Person[] 类型兼容。但是，
这个问题比看上去更困难。假设除了 Employee 外，Student IS-A Person。假设 Employee[]
与 Person[] 类型兼容。则考虑下面的赋值语句序列：

```
Person[] arr = new Employee[ 5 ]; // 编译: 数组是兼容的
arr[ 0 ] = new Student( ... );    // 编译: Student IS-A Person
```

两条赋值语句都可以编译，但 arr[0] 实际上是 Employee 的引用，且 Student 不是 Employee。
所以类型混乱了。运行时系统不能抛出 ClassCastException，因为没有进行转换。

避免这个问题的最简单方法是指定数组不是类型兼容的。不过在 Java 中，数组是类型兼容
的，这称为协变数组类型（covariant array type）。每个数组记录允许保存的对象的类型。如果在
数组中插入了不兼容的类型，则虚拟机将抛出 ArrayStoreException。

4.1.11　协变返回类型

> 在 Java 5 中，子类方法的返回类型只需与超类方法的返回类型兼容（即可能是超类返回
> 类型的一个子类），这称为协变返回类型。

在 Java 5 之前，当方法被覆盖时，要求子类方法必须与超类方法有相同的返回类型。Java 5
放松了这个规则。在 Java 5 中，子类方法的返回类型只需与超类方法的返回类型兼容（即可能是
超类返回类型的一个子类），这称为协变返回类型（convariant array type）。例如，假定 Person
类有一个 makeCopy 方法：

```
public Person makeCopy( );
```

它返回 Person 的副本。在 Java 5 之前，如果 Employee 类覆盖了这个方法，则返回类型必须是 Person。在 Java 5 中，该方法可以覆盖为：

```
public Employee makeCopy( );
```

4.2　设计层次结构

出现太多的 instanceof 运算符，是面向程序设计不佳的一个特征。

假设我们有 Circle 类，对于任意非空的 Circle c，c.area() 返回 Circle c 的面积。另外，假设我们有 Rectangle 类，对任意非空的 Rectangle r，r.area() 返回 Rectangle r 的面积。我们可能还有其他的类，例如 Ellipse、Triangle 和 Square，所有的都有 area 方法。假设我们有一个数组，保存指向这些对象的引用，我们想计算所有对象的总面积。因为对于所有的类，它们都有 area 方法，所以多态是一个有吸引力的选择，得到如下代码：

```
public static double totalArea( WhatType [ ] arr )
{
    double total = 0.0;

    for( int i = 0; i < arr.length; i++ )
        if( arr[ i ] != null )
            total += arr[ i ].area( );

    return total;
}
```

为了能让代码正确工作，我们需要决定 WhatType 处要声明的类型。Circle、Rectangle 等都不行，因为它们不是 IS-A 关系。所以我们需要定义一个类型（比如 Shape），这样，Circle IS-A Shape，Rectangle IS-A Shape，以此类推。图 4.10 说明了可能的层次结构。另外，为了使 arr[i].area() 有意义，area 必须是 Shape 可用的方法。

这表明有一个 Shape 类，如图 4.11 所示。一旦有了 Shape 类，就可以提供其他的类了，如图 4.12 所示。这些类还包含了一个 perimeter 方法。

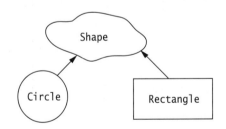

图 4.10　用在继承示例中的形状层次结构

```
1  public class Shape
2  {
3      public double area( )
4      {
5          return -1;
6      }
7  }
```

图 4.11　可能的 Shape 类

```
1   public class Circle extends Shape
2   {
3       public Circle( double rad )
4         { radius = rad; }
5
6       public double area( )
7         { return Math.PI * radius * radius; }
8
9       public double perimeter( )
10        { return 2 * Math.PI * radius; }
```

图 4.12　Circle 和 Rectangle 类

```
11
12      public String toString( )
13         { return "Circle: " + radius; }
14
15      private double radius;
16  }
17
18  public class Rectangle extends Shape
19  {
20      public Rectangle( double len, double wid )
21         { length = len; width = wid; }
22
23      public double area( )
24         { return length * width; }
25
26      public double perimeter( )
27         { return 2 * ( length + width ); }
28
29      public String toString( )
30         { return "Rectangle: " + length + " " + width; }
31
32      public double getLength( )
33         { return length; }
34
35      public double getWidth( )
36         { return width; }
37
38      private double length;
39      private double width;
40  }
```

图 4.12　Circle 和 Rectangle 类（续）

图 4.12 中的代码，包括从图 4.11 中简单的 Shape 类（只有返回 −1 的 area 方法）扩展的类，现在可以使用多态了，如图 4.13 所示。

```
1  class ShapeDemo
2  {
3      public static double totalArea( Shape [ ] arr )
4      {
5          double total = 0;
6
7          for( Shape s : arr )
8              if( s != null )
9                  total += s.area( );
10
11          return total;
12      }
13
14      public static void printAll( Shape [ ] arr )
15      {
16          for( Shape s : arr )
17              System.out.println( s );
18      }
19
20      public static void main( String [ ] args )
21      {
22          Shape [ ] a = { new Circle( 2.0 ), new Rectangle( 1.0, 3.0 ), null };
23
24          System.out.println( "Total area = " + totalArea( a ) );
25          printAll( a );
26      }
27  }
```

图 4.13　使用形状层次结构的简单程序

这种设计的巨大好处是，可以在不妨碍实现的情况下，在层次结构中添加新的类。例如，假定我们想在混合形状中增加三角形。所要做的是，让 Triangle 扩展 Shape，相应地覆盖 area，现在 Triangle 对象可以包含在 Shape [] 的任何对象中。这涉及以下几点：

- 不改变 Shape 类。
- 不改变 Circle、Rectangle 类，或其他已有的类。
- 不改变 totalArea 方法。

这几点使得添加新代码时几乎不会破坏现有代码。注意，还缺少任意的 instanceof 测试，这是优秀多态代码的特征。

4.2.1　抽象方法和类

> 抽象方法和类表示占位符。
> 抽象方法没有有意义的定义，因此总是在派生类中定义。
> 至少含有一个抽象方法的类必须是抽象类。

虽然前一个例子中的代码是有效的，但图 4.11 中所写的 Shape 类还有改进的可能。注意，Shape 类本身（特别是 area 方法），都是占位符（placeholder）：Shape 的 area 方法永远不打算被直接调用。它的存在，就是让编译器和运行时系统能联手使用动态调度，并调用合适的 area 方法。事实上，通过检查 main，可以看到任何 Shape 对象本身都不应该被创建。这个类只作为其他类的公共超类而存在⊖。

程序员试图通过返回 −1 来表明调用 Shape 的 area 方法是错误的，−1 显然不是可能的面积值。但这个值可能会被忽略。此外，如果在扩展 Shape 时没有覆盖 area 方法，则会返回这个值。因为输入错误，覆盖失败也是可能发生的，将 area 写为 Area，使得很难在运行时跟踪错误。

Shape 类中处理 area 更好的办法是抛出一个运行时异常（UnsupportedOperationException 就很好）。这比返回 −1 更合适，因为异常不会被忽略。

虽然这个办法能解决运行时的问题，不过，最好的办法是有语法能明确说明 area 是一个占位符，完全不需要任何的实现，而且 Shape 是占位符类，即使它可能声明了构造方法，并且如果没有声明，也会有一个默认构造方法，但它也不能被构造。如果这种语法可用，则编译器在编译时就能将任何尝试构造 Shape 实例的行为声明为不合法。它还可以将任何试图构造实例的类（例如 Triangle），声明为不合法，即使 area 没有被覆盖。这恰好描述了抽象方法和抽象类。

抽象方法（abstract method）是声明所有派生类对象最终必须实现的功能的方法。换句话说，它说明了这些对象能做什么。但是它不提供默认的实现。而是每个对象必须提供自己的实现。

至少含有一个抽象方法的类是抽象类（abstract class）。Java 要求所有的抽象类要显式声明。当派生类没有给出实现去覆盖抽象方法时，方法在派生类中仍是抽象的。因此，如果不想作为抽象类的类没有覆盖抽象方法，则编译器会检测到不一致，并且报告错误。

图 4.14 所示的例子展示了如何让 Shape 成为抽象的。不需要改变图 4.12 和图 4.13 中的其他任何代码。注意，抽象类可以有非抽象的方法，与本例中 semiperimeter 的情况一样。

抽象类还可以声明静态域和实例域。与非抽象类一样，这些域通常是私有的，实例域可

```
1  public abstract class Shape
2  {
3      public abstract double area( );
4      public abstract double perimeter( );
5
6      public double semiperimeter( )
7        { return perimeter( ) / 2; }
8  }
```

图 4.14　抽象的 Shape 类。图 4.12 和图 4.13 不变

⊖ 声明一个私有的 Shape 构造方法，不能解决第二个问题：子类需要构造方法。

以由构造方法初始化。虽然不能创建抽象类对象，但当派生类使用 super 时可以调用这些构造方法。在一个更大的例子中，Shape 类可以包含对象端点的坐标，这将由构造方法设置，它还可以实现独立于对象的实际类型的方法，例如 positionOf，positionOf 会是一个终极方法。

如前面所提到的，至少存在一个抽象方法，使得基类是抽象的，并且不允许创建对象。因此，不能创建 Shape 对象，只能创建派生类对象。但是，通常 Shape 变量可以指向任何具体的派生类对象，如 Circle 或 Rectangle。因此，

```
Shape a, b;
a = new Circle( 3.0 );      // 合法
b = new Shape( );           // 不合法
```

在继续之前，让我们总结一下类方法的 4 种类型：

- 终极方法。虚拟机可以在运行时选择执行内联优化，从而避免动态调度。只有当方法在继承层次结构上是不变的（即当方法永远不重新定义时），才使用终极方法。
- 抽象方法。覆盖在运行时解决。基类不提供实现，且是抽象的。没有默认实现要求派生类提供实现，或要求派生类本身是抽象的。
- 静态方法。覆盖在编译时解决，因为它们没有控制对象。
- 其他方法。覆盖在运行时解决。基类提供默认实现，该实现可能被派生类覆盖，或被派生类全盘接受。

4.2.2   为未来而设计

考虑 Square 类的下列实现：

```
public class Square extends Rectangle
{
    public Square( double side )
      { super( side, side ); }
}
```

很明显，正方形是长度和宽度相等的矩形，因此，让 Square 扩展 Rectangle 似乎很合理，从而可以避免重写像 area 和 perimeter 这样的方法。因为 toString 没有被覆盖，所以 Square 总像 Rectangle 那样输出相等的长度和宽度，为 Square 提供 toString 方法就可以改正这一点。这样，Square 类可以取巧，我们可以重用 Rectangle 的代码。但这个设计合理吗？为了回答这个问题，我们必须回到继承的基本原则上去。

仅当 Square IS-A Rectangle 时，extends 子句才适用。从编程的角度看，这不仅意味着正方形必须在几何上是一种矩形，而且意味着 Rectangle 可以执行的任何操作也必须能被 Square 支持。但最重要的是，这不是一个静态决策，这意味着我们不能简单地查看由 Rectangle 支持的当前操作集。而是必须要询问，将来有没有可能将对 Square 没有意义的操作添加到 Rectangle 类中。如果是这样的话，则 Square IS-A Rectangle 这一论点明显变弱。例如，假设 Rectangle 类有 stretch 方法，要做的事是，拉伸 Rectangle 较长的边但保留其较短的边不变。显然这个操作不能用于 Square，因为这样做会破坏正方形的性质。

如果我们知道 Rectangle 类有 stretch 方法，则让 Square 扩展 Rectangle 就不是一种好的设计。如果 Square 已经扩展了 Rectangle，之后想给 Rectangle 添加 stretch 方法，有两种基本的处理方法。

- 方法 1。让 Square 覆盖 stretch 方法，实现时抛出一个异常：

```
public void stretch( double factor )
  { throw new UnsupportedOperationException( ); }
```

对于这个设计，至少正方形不会失去它的性质。

- 方法 2。重新设计整个层次结构，让 Square 不再扩展 Rectangle。这称为重构（refactoring）。取决于整个层次结构的复杂程度，这可能是一项极其复杂的任务。不过，有些开发工具可以自动处理大部分的工作。最好的计划（特别是对于大的层次结构）是在设计阶段考虑这些问题，询问层次结构未来有可能是什么样子的。通常说起来容易，但做的时候有极大挑战。

当决定应该在方法的抛出列表中列出哪些异常时，也会出现类似的哲学问题。由于 IS-A 关系，当方法被覆盖时，新的受检异常不能添加到抛出列表中，覆盖实现可以减少原来的受检异常表，或者说是其子集，但永远不能增加。严格来说，确定一个方法的抛出列表时，设计者不仅要考虑方法的当前实现中可能抛出的异常，也应该考虑未来实现中（实现可能改变了）可能抛出的异常，以及由未来的子类所提供的覆盖实现中可能抛出的异常。

4.3 多继承

> 多继承用于从几个基类派生一个类。Java 不允许多继承。

到目前为止所看到的所有的继承示例都是从单一基类派生一个类。在多继承（multiple inheritance）中，一个类可能从多个基类派生。例如，我们可能有 Student 类和 Employee 类。然后从两个类可以派生 StudentEmployee 类。

虽然多继承听上去很吸引人，而且有些语言（包括 C++）支持它，但它的精妙之处反而让设计变得困难。例如，两个基类可能含有签名相同但实现不同的两个方法。或者，它们可能有两个同名的域。我们应该用哪个呢？

例如，假设在前面的 StudentEmployee 例子中，Person 类中有 name 域和 toString 方法。我们还假设，Student 扩展了 Person，并覆盖了 toString，包含了毕业年份。进一步假设，Employee 扩展了 Person 但没有覆盖 toString，相反，它将该方法声明为 final。

- 由于 StudentEmployee 继承了 Student 和 Employee 的数据成员，我们会得到两个 name 吗？
- 如果 StudentEmployee 没有覆盖 toString，那么应该用哪个 toString 呢？

当涉及许多类时，问题会更大。不过，典型的多继承问题似乎可以追溯到实现的冲突或是数据域的冲突。因此，Java 不允许实现时使用多继承。

不过，为了实现类型兼容的目的，允许多继承是非常有用的，前提是我们能确保没有实现冲突。

回到我们的 Shape 例子中来，假设我们的层次结构中含有多种形状，如 Circle、Square、Ellipse、Rectangle 和 Triangle。假设其中一部分（但不是全部形状）有 stretch 方法，如 4.2.2 节所描述的，它让最长的边变长，但其他的边不变。我们可以合理地设想，Ellipse、Rectangle 和 Triangle 类中可以编写 stretch 方法，但 Circle 或 Square 不能。我们想要一个能用于数组中所有形状的 stretch 方法：

```
public static void stretchAll( WhatType [ ] arr, factor )
{
    for( WhatType s : arr )
        s.stretch( factor );
}
```

我们的想法是，stretchAll 应该能用于 Ellipse、Rectangle、Triangle 的数组，甚至是包含 Ellipse、Rectangle 和 Triangle 的数组。

为让这个代码有效，我们需要决定 WhatType 处要声明的类型。一种可能性是，只要 Shape 有一个抽象的 stretch 方法，WhatType 就可以是 Shape。然后我们可以为每类 Shape 覆盖

stretch 方法，让 Circle 和 Square 抛出 UnsupportedOperationExceptions。但如 4.2.2 节所讨论的，这个解决方案似乎违背了 IS-A 关系的概念，而且，它不能推广到更复杂的情况。

另一种想法是，试着定义一个抽象类 Stretchable，如下：

```
abstract class Stretchable
{
    public abstract void stretch( double factor );
}
```

我们可以用 Stretchable 充当 stretchAll 方法中 WhatType 处的类型。然后，试着让 Rectangle、Ellipses 和 Triangle 扩展 Stretchable，并提供 stretch 方法：

```
// 无效的
public class Rectangle extends Shape, Stretchable
{
    public void stretch( double factor )
        { ... }
    public void area( )
        { ... }

    ...

}
```

这种想法如图 4.15 所示。

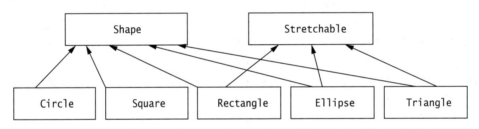

图 4.15　继承多个类。除非 Shape 或 Stretchable 被明确设计为免实现的，否则这是行不通的

原则上这是可以的，但我们有多继承，之前说过这是不合法的，因为我们担心可能会继承冲突的实现。就目前的情形看，只有 Shape 类有一个实现，Stretchable 是纯抽象的，所以有人会认为编译器应该能放宽要求。但是，在所有代码编译完成后，可能会改变 Stretchable 的实现，这时就会出现问题。我们想要的不仅是一个承诺，还需要某些语法来强制 Stretchable 永远保持免实现的。如果这是可能的，则编译器可以允许两个具有图 4.15 所示层次结构的类继承。

这个语法就是接口。

4.4　接口

接口是一个抽象类，不包含实现细节。

Java 中的接口（interface）是最极致的抽象类。它仅含有公有抽象方法和公有静态终极域。

如果一个类提供了接口中所有抽象方法的定义，则称该类实现（implement）了接口。实现接口的类的行为就像是它扩展了由接口规范的抽象类。

原则上，接口和抽象类间的主要区别在于，虽然两者都规范说明了子类必须要做的事情，但接口不允许提供任何实现细节，不管是数据域的格式还是要实现的方法。这样处理的实际效果是，多接口不会遇到与多继承中一样的潜在问题，因为我们没有相互冲突的实现。所以虽然类只能扩展一个其他的类，但它可以实现多个接口。

4.4.1 规范接口

在语法上，几乎没有比规范一个接口更简单的事情了。接口看上去就像是一个类的声明，只是它使用的是关键字 interface。它由必须实现的方法列表组成。图 4.16 演示了 Stretchable 接口。

```
1  /**
2   * 定义 stretch 方法的接口
3   * 这是拉伸 Shape 最大尺寸的方法
4   */
5  public interface Stretchable
6  {
7      void stretch( double factor );
8  }
```

图 4.16　Stretchable 接口

Stretchable 接口规范了每个子类必须实现的一个方法——Stretch。注意，我们不必将这些方法指定为 public 和 abstract。因为对于接口方法来说，这些修饰符是必要的，所以它们可以（也经常）被省略。

4.4.2 实现一个接口

implements 子句用来声明类实现一个接口。这个类必须实现接口的所有方法，或保持抽象。

一个类实现一个接口的步骤是：

1. 声明它实现这个接口。

2. 定义所有接口方法的实现。

图 4.17 是一个示例。这里，我们完成了 4.2 节用过的 Rectangle 类。

```
1  public class Rectangle extends Shape implements Stretchable
2  {
3      /* 图 4.12 中类的其他部分没有变化 */
4
5      public void stretch( double factor )
6      {
7          if( factor <= 0 )
8              throw new IllegalArgumentException( );
9
10         if( length > width )
11             length *= factor;
12         else
13             width *= factor;
14     }
15 }
```

图 4.17　实现了 Stretchable 接口的 Rectangle 类（简化版）

第 1 行表明，当实现接口时使用 implements 替代 extends。我们可以提供任何我们想要的方法，但至少必须提供接口中列出的方法。第 5 ~ 14 行实现了接口。注意，必须实现接口中明确规范的方法。

实现接口的类如果不是终极的也可以被扩展。扩展类自动实现接口。

正如在例子中所见，实现接口的类仍扩展了另外一个类。extends 子句必须放在 implements 子句之前。

4.4.3 多接口

如前所述，一个类可以实现多个接口。完成这件事的语法也是简单的。实现多个接口的类要做的是：

- 列出它要实现的接口（用逗号分隔）。
- 定义所有接口方法的实现。

接口是抽象类中的极致，代表了多继承问题的优雅解决方案。

4.4.4 接口是抽象类

因为接口是抽象类，所以所有的继承规则都适用。具体来说：

- IS-A 关系仍保持。如果类 C 实现了接口 I，则 C IS-A I，且与 I 是类型兼容的。如果类 C 实现了接口 I_1、I_2 和 I_3，则 C IS-A I_1、C IS-A I_2 且 C IS-A I_3，且与 I_1、I_2 和 I_3 是类型兼容的。
- 可以使用 instanceof 运算符来判定引用是否与接口是类型兼容的。
- 当一个类实现一个接口方法时，它不能降低可见性。因为所有的接口方法都是公有的，所以所有的实现也必须是公有的。
- 当一个类实现一个接口方法时，它不能在 throws 列表中增加受检异常。如果一个类实现了多接口，其中相同的方法出现在不同的 throws 列表，则实现的 throws 列表可以只列出接口方法中 throws 列表中都有的受检异常。
- 当一个类实现一个接口方法时，它必须实现准确的签名（不包括 throws 列表），否则，它继承了接口方法的抽象版本，并且提供了一个非抽象的重载但不同的方法。
- 一个类不能实现含有相同签名但返回类型不兼容的方法的两个接口，因为它不能在一个类内提供这两个方法的实现。
- 如果一个类没有实现接口内的任何方法，则它必须声明为抽象的。
- 接口可以扩展其他接口（包括多接口）。

4.5 Java 中的基本继承

Java 中使用继承的两个重要的地方是 Object 类和异常的层次结构。

4.5.1 Object 类

Java 规定，如果一个类没有扩展另一个类，则它隐式扩展了 Object 类（它定义在 java.lang 中）。因此，每个类都是 Object 的直接或间接子类。

Object 类含有几个方法，因为它不是抽象的，所以所有的方法都有实现。最常用的就是 toString，我们在前文中已经见过了。如果没有为一个类编写 toString 方法，则会提供一个实现，输出类名、@ 和类的散列码。

其他重要的方法是 equals 和我们将在第 6 章详细讨论的 hashCode，以及高级 Java 程序员需要了解的一组有些棘手的方法。

4.5.2 异常的层次结构

我们在 2.5 节提到过，存在几类异常。层次结构的根是 Throwable，它定义了一组 printStackTrace 方法，提供 toString 实现、两种构造方法和其他一些方法，部分内容如图 4.18 所示。层次结构分为错误（Error）、运行时异常（RuntimeException）和受检异常。不是 RuntimeException 的 Exception 都是受检异常。大多数情况下，每个新类都扩展另一个异常类，仅提供一对构造方法。可以提供更多的构造方法，但标准异常中没有一个会"费心"这样做。

在 weiss.util 中，我们实现了 3 个标准 java.util 异常。在这样的实现中，新异常类通常只提供构造方法，如图 4.19 所示。

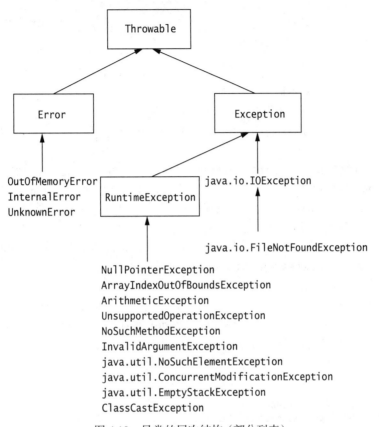

图 4.18 异常的层次结构（部分列表）

```
1  package weiss.util;
2
3  public class NoSuchElementException extends RuntimeException
4  {
5      /**
6       * 构造一个不带详细信息的
7       * NoSuchElementException
8       */
9      public NoSuchElementException( )
10     {
11     }
12
13     /*
14      * 构造一个带有详细信息的
15      * NoSuchElementException
16      * @param msg: 详细信息
17      */
18     public NoSuchElementException( String msg )
19     {
20         super( msg );
21     }
22 }
```

图 4.19 在 weiss.util 中实现 NoSuchElementException

4.5.3 I/O：装饰器模式

> InputStreamReader 和 OutputStreamWriter 类是桥梁，允许程序员从 Stream 跨到 Reader 和 Writer 层次结构。
>
> 为了增加功能而嵌套包装的思想称为装饰器模式。

在 Java 中使用 I/O 看起来相当复杂，但处理不同源的 I/O 时还是比较简单的，例如终端、文件和互联网套接字。因为它被设计成可扩展的，所以有很多的类——总计超过 50 个。用于常规任务时它显得太复杂，例如从终端读入一个数需要很多工作。

通过使用流类可以完成输入。因为 Java 是为互联网编程而设计的，所以大多数 I/O 主要进行的是面向字节的读写。

面向字节的 I/O 是通过扩展 InputStream 或 OutputStream 的流类完成的。InputStream 和 OutputStream 是抽象类，而不是接口，所以不能打开一个同时用于输入和输出的流。这些类声明抽象的 read 和 write 方法，分别用于单字节 I/O，还有一小部分具体方法，如 close 和块 I/O（可以通过调用单字节 I/O 来实现）。这些类中包括 FileInputStream 和 FileOutputStream，以及隐藏的 SocketInputStream 和 SocketOutputStream。（套接字流由返回静态类型为 InputStream 或 OutputStream 对象的方法生成。）

面向字符的 I/O 是通过扩展抽象类 Reader 和 Writer 的类完成的。这些类还包含 read 和 write 方法。Reader 和 Writer 的类不如 InputStream 和 OutputStream 的类多。

不过，这不是问题，因为有 InputStreamReader 和 OutputStreamWriter 类。这些类称为桥（bridge），因为它们从 Stream 跨到 Reader 和 Writer 层次结构。InputStreamReader 可由任何 InputStream 构造，并创建一个 IS-A Reader 的对象。例如，要创建用于文件的 Reader，可以使用下列语句：

```
InputStream fis = new FileInputStream( "foo.txt" );
Reader fin = new InputStreamReader( fis );
```

碰巧有一个 FileReader 便利类，它已经做了这件事，图 4.20 所示的是一个合理的实现。

```
1  class FileReader extends InputStreamReader
2  {
3      public FileReader( String name ) throws FileNotFoundException
4        { super( new FileInputStream( name ) ); }
5  }
```

图 4.20　FileReader 便利类

使用 Reader 可以进行有限的 I/O，read 方法返回的是一个字符。如果想读入一行，需要一个称为 BufferedReader 的类。与其他 Reader 对象一样，一个 BufferedReader 对象可以从任何其他的 Reader 构造，但它同时提供了缓冲及 readLine 方法。所以，继续前面的例子，

```
BufferedReader bin = new BufferedReader( fin );
```

在 BufferedReader 中的 InputStreamReader 中包装 InputStream，适用于任何 InputStream，包括 System.in 或套接字。图 4.21 说明了这个模式的使用，从标准输入中读入两个数，模仿的是图 2.17 的功能。

包装的思想是常用的 Java 设计模式的一个例子，我们将在 4.6.2 节再次见到它。

与 BufferedReader 类似的是 PrintWriter，它允许我们进行 println 操作。

OutputStream 层次结构包含了几个包装类，如 DataOutputStream、ObjectOutputStream 和 GZIPOutputStream。

```
1  import java.io.InputStreamReader;
2  import java.io.BufferedReader;
3  import java.io.IOException;
4  import java.util.Scanner;
5  import java.util.NoSuchElementException;
6
7  class MaxTest
8  {
9      public static void main( String [ ] args )
10     {
11         BufferedReader in = new BufferedReader( new
12                             InputStreamReader( System.in ) );
13
14         System.out.println( "Enter 2 ints on one line: " );
15         try
16         {
17             String oneLine = in.readLine( );
18             if( oneLine == null )
19                 return;
20             Scanner str = new Scanner( oneLine );
21
22             int x = str.nextInt( );
23             int y = str.nextInt( );
24
25             System.out.println( "Max: " + Math.max( x, y ) );
26         }
27         catch( IOException e )
28             { System.err.println( "Unexpected I/O error" ); }
29         catch( NoSuchElementException e )
30             { System.err.println( "Error: need two ints" ); }
31     }
32 }
```

图 4.21　演示流和读者包装的程序

DataOutputStream 允许我们以二进制形式（而不是人类可读的文本形式）写基本类型。例如，调用 writeInt 写一个表示 32 位整数的 4 字节数据。以这种方式写数据可以避免转换为文本格式，所以节省了时间，（有时）也节省空间。ObjectOutputStream 允许我们将整个的对象写入流中，包括它的所有组件、组件的组件等。对象及其所有组件必须实现 Serializable 接口。接口中没有方法，必须简单声明一个类是可序列化的[⊖]。GZIPOutputStream 包装了一个 OutputStream，在将它送给 OutputStream 前进行了压缩。此外，还有 BufferedOutputStream 类。InputStream 端也有类似的包装类。例如，假设我们有一个可序列化的 Person 对象的数组。我们可以将对象整体进行压缩，如下所示：

```
Person [ ] p = getPersons( );    // 填充数组
FileOutputStream fout = new FileOutputStream( "people.gzip" );
BufferedOutputStream bout = new BufferedOutputStream( fout );
GZIPOutputStream gout = new GZIPOutputStream( bout );
ObjectOutputStream oout = new ObjectOutputStream( gout );
oout.writeObject( p );
oout.close( );
```

然后，我们可以把所有的都读回来：

⊖ 这样做的原因是，默认情况下，序列化是不安全的。当一个对象写到 ObjectOutputStream 中时，格式是已知的，所以恶意用户能读出它的私有成员。类似地，当再读回一个对象时，输入流中的数据也不进行正确性检查，有可能读入一个被破坏过的对象。使用序列化时，可以使用一些高级技术确保安全性和完整性，但这些超出了本书的范围。序列化库的设计人员认为序列化不应该是默认的，因为要想正确使用必须要了解这些问题，因此他们设置了一个小障碍。

```
FileInputStream fin = new FileInputStream( "people.gzip" );
BufferedInputStream bin = new BufferedInputStream( fin );
GZIPInputStream gin = new GZIPInputStream( bin );
ObjectInputStream oin = new ObjectInputStream( gin );
Person [ ] p = (Person[ ]) oin.readObject( );
oin.close( );
```

网络资源扩展了这个例子，让每个 Person 保存名字、出生日期及表示父母的两个 Person 对象。

为了增加功能而嵌套包装的思想称为装饰器模式。我们有许多小类，通过使用这种模式，可以将它们组合起来形成一个功能强大的接口。如果没有这种模式，则每个不同的 I/O 源都必须有压缩、序列化、字符及字节 I/O 等功能。有了这种模式，每个源只负责最小的基本 I/O，额外的特性由装饰器添加。

4.6 使用继承实现泛型组件

> 泛型编程允许我们实现与类型无关的逻辑。
>
> 在 Java 中，使用继承获得泛型。

回想一下，面向对象编程的一个重要目标是支持代码重用。支持这个目标的重要机制是泛型（generic）机制：如果除了对象的基本数据类型以外，实现是相同的，则可以使用泛型实现（generic implementation）来描述基本功能。例如，可以编写一个方法对数组中的项进行排序，逻辑（logic）与被排序对象的类型是无关的，因此可以使用泛型方法。

与许多更新的语言（如 C++，它使用模板实现泛型编程）不一样，在 Java 1.5 版本之前，Java 不直接支持泛型实现。泛型编程使用基本的继承概念来实现的。本节描述 Java 中如何使用基本的继承原理实现泛型方法和类。

Sun 公司在 2001 年 6 月宣布在未来的语言中，将直接支持泛型方法和类。终于，在 2004 年末，Java 5 发布，并提供对泛型方法和类的支持。不过，使用泛型类需要理解 Java 5 之前的版本进行泛型编程的做法。因此，理解如何使用继承来实现泛型程序是至关重要的，即使在 Java 5 中也是如此。

4.6.1 Object 用于泛型

Java 的基本思想是，我们可以使用合适的超类（如 Object）来实现一个泛型类。

考虑图 3.2 所示的 IntCell 类，回想一下，IntCell 支持 read 和 write 方法。原则上，我们可以通过将 int 实例替换为 Object，从而让它成为可以保存任何类型对象的泛型 MemoryCell 类。得到的 MemoryCell 类如图 4.22 所示。

```
 1  // MemoryCell 类
 2  //   Object read( )          -->  返回保存的值
 3  //   void write( Object x ) -->  x 是要保存的
 4
 5  public class MemoryCell
 6  {
 7        // 公有方法
 8      public Object read( )        { return storedValue; }
 9      public void write( Object x ) { storedValue = x; }
10
11        // 私有的数据的内部表示
12      private Object storedValue;
13  }
```

图 4.22 泛型 MemoryCell 类（Java 5 之前）

当使用这个策略时，有两个细节必须要考虑。第一个细节由图 4.23 中的程序说明，其中的 main 方法将 "37" 写入 MemoryCell 对象，然后又从 MemoryCell 对象中读出。为了访问对象的泛型方法，我们必须向下转换为正确的类型。（当然在这个例子中，我们不需要向下转换，因为我们只简单地在第 9 行调用了 toString 方法，这个对任何对象来说都是可行的。）

```java
1  public class TestMemoryCell
2  {
3      public static void main( String [ ] args )
4      {
5          MemoryCell m = new MemoryCell( );
6
7          m.write( "37" );
8          String val = (String) m.read( );
9          System.out.println( "Contents are: " + val );
10     }
11 }
```

图 4.23　使用泛型 MemoryCell 类（Java 5 之前）

第二个重要的细节是，不能使用基本类型。只有引用类型与 Object 是兼容的。我们马上讨论解决这个问题的标准变通方法。

MemoryCell 类是一个相当小的类。典型的重用泛型代码的更大的例子如图 4.24 所示，其中展示了在 Java 5 之前完成的泛型 ArrayList 类的简化版，网络资源又添加了一些其他的方法。

```java
1  /**
2   * SimpleArrayList 实现了一个可扩展的 Object 数组
3   * 插入总在尾端
4   */
5  public class SimpleArrayList
6  {
7      /**
8       * 返回本集合中的项数
9       * @return: 本集合中的项数
10      */
11     public int size( )
12     {
13         return theSize;
14     }
15
16     /**
17      * 返回 idx 位置的项
18      * @param idx: 要查找的下标
19      * @throws ArrayIndexOutOfBoundsException: 如果下标不符合要求
20      */
21     public Object get( int idx )
22     {
23         if( idx < 0 || idx >= size( ) )
24             throw new ArrayIndexOutOfBoundsException( );
25         return theItems[ idx ];
26     }
27
28     /**
29      * 将一个项添加到本集合的尾端
30      * @param x: 任何对象
31      * @return true: (和 java.util.ArrayList 中的每个方法一样).
32      */
33     public boolean add( Object x )
34     {
35         if( theItems.length == size( ) )
```

图 4.24　简化版 ArrayList 类，包含 add、get 和 size 方法（在 Java 5 之前）

```
36          {
37              Object [ ] old = theItems;
38              theItems = new Object[ theItems.length * 2 + 1 ];
39              for( int i = 0; i < size( ); i++ )
40                  theItems[ i ] = old[ i ];
41          }
42
43          theItems[ theSize++ ] = x;
44          return true;
45      }
46
47      private static final int INIT_CAPACITY = 10;
48
49      private int            theSize = 0;
50      private Object [ ] theItems = new Object[ INIT_CAPACITY ];
51  }
```

图 4.24   简化版 ArrayList 类，包含 add、get 和 size 方法（在 Java 5 之前）（续）

4.6.2   基本类型的包装类

> 包装类保存一个实体（被包装者），并添加原始类型不能正确支持的操作。当类的接口不能精准匹配所需要的形式时使用适配器类。

当实现算法时，经常会遇到语言类型问题：我们有一种类型的对象，但语言语法需要的是一个不同类型的对象。

这项技术说明了包装类（wrapper class）的基本思想。一个典型的例子是，保存基本类型，并添加基本类型不支持或不能正确支持的操作。第二个例子是在 I/O 系统中见过的，其中，包装类保存了指向对象的引用，并将请求再转给对象，美化了结果对象（例如使用缓冲或压缩）。类似的概念是适配器类（adapter class）。实际上，包装类和适配器类常互换使用。当类的接口不能精准匹配所需要的形式时，常使用适配器类，并且提供包装效果，改变接口。

在 Java 中，我们已经见过，虽然每种引用类型都与 Object 兼容，但 8 种基本类型不兼容。因此，Java 为 8 种基本类型中的每一种都提供了一个包装类。例如，int 类型的包装类是 Integer。每个包装类对象是不变的（也就是说它的状态永远不会改变），保存构造对象时设置的一个基本类型值，并提供获取该值的方法。包装类还含有大量的静态实用方法。

例如，图 4.25 展示如何使用 Java 5 的 ArrayList 保存整数。请特别注意，我们不能使用 ArrayList<int>。

```
1  import java.util.ArrayList;
2
3  public class BoxingDemo
4  {
5      public static void main( String [ ] args )
6      {
7          ArrayList<Integer> arr = new ArrayList<Integer>( );
8
9          arr.add( new Integer( 46 ) );
10         Integer wrapperVal = arr.get( 0 );
11         int val = wrapperVal.intValue( );
12         System.out.println( "Position 0: " + val );
13     }
14 }
```

图 4.25   使用 Java 5 泛型 ArrayList，Integer 包装类的示例

4.6.3 装箱 / 拆箱

图 4.25 中的代码写起来很烦人，因为使用包装类在调用 add 之前需要创建 Integer 对象，然后使用 intValue 方法从 Integer 中提取 int 值。在 Java 1.4 之前，这是必要的，因为如果在需要一个 Integer 对象的地方传递的是 int 值，则编译器将生成错误信息，如果将 Integer 对象的结果赋给一个 int，编译器将生成错误信息。图 4.25 中的结果代码准确地反映了基本类型和引用类型之间的不同，然而，它没有清楚地表达程序员想要在集合中保存 int 的意图。

Java 5 纠正了这种情形。如果 int 传递给需要 Integer 的地方，则编译器会在幕后插入对 Integer 构造方法的调用。这称为自动装箱（auto-boxing）。如果一个 Integer 传递给需要 int 的地方，则编译器会在幕后插入对 intValue 方法的调用。这称为自动拆箱（auto-unboxing）。其他 7 个基本类型 / 包装类对也有类似的行为。图 4.26 说明自动装箱和自动拆箱的使用。注意，在 ArrayList 中引用的实体仍然是 Integer 对象，在 ArrayList 实例化中，int 不能用来代替 Integer。

```
1  import java.util.ArrayList;
2
3  public class BoxingDemo
4  {
5      public static void main( String [ ] args )
6      {
7          ArrayList<Integer> arr = new ArrayList<Integer>( );
8
9          arr.add( 46 );
10         int val = arr.get( 0 );
11         System.out.println( "Position 0: " + val );
12     }
13 }
```

图 4.26　自动装箱和自动拆箱

4.6.4 适配器：改变接口

> 适配器模式用来改变现有类的接口，以符合另一个类。

适配器模式（adapter pattern）用来改变现有类的接口，以符合另一个类。有时用它来提供一个更简单的接口，要么使用更少的方法要么使用更易于使用的方法。其他时候，它只用来改变某些方法名。在这两种情况下，实现技术是相似的。

我们已经见过一个适配器的例子：将面向字节流转换为面向字符流的桥类 InputStreamReader 和 OutputStreamWriter。

另一个例子是 4.6.1 节的 MemoryCell 类使用 read 和 write。但如果我们想让接口使用 get 和 put 怎么办呢？有两种合理的选择，一种是剪切并粘贴一个全新的类；另一种是使用组合（composition），在组合中我们设计一个新类来包装已有类的行为。

我们用这项技术实现新类 StorageCell，如图 4.27 所示。调用包装的 MemoryCell 类的方法实现新类的方法。使用继承替代组合很有吸引力，但继承在接口外又有添加（即它添加了新方法，但保留了原方法）。如果这是合适的行为，则实际上继承比组合更合适。

```
1  // 模拟存储单元的一个类
2  public class StorageCell
3  {
4      public Object get( )
5        { return m.read( ); }
6
7      public void put( Object x )
8        { m.write( x ); }
9
10     private MemoryCell m = new MemoryCell( );
11 }
```

图 4.27　修改 MemoryCell 接口以便能使用 get 和 put 方法的适配器类

4.6.5 为泛型使用接口类型

只有当正在执行的操作只能用 Object 类中可用的方法来表示时，才能使用 Object 作为泛型类型。

例如，考虑在项的数组中查找最大项问题。基本代码是与类型无关的，但它确实需要能够比较任意两个对象，并决定哪个更大哪个更小。例如，下面是查找数组中最大的 BigInteger 的基本代码：

```
public static BigInteger findMax( BigInteger [ ] arr )
{
    int maxIndex = 0;

    for( int i = 1; i < arr.length; i++ )
        if( arr[i].compareTo( arr[ maxIndex ] > 0 )
            maxIndex = i;

    return arr[ maxIndex ];
}
```

查找 String 数组中的最大项，其中按字典序取最大项（即字母序的最后）是相同的基本代码。

```
public static String findMax( String [ ] arr )
{
    int maxIndex = 0;

    for( int i = 1; i < arr.length; i++ )
        if( arr[i].compareTo( arr[ maxIndex ] < 0 )
            maxIndex = i;

    return arr[ maxIndex ];
}
```

如果我们希望 findMax 代码对两种类都有效，或者甚至对其他碰巧也有 compareTo 方法的类也有效，那么只要能够确定类型是一致的，就应该能做到。实际上，Java 语言定义了 Comparable 接口，它含有单一的 compareTo 方法。许多库类实现了这个接口。我们还可以有自己的类来实现这个接口。图 4.28 展示了基本的层次结构。旧版本的 Java 要求 compareTo 列出的参数是 Object 类型。较新的版本（从 Java 5 开始）将让 Comparable 是一个泛型接口，我们将在 4.7 节讨论。

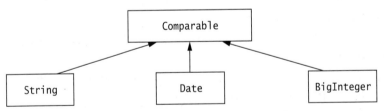

图 4.28　三个类都实现了 Comparable 接口

使用这个接口，我们可以简单地写出 findMax 例程，接受一个 Comparable 数组。泛型之前风格的旧版本 findMax 列在图 4.29 中，其中还包括一个测试程序。

有几点提示很重要。第一，只有实现了 Comparable 接口的对象才能作为 Comparable 数组的元素传递。有 compareTo 方法但没有声明实现 Comparable 接口的对象，不是 Comparable 的，不存在必要的 IS-A 关系。

第二，如果 Comparable 数组有不兼容的两个对象（例如，一个 Date 和一个 BigInteger），则 compareTo 方法将抛出 ClassCastException。这是预期的（实际上是必要的）行为。

第三，前面说过，基本类型不能作为 Comparable 的对象传递，但包装类可以，因为它们实现了 Comparable 接口。

第四,不要求接口是标准库接口。

第五,这个解决方案并不总是有效的,因为一个类可能无法声明实现了所需的接口。例如,类可能是库类,而接口是用户自定义的接口。而且,如果类是终极的,我们甚至不能创建新类。4.8 节会提出这个问题的另一种解决方案,即函数对象(function object)。函数对象也使用接口,这可能是 Java 库中遇到的中心问题之一。

```java
1  import java.math.BigInteger;
2
3  class FindMaxDemo
4  {
5      /**
6       * 返回 a 中的最大项
7       * 前提条件 :a.length > 0
8       */
9      public static Comparable findMax( Comparable [ ] a )
10     {
11         int maxIndex = 0;
12
13         for( int i = 1; i < a.length; i++ )
14             if( a[ i ].compareTo( a[ maxIndex ] ) > 0 )
15                 maxIndex = i;
16
17         return a[ maxIndex ];
18     }
19
20     /**
21      * 在 BigInteger 和 String 对象上测试 findMax
22      */
23     public static void main( String [ ] args )
24     {
25         BigInteger [ ] bi1 = { new BigInteger( "8764" ),
26                                new BigInteger( "29345" ),
27                                new BigInteger( "1818" ) };
28
29         String [ ] st1 = { "Joe", "Bob", "Bill", "Zeke" };
30
31         System.out.println( findMax( bi1 ) );
32         System.out.println( findMax( st1 ) );
33     }
34 }
```

图 4.29 使用形状和字符串演示的泛型 findMax 例程(在 Java 5 之前)

4.7 使用 Java 5 泛型实现泛型组件

我们已经看到,Java 5 支持泛型类,而且这些类易于使用。不过,编写泛型类需要更多的工作。本节,我们将说明编写泛型类和方法的基本知识。我们并不试图涵盖语言的所有结构,这些结构相当复杂,有时也相当棘手。相反,我们将展示本书用到的语法和惯用法。

4.7.1 简单的泛型类和接口

当规范说明一个泛型类时,类声明中在类名之后要包含一个或多个括在尖括号 < > 中的类型参数。

接口也可以声明为泛型的。

图 4.30 演示了之前在图 4.22 中描述过的 MemoryCell 类的泛型版本。这里,我们将名字改

为 GenericMemoryCell，因为两个类都不在包中，所以名字不能是一样的。

当规范说明一个泛型类时，类声明中在类名之后要包含一个或多个括在尖括号 < > 中的类型参数（type parameter）。第 1 行显示，GenericMemoryCell 带有一个类型参数。在这个例子中，没有显式限制类型参数，所以用户可以创建像 GenericMemoryCell<String> 和 GenericMemoryCell<Integer> 这样的类型，但不能创建类似 GenericMemoryCell<int> 的类型。在 GenericMemoryCell 类声明内，我们可以声明泛型类型的域，以及参数或返回类型为泛型的方法。

接口也可以声明为泛型的。例如，在 Java 5 之前，Comparable 接口不是泛型的，它的 compareTo 方法带有一个 Object 类型的参数。所以传递给 compareTo 方法的引用类型变量都可以编译，甚至变量不是一个合理的类型也不受限制，只在运行时才会报告 ClassCastException 的错误。在 Java 5 中，Comparable 类是泛型的，如图 4.31 所示。例如，String 类现在实现了 Comparable<String>，并含有带一个 String 参数的 compareTo 方法。通过让类成为泛型，之前只在运行时报告的许多错误将成为编译时错误。

```
1  public class GenericMemoryCell<AnyType>
2  {
3      public AnyType read( )
4          { return storedValue; }
5      public void write( AnyType x )
6          { storedValue = x; }
7
8      private AnyType storedValue;
9  }
```

图 4.30 MemoryCell 类的泛型实现

```
1  package java.lang;
2
3  public interface Comparable<AnyType>
4  {
5      public int compareTo( AnyType other );
6  }
```

图 4.31 Comparable 接口，泛型的 Java 5 版本

4.7.2 有界通配符

泛型集合不是协变的。
通配符用来表示参数类型的子类（或超类）。

从图 4.13 中我们能够看到，有一个静态方法用来计算 Shape 数组中的总面积。假设我们想重写这个方法，让它在参数是 ArrayList<Shape> 时也能有效。因为有增强的 for 循环，故代码应该是完全相同的，结果代码显示在图 4.32 中。如果我们传递一个 ArrayList<Shape>，代码可以工作。但是，如果我们传递一个 ArrayList<Square> 会发生什么事情？答案依赖于 ArrayList<Square>IS-A ArrayList<Shape> 是否成立。回想一下，在 4.1.10 节，关于这件事的技术术语是它们是否为协变的。

```
1  public static double totalArea( ArrayList<Shape> arr )
2  {
3      double total = 0;
4
5      for( Shape s : arr )
6          if( s != null )
7              total += s.area( );
8
9      return total;
10 }
```

图 4.32 如果传递一个 ArrayList<Square> 参数，则 totalArea 方法失效

在 Java 中，如 4.1.10 节所提到的，数组总是协变的。因此，Square[] IS-A Shape[]。一

方面，一致性表明，如果数组是协变的，则集合也应该是协变的。另一方面，如我们在 4.1.10 节见到的，数组的协变能让代码编译，但会产生一个运行时异常（ArrayStoreException）。完全是因为有了泛型的原因，对于类型不匹配会产生编译错误而不是运行时错误，因此泛型集合不是协变的。所以，我们不能传递 ArrayList<Square> 作为图 4.32 中方法的参数。

剩下的问题是，泛型（和泛型集合）不是协变的（这是有意义的），但是数组是协变的。在没有额外语法的情况下，用户将倾向于避免使用集合，因为缺乏协变使得代码的灵活性减小了。

Java 5 用通配符（wildcard）弥补了这一点。通配符用来表示参数类型的子类（或超类）。图 4.33 说明了有界通配符的使用，编写的 totalArea 方法带有参数 ArrayList<T>，其中 T IS-A Shape。所以 ArrayList<Shape> 和 ArrayList<Square> 都是可接受的参数。通配符也可以不带边界（那种情况下假定扩展了 Object）或用 super 替代 extends（表示超类而不是子类）。还有一些其他的用法，我们在这里不进行讨论。

```
 1  public static double totalArea( ArrayList<? extends Shape> arr )
 2  {
 3      double total = 0;
 4
 5      for( Shape s : arr )
 6          if( s != null )
 7              total += s.area( );
 8
 9      return total;
10  }
```

图 4.33 使用通配符修改的 totalArea 方法，如果传递了 ArrayList<Square> 参数，也是可行的

4.7.3 泛型静态方法

> 泛型方法很像泛型类，因为类型参数列表使用的是相同的语法。泛型方法中的类型列表在返回类型之前。

从某种程度上讲，图 4.33 中演示的 totalArea 方法是泛型的，因为它对不同的类型都有效。但它没有特定的如 GenericMemoryCell 类所声明的那样的类型参数列表。有时特定类型是重要的，可能因为下列原因之一：

- 该类型用作返回类型。
- 该类型用于多个参数类型。
- 该类型用来声明局部变量。

如果是这样，则必须显式声明带类型参数的泛型方法。

例如，图 4.34 说明了一个泛型静态方法，它在数组 arr 中顺序查找值 x。通过用泛型方法替代将 Object 作为参数类型的非泛型方法，如果在 Shape 数组中查找 Apple，则会得到编译时错误。

```
 1  public static <AnyType>
 2  boolean contains( AnyType [ ] arr, AnyType x )
 3  {
 4      for( AnyType val : arr )
 5          if( x.equals( val ) )
 6              return true;
 7
 8      return false;
 9  }
```

图 4.34 实现数组中查找功能的泛型静态方法

泛型方法很像泛型类，因为类型参数列表使用的是相同的语法。泛型方法中的类型列表在返回类型之前。

4.7.4 类型限定

> 类型限定在尖括号 < > 中指定。

假设我们想编写 findMax 例程。考虑图 4.35 中的代码。这段代码不能工作，因为编译器不能证明第 6 行调用 compareTo 是合法的。只有当 AnyType 是 Comparable 时，才能保证存在 compareTo 方法。使用类型限定（type bound）可以解决这个问题。类型限定在尖括号 < > 中指定，它指定参数类型必须具有的属性。初级的想法是重写签名，比如：

```
public static <AnyType extends Comparable> ...
```

```
1  public static <AnyType> AnyType findMax( AnyType [ ] a )
2  {
3      int maxIndex = 0;
4
5      for( int i = 1; i < a.length; i++ )
6          if( a[ i ].compareTo( a[ maxIndex ] ) > 0 )
7              maxIndex = i;
8
9      return a[ maxIndex ];
10 }
```

图 4.35   在数组中查找最大元素的泛型静态方法不能工作

这个例子太初级了，因为据我们所知，Comparable 接口现在是泛型的。虽然这个代码可以编译，但更好的做法是：

```
public static <AnyType extends Comparable <AnyType>> ...
```

不过，这个尝试也并不令人满意。为了明白问题所在，假设 Shape 实现了 Comparable<Shape>，Square 扩展了 Shape。因此我们可以知道，Square 实现了 Comparable<Shape>。所以 Square IS-A Comparable<Shape>，但它不是 Comparable<Square>。

因此，我们要说的是，AnyType IS-A Comparable<T>，其中 T 是 AnyType 的超类。因为我们不需要知道 T 的确切类型，所以可以使用通配符。得到的签名是：

```
public static <AnyType extends Comparable<? super AnyType>>
```

图 4.36 演示了 findMax 的实现。编译器将只接受实现了 Comparable<S> 接口的类型 T 的数组，其中 T IS-A S。当然，限定声明看起来有些混乱。幸运的是，我们不会看到比这个用法更复杂的东西了。

```
1  public static <AnyType extends Comparable<? super AnyType>>
2  AnyType findMax( AnyType [ ] a )
3  {
4      int maxIndex = 0;
5
6      for( int i = 1; i < a.length; i++ )
7          if( a[ i ].compareTo( a[ maxIndex ] ) > 0 )
8              maxIndex = i;
9
10     return a[ maxIndex ];
11 }
```

图 4.36   在数组中查找最大元素的泛型静态方法。说明类型参数的限定

4.7.5   类型擦除

泛型类由编译器通过称为类型擦除的过程转换为非泛型类。

泛型不会让代码变得更快。它们让代码在编译时变得类型更安全。

泛型类型在很大程度上是 Java 语言中的结构成分，而不是虚拟机中的概念。泛型类由编译器通过称为类型擦除（type erasure）的过程转换为非泛型类。简言之，编译器生成一个与泛型类同名且去掉了类型参数的原始类（raw class）。类型变量替换为它们的限定，当调用有擦除返回类型的泛型方法时，自动插入转型。如果使用泛型类时没有类型参数，则使用原始类。

类型擦除的一个重要结果是，生成的代码不会与程序员在泛型之前编写的代码有很大差别，实际上也没有更快。明显的优点是，程序员不必在代码中放置转型，编译器将进行有意义的类型检查。

4.7.6　对泛型的限制

> 基本类型不能用于类型参数。
> instanceof 测试和类型转型只能用于原始类型。
> 静态方法和域不涉及类的类型变量。静态域被类的泛型实例共享。
> 创建一个泛型类型的实例是不合法的。
> 创建一个泛型类型的数组是不合法的。
> 实例化参数化类型的数组是不合法的。

泛型类型有很多限制。因为类型擦除的原因，这里列出的每一条限制都是必要的。

基本类型

基本类型不能用于类型参数。所以 ArrayList<int> 是不合法的。必须使用包装类。

instanceof 测试

instanceof 测试和类型转型只能用于原始类型。所以，如果

```
ArrayList<Integer> list1 = new ArrayList<Integer>( );
list1.add( 4 );
Object list = list1;
ArrayList<String> list2 = (ArrayList<String>) list;
String s = list2.get( 0 );
```

是合法的，则在运行时类型转型会成功，因为所有的类型都是 ArrayList。最终，在最后一行将出现运行时错误，因为调用 get 会试图返回一个 String，但实际上无法返回。

静态上下文

在泛型类中，静态方法和域不能涉及类的类型变量，因为擦除后没有类型变量。而且，因为实际上只有一个原始类，故静态域被类的泛型实例共享。

实例化泛型类型

创建一个泛型类型的实例是不合法的。如果 T 是类型变量，则语句

```
T obj = new T( );        // 右侧是不合法的
```

是不合法的。T 被限定替换，它可能是 Object(甚至是一个抽象类)，所以调用 new 是没有意义的。

泛型数组对象

创建一个泛型类型的数组是不合法的。如果 T 是类型变量，则语句

```
T [ ] arr = new T[ 10 ];  // 右侧是不合法的
```

是不合法的。T 被限定（这可能是 Object）替换，转型（由类型擦除生成）为 T[] 将失败，因为 Object[] IS-NOT-A T[]。图 4.37 演示了之前在图 4.24 中见过的 SimpleArrayList 的泛型版本。唯一棘手的地方是第 38 行的代码。因为不能创建泛型对象的数组，所以必须创建 Object 的数组，然后使用类型转型。这个类型转型将产生未检查类型转换的编译时警告。没有得到这条警告，就不可能用数组实现泛型集合类。如果客户希望他们的代码编译时没有警告，应该仅使用

泛型集合类型，而不是泛型数组类型。

```
1   /**
2    * GenericSimpleArrayList 实现了一个可扩展的数组
3    * 插入总是在尾端
4    */
5   public class GenericSimpleArrayList<AnyType>
6   {
7       /**
8        * 返回本集合中的项数
9        * @return: 本集合中的项数
10       */
11      public int size( )
12      {
13          return theSize;
14      }
15
16      /**
17       * 返回 idx 位置的项
18       * @param idx: 要查找的下标
19       * @throws ArrayIndexOutOfBoundsException 如果下标不符合要求
20       */
21      public AnyType get( int idx )
22      {
23          if( idx < 0 || idx >= size( ) )
24              throw new ArrayIndexOutOfBoundsException( );
25          return theItems[ idx ];
26      }
27
28      /**
29       * 在本集合的尾端添加一个项
30       * @param x: 任何对象
31       * @return true
32       */
33      public boolean add( AnyType x )
34      {
35          if( theItems.length == size( ) )
36          {
37              AnyType [ ] old = theItems;
38                theItems = (AnyType [])new Object[size( )*2 + 1];
39              for( int i = 0; i < size( ); i++ )
40                  theItems[ i ] = old[ i ];
41          }
42
43          theItems[ theSize++ ] = x;
44          return true;
45      }
46
47      private static final int INIT_CAPACITY = 10;
48
49      private int theSize;
50      private AnyType [ ] theItems;
51  }
```

图 4.37 使用泛型的 SimpleArrayList 类

参数化类型的数组

实例化参数化类型的数组是不合法的。考虑如下代码：

```
ArrayList<String> [ ] arr1 = new ArrayList<String>[ 10 ];
Object [ ] arr2 = arr1;
arr2[ 0 ] = new ArrayList<Double>( );
```

通常，我们期望第 3 行中错误类型的赋值会生成一个 ArrayStoreException 异常。但是，在类型擦除后, 数组类型是 ArrayList[], 添加到数组中的对象是 ArrayList, 因此不存在 ArrayStoreException。所以, 这个代码没有强制类型转换, 但它最终会产生 ClassCastException, 这正是泛型应该避免的情况。

4.8 函子

> 函子是函数对象的另一个名字。
>
> 函数对象类含有一个由泛型算法规范的方法。类的实例传递给算法。

在 4.6 节和 4.7 节, 我们可以看到如何使用接口来编写泛型算法。例如, 图 4.36 中的方法可以用来查找数组中的最大项。

不过, findMax 方法有一个重要的限制, 即它只能用于实现了 Comparable 接口, 且能提供 compareTo 方法作为所有比较决策的基础的对象。在很多情况下, 这都是行不通的。例如, 考虑图 4.38 中的 SimpleRectangle 类。

```
1  // 一个简单的矩形类
2  public class SimpleRectangle
3  {
4      public SimpleRectangle( int len, int wid )
5        { length = len; width = wid; }
6
7      public int getLength( )
8        { return length; }
9
10     public int getWidth( )
11       { return width; }
12
13     public String toString( )
14       { return "Rectangle " + getLength( ) + " by "
15                             + getWidth( ); }
16
17     private int length;
18     private int width;
19 }
```

图 4.38 没有实现 Comparable 接口的 SimpleRectangle 类

SimpleRectangle 类没有 compareTo 方法, 因此不能实现 Comparable 接口。这样做的主要原因是, 有很多合理的可选方案, 很难为 compareTo 决定什么是好的。我们可以根据面积、周长、长度和宽度等进行比较。一旦编写了 compareTo, 就会被限制住。如果我们想让 findMax 能用于几种不同的比较方案, 该怎么办呢?

这个问题的解决方案是, 将比较函数作为第二个参数传递给 findMax, 让 findMax 使用比较函数而不是假设已经有了 compareTo。所以 findMax 现在有两个参数: 一个任意类型的 Object 数组 (不需要定义 compareTo), 一个比较函数。

剩下的主要问题是, 如何传递比较函数。有些语言允许参数是函数。但是这个方案的效率常常不高, 且并非在所有的面向对象语言中都可用。Java 不允许函数作为参数传递, 我们只可以传递基本类型值和引用。所以我们似乎没有办法传递函数。

不过, 回想一下, 一个对象含有数据和函数。所以我们可以将函数嵌入一个对象中并传递指向它的引用。实际上, 这个思想适用于所有面向对象语言。这样的对象称为函数对象 (function object), 有时也称为函子 (functor)。

函数对象通常不包含数据。类中只简单地含有由泛型算法指定了名字的单一方法 (本例中是 findMax)。然后, 将类的一个实例传递给算法, 反过来由算法调用函数对象中的单一方法。我们可以通过简单地声明新类来设计不同的比较函数。每个新类都含有已商定的单一方法的不同的实现。

在 Java 中，要实现这个习惯用法，可以使用继承，特别是使用接口。接口用来声明商定函数的签名。例如，图 4.39 显示 Comparator 接口，它属于标准包 java.util。回想一下，为了说明 Java 库是如何实现的，我们将 java.util 中的一部分重新实现为 weiss.util。在 Java 5 之前，这个类不是泛型的。

```
1   package weiss.util;
2
3   /**
4    * Comparator 函数对象接口
5    */
6   public interface Comparator<AnyType>
7   {
8       /**
9        * 返回 lhs 和 rhs 的比较结果
10       * @param lhs: 第一个对象
11       * @param rhs: 第二个对象
12       * @return < 0: 如果 lhs 小于 rhs
13       *           0: 如果 lhs 等于 rhs
14       *         > 0: 如果 lhs 大于 rhs
15       */
16      int compare( AnyType lhs, AnyType rhs );
17  }
```

图 4.39　Comparator 接口，最初定义在 java.util 中，现在为 weiss.util 包重写

接口要求，声称实现了 Comparator 接口的任何（非抽象的）类必须提供 compare 方法的实现，所以作为这种类实例的任何对象都有一个 compare 方法可供调用。

使用这个接口，我们就可以将 Comparator 作为第二个参数传递给 findMax。如果这个 Comparator 是 cmp，则可以安全地调用 cmp.compare(o1,o2)，根据需要比较两个对象。用在 Comparator 参数中的通配符，表示 Comparator 知道如何比较数组中有相同类型或相同超类类型的两个对象。由 findMax 的调用者负责传递一个有相应实现的 Comparator 的实例作为实参。

图 4.40 展示了一个例子。findMax 现在带有两个参数。第二个参数是函数对象。如第 11 行所示，findMax 希望函数对象实现名为 compare 的方法，而且它必须实现，因为它实现了 Comparator 接口。

```
1   public class Utils
2   {
3       // 带有一个函数对象的泛型 findMax
4       // 前提条件: a.length > 0
5       public static <AnyType> AnyType
6       findMax( AnyType [ ] a, Comparator<? super AnyType> cmp )
7       {
8           int maxIndex = 0;
9
10          for( int i = 1; i < a.length; i++ )
11              if( cmp.compare( a[ i ], a[ maxIndex ] ) > 0 )
12                  maxIndex = i;
13
14          return a[ maxIndex ];
15      }
16  }
```

图 4.40　使用函数对象的泛型 findMax 算法

一旦完成了 findMax 的编写，我们就可以在 main 中调用它。为此，我们需要给 findMax

传递一个 SimpleRectangle 对象数组和一个实现了 Comparator 接口的函数对象。我们实现了一个新类 OrderRectByWidth，它含有所需的 compare 方法。compare 方法返回一个整数，用来表示根据宽度判断第一个矩形是小于、等于还是大于第二个矩形。main 只简单地将 OrderRectByWidth 的一个实例传递给 findMax[⊖]。main 和 OrderRectByWidth 都显示在图 4.41 中。注意，OrderRectByWidth 对象没有数据成员。对函数对象来说这通常是正确的。

```
1  class OrderRectByWidth implements Comparator<SimpleRectangle>
2  {
3      public int compare( SimpleRectangle r1, SimpleRectangle r2 )
4        { return( r1.getWidth() - r2.getWidth() ); }
5  }
6
7  public class CompareTest
8  {
9      public static void main( String [ ] args )
10     {
11         SimpleRectangle [ ] rects = new SimpleRectangle[ 4 ];
12         rects[ 0 ] = new SimpleRectangle( 1, 10 );
13         rects[ 1 ] = new SimpleRectangle( 20, 1 );
14         rects[ 2 ] = new SimpleRectangle( 4, 6 );
15         rects[ 3 ] = new SimpleRectangle( 5, 5 );
16
17         System.out.println( "MAX WIDTH: " +
18                 Utils.findMax( rects, new OrderRectByWidth( ) ) );
19     }
20 }
```

图 4.41　函数对象示例

函数对象技术是我们反复看到的模式中的一个实例，不仅可以用在 Java 中，还可以用在任何有对象的语言中。在 Java 中，这种模式反反复复地使用，它可能是接口最主要的用法了。

4.8.1　嵌套类

> 嵌套类放置在另一个类——外层类——的声明内，使用关键字 static 来声明。
> 嵌套类是外层类的一部分，可以用可见性修饰符来声明。外层类的所有成员对嵌套类的方法都可见。

一般来说，当编写一个类时，我们希望或至少希望，它能用在多种情形下，而不仅仅是用在正开发的具体应用程序中。

函数对象模式恼人的一个特征（特别是在 Java 中）是，因为它被频繁使用，导致创建了数量众多的小类，每个小类包含一个方法，这些方法可能只在程序中使用一次，并且在当前应用程序之外适用性有限。

恼人的原因至少有两个。第一，我们可能有几十个函数对象类。如果它们是公有的，按规则它们应该分散在不同的文件中。如果它们是包可见的，那么可以全部放在同一个文件中，但我们仍必须上下滚动地查找它们的定义，这可能与整个程序中它们作为函数对象实例化的一两个地方离得非常远。如果每个函数对象类的声明与其实例化的地方尽可能地靠近，那将是更好的。第二，一旦用过某个名字，就不能在包中重用它，否则可能会发生命名冲突。虽然包解决了一些命

⊖　只要两个数有相同的符号，通过减法实现 compare 的技巧就适用于 int 类型，否则有可能溢出。这也正是我们将这个简化的技巧用于 SimpleRectangle 而不是用于 Rectangle 的原因（它的宽度保存为 double 类型）。

名空间的问题，但它并不能解决全部的问题，特别是在默认包中对同名类使用两次时。

使用嵌套类，可以解决上述的一些问题。嵌套类（nested class）放置在另一个类——外层类——的声明内，使用关键字 static 来声明。嵌套类被认为是外层类的成员。所以，它可以是公有的、私有的、包可见的或保护的，而且根据其可见性，它可能或不可能被外层类外的方法来访问。通常，它是私有的，所以从外层类外是不可访问的。另外，因为嵌套类是外层类的成员，所以它的方法可以访问外层类的私有静态成员，当给定外层对象的引用时，可以访问私有实例成员。

图 4.42 说明嵌套类结合函数对象模式的使用。声明嵌套类 OrderRectByWidth 时，前面的 static 是必要的，没有它，我们声明的将是内层类，它的行为不同，将在第 15 章讨论。

```
1  import java.util.Comparator;
2
3  class CompareTestInner1
4  {
5      private static class OrderRectByWidth implements Comparator<SimpleRectangle>
6      {
7          public int compare( SimpleRectangle r1, SimpleRectangle r2 )
8            { return r1.getWidth( ) - r2.getWidth( ); }
9      }
10
11     public static void main( String [ ] args )
12     {
13         SimpleRectangle [ ] rects = new SimpleRectangle[ 4 ];
14         rects[ 0 ] = new SimpleRectangle( 1, 10 );
15         rects[ 1 ] = new SimpleRectangle( 20, 1 );
16         rects[ 2 ] = new SimpleRectangle( 4, 6 );
17         rects[ 3 ] = new SimpleRectangle( 5, 5 );
18
19         System.out.println( "MAX WIDTH: " +
20             Utils.findMax( rects, new OrderRectByWidth( ) ) );
21     }
22 }
```

图 4.42   使用嵌套类隐藏 OrderRectByWidth 类声明

有时，嵌套类是公有的。在图 4.42 中，如果 OrderRectByWidth 声明为公有的，则可以从 CompareTestInner1 类外访问 CompareTestInner1.OrderRectByWidth 类。

4.8.2 局部类

Java 还允许在方法内声明一个类。这样的类称为局部类，且声明时不能带可见性修饰符或静态修改符。

除了允许在类内声明一个类之外，Java 还允许在方法内声明一个类。这些类称为局部类（local class），如图 4.43 所示。

```
1  class CompareTestInner2
2  {
3      public static void main( String [ ] args )
4      {
5          SimpleRectangle [ ] rects = new SimpleRectangle[ 4 ];
6          rects[ 0 ] = new SimpleRectangle( 1, 10 );
7          rects[ 1 ] = new SimpleRectangle( 20, 1 );
8          rects[ 2 ] = new SimpleRectangle( 4, 6 );
9          rects[ 3 ] = new SimpleRectangle( 5, 5 );
10
```

图 4.43   使用局部类进一步隐藏 OrderRectByWidth 类声明

```
11          class OrderRectByWidth implements Comparator<SimpleRectangle>
12          {
13              public int compare( SimpleRectangle r1, SimpleRectangle r2 )
14                { return r1.getWidth( ) - r2.getWidth( ); }
15          }
16
17      System.out.println( "MAX WIDTH: " +
18              Utils.findMax( rects, new OrderRectByWidth( ) ) );
19      }
20 }
```

图 4.43   使用局部类进一步隐藏 OrderRectByWidth 类声明（续）

注意，当一个类声明在方法内部时，不能将它声明为 private 或 static。然而，该类只在声明它的方法内可见。这使得在类的第一次使用（可能是唯一一次）之前编写这个类变得容易，而且避免了污染命名空间。

在方法内部声明类的一个优点是，类的方法（本例中是 compare）可以访问在类之前声明的函数的局部变量。在有些应用中这是重要的。存在这样一条技术规则：为了访问局部变量，变量必须声明为 final。本书中我们不使用这样的类。

4.8.3   匿名类

> 匿名类是没有名字的类。
> 匿名类使得语言明显复杂了。
> 匿名类常常用来实现函数对象。

有人可能会觉得，通过将类放在要使用它的那行代码之前，已经是将类的声明尽可能地接近使用它的地方了。不过在 Java 中，我们可以做得更好。

图 4.44 说明了匿名类。匿名类（anonymous class）是没有名字的类。语法是，我们不编写 new Inner()，并将 Inner 的实现提供为命名类，而是编写 new Interface()，然后在 new 表达式之后立即给出接口的实现（从开括号到闭括号的所有内容）。除了匿名实现一个接口，它还可能匿名扩展一个类，仅提供覆盖的方法。

```
1 class CompareTestInner3
2 {
3     public static void main( String [ ] args )
4     {
5         SimpleRectangle [ ] rects = new SimpleRectangle[ 4 ];
6         rects[ 0 ] = new SimpleRectangle( 1, 10 );
7         rects[ 1 ] = new SimpleRectangle( 20, 1 );
8         rects[ 2 ] = new SimpleRectangle( 4, 6 );
9         rects[ 3 ] = new SimpleRectangle( 5, 5 );
10
11        System.out.println( "MAX WIDTH: " +
12            Utils.findMax( rects, new Comparator<SimpleRectangle>( )
13            {
14                public int compare( SimpleRectangle r1, SimpleRectangle r2 )
15                  { return r1.getWidth( ) - r2.getWidth( ); }
16            }
17        ) );
18    }
19 }
```

图 4.44   使用匿名类实现函数对象

语法看上去非常吓人，但过段时间也就习惯了。它使得语言明显复杂了，因为匿名类是一个类。复杂之处之一是，因为构造方法名是类名，所以该如何为匿名类定义一个构造方法？答案是你不能这样做。

匿名类在实际中非常有用。它常常作为函数对象模式的一部分用在用户界面的事件处理中。在事件处理中，程序员需要在函数中指定当某些事件出现时会发生什么。

4.8.4 嵌套类和泛型

当在泛型类内声明嵌套类时，嵌套类不能引用泛型外层类的参数类型。不过，嵌套类本身可以是泛型的，并且可以重用泛型外层类的参数类型名。语法示例如下：

```
class Outer<AnyType>
{
    public static class Inner<AnyType>
    {
    }

    public static class OtherInner
    {
        // 此处不能使用 AnyType
    }
}

Outer.Inner<String> i1 = new Outer.Inner<String>( );
Outer.OtherInner    i2 = new Outer.OtherInner( );
```

注意，在 i1 和 i2 的声明中，Outer 没有参数类型。

4.9 动态调度细节

> 动态调度对于静态、终极或私有方法不重要。
> 在 Java 中，方法的参数总是在编译时静态地推导出来的。
> 静态重载意味着，方法的参数总是在编译时静态地推导出来的。
> 动态调度意味着，一旦确定了实例方法的签名，就可以在运行时根据调用对象的动态类型确定方法的类。

一个常见的误解是所有的方法和所有的参数都在运行时绑定。这是不正确的。首先，有些情况下永远不使用动态调度，或者没有提供：

- 静态方法，不管如何调用该方法。
- 终极方法。
- 私有方法（因为它们仅从类内调用，所以隐含的是终极的）。

其他的情形下，动态调度的使用是有意义的。但动态调度到底意味着什么呢？

动态调度（dynamic dispatch）意味着适合被操作对象的方法就是所使用的方法。不过，这并不意味着对所有的参数都执行绝对最佳匹配。具体来说，在 Java 中，方法的参数总是在编译时静态地推导出来的。

来看一个具体的例子，考虑图 4.45 中的代码。在 whichFoo 方法中，调用 foo。但调用的是哪个 foo 呢？我们期望答案取决于 arg1 和 arg2 的运行时类型。

```
1  class Base
2  {
3      public void foo( Base x )
4        { System.out.println( "Base.Base" ); }
```

图 4.45 参数的静态绑定演示

```
 5
 6      public void foo( Derived x )
 7        { System.out.println( "Base.Derived" ); }
 8  }
 9
10  class Derived extends Base
11  {
12      public void foo( Base x )
13        { System.out.println( "Derived.Base" ); }
14
15      public void foo( Derived x )
16        { System.out.println( "Derived.Derived" ); }
17  }
18
19  class StaticParamsDemo
20  {
21      public static void whichFoo( Base arg1, Base arg2 )
22      {
23          // 可以保证，我们将调用 foo( Base )
24          // 唯一的问题是，调用哪个类的 foo( Base ) 版本
25          // 使用 arg1 的动态类型
26          // 来决定
27          arg1.foo( arg2 );
28      }
29
30      public static void main( String [] args )
31      {
32          Base b = new Base( );
33          Derived d = new Derived( );
34
35          whichFoo( b, b );
36          whichFoo( b, d );
37          whichFoo( d, b );
38          whichFoo( d, d );
39      }
40  }
```

图 4.45　参数的静态绑定演示（续）

因为参数总是在编译时匹配，所以 arg2 实际引用什么类型是无关紧要的。匹配的 foo 将是：

public void foo(Base x)

唯一的问题是，使用的是 Base 版本还是 Derived 的版本。这是当知道了 arg1 指向的对象时，在运行时要做的决策。

使用的准确方法，是在编译时，由编译器根据参数的静态类型及控制引用的静态类型可用的方法推导出的最佳签名。此时，设置方法的签名。这一步称为静态重载（static overloading）。遗留的唯一问题是，方法该使用哪个类的版本。这是通过让虚拟机根据对象的运行时类型进行推定来完成的。一旦知道了运算时类型，虚拟机沿继承层次向上寻找方法最后覆盖的版本，这是虚拟机向着 Object 的方向向上找到的适合签名的第一个方法[⊖]。第二步称为动态调度（dynamic dispatch）。

当方法应该使用覆盖但却使用重载时，静态重载可能导致细微的错误。图 4.46 演示了一个实现 equals 方法时常见的编程错误。

equals 方法定义在 Object 类中，当两个对象有相同的状态时，它返回 true。它带一个 Object 类型的参数，而 Object 提供了一个默认实现，仅当两个对象是同一个时返回 true。换句话说，在 Object 类中，equals 的实现大概是这样的：

⊖　如果没有找到这样的方法，可能是因为只重新编译了部分程序，则虚拟机抛出 NoSuchMethodException。

```java
public boolean equals( Object other )
  { return this == other; }
```

```java
1  final class SomeClass
2  {
3      public SomeClass( int i )
4        { id = i; }
5
6      public boolean sameVal( Object other )
7        { return other instanceof SomeClass && equals( other ); }
8
9      /**
10      * 这是个不好的实现
11      * other 有错误的类型, 所以
12      * 这个不能重写 Object 的 equals 方法
13      */
14      public boolean equals( SomeClass other )
15        { return other != null && id == other.id; }
16
17      private int id;
18  }
19
20  class BadEqualsDemo
21  {
22      public static void main( String [ ] args )
23      {
24          SomeClass obj1 = new SomeClass( 4 );
25          SomeClass obj2 = new SomeClass( 4 );
26
27          System.out.println( obj1.equals( obj2 ) );   // true
28          System.out.println( obj1.sameVal( obj2 ) );  // false
29      }
30  }
```

图 4.46　重载 equals 替代覆盖 equals 的演示。这里, 调用 sameVal 将返回 false

当覆盖 equals 时, 参数必须是 Object 类型, 否则就是重载。在图 4.46 中, equals 不是覆盖, 而是重载 (无意中)。结果, 调用 sameVal 将返回 false, 这看起来很奇怪, 因为调用 equals 返回 true, 而 sameVal 调用了 equals。

问题是, 在 sameVal 中的调用是 this.equals(other)。this 的静态类型是 SomeClass。在 SomeClass 中, equals 有两个版本: 所列出的 equals 带一个 SomeClass 参数, 继承的 equals 带一个 Object 参数。参数 (other) 的静态类型是 Object, 所以最佳匹配是带一个 Object 的 equals。在运行时, 虚拟机查找那个 equals, 找到了在 Object 类中的那个。因为 this 和 other 是不同的对象, 所以类 Object 中的 equals 方法返回 false。

所以, equals 必须编写为带一个 Object 的参数, 通常在验证了类型是合适的之后, 向下转型是需要的。一种做法是使用 instanceof 测试, 但仅对终极类才是安全的。在有继承时, 覆盖 equals 实际上是相当棘手的, 6.7 节将讨论这个问题。

4.10　总结

继承是一种强大的特性, 是面向对象编程及 Java 的重要组成部分。它允许我们将功能抽象为抽象基类, 让派生类实现并扩展那些功能。在基类中可以指定几类方法, 如图 4.47 所示。

最抽象的类是接口, 其中不允许有实现。接口中列出了必须要被派生类实现的方法。派生类必须实现所有这些方法 (或者本身仍是抽象的), 并且通过 implements 子句指明它正实现接口。一个类可以实现多个接口, 因此可以为多继承提供一种更简单的做法。

最后, 继承允许我们轻松编写适用于各类泛型类型的泛型方法和类。这通常需要使用相当大

量的转型。Java 5 增加了隐藏了转型的泛型类和方法。接口还能广泛用于泛型组件，以实现函数对象模式。

方法	重载	说明
final	潜在内联	继承层次结构上的不变量（方法永远不能重定义）
abstract	运行时	基类不提供实现且是抽象的。派生类必须提供一个实现
static	编译时	没有控制对象
其他	运行时	基类提供一个默认实现，可能被派生类覆盖，或被派生类不改变地接受

图 4.47　四类类方法

本章结束了本书的第一部分，概述了 Java 和面向对象编程。下面我们将继续研究问题求解的算法和构成要素。

4.11　核心概念

抽象类。不能构造但用来规范派生类功能的类。

抽象方法。没有明确定义的方法，所以总是在派生类中定义。

适配器类。通常当另一个类的接口与所需要的不能精确匹配时使用的类。适配器提供了包装效果，改变了接口。

匿名类。没有名字的类，实现短函数对象时很有用。

基类。继承中作为基础的类。

装箱。创建用来保存一个基本类型值的包装类的实例。在 Java 5 中，这是自动完成的。

组合。当 IS-A 关系不成立时继承的首选机制。相反，我们说类 B 的对象是由类 A 的对象（和其他对象）组成的。

协变数组。在 Java 中，数组是协变的，意思是，Derived[] 与 Base[] 是类型兼容的。

协变返回类型。用子类型覆盖返回类型。从 Java 5 开始允许这样做。

装饰器模式。为了增加功能，需要合并几个包装类的模式。

派生类。一个全新的类，尽管它与派生它的类有一些兼容性。

动态调度。应用与实际引用对象相对应方法的运行时决策。

extends 子句。用来声明一个新类是另一个类的子类的子句。

终极类。不能被扩展的类。

终极方法。不能被覆盖的方法，在继承层次结构中是不变的。静态绑定用于终极方法。

函数对象。传递给泛型函数的对象，其目的是让泛型函数使用其单一方法。

函子。一个函数对象。

泛型类。在 Java 5 中新加，允许类指定类型参数，避免大量的类型转换。

泛型编程。用来实现与类型无关的逻辑。

HAS-A 关系。派生类有基类（的一个实例）的关系。

implements 子句。用来声明一个类实现一个接口中的方法的子句。

继承。从基类派生一个类，但不影响基类实现的过程。还允许设计类层次结构，例如 Throwable 和 InputStream。

接口。不含有实现细节的一种特殊的抽象类。

IS-A 关系。派生类是基类（的变体）的关系。

叶子类。终极类。

局部类。方法内的类，声明时不使用可见性修饰符。

多继承。从几个基类派生一个类的过程。在 Java 中不允许多继承。但是允许多接口。

嵌套类。类内的类，使用 static 修饰符声明。

部分覆盖。扩充基类方法执行额外但并非完全不同任务的行为。

多态。引用变量指向几个不同类型对象的能力。当操作应用于变量时，自动选择适合实际引用对象的操作。

受保护的类成员。可被派生类及同一包中的类访问。

原始类。移除泛型类型参数的类。

静态绑定。在编译时决定使用哪个类版本中的方法的决策。只用于静态、终极或私有方法。

静态重载。推导要使用的方法的第一步。在这一步中，参数的静态类型用来推导将要调用的方法的签名。总是使用静态重载。

子类/超类关系。如果 *X* IS-A *Y*，则 *X* 是 *Y* 的子类，而 *Y* 是 *X* 的超类。这些关系是传递的。

super 构造方法调用。对基类构造方法的调用。

super 对象。在部分覆盖中用来应用基类方法的对象。

类型限定。指定类型参数必须满足的属性。

类型擦除。泛型类被重写为非泛型类的过程。

类型参数。在泛型类或方法声明中括在尖括号 < > 中的参数。

拆箱。从一个包装类实例创建一个基本类型。在 Java 5 中，这是自动完成的。

通配符类型。? 作为类型参数，允许任意类型（可能带有限定）。

包装类。用来保存另一个类型的类，添加了基本类型不支持或不能正确支持的操作。

4.12　常见错误

- 基类的私有成员在派生类中不可见。
- 不能构造抽象类的对象。
- 如果派生类没有实现继承的任何抽象方法，则派生类变为抽象的。如果不是，则会出现编译器错误。
- 终极方法不能被覆盖。终极类不能被扩展。
- 静态方法使用静态绑定，即使它们在派生类中被覆盖。
- Java 使用静态重载，并总是在编译时选择重载方法的签名。
- 在派生类中，继承的基类成员只能使用 super 方法整体初始化。如果这些成员是公有或保护的，则以后可以单独读出或赋值。
- 当将函数对象作为一个参数传送时，必须传送构造的对象，不能简单地传送类名。
- 过度使用匿名类是常见的错误。
- 派生类中方法的 throws 列表不能重新定义抛出基类中没有抛出的异常。返回类型也必须匹配。
- 当覆盖一个方法时，降低它的可见性是违法的。实现接口方法时也是如此，根据定义，那些方法总是 public 的。

4.13　网络资源

本章的全部代码都可以在网上找到。部分代码分步给出。对于那些类，只提供了一个最终版本。

PersonDemo.java。Person 层次结构及测试程序。

Shape.java。抽象类 Shape。

Circle.java。Circle 类。

Rectangle.java。Rectangle 类。

ShapeDemo.java。Shape 示例的测试程序。

Stretchable.java。Stretchable 接口。

StretchDemo.java。Stretchable 示例的测试程序。

NoSuchElementException.java。图 4.19 中的异常类。是 weiss.util 的一部分。网上还有 ConcurrentModificationException.java 和 EmptyStackException.java。

DecoratorDemo.java。装饰器模式的所有演示，包括缓冲、压缩和序列化。

MemoryCell.java。图 4.22 中的 MemoryCell 类。

TestMemoryCell.java。图 4.23 中展示的 MemoryCell 类的测试程序。

SimpleArrayList.java。图 4.24 中简化版的泛型 ArrayList 类，带几个额外的方法。测试程序在 ReadStringsWithSimpleArrayList.java 中。

PrimitiveWrapperDemo.java。Integer 类的使用演示，如图 4.25 所示。

BoxingDemo.java。自动装箱和拆箱的演示，如图 4.26 所示。

StorageCellDemo.java。图 4.27 所示的 StorageCell 适配器及测试程序。

FindMaxDemo.java。图 4.29 中的 findMax 泛型算法。

GenericMemoryCell.java。图 4.30 中演示的 GenericMemoryCell 类，使用 Java 5 泛型更新。TestGenericMemoryCell.java 测试了这个类。

GenericSimpleArrayList.java。图 4.37 中简化版的泛型 ArrayList 类，带几个额外的方法。测试程序在 ReadStringsWithGenericSimpleArrayList.java 中。

GenericFindMaxDemo.java。图 4.36 中演示的泛型 findMax 方法。

SimpleRectangle.java。包含图 4.38 中的 SimpleRectangle 类。

Comparator.java。图 4.39 中的 Comparator 接口。

CompareTest.java。图 4.41 中的无嵌套类的函数对象的演示。

CompareTestInner1.java。图 4.42 中的带嵌套类的函数对象的演示。

CompareTestInner2.java。图 4.43 中的带局部类的函数对象的演示。

CompareTestInner3.java。图 4.44 中的带匿名类的函数对象的演示。

StaticParamsDemo.java。图 4.45 中的静态重载及动态调度示例。

BadEqualsDemo.java。图 4.46 中的 equals 方法重载而不是覆盖结果的演示。

4.14 练习

简答题

4.1 被继承类中的什么成员能用在派生类中？什么成员对派生类的用户是公有的？

4.2 什么是组合？

4.3 解释多态和动态调度。什么时候不使用动态调度？

4.4 什么是自动装箱和自动拆箱？

4.5 什么是终极方法？

4.6 考虑图 4.48 中测试可见性的程序。

    a. 哪些访问是不合法的？

    b. 将 main 方法放在 Base 类中。哪些访问是不合法的？

    c. 将 main 方法放在 Derived 类中。哪些访问是不合法的？

    d. 如果第 4 行删除 protected，则上述问题的答案是什么？

    e. 为 Base 类写一个带 3 个参数的构造方法。然后为 Derived 类写一个带 5 个参数的构造方法。

    f. Derived 类含有 5 个整数。Derived 类中能访问哪些？

g. 给 Derived 类的一个方法传递一个 Base 对象。Derived 类能访问 Base 类中的哪些成员?

```
1  public class Base
2  {
3      public    int bPublic;
4      protected int bProtect;
5      private   int bPrivate;
6      // 省略公有方法
7  }
8
9  public class Derived extends Base
10 {
11     public    int dPublic;
12     private   int dPrivate;
13     // 省略公有方法
14 }
15
16 public class Tester
17 {
18     public static void main( String [ ] args )
19     {
20         Base b    = new Base( );
21         Derived d = new Derived( );
22
23         System.out.println( b.bPublic + " " + b.bProtect + " "
24                   + b.bPrivate + " " + d.dPublic + " "
25                   + d.dPrivate );
26     }
27 }
```

图 4.48   测试可见性程序

4.7   终极类和其他任何类有什么不同? 为什么要使用终极类?

4.8   什么是抽象方法? 什么是抽象类?

4.9   什么是接口? 接口与抽象类有什么不同? 接口中能有什么成员?

4.10   解释 Java I/O 库的设计。包含 4.5.3 节描述的所有类的类层次结构图。

4.11   在 Java 5 之前如何实现泛型算法? 在 Java 5 中如何实现?

4.12   解释适配器和包装类模式。它们有什么区别?

4.13   实现适配器的两种常用方法是什么? 这些实现方法间如何取舍? 描述在 Java 中是如何实现函数对象的。

4.14   什么是局部类? 什么是匿名类?

4.15   什么是类型擦除? 对泛型类的哪些限制是类型擦除的结果? 什么是原始类?

4.16   解释用于数组协变和泛型集合的 Java 规则。什么是通配符和类型限定? 怎么做能让效果与协变规则相同?

理论题

4.17   判断下列各叙述的真假:

a. 抽象类中的所有方法都必须是抽象的。

b. 抽象类必须提供构造方法。

c. 抽象类可以声明实例数据。

d. 抽象类可以扩展其他抽象类。

e. 抽象类可以扩展非抽象类。

f. 接口是抽象类。

g. 接口可以声明实例数据。

h. 接口中的任何方法必须是公有的。

i. 接口中的所有方法都必须是抽象的。

j. 接口不能有任何方法。

k. 接口可以扩展另一个接口。

l. 接口可以声明构造方法。

m. 一个类可以扩展多个类。

n. 一个类可以实现多个接口。

o. 一个类可以扩展一个类并实现一个接口。

p. 一个接口可以实现其中的若干方法。

q. 接口中的方法可以提供 throws 列表。

r. 接口中的所有方法都必须有 void 返回类型。

s. Throwable 是一个接口。

t. Object 是一个抽象类。

u. Comparable 是一个接口。

v. Comparator 是用于函数对象的接口示例。

4.18 仔细研究在线文档中的 Scanner 构造方法。下列三者中哪个是 Scanner 可接受的参数？
File, FileInputStream, FileReader

4.19 局部类可以访问（类之前的）方法中声明的局部变量。说明如果允许这样做，则局部类的一个
实例就可能访问局部变量的值，甚至在方法终止后。（因为这个原因，编译器将坚持将这些变量
标记为 final。）

4.20 本练习研究 Java 如何执行动态调度，及为什么常规终极方法在编译时不能内联。将图 4.49 中
的每个类放在自己的文件中。

a. 编译 Class2 并执行程序。输出什么？

b. 第 14 行的 getX 方法在编译时推定
的确切签名是什么（包括返回类型）？

c. 修改第 5 行的 getX 例程，让其返回一
个 int。删除第 6 行函数体中的 " "，
重新编译 Class2。输出什么？

d. 现在，第 14 行的 getX 方法在编译
时推导的确切签名是什么（包括返回
类型）？

e. 将 Class1 改回原来的版本，只重新编
译 Class1。运行程序的结果是什么？

f. 如果允许编译器执行内联优化，结果
会是什么？

```
1  public class Class1
2  {
3      public static int x = 5;
4
5      public final String getX( )
6        { return "" + x + 12; }
7  }
8
9  public class Class2
10 {
11     public static void main( String [ ] args )
12     {
13         Class1 obj = new Class1( );
14         System.out.println( obj.getX( ) );
15     }
16 }
```

图 4.49 练习 4.20 的类

4.21 找出下列每个代码段中的错误及不必要的转型。

a.

```
Base [ ] arr = new Base [ 2 ];
arr[ 0 ] = arr[ 1 ] = new Derived( );

Derived x = (Derived) arr[ 0 ];
Derived y = ( (Derived[])arr )[ 0 ];
```

b.

```
Derived [ ] arr = new Derived [ 2 ];
arr[ 0 ] = arr[ 1 ] = new Derived( );
```

```
Base x = arr[ 0 ];
Base y = ( (Base[])arr )[ 0 ];
```

c.

```
Base [ ] arr = new Derived [ 2 ];
arr[ 0 ] = arr[ 1 ] = new Derived( );

Derived x = (Derived) arr[ 0 ];
Derived y = ( (Derived[])arr )[ 0 ];
```

d.

```
Base [ ] arr = new Derived [ 2 ];
arr[ 0 ] = arr[ 1 ] = new Base( );
```

实践题

4.22 编写泛型 copy 例程，将元素从一个数组移至另一个同样大小且兼容的数组中。

4.23 编写均接受两个参数的泛型方法 min 和 max，分别返回较小者和较大者。然后将这些方法用于 String 类型。

4.24 编写泛型方法 min，接受一个数组，并返回最小项。然后将方法用于 String 类型。

4.25 编写泛型方法 max2，接受一个数组，并返回一个长度为 2 的数组，保存原数组中最大的两项。输入的数组不应该改变。然后将这个方法用于 String 类型。

4.26 编写泛型方法 sort，接受一个数组并按非递减序重排数组。用 String 和 BigInteger 测试你的方法。

4.27 对于 Shape 示例，修改层次结构中的构造方法，当参数是负数时，抛出 InvalidArgumentException。

4.28 在 Shape 层次结构中添加 Ellipse 类，并让它 Stretchable（可伸缩）。

4.29 修改 MemoryCell，以实现 Comparable<MemoryCell>。

4.30 修改 Circle 类，以实现 Comparable<Circle>。

4.31 修改第 3 章的 BigRational 类，以实现 Comparable<BigRational>。

4.32 修改练习 3.33 中的 Polynomial 类，以实现 Comparable<Polynomial>。按多项式的阶数进行比较。

4.33 在 Shape 层次结构中添加 Square 类，让它实现 Comparable<Square>。

4.34 在 Shape 层次结构中添加 Triangle 类，让它 Stretchable，如果调用 stretch 方法导致在尺寸上违反三角不等式，则抛出异常。

4.35 修改 stretchAll 方法，接受 ArrayList 而不是一个数组。使用通配符确保能接受参数 ArrayList<Stretchable> 和 ArrayList<Rectangle>。

4.36 修改 Person 类，以便它能使用 findMax 获得字典序最后一个人。

4.37 SingleBuffer 接口提供 get 和 put 方法：SingleBuffer 保存单一一个项及逻辑上 SingleBuffer 是否为空的一个标示。put 方法仅用于空缓冲区，将一个项插入到缓冲区中。get 方法仅用于非空缓冲区，删除并返回缓冲区中的项。写一个泛型类实现 SingleBuffer。定义异常来预示错误。

4.38 SortedArrayList 保存一个集合。类似 ArrayList，除了 add 将项添加在正确有序的位置而不是最后（不过，在这一点上很难使用继承）。实现独立的 SortedArrayList 类，支持 add、get、remove 和 size。

4.39 提供可传给 findMax 的一个函数对象，它使用 compareToIgnoreCase 而不是 compareTo 对 String 进行排序。

4.40 contains 方法带有一个整数数组作参数，如果数组中存在满足指定条件的项则返回 true。例如，在下列代码段中：

```
int [ ] input = { 100, 37, 49 };

boolean result1 = contains( input, new Prime( ) );
boolean result2 = contains( input, new PerfectSquare( ) );
boolean result3 = contains( input, new Negative( ) );
```

预期的结果是，result1 为 true，因为 37 是素数，result2 为 true，因为 100 和 49 都是完全平方数，而 result3 为 false，因为数组中没有负数。

实现下列组件：

a. 用来指定 contains 第二个参数的接口。

b. contains 方法（它是静态方法）。

c. Negative、Prime 和 PerfectSquare 类。

4.41 transform 方法带两个相同大小的数组 input 和 output 作为参数，第三个参数表示要应用于数组 input 的函数。

例如，下列代码段中：

```
double [ ] input = { 1.0, -3.0, 5.0 };
double [ ] output1 = new double [ 3 ];
double [ ] output2 = new double [ 3 ];
double [ ] output3 = new double [ 4 ];

transform( input, output1, new ComputeSquare( ) );
transform( input, output2, new ComputeAbsoluteValue( ) );
transform( input, output3, new ComputeSquare( ) );
```

预期的结果是，output1 含有 1.0、9.0、25.0，output2 含有 1.0、3.0、5.0，而第三次调用 transform 抛出 IllegalArgumentException，因为数组有不同的大小。实现下列组件：

a. 用来指定 transform 第三个参数的接口。

b. transform 方法（它是静态方法）。当 input 和 output 数组的大小不相同时，要抛出一个异常。

c. ComputeSquare 类和 ComputeAbsoluteValue。

4.42 使用泛型重写练习 4.40，允许 input 数组可以是任意类型。

4.43 使用泛型重写练习 4.41，允许 input 数组和 output 数组可以是任意类型（不一定相同）。

4.44 这个练习要求你编写一个泛型 countMatches 方法。你的方法将带 2 个参数。第一个参数是一个 int 数组。第二个参数是返回 Boolean 的函数对象。

a. 给出表示所需函数对象的接口声明。

b. countMatches 返回数组中函数对象为其返回 true 的项数。实现 countMatches。

c. 编写一个函数对象 EqualsZero 来测试 countMatches，它实现你的接口，接受一个参数，如果参数等于零则返回 true。使用 EqualsZero 函数对象测试 countMatches。

4.45 尽管我们所看到的函数对象不保存数据，但这不是必要的。重用练习 4.44 项目 a 中的接口。

a. 写一个函数对象 EqualsK。EqualsK 含有一个数据成员（k）。EqualsK 使用用来初始化 k 的单一一个参数构造（默认是 0）。如果参数等于 k 则方法返回 true。

b. 使用 EqualsK 测试练习 4.44 项目 c 中的 countMatches。

程序设计项目

4.46 重写 Shape 层次结构，保存面积作为数据成员，由 Shape 的构造方法来计算它。派生类中的构造方法应该计算面积并将结果传给 super 方法。让 area 是终极方法，且仅返回该数据成员的值。

4.47 在 Shape 层次结构中添加坐标作为数据成员，从而加入位置的概念。然后添加 distance 方法。

4.48 为 Date 编写抽象类及它的派生类 GregorianDate。

4.49 实现纳税人层次结构，含有 TaxPayer 接口及实现接口的 SinglePayer 及 MarriedPayer 类。

4.50 实现程序 gzip 和 gunzip，执行文件的压缩和解压缩。

4.51   一本书含有作者、书名和 ISBN（书籍一旦问世，这些信息都永远不会再变）。

图书馆图书是一本书，此外还包含到期日期及图书当前借阅人的数据，其中，使用 String 表示办理借阅图书手续的人，如果图书当前没有借出则为 null。到期日期和图书借阅人都可以随时间而变化。

图书馆含有图书馆图书，支持下列操作：

- 向馆中增加一本图书馆图书。
- 通过指定 ISBN 及新的借阅人和到期日期，借出一本图书馆图书。
- 给定图书馆图书的 ISBN，确定当前的借阅人。

a. 编写两个接口 Book 和 LibraryBook，抽象上面描述的功能。

b. 编写一个 Library 类，包含指定的三个方法。实现 Library 类时，应该将图书馆图书保存在 ArrayList 中。你可以假设永远不会添加重复的图书。

4.52   一组类用来处理剧院中不同类型的票。所有的票都有构造票时赋予的唯一的序列号及票价。有好几类票。

a. 设计一个类层次结构，包含上述三个类。

b. 实现 Ticket 抽象类。这个类应该保存一个序列号作为私有数据。提供合适的抽象方法获取票价，提供一个返回序列号的方法，提供打印序列号和价格信息的 toString 方法的实现。Ticket 类必须提供构造方法来初始化序列号。为此，使用下述策略：维护静态 ArrayList<Integer> 表示已分配的序列号。使用随机数生成器重复地生成新的序列号，直到得到一个尚未分配的序列号。

c. 实现 FixedPriceTicket 类。构造方法接受一个价格。类是抽象的，但你可以也应该实现返回价格信息的方法。

d. 实现 WalkupTicket 类和 ComplementaryTicket 类。

e. 实现 AdvanceTicket 类。提供一个构造方法，该构造方法接受一个参数，指示购票提前的天数。回想一下，提前购票的天数影响票价。

f. 实现 StudentAdvanceTicket 类。提供一个构造方法，该构造方法接受一个参数，指示购票提前的天数。toString 方法应该包含一个表示是学生票的记号。这张票的价格是 AdvanceTicket 的一半。如果 AdvanceTicket 的定价方案改变了，则不修改 StudentAdvanceTicket 类的代码，也应该能正确计算 StudentAdvanceTicket 的价格。

g. 编写类 TicketOrder，保存 Tickets 的集合。TicketOrder 应该提供 add、toString 和 totalPrice 方法。提供测试程序，创建一个 TicketOrder 对象，然后用所有类型的票调用 add。输出订单，包括总价格。

票的类型	描述	toString 输出示例
Ticket	这是表示所有票的抽象类	
FixedPriceTicket	这是表示票价永远相同的票的抽象类。构造方法接受价格作为参数	
ComplimentaryTicket	这些票是免费的（所以也是 FixedPrice）	SN: 273, $0
WalkupTicket	这些票在活动当天购买，票价$50（所以也是 FixedPrice）	SN: 314, $50
AdvanceTicket	提前10天或更长时间购买，票价$30。提前少于10天购买，票价$40	SN: 612, $40
StudentAdvanceTicket	这些是 AdvanceTicket，价格是AdvanceTicket 通常价格的一半	SN: 59, $15 （学生）

4.53 考虑 Bank、Account、NonInterestCheckingAccount、InterestCheckingAccount 和 PlatinumCheckingAccount 类，以及 InterestBearingAccount 接口，它们的相互作用如下：

- Bank 保存一个 ArrayList，含有所有类型的账户，包括存款账户和支票账户，其中一些是计息的，另外一些是不计息的。Bank 含有一个方法 totalAssets，返回所有账户的余额的和。它还含有一个 addInterest 方法，为银行中所有的计息账户调用 addInterest 方法。
- Account 是一个抽象类。每个账户保存账户持有人的姓名、账号（顺序自动分配）和当前余额，还有初始化这些数据成员的相应的构造方法、访问当前余额的方法、增加当前余额的方法、减少当前余额的方法。注意，所有这些方法都在 Account 类内实现，即使 Account 是抽象的，这个类内实现的所有方法都不是抽象的。
- InterestBearingAccount 接口声明单一一个方法 addInterest（没有参数，返回类型是 void），它按适用于特定账户的利率增加余额。
- InterestCheckingAccount 是 Account，也是 InterestBearingAccount。调用 addInterest 按 3% 增加余额。
- PlatinumCheckingAccount 是 InterestCheckingAccount。调用 addInterest 将按 InterestCheckingAccount 两倍的利率增加余额（不管利率是多少）。
- NonInterestCheckingAccount 是 Account 但不是 InterestBearingAccount。除了 Account 类的基本功能外，没有额外的功能。

对于这些问题，执行下列操作。不必提供超出上述规范说明之外的任何功能：

a. 上述 6 个类中的 5 个形成继承层次结构。对那 5 个类画出层次结构。

b. 实现 Account。

c. 实现 NonInterestCheckingAccount。

d. 编写 InterestBearingAccount 接口。

e. 实现 Bank。

f. 实现 InterestCheckingAccount。

g. 实现 PlatinumCheckingAccount。

4.15 参考文献

下面的书描述了面向对象软件设计的一般原则：

[1] G. Booch, *Object-Oriented Design and Analysis with Applications* (Second Edition), Benjamin Cummings, Redwood City, CA, 1994.

[2] T. Budd, *Understanding Object-Oriented Programming With Java*, Addison-Wesley, Boston, MA, 2001.

[3] D. de Champeaux, D. Lea, and P. Faure, *Object-Oriented System Development*, Addison-Wesley, Reading, MA, 1993.

[4] I. Jacobson, M. Christerson, P. Jonsson, and G. Overgaard, *Object-Oriented Software Engineering: A Use Case Driven Approach* (revised fourth printing), Addison-Wesley, Reading, MA, 1992.

[5] B. Meyer, *Object-Oriented Software Construction*, Prentice Hall, Englewood Cliffs, NJ, 1988.

算法和构成要素

第 5 章　算法分析

第 6 章　Collections API

第 7 章　递归

第 8 章　排序算法

第 9 章　随机化

算法分析

在第一部分，我们研究了面向对象程序设计如何在设计并实现大型系统中提供帮助。我们没有研究性能问题。一般来说，我们使用计算机，是因为我们需要处理大量的数据。当我们在大量输入上运行一个程序时，必须确定程序能在合理的时间内终止。虽然运行时间长短在某种程度上依赖我们使用的编程语言，并且在较小程度上依赖我们使用的方法（例如过程与面向对象方法），但那些因素通常是设计中不变的常量。即便如此，运行时间还是与算法的选择密切相关。

一个算法（algorithm）是一组明确规定的指令，计算机遵循指令来解决问题。一旦给出了一个问题的算法，并确定是正确的，下一步就是确定算法需要的资源量，例如时间和空间。这个步骤称为算法分析（algorithm analysis）。需要几百 GB 内存的算法对于大多数当前机器来说都是无用的，即使它完全正确。

本章中，我们将看到：

- 如何估算算法需要的时间。
- 如何使用能大幅减少算法运行时间的技术。
- 如何使用更严格描述算法运行时间的数学框架。
- 如何编写简单的二分搜索例程。

5.1 什么是算法分析

> 数据越多意味着程序要花的时间越多。
>
> 在算法分析遇到的常见函数中，线性表示最高效的算法。
>
> 当 N 足够大时，函数的增长率最重要。
>
> 大 O 符号用来获取函数中最主要的项。
>
> 对于输入大小超过几千的情况，二次算法是不切实际的。
>
> 对于输入大小只有几百的情况，三次算法是不切实际的。

任何算法运行时所需的时间几乎总是取决于它必须处理的输入量。例如，我们预估排序 10 000 个元素比排序 10 个元素需要更多的时间。所以算法的运行时间是输入量大小的函数。函数的精确值依赖许多因素，例如主机的速度和编译器的质量，而且有些情况下，还取决于程序的质量。对于在给定计算机上的给定程序，我们可以在图上绘制运行时间函数。图 5.1 对 4 个程序画了一幅运行时间函数图。这些曲线表示算法分析时遇到的 4 个常见函数：线性函数、$O(N\log N)$ 函数、二次函数和三次函数。输入量大小 N 的范围为 1 ~ 100 项，运行时间范围为 0 ~ 10μs。快速浏览图 5.1 及图 5.2，它们表明线性曲线、$O(N\log N)$ 曲线、二次曲线和三次曲线按递增顺序表示运行时间。

以在互联网上下载文件这个问题为例。假设（为建立连接）有一个初始 2s 的延迟，之后以 160KB/s 的速度下载。则如果文件大小为 NKB，下载时间由公式 $T(N)=N/160$（KB/s）+2s 描述。这是线性函数（linear function）。下载一个 8000KB 的文件需要大约 52s，而下载一个两倍大（16 000KB）的文件需要花费约 102s，或差不多两倍时长。时间基本上与输入量成正比这一特性，是线性算

（linear algorithm）的特征，这是最高效的算法。相反，如图 5.1 和图 5.2 所示，有些非线性算法将导致运行时间很长。例如，线性算法比三次算法效率高很多。

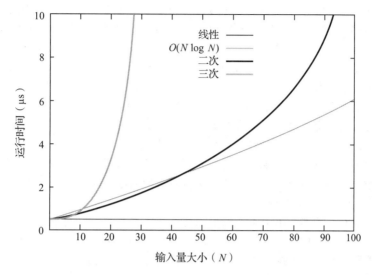

图 5.1　少量输入的运行时间

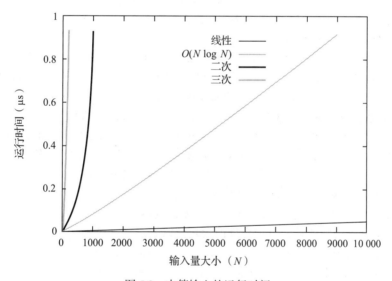

图 5.2　中等输入的运行时间

本章，我们设法解决以下几个重要问题：

- 在最高效的曲线上总是很重要吗？
- 一条曲线比另一条曲线好多少？
- 如何确定具体算法位于哪条曲线上？
- 如何设计算法避免效率低下的曲线？

三次函数（cubic function）是其主项为某个常数乘以 N^3 的函数。例如，$10N^3+N^2+40N+80$ 是一个三次函数。类似地，二次函数有某个常数乘以 N^2 的主项，而线性函数有某个常数乘以 N 的主项。表达式 $O(N\log N)$ 表示其主项是 N 乘以 N 的对数的函数。对数是一个增长很慢的函数，例如，1 000 000 的对数（通常底为 2）仅为 20。对数的增长速度比平方根或立方根（或任意次根）都慢。我们将在 5.5 节更详细地讨论对数。

在任意给定点，两个函数中的任何一个都可能比另一个小，所以声称 $F(N)<G(N)$ 是没有意义的。相反，我们衡量函数的增长率。这样做有三个理由。第一个原因是，对于三次函数来说（比如图 5.2 中的）当 N 是 1000 时，三次函数的值几乎完全由三次项决定。在函数 $10N^3+N^2+40N+80$ 中，对于 $N=1000$，函数值是 10 001 040 080，其中 10 000 000 000 来自 $10N^3$ 项。如果我们仅使用三次项去估算整个函数，将导致约 0.01% 的误差。对于足够大的 N，函数值很大程度上由主项决定（术语足够大（sufficiently large）的意思因函数的不同而不同）。

我们衡量函数增长率的第二个原因是，主项前导常数的准确值在不同的机器上没有意义（尽管对于相同增长函数来说，前导常数的相对值可能有意义）。例如，编译器的质量可能对前导常数有很大的影响。第三个原因是，小的 N 值通常不重要。对于 $N=20$，图 5.1 展示的所有算法都在 5μs 内终止。最好和最差算法之间的差别不到一眨眼的工夫。

我们使用大 O 符号来获取函数中最主要的项，以表示增长率。例如，二次算法的运算时间描述为 $O(N^2)$（念 "N 的平方阶"）。大 O 符号还允许我们通过比较主项在函数之间建立相对顺序。我们将在 5.4 节更正式地讨论大 O 符号。

对于较小的 N 值（例如，小于 40），图 5.1 显示，一条曲线最初可能比一条曲线好，但对较大的 N 值，并不能保持成立。例如，初始时，二次曲线比 $O(N\log N)$ 曲线要好，但随着 N 明显增大，二次算法失去了它的优势。对于少量的输入，在函数之间进行比较是困难的，因为前导常数变得非常重要。当 N 小于 50 时，函数 $N+2500$ 大于 N^2。最终，线性函数总是小于二次函数。最重要的是，对于较小的输入规模，运算时间通常是无关紧要的，所以我们不必担心这个。例如图 5.1 所示，当 N 小于 25 时，所有 4 个算法都在 10μs 内完成运行。因此，当输入规模非常小时，好的做法是使用最简单的算法。

图 5.2 清楚地说明了，大的输入规模下不同曲线之间的区别。线性算法可以在几分之一秒内求解大小为 10 000 的问题。$O(N\log N)$ 算法使用差不多 10 倍的时间。注意，实际的时间差取决于涉及的常数，所以可能更多也可能更少。根据这些常数，对于相当大的输入规模，$O(N\log N)$ 算法可能比线性算法更快。不过，对于同样复杂的算法，线性算法往往胜过 $O(N\log N)$ 算法。

不过，对于二次和三次算法，这个关系并不正确。当输入规模大于几千时，二次算法几乎总是不切实际的，而三次算法对于小到几百的输入规模是不切实际的。例如，使用简单的排序算法排序 1 000 000 个项是不切实际的，因为大多数的简单排序算法（如冒泡排序和选择排序）都是二次算法。第 8 章讨论的排序算法可以在次二次时间（即比 $O(N^2)$ 好）内执行，所以排序大数组变得可行。

这些曲线最显著的特点是，对于合理的大规模输入，二次和三次算法相对于其他算法没有竞争力。我们可以用高效的机器语言编写二次算法的代码，然后完全不优化地去编写线性算法的代码，即使这样，二次算法仍然会输得很惨。即使最聪明的编程技巧也不能让低效率的算法快起来。所以，在我们浪费精力尝试优化代码之前，必须先优化算法。图 5.3 按增长率递增的顺序排列通常用来描述算法运行时间的函数。

函数	名字
c	常数
$\log N$	对数
$\log^2 N$	对数平方
N	线性
$N \log N$	$N \log N$
N^2	二次
N^3	三方
2^N	指数

图 5.3　按增长率升序排列

5.2　算法运行时间示例

本节我们研究三个问题。我们还概述可能的解决方案，并在没有提供详细程序的情况下，确定算法将表现出什么样的运行时间。本节的目的是为你提供算法分析的直观感受。在 5.3 节我们将提供这个过程的更多细节，在 5.4 节将正式讨论算法分析问题。

本节我们研究下列问题：
- **数组中的最小元素**。给定含有 N 个项的数组，找到最小项。

- **平面上最近的点**。给定平面（即 x-y 坐标系）上 N 个点，找到最近的一对点。
- **平面上的共线点**。给定平面（即 x-y 坐标系）上 N 个点，判定任意三个点是否可以连成一条直线。

最小元素问题是计算机科学中的基础问题。可以用如下方法来解决：

1. 维护变量 min 保存最小元素。
2. 将 min 初始化为第一个元素。
3. 顺序扫描数组，根据情况更新 min。

这个算法的运行时间是 $O(N)$ 或线性的，因为我们对数组中的每个元素重复定量的工作。线性算法是如我们所愿的好算法。这是因为，我们必须检查数组中的每个元素，这个过程需要线性时间。

最近点问题是图形中的基础问题，可以用如下方法来求解：

1. 计算每对点之间的距离。
2. 持续保存最小距离。

不过，因为有 $N(N-1)/2$ 个点对⊖，所以这个计算很费时。故有大约 N^2 对点。检查所有这些点对中的每一对，找到它们之中的最小距离需要二次时间。更好的算法以 $O(N\log N)$ 时间运行，计算过程中避免了计算所有的距离。还有一种算法，期望花费 $O(N)$ 时间。后两种算法利用精巧的观察结果以提供更快的结果，这些都超出了本书的范围。

共线点问题对于许多图形算法来说很重要。原因是共线点的存在会出现需要特殊处理的退化情形。通过枚举三个点的所有组来直接求解。这个解决方案的计算量甚至比最近点问题的计算量还要大，因为，三个点的不同组的数量是 $N(N-1)(N-2)/6$（使用类似最近点问题中用到的推理）。这个结果告诉我们，直接方法将产生一个三次算法。还有一个更聪明的策略（也超出本书的范围），可以在二次时间内求解问题（进一步的改进一直是一个活跃的研究领域）。

在 5.3 节，我们研究一个能说明线性、二次和三次算法区别的问题。我们还将展示与数学预测相比较这些算法的性能到底如何。最后，在讨论基本思想后，我们更正式地研究大 O 符号。

5.3　最大连续子序列和问题

> 设计了算法后考虑编程细节。
>
> 总要考虑空子序列的情况。
>
> 有许多完全不同的算法（指效率方面）可用来求解最大连续子序列和问题。

本节我们考虑最大连续子序列和问题：给定（可能是负）整数 $A_1, A_2, \cdots, A_N$，找到 $\sum_{k=i}^{j} A_k$ 的最大值（并显示对应的序列）。如果所有整数都是负的，则最大连续子序列和是 0。

例如，如果输入是 {−2, **11, −4, 13**, −5, 2}，则答案是 20，它代表包含第 2～4 项的连续子序列（以黑体显示）。第二个例子，对于输入 { 1, −3, **4, −2, −1, 6** }，答案是 7，对应包含最后 4 项的子序列。

在 Java 中，数组下标从 0 开始，所以 Java 程序应该将输入表示为序列 $A_0, \cdots, A_{N-1}$。这是编程细节，不属于算法设计的部分。

在讨论这个问题的算法之前，我们需要对所有输入整数都是负数的退化情形进行说明。对于这种情形，问题描述中给出的最大连续子序列和为 0。有人可能会疑惑为什么这样处理，而不是返回输入的负整数中的最大值（即绝对值最小）。原因是，含有 0 个整数的空子序列也是子序列，且它的和显然是 0。因为空子序列是连续的，所以总有一个其和是 0 的子序列。这个结果类似空

⊖　N 个点中的每一个都可以与 N−1 个点配对，总共有 N(N−1) 对点。不过点对 A, B 和 B, A 计数两次，所以必须除以 2。

集是任何集合的子集。注意，结果为空总是一种可能性，且在许多情况下，它根本不是特例。

最大连续子序列和问题令人感兴趣，主要是因为有很多算法解决它——这些算法的性能完全不同。本节，我们讨论三个这样的算法。第一个是明显的穷举搜索算法，但它的效率非常低。第二个算法改进了第一个，它经过简单的观察然后完成。第三个是非常高效但不太明显的算法。我们证明它的运行时间是线性的。

在第 7 章我们提出第 4 个算法，它有 $O(N\log N)$ 的运行时间。那个算法不如线性算法高效，但比另外两个的效率高很多。它还是有 $O(N\log N)$ 运行时间的典型算法。图 5.1 和图 5.2 中所示的图代表了这 4 个算法。

5.3.1 容易理解的 $O(N^3)$ 算法

> 蛮力算法通常是效率最低但编码最简单的方法。
>
> 使用数学分析计算某些语句的执行次数。
>
> 我们不需要对大 O 估算进行精确计算。在许多情形下，我们可以使用简单的规则，将所有嵌套的循环大小相乘。注意，连续的循环不能相乘。

最简单的算法是直接穷举搜索，或是蛮力算法（brute force algorithm），如图 5.4 所示。第 9 行和第 10 行控制一对循环，遍历所有可能的子序列。对每一个可能的子序列，第 12 ～ 15 行计算其和值。如果这个值是遇到的最大的和，则更新 maxSum 的值，这个值最终在第 25 行返回。每当遇到新的最佳序列时，也更新两个 int——seqStart 和 seqEnd（它们是静态的类字段）——的值。

```
1      /**
2       * 三次最大连续子序列和算法
3       * seqStart 和 seqEnd 表示实际的最佳序列
4       */
5      public static int maxSubsequenceSum( int [ ] a )
6      {
7          int maxSum = 0;
8
9          for( int i = 0; i < a.length; i++ )
10             for( int j = i; j < a.length; j++ )
11             {
12                 int thisSum = 0;
13
14                 for( int k = i; k <= j; k++ )
15                     thisSum += a[ k ];
16
17                 if( thisSum > maxSum )
18                 {
19                     maxSum = thisSum;
20                     seqStart = i;
21                     seqEnd   = j;
22                 }
23             }
24
25         return maxSum;
26     }
```

图 5.4　三次最大连续子序列和算法

直接穷举搜索算法的优点是极其简单，算法越不复杂，则编程越可能正确。不过，通常，穷举搜索算法的效率做不到尽可能地高效。本节余下的内容，我们证明算法的运行时间是三次的。我们计算图 5.4 中表达式的计算次数（作为输入规模的函数）。我们仅需要大 O 的结果，所以一旦我们找到主项，就可以忽略低阶项及前导常数。

算法的运行时间完全由第 14 行和第 15 行的最内层的 for 循环控制。重复执行 4 个表达式：

1. 初始化 k=i。
2. 测试 k<=j。
3. 增量 thisSum+=a[k]。
4. 调整 k++。

表达式 3 的执行次数使得它成为 4 个表达式中的主项。注意，每次初始化都至少伴随一次测试。我们忽略常数，所以可以忽略初始化的开销。初始化不是算法的单一主要开销。因为由表达式 2 给出的测试在每次循环中仅失败一次，所以由表达式 2 执行的不成功测试的次数正好与初始化的次数相等。因此，它不是主项。表达式 2 进行的成功测试的次数、表达式 3 执行的增量的次数以及表达式 4 的调整次数都是相等的。所以增量次数（即第 15 行的执行次数）是最内层循环执行的主要度量。

第 15 行的执行次数正好与满足 $1 \leq i \leq k \leq j \leq N$ 的有序三元组 (i, j, k) 的个数相等$^{\ominus}$。原因是下标 i 要经过整个数组，j 从 i 变到数组尾，而 k 从 i 变到 j。快速而不准确的估算是，三元组的个数略小于 $N \times N \times N$（或是 N^3），因为 i、j 和 k 都可以是 N 个值中的一个。附加的限制 $i \leq k \leq j$ 减小了这个数。要进行精准计算比较困难，我们将在定理 5.1 中完成。

定理 5.1 中最重要的部分不是证明，而是结果。有两种方法用来估算三元组个数。一个是估算 $\sum_{i=1}^{N} \sum_{j=i}^{N} \sum_{k=i}^{j} 1$ 的和。我们可以从里向外计算这个和（见练习 5.12）。相反，我们用另一种方法。

定理 5.1　满足 $1 \leq i \leq k \leq j \leq N$ 的整数有序三元组 (i, j, k) 的个数是 $N(N+1)(N+2)/6$。

证明：将以下 $N+2$ 个球放到一个盒子里：编号为 $1 \sim N$ 的 N 个球，一个未编号的红球和一个未编号的蓝球。从盒子中拿走 3 个球。如果抽出的是红球，则将它编号为抽出球中的最小编号。如果抽出的是蓝球，则将它编号为抽出球中的最大编号。注意，如果我们同时抽出一个红球和一个蓝球，则我们有三个编号相同的球。排序这三个球。每个这样的次序对应定理 5.1 的式子中的一个三元组。可能的次序个数是从 $N+2$ 个球的集合中不替换地抽出三个球的不同方式数。这类似在 5.2 节估算的从 N 个点的组中选择三个点的情形，所以我们立即得到所述的结果。　　□

定理 5.1 的结果是，最内层 for 循环是三次运行时间。算法中其余的工作是无关紧要的了，因为在内层循环的每次迭代中这些最多执行一次。换句话说，第 17 ~ 22 行的开销是无关紧要的，因为这部分代码与内层 for 循环初始化的执行次数一样，而不是与内层 for 循环的重复体执行次数一样。因此，算法是 $O(N^3)$ 的。

前面的组合论据让我们得到了内层循环迭代的精确次数。对于大 O 计算，这没有必要，我们只需要知道前导项是某个常数乘以 N^3。让我们观察一下算法，我们看到大小可能是 N 的循环在大小可能是 N 的一个循环中，后者又在另一个大小可能是 N 的循环中。这个配置告诉我们，三重循环可能有 $N \times N \times N$ 次迭代。这个可能性仅比精确计算实际发生的情况高出 6 倍。常数反正要忽略，所以我们可以采用一般规则，当有嵌套循环时，应该将最内层语句的开销乘以嵌套中每个循环的大小，以得到上界。在大多数情况下，上界不会被严重高估$^{\ominus}$。所以有三重嵌套循环的程序，每个的运行都依次经过数组中的大部分，则可能表现为 $O(N^3)$ 的行为。注意，三个连续的（非嵌套的）循环表现为线性行为，正是嵌套才导致组合爆炸。因此，为改善算法，我们需要删除循环。

5.3.2　改进的 $O(N^2)$ 算法

当从算法中删除一重嵌套循环时，通常会减少运行时间。

$\ominus$　在 Java 中，下标从 0 到 $N-1$。我们使用算法中对应的 $1 \sim N$ 来简化分析。
$\ominus$　练习 5.21 说明了一种情形，其中循环大小的乘法高估了大 O 结果。

当我们从算法中删除一重嵌套循环时，通常会减少运行时间。我们如何删除一重循环呢？显然，我们不能总这样做。不过，前面这个算法有许多不必要的计算。改进的算法所纠正的低效率正是图 5.4 中内层 for 循环过度费时的计算。改进的算法利用了 $\sum_{k=i}^{j} A_k = A_j + \sum_{k=i}^{j-1} A_k$ 这一事实。换句话说，假设我们刚刚计算了子序列 $i, \cdots, j-1$ 的和。则计算子序列 $i, \cdots, j$ 的和不应该花费太长时间，因为我们仅需要一次加法。不过，三次算法没有利用这个信息。如果我们利用这个观察结果，就能得到图 5.5 所示的改进算法。我们有两重而不是三重嵌套循环，运算时间是 $O(N^2)$。

```
1     /**
2      * 二次最大连续子序列和算法
3      * seqStart 和 seqEnd 表示实际的最佳序列
4      */
5     public static int maxSubsequenceSum( int [ ] a )
6     {
7         int maxSum = 0;
8
9         for( int i = 0; i < a.length; i++ )
10        {
11            int thisSum = 0;
12
13            for( int j = i; j < a.length; j++ )
14            {
15                thisSum += a[ j ];
16
17                if( thisSum > maxSum )
18                {
19                    maxSum = thisSum;
20                    seqStart = i;
21                    seqEnd   = j;
22                }
23            }
24        }
25
26        return maxSum;
27    }
```

图 5.5　二次最大连续子序列和算法

5.3.3　线性算法

> 如果我们删除另一重循环，我们就会有一个线性算法。
> 算法很复杂。它用到了一个聪明的观察结果，快速跳过大量不可能是最佳的子序列。
> 如果我们发现和是一个负数，则可以将 i 一直移到 j 的后面。
> 如果算法复杂，则需要正确性证明。

要从一个二次算法转为一个线性算法，我们还需要删除另一重循环。不过，和图 5.4 及图 5.5 中所说明的减少（那里的循环删除是简单的）不一样，去掉另一重循环并不那么容易。问题是，二次算法仍是穷举搜索的，即我们尝试子序列的所有可能。二次和三次算法的唯一区别是，测试每个连续序列的开销是常数 $O(1)$ 的而不是线性 $O(N)$ 的。因为，子序列的个数可能是二次的，所以可以得到次二次界的唯一方法是，找到一种聪明的方法，排除大量的子序列，不去考虑计算它们的和，也不测试和是不是新的最大值。本节展示这是如何实现的。

首先，我们不考虑大量可能的子序列。显然，最佳子序列永远不会从一个负数开始，所以，如果 a[i] 是负数，则可以跳过内层循环让 i 前进。更一般地，最佳子序列永远不会从一个负的子序列开始。

所以，令 $A_{i,j}$ 是包含 $i \sim j$ 的元素的子序列，令 $S_{i,j}$ 是它的和。

定理 5.2 令 $A_{i,j}$ 是 $S_{i,j}<0$ 的任何序列。如果 $q>j$，则 $A_{i,q}$ 不是最大连续子序列。

证明： A 中 $i \sim q$ 的元素和，是 A 中 $i \sim j$ 的元素和再加上 A 中 $j+1 \sim q$ 的元素和。所以我们有 $S_{i,q}=S_{i,j}+S_{j+1,q}$。因为 $S_{i,j}<0$，所以我们知道 $S_{i,q}<S_{j+1,q}$。所以 $A_{i,q}$ 不是最大连续子序列。 □

由 i、j 和 q 产生的和用图 5.6 的前两行来说明。定理 5.2 表明，通过包含一个额外的测试——如果 thisSum 小于 0 则可以从图 5.5 所示的内层循环中 break（跳出）——可以避免检查几个子序列。直观地说，如果子序列的和是负数，则它不能是最大连续子序列的一部分。原因是，不包含它的话我们可以得到一个更大的连续子序列。这个观察结果本身不足以将运行时间降到二次以下。类似的观察结果也成立：与最大连续子序列相毗邻的所有连续子序列，一定有负数（或 0）和（否则，我们可以包含它们）。这个观察结果也不会将运行时间减少到二次以下。不过，图 5.7 所示的第三个观察结果可以，我们可以用定理 5.3 将其形式化。

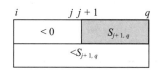

图 5.6　用在定理 5.2 中的子序列

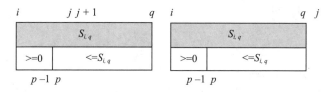

图 5.7　用在定理 5.3 中的子序列。从 p 到 q 的序列的和，最多不超过从 i 到 q 的子序列的和。在左边，从 i 到 q 的序列本身不是最大的（由定理 5.2）。在右边，从 i 到 q 的序列已经看过了

定理 5.3 对任意的 i，令 $A_{i,j}$ 是 $S_{i,j}<0$ 的第一个子序列。则对任何的 $i \leqslant p \leqslant j$ 和 $p \leqslant q$，$A_{p,q}$ 要么不是最大连续子序列，要么等于一个已经看到的最大连续子序列。

证明： 如果 $p=i$，则定理 5.2 适用。否则，如定理 5.2 所述，我们有 $S_{i,q}=S_{i,p-1}+S_{p,q}$。因为 j 是满足 $S_{i,j}<0$ 的最小下标，因此有 $S_{i,p-1} \geqslant 0$。所以 $S_{p,q} \leqslant S_{i,q}$。如果 $q>j$（如图 5.7 中的左侧图所示），则定理 5.2 意味着，$A_{i,q}$ 不是最大连续子序列，$A_{p,q}$ 也不是。否则，如图 5.7 的右侧图所示，子序列 $A_{p,q}$ 的和最多等于已经见过的子序列 $A_{i,q}$ 的值。 □

定理 5.3 告诉我们，当发现负的子序列时，我们不仅从内层循环中 break，还要将 i 前进到 $j+1$。图 5.8 表明，我们可以仅用一个循环重写算法。显然，这个算法的运行时间是线性的：在循环中的每一步，我们将 j 前移，所以循环最多迭代 N 次。这个算法的正确性远不如之前的经典算法明显。也就是说，使用对问题精心组织的算法来击败穷举搜索法的话，通常需要某类正确性证明。我们使用简短的数学论证来证明算法（虽然还不是得到的 Java 程序）是正确的。目的不是使讨论完全数学化，而是给出后期工作中可能需要的技术气息。

```
1       /**
2        * 线性最大连续子序列和算法
3        * seqStart 和 seqEnd 表示实际的最佳序列
4        */
5       public static int maximumSubsequenceSum( int [ ] a )
6       {
7           int maxSum = 0;
8           int thisSum = 0;
```

图 5.8　线性最大连续子序列和算法

```
 9
10          for( int i = 0, j = 0; j < a.length; j++ )
11          {
12              thisSum += a[ j ];
13
14              if( thisSum > maxSum )
15              {
16                  maxSum = thisSum;
17                  seqStart = i;
18                  seqEnd   = j;
19              }
20              else if( thisSum < 0 )
21              {
22                  i = j + 1;
23                  thisSum = 0;
24              }
25          }
26
27          return maxSum;
28      }
```

图 5.8   线性最大连续子序列和算法（续）

5.4 一般的大 O 规则

当考虑增长率时，大 O 类似小于等于。

当考虑增长率时，大 Ω 类似大于等于。

当考虑增长率时，大 Θ 类似等于。

当考虑增长率时，小 o 类似小于。

当使用大 O 时，扔掉前导常数、低阶项和关系符号。

最差情形界是对一定规模的所有输入的保证。

平均情形界中，运行时间是对规模为 N 的所有可能输入取平均来衡量的。

如果输入规模增大至原来的 f 倍，则三次程序的运行时间为约 f^3 倍。

如果输入规模增大至原来的 f 倍，则二次程序的运行时间为约 f^2 倍。

如果输入规模增大至原来的 f 倍，则线性程序的运行时间也为 f 倍。这是算法首选的运行时间。

我们已经有了算法分析的基本思想，现在可以采用更正式的方法了。本节，我们概述使用大 O 符号的一般规则。虽然我们在本书中几乎仅使用大 O 符号，但我们还是定义了与大 O 相关的其他三种类型的算法符号，并在本书后面偶尔使用。

定义（大 O） $T(N)$ 是 $O(F(N))$ 的，如果存在正常数 c 和 N_0，当 $N \geqslant N_0$ 时，满足 $T(N) \leqslant cF(N)$。

定义（大 Ω） $T(N)$ 是 $\Omega(F(N))$ 的，如果存在正常数 c 和 N_0，当 $N \geqslant N_0$ 时，满足 $T(N) \geqslant cF(N)$。

定义（大 Θ） $T(N)$ 是 $\Theta(F(N))$ 的，当且仅当 $T(N)$ 是 $O(F(N))$ 的且 $T(N)$ 是 $\Omega(F(N))$ 的。

定义（小 o） $T(N)$ 是 $o(F(N))$ 的，当且仅当 $T(N)$ 是 $O(F(N))$ 的且 $T(N)$ 不是 $\Theta(F(N))$ 的[⊖]。

第一个定义，大 O 符号，陈述的是存在一个点 N_0，对越过这个点的所有值 N，$T(N)$ 以 $F(N)$ 的某些倍数为界。这是前面提到的足够大的 N。所以，如果算法的运行时间 $T(N)$ 是 $O(N^2)$ 的，则忽略常数，我们可以保证在任何点可以将运行时间限定为一个二次函数。注意，如果实际的运行时间是线性的，则运行时间是 $O(N^2)$ 的这个陈述在技术上也是正确的，因为不等式仍保持。不过，$O(N)$ 应该是更准确的说法。

⊖ 我们关于小 o 的定义对于某些异常函数并不完全正确，但却是表达本书中使用的基本概念的最简单方式。

如果我们使用传统的不等运算符来比较增长率，则第一个定义是说，$T(N)$ 的增长率小于等于 $F(N)$ 的增长率。

第二个定义，$T(N)=\Omega(F(N))$，称为大 Ω，是说 $T(N)$ 的增长率大于等于 $F(N)$ 的增长率。例如，我们可以说，任何通过检查最大子序列和问题中的每个可能的子序列来工作的算法都必须花费 $\Omega(N^2)$ 的时间，因为子序列的个数可能是二次的。这是在更高级分析中使用的下界论点。本书的后面，我们会看到这个论点的一个示例，并证明任何通用的排序算法都需要 $\Omega(N\log N)$ 时间。

第三个定义，$T(N)=\Theta(F(N))$，称为大 Θ，是说 $T(N)$ 的增长率等于 $F(N)$ 的增长率。例如，图 5.5 所示的最大子序列算法在 $\Theta(N^2)$ 时间内运行。换句话说，运行时间由一个二次函数限定，并且这个限定不能改进，因为它又被另一个二次函数作为下界所限定。当我们使用大 Θ 符号时，我们不仅提供了算法的一个上界，而且也保证了导致上界的分析是尽可能好的（严密的）。尽管大 Θ 提供了额外的精度，但是大 O 还是最常用的，算法分析领域的研究人员除外。

最后一个定义，$T(N)=o(F(N))$，称为小 o，是说 $T(N)$ 的增长率严格小于 $F(N)$ 的增长率。这个函数不同于大 O，因为大 O 允许增长率可能是相同的。例如，如果一个算法的运行时间是 $o(N^2)$，则可以保证，增长率比二次的要慢（即它是次二次算法（subquadratic algorithm））。所以 $o(N^2)$ 是比 $\Theta(N^2)$ 更好的界。图 5.9 总结了这 4 个定义。

列出两条形式上的说明。第一，在大 O 中包含常数或低阶项是不好的形式。不要说 $T(N)=O(2N^2)$ 或是 $T(N)=O(N^2+N)$。这两种情况下，正确的形式是 $T(N)=O(N^2)$。第二，在任何需要大 O 答案的分析中，所有的快捷方法都可接受。低阶项、前导常数和关系符号都可以扔掉。

数学表达式	相对增长率
$T(N) = O(F(N))$	$T(N)$的增长率$\leq F(N)$的增长率
$T(N) = \Omega(F(N))$	$T(N)$的增长率$\geq F(N)$的增长率
$T(N) = \Theta(F(N))$	$T(N)$的增长率$= F(N)$的增长率
$T(N) = o(F(N))$	$T(N)$的增长率$< F(N)$的增长率

图 5.9　各种增长函数的含义

现在，数学已经形式化了，我们可以将其与算法分析联系起来。最基本的规则是，循环的运行时间最多是循环中语句（包括测试）的运行时间乘上迭代的次数。如前面所展示的，循环的初始化和循环条件的测试通常不如循环体中包含的语句占优势。

一组嵌套循环中的语句的运行时间是语句（包括最内层循环的测试）的运行时间乘以所有循环的大小。连续循环序列的运行时间等于占主导地位循环的运行时间。两个下标都是从 1 到 N 的嵌套循环以及两个不嵌套且运行在相同下标上的连续循环之间的时间差，与二维数组和两个一维数组之间的空间差相同。第一种情况是二次的。第二种情况是线性的，因为 $N+N$ 是 $2N$，它仍是 $O(N)$。偶尔，这个简单规则可能高估运行时间，但大多数情况下它不会高估。即使是这样，大 O 也不能保证一个准确的渐近答案——仅仅是一个上界。

所以到目前为止，我们进行的分析涉及使用最差情形界（worst-case bound），它是对一定规模的所有输入的保证。分析的另一种形式是平均情形界（average-case bound），其中运行时间是对规模为 N 的所有可能输入取平均来衡量的。平均值可能与最差值不同，例如，如果条件语句依赖特定的输入，则会导致从循环中提前退出。在 5.8 节将更详细地讨论平均情形界。现在只需注意一个事实，即一个算法比另一个算法有更好的最差情形界，与它们平均情形界的相对大小毫无关系。不过，在许多情形中，平均情形界和最差情形界密切相关。当它们不相关时，要分别对待界。

我们关于大 O 要讨论的最后一条是，图 5.1 和图 5.2 所示的每一类曲线运行时间是如何增长的。我们想对这个问题有个定量的答案：如果一个算法花 $T(N)$ 的时间求解规模为 N 的问题，那么求解一个更大问题时将花费多长时间？例如，当求解的问题有 10 倍输入时将花费多长时间？答案如图 5.10 所示。不过，我们想在不运行程序的情况下来回答问题，并希望我们的分析答案与观察到的行为一致。

N	图 5.4 $O(N^3)$	图 5.5 $O(N^2)$	图 7.20 $O(N \log N)$	图 5.8 $O(N)$
10	0.000 001	0.000 000	0.000 001	0.000 000
100	0.000 288	0.000 019	0.000 014	0.000 005
1 000	0.223 111	0.001 630	0.000 154	0.000 053
10 000	218	0.133 064	0.001 630	0.000 533
100 000	NA	13.17	0.017 467	0.005 571
1 000 000	NA	NA	0.185 363	0.056 338

图 5.10   观察获得的各最大连续子序列和算法的运行时间（s）

我们从研究三次算法开始。假设运行时间合理近似为 $T(N)=cN^3$。因此，$T(10N)=c(10N)^3$。数学变换得到

$$T(10N) = 1000cN^3 = 1000T(N)$$

所以当输入量增至原来的 10 倍时，三次程序的运行时间增至原来的 1000 倍（假设 N 足够大）。由图 5.10 所示的从 $N=100$ 到 $N=1000$ 的运行时间的增长大致证实了这个关系。回想一下，我们不期望一个准确的答案——只是一个合理的近似。我们还预计，对于 $N=10\ 000$，运行时间将再增加 1000 倍。结果是，一个三次算法大约需要 60h（2 天半）的计算时间。一般地，如果输入量增至原来的 f 倍，则三次算法的运行时间将增至原来的 f^3 倍。

对二次算法和线性算法可以执行类似的计算。对于二次算法，假设 $T(N)=cN^2$。由此有 $T(10N)=c(10N)^2$。展开得到

$$T(10N) = 100cN^2 = 100T(N)$$

所以，当输入规模增至原来的 10 倍时，二次程序的运行时间大约增至原来的 100 倍。这个关系也由图 5.10 证实。一般地，输入规模增至原来的 f 倍，导致二次程序的运行时间增至原来的 f^2 倍。

最后，对于线性算法，类似的计算表明，输入规模增至原来的 10 倍，导致运行时间增至原来的 10 倍。这个关系再次在图 5.10 中通过实验得到证实。不过要注意，如果在所有情形下都使用了大量开销，那么对于线性程序来说，术语足够大（sufficiently large）可能意味着比其他程序的输入规模还再稍大一点。对于线性程序来说，中等的输入规模这个术语仍是有意义的。

当有对数项时，这里用到的分析不再适用。当给一个 $O(N\log N)$ 算法提供 10 倍的输入时，运行时间增长为原来的 10 倍多。具体来说，我们有 $T(10N)=c(10N)\log(10N)$。展开后得到

$$T(10N) = 10cN \log(10N) = 10cN \log N + 10cN \log 10 = 10T(N) + c'N$$

其中，$c'=10c\log 10$。当 N 变得非常大时，比率 $T(10N)/T(N)$ 变得越来越接近 10，因为随着 N 的增大，$c'N/T(N) \approx (10\log 10)/\log N$ 会越来越小。因此，若这个算法与线性算法在非常大的 N 值时进行竞争，则对于稍大的 N，它还是有竞争力的。

以上这些是否意味着二次算法和三次算法都无用武之地了？答案是否定的。在有些情形下，已知的最高效的算法是二次的或三次的。在另外一些情形下，最高效的算法甚至更坏（是指数的）。另外，当输入量很小时，任何算法都是好的。通常，渐近性能不佳的算法往往容易编程。对于小的输入，这是行之有效的。最后，测试复杂线性算法的一个好方法是，将它的输出与穷举搜索算法进行比较。5.8 节我们将讨论大 O 模型的一些其他局限性。

5.5   对数

N 的对数（以 2 为底）是值 X，使 2 的 X 次幂等于 N。默认时，对数的底是 2。表示数值所需要的位数是对数的。

重复倍增原理认为，从 1 开始，仅需重复倍增对数倍次就能达到 N。

重复减半原理认为，从 N 开始，只能减半对数次。这个过程用于搜索的对数例程。

第 N 个调和数是前 N 个正整数的倒数和。调和数的增长率是对数的。

典型增长率函数列表中包括几个含有对数的项。对数（logarithm）表示的是幂次，对一个数（底）求相应的幂得到给定的数。本节我们更详细地研究对数的数学基础。在 5.6 节，我们展示对数在简单算法中的使用。

我们从正式定义开始，然后是更直观的观点。

定义（对数）　对任意的 B 及 $N>0$，$\log_B N = K$，如果 $B^K = N$。

在这个定义中，B 是对数的底。在计算机科学中，当忽略底时，默认是 2，这是很自然的，有几个原因，我们在本章后面介绍。我们将证明一个数学定理。定理 5.4 表明，就大 O 符号而言，底是不重要的，而且还将展示，如何导出涉及对数的关系。

定理 5.4　底不重要。对任何常数 $B>1$，$\log_B N = O(\log N)$。

证明： 令 $\log_B N = K$，则 $B^K = N$。令 $C = \log B$，则 $2^C = B$，则 $B^K = (2^C)^K = N$。所以，我们有 $2^{CK} = N$，这意味着，$\log N = CK = C\log_B N$。所以 $\log_B N = (\log N)/(\log B)$。　　□

在本书其余部分，我们仅使用以 2 为底的对数。关于对数的一个重要事实是，它增长得很慢。因为 $2^{10} = 1024$，$\log 1024 = 10$。另一个计算表明，1 000 000 的对数约为 20，且 1 000 000 000 的对数仅为 30。因此，即使对中等量级的输入，$O(N\log N)$ 算法的性能与线性 $O(N)$ 算法性能的差异，比其与二次 $O(N^2)$ 算法性能的差异，也小得多。在看到一个其运行时间包含对数的实际算法之前，我们先看几个对数如何发挥作用的示例。

二进制数中的位。表示 N 个连续整数需要多少位？

一个 16 位 short 型整数表示 65 536 个整数，范围为 $-32\ 768 \sim 32\ 767$。通常，B 位足够表示 2^B 个不同整数。所以表示 N 个连续整数所需的位数 B，满足方程 $2^B \geqslant N$。因此，我们得到 $B \geqslant \log N$，故位数最少为 $\lceil \log N \rceil$。（这里 $\lceil X \rceil$ 是天花板函数，表示至少与 X 一样大的最小整数。相应的地板函数 $\lfloor X \rfloor$ 表示至少与 X 一样小的最大整数。）

重复倍增。从 $X=1$ 开始，X 应该加倍多少次，才能让 X 至少能与 N 一样大？

假设我们从 1 美元开始，每年加倍。需要多长时间可以存够 100 万美元？在这个例子中，1 年后我们将有 2 美元，2 年后有 4 美元，3 年后有 8 美元，以此类推。一般来说，K 年后我们将有 2^K 美元，故我们想找到满足 $2^K \geqslant N$ 的最小的 K。这与之前是相同的方程，故 $K = \lceil \log N \rceil$。20 年后，我们将有超过 100 万美元。重复倍增原理认为，从 1 开始，我们仅需重复倍增 $\lceil \log N \rceil$ 次就能达到 N。

重复减半。从 $X=N$ 开始，如果 N 重复减半，则必须进行多少次迭代才能使 N 小于或等于 1？

如果除法向上取整到最近的整数（或实数式除法，而不是整数除法），则我们遇到的是与重复倍增相同的问题，只是操作的方向相反。答案还是 $\lceil \log N \rceil$ 次迭代。如果除法是向下取整，则答案是 $\lfloor \log N \rfloor$。我们可以从 $X=3$ 开始说明它们的区别。两次除法是必要的，除非是向下取整除法，那种情况下只需要一次除法。

本书中研究的许多算法都有对数，这是由重复减半原理推导出来的，该原理认为，从 N 开始，减半的次数只有对数次。换句话说，如果算法花费常数（$O(1)$）时间将问题的规模按常数因子（通常是 1/2）减小，则算法是 $O(\log N)$ 的。这个情况直接源于有 $O(\log N)$ 次的循环迭代这一事实。任何常数因子都可以，因为因子对应对数的底，而定理 5.4 告诉我们，底不重要。

对数剩余的所有问题，都与定理 5.5 的（直接或间接）应用相关。这个定理涉及第 N 个调和数（harmonic number），即前 N 个正整数的倒数和，定理规定，第 N 个调和数 H_N，满足 $H_N = \Theta(\log N)$。该证明用到微积分，但定理的使用不需要理解它的证明。

定理 5.5　令 $H_N = \sum_{i=1}^{N} 1/i$，则 $H_N = \Theta(\log N)$，更准确的估算为 $\ln N + 0.577$。

证明：证明的直觉是，离散和可以由（连续）积分很好地近似。证明中用到了一个结构，表明和 H_N 的上界和下界都是带适当限制的 $\int \dfrac{\mathrm{d}x}{x}$。细节留作练习 5.24。　　　　□

下一节我们将展示如何使用重复减半原理得出一个高效的搜索算法。

5.6　静态搜索问题

计算机的一个重要用途是查找数据。如果数据不允许改变（例如，保存在 CD-ROM 上），则我们说数据是静态的。静态搜索（static search）访问永远不改变的数据。静态搜索问题通常表述如下。

静态搜索问题　给定整数 X 和数组 A，返回 X 在 A 中的位置，或者指示它不存在。如果 X 出现多次，则返回出现的任意一次。数组 A 永远不变。

静态搜索的一个例子是，在电话簿中查找一个人。静态搜索算法的效率依赖要搜索的数组是否已经排序。在电话簿这个例子中，按名字查找是快的，但按电话号码查找（对人工来说）是不可能的。本节我们研究静态搜索问题的一些解决方案。

5.6.1　顺序搜索

> 顺序搜索按顺序逐步搜索数据，直到找到匹配项。
> 顺序搜索是线性的。

当输入数组无序时，我们别无选择，只能进行线性的顺序搜索（sequential search），即顺序遍历数组，直到找到匹配项。下面从三个方面分析算法的复杂度。首先，我们提供不成功搜索的开销。然后给出成功搜索的最差情形开销。最后找到成功搜索的平均开销。不出所料要分别分析成功搜索和不成功搜索。不成功搜索通常比成功搜索更耗时（想一想上次在家里丢失东西时的情况）。对于顺序搜索，分析很简单。

不成功搜索需要检查数组中的每个项，所以时间将是 $O(N)$。最差情形下，成功搜索也需要检查数组中的每个项，因为我们可能在最后一项才找到匹配项。所以成功搜索的最差情形运行时间也是线性的。不过平均来说，我们仅需要搜索一半的数组，即对于每次在位置 i 的成功搜索，都有对应的在位置 $N-1-i$ 的成功搜索（假设我们从 0 开始编号）。不过，$N/2$ 仍是 $O(N)$。如本章前面提到的，所有这些大 O 术语对于大 Θ 术语来说都是正确的。不过，使用大 O 更普遍。

5.6.2　二分搜索

> 如果输入数组是有序的，则可以使用二分搜索，从数组的中间而不是端点处开始执行。
> 二分搜索是对数的，因为每次迭代时搜索范围减半。
> 优化二分搜索，可以减少大约一半的比较次数。

如果输入数组有序，则可以使用二分搜索（binary search）替代顺序搜索，它从数组的中间而不是端点处开始执行。我们记录 low 和 high，它们界定了一个项如果存在的话必须在数组中所处的部分。初始时，范围从 0 到 $N-1$。如果 low 大于 high，则可以认为项不存在，所以返回 NOT_FOUND。否则，在第 15 行，令 mid 为范围的中点（如果范围内有偶数个元素则向下取整），且将正搜索的项与位置 mid 的项进行比较[⊖]。如果找到匹配项，则完成并可以返回。如果正搜索

⊖　注意，如果 low 和 high 足够大，它们的和将溢出 int，使得 mid 得到一个不正确的负值。练习 5.27 详细讨论了这个问题。

的项小于位置 mid 的项，则它所处的范围必须在 low 和 mid-1 之间。如果大于，则它所处的范围必须在 mid+1 和 high 之间。在图 5.11 中，第 17 ～ 20 行修改可能的范围，实际上去掉了一半。根据重复减半原则，我们知道，迭代次数将是 $O(\log N)$ 的。

```
1      /**
2       * 执行标准的二分搜索
3       * 每层使用两个比较
4       * @return index: 找到项的下标，或 NOT_FOUND
5       */
6      public static <AnyType extends Comparable<? super AnyType>>
7                      int binarySearch( AnyType [ ] a, AnyType x )
8      {
9          int low = 0;
10         int high = a.length - 1;
11         int mid;
12
13         while( low <= high )
14         {
15             mid = ( low + high ) / 2;
16
17             if( a[ mid ].compareTo( x ) < 0 )
18                 low = mid + 1;
19             else if( a[ mid ].compareTo( x ) > 0 )
20                 high = mid - 1;
21             else
22                 return mid;
23         }
24
25         return NOT_FOUND;        // NOT_FOUND = -1
26     }
```

图 5.11　使用三向比较的基本的二分搜索

对于不成功搜索，循环中的迭代次数是 $\lfloor \log N \rfloor + 1$。原因是，每次迭代中范围减半（如果在范围内有奇数个元素则向下取整）。还要加 1，因为最终的范围包含 0 个元素。对于成功搜索，最差情形是 $\lfloor \log N \rfloor$ 次迭代，因为在最差情形下，我们会一直进行到只含有一个元素的范围。平均情形只少一次迭代，因为一半的元素需要进行最差情形下的搜索，四分之一的元素节省一次迭代，在 2^i 个元素中只有一个元素在最差情形下节省 i 次迭代。数学中通过计算有限级数的和来计算加权平均。不过，基本论点是每次搜索的运行时间是 $O(\log N)$。在练习 5.26 中，我们将要求你完成计算。

对于较大的值 N，二分搜索优于顺序搜索。例如，如果 N 是 1000，则平均来说成功的顺序搜索需要大约 500 次比较。使用前面的公式计算的二分搜索的平均情形，成功搜索需要 $\lfloor \log N \rfloor - 1$ 或 8 次迭代。平均来说每次迭代使用 1.5 次（有时是 1，有时是 2）比较，所以一次成功搜索总共使用 12 次比较。在最差情形或不成功搜索下，二分搜索的优势更突出。

如果我们想让二分搜索更快，则需要让内层循环更严密。一个可能的策略是，从内层循环中删除用于成功搜索的（隐式）测试，并对所有情形都将范围缩小到一个项。然后可以在循环外使用单一测试去判定项是不是在数组中，或没有找到，如图 5.12 所示。在图 5.12 中，如果我们正在搜索的项不大于 mid 位置的项，则它在包含 mid 位置的范围内。当我们中断循环时，子范围是 1，我们可以测试看看是否有一个匹配顶。

在修改过的算法中，迭代次数总是 $\lceil \log N \rceil$，因为我们总是将范围缩小一半，可能是通过向下取整。所以，使用的比较次数总是 $\lceil \log N \rceil + 1$。

二分搜索的编程出乎意料地难。练习 5.9 说明了一些常见错误。

注意，对于较小的 N，如小于 6 这样的值，二分搜索可能不值得使用。对于典型的成功搜索，它使用几乎相等的比较次数，但却在每次迭代中有第 18 行的开销。确实，二分搜索的最后几次迭代进展很慢。可以采用混合策略，当范围很小时终止二分搜索循环，应用顺序搜索来完成。类似地，人类也不是按顺序地查找电话簿。当把范围缩小到一列时，他们执行顺序搜索。对电话簿的搜索不是顺序的，但也不是二分搜索。相反，它更像是下节讨论的算法。

```
1     /**
2      * 执行标准的二分搜索
3      * 每层使用一个比较
4      * @return index : 找到项的下标，或 NOT_FOUND
5      */
6     public static <AnyType extends Comparable<? super AnyType>>
7                   int binarySearch( AnyType [ ] a, AnyType x )
8     {
9         if( a.length == 0 )
10            return NOT_FOUND;
11
12        int low = 0;
13        int high = a.length - 1;
14        int mid;
15
16        while( low < high )
17        {
18            mid = ( low + high ) / 2;
19
20            if( a[ mid ].compareTo( x ) < 0 )
21                low = mid + 1;
22            else
23                high = mid;
24        }
25
26        if( a[ low ].compareTo( x ) == 0 )
27            return low;
28
29        return NOT_FOUND;
30    }
```

图 5.12　使用两向比较的二分搜索

5.6.3　插值搜索

平均情形下，插值搜索比二分搜索有更好的大 O 界，但实用性有限，最差情形也不佳。

在搜索有序静态数组时二分搜索非常快。事实上，它是如此之快以至于我们很少使用其他方法。不过，有时更快的一种静态搜索方法是插值搜索（interpolation search），平均情形下它比二分搜索有更好的大 O 性能，但实用性有限，且最差情形不佳。为了让插值搜索实际可行，必须满足两个假设：

- 与典型指令相比，每次访问都非常费时。例如，数组可能在磁盘上而不是在内存中，每次比较需要一次磁盘访问。
- 数据不仅要有序，还必须相当均匀地分布。例如，电话簿的分布相当均匀。如果输入项是 $\{1, 2, 4, 8, 16, \cdots\}$，分布就是不均匀的。

这些假设相当严格，所以你可能永远不会使用插值搜索。不过有趣的是，可以看到有多种方法能够解决问题，而且没有一种算法（甚至是经典的二分搜索）在所有情况下都是最佳方案。

插值搜索需要花费很多时间来准确猜测项可能在哪里。二分搜索总是使用中点。不过，在电话簿的中间查找 Hank Aaron 会有些愚蠢，显然，靠近开始的地方更合适。所以不是用 mid，而是使用 next 来指示要尝试访问的下一项。

这里有一个例子，或许可以很好地说明问题。假设，范围内包含 1000 个项，范围内 low 项是 1000，范围内的 high 项是 1 000 000，我们正在查找值为 12 000 的项。如果项是均匀分布的，则我们期望在第 12 项附近找到匹配项。适用的公式是：

$$\text{next} = \text{low} + \left\lceil \frac{x - a[\text{low}]}{a[\text{high}] - a[\text{low}]} \times (\text{high} - \text{low} - 1) \right\rceil$$

减 1 是一项技术调整，实践中证明效果良好。显然，这个计算比二分搜索的计算要费时。它涉及额外的除法（在二分搜索中除以 2 实际上仅是一个位移，就像人为计算除以 10 一样容易）、乘法和 4 个减法。这些计算需要使用浮点运算来完成。一次迭代可能比全部的二分搜索还要慢。不过，如果与访问项的代价相比这些计算的代价微不足道，则速度无关紧要。我们只关心迭代次数。

在最差情形下，数据不是均匀分布的，运行时间可能是线性的，每个项都可能被检查。练习 5.25 中，要求你构造这样一种情形。不过，如果我们假设，项的分布是合理的（如电话簿），则可以证明比较的平均次数是 $O(\log\log N)$。换句话说，连续应用对数两次。对于 $N=4\ 000\ 000\ 000$，$\log N$ 大约是 32，而 $\log\log N$ 约为 5。当然，在大 O 符号中有一些隐藏的常数，但是，只要不出现坏的情况，额外的对数可以大大减少迭代的次数。然而，严格证明结果是相当复杂的。

5.7 检查算法分析

一旦进行了算法分析，我们就想确定算法是不是正确的，并且是否已经尽可能地好。一个方法是，编写程序代码，看看实际观察到的运行时间是否与分析所预估的运行时间相匹配。

当 N 增至原来的 10 倍时，线性程序的运行时间增至原来的 10 倍，二次程序的运行时间增至原来的 100 倍，三次程序的运行时间增至原来的 1000 倍。同样的情形，以 $O(N\log N)$ 运行的程序，会花 10 倍稍多一点的时间运行。当低阶项的系数相对较大且 N 不够大时，就很难注意到这些增长。在最大连续子序列和问题的各种实现中，从 $N=10$ 跳到 $N=100$ 时的运行时间就是一个例子。仅基于实验数据，去区分线性程序与 $O(N\log N)$ 程序可能很困难。

另一个用来验证程序是 $O(F(N))$ 的常用技巧是，对一定范围内的 N 值（通常间隔为 2 倍）计算值 $T(N)/F(N)$，其中 $T(N)$ 是实验观察到的运行时间。如果 $F(N)$ 是运行时间的严格答案，则计算值收敛到正常数。如果 $F(N)$ 高估了，则值收敛到 0。如果 $F(N)$ 低估了，因此是错误的，则值偏差很大。

例如，假设我们编写一个程序，使用二分搜索算法执行 N 次随机搜索。因为每次搜索都是对数的，所以我们期望程序的总运行时间是 $O(N\log N)$。图 5.13 展示了这个例程对不同输入规模在一台真实（但非常慢的）计算机上实际观测到的运行时间。最后一列最可能是收敛列，所以证实了我们的分析，而 T/N 的增长数表明，$O(N)$ 是低估的，而 T/N^2 的快速减小表明 $O(N^2)$ 是高估了。

N	CPU 时间 T (μs)	T/N	T/N^2	$T/(N \log N)$
10 000	1 000	0.100 000 0	0.000 010 0	0.007 525 7
20 000	2 000	0.100 000 0	0.000 005 0	0.006 999 0
40 000	4 400	0.110 000 0	0.000 002 7	0.007 195 3
80 000	9 300	0.116 250 0	0.000 001 5	0.007 137 3
160 000	19 600	0.122 500 0	0.000 000 8	0.007 086 0
320 000	41 700	0.130 312 5	0.000 000 4	0.007 125 7
640 000	87 700	0.137 031 3	0.000 000 2	0.007 104 6

图 5.13 在含 N 个项的数组中进行 N 次二分搜索的实际运行时间

特别要注意，我们没有得到最佳收敛值。一个问题是我们用来给程序计时的时钟每 10ms 滴答一次。还要注意，$O(N)$ 和 $O(N\log N)$ 之间没有很大的差别。当然，$O(N\log N)$ 算法更接近线性算法而不是二次算法。

5.8　大 O 分析的局限性

> 最差情形有时不常见，所以忽略是安全的。其他的时候，它又很常见，不能忽略。
> 平均情形分析总是比最差情形分析更困难。

大 O 分析是一个非常有效的工具，但它确实有局限性。之前提到过，它不适用于少量的输入。对于少量的输入，可以使用最简单的算法。另外，对于特定的算法，大 O 所隐含的常数可能太大而不实用。例如，如果一个算法的运行时间以公式 $2N\log N$ 为界，另一个算法有 $1000N$ 的运行时间，则第一个算法很可能会更好，哪怕它的增长率更大。当算法过于复杂时，大的常数可能会起作用。它们也有作用，因为我们的分析忽略了常数，所以不能区分内存访问（很快）和磁盘访问（通常费时几千倍）。我们的分析假设有无限的内存，但在涉及大型数据集的应用程序中，缺少足够的内存可能是一个严重的问题。

有时，即使考虑了常数和低阶项，实际数据也可能表明分析是被高估的。这种情况下，分析需要加强（通常要通过巧妙的观察）。或者，平均情形下运行时间界可能明显小于最差情形运行时间界，所以界不可能改善。对于许多复杂的算法，最差情形界是因某些坏的输入得到的，但实践中，这常常被高估。排序算法中的希尔排序和快速排序（都在第 8 章描述）就是两个例子。

不过，最差情形界常常比平均时间界容易得到。例如，希尔排序平均情形运行时间的数学分析目前还未得出。有时，仅仅定义平均（average）的含义都是困难的。我们使用最差情形分析，因为它是可得到的，另外还因为在大多数情况下，最差情形分析非常有意义。在执行分析的过程中，我们常常可以说，它是否适用于平均情形。

5.9　总结

本章我们介绍了算法分析，说明了算法决策通常比程序设计技巧对程序运行时间的影响更大。我们还展示了二次和线性程序之间运行时间的巨大差异，说明了三次算法在大多数情况下是不令人满意的。我们研究了一个算法，它可以看作我们第一个数据结构的基础。二分搜索高效地支持了静态操作（即搜索但不更新），从而提供对数最差情形搜索。本书后面将研究有效支持更新（插入和删除）的动态数据结构。

在第 6 章我们将讨论 Java 的 Collections API 中包含的一些数据结构和算法。我们还将研究数据结构的某些应用，并讨论它们的效率。

5.10　核心概念

平均情形界。对规模为 N 的所有可能输入的运行时间取平均来进行衡量。

大 O。用来捕获函数中最主要项的符号，当考虑增长率时它类似小于等于。

大 Ω。当考虑增长率时类似大于等于的符号。

大 Θ。当考虑增长率时类似等于的符号。

二分搜索。当输入数组有序时使用的搜索方法，且从中间而不是从端点处开始执行。二分搜索是对数的，因为每次迭代中搜索范围减半。

调和数。第 N 个调和数是前 N 个正整数倒数之和。调和数的增长率是对数的。

插值搜索。一种静态搜索算法，平均情形下比二分搜索有更好的大 O 性能，但实用性有限，最差情形也不佳。

线性时间算法。使运行时间按 $O(N)$ 增长的算法。如果输入规模增至原来的 f 倍，则运行时间也增至原来的 f 倍。它是算法首选的运行时间。

小 o。当考虑增长率时类似小于的符号。

对数。表示当一个数的幂次等于给定数时，其中的指数。例如，N 的对数（底为 2）是满足 2 的 X 次幂等于 N 的值 X。

重复倍增原理。认为，从 1 开始，重复倍增发生对数次能到达 N。

重复减半原理。认为，从 N 开始，重复减半发生对数次能到达 1。这个过程用来得到用于搜索的对数例程。

顺序搜索。线性搜索方法，遍历数组直到找到匹配项。

静态搜索。访问永远不改变的数据。

次二次。其运行时间严格慢于二次的算法，可以写为 $o(N^2)$。

最差情形界。某个规模所有输入的保证。

5.11 常见错误

- 对于嵌套循环，总时间受循环大小乘积的影响。但对于连续循环不是这样。
- 不能盲目地计算循环次数。一对嵌套循环，每个都从 1 运行到 N^2，则花费 $O(N^4)$ 时间。
- 不要写 $O(2N^2)$ 或 $O(N^2+N)$ 这样的表达式。只有删除前导常数的主项才是必需的。
- 使用带大 O、大 Ω 等的等式。写运行时间大于 $O(N^2)$ 是没有意义的，因为大 O 是上界。不要写运行时间小于 $O(N^2)$，如果本意是说运行时间严格小于二次的，可以使用小 o 符号。
- 使用大 Ω 而不是大 O 表示下界。
- 对于在常数时间内令规模减半而求解的问题，其运行时间使用对数来描述。如果它减半问题的时间超过常数时间，则对数不适用。
- 对数的底（如果是一个常数）与大 O 的目的无关。包含它是错误的。

5.12 网络资源

三个最大连续子序列和算法和 7.5 节中的第 4 个都可以在以下资源中找到，包括执行时间测试的 main。

MaxSumTest.java。包含最大子序列和问题的 4 个算法。

BinarySearch.java。包含图 5.11 所示的二分搜索。没有提供图 5.2 中的代码，但类似的版本是 weiss.util 中的 Arrays.java，这是 Collections。API 中的一部分，并在图 6.15 中实现。

5.13 练习

简答题

5.1 在 a ～ d 给出的组合中，按照定理 5.1 的规定，从盒子里拿球。i、j 和 k 的对应值是什么？

    a. 红，5, 6。

    b. 蓝，5, 6。

    c. 蓝，3, 红。

    d. 6, 5, 红。

5.2 为什么仅基于定理 5.2 的实现，不足以得到最大连续子序列和问题的次二次运行时间？

5.3 假设 $T_1(N)=O(F(N))$，$T_2(N)=O(F(N))$。下列哪个为真？

    a. $T_1(N)+T_2(N)=O(F(N))$。

    b. $T_1(N)-T_2(N)=O(F(N))$。

    c. $T_1(N)/T_2(N)=O(1)$。

    d. $T_1(N)=O(T_2(N))$。

5.4 将下列各式按等价的大 O 函数分组：

$$x^2, x, x^2 + x, x^2 - x \text{ 和 } x^3 / (x - 1)$$

5.5   分析程序 A 和 B，发现最差情形运行时间分别不大于 $150N\log N$ 和 N^2。如果可能，回答下列问题。

a. 哪个程序对于大的 N 值（$N>10\ 000$）有更好的运行时间保证？

b. 哪个程序对于小的 N 值（$N<100$）有更好的运行时间保证？

c. 对于 $N=1\ 000$，哪个程序平均来说运行更快？

d. 对于所有可能的输入，程序 B 能比程序 A 运行得更快吗？

5.6   求解一个问题，需要运行一个 $O(N)$ 的算法，然后是第二个 $O(N)$ 的算法。求解该问题的总代价是多少？

5.7   求解一个问题，需要运行一个 $O(N^2)$ 的算法，然后是一个 $O(N)$ 的算法。求解该问题的总代价是多少？

5.8   求解一个问题，需要运行一个 $O(N)$ 的算法，然后在一个 N 个元素的数组上执行 N 次二分搜索，然后运行另一个 $O(N)$ 的算法。求解该问题的总代价是多少？

5.9   对图 5.11 中的二分搜索例程，展示使用下列代码段替换后的结果：

a. 第 13 行：使用测试 low < high。

b. 第 15 行：赋值 mid = low + high / 2。

c. 第 18 行：赋值 low = mid。

d. 第 20 行：赋值 high = mid。

理论题

5.10   对于手动执行计算的典型算法，判定下列操作的运行时间。

a. 两个 N 位整数的加法。

b. 两个 N 位整数的乘法。

c. 两个 N 位整数的除法。

5.11   根据 N，下列计算 X^N 的算法的运行时间是多少：

```
public static double power( double x, int n )
{
    double result = 1.0;

    for( int i = 0; i < n; i++ )
        result *= x;
    return result;
}
```

5.12   直接计算定理 5.1 前面的三重求和。验证答案是完全相同的。

5.13   对于最大连续子序列和问题的二次算法，精确判定最内层语句执行的次数。

5.14   一个算法在输入规模为 100 时，用时 0.5ms。对下列运行时间，输入规模为 500 时，用时是多少（假设低阶项可以忽略不计）？

a. 线性。

b. $O(N\log N)$。

c. 二次。

d. 三次。

5.15   一个算法在输入规模为 100 时，用时 0.5ms。对下列运行时间，1min 能求解多大规模的问题（假设低阶项可以忽略不计）？

a. 线性。

b. $O(N\log N)$。

c. 二次。

d. 三次。

5.16 对于 1000 个项，我们的算法在机器 A 上用时 10s，现在将机器替换为 2 倍快的机器 B。对于下列算法，在机器 B 上处理 2000 个项时，大约用时多少？

a. 线性。

b. 二次。

c. $O(N^3)$。

d. $O(N\log N)$。

5.17 对于运行时间太长而无法模拟的情况进行估算，完成图 5.10。对所有 4 个算法插值运行时间，并估算 10 000 000 个数的最大连续子序列和所需的时间。你做了什么假设？

5.18 图 5.14 中的数据展示了在 1991 年执行最大子序列和问题的结果。程序用 C 语言编写，在带 4MB 主存基于 UNIX 的 Sun 3/60 工作站上运行。这是那个年代真实的数据。

a. 验证，对于每个算法，观察到的运行时间的变化与该算法的大 O 运行时间相一致。

b. 对于 N=100 000，估算最差算法的运行时间。

c. $O(N^3)$ 算法与 1991 年相比快了多少？

d. $O(N)$ 算法与 1991 年相比快了多少？

e. 解释为什么 c 和 d 中的答案是不同的。对于有不同大 O 运行时间的两个算法有意义吗？对于有相同大 O 运行时间的两个算法有意义吗？

N	$O(N^3)$	$O(N^2)$	$O(N \log N)$	$O(N)$
10	0.001 93	0.000 45	0.000 66	0.000 34
100	0.470 15	0.011 2	0.004 86	0.000 63
1 000	448.77	1.123 3	0.058 43	0.003 33
10 000	NA	111.13	0.683 1	0.030 42
100 000	NA	NA	8.011 3	0.298 32

图 5.14 图 5.10 使用的 1991 年的数据

5.19 按增长率排序下列函数：$N, \sqrt{N}, N^{1.5}, N^2, N\log N, N\log\log N, N\log^2 N, N\log(N^2), 2/N, 2^N, 2^{N/2}, 37, N^3$ 和 $N^2\log N$。指出哪些函数按相同的速率增长。

5.20 对于下列程序段，进行下列工作：

a. 给出运行时间的大 O 分析。

b. 实现代码并对几个不同的 N 执行。

c. 将你的分析与实际的运行时间进行比较。

```
// 代码段 1
for( int i = 0; i < n; i++ )
    sum++;
```

```
// 代码段 2
for( int i = 0; i < n; i += 2 )
    sum++;
```

```
// 代码段 3
for( int i = 0; i < n; i++ )
    for( int j = 0; j < n; j++ )
        sum++;
```

```
// 代码段 4
for( int i = 0; i < n; i++ )
    sum++;
```

```
for( int j = 0; j < n; j++ )
    sum++;

// 代码段 5
for( int i = 0; i < n; i++ )
    for( int j = 0; j < n * n; j++ )
        sum++;

// 代码段 6
for( int i = 0; i < n; i++ )
    for( int j = 0; j < i; j++ )
        sum++;

// 代码段 7
for( int i = 0; i < n; i++ )
    for( int j = 0; j < n * n; j++ )
        for( int k = 0; k < j; k++ )
            sum++;

// 代码段 8
for( int i = 1; i < n; i = i * 2 )
    sum++;
```

5.21 有时，嵌套循环的大小相乘，可能高估大 O 运行时间。当最内层循环偶尔执行时就会出现这个结果。对于下列程序段，重做练习 5.20。

```
for( int i = 1; i <= n; i++ )
    for( int j = 1; j <= i * i; j++ )
        if( j % i == 0 )
            for( int k = 0; k < j; k++ )
                sum++;
```

5.22 在一个法庭案例中，法官以貌视法庭罪起诉一个城市，并下令第一天罚款 2 美元。后续的每一天，罚款额以平方增加，直到城市听从法官的命令为止，即罚款进展为 2 美元、4 美元、16 美元、256 美元、65 536 美元…

a. 第 N 天的罚款是多少？

b. 罚款达到 D 美元需要多少天（大 O 答案即可）？

5.23 很不幸，Joe 所在的公司不断地被其他公司收购。Joe 的公司每一次被收购，它总是被更大的公司吞并。Joe 现在在一个有 N 名雇员的公司工作。Joe 最多服务过多少家公司？

5.24 证明定理 5.5。提示：证明 $\sum_{2}^{N}\frac{1}{i}<\int_{1}^{N}\frac{\mathrm{d}x}{x}$，然后证明类似的下界。

5.25 构造一个示例，其中插值搜索要检查输入数组中的每个元素。

5.26 分析图 5.11 中二分搜索算法成功搜索的平均开销。

5.27 在 Java 中整数范围从 -2^{31} 到 $2^{31}-1$。因此，如果有一个含多于 2^{30} 个元素的大数组，使用 mid=(low+high)/2 计算子数组的中点，如果中点位于数组下标 2^{30} 之后，会导致 low+high 溢出整数范围。

a. 2^{30} 有多大？

b. 证明 (low+(high-low)/2) 是等价的计算，这种情况下不会溢出。

c. 使用 b 中建议的修改，数组可以是多大？

5.28 考虑一种方法，其实现如下：

```
// 先决条件: m 表示 N 行 N 列的矩阵
//            在每一行中，元素递增
//            在每一列中，元素递增
// 先决条件: 如果 m 中的某个元素存储 val，刚返回 true
//            否则，返回 false
```

```
public static boolean contains( int [ ] [ ] m, int val )
{
    int N = m.length;

    for( int r = 0; r < N; r++ )
        for( int c = 0; c < N; c++ )
            if( m[ r ][ c ] == val )
                return true;
    return false;
}
```

满足所述前提条件的矩阵如下：

```
int [ ] [ ] m1 = {    { 4, 6, 8 },
                      { 5, 9, 11 },
                      { 7, 11, 14 } };
```

a. contains 的运行时间是多少？

b. 假设在 100×100 的矩阵上执行时用时 4s。假设低阶项忽略不计，则 contains 在 400×400 的矩阵上执行时用时多少？

c. 假设重写了 contains，算法在每行上执行二分搜索，如果行搜索成功则返回 true，否则返回 false。这个修改版的 contains 的运行时间是多少？

5.29 如果 Boolean 数组中至少有两个值为 true，则 hasTwoTrueValues 方法返回 true。为所提出的所有三种实现给出大 O 运行时间。

```
// 版本 1
public boolean hasTwoTrueValues( boolean [ ] arr )
{
    int count = 0;

    for( int i = 0; i < arr.length; i++ )
        if( arr[ i ] )
            count++;

    return count >= 2;
}

// 版本 2
public boolean hasTwoTrueValues( boolean [ ] arr )
{
    for( int i = 0; i < arr.length; i++ )
        for( int j = i + 1; j < arr.length; j++ )
            if( arr[ i ] && arr[ j ] )
                return true;

    return false;
}

// 版本 3
public boolean hasTwoTrueValues( boolean [ ] arr )
{
    for( int i = 0; i < arr.length; i++ )
        if( arr[ i ] )
            for( int j = i + 1; j < arr.length; j++ )
                if( arr[ j ] )
                    return true;

    return false;
}
```

实践题

5.30 写出一个高效算法，判断在递增的整数数组中是否存在满足 $A_i = i$ 的整数 i。你算法的运行时间是多少?

5.31 素数除了 1 和自身外没有其他因子。完成下列工作。

　　a. 编写一个程序,判断正整数 N 是不是素数。程序的最差情形运行时间是多少? 使用 N 来表示。

　　b. 令 B 等于 N 的二进制表示中的位数。B 的值是多少?

　　c. 你程序的最差情形运行时间是多少? 使用 B 来表示。

　　d. 对判断 20 位的数和 40 位的数是不是素数的运行时间进行比较。

5.32 数值分析中的一个重要问题是,对一些任意的 F,找到方程 $F(X)=0$ 的一个解。如果函数是连续的,且有两个点 low 和 high 满足 $F(low)$ 和 $F(high)$ 具有相反的符号,则在 low 和 high 之间一定存在根,且用二分搜索或插值搜索能找到根。编写程序,带参数 F、low 和 high,对 0 求解。为确保终止,必须做什么?

5.33 大小为 N 的数组中的主元素是出现次数多于 $N/2$ 次的元素(所以这样的元素最多有一个)。例如,数组

3, 3, 4, 2, 4, 4, 2, 4, 4

中有主元素(4),而数组

3, 3, 4, 2, 4, 4, 2, 4

中没有主元素。给出一个算法,如果存在,则找出主元素;如果不存在,报告不存在主元素。算法的运行时间是多少? (提示: 有一个 $O(N)$ 的解决方案。)

5.34 输入是 $N \times N$ 数值矩阵,已在内存中。每一行从左至右递增,每一列自上至下递增。给出一个最差情形 $O(N)$ 的算法,判定数 X 是否在矩阵中。

5.35 设计高效的算法,对正数的数组 a,确定以下内容。

　　a. 对于 $j \geq i$, a[j]+a[i] 的最大值。

　　b. 对于 $j \geq i$, a[j]−a[i] 的最大值。

　　c. 对于 $j \geq i$, a[j]*a[i] 的最大值。

　　d. 对于 $j \geq i$, a[j]/a[i] 的最大值。

5.36 假设,当 ArrayList 的容量增加时,它总是倍增的。如果 ArrayList 保存 N 个项,初始时容量是 1,则 ArrayList 的容量能倍增的最大次数是多少?

5.37 java.util 中的 ArrayList 总是按 50% 增大容量。其容量能够增加的最大次数是多少?

5.38 ArrayList 类含有一个 trim 方法,它将内部数组的大小按精确容量重置。trim 方法在所有项添加到 ArrayList 后使用,为的是避免空间浪费。不过,假设新手程序员在每次 add 后调用 trim。那种情形下,创建一个 N 项的 ArrayList 的运行时间是多少? 编写一个程序,向 ArrayList 中执行 add 操作 100 000 次,说明新手的错误。

5.39 因为 String 是不变的,所以 str1+=str2 这种形式的 String 连接所花费的时间与结果字符串的长度成正比,即使 str2 很短。假设数组有 N 个项,则图 5.15 中代码的运行时间是多少?

```java
public static String toString( Object [ ] arr )
{
    String result = " [";

    for( String s : arr )
        result += s + " ";

    result += "]";

    return result;
}
```

图 5.15　返回一个表示数组的字符串

程序设计项目

5.40 埃拉托斯特尼筛法是用来计算小于 N 的所有素数的方法。首先制作一张从 2 到 N 的整数表。找到没有被划掉的最小整数 i。然后输出 i，并划掉 i, $2i$, $3i$,…。当 $i > \sqrt{N}$ 时，算法终止。已证明运行时间是 $O(N \log\log N)$。编写一个程序实现筛法，并验证声称的运行时间。区分运行时间 $O(N)$ 和 $O(N \log N)$ 有多难？

5.41 方程 $A^5 + B^5 + C^5 + D^5 + E^5 = F^5$ 只有一个整数解，满足 $0 < A \leq B \leq C \leq D \leq E \leq F \leq 75$。编写一个程序找到这个解。提示：首先，预计算所有的 X^5 值，并保存在数组中。然后对于每个元组 (A, B, C, D, E)，只需要验证在数组中是否存在某些 F 即可。（有几个方法可用来检查 F，其中之一是使用二分搜索来检查 F。其他方法可能更高效。）

5.42 修改图 5.5 中的代码，假设紧接在第 15 行之后添加下列代码：

```
if( thisSum < 0 )
  break;
```

本书中提出了这个修改，以避免检查从负数开始的任意序列。

a. 如果数组中所有的数都是正数，得到的算法的运行时间是多少？

b. 如果数组中所有的数都是负数，得到的算法的运行时间是多少？

c. 假设所有的数都是均匀随机分布在 −50 ～ 49 之间的整数，含 −50 和 49。编写测试程序，以获得计时数据，N 最大为 10 000 000。你能推断在这个独特的环境下程序的运行时间吗？

d. 现在假设所有的数都是均匀随机分布在 −45 ～ 54 之间的整数，含 −45 和 54。这会显著影响运行时间吗？

e. 假设所有的数都均匀随机分布在 −1 ～ 1 之间，含 −1 和 1。这会显著影响运行时间吗？

5.43 假设有一个正整数和负整数的有序数组，想要判定是否存在这样的 x，满足 x 和 $-x$ 都在数组中。考虑下列三个算法：

算法 1。对数组中的每个元素，进行顺序搜索，看看它的负数是否也在数组中。

算法 2。对数组中的每个元素，进行二分搜索，看看它的负数是否也在数组中。

算法 3。维护两个下标 i 和 j，初始时分别指向数组中的第一个和最后一个元素。如果下标处的两个元素和为 0，则找到 x。否则，如果和小于 0，则 i 前进；如果和大于 0，则 j 后退。重复测试和，直到要么找到 x，要么 i 和 j 相遇。

确定每个算法的运行时间，实现所有三个算法，得到不同 N 值下实际的用时。确认你对用时数据的分析。

5.44 如练习 5.38 所提到的，重复连接 String 很费时。所以 Java 提供了 StringBuilder 类。StringBuilder 有点像保存无限字符的 ArrayList。StringBuilder 允许用户在结尾处轻松添加，自动按需扩展内部字符数组（通过倍增它的容量）。这样做时，可以假设追加的开销与添加到 StringBuilder 中的字符数（而不是结果中的字符个数）成正比。在任何时刻，StringBuilder 都可用来构造一个 String。图 5.16 含有两个返回含 N 个 x 的 String 的方法。每个方法的运行时间是多少？以不同的 N 值运行方法，验证你的答案。

```java
public static String makeLongString1( int N )
{
    String result = "";

    for( int i = 0; i < N; i++ )
        result += "x";

    return result;
}

public static String makeLongString2( int N )
{
    StringBuilder result = new StringBuilder( "" );

    for( int i = 0; i < N; i++ )
        result.append( "x" );

    return new String( result );
}
```

图 5.16 返回含大量 x 的一个字符串

5.14　参考文献

最大连续子序列和问题来自文献 [5]。参考文献 [4]、[5] 和 [6] 展示了如何优化程序来提高速度。插值搜索最先在 [14] 中提出，在 [13] 中进行了分析。参考文献 [1]、[8] 和 [17] 提供了更严格的算法分析结果。最新更新的三卷本系列丛书 [10]、[11] 和 [12] 仍是关于这个主题最重要的参考著作。更高级的算法分析所需要的数学背景在 [2]、[3]、[7]、[15] 和 [16] 中提供。一本关于高级分析的特别的好书是 [9]。

[1] A. V. Aho, J. E. Hopcroft, and J. D. Ullman, *The Design and Analysis of Computer Algorithms*, Addison-Wesley, Reading, MA, 1974.

[2] M. O. Albertson and J. P. Hutchinson, *Discrete Mathematics with Algorithms*, John Wiley & Sons, New York, 1988.

[3] Z. Bavel, *Math Companion for Computer Science*, Reston Publishing Company, Reston, VA, 1982.

[4] J. L. Bentley, *Writing Efficient Programs*, Prentice-Hall, Englewood Cliffs, NJ, 1982.

[5] J. L. Bentley, *Programming Pearls*, Addison-Wesley, Reading, MA, 1986.

[6] J. L. Bentley, *More Programming Pearls*, Addison-Wesley, Reading, MA, 1988.

[7] R. A. Brualdi, *Introductory Combinatorics*, North-Holland, New York, 1977.

[8] T. H. Cormen, C. E. Leiserson, R. L. Rivest, and C. Stein, *Introduction to Algorithms*, 3rd ed., MIT Press, Cambridge, MA, 2010.

[9] R. L. Graham, D. E. Knuth, and O. Patashnik, *Concrete Mathematics*, Addison-Wesley, Reading, MA, 1989.

[10] D. E. Knuth, *The Art of Computer Programming, Vol. 1: Fundamental Algorithms*, 3rd ed., Addison-Wesley, Reading, MA, 1997.

[11] D. E. Knuth, *The Art of Computer Programming, Vol. 2: Seminumerical Algorithms*, 3rd ed., Addison-Wesley, Reading, MA, 1997.

[12] D. E. Knuth, *The Art of Computer Programming, Vol. 3: Sorting and Searching*, 2nd ed., Addison-Wesley, Reading, MA, 1998.

[13] Y. Pearl, A. Itai, and H. Avni, "Interpolation Search – A log log N Search," *Communications of the ACM* **21** (1978), 550–554.

[14] W. W. Peterson, "Addressing for Random Storage," *IBM Journal of Research and Development* **1** (1957), 131–132.

[15] F. S. Roberts, *Applied Combinatorics*, Prentice Hall, Englewood Cliffs, NJ, 1984.

[16] A. Tucker, *Applied Combinatorics*, 2nd ed., John Wiley & Sons, New York, 1984.

[17] M. A. Weiss, *Data Structures and Algorithm Analysis in Java*, 2nd ed., Addison-Wesley, Reading, MA, 2007.

Collections API

很多算法需要使用适当的数据表示才能实现高效率。这种表示方法以及允许对它的操作称为数据结构（data structure）。每种数据结构都允许任意的插入，但允许访问组内成员的方式是不同的。有些数据结构允许任意的访问和删除，而另一些则强加限制，例如仅允许访问组内最近或最早插入的项。

作为 Java 的一部分，提供了称为 Collections API 的支撑库。Collections API 大部分都在 java.util 中。这个 API 提供了数据结构的集合，它还提供了一些泛型算法，例如排序。Collections API 大量使用继承。

概括来说，我们的主要目标是描述数据结构的一些示例和应用。我们的第二个目标是描述 Collections API 的基本内容，为的是在本书的第三部分中使用它。在本书的第四部分之前，不会讨论高效实现 Collections API 背后的理论。在第四部分中，我们提供 Collections API 中一些核心组件的简化实现。不过，将实现 Collections API 的讨论推迟到我们使用它之后，也没什么问题。我们不需要知道它是如何实现的，只要知道它实现了就好了。

本章中，我们将看到：

- 常见的数据结构，它们允许的操作以及它们的运行时间。
- 数据结构的一些应用。
- Collections API 的组织，以及它与语言其他部分的集成。

6.1 介绍

> 数据结构是数据的表示方法以及在数据上允许的操作。
>
> 数据结构能让我们实现组件重用。
>
> Collections API 是确保可用的数据结构和算法的一个库。

数据结构能让我们达成面向对象程序设计的重要目标——组件重用。本节描述的数据结构（将在本书第四部分实现）都被反复使用。一旦实现了每个数据结构，它就能一次次地用在各种应用程序中。

数据结构（data structure）是数据的表示方法以及在数据上允许的操作。许多（但绝不是全部）常见的数据结构保存对象集合，然后提供方法，可以向集合中添加新对象、从集合中删除已有对象或访问集合中包含的对象。

本章，我们研究一些基本的数据结构和它们的应用。我们使用高级协议来描述数据结构通常支持的典型操作，简述它们的用途。可能的话，对高效实现这些操作的代价进行估算。这个估算常常基于与数据结构非计算机应用的类比。我们的高级协议通常仅支持一组核心的基本操作。稍后，当描述如何实现数据结构的基本内容时（一般地，会有多个相互竞争的想法），如果我们将操作限制在最小的核心集上，则更容易关注与语言无关的算法细节。

例如，图 6.1 说明了许多数据结构都要遵循的通用协议。实际上，我们并没有在任何代码中直接使用这个协议。但是基于继承的数据结构层次结构可以使用这个类作为起点。

　　然后我们描述了为这些数据结构提供的 Collections API 接口。Collections API 绝不代表做事的最好方式。但是它是确保可用的数据结构和算法的一个库。它的使用也表明，一旦采纳这个原则，还必须解决一些核心问题。

　　我们将数据结构的高效实现推迟到本书的第四部分再考虑。那时，作为 weiss.nonstandard 包的一部分，我们将为遵循本章开发的简单协议的数据结构提供完全不同的实现。我们还为本章描述的 Collections API 的基本组件提供一个实现，并将它放到 weiss.util 包中。这样，我们可以将 Collections API 的接口（即本章中我们描述的"它做什么"）与它的实现（即第四部分描述的"它如何做"）分开。这个方法——将接口和实现分开——是面向对象方法的一部分。数据结构的使用者只需要看到可用的操作，而不需要看到实现。回想一下，这是面向对象程序设计的封装和信息隐藏部分。

```
1   package weiss.nonstandard;
2
3   // SimpleContainer 协议
4   public interface SimpleContainer<AnyType>
5   {
6       void insert( AnyType x );
7       void remove( AnyType x );
8       AnyType find( AnyType x );
9
10      boolean isEmpty( );
11      void makeEmpty( );
12  }
```

图 6.1　用于许多数据结构的通用协议

　　本章其余部分的组织如下。首先，我们讨论在整个 Collections API 中用到的迭代器模式（iterator pattern）的基础知识。然后讨论 Collections API 中的容器接口和迭代器接口。接下来描述一些 Collections API 算法，最后研究一些其他的数据结构，其中有很多已在 Collections API 中提供。

6.2　迭代器模式

> 迭代器对象控制集合的迭代。
> 　　当我们对接口进行编程时，我们编写的代码使用了大多数的抽象方法。这些方法将应用于实际的具体类型。

　　Collections API 大量使用了称为迭代器模式（iterator pattern）的常用技术。所以在开始讨论 Collections API 之前，我们先研究迭代器模式背后的思想。

　　考虑输出集合中元素的问题。通常，集合是一个数组，所以假设对象 v 是一个数组，使用下列代码可以很容易地输出它的内容[⊖]：

```
for( int i = 0; i < v.length; i++ )
    System.out.println( v[ i ] );
```

在这个循环中，i 是一个迭代器（iterator）对象，因为它是用来控制迭代的对象。不过，使用整数 i 作为迭代器限制了设计：我们只能在像数组这样的结构中保存集合。更灵活的替代方案是设计一个迭代器类，类内封装集合内部的一个位置。迭代器类提供在集合内遍历的方法。

　　关键是面向接口编程的概念：我们希望执行容器访问的代码尽可能独立于容器的类型。通过仅使用对所有容器和其迭代器共有的方法是可以做到的。

　　可能会有许多不同的迭代器设计。如果我们用 IteratorType itr 替换 int i，则上面的循环表示为：

```
for( itr = v.first( ); itr.isValid( ); itr.advance( ) )
    System.out.println( itr.getData( ) );
```

这暗示了一个含有 isValid、advance、getData 等方法的迭代器类。

⊖　Java 5 新加的增强 for 循环只是附加的语法。编译器扩展增强的 for 循环以获得这里显示的代码。

我们脱离 Collections API 语境，描述了两个设计，这引出了 Collections API 迭代器设计。我们将在 6.3.2 节讨论 Collections 迭代器的规范，将实现推迟到本书第四部分考虑。

6.2.1　迭代器的基本设计

> iterator 为集合返回适当的迭代器。
> 构造迭代器时带有一个引用，这个引用指向其迭代的容器。
> 更好的设计应该将更多的功能放在迭代器上。

第一个迭代器设计仅使用三个方法。容器类需要提供一个 iterator 方法。iterator 为集合返回适当的迭代器。迭代器类仅有两个方法 hasNext 和 next。如果迭代尚未用尽，则 hasNext 返回 true。next 返回集合中的下一项（在这个过程中，当前位置前移）。这个迭代器接口类似 Collections API 中提供的接口。

为了说明这个设计的实现，我们给出集合类的框架，并提供一个迭代器类，分别是 MyContainer 和 MyContainerIterator。它们的使用如图 6.2 所示，MyContainer 的数据成员和 iterator 方法列在图 6.3 中。为简化问题，我们忽略了构造方法和 add、size 等方法。可以重用前几章中的 ArrayList 类，以提供这些方法的实现。我们现在还避免使用泛型。

```
 1      public static void main( String [ ] args )
 2      {
 3          MyContainer v = new MyContainer( );
 4
 5          v.add( "3" );
 6          v.add( "2" );
 7
 8          System.out.println( "Container contents: " );
 9          MyContainerIterator itr = v.iterator( );
10          while( itr.hasNext( ) )
11              System.out.println( itr.next( ) );
12      }
```

图 6.2　说明迭代器设计 1 的 main 方法

```
 1  package weiss.ds;
 2
 3  public class MyContainer
 4  {
 5      Object [ ] items;
 6      int size;
 7
 8      public MyContainerIterator iterator( )
 9        { return new MyContainerIterator( this ); }
10
11      // 其他方法
12  }
```

图 6.3　设计 1 中的 MyContainer 类

MyContainer 类中的 iterator 方法只返回一个新的迭代器。注意，迭代器必须具有关于它要迭代的容器的信息。所以使用指向 MyContainer 的引用来构造迭代器。

图 6.4 展示了 MyContainerIterator。迭代器有一个变量（current），表示容器的当前位置，还有指向容器的一个引用。构造方法和两个方法的实现非常简单。构造方法初始化容器引用，hasNext 只简单地比较当前位置与容器的大小，而 next 使用当前位置去索引数组（然后当前位置前移）。

```
1   // 遍历 MyContainer 的迭代器类
2
3   package weiss.ds;
4
5   public class MyContainerIterator
6   {
7       private int current = 0;
8       private MyContainer container;
9
10      MyContainerIterator( MyContainer c )
11        { container = c; }
12
13      public boolean hasNext( )
14        { return current < container.size; }
15
16      public Object next( )
17        { return container.items[ current++ ]; }
18  }
```

图 6.4　设计 1 中的 MyContainerIterator 的实现

这个迭代器设计的局限是接口相对有限。注意，没有办法将迭代器重置回起始位置，而且 next 方法将对项的访问与前移混在了一起。next 和 hasNext 的设计正是 Java Collections API 中使用的，很多人认为，API 应该提供更灵活的迭代器。当然可以在迭代器中增加更多的功能，同时保持 MyContainer 类的实现完全不改变。另一方面，这样做并不说明这是新的原则。

注意，在 MyContainer 的实现中，数据成员 items 和 size 是包可见的，而不是私有的。对通常私有的数据成员不适当放宽限制是必要的，因为这些数据成员必须能被 MyContainer-Iterator 访问。类似地，MyContainerIterator 构造方法也是包可见的，所以它可以被 MyContainer 调用。

6.2.2　基于继承的迭代器和工厂方法

基于继承的迭代机制定义了一个迭代器接口。客户程序可以实现这个接口。工厂方法创建一个新的具体实例，但使用指向接口类型的引用返回它。在 main 中没有提到迭代器的实际类型。

到目前为止，设计的迭代器设法将迭代的概念抽象为迭代器类。这很好，因为这意味着，如果集合从基于数组的集合改为其他的集合，则像图 6.2 中第 10 行和第 11 行这样的基本代码不需要修改。

但这是一个明显的改进，从基于数组的集合更改为其他的集合，需要我们修改迭代器的所有声明。例如，在图 6.2 中，我们需要修改第 9 行。本节我们讨论另一种替代方案。

我们的基本思想是定义一个接口 Iterator。对应每种不同类型的容器，都是实现了 Iterator 协议的一个迭代器。在我们的例子中，给出了 3 个类：MyContainer、Iterator 和 MyContainerIterator。这个关系是 MyContainerIterator IS-A Iterator。我们这样做的原因是，每个容器现在都可以创建一个合适的迭代器，但作为抽象的 Iterator 传回。

图 6.5 演示了 MyContainer。在修改过的 MyContainer 中，iterator 方法返回一个指向 Iterator 对象的引用，实际的类型是 MyContainerIterator。因为 MyContainerIterator IS-A Iterator，所以这样做是安全的。

因为 iterator 方法创建并返回一个实际类型未知的新 Iterator 对象，所以这通常被称为工厂方法（factory method）。如图 6.6 所示的迭代器接口，仅用来建立协议，通过这个协议可以访问迭代器的所有子类。MyContainerIterator 的实现只有两处改变，两处改变都在第 5 行，如图 6.7 所示。首先，添加了 implements 子句。其次，MyContainerIterator 不再必须是一个公有类。

```
1  package weiss.ds;
2
3  public class MyContainer
4  {
5      Object [ ] items;
6      int size;
7
8      public Iterator iterator( )
9        { return new MyContainerIterator( this ); }
10
11     // 其他方法没有显示
12 }
```

图 6.5　设计 2 中的 MyContainer 类

```
1  package weiss.ds;
2
3  public interface Iterator
4  {
5      boolean hasNext( );
6      Object next( );
7  }
```

图 6.6　设计 2 中的 Iterator 接口

```
1  // 遍历 MyContainer 的迭代器类
2
3  package weiss.ds;
4
5  class MyContainerIterator implements Iterator
6  {
7      private int current = 0;
8      private MyContainer container;
9
10     MyContainerIterator( MyContainer c )
11       { container = c; }
12
13     public boolean hasNext( )
14       { return current < container.size; }
15
16     public Object next( )
17       { return container.items[ current++ ]; }
18 }
```

图 6.7　设计 2 中的 MyContainerIterator 的实现

图 6.8 演示了如何使用基于继承的迭代器。在第 9 行，我们看到了 itr 的声明：现在它是指向 Iterator 的引用。在 main 中没有提到实际的 MyContainerIterator 类型。存在一个 MyContainerIterator 这一事实，不会被 MyContainer 类的任何客户端用到。这是非常巧妙的设计，很好地说明了隐藏实现和面向接口编程（programming to an interface）的

```
1  public static void main( String [ ] args )
2  {
3      MyContainer v = new MyContainer( );
4
5      v.add( "3" );
6      v.add( "2" );
7
8      System.out.println( "Container contents: " );
9      Iterator itr = v.iterator( );
10     while( itr.hasNext( ) )
11         System.out.println( itr.next( ) );
12 }
```

图 6.8　说明迭代器设计 2 中的 main 方法

思想。使用嵌套类和称为内部类（inner class）的 Java 特性，使得实现变得更加巧妙。这些实现细节将在第 15 章介绍。

6.3 Collections API：容器和迭代器

本节描述 Collections API 迭代器的基本内容，以及它们如何与容器进行交互。我们知道，迭代器是一个对象，用来遍历一个对象集合。在 Collections API 中，这样的一个集合由 Collection 接口抽象，迭代器由 Iterator 接口抽象。

Collections API 迭代器不太灵活，因为它们提供的操作很少。这些迭代器使用 6.2.2 节描述的继承模型。

6.3.1 Collection 接口

> Collection 接口表示一组称为元素的对象。

Collection 接口表示一组称为元素（element）的对象。有些实现（例如链表）是无序的，另外一些（例如集合和映射）可能是有序的。有些实现允许有重复值，另外一些不允许。从 Java 5 开始，Collection 接口和整个的 Collections API 都使用了泛型。所有的容器都支持下列操作。

boolean isEmpty( )

如果容器中不含有元素则返回 true，否则返回 false。

int size( )

返回容器中元素的个数。

boolean add(AnyType x)

将项 x 添加到容器中。如果这个操作成功则返回 true，否则（例如，如果容器不允许重复值且 x 已经在容器中）返回 false。

boolean contains(Object x)

如果 x 在容器中则返回 true，否则返回 false。

boolean remove(Object x)

从容器中删除项 x。如果 x 被删除则返回 true，否则返回 false。

void clear( )

让容器变空。

Object [ ] toArray( )
<OtherType> OtherType [ ] toArray (OtherType [ ] arr)

返回一个数组，其中含有指向容器中所有项的引用

java.util.Iterator<AnyType> iterator( )

返回一个 Iterator，可用来开始遍历容器中的所有位置。

因为 Collection 是泛型的，所以它只允许指定类型（AnyType）的对象在集合中。所以，add 方法的参数是 AnyType。contains 和 remove 的参数也应该是 AnyType。不过，为了向后兼容，它是 Object 的。当然，如果调用 contains 或 remove 时使用的参数不是 AnyType 类型的，则返回值将是 false。

toArray 方法返回一个数组，含有指向集合中项的引用。有些情况下，对这个数组进行操作比使用迭代器操作集合更快，不过，这样做的代价是需要额外的空间。数组最常用在多次访问集合或通过嵌套循环访问集合时。如果数组仅顺序地访问一次，则使用 toArray 不太可能会更快，在让事情变慢的同时它可能还占用额外空间。

toArray 的一个版本是返回 Object[] 类型的数组。另一个版本允许用户传递一个数组参数，用来指定数组的准确类型（从而避免后续操作中强制类型转换的开销）。如果数组不够大，则返回一个足够大的数组，但是这应该绝不需要。下面的一小段代码展示如何从 Collection<String> coll 中获得一个数组：

```
String [ ] theStrings = new String[ coll.size( ) ];
coll.toArray( theStrings );
```

此时，可以通过正常的数组下标来操作数组。toArray 的单参数版本通常是你想使用的版本，因为可以避免强制类型转换的运行时间开销。

最后，iterator 方法返回一个 Iterator<AnyType>，可以用它遍历集合。

图 6.9 说明了 Collection 接口的规范。在 java.util 中实际的 Collection 接口包含一些额外的方法，但我们对这个子集很满意。按照惯例，所有的实现都提供了创建空集合的 0 参数构造方法和创建与另一个集合有相同元素的集合的构造方法。这基本上是一个集合的浅复制。不过，语言中没有语法强制实现这些构造方法。

```
 1  package weiss.util;
 2
 3  /**
 4   * Collection 接口，是 1.5 版本所有集合的根
 5   */
 6  public interface Collection<AnyType> extends Iterable<AnyType>, java.io.Serializable
 7  {
 8      /**
 9       * 返回本集合的项数
10       */
11      int size( );
12
13      /**
14       * 测试本集合是否为空
15       */
16      boolean isEmpty( );
17
18      /**
19       * 测试某个项是否在本集合中
20       */
21      boolean contains( Object x );
22
23      /**
24       * 将一个项添加到本集合中
25       */
26      boolean add( AnyType x );
27
28      /**
29       * 从本集合中删除一个项
30       */
31      boolean remove( Object x );
32
33      /**
34       * 将本集合的大小改为零
35       */
36      void clear( );
37
38      /**
39       * 获得用于遍历本集合的 Iterator 对象
```

图 6.9 Collection 接口中规范说明的示例

```
40        */
41      Iterator<AnyType> iterator( );
42
43      /**
44       * 获得集合的基本类型数组视图
45       */
46      Object [ ] toArray( );
47
48      /**
49       * 获得集合的基本类型数组视图
50       */
51      <OtherType> OtherType [ ] toArray( OtherType [ ] arr );
52  }
```

图 6.9   Collection 接口中规范说明的示例（续）

Collection 接口扩展了 Iterable，这意味着它可以使用增强的 for 循环。回想一下，Iterable 接口需要实现一个 iterator 方法，它返回一个 java.util.Iterator。编译器通过适当地调用 java.util.Iterator 中的方法来扩展增强的 for 循环。在第 41 行，可以看到 Iterable 接口所需的 iterator 方法。不过，注意到，我们正在利用协变返回类型（见 4.1.11 节），因为第 41 行的 iterator 方法的返回类型实际上是 weiss.util.Iterator，它是从 java.util.Iterator 扩展来的我们自己的类，在 6.3.2 节中说明。

Collections API 中还将一些方法列为可选的接口方法（optional interface method）。例如，假设我们想要一个不可变集合：这个集合一旦构造了，它的状态就永远不能被改变。不可变集合看起来与 Collection 是不一致的，因为 add 和 remove 对不可变集合没有意义。

然而，存在一个漏洞：虽然不可变集合的实现者必须实现 add 和 remove 方法，但没有规则规定这些方法必须执行一些操作。相反，实现者可以简单地抛出运行时异常 UnsupportedOperationException。这样，实现者在技术上实现了接口，但并没有真正提供 add 和 remove 方法。

按惯例，文档中标明为可选（optional）的接口方法都可以用这种方式实现。如果实现方案中选择的是不实现可选方法，则应该在文档中标明这个事实。由 API 的客户端用户查阅文档来核实方法是否实现，如果客户端忽略文档而且调用了方法，则抛出运行时异常 UnsupportedOperationException，表示程序有错误。

可选方法有些争议，但它们不是语言中新添加的内容。它们仅是一种使用惯例。

我们最终将实现所有方法。这些方法中最令人感兴趣的是 iterator，它是工厂方法，创建并返回一个 Iterator 对象。可由 Iterator 执行的操作在 6.3.2 节描述。

6.3.2   Iterator 接口

> 迭代器是一个对象，允许我们遍历集合上的所有对象。
> Iterator 接口仅含有三个方法：next、hasNext 和 remove。
> 如果 Iterator 的容器在结构上改变了，则它的方法抛出一个异常。

如 6.2 节所描述的，迭代器（iterator）是一个对象，允许我们遍历集合上的所有对象。使用迭代器类的技术在 6.2 节只读向量的上下文中讨论过。

Collections API 中的 Iterator 接口很小，仅含有三个方法：

boolean hasNext( )

如果本次迭代中还有可以查看的项，则返回 true。

AnyType next( )

返回一个引用，指向尚未被本迭代器看到的下一个对象。对象成为查看过的，并且迭代器前移了。

void remove( )

删除 next 查看的最后一项。在两次调用 next 之间这个方法仅能被调用一次。

每个集合将自己对 Iterator 接口的实现定义在 java.util 包的用户不可见的一个类中。

迭代器还要求一个稳定的容器。在容器和迭代器的设计中出现的一个重要问题是，如果在迭代过程中容器的状态改变了，决定要如何处理。Collections API 采取了从严的态度：若容器的任何外部结构修改了（add、remove 等），当调用迭代器方法时，都将导致由方法抛出 ConcurrentModificationException 异常。换句话说，如果我们有一个迭代器，然后将一个对象添加到容器中，然后调用迭代器上的 next 方法，则迭代器会检测到现在是无效的，且由 next 抛出一个异常。

这意味着，当我们通过迭代器查看容器时，如果不想让迭代器失效的话，就不可能从容器中删除一个对象。这正是迭代器类中有一个 remove 方法的一个原因。调用迭代器的 remove 方法，会导致最后查看的对象从容器中删除。这会使正查看这个容器的所有其他迭代器失效，但执行删除操作的迭代器不会失效。这还可能比容器的 remove 方法的效率更高，至少对某些集合是这样的。不过，remove 不能连续调用两次。此外，remove 保留了 next 和 hasNext 的语义，因为迭代中下一个不可见的项保持不变。remove 的这个版本作为可选方法列出，因此程序员需要检查它的实现。remove 的设计被批评得一无是处，但我们在本书中还是使用它。

图 6.10 提供了 Iterator 接口规范说明的一个示例。（我们的迭代器类扩展了标准的 java.util 版本，为的是在代码中能使用增强的 for 循环。）作为使用 Iterator 的一个示例，图 6.11 中的例程输出任何容器中的每个元素。如果容器是有序集，它的元素以有序的次序输出。第一个实现直接使用一个迭代器，第二个实现使用一个增加的 for 循环。增强的 for 循环只是一个编译器替换。实际上，编译器从第二个版本生成第一个版本（使用 java.util.Iterator）。

```java
1  package weiss.util;
2
3  /**
4   * Iterator 接口
5   */
6  public interface Iterator<AnyType> extends java.util.Iterator<AnyType>
7  {
8      /**
9       * 测试是否还有尚未迭代的项
10      */
11     boolean hasNext( );
12
13     /**
14      * 获得集合中的下一项（尚未见到的）
15      */
16     AnyType next( );
17
18     /**
19      * 删除由 next 返回的最后一项
20      * 在 next 之后只能调用一次
21      */
22     void remove( );
23 }
```

图 6.10 Iterator 接口规范说明的一个示例

```
1  // (直接使用迭代器) 输出 Collection c 的内容
2  public static <AnyType> void printCollection( Collection<AnyType> c )
3  {
4      Iterator<AnyType> itr = c.iterator( );
5      while( itr.hasNext( ) )
6          System.out.print( itr.next( ) + " " );
7      System.out.println( );
8  }
9
10 // (使用增强的 for 循环) 输出 Collection c 的内容
11 public static <AnyType> void printCollection( Collection<AnyType> c )
12 {
13     for( AnyType val : c )
14         System.out.print( val + " " );
15     System.out.println( );
16 }
```

图 6.11 输出任何 Collection 的内容

6.4 泛型算法

Collections 类包含一组对 Collection 对象进行操作的静态方法。
4.8 节的资料是本节必不可少的先决条件。

Collections API 提供了几个通用算法，可操作于所有的容器。这些是 Collections 类（注意，这是不同于 Collection 接口的一个类）中的静态方法。在 Arrays 类中还有一些对数组进行操作的静态方法（排序、搜索等）。这些方法中的大多数都是重载的——泛型版本。而且对每一种基本类型（boolean 除外）重载一次。

我们只研究几个算法，目的是展示贯穿 Collections API 的一般思想，同时对本书第三部分将使用的特定算法进行说明。

有些算法使用了函数对象。因此，4.8 节的资料是本节必不可少的先决条件。

6.4.1 Comparator 函数对象

很多 Collections API 类和例程要求能对对象进行排序。有两种方法可以做到。一种可选择的方法是，对象实现 Comparable 接口并提供 compareTo 方法。另一种可选择的方法是，在实现 Comparator 接口的对象中嵌入比较函数作为对象的 compare 方法。Comparator 定义在 java.util 中，实现的一个示例如图 4.39 所示，在图 6.12 中又重复实现。

```
1  package weiss.util;
2
3  /**
4   * Comparator 函数对象接口
5   */
6  public interface Comparator<AnyType>
7  {
8      /**
9       * 返回 lhs 和 rhs 的比较结果
10      * @param lhs : 第一个对象
11      * @param rhs : 第二个对象
12      * @return < 0 : 如果 lhs 小于 rhs
13      *          0 : 如果 lhs 等于 rhs
14      *          > 0 : 如果 lhs 大于 rhs
15      * @throws ClassCastException : 如果对象不能进行比较
16      */
17     int compare( AnyType lhs, AnyType rhs ) throws ClassCastException;
18 }
```

图 6.12 Comparator 接口，最初定义在 java.util 中，又为 weiss.util 包重写

6.4.2 Collections 类

> reverseOrder 是一个工厂方法，创建一个代表逆自然序的 Comparator。

虽然我们没有在本书中使用 Collections 类，但有两个方法涉及如何编写 Collections API 泛型算法的主题。我们在 Collections 类的实现中编写了这些方法，如图 6.13 和图 6.14 所示。

```
 1  package weiss.util;
 2
 3  /**
 4   * 含有操作于集合的静态方法的无实例类
 5   */
 6  public class Collections
 7  {
 8      private Collections( )
 9      {
10      }
11
12      /*
13       * 返回一个比较器
14       * 对实现了 Comparable 接口的对象集合
15       * 采用与默认次序相反的顺序
16       * @return: 比较器
17       */
18      public static <AnyType> Comparator<AnyType> reverseOrder( )
19      {
20          return new ReverseComparator<AnyType>( );
21      }
22
23      private static class ReverseComparator<AnyType> implements Comparator<AnyType>
24      {
25          public int compare( AnyType lhs, AnyType rhs )
26          {
27              return - ((Comparable)lhs).compareTo( rhs );
28          }
29      }
30
31      static class DefaultComparator<AnyType extends Comparable<? super AnyType>>
32                  implements Comparator<AnyType>
33      {
34          public int compare( AnyType lhs, AnyType rhs )
35          {
36              return lhs.compareTo( rhs );
37          }
38      }
```

图 6.13 Collections 类（第 1 部分）：私有构造方法和 reverseOrder

```
39      /**
40       * 使用默认次序
41       * 返回集合中最大的对象
42       * @param coll: 集合
43       * @return: 最大的对象
44       * @throws NoSuchElementException：如果 coll 为空
45       * @throws ClassCastException：如果
46       *         集合中的对象不能进行比较
47       */
48      public static <AnyType extends Object & Comparable<? super AnyType>>
49      AnyType max( Collection<? extends AnyType> coll )
50      {
51          return max( coll, new DefaultComparator<AnyType>( ) );
```

图 6.14 Collections 类（第 2 部分）：max

```
52        }
53
54        /**
55         * 返回集合中的最大对象
56         * @param coll: 集合
57         * @param cmp: 比较器
58         * @return: 最大对象
59         * @throws NoSuchElementException: 如果 coll 为空
60         * @throws ClassCastException: 如果
61         *          集合中的对象不能进行比较
62         */
63        public static <AnyType>
64        AnyType max( Collection<? extends AnyType> coll, Comparator<? super AnyType> cmp )
65        {
66            if( coll.size( ) == 0 )
67                throw new NoSuchElementException( );
68
69            Iterator<? extends AnyType> itr = coll.iterator( );
70            AnyType maxValue = itr.next( );
71
72            while( itr.hasNext( ) )
73            {
74                AnyType current = itr.next( );
75                if( cmp.compare( current, maxValue ) > 0 )
76                    maxValue = current;
77            }
78
79            return maxValue;
80        }
81    }
```

图 6.14 Collections 类（第 2 部分）: max（续）

图 6.13 中，首先说明了在仅含有静态方法的类中声明一个私有构造方法这一常用技术，这会阻止类的实例化。然后提供 reverseOrder 方法。这是一个工厂方法，返回一个 Comparator，提供 Comparable 对象的自然序的逆序。返回的对象是在第 20 行创建的，它是第 23 ～ 29 行编写的 ReverseComparator 类的一个实例。在 ReverseComparator 类中，我们使用 compareTo 方法。这是可以用匿名类实现的一类代码的示例。我们对默认的比较器有一个类似的声明。因为标准 API 没有提供返回这个值的公有方法，所以将我们的方法声明为包可见的。

图 6.14 说明了 max 方法，它返回任何集合中的最大元素。单参数的 max 提供默认的比较器，并调用两个参数的 max。类型参数表中的时髦语法用来确保 max 的类型擦除生成 Object 对象（而不是 Comparable 的）。这很重要，因为 Java 的更早版本使用 Object 作为返回类型，我们想确保向后兼容。两个参数的 max 结合了迭代器模式和函数对象模式，逐步遍历集合，并在第 75 行使用对函数对象的调用来更新最大项。

6.4.3 二分搜索

binarySearch 使用二分搜索并返回匹配项的下标，如果没有找到项则返回一个负数。

二分搜索的 Collections API 实现是静态方法 Arrays.binarySearch。实际上有 7 个重载版本——除 boolean 之外的每个基本类型都有一个，再加上用于 Object 的两个重载版本（一个与比较器一起作用，一个使用默认比较器）。我们将实现 Object 版本（使用泛型），另外 7 个机械地进行复制和粘贴即可。

通常，进行二分搜索的数组必须是有序的。如果它无序，则结果没有定义（验证数组是有序的会破坏操作的对数时间界）。

如果对项的搜索是成功的，则返回匹配项的下标。如果搜索不成功，我们确定第一个较大项的位置，再加 1，然后取这个值的负数并返回。所以，返回值永远是负的，因为它最大是 −1（如果正搜索的项小于所有其他的项，则发生这种情况），且最小为 -a.length-1（如果正搜索的项大于所有其他的项，则发生这种情况）。

实现如图 6.15 所示。与 max 例程的情况一样，两个参数的 binarySearch 调用三个参数的 binarySearch（见第 17 行和第 18 行）。三个参数的二分搜索例程与图 5.12 中的实现相似。在 Java 5 中，两个参数的版本没有使用泛型。相反，所有的类型都是 Object。但我们的泛型实现似乎更有意义。Java 5 中三个参数的版本是泛型的。

```
 1  package weiss.util;
 2
 3  /**
 4   * 含有操作于数组的
 5   * 静态方法的无实例类
 6   */
 7  public class Arrays
 8  {
 9      private Arrays( ) { }
10
11      /**
12       * 使用默认的比较器，搜索有序数组 arr
13       */
14      public static <AnyType extends Comparable<AnyType>> int
15      binarySearch( AnyType [ ] arr, AnyType x )
16      {
17          return binarySearch( arr, x,
18                  new Collections.DefaultComparator<AnyType>( ) );
19      }
20
21      /**
22       * 使用比较器，在有序数组 arr 上执行搜索
23       * 如果 arr 无序，则结果未定义
24       * @param arr：要搜索的数组
25       * @param x：要查找的对象
26       * @param cmp：比较器
27       * @return：如果找到 x，则返回所在的下标
28       * 否则，返回一个负数，其值等于 -( p + 1 )
29       * 其中 p 是大于 x 的第一个位置
30       * 这个范围从 -1 到 -(arr.length+1)
31       * @throws ClassCastException：如果项不能进行比较
32       */
33      public static <AnyType> int
34      binarySearch( AnyType [ ] arr, AnyType x, Comparator<? super AnyType> cmp )
35      {
36          int low = 0, mid = 0;
37          int high = arr.length;
38
39          while( low < high )
40          {
41              mid = ( low + high ) / 2;
42              if( cmp.compare( x, arr[ mid ] ) > 0 )
43                  low = mid + 1;
44              else
45                  high = mid;
46          }
47          if( low == arr.length || cmp.compare( x, arr[ low ] ) != 0 )
48              return - ( low + 1 );
49          return low;
50      }
51  }
```

图 6.15　Arrays 类中 binarySearch 方法的实现

我们将在 10.1 节使用 binarySearch 方法。

6.4.4 排序

> Arrays 类包含一组对数组进行操作的静态方法。

Collections API 在 Arrays 类中提供了一组重载的 sort 方法。只需传递一个基本类型的数组，或实现了 Comparable 的 Objects 数组，或 Objects 数组和一个 Comparator。我们在自己的 Arrays 类中没有提供 sort 方法。

```
void sort( Object [ ] arr )
```

使用自然序，以有序次序重排数组中的元素。

```
void sort( Objects [] arr, Comparable cmp )
```

使用比较器指定的次序，以有序次序重排数组中的元素。
在 Java 5 中，这些方法都写为泛型方法。泛型排序算法需要在 $O(N\log N)$ 时间内运行。

6.5 List 接口

> 线性表是项的一个集合，其中项都有位置。
> List 接口扩展了 Collection 接口，并且抽象了位置的概念。

线性表（list）是项的一个集合，其中项都有位置。线性表最显而易见的示例是数组。在数组中，项放置在位置 0、1 等处。

List 接口扩展了 Collection 接口，并且抽象了位置概念。java.util 中的接口给 Collection 接口增加了许多方法。我们满足于添加图 6.16 中所示的三个方法。

```
1  package weiss.util;
2
3  /**
4   * List 接口。包含的内容远少于 java.util
5   */
6  public interface List<AnyType> extends Collection<AnyType>
7  {
8      AnyType get( int idx );
9      AnyType set( int idx, AnyType newVal );
10
11     /**
12      * 获得一个 ListIterator 对象
13      * 用于双向遍历集合
14      * @return：一个迭代器
15      *          定位在请求元素的前面
16      * @param pos：迭代器开始的下标
17      *          使用 size() 去完成反向遍历
18      *          使用 0 去完成向前的遍历
19      * @throws IndexOutOfBoundsException：如果
20      *          pos 不在 0 到 size()（含）的范围内
21      */
22     ListIterator<AnyType> listIterator( int pos );
23  }
```

图 6.16 List 接口示例

前两个方法是 get 和 set，它们类似在 ArrayList 中已经见过的方法。第三个方法返回一个更灵活的迭代器 ListIterator。

6.5.1 ListIterator 接口

ListIterator 是 Iterator 的双向版本。

如图 6.17 所示，ListIterator 就像是一个 Iterator，除了它是双向的之外。所以我们可以前进和后退。因此，必须给创建它的 listIterator 工厂方法一个值，逻辑上等于正向已经访问过的元素个数。如果这个值是 0，则 ListIterator 在前端初始化，就像 Iterator 一样。如果这个值是 List 的大小，则迭代器初始化为已经正向处理过所有的元素。因此，在这种状态下，hasNext 返回 false，但我们可以使用 hasPrevious 和 previous 反向遍历线性表。

```java
 1  package weiss.util;
 2
 3  /**
 4   * 用于 List 接口的 ListIterator 接口
 5   */
 6  public interface ListIterator<AnyType> extends Iterator<AnyType>
 7  {
 8      /**
 9       * 当反向迭代时
10       * 测试集合中是否还有更多的项
11       * @return true：如果反向遍历时
12       * 集合中还有更多的项
13       */
14      boolean hasPrevious( );
15
16      /**
17       * 获得集合中的前一项
18       * @return：集合中的前一项（尚未见到的）
19       * 当反向遍历时
20       */
21      AnyType previous( );
22
23      /**
24       * 删除 next 或 previous 返回的最后一项
25       * 在 next 或 previous 之后只能调用一次
26       */
27      void remove( );
28  }
```

图 6.17　ListIterator 接口示例

图 6.18 说明，我们可以使用 itr1 来正向遍历线性表，然后一旦到达尾端，就可以反向遍历线性表。它还说明了位置在尾端的 itr2，简单地反向处理 ArrayList。最后，展示了增强的 for 循环。

```java
 1  import java.util.ArrayList;
 2  import java.util.ListIterator;
 3
 4  class TestArrayList
 5  {
 6      public static void main( String [ ] args )
 7      {
 8          ArrayList<Integer> lst = new ArrayList<Integer>( );
 9          lst.add( 2 ); lst.add( 4 );
10          ListIterator<Integer> itr1 = lst.listIterator( 0 );
11          ListIterator<Integer> itr2 = lst.listIterator( lst.size( ) );
12
13          System.out.print( "Forward: " );
14          while( itr1.hasNext( ) )
```

图 6.18　演示双向迭代的示例程序

```
15              System.out.print( itr1.next( ) + " " );
16          System.out.println( );
17
18          System.out.print( "Backward: " );
19          while( itr1.hasPrevious( ) )
20              System.out.print( itr1.previous( ) + " " );
21          System.out.println( );
22
23          System.out.print( "Backward: " );
24          while( itr2.hasPrevious( ) )
25              System.out.print( itr2.previous( ) + " " );
26          System.out.println( );
27
28          System.out.print( "Forward: ");
29          for( Integer x : lst )
30              System.out.print( x + " " );
31          System.out.println( );
32      }
33 }
```

图 6.18　演示双向迭代的示例程序（续）

ListIterator 的一个困难是，remove 的语义必须稍微改变一下。新的语义是，remove 从 List 中删除调用 next 或 previous 返回的最后一个对象，并且在调用 next 或 previous 之间，remove 只能被调用一次。为了重写为 remove 而生成的 javadoc 输出，应将 remove 列在 ListIterator 接口中。

图 6.17 中的接口仅是部分接口。在 ListIterator 中有一些额外的方法没有在本书中讨论，但它们用在整个的练习中。这些方法包括 add 和 set，它们允许用户在迭代器所在的当前位置对 List 进行更改。

6.5.2　LinkedList 类

> LinkedList 类实现了一个链表。
> 链表用来避免数据的大量移动。它保存项，每个项有一个额外的引用开销。
> ArrayList 和 LinkedList 之间的基本权衡是，LinkedList 不能高效地支持 get，但 LinkedList 能更高效地支持在容器中间位置的插入和删除。
> 通过迭代器类可以访问线性表。

Collections API 中有两个基本的 List 实现。一个实现是 ArrayList，我们已经见过了。另一个是 LinkedList，在内部它保存项的方式与 ArrayList 不同，因此产生性能权衡。第三个版本是 Vector，它类似 ArrayList，但来自更老的库，且它的存在主要是为了与遗留（旧）的代码兼容。使用 Vector 不再流行。

如果插入仅在数组的高端（使用 add）执行，则 ArrayList 可能很合适，原因在 2.4.3 节讨论过。如果在高端的插入超出了内部容量，则 ArrayList 会倍增内部数组的容量。虽然这提供了好的大 O 性能，特别是如果我们添加一个构造方法允许调用者给出内部数组的初始容量，但是如果插入不在尾端，则 ArrayList 是一个糟糕的选择，因为我们必须移动项，让其腾出位置。

在链表中，我们非连续地保存项，而不是像通常在连续数组中那样。为此，我们将每个对象保存在一个结点（node）中，结点中含有对象和指向链表中下一个结点的引用，如图 6.19 所示。在这种方案中，我们维护指向链表中第一个结点和最后一个结点的引用。

更具体来看，一个典型的结点如下所示：

```
class ListNode
{
    Object   data;   // 一些元素
    ListNode next;
}
```

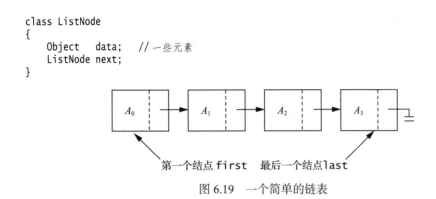

图 6.19　一个简单的链表

任何时刻，都可以像下面这样，将 x 添加为新的最后一项：

```
last.next = new ListNode( ); // 附加一个新的 ListNode
last = last.next;            // 调整 last 的值
last.data = x;               // 将 x 放到结点中
last.next = null;            // 这是最后一个结点，调整 next 的值
```

现在，查找任何项再也不会在一次访问中完成了。相反，我们必须沿着链表扫描。这类似在小型磁盘（一次访问）或磁带（顺序访问）上访问一个项的区别。虽然这可能会让链表不如数组有吸引力，但链表仍具有优势。首先，在链表中间的插入不需要移动插入点之后的所有项。实际上，数据移动的代价是十分昂贵的，而链表仅需要几个赋值语句就能完成插入。

比较 ArrayList 和 LinkedList，我们看到，在序列的中间插入和删除时，在 ArrayList 中效率低下，但在 LinkedList 中可以高效完成。不过，ArrayList 允许通过下标直接访问，但 LinkedList 不可以。在 Collections API 中，get 和 set 恰好是 List 接口的一部分，所以 LinkedList 支持这些操作，但执行起来非常慢。所以除非需要使用高效的下标，否则总可以使用 LinkedList。如果插入仅出现在尾端，则 ArrayList 仍是一个更好的选择。

要访问链表中的项，我们需要指向相应结点的引用，而不是下标。指向结点的引用通常隐藏在迭代器类中。

因为 LinkedList 可以更高效地执行 add 和 remove，所以它比 ArrayList 有更多的操作。LinkedList 中一些可用的额外操作如下所示。

void addLast(AnyType element)

在本 LinkedList 的最后添加 element。

void addFirst(AnyType element)

在本 LinkedList 的前面添加 element。

AnyType getFirst( )
AnyType element( )

返回本 LinkedList 中的第一个元素。element 是 Java 5 新添加的。

AnyType getLast( )

返回本 LinkedList 中的最后一个元素。

AnyType removeFirst( )
AnyType remove( )

从本 LinkedList 中删除并返回第一个元素。remove 是 Java 5 新添加的。

AnyType removeLast( )

从本 LinkedList 中删除并返回最后一个元素。

我们将在本书第四部分实现 LinkedList 类。

6.5.3 List 的运行时间

在 6.5.2 节，我们看到，对有些操作，ArrayList 是比 LinkedList 更好的选择，而对另外一些操作，LinkedList 是比 ArrayList 更好的选择。本节，我们将用大 O 来分析运行时间，而不是非正式地讨论时间。开始时，我们主要关注以下操作子集：

- add（在尾端）。
- add（在前端）。
- remove（在尾端）。
- remove（在前端）。
- get 和 set。
- contains。

ArrayList 开销

对于 ArrayList，在尾端添加只是将一个项放在数组下一个可用位置中，并增大当前大小。偶尔，我们必须调整数组的容量，但因为这是一种极其罕见的操作，所以可以认为它不影响运行时间。因此，在 ArrayList 尾部进行添加的开销不依赖 ArrayList 中保存的项的个数，所以运行时间为 $O(1)$。

类似地，从 ArrayList 尾部删除，只需减小当前的大小，所以运行时间为 $O(1)$。在 ArrayList 上的 get 和 set 方法变为对数组下标的操作，这些通常花费常数时间，是运行时间为 $O(1)$ 的操作。

不用说，当我们讨论集合上单个操作的开销时，很难想象有比每个操作运行时间为 $O(1)$（常数时间）更好的了。要想做得更好，就需要随着集合变大，操作实际上变快，真要是这样也太不寻常了。

不过，并不是 ArrayList 上所有操作的运行时间都为 $O(1)$。正如我们看到的，如果在 ArrayList 的前端添加，则 ArrayList 中的每个元素都必须移向下标更大的一个位置。所以，如果在 ArrayList 中有 N 个元素，在前端添加是运行时间为 $O(N)$ 的操作。类似地，从 ArrayList 前端删除需要将所有元素移向更小的下标处，这也是运行时间为 $O(N)$ 的操作。而且在 ArrayList 上的 contains 是运行时间为 $O(N)$ 的操作，因为我们可能必须顺序检查 ArrayList 中的每个项。

不用说，每个操作的运行时间为 $O(N)$ 不如每个操作的运行时间为 $O(1)$ 好。事实上，当考虑到 contains 操作是运行时间为 $O(N)$ 的操作且基本上是一个穷举搜索时，那么可以说，对一个基本集合来说，每个操作运行时间都为 $O(N)$ 就是最坏的情况了。

LinkedList 开销

如果我们查看 LinkedList 操作，可以看到，不论在前端还是后端，添加都是运行时间为 $O(1)$ 的操作。要在前端添加，我们只需创建一个新结点，并将它添加在前端，更新 first。这个操作不依赖知道线性表中有多少后续结点。要在尾端添加，只需创建一个新结点，并将它添加到尾端，调整 last。

删除链表中的第一个项同样也是运行时间为 $O(1)$ 的操作，因为我们仅需将 first 前移到链表中的下一个结点。删除链表中的最后一项，似乎也是运行时间为 $O(1)$ 的操作，因为我们需要将 last 移动到倒数第二个结点，且更新 next 链接。不过，在链表中找到倒数第二个结点是不容易的，如图 6.19 所示。

在典型的链表中，每个结点都保存一个指向其下一个结点的链接，有一个指向最后结点的链接，但没有提供倒数第二个结点的任何信息。维护第三个链接让其指向倒数第二个结点这种显而易见的想法是不起作用的，因为在删除过程中它也必须更新。相反，我们让链表中每个结点维护一个指向前一结点的链接。如图 6.20 所示，这称为双向链表（doubly linked list）。

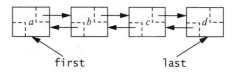

图 6.20　一个双向链表

在双向链表中，在任何一端的 add 和 remove 操作都花费 $O(1)$ 时间。不过，如我们所知，也存在权衡，因为 get 和 set 不再高效。不是在整个数组内都直接访问，而是必须沿着链接访问。有些情况下，我们可以选择从尾端而不是从前端来优化这个过程，但如果 get 或 set 是处理接近链表中间的项，则它必须花费 $O(N)$ 的时间。

在链表中执行 contains，与在 ArrayList 中是一样的：基本的算法是顺序搜索，可能要检查每个项，所以是一个运行时间为 $O(N)$ 的操作。

ArrayList 和 LinkedList 开销比较

图 6.21 比较了 ArrayList 和 LinkedList 中单个操作的运行时间。

	ArrayList	LinkedList
在尾端 add/remove	$O(1)$	$O(1)$
在前端 add/remove	$O(N)$	$O(1)$
get/set	$O(1)$	$O(N)$
contains	$O(N)$	$O(N)$

图 6.21　ArrayList 和 LinkedList 中单个操作的开销

为了了解在更大的例程中使用 ArrayList 和 LinkedList 的区别，我们查看在 List 上进行操作的一些方法。首先，假设我们通过在尾端添加项来构造一个 List。

```
public static void makeList1( List<Integer> lst, int N )
{
    lst.clear( );
    for( int i = 0; i < N; i++ )
        lst.add( i );
}
```

不管参数传递的是 ArrayList 还是 LinkedList，makeList1 的运行时间都是 $O(N)$，因为每次调用 add 时，都在线性表的尾端进行，都花费常数时间。另一方面，如果我们在前端添加项来构造一个 List，

```
public static void makeList2( List<Integer> lst, int N )
{
    lst.clear( );
    for( int i = 0; i < N; i++ )
        lst.add( 0, i );
}
```

则对于 LinkedList 来说，运行时间是 $O(N)$，而对于 ArrayList 来说，运行时间是 $O(N^2)$，因为在 ArrayList 中，在前端添加项是一个运行时间为 $O(N)$ 的操作。

下一个例程尝试计算 List 中各数的和：

```
public static int sum( List<Integer> lst )
{
    int total = 0;
    for( int i = 0; i < N; i++ )
        total += lst.get( i );
}
```

这里，对于 ArrayList 来说，运行时间是 $O(N)$，但对于 LinkedList 来说，运行时间是 $O(N^2)$，因为在 LinkedList 中，调用 get 是运行时间为 $O(N)$ 的操作。相反，使用增强的 for 循环，能使任何 List 的运行时间为 $O(N)$，因为迭代器将高效地从一个项前进到下一个项。

6.5.4　在 List 的中间进行删除和插入

List 接口含有两个操作：

```
void add( int idx, AnyType x );
void remove( int idx );
```

允许将一个项添加到指定下标以及从指定下标删除一个项。对于 ArrayList，这些操作通常是运行时间为 $O(N)$ 的操作，因为需要进行项的移动。

对于 LinkedList，原则上，如果我们知道要在哪里改变，则应该能通过拼接链表中的链接而高效地进行。例如，容易看出，从双向链表中删除一个结点，原则上需要改变这个结点前后的链接。不过，这些操作在 LinkedList 中仍是运行时间为 $O(N)$ 的操作，因为要花 $O(N)$ 的时间去找到这个结点。

这是 Iterator 提供一个 remove 方法的确切原因。其思想是，一个项的删除常常在我们检查了它并决定丢弃它之后。这类似从地上捡起东西的想法：当你搜索地面时，如果看到一个物品，会立即捡起来，因为你已经站在那里了。

作为一个例子，我们提供一个例程，删除线性表中所有的偶数值项。所以，如果线性表中含有 6, 5, 1, 4, 2，则调用方法后，它将含有 5, 1。

当遇到项时将其从线性表中删除的算法，可以有几种可能的想法。当然，一个想法是，构造一个新的含有所有奇数的线性表，然后清空原来的线性表，并将奇数复制回来。但我们对编写一个简洁的版本更感兴趣，避免进行复制，而是在遇到项时从线性表中删除它们。

对 ArrayList 来说，这几乎肯定是一个失败的策略，因为从 ArrayList 的几乎任何位置删除，都很费时。（可以为 ArrayList 设计一个不同的算法，原地工作，但现在我们不考虑这个。）在 LinkedList 中还是有希望的，因为如我们所知，从已知位置删除可以通过重排链接而高效地完成。

图 6.22 展示了第一次尝试。如预期的那样，在 ArrayList 上，remove 的效率不高，所以例程花费二次时间。LinkedList 暴露了两个问题。第一，调用 get 的效率不高，所以例程花费二次时间。第二，调用 remove 也同样效率不高，因为如我们所见，到达位置 i 是费时的。

```
1  public static void removeEvensVer1( List<Integer> lst )
2  {
3      int i = 0;
4      while( i < lst.size( ) )
5          if( lst.get( i ) % 2 == 0 )
6              lst.remove( i );
7          else
8              i++;
9  }
```

图 6.22　删除线性表中的偶数，在所有类型的线性表上算法都是二次的

图 6.23 展示了纠正问题的一次尝试。不是使用 get，而是使用迭代器去单步遍历线性表。这是高效的。然而我们使用 Collection 的 remove 方法删除偶数值的项。这不是个高效操作，因为 remove 方法必须再次搜索项，而这是线性时间。但是，如果我们执行代码，会发现情况更糟：程序会产生 ConcurrentModificationException。因为当删除一个项时，增强的 for 循环使用的底层迭代器失效了。（图 6.22 中的代码解释了原因，我们不能指望增强的 for 循环理解，只有在不删除项的时候它才能前进。）

```
1  public static void removeEvensVer2( List<Integer> lst )
2  {
3      for( Integer x : lst )
4          if( x % 2 == 0 )
5              lst.remove( x );
6  }
```

图 6.23   删除线性表中的偶数，因为产生 ConcurrentModificationException 所以不起作用

图 6.24 展示了可行的一个想法，在迭代器找到一个偶数值项后，我们可以使用迭代器删除它刚刚看到的这个值。对于 LinkedList，调用迭代器的 remove 方法仅为常数时间，因为迭代器位于（或靠近）需要删除的这个结点。所以，对于 LinkedList，整个的例程花费线性时间，而不是二次时间。

```
1  public static void removeEvensVer3( List<Integer> lst )
2  {
3      Iterator<Integer> itr = lst.iterator( );
4
5      while( itr.hasNext( ) )
6      if( itr.next( ) % 2 == 0 )
7      itr.remove( );
8  }
```

图 6.24   删除线性表中的偶数，在 ArrayList 上是二次时间，但对于 LinkedList 是线性时间

对于 ArrayList，即使迭代器位于要被删除的点，remove 仍是费时的，因为必须移动数组项，所以如预期的那样，对于 ArrayList 整个例程仍花费二次时间。

如果我们执行图 6.24 中的代码，传递一个 LinkedList<Integer>，则对于 400 000 个项的 list，费时 0.015s，对于 800 000 个项的 LinkedList，费时 0.031s，这显然是一个线性时间例程，因为运行时间的增长倍数与输入规模的增长倍数相同。当传递一个 ArrayList<Integer> 时，对于 400 000 个项的 ArrayList，例程花费 1.25min。对于 800 000 个项的 ArrayList，费时约 5min。当输入仅增长两倍时，运行时间增长 4 倍，这与二次时间的行为一致。

对于 add 操作也会出现类似的情形。Iterator 接口没有提供 add 方法，但 ListIterator 提供了。在图 6.17 中我们没有展示那个方法，但练习 6.23 将要求你使用它。

6.6   栈和队列

本节，我们描述两个容器——栈和队列。原则上，两个都有非常简单的接口（但不在 Collections API 中）和非常高效的实现。虽然简单，但正如我们将要看到的，它们是非常有用的数据结构。

6.6.1   栈

> 栈限制对最近插入的项进行访问。
>
> 栈操作花费常数时间。

栈（stack）是一种数据结构，其限制只能对最近插入的项进行访问。它的行为非常像常见的一叠账单、一摞盘子或是一摞报纸。添加到栈中的最后一项放在最上面，很容易访问，而已经在栈中一段时间的项更难访问。所以如果我们期望仅访问最上面的项，则使用栈是合适的，所有其他的项都是不可访问的。

在栈中，三个自然操作 insert、remove 和 find 改为 push、pop 和 top。这些基本的操作如图 6.25 所示。

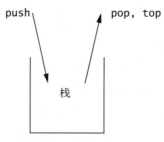

图 6.25   栈模型：由 push 完成输入到栈，由 top 完成输出，由 pop 完成删除

显示在图 6.26 中的接口说明了典型的协议。它类似前面在图 6.1 中见过的协议。通过入栈项然后再弹出它们，我们可以使用栈来颠倒事物的顺序。

```
1  //栈协议
2
3  package weiss.nonstandard;
4
5  public interface Stack<AnyType>
6  {
7      void     push( AnyType x ); // 插入
8      void     pop( );            // 删除
9      AnyType  top( );            // 查找
10     AnyType  topAndPop( );      // 查找 + 删除
11
12     boolean  isEmpty( );
13     void     makeEmpty( );
14  }
```

图 6.26   用于栈的协议

栈的每个操作都应该花费常数时间，与栈中项的个数无关。打个比方，在一摞报纸中找到今天的报纸是很快的，不管这一摞堆得有多高。不过，不能有效支持对栈中的任意访问，所以我们没有将它作为选项列在协议中。

栈用于仅需访问最近插入的项的许多应用程序中。栈的一个重要用途是在编译器设计中。

6.6.2   栈和计算机语言

> 可以用栈来检查不平衡符号。
> 在大多数程序设计语言中，栈用来实现方法调用。
> 运算符优先级解析算法使用栈来计算表达式。

编译器检查程序的语法错误。不过，通常缺少一个符号（如，缺少注释结束符 */ 或 }）会导致编译器涌出上百行诊断代码，但就是没有找到真正的错误，当使用匿名类时尤其如此。

这种情况下一个有用的工具是一个程序，它检查所有的代码是不是平衡的，即每个 { 对应于一个 }，每个 [对应于一个]，等等。序列 [()] 是合法的，但 [(]) 不合法——所以仅简单地计算每个符号的个数是不行的。（假设现在，我们只处理一个符号序列，而不担心诸如字符常量 '{' 不需要匹配 '}' 这样的问题。）

栈对于检查不平衡符号很有用，因为我们知道，当看到如) 这样的闭符号时，它匹配最近看到的开符号。所以，通过将开符号放到栈中，我们就可以容易地检查闭符号是否有意义。具体来说，我们有如下的算法。

1. 令栈为空。

2. 读取符号，直到到达文件尾。

a. 如果符号是开符号，则将其入栈。

b. 如果它是闭符号，且栈为空，则报告错误。

c. 否则，弹出栈。如果弹出的符号不是对应的开符号，则报告错误。

3. 到达文件尾时，如果栈不空，则报告错误。

在 11.1 节，我们将开发这个算法，使其适用于（几乎）所有的 Java 程序。详细信息包括错误报告、注释、字符串及字符常量的处理和转义字符。

检查平衡符号的算法，提出了一种实现方法调用的方式。问题是，当调用新方法时，调用方法的所有局部变量都必须由系统保存，否则新方法将覆盖调用程序的变量。因此，必须保存调用例程的当前位置，以便新方法知道它完成后要去哪里。这个问题类似平衡符号，因为方法调用和方法返回本质上与开括号和闭括号是一样的，所以应该采用相同的思想。事实的确如此，如 7.3 节所讨论的，在大多数程序设计语言中，栈用来实现方法调用。

栈的最后一个重要应用是在计算机语言中的表达式计算。在表达式 1+2*3 中，我们看到，遇到 * 时，我们已经读入了运算符 + 和操作数 1 和 2。* 是对 2 操作还是对 1+2 操作？优先级规则告诉我们，* 对 2 进行操作，这是最近见到的操作数。读过 3 之后，我们可以计算 2*3 为 6，然后应用 + 运算符。这个过程表明，操作数和中间结果应该保存在栈上。这还表明，运算符要保存在栈上（因为 + 要一直保持，直到更高优先级的 * 计算完毕）。使用这个策略的一个算法是运算符优先级解析（operator precedence parsing），将在 11.2 节描述。

6.6.3　队列

> 队列限制对最远插入项的访问。
>
> 队列操作花费常数时间。

另一个简单的数据结构是队列（queue），它限制对最远插入项的访问。许多情形下，能够找到并 / 或删除最近插入的项是重要的。但在同样多的情形下，它不仅不重要，实际上这样做还是错误的。例如，在多道程序系统中，当作用提交给打印机时，我们希望最先打印最早的或级别最高的作业。这个次序不仅要公平，还必须保证第一个作业不会永远等待。所以，你可以期望在所有大型系统中都能发现打印机队列。

队列支持的基本操作如下：

* enqueue，在队列最后插入。
* dequeue，在队列最前面删除项。
* getFront，访问队列最前面的项。

图 6.27 说明了这些队列操作。历史上，dequeue 和 getFront 已经合并为一个操作，我们采取的是让 dequeue 返回指向被删除项的引用。

图 6.27　队列模型：由 enqueue 完成输入，由 getFront 完成输出，由 dequeue 完成删除

因为队列操作和栈的操作受到类似的限制，所以我们希望它们在每个查询中应该花费常数时间。事实确实如此。队列的所有基本操作都花费 $O(1)$ 时间。我们将在案例研究中看到队列的几个应用。

6.6.4　Collections API 中的栈和队列

> Collections API 提供了一个 Stack 类，但没有队列类。Java 5 添加了一个 Queue 接口。

Collections API 提供了一个 Stack 类，但没有队列类。Stack 类的方法是 push、pop 和 peek。不过，Stack 类扩展了 Vector，且速度比需要的慢。和 Vector 一样，它的使用不再流行，且可以用 List 操作来替代。在 Java 1.4 之前，java.util 唯一支持的队列操作是使用 LinkedList（例如 addLast、removeFirst 和 getFirst）。Java 5 添加了 Queue 接口，其中的一部分如图 6.28 所示。不过，我们仍必须使用 LinkedList 方法。新的方法是 add、remove 和 element。

```
1  package weiss.util;
2
3  /**
4   * Queue 接口
5   */
6  public interface Queue<AnyType> extends Collection<AnyType>
7  {
8      /**
9       * 返回但不删除
10      * 队列中"front"处的项
11      * @return：队头项，或 null：如果队列为空
12      * @throws NoSuchElementException：如果队列为空
13      */
14     AnyType element( );
15
16     /**
17      * 返回并删除
18      * 队列中"front"处的项
19      * @return：队头项
20      * @throws NoSuchElementException：如果队列为空
21      */
22     AnyType remove( );
23 }
```

图 6.28　可能的 Queue 接口

6.7　集合

> Set 不包含重复值。
> SortedSet 是一个有序的容器。它不允许重复值。

集合是不包含重复值的一个容器。它支持所有的 Collection 方法。最重要的是，回想我们在 6.5.3 节讨论的，List 中 contains 的效率不高，不管 List 是 ArrayList 还是 LinkedList。Set 的库实现是希望能高效支持 contains。类似地，Collection 中用于 List 的 remove 方法（其参数是指定的对象，而不是指定的索引）效率不高，因为隐含着 remove 要做的第一件事必须是找到要删除的项，本质上，这会让 remove 至少与 contains 一样困难。对于 Set，也希望能高效地实现 remove。最后，希望 add 有个高效的实现方案。Java 中没有语法可用来规定一个操作必须满足时间限制，或不能含有重复值。所以图 6.29 说明，Set 接口所做的也仅仅是声明了一个类型。

```
1  package weiss.util;
2
3  /**
4   * Set 接口
5   */
6  public interface Set<AnyType> extends Collection<AnyType>
7  {
8  }
```

图 6.29　可能的 Set 接口

SortedSet 是（在内部）按序维护项的一个 Set。添加到 SortedSet 中的对象必须是可比

较的，或当容器实例化时已经提供了 Comparator。SortedSet 支持 Set 的所有方法，但它的迭代器可以保证能按照排序次序遍历项。SortedSet 还允许我们找到最小和最大的项。用于我们的 SortedSet 子集的接口显示在图 6.30 中。

```
1   package weiss.util;
2
3   /**
4    * SortedSet 接口
5    */
6   public interface SortedSet<AnyType> extends Set<AnyType>
7   {
8       /**
9        * 返回本 SortedSet 使用的比较器
10       * @return：比较器
11       * 或如果使用默认比较器，则返回 null
12       */
13      Comparator<? super AnyType> comparator( );
14
15      /**
16       * 查找集合中的最小项
17       * @return：最小项
18       * @throws NoSuchElementException：如果集合为空
19       */
20      AnyType first( );
21
22      /**
23       * 查找集合中的最大项
24       * @return：最大项
25       * @throws NoSuchElementException：如果集合为空
26       */
27      AnyType last( );
28  }
```

图 6.30　可能的 SortedSet 接口

6.7.1　TreeSet 类

TreeSet 实现了 SortedSet。
我们还可以使用二叉搜索树在对数时间内访问第 K 小的项。

SortedSet 由 TreeSet 实现。TreeSet 的底层实现是一棵平衡二叉搜索树，这将在第 19 章讨论。

默认情况下，排序使用默认的比较器。可以给构造方法提供一个比较器，用来指定替代的排序次序。例如，图 6.31 说明了如何构造保存字符串的 SortedSet。调用 printCollection 将按降序有序输出元素。

```
1   public static void main( String [] args )
2   {
3       Set<String> s = new TreeSet<String>( Collections.reverseOrder( ) );
4       s.add( "joe" );
5       s.add( "bob" );
6       s.add( "hal" );
7       printCollection( s );    // 图 6.11
8   }
```

图 6.31　TreeSet 的说明，使用逆序

与所有的 Set 一样，SortedSet 不允许有重复值。如果比较器的 compare 方法返回 0，则

认为两个项是相等的。

在 5.6 节，我们研究了静态搜索问题，并看到如果项是按序提供的，则我们可以用对数最差情形时间支持 find 操作。这是静态搜索，因为一旦我们提供了项，就不会添加或删除项。SortedSet 允许我们添加及删除项。

我们希望，contains、add 和 remove 操作最差情形的开销是 $O(logN)$，因为这能与静态二分搜索得到的界相匹配。不幸的是，对于 TreeSet 最简单的实现，情况却不是这样的。平均情形是对数的，但最差情形是 $O(N)$，且出现得相当频繁。不过，通过应用某些算法技巧，我们可以得到更复杂的结构，其确实有每操作 $O(logN)$ 的开销。Collections API TreeSet 可以保证具有这个性能，在第 19 章，我们讨论如何使用二叉搜索树及其变形来得到它，并提供带迭代器的 TreeSet 的一种实现。

最后我们提到，虽然可以在 $O(logN)$ 时间内找到 SortedSet 的最小项和最大项，但在 Collections API 中不支持查找第 K 小项的操作，其中 K 是参数。不过，我们多做一点工作的话，这个操作可以在 $O(logN)$ 时间内执行，同时其他操作的运行时间保持不变。

6.7.2 HashSet 类

> HashSet 实现了 Set 接口。它不需要比较器。

除了 TreeSet，Collections API 还提供了 HashSet 类，它也实现了 Set 接口。HashSet 不同于 TreeSet 的地方是，不能用它按排序的次序枚举项，也不能用它获取最小项或最大项。实际上，在 HashSet 中的项不必以任何方式进行比较。这意味着，HashSet 不如 TreeSet 的能力强。如果能以排序次序枚举 Set 中的项这一点不重要，则通常最好使用 HashSet，因为不必维护排序顺序可以让 HashSet 获得一个更快的性能。为此，放在 HashSet 中的元素必须为 HashSet 算法提供线索。让每个元素实现一个特殊的 hashCode 方法就可以做到这一点，在本节的后面将会描述这个方法。

图 6.32 说明了 HashSet 的使用。它保证，如果我们对整个 HashSet 进行迭代，则可以看到每个项一次，但看到的项的次序是未知的。几乎可以肯定的是，次序既不会和插入次序一样，也不会和排序次序一样。

和所有 Set 一样，HashSet 不允许重复值。如果 equals 评判两个项相等，则认为两个项相等。所以插入 HashSet 中的任何对象必须有一个正确重写的 equals 方法。

```
1  public static void main( String [] args )
2  {
3      Set<String> s = new HashSet<String>( );
4      s.add( "joe" );
5      s.add( "bob" );
6      s.add( "hal" );
7      printCollection( s );    // 图 6.11
8  }
```

图 6.32 HashSet 的一个示例，按某种次序输出项

回想一下，在 4.9 节我们讨论了重写 equals 方法（提供带一个 Object 作为参数的新版本）而不是重载它是多么重要。

实现 equals 和 hashCode

> equals 必须是对称的，当涉及继承时，这非常棘手。
> 方案 1 不重写基类下的 equals。方案 2 要求使用 getClass 时必须是相同类型的对象。
> 如果重写了 equals，那么也必须重写 hashCode 方法，否则 HashSet 就失效了。

当涉及继承时，重写 equals 非常棘手。equals 的约定是，如果 p 和 q 不是 null，则 p.equals(q) 应该返回与 q.equals(p) 相同的值。图 6.33 中没有出现这样的情况。在那个示例中，显然，b.equals(c) 返回 true，如预期的那样。a.equals(b) 也返回 true，因为使

用的是 BaseClass 类的 equals 方法，而它只比较 x 组件。不过，b.equals(a) 返回 false，因为使用的是 DerivedClass 类的 equals 方法，第 29 行的 instanceof 测试将失败（a 不是 DerivedClass 的实例）。

```java
 1  class BaseClass
 2  {
 3      public BaseClass( int i )
 4        { x = i; }
 5
 6      public boolean equals( Object rhs )
 7      {
 8          // 这是错误的测试（如果是终极类，则可以）
 9          if( !( rhs instanceof BaseClass ) )
10              return false;
11
12          return x == ( (BaseClass) rhs ).x;
13      }
14
15      private int x;
16  }
17
18  class DerivedClass extends BaseClass
19  {
20      public DerivedClass( int i, int j )
21      {
22          super( i );
23          y = j;
24      }
25
26      public boolean equals( Object rhs )
27      {
28          // 这是错误的测试
29          if( !( rhs instanceof DerivedClass ) )
30              return false;
31
32          return super.equals( rhs ) &&
33                  y == ( (DerivedClass) rhs ).y;
34      }
35
36      private int y;
37  }
38
39  public class EqualsWithInheritance
40  {
41      public static void main( String [ ] args )
42      {
43          BaseClass a = new BaseClass( 5 );
44          DerivedClass b = new DerivedClass( 5, 8 );
45          DerivedClass c = new DerivedClass( 5, 8 );
46
47          System.out.println( "b.equals(c): " + b.equals( c ) );
48          System.out.println( "a.equals(b): " + a.equals( b ) );
49          System.out.println( "b.equals(a): " + b.equals( a ) );
50      }
51  }
```

图 6.33　equals 的不完美实现的示例

这个问题有两个标准的解决方案。一个是让 equals 方法在 BaseClass 中是终极的。这可以避免 equals 冲突的问题。另一个解决方案是，加强 equals 测试，类型必须是一样的，而不是简单的兼容，因为正是单向兼容破坏了 equals。在这个例子中，BaseClass 和 DerivedClass 对象永远不能声明为相等。图 6.34 展示了一个正确的实现。第 8 行包含惯用的测试。getClass 返回

Class（注意大写 C）类型的一个特殊对象，表示对象所属类的信息。getClass 是 Object 类中的终极方法。如果在两个不同对象上调用它时它返回同一个 Class 实例，则两个对象有相同的类型。

```
1  class BaseClass
2  {
3      public BaseClass( int i )
4        { x = i; }
5
6      public boolean equals( Object rhs )
7      {
8          if( rhs == null || getClass( ) != rhs.getClass( ) )
9              return false;
10
11         return x == ( (BaseClass) rhs ).x;
12     }
13
14     private int x;
15 }
16
17 class DerivedClass extends BaseClass
18 {
19     public DerivedClass( int i, int j )
20     {
21         super( i );
22         y = j;
23     }
24
25     public boolean equals( Object rhs )
26     {
27         // 不需要类测试
28         // 在父类的 equals 中已经进行了 getClass()
29         return super.equals( rhs ) &&
30                 y == ( (DerivedClass) rhs ).y;
31     }
32
33     private int y;
34 }
```

图 6.34   equals 的正确实现

当使用 HashSet 时，我们必须重写 Object 中规范说明的特殊 hashCode 方法，hashCode 返回一个 int。可以将 hashCode 看作关于项所在位置的可信线索。如果这个线索是错误的，则找不到项，所以如果两个对象是相等的，则它们应该提供相同的线索。关于 hashCode 的约定是：如果两个对象被 equals 方法声明为相等的，则 hashCode 方法必须为它们返回相同的值。如果违背了这个约定，那么即使 equals 声明存在一个匹配项，HashSet 也找不到对象。如果 equals 声明对象是不相等的，则 hashCode 方法应该为它们返回不同的值，但这不是必要的。不过，如果 hashCode 对不相等的对象产生相同结果的现象很少出现，则对 HashSet 的性能非常有益。在第 20 章将讨论 hashCode 和 HashSet 是如何交互的。

图 6.35 展示了 SimpleStudent 类，其中，如果两个 SimpleStudent 对象有相同的名字（并且都是 SimpleStudent），则它们是相等的。使用图 6.34 中的技术可以重写这个方法，或将这个方法声明为 final。如果它声明为 final，则给出的测试只允许两个相同类型的 SimpleStudent 才能声明为相等的。对于终极 equals，如果我们用一个 instanceof 测试替换第 40 行的测试，那么，在层次结构中，如果任意两个对象的名称匹配，则可被声明为相等。

第 47 行和第 48 行的 hashCode 方法，简单地使用 name 域的 hashCode。所以如果两个 SimpleStudent 对象具有（如 equals 所声明的）相同的名字，则它们将有相同的 hashCode，这大概是因为 String 的实现者遵守了 hashCode 的约定。

```
1  /**
2   * 用于 HashSet 的测试程序
3   */
4  class IteratorTest
5  {
6      public static void main( String [ ] args )
7      {
8          List<SimpleStudent> stud1 = new ArrayList<SimpleStudent>( );
9          stud1.add( new SimpleStudent( "Bob", 0 ) );
10         stud1.add( new SimpleStudent( "Joe", 1 ) );
11         stud1.add( new SimpleStudent( "Bob", 2 ) ); // 重复
12
13             // 如果实现了 hashCode, 则仅有 2 项
14             // 否则将有 3 项
15             // 因为不会检测到重复
16         Set<SimpleStudent>  stud2 = new HashSet<SimpleStudent>( stud1 );
17
18         printCollection( stud1 ); // Bob Joe Bob ( 次序不定 )
19         printCollection( stud2 ); // 次序不定的两个项
20     }
21 }
22
23 /**
24  * 演示在用户定义的类中使用 hashCode/equals
25  * 学生仅根据名字进行排序
26  */
27 class SimpleStudent implements Comparable<SimpleStudent>
28 {
29     String name;
30     int id;
31
32     public SimpleStudent( String n, int i )
33       { name = n; id = i; }
34
35     public String toString( )
36       { return name + " " + id; }
37
38     public boolean equals( Object rhs )
39     {
40         if( rhs == null || getClass( ) != rhs.getClass( ) )
41             return false;
42
43         SimpleStudent other = (SimpleStudent) rhs;
44         return name.equals( other.name );
45     }
46
47     public int hashCode( )
48       { return name.hashCode( ); }
49 }
```

图 6.35　说明了用在 HashSet 中的 equals 和 hashCode

附带的测试程序是演示所有基本容器的更大的测试程序的一部分。注意，如果没有实现 hashCode，则所有三个 SimpleStudent 对象都被添加到 HashSet 中，因为没有检测重复项。

已经证明，平均来说，HashSet 操作可以在常数时间内执行。这似乎是一个令人吃惊的结果，因为这意味着，单个 HashSet 操作的开销不依赖 HashSet 是含有 10 个项还是 10 000 个项。支撑 HashSet 的理论非常吸引人，将在第 20 章描述。

6.8　映射

Map 用来保存由关键字和其值组成的项的集合。Map 将关键字映射到值。

Map.Entry 抽象了映射中配对的概念。
keySet、values 和 entrySet 返回视图。

Map（映射）用来保存由关键字（key）和其值（value）组成的项的集合。Map 将关键字映射到值。关键字必须是唯一的，但多个关键字可以映射到相同的值。所以，值不需要是唯一的。有一个 SortedMap 接口，它以关键字逻辑上有序次序维护映射。

毫不奇怪，有两种实现：HashMap 和 TreeMap。HashMap 没有按排序次序保存关键字，而 TreeMap 则按排序次序保存关键字。为了简单起见，我们没有实现 SortedMap 接口，但实现了 HashMap 和 TreeMap。

Map 可以实现为用配对（pair）（见 3.9 节）来实例化的 Set，其中仅对关键字实现了比较器或 equals/hashCode。Map 接口没有扩展 Collection。相反，它是独立存在的。含有最重要方法的接口示例如图 6.36 和图 6.37 所示。

```java
 1  package weiss.util;
 2
 3  /**
 4   * Map 接口
 5   * 映射保存关键字 / 值对
 6   * 在我们的实现中, 不允许关键字重复
 7   */
 8  public interface Map<KeyType,ValueType> extends java.io.Serializable
 9  {
10      /**
11       * 返回本映射中关键字的数量
12       */
13      int size( );
14
15      /**
16       * 测试本映射是否为空
17       */
18      boolean isEmpty( );
19
20      /**
21       * 测试本映射是否包含给定的关键字
22       */
23      boolean containsKey( KeyType key );
24
25      /**
26       * 返回与关键字匹配的值, 或者
27       * 如果没有找到关键字则返回 null。因为允许 null 值
28       * 所以检查返回值是否为 null
29       * 可能并不是确定关键字是否在映射中的安全方法
30       */
31      ValueType get( KeyType key );
32
33      /**
34       * 将关键字 / 值对添加到映射中
35       * 如果关键字已经存在, 则覆盖原来的值
36       * 返回与关键字相关的旧值
37       * 或者, 如果在本次调用前关键字不存在, 则返回 null
38       */
39      ValueType put( KeyType key, ValueType value );
40
41      /**
42       * 从映射中删除关键字及它的值
43       * 返回与关键字相关的前一个值
44       * 或者, 如果在本次调用前关键字不存在, 则返回 null
45       */
46      ValueType remove( KeyType key );
```

图 6.36 Map 接口的示例（第 1 部分）

```
47      /**
48       *  从映射中删除所有的关键字 / 值对
49       */
50      void clear( );
51
52      /**
53       *  返回映射中的关键字
54       */
55      Set<KeyType> keySet( );
56
57      /**
58       *  返回映射中的值。可能有重复值
59       */
60      Collection<ValueType> values( );
61
62      /**
63       *  返回映射中对应关键字 / 值对的
64       *  Map.Entry 对象的集合
65       */
66      Set<Entry<KeyType,ValueType>> entrySet( );
67
68      /**
69       *  用来访问映射中关键字 / 值对的接口
70       *  从一个映射，使用 entrySet().iterator 获得键值对 Set 上的一个迭代器
71       *  该迭代器上的 next() 方法
72       *  产生 Map.Entry<KeyType,ValueType> 类型的对象
73       */
74      public interface Entry<KeyType,ValueType> extends java.io.Serializable
75      {
76          /**
77           *  返回本键值对中的关键字
78           */
79          KeyType getKey( );
80
81          /**
82           *  返回本键值对中的值
83           */
84          ValueType getValue( );
85
86          /**
87           *  改变本键值对中的值
88           *  @return  与本键值对相关的旧值
89           */
90          ValueType setValue( ValueType newValue );
91      }
92  }
```

图 6.37 Map 接口的示例（第 2 部分）

大多数方法的语义都很直观。put 用来添加一个关键字 / 值对，remove 用来删除关键字 / 值对（只需要指定关键字），而 get 返回与关键字相关的值。允许存在 null 值使得 get 方法变得复杂了，因为 get 的返回值不能区分搜索失败和返回值为 null 的成功搜索。如果知道映射中含有 null 值，则可以使用 containsKey。

Map 接口没有提供 iterator 方法或类。相反，它返回一个 Collection，可用来查看映射的内容。

keySet 方法得到含有所有关键字的一个 Collection。因为不允许有重复关键字，所以 keySet 的结果是一个 Set，我们可以为其获得一个迭代器。如果 Map 是一个 SortedMap，则 Set 也是一个 SortedSet。

类似地，values 方法返回含有所有值的一个 Collection。这个的确是一个 Collection，因为允许重复值。

最后，entrySet 方法返回关键字 / 值对的一个集合。重申一遍，这是一个 Set，因为配对中必须有不同的关键字。由 entrySet 返回的 Set 中的对象是配对，其必须是能表示关键字 / 值对的类型。这由嵌套在 Map 接口中的 Entry 接口指定。所以在 entrySet 中的对象类型是 Map.Entry。

图 6.38 说明了在 TreeMap 中使用 Map。在第 23 行创建一个空映射，然后占据第 25 ～ 29 行的是一系列的 put 调用。最后一次的 put 调用只是用 "unlisted" 的值进行了替换。第 31 行和第 32 行输出调用 get 的结果，get 用来获取关键字 "Jane Doe" 的值。更令人感兴趣的是 printMap 例程，它的代码为第 8 ～ 19 行。

```
 1  import java.util.Map;
 2  import java.util.TreeMap;
 3  import java.util.Set;
 4  import java.util.Collection;
 5
 6  public class MapDemo
 7  {
 8      public static <KeyType,ValueType>
 9      void printMap( String msg, Map<KeyType,ValueType> m )
10      {
11          System.out.println( msg + ":" );
12          Set<Map.Entry<KeyType,ValueType>> entries = m.entrySet( );
13
14          for( Map.Entry<KeyType,ValueType> thisPair : entries )
15          {
16              System.out.print( thisPair.getKey( ) + ": " );
17              System.out.println( thisPair.getValue( ) );
18          }
19      }
20
21      public static void main( String [ ] args )
22      {
23          Map<String,String> phone1 = new TreeMap<String,String>( );
24
25          phone1.put( "John Doe", "212-555-1212" );
26          phone1.put( "Jane Doe", "312-555-1212" );
27          phone1.put( "Holly Doe", "213-555-1212" );
28          phone1.put( "Susan Doe", "617-555-1212" );
29          phone1.put( "Jane Doe", "unlisted" );
30
31          System.out.println( "phone1.get(\"Jane Doe\"): " +
32                              phone1.get( "Jane Doe" ) );
33          System.out.println( "\nThe map is: " );
34          printMap( "phone1", phone1 );
35
36          System.out.println( "\nThe keys are: " );
37          Set<String> keys = phone1.keySet( );
38          printCollection( keys );
39
40          System.out.println( "\nThe values are: " );
41          Collection<String> values = phone1.values( );
42          printCollection( values );
43
44          keys.remove( "John Doe" );
45          values.remove( "unlisted" );
46
47          System.out.println( "After John Doe and 1 unlisted are removed" );
48          System.out.println( "\nThe map is: " );
49          printMap( "phone1", phone1 );
50      }
51  }
```

图 6.38 使用 Map 接口的演示

在 printMap 中的第 12 行，我们得到含有 Map.Entry 对的 Set。从 Set 中，可以使用增强的 for 循环查看 Map.Entry，并且使用 getKey 和 getValue 可以得到关键字和值的信息，如第

16 行和第 17 行所示。

　　再说回 main，我们看到（在第 37 行的）keySet 返回了关键字的一个集合，在第 38 行，可以通过调用（在图 6.11 中的）printCollection 来输出。类似地，在第 41 行和第 42 行，values 返回了一个可输出的值的集合。更令人感兴趣的是，关键字的集合和值的集合都是映射的视图（view），所以对映射的改变立即反映到关键字的集合和值的集合中，从关键字的集合或值的集合中删除，也会从底层映射中删除。所以第 44 行的删除，不仅从关键字的集合中删除了，也从映射中删除了相关的项。类似地，第 45 行从映射中删除了一项。所以在第 49 行的输出反映的是已经删除了两项的映射。

　　视图本身是个令人感兴趣的概念，稍后当实现映射类时，我们会讨论如何实现视图的细节。视图的更多示例将在 6.10 节讨论。

　　图 6.39 中，在返回线性表中多次出现的项的方法中，说明了映射的另一种用法。在这段代码中，内部使用映射将重复的项合成一组：映射的关键字是项，值是项出现的次数。第 8 ～ 12 行展示的是以这种方式建立映射时遇到过的典型思想。如果项从未被放到映射中，则我们计数 1。否则，更新计数。注意其中自动装箱和自动拆箱的合理使用。然后在第 15 ～ 17 行，我们使用迭代器遍历整个项集，获取映射中出现两次及以上的关键字。

```
1   public static List<String> listDuplicates( List<String> coll )
2   {
3       Map<String,Integer> count = new TreeMap<String,Integer>( );
4       List<String> result = new ArrayList<String>( );
5
6       for( String word : coll )
7       {
8           Integer occurs = count.get( word );
9           if( occurs == null )
10              count.put( word, 1 );
11          else
12              count.put( word, occurs + 1 );
13      }
14
15      for( Map.Entry<String,Integer> e : count.entrySet( ) )
16          if( e.getValue( ) >= 2 )
17              result.add( e.getKey( ) );
18
19      return result;
20  }
```

图 6.39　映射的典型用法

6.9　优先队列

优先队列仅支持对最小项的访问。
二叉堆在每次操作的对数时间内实现优先队列，且几乎不需要额外空间。
优先队列的一个重要应用是事件驱动模拟。

　　虽然发送到打印机的作业通常放到一个队列中，但这可能并不总是最佳方案。例如，一个作业可能特别重要，所以我们可能希望只要打印机可用就尽快执行这个作业。相反，当打印机完成一个作业时，有几个 1 页的作业和一个 100 页的作业在等待，长作业最后打印可能是合理的，即使它不是最后提交的作业。（不幸的是，大多数系统都没有这样做，有时会让人特别生气。）

　　类似地，在多用户环境中，操作系统调度程序必须决定运行几个进程中的哪一个。通常，一个进程只允许运行一段固定的时间。对于这样一个过程，不好的算法会使用一个队列。作业初始时放在队列的末尾。调度程序重复地从队列中获取第一个作业，执行它，直到它完成或它的时间限到达为止，如果它没有完成，则将它放到队列的末尾。通常，这个策略不太合适，因为短作业必须等待，所以似乎要用很长的时间运行。显然，正使用编辑器的用户不应该在键入字符的回声中感受到明显的延迟。所以（使用很少资源的那些）短作业应该比那些已经消耗大量资源的作业更优先。此外，一些资源密集型的作业（例如由系统管理员运行的作业）可能是重要的，并且也应该是优先的。

如果我们给每个作业一个数，用来衡量它的优先级，则数越小（打印的页面、使用的资源）往往表示越重要。所以我们希望能够访问项集合中的最小项，并从集合中删除它。为此，我们使用 findMin 和 deleteMin 操作。支持这些操作的数据结构是优先队列（priority queue），仅支持对最小项的访问。图 6.40 说明了优先队列的基本操作。

图 6.40   优先队列模型：只能访问最小元素

虽然优先队列是一种基础的数据结构，但在 Java 5 之前，在 Collections API 中没有实现它。SortedSet 的功能是不够的，因为允许重复项对于优先队列来说是重要的。

在 Java 5 中，PriorityQueue 是实现了 Queue 接口的一个类。所以，insert、findMin 和 deleteMin 通过调用 add、element 和 remove 来表示。构造 PriorityQueue 时，可以不带参数，而是带一个比较器或用另一个兼容集合。本书中，我们常使用术语 insert、findMin 和 deleteMin 来描述优先队列的方法。图 6.41 说明了优先队列的用法。

```java
 1  import java.util.PriorityQueue;
 2
 3  public class PriorityQueueDemo
 4  {
 5      public static <AnyType extends Comparable<? super AnyType>>
 6      void dumpPQ( String msg, PriorityQueue<AnyType> pq )
 7      {
 8          System.out.println( msg + ":" );
 9          while( !pq.isEmpty( ) )
10              System.out.println( pq.remove( ) );
11      }
12
13      // 进行一些插入和删除（在 dumpPQ 中完成）
14      public static void main( String [ ] args )
15      {
16          PriorityQueue<Integer> minPQ = new PriorityQueue<Integer>( );
17
18          minPQ.add( 4 );
19          minPQ.add( 3 );
20          minPQ.add( 5 );
21
22          dumpPQ( "minPQ", minPQ );
23      }
24  }
```

图 6.41   演示 PriorityQueue 的例程

因为优先队列仅支持 deleteMin 和 findMin 操作，所以我们希望，性能是常数时间的队列和对数时间的集合之间的折衷。实际上，情况正是这样的。基本的优先队列以最差情形对数时间支持所有的操作，仅使用一个数组，以平均的常数时间支持插入，易于实现，且称为二叉堆（binary heap）。这个结构是已知的最优雅的数据结构之一。在第 21 章，我们提供了二叉堆的实现细节。支持额外的 decreaseKey 操作的另一种实现是配对堆（pairing heap），将在第 23 章描述。因为优先队列有很多高效的实现，所以很不幸，库设计者没有选择让 PriorityQueue 成为一个接口。尽管如此，PriorityQueue 在 Java 5 中的实现足以满足大多数优先队列应用的需求。

优先队列的一个重要应用是事件驱动模拟（event-driven simulation）。例如，考虑银行这样一个系统，其中顾客到达并排队等待，直到 K 个出纳员之一可以提供服务。由概率分布函数控制顾客的到达，服务时间（service time，即出纳员为一名顾客提供完整服务所花费的时间）也这样控制。我们感兴趣的是统计信息，如顾客平均需要等待多长时间，或排队可能需要多久。

有了确定的概率分布及 K 值，我们就可以精确计算这些统计信息。不过，随着 K 变大，分析变得更加困难，所以使用计算机去模拟银行操作变得很有吸引力。使用这种方法，银行的管理层能够决定需要多少出纳员可以保证合理顺畅的服务。事件驱动模拟由事件处理组成。这里的两类事件是顾客到达和顾客离开从而一名出纳员腾出空来。任何时刻我们都有等待发生的事件集合。为了执行模拟，我们必须决定下一个事件，这是其发生时间最短的事件。所以，我们使用优先队列来选取最短时间事件，从而高效处理事件列表。在 13.2 节给出事件驱动模拟的完整讨论和实现。

6.10 Collections API 中的视图

在 6.8 节中，我们看到返回映射视图的方法示例。具体来说，keySet 返回表示映射中所有关键字的 Set 的一个视图，value 返回表示映射中所有值的 Collection 的一个视图，entrySet 返回表示映射中所有项的 Set 的一个视图。改变映射将反映到任意视图中，改变任意视图也将反映到映射和其他视图中。为了说明这个行为，在关键字集合和值集合上使用 remove 方法，如图 6.38 所示。

在 Collections API 中有视图的许多其他示例。本节，我们讨论视图的这些应用中的两个。

6.10.1 List 中的 subList 方法

subList 方法带有表示线性表下标的两个参数，并返回 List 的一个视图，其范围包括第一个下标但不包括最后一个下标。所以

```
System.out.println( theList.subList( 3, 8 ) );
```

输出子列表中的 5 个项。因为 subList 是一个视图，所以对子列表的非结构性修改会反映到原始列表，反之亦然。不过，与迭代器的情形一样，对原始列表的结构修改会使子列表失效。最后，可能是最重要的，因为子列表是一个视图，且不是原始列表中一部分的副本，所以产生 subList 的开销是 $O(1)$，且在子列表上的操作保持同样的效率。

6.10.2 SortedSet 中的 headSet、subSet 和 tailSet 方法

SortedSet 类有返回 Set 的视图的方法：

```
SortedSet<AnyType> subSet(AnyType fromElement, AnyTypet toElement);
SortedSet<AnyType> headSet(AnyType toElement);
SortedSet<AnyType> tailSet(AnyType fromElement);
```

fromElement 和 toElement 实际上将 SortedSet 划分为三个子集：headSet、subSet（中间部分）和 tailSet。图 6.42 通过划分数轴来说明这个问题。

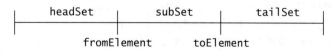

图 6.42 数轴上的 headSet、subset 和 tailSet 位置

在这些方法中，toElement 不包含在任何范围内，但 fromElement 包含在其中。在 Java 6

中，这些方法有另外的重载方法，允许调用者控制 fromElement 和 toElement 是否包含在任何特定范围内。

例如，在 Set<String> words 中，以字母 'x' 开头的单词个数如下所示：

    words.subSet("x", true, "y", false).size( )

任何 Set s 中值 val 的秩（即如果 val 是第三大的值，则它的秩是 3）如下：

    s.tailSet(val).size( )

因为子集是视图，故对子集的改变会反映到原始集合，反之亦然，对任何一个的结构修改都反映到另一个中。与线性表的情形一样，因为子集是视图，而不是原始集合中一部分的副本，所以产生 headSet、tailSet 或 subSet 的开销不会超出集合的任何其他操作，它是 $O(\log N)$ 时间的，而子集上的 add、contains 和 remove 操作（但没有 size）保持同样的效率。

6.11 总结

本章，我们研究了本书中要使用的基本数据结构。我们提供了通用协议，并解释了每种数据结构的运行时间。我们还描述了 Collections API 提供的接口。在后续章节中，我们将展示如何使用这些数据结构，并最终给出符合这里所声称的时间界的每种数据结构的实现。图 6.43 总结了通用 insert、find 和 remove 操作序列的结果。

数据结构	访问	备注
Stack（栈）	仅对最近项，pop，$O(1)$	非常快
Queue（队列）	仅对最远项，dequeue，$O(1)$	非常快
List（线性表）	对任何项	$O(N)$
TreeSet（树集）	按名或秩的任何项，$O(\log N)$	平均情形易于实现，最差情形需要努力
HashSet（散列表）	按名的任何项，$O(1)$	平均情形
Priority Queue（优先队列）	findMin, $O(1)$ deleteMin, $O(\log N)$	insert 平均情形是 $O(1)$，最差情形是 $O(\log N)$

图 6.43 一些数据结构的总结

第 7 章将描述重要的称为递归（recursion）的问题求解工具。递归能使用短算法高效求解许多问题，并且是高效实现排序算法和多个数据结构的核心。

6.12 核心概念

Arrays。包含一组在数组上操作的静态方法。

二叉堆。使用一个数组在每次操作的对数时间内实现优先队列。

二叉搜索树。支持插入、删除和搜索的一种数据结构。我们还可以用它访问第 K 小的项。对于简单实现，开销是平均情形对数时间，对于更仔细的实现，开销是最差情形对数时间。

Collection。表示一组对象（称为其元素）的接口。

Collections。包含一组操作于 Collection 对象的静态方法的类。

数据结构。数据的表示及在数据上允许的操作，允许组件重用。

工厂方法。一个方法，创建新的具体实例，但使用指向抽象类的引用返回它们。

hashCode。HashSet 使用的方法，如果重写了对象的 equals 方法，则也必须为对象重写该方法。

HashMap。Collections API 中对带无序关键字的 Map 的实现。

HashSet。Collections API 中对（无序）Set 的实现。

迭代器。允许访问容器中元素的一个对象。

`Iterator`。规范说明用于单向迭代器协议的 Collections API 接口。

线性表。项的集合，其中项有一个位置。

`List`。规范说明用于线性表协议的 Collections API 接口。

`ListIterator`。提供双向迭代的 Collections API 接口。

链表。用来避免数据大量移动的一种数据结构。它的每个项使用了少量的额外空间。

`LinkedList`。实现了链表的 Collections API 类。

`Map`。Collections API 接口，抽象了由关键字和其值组成的配对集合，并将关键字映射到值。

`Map.Entry`。对映射中配对思想的抽象。

运算符优先级解析。使用栈来计算表达式的一个算法。

优先队列。仅支持访问最小项的一种数据结构。

对接口进行编程。通过编写最抽象接口来使用类的技术，甚至正在操作的具体类的名字都要隐藏。

队列。限制只能访问最远插入项的数据结构。

`Set`。Collections API 接口，是对无重复值集合的抽象。

`SortedSet`。Collections API 接口，是对无重复值的有序集合的抽象。

栈。限制只能访问最近插入项的数据结构。

`TreeMap`。Collections API 中对带有序关键字的 `Map` 的实现。

`TreeSet`。Collections API 中对 `SortedSet` 的实现。

6.13　常见错误

- 在专注于基本设计和算法问题之前，不要担心底层优化。
- 当传递一个函数对象作为参数时，必须传递一个构造的对象，不能简单地只是一个类名。
- 当使用 Map 时，如果不确定关键字是否在映射中，则可能需要使用 `containsKey`，而不是检查 `get` 的结果。
- 优先队列不是队列，它只是听上去像队列。

6.14　网络资源

本章有很多代码。测试代码在根目录下，非标准协议在 `weiss.nonstandard` 包中，其他的在包 `weiss.util` 中。

Collection.java。含有图 6.9 中的代码。

Iterator.java。含有图 6.10 中的代码。

Collections.java。含有图 6.13 和图 6.14 中的代码。

Arrays.java。含有图 6.15 中的代码。

List.java。含有图 6.16 中的代码。

ListIterator.java。含有图 6.17 中的代码。

TestArrayList.java。演示图 6.18 中的 `ArrayList`。

Set.java。含有图 6.29 中的代码。网络资源中包含一个不属于 Java 5 的额外方法。

Stack.java。含有图 6.26 中的非标准协议。

UnderflowException.java。含有非标准异常。

Queue.java。含有图 6.28 中的标准接口。

SortedSet.java。含有图 6.30 中的代码。

TreeSetDemo.java。含有图 6.11 和图 6.31 中的代码。

IteratorTest.java。含有说明所有迭代器的代码，包括图 6.11、图 6.32 和图 6.35 中的代码。

EqualsWithInheritance.java。图 6.33 和图 6.34 合二为一的代码。

Map.java。含有图 6.36 和图 6.37 中的代码。

MapDemo.java。含有图 6.38 中的代码。

DuplicateFinder.java。含有图 6.39 中的代码。

PriorityQueueDemo.java。含有图 6.41 中的代码。

6.15 练习

简答题

6.1 当 add 和 remove 操作对应于下列结构的基本操作时，展示操作序列 add(4), add(8), add(1), add(6), remove() 和 remove() 的结果：

　　a. 栈。

　　b. 队列。

　　c. 优先队列。

理论题

6.2 考虑没有给出实现的以下方法：

```
//先决条件: Collection c 表示其他集合的集合

//              c 不为 null, 没有集合为 null
//              str 不为 null
//先决条件: 返回字符串 str 在 c 中出现次数

public static
int count( Collection<Collection<String>> c, String str )
```

　　a. 提供 count 的实现。

　　b. 假设，Collection c 含有 N 个集合，那些集合中的每一个都含有 N 个对象。a 中编写的 count 的运行时间是多少？

　　c. 假设当 N（指定）为 100 时，运行 count 花费 2ms。假设低阶项可以忽略不计，则当 N 为 300 时运行 count 的时间是多少？

6.3 能在对数时间内支持下列所有方法吗？

　　insert, deleteMin, deleteMax, findMin, findMax

6.4 图 6.43 中的哪些数据结构，能让排序算法在小于二次时间内运行（通过插入所有项到数据结构中，然后按序删除它们）？

6.5 说明可以在常数时间内同时支持下列操作：push、pop 和 findMin。注意，deleteMin 不在其列。

　　提示：维护两个栈——一个用来保存项，另一个用来保存出现的最小值。

6.6 双端队列在队列的两端都支持插入和删除。每个操作的运行时间是多少？

实践题

6.7 编写一个例程，使用 Collections API 按逆序输出任何 Collection 中的项。不能使用 ListIterator。

6.8 展示如何使用 List 作为数据成员，高效地实现一个栈。

6.9 展示如何使用 List 作为数据成员，高效地实现一个队列。

6.10 如下所示的 equals，如果两个线性表有相同的大小，且以相同的次序含有相同的元素，则返回真。假设 N 是两个线性表的大小。

```
public boolean equals( List<Integer> lhs, List<Integer> rhs )
{
```

```
        if( lhs.size( ) != rhs.size( ) )
            return false;

        for( int i = 0; i < lhs.size( ); i++ )
            if( !lhs.get( i ).equals( rhs.get( i ) )
                return false;

        return true;
    }
```

a. 当两个线性表都是 ArrayLists 时，equals 的运行时间是多少？

b. 当两个线性表都是 LinkedLists 时，equals 的运行时间是多少？

c. 假设在两个同为 10 000 个项的 LinkedLists 上运行 equals，费时 4s。在两个同为 50 000 个项的 LinkedLists 上运行 equals 时，用时多少？

d. 用一句话解释，如何让算法能适用于所有类型的线性表？

6.11 如下所示的 hasSpecial，如果线性表中存在两个唯一的数，其和等于线性表中的第三个数，则返回真。假设 N 是线性表大小。

```
// 如果 c 中的两个数字相加等于 c 中的第三个数字
// 则返回 true
public static boolean hasSpecial( List<Integer> c )
{
    for( int i = 0; i < c.size( ); i++ )
        for( int j = i + 1; j < c.size( ); j++ )
            for( int k = 0; k < c.size( ); k++ )
                if( c.get( i ) + c.get( j ) == c.get( k ) )
                    return true;

    return false;
}
```

a. 当线性表是 ArrayList 时，hasSpecial 的运行时间是多少？

b. 当线性表是 LinkedList 时，hasSpecial 的运行时间是多少？

c. 假设在 1000 个项的 ArrayList 上执行 hasSpecial 花费 2s。则在 3000 个项的 ArrayList 上执行 hasSpecial 时用时多少？你可以假设 hasSpecial 在两种情况下都返回假。

6.12 如下所示的 intersect，返回在两个线性表中都存在的元素个数。假设两个线性表都含有 N 个项。

```
// 返回 c1 和 c2 中的元素个数
// 假设两个列表中没有重复项
public static int intersect ( List<Integer> c1, List<Integer> c2 )
{
    int count = 0;

    for( int i = 0; i < c1.size( ); i++ )
    {
        int item1 = c1.get( i );
        for( int j = 0; j < c2.size( ); j++ )
        {
            if( c2.get( j ) == item1 )
            {
                count++;
                break;
            }
        }
    }

    return count;
}
```

a. 当两个线性表都是 ArrayList 时，intersect 的运行时间是多少？

b. 当两个线性表都是 LinkedList 时，intersect 的运行时间是多少？

c. 假设在两个等大的均含有 1000 个项的 LinkedList 上执行 intersect 花费 4s。则在两个等大的均含有 3000 个项的 LinkedList 上执行 intersect 时用时多少？

d. 用增强的 for 循环（即 for(int x ： c1)）重写两个循环，会让 intersect 的效率更高吗？解释你的回答。

6.13 如果第一个线性表含有第二个线性表中的所有元素，则 containsAll 返回真。假设，两个线性表差不多大，每个都含有大约 N 个项。

```java
public static boolean containsAll( List<Integer> bigger,
                                   List<Integer> items )
{
  outer:
    for( int i = 0; i < bigger.size( ); i++ )
    {
        Integer itemToFind = bigger.get( i );

        for( int j = 0; j < items.size( ); j++ )
            if( items.get( j ).equals( itemToFind ) ) // 匹配
                continue outer;

        // 如果我们到达这里，项中没有条目匹配 bigger.get(i)
        return false;
    }
    return true;
}
```

a. 当两个线性表都是 ArrayList 时，containsAll 的运行时间是多少？

b. 当两个线性表都是 LinkedList 时，containsAll 的运行时间是多少？

c. 假设在两个均含有 1000 个等值项的 ArrayList 上执行 containsAll 花费 10s。则在两个均含有 2000 个等值项的 ArrayList 上执行 containsAll 时用时多少？

d. 用一句话解释，如何让算法适用于所有类型的线性表。

6.14 考虑如下所示的 containsSum，如果线性表中存在两个唯一的数的和等于 K，则返回真。假设 N 是线性表大小。

```java
public static boolean containsSum( List<Integer> lst, int K )
{
    for( int i = 0; i < lst.size( ); i++ )
        for( int j = i + 1; j < lst.size( ); j++ )
            if( lst.get( i ) + lst.get( j ) == K )
                return true;

    return false;
}
```

a. 当线性表是一个 ArrayList 时，containsSum 的运行时间是多少？

b. 当线性表是一个 LinkedList 时，containsSum 的运行时间是多少？

c. 假设在 1000 个项的 ArrayList 上执行 containsSum 花费 2s。则在 3000 个项的 ArrayList 上执行 containsSum 时用时多少？你可以假设 containsSum 在两种情况下都返回假。

6.15 考虑 clear 方法的下列实现（它清空任何集合）。

```java
public abstract class AbstractCollection<AnyType>
                implements Collection<AnyType>
{
    public void clear( )
    {
        Iterator<AnyType> itr = this.iterator( );

        while( itr.hasNext( ) )
```

```
        {
            itr.next( );
            itr.remove( );
        }
    }
    ...
}
```

a. 假设 LinkedList 扩展了 AbstractCollection，且没有重写 clear。clear 的执行时间是多少?

b. 假设 ArrayList 扩展了 AbstractCollection，且没有重写 clear。clear 的执行时间是多少?

c. 假设在 100 000 个项的 ArrayList 上执行 clear 花费 4s。则在 500 000 个项的 ArrayList 上执行 clear 时用时多少?

d. 尽可能清楚地，描述 clear 的这个替代实现的行为:

```
public void clear( )
{
    for( AnyType item : this )
        this.remove( item );
}
```

6.16 静态方法 removeHalf 删除 List 的前一半（如果有奇数个项，则删除线性表中稍少于一半的项）。removeHalf 的一个可能的实现如下所示:

```
public static void removeHalf( List<?> lst )
{
    int size = lst.size( );

    for( int i = 0; i < size / 2; i++ )
        lst.remove( 0 );
}
```

a. 为什么不能使用 lst.size( )/2 作为每次循环的测试?

b. 如果 lst 是一个 ArrayList，则大 O 运行时间是多少?

c. 如果 lst 是一个 LinkedList，则大 O 运行时间是多少?

d. 假设我们有两台计算机，机器 A 和机器 B。机器 B 的速度是机器 A 的两倍。如果机器 B 上所给的 ArrayList 是机器 A 上所给 ArrayList 的两倍大，则在机器 B 上 removeHalf 的执行时间与机器 A 相比，会如何?

e. 一行实现:

```
public static void removeHalf( List<?> lst )
{
    lst.subList( 0, lst.size( ) / 2 ).clear( );
}
```

可行吗? 如果可行，对于 ArrayList 和 LinkedList，大 O 运行时间是多少?

6.17 静态方法 removeEveryOtherItem 从 List 中删除偶数位置（0, 2, 4 等）的项。removeEveryOtherItem 的一个可能实现如下所示:

```
public static void removeEveryOtherItem( List<?> lst )
{
    for( int i = 0; i < lst.size( ); i++ )
        lst.remove( i );
}
```

a. 如果 lst 是 ArrayList，则大 O 运行时间是多少?

b. 如果 lst 是 LinkedList，则大 O 运行时间是多少?

c. 假设我们有两台计算机，机器 A 和机器 B。机器 B 的速度是机器 A 的两倍。对于有 100 000

个项的线性表，机器 *A* 费时 1s。则在 1s 内机器 *B* 能处理多大的线性表？

　　d. 使用迭代器重写 removeEveryOtherItem，让其对链表也同样高效，且除迭代器外不使用任何额外空间。

6.18　考虑 removeAll 方法的下列实现（对于作为参数传递的集合，它从该集合中删除任何项在集合中的所有出现）。

```
public abstract class AbstractCollection<AnyType>
                      implements Collection<AnyType>
{
    public boolean removeAll ( Collection<? extends AnyType> c )
    {
        Iterator<AnyType> itr = this.iterator( );
        boolean wasChanged = false;

        while( itr.hasNext( ) )
        {
            if( c.contains( itr.next( ) ) )
            {
                itr.remove( );
                wasChanged = true;
            }
        }
        return wasChanged;
    }
    ...
}
```

　　a. 假设 LinkedList 扩展了 AbtractCollection，且没有重写 removeAll。则当 c 是一个 List 时，removeAll 的运行时间是多少？

　　b. 假设 LinkedList 扩展了 AbtractCollection，且没有重写 removeAll。则当 c 是一个 TreeSet 时，removeAll 的运行时间是多少？

　　c. 假设 ArrayList 扩展了 AbtractCollection，且没有重写 removeAll。则当 c 是一个 List 时，removeAll 的运行时间是多少？

　　d. 假设 ArrayList 扩展了 AbtractCollection，且没有重写 removeAll。则当 c 是一个 TreeSet 时，removeAll 的运行时间是多少？

　　e. 使用上述实现，调用 c.removeAll(c) 的结果是什么？

　　f. 解释如何添加代码，使得像 c.removeAll(c) 这样的调用能清空集合。

6.19　编写测试程序，看看下列哪个调用能成功清空 Java LinkedList。

```
c.removeAll( c );
c.removeAll( c.subList ( 0, c.size( ) );
```

6.20　RandomAccess 接口不含有方法，其目的是作为一个标记：仅当其 get 和 set 方法非常高效时，List 类才实现这个接口。因此，ArrayList 实现了 RandomAccess 接口。实现练习 6.17 描述的静态方法 removeEveryOtherItem。如果 list 实现了 RandomAccess（使用 instanceof 测试），则使用 get 和 set 将项重新定位到线性表的前半部分。否则，使用对链表有效的迭代器。

6.21　编写尽可能少的代码，删除 Map 中值为 null 的所有项。

6.22　listIterator 中的 set 方法允许调用者改变看到的最后一项的值。使用 listIterator，实现如下的 toUpper 方法（让整个线性表全大写）：

```
public static void toUpper( List<String> theList )
```

6.23　方法 changeList 将线性表中的每个 String，替换为小写形式和大写形式两种形式。所以，如果原线性表含有 [Hello, NewYork]，则新线性表将含有 [hello, HELLO, newyork, NEWYORK]。使用 listIterator 中的 add 和 remove 方法，为链表编写一个 changeList 的高

效实现:

```
public static void changeList( LinkedList<String> theList )
```

程序设计项目

6.24 使用一个数组并维护当前大小,可以实现一个队列。队列元素保存在连续的数组位置中,其队首项总在位置 0 处。注意,这不是最高效的方法。完成下列工作:

a. 描述 getFront、enqueue 和 dequeue 的算法。

b. 使用这些算法的 getFront、enqueue 和 dequeue,每个方法的大 O 运行时间是多少?

c. 使用这些算法实现图 6.28 中的协议。

6.25 SortedSet 支持的操作,还可以通过使用一个数组并维护当前大小来实现。数组元素按排序次序保存在连续的数组位置中。所以可以通过二分搜索实现 contains。完成下列工作:

a. 描述 add 和 remove 算法。

b. 这些算法的运行时间是多少?

c. 使用这些算法,实现图 6.1 中的协议。

d. 使用这些算法,实现标准的 SortedSet 协议。

6.26 使用一个(如练习 6.25 中的)有序数组可以实现一个优先队列。完成下列工作:

a. 描述 findMin、deleteMin 和 insert 的算法。

b. 使用这些算法实现的 findMin、deleteMin 和 insert,每个方法的大 O 运行时间是多少?

c. 编写使用这些算法的实现。

6.27 将项保存在无序数组中,然后将项插入在下一个可用位置,可以实现优先队列。完成下列工作:

a. 描述 findMin、deleteMin 和 insert 的算法。

b. 使用这些算法实现的 findMin、deleteMin 和 insert,每个方法的大 O 运行时间是多少?

c. 编写使用这些算法的实现。

6.28 在练习 6.27 中的优先队列类中添加一个额外的数据成员,可以在常数时间内实现 insert 和 findMin。额外的数据成员维护最小值在数组中的位置。不过,deleteMin 仍很费时。完成下列工作:

a. 描述 insert、findMin 和 deleteMin 的算法。

b. deleteMin 的大 O 运行时间是多少?

c. 编写使用这些算法的实现。

6.29 始终坚持让优先队列中的元素按照非递增的次序保存(即最大项在第一个,最小项在最后一个),则可以在常数时间内实现 findMin 和 deleteMin。但 insert 很费时。完成下列工作:

a. 描述 insert、findMin 和 deleteMin 的算法。

b. insert 的大 O 运行时间是多少?

c. 编写使用这些算法的实现。

6.30 双端优先队列允许访问最小元素和最大元素。换句话说,支持以下所有操作:findMin、deleteMin、findMax 和 deleteMax。完成下列工作:

a. 描述 insert、findMin、deleteMin、findMax 和 deleteMax 的算法。

b. 使用这些算法,findMin、deleteMin、findMax、deleteMax 和 insert 的大 O 运行时间是多少?

c. 编写使用这些算法的实现。

6.31 中值堆支持下列操作:insert、findKth 和 removeKth。最后两个操作可以查找和删除,是分别针对第 K 小的元素进行的(这里 K 是参数)。最简单的实现是按排序次序维护数据。完成下列工作:

a. 描述可用来支持中值堆操作的算法。

b. 使用这些算法的每个基本操作的大 O 运行时间是多少？

c. 编写使用这些算法的实现。

6.32   MultiSet 像是 Set，但允许重复值。考虑用于 MultiSet 的下列接口：

```
public interface MultiSet<AnyType>
{
    void add( AnyType x );
    boolean contains( AnyType x );
    int count( AnyType x );
    boolean removeOne( AnyType x );
    boolean removeAll( AnyType x );
    void toArray( AnyType [] arr );
}
```

有很多方法可以实现 MultiSet 接口。TreeMultiSet 按排序次序保存项。数据表示可以是 TreeMap，其中关键字是多重集合中的一个项，值表示保存的项的次数。实现 TreeMultiSet，确保提供 toString。

6.33   编写一个程序，从输入读入字符串，将它们按长度排序次序输出，最短的字符串最先输出。如果输入字符串子集有相同的长度，则你的程序应该按字典序输出它们。

6.34   Collections.fill 带一个 List 和一个 value 参数，将 value 放在线性表的所有位置。实现 fill。

6.35   Collections.reverse 带一个 List，将其内容反序。实现 reverse。

6.36   编写一个方法，删除 List 中所有其他元素。如果 List 是 LinkedList 的话，则你的例程应该以线性时间运行，使用常量额外空间。

6.37   编写一个方法，带 Map<String,String> 作为参数，返回一个新的 Map<String,String>，其中关键字和值互换。如果在参数传递的映射中有重复值，则抛出一个异常。

6.16   参考文献

第四部分提供了作为这些数据结构基础的理论参考。最新的 Java 书籍中描述了 Collections API（参见 1.12 节参考文献）。

递　　归

部分地根据自身定义的方法称为递归（recursive）。和许多语言一样，Java 支持递归方法。使用递归方法的递归，是强有力的编程工具，在许多情形下可以产生既简短又高效的算法。本章我们探究递归是如何工作的，从而深刻理解它的变化、局限性及使用。数学归纳法（mathematical induction）是递归的基础，我们从研究这个数学原理入手，开始对递归的讨论。然后给出简单的递归方法的示例，并证明它们生成正确的答案。

本章中，我们将看到：

- 递归的 4 个基本规则。
- 递归的数值应用，可以实现一个加密算法。
- 称为分治（divide and conquer）的一般技术。
- 称为动态规划（dynamic programming）的一般技术，它类似递归，但使用表来替代递归方法调用。
- 称为回溯（backtracking）的一般技术，它类似仔细的穷举搜索。

7.1　什么是递归

> 递归方法是直接或间接调用自己的方法。

递归方法（recursive method）是直接或间接调用自己的方法。这个行为似乎是循环逻辑：方法 F 如何能通过调用自己来求解问题？关键是，方法 F 在不同的、通常是更简单的实例上调用自己。以下是一些示例。

- 计算机上的文件通常保存在目录中。用户可以创建子目录，它保存更多的文件和目录。假设我们想检查目录 D 中的每个文件，包括所有子目录（及子子目录等）中的所有文件。通过递归检查每个子目录中的每个文件，然后检查目录 D 中的所有文件，就可以完成（将在第 18 章讨论）。
- 假设，我们有一本大字典。字典中的单词用其他单词来定义。当我们查找一个单词的含义时，可能并不总能明白它的定义，因此可能需要查找定义中的单词。同样地，我们可能并不明白那些单词中的某些词，这样可能需要继续搜索一会儿。由于字典是有限的，最后要么我们明白了某个定义中的所有单词（所以理解了定义，并能沿其余的定义回溯我们的路径），要么我们发现定义是循环的而且我们被卡住了，要么我们必须理解的某个单词在字典中没有定义。理解单词的递归策略如下，如果我们知道一个单词的含义，则已经完成了，否则，在字典中查找这个单词。如果我们理解定义中的所有单词，则已经完成了，否则，通过递归查找我们不明白的单词去理解定义的含义。如果字典定义得很好，则这个过程终止，否则如果一个单词是循环定义的，则可能会出现无限循环。
- 计算机语言通常是递归定义的。例如，算术表达式是一个对象或一个用括号括起来的表达式，或两个表达式相加在一起，以此类推。

递归是一个强有力的问题求解工具。许多算法最容易用递归公式表示。另外，许多问题最高效的解决方案都是基于这种自然的递归公式。不过，你必须小心不要创建导致无穷循环的循环逻辑。

本章，我们讨论递归算法必须满足的一般条件，并给出几个实例。这表明，自然地递归表示的算法，有时必须不用递归来重写。

7.2 背景：数学归纳法证明

> 归纳法是一种重要的证明技术，用于建立对正整数成立的定理。
>
> 归纳证明要证明该定理对某些简单情形是正确的，然后证明如何无限地扩展正确情形的范围。
>
> 在归纳法证明中，基础是可以手动证明的简单情形。
>
> 归纳假设假设设定理对某些情形是正确的，然后，在这个假设下，对下一个情形也是正确的。

本节我们讨论利用数学归纳法（induction）证明。（在本章中，当描述这项技术时，我们忽略数学一词。）归纳法常用于建立适用于正整数的定理。我们从证明简单的定理 7.1 开始。这个特定定理可以很容易地使用其他方法建立，但使用归纳法证明通常是最简单的机制。

定理 7.1   对于 $N \geq 1$ 的任何整数，由式 $\sum_{i=1}^{N} i = 1 + 2 + \cdots + N$ 给出的前 N 个整数的和等于 $N(N+1)/2$。

显然，对于 $N=1$，这个定理是成立的，因为左边和右边的值都是 1。进一步检查可以发现，这个定理对于 $2 \leq N \leq 10$ 也是成立的。不过，对于手动容易检查的所有 N 定理均成立这一事实，并不意味着定理对所有的 N 均成立。例如，考虑 $2^{2^k} + 1$ 这种形式的数。前 5 个数（对应 $0 \leq k \leq 4$）是 3, 5, 17, 257 和 65 537。这些数都是素数。事实上，数学家一度曾猜测，这种形式的所有数都是素数。但事实并非如此。使用计算机可以容易地检查，发现 $2^{2^5} + 1 = 641 \times 6\,700\,417$。实际上，还不知道有 $2^{2^k} + 1$ 这个形式的其他素数。

使用归纳法证明分两个步骤进行。首先，就像我们已经做的这样，证明定理对于最小的情形是正确的。然后证明，如果定理对于前几种情形正确，则也能将其推广到下一种情形正确。例如，我们证明，对于所有 $1 \leq N \leq k$ 都成立的定理，对于 $1 \leq N \leq k+1$ 也一定都成立。一旦我们展示了如何扩展正确情形的范围，就证明了对所有情形都是正确的。原因是，我们可以无限地扩展正确情形的范围。我们使用这项技术去证明定理 7.1。

定理 7.1 的证明：显然，对于 $N=1$ 定理成立。假设，对于所有的 $1 \leq N \leq k$，定理成立。则

$$\sum_{i=1}^{k+1} i = (k+1) + \sum_{i=1}^{k} i \qquad (7.1)$$

根据假设，定理对于 k 是成立的，所以我们可以将式（7.1）右侧的加和替换为 $k(k+1)/2$，得到

$$\sum_{i=1}^{k+1} i = (k+1) + (k(k+1)/2) \qquad (7.2)$$

对式（7.2）的右侧进行代数运算，得到

$$\sum_{i=1}^{k+1} i = (k+1)(k+1)/2$$

结果表明对于 $k+1$ 的情形，定理成立。故由归纳法，定理对于 $N \geq 1$ 的所有整数都是正确的。□

这个为什么能够构成证明？首先，对于 $N=1$ 定理是正确的，这称为基础（basis）。我们可以把它看作我们相信定理普遍正确的基础。在用归纳法进行证明中，基础是简单情形，可以用手动证明。一旦我们建立了基础，就可以使用归纳假设（inductive hypothesis）去假设定理对于任意的 k 都是正确的，并且，在这个假设下，如果定理对于 k 正确，则对于 $k+1$ 也是正确的。在本例中，我们知道，对于基础 $N=1$ 定理是正确的，所以我们知道它对于 $N=2$ 也是正确的。因为它对于 $N=2$ 是正确的，所以它对于 $N=3$ 也一定是正确的。而且，由于它对于 $N=3$ 是正确的，则它对

于 $N=4$ 也一定正确。推广这个逻辑，我们知道，对于从 $N=1$ 开始的每个正整数，定理都是成立的。

让我们将归纳法证明用于第二个问题，它不像第一个问题这样简单。首先，我们检查数的序列 1^2, 2^2-1^2, $3^2-2^2+1^2$, $4^2-3^2+2^2-1^2$, $5^2-4^2+3^2-2^2+1^2$，以此类推。每个成员表示前 N 个平方和，带有交替的符号。序列计算的值是 1、3、6、10 和 15。所以，总的来说，和似乎等于前 N 个整数的和，我们从定理 7.1 可以知道，这个和应该是 $N(N+1)/2$。定理 7.2 证明这个结果。

定理 7.2 $\sum_{i=N}^{1}(-1)^{N-i}i^2 = N^2-(N-1)^2+(N-2)^2-\cdots$ 的和是 $N(N+1)/2$。

证明： 使用归纳法证明。

基础。 显然，对于 $N=1$，定理成立。

归纳假设。 首先，我们假设，对于 k，定理成立：

$$\sum_{i=k}^{1}(-1)^{k-i}i^2 = \frac{k(k+1)}{2}$$

然后，我们必须证明对于 $k+1$ 它也是成立的，即

$$\sum_{i=k+1}^{1}(-1)^{k+1-i}i^2 = \frac{(k+1)(k+2)}{2}$$

我们有

$$\sum_{i=k+1}^{1}(-1)^{k+1-i}i^2 = (k+1)^2-k^2+(k-1)^2-\cdots \tag{7.3}$$

如果我们重写式（7.3）的右侧，则得到

$$\sum_{i=k+1}^{1}(-1)^{k+1-i}i^2 = (k+1)^2-(k^2-(k-1)^2+\cdots)$$

代入得到

$$\sum_{i=k+1}^{1}(-1)^{k+1-i}i^2 = (k+1)^2-(\sum_{i=k}^{1}(-1)^{k-i}i^2) \tag{7.4}$$

如果应用归纳假设，则我们可以替换式（7.4）右侧的加和，得到

$$\sum_{i=k+1}^{1}(-1)^{k+1-i}i^2 = (k+1)^2-k(k+1)/2 \tag{7.5}$$

对式（7.5）的右侧进行简单的代数运算，得到

$$\sum_{i=k+1}^{1}(-1)^{k+1-i}i^2 = (k+1)(k+2)/2$$

即证实定理对于 $N=k+1$ 成立。所以，由归纳法，对于所有的 $N \geq 1$，定理成立。 □

7.3 基本递归

递归方法用自身更小的实例定义。必须有一些基础情形可以不用递归计算。

基础情形是不需要递归就能求解的一个实例。任何递归调用都必须朝着基础情形进展。

归纳法证明告诉我们，如果我们知道一个命题对最小情况是成立的，且可以证明一种情况暗示下一种情况，则我们知道这个命题对于所有情况都是成立的。

有时，数学函数是递归定义的。例如，令 $S(N)$ 是前 N 个整数的和。则 $S(1)=1$，并且我们可以写 $S(N)=S(N-1)+N$。这里我们用函数 S 更小的实例定义它。$S(N)$ 的递归定义实际上与封闭形式 $S(N)=N(N+1)/2$ 是一样的，只是递归定义只对正整数有定义，而且是间接计算的。

有时，编写一个递归公式比编写其封闭形式更容易。图 7.1 展示了一个递归函数的直接实现。如果 $N=1$，我们有基础，由此知道 $S(1)=1$。在第 4 行和第 5 行处理这种情形。否则，在第 7 行我们精确地遵从了递归定义 $S(N)=S(N-1)+N$。很难想象还能有比这更简单的实现递归方法的方式，所以自然要问，它真的有效吗？

答案是，这个例程是有效的，除了马上要说明的一点。让我们仔细查看调用 s(4) 是如何计算的。当调用 s(4) 时，第 4 行的测试失败。然后执行第 7 行，即计算 s(3)。和任何其他方法一样，这个计算需要调用 s。在那次调用中我们来到第 4 行，那里的测试失败，所以我们走到第 7 行。此时我们调用 s(2)。再一次调用 s，现在 n 为 2。第 4 行的测试仍然失败，所以我们在第 7 行调用 s(1)。现在 n 等于 1，所以 s(1) 返回 1。此时 s(2) 可以继续，将 s(1) 的返回值与 2 相加，所以 s(2) 返回 3。现在，s(3) 继续，将 s(2) 的返回值 3 与 n 相加，n 为 3，所以 s(3) 返回 6。这个结果使得 s(4) 的调用结束了，最终返回 10。

```
1      // 计算前 n 个整数的和
2      public static long s( int n )
3      {
4          if( n == 1 )
5              return 1;
6          else
7              return s( n - 1 ) + n;
8      }
```

图 7.1　递归计算前 N 个整数的和

注意，虽然 s 似乎是调用自己，但实际上，它调用的是自己的克隆（clone）。这个克隆只是带不同参数的另一个方法。任何时刻，只有一个克隆是活动的，其余的克隆都挂起。处理所有的簿记是计算机的工作，不是你的。如果对计算机来说，簿记都太多了，那才是该担心的时候。这些细节我们会在本章稍后讨论。

基础情形（base case）是不需要递归就能求解的一个实例。任何递归调用都必须朝着基础情形进展，为的是最终能停止。为此我们给出 4 个基本递归规则（rules of recursion）中的前两个。

● 基础情形。总要有至少一个情形不需要使用递归求解。

● 有进展。任何递归调用都必须朝着基础情形进展。

我们的递归计算例程确实有几个问题。一个是调用 s(0)，因为这个调用，这个方法的表现不佳⊖。这很自然，因为 S(N) 的递归定义不允许 N<1。我们可以扩展 S(N) 的定义，让其包括 N=0，从而修正这个问题。因为这种情况下不相加任何数，所以 S(0) 的自然值还是 0。因为递归定义可以适用于 S(1)，而 S(0)+1 为 1，所以这个值是有意义的。为了实现这个修改，我们只在第 4 行和第 5 行将 1 替换为 0。负数 N 仍会引起错误，但这个问题可以用类似的方式修改（作为练习 7.2 留给读者）。

第二个问题是，如果参数 n 很大，但没有大到让答案超出 int 的表示范围，则程序会崩溃或挂起。比如，我们的系统不能处理 N ≥ 8882。原因是，如我们已展示的，递归的实现需要一些簿记来记录挂起的递归调用，很长的递归链会让计算机内存不足。我们将在本章后面详细解释这个状况。本例程相比等效的循环也会花费更多的时间，因为簿记也需要一些时间。

不用说，这个特定示例没能展现递归的最佳用处，因为不使用递归，问题也很容易求解。大多数良好使用的递归不会耗尽计算机的内存，并且比非递归实现仅花费稍多一点的时间。不管怎样，递归几乎总是会让代码更紧凑。

7.3.1　输出任意基数的数

进展失败意味着程序无效。

驱动程序例程测试第一次调用的合法性，然后调用递归例程。

数值输出就是一个好示例，我们用它来说明递归是如何简化例程的编写的。假设，我们想以十进制形式输出非负数 N，但我们没有数值输出函数可用。不过，我们可以一次输出一位数字。例如，考虑如何输出数值 1369。首先，我们需要输出 1，然后是 3，然后是 6，最后是 9。问题是，获取第 1 个数字说得有些含糊：给定一个数 n，我们需要一个循环来判定 n 的第 1 位数字。与之相反的是最后一位数字，使用 n%10 可以立即得到最后一位数字（对于 n 小于 10，它就为 n）。

⊖　会调用 s(-1)，程序最终会崩溃，因为有太多挂起的递归调用。递归调用没有朝着基础情形进展。

递归提供了一个极好的解决方案。为了输出 1369，我们输出 136，再接上最后一位数字 9。如我们提到的，使用 % 运算符输出最后一位数字是容易的。输出所有的、除去最后一位数字后所表示的数值也是容易的，因为这和输出 n/10 是同一个问题。所以，可以由递归调用完成。

图 7.2 所示的代码实现了这个输出例程。如果 n 小于 10，则第 6 行不执行，并且只输出一位数字 n%10，否则，递归输出除最后一位数字之外的所有数字，然后输出最后一位数字。

```
1      // 递归地以十进制形式输出 n
2      // 先决条件: n >= 0
3      public static void printDecimal( long n )
4      {
5          if( n >= 10 )
6              printDecimal( n / 10 );
7          System.out.print( (char) ('0' + ( n % 10 ) ) );
8      }
```

图 7.2　以十进制形式打印 *N* 的递归例程

注意，我们有一个基础情形（n 是个一位数的整数），而且，因为递归问题少了一位数字，所以，所有的递归调用朝着基础情形进展。因此我们满足递归基本规则的前两条。

为了让我们的输出例程令人满意，可以将它扩展为输出 2 ~ 16 之间的任何基数[⊖]。这个修改显示在图 7.3 中。

```
1      private static final String DIGIT_TABLE = "0123456789abcdef";
2
3      // 递归地以任何基数形式输出 n
4      // 先决条件: n >= 0, base 有效
5      public static void printInt( long n, int base )
6      {
7          if( n >= base )
8              printInt( n / base, base );
9          System.out.print( DIGIT_TABLE.charAt( (int) ( n % base ) ) );
10     }
```

图 7.3　以任何基数形式输出 *N* 的递归例程

我们引入 String，使得从 a 到 f 的输出可以更容易些。现在通过索引到 DIGIT_TABLE 字符串输出每个数字。printInt 例程不鲁棒。如果 base 大于 16，则到 DIGIT_TABLE 的下标可能越界。如果 base 为 0，则在第 8 行尝试被 0 除时会导致算术错误。

当 base 为 1 时出现的错误最有趣。然后，在第 8 行的递归调用没有进展，因为递归调用的两个参数与原始调用是相同的。所以系统进行递归调用，直到最终耗尽簿记空间（且退出时也不优雅）。

为 base 添加显式测试可以让例程更鲁棒。这个策略的问题是，在每次递归调用 printInt 时都需要执行这个测试，而不是只在第一次调用时执行。一旦在第一次调用时 base 合法，再次进行测试就显得有些愚蠢了，因为在递归过程中它不会改变，所以肯定仍是合法的。避免这个低效行为的一种办法是，设置一个驱动程序例程。驱动程序例程（driver routine）测试 base 的合法性，然后调用递归例程，如图 7.4 所示。用于递归程序的驱动程序例程，是一种常用技术。

```
1  public final class PrintInt
2  {
3      private static final String DIGIT_TABLE = "0123456789abcdef";
```

图 7.4　鲁棒的数值输出程序

⊖ Java 的 toString 方法可以带有任何基数，但许多语言没有这个内置的能力。

```
4        private static final int     MAX_BASE    = DIGIT_TABLE.length( );
5
6        // 递归地以任何基数形式输出 n
7        // 先决条件: n >= 0, 2 <= base <= MAX_BASE
8        private static void printIntRec( long n, int base )
9        {
10           if( n >= base )
11               printIntRec( n / base, base );
12           System.out.print( DIGIT_TABLE.charAt( (int) ( n % base ) ) );
13       }
14
15       // 驱动例程
16       public static void printInt( long n, int base )
17       {
18           if( base <= 1 || base > MAX_BASE )
19               System.err.println( "Cannot print in base " + base );
20           else
21           {
22               if( n < 0 )
23               {
24                   n = -n;
25                   System.out.print( "-" );
26               }
27               printIntRec( n, base );
28           }
29       }
30   }
```

图 7.4 鲁棒的数值输出程序（续）

7.3.2 递归为什么有效

使用数学归纳法可以证明递归算法的正确性。

递归的第三条基本规则是：总是假设递归调用是有效的。使用这条规则去设计你的算法。

在定理 7.3 中我们严格证明 printDecimal 算法是有效的。我们的目标是验证这个算法是正确的，所以证明是基于没有语法错误这一假设。

定理 7.3 的证明说明了一个重要的原则。当设计一个递归算法时，我们总是可以假设，递归调用是有效的（如果它们向基础情形进展），因为，当进行证明时，这个假设被用作归纳假设。

乍一看，这样的假设似乎很奇怪。不过，回想一下，我们总是假设方法调用是有效的，所以假设递归调用是有效的也没什么不一样。和任意方法一样，递归例程需要结合对其他方法的调用来获得解决方案。不管怎样，其他方法可能包括比原始方法更简单的实例。

定理 7.3 图 7.2 所示的 printDecimal 算法可以正确地以基数 10 输出 n。

证明：令 k 是 n 的数字位数。证明对 k 做归纳。

基础。如果 $k=1$，则不需要递归调用，第 7 行正确输出 n 的一位数字。

归纳假设。假设 printDecimal 可以正确输出所有 $k \geqslant 1$ 位数字的整数。我们证明，这个假设意味着对任何 $k+1$ 位整数 n 也是正确的。因为 $k \geqslant 1$，则第 5 行的 if 语句对一个 $k+1$ 位的整数 n 也是满足的。根据归纳假设，第 6 行的递归调用输出 n 的前 k 位数字。然后第 7 行输出最后一位数字。所以，如果能输出任意 k 位数字整数，则也能输出 $k+1$ 位数字整数。根据归纳法，我们得出结论，printDecimal 对所有的 k 是有效的，所以对所有的 n 也是。□

这个观察结果为我们导出递归的第三条基本规则：

"你必须相信"。始终假设递归调用是有效的。

这个规则告诉我们，当我们设计一个递归方法时，我们不必尝试跟踪可能很长的递归调用路径。如我们之前展示的，这个任务可能会让人望而生畏，往往会让设计和验证更加困难。良好使用的递归会让这样的跟踪几乎很难理解。直觉上，我们让计算机处理簿记，而如果我们自己记的话，会导致代码更长。

这个原则是这样的重要，因此我们必须再次重申：始终假设递归调用是有效的。

7.3.3　递归的工作原理

> 过程式或面向对象语言中的簿记，是通过使用活动记录栈来完成的。递归是一种自然的副产品。
>
> 方法调用和方法返回序列是栈操作。
>
> 使用栈总是可以消除递归。为了节省空间，有时这是需要的。

回想一下，递归的实现需要计算机进行额外的簿记。换一种说法，任何方法的实现都需要簿记，递归调用也不例外（除了因为调用自身太多次而可能超出计算机的簿记限制）。

为了明白计算机如何处理递归，或更一般地说，任何方法调用序列，考虑一个人如何处理十分忙碌的一天。想象你正在计算机上编辑一个文件，电话铃响了。当家庭电话铃响时，你必须停下文件的编辑去处理电话。你可能想在一张纸上写下你已经对文件做了什么，以防打电话占用很长时间，你会记不起来。现在，想象一下当你和配偶打电话时，手机铃又响了。你让配偶先稍等，将电话放到台子上。你最好在一张纸上记下放下了家里的电话（以及你把电话放在了哪里）。当你接听手机时，有人敲门。你想告诉给手机打电话的人稍等一下，你去开门。所以你把手机放下，而且你最好在一张纸上记下另一条说明表示放下了手机（并且也要写明手机放在了哪里）。此时，你已经为自己写了三张便笺，其中手机便笺是最近的。当你开门时，防盗警报器响了，因为你忘记关掉它了。所以你不得不告诉门口的人稍等。当你去关闭防盗警报器时，你又给自己写了另一个便笺。虽然你已经应接不暇了，不过按与开始顺序相反的顺序可以完成所有的任务：站在门口的人、手机通话、家庭电话及文件编辑。你只需要回溯你为自己写的便笺栈就可以找到它们。注意重要的用词：你正在维护一个"栈"。

像类似 C++ 这样的其他语言一样，Java 使用一个内部的活动记录栈实现方法。活动记录（activation record）含有关于方法的相关信息，例如包括参数和局部变量的值。活动记录的实际内容依系统而定。

使用活动记录栈是因为，方法按与调用它们的次序相反的次序返回。回想一下，栈是让事物倒序的极好的结构。在最一般的场景中，栈顶保存当前活动方法的活动记录。当调用方法 G 时，G 的活动记录入栈，这让 G 成为当前活动方法。当方法返回时，出栈，且作为新栈顶的活动记录中含有恢复的值。

例如，图 7.5 展示了在计算 s(4) 的过程中出现的活动记录栈。此时，我们挂起对 main、s(4) 和 s(3) 的调用，正在处理 s(2)。

图 7.5　活动记录栈

空间开销是保存当前每个活动方法的一个活动记录所用的内存。所以，在我们之前 s(8883) 崩溃的示例中，系统大约可以容纳 8883 个活动记录。（注意，main 生成一个自身的活动记录。）内部栈的入栈和出栈也代表执行方法调用的开销。

递归和栈之间的紧密关系告诉我们，递归程序总是可以使用一个显式栈而迭代实现。推测我们的栈保存的项大概会少于活动记录，所以有理由期待会使用更少的空间。结果是速度稍快，但代码更长。现代优化编译器已将与递归相关的开销降低到这样的程度，所以，为了提升速度，从使用递归的应用中删除递归是不值得的。

7.3.4 出现过多的递归可能是危险的

不要用递归替代简单循环。

第 i 个斐波那契数是其前两个斐波那契数之和。

不要递归地做冗余的工作，程序的效率会非常低。

递归例程 fib 是指数的。

递归的第 4 条基本规则：永远不要因在不同的递归调用中求解相同的问题实例而重复工作。

本书中，我们给出了展现递归能力的许多示例。不过，在查看这些示例之前，你应该认识到，递归并不总是合适的。例如，图 7.1 中递归的使用就不好，因为一个循环也可以做得和递归一样好。一个实际的不利因素是，递归调用的开销需要时间，而且限制了程序正确的 n 值。一个好的经验是，永远不要用递归替代简单循环。

尝试用递归去计算斐波那契数可用来说明一个更严重的问题。斐波那契数（Fibonacci number）F_0, F_1, …, F_i 定义如下：$F_0=0$ 且 $F_1=1$，第 i 个斐波那契数等于第 $i-1$ 个斐波那契数和第 $i-2$ 个斐波那契数的和，所以 $F_i=F_{i-1}+F_{i-2}$。从这个定义我们可以确定，斐波那契数序列为 1, 2, 3, 5, 8, 13, 21, 34, 55, 89, …

斐波那契数有非常多的性质，似乎总会被无意中发现。实际上，专门出版了一本期刊 *The Fibonacci Quarterly*，用来发表涉及斐波那契数的定理。例如，两个连续的斐波那契数的平方和是另一个斐波那契数。前 N 个斐波那契数的和比 F_{N+2} 小 1（其他一些有趣的特性请见练习 7.9）。

因为斐波那契数是递归定义的，所以编写一个递归例程去准确计算 F_N 似乎很自然。如图 7.6 所示的这个递归例程是有效的，但有一个严重的问题。在我们相对快速的机器上，计算 F_{40} 时它花费了差不多 60s，考虑到基本计算只需要 39 个加法，这个时间开销太不合理了。

```
1      // 计算第 N个斐波那契数
2      // 糟糕的算法
3      public static long fib( int n )
4      {
5          if( n <= 1 )
6              return n;
7          else
8              return fib( n - 1 ) + fib( n - 2 );
9      }
```

图 7.6 斐波那契数的递归例程：糟糕的想法

根本的问题是，这个递归例程执行了冗余计算。为了计算 fib(n)，我们递归计算 fib(n-1)。当递归调用返回时，我们使用另一个递归调用计算 fib(n-2)。但在计算 fib(n-1) 的过程中我们已经计算过 fib(n-2) 了，所以调用 fib(n-2) 就是产生浪费的冗余计算。结果是，我们调用了两次 fib(n-2)，而不是仅一次。

一般地，进行两次方法调用而不是一次方法调用，会让程序的运行时间加倍。不过，事实上更糟：每次调用 fib(n-1) 和每次调用 fib(n-2)，都会调用 fib(n-3)，所以实际上调用了 3 次 fib(n-3)。实际上，情况会越来越糟：每次调用 fib(n-2) 或 fib(n-3)，都会调用 fib(n-4)，所以总共调用 5 次 fib(n-4)。因此我们得到了复合效应：每次递归调用都要做越来越冗余的工作。

令 $C(N)$ 是计算 fib(n) 过程中调用 fib 的次数。显然，$C(0)=C(1)=1$ 次调用。对于 $N \geq 2$，

我们调用 fib(n)，加上递归且独立计算 fib(n-1) 和 fib(n-2) 时所需的所有调用次数。所以 $C(N)=C(N-1)+C(N-2)+1$。根据归纳法，我们容易验证，对于 $N \geqslant 3$，这个递归的解是 $C(N)=F_{N+2}+F_{N-1}-1$。所以递归调用的次数比我们要去计算的斐波那契数大，这是很费时的。对于 $N=40$，$F_{40}=102\ 334\ 155$，递归调用的总次数大于 $300\ 000\ 000$ 次。难怪这个程序没完没了。递归调用的次数爆炸式增长，如图 7.7 所示。

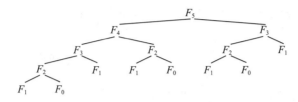

图 7.7　递归计算斐波那契数的跟踪

这个示例说明了递归的第 4 条（即最后一条）基本规则。

复利规则。永远不要因在不同的递归调用中求解相同问题实例而重复工作。

7.3.5　树的预览

> 树由一组结点和一组连接它们的有向边组成。
>
> 父结点和子结点是自然定义的。有向边将父结点连接到子结点。
>
> 叶结点没有子结点。

　　树（tree）是计算机科学中的一种基础结构。几乎所有的操作系统都将文件保存在树或类似树的结构中。编译器设计、文本处理和搜索算法中也用到了树。我们在第 18 章和第 19 章详细讨论树，还将在 11.2.4 节（表达式树）和 12.1.2 节（霍夫曼算法）中利用树。

　　树的一种定义是递归的：树要么为空，要么它含有一个根和 0 或多棵非空子树 T_1, T_2, …, T_k，每棵子树的根通过一条边与根连接，如图 7.8 所示。某些实例中（第 18 章将讨论最著名的二叉树），我们可以允许一些子树是空的。

　　非递归地，树含有一组结点和一组连续结点对的有向边。本书中，我们仅考虑有根树。有根树有下列性质。

- 一个结点识别为根。
- 除根外的每个结点 c，只恰好有一个其他结点 p 将边连接至此。结点 p 是 c 的父结点（parent），而 c 是 p 的子结点（children）之一。
- 从根到每个结点都有唯一的路径穿过。必须经过的边数是路径长度（path length）。

父结点和子结点是自然而然定义的。有向边将父结点连接到子结点。

　　图 7.9 图示了一棵树。根结点是 A，A 的子结点是 B、C、D 和 E。因为 A 是根，所以它没有父结点，所有其他结点都有父结点。例如，B 的父结点是 A。没有子结点的结点称为叶结点（leaf）。这棵树中的叶结点是 C、F、G、H、I 和 K。从 A 到 K 的路径长度是 3（边），从 A 到 A 的路径长度是 0（边）。

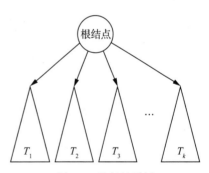

图 7.8　递归地看树

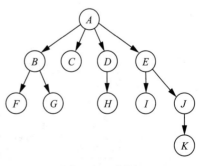

图 7.9　一棵树

7.3.6 其他示例

或许理解递归最好的方法是研究示例。本节，我们将研究另外 4 个递归示例。前两个使用非递归很容易实现，但后两个展示出递归的一些能力。

阶乘

回想一下，$N!$ 是前 N 个整数的乘积。所以我们可以将 $N!$ 表示为 N 乘上 $(N-1)!$。结合基础情形 1!=1，这些信息立即提供了实现递归所需的所有条件。如图 7.10 所示。

```
1      // 计算 n!
2      public static long factorial( int n )
3      {
4          if( n <= 1 )      // 基础情形
5              return 1;
6          else
7              return n * factorial( n - 1 );
8      }
```

图 7.10 factorial 方法的递归实现

二分搜索

在 5.6.2 节，我们描述了二分搜索。回想一下，在二分搜索中，我们在一个有序数组 A 中通过检查中间元素执行搜索。如果相等，则完成搜索。否则如果正搜索的项小于中间元素，则在中间元素左侧的子数组中搜索，否则在中间元素右侧的子数组中搜索。这个过程假设子数组不为空，如果为空，则项没有找到。

这段描述直接翻译为图 7.11 所示的递归方法。代码演示了一种主流技术，即公有驱动程序例程初始调用递归例程，并传递返回值。这里，驱动程序设置子数组的低点和高点，即 0 和 `a.length-1`。

```
1      /**
2       * 使用每层两个比较，执行标准的二分搜索
3       * 这是调用递归方法的一个驱动程序
4       * @return : 找到的项所在的下标，如果没有找到，返回 NOT_FOUND
5       */
6      public static <AnyType extends Comparable<? super AnyType>>
7      int binarySearch( AnyType [ ] a, AnyType x )
8      {
9          return binarySearch( a, x, 0, a.length -1 );
10     }
11
12     /**
13      * 隐藏递归例程
14      */
15     private static <AnyType extends Comparable<? super AnyType>>
16     int binarySearch( AnyType [ ] a, AnyType x, int low, int high )
17     {
18         if( low > high )
19             return NOT_FOUND;
20
21         int mid = ( low + high ) / 2;
22
23         if( a[ mid ].compareTo( x ) < 0 )
24             return binarySearch( a, x, mid + 1, high );
25         else if( a[ mid ].compareTo( x ) > 0 )
26             return binarySearch( a, x, low, mid - 1 );
27         else
28             return mid;
29     }
```

图 7.11 使用递归的二分搜索例程

在递归方法中，第 18 行和第 19 行的基础情形处理一个空子数组。否则，如果没有找到匹配项，则遵从前面给出的描述，在适当的子数组上进行递归调用（第 24 行或第 26 行）。当找到匹配项时，在第 28 行返回匹配项的下标。

注意，从大 O 角度来看，运行时间与非递归实现持平，因为我们执行了相同的任务。因为递归有潜在的开销，所以实际上预计运行时间还要稍多一些。

绘制尺

图 7.12 显示了绘制尺的刻度的一个 Java 程序的执行结果。这里，我们考虑画 $1in^{\ominus}$ 的问题。中间是最长的刻度。在图 7.12 中，中间的左侧是小版的尺子，而中间的右侧是第二个小版尺子。这个结果使人想到一个递归算法，先画中间的线，然后再画左半部分和右半部分。

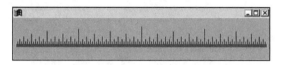

图 7.12　递归绘制的标尺

你不必理解在 Java 中画线和形状的细节，就可以理解这个程序。你只需知道，可以用 Graphics 对象来画图。图 7.13 中的 drawRuler 方法是我们的递归例程。它使用 drawLine 方法，这是 Graphics 类的一部分。drawLine 方法画一条从一个坐标 (x, y) 到另一个坐标 (x, y) 的直线，其中，坐标从左上角算起。

```
1    // 绘制图 7.12 的 Java 代码
2    void drawRuler( Graphics g, int left, int right, int level )
3    {
4        if( level < 1 )
5            return;
6
7        int mid = ( left + right ) / 2;
8
9        g.drawLine( mid, 80, mid, 80 - level * 5 );
10
11       drawRuler( g, left, mid - 1, level - 1 );
12       drawRuler( g, mid + 1, right, level - 1 );
13   }
```

图 7.13　绘制标尺的递归方法

我们的例程在不同的高度 level 画刻度，每次递归调用就更深一层（在图 7.12 中，共有 8 层）。首先在第 4 行和第 5 行处理基础情形。然后在第 9 行画中间点刻度。最后，在第 11 行和第 12 行递归地画两个小版尺子。在网络资源中，我们包含了额外的代码，可以让画线变慢。用那种方式，可以看清递归算法画线的次序。

分形星

图 7.14a 中所展示的是看似很复杂的图案，称为分形星（fractal star），使用递归很容易绘制。整个画布初始时是灰色的（没有显示），在灰色背景上绘制白色的正方形形成图案。最后画的正方形位于中心。图 7.14b 显示在添加最后的正方形之前的图。所以在画最后的正方形之前，已经画了 4 个小的版本，四个象限各一个。这个图案提供了需要产生递归算法所需的信息。

与前面的例子一样，方法 drawFractal 使用 Java 库例程。本例中，fillRect 用于绘制一个矩形，必须指定它的左上角和大小。代码如图 7.15 所示。drawFractal 的参数包括分形的中心和整个的尺寸。据此，我们可以在第 5 行计算大的中心正方形的大小。在第 7 行和第 8 行处理

$\ominus$　1 in = 2.54 cm。——编辑注

了基础情形后，我们计算中心矩形的边界。然后在第 17 ～ 20 行可以画出 4 个小的分形版本。最后，在第 23 行画出中心正方形。注意，这个正方形必须在递归调用之后绘制。否则，我们得到的是不同的图像（在练习 7.35 中，要求你描述不同之处）。

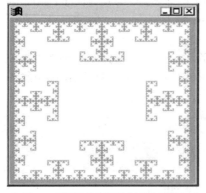 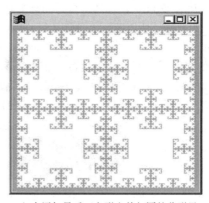

a）图 7.15 所示的代码所绘制的分形星轮廓   b）在添加最后正方形之前相同的分形星

图 7.14   绘制分形星

```
1       // 绘制图 7.14
2       void drawFractal( Graphics g, int xCenter,
3                       int yCenter, int boundingDim )
4       {
5           int side = boundingDim / 2;
6
7           if( side < 1 )
8               return;
9
10           // 计算角
11          int left =   xCenter - side / 2;
12          int top =    yCenter - side / 2;
13          int right =  xCenter + side / 2;
14          int bottom = yCenter + side / 2;
15
16           // 递归地绘制 4 个象限
17          drawFractal( g, left, top, boundingDim / 2 );
18          drawFractal( g, left, bottom, boundingDim / 2 );
19          drawFractal( g, right, top, boundingDim / 2 );
20          drawFractal( g, right, bottom, boundingDim / 2 );
21
22           // 绘制中心正方形，重叠象限
23          g.fillRect( left, top, right - left, bottom - top );
24      }
```

图 7.15   绘制图 7.14 所示的分形星轮廓的代码

7.4   数值应用

本节我们讨论首先从数论中提出的 3 个问题。过去认为数论是有趣但无用的数学分支。不过，在过去的 30 年中，数论中衍生出了一个重要应用——数据安全。我们先讨论少量的数学背景，然后展示求解 3 个问题的递归算法。我们可以将这些例程与更复杂的第 4 个算法（在第 9 章描述）结合起来，去实现可用来对信息进行编码和解码的算法。到目前为止，没有人能证明这里展示的加密方案是不安全的。

下面是我们要研究的 4 个问题。

- 模幂运算（modular exponentiation）。计算 $X^N (\mathrm{mod}\ P)$。

- 最大公约数（greatest common divisor）。计算 gcd(A, B)。
- 乘法逆元（multiplicative inverse）。求满足 $AX \equiv 1 (\bmod P)$ 的 X。
- 素数测试（primality testing）。判定 N 是否是素数（将在第 9 章讨论）。

我们预期处理的整数是非常大的，每个数至少需要 100 位数字。所以我们必须有一种表示大整数的方法，以及用于加法、减法、乘法和除法等基本操作的一整套方法。为此，Java 提供了 BigInteger 类。高效实现它非同小可，实际上，关于这个主题有大量的文献。

我们使用 long 数去简化我们提供的代码。这里描述的算法可以处理大的对象，但仍能在合理的时间内执行。

7.4.1 模运算

本节中的问题和散列表数据结构（第 20 章）的实现，都需要使用 Java 的 % 运算符。% 运算符表示为 operator%，它计算两个整型数的余数。例如，13%10 的结果是 3，3%10 和 23%10 的结果也是 3。当我们计算被 10 除的余数时，结果的可能范围为 $0 \sim 9^{\ominus}$。这个范围使得 operator% 在生成小整数时非常有用。

如果两个数 A 和 B 除以 N 时，产生相同的余数，则我们说，它们是模 N 同余的，写为 $A \equiv B (\bmod N)$。这种情况下，N 一定能整除 $A-B$。此外，反过来也是成立的：如果 N 能整除 $A-B$，则 $A \equiv B (\bmod N)$。因为只有 N 个可能的余数 0, 1, …, $N-1$，故我们说整数被分为模 N 的同余类。换句话说，每个整数可以放在 N 个类之一，而且同一个类中的那些整数彼此模 N 同余。在我们的算法中使用了三个重要的定理（我们将这些事实的证明留作习题 7.10）。

- 如果 $A \equiv B (\bmod N)$，则对于任何的 C，$A+C \equiv B+C (\bmod N)$。
- 如果 $A \equiv B (\bmod N)$，则对于任何的 D，$AD \equiv BD (\bmod N)$。
- 如果 $A \equiv B (\bmod N)$，则对于任何的正数 P，$A^P \equiv B^P (\bmod N)$。

这些定理能让某些计算变得简单。例如，假设我们想知道 3333^{5555} 的最后一位数字。因为这个数有多于 15 000 位的数字，所以要直接计算答案太费时了。不过，我们想知道的是准确算出 $3333^{5555} (\bmod 10)$。因为 $3333 \equiv 3 (\bmod 10)$，因此仅需要计算 $3^{5555} (\bmod 10)$ 就可以了。由于 $3^4=81$，我们知道 $3^4 \equiv 1 (\bmod 10)$，而两边同乘 1388 次幂得到 $3^{5552} \equiv 1 (\bmod 10)$。如果我们两边同乘 $3^3=27$，则得到 $3^{5555} \equiv 27 \equiv 7 (\bmod 10)$，至此，计算完毕。

7.4.2 模幂运算

> 幂运算可以用对数次乘法完成。

本节，我们展示如何高效地计算 $X^N (\bmod P)$。可以这样做：将 result 初始化为 1，然后重复地将 result 乘以 X，在每次乘法后应用 % 运算符。以这种方式使用 operator%，而不是仅在最后一次乘法后使用，使得每次乘法更容易，因为它让 result 保持更小。

在 N 次乘法后，result 将是我们正在寻找的答案。不过，如果 N 是 100 位的 BigInteger，执行 N 次乘法也是不切实际的。事实上，如果 N 为 1 000 000 000，则在除最快的机器之外的所有计算机上也是不切实际的。

基于下列观察结果有了更快的算法。即如果 N 是偶数，则

$$X^N = (X \cdot X)^{\lfloor N/2 \rfloor}$$

如果 N 是奇数，则

$$X^N = X \cdot X^{N-1} = X \cdot (X \cdot X)^{\lfloor N/2 \rfloor}$$

$\ominus$ 如果 n 是负数，则 n%10 的范围是从 0 到 -9。

（回想一下，$\lfloor X \rfloor$ 是小于等于 X 的最大整数。）与之前一样，为执行模幂运算，我们在每次乘法后应用 %。

图 7.16 中所示的递归算法表示了这个策略的直接实现。第 8 行和第 9 行处理基础情形：根据定义，X^0 是 1[⊖]。在第 11 行，我们根据前一段所陈述的特性进行递归调用。如果 N 是偶数，则这个调用计算出所需的答案；如果 N 是奇数，则我们需要再额外乘以一个 X（并使用 operator%）。

```
1      /**
2       * 返回 x^n (mod p)
3       * 假设 x, n >= 0, p > 0, x < p, 0^0 = 1
4       * 如果 p > 31 位，则可能发生溢出
5       */
6      public static long power( long x, long n, long p )
7      {
8          if (n==0 && p==1) return 0;
9          if (n==0)     return 1;
10
11         long tmp = power( ( x * x ) % p, n / 2, p );
12
13         if( n % 2 != 0 )
14             tmp = ( tmp * x ) % p;
15
16         return tmp;
17     }
```

图 7.16　模幂运算例程

这个算法比之前提出的简单算法更快。如果 $M(N)$ 是 power 用到的乘法次数，则有 $M(N) \le M(\lfloor N/2 \rfloor)+2$。原因是，如果 N 是偶数，则我们执行一次乘法，加上递归执行的那些。如果 N 是奇数，则我们执行两次乘法，加上递归执行的那些。因为 $M(0)=0$，则可以证明 $M(N)<2\log N$。应用减半原理（参见 5.5 节）无须直接计算即可得到对数因子，这告诉我们 power 调用的递归次数。此外，$M(N)$ 的平均值是 $(3/2)\log N$，因为每次递归步骤中，N 为偶数或奇数的可能性相同。如果 N 是一个 100 位的数值，则最差情形下仅需大约 665 次（且通常平均仅需 500 次）乘法就可得出结果。

7.4.3　最大公约数和乘法逆元

> 两个整数的最大公约数（gcd）是能除尽两者的最大整数。
> 使用欧几里得算法的一种变形，最大公约数和乘法逆元也可以在对数次内计算。

给定两个非负整数 A 和 B，它们的最大公约数 gcd(A, B)，是能除尽 A 和 B 的最大整数 D。例如，gcd(70, 25) 是 5。换句话说，最大公约数 (gcd) 是整除两个给定整数的最大整数。

可以很容易地验证，gcd(A, B) ≡ gcd(A−B, B)。如果 D 能整除 A 和 B，则它一定也能整除 A−B；如果 D 能整除 A−B 和 B，则它一定也能整除 A。

这个观察结果引出一个简单算法，其中，我们反复从 A 中减去 B，从而将问题转化为一个更小的问题。最终，A 变得小于 B，然后我们可以交换 A 和 B 的角色，然后继续。在某一时刻，B 将变为 0。则我们知道，gcd(A, 0) ≡ A，而每一步转换都保持最初的 A 和 B 的最大公约数不变，所以我们得到了答案。这个算法称为欧几里得算法（Euclid's algorithm），首次描述是在 2000 多年前。虽然正确，但对于大数来说却没什么用，因为需要大量的减法运算。

计算效率高的修改是，让 A 反复地减去 B 直到 A 小于 B，等价于将 A 精确地转换为 A 对 B

⊖　为了这个算法，我们定义 0^0=1。我们还假设 N 是非负的而 P 是正的。

取模。所以 $\gcd(A, B) \equiv \gcd(B, A \bmod B)$。这个递归定义，连同基础情形 $B=0$ 一起，直接得到图 7.17 中的例程。为了想象它是如何工作的，注意在前一个示例中，我们使用了下列递归调用序列去推断 70 和 25 的 gcd 是 5：$\gcd(70, 25) \Rightarrow \gcd(25, 20) \Rightarrow \gcd(20, 5) \Rightarrow \gcd(5, 0) \Rightarrow 5$。

```
1    /**
2     * 返回最大公约数
3     */
4    public static long gcd( long a, long b )
5    {
6        if( b == 0 )
7            return a;
8        else
9            return gcd( b, a % b );
10   }
```

图 7.17　最大公约数的计算

用到的递归调用的次数与 A 的对数成正比，这与我们本节介绍的其他例程的数量级是相同的。原因是，在两个递归调用中，问题至少减少了一半。这个结论的证明留作练习 7.11。

gcd 算法暗示可以用它来求解一个类似的数学问题。方程 $AX \equiv 1(\bmod N)$ 的解 $1 \leqslant X<N$ 称为 A 模 N 的乘法逆元。还假设 $1 \leqslant A<N$。例如，3 模 13 的逆元是 9，即 $3 \cdot 9 \bmod 13$ 得到 1。

计算乘法逆元的能力很重要，因为如果我们知道乘法逆元的话，则像 $3i \equiv 7(\bmod 13)$ 这样的方程很容易求解。这些方程出现在许多应用中，包括本节最后要讨论的编码算法。在本例中，如果乘以 3 的逆元（即 9），则得到 $i \equiv 63(\bmod 13)$，所以 $i=11$ 是答案。如果

$$AX \equiv 1(\bmod N)$$

则对于任意的 Y，$AX + NY = 1(\bmod N)$ 为真。对有些 Y，左侧必须是 1。所以方程

$$AX+NY=1$$

是可解的，当且仅当 A 有一个乘法逆元。

给定 A 和 B，我们展示如何找到满足

$$AX+BY=1$$

的 X 和 Y。我们假设，$0 \leqslant |B|<|A|$，然后推广 gcd 算法去计算 X 和 Y。

首先，考虑基础情形，$B \equiv 0$。这种情形下，我们必须求解 $AX=1$，这隐含着 A 和 X 都是 1。事实上，如果 A 不是 1，则不存在乘法逆元。所以只有当 $\gcd(A, N)=1$ 时，A 有乘法逆元模 N。

否则，B 不为 0。回想一下，$\gcd(A, B) \equiv \gcd(B, A \bmod B)$。所以我们令 $A=BQ+R$。这里 Q 是商而 R 是余数，所以递归调用是 $\gcd(B, R)$。假设我们可以递归求解

$$BX_1+RY_1=1$$

因为 $R=A-BQ$，故有

$$BX_1+(A-BQ)Y_1=1$$

这意味着

$$AY_1+B(X_1-QY_1)=1$$

所以 $X=Y_1$ 且 $Y=X_1-\lfloor A/B \rfloor Y_1$ 是 $AX+BY=1$ 的解。将这些观察结果直接编码为图 7.18 中的 fullGcd。方法 inverse 只是调用 fullGcd，其中 X 和 Y 是静态类变量。剩下的唯一一个细节是，给定的 X 的值可能是负的。如果是这样的话，inverse 的第 35 行将使其变为正数。我们将这个事实的证明留作练习 7.14。可以使用归纳法证明。

```
1    // 用于 fullGcd 的内部变量
2    private static long x;
3    private static long y;
4
5    /**
6     * 如果 gcd(a,b) = 1, ax + by = 1
```

图 7.18　判定乘法逆元的例程

```
7        * 辗转的欧几里得算法找到
8        * x 和 y
9        */
10      private static void fullGcd( long a, long b )
11      {
12          long x1, y1;
13
14          if( b == 0 )
15          {
16              x = 1;
17              y = 0;
18          }
19          else
20          {
21              fullGcd( b, a % b );
22              x1 = x; y1 = y;
23              x = y1;
24              y = x1 - ( a / b ) * y1;
25          }
26      }
27
28      /**
29       * 求解 ax == 1 (mod n), 假设 gcd( a, n ) = 1
30       * @return x
31       */
32      public static long inverse( long a, long n )
33      {
34          fullGcd( a, n );
35          return x > 0 ? x : x + n;
36      }
```

图 7.18   判定乘法逆元的例程（续）

7.4.4   RSA 加密系统

> 数论可以用于密码学，是因为因式分解比乘法困难得多。
>
> 加密用于传输消息，使其他方无法读取这些信息。
>
> RSA 加密系统是一种流行的加密方法。

几个世纪以来，数论被认为是一种完全不切实际的数学分支。然而最近，由于在密码学中的适用性，它已经成为一个重要的领域。

我们要考虑的问题有两部分。假设，Alice 想给 Bob 发送一条消息，但她担心传输可能会受到危害。例如，如果传输是在电话线上而电话被窃听，那么其他人就可以读到这条消息。我们假设，即使电话线上有窃听，也没有恶意（即破坏信号）——Bob 能得到 Alice 发送的任何信息。

这个问题的解决方案是使用加密（encryption），加密是传输其他各方都不能读取的消息的一种编码机制。加密由两部分组成。第一部分，Alice 加密（encrypt）消息，并发送结果，这个结果不再能直截了当地读取。第二部分，当 Bob 接收到 Alice 传输的信息时，解密（decrypt）它并得到原文。该算法的安全性是基于除 Bob 以外的其他人都不能执行解密这一事实，包括 Alice 也不能解密（如果她没有保存原始消息的话）。

所以 Bob 必须给 Alice 提供一个只有他自己才知道如何反转回来的加密方法。这个问题非常有挑战性。提出的很多算法受到精巧的破译密码技术的危害。这里描述的一个方法，RSA 加密系统（RSA cryptosystem，以其作者的首字母命名），是加密策略的一种精妙实现。

这里我们仅给出加密的高度概括，展示本节所写的方法如何在实用中交互。参考文献中列出了更详细的描述以及算法关键性质的证明。

但是，首先要注意一条消息由字符序列组成，而每个字符只是位的序列。所以一条消息是位的序列。如果我们把消息分割成 B 位的块，则可以将信息解释为一串非常大的数。所以基本问题简化为，加密一个大数，然后解密这个结果。

RSA 常数的计算

RSA 算法开始时让接收者确定一些常数。首先，两个大整数 p 和 q 是随机选取的。通常，每个数都至少有 100 位左右。本例中，假设 $p=127$，$q=211$。注意，Bob 是接收者，所以他执行这些计算。还要注意，有足够多的素数。所以 Bob 可以持续地尝试随机数，直到其中的两个通过素数测试（将在第 9 章讨论）。

接下来，Bob 计算 $N=pq$ 及 $N'=(p-1)(q-1)$，本例中给出 $N=26\,797$ 及 $N'=26\,460$。Bob 继续选择任何满足 $\gcd(e, N')=1$ 的 $e>1$。用数学术语来说，他选择与 N' 互素的任意的 e。Bob 可以使用图 7.17 所示的例程，持续尝试不同的 e 值，直到他找到满足特性的一个值时为止。任何的素数 e 都可以，所以找到 e 至少与找到一个素数同样容易。本例中，$e=13\,379$ 是众多有效选择之一。下一步，使用图 7.18 中的例程计算 e 模 N' 的乘法逆元 d。本例中，$d=11\,099$。

一旦 Bob 计算了所有这些常数，他就可以完成下列工作。首先，他销毁 p、q 和 N'。如果这些值的任何一个被发现，则系统的安全性会受到危害。然后，Bob 将 e 和 N 的值告诉任何想给他发送加密消息的人，但 d 值保密。

加密和解密算法

> 在公钥密码学中，每个参与者都公布其他人可用来发送加密信息的编码，但对解密编码保密。
>
> 实际上，RSA 用来加密如 DES 这样的单钥加密算法中的密钥。

要加密整数 M，发送者计算 $M^e(\bmod\, N)$，并发送它。在我们的示例中，如果 $M=10\,237$，则发送的值是 8422。当接收到加密后的整数 R 时，Bob 要做的就是计算 $R^d(\bmod\, N)$。对于 $R=8422$，他找回原来的值 $M=10\,237$（这不是偶然的）。所以，加密和解密都可以使用图 7.16 给出的模幂程序执行。

算法是有效的，因为 e、d 和 N 的选择可以保证，只要 M 和 N 没有公共因子，就有 $M^{ed}=M(\bmod\, N)$（可以通过数论证明，但这些内容超出了本书的范围）。因为 N 仅有两个 100 位的素数因子，所以几乎不可能被找到$\ominus$。所以对加密文本进行解密可以还原原始文本。

让这个方案看起来安全的原因是，为了破译，显然需要知道 d。现在 N 和 e 唯一地决定 d。例如，如果分解 N，则得到 p 和 q，然后可以重新构造 d。要警示的是，大整数的因式分解显然是非常困难的。所以 RSA 系统的安全性是基于相信大整数分解本质上非常困难。到目前为止，这依然有效。

这个整体方案称为公钥加密系统（public key cryptography），任何想要接收信息的人，都可以公布其加密编码信息给其他人使用，但对解密编码保密。在 RSA 系统中，e 和 N 将为每个人计算一次，并列在公开可读的地方。

RSA 算法广泛用于实现安全的电子邮件和安全的互联网交易中。当你通过 *http* 访问网页时，安全交易通过加密执行。实际使用的方法比这里描述的要复杂得多。问题在于，RSA 算法在发送大量信息时有些慢。

更快的方法称为 DES。与 RSA 算法不同，DES 是单密钥算法，是指编码和译码时使用同一个密钥。这就像是你家门上的锁。单密钥算法的问题是，双方需要共享单密钥。一方如何确保另

$\ominus$　你更有可能连续 13 周赢得典型的州彩票。如果 M 和 N 有一个公共因子，则系统会受到危害，因为 gcd 将是 N 的一个因子。

一方拥有这个单密钥呢？使用 RSA 算法可以解决这个问题。比如典型的解决方案是，Alice 随机生成用于 DES 的单密钥。然后她使用 DES 加密她的消息，这比使用 RSA 快得多。她给 Bob 传送密文。对于 Bob 要译码密文，他必须拿到 Alice 使用的 DES 密钥。DES 密钥相对较短，所以 Alice 可以使用 RSA 来加密 DES 密钥，然后将它在第二次传输中发送给 Bob。接下来，Bob 解密 Alice 第二次传输的信息，从而得到了 DES 密钥，此时他可以解密原始信息。这些类型的协议及其增强版本，构成了大多数实用加密实现的基础。

7.5　分治算法

> 分治算法是一种递归算法，通常非常高效。
> 在分治法中，递归是划分，而开销是解决。

利用递归的一项重要的问题求解技术是分治。分治算法（divide-and-conquer algorithm）是一种高效的递归算法，由以下两部分组成：

- 划分（divide）。其中递归地求解更小的问题（当然，除了基础情形）。
- 解决（conquer）。其中由子问题的解决方案形成原始问题的解决方案。

传统上，算法中至少包含两个递归调用的例程称为分治算法，而其中只含有一个递归调用的例程则不是。因此，到目前为止，本章给出的递归例程都不是分治算法。另外，子问题通常必须是不相交的（即本质上是不重叠的），为的是避免在递归计算斐波那契数的例子中出现的那种过度开销。

本节，我们给出分治范式的一个示例。首先，我们展示如何使用递归去求解最大子序列和问题。然后，我们提供分析，去证明运行时间是 $O(N\log N)$。虽然我们对这个问题已经有了一个线性算法，不过这里给出的解决方案可以用于其他广泛的应用中，包括排序算法，例如第 8 章要讨论的归并排序和快速排序。

7.5.1　最大连续子序列和问题

> 最大连续子序列和问题可以使用分治算法求解。

在 5.3 节中，我们讨论了在一串数中查找最大连续子序列和问题。为了方便起见，这里我们重新陈述这个问题。

最大连续子序列和问题。给定（可能是负）整数 $A_1, A_2, \cdots, A_N$，找到 $\sum_{k=i}^{j} A_k$ 的最大值（并标识对应的序列）。如果所有整数都是负的，则最大连续子序列和为 0。

我们给出不同复杂度的三个算法。一个是基于穷举搜索的三次算法：我们计算每种可能的子序列和，并选择最大值。我们描述了一个二次的改进算法，它利用了一个事实，即每个新的子序列可以由前一个子序列在常数时间内计算出来。因为我们有 $O(N^2)$ 个子序列，所以这个界是直接检查所有子序列的方法能达到的最好值。我们还给出一个线性时间算法，它仅检查少数子序列就可以产生结果。不过，它的正确性并不明显。

让我们考虑分治算法。假设一个输入示例是 $\{4, -3, 5, -2, -1, 2, 6, -2\}$。我们将输入划分为两半，如图 7.19 所示。然后最大连续子序列和能够以三种情形之一出现。

- 情形 1。它完全出现在第一个半段中。
- 情形 2。它完全出现在第二个半段中。

第一个半段				第二个半段				
4	−3	5	−2	−1	2	6	−2	值
4*	0	3	−2	−1	1	7*	5	连续和
从中心开始的连续和（*表示每一半的最大值）								

图 7.19　将最大连续子序列问题划分为两半

- 情形 3。它开始于第一个半段但结束于第二个半段。

针对这三种情形中的每一种，我们展示如何比使用穷举搜索更高效地找到最大值。

我们从查看情形 3 开始。我们希望避开由于独立考虑所有 $N/2$ 个开始点和 $N/2$ 个结束点而导致的嵌套循环。通过将两个嵌套循环替换为两个连续循环就可以做到这一点。每个大小为 $N/2$ 的连续循环，组合起来只需要线性工作。我们可以进行这个替换，因为从第一个半段开始且结束于第二个半段的任何连续子序列，一定包括第一个半段的最后一个元素及第二个半段的第一个元素。

图 7.19 表明，对于第一个半段的每个元素，我们可以计算结束于最右边项的连续子序列和。我们采用从右到左、从两半段的边界开始的扫描来实现。类似地，我们可以对从第二个半段中第一个元素开始的所有序列计算连续子序列和。然后，可以将这两个子序列段合并形成跨越分界线的最大连续子序列。本例中，生成的序列从第一个半段中的第一个元素，跨越到第二个半段中倒数第二个元素。总和是两个子序列的和或 4+7=11。

这个分析表明，情形 3 可以在线性时间内求解。但是情形 1 和情形 2 呢？因为在每个半段中有 $N/2$ 个元素，所以对每个半段应用穷举搜索，每个半段仍需要二次时间。具体来说，我们做的只是消除了大约一半的工作，且二次的一半仍是二次的。在情形 1 和情形 2 中，我们可以应用同样的策略——进行更多地分半。可以继续将这些 1/4 段进行划分，直到不能再划分时为止。这个方法简明扼要地表述如下：递归地求解情形 1 和情形 2。如我们稍后要说明的那样，这样做会让运行时间降到二次以下，因为节省了整个算法中的组合。下面是算法主要部分的概述：

1. 递归计算完全在第一个半段中的最大连续子序列和。
2. 递归计算完全在第二个半段中的最大连续子序列和。
3. 通过两个连续循环，计算开始于第一个半段但结束于第二个半段的最大连续子序列和。
4. 选择这三个和中的最大值。

递归算法需要指定一个基础情形。当问题的大小是一个元素时，我们不再使用递归。得到的 Java 方法代码列在图 7.20 中。

```
1      /**
2       * 递归的最大连续子序列和算法
3       * 找到跨越 a[left..right] 的子数组中的最大值
4       * 不尝试维护实际的最佳序列
5       */
6      private static int maxSumRec( int [ ] a, int left, int right )
7      {
8          int maxLeftBorderSum = 0, maxRightBorderSum = 0;
9          int leftBorderSum = 0, rightBorderSum = 0;
10         int center = ( left + right ) / 2;
11
12         if( left == right )  // 基础情形
13             return a[ left ] > 0 ? a[ left ] : 0;
14
15         int maxLeftSum  = maxSumRec( a, left, center );
16         int maxRightSum = maxSumRec( a, center + 1, right );
17
18         for( int i = center; i >= left; i-- )
19         {
20             leftBorderSum += a[ i ];
21             if( leftBorderSum > maxLeftBorderSum )
22                 maxLeftBorderSum = leftBorderSum;
23         }
24
25         for( int i = center + 1; i <= right; i++ )
26         {
27             rightBorderSum += a[ i ];
28             if( rightBorderSum > maxRightBorderSum )
```

图 7.20　用于最大连续子序列和问题的分治算法

```
29                    maxRightBorderSum = rightBorderSum;
30            }
31
32        return max3( maxLeftSum, maxRightSum,
33                    maxLeftBorderSum + maxRightBorderSum );
34    }
35
36    /**
37     * 分治法最大连续子序列和算法的
38     * 驱动程序
39     */
40    public static int maxSubsequenceSum( int [ ] a )
41    {
42        return a.length > 0 ? maxSumRec( a, 0, a.length - 1 ) : 0;
43    }
```

图 7.20   用于最大连续子序列和问题的分治算法（续）

递归调用的一般形式是传递输入数组及左边界和右边界，这两个边界限定了数组正被操作的部分。单行驱动例程通过将边界 0 和 $N-1$ 与数组一起传递来设置此操作。

第 12 行和第 13 行处理基础情形。如果 `left==right`，则只有一个元素，如果元素是非负的，则它就是最大连续子序列（否则，和为 0 的空序列是最大的）。第 15 行和第 16 行，执行两次递归调用。这些调用总是操作于比原始问题更小的问题上，所以我们才能向基础情形进展。第 18 ～ 23 行和第 25 ～ 30 行，计算碰到了中心边界的最大和。这两个值的和是跨越两半的最大和。程序 `max3`（尚未展示）返回这三个可能中的最大值。

7.5.2   基本分治重现的分析

> 最大连续子序列和分治算法的直观分析：每层费时 $O(N)$。
> 注意，更正式的分析适用于递归求解两半然后再使用线性附加工作的所有算法类。
> 裂项求和产生大量的抵消项。

最大连续子序列和递归算法要做的是执行线性工作以计算跨越中心边界的和，然后执行两个递归调用。这些调用共同计算跨越中心边界的和，执行进一步的递归调用，等等。算法执行的总工作量与所有递归调用进行的扫描成正比。

图 7.21 图示了算法对于 $N=8$ 个元素是如何工作的。每个矩形表示对 `maxSumRec` 的一次调用，矩形的长度与调用正操作的子数组的大小（所以是扫描子数组的开销）成正比。初始调用显示在第一行：子数组的大小是 N，它表示第三种情形扫描的开销。初始调用然后进行两次递归调用，产生两个大为 $N/2$ 的子数组。情形 3 中每次扫描的开销是原始开销的一半，但因为有两个这样的递归调用，所以这些递归调用联合起来的开销还是 N。这两个递归情况的每一个，又有两次递归调用，产生 4 个原始大小 1/4 的子问题。所以所有情形 3 的总开销还是 N。

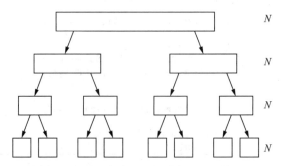

图 7.21   跟踪最大连续子序列和递归算法对于 $N=8$ 个元素时的递归调用

　　最终，我们到达基础情形。每个基础情形大小为 1，有 N 个。当然，这种情况下没有情形 3 的开销，但我们需要 1 个时间单位执行检查，以判定唯一的元素是正数还是负数。则如图 7.21 所示，每层递归的总开销是 N。每一层都把基本问题的大小分半，所以减半原理告诉我们，大约有 $\log N$ 层。事实上，层数是 $1+\lceil \log N \rceil$（当 N 等于 8 时这是 4）。所以我们预期总的运行时间是 $O(N\log N)$。

　　这个分析直观地解释了为什么运行时间是 $O(N\log N)$。不过通常，展开递归算法来检查它的行为不是个好主意，因为它违背了递归的第三条规则。下面我们考虑更正式的数学论证。

　　令 $T(N)$ 表示解决大小为 N 的最大连续子序列和问题所需的时间。如果 $N=1$，则程序花费一些常数时间去执行第 12 行和第 13 行，我们称为 1 个单位。所以 $T(1)=1$。否则，程序必须执行两次递归调用，并计算情形 3 中最大和涉及的线性工作。常数开销合并到 $O(N)$ 项中。两次递归调用要花多长的时间呢？因为它们解决大小为 $N/2$ 的问题，我们知道它们的每一个必须花费 $T(N/2)$ 个单位时间。所以，总的递归工作是 $2T(N/2)$。这个分析给出等式

$$T(1)=1$$
$$T(N)=2T(N/2)+O(N)$$

当然，为使第二个等式有意义，N 必须是 2 的幂次。否则某个时刻，$N/2$ 将不是偶数。更准确的等式是

$$T(N)=T(\lfloor N/2 \rfloor)+T(\lceil N/2 \rceil)+O(N)$$

为了简化计算，我们假设 N 是 2 的幂次，且将 $O(N)$ 替换为 N。这个假设是次要的，且不会影响大 O 结果。所以，我们需要从

$$T(1)=1 \text{ 和 } T(N)=2T(N/2)+N \tag{7.6}$$

得到 $T(N)$ 的封闭解。

　　这个等式用图 7.21 来说明，所以我们知道答案将是 $N\log N+N$。通过几个值就可以轻松验证结果：$T(1)$、$T(2)=4$、$T(4)=12$、$T(8)=32$ 和 $T(16)=80$。现在我们在定理 7.4 中使用两个不同方法证明这个数学分析。

　　定理 7.4　假设 N 是 2 的幂次，当初始条件 $T(1)=1$ 时，等式 $T(N)=2T(N/2)+N$ 的解是 $T(N)=N\log N+N$。

　　证明（方法一）：对于足够大的 N，在式（7.6）中使用 $N/2$ 替代 N，有 $T(N/2)=2T(N/4)+N/2$，故有

$$2T(N/2)=4T(N/4)+N$$

将这个式子代入式（7.6）中，得到

$$T(N)=4T(N/4)+2N \tag{7.7}$$

如果我们在式（7.6）中使用 $N/4$，并乘以 4，则得到

$$4T(N/4)=8T(N/8)+N$$

将其代入式（7.7）的右侧，得到

$$T(N)=8T(N/8)+3N$$

继续这个方式，则得到

$$T(N)=2^k T(N/2^k)+kN$$

最后，使用 $k=\log N$（这是有意义的，因为 $2^k=N$），得到

$$T(N)=NT(1)+N\log N=N\log N+N \qquad \square$$

　　虽然这个证明方法似乎很有效，但由于它往往给出非常长的等式，所以可能很难用于更复杂的情形。下面是第二种方法，似乎更容易一些，因为它产生更容易操纵的竖式方程。

定理 7.4 的证明（方法二）： 我们将式（7.6）除以 N，得到一个新的基本等式：

$$\frac{T(N)}{N} = \frac{T(N/2)}{N/2} + 1$$

这个等式现在对于 2 的幂次的任何 N 都是有效的，所以我们还可以写为下列等式：

$$
\begin{aligned}
\frac{T(N)}{N} &= \frac{T(N/2)}{N/2} + 1 \\
\frac{T(N/2)}{N/2} &= \frac{T(N/4)}{N/4} + 1 \\
\frac{T(N/4)}{N/4} &= \frac{T(N/8)}{N/8} + 1 \\
&\vdots \\
\frac{T(2)}{2} &= \frac{T(1)}{1} + 1
\end{aligned}
\tag{7.8}
$$

现在将式（7.8）中的所有等式相加。也就是说，我们将左侧的所有项相加，结果等于右侧所有的项相加。项 $T(N/2)/(N/2)$ 出现在两边，所以消除。事实上，几乎所有的项都出现在两边，可以抵消。这称为裂项求和（telescoping sum）。所有项相加后，最后的结果是

$$\frac{T(N)}{N} = \frac{T(1)}{1} + \log N$$

因为所有的其他项都抵消了，且有 $\log N$ 个等式，所以，这些等式最后的所有 1 相加得到 $\log N$。两端同乘 N，得到最后的答案，如前文所述。　　　　　　　　　　　　　　　　　　　□

注意，如果我们在求解的开始，两端没有除以 N，则和中没有裂项。决定使用除法以确保能进行裂项和是需要一些经验的，且使得方法比第一个替代方案更难应用。不过，一旦你找到了正确的除数，第二个替代方法往往就不需要在纸上写什么了，因此可以减少数学错误。相反，第一个方法更像是蛮力方法。

注意，每当你有一个分治算法，求解两个一半大小的问题并需要使用线性额外工作，那么总会有 $O(N\log N)$ 的运行时间。

7.5.3　分治法运行时间的一般上界

　　本节给出的一般公式，允许子问题的数量、子问题的大小和附加的工作量都使用一般形式。可以在不理解证明的情况下使用结果。

7.5.2 节的分析表明，当问题划分为可递归求解的相等的两半，开销为 $O(N)$，则结论是，算法是 $O(N\log N)$ 的。如果我们用线性开销将问题划分为 3 个一半大小的问题，或使用二次开销将问题划分为 7 个一半大小的问题，情况会如何（见练习 7.20）？本节，我们提供一般公式来计算分治算法的运行时间。公式需要三个参数：

- A 是子问题的个数。
- B 是子问题的相对大小（例如，$B=2$ 表示一半大小的子问题）。
- k 代表开销是 $\Theta(N^k)$ 这一事实。

公式和它的证明在定理 7.5 中提出。公式的证明需要熟悉几何级数和。不过，使用公式时不需要了解关于证明的知识。

定理 7.5　等式 $T(N)=AT(N/B)+O(N^k)$ 的解如下，其中 $A \geqslant 1$ 且 $B>1$，

$$
T(N) = \begin{cases}
O(N^{\log_B A}) & \text{对于 } A > B^k \\
O(N^k \log N) & \text{对于 } A = B^k \\
O(N^k) & \text{对于 } A < B^k
\end{cases}
$$

在证明定理 7.5 之前，让我们先来看一些应用。对于最大连续子序列和问题，我们有两个问题——两半和线性开销。合适的值是 $A=2$、$B=2$ 且 $k=1$。因此，定理 7.5 中第二种情形适用，我们得到 $O(N\log N)$，这与我们之前的计算是一致的。如果我们递归求解三个一半大小有线性开销的问题，则我们有 $A=3$、$B=2$ 且 $k=1$，所以第一种情形适用。结果是 $O(N^{\log_2 3})=O(N^{1.59})$。这里，开销并不影响算法的总代价。对于递归算法，任何小于 $O(N^{1.59})$ 的开销都给出相同的运行时间。求解三个一半大小问题但需要二次开销的算法，会有 $O(N^2)$ 的运行时间，因为适用第三种情形。实际上，超过 $O(N^{1.59})$ 阈值的开销是主项。在阈值处，需要的是对数因子，如第二种情形所示。现在我们可以证明定理 7.5。

定理 7.5 的证明：根据定理 7.4 的第二种证明方法，我们假设，N 是 B 的幂且令 $N=B^M$。则 $N/B=B^{M-1}$ 且 $N^k=(B^M)^k=(B^k)^M$。我们假设，$T(1)=1$，且忽略 $O(N^k)$ 中的常数因子。则我们有基本等式

$$T(B^M)=AT(B^{M-1})+(B^k)^M$$

如果我们将左右两侧均除以 A^M，则得到新的基本等式

$$\frac{T(B^M)}{A^M}=\frac{T(B^{M-1})}{A^{M-1}}+\left(\frac{B^k}{A}\right)^M$$

现在，我们可以将这个等式用于所有的 M，得到

$$
\begin{aligned}
\frac{T(B^M)}{A^M} &=\frac{T(B^{M-1})}{A^{M-1}}+\left(\frac{B^k}{A}\right)^M \\
\frac{T(B^{M-1})}{A^{M-1}} &=\frac{T(B^{M-2})}{A^{M-2}}+\left(\frac{B^k}{A}\right)^{M-1} \\
\frac{T(B^{M-2})}{A^{M-2}} &=\frac{T(B^{M-3})}{A^{M-3}}+\left(\frac{B^k}{A}\right)^{M-2} \\
&\ \vdots \\
\frac{T(B^1)}{A^1} &=\frac{T(B^0)}{A^0}+\left(\frac{B^k}{A}\right)^1
\end{aligned}
\tag{7.9}
$$

如果我们将式（7.9）表示的所有等式相加，再说一次，左侧几乎所有的项都抵消了右侧的前导项，得到

$$
\begin{aligned}
\frac{T(B^M)}{A^M} &=1+\sum_{i=1}^{M}\left(\frac{B^k}{A}\right)^i \\
&=\sum_{i=0}^{M}\left(\frac{B^k}{A}\right)^i
\end{aligned}
$$

所以

$$T(N)=T(B^M)=A^M\sum_{i=0}^{M}\left(\frac{B^k}{A}\right)^i \tag{7.10}$$

如果 $A>B^k$，则和是比率小于 1 的几何级数。因为无穷级数的和会收敛到一个常数，故这个有限和也以常数为界。所以我们得到

$$T(N)=O(A^M)=O(N^{\log_B A}) \tag{7.11}$$

如果 $A=B^k$，则式（7.10）和中的每一项都是 1。因为和中包含了 $1+\log_B N$ 项，且 $A=B^k$ 意味着 $A^M=N^k$，

$$T(N)=O(A^M\log_B N)=O(N^k\log_B N)=O(N^k\log N)$$

最后，如果 $A < B^k$，则几何级数中的项都大于 1。我们可以使用标准公式计算和，所以得到

$$T(N) = A^M \frac{\left(\dfrac{B^k}{A}\right)^{M+1} - 1}{\dfrac{B^k}{A} - 1} = O\left(A^M \left(\frac{B^k}{A}\right)^M\right) = O((B^k)^M) = O(N^k)$$

证明了定理 7.5 的最后一种情形。   □

7.6 动态规划

动态规划通过在表中记录答案，非递归地求解子问题。
贪心算法在每一步都进行局部最优决策。这是简单的，但并不总是要做的正确的事情。
用于兑换硬币的简单递归算法容易编写，但效率不高。
我们替代的递归兑换硬币问题算法仍效率不高。

数学上可以用递归表示的问题，也可以表示为递归算法。许多情况下，这样做会比单纯的穷举搜索有明显的性能改进。任何递归的数学公式都可以直接转变为递归算法，但编译器常常不能妥善处理递归算法及低效率的程序结果。7.3.4 节描述的斐波那契数的递归计算就是这种情形。为了避免这个递归爆炸问题，我们可以使用动态规划（dynamic programming），将递归算法重写为非递归算法，系统地将子问题的答案记录到一个表中。我们用下面的问题来说明这项技术。

兑换硬币问题。对于有硬币 $C_1, C_2, \cdots, C_N$（美分）的货币，K 个美分需要硬币的最少个数是多少？

美元货币有硬币 1 美分、5 美分、10 美分和 25 美分面值（忽略不常出现的 50 美分硬币）。63 美分可以使用 2 个 25 美分、1 个 10 美分及 3 个 1 美分，总共 6 枚硬币表示。在这种货币机制中，兑换硬币相对简单：我们可以重复地使用最大可用的硬币。可以证明，对于美元货币机制，这个方法总能让所用硬币数最少，这是称为贪心算法的一个例子。在贪心算法（greedy algorithm）的每个阶段中，所做的决策似乎都是最优的，但不考虑未来的后果。这个"取现在能拿到的"策略，是这类算法名字的由来。当一个问题可以使用贪心算法求解时，我们通常会相当高兴：贪心算法常常与我们的直觉相一致，且编码相对轻松。不幸的是，贪心算法并不总是有效的。如果美元货币机制包含 21 美分的硬币，则贪心算法仍会给出使用 6 枚硬币的解决方案，但最优的解决方案是使用 3 枚（3 枚 21 美分）。

那么问题变为如何求解任意硬币集的问题。我们假设总有一美分硬币，这样解决方案总是存在的。兑换 K 美分的简单策略是使用如下的递归。

1. 如果我们能只使用一枚硬币来换，则这就是最小值。

2. 否则，对于每个可能的值 i，我们可以独立计算兑换 i 美分和兑换 $K-i$ 美分所需的最少硬币数。然后选择使这个和最小的数 i。

例如，让我们看看如何兑换 63 美分。显然，一枚硬币是不够的。我们可以独立计算兑换 1 美分和 62 美分所需的硬币数（分别是 1 和 4）。我们递归地得到这个结果，所以必须将它们看作最优结果（62 美分正好给出 2 枚 21 美分和两枚 10 美分的结果）。所以我们有使用 5 枚硬币的一种方法。如果我们将问题划分为 2 美分和 61 美分，则递归的解决方案分别是 2 和 4，总共是 6 枚。我们继续试验所有的可能性，其中的一些列在图 7.22 中。最终，我们看到划分为 21 美分和 42 美分，可以分别兑换一枚和两枚硬币，所以可以用 3 枚完成兑换。我们需要试验的最后一种划分是 31 美分和 32 美分。我们可以用两枚硬币兑换 31 美分，可以用 3 枚硬币兑换 32 美分，总共是 5 枚硬币。但最小值仍然是 3 枚硬币。

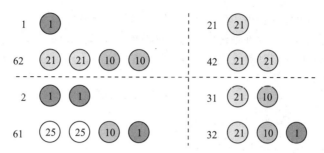

图 7.22　图 7.23 中递归求解的一些子问题

再次重申，我们递归求解这些子问题中的每一个，得到图 7.23 所示的自然算法。如果我们用这个算法进行小数额的兑换，则它表现良好。但和斐波那契数计算一样，这个算法需要太多的冗余工作，对于兑换 63 美分这种情形，它不能在合理的时间内终止。

```
1     // 返回硬币兑换的最少数量
2     // 简单的递归算法效率很低
3     public static int makeChange( int [ ] coins, int change )
4     {
5         int minCoins = change;
6
7         for( int i = 0; i < coins.length; i++ )
8             if( coins[ i ] == change )
9                 return 1;
10
11         // 不相等，递归求解
12         for( int j = 1; j <= change / 2; j++ )
13         {
14             int thisCoins = makeChange( coins, j )
15                             + makeChange( coins, change - j );
16
17             if( thisCoins < minCoins )
18                 minCoins = thisCoins;
19         }
20
21         return minCoins;
22     }
```

图 7.23　求解兑换硬币问题的简单但效率不高的递归过程

另一个算法是通过指定一种硬币来递归地减少问题。例如，对于 63 美分，我们可以用下列方式兑换，如图 7.24 所示。

- 一个 1 美分 + 递归的换开 62 美分。
- 一个 5 美分 + 递归的换开 58 美分。
- 一个 10 美分 + 递归的换开 53 美分。
- 一个 21 美分 + 递归的换开 42 美分。
- 一个 25 美分 + 递归的换开 38 美分。

不是如图 7.22 那样递归地求解 62 个问题，而是仅有 5 次递归调用，每一次针对不同的硬币。再次说明，简单的递归实现效率非常低，因为它重复计算答案。例

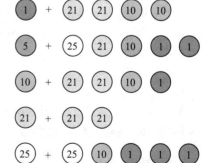

图 7.24　兑换硬币问题的另一个递归算法

如，在第一种情形下，我们剩下的一个问题是兑换 62 美分。在这个子问题中，其中一个递归调用是选择一枚 10 美分的硬币，然后递归求解 52 美分的兑换。在第三种情形中，我们剩下的是兑换 53 美分问题。它的递归调用之一是去掉 1 美分且递归求解 52 美分。这个冗余工作再次导致运

行时间过长。不过，如果仔细一些，我们可以让算法运行得相当快。

技巧是将子问题的答案保存在数组中。这个动态规划技术构成许多算法的基础。大的答案依赖更小的答案，所以我们可以计算兑换 1 美分，然后是 2 美分，然后是 3 美分，以此类推的最优的方法。这项策略显示在图 7.25 的方法中。

```
1    // 求解兑换硬币问题的动态规划算法
2    // 作为结果，数组 coinsUsed 中填充的是
3    // 兑换 0 -> maxChange 所需的最少硬币数
4    // lastCoin 中是兑换需要的硬币之一
5    public static void makeChange( int [ ] coins, int differentCoins,
6                int maxChange, int [ ] coinsUsed, int [ ] lastCoin )
7    {
8        coinsUsed[ 0 ] = 0; lastCoin[ 0 ] = 1;
9
10       for( int cents = 1; cents <= maxChange; cents++ )
11       {
12           int minCoins = cents;
13           int newCoin  = 1;
14
15           for( int j = 0; j < differentCoins; j++ )
16           {
17               if( coins[ j ] > cents )   // 不能使用硬币 j
18                   continue;
19               if( coinsUsed[ cents - coins[ j ] ] + 1 < minCoins )
20               {
21                   minCoins = coinsUsed[ cents - coins[ j ] ] + 1;
22                   newCoin  = coins[ j ];
23               }
24           }
25
26           coinsUsed[ cents ] = minCoins;
27           lastCoin[ cents ]  = newCoin;
28       }
29   }
```

图 7.25　求解兑换硬币问题的动态规划算法，通过计算从 0 到 maxChange 的所有金额的最佳兑换数，并维护信息以构造实际的硬币序列

首先，在第 8 行，我们发现 0 美分使用 0 枚硬币兑换。使用 lastCoin 数组告诉我们，最后一个进行了最佳兑换的硬币是哪一个。否则，我们尝试进行 cents 的等值兑换，cents 的范围从 1 到最后的 maxChange。为了使 cents 能等值兑换，我们根据从第 15 行开始的 for 语句所指示的，依次地尝试每枚硬币。如果硬币的总值大于正尝试兑换的，则不做任何事情。否则，在第 19 行测试以判定用来求解子问题的硬币的量，加上一枚硬币合在一起，是否小于到目前为止使用的硬币最少值，如果是，我们执行第 21 行和第 22 行的更新。当对于当前的 cents 的循环结束时，最小值就可以插入数组中，这由第 26 行和第 27 行完成。

算法的结尾，coinsUsed[i] 表示兑换 i 美分所需的硬币最少值（i==maxChange 是我们正在寻找的特定解决方案）。通过在 lastCoin 中回溯，我们可以找出求解所需的硬币。运行时间是两个嵌套的 for 循环的时间，所以是 O(NK)，其中 N 是不同面值的硬币个数，而 K 是要兑换的硬币值。

7.7　回溯

回溯算法使用递归尝试所有可能性。
井字棋中使用最小最大值策略，它基于双方最佳走步的假设。
α-β 剪枝是对最小最大算法的改进。

本节我们阐述递归的最后一个应用。我们说明如何编写一个例程，让计算机在井字棋游戏中选择一个最佳走步。图 7.26 所示的 Best 类，用来保存走步选择算法返回的最佳走步。TicTacToe 类框架显示在图 7.27 中。这个类有一个数据对象 board，它表示当前的游戏位置⊖。规范说明了很多的琐碎方法，这些例程包括清空棋盘、测试一个方格是否被占用、在方格中放东西，以及测试是否已经获胜等。网络资源中提供了实现的细节。

```
1   final class Best
2   {
3       int row;
4       int column;
5       int val;
6
7       public Best( int v )
8         { this( v, 0, 0 ); }
9
10      public Best( int v, int r, int c )
11        { val = v; row = r; column = c; }
12  }
```

图 7.26　保存已计算的走步的类

```
1   class TicTacToe
2   {
3       public static final int HUMAN      = 0;
4       public static final int COMPUTER   = 1;
5       public static final int EMPTY      = 2;
6
7       public static final int HUMAN_WIN    = 0;
8       public static final int DRAW         = 1;
9       public static final int UNCLEAR      = 2;
10      public static final int COMPUTER_WIN = 3;
11
12          // 构造方法
13      public TicTacToe( )
14        { clearBoard( ); }
15
16          // 查找最优走步
17      public Best chooseMove( int side )
18        { /* 实现在图 7.29 中 */ }
19
20          // 计算当前位置的静态值 (赢或平局等)
21      private int positionValue( )
22        { /* 实现在图 7.28 中 */ }
23
24          // 走步, 包括检查合法性
25      public boolean playMove( int side, int row, int column )
26        { /* 实现在网络资源中 */ }
27
28          // 让棋盘为空
29      public void clearBoard( )
30        { /* 实现在网络资源中 */ }
31
32          // 如果棋盘满了, 返回 true
33      public boolean boardIsFull( )
34        { /* 实现在网络资源中 */ }
35
```

图 7.27　TicTacToe 类框架

⊖　井字棋是在一个 3×3 的棋盘上玩的。两个玩家轮流将他们的符号放在方格内。第一个在一行、一列或一个长对角线中得到三个方格的人获胜。

```
36              // 如果棋盘显示赢了，返回 true
37      public boolean isAWin( int side )
38          { /* 实现在网络资源中 */ }
39
40              // 走步，可能清空一个方格
41      private void place( int row, int column, int piece )
42          { board[ row ][ column ] = piece; }
43
44              // 测试方格是否为空
45      private boolean squareIsEmpty( int row, int column )
46          { return board[ row ][ column ] == EMPTY; }
47
48      private int [ ] [ ] board = new int[ 3 ][ 3 ];
49  }
```

图 7.27   TicTacToe 类框架（续）

挑战是判断任意位置的最佳走步是什么。使用的程序是 chooseMove。一般的策略会用到回溯算法。回溯算法（backtracking algorithm）使用递归尝试所有可能性。

进行这个判定的基础是 positionValue，如图 7.28 所示。根据棋盘所表示的，positionValue 方法返回 HUMAN_WIN、DRAW、COMPUTER_WIN 或 UNCLEAR。

```
1          // 计算当前位置的静态值（赢或平局等）
2      private int positionValue( )
3      {
4          return isAWin( COMPUTER ) ? COMPUTER_WIN :
5                 isAWin( HUMAN )    ? HUMAN_WIN :
6                 boardIsFull( )     ? DRAW         : UNCLEAR;
7      }
```

图 7.28   用来计算位置的支撑程序

使用的策略是最小最大值策略（minimax strategy），它基于玩家双方都有最佳走步这一假设。如果最佳走步暗示计算机可以强制获胜，则位置值是 COMPUTER_WIN。如果计算机可以强制平局而不是获胜，则值是 DRAW。如果人类玩家可以强制获胜，则值是 HUMAN_WIN。我们想让计算机获胜，所以我们有 HUMAN_WIN < DRAW < COMPUTER_WIN。

对于计算机，位置值是由从走步而得出的所有位置值中的最大值。假设，一个走步得出一个获胜的位置，两个走步得出一个平局位置，6 个走步得出一个失败位置。则开始位置是获胜位置，因为计算机可以强制获胜。另外，得出获胜位置的走步是要走的步。对于人类玩家，我们使用最小值替代最大值。

这个方法提出了判定一个位置值的递归算法。一旦查找位置值的基本算法编写完毕，则记录最佳走步就是簿记的工作了。如果位置是终止位置（即我们可以马上看到完成了三点一线，或棋盘满了但没有出现三点一线），则位置值是当前值。否则我们递归尝试所有走步，计算每个结果位置的值，选择最大值。然后，递归调用要求人类玩家评估该位置的值。对于人类玩家，值是所有的下一个可能走步的最小值，因为人类玩家尝试去强制计算机输。所以图 7.29 所示的递归方法 chooseMove，带一个参数 side，它指示该轮到谁走步了。

第 12 行和第 13 行处理递归的基础情形。如果我们有当前答案，则可以返回。否则，我们在第 15～22 行根据是哪边在走步来设置几个值。第 28～38 行的代码为每一种可能的走步计算一次。我们尝试在第 28 行走步，在第 29 行递归计算走步（保存值），然后在第 30 行撤销走步。第 33 行和第 34 行测试以判定这个走步是不是目前最佳的。如果是，我们在第 36 行调整 value，并在第 37 行记录该走步。在第 41 行，我们用 Best 对象返回位置值。

虽然图 7.29 所示的例程最优求解了井字棋，但它执行了太多的搜索。特别是，为了在一个

空棋盘上选择第一个走步，它进行了 549 946 次递归调用（这个数是通过执行程序得到的）。通过使用某些算法技巧，我们可以用更少的搜索计算同样的信息。这样的一种技术称为 α-β 剪枝（alpha-beta pruning），这是对最小最大算法的改进。我们将在第 10 章详细描述这项技术。α-β 剪枝的应用将递归调用的次数减少到仅有 18 297 次。

```
1      // 查找最佳走步
2      public Best chooseMove( int side )
3      {
4          int opp;                 // 另一方
5          Best reply;              // 对手的最佳应答
6          int dc;                  // 占位符
7          int simpleEval;          // 立即计算的结果
8          int bestRow = 0;
9          int bestColumn = 0;
10         int value;
11
12         if( ( simpleEval = positionValue( ) ) != UNCLEAR )
13             return new Best( simpleEval );
14
15         if( side == COMPUTER )
16         {
17             opp = HUMAN; value = HUMAN_WIN;
18         }
19         else
20         {
21             opp = COMPUTER; value = COMPUTER_WIN;
22         }
23
24         for( int row = 0; row < 3; row++ )
25             for( int column = 0; column < 3; column++ )
26                 if( squareIsEmpty( row, column ) )
27                 {
28                     place( row, column, side );
29                     reply = chooseMove( opp );
30                     place( row, column, EMPTY );
31
32                     // 如果 side 得到了更好的位置，则更新
33                     if( side == COMPUTER && reply.val > value
34                         || side == HUMAN && reply.val < value )
35                     {
36                         value = reply.val;
37                         bestRow = row; bestColumn = column;
38                     }
39                 }
40
41         return new Best( value, bestRow, bestColumn );
42     }
```

图 7.29   查找井字棋最佳走步的递归程序

7.8   总结

本章，我们讨论了递归，说明了这是一个强有力的问题求解工具。下面是它的基本规则，你永远不应该忘记：

- 基础情形。总要有至少一个情形不需要使用递归求解。
- 有进展。任何递归调用都必须朝着基础情形进展。
- "你必须相信"。始终假设递归调用是有效的。
- 复利规则。永远不要因在不同的递归调用中求解相同的问题实例而重复工作。

递归有很多用处，本章讨论了其中一部分。以递归为基础的三个重要的算法设计技术是分

治、动态规划和回溯。

在第 8 章，我们将研究排序。已知最快的排序算法是递归的。

7.9 核心概念

活动记录。过程式语言中完成簿记的方法，会用到活动记录栈。

α-β 剪枝。是对最小最大算法的改进。

回溯。使用递归尝试所有可能性的一个算法。

基础情形。不需要递归就能求解的一个实例。任何递归调用必须朝着基础情形进展。

基础。在归纳法证明中，可以手动证明的简单情形。

分治算法。通常非常高效的一类递归算法。递归是划分（divide）部分，而递归解决方案的组合就是解决（conquer）的部分。

驱动程序例程。测试第一个情形的合法性，然后调用递归例程的例程。

动态规划。通过在表中记录答案来避免递归爆炸的一项技术。

加密。用于信息传输以便其他方无法读取的一种编码机制。

斐波那契数。第 i 个数是它前两个数之和的数列。

最大公约数（gcd）。两个整数的最大公约数是能整除两者的最大整数。

贪心算法。在每一步都进行局部最优决策——简单但并不总是要做的正确事情——的一个算法。

归纳法。用于建立对正整数成立的定理的一种证明技术。

归纳假设。假设定理对某些任意情形是正确的，然后，在这个假设下，对下一个情形也是正确的。

叶结点。在树中没有子结点的结点。

最小最大策略。用在井字棋和其他策略游戏中的一种策略，它基于双方玩家都采用最佳走步的假设。

乘法逆元。方程 $AX \equiv 1(\bmod N)$ 的解 $1 \leqslant X < N$。

公钥加密系统。一种密码学类型，每个参与者公布其他人可用来发送密文的编码，但对解密编码保密。

递归方法。直接或间接调用自己的方法。

RSA 加密系统。一种流行的加密方法。

递归规则。基础情形：总要有至少一个情形不需要使用递归求解。有进展：任何递归调用都必须朝着基础情形进展。"你必须相信"：始终假设递归调用是有效的。复利规则：永远不要因在不同的递归调用中求解相同问题的实例而重复工作。

裂项求和。生成大量抵消项的过程。

树。一种广泛使用的数据结构，含有一组结点和一组连接结点对的边。本书中，我们假设树是有根的。

7.10 常见错误

- 使用递归时最常见的错误是忘记基础情形。
- 确保每个递归调用都朝着基础情形进展。否则，递归是不正确的。
- 必须避免重叠的递归调用，因为它们往往产生指数算法。
- 使用递归替代简单的循环是糟糕的风格。
- 使用递归公式分析递归算法。不要假设递归调用花费线性时间。

7.11 网络资源

下列资源提供了本章的大部分代码，包括井字棋程序。使用复杂数据结构的井字棋算法的改进版本在第 10 章讨论。下面是文件名。

RecSum.java。图 7.1 所示的例程，带有一个简单的 main。

PrintInt.java。图 7.4 所示的例程，按任何基数进制输出数，再加一个 main。

Factorial.java。图 7.10 所示，计算阶乘的例程。

BinarySearchRecursive.java。除了图 7.11 所示的 binarySearch 外，实际上与（第 6 章的）BinarySearch.java 是一样的。

Ruler.java。可以运行的图 7.13 所示的例程。它包含强制慢速画图的代码。

FractalStar.java。可以运行的图 7.15 所示的例程。它包含允许慢速画图的代码。

Numerical.java。第 7.4 节介绍的数学例程、素数测试例程，及演示 RSA 计算的 RSA.java 中的 main。

MaxSumTest.java。4 个最大连续子序列和例程。

MakeChange.java。图 7.25 所示的例程，带一个简单的 main。

TicTacSlow.java。井字棋算法，带一个简单的 main。参见 Best.java。

7.12 练习

简答题

7.1 递归的 4 条基本规则是什么？

7.2 修改图 7.1 给出的程序，对于负数 n 返回 0。进行最少的修改。

7.3 下面是替换 power 例程（图 7.16）中第 11 行的 4 条语句。为什么每个替换都是错误的？

```
long tmp = power( x * x, n/2, p );
long tmp = power( power( x, 2, p ), n/2, p );
long tmp = power( power( x, n/2, p ), 2, p );
long tmp = power( x, n/2, p ) * power( x, n/2, p ) % p;
```

7.4 说明在计算 $2^{63} \bmod 37$ 的过程中，是如何处理递归调用的。

7.5 计算 gcd(1995, 1492)。

7.6 Bob 选择 p 和 q 分别等于 37 和 41。确定在 RSA 算法中其余参数可接受的值。

7.7 说明，如果美元货币中没有 5 美分，则贪心兑换硬币算法会失败。

理论题

7.8 使用归纳法证明

$$F_N = \frac{1}{\sqrt{5}}\left(\left(\frac{1+\sqrt{5}}{2}\right)^N - \left(\frac{1-\sqrt{5}}{2}\right)^N\right)$$

7.9 证明下列与斐波那契数有关的恒等式。

a. $F_1 + F_2 + \cdots + F_N = F_{N+2} - 1$。

b. $F_1 + F_3 + \cdots + F_{2N-1} = F_{2N}$。

c. $F_0 + F_2 + \cdots + F_{2N} = F_{2N+1} - 1$。

d. $F_{N-1}F_{N+1} = (-1)^N + F_N^2$。

e. $F_1F_2 + F_2F_3 + \cdots + F_{2N-1}F_{2N} = F_{2N}^2$。

f. $F_1F_2 + F_2F_3 + \cdots + F_{2N}F_{2N+1} = F_{2N+1}^2 - 1$。

g. $F_N^2 + F_{N+1}^2 = F_{2N+1}$。

7.10 证明，如果 $A \equiv B(\bmod N)$，则对任何的 C、D 和 P，下列式子均成立。

　　a. $A+C \equiv B+C(\bmod N)$。

　　b. $AD \equiv BD(\bmod N)$。

　　c. $A^P \equiv B^P(\bmod N)$。

7.11　证明，如果 $A \geqslant B$，则 $A \bmod B < A/2$。（提示：分别考虑 $B \leqslant A/2$ 及 $B > A/2$ 的情形。）这个结果如何表明 gcd 算法的运行时间是对数的？

7.12　用归纳法证明 7.3.4 节中 fib 方法的递归调用次数公式。

7.13　用归纳法证明，如果 $A > B \geqslant 0$，且 gcd(a，b) 执行 $k \geqslant 1$ 次递归调用，则 $A \geqslant F_{k+2}$ 且 $B \geqslant F_{k+1}$。

7.14　用归纳法证明，在扩展的 gcd 算法中，$|X| < B$ 且 $|Y| < A$。

7.15　基于下列观察结果，编写另一个 gcd 算法（设置 $A > B$）。

　　a. 如果 A 和 B 都是偶数，则 $\gcd(A, B) = 2\gcd(A/2, B/2)$。

　　b. 如果 A 是偶数且 B 是奇数，则 $\gcd(A, B) = \gcd(A/2, B)$。

　　c. 如果 A 是奇数且 B 是偶数，则 $\gcd(A, B) = \gcd(A, B/2)$。

　　d. 如果 A 和 B 都是奇数，则 $\gcd(A, B) = \gcd((A + B)/2, (A - B)/2)$。

7.16　求解下列方程。假设 $A \geqslant 1$，$B > 1$ 且 $P \geqslant 0$。

$$T(N) = AT(N/B) + O(N^k \log^P N)$$

7.17　求解下列递推式，在所有问题中，有 $T(0) = T(1) = 1$。给出大 O 答案即可。

　　a. $T(N) = T(N/2) + 1$。

　　b. $T(N) = T(N/2) + N$。

　　c. $T(N) = T(N/2) + N^2$。

　　d. $T(N) = 3T(N/2) + N$。

　　e. $T(N) = 3T(N/2) + N^2$。

　　f. $T(N) = 4T(N/2) + N$。

　　g. $T(N) = 4T(N/2) + N^2$。

　　h. $T(N) = 4T(N/2) + N^3$。

7.18　求解下列递推式，在所有问题中，有 $T(0) = T(1) = 1$。给出大 O 答案即可。

　　a. $T(N) = T(N/2) + \log N$。

　　b. $T(N) = T(N/2) + N \log N$。

　　c. $T(N) = T(N/2) + N^2 \log N$。

　　d. $T(N) = 3T(N/2) + N \log N$。

　　e. $T(N) = 3T(N/2) + N^2 \log N$。

　　f. $T(N) = 4T(N/2) + N^2 \log N$。

　　g. $T(N) = 4T(N/2) + N^2 \log N$。

　　h. $T(N) = 4T(N/2) + N^3 \log N$。

7.19　求解下列递推式，在所有问题中，有 $T(0) = 1$。给出大 O 答案即可。

　　a. $T(N) = T(N-1) + 1$。

　　b. $T(N) = T(N-1) + \log N$。

　　c. $T(N) = T(N-1) + N$。

　　d. $T(N) = 2T(N-1) + 1$。

　　e. $T(N) = 2T(N-1) + \log N$。

　　f. $T(N) = 2T(N-2) + N$。

7.20　用于矩阵乘法的 Strassen 算法，通过执行 7 次递归调用，乘以两个 $N/2 \times N/2$ 矩阵来完成两个 $N \times N$ 矩阵的相乘。额外的开销是二次的。Strassen 算法的运行时间是多少？

实践题

7.21 Ackerman 函数定义如下。

$$A(m,n) = \begin{cases} n+1 & \text{如果}\, m=0 \\ A(m-1,1) & \text{如果}\, m>0 \text{且}\, n=0 \\ A(m-1,A(m,n-1)) & \text{如果}\, m>0 \text{且}\, n>0 \end{cases}$$

实现 Ackerman 函数。

7.22 图 7.4 所示的 `printInt` 方法可能不能正确处理 $N=$`Long.MIN_VALUE` 的情形。解释原因并修改方法。

7.23 编写一个递归方法，返回 N 的二进制表示中 1 的个数。使用事实：这个数等于 $N/2$ 的表示中 1 的个数，如果 N 是奇数再加 1。

7.24 递归地实现每层一次比较的二分搜索。

7.25 最大连续子序列和解决方案的另一种形式是，递归求解位置 `low` 到 `mid−1` 中的项，然后求解 `mid+1` 到 `high` 中的项。注意，位置 `mid` 不包含在内。说明这个形式是如何使求解整个问题的算法为 O($N\log N$) 的，并实现这个算法，将它的速度与本书中给出的算法进行比较。

7.26 图 7.20 给出的最大连续子序列和算法，没有指出实际的序列。修改它，使得它填充类字段 `seqStart` 和 `seqEnd`，如 5.3 节所示。

7.27 对于兑换硬币问题，给出一个算法，计算兑换 K 美分的不同的方法数。

7.28 子集和问题（subset sum problem）如下：给定 N 个整数 $A_1, A_2, \cdots, A_N$ 及整数 K，是否存在一组整数，其和为 K？给出一个 O(NK) 算法求解这个问题。

7.29 给出练习 7.28 描述的子集和问题的一个 O(2^N) 算法。（提示：使用递归。）

7.30 `allSums` 方法返回一个 `List<Integer>`，含有使用输入数组中任意项最多一次而形成的所有可能的和。例如，如果输入含有 3, 4, 7, 则 `allSums` 返回 [0, 3, 4, 7, 7, 10, 11, 13]。注意，项不必按某种特定次序返回，但还要注意，如果有不同方式产生和，则必须列出多次。递归实现 `allSums`。如果输入中有 N 个项，则返回的线性表的大小是多少？

7.31 编写有下列声明的例程：

```
public static void permute( String str );
```

输出字符串 `str` 中字符的所有排列。如果 `str` 是 "abc"，则输出的字符串是 abc, acb, bac, bca, cab 和 cba。使用递归。

7.32 重做练习 7.31，但 `permute` 返回一个 `List<String>`，包含所有可能的组合。

7.33 `Entry` 是一个对象，表示一个 `String`，或其他 `Entry` 对象列表。`Entry` 接口如下所示。

```
interface Entry
{
    // 如果 Entry 表示一个整数，则返回 true
    boolean isString( );

    // 如果该 Entry 表示的是其他项的 List
    // 则返回所表示的字符串或抛出一个异常
    String getString( );

    // 如果该 Entry 表示的是一个 String
    // 则返回所表示的 List 或抛出一个异常
    List<Entry> getList( );
}
```

`Entry` 的一个例子是 Windows 或 UNIX 中的文件项，其中文件项要么是单个文件，要么是一个文件夹（并且文件夹可以包含其他的文件或更多的文件夹）。实现公有驱动程序方法 `expandEntry`，它将调用一个你必须实现的私有递归方法。公有方法接收一个 `Entry` 作为参数，返回 Entry 中（Set 中）表示的所有 String，如果 Entry 表示的是一个单个的 String，则得到的 Set 的大小为 1。否则，Entry 表示其他 Entry 的列表，你应该递归包含由其他 Entry 表示的 String。（上面陈述的逻辑很有可能用在私有递归例程中）。

为简化你的代码，可以假设 Entry 不会直接或间接地指向自身。

7.34 重做练习 7.33，使得当 Entry 直接或间接地指向自身时也有效。为此，让私有递归例程接收一个第 3 参数，它维护一个集合，保存已经处理过的所有 Entry 对象。然后你的例程可以避免一个 Entry 处理了两次。你可以假设 Entry 对象已经实现了保存 Set<Entry> 所需的任何操作。

7.35 解释在图 7.15 中，如果在递归调用之前已经绘制了中心方框，会发生什么。

程序设计项目

7.36 printReverse 方法带一个 Scanner 作为参数，输出 Scanner 流中的每一行，当完成时，关闭 Scanner。不过，行是按其出现的顺序的逆序输出的。换句话说，最后一行最先输出，第一行最后输出。实现 printReverse，不使用 Collections API 或用户编写的任何容器。使用递归来实现（其中，在递归地逆序输出后序行之后输入第一行）。

7.37 下面定义的函数 findMaxAndMin 用于返回（长度为 2 的数组中）最大项和最小项（如果 arr.length 是 1，则最大项和最小项是相同的）：

```
// 先决条件：arr.length >=1
// 后置条件：返回值中的第 0 项是最大值
// 返回值中的第 1 项是最小值
public static double [ ] findMaxAndMin( double [ ] arr )
```

编写相应的 private static 递归例程，去实现驱动上面声明的 findMaxAndMin 的 public static 方法。你的递归例程必须将问题划分为差不多的两半，但应该永远不要划分为两个奇数大小的问题（换句话说，大小为 10 的问题，要划分为 4 和 6，而不是 5 和 5）。

7.38 二项式系数 $C(N, k)$ 可以递归地定义为 $C(N, 0)=1$，$C(N, N)=1$，且对于 $0<k<N$，$C(N, k)=C(N-1, k)+C(N-1, k-1)$。编写一个方法，并给出计算二项式系数的运行时间分析。

a. 递归地。

b. 使用动态规划。

7.39 在练习 3.33 中的多项式类中添加一个 divide 方法。使用递归实现 divide。

7.40 使用库 BigInteger 类实现 RSA 加密系统。

7.41 改进 TicTacToe 类，让支撑例程更有效率。

7.42 编写例程 getAllWords，带一个单词作为参数，并返回一个 Set，含有单词的所有子串。子串不需要是真的单词，也不需要是连续的，但子串中的字母必须保持在单词中相同的次序。例如，如果单词是 cabb，getAllWords 返回的集合应该是 ["", "b", "bb", "a", "ab", "abb", "c", "cb", "cbb", "ca", "cab", "cabb"]。

7.43 练习 7.30 描述了一种方法，返回集合中的项形成的所有的和。实现 getOriginalItems 方法，其带一个表示所有和的参数 List，并返回原始输入。例如，如果给 getOriginalItems 的参数是 [0, 3, 4, 7, 7, 10, 11,13]，则返回值是包含 [3, 4, 7] 的列表。你可以假设，在输出中（所以在输入中）没有负项。

7.44 重做练习 7.43，处理有负项的情形。这是问题更难解决的版本。

7.45 令 A 是 N 个不同的有序数 $A_1, A_2, \cdots, A_N$ 序列，$A_1=0$。令 B 是由 $B_{ij}=A_j-A_i(i<j)$ 定义的 $N(N-1)/2$ 个数的序列。令 D 是排序 B 得到的序列。B 和 D 可能含有重复值。例如，$A=0, 1, 5, 8$。则 D 是 1, 3, 4, 5, 7, 8。完成下列工作。

a. 编写程序，由 A 构造 D。这个部分很容易。

b. 编写程序，构造对应 D 的某个序列 A。注意，A 不唯一。使用回溯算法。

7.46 考虑 $N \times N$ 网格，其中某些方块被占用了。如果两个方块共享一条公共边的话，它们属于同一组。在图 7.30 中，有一个含 4 个占用块的组，三个含 2 个占用块的组和两个独立的占用块。假设，网格由二维数组表示。编写一个程序，完成下列工作。

a. 当给出组内的一个块时计算组的大小。

b. 计算不同的组数。

c. 列出所有的组。

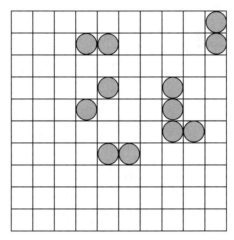

图 7.30 用于练习 7.46 的网格

7.47 编写一个程序，（递归地）扩展 C++ 源文件的 #include 指令。将下列形式的行

#include "filename"

替换为 filename 的内容来完成。

7.48 假设一个数据文件由行组成，行由单个整数或含有多个行的一个文件名组成。注意，一个数据文件可能引用几个其他文件，并且所引用的文件本身可能含有一些其他的文件名，以此类推。编写一个方法，读入指定的文件并返回文件及引用的文件中所有整数的和。你可以假设，文件不会被引用多次。

7.49 重做练习 7.48，但添加代码，判定一个文件是否被引用多次。当发现这样的情况时，忽略另外的引用。

7.50 如下所示的 reverse 方法返回一个 String 的逆。

String reverse(String str)

a. 递归实现 reverse。不用担心字符串连接的低效率。

b. 实现 reverse，让它是一个私有递归例程的驱动程序。reverse 将生成 StringBuffer，并将其传递给递归例程。

7.51 a. 设计一个递归算法，在一个矩阵网格中查找最长的数的递增序列。例如，如果网格包含

97　47　56　36

35　57　41　13

89　36　98　75

25　45　26　17

则最长的数的递增序列是含有 17, 26, 36, 41, 47, 56, 57, 97 的长度为 8 的序列。注意，递增序列中没有重复值。

b. 设计一个算法，求解相同的问题，但允许非递减序列。所以在非递减序列中可能有重复值。

7.52 使用动态规划求解练习 7.51a 中的最长递增序列问题。提示：从每个网格元素查找最佳序列显

示，并且为此，以递减有序次序考虑网格元素（所以含有 98 的网格元素是最先要考虑的）。

7.53　考虑下列有两个玩家的游戏：N 枚硬币 c_1, c_2, $\cdots$, c_N（你可以假设 N 是偶数）在桌上排成一行。玩家交替出招，每一轮中一个玩家选择一行中的第一枚或最后一枚硬币，移除它并保留该硬币。设计算法，给出硬币数组，确定玩家 1 肯定能赢得的最多钱数。

7.54　科赫星（Koch star）从一个等边三角形开始，然后递归地按如下操作改变每条线段而形成：

1）将线段分为等长的三段。

2）绘制一个等边三角形，以步骤 1 中的中间线段为底边顶点向外。

3）删除步骤 2 中作为三角形底边的线段。

这个过程的前三步迭代如图 7.31 所示。编写 Java 程序画出科赫星。

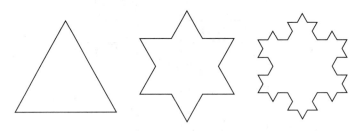

图 7.31　科赫星的前三次迭代

7.13　参考文献

本章的很多内容基于文献 [3] 中的讨论。文献 [1] 中给出了 RSA 算法的描述及正确性证明，它专门有一章介绍了动态规划。形状绘制示例改编自文献 [2]。

[1]　T. H. Cormen, C. E. Leiserson, R. L. Rivest, and C. Stein, *Introduction to Algorithms* 3rd ed., MIT Press, Cambridge, MA, 2010.

[2]　R. Sedgewick, *Algorithms in Java*, Parts 1–4, 3rd ed., Addison-Wesley, Reading, MA, 2003.

[3]　M. A. Weiss, *Efficient C Programming: A Practical Approach,* Prentice Hall, Upper Saddle River, NJ, 1995.

排 序 算 法

排序是计算机的一个基础应用。计算最终产生的许多输出都以某种方式排序，许多计算通过在内部调用排序过程来提高效率。所以排序可能是计算机科学中最热门的研究和最重要的操作。

本章，我们讨论排序数组元素的问题。我们描述并分析不同的排序算法。本章的排序可以完全在内存中进行，所以元素数量相对较小（小于几百万）。不能在内存中执行，必须在磁盘或磁带中完成的排序也非常重要。我们将在 21.6 节讨论这类称为外排序（external sorting）的排序。

关于排序的讨论是理论与实践的结合。我们介绍几个表现不同的算法，说明对算法性能特性的分析如何能帮助我们在不明显的情况下做出决策。

本章，我们将看到：

- 以二次时间运行的简单排序。
- 如何写希尔排序的代码，这是以次二次时间运行的简单且高效的算法。
- 如何编写稍微复杂一些的 $O(N\log N)$ 的归并和快速算法。
- 对任何通常的排序算法需要 $\Omega(N\log N)$ 次比较。

8.1 排序的重要性

初始有序的数据可以显著提高算法的性能。

回想一下 5.6 节，搜索一个有序数组比搜索一个无序数组容易得多。对人来说尤其如此。例如，在一本电话簿中查找一个人的名字很容易，但不知道人名直接查找一个电话号码几乎是不可能的。因此，任何大量的计算机输出通常按某种排序顺序排列，便于理解。下面是更多的例子。

- 字典中的单词是有序的（并且忽略了大小写的差别）。
- 目录中的文件常常是按排序次序列出的。
- 书的目录是有序的（并且忽略了大小写的差别）。
- 图书馆中的卡片目录是按作者及书名排序的。
- 一所大学所开设的课程列表是有序的，是先按系再按课程编号排序。
- 许多银行提供按支票编号递增顺序列出支票的对账单。
- 在报纸上，日程表中事件日历通常按日期排序。
- 唱片店里的音乐光盘通常按录音的歌手排序。
- 在输出毕业典礼名单的程序中，各系按排序次序列出，然后各系的学生按排序次序列出。

毫不奇怪，计算中的许多工作都涉及排序。不过，排序也有间接用途。例如，假设我们想判定一个数组中是否存在重复值。图 8.1 展示了一个需要最差情形二次时间的简单方法。排序提供了另一个算法，即如果我们对数组的副本进行排序，则任何重复值将彼此相邻，并且，使用线性时间对数组进行一趟扫描就可以找到。这个算法的开销主要取决于排序时间，所以，如果我们可以在次二次时间内进行排序，则我们得到一个改进的算法。如果初始时已经对数据进行了排序，许多算法的性能都可以得到明显改善。

绝大多数重要的编程项目都会用到排序，在许多情形中，排序的开销决定了运行时间。所以我们希望能够实现快速且可靠的排序。

```
1     // 如果数组 a 有重复值, 则返回 true; 否则返回 false
2     public static boolean duplicates( Object [ ] a )
3     {
4         for( int i = 0; i < a.length; i++ )
5             for( int j = i + 1; j < a.length; j++ )
6                 if( a[ i ].equals( a[ j ] ) )
7                     return true;    // Duplicate found
8
9         return false;                // 没有找到重复值
10    }
```

图 8.1 检查重复值的简单的二次算法

8.2 预备知识

> 基于比较的排序算法仅基于比较来判定次序。

本章描述的算法都是可互换的。每个算法都传递一个含有元素的数组,且仅能对实现了 Comparable 接口的对象进行排序。

比较是对输入数据允许的唯一操作。仅基于比较来判定次序的算法,称为基于比较的排序算法(comparison-based sorting algorithm)[⊖]。本章, N 是待排序的元素个数。

8.3 插入排序和其他简单排序的分析

> 插入排序最坏及平均情形是二次的。如果输入已经有序则它很快。
>
> 逆序估算无序性。
>
> 下限证明表明,对任何执行相邻比较的排序算法,二次性能是固有的。

插入排序(insertion sort)是一种简单的排序算法,它适用于少量的输入。如果仅有少量的元素需要排序,则通常认为它是一个很好的解决方案,因为它是一个很短的算法,并且排序所需的时间也不太可能是个问题。不过,如果我们处理大量数据的话,插入排序不是一种好的选择,因为它要耗费太多的时间。代码如图 8.2 所示。

```
1     /**
2      * 简单插入排序
3      */
4     public static <AnyType extends Comparable<? super AnyType>>
5     void insertionSort( AnyType [ ] a )
6     {
7         for( int p = 1; p < a.length; p++ )
8         {
9             AnyType tmp = a[ p ];
10            int j = p;
11
12            for( ; j > 0 && tmp.compareTo( a[ j - 1 ] ) < 0; j-- )
13                a[ j ] = a[ j - 1 ];
14            a[ j ] = tmp;
15        }
16    }
```

图 8.2 插入排序的实现

⊖ 如 4.8 节所示, 通过要求 Comparator 函数对象来改变排序接口很简单。

插入排序如下进行。初始状态时，第一个元素自身被认为是有序的。在最终状态时，被看作一个组的所有元素（假设有 N 个）已经是有序的。图 8.3 展示，插入排序的基本操作是排序位置 0～p 之间的元素（其中 p 从 1 增加到 $N-1$）。在每个阶段 p 增加 1。这就是图 8.2 中第 7 行的外层循环所控制的操作。

数组位置	0	1	2	3	4	5
初始状态	8	5	9	2	6	3
a[0..1] 已有序后	5	8	9	2	6	3
a[0..2] 已有序后	5	8	9	2	6	3
a[0..3] 已有序后	2	5	8	9	6	3
a[0..4] 已有序后	2	5	6	8	9	3
a[0..5] 已有序后	2	3	5	6	8	9

图 8.3   插入排序的基本操作（阴影部分已有序）

当进入第 12 行的 for 循环的循环体时，数组中位置 0 到 p−1 中的元素已经保证有序，且我们需要将其扩展为位置 0 到 p。图 8.4 能让我们更仔细地看看必须要做什么，仅列出数组中相关的部分。在每一步，粗体字元素需要添加到数组前面的有序部分中。这个很容易做到，将它放在临时变量中，并将大于它的所有元素向右侧滑动一个位置。然后将临时变量复制到最左边的被移动元素的前一个位置（在下一行用浅色阴影表示）。我们保存计数器 j，它是临时变量应该写回的位置。每次滑动一个元素，j 减 1。第 9～14 行实现了这个过程。

数组位置	0	1	2	3	4	5
初始状态	8	5				
a[0..1] 已有序后	5	8	9			
a[0..2] 已有序后	5	8	9	2		
a[0..3] 已有序后	2	5	8	9	6	
a[0..4] 已有序后	2	5	6	8	9	3
a[0..5] 已有序后	2	3	5	6	8	9

图 8.4   仔细看看插入排序的操作（深色阴影表示有序区域，浅色阴影是放置新元素的地方）

因为嵌套循环，每层循环进行 N 次迭代，所以插入排序算法为 $O(N^2)$。此外，这个界是可以达到的，因为反向输入确实需要花费二次时间。精确计算表明，对于每个值 P，图 8.2 中第 12 行的测试最多执行 $P+1$ 次。对所有的 P 值加和得到总时间为：

$$\sum_{P=1}^{N-1}(P+1) = \sum_{i=2}^{N}i = 2+3+4+\cdots+N = \Theta(N^2)$$

不过，如果输入是预先排序的，则运行时间为 $O(N)$，因为内层 for 循环顶端的测试总是立即失败。实际上，如果输入几乎有序（稍后我们更严格地定义几乎有序），则插入排序运行得很快。所以运行时间不仅依赖输入的数量，还依赖输入的具体顺序。因为这个巨大的差异，所以分析这个算法的平均情形行为是值得的。对于插入排序，平均情形的结果是 $\Theta(N^2)$，各种其他的简单排序算法也是这个结果。

一个逆序（inversion）是数组中一对违反次序关系的元素。换句话说，它是具有 $i<j$ 但 $A_i>A_j$ 特性的任何有序对 (i, j)。例如，序列 {8, 5, 9, 2, 6, 3} 有 10 个逆序，对应的数对是 (8, 5), (8, 2), (8, 6), (8, 3), (5, 2), (5, 3), (9, 2), (9, 6), (9, 3) 和 (6, 3)。注意，逆序的个数等于图 8.2 中第 13 行

执行的总次数。这个条件总是成立的，因为赋值语句的效果是交换 a[j] 和 a[j-1] 两个项。（我们通过使用临时变量避免了实际的过度交换，但尽管如此，它仍是一种抽象交换。）交换两个不在正确位置的元素刚好删除一个逆序，而排序后的数组没有逆序。所以，如果在算法开始时有 I 个逆序，则必须隐含 I 次交换。因为算法中涉及 $O(N)$ 的其他任务，所以插入排序的运行时间是 $O(I+N)$，其中 I 是原始数组中的逆序个数。所以如果逆序个数是 $O(N)$ 的话，则插入排序以线性时间运行。

我们通过计算数组中逆序的平均个数，可以计算插入排序平均运行时间的精确界。不过，定义平均比较困难。我们可以假设没有重复元素（即使允许重复值，也不清楚重复值的平均个数）。我们还假设，输入是前 N 个整数的某种安排（因为只有相对的次序是重要的），这些安排称为排列（permutation）。我们可以进一步假设，所有这些排列出现的可能性是相等的。在这些假设下，我们可以给出定理 8.1。

定理 8.1 N 个不同数值的数组的平均逆序个数是 $N(N-1)/4$。

证明： 对于数值数组 A，考虑逆序的数组 A_r。例如，数组 1, 5, 4, 2, 6, 3 的逆序数组是 3, 6, 2, 4, 5, 1。考虑数组中的任何两个数 (x, y)，其中 $y>x$。这个有序对在 A 和 A_r 中正好有一个表示一个逆序。数组 A 和其逆序 A_r 中这些数对的总数为 $N(N-1)/2$。所以平均起来数组中有这个量的一半，或 $N(N-1)/4$ 个逆序。   □

定理 8.1 暗示，插入排序平均是二次的。用这个定理还能为任何仅交换相邻元素的算法提供非常强的下界。这个下界用定理 8.2 表示。

定理 8.2   通过交换相邻元素的任何排序算法，平均需要 $\Omega(N^2)$ 时间。

证明： 逆序的平均数最初为 $N(N-1)/4$。每一次交换仅去掉一个逆序，所以需要 $\Omega(N^2)$ 次交换。   □

这个证明是下界证明（lower-bound proof）的一个示例。它不仅对暗示执行相邻交换的插入排序有效，而且对例如冒泡排序和选择排序这样的简单算法也有效，后两者我们在此并没有描述。事实上，它对所有仅执行相邻交换的一类算法都有效，包括未发现的算法。

不幸的是，对应用于一类算法证明的任何计算的确认，都需要运行该类中的所有算法。这是不可能的，因为存在无穷多个可能的算法。所以任何的确认尝试，都只能适用于运行的算法。这个限制使得确认下界证明的有效性，比通常我们习惯的单个算法的上界证明困难得多。一次计算只能推翻一个下界猜测，永远不能在整体上证明它。

虽然这个下界证明相当简单，但证明下界通常比证明上界复杂得多。下界参数比上界参数抽象得多。

这个下界向我们展示，对于以次二次或 $o(N^2)$ 运行的排序算法，它必须在相距较远的元素之间进行比较，特别是交换。排序算法就是消除逆序的过程。为了高效运行，它必须在每次交换中消除多个逆序。

8.4   希尔排序

希尔排序是次二次算法，实际中表现良好且编码简单。希尔排序的性能高度依赖增量序列，并且需要很有挑战性的分析（未完全解决）。

缩小间隔排序是希尔排序的另一个名字。

希尔给出的增量序列是对插入排序的改进（尽管已知有更好的序列）。

对插入排序进行巨大改进的第一个算法是希尔排序（Shellsort），它是唐纳德·希尔（Donald Shell）在 1959 年发现的。虽然它不是已知的最快算法，但是希尔排序是次二次算法，其代码仅比插入排序稍长一点，这使得希尔排序是最简单的快速算法。

希尔排序的思想是避免大量的数据移动，首先比较距离较远的元素，然后比较更近些的元素，以此类推，逐渐收缩到基本插入排序。希尔排序使用一个序列 h_1, h_2, $\cdots$, h_t, 称为增量序列（increment sequence）。只要满足 $h_1=1$，则任何增量序列都可以，但有些选择比另外一些要好。使用某个增量 h_k 的阶段后，我们得到，对每个 i，当 $i+h_k$ 是有效下标时，有 $a[i] \leqslant a[i+h_k]$，间隔 h_k 位置的所有元素都是有序的。故数组称为 h_k- 排序。

例如，图 8.5 展示了希尔排序几个阶段后的数组。在 5- 排序后，间隔 5 个位置的元素保证有正确的排序次序。在图中，间隔 5 个位置的元素用相同的阴影显示，彼此之间是有序的。类似地，在 3- 排序后，间隔 3 个位置的元素保证相互之间有正确的排序次序。希尔排序的一个重要特性（我们陈述特性但没有给出证明）是，h_k- 排序数组在进行 h_{k-1}- 排序后仍保持 h_k- 排序。如果不是这样的话，则算法可能没什么价值，因为早期阶段完成的工作会被后面阶段的工作废除。

初始	81	94	11	96	12	35	17	95	28	58	41	75	15
5- 排序后	35	17	11	28	12	41	75	15	96	58	81	94	95
3- 排序后	28	12	11	35	15	41	58	17	94	75	81	96	95
1- 排序后	11	12	15	17	28	35	41	58	75	81	94	95	96

图 8.5　如果增量序列是 {1, 3, 5}，每趟之后希尔排序的结果

一般来说，h_k- 排序要求，对 h_k, h_k+1, $\cdots$, $N-1$ 中的每个位置 i，我们将元素放在 i, $i-h_k$, $i-2h_k$ 等正确位置。虽然这个次序不影响实现，但仔细研究表明，h_k- 排序是在 h_k 个（图 8.5 中不同阴影所示的）独立的子数组上执行插入排序。所以，毫不奇怪，在后面讨论的图 8.7 中，第 9 ~ 17 行表示一个间隔插入排序（gap insertion sort）。在间隔插入排序中，循环执行后，数组中相距 gap 的元素是有序的。例如，当 gap 为 1 时，循环中的各语句与插入排序是一样的。所以希尔排序也称为缩小间隔排序（diminishing gap sort）。

正如我们所展示的，当 gap 为 1 时，内层循环保证排序了数组 a。如果 gap 永远不为 1，则总会存在某种输入，使得数组不是有序的。所以只要 gap 最终等于 1，希尔排序就会排序。现在剩下的唯一问题是选择增量序列。

希尔建议 gap 从 $N/2$ 开始，然后减半，直到达到 1，在这之后，程序可以终止。使用这个增量，希尔排序比插入排序有了重大改进，尽管它嵌套了通常认为是效率低下的三重循环而不是两重。通过改变间隔序列，我们可以进一步提升算法的性能。图 8.6 中总结了选择三个不同增量序列时，希尔排序的性能。

N	插入排序	希尔排序		
		希尔的增量	仅限奇数间隔	除以 2.2
10 000	575	10	11	9
20 000	2 489	23	23	20
40 000	10 635	51	49	41
80 000	42 818	114	105	86
160 000	174 333	270	233	194
320 000	NA	665	530	451
640 000	NA	1 593	1 161	939

图 8.6　插入排序和用于不同增量序列的希尔排序的运行时间

希尔排序的性能

在最差情形下，希尔的增量序列给出二次行为。

> 如果连续增量是互素的，则可以改善希尔排序的性能。
>
> 实际中除以 2.2 给出了优异的性能。
>
> 对于中等数量的输入，希尔排序是个好的选择。

希尔排序的运行时间严重依赖增量序列的选择，总的来说，证明相当复杂。除了使用最没有意义的增量序列之外，希尔排序的平均情形的分析是一个存在已久的悬而未决的问题。

当使用希尔的增量时，最差情形是 $O(N^2)$。如果 N 恰为 2 的幂次，所有的大元素都在数组的偶数下标位置，而所有的小元素都在数组的奇数下标位置，则这个界是可以达到的。当到达最后一趟扫描时，所有的大元素仍在数组的偶数下标位置，而所有的小元素仍在数组的奇数下标位置。计算剩余的逆序个数表明，最后一趟将需要二次时间。这可能是碰到的最差情形，这一事实基于如下情况，即 h_k- 排序由 h_k 次差不多 N/h_k 个元素的插入排序组成。所以每趟的开销为 $O(h_k(N/h_k)^2)$ 或 $O(N^2/h_k)$。当将所有的开销加在一起，得到 $O(N^2\Sigma 1/h_k)$。增量大致是一个几何级数，所以它的和以一个常数为界。结果是二次的最差情形运行时间。我们还可以通过一个复杂的论证证明，当 N 恰为 2 的幂次时，平均运行时间为 $O(N^{3/2})$。所以，平均来说，希尔的增量是对插入排序的显著改进。

稍微改进一下增量序列，可以防止出现二次最差情形。如果我们将 gap 除以 2，则它变成了偶数，我们可以加 1 让它成为奇数。然后可以证明最差情形不是二次的，而仅为 $O(N^{3/2})$。尽管证明是复杂的，不过证明的基础是，在这个新的增量序列中，连续的增量不共享公因子（而在希尔的增量序列中，它们共享公因子）。满足这个特性的任何序列（且增量大致呈几何级数递减）都有最多为 $O(N^{3/2})$ 的最差情形运行时间$^\ominus$。这些新增量的算法的平均性能尚不可知，但似乎为 $O(N^{5/4})$，结果来自模拟。

在实践中表现良好，但没有理论依据的第三个序列是除以 2.2 而不是除以 2。这个除数似乎让平均运行时间低于 $O(N^{5/4})$——可能是 $O(N^{7/6})$——但这个问题没有完全解决。对于 100 000 ～ 1 000 000 个项，它通常能比希尔增量改善 25% ～ 35% 的性能，不过没有人知道原因。使用这个增量序列的希尔排序实现代码列在图 8.7 中。第 8 行的复杂代码是必要的，以避免将 gap 设置为 0。如果发生这种情况，则算法会非正常结束，因为我们永远不会看到 1- 排序。第 8 行保证，如果 gap 要设置为 0，则会重置为 1。

图 8.6 中的各行比较了插入排序和带不同间隔序列的希尔排序的性能。我们可以很容易得出结论，即使使用最简单的间隔序列，希尔排序也显著改进了插入排序，代价是增加了一点代码的复杂性。简单改变间隔序列可以进一步改善性能。可能会有更多的改进（见练习 8.25）。这些改进有理论依据，但没有已知的序列能显著改善图 8.7 中所示的程序。

```
1      /**
2       * Shellsort, 使用 Gonnet 建议的序列
3       */
4      public static <AnyType extends Comparable<? super AnyType>>
5      void shellsort( AnyType [ ] a )
6      {
7          for( int gap = a.length / 2; gap > 0;
8                      gap = gap == 2 ? 1 : (int) ( gap / 2.2 ) )
9              for( int i = gap; i < a.length; i++ )
10             {
11                 AnyType tmp = a[ i ];
```

图 8.7　希尔排序的实现

$\ominus$ 要体会其中的微妙之处，注意减 1 而不是加 1 是不行的。例如，如果 N 是 186，则结果序列是 93, 45, 21, 9, 3, 1，它们全部共享公因子 3。

```
12                  int j = i;
13
14                  for( ; j >= gap && tmp.compareTo( a[j-gap] ) < 0; j -= gap )
15                      a[ j ] = a[ j - gap ];
16                  a[ j ] = tmp;
17              }
18      }
```

图 8.7　希尔排序的实现（续）

希尔排序的性能在实践中是可接受的，即使 N 数以万计。代码的简单性使得它成为对中等大小的输入进行排序的首选算法。这也是一个算法非常简单但分析极度复杂的一个好示例。

8.5　归并排序

> 归并排序使用分治法得到 $O(N\log N)$ 的运行时间。
>
> 归并有序数组可以在线性时间内完成。

回想一下 7.5 节，我们可以使用递归开发次二次算法。具体来说，一个分治法算法，其中以 $O(N)$ 的开销递归求解两个一半大小的问题，得到一个 $O(N\log N)$ 的算法。归并排序（Mergesort）就是这样的一个算法。它提供了一个比希尔排序所声称的更好的界，至少在理论上是这样的。

归并算法执行 3 个步骤。

1. 如果待排序的项数是 0 或 1，则返回。

2. 分别递归排序第一个半段和第二个半段。

3. 将两个有序半段合并为一个有序组。

为了说明算法是 $O(N\log N)$ 的，我们仅需要表明，两个有序组的合并可以在线性时间内执行。本节我们展示如何合并两个输入数组 A 和 B，并将结果放到第三个数组 C 中。然后我们提供归并排序的简单实现。合并例程是大多数外排序算法的基础，我们将在 21.6 节说明外排序。

8.5.1　线性时间内有序数组的合并

基本的归并算法带有两个输入数组 A 和 B，一个输出数组 C，及三个计数器 Actr、Bctr 和 Cctr，初始时它们设置为各自数组的开头。$A[Actr]$ 和 $B[Bctr]$ 中的较小者复制到 C 中的下一项，并且相应的计数器前进。当一个输入数组用完了，另一个数组的剩余部分复制到 C 中。

下面的例子展示合并例程在如下给定的输入上是如何工作的。

如果数组 A 含有 1, 13, 24, 26，而 B 含有 2, 15, 27, 38，算法的处理过程如下。首先，在 1 和 2 之间进行比较，1 添加到 C 中，并且 13 和 2 进行比较：

然后 2 添加到 C 中，且 13 和 15 进行比较：

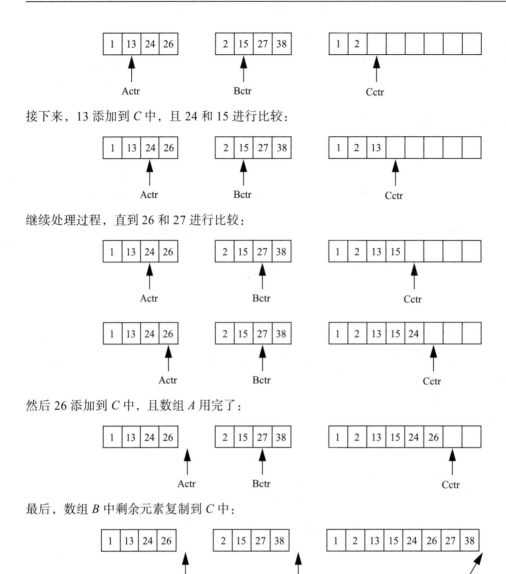

接下来，13 添加到 C 中，且 24 和 15 进行比较：

继续处理过程，直到 26 和 27 进行比较：

然后 26 添加到 C 中，且数组 A 用完了：

最后，数组 B 中剩余元素复制到 C 中：

合并两个有序数组所需要的时间是线性的，因为每次比较都让 Cctr 前进（所以限定了比较次数）。因此，使用线性合并过程的分治法算法最差情形下的运行时间为 $O(N\log N)$。这个运行时间也代表平均情形和最优情形时间，因为合并步骤总是线性的。

归并排序算法的一个示例是排序 8 个元素的数组 24, 13, 26, 1, 2, 27, 38, 15。在分别排序前 4 个和后 4 个元素后，我们得到 1, 13, 24, 26, 2, 15, 27, 38。然后合并两半，得到最后的数组 1, 2, 13, 15, 24, 26, 27, 38。

8.5.2　归并排序算法

> 归并排序使用线性额外存储，这是客观存在的不利因素。
>
> 使用再多一点的工作可以避免过多复制，但如果不损失过多的时间，线性额外存储就不能去除。

图 8.8 显示归并排序的简单实现。带一个参数非递归的 mergeSort 是一个简单的驱动程序，

它声明了一个临时数组，并使用数组的边界调用递归的 mergeSort。merge 例程遵从 8.5.1 节给出的描述。它使用数组的前一半（下标从 left 到 center）作为 A，后一半（下标从 center+1 到 right）作为 B，临时数组作为 C。图 8.9 实现了 merge 例程。然后将临时数组复制回原数组。

```
1     /**
2      * Mergesort 算法
3      * @param a: Comparable 项的数组
4      */
5     public static <AnyType extends Comparable<? super AnyType>>
6     void mergeSort( AnyType [ ] a )
7     {
8         AnyType [ ] tmpArray = (AnyType []) new Comparable[ a.length ];
9         mergeSort( a, tmpArray, 0, a.length - 1 );
10    }
11
12    /**
13     * 进行递归调用的内部方法
14     * @param a: Comparable 项的数组
15     * @param tmpArray: 放置合并结果的数组
16     * @param left: 子数组的最左下标
17     * @param right: 子数组的最右下标
18     */
19    private static <AnyType extends Comparable<? super AnyType>>
20    void mergeSort( AnyType [ ] a, AnyType [ ] tmpArray,
21                    int left, int right )
22    {
23        if( left < right )
24        {
25            int center = ( left + right ) / 2;
26            mergeSort( a, tmpArray, left, center );
27            mergeSort( a, tmpArray, center + 1, right );
28            merge( a, tmpArray, left, center + 1, right );
29        }
30    }
```

图 8.8 基本的 mergeSort 例程

```
1     /**
2      * 合并子数组两个有序半段的内部方法
3      * @param a: Comparable 项的数组
4      * @param tmpArray: 放置合并结果的数组
5      * @param leftPos: 子数组的最左下标
6      * @param rightPos: 后一半的起始下标
7      * @param rightEnd: 子数组的最右下标
8      */
9     private static <AnyType extends Comparable<? super AnyType>>
10    void merge( AnyType [ ] a, AnyType [ ] tmpArray,
11                int leftPos, int rightPos, int rightEnd )
12    {
13        int leftEnd = rightPos - 1;
14        int tmpPos = leftPos;
15        int numElements = rightEnd - leftPos + 1;
16
17        // 主循环
18        while( leftPos <= leftEnd && rightPos <= rightEnd )
19            if( a[ leftPos ].compareTo( a[ rightPos ] ) <= 0 )
20                tmpArray[ tmpPos++ ] = a[ leftPos++ ];
21            else
22                tmpArray[ tmpPos++ ] = a[ rightPos++ ];
23
24        while( leftPos <= leftEnd )    // 复制前一半的其余部分
25            tmpArray[ tmpPos++ ] = a[ leftPos++ ];
```

图 8.9 merge 例程

```
26
27          while( rightPos <= rightEnd )   //复制后一半的其余部分
28              tmpArray[ tmpPos++ ] = a[ rightPos++ ];
29
30          //将 tmpArray 复制回来
31          for( int i = 0; i < numElements; i++, rightEnd-- )
32              a[ rightEnd ] = tmpArray[ rightEnd ];
33      }
```

图 8.9　merge 例程（续）

虽然归并排序的运行时间是 $O(N\log N)$，但它有一个重要的问题，即合并两个有序表使用了线性额外存储。整个算法中，复制到临时数组再复制回来所涉及的额外工作，使得排序的速度大大降低了。通过在递归中的交替层巧妙地互换 a 和 tmpArray 的角色，可以避免这个复制。还可以非递归地实现归并排序的变形。

归并排序的运行时间很大程度上取决于数组（及临时数组）中元素比较和元素移动的相对开销。在 Java 中对一般对象进行排序时，元素的比较是费时的，因为在一般设置下，比较是通过函数对象完成的。另一方面，元素的移动是不费时的，因为不是复制元素，而是简单地改变引用。在所有流行的排序算法中，归并排序使用的比较次数最少，所以在 Java 中是通用排序算法的优秀候选者。实际上，它是 java.util.Arrays.sort 中使用的算法，用来排序对象数组。这些相对开销不适用于其他语言，也不适用于排序 Java 中的基本类型。另一个算法是快速排序，将在下一节描述。快速排序是 C++ 中用来排序所有类型的算法，它用在 java.util.Arrays.sort 中，用来排序基本类型的数组。

8.6　快速排序

> 当实现得当时，快速排序是快速的分治法算法。

顾名思义，快速排序（quicksort）是快速的分治法算法。它的平均运行时间为 $O(N\log N)$。它的快速主要是由于非常紧凑且高度优化的内层循环。它有二次最差情形性能，但这在统计学上不太可能发生。一方面，快速排序算法相对简单，易于理解及证明其正确性，因为它依赖递归。另一方面，它在实现时需要技巧，因为只要在代码上稍稍改变一点，就会使运行时间有明显差异。我们先来大概描述一下算法。然后提供分析，表明它的最优、最差及平均情形运行时间。使用这个分析来决定如何在 Java 中实现某些细节，如处理重复项。

考虑以下排序一个线性表的简单排序算法。任意选择一个项，然后形成三个组：小于所选项的那些项、等于所选项的那些项，以及大于所选项的那些项。递归地，排序第一和第三组，然后把三个组连接起来。结果保证得到原始线性表的有序排列（马上来验证）。这个算法的直接实现如图 8.10 所示，一般来说，对于大多数输入它的性能相当不错。实际上，如果线性表中含有大量重复值，不同的项相对很少，有时就会出现这样的情形，则它的性能相当好。

```
1 public static void sort( List<Integer> items )
2 {
3      if( items.size( ) > 1 )
4      {
5          List<Integer> smaller = new ArrayList<Integer>( );
6          List<Integer> same    = new ArrayList<Integer>( );
7          List<Integer> larger  = new ArrayList<Integer>( );
8
9          Integer chosenItem = items.get( items.size( ) / 2 );
10         for( Integer i : items )
```

图 8.10　简单的递归排序算法

```
11          {
12              if( i < chosenItem )
13                  smaller.add( i );
14              else if( i > chosenItem )
15                  larger.add( i );
16              else
17                  same.add( i );
18          }
19
20          sort( smaller );    // 递归调用
21          sort( larger );     // 递归调用
22
23          items.clear( );
24          items.addAll( smaller );
25          items.addAll( same );
26          items.addAll( larger );
27      }
28 }
```

图 8.10　简单的递归排序算法（续）

我们描述的算法构成经典的排序算法快速排序的基础。不过，创建额外的线性表且递归地这样做，很难明白它对归并排序有何改进。实际上到目前为止，我们真的没有改进。为了做得更好，我们必须避免使用大量的额外存储，并且让内层循环简洁。所以通常编写快速排序代码时避免创建第二个（相等项的）组，并且算法有很多影响性能的微妙细节。本节余下的部分描述快速排序最常见的实现，即算法的输入是一个数组，并且算法不会创建额外数组。

8.6.1　快速排序算法

基本的快速排序算法是递归的。细节包括选择枢轴、决定如何划分，以及处理重复值。错误的决策对于各种常用输入给出二次运行时间。

枢轴将数组元素划分为两个组：小于枢轴的元素和大于枢轴的元素。

在划分步骤，除枢轴之外的每个元素都被放到两组之一中。

快速排序是快速的，因为划分步骤可以快速且原地执行。

基本的算法 Quicksort(S) 由以下 4 个步骤组成。

1. 如果 S 中的元素个数是 0 或 1，则返回。

2. 选择 S 中的任意一个元素 v。它称为枢轴（pivot）。

3. 将 $S-\{v\}$（S 中其余的元素）划分为两个不相交的组：$L=\{x \in S-\{v\} \mid x \leqslant v\}$ 及 $R=\{x \in S-\{v\} \mid x \geqslant v\}$。

4. 将 Quicksort(L) 的结果，加上 v，再加上 Quicksort(R) 的结果返回。

当我们查看这几个步骤时，有几点很引人注目。第一，递归的多个基础情形中包括 S 可能是一个空（多）集的可能性。这一条是必要的，因为递归调用可能生成空子集。第二，算法允许任意元素用作枢轴。枢轴（pivot）将数组元素划分为两个组：小于枢轴的元素和大于枢轴的元素。这里执行的分析表明，枢轴的某些选择会比其他的更好。所以，当我们提供实际的实现时，我们不是只使用任意的枢轴，而是试图做出明智的选择。

在划分（partition）步骤，S 中除枢轴之外的每个元素，被放到 L（表示数组的左侧部分）或 R（表示数组的右侧部分）中。目的是将小于枢轴的元素放到 L 中，将大于枢轴的元素放到 R 中。不过，算法的描述并没有说明对于等于枢轴的元素进行何种处理。它允许将重复值的每个实例放到任何一个子集中，只需要指定它必须进入一个或另一个。一部分良好的 Java 实现，就是尽可能地高效处理这种情况。另外，分析使我们能够做出有理有据的决定。

图 8.11 展示了在一组数上进行快速排序的动作。(偶然) 选择的枢轴是 65。集合中剩余的元素划分到两个更小的子集中。然后每个组再递归地排序。回想一下，通过递归的第三条规则，我们可以假设，这个步骤是有效的。然后，可以容易地得到整个组的有序排列。在 Java 实现中，这些项保存在数组由 low 和 high 界定的部分中。划分步骤结束，枢轴最终将落到数组单元 p 中。然后递归调用从 low 到 p-1 的部分，再然后是 p+1 到 high 的部分。

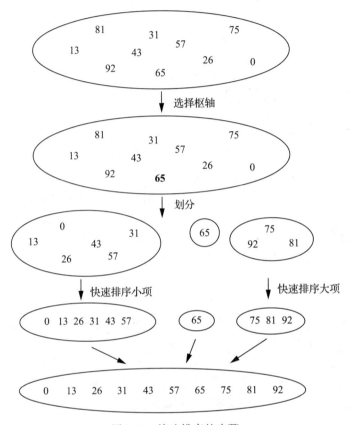

图 8.11   快速排序的步骤

因为递归能让我们大胆相信，故算法的正确性得到如下保证。

- 因为递归，所以小元素的组是有序的。
- 因为划分，所以小元素组中的最大元素不会大于枢轴。
- 因为划分，所以枢轴不会大于大元素组中的最小元素。
- 因为递归，所以大元素的组是有序的。

虽然算法的正确性容易确定，但为什么它比归并排序更快这一问题还不是很明确。像归并排序一样，它递归求解两个子问题，并需要线性额外工作 (表现为划分步骤)。但与归并排序不同的是，快速排序的子问题不能保证是相等大小的，这对性能不利。不过，快速排序可以比归并排序更快，因为划分步骤的执行比合并步骤快得多。特别是，执行划分步骤时不需要使用额外的数组，并且实现划分的代码非常紧凑高效。这个优势弥补了子问题不等大的不足。

8.6.2   快速排序的分析

当划分总是分割为等大的子集时出现最优情形。运行时间是 $O(N\log N)$。
当划分重复地生成一个空子集时出现最差情形。运行时间是 $O(N^2)$。

平均情形是 $O(N\log N)$。虽然这看起来很直观，但需要一个正式的证明。

将所有可能大小的子问题的开销取平均，得到递归调用的平均开销。

平均运行时间由 $T(N)$ 给出。我们通过删除除了 T 的最近递归值之外的所有值求解式（8.5）。

一旦我们仅用 $T(N-1)$ 表示 $T(N)$，就可以尝试裂项和了。

我们使用第 N 个调和数是 $O(\log N)$ 这一事实。

算法描述还遗留了几个未解答的问题：如何选择枢轴？如何执行划分？如果我们看到等于枢轴的一个元素，如何处理？所有这些问题对算法的运行时间都有极大的影响。我们需要进行分析，帮助我们决定如何实现快速排序中未明确的步骤。

最优情形

快速排序的最优情形是枢轴将集合划分为两个相等大小的子集，且这种划分出现在递归的每个阶段。那么我们有两个一半大小的递归调用加上线性开销，这与归并排序的性能是相等的。这种情形的运行时间是 $O(N\log N)$。（实际上我们没有证明这是最优情形。虽然这个证明是可行的，但此处我们忽略了细节。）

最差情形

因为相等大小的子集有利于快速排序，所以你可能认为，大小不相等的子集就是不好的。事实确实如此。我们假设，在每步递归中，枢轴恰巧为最小元素。则小元素集合 L 将是空集，而大元素集合 R 将含有除枢轴以外的所有元素。然后我们必须在子集 R 上递归调用快速排序。还假设 $T(N)$ 是快速排序 N 个元素的运行时间，且假设排序 0 或 1 个元素的时间只有 1 个时间单位。进一步假设，划分含 N 个元素的集合需要 N 个时间单位。则对于 $N>1$，我们得到运行时间满足

$$T(N) = T(N-1) + N \tag{8.1}$$

换句话说，式（8.1）表明，快速排序 N 个项所需的时间，等于递归排序较大元素子集中 $N-1$ 个项的时间加上执行划分的 N 个单位的开销。这假设了在迭代的每一步中我们都不幸地选择了最小元素作为枢轴。为了简化分析，我们去掉常数因子以进行标准化，并通过重复地对式（8.1）进行裂项，求解重复出现的等式。

$$\begin{aligned} T(N) &= T(N-1) + N \\ T(N-1) &= T(N-2) + (N-1) \\ T(N-2) &= T(N-3) + (N-2) \\ &\vdots \\ T(2) &= T(1) + 2 \end{aligned} \tag{8.2}$$

将式（8.2）中的所有等式相加，可以抵消大量的项，得到

$$T(N) = T(1) + 2 + 3 + \cdots + N = \frac{N(N+1)}{2} = O(N^2) \tag{8.3}$$

这个分析证实了不均匀划分是不好的这个直觉。我们花费 N 个单位时间去划分，然后必须对 $N-1$ 个元素进行递归调用。然后花费 $N-1$ 个单位时间去划分那个组，只必须对 $N-2$ 个元素进行递归调用。那次调用中花费 $N-2$ 个单位时间执行划分，以此类推。整个递归调用中执行所有划分的总开销，与式（8.3）中得到的完全匹配。这个结果告诉我们，当实现枢轴的选择及划分步骤时，有可能会促使子集大小不平衡的任何事情都不是我们想做的。

平均情形

前两个分析告诉我们，最优和最差情形大相径庭。自然地，我们想知道平均情形下会发生什么。我们希望，由于每个子问题平均来说是原问题的一半，所以 $O(N\log N)$ 现在将成为平均情形

界。这样的预期虽然对于此处研究的具体的快速排序应用是正确的，但并不能构成正确的证明。因此不能随便乱用平均。例如，假设我们有一个枢轴算法，保证只选择最小或最大的元素，每种情况的概率为1/2。则小元素组的平均大小差不多是 $N/2$，与大元素组的平均大小是一样的（因为每个可能的有 0 或 $N-1$ 个元素的可能性是一样的）。但那样选择枢轴时，快速排序的运行时间总是二次的，因为我们总是得到糟糕的元素划分。所以必须仔细地指明平均的含义。我们可以表明，小元素组可能含有 0, 1, 2, …或 $N-1$ 个元素，对于大元素组这也是成立的。在这个假设下，我们可以确定平均情形运行时间确实是 $O(N\log N)$。

因为快速排序 N 个项的开销等于划分步骤的 N 个单位时间加上两次递归调用的开销，所以我们需要判定每个递归调用的平均开销。如果 $T(N)$ 表示快速排序 N 个元素的平均开销，则每个递归调用的平均开销等于（所有可能的子问题大小的）子问题上递归调用的平均开销的平均值：

$$T(L) = T(R) = \left(\frac{T(0) + T(1) + T(2) + \cdots + T(N-1)}{N} \right) \tag{8.4}$$

式（8.4）表明，我们正在寻找每个可能大小的子集的开销并对其取平均值。因为我们有两个递归调用加上执行划分的线性时间，所以得到

$$T(N) = 2 \left(\frac{T(0) + T(1) + T(2) + \cdots + T(N-1)}{N} \right) + N \tag{8.5}$$

为求解方程（8.5），我们先在两边同乘以 N，得到

$$NT(N) = 2(T(0) + T(1) + T(2) + \cdots + T(N-1)) + N^2 \tag{8.6}$$

然后，将方程（8.6）用于 $N-1$ 的情况，其思想是通过减法可以大大简化方程。这样处理后得到

$$(N-1)T(N-1) = 2(T(0) + T(1) + \cdots + T(N-2)) + (N-1)^2 \tag{8.7}$$

现在，如果用方程（8.6）减去方程（8.7），得到

$$NT(N) - (N-1)T(N-1) = 2T(N-1) + 2N - 1$$

整理各项，扔掉等号右侧不重要的 -1，得到

$$NT(N) = (N+1)T(N-1) + 2N \tag{8.8}$$

现在有了仅用 $T(N-1)$ 表示的 $T(N)$ 的公式。再次使用裂项和思想，不过方程（8.8）的形式不正确。如果我们使用 $N(N+1)$ 除以方程（8.8），得到

$$\frac{T(N)}{N+1} = \frac{T(N-1)}{N} + \frac{2}{N+1}$$

现在可以进行裂项和了：

$$\frac{T(N)}{N+1} = \frac{T(N-1)}{N} + \frac{2}{N+1}$$

$$\frac{T(N-1)}{N} = \frac{T(N-2)}{N-1} + \frac{2}{N}$$

$$\frac{T(N-2)}{N-1} = \frac{T(N-3)}{N-2} + \frac{2}{N-1} \tag{8.9}$$

$$\vdots$$

$$\frac{T(2)}{3} = \frac{T(1)}{2} + \frac{2}{3}$$

如果将式（8.9）中的所有方程相加，则有

$$\frac{T(N)}{N+1} = \frac{T(1)}{2} + 2\left(\frac{1}{3} + \frac{1}{4} + \cdots + \frac{1}{N} + \frac{1}{N+1}\right)$$

$$= 2\left(1 + \frac{1}{2} + \frac{1}{3} + \cdots + \frac{1}{N+1}\right) - \frac{5}{2} \qquad (8.10)$$

$$= O(\log N)$$

式（8.10）中最后一行由定理 5.5 得到。当我们两边同乘 $N+1$ 时，得到最后的结果：

$$T(N) = O(N \log N) \qquad (8.11)$$

8.6.3　选择枢轴

> 枢轴的选择对于性能至关重要。永远不要选择第一个元素作为枢轴。
>
> 中间元素是一个合理但被动的选择。
>
> 在三元中值划分中，第一个元素、中间元素及最后一个元素的中值用作枢轴。这个方法简化了快速排序的划分阶段。

现在我们已经确定快速排序的平均运行时间为 $O(N\log N)$，我们主要关心的是，确保不要发生最差情形。通过执行复杂的分析，我们可以计算快速排序运行时间的标准差。结果是，如果出现一个随机排列，则用来排序这个序列的运行时间几乎肯定接近平均值。所以我们务必做到，退化的输入不要导致坏的运行时间。退化的输入包括已经有序的数据和仅包含 N 个完全相同元素的数据。有时，正是这种简单的情况给算法带来了麻烦。

一种错误的方法

流行的盲选是使用第一个元素（即位置 low 的元素）作为枢轴。如果输入是随机的，那么这个选择是可以接受的，但如果输入已经预先排序或是逆序的，则枢轴提供了糟糕的划分，因为它是一个极值元素。另外，这个行为在递归中仍然持续。正如本章前面已经说明的，如果我们什么都不做，最终只能以二次运行时间结束，不用多说，那会很麻烦。永远不要选择第一个元素作为枢轴。

另一个流行的替代方案是选择前两个不同关键字⊖中的较大者为枢轴，但这个选择与选择第一个关键字有同样的不良影响。需要远离只查看输入组最前面或最后面某个关键字的任何策略。

安全的选择

对于枢轴来说，非常合理的选择是取中间元素（即在数组单元 (log+high)/2 处的元素）。当输入已经有序时，这个选择为每次递归调用提供了完美的枢轴。当然我们可以构造一个输入序列，强制让这个策略的执行也是二次的（见练习 8.8）。不过，随机遇到比平均情形花费两倍时长的情形的机率非常小。

三元中值划分

选择中间元素作为枢轴避免了由不随机输入带来的退化情形。不过要注意，这是一个被动选择，即我们不会试图去选择一个好的枢轴，相反，我们只是试图避免选择一个坏的枢轴。三元中值划分尝试选择比平均枢轴更好的一个枢轴。在三元中值划分（median-of-three partitioning）中，第一个元素、中间元素及最后一个元素的中值用作枢轴。

含 N 个数的组中的中值是第 $\lceil N/2 \rceil$ 小的值。枢轴的最佳选择显然是中值，因为它保证元素的均匀划分。不幸的是，中值很难计算，这会明显降低快速排序的速度。所以我们希望不花费太多的时间得到对中值的准确估计值。通过抽样（sampling）——民意调查中使用的经典方法——我们可以得到这样的一个估计值，即我们选择这些数的一个子集，找到它们的中值。样本数越多，估计值越准确。不过，样本量越多评估的时间越长。当样本量为 3 时，可以使快速排序的平均运

⊖　在复杂对象中，比较所基于的关键字（key）通常是对象的一部分。

行时间稍有改进，并且通过消除某些特例还简化了得到的划分代码。大的样本量不能有效改善性能，所以不值得使用。

样本中使用的三个元素是第一个元素、中间元素和最后一个元素。例如，对于输入 8, 1, 4, 9, 6, 3, 5, 2, 7, 0，最左边的元素是 8，最右边的元素是 0，而中间元素是 6，所以枢轴应该是 6。注意，对于已经有序的项，我们继续使用中间元素作为枢轴，并且这种情况下，枢轴就是中值。

8.6.4 划分策略

> 步骤 1。交换枢轴与最后一个元素。
> 步骤 2。i 从左向右前进，而 j 从右向左前进。当 i 遇到一个大元素时，i 停止。当 j 遇到一个小元素时，j 停止。如果 i 和 j 没有交错，则交换它们的项，并继续。否则循环停止。
> 步骤 3。将位置 i 处的元素与枢轴交换。

有几种常用的划分策略。本节描述的一种能有很好的结果。最简单的划分策略包含 3 个步骤。8.6.6 节介绍当使用三元中值选择时出现的改进。

划分算法中的第一个步骤是将枢轴与最后元素进行交换从而将枢轴元素移开。对于示例输入，其结果如图 8.12 所示。枢轴元素用最黑的阴影显示在数组的末尾。

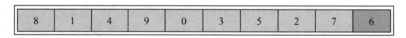

图 8.12   划分算法，将枢轴元素 6 放到末尾

现在我们假设，所有的元素都是不同的，出现重复值时该做的事情留待后面处理。作为一种极限的情况，当所有的元素都相同时，我们的算法必须能正常工作。

在步骤 2 中，使用我们的划分策略，将所有的小元素移到数组的左侧，而所有的大元素移到右侧。小和大是相对于枢轴而言的。在图 8.12～图 8.17 中，白色单元是我们已知放置正确的，浅阴影单元放置的不一定正确。

我们从左向右查找大元素，使用计数器 i，初始时在位置 low。我们还从右向左查找小元素，使用计数器 j，初始时从 high-1 开始。图 8.13 表明，对大元素的查找停止于 8，而对小元素的查找停止于 2。这些单元都是浅阴影的。注意，通过跳过 7，我们知道 7 不是小的，所以是放置正确的，因此它是白色单元。现在，我们有一个大元素 8 在数组的左侧，并且有一个小元素 2 在数组的右侧。我们必须交换这两个元素，将它们放置正确，如图 8.14 所示。

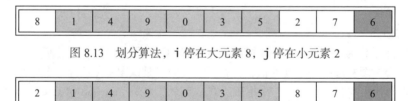

图 8.13   划分算法，i 停在大元素 8，j 停在小元素 2

图 8.14   划分算法，交换次序不正确的元素 8 和 2

随着算法的继续，i 停在大元素 9，而 j 停在小元素 5。再次说明，扫描过程中 i 和 j 跳过的元素保证是放置正确的。图 8.15 展示结果，数组的两端（不包括枢轴）都被正确放置的元素填满了。

图 8.15   划分算法，i 停在大元素 9，j 停在小元素 5

接下来，交换 i 和 j 所指示的元素，如图 8.16 所示。扫描继续，i 停在大元素 9 处，而 j 停在小元素 3 处。不过，此时 i 和 j 在数组中的位置已经交错了。因此，交换是无用的。所以图 8.17 展示，j 访问的项已经正确放置，并且不应该被移动。

图 8.16 划分算法，交换次序不正确的元素 9 和 5

图 8.17 表明，除两个项之外的所有项都正确放置。如果只交换它们并且结束，不是很好吗？是的，可以这样。我们需要做的只是交换位置 i 的元素和最后单元的元素（枢轴），如图 8.18 所示。i 所指元素显然是大的，所以将它移到最后的位置是对的。

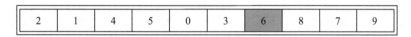

图 8.18 划分算法，交换枢轴和位置 i 处的元素

注意，划分算法不需要额外存储，并且每个元素只与枢轴比较一次。当编写代码时，这个方法可以转变为一个非常紧凑的内层循环。

8.6.5 关键字等于枢轴

当计数器 i 和 j 遇到等于枢轴的项时它们必须停止，以保证良好的性能。

我们必须要考虑的一个重要细节是，如何处理与枢轴相等的关键字。当 i 遇到等于枢轴的一个关键字时，它应该停下来吗？当 j 遇到等于枢轴的一个关键字时，它应该停下来吗？计数器 i 和 j 应该做相同的事情，否则，划分步骤会有偏差。例如，如果 i 停止而 j 不停止，则等于枢轴的所有关键字最终会落在右手边。

让我们考虑数组中所有元素都相同的情形。如果 i 和 j 都停止，则许多交换会发生在相等元素之间。虽然这些动作似乎是无用的，但积极作用是，i 和 j 在中间交错，所以当重新放置枢轴时，划分生成了两个几乎相等的子集。所以适用于最优情形分析，运行时间是 $O(N\log N)$。

如果 i 和 j 都不停止，则 i 会落在最后一个位置（当然假设它确实停在边界上），并且不执行任何交换。这个结果似乎很好，直到我们意识到，枢轴会被放置在最后一个元素上，因为那是 i 遇到的最后一个单元。得到的是极不均匀的子集和与最差情形界 $O(N^2)$ 相等的运行时间。这与在已有序的输入中使用第一个元素作为枢轴的效果是相同的，它花费了二次时间，却什么都没做。

我们的结论是，进行不必要的交换并且创建均匀的子集好过冒险得到非常不均匀的子集。所以我们让 i 和 j 遇到等于枢轴的元素时都停止。事实证明，对于这个输入，这个动作是四种可能中唯一一不会花费二次时间的。

乍一看，担心数组中元素都相等似乎很愚蠢。毕竟，为什么有人要对 5000 个相等的元素进行排序呢？不过，请记住，快速排序是递归的。假设，有 100 000 个元素，其中 5000 个是相等的。最终，快速排序会仅对这 5000 个相等的元素进行递归调用。那么，确保 5000 个相等元素能高效排序确实很重要。

8.6.6　三元中值划分

计算三元中值涉及三个元素的排序。所以让划分步骤先做一步，并且永远不用担心运行超过数组边界。

当进行三元中值划分时，我们可以进行简单的优化，以节省一些比较，同时可以大大简化编码。图 8.19 展示的是原始数组。

8	1	4	9	6	3	5	2	7	0

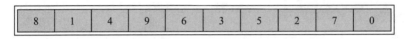

图 8.19　原始数组

回想一下，三元中值划分需要我们找到第一个、中间一个及最后一个元素的中值。做这件事最简单的方法是将它们在数组中排序，结果如图 8.20 所示。观察得到的阴影：落到第一个位置的元素保证是小于（或等于）枢轴的元素，而落到最后位置的元素保证是大于（或等于）枢轴的元素。这个结果告诉我们 4 件事。

- 我们不应该将枢轴与最后位置的元素交换，而是应该将它与倒数第二个位置的元素相交换，如图 8.21 所示。
- 开始时，`i` 在 `low+1`，而 `j` 在 `high-2`。
- 可以保证，每当 `i` 找到大元素时，它都将停止，因为最差情形下它将遇到枢轴（并且相等元素也停止）。
- 可以保证，每当 `j` 找到小元素时，它都将停止，因为最差情形下它将遇到第一个元素（并且相等元素也停止）。

所有这些优化都含在最终的 Java 代码中。

0	1	4	9	6	3	5	2	7	8

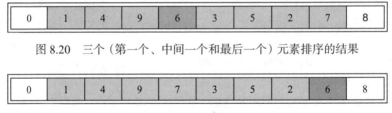

图 8.20　三个（第一个、中间一个和最后一个）元素排序的结果

0	1	4	9	7	3	5	2	6	8

图 8.21　交换枢轴与倒数第二个元素的结果

8.6.7　小数组

使用插入排序对 10 个或更少的项进行排序。将这个测试放到递归的快速排序例程中。

最后一个优化涉及小数组。当仅有 10 个元素要排序时，值得使用像快速排序这样的高性能例程吗？回答当然是否定的。简单的例程（例如插入排序）对于小数组可能更快。快速排序的递归性质告诉我们，我们会产生许多仅有小子集的调用。所以测试子集的大小是值得的。如果它比某个界限值小，则采用插入排序，否则使用快速排序。

好的界限值是 10 个元素，不过 5 ～ 20 之间的任何界限值都可能产生类似的结果。实际中最好的界限值是与机器相关的。使用界限值可以避免出现退化情形。例如，当没有三个元素时，找到三个元素的中值是没有意义的。

过去，许多人认为更好的替代方法是，当子集大小低于界限值时完全不进行处理，从而让数组稍微无序。因为插入排序处理几乎有序的数组时非常高效，所以可以从数学上证明，最后执行

插入排序来整理数组，比在所有的较小的子集上执行插入排序更快。节省的开销约等于插入排序方法调用的开销。

现在，方法调用不如过去那样昂贵。此外，对数组进行插入排序的第二次扫描非常昂贵。因为一项称为缓存（caching）的技术，使得在小数组上进行插入排序会更好。本地内存访问比非本地访问更快。在许多机器上，一趟扫描中访问内存两次，比两趟独立的扫描中每次访问一次内存更快。

当递归调用快速排序似乎不合适时，结合第二个排序算法的思想也可用来保证快速排序的最差情形是 $O(N\log N)$ 的。在练习 8.20 中，要求你研究如何将快速排序和归并排序结合起来。有了归并排序最差情形的保证，使得在几乎所有情形下都能获得快速排序的平均情形性能。实际上，我们使用将在 21.5 节讨论的称为堆排序的另一个算法来替代归并排序。

8.6.8 Java 快速排序例程

> 我们使用一个驱动程序来设置各个值。
> 快速排序的内层循环非常紧凑且高效。
> 快速排序是使用分析去指导程序实现的经典示例。

快速排序的实际实现如图 8.22 所示。在第 4 ~ 8 行声明的一个参数的 quicksort，只是一个驱动程序，它调用递归的 quicksort。所以我们仅讨论递归的 quicksort 的实现。

```
1    /**
2     * Quicksort 算法（驱动程序）
3     */
4    public static <AnyType extends Comparable<? super AnyType>>
5    void quicksort( AnyType [ ] a )
6    {
7        quicksort( a, 0, a.length - 1 );
8    }
9
10   /**
11    * 进行递归调用的内部 quicksort 方法。
12    * 使用三元中值划分和界限值。
13    */
14   private static <AnyType extends Comparable<? super AnyType>>
15   void quicksort( AnyType [ ] a, int low, int high )
16   {
17       if( low + CUTOFF > high )
18           insertionSort( a, low, high );
19       else
20       {   // 排序 low, middle, high
21           int middle = ( low + high ) / 2;
22           if( a[ middle ].compareTo( a[ low ] ) < 0 )
23               swapReferences( a, low, middle );
24           if( a[ high ].compareTo( a[ low ] ) < 0 )
25               swapReferences( a, low, high );
26           if( a[ high ].compareTo( a[ middle ] ) < 0 )
27               swapReferences( a, middle, high );
28
29           // 将枢轴放置到位置 high - 1 处
30           swapReferences( a, middle, high - 1 );
31           AnyType pivot = a[ high - 1 ];
32
33           // 开始划分
34           int i, j;
35           for( i = low, j = high - 1; ; )
```

图 8.22 使用三元中值划分及小数组界限值的快速排序

```
36                {
37                    while( a[ ++i ].compareTo( pivot ) < 0 )
38                        ;
39                    while( pivot.compareTo( a[ --j ] ) < 0 )
40                        ;
41                    if( i >= j )
42                        break;
43                    swapReferences( a, i, j );
44                }
45                    // 放回枢轴
46                swapReferences( a, i, high - 1 );
47
48                quicksort( a, low, i - 1 );      // 排序小元素
49                quicksort( a, i + 1, high );     // 排序大元素
50            }
51        }
```

图 8.22 使用三元中值划分及小数组界限值的快速排序（续）

在第 17 行，我们测试小的子数组，当问题实例低于由常数 CUTOFF 给出的某个具体值时，调用插入排序（未展示）。否则，我们继续递归程序。第 21 ~ 27 行将位置 low、middle 和 high 的元素排序到位。与之前的讨论相一致，我们使用中间元素作为枢轴，并在第 30 行和第 31 行将它与倒数第二个位置的元素交换。然后我们进行划分阶段。我们将计数器 i 和 j 初始化为与实际初始值相差 1，因为在第 37 行和第 39 行的前缀递增和递减运算符在访问数组之前立即调整。当从第 37 行的第一个 while 循环退出时，i 将指向大于或可能等于枢轴的一个元素。同样地，当第二个循环结束时，j 将指向小于或可能等于枢轴的一个元素。如果 i 和 j 没有交错，则交换这些元素，然后继续扫描。否则，扫描终止，在第 46 行恢复枢轴。当执行了第 48 行和第 49 行的两个递归调用时，排序完成。

基本操作出现在第 37 ~ 40 行。扫描包含简单操作：加 1、数组访问及简单的比较。这解释了快速排序中"快速"的原因。为了确保内层循环是紧凑且高效的，我们想确保第 43 行的交换包含我们期望的三个赋值，且不会产生方法调用的开销。所以我们声明 swapReferences 例程是终极静态方法，或者在某些情形下，我们显式编写三条赋值（例如，如果编译器行使它的权力不执行内联优化的话）。

虽然代码现在看上去很简单，但那只是因为我们在编码之前进行了分析。另外，仍潜藏一些陷阱（见练习 8.16）。快速排序是使用分析指导程序实现的经典示例。

8.7 快速选择

选择是查找数组中第 k 小元素。

快速选择用来执行选择。它类似快速排序，但只进行一个递归调用。平均运行时间是线性的。

线性最差情形算法是一个经典的结果，即使它是不切实际的。

与排序密切相关的一个问题是选择（selection），或者说是在有 N 个项的数组中找到第 k 小元素。一个重要的特例是查找中位数，或第 $N/2$ 小元素。显然，我们可以对项进行排序，但因为选择所需的信息比排序少，所以我们希望选择可以是一个更快的过程。事实证明这是真的。稍微修改一下快速排序，可以以平均线性时间求解选择问题，为我们提供快速选择 (quickselect) 算法。Quickselect(S, k) 的步骤如下。

1. 如果 S 中的元素个数为 1，则 k 大概也是 1，所以我们可以返回 S 中的单一元素。

2. 选择 S 中的任意元素 v，它是枢轴。

3. 将 $S-\{v\}$ 划分为 L 和 R，正如快速排序所做的。

4. 如果 k 小于或等于 L 中的元素个数，则我们要查找的项一定在 L 中。递归调用 Quickselect (L, k)。否则，如果 k 正好比 L 中项的个数多 1，则枢轴是第 k 小元素，我们可以返回它作为答案。否则，第 k 小元素在 R 中，它是 R 中第 $(k-|L|-1)$ 小元素。同样，我们可以递归调用并返回结果。

与快速排序的两次递归调用相比，快速选择仅进行一次递归调用。快速选择的最差情形与快速排序的一样，也是二次的，发生在递归调用中的一个作用于空集时。在这样的情形下，快速选择不会节省很多时间。不过，使用类似快速排序中用过的分析，我们可以证明，平均时间是线性的（练习 8.9）。

如图 8.23 所示，快速选择的实现比我们抽象描述所暗示的更简单。除了额外的参数 k 及递归调用之外，算法与快速排序是一样的。当它终止时，第 k 小元素位于数组中的正确位置上。因为数组从下标 0 开始，所以第 4 小元素在位置 3 处。注意，原来的次序被破坏了。如果不想发生这种情况，可以让驱动程序例程传递数组的副本。

```
1      /**
2       * 进行递归调用的内部选择方法
3       * 使用三元中值划分和界限值
4       * 将第 k 小的项放在 a[k-1]
5       * @param a: Comparable 项的一个数组
6       * @param low: 子数组的最左下标
7       * @param high: 子数组的最右下标
8       * @param k: 整个数组中期望的秩（1是最小值）
9       */
10     private static <AnyType extends Comparable<? super AnyType>>
11     void quickSelect( AnyType [ ] a, int low, int high, int k )
12     {
13         if( low + CUTOFF > high )
14             insertionSort( a, low, high );
15         else
16         {
17             // 排序 low, middle, high
18             int middle = ( low + high ) / 2;
19             if( a[ middle ].compareTo( a[ low ] ) < 0 )
20                 swapReferences( a, low, middle );
21             if( a[ high ].compareTo( a[ low ] ) < 0 )
22                 swapReferences( a, low, high );
23             if( a[ high ].compareTo( a[ middle ] ) < 0 )
24                 swapReferences( a, middle, high );

26             // 将枢轴放置在位置 high − 1 处
27             swapReferences( a, middle, high - 1 );
28             AnyType pivot = a[ high - 1 ];

30             // 开始划分
31             int i, j;
32             for( i = low, j = high - 1; ; )
33             {
34                 while( a[ ++i ].compareTo( pivot ) < 0 )
35                     ;
36                 while( pivot.compareTo( a[ --j ] ) < 0 )
37                     ;
38                 if( i >= j )
39                     break;
40                 swapReferences( a, i, j );
41             }
42             // 放回枢轴
43             swapReferences( a, i, high - 1 );
44
```

图 8.23　使用三元中值划分及小数组界限值的快速查找

```
45                      // 递归，只有这部分改变了
46                  if( k <= i )
47                      quickSelect( a, low, i - 1, k );
48                  else if( k > i + 1 )
49                      quickSelect( a, i + 1, high, k );
50              }
51      }
```

图 8.23   使用三元中值划分及小数组界限值的快速查找（续）

使用三元中值划分，使得最坏情况发生的可能性几乎可以忽略不计。通过仔细选择枢轴，可以确保永远不发生最差情形，并且即使在最差情形下，运行时间也是线性的。不过，得到的算法全部只有理论上的意义，因为大 O 表示中隐藏的常数，比正常的三元中值实现中得到的常数大得多。

8.8   排序的下界

任何基于比较的排序算法，在平均及最差情形下，一定使用大约 $N\log N$ 次比较。
证明是抽象的，我们证明最差情形下界。

虽然对于排序我们有 $O(N\log N)$ 的算法，但不清楚这是不是我们能做到的最好算法。本节我们证明，任何仅使用比较的排序算法，最差情形下需要 $\Omega(N\log N)$ 次比较（所以时间也是）。换句话说，任何使用元素之间的比较进行排序的算法，对某个输入序列必须至少使用约 $N\log N$ 次比较。我们可以使用类似的技术，去证明平均来说这个条件也是成立的。

每个排序算法都必须使用比较才能排序吗？答案是否定的。不过，不涉及使用一般性比较的算法，可能只适用于受限的类型，例如整数。虽然我们可能常常只需要对整数进行排序（见练习 8.7），但我们不能对通用排序算法的输入做这样笼统的假设。我们可以只假设特定的，也就是说，因为需要对项进行排序，所以两个项要能进行比较。

接下来，我们证明计算机科学中最基本的定理之一，即定理 8.3。首先回想一下，前 N 个正整数的阶乘是 $N!$。证明是存在性证明，有一点抽象。它表明某些坏的输入必然总是存在的。

定理 8.3   仅使用元素比较的任何排序算法，对某个输入序列，一定使用至少 $\lceil \log(N!) \rceil$ 次比较。

证明：我们可以将可能的输入看作 $1, 2, \cdots, N$ 的任意排列，因为只有输入项的相对次序才重要，而不是它们的实际值。所以，可能的输入个数是 N 个项不同排列的个数，后者恰等于 $N!$。令 P_i 是与算法执行 i 次比较后得到相同结果的排列数。令 F 是当排序终止时进行比较的次数。我们知道以下几点：$P_0 = N!$，因为在进行第一次比较前，所有的排列都是可能的；$P_F = 1$，因为如果可能有 1 个以上的排列，则算法不能确定它已产生了正确结果而终止；存在一种使 $P_i \geqslant P_{i-1}/2$ 的排列，因为在一次比较之后，每个排列都属于两个组中的一个，仍然可能的组和不再可能的组。这两个组中较大的组一定有至少一半的排列。此外，至少有一种排列，可以在整个比较序列中适用这个逻辑。所以排序算法的动作是，从 P_0 状态（其中所有 $N!$ 种排列都是可能的）走到终态 P_F，其中只有一个排列是可能的，约束是存在一个输入，其中每次比较只能排除一半的排列。根据折半原理，我们知道对于这个输入，至少有 $\lceil \log(N!) \rceil$ 次比较。   □

$\lceil \log(N!) \rceil$ 有多大？它约为 $N\log N - 1.44N$。

8.9   总结

对于大多数通用的内排序应用，插入排序、希尔排序、归并排序或快速排序都是可选的方法。具体要使用哪个方法，取决于输入量的大小及底层的环境。

插入排序适用于非常少量的输入。对于中等量级输入的排序，希尔排序是很好的选择。使用适当的增量序列，它可以提供极好的性能，并且只需要很少的代码行。归并排序有 $O(N\log N)$ 最

差情形性能，但需要额外的代码以避免一些额外的复制。快速排序很难编写代码。渐近地说，通过仔细实现，它几乎肯定具有 $O(N\log N)$ 的性能，并且我们证明了，这个结果本质上与我们预期的一样好。在 21.5 节，我们讨论另一个流行的内排序——堆排序。

为了测试和比较各种排序算法的优点，我们必须能产生随机输入。一般来说，随机性是一个重要的话题，我们将在第 9 章讨论。

8.10 核心概念

基于比较的排序算法。仅基于比较来判定次序的算法。

缩小间隔排序。希尔排序的另一个名字。

逆序。数组中一对违反次序的元素，用来衡量无序性。

排序的下界证明。确定任何基于比较的排序算法，平均及最差情形下必须至少使用约 $N\log N$ 次比较。

三元中值划分。第一个元素、中间元素及最后一个元素的中值用作枢轴，这个方法简化了快速排序的划分阶段。

归并排序。一种能获得 $O(N\log N)$ 排序的分治算法。

划分。快速排序的步骤，将除枢轴之外的每个元素放在两个组其中之一，一个组由小于或等于枢轴的元素组成，一个组由大于或等于枢轴的元素组成。

枢轴。对于快速排序，将数组分为两个组的元素，一个组小于枢轴，一个组大于枢轴。

快速选择。用来执行选择的一个算法，类似快速排序，但只进行一次递归调用。平均运行时间是线性的。

快速排序。当实现得当时是一种快速分治算法，在许多情况下，它是已知的最快的基于比较的排序算法。

选择。找到数组中第 k 小元素的过程。

希尔排序。实际中表现良好且编码简单的次二次算法。希尔排序的性能很大程度上取决于增量序列，并且需要进行具有挑战性（且没有完全解决）的分析。

8.11 常见错误

- 本章的排序代码中数组位置从 0 而不是从 1 开始。
- 让希尔排序使用错误的增量序列是个常见错误。确保增量序列以 1 结束，并避免使用已知会带来较差性能的序列。
- 快速排序有许多陷阱。最常见的错误涉及已有序的输入、重复的元素和退化的划分。
- 对于少量的输入，插入排序是合适的，但将它用于大规模输入是错误的。

8.12 网络资源

所有的排序算法及快速选择的实现都在一个文件中。

Duplicate.java。含有图 8.1 中的程序及一个测试程序。

Sort.java。含有所有的排序算法和选择算法。

8.13 练习

简答题

8.1 使用下列方法排序序列 8, 1, 4, 1, 5, 9, 2, 6, 5。

　　a. 插入排序。

　　b. 希尔排序，增量 {1, 3, 5}。

c. 归并排序。

d. 快速排序，使用中间元素作为枢轴，没有界限值（展示所有步骤）。

e. 快速排序，使用三元中值枢轴选择及界限值 3。

8.2 如果具有相等关键字的元素与输入中它们出现的次序相同，则排序算法称为稳定的。本章的哪些排序算法是稳定的？哪些不是？为什么？

8.3 解释为什么教材中精心设计的快速排序比随机排列输入并选择中间元素作为枢轴的算法要好？

理论题

8.4 当所有关键字都相等时，下列算法的运行时间分别是多少？

a. 插入排序。

b. 希尔排序。

c. 归并排序。

d. 快速排序。

8.5 当输入已经有序时，下列算法的运行时间分别是多少？

a. 插入排序。

b. 希尔排序。

c. 归并排序。

d. 快速排序。

8.6 当输入逆序有序时，下列算法的运行时间分别是多少？

a. 插入排序。

b. 希尔排序。

c. 归并排序。

d. 快速排序。

8.7 假设我们交换初始时呈逆序的元素 a[i] 和 a[i+k]。证明去掉的逆序数最少是 1，最多是 $2k-1$。

8.8 对如下的快速排序，构造最差情形输入。

a. 中间元素是枢轴。

b. 三元中值枢轴划分。

8.9 说明快速选择算法有线性平均性能。通过求解式（8.5），用 1 替换常数 2 来完成。

8.10 使用斯特林公式（Stirling's formula），$N! \geqslant (N/e)^N \sqrt{2\pi N}$ 导出 $\log(N!)$ 的估算结果。

8.11 证明任何基于比较的用来排序 4 个元素的算法，对某个输入至少需要 5 次比较。然后说明，最多使用 5 次比较对 4 个元素进行排序的算法确实存在。

8.12 使用归并排序对 6 个数进行排序，最差情形下比较次数是多少？这是最优的吗？

8.13 当实现快速排序时，如果数组含有大量的重复值，你或许会发现，最好是执行三向划分（分为小于、等于及大于枢轴的元素），并进行更少的递归调用。假设你可以使用三向比较。

a. 给定一个算法，对 N 个元素的子数组仅使用 $N-1$ 次三向比较执行三向原地划分。如果有 d 个项等于枢轴，则你可能使用 d 次额外的 Comparable 交换，超过了双向划分算法。（提示：因为 i 和 j 彼此相向移动，所以维护的 5 个元素组如下所示。）

```
EQUAL  SMALL     UNKNOWN     LARGE     EQUAL
          i                j
```

b. 证明，使用 a 中的算法，对仅含有 d 个不同值的 N 个元素的数组进行排序，需要 $O(dN)$ 运行时间。

8.14 假设 A 和 B 两个数组都有序，且含有 N 个元素。给出一个 $O(\log N)$ 算法，查找 $A \cup B$ 的中值。

8.15 如果仔细选择枢轴的话，则可以在最差情形下线性时间内求解选择问题。假设我们组成 $N/5$ 个 5 元素组，对于每个组，我们查找中值。然后我们使用 $N/5$ 个中值的中值作为枢轴。

a. 说明用 6 次比较可以得到 5 个元素的中值。

b. 令 $T(N)$ 是求解 N 个项中选择问题的时间。查找 $N/5$ 个中值的中值的时间是多少？（提示：可用递归查找 $N/5$ 个中值的中值吗？）

c. 划分步骤执行后，选择算法将进行一次递归调用。说明如果枢轴选择为 $N/5$ 个中值的中值，递归调用的大小最多被限制在 $7N/10$。

实践题

8.16　一名学生修改图 8.22 中的 quicksort 例程，将第 35 ～ 40 行修改如下。得到的例程与原始例程一样吗？

```
35      for( i = low + 1, j = high - 2; ; )
36      {
37          while( a[ i ] < pivot )
38              i++;
39          while( pivot < a[ j ] )
40              j--;
```

8.17　如果对待排序项的信息了解得更多，则可以在线性时间内对它们进行排序。说明 N 个 16 位整数的集合可以以 $O(N)$ 时间排序。（提示：维护一个下标为 0 ～ 65535 的数组。）

8.18　本书中的快速排序使用两次递归调用。如下所示删除一次调用。

a. 重写代码，以便让第二次递归调用无条件地成为快速排序中的最后一行。反转 if/else 来完成这件事，然后在调用 insertionSort 后返回。

b. 重写 while 循环并修改 low，删除尾递归。

8.19　继续练习 8.18 的 a 部分。

a. 执行一个测试，以便第一次递归调用处理更小的子数组，第二次递归调用处理更大的子数组。

b. 重写 while 循环，有必要的话修改 low 或 high，删除尾递归。

c. 证明递归调用次数在最差情形下是对数的。

8.20　假设递归的快速排序接受一个 int 型参数 depth，在驱动程序中，它被初始化为约 $2\log N$。

a. 修改递归的快速排序，如果递归层已经到达 depth，则在其当前的子数组上调用 mergeSort。（提示：当进行递归调用时减少 depth，当它是 0 时，转去归并排序。）

b. 证明这个算法的最差情形运行时间是 $O(N\log N)$。

c. 进行实验，看看多长时间调用一次 mergeSort。

d. 将这项技术与练习 8.18 中去掉尾递归的技术结合起来实现。

e. 解释为什么不再需要练习 8.19 中的技术。

8.21　一个数组含有 N 个数，你想判断是否存在两个数的和等于给定的数 K。例如，如果输入是 8, 4, 1, 6，而 K 是 10，则答案是存在（4 和 6）。一个数可以使用两次。完成下列工作。

a. 给出求解这个问题的 $O(N^2)$ 算法。

b. 给出求解这个问题的 $O(N\log N)$ 算法。（提示：先排序项。之后，可以以线性时间求解问题。）

c. 编写两个算法的代码，比较你的算法的运行时间。

8.22　对 4 个数重做练习 8.21。尝试设计一个 $O(N^2\log N)$ 的算法。（提示：计算两个元素的所有可能的和，排序这些可能的和，然后像练习 8.21 中的处理一样。）

8.23　对 4 个数重做练习 8.21。尝试设计一个 $O(N^2)$ 的算法。

8.24　在练习 5.41 中，要求你找到 $A^5+B^5+C^5+D^5+E^5=F^5$ 满足 $0<A \leqslant B \leqslant C \leqslant D \leqslant E \leqslant F \leqslant N$ 的整数解，其中 N 是 75。使用练习 8.22 中探究的思想能以相当快的速度得到解，排序 $A^5+B^5+C^5$ 和 $F^5-(D^5+E^5)$ 所有可能的值，然后看看在第一个组内是否有数等于第二个组内的数。用 N 来表示，算法需要的空间和时间各是多少？

程序设计项目

8.25　比较希尔排序使用如下不同增量序列的性能。通过产生几个随机的 N 个项的序列，获得一些

输入大小为 N 的平均时间。使用相同的输入用于所有的增量序列。在一次单独的测试中获得 `Comparable` 比较和 `Comparable` 赋值的平均次数。将重复实验的次数设置为较大的数，控制在 CPU 时间一小时内完成。增量序列为：

a. 希尔的原始序列（重复地除以 2）。

b. 希尔的原始序列，如果结果是非零的偶数，则加 1。

c. 本书中所示的 Gonnet 序列，重复的除以 2.2。

d. Hibbard 增量 $1, 3, 7, \cdots, 2^k-1$。

e. Knuth 增量 $1, 4, 13, \cdots, (3^k-1)/2$。

f. Sedgewick 增量 $1, 5, 19, 41, 109, \cdots$，每个项的形式要么是 $9 \cdot 4^k - 9 \cdot 2^k + 1$，要么是 $4^k - 3 \cdot 2^k + 1$。

8.26 编写希尔排序和快速排序的代码，比较它们的运行时间。使用本书中的最优实现，在以下数据上运行。

a. 整数。

b. `double` 类型的实数。

c. 字符串。

8.27 编写一个方法，删除含有 N 个项的数组 A 中所有的重复项。返回 A 中剩余的项数。你的方法必须在 $O(N\log N)$ 平均时间内运行（使用快速排序作为预处理步骤），不应该利用 Collections API。

8.28 练习 8.2 说明了稳定排序。编写一个方法执行稳定的快速排序。为此，创建一个对象数组，每个对象含有一个数据项和其在数组中的原始位置。（这是复合模式，参见 3.9 节。）然后排序数组。如果两个对象有相同的数据项，则使用初始位置决定大小。当对象数组排好序后，重新安排原来的数组。

8.29 编写一个简单的排序实用工具 `sort`。`sort` 命令带一个文件名作为参数，文件中每行有一个项。默认情况下行被看作字符串，并按正常的字典序排序（以区分大小写的方式）。添加两个选项：`-c` 选项意味着排序应该不区分大小写，`-n` 选项意味着在排序时行被看作整数。

8.30 编写一个程序，读入平面上的 N 个点，输入 4 个或更多个共线点的任意组（即在同一条线上的点）。显而易见的暴力算法需要 $O(N^4)$ 运行时间。不过，有一个更好的利用排序的算法，可以在 $O(N^2\log N)$ 时间内运行。

8.31 假设 `DoubleKeyed` 对象有两个关键字：一个主关键字和一个次关键字。当排序时，如果主关键字相等，则使用次关键字判定次序。不修改现有的算法，而是编写一个排序程序，按需调用快速排序，排序 `DoubleKeyed` 对象数组。

8.32 在快速排序中，不是像三元中值划分那样选择三个元素，而是假设我们愿意选择 9 个元素，包括第一个和最后一个，以及其他 7 个在数组中间距相等的元素。

a. 编写代码实现九元中值划分。

b. 考虑如下替代九元中值的算法：将项分为三个组，找到三个组的中值，然后使用这些中值的中值。编写代码实现这个替代算法，并比较它与九元中值的性能。

8.33 如果两个单词包含相同频率的相同字母，则它们是相同字母异序词。例如，`stale` 和 `least` 是彼此的异序词。检查异序词的简单方法是排序每个单词中的字符。如果得到相同的答案（本例中，我们得到 `aelst`），则两个单词彼此是异序词。编写一个方法，测试两个单词是不是彼此的异序词。

8.34 编写方法，带一个 `String` 数组，返回最大的一组单词，其中的单词彼此是相同字母异序词。要完成这个，先使用 `Comparator` 对数组排序，它比较单词的有序字符表示。排序后，任何异序词的单词组在数组中都相邻。编写一个程序，使用从文件读入的单词，测试你的方法。

8.14 参考文献

排序算法的经典参考文献是 [5]。另一个参考文献是 [3]。希尔排序算法首先发表在 [8] 中。其运行时间的实验研究在 [9] 中。快速排序由 Hoare 在 [4] 中提出，论文还包括了快速选择算法，并详细介绍了许多重要的实现问题。快速排序算法的深入研究（包括三元中值变形的分析）在 [7] 中。包括额外改进的详细的 C 语言实现在 [1] 中提出。练习 8.20 基于文献 [6]。基于比较的排序算法的 $\Omega(N\log N)$ 下限来自文献 [2]。希尔排序的表示改编自 [10]。

[1] J. L. Bentley and M. D. McElroy, "Engineering a Sort Function," *Software—Practice and Experience* **23** (1993), 1249–1265.

[2] L. R. Ford and S. M. Johnson, "A Tournament Problem," *American Mathematics Monthly* **66** (1959), 387–389.

[3] G. H. Gonnet and R. Baeza-Yates, *Handbook of Algorithms and Data Structures*, 2d ed., Addison-Wesley, Reading, MA, 1991.

[4] C. A. R. Hoare, "Quicksort," *Computer Journal* **5** (1962), 10–15.

[5] D. E. Knuth, *The Art of Computer Programming, Vol. 3: Sorting and Searching,* 2d ed., Addison-Wesley, Reading, MA, 1998.

[6] D. R. Musser, "Introspective Sorting and Selection Algorithms," *Software—Practice and Experience* **27** (1997), 983–993.

[7] R. Sedgewick, *Quicksort*, Garland, New York, 1978. (Originally presented as the author's Ph.D. dissertation, Stanford University, 1975.)

[8] D. L. Shell, "A High-Speed Sorting Procedure," *Communications of the ACM* **2** 7 (1959), 30–32.

[9] M. A. Weiss, "Empirical Results on the Running Time of Shellsort," *Computer Journal* **34** (1991), 88–91.

[10] M. A. Weiss, *Efficient C Programming: A Practical Approach,* Prentice Hall, Upper Saddle River, NJ, 1995.

随 机 化

计算机中有许多情形需要使用随机数。例如，现代密码学和模拟系统，令人惊讶的是，搜索和排序算法也依赖随机数生成器。然而好的随机数生成器很难实现。本章我们讨论随机数的生成及使用。

本章中，我们将看到：

- 随机数是如何生成的。
- 随机排列是如何生成的。
- 使用一种称为随机算法的通用技术，如何用随机数来设计高效算法。

9.1 为什么需要随机数

> 随机数有许多重要用途，包括密码学、模拟和程序测试。
>
> $1, 2, \cdots, N$ 的排列是 N 个整数的一个序列，其中 $1, 2, \cdots, N$ 中的每一个仅出现一次。

随机数用在许多应用中。本节我们讨论几个最常见的。

随机数的一个重要的应用是程序测试。例如，假设我们想测试第 8 章编写的一个排序算法是否有效。当然，我们可以提供一些少量的输入，但如果我们想将为大数据集设计的算法用于大数据集时，则需要大量的输入。提供有序数据作为输入，只测试了一种情形，但更有说服力的测试会更合适。例如，我们可能想测试程序对 1000 个大小的输入进行 5000 次排序。为此需要编写一个生成测试数据的例程，而这个例程需要使用随机数。

一旦我们有了随机数输入，那么如何知道排序算法是否有效呢？一种检查是确定排序是否按非递减的次序排列了数组。显然，我们可以用线性时间的顺序扫描来执行这个检查。但是如何知道排序后的项与排序前的项是否相同呢？一个方法是将项固定为 $1, 2, \cdots, N$ 的一个排列。换句话说，我们从前 N 个整数的一个随机排列开始。$1, 2, \cdots, N$ 的一个排列（permutation）是 N 个整数的一个序列，其中 $1, 2, \cdots, N$ 中的每一个仅出现一次。然后，不管我们从哪个排列开始，排序结果都将是序列 $1, 2, \cdots, N$，这也很容易检查。

除了有助于我们生成测试数据以验证程序的正确性以外，随机数在比较各种算法的性能时也非常有用。因为依然可以用它们提供大量的输入。

随机数的另一个用途是在模拟中。如果我们想知道一个服务系统（例如，银行中的出纳员服务）处理一系列请求所需的平均时间，我们可以在计算机上模拟这个系统。在这个计算机模拟中，我们用随机数生成请求序列。

随机数的另一个用途是称为随机算法的通用技术，其中，随机数用来确定算法中执行的下一个步骤。最常见的随机算法类型包括从几个难以区分的可能候选者中进行选择。例如，在商业计算机象棋程序中，计算机通常随机地选择它的第一个走步，而不是确定性地下棋（即不总是走相同的步）。本节我们研究使用随机算法能够更高效求解的几个问题。

9.2 随机数生成器

> 伪随机数具有随机数的许多性质。很难找到好的随机数生成器。

在均匀分布中，指定范围内的所有数出现的可能性相等。

通常需要一个随机数序列，而不是一个随机数。

线性同余生成器是生成均匀分布的一个好算法。

种子是随机数生成器的初始值。

一个数字重复之前的序列的长度称为它的周期。具有周期 P 的随机数生成器在 P 次迭代后生成相同的数字序列。

全周期线性同余生成器的周期是 $M-1$。

因为溢出，我们必须重新安排计算。

坚持用这些数，直到被告知有其他的可用。

随机数是如何生成的？在计算机上不可能实现真正的随机性，因为获得的任何数都取决于生成它们的算法，所以不可能是随机的。通常，产生伪随机数（pseudorandom number），或看起来随机的数就足够了，因为它们满足随机数的许多性质。产生随机数说起来容易，但做起来难。

假设，我们需要模拟抛硬币。做这件事的一个方法是检查系统时钟。系统时钟可能维护秒数作为当前时间的一部分。如果这个数是偶数，则我们可以返回 0（表示正面），如果它是奇数，则我们可以返回 1（表示背面）。问题是，如果我们需要一个随机数序列的话，那么这个策略不能奏效。一秒是一段很长的时间，程序运行时，时钟可能一点都没有改变，生成全为 0 或全为 1，而这不是一个随机序列。即使时间以微秒（或更小）为单位记录，并且程序正在独自运行，但生成的数字序列也远不是随机的，因为每次程序调用时，调用生成器之间的时间是基本相同的。

实际上我们需要的是一个伪随机数序列（sequence），即与随机数序列有相同特性的序列。假设，我们想要 0～999 之间均匀分布的随机数。在均匀分布（uniform distribution）中，指定范围内的所有数出现的可能性相等。其他的分布也广泛使用。图 9.1 所示的类框架支持几个分布，一些基本的方法与 java.util.Random 类中是一样的。大多数分布可以从均匀分布中导出，所以这是我们首先要考虑的分布。如果序列 0, …, 999 是真正的均匀分布，则下列性质成立。

- 第一个数同样可能为 0, 1, 2, …, 999。
- 第 i 个数同样可能为 0, 1, 2, …, 999。
- 生成的所有数的期望平均值是 499.5。

```
 1  package weiss.util;
 2
 3  // Random 类
 4  //
 5  // 构造: (a) 不带初值, 或 (b) 带一个整数
 6  //       指定生成器的初始状态
 7  //       该随机数生成器实际上只有 31 位
 8  //       所以它弱于 java.util 中的生成器
 9  //
10  // ***************** 公有操作 *********************
11  //       根据某些分布, 返回一个随机数
12  // int nextInt( )                              --> 均匀分布  [1 到 2^31-1]
13  // double nextDouble( )                        --> 均匀分布  (0 到 1)
14  // int nextInt( int high )                     --> 均匀分布  [0..high)
15  // int nextInt( int low, int high )            --> 均匀分布  [low..high]
16  // int nextPoisson( double expectedVal )       --> 泊松分布
17  // double nextNegExp( double expectedVal )     --> 负指数分布
18  // void permute( Object [ ] a )                --> 随机排列
19
20  /**
21   * 随机数类
22   * 使用一个 31 位的线性同余生成器
```

图 9.1　生成随机数的 Random 类的框架

```
23    */
24  public class Random
25  {
26      public Random( )
27        { /* 图 9.2 */ }
28      public Random( int initialValue )
29        { /* 图 9.2 */ }
30      public int nextInt( )
31        { /* 图 9.2 */ }
32      public int nextInt( int high )
33        { /*{ /* 实现在网络资源中 */ }
34      public double nextDouble( )
35        { /*{ /* 实现在网络资源中 */ }
36      public int nextInt( int low, int high )
37        { /*{ /* 实现在网络资源中 */ }
38      public int nextPoisson( double expectedValue )
39        { /* 图 9.4 */ }
40      public double nextNegExp( double expectedValue )
41        { /* 图 9.5 */ }
42      public static final void permute( Object [ ] a )
43        { /* 图 9.6 */ }
44      private void swapReferences( Object [ ] a, int i, int j )
45        { /*{ /* 实现在网络资源中 */ }
46
47      private int state;
48  }
```

图 9.1　生成随机数的 Random 类的框架（续）

这些性质没有特别的限制。例如，我们可以通过检查精确到 1ms 的系统时钟，然后使用毫秒数生成第一个数。可以将前一个数加 1 生成后续的数，以此类推。显然，在生成 1000 个数之后，前面的所有性质都保持。不过，更强的性质不再成立。

对于均匀分布随机数成立的两个更强的性质如下。

- 连续的两个随机数的和，有相同可能为偶数或奇数。
- 如果随机生成了 1000 个数，则有些将重复。（约 368 个数永远不会出现。）

我们的数不满足这些性质。连续两个数的和总是一个奇数，而且我们的序列是无重复的。我们说，我们的简单伪随机数生成器没能通过两个统计学测试。所有的伪随机数生成器都会失败于某个统计学测试，但好的生成器比坏的失败得更少。（见练习 9.16 的常见统计学测试。）

本节我们描述能通过合理数量统计学测试的最简单的均匀生成器。它绝不是最好的生成器。不过，它适合用在能接受对随机序列合理近似的应用中。使用的方法是线性同余生成器，它在 1951 年首次被描述。线性同余生成器（linear congruential generator）是一个用于生成均匀分布的好算法。它是能生成满足

$$X_{i+1} = AX_i(\mathrm{mod}\, M) \tag{9.1}$$

的随机数 X_1, X_2,… 的随机数生成器。式（9.1）表明，我们可以将第 i 个数乘以某个常数 A，并让结果除以 M 计算余数，得到第 $i+1$ 个数。在 Java 中，我们有

$$x[i + 1] = A * x[i] \% M$$

稍后我们确定常数 A 和 M。注意，生成的所有数都小于 M。必须给定某个值 X_0 才能开始序列。随机数生成器的这个初始值称为种子（seed）。如果 $X_0=0$，则序列不随机，因为它生成的全部都是 0。但如果仔细选择 A 和 M，则满足 $1 \leqslant X_0 < M$ 的任何其他种子都同样有效。如果 M 是素数，则 X_i 永远不是 0。例如，如果 $M=11$，$A=7$ 且种子 $X_0=1$，则生成的数是

$$7,5,2,3,10,4,6,9,8,1,7,5,2,\cdots \tag{9.2}$$

一个数的再次生成导致序列重复。在我们的示例中，序列在 $M-1=10$ 个数后重复。在数重复之前的序列长度称为序列的周期（period）。选择了这个 A 所得到的周期显然是最好的，因为小于 M 的所有非零数都生成了。（我们在第 11 次迭代时一定会生成一个重复的数。）

如果 M 是素数，则 A 的几个选择都能得到 $M-1$ 的全周期，这类随机数生成器称为全周期线性同余生成器（full-period linear congruential generator）。A 的有些选择得不到全周期。例如，如果 $A=5$ 且 $X_0=1$，则序列有一个短周期 5：

$$5, 3, 4, 9, 1, 5, 3, 4, \cdots \tag{9.3}$$

如果选择 M 是 31 位的素数，则对于许多应用来说周期应该足够大了。31 位素数 $M=2^{31}-1=$ 2 147 483 647 是一个常见的选择。对于这个素数，有多个值能给出全周期线性同余生成器，其中之一是 $A=48\ 271$。它的使用已经得到了很好的研究，并且被该领域专家推荐。如我们在本章后面所展示的，修补随机数生成器通常意味着破坏，因此建议坚持使用这个公式，直到被告知有其他的可用。

实现这个例程似乎足够简单。如果 state 代表 nextInt 例程计算的最后一个值，则 state 的新值将由下式给出

```
state = ( A * state ) % M;    // 不正确
```

不幸的是，如果这个计算在 32 位整数上进行，则乘法肯定会溢出。虽然 Java 提供了 64 位的 long 类型，但使用它比使用 int 需要付出更多的计算开销，不是所有的语言都提供 64 位数学运算，即使有，那时也许要保证更大的 M 值。本节稍后，我们使用 48 位的 M，但现在我们使用 32 位的数学运算。如果我们坚持使用 32 位的 int，则可以表明结果具有部分随机性。不过，溢出是不可接受的，因为我们不能再保证有全周期。稍微改变次序，就能让计算不产生溢出。具体来说，如果 Q 和 R 是 M/A 的商和余数，则我们可以将式（9.1）重写为如下的形式：

$$X_{i+1} = A(X_i(\bmod Q)) - R\lfloor X_i/Q \rfloor + M\delta(X_i) \tag{9.4}$$

并且下面的条件成立（见练习 9.5）。

- 第一项总能在没有溢出的情况下计算。
- 如果 $R<Q$，则第二项能在没有溢出的情况下计算。
- 如果前两项相减的结果是正的，则 $\delta(X_i)$ 为 0；如果相减的结果是负的，则 $\delta(X_i)$ 为 1。

对于 M 和 A 的值，我们有 $Q=44\ 488$ 且 $R=3\ 399$。因此，$R<Q$，且一个直接应用程序给出了用于生成随机数的 Random 类的实现。得到的代码如图 9.2 所示。只要 M 能用 int 表示，则类就有效。例程 nextInt 返回 state 的值。

图 9.1 中给出的框架中提供了几个其他的方法。一个方法在 0～1 的开区间中生成随机实数，另一个在指定的闭区间中生成一个随机整数（见网络资源）。

最后，Random 类按需提供了一个不均匀的随机数生成器。在 9.3 节，我们提供方法 nextPoisson 和 nextNegExp 的实现。

在式中添加一个常数似乎能得到一个更好的随机数生成器。例如，我们可能会说

$$X_{i+1} = (48\ 271 X_i + 1)\bmod(2^{31}-1)$$

会更随机。不过，当我们使用这个式子时，会看到

$$(48\ 271 \cdot 179\ 424\ 105 + 1)\bmod(2^{31}-1) = 179\ 424\ 105$$

所以，如果种子是 179 424 105，则生成器陷入周期为 1 的循环中，说明这些生成器是多么脆弱。

你可能会认为，所有的机器中都有一个至少与图 9.2 的同样好的随机数生成器。令人遗憾的是，并不是这样的。许多库中具有的生成器基于函数

$$X_{i+1} = (AX_i + C) \bmod 2^B$$

其中选择 B 等于机器中整数的位数，而 C 是奇数。这些库（如图 9.2 中的 `nextInt` 例程）也直接返回新计算的 `state`，而不是（例如）0 和 1 之间的一个值。不幸的是，这些生成器总是交替生成偶数和奇数的 X_i 的值——显然这是不受欢迎的性质。实际上，低 k 位（最多）在 2^k 周期内循环。其他的许多随机数生成器的循环比我们提供的要小得多。这些生成器不适用于需要长序列随机数的任何应用。Java 库有一个这个形式的生成器。不过，它使用 48 位线性同余生成器，并仅返回高 32 位，所以避免了低阶位中的循环问题。常数是 $A = 25\,214\,903\,917$，$B=48$ 且 $C=11$。

```
1       private static final int A = 48271;
2       private static final int M = 2147483647;
3       private static final int Q = M / A;
4       private static final int R = M % A;
5
6       /**
7        * 使用从系统时钟获得的初始状态
8        * 构造本 Random 对象
9        */
10      public Random( )
11      {
12          this( (int) ( System.nanoTime( ) % Integer.MAX_VALUE ) );
13      }
14
15      /**
16       * 使用指定的初始状态
17       * 构造本 Random 对象
18       * @param initialValue : 初始状态
19       */
20      public Random( int initialValue )
21      {
22          if( initialValue < 0 )
23          {
24              initialValue += M;
25              initialValue++;
26          }
27
28          state = initialValue;
29          if( state <= 0 )
30              state = 1;
31      }
32
33      /**
34       * 返回一个伪随机的 int
35       * 改变内部状态
36       * @return : 伪随机的 int
37       */
38      public int nextInt( )
39      {
40          int tmpState = A * ( state % Q ) - R * ( state / Q );
41          if( tmpState >= 0 )
42              state = tmpState;
43          else
44              state = tmpState + M;
45
46          return state;
47      }
```

图 9.2 如果 `INT_MAX` 至少是 $2^{31}-1$，则随机数生成器有效

这个生成器也是 C 和 C++ 库中使用的 `drand48` 的基础。因为 Java 提供了 64 位的 `long` 类型，故在标准 Java 中实现一个基础的 48 位随机数生成器，仅需要一页纸的代码。它比 31 位随

机数生成器稍慢一些，但不仅如此，还产生了一个明显更长的周期。图 9.3 展示的是随机数生成器的一个相当好的实现。

```java
 1  package weiss.util;
 2
 3  /**
 4   * 随机数类
 5   * 使用 48 位线性同余生成器
 6   * @author Mark Allen Weiss
 7   */
 8  public class Random48
 9  {
10      private static final long A = 25214903917L;
11      private static final long B = 48;
12      private static final long C = 11;
13      private static final long M = (1L<<B);
14      private static final long MASK = M-1;
15
16      public Random48( )
17        { this( System.nanoTime( ) ); }
18
19      public Random48( long initialValue )
20        { state = initialValue & MASK; }
21
22      public int nextInt( )
23        { return next( 32 ); }
24
25      public int nextInt( int N )
26        { return (int) ( Math.abs( nextLong( ) ) % N ); }
27
28      public double nextDouble( )
29        { return ( ( (long) ( next( 26 ) ) << 27 ) + next( 27 ) ) / (double)( 1L << 53 ); }
30
31      public long nextLong( )
32        { return   ( (long) ( next( 32 ) ) << 32 ) + next( 32 ); }
33
34      /**
35       * 返回指定 bits 的随机数
36       * @param bits : 要返回的随机数的 bits
37       * @return : 指定的随机 bits
38       * @throws IllegalArgumentException : 如果 bits 大于 32
39       */
40      private int next( int bits )
41      {
42          if( bits <= 0 || bits > 32 )
43              throw new IllegalArgumentException( );
44
45          state = ( A * state + C ) & MASK;
46
47          return (int) ( state >>> ( B - bits ) );
48      }
49
50      private long state;
51  }
```

图 9.3   48 位随机数生成器

第 10 ～ 13 行表示的是随机数生成器的基本常量。因为 M 是 2 的幂次，所以我们可以使用位运算符（关于位运算符的更多信息见附录 C）。$M = 2^B$ 可以通过位移来计算，而不是使用取模运算符 % 来计算，我们可以使用位与运算符。这是因为 MASK=M-1 中的低 48 位全设置为 1，所以与 MASK 进行位与运算会产生 48 位的结果。

next 例程返回计算得到的 state 中指定数量的随机位（最多 32 位），使用比低阶位更具随机性的高阶位。第 45 行是前面提到的线性同余公式的直接应用，第 47 行是位移（用零填充高位以避免出现负数）。零参数的 nextInt 得到 32 位，nextLong 在两次单独的调用中得到 64 位，nextDouble 也在两次单独的调用中得到 53 位（表示尾数，double 的其他 11 位表示指数），一个参数的 nextInt 使用取模运算符得到指定范围内的一个伪随机数。当参数 N 是 2 的幂次时，练习要求对一个参数的 nextInt 进行一些改进。

48 位随机数生成器（甚至是 31 位生成器）对许多应用已经非常合适了，在 64 位算术中也容易实现，并且占用的空间也少。不过，线性同余生成器对有些应用不适合，例如密码学或需要大量高度独立且不相关随机数的模拟。

9.3 不均匀随机数

> 泊松分布对小概率事件的发生次数进行建模，并用在模拟中。
> 负指数分布用于对发生随机事件之间的时间间隔进行建模。

并不是所有的应用都需要均匀分布的随机数。例如，人数多的课程的成绩通常不是均匀分布的。相反，它们满足经典的钟形曲线分布，更正式地称为正态分布（normal distribution）或高斯分布（Gaussian distribution）。可以使用均匀随机数生成器生成满足其他分布的随机数。

在模拟中出现的一个重要的非均匀分布是泊松分布（Poisson distribution），它对小概率事件的发生次数进行建模。在下列情况下发生的事件满足泊松分布。

- 在一个小区域内发生一次的概率与区域的大小成正比。
- 在一个小区域内发生两次的概率与区域大小的平方成正比，通常小到可以忽略。
- 在一个区域内出现 k 次的事件和在与第一个区域不相交的另一个区域内出现 j 次的事件是独立的。（技术上，这句话意味着，你可以将单个事件的概率相乘，得到两个事件同时发生的概率。）
- 在一定大小的区域中发生的平均次数是已知的。

如果出现的平均次数是常数 a，则恰好出现 k 次的概率是 $a^k e^{-a}/k!$。

泊松分布一般适用于单次出现概率小的事件。例如，考虑购买中奖彩票这一事件，其中赢得大奖的概率是 1/14 000 000。挑选数字想必或多或少是随机的且独立的。如果一个人购买了 100 张彩票，赢得大奖的概率变为 1/140 000（概率变为原来的 100 倍），所以条件 1 成立。持有两张获奖票的人的概率微乎其微，所以条件 2 成立。如果其他人购买了 10 张彩票，则那个人的获奖概率是 1/1 400 000，而且那个人的获奖概率是独立于第一个人的，所以条件 3 成立。假设，售出 28 000 000 张彩票。这意味着这种情况下获奖彩票数是 2（条件 4 需要的数）。中奖彩票的实际数量是具有期望值 2 的随机变量，并且它满足泊松分布。所以恰好售出 k 张中奖彩票的概率是 $2^k e^{-2}/k!$，它给出的分布如图 9.4 所示。如果中奖的期望数是个常数 a，则 k 张彩票中奖的概率是 $a^k e^{-a}/k!$。

中奖彩票	0	1	2	3	4	5
频率	0.135	0.271	0.271	0.180	0.090	0.036

图 9.4 预期中奖人数为 2 时，彩票中奖的分布

要根据期望值为 a 的泊松分布生成随机无符号整数，我们可以采用以下策略（其数学证明超出本书的范围）：在 (0, 1) 区间内重复地生成均匀分布的随机数，直到它们的乘积小于（或等于）e^{-a}。显示在图 9.5 中的代码做的恰好就是这些，使用了降低溢出敏感性的数学等价技术。该代码将均匀随机数的对数相加，直到它们的和小于（或等于）$-a$。

```
1        /**
2         * 使用泊松分布返回一个 int
3         * 并且改变内部状态
4         * @param expectedValue : 分布的平均值
5         * @return : 伪随机的 int
6         */
7       public int nextPoisson( double expectedValue )
8       {
9           double limit = -expectedValue;
10          double product = Math.log( nextDouble( ) );
11          int count;
12
13          for( count = 0; product > limit; count++ )
14              product += Math.log( nextDouble( ) );
15
16          return count;
17      }
```

图 9.5 根据泊松分布生成随机数

另一个重要的非均匀分布是负指数分布（negative exponential distribution），如图 9.6 所示，用于对发生随机事件之间的时间间隔进行建模。我们将它用在 13.2 节所示的模拟应用中。

```
1        /**
2         * 使用负指数分布，返回一个 double
3         * 并且改变内部状态
4         * @param expectedValue : 分布的平均值
5         * @return : 伪随机的 double.
6         */
7       public double nextNegExp( double expectedValue )
8       {
9           return - expectedValue * Math.log( nextDouble( ) );
10      }
```

图 9.6 根据负指数分布生成随机数

许多其他分布也常常使用。这里，我们主要的目的是表明大多数都可以从均匀分布中生成。关于这些函数的更多信息请查阅关于概率和统计学的任何书籍。

9.4 生成一个随机排列

> 随机排列可以在线性时间内生成，每个项使用一个随机数。
> permute 的正确性不太明显。

考虑模拟纸牌游戏问题。一副纸牌由 52 张不同的牌组成，出一把牌时，我们必须从一副牌中生成无重复的牌。实际上，我们必须洗牌，然后在一副牌中迭代。我们希望洗牌是公平的，即一副牌的 52! 种可能次序都应该等可能地成为洗牌的结果。

这类问题涉及随机排列（random permutation）的使用。通常，问题是生成 1, 2, …, N 的一个随机排列，所有排列的可能性相等。当然，随机排列的随机性受伪随机数生成器的随机性限制。所以，所有排列的可能性相等取决于所有随机数是均匀分布且独立的。我们证明了随机排列可以在线性时间内生成，每个项使用一个随机数。

生成一个随机排列的例程 permute 显示在图 9.7 中。循环执行一次随机洗牌。在循环的每次迭代中，我们将 a[j] 与位置 0 到 j 之间的某个数组元素相交换（可能不执行交换）。

显然，permute 生成洗牌排列。但所有排列的可能性都相等吗？答案既是肯定的，也是否定的。根据算法，答案是肯定的。共有 N! 种可能的排列，而且在第 11 行 N-1 次调用 nextInt

的不同可能结果的数量也是 N!。原因是，第一次调用产生 0 或 1，所以它有两个结果。第二次调用产生 0, 1 或 2，所以它有三个结果。最后一次调用有 N 个结果。结果的总数是所有这些可能性的乘积，因为每个随机数独立于前面的随机数。我们要证明的是，每个随机数序列只对应一个排列。我们可以通过倒推来证明（见练习 9.6）。

```
1    /**
2     * 随机重新排列数组
3     * 使用的随机数依赖时间和日期
4     * @param a : 数组
5     */
6    public static final void permute( Object [ ] a )
7    {
8        Random r = new Random( );
9
10       for( int j = 1; j < a.length; j++ )
11           swapReferences( a, j, r.nextInt( 0, j ) );
12   }
```

图 9.7　排列例程

不过，答案实际上是否定的——所有的排列不是等可能性的。随机数生成器仅有 $2^{31}-2$ 个初始状态，所以只可能有 $2^{31}-2$ 个不同排列。这个条件在某些情况下可能是个问题。例如，衡量一个排序算法性能的程序，要生成 1 000 000 个排列（可能将工作拆分到许多计算机上），生成的某些排列几乎肯定会有两次，这很不幸。需要更好的随机数生成器来帮助实践与理论的统一。

注意，通过调用 r.nextInt(0,n-1) 来重写对 swap 的调用是不行的，即使对三个元素也是一样。有 3!=6 种可能的排列，而三次调用 nextInt 可以计算出的不同序列的个数为 $3^3=27$。因为 6 不能整除 27，所以某些排列比其他的更有可能出现。

9.5　随机算法

随机算法使用随机数而不是确定性决策来控制分支。

随机算法的运行时间取决于出现的随机数及特定的输入。

随机快速选择统计学上可以保证在线性时间内工作。

有些随机算法在固定时间内工作，但会随机出错（可能有很低的概率）。这些错误是假阳性或假阴性。

假设你是一位教授，每周都要布置编程作业。你希望确保学生们自己完成程序，或至少能理解所提交的代码。一个方案是，在程序截止日期当天给出一个测验。不过，这些测验占用课堂时间，而且实际上可能只能用于大约一半的程序。你的问题是决定何时进行测验。

当然，如果你提前通知了测验，则可以解释为不进行测验的 50% 的程序暗示允许作弊。你可采用不事先通知，交替对程序进行测验的策略，但学生们可能很快就能明白这个策略。另一种可能是，对看上去重要的程序进行测验，但这可能会导致每学期出现类似的测验模式。鉴于学生间的小道消息，这个策略可能在一个学期后就失效了。

一种似乎可以消除这些问题的方法是抛硬币。你为每个程序都做一个测验（做测验不会像评分那样费时），在课程开始时，你抛一枚硬币决定是否进行测验。这个方法让你和你的学生都不能在课前知道是否有测验。而且，模式也不会在学期之间重复。不管以前的测验模式如何，学生都可以预期进行测验的可能性是 50%。这个策略的缺点是，你可能会在整个学期中都不进行测验。不过，假设程序作业的数量很多，那么这个方法也不太可能发生，除非硬币是可疑的。每个学期，测验的期望次数是程序数量的一半，而且有很大可能，测验的次数与此偏差不大。

这个例子说明了随机算法（randomized algorithm），它使用随机数，而不是确定性决策来控制分支。算法的运行时间不仅取决于特定的输入，也取决于出现的随机数。

随机算法的最差情形运行时间，几乎总是与非随机算法的最差情形运行时间相同。最重要的差别是，一个好的随机算法没有坏的输入——只有坏的随机数（相对于特定输入）。这个差别可能看上去仅是哲学层面的，但实际上，它相当重要，如我们在下面的例子中所展示的。

假设，你的老板要求你编写一个程序，确定一组 1 000 000 个数字的中位数。你需要提交程序，然后根据老板选择的输入运行它。如果在几秒的运行时间内给出正确答案（对于线性算法这是意料之中的），你的老板会非常高兴，你将得到奖金。但如果你的程序不起作用，或花了太多的时间，那么你的老板会因为你的不称职而解雇你。你的老板已经认为你的工资过高了，并且希望选择第二种。你该做什么呢？

8.7 节描述的快速选择算法似乎是可行的。虽然平均来说算法（见图 8.23）非常快，但回想一下，如果枢轴的选择一直不好，则它具有二次最差情形时间。通过使用三元中值划分，我们可以保证，对于常见的输入（比如已有序或含有大量重复值的那些）不会出现这个最差情形。不过仍然会有二次最差情形，如练习 8.8 所展示的，老板将阅读你的程序，了解你如何选择枢轴的，并能构造最差情形。最终你将被解雇。

通过使用随机数，你可以从统计学上保证你工作的安全。使用图 9.7 中的第 10 行和第 11 行随机混洗输入，开始快速选择算法[⊖]。结果是，你的老板从本质上失去了对指定输入序列的控制。当你执行快速选择算法时，它在随机输入上执行，所以你预期它花费线性时间。它还能花费二次时间吗？答案是肯定的。对于任意的原始输入，混洗可能会导致快速选择的最差情形，所以结果会是二次时间排序。如果你相当不幸发生了这种情况，那么你会失去工作。不过，这个事件在统计学上是不可能的。对于 100 万个项，使用两倍于平均时间的概率都会如此小，以至于你基本上可以忽略它。计算机坏了的概率都比这更大。你的工作是安全的。

不使用混洗技术，而是随机选择枢轴取代确定性地选择，可以达到相同的结果。随机地选取数组中的项，将它与位置 low 的项相交换。随机地选取另一个项，将它与位置 high 的项相交换。随机地选取第三个项，将它与中间位置的项相交换。然后如常进行。和之前的一样，退化的划分总是有可能的，但现在，它们是因为坏的随机数而出现，而不是因为坏的输入而出现。

让我们看一看随机和不随机算法之间的区别。到目前为止，我们专注于非随机算法。当计算它们的平均运行时间时，我们假设所有的输入都是等可能的。但是，这个假设并不成立，因为，比如说出现几乎有序的输入的概率比统计学上期望的要高得多。这种情况可能会导致有些算法出现问题，例如快速排序。但当我们使用随机算法时，特定的输入就不再重要了。随机数是重要的，我们得到期望的（expected）运行时间，其中对特定输入的所有可能的随机数取平均。使用带随机枢轴（或混洗预处理步骤）的快速选择给出了期望 $O(N)$ 时间的算法。即对于任何的输入（包括已有序的输入），基于随机数的统计，运行时间期望是 $O(N)$ 的。一方面，期望时间界比平均时间界更强一些，因为用于生成它的假设更弱（随机数对随机输入），但它比对应的最差情形时间界更弱。另一方面，在许多实例中，具有良好的最差情形界的解决方案常常内置额外的开销，以确保最差情形不会出现。例如，用于选择的 $O(N)$ 最差情形算法是一个了不起的理论结果，但并不实用。

随机算法有两种基本形式。如前所述，第一种方法总是给出正确的答案，但它可能花费很长时间，这取决于随机数的运气。第二种类型是我们在本章余下的部分要研究的。有些随机算法以固定的时间运行，但会随机出错（可能概率很低），称为假阳性（false positive）或假阴性（false negative）。这项技术在医学界被普遍接受。对于大多数测试来说，假阳性和假阴性实际上相当普遍，有些测试的错误率高得惊人。另外，对于有些测试，错误取决于个体，而不是随机数，所以重复测试肯定产生另一个错误的结果。在随机算法中，我们可以在相同的输入上使用不同的随机数重新运行测试。如果我们运行一个随机算法 10 次，并得到 10 个阳性——并且如果一个单一的假阳性不太可能出现（比如说，百分之一的概率）——10 次连续的假阳性的概率（100^{10} 分之一）基本上为零。

9.6　随机素数测试

> 试除法是素数测试的最简单算法。它对于较小的数（32 位）很快，但不能用于很大的数。
>
> 费马小定理是建立素数的必要条件，但不是充分条件。
>
> 如果算法声明一个数不是素数，那么它百分之百确定不是素数。每次随机尝试最多有 25% 的假阳性率。
>
> 有些组合能通过测试，并被声明为素数。一个组合几乎不可能通过 20 次连续的独立随机测试。

回想一下，在 7.4 节我们描述过几个数值算法，并说明如何用它们来实现 RSA 加密机制。RSA 算法中的一个重要步骤是产生两个素数 p 和 q。找到一个素数的方法是，通过反复尝试连续的奇数直到发现一个数是素数时为止。所以，问题归结为判定一个给定的数是不是素数。

素数测试的最简单算法是试除法（trial division）。在这个算法中，大于 3 的一个奇数，如果它不能被小于等于 $\sqrt{N}$ 的任何其他奇数除尽，则它是素数。这个策略的直接实现如图 9.8 所示。

```
1      /**
2       * 如果奇整数 n 是素数，则返回 true
3       */
4      public static boolean isPrime( long n )
5      {
6          for( int i = 3; i * i <= n; i += 2 )
7              if( n % i == 0 )
8                  return false;  // 不是素数
9
10         return true;           // 素数
11     }
```

图 9.8　通过试除法的素数测试

对于小的（32 位）数，试除法很快，但对于较大的数它无法使用，因为它可能需要测试约 $\sqrt{N}/2$ 次除法，所以使用 $O(\sqrt{N})$ 时间$^{\ominus}$。我们需要的是其运行时间与 7.4.2 节 power 例程有相同数量级的一个测试。称为费马小定理的著名定理看起来有希望。我们在定理 9.1 中陈述并给出完备性证明，但理解素数测试算法是不需要这个证明的。

定理 9.1　（费马小定理）　如果 P 是素数且 $0<A<P$，则 $A^{P-1} \equiv 1(\mathrm{mod}\ P)$。

证明：考虑任意的 $1 \leqslant k<P$。显然，$Ak \equiv 0(\mathrm{mod}\ P)$ 是不可能的，因为 P 是素数且大于 A 和 k。现在考虑任意的 $1 \leqslant i<j<P$。$Ai \equiv Aj(\mathrm{mod}\ P)$ 意味着 $A(j-i) \equiv 0(\mathrm{mod}\ P)$，由前面的论证知道这是不可能的，因为 $1 \leqslant j-i<P$。所以序列 $A, 2A, \cdots, (P-1)A$ 在考虑 $(\mathrm{mod}\ P)$ 时，是 $1, 2, \cdots, P-1$ 的一个排列。两个序列的乘积 $(\mathrm{mod}\ P)$ 一定相等（且非零），得到等式 $A^{P-1}(P-1)! \equiv (P-1)! \ (\mathrm{mod}\ P)$，由此得出定理。　□

如果费马小定理的逆命题为真，则我们将有一个素数测试算法，其计算上相当于模幂运算

$\ominus$　虽然 $\sqrt{N}$ 看起来很小，如果 N 是 100 位的数，则 $\sqrt{N}$ 仍是一个 50 位的数。对于 BigInteger 类型，花费 $O(\sqrt{N})$ 时间的测试是无法接受的。

（即 $O(\log N)$）。不幸的是，逆命题不为真。例如，$2^{340} \equiv 1(\text{mod } 341)$，但 341 是合数（$11 \times 31$）。

要进行素数测试，我们需要一个额外的定理。

定理 9.2 如果 P 是素数且 $X^2 \equiv 1(\text{mod } P)$，则 $X \equiv \pm 1(\text{mod } P)$。

证明：因为 $X^2 - 1 \equiv 0(\text{mod } P)$ 蕴涵着 $(X-1)(X+1) \equiv 0(\text{mod } P)$ 且 P 是素数，则 $X-1 \equiv 0(\text{mod } P)$ 或 $X+1 \equiv 0(\text{mod } P)$。 □

定理 9.1 和定理 9.2 结合起来很有用。令 A 是 2 到 $N-2$ 之间的任何整数。如果我们计算 A^{N-1} $(\text{mod } N)$ 且结果不是 1，则我们知道 N 不是素数；否则，与费马小定理矛盾。因此，A 是一个证明 N 不是素数的值。那么我们说 A 是 N 为合数的证据。每个合数 N 都有某个证据 A，但对于称为卡迈克尔数（Carmichael number）的某些数，它们的证据很难找到。我们需要确保，不管 N 的选择是什么，我们都有很高的概率找到证据。为了提高概率，我们使用定理 9.1。

在计算 A^i 的过程中，我们计算 $(A^{\lfloor i/2 \rfloor})^2$。故令 $X = A^{\lfloor i/2 \rfloor}$ 且 $Y = X^2$。注意，X 和 Y 是作为 power 例程的一部分自动计算的。如果 Y 是 1 且如果 X 不是 $\pm 1(\text{mod } N)$，则根据定理 9.1，N 不是素数。当检测到那个条件时，对于值 A^i 可以返回 0，且 N 似乎没有通过费马小定理所表明的素数测试。

图 9.9 所示的 witness 例程，计算 $A^i(\text{mod } P)$，如果发现违反定理 9.1，则返回 0。如果 witness 没有返回 1，则 A 为 N 不是素数的证据。第 12～14 行进行递归调用，并产生 X。然后计算 X^2，对于 power 计算这是普通的。我们检查是否违反定理 9.1，如果违反，则返回 0。否则完成了 power 计算。

```
1    /**
2     * 实现基本素数测试的私有方法
3     * 如果 witness 没有返回 1，则 n 肯定是合数
4     * 通过计算 a^i (mod n)，并始终寻找
5     * 1 的非平凡平方根，来完成
6     */
7    private static long witness( long a, long i, long n )
8    {
9        if( i == 0 )
10           return 1;
11
12       long x = witness( a, i / 2, n );
13       if( x == 0 )      // 如果递归地 n 是合数，停止
14           return 0;
15
16       // 如果发现 1 的一个非平凡平方根，则 n 不是素数
17       long y = ( x * x ) % n;
18       if( y == 1 && x != 1 && x != n - 1 )
19           return 0;
20
21       if( i % 2 != 0 )
22           y = ( a * y ) % n;
23
24       return y;
25   }
26
27   /**
28    * 随机素数测试中 witnesses 查询的次数
29    */
30   public static final int TRIALS = 5;
31
32   /**
33    * 随机素数测试
34    * 调整 TRIALS 以提升置信度
35    * @param n：测试次数
36    * @return：如果返回 false，则 n 肯定不是素数
37    *          如果返回 true，则 n 可能是素数
```

图 9.9 随机的素数测试

```
38      */
39      public static boolean isPrime( long n )
40      {
41          Random r = new Random( );
42
43          for( int counter = 0; counter < TRIALS; counter++ )
44              if( witness( r.nextInt( (int) n - 3 ) + 2, n - 1, n ) != 1 )
45                  return false;
46
47          return true;
48      }
```

图 9.9　随机的素数测试（续）

剩下的唯一一个问题是正确性。如果我们的算法声明 N 是合数，则 N 一定是合数。如果 N 是合数，则所有的 $2 \leqslant A \leqslant N-2$ 都是证据吗？很不幸，答案是否定的。即 A 的某些选择诱使算法声明 N 是素数。事实上，如果我们随机选择 A，我们最多有 1/4 的机会检测不到合数，所以会出错。注意，这个结果对任意的 N 都是真的。如果仅是对所有的 N 取平均得到的，则我们就得不到一个足够好的例程。与医学测试类似，对于任意的 N，我们的算法最多有 25% 的可能生成假阳性。

这些概率似乎不是特别好，因为 25% 的错误率通常认为是非常高的。不过，如果我们独立使用 A 的 20 个值，则其中不存在合数证据的机会为 $1/4^{20}$，这大约是万亿分之一。这些概率合理得多，而且通过使用更多的试验，结果会更好。图 9.9 中所示的 **isPrime** 例程使用 5 次试验[⊖]。

9.7　总结

本章我们描述了如何生成及使用随机数。对于简单的应用程序，线性同余生成器是一个好的选择，只要仔细选择参数 A 和 M 即可。使用均匀的随机数生成器，我们可以得到其他分布的随机数，例如泊松分布和负指数分布。

随机数有许多用途，包括算法的实验研究、现实世界系统的模拟以及根据概率避免最差情形的算法设计。我们在本书的其他部分使用随机数，特别是 13.2 节和练习 21.21。

本书第二部分到此结束。第三部分我们将研究一些简单应用，从第 10 章游戏的讨论开始，说明三个重要的问题求解技术。

9.8　核心概念

假阳性/假阴性。某些以固定时间执行的随机算法随机出现的错误（可能有很低的概率）。

费马小定理。如果 P 是素数且 $0<A<P$，则 $A^{P-1} \equiv 1(\bmod P)$。这是确立素数的必要条件但不是充分条件。

全周期线性同余生成器。有周期 $M-1$ 的随机数生成器。

线性同余生成器。生成均匀分布的一个好算法。

负指数分布。一种分布形式，用于对发生随机事件之间的时间间隔进行建模。

周期。一个数不重复的序列长度。周期为 P 的随机数生成器在 P 次迭代后，生成相同的随机数的随机序列。

排列。$1, 2, \cdots, N$ 的排列是 N 个整数的一个序列，其中包含 $1, 2, \cdots, N$ 中的每一个仅一次。

泊松分布。对小概率事件的出现次数建模的分布。

伪随机数。有随机数许多性质的数。好的伪随机数生成器很难找到。

随机排列。N 个项的随机排列。每个项使用一个随机数，可以在线性时间内生成。

⊖　这些界通常是悲观的，分析涉及的数论相对本书来说太复杂。

随机算法。使用随机数而不是确定决策去控制分支的算法。

种子。随机数生成器的初始值。

试除法。用于素数测试的最简单的算法。对于小的数（32 位）来说它很快，但不能用于更大的数。

均匀分布。指定范围内的所有数出现的可能性相等的分布。

合数的证据。使用费马小定理，证明数不是素数的 A 的值。

9.9　常见错误

- 用 0 作为种子的初值，给出坏的随机数。
- 没有经验的用户偶尔会在生成随机排列之前，重新初始化种子。这个动作保证重复生成相同的排列，这或许不是你想要的。
- 许多随机数生成器都出了名地糟糕。对于需要长随机数序列的重要应用来说，线性同余生成器不能令人满意。
- 已知线性同余生成器的低阶位有一些非随机性，所以要避免使用它们。例如，使用 `nextInt()%2` 常常不是获得随机性的好方式。
- 当在某个区间内生成随机数时，一个常见的错误是稍微偏离了边界，或允许生成区间外的某个数，或不允许以公平的概率生成最小的数。
- 许多随机排列生成器不能以相等的可能性生成所有的排列。如本书中所讨论的，我们的算法受随机数生成器的限制。
- 修补随机数生成器可能会削弱其统计特性。

9.10　网络资源

在本书的网络资源中可得到本章的大多数代码。

Random.java。包含两个 Random 类实现。

Numerical.java。包含图 9.9 所示的素数测试程序及 7.4 节给出的数学程序。

9.11　练习

简答题

9.1　对于文中描述的随机数生成器，确定 state 的前 10 个值，假设初始值是 1。

9.2　对于 $N=561$，A 值范围为 2～5，说明素数测试算法的运行结果。

9.3　如果已销售了 42 000 000 张彩票（以 14 000 000∶1 的概率中奖），则中奖者人数预期是多少？没有中奖的概率是多大？有一位中奖的概率是多大？

9.4　为什么 0 不能作为线性同余生成器的种子？

理论题

9.5　证明式（9.4）等价于式（9.1），并且图 9.2 中的程序是正确的。

9.6　完成图 9.7 中得到的每个排列都是等可能的证明。

9.7　假设你有一枚偏重的硬币，它出现正面的概率是 p，出现背面的概率是 $1-p$。说明如何设计一个算法，使用这枚硬币等概率地生成 0 或 1。

实践题

9.8　编写一个程序，调用 nextInt（它返回指定区间内的一个 int）100 000 次，生成 1 和 1000 之间的数。它符合 9.2 节给出的强统计测试吗？

9.9　执行图 9.5 展示的泊松生成器 1 000 000 次，使用预期值 2。分布符合图 9.4 吗？

9.10 考虑一个有两名候选人的选举，其中获胜者获得 p 的一小部分选票。如果按顺序计票，获胜者在选举的每个阶段领先（或平局）的概率是多少？这个问题是所谓的选票问题（ballot problem）。编写一个程序，验证答案 $2-1/p$，假设 $p>1/2$，假设选票数众多。（提示：模拟 10 000 张选票的选举。生成随机数组，含有 $10\,000p$ 个 1 和 $10\,000(1-p)$ 个 0。然后用顺序扫描进行验证，在 1 和 0 之间的差异从来都不是负的。）

9.11 在图 9.2 中的单参数 Random 构造方法中，为什么不能简单地写 `initialValue+=(M+1);`？

9.12 证明在类 Random48 中，`nextLong` 没有返回所有可能的 `long` 值。

程序设计项目

9.13 一个排列算法如下所述填充数组 a 中的 a[0] 到 a[n-1]。要填充 a[i]，生成随机数，直到你得到一个之前未用过的数。使用布尔数组去执行测试。给出期望运行时间的分析（这个较难），然后编写一个程序，将这个运行时间与你的分析和图 9.7 所示的例程进行比较。

9.14 假设你想生成从范围 1, 2, …, M 中抽取 N 个不同项的一个随机排列。（当然，$M=N$ 的情形已经讨论过。）弗洛伊德算法如下所述。首先，递归地生成从范围 $M-1$ 中抽取 $N-1$ 个不同项的排列。然后在范围 1 到 M 之间生成一个随机整数。如果随机整数没有在排列中，则我们添加它；否则，我们添加 M。
   a. 证明这个算法不会添加重复值。
   b. 证明每个排列都是等可能的。
   c. 给出这个算法的一个递归实现。
   d. 给出这个算法的一个迭代实现。

9.15 二维随机游走（random walk）按如下所述在 x-y 坐标系中玩的一个游戏。从原点 $(0, 0)$ 开始，每次迭代包含一个随机游走，左、上、右或下一个单位。当行者返回到原点时游走终止。（在二维中出现的概率是 1，但在三维中概率小于 1。）编写一个程序，执行 100 次独立的随机游走，计算在每个方向上游走的平均数。

9.16 一个简单且有效的统计检验是卡方检验（chi-square test）。假设你产生 N 个正数，每个数都是 M 个值之一（例如，可以生成 1 和 M（不含）之间的数）。每个数出现的次数是一个随机变量，其平均值 $\mu=N/M$。为了测试有效，应该让 $\mu>10$。令 f_i 是生成 i 的次数。则计算卡方值 $V=\sum(f_i-\mu)^2/\mu$。结果应该接近 M。如果结果与 M 的差始终大于 $2\sqrt{M}$（即在 10 次测试中多于一次），则生成器没有通过测试。实现卡方测试，在你实现的 `nextInt` 方法上执行它（`low=1` 且 `high=100`）。

9.17 在类 Random48 中，`state` 的低 b 位有周期为 2^b 的循环。
   a. 零参数的 `nextInt` 的周期是多少？
   b. 说明如果 N 是 2 的幂次，则单参数的 `nextInt` 将有长度为 $2^{16}N$ 的循环。
   c. 修改 `nextInt`，去检测 N 是不是 2 的幂次，如果是，使用 `state` 的高阶位而不是使用低阶位。

9.18 在类 Random48 中，假设单参数的 `nextInt` 调用零参数的 `nextInt` 而不是调用 `nextLong`（并清除涉及 `Math.abs(Integer.MIN_VALUE)` 的边界情形）。
   a. 说明在这种情况下，如果 N 非常大，则某些余数的出现明显要比其他的多。考虑，例如 $N=2^{30}+1$。
   b. 提出对上述问题的处理方法。
   c. 当调用 `nextLong` 时会出现相同的情形吗？

9.12 参考文献

文献 [3] 中提供了对简单随机数生成器的有益讨论。排列算法由 R. Floyd 提出，在文献 [1]

中给出。随机的素数测试算法来自文献 [2] 和 [4]。关于随机数的更多信息可参考关于统计或概率的任何一本优秀书籍。

[1] J. Bentley, "Programming Pearls," *Communications of the ACM* **30** (1987), 754–757.

[2] G. L. Miller, "Riemann's Hypothesis and Tests for Primality," *Journal of Computer and System Science* **13** (1976), 300–317.

[3] S. K. Park and K. W. Miller, "Random Number Generators: Good Ones Are Hard to Find," *Communications of the ACM* **31** (1988) 1192–1201. (也可参见 *Technical Correspondence* in **36** (1993) 105–110, 它提供了图 9.2 中 A 的值。)

[4] M. O. Rabin, "Probabilistic Algorithms for Testing Primality," *Journal of Number Theory* **12** (1980), 128–138.

应 用 程 序

第 10 章　娱乐和游戏

第 11 章　栈和编译器

第 12 章　实用工具

第 13 章　模拟

第 14 章　图和路径

娱乐和游戏

本章我们介绍三个重要的算法技术，并展示如何使用它们实现程序去解决两个娱乐问题。第一个问题是字谜游戏，需要在二维字符网络中查找单词。第二个是井字棋游戏中的最佳策略。

本章中，我们将看到：

- 如何使用二分搜索算法从不成功查找中获取信息，并在不到 1s 时间内求解单词搜索问题的一个大型实例。
- 如何使用 α-β 剪枝算法加速 7.7 节介绍的递归算法。
- 如何使用映射加速井字棋游戏算法。

10.1 字谜游戏

> 字谜游戏需要在二维字母网格中搜索单词。单词可能朝向 8 个方向中的一个。

字谜游戏（word search puzzle）的输入是一个二维字符数组和单词表，目标是找到网格中的单词。这些单词可能是水平的、垂直的，或任何方向的对角线的（共 8 个方向）。例如，图 10.1 所示的网格含有单词 this、two、fat 和 that。单词 this 从 0 行 0 列（点 (0, 0)）延伸到 (0, 3)，two 从 (0, 0) 到 (2, 0)，fat 从 (3, 0) 到 (1, 2)，而 that 从 (3, 3) 到 (0, 0)。（其他更短的单词没有列在这里。）

	0	1	2	3
0	t	h	i	s
1	w	a	t	s
2	o	a	h	g
3	f	g	d	t

图 10.1　单词搜索网格示例

10.1.1 理论

> 暴力算法搜索单词表中的每个单词。
> 另一个算法在网格中从每个点开始按每个方向搜索每个单词长度，查找单词表中的单词。
> 可以用二分搜索法进行查找。
> 如果一个字符序列不是字典中任何单词的前缀，则可以终止那个方向上的查找。
> 前缀检查也可以用二分搜索法进行。

我们使用几种朴素的算法来求解字谜问题。最直接的是下面的暴力方法：

```
for each word W in the word list
    for each row R
        for each column C
```

```
for each direction D
    check if W exists at row R, column C in direction D
```

因为有 8 个方向, 所以这个算法需要 8× 单词 × 行数 × 列数 (8WRC) 次检查。杂志上刊登的典型的谜题有差不多 40 个单词及 16×16 的网格, 它的求解大约需要进行 80 000 次检查。这个数字在任何现代计算机上都很容易计算。但是假设我们考虑一种变形, 其中只给定字谜板, 而单词表基本上是一本英语字典。这种情况下, 单词数可能是 40 000 个而不是 40 个, 结果要进行 80 000 000 次检查。双倍大网格可能需要 320 000 000 次检查, 这就不再是一个微不足道的计算了。我们需要一个算法, 能在几分之一秒解决这个尺寸的字谜 (不计算磁盘 I/O 时间), 所以我们必须考虑其他的算法:

```
for each row R
    for each column C
        for each direction D
            for each word length L
                check if L chars starting at row R column C
                                    in direction D form a word
```

这个算法重新安排了循环, 以避免搜索单词表中的每个单词。如果我们假设, 单词限制为 20 个字符, 则这个算法使用的检查数是 160RC。对于一个 32×32 的网格, 这个数差不多需要 160 000 次检查。当然, 问题是我们现在必须确定单词是否在单词表中。如果我们使用线性搜索, 那就失败了。如果我们使用一个好的数据结构, 则可以期望一个高效的搜索。如果单词表是排序的 (这是在线词典所期望的), 则可以使用二分搜索 (如图 5.12 所示), 每次检查大约执行 log W 次字符串比较。对于 40 000 个单词, 每次检查可能会执行 16 次比较, 总数小于 3 000 000 次字符串比较。这种比较次数肯定可以在几秒内完成, 比之前的算法好 100 倍。

基于下面的观察我们还可以进一步改进算法。假设, 我们正在搜索某个方向, 字符顺序为 qx。英语字典中肯定不会有任何单词是以 qx 开头的。所以还值得继续最内层的循环 (遍及所有单词长度) 吗? 答案明显是不值得: 如果我们发现一个字符序列不是字典中任何单词的前缀, 则可以立即查看另一个方向。下列的伪代码给出了这个算法:

```
for each row R
    for each column C
        for each direction D
            for each word length L
                check if L chars starting at row R column
                                    C in direction D form a word
                if they do not form a prefix,
                    break;  // 最内层循环
```

算法遗留的唯一细节是实现前缀检查: 假设当前字符序列不在单词表中, 那我们如何确定它是不是单词表中某个单词的前缀呢? 答案其实很简单。回想一下 6.4.3 节, Collections API 中的 binarySearch 方法, 返回匹配的下标或至少与目标一样大的最小元素的位置 (作为负数)。调用者很容易检查是否找到一个匹配项。如果没有找到, 则验证字符序列是表中某个单词的前缀也容易, 因为如果它是, 它必须是返回值所隐含位置的单词前缀 (在练习 10.3 中将要求你证明这个结果)。

10.1.2　Java 实现

> 我们的实现遵循算法的描述。
> 构造方法打开并读入数据文件。为了简洁起见, 略去了错误检查。
> 我们用两重循环在 8 个方向上迭代。

我们的 Java 实现几乎一字不差地遵循算法的描述。我们设计了 WordSearch 类保存网格和单词列表, 以及相应的输入流。这个类的框架如图 10.2 所示。类的公有部分由构造方法和唯

——一个 solvePuzzle 方法组成。私有部分包括数据成员和支撑例程。

```
 1  import java.io.BufferedReader;
 2  import java.io.FileReader;
 3  import java.io.InputStreamReader;
 4  import java.io.IOException;
 5
 6  import java.util.Arrays;
 7  import java.util.ArrayList;
 8  import java.util.Iterator;
 9  import java.util.List;
10
11
12  // WordSearch 类接口：求解字谜游戏
13  //
14  // 构造：没有初值
15  // ****************** 公有操作 ******************
16  // int solvePuzzle( )    --> 输出字谜游戏中找到的所有单词
17  //                            返回匹配的数量
18
19  public class WordSearch
20  {
21      public WordSearch( ) throws IOException
22        { /* 图 10.3 */ }
23      public int solvePuzzle( )
24        { /* 图 10.7 */ }
25
26      private int rows;
27      private int columns;
28      private char theBoard[ ][ ];
29      private String [ ] theWords;
30      private BufferedReader puzzleStream;
31      private BufferedReader wordStream;
32      private BufferedReader in = new
33                  BufferedReader( new InputStreamReader( System.in ) );
34
35      private static int prefixSearch( String [ ] a, String x )
36        { /* 图 10.8 */ }
37      private BufferedReader openFile( String message )
38        { /* 图 10.4 */ }
39      private void readWords( ) throws IOException
40        { /* 图 10.5 */ }
41      private void readPuzzle( ) throws IOException
42        { /* 图 10.6 */ }
43      private int solveDirection( int baseRow, int baseCol,
44                                  int rowDelta, int colDelta )
45        { /* 图 10.8 */ }
46  }
```

图 10.2 WordSearch 类框架

图 10.3 给出了构造方法的代码。它只不过是打开并读入对应网格和单词列表的两个文件。图 10.4 所示的支撑例程 openFile 重复提示文件直到成功打开。图 10.5 所示的 readWords 例程读入单词列表。代码包含错误检查，以确保单词列表是有序的。类似的，图 10.6 所示的 readPuzzle，读入网格，也进行了错误处理。我们必须确保可以处理数据不全的字谜，如果网格不是矩形的，要提示用户。

```
1      /**
2       * WordSearch 类的构造方法
3       * 提示并读取游戏及字典文件
4       */
```

图 10.3 WordSearch 类构造方法

```
5      public WordSearch( ) throws IOException
6      {
7          puzzleStream = openFile( "Enter puzzle file" );
8          wordStream   = openFile( "Enter dictionary name" );
9          System.out.println( "Reading files..." );
10         readPuzzle( );
11         readWords( );
12     }
```

图 10.3　WordSearch 类构造方法（续）

```
1      /**
2       * 输出一条提示，并打开一个文件
3       * 重试，直到打开成功
4       * 如果碰到文件尾，则程序退出
5       */
6      private BufferedReader openFile( String message )
7      {
8          String fileName = "";
9          FileReader theFile;
10         BufferedReader fileIn = null;
11
12         do
13         {
14             System.out.println( message + ": " );
15
16             try
17             {
18                 fileName = in.readLine( );
19                 if( fileName == null )
20                     System.exit( 0 );
21                 theFile = new FileReader( fileName );
22                 fileIn  = new BufferedReader( theFile );
23             }
24             catch( IOException e )
25                 { System.err.println( "Cannot open " + fileName ); }
26         } while( fileIn == null );
27
28         System.out.println( "Opened " + fileName );
29         return fileIn;
30     }
```

图 10.4　用于打开网格或单词列表文件的 openFile 例程

```
1      /**
2       * 读取字典例程
3       * 如果字典是无序的，则输出错误信息
4       */
5      private void readWords( ) throws IOException
6      {
7          List<String> words = new ArrayList<String>( );
8
9          String lastWord = null;
10         String thisWord;
11
12         while( ( thisWord = wordStream.readLine( ) ) != null )
13         {
14             if( lastWord != null && thisWord.compareTo( lastWord ) < 0 )
15             {
16                 System.err.println( "Dictionary is not sorted... skipping" );
17                 continue;
18             }
```

图 10.5　读入单词列表的 readWords 例程

```
19              words.add( thisWord );
20              lastWord = thisWord;
21          }
22
23          theWords = new String[ words.size( ) ];
24          theWords = words.toArray( theWords );
25      }
```

图 10.5　读入单词列表的 readWords 例程（续）

```
1       /**
2        * 读取网格的例程
3        * 检查，以确保网格是矩形的
4        * 省略了确保不超出容量的检查
5        */
6       private void readPuzzle( ) throws IOException
7       {
8           String oneLine;
9           List<String> puzzleLines = new ArrayList<String>( );
10
11          if( ( oneLine = puzzleStream.readLine( ) ) == null )
12              throw new IOException( "No lines in puzzle file" );
13
14          columns = oneLine.length( );
15          puzzleLines.add( oneLine );
16
17          while( ( oneLine = puzzleStream.readLine( ) ) != null )
18          {
19              if( oneLine.length( ) != columns )
20                  System.err.println( "Puzzle is not rectangular; skipping row" );
21              else
22                  puzzleLines.add( oneLine );
23          }
24
25          rows = puzzleLines.size( );
26          theBoard = new char[ rows ][ columns ];
27
28          int r = 0;
29          for( String theLine : puzzleLines )
30              theBoard[ r++ ] = theLine.toCharArray( );
31      }
```

图 10.6　读入网格的 readPuzzle 例程

　　图 10.7 所示的 solvePuzzle 例程，嵌套了行、列和方向循环，然后对每种可能均调用私有例程 solveDirection。返回值是找到的匹配数。我们通过指示列方向和行方向来给出方向。例如，南表示为 cd=0 且 rd=1，东北表示为 cd=1 且 rd=-1，cd 的范围从 -1 到 1，rd 的范围从 -1 到 1，但两个不能同时为 0。剩下的事情就是提供 solveDirection 了，它的代码列在图 10.8 中。solveDirection 例程从起始的行、列开始，在每个合适的方向上扩展以构造字符串。

```
1       /**
2        * 求解字谜游戏的例程
3        * 在所有 8 个方向上执行检查
4        * @return: 匹配的数量
5        */
6       public int solvePuzzle( )
7       {
8           int matches = 0;
9
10          for( int r = 0; r < rows; r++ )
```

图 10.7　从所有起始点开始搜索所有方向的 solvePuzzle 例程

```
11              for( int c = 0; c < columns; c++ )
12                  for( int rd = -1; rd <= 1; rd++ )
13                      for( int cd = -1; cd <= 1; cd++ )
14                          if( rd != 0 || cd != 0 )
15                              matches += solveDirection( r, c, rd, cd );
16
17          return matches;
18      }
```

图 10.7 从所有起始点开始搜索所有方向的 solvePuzzle 例程（续）

```
1       /**
2        * 从起始点和方向搜索网格
3        * @return: 匹配的数量
4        */
5       private int solveDirection( int baseRow, int baseCol,
6                                   int rowDelta, int colDelta )
7       {
8           String charSequence = "";
9           int numMatches = 0;
10          int searchResult;
11
12          charSequence += theBoard[ baseRow ][ baseCol ];
13
14          for( int i = baseRow + rowDelta, j = baseCol + colDelta;
15                  i >= 0 && j >= 0 && i < rows && j < columns;
16                  i += rowDelta, j += colDelta )
17          {
18              charSequence += theBoard[ i ][ j ];
19              searchResult = prefixSearch( theWords, charSequence );
20
21              if( searchResult == theWords.length )
22                  break;
23              if( !theWords[ searchResult ].startsWith( charSequence ) )
24                  break;
25
26              if( theWords[ searchResult ].equals( charSequence ) )
27              {
28                  numMatches++;
29                  System.out.println( "Found " + charSequence + " at " +
30                                      baseRow + " " + baseCol + " to " +
31                                      i + " " + j );
32              }
33          }
34
35          return numMatches;
36      }
37
38      /**
39       * 对单词搜索执行二分搜索
40       * 返回检查该位置时的前一个位置
41       * 要么等于x，要么 x 是不匹配的前缀
42       * 要么没有以 x 为前缀的单词
43       */
44      private static int prefixSearch( String [ ] a, String x )
45      {
46          int idx = Arrays.binarySearch( a, x );
47
48          if( idx < 0 )
49              return -idx - 1;
50          else
51              return idx;
52      }
```

图 10.8 一次搜索的实现

我们还假设，不允许单字母匹配（因为任何单字母匹配都要被报告 8 次）。在第 14 ～ 16 行，迭代并扩展字符串，同时确保不会超出网格边界。在第 18 行，使用 += 添加下一个字符，并在第 19 行执行二分搜索。如果得到的不是一个前缀，则可以停止查找并返回。否则，在第 26 行检查可能的精确匹配后继续查找。当调用 solveDirection 再也找不到更多单词时，第 35 行返回找到的匹配数。简单的 main 程序如图 10.9 所示。

```
1           // 简单的 main
2      public static void main( String [ ] args )
3      {
4          WordSearch p = null;
5
6          try
7          {
8              p = new WordSearch( );
9          }
10         catch( IOException e )
11         {
12             System.out.println( "IO Error: " );
13             e.printStackTrace( );
14             return;
15         }
16
17         System.out.println( "Solving..." );
18         p.solvePuzzle( );
19     }
```

图 10.9 简单的字谜游戏 main 例程

10.2 井字棋游戏

> 最小最大值策略检查很多的位置。我们可以事半功倍而不丢失任何信息。

回想一下，7.7 节称为最小最大值策略（minimax strategy）的简单算法，允许计算机在井字棋游戏中选择一个最佳的走步。这个递归策略使用了下列决策。

1. 可以很快算出终点位置（terminal position），所以如果位置是终点，则返回它的值。

2. 否则，如果轮到计算机走步，则返回走一步能到达的所有位置的最大值。可达值可以通过递归计算。

3. 否则，轮到人走步了。返回走一步能到达的所有位置的最小值。可达值可以通过递归计算。

10.2.1 α-β 剪枝

> 反驳也是一种手段，证明所建议的行动不比之前考虑过的行动要好。如果发现一个反驳（refutation）则不必继续检查，并且递归调用可以返回。
>
> α-β 剪枝用来减少最小最大值搜索中评估的位置数。α 是人必须反驳的值，β 是计算机必须反驳的值。
>
> 当在早期发现反驳时，α-β 剪枝效果最好。

虽然最小最大值策略给出了井字棋游戏的最佳走步，但它执行了大量搜索。具体来说，为了选择第一步，它差不多要进行 50 万次递归调用。出现如此大量调用的原因之一是做了很多不必要的搜索。假设，计算机正考虑 5 个走步：C_1、C_2、C_3、C_4 和 C_5。还假设 C_1 的递归计算显示 C_1 强制平局。现在计算 C_2。在这一步，我们有个位置轮到人来走步。假设，为了应对 C_2，人可能考虑 H_{2a}、H_{2b}、H_{2c} 和 H_{2d}。进一步假设，H_{2a} 的计算强制平局。一定有 C_2 的结果最好是平局，计算机可能会输（因为假设人总选最佳走步）。因为我们需要找到比 C_1 更好的，所以不需要计算 H_{2b}、H_{2c} 和 H_{2d} 中的任何一个。我们说，H_{2a} 就是一个反驳（refutation），意思是它证明 C_2 不比已经看到的走步更好。所以我们返回 C_2 是平局且保持 C_1 是目前最好的走步，如图 10.10 所示。通常，反驳也是一种手段，证明所建议的行动不比之前考虑过的行动要好。

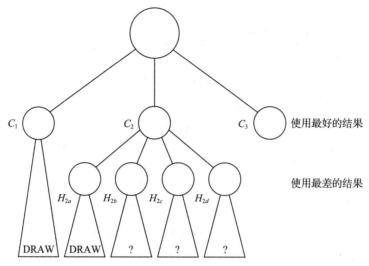

图 10.10　α-β 剪枝：计算 H_{2a} 后，H_2 中的最小值 C_2 最好是平局。因此，不能改善 C_2。故不需要计算 H_{2b}、H_{2c} 和 H_{2d}，可以直接去处理 C_3

我们不需要计算每个点：对有些点，反驳就足够了，有些循环可以提前终止。通常，当人计算一个位置时（比如 C_2），如果找到一个反驳，则它和绝对最佳走步一样好。同样的逻辑适用于计算机。在搜索过程中的任何点上，alpha 是人必须反驳的值，beta 是计算机必须反驳的值。当在人这边完成搜索时，小于 alpha 的任何走步相当于 alpha；当在计算机这边完成搜索时，大于 beta 的任何走步相当于 beta。在最小最大值搜索中减少计算位置数的策略称为 α-β 剪枝。

如图 10.11 所示，α-β 剪枝仅需要对 chooseMove 做一点点改动。alpha 和 beta 都作为附加参数传递给它。初始时，alpha 和 beta 的值分别是 HUMAN_WIN 和 COMPUTER_WIN，启动 chooseMove。第 17 行和第 21 行反映的是 value 初始化的变化。走步计算只比图 7.29 中所示的原版本稍微复杂一点。第 30 行的递归调用包含了参数 alpha 和 beta，需要时，它们在第 37 行和第 39 行进行调整。唯一不同的是第 42 行，当找到反驳时它立即返回。

```
1          // 查找最佳走步
2      private Best chooseMove( int side, int alpha, int beta, int depth )
3      {
4          int opp;                      // 另一方
5          Best reply;                   // 对手的最佳回应
6          int dc;                       // 占位符
7          int simpleEval;               // 立即计算的结果
8          int bestRow = 0;
9          int bestColumn = 0;
10         int value;
11
12         if( ( simpleEval = positionValue( ) ) != UNCLEAR )
13             return new Best( simpleEval );
14
15         if( side == COMPUTER )
16         {
```

图 10.11　使用 α-β 剪枝，计算井字棋游戏最佳走步的 chooseMove 例程

```
17              opp = HUMAN; value = alpha;
18          }
19      else
20      {
21              opp = COMPUTER; value = beta;
22      }
23
24      Outer:
25          for( int row = 0; row < 3; row++ )
26              for( int column = 0; column < 3; column++ )
27                  if( squareIsEmpty( row, column ) )
28                  {
29                      place( row, column, side );
30                      reply = chooseMove( opp, alpha, beta, depth + 1 );
31                      place( row, column, EMPTY );
32
33                      if( side == COMPUTER && reply.val > value ||
34                          side == HUMAN && reply.val < value )
35                      {
36                          if( side == COMPUTER )
37                              alpha = value = reply.val;
38                          else
39                              beta = value = reply.val;
40
41                          bestRow = row; bestColumn = column;
42                          if( alpha >= beta )
43                              break Outer;  // 反驳
44                      }
45                  }
46
47          return new Best( value, bestRow, bestColumn );
48      }
```

图 10.11 使用 $\alpha\text{-}\beta$ 剪枝，计算井字棋游戏最佳走步的 chooseMove 例程（续）

为了充分利用 $\alpha\text{-}\beta$ 剪枝，游戏程序通常尝试采用启发式，在搜索早期放置最佳走步。这个方法使得剪枝数比随机搜索位置时我们预期的剪枝数要多。实际上 $\alpha\text{-}\beta$ 剪枝极限情况下将搜索 $O(\sqrt{N})$ 个结点，其中 N 是不进行 $\alpha\text{-}\beta$ 剪枝时要检查的结点数，节省了大量开销。井字棋游戏并不是理想的示例，因为有太多相同的值。即使这样，初始查找也减少至大约 18 000 个位置。

10.2.2 置换表

置换表存储之前评估的位置。

映射用来实现置换表。通常，底层实现是一个散列表。

我们不在置换表中保存递归底部的位置。

chooseMove 方法有额外的参数，所有的都有默认值。

代码中用了几个小技巧，但没什么大不了的。

另一种常用的做法是使用一个表来记录已经评估过的所有位置。例如，在搜索第一步的过程中，程序将检查图 10.12 所示的位置。如果保存了位置值，则位置第二次出现时不需要再计算，本质上它就成了一个终端位置。记录并保存之前评估过位置的数据结构称为置换表（transposition table），它实现为位置到值的映射[○]。

○ 我们在 7.6 节不同的上下文中讨论过这个通用技术，它通过在表中保存值从而避免重复递归调用。这项技术称为备忘录（memoizing）。术语置换表（transposition table）有点误导，因为这项技术的高级实现不仅能识别且避免搜索完全相同的位置，而且对于对称相同的位置也是一样。

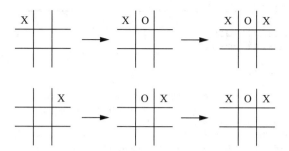

图 10.12 到达同一位置的两次搜索

我们不需要一个像 HashMap 那样的有序映射，用称为散列表（hash table）的数据结构作为底层实现的一个无序映射来实现置换表。我们将在第 20 章讨论散列表。

为实现置换表，我们先定义一个 Position 类（如图 10.13 所示），用来保存每个位置。棋盘上的值是 HUMAN、COMPUTER 或 EMPTY（马上在 TicTacToe 类中定义，如图 10.14 所示）。HashMap 需要我们定义 equals 和 hashCode。回想一下，如果 equals 表明两个 Position 对象是相等的，则这些对象的 hashCode 必须得到相同的值。我们还提供了一个构造方法，可以对表示棋盘的矩阵进行初始化。

```
 1 final class Position
 2 {
 3     private int [ ][ ] board;
 4
 5     public Position( int [ ][ ] theBoard )
 6     {
 7         board = new int[ 3 ][ 3 ];
 8         for( int i = 0; i < 3; i++ )
 9             for( int j = 0; j < 3; j++ )
10                 board[ i ][ j ] = theBoard[ i ][ j ];
11     }
12
13     public boolean equals( Object rhs )
14     {
15         if( ! (rhs instanceof Position ) )
16             return false;
17
18         Position other = (Position) rhs;
19
20         for( int i = 0; i < 3; i++ )
21             for( int j = 0; j < 3; j++ )
22                 if( board[ i ][ j ] != ( (Position) rhs ).board[ i ][ j ] )
23                     return false;
24         return true;
25     }
26
27     public int hashCode( )
28     {
29         int hashVal = 0;
30
31         for( int i = 0; i < 3; i++ )
32             for( int j = 0; j < 3; j++ )
33                 hashVal = hashVal * 4 + board[ i ][ j ];
34
35         return hashVal;
36     }
37 }
```

图 10.13 Position 类

```
1   // 原来的 import 指令加上:
2   import java.util.Map;
3   import java.util.HashMap;
4
5   class TicTacToe
6   {
7       private Map<Position,Integer> transpositions
8                               = new HashMap<Position,Integer>( );
9
10      public Best chooseMove( int side )
11        { return chooseMove( side, HUMAN_WIN, COMPUTER_WIN, 0 ); }
12
13          // 查找最佳走步
14      private Best chooseMove( int side, int alpha, int beta, int depth )
15        { /* 图 10.15 和图 10.16 */ }
16
17          ...
18  }
```

图 10.14   对 TicTacToe 类的修改，包括了置换表和 $\alpha\text{-}\beta$ 剪枝

一个重要的问题是，在置换表中包含所有的位置是否值得。维护表的开销表明，靠近递归底部的位置不应保存，原因如下：

- 这种位置太多了。
- $\alpha\text{-}\beta$ 剪枝和置换表的目的是在游戏早期避免递归调用以减少搜索时间。节省搜索中很深层的递归调用并不能大大减少要检查的位置数，因为那些递归调用只检查很少的位置。

当我们实现置换表时，将展示这项技术是如何应用于井字棋游戏的。在 TicTacToe 类中需要修改的地方展示在图 10.14 中。在第 7 行增加了新的数据成员，第 14 行增加了新的 chooseMove 声明。现在传递参数 alpha 和 beta（和在 $\alpha\text{-}\beta$ 剪枝中一样）以及递归深度 depth（它的默认值是 0）。对 chooseMove 的初始调用在第 11 行。

图 10.15 和图 10.16 展示了新的 chooseMove。在第 8 行，声明了 Position 的一个对象 thisPosition。到时候，它会被放置在置换表中。tableDepth 告诉我们允许将位置放置在置换表中时的搜索深度。通过实验我们发现，深度为 5 是最优的。允许保存深度为 6 的位置是不好的，因为少检查几个位置抵消不掉维护更大置换表的额外开销。

```
1       // 查找最佳走步
2     private Best chooseMove( int side, int alpha, int beta, int depth )
3     {
4         int opp;                // 另一方
5         Best reply;             // 对手的最佳回应
6         int dc;                 // 占位符
7         int simpleEval;         // 立即计算的结果
8         Position thisPosition = new Position( board );
9         int tableDepth = 5;     // Trans. table 中放置的最大深度
10        int bestRow = 0;
11        int bestColumn = 0;
12        int value;
13
14        if( ( simpleEval = positionValue( ) ) != UNCLEAR )
15            return new Best( simpleEval );
16
17        if( depth == 0 )
18            transpositions.clear( );
19        else if( depth >= 3 && depth <= tableDepth )
20        {
21            Integer lookupVal = transpositions.get( thisPosition );
```

图 10.15   带 $\alpha\text{-}\beta$ 剪枝及置换表的井字棋游戏算法（第 1 部分）

```
22            if( lookupVal != null )
23                return new Best( lookupVal );
24        }
25
26        if( side == COMPUTER )
27        {
28            opp = HUMAN; value = alpha;
29        }
30        else
31        {
32            opp = COMPUTER; value = beta;
33        }
```

图 10.15 带 α-β 剪枝及置换表的井字棋游戏算法（第 1 部分）(续)

```
34    Outer:
35        for( int row = 0; row < 3; row++ )
36            for( int column = 0; column < 3; column++ )
37                if( squareIsEmpty( row, column ) )
38                {
39                    place( row, column, side );
40                    reply = chooseMove( opp, alpha, beta, depth + 1 );
41                    place( row, column, EMPTY );
42
43                    if( side == COMPUTER && reply.val > value ||
44                        side == HUMAN && reply.val < value )
45                    {
46                        if( side == COMPUTER )
47                            alpha = value = reply.val;
48                        else
49                            beta = value = reply.val;
50
51                        bestRow = row; bestColumn = column;
52                        if( alpha >= beta )
53                            break Outer;  // 反驳
54                    }
55                }
56
57        if( depth <= tableDepth )
58            transpositions.put( thisPosition, value );
59
60        return new Best( value, bestRow, bestColumn );
61    }
```

图 10.16 带 α-β 剪枝及置换表的井字棋游戏算法（第 2 部分）

第 17 ～ 24 行是新加的。如果是第一次调用 chooseMove，则初始化置换表。否则，如果是在适当的深度，则决定当前位置是否已经被计算过。如果已经被计算过，则返回它的值。代码中有两个技巧。首先，我们仅在深度大于等于 3 的时候进行置换，如图 10.12 所演示的。另一个唯一的区别是增加了第 57 行和第 58 行。即将返回之前，将位置值保存在置换表中。

在这个井字棋游戏算法中使用置换表，去掉了大约一半的位置不用再考虑，置换表操作只需要很少的开销。程序的速度几乎翻倍。

10.2.3　计算机下棋

在计算机下棋中，不能搜索终端位置。在最好的程序中，相当多的知识加到评估函数中。最好的计算机下棋程序是大师级的。

在国际象棋或围棋这样的复杂游戏中，搜索到终端结点的所有路是不可行的：有些评估声称，大约有 10^{100} 种合法的走棋位置，而且使用世界上所有的技巧也不能让这个数降到可操作的水平。本例中，在到达一定的递归深度后必须停止搜索。停止递归的结点成为终端结点。这些终端结点使用一个估算位置值的函数来评估。例如，在下棋程序中，评估函数衡量棋子的相对数量和强度及其他位置因素这样的可变因素。

计算机尤为擅长下涉及深度组合的棋，这将产生兑子。原因是容易评估棋子的强度。不过，仅将搜索深度扩展一层就需要处理速度提高大约6倍（因为增加的位置数大约是36倍）。每增加一级搜索，都会大大提高程序的能力，直到达到一定极限（最好的程序似乎也到达这个极限）。另一方面，计算机不擅长安静的位置游戏，这类游戏需要对游戏有机智的评估和知识。不过，这个短板只在计算机遇到强大的对手时才会显现出来。大众化的计算机下棋程序比当今所有棋手都好，只有一小部分棋手除外。

在1997年，计算机程序深蓝（Deep Blue）使用巨量的计算能力（每秒计算多达2亿步），在六局比赛中击败了世界象棋冠军。它的评估函数虽然是绝密的，但众所周知含有大量的因素，它得到了几位象棋大师的帮助，并且是多年实验的结果。编写顶级计算机下棋程序当然不是一件小事。

10.3   总结

本章我们介绍了二分搜索的一个应用和常用于求解单词搜索难题以及如国际象棋、跳棋和奥赛罗这样的游戏程序中的一些算法技术。这些游戏的顶级程序都是世界级的。不过，围棋游戏对于计算机搜索来说太复杂了。

10.4   核心概念

α-β剪枝。用来减少最小最大值搜索中评估的位置数的一项技术。α是人必须反驳的值，β是计算机必须反驳的值。

最小最大值策略。在井字棋游戏中允许计算机选择最佳走步的一种递归策略。

反驳。一种手段，证明所建议的行动不如之前考虑过的行动。如果找到一个反驳，则我们不必继续检查，并且递归调用可以返回。

终端位置。游戏中可以立即评估的一个位置。

置换表。保存之前已评估位置的映射。

单词搜索智力游戏。需要在二维字母网格中搜索单词的一个程序。单词可能朝向8个方向中的一个。

10.5   常见错误

- 当使用置换表时，应该限制保存位置的数量以避免内存不足。
- 验证假设是重要的。例如，在单词搜索游戏中，确保字典是有序的。常见错误是忘了检查你的假设。

10.6   网络资源

单词搜索和井字棋游戏都有完整的代码，不过后者的界面还有待改进。

WordSearch.java。含有单词搜索智力游戏程序。

TicTacToe.java。含有 TicTacToe 类，main 方法独立放在 TicTacMain.java 中。

10.7   练习

简答题

10.1   图 10.6 中缺少哪些错误检查？

10.2　对图 10.17 中的情形，回答下列问题。

　　a. 对走步 C_2 的响应中，哪个是反驳？

　　b. 什么是位置值？

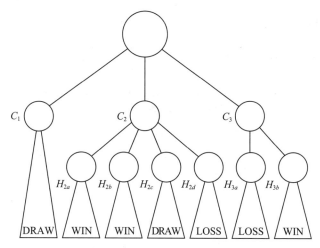

图 10.17　练习 10.2 的 α-β 剪枝示例

理论题

10.3　验证，如果 x 是保存在有序数组 a 中某个单词的前缀，则 x 是 prefixSearch 返回的下标处单词的前缀。

10.4　解释一下单词搜索算法的运行时间在下述情况下如何变化。

　　a. 单词数翻倍。

　　b. 行数和列数翻倍（同时）。

实践题

10.5　对于单词搜索问题，将二分搜索替换为顺序搜索。这个改变对性能有什么影响？

10.6　比较单词搜索算法有前缀搜索与没有前缀搜索的性能。

10.7　将井字棋程序中的 HashMap 替换为 TreeMap，比较两个版本的性能。

10.8　即使计算机有一个能立即获胜的走步，但如果它检测到另一个走步也能保证获胜，那么它也可能不会获胜。有些早期的下棋程序存在问题，当它们发现可以强行获胜时，会进入重复的位置，允许对手平局。在井字棋程序中，这个结果不是问题，因为程序最终会获胜。修改井字棋算法，这样，当发现获胜位置时，总会走导向最短获胜的走步。为此，给 COMPUTER_WIN 添加值 9-depth，这样更快获胜的可给最高值。

10.9　比较井字棋程序在有和没有 α-β 剪枝时的性能。

10.10　当允许将不同深度的位置保存到置换表中时，实现井字棋算法，并衡量性能。还要衡量当没有使用置换表时的性能。α-β 剪枝对两个结果的影响如何？

程序设计项目

10.11　编写程序，玩 5×5 的井字棋，其中有 4 个在一行中时获胜。你能搜索到终端结点吗？

10.12　博格（Boggle）游戏由一个字母网格和一个单词表组成。目的是找到网格中的单词，满足相邻字母必须在相邻网格中这个约束条件（即互相的北、南、东或西），而且网格中的每个项在每个单词中最多只能用一次。编写程序来玩博格游戏。

10.13　编写程序玩 MAXIT 游戏。棋盘是一个 $N \times N$ 数字网格，游戏初始时数字随机放置。一个位置指定为初始当前位置。两个玩家轮换。轮到每一方时，玩家必须选择在当前行或列中的一个网格元素。所选位置的值加到玩家得分中，而且那个位置成为当前位置，不能再被选中。玩家轮换，直到当前行和列中的所有网格元素都被选中，那时游戏结束，有最高得分的玩家获胜。

10.14 在 6×6 棋盘上下奥赛罗棋，强制黑方获胜。编写一个程序证明这个断言。如果双方玩家都是最佳的，则最后的比分是多少？

10.8 参考文献

如果你对计算机游戏感兴趣，文献 [1] 是个好的开端。这个期刊中专门研究这个主题，你还能找到涉及象棋、跳棋和其他计算机游戏的很多信息和参考文献。

[1] K. Lee and S. Mahajan, "The Development of a World Class Othello Program," *Artificial Intelligence* **43** (1990), 21–36.

栈和编译器

栈被广泛用在编译器中。本章我们介绍编译器的两个简单的组件：平衡符号检查器和简单计算器。我们这样做是为了展示使用栈的简单算法，并展示如何使用第 6 章描述的 Collections API 类。

本章中，我们将看到：

- 如何使用栈来检查平衡符号。
- 如何使用状态机（state machine）分析平衡符号程序中的符号。
- 如何使用运算符优先解析（operator precedence parsing）来计算简单计算器程序中的中缀表达式。

11.1 平衡符号检查

正如 6.6 节中所讨论的，编译器会检查你程序中的语法错误。然而，缺少一个符号（例如缺少注释结束符 */ 或 }）可能会导致编译器产生大量的诊断行（lines of diagnostic），但识别不到真正的错误。检查符号是否平衡的程序是帮助排除编译器错误信息的一个有用工具。换句话说，每个 { 必须对应一个 }，每个 [必须对应一个]，以此类推。但是，对每个符号只简单地进行计数是不够的。例如，序列 [()] 是合法的，但序列 [(]) 是错误的。

11.1.1 基本算法

> 可以用栈来检测不匹配的符号。
>
> 在注释、字符串常量和字符常量中的符号不需要平衡。
>
> 行号对于出错信息是有意义的。

栈在这里很有用，因为我们知道，当看到闭符号) 时，它与最近的开符号 (匹配。所以，将开符号放到栈中，可以简单地判定闭符号有没有意义。具体来说，有下列算法。

1. 设置一个空栈。

2. 读入符号，直到文件尾。

a. 如果符号是开符号，则将其入栈。

b. 如果它是闭符号，则做下列事情。

i. 如果栈为空，则报告错误。

ii. 否则，出栈。如果出栈的符号不是对应的开符号，则报告错误。

3. 当在文件尾时，如果栈非空，则报告错误。

在如图 11.1 所示的这个算法中，第 4 个、第 5 个、第 6 个符号都产生错误。} 是错误的，因为从栈顶弹出的符号是 (，所以检测到不匹配。) 是错误的，因为栈为空，所以没有对应的 (。当遇到文件尾且栈不为

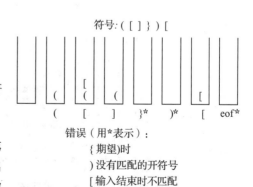

图 11.1 平衡符号算法中的栈操作

空时，检测到 [是错误的。

为了能让这个算法处理 Java 程序，我们必须考虑圆括号、大括号和方括号不需要匹配的所有情况。例如，如果圆括号出现在注释、字符串常量或字符常量中，我们就不应该将它看作是一个符号。所以我们要让例程跳过注释、字符串常量和字符常量。Java 中的字符常量可能较难识别，因为可能有许多转义序列，所以我们需要简化一些事情。我们想设计一个程序，能用于可能有大量输入的情况。

为了让程序有用武之地，我们不仅要报告不匹配的情况，也要尝试标识出不匹配发生的位置。因此，我们记录符号所在的行号。当遇到一个错误时，获取准确的信息总是很困难的。如果有一个额外的 }，意味着 } 是多出来的吗？或是前面少了一个 {？我们让错误处理尽可能地简单，但一旦报告一个错误，程序可能陷入混乱并开始标记许多错误。所以只有第一个错误才被认为是有意义的。即便如此，这里开发的程序还是非常有用的。

11.1.2 实现

分词是一个生成需要识别的符号（记号）序列的过程。

词法分析用于忽略注释并识别符号。

状态机是用于解析符号的常用技术。任何时刻它都处于某个状态，且每个输入字符都让它到达一个新状态。最终，状态机到达一个符号已经被识别的状态。

checkBalance 例程完成算法的所有工作。

程序有两个基本组件。第一部分，称为分词（tokenization），它是扫描输入流处理开和闭符号（记号），并生成需要识别的记号序列的过程。第二部分，基于记号运行平衡符号算法。两个基本组件表示为单独的类。

图 11.2 展示了 Tokenizer 类的框架，图 11.3 展示了 Balance 类框架。Tokenizer 类提供构造方法，需要一个 Reader，然后提供了一组访问方法可用来得到：

- 下一个记号（用于本章代码中的一个开 / 闭符号，或是第 12 章代码中的标识符）。
- 当前的行号。
- 错误数（不匹配的引号和注释）。

Tokenizer 类将大部分的信息维护在私有数据成员中。Balance 类也提供了一个类似的构造方法，但它唯一的公有可见例程是 checkBalance，显示在第 24 行。除此之外的，都是支撑例程或类的数据成员。

```
 1 import java.io.Reader;
 2 import java.io.PushbackReader;
 3 import java.io.IOException;
 4
 5 // Tokenizer 类
 6 //
 7 // 构造：带有一个 Reader 对象
 8 // ****************** 公有操作 ******************
 9 // char getNextOpenClose( ) --> 得到下一个开 / 闭符号
10 // int getLineNumber( )      --> 返回当前的行号
11 // int getErrorCount( )      --> 返回解析错误号
12 // String getNextID( )       --> 得到下一个 Java 标识符
13 //                               （见 12.2 节）
14 // ****************** 错误 ******************
15 // 执行注释和引号检查时的错误
16
17 public class Tokenizer
18 {
```

图 11.2　Tokenizer 类框架，用于从输入流中获取记号

```
19      public Tokenizer( Reader inStream )
20        { errors = 0; ch = '\0'; currentLine = 1;
21          in = new PushbackReader( inStream ); }
22
23      public static final int SLASH_SLASH = 0;
24      public static final int SLASH_STAR  = 1;
25
26      public int getLineNumber( )
27        { return currentLine; }
28      public int getErrorCount( )
29        { return errors; }
30      public char getNextOpenClose( )
31        { /* 图 11.7 */ }
32      public char getNextID( )
33        { /* 图 12.29 */ }
34
35      private boolean nextChar( )
36        { /* 图 11.4 */ }
37      private void putBackChar( )
38        { /* 图 11.4 */ }
39      private void skipComment( int start )
40        { /* 图 11.5 */ }
41      private void skipQuote( char quoteType )
42        { /* 图 11.6 */ }
43      private void processSlash( )
44        { /* 图 11.7 */ }
45      private static final boolean isIdChar( char ch )
46        { /* 图 12.27 */ }
47      private String getRemainingString( )
48        { /* 图 12.28 */ }
49
50      private PushbackReader in;       // 输入流
51      private char ch;                 // 当前字符
52      private int currentLine;         // 当前行
53      private int errors;              // 见过的错误数
54 }
```

图 11.2 Tokenizer 类框架，用于从输入流中获取记号（续）

```
 1 import java.io.Reader;
 2 import java.io.FileReader;
 3 import java.io.IOException;
 4 import java.io.InputStreamReader;
 5
 6 import java.util.Stack;
 7
 8
 9 // Balance 类：检查平衡符号
10 //
11 // 构造：带有一个 Reader 对象
12 // ****************** 公有操作 ***********************
13 // int checkBalance( )    --> 输出不匹配
14 //                            返回错误数
15 // ****************** 错误 ******************************
16 // 执行注释和引号检查时的错误
17 // 主要检查平衡符号
18
19 public class Balance
20 {
21     public Balance( Reader inStream )
22       { errors = 0; tok = new Tokenizer( inStream ); }
23
24     public int checkBalance( )
25       { /* 图 11.8 */ }
26
```

图 11.3 用于平衡符号程序的类框架

```
27      private Tokenizer tok;
28      private int errors;
29
30      /**
31       * 符号嵌套类
32       * 表示要放置到栈中的内容
33       */
34      private static class Symbol
35      {
36          public char token;
37          public int  theLine;
38
39          public Symbol( char tok, int  line )
40          {
41              token   = tok;
42              theLine = line;
43          }
44      }
45
46      private void checkMatch( Symbol opSym, Symbol clSym )
47        { /* 图 11.9 */ }
48  }
```

图 11.3　用于平衡符号程序的类框架（续）

我们先描述 Tokenizer 类。它是指向 PushbackReader 对象的引用，在构造方法中进行初始化。因为 I/O 层次结构（见 4.5.3 节），它可能使用任何 Reader 对象进行构造。当前正扫描的字符保存在 ch 中，而当前行号保存在 currentLine 中。最后，在第 53 行声明了用来统计错误数的一个整数。显示在第 19～21 行的构造方法，将错误计数初始化为 0，当前行号初始化为 1，并设置 PushbackReader 引用。

现在我们可以实现类方法了，正如我们提到的，这些方法会跟踪当前行，并尝试将表示开记号和闭记号的符号与注释、字符常量和字符串常量中的那些符号区别开。识别符号流中记号的这个一般过程称为词法分析（lexical analysis）。图 11.4 显示了一对例程 nextChar 和 putBackChar。nextChar 方法从 in 读入下一个字符，将它赋给 ch，如果遇到了换行符，则更新 currentLine。仅当到达文件尾时才返回 false。互补的 putBackChar 过程是将当前字符 ch 放回输入流中，如果字符是换行符，则 currentLine 减 1。显然，在 nextChar 调用之间，putBackChar 最多被调用一次。因为它是私有例程，所以我们不担心它被类用户滥用。将字符放回输入流，是解析中常用的技术。在许多情况中，我们会多读一个字符，撤销读是有用的。在我们的例子中，在处理符号 / 后会出现这种情况。我们必须确定，下一个字符是不是注释的开始符号。如果不是，则我们不能简单地忽略它，因为它可能是开或闭符号，或一个引号。所以我们要假装从来没有读过它一样。

下一个是 skipComment 例程，如图 11.5 所示。它的目的是跳过注释中的字符并定位到输入流中的适当位置，以便接下来读取的正好是注释结束后的第一个字符。基于注释既可以以 // 开头以行尾结束，又可以以 /* 开头以 */ 结束这一事实，这个技术有些复杂⊖。在 // 的情况下，我们不断地获取下一个字符，直到要么读入了文件尾（这种情况下，运算符 && 的前半部分失败），要么得到了换行符。那时我们返回。注意，行号由 nextChar 自动更新。否则，我们要处理的是 /* 情况，对应的代码从第 17 行开始。

skipComment 例程使用简化的状态机。状态机（state machine）是用于解析符号的常用技术。任何时刻它都处于某个状态，且每个输入字符都让它到达一个新状态。最终，它到达一个符号已经被识别的状态。

　⊖　我们不考虑涉及 \ 或 /**/ 的异常情况。

```
1      /**
2       * nextChar 根据输入流中的下一个字符设置 ch
3       * putBackChar 将字符放回流中
4       * 仅在调用了 nextChar 之后才能调用一次
5       * 如果有必要，两个例程都调整 currentLine
6       */
7      private boolean nextChar( )
8      {
9          try
10         {
11             int readVal = in.read( );
12             if( readVal == -1 )
13                 return false;
14             ch = (char) readVal;
15             if( ch == '\n' )
16                 currentLine++;
17             return true;
18         }
19         catch( IOException e )
20           { return false; }
21     }
22
23     private void putBackChar( )
24     {
25         if( ch == '\n' )
26             currentLine--;
27         try
28           { in.unread( (int) ch ); }
29         catch( IOException e ) { }
30     }
```

图 11.4　nextChar 例程用来读入下一个字符，必要时更新 currentLine，如果没有到达文件尾则返回 true。而 putBackChar 例程用于放回 ch，必要时更新 currentLine

```
1      /**
2       * 先决条件：我们已经见到了注释起始符号
3       * 将要去处理注释
4       * 后置条件：在注释结束符号之后
5       * 立即设置流
6       */
7      private void skipComment( int start )
8      {
9          if( start == SLASH_SLASH )
10         {
11             while( nextChar( ) && ( ch != '\n' ) )
12                 ;
13             return;
14         }
15
16             // 寻找 */ 序列
17         boolean state = false;    // 如果已经看到了 *, 为 True
18
19         while( nextChar( ) )
20         {
21             if( state && ch == '/' )
22                 return;
23             state = ( ch == '*' );
24         }
25         errors++;
26         System.out.println( "Unterminated comment!" );
27     }
```

图 11.5　用于跳过已开始的注释的 skipComment 例程

在 skipComment 中，任何时刻，它匹配结束符 */ 中的 0 个、1 个或 2 个字符，分别对应状态 0、状态 1 或状态 2。如果匹配了 2 个字符，则可以返回。所以在循环内部，它仅能在状态 0 或状态 1 中，因为如果它处于状态 1 并看到一个 /，它会立即返回。所以可以用一个 Boolean 变量表示状态，如果状态机在状态 1，则变量值为 true。如果它没有返回，则若遇到一个 * 则返回状态 1，否则返回状态 0。这个过程简洁地表示在第 23 行。

如果一直没有找到注释结束记号，则最终 nextChar 返回 false，且 while 循环终止，产生出错信息。图 11.6 所示的 skipQuote 方法是类似的。这里，参数是开引号字符，可以是 " 或者是 '。这两种情况下，我们都必须将字符视作闭引号。不过，必须准备好处理 \ 字符，否则，程序运行在自己的源代码上时会报告错误。所以我们反复地接收字符。如果当前字符是闭引号，则结束。如果它是换行符，则我们有一个未结束的字符或字符串常量。如果它是反斜杠，则接收一个额外的字符但不检查它。

```
1       /**
2        *  先决条件：我们已经见到了开始引号
3        *             就要去处理引号
4        *  后置条件：在匹配了引号之后
5        *             立即设置流
6        */
7       private void skipQuote( char quoteType )
8       {
9           while( nextChar( ) )
10          {
11              if( ch == quoteType )
12                  return;
13              if( ch == '\n' )
14              {
15                  errors++;
16                  System.out.println( "Missing closed quote at line " +
17                                       currentLine );
18                  return;
19              }
20              else if( ch == '\\' )
21                  nextChar( );
22          }
23      }
```

图 11.6　skipQuote 例程用于跳过已开始的字符或字符串常量

一旦我们写好了跳过例程，那么编写 getNextOpenClose 就容易多了。大部分逻辑留待 processSlash 处理。如果当前字符是一个 /，则读取第二个字符，看看是不是到了注释。如果是，则调用 skipComment，如果不是，则把读取的第二个字符撤销。如果我们有一个引号，则调用 skipQuote。如果有一个开或闭符号，则可以返回。否则，一直读入，直到最终输入结束或找到一个开或闭符号。getNextOpenClose 和 processSlash 都显示在图 11.7 中。

getLineNumber 和 getErrorCount 方法都只有一行，返回对应的数据成员的值，如图 11.2 所示。当需要 getNextID 例程时，我们将在 12.2.2 节讨论它。

在 Balance 类中，平衡符号算法需要将开字符放到栈中。为了输出诊断信息，我们将行号和每个符号一起保存，如图 11.3 中第 34 ～ 44 行嵌套类 Symbol 所示。

checkBalance 例程的实现如图 11.8 所示。它几乎完全遵循算法描述。在第 9 行声明了用来保存待定开符号的栈。开符号及当前行一同入栈。当遇到闭符号且栈为空时，闭符号是多出来的；否则从栈中删除栈顶项并验证栈的开符号是否与刚读入的闭符号相匹配。为此我们使用图 11.9 所示的 checkMatch 例程。一旦到达了输入的尾端，栈中的所有符号都是不匹配的，在第 40 行的 while 循环中重复输出它们。然后返回发现的错误总数。

```
1       /**
2        * 得到下一个开符号或闭符号
3        * 如果到文件尾, 则返回 false
4        * 跳过注释和字符和字符串常量
5        */
6      public char getNextOpenClose( )
7      {
8          while( nextChar( ) )
9          {
10             if( ch == '/' )
11                 processSlash( );
12             else if( ch == '\'' || ch == '"' )
13                 skipQuote( ch );
14             else if( ch == '(' || ch == '[' || ch == '{' ||
15                     ch == ')' || ch == ']' || ch == '}' )
16                 return ch;
17         }
18         return '\0';                  // 文件尾
19     }
20
21     /**
22      * 在看到开头斜杠后处理下一个字符
23      * 如果它是注释开始符, 则处理它
24      * 否则, 如果下一个字符不是换行符, 则放回它
25      */
26     private void processSlash( )
27     {
28         if( nextChar( ) )
29         {
30             if( ch == '*' )
31             {
32                 // Javadoc 注释
33                 if( nextChar( ) && ch != '*' )
34                     putBackChar( );
35                 skipComment( SLASH_STAR );
36             }
37             else if( ch == '/' )
38                 skipComment( SLASH_SLASH );
39             else if( ch != '\n' )
40                 putBackChar( );
41         }
42     }
```

图 11.7 用于跳过注释和引号, 并返回下一个开或闭字符的 getNextOpenClose 例程, 以及 processSlash 例程

```
1       /**
2        * 对于不平衡符号输出错误信息
3        * @return: 已发现的错误数
4        */
5      public int checkBalance( )
6      {
7          char ch;
8          Symbol match = null;
9          Stack<Symbol> pendingTokens = new Stack<Symbol>( );
10
11         while( ( ch = tok.getNextOpenClose( ) ) != '\0' )
12         {
13             Symbol lastSymbol = new Symbol( ch, tok.getLineNumber( ) );
14
15             switch( ch )
16             {
```

图 11.8 checkBalance 算法

```
17              case '(': case '[': case '{':
18                pendingTokens.push( lastSymbol );
19                break;
20
21              case ')': case ']': case '}':
22                if( pendingTokens.isEmpty( ) )
23                {
24                    errors++;
25                    System.out.println( "Extraneous " + ch +
26                                      " at line " + tok.getLineNumber( ) );
27                }
28                else
29                {
30                    match = pendingTokens.pop( );
31                    checkMatch( match, lastSymbol );
32                }
33                break;
34
35              default: // 不可能发生
36                break;
37            }
38        }
39
40        while( !pendingTokens.isEmpty( ) )
41        {
42            match = pendingTokens.pop( );
43            System.out.println( "Unmatched " + match.token +
44                              " at line "  + match.theLine );
45            errors++;
46        }
47        return errors + tok.getErrorCount( );
48    }
```

图 11.8　checkBalance 算法（续）

```
1     /**
2      * 如果 clSym 不能与 opSym 匹配，则输出错误信息
3      * 更新错误
4      */
5     private void checkMatch( Symbol opSym, Symbol clSym )
6     {
7         if( opSym.token == '(' && clSym.token != ')' ||
8             opSym.token == '[' && clSym.token != ']' ||
9             opSym.token == '{' && clSym.token != '}' )
10        {
11            System.out.println( "Found " + clSym.token + " on line " +
12                    tok.getLineNumber( ) + "; does not match " + opSym.token
13                    + " at line " + opSym.theLine );
14            errors++;
15        }
16    }
```

图 11.9　checkMatch 例程，用于检查闭符号是否匹配开符号

　　当前的实现允许多次调用 checkBalance。然而，如果没有在外部重置输入流，那么所发生的一切就是立即检测到文件尾然后立即返回。我们可以为 Tokenizer 类添加新功能，允许它改变流源，然后为 Balance 类增加功能以改变输入流（将修改传给 Tokenizer 类）。我们将这个任务作为练习 11.9 留给读者完成。

　　图 11.10 显示，我们期望创建一个 Balance 对象，然后调用 checkBalance。在我们的例子中，如果没有命令行参数，则相应的 Reader 与 System.in 关联（通过 InputStreamReader 桥）；否则，反复让 Reader 与命令行参数列表中给定的文件关联。

```
1     // 用于平衡符号检查的主例程
2     // 如果没有命令行参数, 则使用标准输出
3     // 否则, 使用命令行中的文件
4     public static void main( String [ ] args )
5     {
6         Balance p;
7
8         if( args.length == 0 )
9         {
10
11            p = new Balance( new InputStreamReader( System.in ) );
12            if( p.checkBalance( ) == 0 )
13                System.out.println( "No errors!" );
14            return;
15        }
16
17        for( int i = 0; i < args.length; i++ )
18        {
19            FileReader f = null;
20            try
21            {
22                f = new FileReader( args[ i ] );
23
24                System.out.println( args[ i ] + ": " );
25                p = new Balance( f );
26                if( p.checkBalance( ) == 0 )
27                    System.out.println( "   ...no errors!" );
28            }
29            catch( IOException e )
30              { System.err.println( e + args[ i ] ); }
31            finally
32            {
33                try
34                  { if( f != null ) f.close( ); }
35                catch( IOException e )
36                  { }
37            }
38        }
39    }
```

图 11.10　带命令行参数的 main 例程

11.2　一个简单的计算器

> 在中缀表达式中, 二元运算符在其左右两侧均有参数。
> 当有多个运算符时, 优先级和结合律决定了如何处理运算符。

实现编译器的某些技术可以小规模地用来实现传统的袖珍计算器。通常, 计算器计算中缀表达式 (infix expression), 例如 1+2, 它由一个二元运算符加上其左右的参数组成。这种格式虽然通常很容易计算, 但可能更复杂。考虑表达式

1 + 2 * 3

数学上, 这个表达式的计算结果为 7, 因为乘法运算符比加法运算符有更高的优先级。某些计算器给出的答案是 9, 说明简单从左到右地进行计算是不够的, 我们不能先计算 1+2。现在考虑表达式

10 - 4 - 3
2 ^ 3 ^ 3

其中 ∧ 是求幂运算符。先计算哪个减法和哪个求幂呢？一方面, 减法从左到右进行计算, 得到结果 3。另一方面, 求幂通常是从右到左进行计算, 因此表示的是数学上的 2^{3^3} 而不是 $(2^3)^3$。所以减

法结合律是从左到右，而求幂结合律是从右到左。所有这些可能性都表明，计算表达式

```
1 - 2 - 4 ^ 5 * 3 * 6 / 7 ^ 2 ^ 2
```

时很有挑战性。

如果在整数中进行计算（即除法时四舍五入），则结果为 -8。为了说明这个结果，我们插入圆括号，让计算顺序更清晰：

```
( 1 - 2 ) - ( ( ( ( 4 ^ 5 ) * 3 ) * 6 ) / ( 7 ^ ( 2 ^ 2 ) ) )
```

虽然圆括号能让计算顺序明确，但不一定能让计算机制更清晰。称为后缀表达式（postfix expression）的一种不同的表达式形式提供了一种直接的计算机制，它可以由后缀机器进行计算，而且不使用任何优先级规则。在接下来的几节中，我们将解释它是如何工作的。首先，我们考察后缀表达式形式，并展示表达式如何在一种简单的从左到右扫描中进行计算。接下来，展示如何在算法上将前面的以中缀表达式表示的表达式转换为后缀形式。最后，给出计算中缀表达式的 Java 程序，表达式中包括加法、乘法和求幂运算符，以及最重要的圆括号。我们使用一个称为运算符优先级解析（operator precedence parsing）的算法，将中缀表达式转为后缀表达式，以便计算中缀表达式。

11.2.1　后缀机器

> 后缀表达式可以如下计算。将操作数入栈到一个栈中。一个运算符弹出它的操作数然后将结果入栈。计算结束时，栈应该含有唯一的代表结果的元素。
>
> 计算一个后缀表达式需要线性时间。

后缀表达式是一系列运算符和操作数。后缀机器（postfix machine）用来计算后缀表达式，如下所示。当遇到一个操作数时，将其入栈。当遇到一个运算符时，从栈中弹出相应个数的操作数，对运算符求值，将结果再压回栈中。对于最常见的二元运算符，要弹出两个操作数。当后缀表达式全部计算完毕，结果应该是栈中仅剩一项，它代表答案。后缀形式代表的是计算表达式的一种自然方式，因为不需要优先级规则。

一个简单示例是后缀表达式

```
1 2 3 * +
```

计算过程如下：1、然后 2、再然后 3，每个都入栈。为了处理 *，从栈中弹出两项：3 和 2。注意，弹出的第一项是二元运算符的 rhs 参数，弹出的第二项是 lhs 参数，所以参数是按逆序弹出的。对于乘法来说，次序不是问题，但对于减法和除法来说，次序就很重要了。乘法的结果是 6，且将其入栈。此时，栈顶是 6，它的下面是 1。为了处理 +，弹出 6 和 1，然后将它们的和 7 入栈。此时表达式已经读完，栈中仅有一项。所以最后的答案是 7。

每个有效的中缀表达式都可以转换为后缀形式。例如，之前较长的那个中缀表达式可用后缀表示法写为：

```
1 2 - 4 5 ^ 3 * 6 * 7 2 2 ^ ^ / -
```

图 11.11 显示后缀机器计算这个表达式的步骤。每步需要一次入栈操作。因此，由于有 9 个操作数和 8 个运算符，所以有 17 个步骤及 17 次入栈操作。显然，计算后缀表达式的时间需求是线性的。

剩下的任务是编写一个算法，将中缀表示法转换为后缀表示法。一旦完成了，我们将有一个计算中缀表达式的算法。

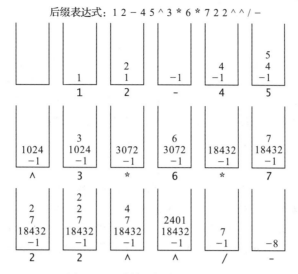

后缀表达式：1 2 - 4 5 ^ 3 * 6 * 7 2 2 ^ ^ / -

图 11.11　计算后缀表达式的步骤

11.2.2　中缀到后缀的转换

> 运算符优先解析算法将中缀表达式转换为后缀表达式，所以我们能够计算中缀表达式。
> 运算符栈用来保存已看到但尚未输出的运算符。
> 当看到输入中的运算符时，具有更高优先级的运算符（或优先级相等的左结合律运算符）从栈中删除，表示它们被应用了。然后输入运算符入栈。
> 当左括号是输入符号时，被看作高优先级运算符，但当它在栈中时，被看作低优先级运算符。左括号仅被右括号删除。

运算符优先解析算法将中缀表达式转换为后缀表达式，其基本原则如下。当看到一个操作数时，我们可以立即输出它。但是，当看到一个运算符时，我们永远不会输出它，因为必须等待第二个操作数，因此必须保存它。在如下的表达式中：

1 + 2 * 3 ^ 4

后缀形式是

1 2 3 4 ^ * +

某些情况下，后缀表达式中运算符的次序与它们出现在中缀表达式中的顺序刚好相反。当然，只有在涉及的运算符的优先级从左到右递增时才会出现这样的次序。即便如此，这种状况也表明栈适合保存运算符。遵从这个逻辑，当读到一个运算符时，它必须以某种方式放入栈中。因此，在某个时刻运算符必须离开栈。算法还必须要处理的问题是，运算符在栈中停留到什么时候才离开。

在如下简单的中缀表达式的例子中：

2 ^ 5 - 1

当到达运算符 - 时，2 和 5 已经输出且 ^ 在栈中。因为 - 比 ^ 的优先级低，所以 ^ 必须应用于 2 和 5。所以我们必须从栈中弹出 ^，以及比 - 优先级更高的任何其他运算符。在这之后，将 - 入栈。得到的后缀表达式是

2 5 ^ 1 -

一般来说，当我们从输入中处理运算符时，从栈中输出由优先级（及结合律）规则告诉我们必须

要处理的那些运算符。

第二个例子是中缀表达式

```
3 * 2 ^ 5 - 1
```

当到达运算符 ∧ 时，3 和 2 已经输出了，且 * 在栈中。因为 ∧ 比 * 有更高的优先级，所以什么也不用弹出而 ∧ 入栈。立即输出 5，然后遇到运算符 -。优先级规则告诉我们，弹出 ∧，后面再弹出 *。此时，没什么要弹出的内容了，弹出完毕，同时 - 入栈，然后输出 1。当到达中缀表达式尾时，可以弹出栈中剩余的运算符。得到的后缀表达式是

```
3 2 5 ^ * 1 -
```

在总结算法前，我们必须回答几个问题。第一，如果当前符号是 +，且栈顶为 +，那么栈中的 + 是该弹出还是该留在栈中呢？答案取决于输入 + 是否意味着栈中的 + 已经完成。因为 + 的结合律是从左到右的，所以答案是肯定的。不过，如果说的是运算符 ∧，其结合律是从右到左的，则答案是否定的。所以，当检查优先级相等的两个运算符时，要根据结合律来决定，如图 11.12 所示。

那对于圆括号来说是怎样的呢？当左括号是输入符号时，可以看作高优先级运算符，但当它在栈中时，可以看作低优先级运算符。因此，当输入左圆括号时，简单地入栈。当输入中出现右圆括号时，运算符出栈，直到出现左圆括号为止。输出运算符，但不输出括号。

中缀表达式	后缀表达式	结合律
2 + 3 + 4	2 3 + 4 +	左结合律：输入 + 比栈中 + 更低
2 ∧ 3 ∧ 4	2 3 4 ∧ ∧	右结合律：输入 ∧ 比栈中 ∧ 更高

图 11.12　使用结合律打破优先级示例

下面是运算符优先解析算法中对不同情形的总结。除了括号，栈中弹出的所有内容都是输出。

- 操作数（operand）。立即输出。
- 闭括号（close parenthesis）。符号出栈，直到出现开括号。
- 运算符（operator）。持续弹出栈中符号，直到出现更低优先级的符号或优先级相等的右结合律符号。然后运算符入栈。
- 输入尾（end of input）。弹出栈中所有剩余的符号。

作为例子，图 11.13 展示算法是如何处理表达式

```
1 - 2 ^ 3 ^ 3 - ( 4 + 5 * 6 ) * 7
```

的。每个栈的下面是读取的符号。每个栈的右侧用黑体表示输出。

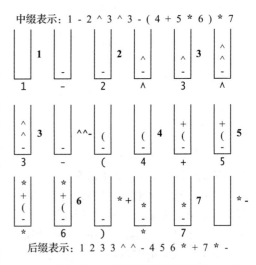

图 11.13　中缀到后缀的转换

11.2.3　实现

> Evaluator 类将解析并计算中缀表达式。
>
> 我们需要两个栈：一个运算符栈和一个用于后缀机器的栈。
>
> 优先级表用来决定从运算符栈中删除什么内容。对于左结合律运算符，栈运算符的优先

级比输入符号的优先级高 1。对于右结合律运算符则相反。

现在，我们有了实现一个简单计算器所需的理论背景。我们的计算器支持加法、减法、乘法、除法和求幂运算。我们编写处理 long 整数的 Evaluator 类。首先进行一个简化的假设：不允许对负数进行操作。要区分二元减号运算符和一元减号，需要在扫描例程中进行额外的工作，而由于引入了非二元运算符，也让事情复杂化。将一元运算符包含在内并不困难，但额外的代码并不能说明任何特有的概念，所以我们将它留作练习。

图 11.14 展示了 Evaluator 类框架，它用来处理一个输入字符串。基本的计算算法需要两个栈。第一个栈用来计算中缀表达式并生成后缀表达式。这是运算符栈，在第 34 行声明。一个 int 表示不同类型的记号，如 PLUS、MINUS 等。稍后显示这些常量。我们不显式输出后缀表达式，而是在生成每个后缀符号时将其送给后缀机器。所以我们还需要一个用来保存操作数的栈，后缀机器栈在第 35 行声明。还有一个数据成员是 StringTokenizer 对象，用来逐步扫描输入行。

```java
 1  import java.util.Stack;
 2  import java.util.StringTokenizer;
 3  import java.io.IOException;
 4  import java.io.BufferedReader;
 5  import java.io.InputStreamReader;
 6
 7  // Evaluator 类接口：计算中缀表达式
 8  //
 9  // 构造：带一个 String
10  //
11  // ***************** 公有操作 *********************
12  // long getValue( )       --> 返回中缀表达的值
13  // ***************** 错误 *************************
14  // 执行一些错误检查
15
16  public class Evaluator
17  {
18      private static class Precendence
19      { /* 图 11.20 */ }
20      private static class Token
21      { /* 图 11.15 */ }
22      private static class EvalTokenizer
23      { /* 图 11.15 */ }
24
25      public Evaluator( String s )
26      {
27          opStack = new Stack<Integer>( ); opStack.push( EOL );
28          postfixStack = new Stack<Long>( );
29          str = new StringTokenizer( s, "+*-/^() ", true );
30      }
31      public long getValue( )
32      { /* 图 11.17 */ }
33
34      private Stack<Integer>  opStack;        // 用于转换的运算符栈
35      private Stack<Long>     postfixStack;   // 用于后缀机器的栈
36      private StringTokenizer str;            // StringTokenizer 流
37
38      private void processToken( Token lastToken )
39      { /* 图 11.21 */ }
40      private long getTop( )
41      { /* 图 11.18 */ }
42      private void binaryOp( int topOp )
43      { /* 图 11.19 */ }
44  }
```

图 11.14 Evaluator 类框架

与平衡符号检查程序的情况一样，我们编写一个 Tokenizer 类，用来提供记号序列。虽然我们可以重用代码，但事实上它们几乎没有什么共同点，所以我们仅为该应用程序编写 Tokenizer 类。不过这里的记号要复杂一些，因为，如果我们读入一个操作数，记号的类型是 VALUE，但我们还必须知道读入的是什么值。为了避免混乱，我们将类命名为 EvalTokenizer，并让它是嵌套的。它的位置在第 22 行，它和嵌套类 Token 的实现如图 11.15 所示。Token 保存记号类型，如果记号是 VALUE 的，则还保存它的数值。可以用访问方法获取记号的信息。（如果 type 不是 VALUE 的，则 getValue 方法还可以发出错误信息，从而增强方法的鲁棒性。）EvalTokenizer 类有一个方法。

```
1      private static class Token
2      {
3          public Token( )
4            { this( EOL ); }
5          public Token( int t )
6            { this( t, 0 ); }
7          public Token( int t, long v )
8            { type = t; value = v; }
9
10         public int getType( )
11           { return type; }
12         public long getValue( )
13           { return value; }
14
15         private int type = EOL;
16         private long value = 0;
17     }
18
19     private static class EvalTokenizer
20     {
21         public EvalTokenizer( StringTokenizer is )
22           { str = is; }
23
24         /**
25          * 找到下一个符号，跳过空格，并返回它
26          * 对于 VALUE 符号
27          * 将处理后的值放到 currentValue 中
28          * 如果无法识别输入，则输出错误信息
29          */
30         public Token getToken( )
31           { /* 图 11.16 */ }
32
33         private StringTokenizer str;
34     }
```

图 11.15　嵌套类 Token 和 EvalTokenizer

图 11.16 展示了 getToken 例程。第 10 行用来检查输入行尾。当 getToken 执行完第 11 行后，我们知道还有可用的记号。如果没有到达行尾，则检查是否匹配了任何一个单字符运算符。如果是，则返回相应的记号；否则，我们预料要处理的是一个操作数，所以使用 Long.parseLong 获取它的值，然后根据读取的值显式构造一个 Token 对象，并返回一个 Token 对象。

```
1      /**
2       * 找到下一个符号，跳过空格，并返回它
3       * 对于 VALUE 符号，将处理后的值放到 currentValue 中
4       * 如果无法识别输入，则输出错误信息
5       */
6      public Token getToken( )
```

图 11.16　返回输入流中下一个记号的 getToken 例程

```
7          {
8              long theValue;
9
10             if( !str.hasMoreTokens( ) )
11                 return new Token( );
12
13             String s = str.nextToken( );
14             if( s.equals( " " ) ) return getToken( );
15             if( s.equals( "^" ) ) return new Token( EXP );
16             if( s.equals( "/" ) ) return new Token( DIV );
17             if( s.equals( "*" ) ) return new Token( MULT );
18             if( s.equals( "(" ) ) return new Token( OPAREN );
19             if( s.equals( ")" ) ) return new Token( CPAREN );
20             if( s.equals( "+" ) ) return new Token( PLUS );
21             if( s.equals( "-" ) ) return new Token( MINUS );
22
23             try
24               { theValue = Long.parseLong( s ); }
25             catch( NumberFormatException e )
26             {
27                 System.err.println( "Parse error" );
28                 return new Token( );
29             }
30
31             return new Token( VALUE, theValue );
32         }
```

图 11.16 返回输入流中下一个记号的 getToken 例程（续）

现在我们可以讨论 Evaluator 类的方法了。唯一的公有可见方法是 getValue。如图 11.17 所示，getValue 重复读入一个记号，并处理它，直到检测到行尾。在那个时刻，栈顶项就是答案。

```
1       /**
2        * 执行计算的公有例程
3        * 检查后缀机器，看看是否只剩下一个结果
4        * 如果是，则返回它，否则输出错误
5        * @return: 结果
6        */
7       public long getValue( )
8       {
9           EvalTokenizer tok = new EvalTokenizer( str );
10          Token lastToken;
11
12          do
13          {
14              lastToken = tok.getToken( );
15              processToken( lastToken );
16          } while( lastToken.getType( ) != EOL );
17
18          if( postfixStack.isEmpty( ) )
19          {
20              System.err.println( "Missing operand!" );
21              return 0;
22          }
23
24          long theResult = postfixStack.pop( );
25          if( !postfixStack.isEmpty( ) )
26              System.err.println( "Warning: missing operators!" );
27
28          return theResult;
29      }
```

图 11.17 读入并处理记号，然后返回栈顶项的 getValue 例程

图 11.18 和图 11.19 展示用来实现后缀机器的例程。图 11.18 中的例程用来弹出后缀栈并在必要时输出错误信息。图 11.19 中的 binaryOp 例程，将 topOp（它是运算符栈的栈顶项）应用于后缀栈的两个栈顶项，并用结果替代它们。它还弹出运算符栈（在第 33 行），表明对 topOp 的处理已经完成了。

```
1     /*
2      * topAndPop后缀机器栈，返回结果
3      * 如果栈为空，则输出一条错误信息
4      */
5     private long postfixPop( )
6     {
7         if ( postfixStack.isEmpty( ) )
8         {
9             System.err.println( "Missing operand" );
10            return 0;
11        }
12        return postfixStack.pop( );
13    }
```

图 11.18 弹出后缀栈栈顶项的例程

```
1     /**
2      * 从后缀栈中取出两个项，应用运算符
3      * 再将结果入栈，从而处理了运算符
4      * 如果缺少闭括号或被 0 除，则输出错误
5      */
6     private void binaryOp( int topOp )
7     {
8         if( topOp == OPAREN )
9         {
10            System.err.println( "Unbalanced parentheses" );
11            opStack.pop( );
12            return;
13        }
14        long rhs = postfixPop( );
15        long lhs = postfixPop( );
16
17        if( topOp == EXP )
18            postfixStack.push( pow( lhs, rhs ) );
19        else if( topOp == PLUS )
20            postfixStack.push( lhs + rhs );
21        else if( topOp == MINUS )
22            postfixStack.push( lhs - rhs );
23        else if( topOp == MULT )
24            postfixStack.push( lhs * rhs );
25        else if( topOp == DIV )
26            if( rhs != 0 )
27                postfixStack.push( lhs / rhs );
28            else
29            {
30                System.err.println( "Division by zero" );
31                postfixStack.push( lhs );
32            }
33        opStack.pop( );
34    }
```

图 11.19 将 topOp 应用于后缀栈的 binaryOp 例程

图 11.20 声明了一个优先级表（precedence table），它保存运算符的优先级，用来决定从运算符栈中删除什么内容。运算符的排列次序与记号常量的次序相同。

```
1     private static final int EOL      = 0;
2     private static final int VALUE    = 1;
3     private static final int OPAREN   = 2;
4     private static final int CPAREN   = 3;
5     private static final int EXP      = 4;
6     private static final int MULT     = 5;
7     private static final int DIV      = 6;
8     private static final int PLUS     = 7;
9     private static final int MINUS    = 8;
10
11    private static class Precedence
12    {
13        public int inputSymbol;
14        public int topOfStack;
15
16        public Precedence( int inSymbol, int topSymbol )
17        {
18            inputSymbol = inSymbol;
19            topOfStack  = topSymbol;
20        }
21    }
22
23        // precTable 与 Token 枚举的次序一致
24    private static Precedence [ ] precTable =
25    {
26        new Precedence(   0, -1 ),  // EOL
27        new Precedence(   0,  0 ),  // VALUE
28        new Precedence( 100,  0 ),  // OPAREN
29        new Precedence(   0, 99 ),  // CPAREN
30        new Precedence(   6,  5 ),  // EXP
31        new Precedence(   3,  4 ),  // MULT
32        new Precedence(   3,  4 ),  // DIV
33        new Precedence(   1,  2 ),  // PLUS
34        new Precedence(   1,  2 )   // MINUS
35    }
```

图 11.20   用来计算中缀表达式的优先级表

我们想为每一级优先级赋一个数值，数值越大优先级越高。我们可以给加法运算符的优先级赋值为 1，乘法运算符的优先级赋值为 3，求幂的优先级赋值为 5，而括号的优先级赋值为 99。不过，我们还需要考虑结合律。为此，我们给每个运算符赋值，第一个值代表它是输入符号时的优先级，第二个值代表它在运算符栈中时的优先级。左结合律运算符的运算符栈优先级比输入符号优先级高 1，而右结合律运算符相反。所以运算符 + 在栈中的优先级为 2。

这个规则的结果是，对于有不同优先级的任意两个运算符仍有正确的次序。不管怎样，如果 + 在运算符栈中，同时也是输入符号，则栈顶的运算符将有更高的优先级，所以将弹出。这正是我们想为左结合律运算符做的事。

类似地，如果 ∧ 在运算符栈中，同时也是输入符号，则栈顶的运算符将有更低的优先级，所以它不弹出。这正是我们想为右结合律运算符做的事。VALUE 记号永远不会在栈中，所以它的优先级是没有意义的。因为将行尾记号放在栈中当作哨兵（这个在构造方法中完成），所以它的优先级最低。如果我们将它看作右结合律运算符，则它也能算作运算符的一种。

剩余的一个方法是 processToken，如图 11.21 所示。当我们看到一个操作数时，将它压入后缀栈中。当我们看到一个闭括号时，反复地弹出并处理运算符栈的栈顶运算符，直到出现开括号为止（第 18 行和第 19 行）。然后在第 21 行弹出开括号。（第 20 行的测试用来避免在缺少开括号的情况下弹出哨兵。）否则，我们得到的是一般的运算符实例，它由第 27 ～ 31 行的代码简洁地描述。

```
1      /**
2       * 读入一个符号后
3       * 使用运算符优先解析算法去处理它
4       * 此处发现缺少开括号
5       */
6      private void processToken( Token lastToken )
7      {
8          int topOp;
9          int lastType = lastToken.getType( );
10
11         switch( lastType )
12         {
13           case VALUE:
14             postfixStack.push( lastToken.getValue( ) );
15             return;
16
17           case CPAREN:
18             while( ( topOp = opStack.peek( ) ) != OPAREN && topOp != EOL )
19                 binaryOp( topOp );
20             if( topOp == OPAREN )
21                 opStack.pop( );    // 丢掉开括号
22             else
23                 System.err.println( "Missing open parenthesis" );
24             break;
25
26           default:    // 一般运算符情形
27             while( precTable[ lastType ].inputSymbol <=
28                     precTable[ topOp = opStack.peek( ) ].topOfStack )
29                 binaryOp( topOp );
30             if( lastType != EOL )
31                 opStack.push( lastType );
32             break;
33         }
34     }
```

图 11.21 使用运算符优先解析算法处理 lastToken 的 processToken 例程

图 11.22 中给出了简单的 main 例程。它重复地读入一行输入，实例化一个 Evaluator 对象，然后计算它的值。

```
1       /**
2        * 使用 Evaluator 类的简单主程序
3        */
4       public static void main( String [ ] args )
5       {
6           String str;
7           Scanner in = new Scanner( System.in );
8
9           System.out.println( "Enter expressions, one per line:" );
10          while( in.hasNextLine( ) )
11          {
12              str = in.nextLine( );
13              System.out.println( "Read: " + str );
14              Evaluator ev = new Evaluator( str );
15              System.out.println( ev.getValue( ) );
16              System.out.println( "Enter next expression:" );
17          }
18      }
```

图 11.22 用于重复计算表达式的简单的 main

11.2.4 表达式树

在一棵表达式树中，叶结点含有操作数，其他结点含有运算符。

递归输出表达式树，可以得到中缀表达式、后缀表达式或前缀表达式。

从后缀表达式可以构造表达式树，类似后缀表达式的计算。

图 11.23 是表达式树（expression tree）的一个例子，其中叶结点是操作数（例如，常量或变量名），其他结点中含有运算符。这棵特殊的树恰好是二叉树，因为所有的操作都是二元的。不过它是最简单的情形，结点可以有两个以上的子结点。一个结点也可能只有一个子结点，例如一元减运算符那种情形。

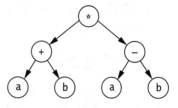

图 11.23 表示 (a+b)*(a-b) 的表达式树

我们通过将根中的运算符应用于通过递归计算左子树和右子树而获得的值，来计算表达式树 T。本例中，计算左子树得到 (a+b)，而计算右子树得到 (a-b)。所以整棵树表示的是 ((a+b)*(a-b))。我们可以通过递归产生带圆括号的左表达式，输出根中的运算符，再递归地产生带圆括号的右表达式，从而生成一个（带过多圆括号的）中缀表达式。这个一般策略（左、结点、右）称为中序遍历（inorder traversal）。这种类型的遍历因为它产生的表达式的类型而很容易记忆。

第二个策略是递归地输出左子树、右子树和运算符（没有括号）。这样做之后，我们得到了后缀表达式，所以这个策略称为树的后序遍历（postorder traversal of the tree）。计算树的第三个策略得到前缀表达式。所有这些策略将在第 18 章讨论。表达式树（及其推广）是编译器设计中有用的数据结构，因为它们能让我们看到整个表达式。这个功能使得代码生成更容易，在某些情况下大大提升了优化结果。

有趣的问题是，给定一个中缀表达式去构造表达式树。正如我们已经看到的，我们总是能将中缀表达式转换为后缀表达式，所以我们只需要说明如何从后缀表达式构造一棵表达式树。毫不奇怪，这个过程是简单的。我们维护树的栈。当看到一个操作数时，创建一棵单结点树，并将其入栈。当看到一个运算符时，弹出栈顶的两棵树并进行合并。在新树中，结点是运算符，右子树是从栈中弹出的第一棵树，左子树是弹出的第二棵树。然后将结果入栈。这个算法本质上与后缀计算中用过的算法是一样的，只是用创建树替换二元运算符的计算。

11.3 总结

本章我们探讨了栈在程序设计语言和编译器设计中的两种用途。我们说明了尽管栈是一种简单的结构，但它是非常有用的。栈可用于判定一个符号序列是不是平衡的。得到的算法需要线性时间，同样重要的是，对输入序列只需进行一次顺序扫描。运算符优先解析是可用来解析中缀表达式的一项技术。它也需要线性时间，而且只需要一次顺序扫描。运算符优先解析算法中用到两个栈。尽管栈保存不同类型的对象，但通用的栈代码还是允许将一个栈的实现用于两种类型的对象。

11.4 核心概念

表达式树。一棵树，其中叶结点含有操作数，而其他结点含有运算符。

中缀表达式。一个表达式，其中二元运算符有左右两个参数。当有多个运算符时，优先级和结合律决定运算符如何处理。

词法分析。符号流中记号的识别过程。

运算符优先解析。为了计算中缀表达式，将中缀表达式转换为后缀表达式的一个算法。

后缀表达式。可被后缀机器不使用任何优先级规则计算的表达式。

后缀机器。用于计算后缀表达式的机器。它使用的算法如下：将操作数入栈，运算符弹出它的操作数，然后将结果入栈。计算结束时，栈中应该正好含有一个元素，它表示结果。

优先级表。用来决定从运算符栈中删除什么的表。左结合律运算符的运算符栈优先级设置得比输入符号优先级高 1。右结合律运算符相反。

状态机。用来解析符号的一项常用技术。在任何时刻，机器处于某种状态，且每个输入字符都让它到达一个新状态。最终，状态机到达一个符号已经被识别的状态。

tokenization。从输入流生成符号（记号）序列的过程。

11.5 常见错误

- 在编写代码时，必须尽可能仔细地处理输入错误。在这方面松懈会导致程序错误。
- 对于平衡符号例程，不正确地处理引号是一个常见错误。
- 对于将中缀转为后缀的算法，优先级表必须反映正确的优先级和结合律。

11.6 网络资源

两个应用程序都可得到。你应该先下载平衡程序，它可能会帮助你调试其他的 Java 程序。

Balance.java。含有平衡符号程序。

Tokenizer.java。含有用来检查 Java 程序的 `Tokenizer` 类实现。

Evaluator.java。含有表达式计算。

11.7 练习

简答题

11.1 在下列数据上运行平衡符号程序，写出结果。

    a. }
    b. (}
    c. [[[
    d.) (
    e. [ )]

11.2 写出对应下列表达式的后缀表达式。

    a. 1 + 2 - 3 ^ 4
    b. 1 ^ 2 - 3 * 4
    c. 1 + 2 * 3 - 4 ^ 5 + 6
    d. (1 + 2) * 3 - (4 ^ (5 - 6))

11.3 对于中缀表达式 a + b ^ c * d ^ e ^ f - g - h / (i + j)，回答下列问题。

    a. 演示运算符优先解析算法如何生成对应的后缀表达式。

    b. 演示后缀机器如何对得到的后缀表达式进行计算。

    c. 画出得到的表达式树。

理论题

11.4 对于平衡符号程序，解释如何输出一条错误信息来反映可能的出错原因。

11.5 概述如何在表达式计算器中包含一元运算符。假设一元运算符放在其操作数的前面，且有更高的优先级。包括描述状态机如何识别它们。

实践题

11.6 用 ^ 运算符代表求幂运算很可能会令 Java 程序员感到疑惑（因为它是按位异或运算符）。重写 `Evaluator` 类，用 `**` 作为求幂运算符。

11.7 中缀计算器接受运算符放错位置的非法表达式。

    a. 1 2 3 + * 的结果是什么？

    b. 如何能发现这些非法错误？

c. 修改 Evaluator 类完成这个操作。

程序设计项目

11.8 修改表达式计算器，以处理输入的负数。

11.9 对于平衡符号检查程序，修改 Tokenizer 类，添加一个可以修改输入流的公有方法。然后在 Balance 中添加一个公有方法，允许 Balance 改变输入流的源。

11.10 实现一个完整的 Java 表达式计算器。处理可接受常量及有算术意义的所有 Java 运算符（例如不实现 []）。

11.11 实现包含变量的 Java 表达式计算器。假设最多有 26 个变量——名为 A 到 Z——且一个变量可以由低优先级的 = 运算符进行赋值。

11.12 编写程序，读入一个中缀表达式生成一个后缀表达式。

11.13 编写程序，读入一个后缀表达式生成一个中缀表达式。

11.8 参考文献

中缀到后缀算法（运算符优先解析）首次在文献 [3] 中描述。关于构造编译器的两本好书是 [1] 和 [2]。

[1] A. V. Aho, M. Lam, R. Sethi, and J. D. Ullman, *Compilers: Principles, Techniques, and Tools,* 2nd ed., Addison-Wesley, Reading, MA, 2007.

[2] C. N. Fischer and R. J. LeBlanc, *Crafting a Compiler with C,* Benjamin Cummings, Redwood City, CA, 1991.

[3] R. W. Floyd, "Syntactic Analysis and Operator Precedence," *Journal of the ACM* **10:3** (1963), 316–333.

实 用 工 具

本章我们讨论数据结构的两个实用工具应用：数据压缩和交叉引用。数据压缩是计算机科学中的一项重要技术。它可以用来减少文件在磁盘中的存储空间（实际上增大了磁盘容量），并且还能（因为传输更少的数据而）提高通过调制解调器的有效传输效率。实际上，所有较新的调制解调器都执行某种类型的压缩。交叉引用是一项扫描和排序技术，例如，用它可为一本书进行索引。

本章中，我们将看到：

- 称为霍夫曼算法（Huffman's algorithm）的文件压缩算法的实现。
- 交叉引用程序的实现，按序列出一个程序中的所有标识符，并给出它们出现的行号。

12.1 文件压缩

C 个字符的标准编码使用 $\lceil \log C \rceil$ 位。

减少数据表示所需的位数称为压缩，实际上它包含两个阶段：编码阶段（压缩）和解码阶段（解压）。

在变长编码中，最常用的字符有最短的表示形式。

ASCII 字符集由大约 100 个可打印字符组成。为了区别这些字符，需要 $\lceil \log 100 \rceil = 7$ 位。7 位能表示 128 个字符，所以 ASCII 字符集增加了其他"不可打印"字符。增加的第 8 位允许进行奇偶校验。不过重要的一点是，如果字符集的大小为 C，则在标准定长编码中需要 $\lceil \log C \rceil$ 位。

假设你有一个仅含有字符 a、e、i、s 和 t，空格（sp）和换行符（nl）的文件。进一步假设文件中有 10 个 a、15 个 e、12 个 i、3 个 s、4 个 t、13 个空格和 1 个换行符。那么，表示这个文件需要 174 位，因为它有 58 个字符，而每个字符需要 3 位，如图 12.1 所示。

字符	编码	频度	总位数
a	000	10	30
e	001	15	45
i	010	12	36
s	011	3	9
t	100	4	12
sp	101	13	39
nl	110	1	3
总计			174

图 12.1　标准编码方案

在现实生活中，文件可能非常大。许多非常大的文件是某个程序的输出，通常在最常用和最不常用的字符之间有很大的差异。例如，许多大的数据文件有大量的数字、空格和换行，但很少有 q 和 x。

在很多情形下，减少文件的大小是值得的。例如，几乎每台机器上的磁盘空间都是宝贵的，所以减少文件所需的空间可以提升磁盘的有效容量。当数据通过调制解调器在电话线上传输时，如果可以减少传输的数据量，则能有效地提高传输率。减少数据表示的位数称为压缩（compression），实际上它包含两个阶段：编码阶段（压缩）和解码阶段（解压）。本章讨论的简单策略，对一些大型文件能节省 25% 空间，对一些大型数据文件能节省 50% 或 60% 空间。扩展的策略能提供更好的压缩。

一般策略是，允许代码长度随字符而不同，并保证频繁出现的字符有短代码。如果所有字符的出现有相同或非常相近的频率，则不期望有任何节省。

12.1.1 前缀编码

> 在二叉 trie 树中，左分支表示 0，右分支表示 1。到一个结点的路径指示出它的表示。
>
> 在一棵满树中，所有结点要么是叶结点，要么有两个子结点。
>
> 在前缀编码中，没有字符的编码是另一个字符编码的前缀。如果字符只在叶结点中，那么这是可以保证的。前缀编码进行解码时没有歧义。

图 12.1 中显示的二进制编码可以用图 12.2 所示的二叉树表示。在这种称为二叉 trie 树（binary trie）的数据结构中，字符仅保存在叶结点中。找到每个字符表示的方法是：记录从根开始的路径，用 0 指示左分支，用 1 指示右分支。例如，到达 s 的路径是先左，再右，最后也是右。编码是 011。如果字符 c_i 的深度是 d_i 且出现 f_i 次，则编码的代价（cost）是 $\sum d_i f_i$。

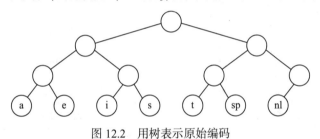

图 12.2 用树表示原始编码

我们发现 nl 是唯一的子结点，所以可以得到比图 12.2 中给出的编码更好的编码。将它放到更高一层的地方（替代其父结点），我们得到新的树，如图 12.3 所示。这棵新树的代价是 173，但它远未达到最优情况。

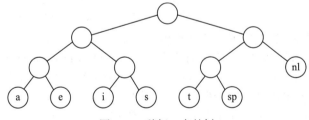

图 12.3 稍好一点的树

注意，图 12.3 中的树是棵满树（full tree），其中所有的结点要么是叶结点，要么有两个子结点。最优代码总是具有这个特性，否则，如前所示，只有一个子结点的结点可以上移一层。如果字符仅放在叶结点中，则任何位序列的解码都不会有歧义。

例如，假设编码串是 010011110001011000100111。图 12.3 显示，0 和 01 都不是字符编码，但 010 代表 i，所以第一个字符是 i。然后跟在后面的是 011，它是 s。然后后面是 11，它是换行符（nl）。剩余的编码是 a、sp、t、i、e 和 nl。

字符编码可以有不同的长度，只要没有字符的编码是另一个字符编码的前缀，这种编码称为前缀编码（prefix code）。相反，如果一个字符包含在非叶结点中，则不可能保证无歧义解码。

所以，我们的基本问题是找到所有的字符都含在叶结点中的具有最小代价的满二叉树（如前面所定义的）。图 12.4 所示的树是对应示例字母表最优的树。图 12.5 所示的编码仅需要 146 位。在编码树中交换子结点就可以得到很多最优的编码。

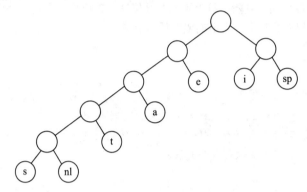

图 12.4   最优前缀编码树

字符	编码	频度	总位数
a	001	10	30
e	01	15	30
i	10	12	24
s	00000	3	15
t	0001	4	16
sp	11	13	26
nl	00001	1	5
总计			**146**

图 12.5   最优前缀编码

12.1.2 霍夫曼算法

> 霍夫曼算法构造了一种最优前缀编码。通过反复地合并两棵最小权重树实现。
> 次序任意。

如何构造编码树呢？霍夫曼在 1952 年提出了编码系统算法。通过反复合并树直到得到一棵最终的树，从而得到最优前缀编码，通常称为霍夫曼算法（Huffman's algorithm）。

本节中，字符个数为 C。在霍夫曼算法中，我们维护一个森林。树的权（weight）是叶结点频度的总和。选择具有最小权的两棵树 T_1 和 T_2，次序任意，用 T_1 和 T_2 作为子树形成一棵新树，共 $C-1$ 次。算法开始时，有 C 棵单结点树（每个字符对应一棵）。算法结束时，有一棵树，即一棵最优的霍夫曼树。在练习 12.4 中，要求你证明霍夫曼算法可以得到一棵最优树。

用一个例子来弄明白算法的操作。图 12.6 显示了初始森林，每棵树的权用小一号的字显示在树根。合并有最小权的两棵树，创建的森林显示在图 12.7 中。新的根是 $T1$。任意地让 s 是左孩子，因为有相等权值的树次序可以任意。新树的总权值就是原来树的权之和，所以很容易计算。

图 12.6   霍夫曼算法的初始阶段

图 12.7　霍夫曼算法在第一次合并后

现在有 6 棵树，我们再次选择有最小权的两棵树 $T1$ 和 t。它们合并为新树，根为 $T2$，权为 8，如图 12.8 所示。第 3 步合并 $T2$ 和 a，创建 $T3$，权为 10+8=18。图 12.9 显示此操作的结果。

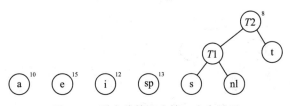

图 12.8　霍夫曼算法在第二次合并后

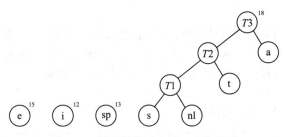

图 12.9　霍夫曼算法在第三次合并后

在完成第 3 步合并后，有最小权的两棵树是表示 i 和 sp 的单结点树。图 12.10 显示这些树如何合并为根为 $T4$ 的新树。第 5 步是合并根为 e 的树和 $T3$，因为这些树有最小的两个权，得到的结果如图 12.11 所示。

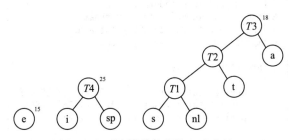

图 12.10　霍夫曼算法在第四次合并后

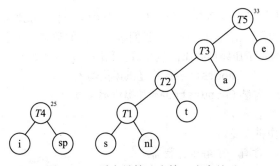

图 12.11　霍夫曼算法在第五次合并后

最后，合并剩余的两棵树得到之前显示在图 12.4 中的最优树。图 12.12 显示这棵最优树，根为 $T6$。

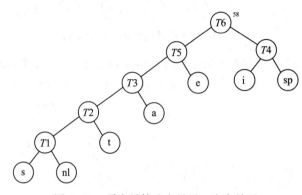

图 12.12   霍夫曼算法在最后一次合并后

12.1.3   实现

现在我们提供霍夫曼编码算法的实现，不尝试进行任何显著优化，我们只需要一个能说明基本算法问题的程序。在讨论了实现之后，我们再来谈论可能的提升。虽然程序中需要添加重要的错误检查，但我们没有这样做，因为我们不想让基本思想难于理解。

图 12.13 说明了要用到的一些 I/O 类和常量。我们维护一个优先队列用来保存树结点（回想一下，我们要选择具有最小权的两棵树）。

```
 1 import java.io.IOException;
 2 import java.io.InputStream;
 3 import java.io.OutputStream;
 4 import java.io.FileInputStream;
 5 import java.io.FileOutputStream;
 6 import java.io.DataInputStream;
 7 import java.io.DataOutputStream;
 8 import java.io.BufferedInputStream;
 9 import java.io.BufferedOutputStream;
10 import java.util.PriorityQueue;
11
12 interface BitUtils
13 {
14     public static final int BITS_PER_BYTES = 8;
15     public static final int DIFF_BYTES = 256;
16     public static final int EOF = 256;
17 }
```

图 12.13   用在主压缩程序算法中的 `import` 指令和一些常量

除了标准 I/O 类之外，我们的程序还包含几个额外的类。因为我们需要执行逐位 I/O，所以编写了一个代表位输入和位输出流的包装类。我们编写其他的类来维护字符数并创建及返回霍夫曼编码树的信息。最后编写了压缩和解压流包装器。我们的类概括如下。

`BitInputStream`。包装 `Inputstream` 并提供逐位输入。

`BitOutputStream`。包装 `Outputstream` 并提供逐位输出。

`CharCounter`。维护字符计数。

`HuffmanTree`。操作霍夫曼树。

`HZIPInputStream`。含有一个解压包装器。

`HZIPOutputStream`。含有一个压缩包装器。

位输入和位输出流类

BitInputStream 和 BitOutputStream 类类似，分别显示在图 12.14 和图 12.15 中。两个类都通过包装一个流来工作。对流的引用保存在私有数据成员中。BitInputStream 的每 8 个 readBit（或 BitOutputStream 类的 writeBit）导致从底层流读入（或写出）一个 byte。byte 保存在一个名为 buffer 的缓冲区上，而 bufferPos 提供的功能是指示缓冲区还有多少未使用。

```
 1 // BitInputStream 类: 位输入流包装类
 2 //
 3 // 构造: 带一个打开的 InputStream
 4 //
 5 // ****************** 公有操作 ***********************
 6 // int readBit( )              --> 读入一位作为 0 或 1
 7 // void close( )               --> 关闭底层流
 8
 9 public class BitInputStream
10 {
11     public BitInputStream( InputStream is )
12     {
13         in = is;
14         bufferPos = BitUtils.BITS_PER_BYTES;
15     }
16
17     public int readBit( ) throws IOException
18     {
19         if( bufferPos == BitUtils.BITS_PER_BYTES )
20         {
21             buffer = in.read( );
22             if( buffer == -1 )
23                 return -1;
24             bufferPos = 0;
25         }
26
27         return getBit( buffer, bufferPos++ );
28     }
29
30     public void close( ) throws IOException
31     {
32         in.close( );
33     }
34
35     private static int getBit( int pack, int pos )
36     {
37         return ( pack & ( 1 << pos ) ) != 0 ? 1 : 0;
38     }
39
40     private InputStream in;
41     private int buffer;
42     private int bufferPos;
43 }
```

图 12.14　BitInputStream 类

```
 1 // BitOutputStream 类: 位输出流包装类
 2 //
 3 // 构造: 带有一个打开的 OutputStream
 4 //
 5 // ****************** 公有操作 ***********************
 6 // void writeBit( val )        --> 写一位（0 或 1）
 7 // void writeBits( vals )      --> 写位的数组
 8 // void flush( )               --> 刷新缓冲位
```

图 12.15　BitOutputStream 类

```
 9 // void close( )                    --> 关闭底层流
10
11 public class BitOutputStream
12 {
13     public BitOutputStream( OutputStream os )
14       { bufferPos = 0; buffer = 0; out = os; }
15
16     public void writeBit( int val ) throws IOException
17     {
18         buffer = setBit( buffer, bufferPos++, val );
19         if( bufferPos == BitUtils.BITS_PER_BYTES )
20             flush( );
21     }
22
23     public void writeBits( int [ ] val ) throws IOException
24     {
25         for( int i = 0; i < val.length; i++ )
26             writeBit( val[ i ] );
27     }
28
29     public void flush( ) throws IOException
30     {
31         if( bufferPos == 0 )
32             return;
33         out.write( buffer );
34         bufferPos = 0;
35         buffer = 0;
36     }
37
38     public void close( ) throws IOException
39       { flush( ); out.close( ); }
40
41     private int setBit( int pack, int pos, int val )
42     {
43         if( val == 1 )
44             pack |= ( val << pos );
45         return pack;
46     }
47
48     private OutputStream out;
49     private int buffer;
50     private int bufferPos;
51 }
```

图 12.15 BitOutputStream 类（续）

getBit 和 setBit 方法用来访问 8 位 byte 中的单个的位，它们通过按位操作工作。（附录 C 更详细地描述按位操作。）在 readBit 中，在第 19 行进行检查，以查明缓冲区中的位是否已经被使用。如果是，则在第 21 行又得到 8 位，并在第 24 行重置位置指示器。然后在第 27 行可以调用 getBit。

BitOutputStream 类类似 BitInputStream。一个区别是，我们提供了一个 flush 方法，因为可能在 writeBit 调用序列的结尾，缓冲区中还留有一些位。当调用 writeBit 填充缓冲区时，会调用 flush 方法，另外也会被 close 调用。

这两个类都不进行错误检查，相反，它们传播任何的 IOException。所以，可得到全部的错误检查。

字符计数类

图 12.16 提供了 CharCounter 类，它用来获取输入流（通常是一个文件）中的字符计数。或者，手动设置字符计数，稍后再获取。（本程序中，我们暗示了将 8 位的 byte 视作一个 ASCII 字符。）

```
 1 // CharCounter 类：字符计数类
 2 //
 3 // 构造：不带参数或带一个打开的 InputStream
 4 //
 5 // ******************* 公有操作 *************************
 6 // int getCount( ch )          --> 返回 ch 出现的次数
 7 // void setCount( ch, count )  --> 设置 ch 出现的次数
 8 // ******************* 错误 *******************************
 9 // 没有要检查的错误
10
11 class CharCounter
12 {
13     public CharCounter( )
14       { }
15
16     public CharCounter( InputStream input ) throws IOException
17     {
18         int ch;
19         while( ( ch = input.read( ) ) != -1 )
20             theCounts[ ch ]++;
21     }
22
23     public int getCount( int ch )
24       { return theCounts[ ch & 0xff ]; }
25
26     public void setCount( int ch, int count )
27       { theCounts[ ch & 0xff ] = count; }
28
29     private int [ ] theCounts = new int[ BitUtils.DIFF_BYTES ];
30 }
```

图 12.16　CharCounter 类

霍夫曼树类

　　树作为结点集合来维护。每个结点有指向左子结点、右子结点及父结点的链接（在第 18 章我们详细讨论树的实现）。结点声明如图 12.17 所示。

```
 1 // 霍夫曼编码树中的基本结点
 2 class HuffNode implements Comparable<HuffNode>
 3 {
 4     public int value;
 5     public int weight;
 6
 7     public int compareTo( HuffNode rhs )
 8     {
 9         return weight - rhs.weight;
10     }
11
12     HuffNode left;
13     HuffNode right;
14     HuffNode parent;
15
16     HuffNode( int v, int w, HuffNode lt, HuffNode rt, HuffNode pt )
17       { value = v; weight = w; left = lt; right = rt; parent = pt; }
18 }
```

图 12.17　霍夫曼编码树的结点声明

　　图 12.18 中提供了 HuffmanTree 类的框架。我们可以通过提供 CharCounter 对象来创建 HuffmanTree 对象，在这种情形下，立即创建树。另外，没有 CharCounter 对象也可以创建树。在这种情形下，字符数由随后调用 readEncodingTable 读取，然后创建树。

```
 1 // 霍夫曼树类接口: 处理霍夫曼编码树
 2 //
 3 // 构造: 不带参数或带一个 CharCounter 对象
 4 //
 5 // ****************** 公有操作 ********************
 6 // int [ ] getCode( ch )         --> 返回给定字符的编码
 7 // int getChar( code )          --> 返回给定编码的字符
 8 // void writeEncodingTable( out ) --> 将编码表写到 out 中
 9 // void readEncodingTable( in )   --> 从 in 读取译码表
10 // ****************** 错误 **************************
11 // 非法编码的错误检查
12
13 class HuffmanTree
14 {
15     public HuffmanTree( )
16       { /* 图 12.19 */ }
17     public HuffmanTree( CharCounter cc )
18       { /* 图 12.19 */ }
19
20     public static final int ERROR = -3;
21     public static final int INCOMPLETE_CODE = -2;
22     public static final int END = BitUtils.DIFF_BYTES;
23
24     public int [ ] getCode( int ch )
25       { /* 图 12.19 */ }
26     public int getChar( String code )
27       { /* 图 12.20 */ }
28
29     // 使用字符计数写出译码表
30     public void writeEncodingTable( DataOutputStream out ) throws IOException
31       { /* 图 12.21 */ }
32     public void readEncodingTable( DataInputStream in ) throws IOException
33       { /* 图 12.21 */ }
34
35     private CharCounter theCounts;
36     private HuffNode [ ] theNodes = new HuffNode[ BitUtils.DIFF_BYTES + 1 ];
37     private HuffNode root;
38
39     private void createTree( )
40       { /* 图 12.22 */ }
41 }
```

图 12.18　HuffmanTree 类框架

HuffmanTree 类提供了 writeEncodingTable 方法, 将树 (以适合调用 readEncodingTable 的格式) 写到输出流中。它还提供了公有方法, 将字符转换为编码, 反之亦然[⊖]。编码由 int[] 或 String 表示 (视情况而定), 其中每个元素都是 0 或 1。

在内部, root 是对树的根结点的引用, 而 theCounts 是一个 CharCounter 对象, 可用来初始化树结点。我们还维护一个数组 theNodes, 它将每个字符映射到包含它的树结点上。

图 12.19 显示了构造方法和返回所给字符编码的例程 (公有方法和私有辅助方法)。构造方法从空树开始, 单参数的构造方法初始化 CharCounter 对象, 且立即调用私有例程 createTree。在零参数的构造方法中, CharCounter 对象初始化为空。

对于 getCode, 通过查询 theNodes 可以获得保存字符的树结点, 该字符的编码正是我们要查找的。如果结点没有表示字符, 则返回 null 引用表示出错。否则, 我们使用一个简单的循环, 沿着父链接向上, 直到到达根 (它没有父链接)。每一步在字符串前加一个 0 或 1, 在返回之前这个要转换为 int 数组 (当然, 这创建了许多临时字符串, 我们把优化这个步骤的任务留给读者完成)。

```
1      public HuffmanTree( )
2      {
3          theCounts = new CharCounter( );
4          root = null;
5      }
6
7      public HuffmanTree( CharCounter cc )
8      {
9          theCounts = cc;
10         root = null;
11         createTree( );
12     }
13
14     /**
15      * 返回对应字符 ch 的编码
16      * (参数是一个容纳 EOF 的 int)
17      * 如果没有找到编码, 则返回长度为 0 的一个数组
18      */
19     public int [ ] getCode( int ch )
20     {
21         HuffNode current = theNodes[ ch ];
22         if( current == null )
23             return null;
24
25         String v = "";
26         HuffNode par = current.parent;
27
28         while ( par != null )
29         {
30             if( par.left == current )
31                 v = "0" + v;
32             else
33                 v = "1" + v;
34             current = current.parent;
35             par = current.parent;
36         }
37
38         int [ ] result = new int[ v.length( ) ];
39         for( int i = 0; i < result.length; i++ )
40             result[ i ] = v.charAt( i ) == '0' ? 0 : 1;
41
42         return result;
43     }
```

图 12.19 霍夫曼树的一些方法, 包括构造方法和返回给定字符编码的例程

图 12.20 所示的 getChar 方法更简单: 从根开始, 根据编码的指示, 向左或向右分叉。过早地到达 null 会产生一个错误。否则, 我们返回保存在结点中的值 (对于非叶结点, 结果是符号 INCOMPLETE)。

```
1      /**
2       * 得到对应编码的字符
3       */
4      public int getChar( String code )
5      {
6          HuffNode p = root;
7          for( int i = 0; p != null && i < code.length( ); i++ )
8              if( code.charAt( i ) == '0' )
9                  p = p.left;
10             else
11                 p = p.right;
12
```

图 12.20 用于解码的例程 (给定编码生成一个字符)

```
13            if( p == null )
14                return ERROR;
15
16            return p.value;
17        }
```

图 12.20   用于解码的例程（给定编码生成一个字符）（续）

在图 12.21 中有读出和写入编码表的例程。我们使用的格式简单，并不一定是最节省空间的。对于每个有编码的字符，我们（使用 1 个字节）写出它，然后（使用 4 个字节）写出它的字符数。我们通过写出一个额外项来表示表的结束，项中包含一个空终止符 '\0' 及计数 0。计数 0 是一个特殊信号。

```
1    /**
2     * 将译码表写到输出流中
3     * 格式为字符，计数（以字节为单位）
4     * 计数 0 结束译码表
5     */
6    public void writeEncodingTable( DataOutputStream out ) throws IOException
7    {
8        for( int i = 0; i < BitUtils.DIFF_BYTES; i++ )
9        {
10            if( theCounts.getCount( i ) > 0 )
11            {
12                out.writeByte( i );
13                out.writeInt( theCounts.getCount( i ) );
14            }
15        }
16        out.writeByte( 0 );
17        out.writeInt( 0 );
18    }
19
20    /**
21     * 按给定的格式从输入流中读入译码表
22     * 然后构造霍夫曼树
23     * 然后，定位流去读取压缩数据
24     */
25    public void readEncodingTable( DataInputStream in ) throws IOException
26    {
27        for( int i = 0; i < BitUtils.DIFF_BYTES; i++ )
28            theCounts.setCount( i, 0 );
29
30        int ch;
31        int num;
32
33        for( ; ; )
34        {
35            ch = in.readByte( );
36            num = in.readInt( );
37            if( num == 0 )
38                break;
39            theCounts.setCount( ch, num );
40        }
41
42        createTree( );
43    }
```

图 12.21   读写编码表的例程

readEncodingTable 方法将所有字符的计数初始化为 0，然后读入表，当读入字符时更新计数。它调用如图 12.22 所示的 createTree 去构建霍夫曼树。

```
1    /**
2     * 构造霍夫曼编码树
3     */
4    private void createTree( )
5    {
6        PriorityQueue<HuffNode> pq = new PriorityQueue<HuffNode>( );
7
8        for( int i = 0; i < BitUtils.DIFF_BYTES; i++ )
9            if( theCounts.getCount( i ) > 0 )
10           {
11               HuffNode newNode = new HuffNode( i,
12                         theCounts.getCount( i ), null, null, null );
13               theNodes[ i ] = newNode;
14               pq.add( newNode );
15           }
16
17       theNodes[ END ] = new HuffNode( END, 1, null, null, null );
18       pq.add( theNodes[ END ] );
19
20       while( pq.size( ) > 1 )
21       {
22           HuffNode n1 = pq.remove( );
23           HuffNode n2 = pq.remove( );
24           HuffNode result = new HuffNode( INCOMPLETE_CODE,
25                         n1.weight + n2.weight, n1, n2, null );
26           n1.parent = n2.parent = result;
27           pq.add( result );
28       }
29
30       root = pq.element( );
31   }
```

图 12.22　构造霍夫曼编码树的例程

在该例程中，我们维护树结点的优先队列。为此必须为树结点提供一个比较函数。回想一下，图 12.17 中 HuffNode 实现了 Comparable<HuffNode>，根据结点的权值对 HuffNode 对象进行排序。

然后搜索至少出现过一次的字符。当第 9 行的测试成功时，我们就有了一个这样的字符。在第 11 行和第 12 行创建一个新的树结点，第 13 行是将它添加到 theNodes 中，然后第 14 行将它添加到优先队列中。第 17 行和第 18 行添加文件尾符号。第 20 ～ 28 行的循环是树构造算法的逐行转换。当我们有两棵或多棵树时，从优先队列中提取两棵树，合并结果，并将结果放回优先队列中。循环结束时，优先队列中仅剩下一棵树，可以提取它并设置 root。

由 createTree 生成的树与优先队列处理相等值的次序有关。不幸的是，这意味着如果程序在两台不同的机器上编译，并且有两个不同的优先队列实现，则可能在第一台机器上压缩一个文件，然后在第二台机器上尝试解压时不能获得原来的文件。避免这个问题需要进行额外的工作。

压缩流类

要做的剩余工作是编写一个压缩和解压流包装器，然后编写调用它们的 main 方法。我们重申前面关于省略错误检查的声明，以便我们能说明基本的算法思想。

HZIPOutputStream 类如图 12.23 所示。构造方法初始化 DataOutputStream，基于它我们可以写出压缩流。我们还维护一个 ByteArrayOutputStream。每次调用 write 都会附加到 ByteArrayOutputStream 上。当调用 close 时，才实际写入压缩流。

第 26 行，close 例程提取已经保存在 ByteArrayOutputStream 中等待读取的所有的 bytes。然后在第 29 行构造一个 CharCounter 对象，且在第 32 行构造一个 HuffmanTree 对象。因为 CharCounter 需要一个 InputStream，所以我们从刚提取的字节数组构造一个

`ByteArrayInputStream`。在第 33 行，写出编码表。

```java
 1  import java.io.IOException;
 2  import java.io.OutputStream;
 3  import java.io.DataOutputStream;
 4  import java.io.ByteArrayInputStream;
 5  import java.io.ByteArrayOutputStream;
 6
 7  /**
 8   * 写到 HZIPOutputStream 中的是压缩的
 9   * 且被发送到包装的输出流中
10   * 直到关闭才开始真正的写出
11   */
12  public class HZIPOutputStream extends OutputStream
13  {
14      public HZIPOutputStream( OutputStream out ) throws IOException
15      {
16          dout = new DataOutputStream( out );
17      }
18
19      public void write( int ch ) throws IOException
20      {
21          byteOut.write( ch );
22      }
23
24      public void close( ) throws IOException
25      {
26          byte [ ] theInput = byteOut.toByteArray( );
27          ByteArrayInputStream byteIn = new ByteArrayInputStream( theInput );
28
29          CharCounter countObj = new CharCounter( byteIn );
30          byteIn.close( );
31
32          HuffmanTree codeTree = new HuffmanTree( countObj );
33          codeTree.writeEncodingTable( dout );
34
35          BitOutputStream bout = new BitOutputStream( dout );
36
37          for( int i = 0; i < theInput.length; i++ )
38              bout.writeBits( codeTree.getCode( theInput[ i ] & 0xff ) );
39          bout.writeBits( codeTree.getCode( BitUtils.EOF ) );
40
41          bout.close( );
42          byteOut.close( );
43      }
44
45      private ByteArrayOutputStream byteOut = new ByteArrayOutputStream( );
46      private DataOutputStream dout;
47  }
```

图 12.23 `HZIPOutputStream` 类

此时，我们已经准备好进行最重要的编码了。在第 35 行创建一个位输出流对象。算法的其余部分是重复获取一个字符，并写出它的编码（第 38 行）。第 38 行有一段代码不好懂：如果我们简单地使用字节，则传给 `getCode` 的 `int` 可能与 EOF 相混淆，因为高位可能被解释为符号位。所以我们使用位掩码。当退出循环时，我们已经到达文件尾，所以在第 39 行写出文件尾编码。`BitOutputStream` 的 `close` 将剩余的位刷新到输出文件中，所以不再需要显式调用 `flush`。

接下来的 `HZIPInputStream` 类如图 12.24 所示。构造方法创建一个 `DataInputStream`，并从压缩流中读入编码表来构造一个 `HuffmanTree` 对象（第 15 行和第 16 行）。然后在第 18 行创建一个位输入流。琐碎的工作由 `read` 方法完成。

```
 1 import java.io.IOException;
 2 import java.io.InputStream;
 3 import java.io.DataInputStream;
 4
 5 /**
 6  * HZIPInputStream 包装了一个输入流
 7  * read 从包装的输入流中返回一个未压缩的字节
 8  */
 9 public class HZIPInputStream extends InputStream
10 {
11     public HZIPInputStream( InputStream in ) throws IOException
12     {
13         DataInputStream din = new DataInputStream( in );
14
15         codeTree = new HuffmanTree( );
16         codeTree.readEncodingTable( din );
17
18         bin = new BitInputStream( in );
19     }
20
21     public int read( ) throws IOException
22     {
23         String bits = "";
24         int bit;
25         int decode;
26
27         while( true )
28         {
29             bit = bin.readBit( );
30             if( bit == -1 )
31                 throw new IOException( "Unexpected EOF" );
32
33             bits += bit;
34             decode = codeTree.getChar( bits );
35             if( decode == HuffmanTree.INCOMPLETE_CODE )
36                 continue;
37             else if( decode == HuffmanTree.ERROR )
38                 throw new IOException( "Decoding error" );
39             else if( decode == HuffmanTree.END )
40                 return -1;
41             else
42                 return decode;
43         }
44     }
45
46     public void close( ) throws IOException
47       { bin.close( ); }
48
49     private BitInputStream bin;
50     private HuffmanTree codeTree;
51 }
```

图 12.24　HZIPInputStream 类

第 23 行声明的 bits 对象，代表我们当前正在检查的（霍夫曼）编码。在第 29 行每次读入一位时，就在霍夫曼编码的末尾添加一位（在第 33 行）。然后在第 34 行查看霍夫曼编码。如果它是不完整的，则继承循环（第 35 行和第 36 行）。如果它是非法的霍夫曼编码，则抛出 IOException（第 37 行和第 38 行）。如果到达文件尾编码，则返回 −1，这是 read 的标准（第 39 行和第 40 行）；否则，有一个匹配项，所以返回与霍夫曼编码匹配的字符（第 42 行）。

main 例程

main 例程在网络资源中。如果使用参数 -c 调用，则执行压缩；使用参数 -u 调用，它执行解压。图 12.25 说明了用于压缩和解压流的包装类。为避免删除原始文件，压缩后文件名添加 ".huf"；解压后文件名添加 ".uc"。

```
 1 class Hzip
 2 {
 3     public static void compress( String inFile ) throws IOException
 4     {
 5         String compressedFile = inFile + ".huf";
 6         InputStream in = new BufferedInputStream(
 7                         new FileInputStream( inFile ) );
 8         OutputStream fout = new BufferedOutputStream(
 9                         new FileOutputStream( compressedFile ) );
10         HZIPOutputStream hzout = new HZIPOutputStream( fout );
11         int ch;
12         while( ( ch = in.read( ) ) != -1 )
13             hzout.write( ch );
14         in.close( );
15         hzout.close( );
16     }
17
18     public static void uncompress( String compressedFile ) throws IOException
19     {
20         String inFile;
21         String extension;
22
23         inFile = compressedFile.substring( 0, compressedFile.length( ) - 4 );
24         extension = compressedFile.substring( compressedFile.length( ) - 4 );
25
26         if( !extension.equals( ".huf" ) )
27         {
28             System.out.println( "Not a compressed file!" );
29             return;
30         }
31
32         inFile += ".uc";       // 用于调试, 为了不毁掉原始文件
33         InputStream fin = new BufferedInputStream(
34                         new FileInputStream( compressedFile ) );
35         DataInputStream in = new DataInputStream( fin );
36         HZIPInputStream hzin = new HZIPInputStream( in );
37
38         OutputStream fout = new BufferedOutputStream(
39                         new FileOutputStream( inFile ) );
40         int ch;
41         while( ( ch = hzin.read( ) ) != -1 )
42             fout.write( ch );
43
44         hzin.close( );
45         fout.close( );
46     }
47 }
```

图 12.25   压缩和解压例程

改进程序

上面所写程序的主要目的是说明霍夫曼编码算法的基本思想。它能完成一些压缩, 甚至对中等大小的文件也是如此。例如, 当在自己的源文件 Hzip.java 上运行时, 大约能获得 40% 空间的压缩。不过, 程序还可以在几个方面进行改进。

- 错误检查是有限的。形成的程序应该严格确保解压的文件是一个真的压缩过的文件。(一个可行的方法是在编码表中写入额外的信息。) 内部例程应该进行更多检查。
- 在最小化编码表大小上几乎没做什么事情。对于大文件来说, 这个工作缺失没太大影响, 但对于较小的文件来说, 大的编码表是不可接受的, 因为编码表本身占用空间。
- 鲁棒程序要检查得到的压缩文件的大小, 如果文件尺寸大于原始文件则会终止。
- 在很多地方我们很少尝试优化速度。可使用备忘录以避免重复搜索树中的结点。

对程序的进一步改进留作练习（见练习 12.14～练习 12.16）。

12.2　交叉引用生成器

交叉引用生成器列出标识符及它们的行号。这是一个常见的应用程序，因为它类似创建索引。

本节我们设计一个称为交叉引用生成器（cross-reference generator）的程序，它扫描 Java 源文件，对标识符进行排序，并输出所有标识符及它们出现的行号。编译器有一个应用程序，为每个方法列出它直接调用的所有其他方法的方法名。

不过，这是许多其他情况下都会出现的通用问题。例如，可以将它推广，用来创建一本书的索引。在练习 12.20 中描述了另一个应用：拼写检查。拼写检查器可以发现文档中拼写错误的单词，收集那些单词及它们出现的行。这个过程避免重复输出同一个拼写错误的单词，但要指出错误所在的行。

12.2.1　基本思想

我们使用映射保存标识符和它们的行号。将每个标识符的行号保存在一个链表中。

算法的主要思想是，使用一个映射保存每个标识符及它们出现的行号。在映射中，标识符是关键字，行号列表是值。读入源文件并创建映射后，可以在集合上进行迭代，输出标识符和它们对应的行号。

12.2.2　Java 实现

解析例程很简单，但通常还需要做些努力。

通过在项集上使用映射遍历及增强的 for 循环得到输出。线性表迭代器用来得到行号。

Xref 类框架显示在图 12.26 中。它类似图 11.3 所示的平衡符号程序中的 Balance 类（但更简单）。和那个类一样，它利用了图 11.2 中定义的 Tokenizer 类。

```
1  import java.io.InputStreamReader;
2  import java.io.IOException;
3  import java.io.FileReader;
4  import java.io.Reader;
5  import java.util.Set;
6  import java.util.TreeMap;
7  import java.util.List;
8  import java.util.ArrayList;
9  import java.util.Iterator;
10 import java.util.Map;
11
12 // Xref 类接口：生成交叉引用
13 //
14 // 构造：带有一个 Reader 对象
15 //
16 // ****************** 公有操作 **********************
17 // void generateCrossReference( ) --> 望名知意
18 // ****************** 错误 **********************
19 // 执行注释和引号检查时的错误
20
21 public class Xref
22 {
```

图 12.26　Xref 类框架

```
23      public Xref( Reader inStream )
24        { tok = new Tokenizer( inStream ); }
25
26      public void generateCrossReference( )
27        { /* Figure 12.30 */ }
28
29      private Tokenizer tok;    // Tokenizer 对象
30    }
```

图 12.26　Xref 类框架（续）

现在我们可以讨论 Tokenizer 类中剩下的两个例程 getNextID 和 getRemainingString 的实现了。这些新解析例程处理识别标识符。

图 12.27 中显示的例程测试一个字符是不是标识符的一部分。在图 12.28 所示的 getRemainingString 例程中，我们假设标识符的首字符已经读入且保存在 Tokenizer 类数据成员 ch 中。它反复地读入字符，直到出现一个不属于标识符的字符。那时将字符放回（在第 12 行），然后返回一个 String。StringBuilder 用来避免重复的、昂贵的 String 连接。15.4 节描述涉及的问题。

```
1      /**
2       * 如果 ch 可能是 Java 标识符的一部分，则返回 true
3       */
4      private static final boolean isIdChar( char ch )
5      {
6          return Character.isJavaIdentifierPart( ch );
7      }
```

图 12.27　测试一个字符是不是标识符一部分的例程

```
1      /**
2       * 返回从输入流中读入的一个标识符
3       * 首字符已经读到 ch 中
4       */
5      private String getRemainingString( )
6      {
7          StringBuilder result = new StringBuilder("ch");
8
9          for( ; nextChar( ); result.append( ch ) )
10             if( !isIdChar( ch ) )
11             {
12                 putBackChar( );
13                 break;
14             }
15
16         return new String( result );
17     }
```

图 12.28　从输入返回一个 String 的例程

图 12.29 中的 getNextID 例程类似图 11.7 所示的例程。不同之处在于第 17 行，如果遇到了标识符的首字符，则调用 getRemainingString 返回记号。getNextID 和 getNextOpenClose 如此相似这一事实，表明值得编写一个私有成员函数来完成它们的共同任务。

写好所有的支撑例程后，让我们考虑唯一的方法 generateCrossReference，如图 12.30 所示。第 6 行和第 7 行创建一个空映射。在第 11～20 行读入输入并建立映射。每次迭代时，我们有 current 标识符。让我们看看循环体是如何工作的。有两种情形：

- current 标识符在映射中。在这种情形下，lines 给出指向行号 List 的引用，且将新行号添加到 List 的末尾。

- current 标识符不在映射中。在这种情形下，第 16 行和第 17 行将 current 附带一个空 List 添加到映射中。因此调用 add 将新行号添加到链表中，结果，List 如所希望的那样只含有一个行号。

```
1      /**
2       * 返回下一个标识符
3       * 跳过注释、字符串常量和字符常量
4       * 将标识符放到 currentIdNode.word 中
5       * 仅当到达流尾时返回 false
6       */
7      public String getNextID( )
8      {
9          while( nextChar( ) )
10         {
11             if( ch == '/' )
12                 processSlash( );
13             else if( ch == '\\' )
14                 nextChar( );
15             else if( ch == '\'' || ch == '"' )
16                 skipQuote( ch );
17             else if( !Character.isDigit( ch ) && isIdChar( ch ) )
18                 return getRemainingString( );
19         }
20         return null;       // 文件尾
21     }
```

图 12.29 返回下一个标识符的例程

```
1      /**
2       * 输出交叉引用
3       */
4      public void generateCrossReference( )
5      {
6          Map<String,List<Integer>> theIdentifiers =
7                               new TreeMap<String,List<Integer>>( );
8          String current;
9
10             // 将标识符插入搜索树中
11         while( ( current = tok.getNextID( ) ) != null )
12         {
13             List<Integer> lines = theIdentifiers.get( current );
14             if( lines == null )
15             {
16                 lines = new ArrayList<Integer>( );
17                 theIdentifiers.put( current, lines );
18             }
19             lines.add( tok.getLineNumber( ) );
20         }
21
22             // 在搜索树中迭代
23             // 并输出标识符和它们的行号
24         Set entries = theIdentifiers.entrySet( );
25         for( Map.Entry<String,List<Integer>> thisNode : entries )
26         {
27             Iterator<Integer> lineItr = thisNode.getValue( ).iterator( );
28
29                 // 输出标识符和它首次出现的行
30             System.out.print( thisNode.getKey( ) + ": " );
31             System.out.print( lineItr.next( ) );
32
33                 // 输出它出现的其他行
34             while( lineItr.hasNext( ) )
```

图 12.30 最重要的交叉引用算法

```
35                    System.out.print( ", " + lineItr.next( ) );
36              System.out.println( );
37          }
38      }
```

图 12.30 最重要的交叉引用算法（续）

一旦我们建立了映射，就只需要使用增强的 for 循环对底层的项集合进行迭代。因为映射是一个 TreeMap，所以按关键字有序的次序访问映射。每次出现一个映射项时，我们需要输出映射迭代器正检查的当前标识符的信息。

回想一下，项集迭代器查看 Map.Entry。在 Map.Entry 中，getKey 方法给出关键字，getValue 方法给出它的值。所以正在扫描的标识符由 thisNode.getKey( ) 给出，如第 30 行所示。要访问各个行，我们需要一个链表迭代器，第 27 行的迭代器指向当前项的行号。

第 30 行和第 31 行输出单词和第一个行号（我们已经确保链表非空）。然后，只要还没有到达链表尾，就在第 34 行和第 35 行的循环中重复地输出行号。在第 36 行输出换行符。这里我们没有提供主程序，因为它与图 11.10 所示的基本相同。

通过这种方式使用映射是非常常见的，其中的关键字是一些简单的内容，值是一个链表或其他一些集合。练习中还有几个例子使用的也是这种思路。

12.3 总结

本章我们给出了两个重要的实用工具的实现：文本压缩和交叉引用。文本压缩是一项重要的技术，能让我们增大磁盘的有效容量，并且提高调制解调器的速度。文本压缩是一个热点研究领域。这里描述的简单方法——霍夫曼算法——通常能实现对文本文件 25% 空间的压缩。其他的算法及霍夫曼算法的扩展的执行效果更好。交叉引用是一种有许多应用的通用方法。

12.4 核心概念

二叉 trie 树。一种数据结构，其中左分支代表 0，右分支代表 1。到一个结点的路径指示出它的表示。

压缩。减少数据表示所需的位数的行为，实际上有两个阶段：编码阶段（压缩）和解码阶段（解压）。

交叉引用生成器。列出标识符及它们的行号的程序。因为它类似创建索引，所以这是一个常见应用。

满树。树中结点要么是叶结点，要么有两个子结点的树。

霍夫曼算法。重复地合并两棵具有最小权的树，从而构造一种最优前缀编码的算法。

前缀编码。没有字符的编码是另一个字符编码前缀的编码。如果字符仅在叶结点中，则在 trie 树中这个条件可以保证。前缀编码可以无歧义地解码。

12.5 常见错误

- 当使用字符 I/O 时，因为附加的 EOF 符号，所以通常需要使用 int 来保存字符。还有其他几个棘手的编码问题。
- 使用太多内存来保存压缩表是一个常见错误。这样做会限制能进行压缩的量。

12.6 网络资源

可得到压缩程序和交叉引用生成器。

Hzip.java。含有霍夫曼编码压缩和解码程序的源代码。参见 **HZIPInputStream.java**、

HZIPOutputStream.java 和 Tokenizer.java。

Xref.java。含有交叉引用生成器的源代码。

12.7 练习

简答题

12.1 画出由下列标点符号和数字分布所得到的霍夫曼树：冒号 (100)、空格 (605)、换行 (100)、逗号 (705)、0(431)、1(242)、2(176)、3(59)、4(185)、5(250)、6(174)、7(199)、8(205)、9(217)。

12.2 大多数系统都有压缩程序，尝试压缩几种类型的文件来确定你的系统上一般的压缩率是多少。多大的文件才值得压缩？比较网络资源中提供的霍夫曼编码程序（Hzip）的性能。

12.3 如果使用霍夫曼算法压缩的文件在电话线上传输且因意外少了一位，会发生什么情况？这种情况下能做什么？

理论题

12.4 通过扩展下列各步来证明霍夫曼算法的正确性。

a. 表明不存在有一个子结点的结点。

b. 表明两个频度最低的字符一定是树中两个最深的结点。

c. 表明相同深度的任意两个结点中的字符可以交换而不影响最优性。

d. 使用归纳法：当树被合并时，将新字符集看作树根中的字符。

12.5 在什么情况下，ASCII 字符的霍夫曼树为某些字符生成 2 位编码？在什么情况下它生成 20 位编码？

12.6 请表明如果符号已经按频度保存，则霍夫曼算法可以以线性时间实现。

12.7 霍夫曼算法偶尔会生成不小于原始文件的压缩文件。证明所有的压缩算法都有这个特性（即无论你设计的压缩算法是什么，总存在某些输入文件，算法为它们生成的压缩文件不小于原始文件）。

实践题

12.8 在交叉引用生成器中，将行号保存在 LinkedList 中而不是 ArrayList 中，比较性能。

12.9 如果单词在一行中出现两次，则交叉引用生成器会将它列出两次。修改算法，重复出现的只列出一次。

12.10 修改算法，如果单词出现在相邻的行间，则用范围表示。例如：

```
if: 2, 4, 6-9, 11
```

12.11 在班级成绩单中，公布由 9 位数字组成的学号时，使用由前 5 个 X 及后 4 个数字组成的编码格式。例如，学生 ID 为 999-44-8901 的编码是 XXX-XX-8901。编写一个方法，输入包含学号的数组，返回一个 List<String>，包含对应两个或多个学生的所有编码。

12.12 编写 groupWords 例程，参数是 String 数组，返回一个 Map，其中关键字是表示 String 长度的数值，对应的值是这个长度的所有 String 组成的 List。Map 必须按字符串长度排序。

12.13 给定一个 Map，含有电子邮件地址簿。在 Map 中，关键字是别名，对应的值是含有电子邮件地址和其他别名的线性表。电子邮件地址保证含有 @ 符号，别名保证不含有 @ 符号。Map 的例子如下所示：

```
{ faculty=[fran48@fiu.edu,pat37@fiu.edu],
  staff=[jls123@fiu.edu,moe45@cis.fiu.edu],
  facstaff=[faculty,staff],
  all=[facstaff,president@fiu.edu,provost@fiu.edu] }
```

编写例程 expandAlias，输入是 Map 及一个别名，返回别名所扩展的所有电子邮件地址集合。例如，扩展 all 产生一含有 6 个电子邮件地址的集合。

注意，如果别名参数是一个电子邮件地址，则 expandAlias 返回含一个元素的 Set。如果别名参数不是电子邮件地址，而是一个无效的别名（即不在映射中），则可以返回一个大小为 0 的 Set。编写你的代码时，首先假设不会出现别名最终包含它自己的循环。最后处理别名出现在多个扩展中的情况（记录已经扩展的别名）。

程序设计项目

12.14 在编码表中保存字符数，使得解压算法能执行额外的一致性检查。添加代码，检查解压结果中字符数与编码表中的数是否相同。

12.15 描述并实现保存编码表的方法，比保存字符数的普通方法使用更少的空间。

12.16 为 12.13 节最后给出的压缩程序添加鲁棒性错误检查。

12.17 凭你的经验分析压缩程序的性能，判断它的速度能否显著提升。如果能，则做必要的修改。

12.18 将 Tokenizer 类分为三个类：一个抽象基类处理公共功能，两个独立的派生类（一个处理平衡符号程序中的记号，另一个处理交叉引用生成器中的记号）。

12.19 生成一本书的索引。输入文件含有索引项的集合。每行含有字符串 IX:，后面是一个括在花括号中的索引项名，然后是含在花括号中的页码。索引项名中的每个 ! 表示子层。|(表示一个范围的起始，|) 表示范围的结束。这个范围可能是同一页，这种情形下，仅输出一个页码。否则，不要自行折叠或展开范围。作为例子，图 12.31 显示了一个输入示例，而图 12.32 显示对应的输出。

```
IX: {Series|(}          {2}
IX: {Series!geometric|(}  {4}
IX: {Euler's constant}   {4}
IX: {Series!geometric|)}  {4}
IX: {Series!arithmetic|(}  {4}
IX: {Series!arithmetic|)}  {5}
IX: {Series!harmonic|(}   {5}
IX: {Euler's constant}   {5}
IX: {Series!harmonic|)}   {5}
IX: {Series|)}           {5}
```

图 12.31　练习 12.19 的示例输入

```
Euler's constant: 4, 5
Series: 2-5
    arithmetic: 4-5
    geometric: 4
    harmonic: 5
```

图 12.32　练习 12.19 的示例输出

12.20 使用映射实现一个拼写检查器。假设词典有两个来源：一个文件包含现有的大型词典，另一个文件含有个人词典。输出所有拼写错误的单词及所在的行号（注意，记录拼写错误单词和它们的行号与交叉引用中的是一样的）。另外，对于每个拼写错误的单词，列出词典中使用下列规则得到的任意单词。

　　a. 添加一个字符。

　　b. 删除一个字符。

　　c. 交换相邻字符。

12.21 如果两个单词含有相同的字母（且有相同的频度），则它们是字母异序词。例如，least 和 steal 是字母异序词。使用一个映射实现程序，找出一大组单词（5 个或更多），其中，组内的每个单词都与组内的每个其他单词互为字母异序词。例如，least、steal、tales、stale 和 slate 是彼此的字母异序词，且组成字母异序词组。假设，文件中有一大串的单词。对每个单词，计算它的代表词（representative）。代表词是单词中各字符按序排列。例如，单词 enraged 的代表词是 adeegnr。观察得知，是字母异序词的单词有相同的代表词。所以 grenade 的代表词也是 adeegnr。你可以使用 Map，其中，关键字是表示代表词的一个 String，值是其关键字与代表词相同的所有单词组成的 List。构造 Map 后，只需找出其 List 的长度大于等于 5 的所有的值，输出它们的 List 即可。忽略大小写。

12.22 使用 TreeMap 实现排序算法。因为 TreeMap 不允许有重复值，所以 TreeMap 中的每个值是含有重复值的一个线性表。

12.23 假设你有一个 Map，其中的关键字是学生姓名（String），对每位学生，值是课程（每门课程名是 String）的 List。编写例程，计算逆映射，其中关键字是课程名，值是选课学生列表。

12.24 静态方法 computeCounts 将一个字符串数组作为输入, 返回一个映射, 保存字符串作为关键字, 每个关键字出现的次序作为值。

a. 实现 computeCounts, 提供你实现的运行时间。

b. 编写例程 mostCommonStrings, 将 a 中生成的映射作为输入, 返回最常出现的字符串列表 (即如果 k 个字符串是最常见的, 则返回列表的长度将是 k), 并提供你例程的运行时间。

12.25 许多公司喜欢在电话键盘上拼写电话号码, 而不是随机数字。例如, 1-800-DRWEISS 实际上是 1-800-379-3477。另外, 当数字 (例如账号) 可以在电话键盘上拼写时就可以更容易地记忆。例如, 很难记的账号 7378378377, 如果我们发现单词 "REQUESTERS" 在电话键盘上有相同的按键序列, 那就容易记了。这个账号很特别, 因为 "PERVERTERS" 也有相同的输入序列。

假设你有一个文件, 每行含一个单词。编写程序找出文件中包含最匹配单词的账号。如果有几个这样的账号, 则输出每一个和与它们匹配的单词。

12.26 假设你有一个数组, 含有 5 字母单词。如果两个单词除一个位置外其他都是相同的, 则它们是可相互转换的。所以, "blood" 和 "blond" 是可相互转换的。而 "blood" 和 "flood" 也是可相互转换的。编写一个方法, 仅含有 5 字母单词的 String 数组作为参数, 输出可与其他单词相互转换最多的单词。个数相同的情况下, 应该输出所有这样的单词。你的算法必须在次二次时间内完成, 所以你不能简单地比较每一对单词。

提示: 创建 5 个独立的映射, 除了位置 i 之外都相同的单词分组在映射 i 中。使用那些映射创建第 6 个映射就可以得到与其他任何单词可相互转换的所有的单词。

12.27 练习 6.32 描述的 MultiSet 像是一个 Set, 不过允许重复值。练习 6.32 表明, 其实现使用的是 Map, 其中值表示重复数的计数。不过, 那个实现丢失了信息。例如, 如果我们添加表示 4.0 的 BigDecimal, 及表示 4.000 的另一个 BigDecimal (注意对于这两个对象, compareTo 产生 0, 但 equals 产生 false), 则第一次出现将以计数 2 插入, toString 将必然丢失 MultiSet 中关于 4.000 的信息。因此, 另一种实现方式是使用 Map, 其中值表示关键字所有其他实例的链表。编写 MultiSet 的一个完整的实现, 并通过添加几个逻辑相等的 BigDecimal 进行测试。

12.8 参考文献

关于霍夫曼算法最原始的论文是文献 [3]。算法的变形在文献 [2] 和文献 [4] 中讨论。另一个流行的压缩机制是 Ziv-Lempel 编码, 在文献 [7] 和文献 [6] 中讨论。它的原理是生成一系列定长编码。通常, 我们会生成 4096 个 12 位编码, 表示文件中最常见的子串。参考文献 [1] 和文献 [5] 很好地综述了常见的压缩机制。

[1] T. Bell, I. H. Witten, and J. G. Cleary, "Modelling for Text Compression," *ACM Computing Surveys* **21** (1989), 557–591.

[2] R. G. Gallager, "Variations on a Theme by Huffman," *IEEE Transactions on Information Theory* **IT-24** (1978), 668–674.

[3] D. A. Huffman, "A Model for the Construction of Minimum Redundancy Codes," *Proceedings of the IRE* **40** (1952), 1098–1101.

[4] D. E. Knuth, "Dynamic Huffman Coding," *Journal of Algorithms* **6** (1985), 163–180.

[5] D. A. Lelewer and D. S. Hirschberg, "Data Compression," *ACM Computing Surveys* **19** (1987), 261–296.

[6] T. A. Welch, "A Technique for High-Performance Data Compression," *Computer* **17** (1984), 8–19.

[7] J. Ziv and A. Lempel, "Compression of Individual Sequences via Variable-Rate Coding," *IEEE Transactions on Information Theory* **IT-24** (1978), 530–536.

模　　拟

> 计算机的一个重要用途是模拟，其中计算机用来模拟真实系统的操作并收集统计数据。

计算机一个重要的用途是模拟（simulation），其中计算机用来模拟真实系统的操作并收集统计数据。例如，我们可能想模拟一家有 k 位出纳员的银行的操作，以决定能提供合理服务时间的最小 k 值。使用计算机完成这项工作有许多好处。第一，收集信息不需要涉及真正的顾客。第二，使用计算机进行模拟可以比实际的实现更快。第三，模拟很容易复制。在许多情况下，正确选择数据结构有助于提高模拟的效率。

本章中，我们将看到：

- 如何模拟关于约瑟夫问题的一个游戏模型。
- 如何模拟电话银行的操作。

13.1　约瑟夫问题

> 在约瑟夫问题中，反复传递一个热土豆，当传递终止时，拿着土豆的人被淘汰，游戏继续，剩下的最后一个人获胜。

约瑟夫问题（Josephus problem）是如下所述的一个游戏：有编号从 1 到 N 的 N 个人，围坐成一个圆圈，从编号为 1 的人开始传递一个热土豆，传递 M 次后，拿着热土豆的人被淘汰，圆圈缩紧，被淘汰的人后面的人接过热土豆，游戏继续，最后剩下的人获胜。常见的假设是 M 是一个常量，不过，在每次淘汰后可用随机数发生器来修改 M。

如果 $M=0$，则玩家按序淘汰，最后一位玩家总是获胜。对其他的 M 值，情况就没那么明显了。图 13.1 显示，如果 $N=5$ 且 $M=1$，则玩家淘汰的次序是 2、4、1、5。在这种情况下，玩家 3 获胜，步骤如下。

1. 开始时，土豆在玩家 1 手中。一次传递后，它在玩家 2 手中。
2. 玩家 2 被淘汰。玩家 3 捡起土豆，一次传递后，它在玩家 4 手中。
3. 玩家 4 被淘汰。玩家 5 捡起土豆并传递给玩家 1。
4. 玩家 1 被淘汰。玩家 3 捡起土豆并传递给玩家 5。
5. 玩家 5 被淘汰，所以玩家 3 获胜。

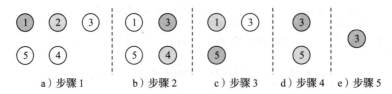

　　　　a）步骤 1　　　　b）步骤 2　　　c）步骤 3　　　d）步骤 4　　e）步骤 5

图 13.1　约瑟夫问题。每一步中，最深色阴影圆圈代表最初的持有人，浅色阴影圆圈代表接过热土豆的人（且被淘汰）。顺时针方向传递

首先，我们编写一个程序，模拟对于任意 N 和 M 值的游戏。模拟的运行时间为 $O(MN)$，如

果传递数很少，这是可接受的。每一步需要 $O(M)$ 时间，因为它执行 M 次传递。然后，我们将展示如何在 $O(\log N)$ 时间内实现每个步骤，不考虑执行了多少次传递。模拟的运行时间变为 $O(N\log N)$。

13.1.1 简单的解决方案

> 可以用链表表示玩家，使用迭代器模拟传递。

约瑟夫问题的传递阶段表明参与者保存在链表中。创建一个链表，其中元素 1,2,…,N 按序插入。然后设置一个迭代器指向最前端的元素。每一次传递土豆都对应迭代器的一次 next 操作。到达链表中（当前存在）的最后一位玩家时，我们创建一个新的迭代器定位到首元素的前面，从而实现传递。这个动作模仿了圆圈。当完成传递时，删除迭代器所到达的元素。

上述过程的实现如图 13.2 所示。链表和迭代器分别在第 8 行和第 15 行声明。使用第 11 行和第 12 行的循环来构造初始链表。

```
1       /**
2        * 返回约瑟夫问题中的赢家
3        * 链表实现
4        *（可以使用 ArrayList 或 TreeSet 替换）
5        */
6       public static int josephus( int people, int passes )
7       {
8           Collection<Integer> theList = new LinkedList<Integer>( );
9
10              // 构造链表
11          for( int i = 1; i <= people; i++ )
12              theList.add( i );
13
14              // 开始游戏
15          Iterator<Integer> itr = theList.iterator( );
16          while( people-- != 1 )
17          {
18              for( int i = 0; i <= passes; i++ )
19              {
20                  if( !itr.hasNext( ) )
21                      itr = theList.iterator( );
22
23                  itr.next( );
24              }
25              itr.remove( );
26          }
27
28          itr = theList.iterator( );
29
30          return itr.next( );
31      }
```

图 13.2　约瑟夫问题的链表实现

在图 13.2 中，第 18～25 行的代码执行算法的一步，通过传递土豆（第 18～24 行），然后淘汰玩家（第 25 行）来完成。重复这个过程，直到第 16 行的测试告诉我们仅剩一个玩家时为止。然后，将在第 30 行返回玩家的编号。

这个例程的运行时间为 $O(MN)$，因为这正是算法中发生的传递数。对于较小的 M，这个运行时间是可以接受的，不过，我们得提一句，在 $M=0$ 的情况下，不会产生 $O(0)$ 的运行时间，因为显然运行时间为 $O(N)$。当试图解释大 O 表达式时，我们不仅仅是乘 0。注意，我们可以用 ArrayList 替换 LinkedList，且不影响运行时间。还可以使用 TreeSet，但构造开销将不是 $O(N)$。

13.1.2　更有效率的算法

> 如果我们在一个对数操作中实现每一轮传递，则模拟会更快。
>
> 因为圆圈的原因，所以计算有些复杂。
>
> 搜索树可以支持 findKth。
>
> 平衡搜索树是可行的，但如果我们仔细地构造一棵简单二叉搜索树，且在开始时就不是不平衡的，那就不需要它了。类方法可以在线性时间内构造一棵完全平衡的树。
>
> 通过递归地插入可以构造相同的树，但使用 $O(N\log N)$ 时间。

如果我们使用能支持（在对数时间内）访问第 k 小项的数据结构，则可以得到更有效率的算法。这样做可让我们在一次操作中实现每一轮的传递。图 13.1 表明了原因。假设，我们剩下了 N 个玩家，目前在前面的玩家 P 处。初始时，N 为玩家总数而 P 为 1。在传递 M 次后，计算告诉我们，最前面的是 $((P+M) \bmod N)$ 号玩家，除非得到的是玩家 0，在那种情况下，选择玩家 N。计算上相当棘手，但概念并不复杂。

将这个计算用在图 13.1 上，我们观察到，M 为 1，N 初始时为 5，P 初始时为 1。所以 P 的新值为 2。在删除之后，N 降为 4，但我们仍在位置 2 处，如图 13.1b 所示。P 的下一个值为 3，也如图 13.1b 所示，所以链表中的第 3 个元素被删除且 N 降为 3。P 的下一个值为 4 mod 3 或 1，所以我们回到剩余链表的第一个玩家，如图 13.1c 所示。删除这个玩家且 N 变为 2。此时，我们将 M 加到 P 上，得到 2。因为 2 mod 2 为 0，故将 P 设置为玩家 N，所以链表中排在最后的玩家就是要删除的这一个。这个行为符合图 13.1d。删除后，N 为 1，而且我们做完了。

所需要的就是一个高效支持 findKth 操作的数据结构。findKth 操作对任何参数 k 返回第 k（最小）项$^\ominus$。遗憾的是，Collections API 中没有数据结构支持 findKth 操作。但是，我们可以使用在第四部分实现的一种泛型数据结构。回想一下 6.7 节所讨论的，我们将在第 19 章实现的数据结构遵从使用 insert、remove 和 find 的基本协议。这样我们就可以在实现中增加 findKth 了。

有几个类似的替代方案。所有的都使用这一事实（如第 6.7 节讨论的），TreeSet 可以在平均情况下对数时间内支持排序操作，或者如果我们使用了复杂的二叉搜索树则为最差情形下对数时间支持。因此，如果我们谨慎编写的话，可以期望有一个 $O(N\log N)$ 的算法。

最简单的方法是将项顺序地插入最差情形下高效的二叉搜索树中，比如红黑树、AA 树或伸展树（我们将在后续章节讨论这些树）。然后可以视情况调用 findKth 和 remove。事实证明，伸展树是这个应用的绝妙选择，因为 findKth 和 insert 操作特别高效，而 remove 操作的代码也不难写。不过这里我们使用另一种方式，因为我们在后面的章节中提供的这些数据结构的实现，将 findKth 的实现留作练习。

我们使用 19.2 节完整实现的 BinarySearchTreeWithRank 类来支持 findKth 操作。它基于简单的二叉搜索树，因此没有对数最差性能，而只有平均情况下的对数性能。因此，我们不能简单地按顺序插入项，这会导致搜索树表现出最差的性能。

存在几种选择。一种是将 $1,\cdots,N$ 的随机排列插入搜索树中。另一种是用类方法建立完全平衡的二叉搜索树。因为类方法可以访问搜索树的内部操作，所以它应该可以在线性时间内完成。当讨论搜索树时，这个例程留作练习 19.18。

我们使用的方法是编写一个递归例程，以平衡的顺序插入项。通过在根结点处插入中间项，并以同样的方式递归地建立两棵子树，我们得到一棵平衡树。这个例程的开销是可接受的 $O(N\log N)$。虽然不如线性时间级的例程那样高效，但它不会对整个算法的渐近运行时间产生不利影响。另外，remove 操作可以保证是对数的。这个例程称为 buildTree，它和 josephus 方法

$\ominus$　findKth 的参数 k 范围从 1 到 N，包含，其中 N 是数据结构中的项数。

的代码如图 13.3 所示。

```
1    /**
2     * 通过重复地插入，在 O( N log N ) 时间内
3     * 递归地构造一棵完全平衡的 BinarySearchTreeWithRank
4     * 在初始调用时，t 应该是空的
5     */
6    public static void buildTree( BinarySearchTreeWithRank<Integer> t,
7                                  int low, int high )
8    {
9        int center = ( low + high ) / 2;
10
11       if( low <= high )
12       {
13           t.insert( center );
14
15           buildTree( t, low, center - 1 );
16           buildTree( t, center + 1, high );
17       }
18   }
19
20   /**
21    * 返回约瑟夫问题中的赢家
22    * 搜索树实现
23    */
24   public static int josephus( int people, int passes )
25   {
26       BinarySearchTreeWithRank<Integer> t =
27               new BinarySearchTreeWithRank<Integer>( );
28
29       buildTree( t, 1, people );
30
31       int rank = 1;
32       while( people > 1 )
33       {
34           rank = ( rank + passes ) % people;
35           if( rank == 0 )
36               rank = people;
37
38           t.remove( t.findKth( rank ) );
39           people--;
40       }
41
42       return t.findKth( 1 );
43   }
```

图 13.3　约瑟夫问题的 $O(N\log N)$ 的解决方案

13.2　事件驱动模拟

让我们返回引言中描述的银行模拟问题。这里，我们有一个系统，其中顾客到达并排队等待，直到 k 位出纳员中的一位可提供服务。顾客的到达由概率分布函数来控制，服务时间（一旦出纳员可提供服务，所要服务的时间）也一样。我们感兴趣的是统计数据，例如顾客平均的等待时间，以及出纳员实际上服务于请求时间的百分比。（如果出纳员太多了，则有些人会在很长一段时间内无事可做。）

对于特定的概率分布及 k 值，我们可以精确地计算这些答案。不过，随着 k 值的增大，分析会变得相当困难，而使用计算机来模拟银行操作是非常有帮助的。通过这种方式，银行管理者可以决定需要多少出纳员来确保服务合理顺畅。大多数模拟需要概率论、统计学和排队论的完整知识。

13.2.1　基本思路

> 滴答是模拟中的量子时间单位。
> 离散时间驱动模拟连续处理每个时间单位。如果连续事件之间的间隔较大，则不合适。
> 事件驱动模拟将当前时间前进到下一事件。
> 事件集（即等待发生的事件）使用优先队列组织。

离散事件模拟由事件处理组成。本例中，两类事件是顾客进入和顾客离开，从而一名出纳员空闲。

我们可以使用概率函数来生成一个输入流，它由每位顾客的到达时间及服务时间的有序对组成，按到达时间排序[⊖]。我们不需要使用一天中的确切时间，而是使用量子单位，称为滴答（tick，人为设定的一个计算机能够理解的时间）。

在离散时间驱动模拟（discrete time-driven simulation）中，可以让模拟时钟从 0 滴答开始，每次时钟前进 1 滴答，检查是否有事件发生。如果有，则处理事件，并收集统计信息。当输入流中没有顾客时，所有的出纳员都空闲，模拟结束。

这种模拟策略的问题是，它的运行时间不依赖顾客或事件数（本例的情况下，每位顾客有两个事件）。相反，它依赖滴答数，而滴答数不是输入的一部分。为了说明这个条件有多么重要，让我们将时钟单位更改为微滴答，并将输入中的所有时间乘以 1 000 000。则模拟将花费 1 000 000 倍时间。

避免这个问题的关键是，在每一个阶段，将时钟前进到下一事件时间，称为事件驱动模拟（event-driven simulation），这在概念上容易做到。任何时刻，可能发生的下一事件要么是输入流中的下一位顾客到达，要么是一位顾客从出纳员处离开。所有的时间都可以发生事件，所以我们只需要找到最快发生的事件并处理事件（设置当前时间为事件发生的时间）。

如果事件是离开，则处理过程包括收集离开顾客的统计信息并检查排队（队列）以确定是否有另一位顾客在等待。如果有，则添加一位顾客，处理所需的任何统计信息，计算顾客离开的时间，并将那个离开添加到等待发生的事件集合中。

如果事件是到达，则检查可用的出纳员。如果没有，则将到达放到排队（队列）中。否则，给顾客分配一位出纳员，计算顾客的离开时间，将离开添加到等待发生的事件集合中。

顾客等待队列可以实现为一个队列。因为我们需要找到下一个最快事件，所以事件集合应该按优先队列组织。所以，下一个事件就是一个到达或离开（以更快者为准），两者都容易得到。如果预期事件之间的滴答数较大，则事件驱动模拟是合适的。

13.2.2　示例：电话银行模拟

> 电话银行从模拟中删除等待队列，所以只有一个数据结构。
> 当事件发生时，列出每个事件，收集统计信息是简单的扩展。
> Event 类代表事件。在一个复杂的模拟中，它应该派生所有可能的事件类型作为子类。对 Event 类使用继承会使代码复杂化。
> nextCall 方法将拨入请求添加到事件集中。
> runSim 方法执行模拟。
> 挂断电话增加 avaliableOperators。拨入请求检查是否有接线员可用，如果是，则减少 avaliableOperators。

⊖　概率函数产生到达间隔时间（到达之间的时间），所以可以保证到达是按时间顺序产生的。

模拟使用了一个不好的模型。负指数分布更精确地模拟拨入尝试之间的时间和总的连接时间。

模拟中主要的算法项是将事件组织在优先队列中。为了将注意力聚焦到这个需求上，我们编写了一个简单的模拟。我们模拟的系统在大型公司中称为电话银行（call bank）。

电话银行由大量处理电话呼叫的接线员组成。拨一个电话号码就可以联系到接线员。如果任何接线员都可用，则用户将连接到其中的一位。如果所有的接线员都在接听电话，则电话将发出一个忙音信号。这可以看作自动顾客服务设施所用的机制。我们模拟了由接线员池提供的服务。变量为：

- 银行中的接线员数。
- 控制拨入尝试的概率分布。
- 控制连接时间的概率分布。
- 要执行的模拟时间长度。

电话银行模拟是银行出纳员模拟的简化版本，因为没有等待队列。每个拨入都是一个到达，一旦连接建立后花费的总时间就是服务时间。由于删除了等待队列，我们不需要维护队列。因此我们仅有一个数据结构：优先队列。在练习13.16中，要求你加入一个队列，如果所有的接线员都在忙，则最多有 L 个呼叫要排队。

为了简化上述问题，我们不计算统计信息。相反，我们在处理每个事件时列出它。我们还假设，连接的尝试以固定间隔发生，在一次精准的模拟中，我们用随机过程来模仿这个间隔时间。图 13.4 显示了模拟的输出。

```
 1  User 0 dials in at time 0 and connects for 1 minute
 2  User 0 hangs up at time 1
 3  User 1 dials in at time 1 and connects for 5 minutes
 4  User 2 dials in at time 2 and connects for 4 minutes
 5  User 3 dials in at time 3 and connects for 11 minutes
 6  User 4 dials in at time 4 but gets busy signal
 7  User 5 dials in at time 5 but gets busy signal
 8  User 6 dials in at time 6 but gets busy signal
 9  User 1 hangs up at time 6
10  User 2 hangs up at time 6
11  User 7 dials in at time 7 and connects for 8 minutes
12  User 8 dials in at time 8 and connects for 6 minutes
13  User 9 dials in at time 9 but gets busy signal
14  User 10 dials in at time 10 but gets busy signal
15  User 11 dials in at time 11 but gets busy signal
16  User 12 dials in at time 12 but gets busy signal
17  User 13 dials in at time 13 but gets busy signal
18  User 3 hangs up at time 14
19  User 14 dials in at time 14 and connects for 6 minutes
20  User 8 hangs up at time 14
21  User 15 dials in at time 15 and connects for 3 minutes
22  User 7 hangs up at time 15
23  User 16 dials in at time 16 and connects for 5 minutes
24  User 17 dials in at time 17 but gets busy signal
25  User 15 hangs up at time 18
26  User 18 dials in at time 18 and connects for 7 minutes
```

图 13.4　有三条电话线的电话银行模拟的输出示例：每分钟尝试拨入一次，平均连接时间为 5 min，模拟运行 18 min

模拟类需要另一个类来表示事件。Event 类显示在图 13.5 中。数据成员含有顾客号码、事件发生的时间和事件类型的指示（DIAL_IN 或 HANG_UP）。如果这个模拟更复杂，有几种类型的事件,则我们将 Event 看作抽象基类,且从它派生子类。这里我们没有这样做,是因为那样会使事情复杂化,让模拟算法的基本工作难以理解。Event 类含有一个构造方法和优先队列使用的一个比较函数。Event 类将包可见性状态给了电话银行模拟类,以便 Event 的内部成员可被 CallSim 方法访问。Event 类嵌套在 CallSim 类内。

```
1       /**
2        * 事件类
3        * 实现了 Comparable 接口
4        * 按发生的时间安排事件
5        *(嵌套在 CallSim 中)
6        */
7       private static class Event implements Comparable<Event>
8       {
9           static final int DIAL_IN = 1;
10          static final int HANG_UP = 2;
11
12          public Event( )
13          {
14              this( 0, 0, DIAL_IN );
15          }
16
17          public Event( int name, int tm, int type )
18          {
19              who  = name;
20              time = tm;
21              what = type;
22          }
23
24          public int compareTo( Event rhs )
25          {
26              return time - rhs.time;
27          }
28
29          int who;        // 用户数
30          int time;       // 事件何时发生
31          int what;       // DIAL_IN 或 HANG_UP
32      }
```

图 13.5　用于电话银行模拟的 Event 类

　　电话银行模拟 CallSim 类的框架如图 13.6 所示。它由很多的数据成员、一个构造方法和两个方法组成。数据成员包括显示在第 27 行的随机数对象 r。在第 28 行,eventSet 被维护为 Event 对象的一个优先队列。其余的数据成员是:availableOperators(初始时是模拟中的接线员数,但随着用户的连接和挂断其值会改变)、模拟的参数 avgCallLen 和 freqOfCalls。回想一下,在每个 freqOfCalls 滴答时都有拨入尝试。第 15 行声明的构造方法,实现在图 13.7 中,初始化这些成员并将第一个到达的放到优先队列 eventSet 中。

```
1  import weiss.util.Random;
2  import java.util.PriorityQueue;
3
4  // CallSim 类接口:执行模拟
5  //
6  // 构造:带三个参数
7  //   接线员数量、平均连接时间
8  //   和到达间隔时间
9  //
10 // ***************** 公有操作 *****************
11 // void runSim( )       --> 执行模拟
```

图 13.6　CallSim 类框架

```
12
13  public class CallSim
14  {
15      public CallSim( int operators, double avgLen, int callIntrvl )
16        { /* 图 13.7 */ }
17
18        // 执行模拟
19      public void runSim( long stoppingTime )
20        { /* 图 13.9 */ }
21
22        // 在当前时间添加对 eventSet 的一次调用
23        // 并在未来 delta 时安排一次
24      private void nextCall( int delta )
25        { /* 图 13.8 */ }
26
27      private Random r;                        // 随机源
28      private PriorityQueue<Event> eventSet;   // 待定事件
29
30          // 模拟的基本参数
31      private int availableOperators;      // 可用的接线员数
32      private double avgCallLen;           // 电话时长
33      private int freqOfCalls;             // 电话之间的平均间隔时间
34
35      private static class Event implements Comparable<Event>
36        { /* 图 13.5 */ }
37  }
```

图 13.6 CallSim 类框架（续）

```
1      /**
2       * 构造方法
3       * @param operator: 接线员数
4       * @param avgLen: 通话的平均时长
5       * @param callIntrvl: 电话之间的平均间隔时间
6       */
7      public CallSim( int operators, double avgLen, int callIntrvl )
8      {
9          eventSet           = new PriorityQueue<Event>( );
10         availableOperators = operators;
11         avgCallLen         = avgLen;
12         freqOfCalls        = callIntrvl;
13         r                  = new Random( );
14         nextCall( freqOfCalls );  // 安排第一次拨入请求
15      }
```

图 13.7 CallSim 构造方法

　　模拟类仅含有两个方法。第一个是显示在图 13.8 中的 nextCall，它将一个拨入请求添加到事件集中。它维护两个私有变量：将尝试拨入的下一位用户的编号和事件发生的时间。重申一下，我们在这里做了简化假设，以固定的间隔进行呼叫。实际上，我们将使用随机数发生器对到达流进行建模。

　　另一个方法是 runSim，调用它来执行整个模拟。runSim 方法做了大部分的工作，如图 13.9 所示。调用时带有一个参数，指示模拟何时结束。只要事件集不为空，我们就处理事件。注意，它应该永远不为空，因为当我们到达第 12 行时，优先队列中正好有一个拨入请求和对应每个当前正连接的呼叫的一个挂断请求。每当我们在第 12 行删除一个事件并确认该事件为拨入时，将在第 40 行产生一个替换的拨入事件。如果拨入成功，则在第 35 行生成一个挂断事件。因此，能结束例程的方法是将 nextCall 设置为最终不生成事件，或者（更可能）执行第 15 行的 break 语句。

```
1      private int userNum = 0;
2      private int nextCallTime = 0;
3
4      /**
5       * 将一个新 DIAL_IN 事件放到事件队列中
6       * 然后，时间前进到下一个 DIAL_IN 事件发生的时刻
7       * 实际上，我们会使用一个随机数来设置时间
8       */
9      private void nextCall( int delta )
10     {
11         Event ev = new Event( userNum++, nextCallTime, Event.DIAL_IN );
12         eventSet.add( ev );
13         nextCallTime += delta;
14     }
```

图 13.8　nextCall 方法将一个新的 DIAL_IN 事件放到事件队列中，时间前进到下一个 DIAL_IN 事件发生时

```
1      /**
2       * 执行模拟，直到 stoppingTime 出现
3       * 打印如图 13.4 那样的输出
4       */
5      public void runSim( long stoppingTime )
6      {
7          Event e = null;
8          int howLong;
9
10         while( !eventSet.isEmpty( ) )
11         {
12             e = eventSet.remove( );
13
14             if( e.time > stoppingTime )
15                 break;
16
17             if( e.what == Event.HANG_UP )    // HANG_UP
18             {
19                 availableOperators++;
20                 System.out.println( "User " + e.who +
21                                     " hangs up at time " + e.time );
22             }
23             else                            // DIAL_IN
24             {
25                 System.out.print( "User " + e.who +
26                                   " dials in at time " + e.time + " " );
27                 if( availableOperators > 0 )
28                 {
29                     availableOperators--;
30                     howLong = r.nextPoisson( avgCallLen );
31                     System.out.println( "and connects for "
32                                         + howLong + " minutes" );
33                     e.time += howLong;
34                     e.what = Event.HANG_UP;
35                     eventSet.add( e );
36                 }
37                 else
38                     System.out.println( "but gets busy signal" );
39
40                 nextCall( freqOfCalls );
41             }
42         }
43     }
```

图 13.9　基本的模拟例程

让我们总结一下各类事件是如何处理的。如果事件是挂断，则我们在第 19 行增加 available Operators，并在第 20 行和第 21 行输出信息。如果事件是拨入，则生成记录拨入尝试的部分输出行，然后，如果有可用的接线员，则连接用户。为此在第 29 行减少 availableOperators，在第 30 行生成一个连接时间（使用泊松分布，而不是均匀分布），在第 31 行和第 32 行打印其余的输出，然后将挂断添加到事件集中（第 33 ～ 35 行）。否则，没有接线员可用，则发出一个忙音信号。两种情况下都生成额外的一个拨入事件。对于图 13.4 的输出示例中的前几个阶段，每次 deleteMin 后优先队列的状态如图 13.10 所示。发生每个事件的时间用黑体表示，空闲接线员的数量（如果有的话）显示在优先队列的右侧。（注意，呼叫长度并不是真的保存在 Event 对象中，我们适时地包含它，是为了数字更独立。呼叫长度的 '?' 代表导致忙音信号的一个拨入事件，不过，在将事件添加到优先队列中时，其结果是未知的。）优先队列各步的顺序如下所示。

1. 插入第一个 DIAL_IN 请求。
2. 在删除 DIAL_IN 后，请求被连通，由此产生一个 HANG_UP 及一个替换的 DIAL_IN 请求。
3. 处理 HANG_UP 请求。
4. 处理 DIAL_IN 请求，产生连接。所以添加 DIAL_IN 和 HANG_UP 事件（三次）。
5. DIAL_IN 请求失败，生成另一个 DIAL_IN（三次）。
6. 处理 HANG_UP 请求（两次）。
7. DIAL_IN 请求成功，添加 HANG_UP 和 DIAL_IN。

再次重申，如果 Event 是抽象基类，则我们希望在 Event 层次结构中定义 doEvent 过程，然后就不需要长链的 if/else 语句了。不过，要访问模拟类中的优先队列，需要 Event 中有一个数据成员保存对模拟 CallSim 类的引用。我们会在编写代码时加入。

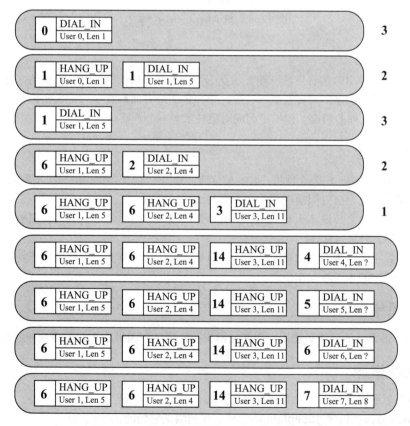

图 13.10　模拟电话银行每一步后的优先队列

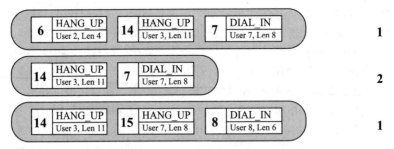

图 13.10   模拟电话银行每一步后的优先队列（续）

为完整起见，图 13.11 显示了一个最小（最真实意义上）的 main 例程。注意，使用泊松分布对连接时间进行建模不太合适。更好的选择应该是使用负指数分布（但是这样做的理由超出本书范围）。另外，假设拨入尝试之间的时间是固定的也是不准确的。同样，负指数分布应该是更好的模型。如果我们修改模拟使用这些分布，则时钟应该表示为 double。在练习 13.12 中要求你实现这些修改。

```
1    /**
2     * 为了测试，设置一个简单的 main
3     */
4    public static void main( String [ ] args )
5    {
6        CallSim s = new CallSim( 3, 5.0, 1 );
7        s.runSim( 20 );
8    }
```

图 13.11   测试模拟的简单 main

13.3   总结

模拟是计算机科学的重要领域，涉及的复杂性比本书中讨论的更多。模拟的好坏取决于随机模型的好坏，所以要求建模人员在概率、统计学和排队论方面有扎实的背景知识，以便了解哪种类型的概率分布是合理的假设。模拟是面向对象技术的一个重要应用领域。

13.4   核心概念

离散时间驱动模拟。连续处理每一时间单位的一种模拟。如果相邻事件的间隔较大则不合适。
事件驱动模拟。当前时间前进到下一个事件的一种模拟。
约瑟夫问题。反复传递热土豆的一种游戏，当传递终止时，拿着土豆的玩家被淘汰，然后游戏继续，最后剩下的玩家获胜。
模拟。计算机的一种重要用途，其中计算机用来模仿一个真实系统的操作并收集统计信息。
滴答。模拟中的量子时间单位。

13.5   常见错误

- 模拟中最常见的错误是使用一个坏的模型。模拟只和随机输入的准确性一样好。

13.6   网络资源

本章的两个示例都可以在网络资源中找到。
Josephus.java。包含 josephus 的两种实现和测试它们的 main 方法。
CallSim.java。包含电话银行模拟的代码。

13.7 练习

简答题

13.1 如果 $M=0$，那么谁将赢得约瑟夫游戏？

13.2 显示图 13.3 中的约瑟夫算法在 7 个人传递 3 次情况下的操作结果。包括 rank 的计算及含有每一次迭代后剩余元素的图。

13.3 在 30 人的约瑟夫游戏中，有没有能让玩家 1 获胜的 M 值？

13.4 在图 13.4 所示的模拟前 10 行的每一行之后，显示优先队列的状态。

理论题

13.5 对任意的整数 k，令 $N=2^k$。证明如果 M 为 1，则玩家 1 永远能赢得约瑟夫游戏。

13.6 令 $J(N)$ 是 N 个玩家 $M=1$ 的约瑟夫游戏的赢家。证明：

a. 如果 N 是偶数，则 $J(N) = 2J(N/2) - 1$。

b. 如果 N 是奇数且 $J(\lceil N/2 \rceil) \neq 1$，则 $J(N) = 2J(\lceil N/2 \rceil) - 3$。

c. 如果 N 是奇数且 $J(\lceil N/2 \rceil) = 1$，则 $J(N) = N$。

13.7 使用练习 13.6 的结果编写一个算法返回 N 个玩家 $M=1$ 时约瑟夫游戏的赢家。你编写的算法的运行时间是多少？

13.8 给出 N 个玩家 $M=2$ 时约瑟夫游戏的赢家的一般公式。

13.9 使用 $N=20$ 的算法，决定插入 BinarySearchTreeWithRank 中的次序。

实践题

13.10 假设图 13.2 中所示的约瑟夫算法使用 TreeSet 而不是 LinkedList 来实现。如果这种修改可行，则运行时间是多少？

13.11 使用队列实现约瑟夫算法。每一次传递土豆是一次 dequeue 再接一次 enqueue。

13.12 重新进行模拟，使用 double 表示时钟，两次拨入尝试之间的时间模型是负指数分布，连接时间也用负指数分布模型。

13.13 重新模拟电话银行，Event 是一个抽象基类，DialInEvent 和 HangUpEvent 是派生类。Event 类应该保存指向 CallSim 对象的引用作为附加的数据成员，它在构造方法中进行初始化。它还应该提供一个抽象方法 doEvent，在派生类中实现，可以从 runSim 中调用以处理事件。

程序设计项目

13.14 使用伸展树（见第 22 章）和顺序插入实现约瑟夫算法。（伸展树类可在网络资源中得到，但它需要一个 findKth 方法。）将本书中实现的版本与使用平衡树算法实现的线性时间版本进行性能比较。

13.15 使用中值堆（median heap，见练习 6.31）重写图 13.3 所示的约瑟夫算法。使用中值堆的简单实现，元素按顺序维护。将这个算法的运行时间与使用二叉搜索树获得的时间进行比较。

13.16 假设电话银行中安装了一个系统，当所有接线员都忙时将电话呼叫排队。重新编写模拟例程，允许不同大小的队列。允许一个"无限"队列。

13.17 重新编写电话银行模拟，收集统计信息而不是输出每个事件。然后比较模拟速度，假设有几百位接线员和很长时间的模拟，使用如下可能的优先队列（有一些可以在网络资源中找到）。

a. 练习 6.26 中描述的渐近效率不高的优先队列实现。

b. 练习 6.27 中描述的渐近效率不高的优先队列实现。

c. 伸展树（见第 22 章）。

d. 斜堆（见第 23 章）。

e. 配对堆（见第 23 章）。

图 和 路 径

本章我们研究图，并说明如何解决一类特殊的问题——最短路径的计算。最短路径计算是计算机科学中的一个基本应用，因为许多有趣的情形都可以用图来建模。例如，为公共交通系统查找最快的路线、通过计算机网络发送电子邮件的路由等。根据对最短（shortest）的解读和图的特性，我们研究最短路径问题的变形。最短路径问题很有趣，因为尽管算法相当简单，但如果不注意选择数据结构的话，对于大型图来说速度很慢。

本章中，我们将看到：

- 图和它的组成部分的形式定义。
- 用来表示图的数据结构。
- 用来求解几个不同最短路径问题的算法和完整的 Java 实现。

14.1　定义

> 图由一组顶点和一组连接顶点的边构成。如果边对是有序的，则图是有向图。
>
> 如果存在一条从顶点 v 到 w 的边，则称 w 与 v 邻接。
>
> 路径是由边相连的顶点序列。
>
> 无权路径长度度量路径上的边数。
>
> 带权路径长度是路径上的边的代价的总和。
>
> 有向图中的回路是开始和结束于同一顶点且至少含有一条边的路径。
>
> 有向无环图没有回路，这样的图是一类重要的图。
>
> 如果边数多（通常是二次的），则图是密集的。典型的图不是密集的。相反，它们是稀疏的。

图由一组顶点和一组连接顶点的边构成，即 $G=(V, E)$，其中 V 是顶点集而 E 是边集。每条边是一个对 (v, w)，其中 $v, w \in V$。顶点有时称为结点（node），边有时称为弧（arc）。如果边的对是有序的，则图称为有向图（directed graph，有时写作 digraph）。在有向图中，顶点 w 邻接到顶点 v，当且仅当 $(v, w) \in E$。有时边有第三个成分，称为边的代价（cost）（或权（weight）），它衡量遍历边时的代价。本章中，所有的图都是有向的。

图 14.1 所示的图有 7 个顶点，

$$V = \{V_0, V_1, V_2, V_3, V_4, V_5, V_6\}$$

和 12 条边

$$E = \begin{Bmatrix} (V_0,V_1,2),(V_0,V_3,1),(V_1,V_3,3),(V_1,V_4,10) \\ (V_3,V_4,2),(V_3,V_6,4),(V_3,V_5,8),(V_3,V_2,2) \\ (V_2,V_0,4),(V_2,V_5,5),(V_4,V_6,6),(V_6,V_5,1) \end{Bmatrix}$$

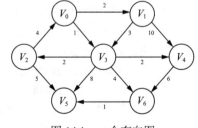

图 14.1　一个有向图

与 V_3 邻接的顶点是 V_2、V_4、V_5 和 V_6。注意，V_0 和 V_1 不与 V_3 邻接。对于这个图，$|V|$=7 且 $|E|$=12。这里，$|S|$ 表示集合 S 的大小。

图中的一条路径（path）是由边相连的顶点序列。也就是说，当 $1 \leqslant i \leqslant N$ 时，顶点序列 w_1, w_2, $\cdots$, w_n 满足 $(w_i, w_{i+1}) \in E$。路径长度（path length）是路径上的边数——即 $N-1$——也称为无

权路径长度（unweighted path length）。带权路径长度（weighted path length）是路径上的边的代价的总和。例如，V_0、V_3、V_5 是从顶点 V_0 到 V_5 的路径。路径长度是 V_0 和 V_5 之间两条边的最短路径，而带权路径长度为 9。不过，如果代价很重要，则这两个顶点之间的带权最短路径的代价为 6，路径是 V_0、V_3、V_6、V_5。顶点到它自己可能也存在路径。如果这条路径不包含边，则路径长度为 0，这是定义其他特例的一种方便方法。简单路径（simple path）是除了第一个和最后一个顶点可以相同，所有顶点都不相同的路径。

有向图中的回路（cycle）是开始和结束于同一顶点且至少含有一条边的路径，即它的长度至少为 1，且满足 $w_1=w_N$。如果路径是简单的，则回路是简单的。有向无环图（Directed Acyclic Graph，DAG）是没有回路的一类有向图。

现实生活中，机场系统就是一个可以用图建模的例子。每个机场都是一个顶点。如果两个机场之间有直达航班，则两个顶点之间用边相连。边可以有一个权，用来表示时间、距离或航行代价。在无向图中，边 (v, w) 也意味着边 (w, v)。不过，边的代价可能不同，因为朝不同方向飞行可能需要不同的时间（依赖盛行风）或不同的代价（依赖当地税收）。所以我们使用有向图，列出可能有不同权的两条边。自然地，我们想快速判定两个机场之间的最佳航班。最佳（best）可能意味着边数最少的路径，或一条或全部有最小权（距离、代价等）的路径。

现实生活中可以用图来建模的第二个例子，是通过计算机网络发送电子邮件的路由。顶点表示计算机，边表示一对计算机之间的连接，边的代价表示通信费用（每兆字节的电话费用）、延迟成本（每兆字节秒数）或这些和其他因素的组合。

对于大多数图，从任何顶点 v 到任何其他顶点 w 可能最多有一条边（允许在 v 和 w 之间的每个方向上有一条边）。因此，$|E| \leq |V|^2$。当大多数边都出现时，我们有 $|E|=\Theta(|V|^2)$。这样的一个图称为密集图（dense graph）——也就是说，它有很多的边，通常是二次的。

不过，在大多数应用中，稀疏图（sparse graph）才是常态。例如，在机场模型中，我们不指望在每一对机场之间都有直达航班。相反，少数几个机场之间的连接非常好，但其他大多数机场之间的航班相对很少。在一个涉及公共汽车和火车的复杂公共交通系统中，对于任何一个车站来说，仅有几个车站是能直达的，所以用一条边来表示。另外，在计算机网络中，大多数计算机与几台本地的计算机相连。所以，在大多数情况下，图相对稀疏，其中，$|E|=\Theta(|V|)$，也可能稍微多一点（稀疏没有标准定义）。因此，我们开发的算法必须对稀疏图有效。

表示法

> 邻接矩阵表示一个图，而且使用二次空间。
>
> 邻接表表示一个图，使用线性空间。
>
> 可以在线性时间内由边表构造邻接表。
>
> 可用映射将顶点名映射到内部编号。
>
> 最短路径算法都是单源算法，计算从某个起始点到所有顶点的最短路径。
>
> prev 成员可用来提取实际的路径。
>
> 邻接表中的项是指向含相邻顶点和边的代价的 Vertex 对象的引用。
>
> 通过将边插入相应的邻接表中实现边的添加。
>
> clearAll 例程清除数据成员，以便最短路径算法可以开始。
>
> 在算法运行后，printPath 例程输出最短路径。
>
> Graph 类易于使用。

要考虑的第一件事是如何在内部表示一个图。假设顶点从 0 开始顺序编号，如图 14.1 所示。表示一个图的简单方法是使用称为邻接矩阵（adjacency matrix）的二维数组。对于每条边 (v, w)，

我们设置 a[v][w] 等于边的代价，不存在的边可以初始化为逻辑 INFINITY。图的初始化似乎需要将整个邻接矩阵都初始化为 INFINITY。然后，当调到一条边时就设置相应的项。这种情况下，初始化花费 $O(|V|^2)$ 时间。虽然可以避免二次初始化的开销（见练习 14.6），但空间开销仍是 $O(|V|^2)$ 的，对于密集图来说这是好的，但对于稀疏图来说是完全不可接受的。

对于稀疏图，更好的解决方案是使用邻接表（adjacency list），它使用线性空间表示一个图。对于每个顶点，保存由所有邻接顶点组成的链表。使用链表表示图 14.1 中的图的邻接表如图 14.2 所示。因为每条边出现在一个链表结点中，所以链表结点的数量等于边数。因此，用来保存链表结点的空间是 $O(|E|)$。我们有 $|V|$ 个链表，所以还需要额外的 $O(|V|)$ 空间。如果我们假设，每个顶点都在某条边上，则边数至少为 $\lceil |V|/2 \rceil$。所以，当有 $O(|E|)$ 项时，我们可能会忽略 $O(|V|)$ 项。因此我们说，空间需求是 $O(|E|)$，或者说与图的大小呈线性关系。

可以在线性时间内由边表构造邻接表。开始时将所有的链表置空。当遇到一条边 $(v, w, c_{v,w})$ 时，我们在 v 的邻接表中添加一个由 w 和代价 $c_{v,w}$ 组成的项。该项可以插入任何位置，在最前面插入可以在常数时间内完成。每条边都可以在常数时间内插入，所以整个邻接表结构可以在线性时间内构造。注意，当插入一条边时，我们不检查它是否已经出现，因为这样就不能在常数时间内（使用一个简单的链表）完成，而且做这个检查会破坏构造邻接表的线性时间界。在大多数情况下，忽略这个检查是不重要的。如果一对顶点间连接了两条或多条不同代价的边，则任何最短路径算法都会选择代价更小的边，而不需要进行任何的特殊处理。还要说明一点，可以使用 ArrayList 来替代链表，用具有常数时间的 add 操作替代在最前面的插入。

在大多数实际应用中，顶点有名字而不是编号，这在编译时是未知的。因此我们必须提供一种方法，将名字转换为编号。最简单的方法是提供一个映射。通过它，我们将一个顶点名映射为 0 到 $|V|-1$ 之间的一个内部编号（顶点个数在程序运行时确定）。在读入图时分配内部编号。第一个编号分配为 0。当输入每条边时，通过查看映射来检查两个顶点是否都已经被分配了编号。如果它已经被分配了一个内部编号，则我们使用它。否则，我们给顶点分配下一个可用的编号，并在映射中插入顶点名和编号。使用这个转换，所有的图算法仅使用内部编号。最后，我们必须输出真实的顶点名字，而不是内部编号，所以，对于每个内部编号我们还必须记录对应的顶点名字。一种方法是为每个顶点记录一个字符串。我们使用这个技术来实现 Graph 类。类和最短路径算法需要几个数据结构——即链表、队列、映射和优先队列。import 指令如图 14.3 所示。队列（使用链表实现）和优先队列用在不同的最短路径计算中。邻接表用 LinkedList 表示。HashMap 也可以用来表示图。

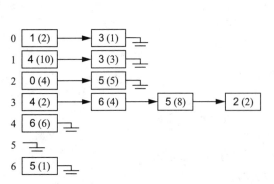

```
 1  import java.io.FileReader;
 2  import java.io.InputStreamReader;
 3  import java.io.BufferedReader;
 4  import java.io.IOException;
 5  import java.util.StringTokenizer;
 6
 7  import java.util.Collection;
 8  import java.util.List;
 9  import java.util.LinkedList;
10  import java.util.Map;
11  import java.util.HashMap;
12  import java.util.Iterator;
13  import java.util.Queue;
14  import java.util.PriorityQueue;
15  import java.util.NoSuchElementException;
```

图 14.2 图 14.1 所示图的邻接表表示法，链表 i 中的 图 14.3 用于 Graph 类的 import 指令
　　　　顶点表示与 i 邻接的顶点及连接边的代价

当我们编写实际的 Java 实现时，不需要内部顶点编号。相反，每个顶点都保存在 Vertex

对象中，不是使用编号，而是使用指向 Vertex 对象的引用作为它的（唯一标识）编号。不过，当描述算法时，假设对顶点进行编号在通常情况下是方便的，我们偶尔会这样做。

在展示 Graph 类框架前，让我们先研究图 14.4 和图 14.5，它们展示了如何表示我们的图。图 14.4 展示的是使用内部编号的表示法。图 14.5 使用 Vertex 变量替代内部编号，这和在代码中做的一样。虽然这简化了代码，但使得图变复杂了。因为两个图表示相同的输入，所以可用图 14.4 来理解图 14.5 的复杂性。

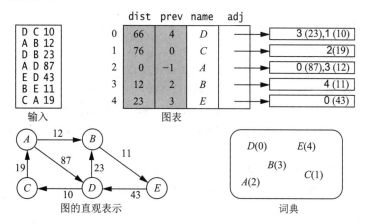

图 14.4　最短路径计算中使用的数据结构的抽象方案，从文件中输入图。从 A 到 C 的最短带权路径是 $A—B—E—D—C$（代价是 76）

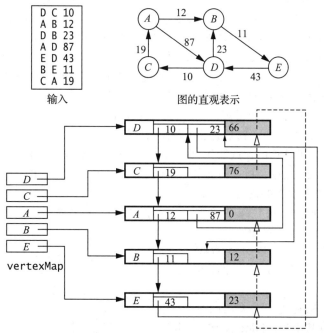

图例： 带深色边的方框是 Vertex 对象。每个方框中无阴影部分包含名字和邻接表，在执行最短路径计算时，不会改变。每个邻接表项中含有一个 Edge，它保存指向另一个 Vertex 对象的引用及边的代价。阴影部分是 dist 和 prev，在执行最短路径计算后填充。

黑色箭头表示来自 vertexMap。空心箭头是邻接表项。虚线箭头是最短路径计算后得到的 prev 数据成员。

图 14.5　最短路径计算中使用的数据结构，从文件中输入图，从 A 到 C 的最短带权路径是 $A—B—E—D—C$（代价是 76）

如标注输入（input）的部分所示，我们可以期望用户提供一个边的列表，每行一条边。在算法开始时，我们不知道任何顶点的名字、有多少顶点，或有多少条边。我们使用两种基本的数据结构来表示图。正如我们在前一段提到的，为每个顶点维护一个 Vertex 对象，它存储一些信息。最后我们描述 Vertex 的细节（尤其是不同的 Vertex 对象之间是如何交互的）。

正如我们之前所提到的，第一个主要的数据结构是映射，允许对于任意的顶点名，查找表示它的 Vertex 对象。这个映射 vertexMap 如图 14.5 所示（图 14.4 将名字映射为标注字典（Dictionary）组件中的一个 int）。

第二个主要的数据结构是 Vertex 对象，它保存所有顶点的信息。特别有趣的是它如何与其他的 Vertex 对象交互。图 14.4 和图 14.5 显示一个 Vertex 对象为每个顶点维护 4 个信息。

- name。在将这个顶点放到映射中时，创建对应该顶点的名字，且永远不变。哪个最短路径算法都不检查这个成员，它仅用于输出最终的路径。
- adj。在读入图时，建立这个邻接顶点的链表。哪个最短路径算法都不改变链表。抽象地看，图 14.4 表明，它是 Edge 对象的链表，每个 Edge 对象含有一个内部顶点编号和边的代价。实际中，图 14.5 表明，每个 Edge 对象含有对 Vertex 的引用和边的代价，所以实际上链表是使用 ArrayList 或 LinkedList 存储的。
- dist。由最短路径算法计算的从起始顶点到该顶点的最短路径长度（带权或不带权取决于算法）。
- prev。到本顶点的最短路径上的前一个顶点，抽象地说，是 int（见图 14.4），但实际上，是对 Vertex 的引用（见代码及图 14.5）。

具体来说，在图 14.4 和图 14.5 中，无阴影的项不会被任何最短路径计算所改变。它们表示的是输入的图，且不会改变，除非图本身改变了（可能在后面的某个时刻添加或删除了边）。阴影项是由最短路径算法计算得到的。计算之前我们可以假设它们未初始化[⊖]。

最短路径算法都是单源算法（single-source algorithms），从某个起始点开始，计算从该顶点到所有顶点的最短路径。本例中，起始点是 A，通过查询映射，我们可以找到它的 Vertex 对象。注意，最短路径算法声明到 A 的最短路径是 0。

prev 数据成员能让我们输出最短路径，而不仅仅是它的长度。例如，通过查询 C 的 Vertex 对象，我们可以看到从起始顶点到 C 的最短路径的总代价为 76。显然，这条路径上的最后一个顶点是 C。这条路径上 C 之前的顶点是 D，D 之前是 E，E 之前是 B，而 B 之前是 A——起始顶点。所以，沿 prev 数据成员追溯，可以构造最短路径。虽然这个追溯给出的路径是逆序的，但将其转置过来很简单。本节余下的内容中，我们将描述如何构造所有的 Vertex 对象中的无阴影部分，并给出输出最短路径的方法，假设已经计算了 dist 和 prev 数据成员。我们分别讨论用于填充最短路径的算法。

图 14.6 显示了 Edge 类，它表示的是要放到邻接表中的基本项。Edge 含有对 Vertex 的引用和边的代价。Vertex 类显示在图 14.7 中。还提供了一个名为 scratch 的额外成员，它在不同的算法中有不同的用

```
1   // 表示图中的一条边
2   class Edge
3   {
4       public Vertex dest;        // 边的第二个顶点
5       public double cost;        // 边的权值
6
7       public Edge( Vertex d, double c )
8       {
9           dest = d;
10          cost = c;
11      }
12  }
```

图 14.6　保存在邻接表中的基本项

⊖ 计算的信息（阴影）可以单独放到一个独立类中，用 Vertex 维护到它的引用，这使代码重用性好，但也更复杂。

途。其他的事情都遵从前面的描述。reset 方法用来初始化（阴影）数据成员，这些由最短路径算法计算。当重新开始最短路径计算时调用这个方法。

```
 1  // 代表图中的一个顶点
 2  class Vertex
 3  {
 4      public String      name;   // 顶点名
 5      public List<Edge>  adj;    // 邻接顶点
 6      public double      dist;   // 权值
 7      public Vertex      prev;   // 最短路径上的前一个顶点
 8      public int         scratch;// 算法中使用的额外变量
 9
10      public Vertex( String nm )
11        { name = nm; adj = new LinkedList<Edge>( ); reset( ); }
12
13      public void reset( )
14        { dist = Graph.INFINITY; prev = null; pos = null; scratch = 0; }
15  }
```

图 14.7　Vertex 类保存每个顶点的信息

现在我们可以开始讨论 Graph 类框架了，如图 14.8 所示。vertexMap 域保存映射。类的其他部分提供了方法，用来执行初始化、添加顶点和边、输出最短路径及执行不同的最短路径计算。当我们讨论实现时将讨论每个例程。

```
 1  // Graph 类：计算最短路径
 2  //
 3  // 构造：没有参数
 4  //
 5  // ****************** 公有操作 ***********************
 6  // void addEdge( String v, String w, double cvw )
 7  //                          --> 添加额外的边
 8  // void printPath( String w )   --> 在 alg 运行后输出路径
 9  // void unweighted( String s )  --> 单源无权
10  // void dijkstra( String s )    --> 单源带权
11  // void negative( String s )    --> 单源负权值
12  // void acyclic( String s )     --> 单源有向无环
13  // ****************** 错误 ***************************
14  // 执行一些错误检查，以确保图是正确的
15  // 并且图满足每个算法所需的特性
16  // 如果检测到错误，则抛出异常
17
18  public class Graph
19  {
20      public static final double INFINITY = Double.MAX_VALUE;
21
22      public void addEdge( String sourceName, String destName, double cost )
23        { /* 图 14.10 */ }
24      public void printPath( String destName )
25        { /* 图 14.13 */ }
26      public void unweighted( String startName )
27        { /* 图 14.22 */ }
28      public void dijkstra( String startName )
29        { /* 图 14.27 */ }
30      public void negative( String startName )
31        { /* 图 14.29 */ }
32      public void acyclic( String startName )
33        { /* 图 14.32 */ }
34
35      private Vertex getVertex( String vertexName )
36        { /* 图 14.9 */ }
37      private void printPath( Vertex dest )
38        { /* 图 14.12 */ }
```

图 14.8　Graph 类框架

```
39      private void clearAll( )
40        { /* 图 14.11 */ }
41
42      private Map<String,Vertex> vertexMap = new HashMap<String,Vertex>( );
43  }
44
45  // 用于表示违反
46  // 各类最短路径算法的前提条件
47  class GraphException extends RuntimeException
48  {
49      public GraphException( String name )
50        { super( name ); }
51  }
```

图 14.8 Graph 类框架（续）

首先，我们考虑构造方法。默认构造方法通过域的初始化创建一个空映射。这个方法可行，所以我们接受它。

现在我们可以看看 main 方法了。getVertex 方法如图 14.9 所示。我们查询映射以得到 Vertex 项。如果 Vertex 不存在，则创建一个新的 Vertex，并更新映射。图 14.10 演示的 addEdge 方法很短。我们得到相应的 Vertex 项，然后更新邻接表。

```
1       /**
2        * 如果 vertexName 不存在，则将其添加到 vertexMap 中
3        * 两种情况下，都返回 Vertex
4        */
5       private Vertex getVertex( String vertexName )
6       {
7           Vertex v = vertexMap.get( vertexName );
8           if( v == null )
9           {
10              v = new Vertex( vertexName );
11              vertexMap.put( vertexName, v );
12          }
13          return v;
14      }
```

图 14.9 getVertex 例程返回表示 vertexName 的 Vertex 对象，如果需要，则创建对象

```
1       /**
2        * 向图中添加一条新边
3        */
4       public void addEdge( String sourceName, String destName, double cost )
5       {
6           Vertex v = getVertex( sourceName );
7           Vertex w = getVertex( destName );
8           v.adj.add( new Edge( w, cost ) );
9       }
```

图 14.10 向图中添加一条边

最终由最短路径算法计算的成员，由图 14.11 所示的 clearAll 例程进行初始化。下一个 printPath 例程，在执行完计算后输出最短路径。正如之前我们提到的，可以使用 prev 成员追溯路径，但这样做给出的路径是逆序的。如果我们使用递归，则这个次序将不成问题：到 dest 的路径上的顶点，与到 dest（路径上的）前一个顶点的路径上的顶点再加上 dest，是相同的。这个策略直接转化为图 14.12 中展示的简短的递归例程，当然假设路径确实存在。图 14.13 中展示的 printPath 例程，先执行这个检查，如果路径不存在则输出一条信息。否则，它调用递归例程并输出路径代价。

```
1      /**
2       * 在执行最短路径算法之前
3       * 初始化顶点输出信息
4       */
5      private void clearAll( )
6      {
7          for( Vertex v : vertexMap.values( ) )
8              v.reset( );
9      }
```

图 14.11 用来初始化最短路径算法要使用的
输出成员的私有例程

```
1      /**
2       * 在执行最短路径算法后
3       * 输出到 dest 的最短路径的递归例程
4       * 已知路径是存在的
5       */
6      private void printPath( Vertex dest )
7      {
8          if( dest.prev != null )
9          {
10             printPath( dest.prev );
11             System.out.print( " to " );
12         }
13         System.out.print( dest.name );
14     }
```

图 14.12 用来输出最短路径的递归例程

```
1      /**
2       * 处理不可达的驱动程序例程，并输出总代价
3       * 在执行完最短路径算法后
4       * 它调用递归例程去输出到 destNode 的最短路径
5       */
6      public void printPath( String destName )
7      {
8          Vertex w = vertexMap.get( destName );
9          if( w == null )
10             throw new NoSuchElementException( );
11         else if( w.dist == INFINITY )
12             System.out.println( destName + " is unreachable" );
13         else
14         {
15             System.out.print( "(Cost is: " + w.dist + ") " );
16             printPath( w );
17             System.out.println( );
18         }
19     }
```

图 14.13 通过查询图表（见图 14.5）输出最短路径的例程

我们提供了一个简单的测试程序，从一个输入文件中读入一个图，提示输入起始顶点及目标顶点，然后运行一个最短路径算法。图 14.14 说明，为构造 Graph 对象，我们重复地读入一行输入，将该行赋给一个 StringTokenizer 对象，解析该行，并调用 addEdge。使用 StringTokenizer，我们可以验证每行中都有对应一条边的 3 段信息。

```
1      /**
2       * 主例程:
3       * 1. 读入包含边信息的
4       *    一个文件（由命令行参数提供）
5       * 2. 形成图
6       * 3. 重复提示输入两个顶点
7       *    并执行最短路径算法
8       * 数据文件是一组行，格式为
9       *    源顶点 目标顶点 代价
10      */
11     public static void main( String [ ] args )
12     {
13         Graph g = new Graph( );
14         try
15         {
```

图 14.14 简单的 main

```
16              FileReader fin = new FileReader( args[0] );
17              Scanner graphFile = new Scanner( fin );
18
19              // 读入边并插入
20              String line;
21              while( graphFile.hasNextLine( ) )
22              {
23                  line = graphFile.nextLine( );
24                  StringTokenizer st = new StringTokenizer( line );
25
26                  try
27                  {
28                      if( st.countTokens( ) != 3 )
29                      {
30                          System.err.println( "Skipping bad line " + line );
31                          continue;
32                      }
33                      String source  = st.nextToken( );
34                      String dest    = st.nextToken( );
35                      int    cost    = Integer.parseInt( st.nextToken( ) );
36                      g.addEdge( source, dest, cost );
37                  }
38                  catch( NumberFormatException e )
39                    { System.err.println( "Skipping bad line " + line ); }
40              }
41          }
42          catch( IOException e )
43            { System.err.println( e ); }
44
45          System.out.println( "File read..." );
46
47          Scanner in = new Scanner( System.in );
48          while( processRequest( in, g ) )
49              ;
50      }
```

图 14.14　简单的 main（续）

一旦图读入完毕，我们重复地调用图 14.15 所示的 processRequest。这个版本提示输入起始顶点和结束顶点，然后调用一个最短路径算法。例如，如果要求它计算不在图中的顶点之间的路径时，这个算法会抛出 GraphException。所以，processRequest 捕获可能生成的任何 GraphException，并输出相应的错误信息。

```
1       /**
2        * 处理一次请求，如果到达文件尾则返回 false
3        */
4       public static boolean processRequest( Scanner in, Graph g )
5       {
6           try
7           {
8               System.out.print( "Enter start node:" );
9               String startName = in.nextLine( );
10
11              System.out.print( "Enter destination node:" );
12              String destName = in.nextLine( );
13
14              System.out.print( "Enter algorithm (u, d, n, a ): " );
15              String alg = in.nextLine( );
16
17              if( alg.equals( "u" ) )
18                  g.unweighted( startName );
```

图 14.15　出于测试目的，processRequest 调用一个最短路径算法

```
19          else if( alg.equals( "d" ) )
20              g.dijkstra( startName );
21          else if( alg.equals( "n" ) )
22              g.negative( startName );
23          else if( alg.equals( "a" ) )
24              g.acyclic( startName );
25
26          g.printPath( destName );
27      }
28      catch( NoSuchElementException e )
29        { return false; }
30      catch( GraphException e )
31        { System.err.println( e ); }
32      return true;
33  }
```

图 14.15 出于测试目的，`processRequest` 调用一个最短路径算法（续）

14.2 无权最短路径问题

> 无权路径长度衡量路径上的边数。
> 最短路径问题的所有变形都有类似的解决方案。

回想一下，无权路径长度衡量的是边数。本节，我们考虑在指定顶点之间寻找无权最短路径长度问题。

无权单源最短路径问题。 找到从指定顶点 S 到每个顶点的最短路径（以边数衡量）。

无权最短路径问题是带权最短路径问题的特例（其中所有的权都为 1）。所以它应该比带权最短路径问题有更高效的解决方案。事实证明，确实如此，尽管所有路径问题的算法都是类似的。

14.2.1 理论

> 广度优先搜索按层处理顶点，离起始点最近的那些顶点最先被计算。
> 漫游眼球从一个顶点移动到另一个顶点，并更新邻接点的距离。
> 扫描 v 的邻接表可以找到与 v 邻接的所有顶点。
> 当顶点距离降低时（这碰巧只有一次），它被放到队列中，以便眼球可以在未来访问它。
> 起始顶点在它的距离初始化为 0 时被放到队列中。

为了求解无权最短路径问题，我们使用图 14.1 中所示的图，让 V_2 作为起始顶点 S。现在，我们关心的是找到所有最短路径的长度。之后，我们维护相应的路径。

可以立即看到，从 S 到 V_2 的最短路径是长度为 0 的路径。这个信息可以得到如图 14.16 所示的图。现在可以开始寻找与 S 距离为 1 的所有顶点。通过查找与 S 邻接的顶点就可以找到它们。如果这样做了，我们将看到 V_0 和 V_5 距离 S 仅一条边，如图 14.17 所示。

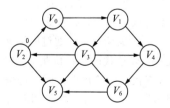

图 14.16 起始顶点被标注为 0 边可达后的图

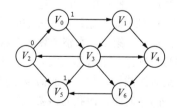

图 14.17 从起始顶点开始的路径长度为 1 的所有顶点被找到后的图

接下来，寻找从 S 开始最短路径恰为 2 的每个顶点。通过寻找与 V_0 或 V_5 邻接（距离为 1）且尚未求得最短路径的顶点，即可完成。这个搜索告诉我们，V_1 和 V_3 的最短路径为 2。图 14.18 显示到目前为止的进展。

最后，通过检查与最近计算的 V_1 和 V_3 邻接的顶点，我们发现 V_4 和 V_6 有边数为 3 的最短路径。现在所有顶点都计算完毕。图 14.19 展示算法的最终结果。

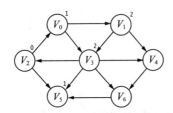

图 14.18   从起始顶点开始的路径长度为 2
          的所有顶点被找到后的图

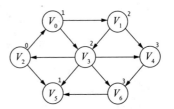

图 14.19   最终的最短路径

搜索图的这个策略称为广度优先搜索（breadth-first search），它的操作是按层处理顶点：离起始点最近的那些顶点最先被计算，最远的那些顶点最后计算。

图 14.20 说明了基本原理：如果到顶点 v 的路径的代价为 D_v，且 w 与 v 邻接，则存在一条到 w 的路径，其代价为 $D_w = D_v + 1$。所有最短路径算法都从 $D_w = \infty$ 开始，当扫描到相应的 v 时减少它的值。为了高效地完成这个任务，我们必须有组织地扫描顶点 v。当扫描完给定的 v 时，通过扫描 v 的邻接表，从而更新与 v 邻接的顶点 w。

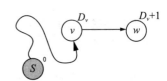

图 14.20   如果 w 是与 v 邻接的顶
          点，且存在到 v 的路径，
          则也存在到 w 的路径

根据前面的讨论，我们得出结论，求解无权最短路径问题的算法如下。令 D_i 是从 S 到 i 的最短路径长度。我们知道，$D_s = 0$，且初始时对所有的 $i \neq S$，有 $D_i = \infty$。我们维护一个漫游眼球（roving eyeball），它从一个顶点跳到一个顶点，且初始时位于 S 处。如果 v 是眼球当前所在的顶点，那么，对于与 v 邻接的所有 w，如果 $D_w = \infty$，则设置 $D_w = D_v + 1$。这反映了一个事实，即沿着到 v 的路径，再通过边 (v, w) 扩展这条路径，就可以到达 w——还可以用图 14.20 来说明。所以，当从眼球的有利位置能看到顶点 w 时，我们更新 w。因为眼球按距离起始顶点的距离为序处理每个顶点，且到 w 的路径长度恰好添加一条边，所以可以保证，第一次 D_w 从 ∞ 减小时，就降到了到 w 的最短路径长度的值。这些操作还告诉我们，到 w 的路径上倒数第二个顶点是 v，所以可以使用一行额外的代码保存实际路径。

在处理了 v 的所有邻接顶点后，我们将眼球移到满足 $D_u \equiv D_v$ 的（眼球还没有访问过的）另一个顶点 u。如果没有这样的顶点了，则移动到满足 $D_u = D_v + 1$ 的顶点 u。如果也没有这样的顶点了，则我们做完了所有的工作。图 14.21 展示眼球是如何访问顶点且更新距离的。每一阶段中的浅阴影结点表示眼球的位置。这张图及后续的图中，各阶段从上到下、从左到右展示。

剩下的细节是数据结构相关的问题，有两种基本的操作要完成。第一，我们必须反复找到眼球所在的顶点。第二，在整个算法中需要检查与（当前顶点）v 邻接的所有 w。通过遍历 v 的邻接表很容易实现第二个操作。实际上，因为每条边只处理一次，所以迭代的总代价是 $O(|E|)$。第一个操作更有挑战性，我们不能简单地扫描图表（见图 14.4）来查找相应的顶点，因为每趟扫描需要花费 $O(|V|)$ 时间，而我们需要执行 $|V|$ 次。所以总的代价将是 $O(|V|^2)$，对于稀疏图来说这是不可接受的。幸运的是，我们不需要这个技术。

当顶点 w 已经从 ∞ 降值后，在未来某个时刻它会成为眼球访问的候选者，即在眼球访问了

当前距离组 D_v 中的顶点后，它访问下一个距离组 D_v+1，即含有 w 的组。所以，w 只需要排队等候轮到它即可。另外，显然它不需要排在已经降了距离值的任何其他顶点之前，所以 w 需要放在等待眼球访问的顶点队列尾。

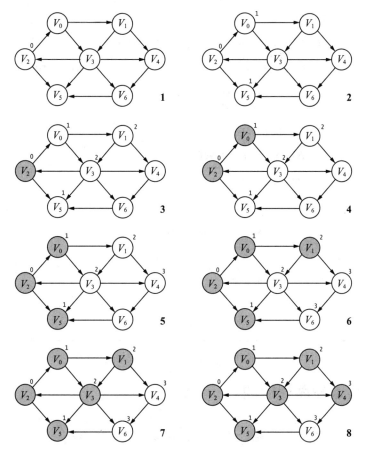

图 14.21　在无权最短路径计算中搜索图。深色阴影顶点已经完成处理，浅色顶点还未被用作
v，中度阴影顶点是当前顶点 v。各阶段依次从上到下从左到右，如编号所示

要为眼球选择顶点 v，我们仅需从队列中选择最前面的顶点。从一个空队列开始，然后将起始顶点 S 入队列。在每次最短路径计算中，一个顶点入队列出队列最多一次，而队列操作是常数时间，所以对整个算法来说，挑选被选中顶点的代价仅为 $O(|V|)$。所以广度优先搜索的代价主要由扫描邻接表决定，为 $O(|E|)$；或以图的大小来决定，是线性的。

14.2.2　Java 实现

> 实现比听上去简单得多，其过程一字不差地遵从算法描述。

unweighted 方法实现了无权最短路径算法，如图 14.22 所示。代码就是之前描述算法的逐行转换。第 6 ～ 13 行将所有的距离初始化为无穷大，设置 D_s 为 0，然后将起始顶点入队列。队列在第 12 行声明。当队列不为空时，就有可访问的顶点。所以在第 17 行移动到位于队首的顶点 v。第 19 行在邻接表上进行迭代，处理与 v 邻接的所有 w。测试 $D_w=\infty$ 在第 23 行执行。如果它返回 true，则在第 25 行执行更新 $D_w=D_v+1$，同时分别在第 26 行和第 27 行更新 w 的 prev 数据成员并将 w 入队列。

```
1      /**
2       * 单源无权最短路径算法
3       */
4      public void unweighted( String startName )
5      {
6          clearAll( );
7
8          Vertex start = vertexMap.get( startName );
9          if( start == null )
10             throw new NoSuchElementException( "Start vertex not found" );
11
12         Queue<Vertex> q = new LinkedList<Vertex>( );
13         q.add( start ); start.dist = 0;
14
15         while( !q.isEmpty( ) )
16         {
17             Vertex v = q.remove( );
18
19             for( Edge e : v.adj )
20             {
21                 Vertex w = e.dest;
22
23                 if( w.dist == INFINITY )
24                 {
25                     w.dist = v.dist + 1;
26                     w.prev = v;
27                     q.add( w );
28                 }
29             }
30         }
31     }
```

图 14.22　使用广度优先搜索的无权最短路径算法

14.3　正权值最短路径问题

> 带权路径长度是路径上边权值之和。

回想一下，路径的带权路径长度是路径上各边代价之和。本节，我们考虑在一个有非负代价边的图中，寻找带权最短路径问题。我们想找到从某个起始顶点开始到所有顶点的带权最短路径。正如我们很快就要说明的，边的代价非负的这个假设很重要，因为它能让算法相对更高效一些。用来求解正权值最短路径问题的就是著名的 Dijkstra 算法。下一节我们研究一个更慢的算法，即使存在权值为负的边也同样适用。

正权值单源最短路径问题。找到从指定顶点 S 到每个顶点的最短路径（以总代价衡量）。所有边的权值都是非负的。

14.3.1　理论：Dijkstra 算法

> Dijkstra 算法用来求解正权值最短路径问题。
> 我们使用 $D_v + c_{v,w}$ 作为新的距离，并决定是否应该更新距离。
> 等待眼球访问的顶点不再适合使用队列来保存。
> 未访问顶点的距离表示的是仅用已访问顶点作为中间结点的路径。
> 优先队列是一种合适的数据结构。最简单的方法是，每次降低了一个顶点的距离值时，在优先队列中添加一个由顶点和距离组成的新项。通过从优先队列中重复地删除最小距离顶点直到出现一个未访问的顶点，就可以找到要移动到的新顶点。

正权值最短路径问题的求解方法与无权问题基本相同。不过，因为边的代价，所以还是有些改变。我们必须要研究下列问题。

- 我们应该如何调整 D_w？
- 如何找到眼球要访问的顶点 v？

我们先研究如何更改 D_w。在求解无权最短路径问题中，如果 $D_w = \infty$，则设置 $D_w = D_v + 1$，因为如果顶点 v 能提供到 w 的更短路径，则会使 D_w 值减少。算法的动态性保证我们只需更改 D_w 一次。我们在 D_v 上加 1，是因为到 w 的路径长度比到 v 的路径长度多 1。如果将这个逻辑用到带权情形中，则在 D_w 的这个新值比原始值更好的前提下，应该设置 $D_w = D_v + c_{v,w}$。不过，我们不再保证 D_w 仅能改变一次。因此，如果 D_w 的当前值大于 $D_v + c_{v,w}$（而不仅仅是针对 ∞ 进行测试），就应该改变 D_w。简单来说，算法决定在到 w 的路径上是否使用了 v。原始代价 D_w 是不涉及 v 情形时的代价，代价 $D_v + c_{v,w}$ 是使用了 v 后（到目前为止）最低值的路径。

图 14.23 显示了一种典型情形。在算法较早时，当眼球访问顶点 u 时，w 的距离降至 8。不过，当眼球访问顶点 v 时，顶点 w 需要将它的距离降至 6，因为我们有一条新的最短路径。这个结果永远不会出现在无权算法中，因为所有的边都会将路径长度加 1，所以 $D_u \leqslant D_v$，意味着 $D_u + 1 \leqslant D_v + 1$，所以 $D_w \leqslant D_v + 1$。在这里，即使 $D_u \leqslant D_v$，我们仍可以通过考虑 v 来改善到 w 的路径。

图 14.23 说明了另一个要点。当 w 降低它的距离值时，这样做只是因为它是眼球访问过的某个顶点的邻接点。例如，在眼球访问了 v 并完成处理后，D_w 的值为 6，且路径上最后一个顶点是眼球刚刚访问的顶点。同样地，在 v 前面的顶点也必须被眼球访问过，以此类推。所以，在任何时刻，D_w 的值代表从 S 到 w 仅使用那些被眼球访问过的顶点作为中间结点的路径。由这个重要事实我们有了定理 14.1。

定理 14.1 如果将眼球移动到具有最小值 D_i 的未见过的顶点，且如果没有负边代价，则算法正确产生了最短路径。

证明：把眼球的每次访问称为一个"阶段"。我们通过归纳法证明，在任何阶段后，被眼球访问的顶点的 D_i 值形成最短路径，而且其他顶点的 D_i 值仅使用眼球访问过的顶点作为中间点形成最短路径。因为被访问的第一个顶点是起始顶点，所以在第一阶段结论正确。假设前 k 个阶段的结论正确。令 v 是眼球在第 $k+1$ 个阶段选择的顶点。假设结论不成立，即存在从 S 到 v 的路径，其长度小于 D_v。

这条路径必须经过眼球没有访问过的一个中间顶点。我们称路径上没有被眼球访问的第一个中间顶点为 u。如图 14.24 所示。到 u 的路径仅使用眼球访问过的顶点作为中间顶点，所以根据归纳假设，D_u 代表到 u 的最佳距离。而且，因为 u 位于假设到 v 的更短路径上，故 $D_u < D_v$。这个不等式是矛盾的，因为如果是那样的话，则眼球会移动到 u 而不是 v。对于未访问的结点，所有的 D_i 值都保持正确，根据更新规则这是显然的。 □

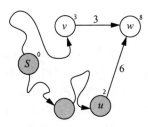

图 14.23 眼球在 v，且与 w 是邻接，所以 D_w 应该降为 6

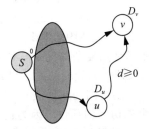

图 14.24 如果 D_v 在所有未见顶点中是最小值，且如果所有边的代价都是非负的，则 D_v 代表最短路径

图 14.25 展示 Dijkstra 算法的各个阶段。剩下的问题是选择合适的数据结构。对于密集图，我们可以沿着图表进行扫描，寻找相应的顶点。与应用于无权最短路径算法时一样，这个扫描将花费 $O(|V|^2)$ 的时间，对一个密集图这是最优的。对于稀疏图，我们希望做得更好。

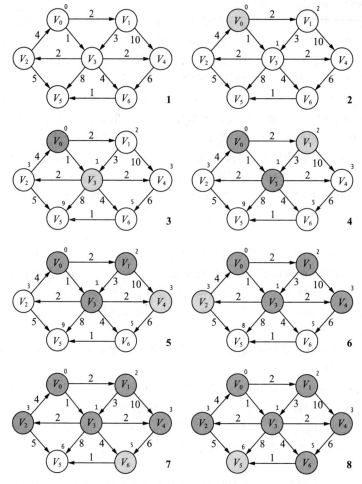

图 14.25   Dijkstra 算法的各个阶段，使用与图 14.21 中相同的约定

当然，队列是无效的。事实上，我们需要找到 D_v 值最小的顶点 v，这表明优先队列是选择的方法。使用优先队列有两种方式。一种是将每个顶点保存在优先队列中，并使用（通过查询图表获得的）距离作为排序函数。当更改任何 D_w 时，必须重新建立有序次序来更新优先队列。这个操作等同于一个 decreaseKey 操作。为此，我们必须能找到 w 在优先队列中的位置。优先队列的许多实现都不支持 decreaseKey。能支持的一种是配对堆（pairing heap），我们将在第 23 章讨论配对堆在这个应用中的用途。

我们不是使用复杂的优先队列，而是使用一个利用简单优先队列的方法，例如将在第 21 章讨论的二叉堆。当我们的方法得到更低的 D_w 时，将由 w 和 D_w 组成的对象插入优先队列中。为了选择一个要访问的新顶点 v，我们反复地从优先队列中删除（基于距离的）最小值项，直到出现一个未访问的顶点。因为优先队列的大小是 $|E|$，且在优先队列中最多有 $|E|$ 次插入和删除，则运行时间为 $O(|E|\log|E|)$。因为 $|E| \leqslant |V|^2$ 隐含 $\log|E| \leqslant 2\log|V|$，所以我们得到一个同样是 $O(|E|\log|V|)$ 的算法，与使用第一个方法（其中优先队列的大小最多为 $|V|$）将花费的时间相同。

14.3.2　Java 实现

放在优先队列中的对象如图 14.26 所示。它含有 w 和 D_w，以及基于 D_w 而定义的比较函数。图 14.27 展示了计算最短路径的 dijkstra 例程。

```
1   // 表示用于 Dijkstra 算法的优先队列中的一个项
2   class Path implements Comparable<Path>
3   {
4       public Vertex      dest;    // w
5       public double      cost;    // d(w)
6
7       public Path( Vertex d, double c )
8       {
9           dest = d;
10          cost = c;
11      }
12
13      public int compareTo( Path rhs )
14      {
15          double otherCost = rhs.cost;
16
17          return cost < otherCost ? -1 : cost > otherCost ? 1 : 0;
18      }
19  }
```

图 14.26　保存在优先队列中的基本项

```
1       /**
2        * 单源带权最短路径算法
3        */
4   public void dijkstra( String startName )
5   {
6       PriorityQueue<Path> pq = new PriorityQueue<Path>( );
7
8       Vertex start = vertexMap.get( startName );
9       if( start == null )
10          throw new NoSuchElementException( "Start vertex not found" );
11
12      clearAll( );
13      pq.add( new Path( start, 0 ) ); start.dist = 0;
14
15      int nodesSeen = 0;
16      while( !pq.isEmpty( ) && nodesSeen < vertexMap.size( ) )
17      {
18          Path vrec = pq.remove( );
19          Vertex v = vrec.dest;
20          if( v.scratch != 0 )  // 已经处理了 v
21              continue;
22
23          v.scratch = 1;
24          nodesSeen++;
25
26          for( Edge e : v.adj )
27          {
28              Vertex w = e.dest;
29              double cvw = e.cost;
30
31              if( cvw < 0 )
32                  throw new GraphException( "Graph has negative edges" );
```

图 14.27　正权值最短路径算法：Dijkstra 算法

```
33
34                    if( w.dist > v.dist + cvw )
35                    {
36                        w.dist = v.dist + cvw;
37                        w.prev = v;
38                        pq.add( new Path( w, w.dist ) );
39                    }
40                }
41            }
42        }
```

图 14.27　正权值最短路径算法：Dijkstra 算法（续）

第 6 行声明了优先队列 pq。第 18 行声明了 vrec，用来保存每次 deleteMin 的结果。与无权最短路径算法一样，初始时我们将所有距离设置为 ∞，设置 $D_s=0$，将起始顶点放到我们的数据结构中。

从第 16 行开始的 while 循环的每次迭代，都将眼球放到顶点 v 上，检查其邻接顶点 w 从而完成处理。选择 v 的方法是反复地从优先队列中删除项（第 18 行）直到遇到一个尚未处理的顶点。使用 scratch 变量记录它。初始时，scratch 为 0。所以，如果顶点是没有处理过的，则第 20 行的测试失败，到达第 23 行。如果顶点处理过了，则 scratch 置为 1（第 23 行）。优先队列可能为空，例如，有些顶点到达不了。在那种情况下，我们可以立即返回。第 26 ～ 40 行的循环与无权算法中的循环非常相似。不同之处在第 29 行，我们必须从邻接表项中抽取 cvw，保证边是非负的（否则，我们的算法可能得到不正确的答案），在第 34 行和第 36 行，加 $c_{v,w}$ 而不是加 1，并在第 38 行将其添加到优先队列中。

14.4　负权值最短路径问题

> 负边导致 Dijkstra 算法失效。需要其他的算法。

Dijkstra 算法需要边的代价是非负的。这个要求对于大多数图的应用来说是合理的，但有时，这个限制又太多了。本节，我们主要讨论最一般的情况——负权值最短路径算法。

负权值单源最短路径问题。找到从指定顶点 S 到每个顶点的最短路径（以总代价衡量）。边的代价可能是负的。

14.4.1　理论

> 负代价回路使得大多数的路径（如果不是全部路径的话）都没有定义，因为我们可以在回路中停留任意长时间，并获得任意小的带权路径长度。
>
> 每当顶点的距离降低时，必须将其放到队列中。对每个顶点可能会重复发生。
>
> 运行时间可能很长，特别是存在一个负代价的回路时。

Dijkstra 算法的证明需要一个条件，即边代价是非负的，所以路径也是非负的。实际上，如果图存在负的边的代价，则 Dijkstra 算法失效。问题在于，一旦一个顶点 v 已被处理，可能会存在从某些其他未处理的顶点 u 返回 v 的一条负路径。这种情形下，从 S 到 u 再到 v 的路径会比从 S 到 v 但不经过 u 的路径要好。如果后一种情况真的发生了，我们将会遇到麻烦。不仅是到 v 的路径错了，而且我们还会再次访问 v，因为从 v 可达的顶点的距离会受影响。（在练习 14.10 中要求你构造一个明确的例子，4 个顶点就够了。）

我们还要担忧另外一个问题。考虑图 14.28，从 V_3 到 V_4 的路径的代价为 2。不过，沿着循环 V_3、V_4、V_1、V_3、V_4 存在一条更短的路径，它的代价为 -3。这条路径仍不是最短的，因为我们可以在回路中停留任意长时间。所以这两点间的最短路径是没有定义的。

这个问题不局限于回路中的结点。从 V_2 到 V_5 的最短路径也没有定义，因为有一条进出回路的路。这个回路称为负代价回路（negative-cost cycle），当它出现在图中时，使得大多数的最短路径（如果不是全部路径的话）都没有定义。负代价边本身不一定是不好的，但负代价回路是。我们的算法要么找到最短路径，要么报告存在负代价回路。

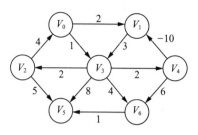

图 14.28　有负代价回路的图

带权和无权算法的组合可以解决这个问题，但可能使运行时间急剧增大。正如我们之前所说明的，当 D_w 改变时，我们必须在未来某个时刻重新访问它。因此，我们在无权算法中使用队列，但使用 $D_v + c_{v,w}$ 计算距离（与 Dijkstra 算法中是一样）。用来解决负权值最短路径问题的算法是著名的 Bellman-Ford 算法。

当眼球第 i 次访问顶点 v 时，D_v 的值是由 i 条或更少边组成的最短带权路径长度。我们将这个证明留作练习 14.13 来完成。因此，如果不存在负代价回路，则顶点最多可出队 $|V|$ 次，算法最多需要 $O(|E||V|)$ 时间。进一步，如果顶点出队多于 $|V|$ 次，则我们检测到一个负代价回路。

14.4.2　Java 实现

> 实现中棘手的部分是对 scratch 变量的操作。我们试图避免让任何顶点在任何时刻出现在队列中两次。

负权值最短路径算法的实现如图 14.29 所示。我们对算法描述做了一处小修改——即如果一个顶点已经在队列中，则不让其入队。这个修改涉及数据成员 scratch 的使用。当顶点入队时，我们将 scratch 值增大（见第 31 行）。当出队时，我们再次增大它的值（见第 18 行）。所以如果顶点已经在队列中，则 scratch 的值是奇数，且 scratch/2 告诉我们它离开队列多少次了（这解释了第 18 行的测试）。当某个 w 的距离改变，但它已经在队列中（因为 scratch 是奇数）时，我们不让它入队。不过，我们不会给它加 2，以表示它已经入（出）队，这由第 31 行和第 34 行的移位来完成。算法其余部分使用的代码已经在无权最短路径算法（图 14.22）和 Dijkstra 算法（图 14.27）中介绍过。

```
1      /**
2       * 单源负权值最短路径算法
3       */
4      public void negative( String startName )
5      {
6          clearAll( );
7
8          Vertex start = vertexMap.get( startName );
9          if( start == null )
10             throw new NoSuchElementException( "Start vertex not found" );
11
12         Queue<Vertex> q = new LinkedList<Vertex>( );
13         q.add( start ); start.dist = 0; start.scratch++;
14
15         while( !q.isEmpty( ) )
16         {
17             Vertex v = q.removeFirst( );
18             if( v.scratch++ > 2 * vertexMap.size( ) )
19                 throw new GraphException( "Negative cycle detected" );
20
```

图 14.29　负权值最短路径算法：负边是允许的

```
21              for( Edge e : v.adj )
22              {
23                  Vertex w = e.dest;
24                  double cvw = e.cost;
25
26                  if( w.dist > v.dist + cvw )
27                  {
28                      w.dist = v.dist + cvw;
29                      w.prev = v;
30                       // 仅当不在队列中才入队列
31                      if( w.scratch++ % 2 == 0 )
32                          q.add( w );
33                      else
34                          w.scratch--;  // 撤销入队增量
35                  }
36              }
37          }
38      }
```

图 14.29　负权值最短路径算法：负边是允许的（续）

14.5　无环图中的路径问题

回想一下，有向无环图没有回路。这类重要的图能简化最短路径问题的求解方案。例如，因为没有回路，我们不再担心负代价回路。所以我们考虑下列问题。

无环图的带权单源最短路径问题。找到无环图中从指定顶点 S 到每个顶点的最短路径（以总代价衡量）。边的代价没有限制。

14.5.1　拓扑排序

> 拓扑排序对有向无环图中的顶点进行排序，如果从 u 到 v 有一条路径，则在排序中 v 出现在 u 的后面。有回路的图没有拓扑排序。
>
> 顶点的入度是入边数。拓扑排序可以在线性时间内执行，方法是反复且逻辑地删除没有入边的顶点。
>
> 算法得到正确的答案，且如果图不是无环的，则可以检测到回路。
>
> 如果使用队列，则运行时间是线性的。

在考虑最短路径问题之前，我们先研究一个相关的问题——拓扑排序。拓扑排序（topological sort）对有向无环图中的顶点进行排序，如果从 u 到 v 有一条路径，则在排序中 v 出现在 u 的后面。例如，图通常用来表示大学中课程的先决条件。边 (v, w) 表示在试图学习课程 w 之前必须先完成课程 v。课程的拓扑排序是不违反先决条件的任何次序。

显然，如果一个图有回路，则不可能有拓扑排序，因为对于回路上的两个顶点 v 和 w，存在从 v 到 w 及从 w 到 v 的两条路径。所以 v 和 w 的任何次序都会与这两条路径中的一条相矛盾。一个图可能有几个拓扑排序，大多数情况下，任何合法的次序都是可以的。

在执行拓扑排序的简单算法中，首先找到没有入边的任一顶点 v。然后输出顶点并从逻辑上将它及它的边从图中删除。最后，我们对图的其余部分应用相同的策略。更正式地，我们说顶点 v 的入度（indegree）是入边 (u, v) 的数量。

我们计算图中所有顶点的入度。实际上，逻辑地删除（logically remove）是指对与 v 邻接的每个顶点，减少其入边数。图 14.30 展示了应用于无环图的算法。对每个顶点计算入度。顶点 V_2 的入度为 0，所以它是拓扑排序中的第一个。如果入度为 0 的顶点有多个，则可以选择其中的任意一个。当 V_2 和它的边从图中删除后，V_0、V_3 和 V_5 的入度都减 1。现在 V_0 的入度为 0，所以它是拓扑排序中的下一个，而 V_1 和 V_3 的入度值减少。算法继续，剩余的顶点按 V_1、V_3、V_4、V_6 和 V_5 的次序进行检查。重申一次，我们不会从图中物理地删除边，删除边仅仅是为了易于看出入度值是如何减少的。

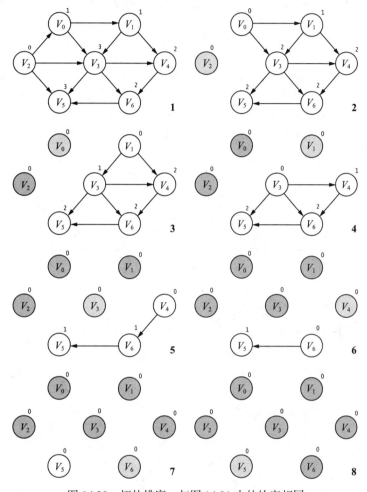

图 14.30 拓扑排序，与图 14.21 中的约定相同

要考虑的两个重要问题是正确性（correctness）和效率（efficiency）。显然，算法产生的任何次序都是拓扑排序。问题是，是不是每个无环图都有拓扑排序，如果是，我们的算法能否保证找到一个。两个问题的答案都是肯定的。

如果在任何时刻还存在未见的顶点，但它们的入度都不是 0，则可以保证存在回路。为了说明，我们可以选择任意顶点 A_0。因为 A_0 有入边，令 A_1 是连接到它的顶点。因为 A_1 有入边，令 A_2 是连接到它的顶点。重复这个过程 N 次，其中 N 是图中余下的未处理顶点的个数。在 A_0，A_1，$\cdots$，A_N 中，一定存在两个相同的顶点（因为有 N 个顶点但有 $N+1$ 个 A_i）。在相同的那个 A_i 和 A_j 之间回溯则显示一个回路。

我们将所有未处理的入度为 0 的顶点放在一个队列中，可以在线性时间内实现算法。初始时，所有入度为 0 的顶点放到队列中。要找到拓扑排序的下一个顶点，我们只需要找到并删除队列最前面的项。当一个顶点的入度降低到 0 时，将它放到队列中。如果在所有顶点完成拓扑排序之前，队列为空，则图中有回路。运行时间显然是线性的，与无权最短路径算法中所用的原因是相同的。

14.5.2 无环最短路径算法的理论

> 在无环图中，眼球仅按拓扑排序的次序访问顶点。
> 得到的是一个线性时间算法，即使对于负权的边也是可行的。

  拓扑排序的一个重要应用是用它来求解无环图的最短路径问题。其思想是让眼球按拓扑排序的次序访问顶点。

  这个思想可行，因为当眼球访问顶点 v 时，我们可以保证 D_v 不会再降低，根据拓扑排序规则，它没有从未访问结点产生的入边。图 14.31 显示最短路径算法的阶段，使用拓扑排序去指导顶点的访问。注意，顶点的访问序列与 Dijkstra 算法的序列不同。另外还要注意，眼球在到达起始顶点之前访问的顶点，不是起始顶点可达的，并且不影响任何顶点的距离。

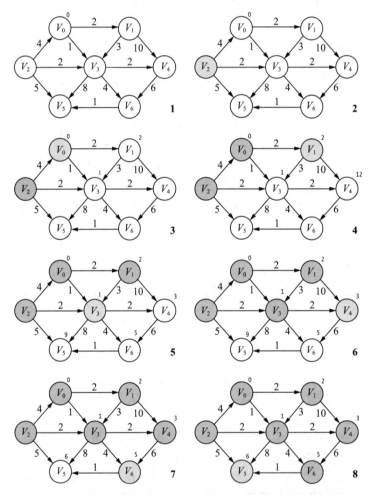

图 14.31 无环图算法的阶段，与图 14.21 中使用的约定相同

  我们不需要优先队列。相反，只需要将拓扑排序加到最短路径计算中。因此我们发现，算法在线性时间内运行，即使对于负权的边也是可行的。

14.5.3 Java 实现

> 该实现结合了拓扑排序计算和最短路径计算。入度信息保存在 scratch 数据成员中。

在拓扑排序中出现在 *S* 之前的顶点都是不可达的。

用于无环图的最短路径算法的实现如图 14.32 所示。我们使用队列执行拓扑排序，并在数据成员 scratch 中维护入度信息。第 15 ～ 18 行计算入度，第 21 ～ 23 行将入度为 0 的任意顶点放到队列中。

```
1      /**
2       * 单源负权值有向无环图最短路径算法
3       */
4      public void acyclic( String startName )
5      {
6          Vertex start = vertexMap.get( startName );
7          if( start == null )
8              throw new NoSuchElementException( "Start vertex not found" );
9
10         clearAll( );
11         Queue<Vertex> q = new LinkedList<Vertex>( );
12         start.dist = 0;
13
14          // 计算入度
15         Collection<Vertex> vertexSet = vertexMap.values( );
16         for( Vertex v : vertexSet )
17            for( Edge e : v.adj )
18                e.dest.scratch++;
19
20          // 将入度为 0 的顶点入队列
21         for( Vertex v : vertexSet )
22            if( v.scratch == 0 )
23                q.add( v );
24
25         int iterations;
26         for( iterations = 0; !q.isEmpty( ); iterations++ )
27         {
28             Vertex v = q.remove( );
29
30             for( Edge e : v.adj )
31             {
32                 Vertex w = e.dest;
33                 double cvw = e.cost;
34
35                 if( --w.scratch == 0 )
36                    q.add( w );
37
38                 if( v.dist == INFINITY )
39                    continue;
40
41                 if( w.dist > v.dist + cvw )
42                 {
43                     w.dist = v.dist + cvw;
44                     w.prev = v;
45                 }
46             }
47         }
48
49         if( iterations != vertexMap.size( ) )
50            throw new GraphException( "Graph has a cycle!" );
51     }
```

图 14.32 用于无环图的最短路径算法

然后，第 28 行反复地从队列中删除一个顶点。注意，如果队列为空，则 for 循环因第 26 行的测试而终止。如果循环是因为回路而终止，则在第 50 行报告这个事实。否则，循环在第 30 行逐步扫描邻接表，并在第 32 行获得 *w* 的值。在第 35 行立即降低 *w* 的入度，而且，如果值降为 0，则在第 36 行将它放入队列中。

回想一下，在拓扑排序中，如果当前顶点 v 出现在 S 的前面，则必然不能从 S 到达 v。因此，它仍然有 $D_v \equiv \infty$，所以不能希望提供到任何邻接顶点 w 的路径。在第 38 行执行测试，如果不能提供路径，则不会尝试进行任何距离计算。否则，必要时，在第 41～45 行使用与 Dijkstra 算法中的同样计算去更新 D_w。

14.5.4　应用：关键路径分析

> 关键路径分析用于安排与项目相关的任务。
>
> 活动结点图用顶点表示活动，用边表示优先关系。
>
> 事件结点图由事件顶点组成，事件顶点对应一个活动及其所有所依赖活动的完成。
>
> 边显示从一个顶点前进到下一个顶点时必须完成哪个活动。最早完成时间是最长路径。
>
> 在工程不延迟的情况下完成事件的最迟时间也很容易计算。
>
> 余量时间是在不延迟整体完成的情况下，活动可以延迟的时间量。
>
> 零余量的活动是关键活动，不能延迟。零余量边的路径是关键路径。

无环图的一个重要应用是关键路径分析（critical-path analysis），它是用于安排与项目相关的任务的一种分析形式。图 14.33 所示的图提供了一个示例。每个顶点表示必须完成的一个活动，以及完成它所需要的时间。所以该图称为活动结点图（activity-node graph），其中顶点表示活动，边表示优先关系。一条边 (v, w) 表示活动 v 必须在活动 w 开始之前完成，这隐含着这个图必须是无环图。我们假设，没有（直接或间接）相互依赖关系的任何活动都可以在不同的服务器上并行执行。

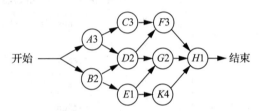

图 14.33　活动结点图

这类图可以（也常常）用于建筑项目建模。有两个重要的问题必须要回答。第一，项目最快完成时间是多少？如图所示，这个回答是——沿着路径 A、C、F、H 需要 10 个时间单位。第二，哪些活动可以延迟？不影响最短完成时间的话延迟多久？例如，延迟 A、C、F、H 中的任何一个，都会使完成时间超过 10 个时间单位。但是，活动 B 不太重要，可以延迟 2 个时间单位而不影响最终的完成时间。

为了执行这些计算，我们将活动结点图转换为事件结点图（event-node graph），其中每个事件对应一个活动及其所有所依赖活动的完成。从事件结点图中的结点 v 可达的事件必须在事件 v 完成之后才能开始。这个图可以（从活动结点图）自动或手工构造。可能需要插入虚拟边和顶点，以避免引入错误的依赖关系（或错误地缺少依赖关系）。与图 14.33 中的活动结点图对应的事件结点图如图 14.34 所示。

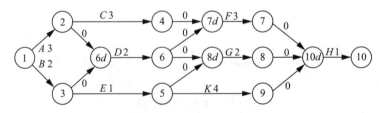

图 14.34　事件结点图

为了找到项目的最快完成时间，我们只需要找到从第一个事件到最后一个事件的最长（longest）路径的长度。对于一般的图而言，最长路径问题通常没有什么意义，因为可能存在正代价回路（positive-cost cycle），这等价于最短路径问题中的负代价回路。如果存在任何正代价回路，则我们可以寻找最长的简单路径。不过，这个问题没有令人满意的解决方案。幸运的是，事件结点图是无环的，所以我们不必担心回路。可以简单地采用最短路径算法来计算图中所有结点的最早完成时间。如果 EC_i 是结点 i 的最早完成时间，则应用的规则是：

$$EC_1 = 0 \text{且} EC_w = \text{Max}_{(v,w) \in E}(EC_v + c_{v,w})$$

图 14.35 展示了事件结点图示例中每个事件的最早完成时间。我们还可以计算最迟时间 LC_i，即不影响最终完成时间的情况下完成每个事件的时间。计算公式如下：

$$LC_N = EC_N \text{且} LC_v = \text{Min}_{(v,w) \in E}(LC_w - c_{v,w})$$

为每个顶点维护所有邻接顶点和前驱顶点的一个链表，可以在线性时间内计算这些值。每个顶点的最早完成时间按拓扑排序计算，最迟完成时间按逆拓扑排序计算。最迟完成时间如图 14.36 所示。

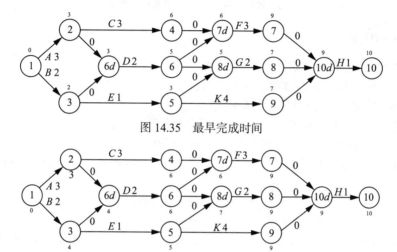

图 14.35　最早完成时间

图 14.36　最迟完成时间

事件结点图中每条边的余量时间（slack time）是在不延迟整体完成的情况下，对应活动可以延迟完成的时间量，或

$$\text{Slack}_{(v,w)} = LC_w - EC_v - c_{v,w}$$

图 14.37 显示事件结点图中每个活动的余量（作为第三个项）。对每个结点，最上面的数是最早完成时间，最下面的数是最迟完成时间。

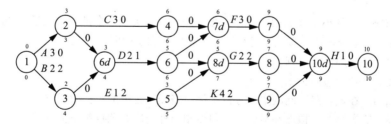

图 14.37　最早完成时间、最迟完成时间和余量（附加的边项）

有些活动的余量为 0。这些是关键活动，必须按时完成。全部由 0 余量的边构成的路径是关键路径（critical path）。

14.6　总结

本章我们展示如何用图来模拟许多实际问题，特别是在各种情况下如何计算最短路径。出现的许多图通常是非常稀疏的，所以选择合适的数据结构来实现它们很重要。

对于无权图，可以使用广度优先搜索，在线性时间内计算最短路径。对于正权值图，使用 Dijkstra 算法及一个高效的优先队列，需要稍多一些时间。对于负权值图，问题变得更加困难。最后，对于无环图，在拓扑排序的辅助下运行时间又回到线性时间。图 14.38 总结了这些算法的特性。

图问题类型	运行时间	说明
无权	$O(|E|)$	广度优先搜索
带权，无负值边	$O(|E|\log|V|)$	Dijkstra 算法
带权，负值边	$O(|E|\cdot|V|)$	Bellman-Ford 算法
带权，无环	$O(|E|)$	使用拓扑排序

图 14.38 各种图算法的最差运行时间

14.7 核心概念

活动结点图。顶点作为活动，边作为优先关系的图。

邻接表。用来表示图的链表数组，使用线性空间。

邻接矩阵。使用二次空间表示图的矩阵。

邻接顶点。如果存在从 v 到 w 的边，则称顶点 w 与顶点 v 邻接。

Bellman-Ford 算法。用来求解负权值最短路径问题的算法。

广度优先搜索。按层处理顶点的搜索过程，最先计算离起始点距离最近的那些顶点，最后计算距离最远的顶点。

关键路径分析。用于安排与项目相关的任务的一种分析形式。

回路。在有向图中，开始和结束在同一顶点且至少包含一条边的路径。

密集图和稀疏图。密集图有大量的边（通常是二次的）。典型的图不是密集的但是稀疏的。

Dijkstra 算法。用来求解正权值最短路径问题的算法。

有向无环图（DAG）。没有回路的一类有向图。

有向图。边是顶点的有序对的图。

边的代价（权）。边的第三个组成部分，衡量遍历边的代价。

事件结点图。由事件顶点组成的图，这些顶点对应一个活动及其所有依赖活动的完成。边显示从一个顶点前进到下一个顶点时必须完成哪个活动。最早完成时间是最长路径。

图。一组顶点和连接顶点的一组边。

入度。一个顶点入边的数量。

负代价回路。代价小于 0 的回路，使大多数路径（如果不是全部路径的话）都没有定义，因为我们可以在回路上循环任意多次，且得到一个权值任意小的路径长度。

路径。由边连接的顶点序列。

路径长度。路径上边的数量。

正权值回路。在最长路径问题中，等价于最短路径问题中的负代价回路。

简单路径。除了第一个顶点和最后一个顶点相同外，所有顶点都不同的路径。

单源算法。计算从图中某个起始点到所有顶点的最短路径的算法。

余量时间。在不影响总体完成时间的情况下一个活动可以延迟的时间。

拓扑排序。将有向无环图中的顶点排序的过程，如果从 u 到 v 有路径，则在序列中 v 出现在 u 的后面。有回路的图没有拓扑序列。

无权路径长度。路径中边的数量。

带权路径长度。路径上边的代价的总和。

14.8 常见错误

- 一个常见的错误是没能保证输入的图满足所使用算法的必要条件（即无环或正权值）。
- 对于 Path，比较函数仅比较 cost 数据成员。如果使用 dest 数据成员来驱动比较函数，则算法可能对小规模的图有效，但对更大的图，它不正确，且会给出次优的答案。不管怎样，永远不会产生一条不存在的路径。所以这个错误很难追踪。
- 负权值图的最短路径算法必须对负回路进行测试，否则它可能会一直执行。

14.9 网络资源

本章中的所有算法都在网络资源中的一个文件中。Vertex 类有额外的数据成员用在 23.2.3 节展示的替代 Dijkstra 算法的实现中。

Graph.java。所有的代码都包含在一个文件中，还有如图 14.14 所示的简单的 main。

14.10 练习

简答题

14.1 在图 14.1 中，找到从 V_3 到所有其他顶点的无权最短路径。

14.2 在图 14.1 中，找到从 V_2 到所有其他顶点的带权最短路径。

14.3 本章中的哪些算法可用来求解图 14.2？

14.4 在图 14.5 中，将边 (D, C) 和 (E, D) 的方向反转。展示改变后得到的图并执行拓扑排序算法的结果。

14.5 假设在图 14.5 的输入中添加代价为 11 的边 (C, B) 和代价为 10 的边 (B, F)。展示改变后得到的图，重新计算从顶点 A 出发的最短路径。

理论题

14.6 展示如何避免邻接矩阵固有的二次初始化，同时保持任意边的常数访问时间。

14.7 解释如何修改无权最短路径算法，如果有多条最短路径（依据边数），则选择有最小总权值的路径。

14.8 解释如何修改 Dijkstra 算法，产生从 v 到 w 的不同最短路径的数量。

14.9 解释如何修改 Dijkstra 算法，如果从 v 到 w 有多条最短路径，则选择边数最少的路径。

14.10 给出一个示例，在有负权值边但没有负代价回路的图中，Dijkstra 算法何时给出错误答案。

14.11 考虑下面的求解负权值最短路径问题的算法。给每个边的权值添加常数 c，所以除去了负权值边，计算新图中的最短路径，然后将结果用在原始图中。这个算法有什么错误？

14.12 假设在有向图中，路径代价是路径上边的代价之和加上路径上边的数量。展示如何求解这个版本的最短路径问题。

14.13 证明负权值最短路径算法的正确性。为此，证明当眼球第 i 次访问顶点 v 时，D_v 的值是含 i 条或更少边的带权最短路径长度。

14.14 给出一个线性时间算法，找到无环图中的带权最长路径。你的算法能扩展到有回路的图吗？

14.15 说明，如果边的权值为 0 或 1，则 Dijkstra 算法可以在线性时间内使用 deque 实现（见 16.5 节）。

14.16 假设图中所有边的代价为 1 或 2。证明可以在线性时间内实现 Dijkstra 算法的运行。

14.17 对于图中的任何路径，瓶颈代价（bottleneck cost）由路径上最小边的权值给出。例如，在图 14.4 中，路径 E、D、B 的瓶颈代价是 23，而 E、D、C 的瓶颈代价是 10。最大瓶颈问题（maximum bottleneck problem）是找到两个指定顶点间具有最大瓶颈代价的路径。所以 E 和 B 间最大瓶颈路径是 E、D、B。给出求解最大瓶颈问题的高效算法。

14.18 令 G 是一个（有向）图，且 u 和 v 是 G 中任何两个不同的顶点。证明或反证以下问题。

a. 如果 G 是无环的，则 (u, v) 或 (v, u) 中至少有一个可以添加到图中而不产生回路。

b. 如果将 (u, v) 或 (v, u) 添加到 G 中，不产生回路是不可能的，则 G 中已经有回路。

实践题

14.19 本章我们声称，要实现有大量输入的图的算法，其数据结构对于确保合理的性能是至关重要的。对于下列使用不佳的数据结构或算法的每一个实例，提供结果的大 O 分析，并将实际性能与本书中提供的算法和数据结构进行比较。一次只实现一处修改。你应该在相当大且有些稀疏的随机图上测试程序的运行。然后完成下列工作。

　　a. 当读入边时，判断它是否已在图中。

　　b. 通过顺序扫描顶点表实现"字典"。

　　c. 使用练习 6.24 中的算法实现队列（它应该影响无权最短路径算法）。

　　d. 在无权最短路径算法中，通过顺序扫描顶点表，实现搜索最小代价顶点。

　　e. 使用练习 6.24 中的算法实现优先队列（它应该影响带权最短路径算法）。

　　f. 使用练习 6.27 中的算法实现优先队列（它应该影响带权最短路径算法）。

　　g. 在带权最短路径算法中，通过顺序扫描顶点表，实现搜索最小代价顶点。

　　h. 在无环最短路径算法中，通过顺序扫描顶点表，实现搜索入度为 0 的顶点。

　　i. 使用邻接矩阵而不是邻接表，实现任何图算法。

程序设计项目

14.20 有向图中，如果从每个顶点到每个其他顶点都有路径，则称为强连通的。完成以下工作：

　　a. 找到任意顶点 S。说明如果图是强连通的，则最短路径算法将声明从 S 可达所有结点。

　　b. 说明如果图是强连通的，然后将所有边反向，从 S 执行最短路径算法，则从 S 可达所有结点。

　　c. 说明 a 和 b 中的测试足够判定图是不是强连通的（即能通过两个测试的图必然是强连通的）。

　　d. 编写程序，检查一个图是不是强连通的。你编写的算法的运行时间是多少？

　　解释如何应用最短路径算法求解以下每个问题。然后设计输入的表示方式，并编写求解问题的程序。

14.21 输入是联赛游戏得分列表（而且没有平局）。如果所有的队至少赢一场且至少输一场，则我们通常可以通过愚蠢的传递性论据"证明"，某队比其他队更好。例如，在 6 个队参加的联赛中，每个人参加 3 场比赛，假设我们有下列结果：A 打败了 B 和 C，B 打败了 C 和 F，C 打败了 D，D 打败了 E，E 打败了 A，而 F 打败了 D 和 E。则我们可以证明，A 比 F 更好，因为 A 打败了 B 而 B 又打败了 F。类似地，我们可以证明，F 比 A 更好。因为 F 打败了 E 而 E 打败了 A。给出游戏得分列表及两个队 X 和 Y，要么找到证据（如果存在）说明 X 比 Y 好，要么说明找不到这种形式的证据。

14.22 通过替换一个字符，可以将一个单词修改为另一个单词。假设有一本 5 个字母单词字典。给出一个算法，判定单词 A 在经过一系列单字符替换后是否可以转化为单词 B，如果可以，输出相应的单词序列。例如，bleed 转化为 blood 的序列是 bleed、blend、blond、blood。

14.23 修改练习 14.22，允许任意长度的单词，且允许添加或删除一个字符的转换。添加或删除一个字符的代价等于转换中较长字符串的长度，而单字符替换的代价仅为 1。所以 ark、ask、as、was 是从 ark 到 was 的一个有效的转化，且代价是 7（1+3+3）。

14.24 输入是货币及汇率的集合。有没有一个可以马上赚钱的兑换序列？例如，如果货币是 X、Y 和 Z，汇率是 $1X$ 等于 $2Y$，$1Y$ 等于 $2Z$，而 $1X$ 等于 $3Z$，则 $300Z$ 可以买入 $100X$，它反过来又可以买入 $200Y$，这个反过来又可以买入 $400Z$。所以我们获得了 33% 的利润。

14.25 学生需要修满一定数量的课程才能毕业，这些课程都有必须遵守的先决条件。假设，每个学期都提供所有的课程，学生选修的课程数量不限。给定课程列表及它们的先决条件，计算需要最少学期数的选课安排。

14.26 Kevin Bacon 游戏的目标是通过共有的电影角色将电影演员与 Kevin Bacon 联系起来。连接的最小数是一位演员的 Bacon 数。例如，Tom Hanks 的 Bacon 数是 1。他和 Kevin Bacon 共同出

演了 *Apollo 13*。Sally Field 的 Bacon 数是 2，因为她与 Tom Hanks 出演了 *Forest Gump*，而后者和 Kevin Bacon 共同出演了 *Apollo 13*。几乎所有著名演员的 Bacon 数都是 1 或 2。假设，你有包含全部角色的演员列表，回答下列问题。

a. 解释如何找到演员的 Bacon 数。

b. 解释如何找到有最高 Bacon 数的演员。

c. 解释如何找到任意两位演员之间连接的最小数。

14.27 输入一个带墙的二维迷宫，问题是使用最短路径从左上角到右下角遍历迷宫。你可以推倒墙，但每推倒一次都要受到处罚 p（作为输入的一部分来指定）。

14.28 假设你有一个图，其中每个顶点表示一台计算机，每条边表示两台计算机之间的直接连接。每条边 (v, w) 有权值 $p_{v,w}$，表示 v 和 w 之间网络传输成功的概率（$0 < p_{v,w} \leq 1$）。编写一个程序，找到从指定的起始计算机 s 到网络中所有其他计算机之间传输数据的最可靠路线。

14.11 参考文献

使用邻接表表示图最早在文献 [3] 中提出。Dijkstra 最短路径算法最初在文献 [2] 中描述。负代价边的算法来自文献 [1]。更高效的终止测试在文献 [6] 中描述，其中还说明了数据结构在各种图论算法中的重要作用。拓扑排序算法来自文献 [4]。文献 [5] 中介绍了图算法的许多实际应用，还附有参考文献以供进一步阅读。

[1] R. E. Bellman, "On a Routing Problem," *Quarterly of Applied Mathematics* **16** (1958), 87–90.

[2] E. W. Dijkstra, "A Note on Two Problems in Connexion with Graphs," *Numerische Mathematik* **1** (1959), 269–271.

[3] J. E. Hopcroft and R. E. Tarjan, "Algorithm 447: Efficient Algorithms for Graph Manipulation," *Communications of the ACM* **16** (1973), 372–378.

[4] A. B. Kahn, "Topological Sorting of Large Networks," *Communications of the ACM* **5** (1962), 558–562.

[5] D. E. Knuth, *The Stanford GraphBase*, Addison-Wesley, Reading, MA, 1993.

[6] R. E. Tarjan, *Data Structures and Network Algorithms*, Society for Industrial and Applied Mathematics, Philadelphia, PA, 1985.

第四部分

Data Structures and Problem Solving Using Java, Fourth Edition

实　　现

第 15 章　内部类和 ArrayList 的实现

第 16 章　栈和队列

第 17 章　链表

第 18 章　树

第 19 章　二叉搜索树

第 20 章　散列表

第 21 章　优先队列：二叉堆

内部类和 ArrayList 的实现

本章开始讨论标准数据结构的实现。最简单的数据结构之一是 ArrayList，这是 Collections API 的一部分。在第一部分（具体来说是图 3.17 和图 4.24）中，我们已经见过实现的框架，所以本章我们重点关注带有相关迭代器的完整类的实现细节。实现过程中利用了令人感兴趣的 Java 语法成分——内部类（inner class）。我们选择在本章讨论内部类，而不是在（介绍其他语法元素的）第一部分讨论，是因为我们将内部类看作 Java 的实现技术，而不是语言的核心功能。

本章中，我们将看到：
- 内部类的使用和语法。
- 新类 AbstractCollection 的实现。
- ArrayList 类的实现。

15.1 迭代器和嵌套类

我们先来回顾首次在 6.2 节描述的简单迭代器的实现。回想一下，我们定义了一个简单的迭代器接口，它模仿标准（非泛型）的 Collections API 中的 Iterator，这个接口展示在图 15.1 中。

然后定义了两个类：容器和它的迭代器。每个容器类负责提供迭代器接口的实现。在我们的示例中，迭代器接口的实现由图 15.2 所示的 MyContainerIterator 类提供。图 15.3 所示的 MyContainer 类提供了一个工厂方法，它创建 MyContainerIterator 的一个实例，并使用接口类型 Iterator 返回这个实例。图 15.4 提供了 main 方法，用来说明容器/迭代器组合的使用。图 15.1～图 15.4 简单复制了 6.2 节最初的迭代器讨论中的图 6.5～图 6.8。

```
1  package weiss.ds;
2
3  public interface Iterator
4  {
5      boolean hasNext( );
6      Object next( );
7  }
```

图 15.1　6.2 节中的 Iterator 接口

```
1  // 遍历 MyContainer 的一个迭代器类
2
3  package weiss.ds;
4
5  class MyContainerIterator implements Iterator
6  {
7      private int current = 0;
8      private MyContainer container;
9
10     MyContainerIterator( MyContainer c )
11       { container = c; }
12
13     public boolean hasNext( )
14       { return current < container.size; }
15
16     public Object next( )
17       { return container.items[ current++ ]; }
18 }
```

图 15.2　6.2 节中 MyContainerIterator 的实现

```
1  package weiss.ds;
2
3  public class MyContainer
4  {
5      Object [ ] items;
6      int size;
7
8      public Iterator iterator( )
9        { return new MyContainerIterator( this ); }
10
11     // 没有展示的其他方法
12  }
```

图 15.3　6.2 节中的 MyContainer 类

```
1      public static void main( String [ ] args )
2      {
3          MyContainer v = new MyContainer( );
4
5          v.add( "3" );
6          v.add( "2" );
7
8          System.out.println( "Container contents: " );
9          Iterator itr = v.iterator( );
10         while( itr.hasNext( ) )
11             System.out.println( itr.next( ) );
12     }
```

图 15.4　演示 6.2 节中设计的迭代器的 main 方法

这个设计隐藏了迭代器类的实现，因为 MyContainerIterator 不是公有类。所以用户只能使用 Iterator 接口进行编程，且不能访问迭代器如何实现的细节——用户甚至不能声明 weiss.ds.MyContainerIterator 类型的对象。不过，它还是暴露了一些比通常希望的更多的细节。在 MyContainer 类中，数据不是私有的，对应的迭代器类虽然不是公有的但仍是包可见的。这两个问题都可以通过使用嵌套类来解决：只需要简单地将迭代器类放到容器类中。这样，迭代器类就是容器类的一个成员，所以它可以声明为一个私有类，而且它的方法可以从 MyContainer 内访问私有数据。修改后的代码如图 15.5 所示，仅有一处文体上的修改，将 MyContainerIterator 更名为 LocalIterator。不需要其他的修改，不过，因为 LocalIterator 是 MyContainer 的一部分，所以 LocalIterator 的构造方法可以设置为私有的，而且可以从 MyContainer 内调用。

```
1  package weiss.ds;
2
3  public class MyContainer
4  {
5      private Object [ ] items;
6      private int size = 0;
7      // 没有展示 MyContainer 的其他方法
8
9      public Iterator iterator( )
10       { return new LocalIterator( this ); }
11
12     // 作为嵌套类的迭代器类
13     private static class LocalIterator implements Iterator
14     {
15         private int current = 0;
16         private MyContainer container;
17
```

图 15.5　使用嵌套类设计迭代器

```
18          private LocalIterator( MyContainer c )
19            { container = c; }
20
21          public boolean hasNext( )
22            { return current < container.size; }
23
24          public Object next( )
25            { return container.items[ current++ ]; }
26      }
27  }
```

图 15.5　使用嵌套类设计迭代器　（续）

15.2　迭代器和内部类

> 　　内部类类似嵌套类，因为它是在另一个类内部的类，并且使用与嵌套类同样的语法进行声明，只不过它不是静态类。内部类总是隐含一个指向创建它的外部类对象的引用。
> 　　内部类和嵌套类最大的区别是，当构造内部类对象的一个实例时，隐含一个指向构造它的外部类的引用。
> 　　如果外部类的名字是 Outer，则隐含的引用是 Outer.this。

　　在 15.1 节，我们使用了一个嵌套类进一步隐藏细节。除了嵌套类，Java 还提供了内部类。内部类（inner class）类似嵌套类，因为它是在另一个类内部的类，出于可见性目的它被看作外部类的一个成员。内部类使用与嵌套类同样的语法进行声明，只不过它不是静态类。换句话说，在内部类的声明中不出现 static 修饰符。

　　在讨论内部类规范之前，我们先看看设计它们要解决的问题。图 15.6 说明了前一节所写的迭代器和容器类之间的关系。LocalIterator 的每个实例都维护指向它正迭代的容器的引用和迭代器当前位置的记号。我们拥有的关系是每个 LocalIterator 必须恰与 MyContainer 的一个实例相关联。在任何迭代器中的 container 引用都不可能是 null，如果不知道是哪个 MyContainer 对象创建了它，那么迭代器的存在就没有意义。

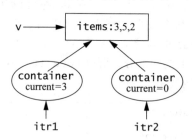

图 15.6　迭代器 / 容器关系

　　因为我们知道，itr1 必须与一个且仅与一个迭代器绑定，故表达式 container.items 似乎是多余的，因为如果迭代器能够记住构造它的容器，那我们就不必自己记录它了。而且，如果它记住了，我们可能会期望，如果在 LocalIterator 中我们引用了 items，那么由于 LocalIterator 没有 items 域，编译器（和运行时系统）应该能足够聪明地推断出我们指的是构造了这个特殊 LocalIterator 的 MyContainer 对象的 items 域。这正是内部类所做的，也正是它与嵌套类的区别所在。

　　内部类和嵌套类最大的区别是，当构造内部类对象的一个实例时，隐含一个指向构造它的外部类的引用。这表明，一个内部类对象如果不依附于外部类对象就不能存在，除非它声明在一个静态方法内（因为局部类和匿名类确切地来说也是内部类），稍后我们再讨论细节。

如果外部类的名字是 Outer，则隐含的引用是 Outer.this。所以，如果 LocalIterator 声明为内部类的一个实例（即去掉了 static 关键字），则 MyContainer.this 引用可用来替换迭代器保存的 container 引用。图 15.7 说明了结构是一样的，修改后的类如图 15.8 所示。

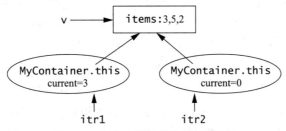

图 15.7　带有内部类的迭代器 / 容器

```
 1  package weiss.ds;
 2
 3  public class MyContainer
 4  {
 5      private Object [ ] items;
 6      private int size = 0;
 7
 8      // 没有展示 MyContainer 的其他方法
 9
10      public Iterator iterator( )
11        { return new LocalIterator( ); }
12
13      // 作为内部类的迭代器类
14      private class LocalIterator implements Iterator
15      {
16          private int current = 0;
17
18          public boolean hasNext( )
19            { return current < MyContainer.this.size; }
20
21          public Object next( )
22            { return MyContainer.this.items[ current++ ]; }
23      }
24  }
```

图 15.8　使用内部类设计的迭代器

在修改版的实现中，观察到，LocalIterator 不再有显式指向 MyContainer 的引用，还观察到，它的构造方法不再是必要的，因为它仅初始化了 MyContainer 引用。最后，图 15.9 说明，正如实例方法中 this 的使用是可选的一样，如果没有名字冲突，则 Outer.this 引用也是可选的。所以，MyContainer.this.size 可以简写为 size，只要在更近的范围内没有名为 size 的其他变量。

```
 1      // 作为内部类的迭代器类
 2      private class LocalIterator implements Iterator
 3      {
 4          private int current = 0;
 5
 6          public boolean hasNext( )
 7            { return current < size; }
 8
 9          public Object next( )
10            { return items[ current++ ]; }
11      }
```

图 15.9　内部类，Outer.this 可能是可选的

局部类和匿名类不指定它们是不是 static 的，从技术上来说它们总是被看作内部类。不过，如果在静态方法内声明了这样一个类，则它没有隐式的外部引用（因此它的行为像是一个嵌套类），然而如果在实例方法内声明，则它隐含的外部引用就是方法的调用程序。

要添加内部类需要一套重要的规则，其中有许多尝试处理语言的极端情况和可疑编码的实践。例如，假设我们先换个想法，想象 LocalIterator 是公有的。这样做仅为了说明当为语言增加新功能时语言设计者所面临的复杂性。在这个假设下，迭代器类型是 MyContainer.LocalIterator，因为它是可见的，所以有人可能会认为

```
MyContainer.LocalIterator itr = new MyContainer.LocalIterator( );
```

是合法的，因为与所有类一样，它有默认的公有零参数的构造方法。不过，这是无效的，因为没有办法初始化隐含的引用。itr 指向的是哪个 MyContainer？我们需要一些不会与语言中任何其他规则相冲突的语法。规则是，如果有容器 c，则 itr 可以使用一种奇怪的仅为这种情形而设计的语法来构造，实际上是外部对象调用了 new：

```
MyContainer.LocalIterator itr = c.new LocalIterator( );
```

注意，这意味着，在实例工厂方法中，this.new 是合法的，并且简写为更传统的在工厂方法中见过的 new。如果你发现自己使用了奇怪的语法，则可能是设计出了问题。在我们的示例中，一旦 LocalIterator 是私有的，整个问题将迎刃而解；如果 LocalIterator 不是私有的，那么最初就没有理由使用内部类。

还有一些其他规则，有些比较武断。内部类或嵌套类的私有成员对外部类是公有的。要访问内部类的任意成员，外部类只需提供对内部类实例的引用并使用点运算符即可，与对其他类的正常操作一样。所以内部类和嵌套类被认为是外部类的一部分。

内部类和嵌套类可以是终极的，可以是抽象的，也可以是接口（但接口永远是静态的，因为它们不能含有数据，包括隐式的引用），或者哪种也不是。内部类不能有静态域或方法，除了静态终极域。内部类可以有嵌套类或接口。最后，当你编译上述示例时，会看到编译器生成一个类文件 MyContainer$LocalIterator.class，它必须发布给客户。换句话说，每个内部类和嵌套类都是一个类，并有对应的类文件。匿名类使用数字而不是名字。

15.3 AbstractCollection 类

AbstractCollection 实现了 Collection 接口中的一些方法。

在实现 ArrayList 类之前，观察到 Collection 接口中的有些方法可以很容易用其他方法来实现。例如，通过检查它的大小是否为 0，很容易实现 isEmpty。与其在 ArrayList、LinkedList 和所有其他具体的实现中都要这样做，不如只做一次，然后使用继承来获得 isEmpty。如果能证明对于某些集合有比计算当前大小更快的方法来执行 isEmpty，那我们甚至可以重写 isEmpty。不过，我们不能在 Collection 接口中实现 isEmpty，这只能在抽象类中完成。这就是 AbstractCollection 类。为了简化实现，设计新 Collections 类的程序员可以扩展 AbstractCollection 类，而不是实现 Collection 接口。AbstractCollection 的实现如图 15.10～图 15.12 所示。

Collections API 还定义了额外的类，如 AbstractList、AbstractSequentialList 和 AbstractSet。我们选择不实现这些，与提供简化的 Collections API 的子集的意图保持一致。如果出于某些原因你正在实现自己的集合并扩展了 Java Collections API，那么应该扩展最具体的抽象类。

```
 1   package weiss.util;
 2
 3   /**
 4    * AbstractCollection 对 Collection 接口中的
 5    * 一些简单方法提供默认实现
 6    */
 7   public abstract class AbstractCollection<AnyType> implements Collection<AnyType>
 8   {
 9       /**
10        * 测试本集合是否为空
11        * @return true: 如果本集合的大小为 0
12        */
13       public boolean isEmpty( )
14       {
15           return size( ) == 0;
16       }
17
18       /**
19        * 将本集合的大小修改为 0
20        */
21       public void clear( )
22       {
23           Iterator<AnyType> itr = iterator( );
24           while( itr.hasNext( ) )
25           {
26               itr.next( );
27               itr.remove( );
28           }
29       }
30
31       /**
32        * 将 x 添加到本集合中
33        * 该默认实现总是抛出一个异常
34        * @param x: 要添加的项
35        * @throws UnsupportedOperationException: 总是抛出
36        */
37       public boolean add( AnyType x )
38       {
39           throw new UnsupportedOperationException( );
40       }
```

图 15.10　AbstractCollection 的简单实现（第 1 部分）

```
41       /**
42        * 如果本集合含有 x, 则返回 true
43        * 如果 x 是 null, 则返回 false
44        * (该行为可能并不总是合适的)
45        * @param x: 要搜索的项
46        * @return true: 如果 x 不是 null
47        * 并在本集合中找到
48        */
49       public boolean contains( Object x )
50       {
51           if( x == null )
52               return false;
53
54           for( AnyType val : this )
55               if( x.equals( val ) )
56                   return true;
57
58           return false;
59       }
60
```

图 15.11　AbstractCollection 的简单实现（第 2 部分）

```
61      /**
62       * 从本集合中删除非空的 x
63       * (该行为可能并不总是合适的)
64       * @param x: 要删除的项
65       * @return true: 如果删除成功
66       */
67      public boolean remove( Object x )
68      {
69          if( x == null )
70              return false;
71
72          Iterator<AnyType> itr = iterator( );
73          while( itr.hasNext( ) )
74              if( x.equals( itr.next( ) ) )
75              {
76                  itr.remove( );
77                  return true;
78              }
79
80          return false;
81      }
```

图 15.11   AbstractCollection 的简单实现 (第 2 部分)(续)

```
82      /**
83       * 获得本集合的基本类型数组视图
84       * @return: 基本类型数组视图
85       */
86      public Object [ ] toArray( )
87      {
88          Object [ ] copy = new Object[ size( ) ];
89          int i = 0;
90
91          for( AnyType val : this )
92              copy[ i++ ] = val;
93
94          return copy;
95      }
96
97      public <OtherType> OtherType [ ] toArray( OtherType [ ] arr )
98      {
99          int theSize = size( );
100
101         if( arr.length < theSize )
102             arr = ( OtherType [ ] ) java.lang.reflect.Array.newInstance(
103                         arr.getClass( ).getComponentType( ), theSize );
104         else if( theSize < arr.length )
105             arr[ theSize ] = null;
106
107         Object [ ] copy = arr;
108         int i = 0;
109
110         for( AnyType val : this )
111             copy[ i++ ] = val;
112
113         return copy;
114     }
115
116     /**
117      * 返回表示此集合的一个字符串
118      */
119     public String toString( )
120     {
```

图 15.12   AbstractCollection 的简单实现 (第 3 部分)

```
121            StringBuilder result = new StringBuilder( "[ " );
122
123            for( AnyType obj : this )
124                result.append( obj + " " );
125
126            result.append( "]" );
127
128            return result.toString( );
129        }
130 }
```

图 15.12 AbstractCollection 的简单实现（第 3 部分）(续)

在图 15.10 中，可以看到 isEmpty、clear 和 add 的实现。前两个方法的实现比较直观。当然 clear 的实现是可用的，因为它删除了集合中的所有项，但或许有更高效的方法来实现 clear，这取决于所操作的集合的类型。所以虽然 clear 的这个实现作为默认版本，但很可能被覆盖。为 add 提供一个可用的实现不是明智的想法。所以有两种解决方法，一种是让 add 是抽象的（这显然是可行的，因为 AbstractCollection 是抽象类），另一种是提供一个抛出运行时异常的实现。我们实现的是后一种，这与 java.util 中的行为是一致的（更进一步地，这个决定使得创建表示映射值的类时也变得容易）。图 15.11 提供了 contains 和 remove 的默认实现。这两个实现都使用了顺序搜索，所以它们的效率并不高，需要在良好实现 Set 接口的类中重写。

图 15.12 包含 toArray 方法的两种实现。零参数的 toArray 实现相当简单。单参数的 toArray 利用了 Java 称之为反射的特性，在参数不足以保存底层集合的情况下，创建一个与参数类型一致的数组对象。

15.4 StringBuilder

图 15.12 还表明，使用 StringBuilder 可以在相当好的线性时间内实现 toString，从而避免了二次运行时间。（StringBuilder 是在 Java 5 中新添加的，比 StringBuffer 稍快一些，更适合单线程应用程序。）为了明白为什么需要 StringBuilder，考虑使用 N 个 'A' 创建一个 String 的下列代码段：

```
String result = "";
for( int i = 0; i < N; i++ )
    result += 'A';
```

毫无疑问这段代码是正确的，因为 String 对象是不变的，所以每次调用 result += 'A'，都被重写为 result = result + 'A'，一旦看到这个，很显然，String 的每次连接都会创建一个新的 String 对象。当进入循环中时，创建这些 String 对象会变得更费时。我们可以估计第 i 次 String 连接的代价是 i，故总代价是 $1+2+3+\cdots+N$，或 $O(N^2)$。如果 N 是 100 000，那么编写代码很简单，并能看到运行时间是相当的大。可以简单地改写

```
char [ ] theChars = new char[ N ];
for( int i = 0; i < N; i++ )
    theChars[ i ] = 'A';
String result = new String( theChars );
```

得到线性时间的算法，眨眼间就能运行完。

只有当我们知道 String 最终的大小时，才能使用字符数组。否则，我们必须使用类似 ArrayList<char> 这样的结构。StringBuilder 在概念上类似于 ArrayList<char>，它有数组的倍增功能，但有专用于 String 操作的方法名。使用 StringBuilder 的话，代码是这样的：

```
StringBuilder sb = new StringBuilder( );
for( int i = 0; i < N; i++ )
    sb.append( 'A' );
String result = new String( sb );
```

这段代码是线性时间的，运行得很快。有些 String 连接（如在单个表达式中的）会被编译器进行优化以避免反复创建 String。但如果你的连接是与其他语句混在一起的（例如示例中的这种）那么通常可以使用 StringBuilder 得到更高效的代码。

15.5 实现带迭代器的 ArrayList

第一部分中显示的各种 ArrayList 类都没有支持迭代器。本节提供的 ArrayList 实现将放到 weiss.util 中，且包含对双向迭代器的支持。为了让代码量可管理，我们去掉了大部分的 javadoc 注释。在网络资源中可以找到它们。

实现代码展示在图 15.13～图 15.16 中。在第 3 行，我们看到 ArrayList 扩展了抽象类 AbstractCollection，在第 4 行，ArrayList 声明实现了 List 接口。

```
 1  package weiss.util;
 2
 3  public class ArrayList<AnyType> extends AbstractCollection<AnyType>
 4                          implements List<AnyType>
 5  {
 6      private static final int DEFAULT_CAPACITY = 10;
 7      private static final int NOT_FOUND = -1;
 8
 9      private AnyType [ ] theItems;
10      private int theSize;
11      private int modCount = 0;
12
13      public ArrayList( )
14        { clear( ); }
15
16      public ArrayList( Collection<? extends AnyType> other )
17      {
18          clear( );
19          for( AnyType obj : other )
20              add( obj );
21      }
22
23      public int size( )
24        { return theSize; }
25
26      public void clear( )
27      {
28          theSize = 0;
29          theItems = (AnyType []) new Object[ DEFAULT_CAPACITY ];
30          modCount++;
31      }
32
33      public AnyType get( int idx )
34      {
35          if( idx < 0 || idx >= size( ) )
36              throw new ArrayIndexOutOfBoundsException( );
37          return theItems[ idx ];
38      }
39
40      public AnyType set( int idx, AnyType newVal )
41      {
42          if( idx < 0 || idx >= size( ) )
43              throw new ArrayIndexOutOfBoundsException( );
44          AnyType old = theItems[ idx ];
45          theItems[ idx ] = newVal;
46
47          return old;
```

图 15.13 ArrayList 实现（第 1 部分）

```
48        }
49
50        public boolean contains( Object x )
51          { return findPos( x ) != NOT_FOUND; }
```

图 15.13　ArrayList 实现（第 1 部分)(续)

```
52        private int findPos( Object x )
53        {
54            for( int i = 0; i < size( ); i++ )
55                if( x == null )
56                {
57                    if( theItems[ i ] == null )
58                        return i;
59                }
60                else if( x.equals( theItems[ i ] ) )
61                    return i;
62
63            return NOT_FOUND;
64        }
65
66        public boolean add( AnyType x )
67        {
68            if( theItems.length == size( ) )
69            {
70                AnyType [ ] old = theItems;
71                theItems = (AnyType []) new Object[ theItems.length * 2 + 1 ];
72                for( int i = 0; i < size( ); i++ )
73                    theItems[ i ] = old[ i ];
74            }
75            theItems[ theSize++ ] = x;
76            modCount++;
77            return true;
78        }
79
80        public boolean remove( Object x )
81        {
82            int pos = findPos( x );
83
84            if( pos == NOT_FOUND )
85                return false;
86            else
87            {
88                remove( pos );
89                return true;
90            }
91        }
92
93        public AnyType remove( int idx )
94        {
95            AnyType removedItem = theItems[ idx ];
96            for( int i = idx; i < size( ) - 1; i++ )
97                theItems[ i ] = theItems[ i + 1 ];
98            theSize--;
99            modCount++;
100            return removedItem;
101        }
```

图 15.14　ArrayList 实现（第 2 部分）

```
102       public Iterator<AnyType> iterator( )
103         { return new ArrayListIterator( 0 ); }
```

图 15.15　ArrayList 实现（第 3 部分）

```
104
105     public ListIterator<AnyType> listIterator( int idx )
106       { return new ArrayListIterator( idx ); }
107
108     // 这是 ArrayListIterator 的实现
109     private class ArrayListIterator implements ListIterator<AnyType>
110     {
111         private int current;
112         private int expectedModCount = modCount;
113         private boolean nextCompleted = false;
114         private boolean prevCompleted = false;
115
116         ArrayListIterator( int pos )
117         {
118             if( pos < 0 || pos > size( ) )
119                 throw new IndexOutOfBoundsException( );
120             current = pos;
121         }
122
123         public boolean hasNext( )
124         {
125             if( expectedModCount != modCount )
126                 throw new ConcurrentModificationException( );
127             return current < size( );
128         }
129
130         public boolean hasPrevious( )
131         {
132             if( expectedModCount != modCount )
133                 throw new ConcurrentModificationException( );
134             return current > 0;
135         }
```

图 15.15　ArrayList 实现（第 3 部分)(续）

```
136         public AnyType next( )
137         {
138             if( !hasNext( ) )
139                 throw new NoSuchElementException( );
140             nextCompleted = true;
141             prevCompleted = false;
142             return theItems[ current++ ];
143         }
144
145         public AnyType previous( )
146         {
147             if( !hasPrevious( ) )
148                 throw new NoSuchElementException( );
149             prevCompleted = true;
150             nextCompleted = false;
151             return theItems[ --current ];
152         }
153
154         public void remove( )
155         {
156             if( expectedModCount != modCount )
157                 throw new ConcurrentModificationException( );
158
159             if( nextCompleted )
160                 ArrayList.this.remove( --current );
161             else if( prevCompleted )
162                 ArrayList.this.remove( current );
```

图 15.16　ArrayList 实现（第 4 部分）

```
163              else
164                  throw new IllegalStateException( );
165
166              prevCompleted = nextCompleted = false;
167              expectedModCount++;
168          }
169      }
170 }
```

图 15.16　ArrayList 实现（第 4 部分）(续)

第 9 行和第 10 行分别声明了内部数组 theItems 和集合大小 theSize。更有趣的是在第 11 行声明的 modCount。modCount 表示对 ArrayList 的结构进行修改（add 或 remove 操作）的次数。其思想是，当构造一个迭代器时，迭代器将这个值保存在数据成员 expectedModCount 中。当执行任何迭代器操作时，迭代器的 expectedModCount 成员与 ArrayList 的 modCount 值进行比较，如果它们不一致，则抛出 ConcurrentModificationException。

第 16 行演示了典型的构造方法，其简单地遍历集合并调用 add，执行了对另一个集合中成员的浅复制。从第 26 行开始的 clear 方法初始化 ArrayList，并且可以从构造方法中调用它。它还重置了 theItems，这能让垃圾收集器回收 ArrayList 中所有未引用的对象。图 15.13 中其余的例程都相对简单。

图 15.14 实现了其余不依赖迭代器的方法。findPos 是一个私有辅助方法，返回正被删除或要接受 contains 调用的对象的位置。出现额外的代码是因为向 ArrayList 中添加 null 是合法的，而且，如果不仔细，则在第 60 行调用 equals 时可能会产生 NullPointerException 异常。注意到，add 和 remove 都将导致 modCount 的改变。

在图 15.15 中，我们看到返回迭代器的两个工厂方法，并看到 ListIterator 接口实现的开始部分。注意到，ArrayListIterator IS-A ListIterator，而且 ListIterator IS-A Iterator。所以在第 103 行和第 106 行可以返回 ArrayListIterator。

在实现私有内部类 ArrayListIterator 时，在第 111 行维护了当前位置。当前位置表示调用 next 时要返回的元素的下标。在第 112 行，我们声明了 expectedModCount 成员。与所有类成员一样，它在创建迭代器的一个实例时进行初始化（就在调用构造方法之前），modCount 是 ArrayList.this.modCount 的简写。后面的两个 Boolean 实例成员是用来验证对 remove 的调用是否合法的标志。

ArrayListIterator 构造方法声明为包可见的，所以它可被 ArrayList 使用。当然，它可以声明为公有的，但没有理由这样做，即使它是私有的，它仍能被 ArrayList 使用。不过，在这种情形下，包可见的似乎最自然。hasNext 和 hasPrevious 都验证自迭代器创建以来没有外部结构修改，如果 ArrayList modCount 不能匹配 ArrayListIterator expectedModCount，则抛出异常。

图 15.16 中完成了 ArrayListIterator 类。next 和 previous 是镜像对称的。检测 next，先查看第 138 行的测试，确保没有用尽迭代项（这也隐式地测试了结构修改）。然后将 nextCompleted 设置为 true，以允许 remove 成功，然后返回 current 正检查的数组项，将 current 的值前进到刚用过的值的后面。

previous 方法是类似的，但必须先减小 current 的值。这是因为，当反向遍历时，如果 current 等于容器大小，则还未开始迭代，而当 current 等于 0 时，我们已经完成了迭代（但如果前一个操作是 previous，则可以删除这个位置的项）。注意，next 操作后跟 previous 操作会得到同一个项。

最后，我们来讨论 remove，这个问题非常棘手，因为 remove 的语义依赖正执行的遍历的方向。事实上，这可能表明 Collections API 的设计不太好：方法语义不应该如此强地依赖之前调用的方法。但 remove 就是这样的，所以我们必须实现它。

remove 的实现从第 156 行的结构修改测试开始。如果前一个改变迭代器状态的操作是 next，第 159 行的测试表明 nextCompleted 是 true，则我们调用带一个下标作为参数的 ArrayList remove 方法（图 15.14 的第 93 行开始）。使用 ArrayList.this.remove 是必要的，因为 remove 的局部版本隐藏了外部类版本。由于我们已经向前移过了要被删除的项，所以必须删除在位置 current-1 处的项。这样下一项从 current 滑动到 current-1（因为原来 current-1 处的项现在已经被删除了），所以我们在第 160 行使用的是表达式 --current。

当进行另一个方向的遍历时，我们处于要返回的最后一项，所以我们简单地将 current 作为参数传递给外部类的 remove 方法。它返回后，较大下标处的元素都向较小方向移动一个位置，所以，current 处在正确的元素位置，并且可以用在第 162 行的表达式中。

两种情形下，我们都不能再次执行 remove，直到执行了 next 或 previous，所以第 166 行我们清除了两个标志。最后，在第 167 行，expectedModCount 值加 1 以匹配容器的值。注意到，这个值的增加仅对这个迭代器进行，所以现在在其他任何迭代器都失效了。

这个类可能是包含迭代器的 Collections API 类中最简单的一个，我们用它来说明第四部分为什么选择从一个简单的协议开始，然后在本章最后才提供更完整的实现。

15.6 总结

本章介绍了内部类，这是一种常用于实现迭代器类的 Java 技术。内部类的每个实例恰好对应于外部类的一个实例，并自动维护构造它的外部类对象的引用。嵌套类是将两种类型相互关联，而内部类是将两个对象相互关联。本章使用内部类实现了 ArrayList。

下一章说明栈和队列的实现。

15.7 核心概念

AbstractCollection。实现 Collection 接口中的一些方法。

内部类。在一个类内部的类，用于实现迭代器模式。内部类常隐含指向创建它的外部类对象的引用。

StringBuilder。用于构造 String，不需要重复地创建大量的中间 String。

15.8 常见错误

- 没有外部类对象就不能构造内部类的实例。使用外部类中的工厂方法时最容易犯这个错误。当声明嵌套类时常常会忘记写 static，这通常会产生一个与本规则相关的难以理解的错误。
- 过多的 String 连接可能将线性时间程序变成二次时间程序。

15.9 网络资源

在网络资源中可以得到下列 5 个文件：

MyContainerTest.java。用于最后一个使用内部类的迭代器示例的测试程序，如 15.2 节所示。在线的 weiss.ds 包中还有 Iterator.java 和 MyContainer.java。

AbstractCollection.java。含有图 15.10 ～图 15.12 中的代码。

ArrayList.java。含有图 15.13 ～图 15.16 中的代码。

15.10 练习

简答题

15.1 嵌套类和内部类有什么区别？

15.2　内部（或嵌套）类中的私有成员对外部类的方法可见吗？

15.3　在图 15.17 中，a 和 b 的声明合法吗？为什么？

```
1  class Outer
2  {
3      private int x = 0;
4      private static int y = 37;
5
6      private class Inner1 implements SomeInterface
7      {
8          private int a = x + y;
9      }
10
11     private static class Inner2 implements SomeInterface
12     {
13         private int b = x + y;
14     }
15 }
```

图 15.17　练习 15.3 和练习 15.4 的代码

15.4　在图 15.17 中（假设已经修改了非法的代码），如何创建类型 Inner1 和 Inner2 的对象（你可以说明额外的成员）？

15.5　什么是 StringBuilder？

理论题

15.6　假设内部类 I 在其外部类 O 中声明为公有的。为什么可能会需要使用独特的语法，将扩展了 I 的类 E 声明为一个顶层类？（所需要的语法甚至比我们所见过的 new 更怪异，但不佳的设计往往需要这样做。）

15.7　实现 ArrayList 时其中的 clear 的运行时间是多少？如果使用从 AbstractCollection 继承的版本，则运行时间又是多少？

实践题

15.8　在最终版的 MyContainer 类中添加 previous 和 hasPrevious 方法。

15.9　假设我们想要一个实现了 isValid、advance 和 retrieve 方法集的迭代器，但我们只有标准的 java.util.Iterator 接口。

　　a. 什么模式能描述我们要求解的问题？

　　b. 设计一个 BetterIterator 类，然后让它实现 java.util.Iterator。

15.10　图 15.18 含有 AbstractCollection 中 clear 方法的两个实现预想。它们都能工作吗？

```
1  public void clear( )    // 版本 #1
2  {
3      Iterator<AnyType> itr = iterator( );
4      while( !isEmpty( ) )
5          remove( itr.next( ) );
6  }
7
8  public void clear( )    // 版本 #2
9  {
10     while( !isEmpty( ) )
11         remove( iterator( ).next( ) );
12 }
```

图 15.18　AbstractCollection 中 clear 的实现预想

程序设计项目

15.11　Java Collections API 中的 Collection 接口定义了 removeAll、addAll 和 containsAll 方

法。将这些方法添加到 Collection 接口中，并在 AbstractCollection 中实现它们。

15.12 Collections.unmodifiableCollection 带一个 Collection 参数，并返回一个不可变的 Collection。实现这个方法。为此，你需要使用一个局部类（方法内的类）。这个类实现了 Collection 接口，对所有的可变方法抛出 UnsupportedOperationException。对其他方法，它将请求转给正被包装的 Collection。你还必须隐藏不可修改的迭代器。

15.13 两个 Collection 对象，如果都实现了 List 接口并以相同的次序含有相同的项，或都实现了 Set 接口并以任意次序含有相同的项，则称它们是相等的。否则称 Collection 对象是不相等的。遵从这个一般约定，在 AbstractCollection 中实现 equals。另外，遵从 hashCode 的一般约定，在 AbstractCollection 中实现 hashCode 方法。（使用迭代器并添加所有项的 hashCode 来实现，需要注意 null 项。）

栈 和 队 列

本章我们讨论栈和队列数据结构的实现。回想一下，第 6 章期望基本操作花费常数时间。对于栈和队列，有两种基本方式来实现常数时间操作。第一种是将项连续地保存在一个数组中，第二种是将项不连续地保存在一个链表中。本章我们将使用两种方法，给出两种数据结构的实现。

本章中，我们将看到：

- 基于数组的栈和队列的实现。
- 基于链表的栈和队列的实现。
- 两种方法的简要比较。
- Collections API 栈的实现示例。

16.1　动态数组实现

本节使用简单数组来实现栈和队列，得到的算法非常高效，并且编码也很简单。回想一下，我们一直用 ArrayList 来替代数组。ArrayList 的 add 方法实际上与 push 相同。不过，因为我们感兴趣的是算法的一般性讨论，所以我们使用基本的数组来实现基于数组的栈，复制前面在 ArrayList 实现中见过的一些代码。

16.1.1　栈

> 可以用一个数组和一个表示栈顶元素下标的整数来实现栈。
>
> 大多数的栈例程都是前面讨论过的思想的应用。
>
> 回想一下，从长远来看，数组倍增不会影响性能。

如图 16.1 所示，栈可以用一个数组和一个整数实现。整数 tos（top of stack，栈顶）提供栈的栈顶元素的数组下标。所以，当 tos 为 −1 时，栈为空。要进行 push，先让 tos 加 1，然后将新元素放到数组 tos 位置中。访问栈顶元素更是小事一桩，通过让 tos 减 1 从而实现 pop。在图 16.1 中，从空栈开始，然后展示 push(a)、push(b) 和 pop 这 3 个操作后的栈。

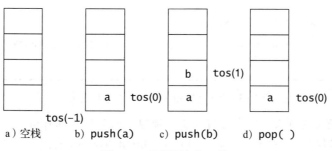

a）空栈　　b）push(a)　　c）push(b)　　d）pop( )

图 16.1　栈例程如何工作

图 16.2 展示了基于数组的 Stack 类框架。它规范了两个数据成员：theArray（其按需扩展，保存栈中的项）和 topOfStack（给出栈当前栈顶元素的下标）。对于空栈，这个下标是 −1。构造方法如图 16.3 所示。

```
1  package weiss.nonstandard;
2
3  // ArrayStack 类
4  //
5  // 构造: 没有初值
6  //
7  // ******************      公有操作      *********************
8  // void push( x )          --> 插入 x
9  // void pop( )             --> 删除最近插入的项
10 // AnyType top( )          --> 返回最近插入的项
11 // AnyType topAndPop( )    --> 返回并删除最近的项
12 // boolean isEmpty( )      --> 如果为空, 返回 true, 否则返回 false
13 // void makeEmpty( )       --> 删除所有的项
14 // ****************** 错误 ***************************
15 // 在空栈上进行 top、pop 或是 topAndPop
16
17 public class ArrayStack<AnyType> implements Stack<AnyType>
18 {
19     public ArrayStack( )
20       { /* 图 16.3 */ }
21
22     public boolean isEmpty( )
23       { /* 图 16.4 */ }
24     public void makeEmpty( )
25       { /* 图 16.4 */ }
26     public AnyType top( )
27       { /* 图 16.6 */ }
28     public void pop( )
29       { /* 图 16.6 */ }
30     public AnyType topAndPop( )
31       { /* 图 16.7 */ }
32     public void push( AnyType x )
33       { /* 图 16.5 */ }
34
35     private void doubleArray( )
36       { /* 在网络资源中实现 */ }
37
38     private AnyType [ ] theArray;
39     private int        topOfStack;
40
41     private static final int DEFAULT_CAPACITY = 10;
42 }
```

图 16.2 基于数组的栈类框架

```
1     /**
2      * 构造栈
3      */
4     public ArrayStack( )
5     {
6         theArray = (AnyType []) new Object[ DEFAULT_CAPACITY ];
7         topOfStack = -1;
8     }
```

图 16.3 ArrayStack 类的无参数构造方法

  公有方法列在框架的第 22 ~ 33 行。这些例程中的大部分都有简单的实现。isEmpty 和 makeEmpty 例程都仅有一行代码, 如图 16.4 所示。push 方法显示在图 16.5 中。如果没有让数组 倍增, 则 push 例程应该仅有如第 9 行所示的单行代码。回想一下, 前缀 ++ 运算符的使用意味 着 topOfStack 加 1, 然后它的新值用于 theArray 的下标。剩下的例程都同样简短, 如图 16.6 和图 16.7 所示。用在图 16.7 中的后缀 -- 运算符表示虽然 topOfStack 减 1, 但它之前的值用于 theArray 的下标。

```
 1        /**
 2         * 测试栈是否逻辑上为空
 3         * @return true：空；false：不空
 4         */
 5        public boolean isEmpty( )
 6        {
 7            return topOfStack == -1;
 8        }
 9
10        /**
11         * 令栈逻辑上为空
12         */
13        public void makeEmpty( )
14        {
15            topOfStack = -1;
16        }
```

图 16.4　ArrayStack 类的 isEmpty 和 makeEmpty 例程

```
 1        /**
 2         * 将新项插入到栈中
 3         * @param x：要插入的项
 4         */
 5        public void push( AnyType x )
 6        {
 7            if( topOfStack + 1 == theArray.length )
 8                doubleArray( );
 9            theArray[ ++topOfStack ] = x;
10        }
```

图 16.5　ArrayStack 类的 push 方法

```
 1        /**
 2         * 得到最近插入到栈中的项
 3         * 不改变栈
 4         * @return：最近插入到栈中的项
 5         * @throws UnderflowException：如果栈为空
 6         */
 7        public AnyType top( )
 8        {
 9            if( isEmpty( ) )
10                throw new UnderflowException( "ArrayStack top" );
11            return theArray[ topOfStack ];
12        }
13
14        /**
15         * 将最近插入的项从栈中删除
16         * @throws UnderflowException：如果栈为空
17         */
18        public void pop( )
19        {
20            if( isEmpty( ) )
21                throw new UnderflowException( "ArrayStack pop" );
22            topOfStack--;
23        }
```

图 16.6　ArrayStack 类的 top 和 pop 方法

```
 1        /**
 2         * 从栈中返回并删除
 3         * 最近插入的项
 4         * @return：栈中最近插入的项
```

图 16.7　ArrayStack 类的 topAndPop 方法

```
 5        * @throws Underflow: 如果栈为空
 6        */
 7       public AnyType topAndPop( )
 8       {
 9           if( isEmpty( ) )
10               throw new UnderflowException( "ArrayStack topAndPop" );
11           return theArray[ topOfStack-- ];
12       }
```

图 16.7　ArrayStack 类的 topAndPop 方法（续）

如果数组没有倍增，则每个操作花费常数时间。涉及数组倍增的一次 push 将花费 $O(N)$ 时间。如果这个现象频繁出现，则我们就需要担心了。好在，它很少发生，因为涉及 N 个元素的数组倍增一定是之前至少有不涉及数组倍增的 $N/2$ 次 push 操作。因此，我们可以将倍增的 $O(N)$ 花销分摊在这些 $N/2$ 次简单的 push 操作上，所以实际上每次 push 操作的代价仅提升了一个小常数。这项技术称为摊销（amortization）。

摊销的一个实际例子是支付所得税。政府并不要求在 4 月 15 日支付全部的账单，而是通过扣缴支付大部分税款。总的税款账单总是一样的，只是纳税时间不同。在 push 操作中花费的时间也是如此。可以在数组倍增时计算花费，也可以在每次 push 操作时平均计算。摊销边界要求对序列中的每次操作计算其在总代价中的合理份额。所以在我们的示例中，数组倍增的代价并不太高。

16.1.2　队列

从数组的开头部分开始保存队列项使得出队很费时。

通过增加 front 位置实现 dequeue 操作。

当 front 或 back 到达数组尾时，环绕让其又回到数组头。使用环绕实现队列称为循环数组实现。

如果队列已满，则必须谨慎地实现数组倍增。

当倍增队列数组时，不能简单地直接复制整个数组。

实现队列最简单的方法是将项保存在数组中，最前面的项保存在最前面的位置（即数组下标 0 处）。如果 back 表示队列中最后一项的位置，则要进行 enqueue 时我们只需要让 back 加 1，并将项放在那里。问题是，dequeue 操作非常费时。因为需要将项放在数组的开头部分，所以在删除最前面的项后，dequeue 强制让所有的项移动一个位置。

当执行 dequeue 时，让 front 加 1 而不是移动所有元素，就可以克服这个难题（如图 16.8 所示）。当队列有一个元素时，front 和 back 都表示那个元素的数组下标。所以，对于空队列，back 必须初始化为 front-1。

这个实现可以保证 enqueue 和 dequeue 都能在常数时间内执行。这种方法的根本问题如图 16.9 的第一行所示。在经过 3 次 enqueue 操作后，我们不能再添加任何项，即使队列实际上并不满。数组倍增并不能解决问题，因为，即使数组的大小是 1000，在执行 1000 次 enqueue 操作后，不管它的实际空间有多少，队列中已没有空间了。即使已经执行了 1000 次 dequeue 操作，理论上让队列为空，但我们也不能添加项了。

然而如图 16.9 所示，还有大量的额外空间，front 前面的所有位置都未利用，所以可以循环使用。因此我们使用环绕（wraparound），即当 back 或 front 到达数组尾时，将它重置到开头。这种实现队列的操作称为循环数组实现（circular array implementation）。仅当队列中的元素数量等于数组位置数时才需要倍增数组。所以，为了执行 enqueue(f)，将 back 重置为数组开始的位置，然后将 f 放在那里。在 3 次 dequeue 操作后，front 也重置为数组的开始位置。

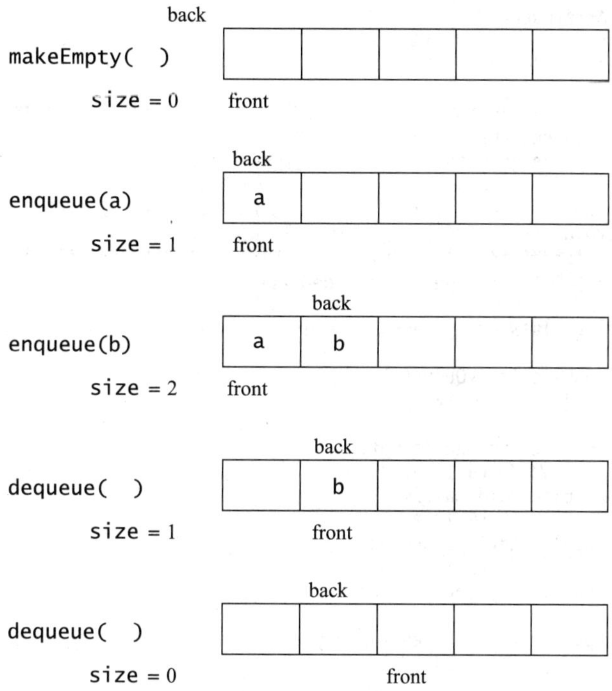

makeEmpty( )   back

size = 0   front

enqueue(a)   back
a

size = 1   front

enqueue(b)   back
a   b

size = 2   front

dequeue( )   back
b

size = 1   front

dequeue( )   back

size = 0   front

图 16.8　队列的基本数组实现

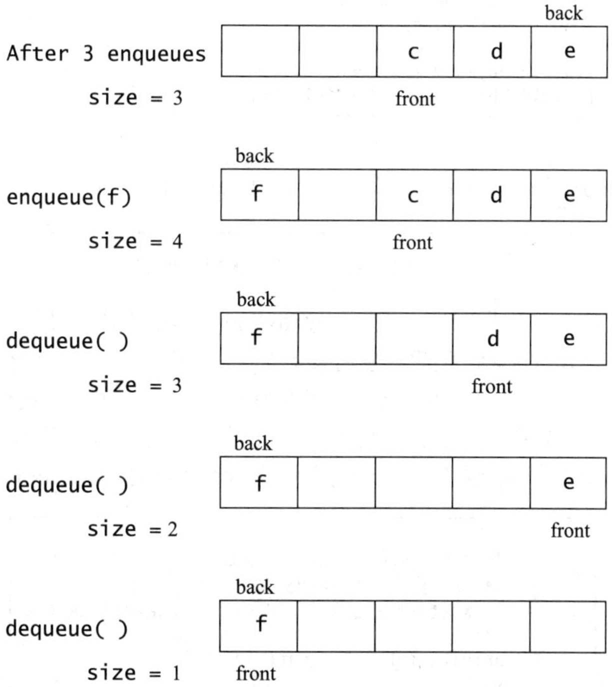

After 3 enqueues   back
c   d   e

size = 3   front

enqueue(f)   back
f   c   d   e

size = 4   front

dequeue( )   back
f   d   e

size = 3   front

dequeue( )   back
f   e

size = 2   front

dequeue( )   back
f

size = 1   front

图 16.9　带环绕的队列的数组实现

ArrayQueue 类的框架如图 16.10 所示。ArrayQueue 类有 4 个数据成员：动态扩展的数组、当前在队列中的项数、最前一项的数组下标和最后一项的数组下标。

```
 1  package weiss.nonstandard;
 2
 3  // ArrayQueue 类
 4  //
 5  // 构造: 没有初值
 6  //
 7  // *****************     公有操作     ********************
 8  // void enqueue( x )      --> 插入 x
 9  // AnyType getFront( )    --> 返回最早插入的项
10  // AnyType dequeue( )     --> 返回并删除最早的项
11  // boolean isEmpty( )     --> 如果为空返回 true, 否则返回 false
12  // void makeEmpty( )      --> 删除所有的项
13  // *****************  错误  ***************************
14  // 在空队列上执行 getFront 或 dequeue
15
16  public class ArrayQueue<AnyType>
17  {
18      public ArrayQueue( )
19        { /* 图 16.12 */ }
20
21      public boolean isEmpty( )
22        { /* 图 16.13 */ }
23      public void makeEmpty( )
24        { /* 图 16.17 */ }
25      public AnyType dequeue( )
26        { /* 图 16.16 */ }
27      public AnyType getFront( )
28        { /* 图 16.16 */ }
29      public void enqueue( AnyType x )
30        { /* 图 16.14 */ }
31
32      private int increment( int x )
33        { /* 图 16.11 */ }
34      private void doubleQueue( )
35        { /* 图 16.15 */ }
36
37      private AnyType [ ] theArray;
38      private int          currentSize;
39      private int          front;
40      private int          back;
41
42      private static final int DEFAULT_CAPACITY = 10;
43  }
```

图 16.10   基于数组的队列类框架

我们在私有段声明两个方法。这些方法由 ArrayQueue 方法在内部使用，但不提供给类的用户使用。其中一个方法是 increment 例程，它将参数加 1，并返回新值。因为这个方法实现了环绕，故如果结果等于数组大小，则绕回到 0。这个例程如图 16.11 所示。另一个例程是 doubleQueue，在 enqueue 需要倍增数组时调用它。它比通常的扩展稍微复杂一些，因为队列项不一定从数组位置 0 处开始保存。所以，必须谨慎地复制项。我们将在讨论 enqueue 时一起讨论 doubleQueue。

```
 1      /**
 2       * 带环绕的内部方法 increment
 3       * @param x: theArray 范围内的任何下标
 4       * @return x+1 或 0: 如果 x 到了 theArray 的尾端
 5       */
 6      private int increment( int x )
 7      {
 8          if( ++x == theArray.length )
 9              x = 0;
10          return x;
11      }
```

图 16.11   wraparound 例程

许多公有方法类似栈的对等方法，包括图 16.12 所示的构造方法和图 16.13 所示的 isEmpty。构造方法并不特殊，只是我们必须保证 front 和 back 有正确的初始值。这个任务通过调用 makeEmpty 来完成。

```
1      /**
2       * 构造队列
3       */
4      public ArrayQueue( )
5      {
6          theArray = (AnyType []) new Object[ DEFAULT_CAPACITY ];
7          makeEmpty( );
8      }
```

图 16.12 ArrayQueue 类的构造方法

```
1      /**
2       * 测试队列是否逻辑上为空
3       * @return true: 为空; false: 不空
4       */
5      public boolean isEmpty( )
6      {
7          return currentSize == 0;
8      }
```

图 16.13 ArrayQueue 类的 isEmpty 例程

enqueue 例程如图 16.14 所示。基本策略足够简单，在 enqueue 例程的第 9～11 行说明。图 16.15 所示的 doubleQueue 例程，由重新设置数组大小开始。我们必须从位置 front 开始移动项，而不是从 0 开始。

```
1      /**
2       * 将一个新项插入到队列中
3       * @param x: 要插入的项
4       */
5      public void enqueue( AnyType x )
6      {
7          if( currentSize == theArray.length )
8              doubleQueue( );
9          back = increment( back );
10         theArray[ back ] = x;
11         currentSize++;
12     }
```

图 16.14 ArrayQueue 类的 enqueue 例程

```
1      /**
2       * 扩展数组的内部方法
3       */
4      private void doubleQueue( )
5      {
6          AnyType [ ] newArray;
7
8          newArray = (AnyType []) new Object[ theArray.length * 2 ];
9
10             // 复制逻辑上在队列中的元素
11         for( int i = 0; i < currentSize; i++, front = increment( front ) )
12             newArray[ i ] = theArray[ front ];
13
14         theArray = newArray;
15         front = 0;
16         back = currentSize - 1;
17     }
```

图 16.15 ArrayQueue 类的动态扩展

　　所以 doubleQueue 在第 11 行和第 12 行依次遍历原数组项，将每个项复制到数组的新部分。然后在第 16 行重置 back。dequeue 和 getFront 例程如图 16.16 所示，两个都很短。最后，makeEmpty 例程如图 16.17 所示。队列例程显然是常数操作时间，所以数组倍增的代价可以摊销在一系列 enqueue 操作上，就像栈中一样。

```
1        /**
2         * 从队列中返回并删除
3         * 最早插入的项
4         * @return: 队列中最早插入的项
5         * @throws UnderflowException: 如果队列为空
6         */
7        public AnyType dequeue( )
8        {
9            if( isEmpty( ) )
10               throw new UnderflowException( "ArrayQueue dequeue" );
11           currentSize--;
12
13           AnyType returnValue = theArray[ front ];
14           front = increment( front );
15           return returnValue;
16       }
17
18       /**
19        * 得到队列中最早插入的项
20        * 不改变队列
21        * @return: 队列中最早插入的项
22        * @throws UnderflowException: 如果队列为空
23        */
24       public AnyType getFront( )
25       {
26           if( isEmpty( ) )
27               throw new UnderflowException( "ArrayQueue getFront" );
28           return theArray[ front ];
29       }
```

图 16.16　ArrayQueue 类的 dequeue 和 getFront 例程

```
1        /**
2         * 令队列逻辑上为空
3         */
4        public void makeEmpty( )
5        {
6            currentSize = 0;
7            front = 0;
8            back = -1;
9        }
```

图 16.17　ArrayQueue 类的 makeEmpty 例程

　　当试图缩短代码时，队列的循环数组实现很容易出错。例如，如果试图避免使用 size 成员，而是使用 front 和 back 来推断大小，则当队列中的项数比数组大小少 1 时，必须扩展数组。

16.2　链式实现

　　链式实现的优势是每个项多用的空间仅是一个引用。缺点是内存管理可能非常耗时。

　　替代连续数组实现的方法是链表。回想一下 6.5 节，在一个链表中，我们将每个项保存在一个单独的对象中，其中还含有一个指向链表中下一个对象的引用。

　　链表的优势是每个项多用的空间仅是一个引用。相反，连续数组实现中多用的空间等于空闲数组项的数量（加上倍增阶段某些额外的内存）。在其他语言中，如果空闲数组项需要保存占用很大空间的未初始化的对象实例，则链表的优点非常明显。在 Java 中，这个优势微乎其微。即便如此，仍有三个原因让我们需要讨论链式实现。

- 了解在其他语言中可能有用的实现机制很重要。
- 使用链表实现队列的代码比数组版本的更短。
- 这些实现说明了第 17 章要给出的更一般的链表操作背后的原理。

为让这个实现不比连续的数组实现更差，我们必须在常数时间内完成基本的链表操作。做到这点是容易的，因为在链表中进行的修改仅限于链表中两端（前面和后面）的元素。

16.2.1 栈

> 实现栈类时，栈顶由链表的第一项表示。
>
> ListNode 声明是包可见的，但只用在同一包中队列的实现中。
>
> 栈例程基本上都是单行程序。

栈类可以实现为一个链表，其中栈顶由链表的第一项表示，如图 16.18 所示。为了实现 push 操作，我们在链表中创建一个新结点，将它作为新的首元素。为了实现 pop 操作，只须将栈顶前进到链表中的第二项（如果有的话）。空栈由空链表表示。显然，每个操作都在常数时间内执行，因为操作都限定在第一个结点，使得所有的计算与链表的大小无关。剩下的问题就是 Java 实现了。

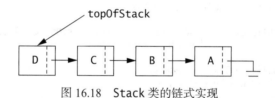

图 16.18　Stack 类的链式实现

图 16.19 提供了类框架。第 39 ~ 49 行给出了链表中结点的类型声明。ListNode 含有两个数据成员：element（保存项）和 next（保存指向链表中下一个 ListNode 的引用）。我们为 ListNode 提供的构造方法要能用在

```
ListNode<AnyType> p1 = new ListNode<AnyType>( x );
```

和

```
ListNode<AnyType> p2 = new ListNode<AnyType>( x, ptr2 );
```

这两种执行中。

```
1  package weiss.nonstandard;
2
3  // ListStack 类
4  //
5  // 构造: 没有初值
6  //
7  // ******************     公有操作     ********************
8  // void push( x )          --> 插入 x
9  // void pop( )             --> 删除最近插入的项
10 // AnyType top( )          --> 返回最近插入的项
11 // AnyType topAndPop( )    --> 返回并删除最近的项
12 // boolean isEmpty( )      --> 如果为空返回 true, 否则返回 false
```

图 16.19　基于链表的栈类框架

```
13  // void makeEmpty( )       --> 删除所有的项
14  // ***************** 错误 *****************************
15  // 在空栈上执行 top、pop 或 topAndPop
16
17  public class ListStack<AnyType> implements Stack<AnyType>
18  {
19      public boolean isEmpty( )
20        { return topOfStack == null; }
21      public void makeEmpty( )
22        { topOfStack = null; }
23
24      public void push( AnyType x )
25        { /* 图 16.20 */ }
26      public void pop( )
27        { /* 图 16.20 */ }
28      public AnyType top( )
29        { /* 图 16.21 */ }
30      public AnyType topAndPop( )
31        { /* 图 16.21 */ }
32
33      private ListNode<AnyType> topOfStack = null;
34  }
35
36  // 链表中保存的基本结点
37  // 注意，该类在包 weiss.nonstandard
38  // 的外面不能访问
39  class ListNode<AnyType>
40  {
41      public ListNode( AnyType theElement )
42        { this( theElement, null ); }
43
44      public ListNode( AnyType theElement, ListNode<AnyType> n )
45        { element = theElement; next = n; }
46
47      public AnyType    element;
48      public ListNode <AnyType> next;
49  }
```

图 16.19　基于链表的栈类框架（续）

　　一种选择是将 ListNode 嵌套在 Stack 类中。我们使用一个逊色一点的替代方法，令它是仅包可见的顶层类，所以能在队列实现中重用。栈本身仅有单一数据成员 topOfStack，它是指向链表中第一个 ListNode 的引用。

　　构造方法不显式编写，因为默认情况下，通过将 topOfStack 设置为 NULL，我们得到一个空栈。所以 makeEmpty 和 isEmpty 都很容易编写，如第 19 ～ 22 行所示。

　　图 16.20 展示了两个例程。push 操作本质上是一行代码，其中我们分配一个新的 ListNode，其数据成员含有要入栈的项 x。这个新结点的 next 指向原来的 topOfStack。然后这个结点成为新的 topOfStack。上述工作在第 7 行完成。

```
1       /**
2        * 将一个新项插入栈中
3        * @param x: 要插入的项
4        */
5       public void push( AnyType x )
6       {
7           topOfStack = new ListNode<AnyType>( x, topOfStack );
8       }
9
10      /**
```

图 16.20　ListStack 类的 push 和 pop 例程

```
11        * 从栈中删除最近插入的项
12        * @throws UnderflowException: 如果栈为空
13        */
14       public void pop( )
15       {
16           if( isEmpty( ) )
17               throw new UnderflowException( "ListStack pop" );
18           topOfStack = topOfStack.next;
19       }
```

图 16.20　ListStack 类的 push 和 pop 例程（续）

pop 操作也很简单。在对是否为空进行强制检测后，将 **topOfStack** 重置为链表中的第二个结点。

最后，top 和 topAndPop 都是简单的例程，其实现如图 16.21 所示。

```
1        /**
2         * 得到栈中最近插入的项
3         * 不改变栈
4         * @return: 栈中最近插入的项
5         * @throws UnderflowException: 如果栈为空
6         */
7        public AnyType top( )
8        {
9            if( isEmpty( ) )
10               throw new UnderflowException( "ListStack top" );
11           return topOfStack.element;
12       }
13
14       /**
15        * 从栈中返回并删除
16        * 最近插入的项
17        * @return: 栈中最近插入的项
18        * @throws UnderflowException: 如果栈为空
19        */
20       public AnyType topAndPop( )
21       {
22           if( isEmpty( ) )
23               throw new UnderflowException( "ListStack topAndPop" );
24
25           AnyType topItem = topOfStack.element;
26           topOfStack = topOfStack.next;
27           return topItem;
28       }
```

图 16.21　ListStack 类的 top 和 topAndPop 例程

16.2.2　队列

可用指向第一项及最后一项的引用的链表来实现队列，并在常数时间内完成每个操作。将第一个元素入队是特殊情况，因为没有要附加新结点的 next 引用。

如果我们有链表的 front 和 back 引用，则队列可以使用链表实现。图 16.22 展示了一般思路。

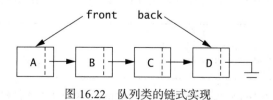

图 16.22　队列类的链式实现

ListQueue 类与 ListStack 类相似。图 16.23 给出了 ListQueue 类的框架。这里唯一的新变化是我们维护了两个引用，而不是一个。图 16.24 展示了 ListQueue 类的构造方法。

```
1  package weiss.nonstandard;
2
3  // ListQueue 类
4  //
5  // 构造: 没有初值
6  //
7  // ******************      公有操作      ********************
8  // void enqueue( x )       --> 插入 x
9  // AnyType getFront( )     --> 返回最早插入的项
10 // AnyType dequeue( )      --> 返回并删除最早的项
11 // boolean isEmpty( )      --> 如果为空返回 true, 否则返回 false
12 // void makeEmpty( )       --> 删除所有的项
13 // ****************** 错误 ****************************
14 // 在空队列上执行 getFront 或 dequeue
15
16 public class ListQueue<AnyType>
17 {
18     public ListQueue( )
19         { /* 图 16.24 */ }
20     public boolean isEmpty( )
21         { /* 图 16.27 */ }
22     public void enqueue( AnyType x )
23         { /* 图 16.25 */ }
24     public AnyType dequeue( )
25         { /* 图 16.25 */ }
26     public AnyType getFront( )
27         { /* 图 16.27 */ }
28     public void makeEmpty( )
29         { /* 图 16.27 */ }
30
31     private ListNode<AnyType> front;
32     private ListNode<AnyType> back;
33 }
```

图 16.23 基于链表的队列类的框架

```
1      /**
2       * 构造队列
3       */
4      public ListQueue( )
5      {
6          front = back = null;
7      }
```

图 16.24 基于链表的 ListQueue 类的构造方法

图 16.25 实现了 enqueue 和 dequeue 操作。dequeue 例程逻辑上与栈 pop（实际上是 popAndTop）是一样的。enqueue 例程有两种情形。如果队列为空，则调用 new，并让 front 和 back 都指向这个单一结点，从而创建单元素的队列。否则，创建一个有数据值 x 的新结点，将它附加到链表尾，然后将链尾重置指向这个新结点，如图 16.26 所示。注意，第一个元素的入队是特殊情形，因为没有要附加新结点的 next 引用。图 16.25 中的第 10 行完成了这些操作。

```
1      /**
2       * 将一个新项插入队列中
3       * @param x: 要插入的项
4       */
```

图 16.25 ListQueue 类的 enqueue 和 dequeue 例程

```
5       public void enqueue( AnyType x )
6       {
7           if( isEmpty( ) )        // 创建单元素的队列
8               back = front = new ListNode<AnyType>( x );
9           else                    // 常规情形
10              back = back.next = new ListNode<AnyType>( x );
11      }
12
13      /**
14       * 从队列中返回并删除
15       * 最早插入的项
16       * @return: 队列中最早插入的项
17       * @throws UnderflowException: 如果队列为空
18       */
19      public AnyType dequeue( )
20      {
21          if( isEmpty( ) )
22              throw new UnderflowException( "ListQueue dequeue" );
23
24          AnyType returnValue = front.element;
25          front = front.next;
26          return returnValue;
27      }
```

图 16.25　ListQueue 类的 enqueue 和 dequeue 例程（续）

ListQueue 类中其余的方法与 ListStack 中相应的例程是一样的。它们列在图 16.27 中。

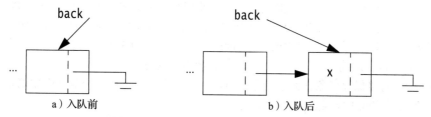

图 16.26　基于链表实现的 enqueue 操作

```
1       /**
2        * 得到队列中最早插入的项
3        * 不改变队列
4        * @return: 队列中最早插入的项
5        * @throws UnderflowException: 如果队列为空
6        */
7       public AnyType getFront( )
8       {
9           if( isEmpty( ) )
10              throw new UnderflowException( "ListQueue getFront" );
11          return front.element;
12      }
13
14      /**
15       * 令队列逻辑上为空
16       */
17      public void makeEmpty( )
18      {
19          front = null;
20          back = null;
21      }
22
23      /**
24       * 测试队列是否逻辑上为空
```

图 16.27　ListQueue 类的支撑例程

```
25      */
26     public boolean isEmpty( )
27     {
28         return front == null;
29     }
```

图 16.27　ListQueue 类的支撑例程（续）

16.3　两种方法的比较

> 数组实现与链表实现代表了一种典型的时间 – 空间权衡。

数组版本和链表版本都能在常数时间内执行每个操作。它们是如此之快，以至于不太可能成为任何算法的瓶颈，在这一点上，使用哪个版本都没有问题。

这些数据结构的数组版本可能比它们对应的链表版本更快，特别是，如果能准确估计可用容量的话。如果提供了额外的构造方法指定初始容量（见练习 16.2），且估计是正确的，则不会执行倍增。而且，数组提供的连续访问通常比动态内存分配提供的潜在不连续访问要快。

但数组实现确实有两个缺点。第一，对于队列来说，数组实现可以说比链表实现更复杂，因为使用了环绕及数组倍增的代码。我们实现的数组倍增并非尽可能高效（见练习 16.8），所以要更快地实现队列还需要一些额外的代码。甚至栈的数组实现也比其对应的链表实现需要更多的代码。

第二个缺点对其他语言有影响，但不影响 Java。当倍增时，我们临时需要数据项数量三倍的空间。原因是，当数组倍增时，我们需要内存用来保存原来的和新的（双倍大小）数组。此外，在队列的峰值时，数组的占满率在 50% ～ 100% 之间，平均来说占满率为 75%，所以对于数组中的每三个项，就会有一个位置是空的。平均来说浪费的空间为 33%，当表只有半满时浪费的空间为 100%。正如我们之前所讨论的，在 Java 中，数组中的每个元素都是一个引用。在其他语言（例如 C++）中，直接保存对象，而不是保存引用，与每个项仅使用一个额外引用的基于链表的版本相比，浪费的空间可能很大。

16.4　java.util.Stack 类

Collections API 提供了一个 Stack 类。在 java.util 中的 Stack 类被认为是遗留类，没有得到广泛使用。图 16.28 提供了它的实现。

```
1  package weiss.util;
2
3  /**
4   * Stack 类。与 java.util.Stack 不一样，本类不是从 Vector 扩展而来的
5   * 本类是要遵从的最小操作集
6   */
7  public class Stack<AnyType> implements java.io.Serializable
8  {
9      public Stack( )
10     {
11         items = new ArrayList<AnyType>( );
12     }
13
14     public AnyType push( AnyType x )
15     {
16         items.add( x );
17         return x;
18     }
19
```

图 16.28　基于 ArrayList 类，简化版的 Collections 风格的 Stack 类

```
20      public AnyType pop( )
21      {
22          if( isEmpty( ) )
23              throw new EmptyStackException( );
24          return items.remove( items.size( ) - 1 );
25      }
26
27      public AnyType peek( )
28      {
29          if( isEmpty( ) )
30              throw new EmptyStackException( );
31          return items.get( items.size( ) - 1 );
32      }
33
34      public boolean isEmpty( )
35      {
36          return size( ) == 0;
37      }
38
39      public int size( )
40      {
41          return items.size( );
42      }
43
44      public void clear( )
45      {
46          items.clear( );
47      }
48
49      private ArrayList<AnyType> items;
50  }
```

图 16.28　基于 ArrayList 类，简化版的 Collections 风格的 Stack 类（续）

16.5　双端队列

> 双端队列允许在两端进行访问。

双端队列（double-ended queue，简称 deque）很像队列，只是在两端都允许进行访问。练习 14.15 描述了双端队列的一个应用。文献中没有使用术语 enqueue 和 dequeue，而是使用 addFront、addRear、removeFront 和 removeRear。

双端队列可以使用数组实现，实现方法与队列基本相同，实现留作练习 16.5。不过，使用单链表不能简洁地工作，因为在单链表中很难删除最后一项。

Java 6 在 java.util 包中增加了 Deque 接口。这个接口扩展了 Queue，所以自动提供 add、remove、element、size 和 isEmpty 这样的方法。它还增加了熟悉的 getFirst、getLast、addFirst、addLast、removeFirst 和 removeLast 方法，我们知道这些都是 java.util. LinkedList 中的一部分。的确，在 Java 6 中，LinkedList 扩展了 Deque。另外，Java 6 提供了一个新的 ArrayDeque 类，它实现了 Deque。ArrayDeque 使用本章所描述类型的高效的数组实现，对于队列操作，可能比 LinkedList 快一点。

16.6　总结

本章我们描述了栈和队列类的实现。两个类都可以使用顺序数组或链表实现。在每种情形中，所有的操作都使用常数时间，所以所有的操作都很快。

16.7　核心概念

循环数组实现。使用环绕来实现一个队列。

双端队列。允许在两端访问的队列。

环绕。当 front 或 back 到达数组尾又回到数组开头时发生。

16.8　常见错误

● 使用没有提供常数时间访问的实现是一个错误。这种低效率是没有理由的。

16.9　网络资源

在本书的网络资源中可得到下列文件。

ArrayStack.java。含有基于数组栈的实现。

ArrayQueue.java。含有基于数组队列的实现。

ListStack.java。含有基于链表栈的实现。

ListQueue.java。含有基于链表队列的实现。

Stack.java。含有 Collections API 栈的实现。

16.10　练习

简答题

16.1　针对以下序列中的每一步，画出栈和队列数据结构（两者都要数组和链表实现）：

add(1), add(2), remove, add(3), add(4), remove, remove, add(5)

假设数组实现中，数组的初始大小为 3。

实践题

16.2　为 ArrayStack 和 ArrayQueue 类添加构造方法，允许用户指定初始容量。

16.3　使用 Integer 对象，比较栈类的数组和链表版本的运行时间。

16.4　编写 main，同时声明并使用 Integer 栈和 Double 栈。

16.5　在 weiss.util 包中提供 Deque 接口和一个 ArrayDeque 类，并修改 LinkedList，让其实现 Deque。

16.6　使用 ArrayList 实现基于数组的栈类。这个方法的优缺点各是什么？

16.7　使用 ArrayList 实现基于数组的队列类。这个方法的优缺点各是什么？

16.8　对于 16.12 节提出的队列实现，展示在 doubleQueue 操作中如何在不用调用 increment 的情况下复制队列元素？

程序设计项目

16.9　输出受限的双端队列在两端支持插入，但仅在前端支持访问和删除。使用一个单链表实现这个数据结构。

16.10　假设你想向栈的指令集中添加 findMin（但不是 deleteMin）操作。使用两个栈实现这个类，如练习 6.5 中所述的。

16.11　假设你想向 Deque 的指令集中添加 findMin（但不是 deleteMin）操作。使用四个栈实现这个类。如果删除会导致清空了一个栈，你需要均匀地重新组织剩余的项。

链　表

在第 16 章中，我们演示了可以使用链表不连续地保存项。在第 16 章中使用的链表是简化的，所有的访问都在链表的两端执行。

本章中，我们将看到：

- 如何允许在一般的链表中访问任意项。
- 用于链表操作的一般算法。
- 迭代器类如何为遍历和访问链表提供安全机制。
- 链表的变形，如双向链表和循环链表。
- 如何使用层次结构派生一个有序链表类。
- 如何实现 Collections API `LinkedList` 类。

17.1 基本思想

> 插入包括将一个结点拼接到链表中，可以仅用一条语句完成。
>
> 通过绕过结点可以完成删除。我们需要一个引用指向被删结点之前的结点。
>
> 链表操作仅使用常数个数据移动。

本章我们将实现链表，允许在链表中进行一般访问（任意的插入、删除及查找操作）。最简单的链表由一组相连接的、动态分配的结点组成。在单链表（singly linked list）中，每个结点由数据元素和一个指向链表中下一个结点的链接组成。链表中最后一个结点的 `next` 链接是 `null`。本节我们假设结点由下列 `ListNode` 声明给出，这个声明没有使用泛型：

```
class ListNode
{
    Object element;
    ListNode    next;
}
```

通过一个引用可以访问链表中的第一个结点，如图 17.1 所示。从第一个项开始，并且沿着 `next` 链接的链，我们可以输出链表中的项或在链表中进行搜索。必须要执行的两个基本操作是插入和删除任意项 x。

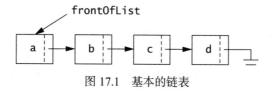

图 17.1　基本的链表

对于插入，我们必须定义插入发生的位置。如果有一个引用指向链表中的某个结点，则最容易插入的位置就是紧跟在那个项后面的位置。例如，图 17.2 展示了如何将 x 插入链表中项 a 的后面。我们必须执行下列步骤：

```
tmp = new ListNode( );          // 创建一个新结点
tmp.element = x;                 // 将 x 放到成员 element 中
```

```
tmp.next = current.next;        // x 的下一个结点是 b
current.next = tmp;             // a 的下一个结点是 x
```

执行了这些语句后，原来的链表…a,b,…现在变为…a,x,b,…。如果 ListNode 有直接初始化数据成员的构造方法，则我们可以简化代码。那种情形下，可以写：

```
tmp = new ListNode( x, current.next ); // 创建一个新结点
current.next = tmp;                    // a 的下一个结点是 x
```

现在可以看到，tmp 不再是必要的了。所以我们有单行代码

```
current.next = new ListNode( x, current.next );
```

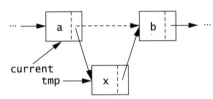

图 17.2 在链表中插入：创建新结点（tmp），复制 x，设置 tmp 的 next 链接，设置 current 的 next 链接

删除命令可以通过修改一个链接执行。图 17.3 展示了为了从链表中删除项 x，我们将 current 设置为 x 的前一个结点，然后让 current 的 next 链接绕过 x。这个操作由下面的语句表达：

```
current.next = current.next.next;
```

链表…a,x,b,…现在变为…a,b,…。

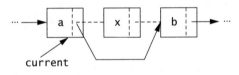

图 17.3 从链表中删除

前面的讨论总结了在链表中任意位置插入和删除项的基本内容。链表的根本特点是，仅使用常数个数据移动就可以改变链表，这是对数组实现的重大改进。维护数组中的连续性意味着，不管什么时候添加或删除一个项，表中后续的全部项都必须移动。

17.1.1 头结点

> 头结点没有数据，它是为了满足每个结点都有一个前驱结点这一必要条件而存在的。头结点能让我们避免一些特殊情形，如插入新的第一个元素和删除第一个元素。

基本描述中有一个问题：假设当删除项 x 时，总存在前面的项从而能绕过。因此删除链表中的第一个项成为特殊情形。类似地，插入例程不允许我们将一个项插入链表中成为新的第一个元素。原因是，插入必须在某个已经存在的项之后。所以，虽然基本算法很好用，但有些恼人的特殊情形必须要处理。

在算法设计中特殊情形总会带来问题，常常会使代码出现错误。因此，编写避免特殊情形的代码通常是可取的。一种方法是引入头结点。

头结点（header node）是链表中的一个额外结点，它不保存数据，仅为了满足链表中含有项的每个结点都有一个前驱结点这一必要条件而存在。链表 a, b, c 的头结点如图 17.4 所示。注意，a 不再是特殊情形。通过让 current 指向它之前的结点，从而可以像其他结点一样被删除。我们还可以让 current 等于头结点，然后调用插入例程，从而给链表添

加新的首元素。通过使用头结点，极大地简化了代码——空间损失可以忽略不计。在更复杂的应用中，头结点不仅简化了代码还改善了速度，因为，毕竟更少的测试意味着更少的时间。

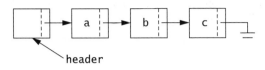

图 17.4 为链表使用头结点

头结点的使用也有些争议。有些人认为，避免特殊情形并不足以成为添加虚拟单元的正当理由。即使这样，我们还是将它们小心地用在这里，因为这能让我们演示基本的链接操作，而不会因为特殊情形使代码费解。是否应该使用头结点是个人偏好的问题。此外，在类实现中，它的使用应该对用户是完全透明的。不过，我们必须小心：输出例程必须跳过头结点，所有的搜索例程也必须如此。移动到第一个结点意味着将当前位置置为 header.next，以此类推。另外，如图17.5 所示，带有一个虚拟头结点时，如果 header.next 为 null，则链表是空的。

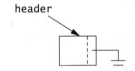

图 17.5 使用头结点时的空链表

17.1.2 迭代器类

> 通过在链表类中保存当前位置，可以确保访问是受控的。
> 迭代器类维护当前位置，且通常是包可见的，或者是链表（或其他容器）类的内部类。

典型的原始策略是根据指向头结点的引用来标识一个链表。然后，通过提供对保存项的结点的引用，就可以访问链表中的各个项。这个策略的问题是，想要进行错误检查是困难的。例如，用户可能传递一个指向其他链表中结点的引用。保证这个现象不会发生的一个方法是将当前位置作为链表类的一部分保存。为此，我们添加第二个数据成员 current。然后，由于对链表的所有访问都要通过类方法进行，故可以确定 current 永远表示链表中的一个结点、头结点或 null。

这种机制有一个问题：因为仅有一个位置，所以不能支持两个迭代器独立访问链表的情况。避免这个问题的一种方法是定义一个独立的迭代器类（iterator class），它维护自己的当前位置记号。然后，链表类将不用维护当前位置的任何记号，并且只含有将链表看作一个单元的方法（例如 isEmpty 和 makeEmpty），或接受迭代器作为参数的方法（例如 insert）。仅依赖迭代器自身的例程（例如将迭代器前进到下一个位置的 advance 例程）都放到迭代器类中。将迭代器类声明为包可见的或内部类就可以获得对链表的访问权。我们将迭代器类的每个实例视为只允许合法的链表操作（例如在链表中前移）的实例。

在 17.2 节，我们定义了泛型的链表类 LinkedList 和一个迭代器类 LinkedListIterator。LinkedList 类与 java.util.LinkedList 的语义不同。不过，在本章的后面我们定义一个语义相同的版本。以返回链表大小的一个静态方法为例，说明非标准版本是如何工作的，如图17.6 所示。我们声明 itr 是迭代器，可以访问链表 theList。

我们通过迭代器给出的 theList.first() 引用，将 itr 初始化为 theList 中的第一个元素（当然，跳过头结点）。

```
1    // 本例程中, LinkedList 和 LinkedListIterator
2    // 都是 17.2 节中编写的类
3    public static <AnyType> int listSize( LinkedList<AnyType> theList )
4    {
5        LinkedListIterator<AnyType> itr;
6        int size = 0;
7
8        for( itr = theList.first(); itr.isValid(); itr.advance() )
9            size++;
10
11       return size;
12   }
```

图 17.6　返回链表大小的静态方法

itr.isValid() 测试试图模仿 p!=null 测试, 判断 p 是不是指向一个结点的有效引用。最后, 表达式 itr.advance() 模仿了传统的习惯用法 p=p.next。

所以, 只要迭代器类定义了一些简单操作, 我们就可以在链表上自然地迭代。在 17.2 节提供了它的 Java 实现。例程都相当简单。

LinkedList 和 LinkedListIterator 类中定义的方法, 与 Collections API LinkedList 类中的那些方法有着天然的相似性。例如, LinkedListIterator 中的 advance 方法与 Collections API 迭代器中的 hasNext 相似。17.2 节的链表类, 比 Collections API LinkedList 类更简单, 因此, 它说明了许多基本观点, 值得研究。在 17.5 节, 我们实现 Collections API LinkedList 类中的大部分例程。

17.2　Java 实现

> 短路用在 find 例程的第 10 行和 remove 例程中类似的部分。
>
> 这段代码并不完全可靠, 可能有两个迭代器, 如果一个迭代器删除了一个结点, 则另一个可能会变得不确定。
>
> insert 例程花费常数时间。
>
> find 和 findPrevious 例程花费 $O(N)$ 时间。
>
> 不能有效地支持 retreat 方法。如果必须支持, 则使用双向链表。

前面的描述中已经说明链表可以实现为三个独立的泛型类: 第一个类是链表本身 (LinkedList), 第二个表示结点 (ListNode), 第三个代表位置 (LinkedListIterator)。

第 16 章已经介绍过 ListNode。接下来, 图 17.7 给出实现位置概念的类 —— 即 LinkedListIterator。这个类保存一个 ListNode 的引用, 表示迭代器的当前位置。如果位置没有越过链表尾, 则 isValid 方法返回 true, retrieve 返回保存在当前位置的元素, advance 将当前位置前进到下一个位置。LinkedListIterator 的构造方法需要一个指向结点的引用, 指向的结点成为当前结点。注意, 这个构造方法是包可见的, 所以不能用于客户方法。相反, 一般的想法是, 根据具体情况, LinkedList 类返回预先构造的 LinkedListIterator 对象, LinkedList 与 LinkedListIterator 在同一个包中, 所以它可以调用 LinkedListIterator 的构造方法。

图 17.8 展示了 LinkedList 的类框架。单一的数据成员是构造方法分配的指向头结点的引用。isEmpty 的实现仅需一行短程序。方法 zeroth 和 first 分别返回对应头结点和第一个元素的迭代器, 如图 17.9 所示。其他的例程要么是在链表中搜索某个项, 要么是通过插入或删除而改变链表, 稍后我们会展示。

图 17.10 说明 `LinkedList` 和 `LinkedListIterator` 类是如何互动的。`printList` 方法输出链表的内容。`printList` 仅使用公有方法和一个典型的迭代序列，过程是（通过 `first`）获取起始结点，（通过 `isValid`）测试没有越过表尾结点，（通过 `advance`）在每次迭代中前移。

```
 1  package weiss.nonstandard;
 2
 3  // LinkedListIterator 类，维护“当前位置”
 4  //
 5  // 构造: 仅包可见，带一个 ListNode
 6  //
 7  // ******************    公有操作    *********************
 8  // void advance( )        --> 前移
 9  // boolean isValid( )     --> 处于链表中的有效位置时为真
10  // AnyType retrieve       --> 返回当前位置的项
11
12  public class LinkedListIterator<AnyType>
13  {
14      /**
15       * 构造链表迭代器
16       * @param theNode: 链表中的任意结点
17       */
18      LinkedListIterator( ListNode<AnyType> theNode )
19        { current = theNode; }
20
21      /**
22       * 测试当前位置是不是链表中的有效位置
23       * @return true: 如果当前位置有效
24       */
25      public boolean isValid( )
26        { return current != null; }
27
28      /**
29       * 返回当前位置中保存的项
30       * @return: 保存的项
31       * 如果当前位置不在链表中，则为 null
32       */
33      public AnyType retrieve( )
34        { return isValid( ) ? current.element : null; }
35
36      /**
37       * 将当前位置前移到链表中的下一个结点处
38       * 如果当前位置为 null，则什么也不做
39       */
40      public void advance( )
41      {
42          if( isValid( ) )
43              current = current.next;
44      }
45
46      ListNode<AnyType> current;    // 当前位置
47  }
```

图 17.7 `LinkedListIterator` 类

```
 1  package weiss.nonstandard;
 2
 3  // LinkedList 类
 4  //
 5  // 构造: 没有初值
 6  // 通过 LinkedListIterator 类来访问
 7  //
```

图 17.8 `LinkedList` 类框架

```
 8  // ******************       公有操作       *********************
 9  // boolean isEmpty( )       --> 如果为空返回 true, 否则返回 false
10  // void makeEmpty( )        --> 删除所有的项
11  // LinkedListIterator zeroth( )
12  //                          --> 返回首项前面的位置
13  // LinkedListIterator first( )
14  //                          --> 返回第一个位置
15  // void insert( x, p )      --> 在当前迭代器位置 p 后插入 x
16  // void remove( x )         --> 删除 x
17  // LinkedListIterator find( x )
18  //                          --> 返回查看的 x 的位置
19  // LinkedListIterator findPrevious( x )
20  //                          --> 返回 x 之前的位置
21  // ****************** 错误 *********************************
22  // 没有特殊的错误
23
24  public class LinkedList<AnyType>
25  {
26      public LinkedList( )
27        { /* 图 17.9 */ }
28
29      public boolean isEmpty( )
30        { /* 图 17.9 */ }
31      public void makeEmpty( )
32        { /* 图 17.9 */ }
33      public LinkedListIterator<AnyType> zeroth( )
34        { /* 图 17.9 */ }
35      public LinkedListIterator<AnyType> first( )
36        { /* 图 17.9 */ }
37      public void insert( AnyType x, LinkedListIterator<AnyType> p )
38        { /* 图 17.14 */ }
39      public LinkedListIterator<AnyType> find( AnyType x )
40        { /* 图 17.11 */ }
41      public LinkedListIterator<AnyType> findPrevious( AnyType x )
42        { /* 图 17.13 */ }
43      public void remove( Object x )
44        { /* 图 17.12 */ }
45
46      private ListNode<AnyType> header;
47  }
```

图 17.8 LinkedList 类框架（续）

```
 1      /**
 2       * 构造链表
 3       */
 4      public LinkedList( )
 5      {
 6          header = new ListNode<AnyType>( null );
 7      }
 8
 9      /**
10       * 测试链表是否逻辑上为空
11       * @return true: 为空; false: 不为空
12       */
13      public boolean isEmpty( )
14      {
15          return header.next == null;
16      }
17
18      /**
19       * 令链表逻辑上为空
20       */
```

图 17.9 LinkedList 类中一些单行方法

```
21      public void makeEmpty( )
22      {
23          header.next = null;
24      }
25
26      /**
27       * 返回表示头结点的一个迭代器
28       */
29      public LinkedListIterator<AnyType> zeroth( )
30      {
31          return new LinkedListIterator<AnyType>( header );
32      }
33
34      /**
35       * 返回表示链表中第一个结点的一个迭代器
36       * 本操作对空链表也有效
37       */
38      public LinkedListIterator<AnyType> first( )
39      {
40          return new LinkedListIterator<AnyType>( header.next );
41      }
```

图 17.9　LinkedList 类中一些单行方法（续）

```
1    // 简单的 print 方法
2    public static <AnyType> void printList( LinkedList<AnyType> theList )
3    {
4        if( theList.isEmpty( ) )
5            System.out.print( "Empty list" );
6        else
7        {
8            LinkedListIterator<AnyType> itr = theList.first( );
9            for( ; itr.isValid( ); itr.advance( ) )
10               System.out.print( itr.retrieve( ) + " " );
11       }
12
13       System.out.println( );
14   }
```

图 17.10　输出 LinkedList 内容的方法

让我们再看一下这三个类的必要性问题。例如，我们不能让 LinkedList 类来维护当前位置记号吗？虽然这个选择是可行的，已经用在许多应用中，但使用独立的迭代器类表示了一种抽象概念，即位置和链表实际上是独立的对象。另外，它允许同时访问链表的不同位置。例如，要从链表中删除一个子表，我们可以简单地在链表类中添加一个 remove 操作，使用两个迭代器指定要删除子表的起始点和结束点。如果没有迭代器类，则这个动作会更难表达。

现在可以实现 LinkedList 类中其余的方法了。第一个是 find 方法，如图 17.11 所示，它返回某个元素在链表中的位置。第 10 行利用了逻辑与操作（&&）是短路操作这一事实：如果逻辑与的前半部分为假，则结果自动为假，且后半部分不再计算。

```
1        /**
2         * 返回对应第一个包含 x 的结点的迭代器
3         * @param x: 要查找的项
4         * @return: 一个迭代器，如果项没有找到，则返回迭代器 isPastEnd
5         */
6        public LinkedListIterator<AnyType> find( AnyType x )
7        {
8            ListNode<AnyType> itr = header.next;
```

图 17.11　LinkedList 类的 find 例程

```
 9
10          while( itr != null && !itr.element.equals( x ) )
11              itr = itr.next;
12
13          return new LinkedListIterator<AnyType>( itr );
14      }
```

图 17.11   LinkedList 类的 find 例程（续）

下一个例程从链表中删除元素 x。我们需要决定，如果 x 出现多次或一次也不出现时该怎么做。我们的例程删除第一次出现的 x，如果 x 不在链表中则什么也不做。为此，调用一次 findPrevious，找到含有 x 的结点前面的结点 p。实现 remove 例程的代码如图 17.12 所示。这段代码并不完全可靠：可能有两个迭代器，如果一个迭代器删除了一个结点，则另一个在逻辑上可能会变得不确定。findPrevious 例程类似 find 例程，如图 17.13 所示。

```
 1      /**
 2       * 删除项的首次出现
 3       * @param x: 要删除的项
 4       */
 5      public void remove( AnyType x )
 6      {
 7          LinkedListIterator<AnyType> p = findPrevious( x );
 8
 9          if( p.current.next != null )
10              p.current.next = p.current.next.next;   // 绕过被删结点
11      }
```

图 17.12   LinkedList 类的 remove 例程

```
 1      /**
 2       * 返回对应第一个包含项的结点前一结点的迭代器
 3       * @param x: 要查找的项
 4       * @return: 对应的迭代器，如果找到项
 5       * 否则，返回对应链表中最后元素的迭代器
 6       */
 7      public LinkedListIterator<AnyType> findPrevious( AnyType x )
 8      {
 9          ListNode<AnyType> itr = header;
10
11          while( itr.next != null && !itr.next.element.equals( x ) )
12              itr = itr.next;
13
14          return new LinkedListIterator<AnyType>( itr );
15      }
```

图 17.13   用于 remove 的 findPrevious 例程（类似 find 例程）

在这里所写的最后一个例程是插入例程。我们传递要插入的一个元素及位置 p。这个特殊的插入例程将元素插入在位置 p 后，如图 17.14 所示。注意，insert 例程没有利用它所在的链表，它只依赖 p。

```
 1      /**
 2       * 在 p 之后插入
 3       * @param x: 要插入的项
 4       * @param p: : 最新插入项前的位置
 5       */
 6      public void insert( AnyType x, LinkedListIterator<AnyType> p )
 7      {
 8          if( p != null && p.current != null )
 9              p.current.next = new ListNode<AnyType>( x, p.current.next );
10      }
```

图 17.14   LinkedList 类的插入例程

除了 find 和 findPrevious 例程外（还有 remove，它调用 findPrevious），到目前为止我们编写的所有操作都花费 O(1) 时间。find 和 findPrevious 例程最差情形下花费 O(N) 时间，因为如果没有找到元素，或元素位于链表的最后，都可能需要遍历整个链表。平均来看，运行时间是 O(N)，因为平均要遍历一半的链表。

我们当然还可以添加更多的操作，但这个基本集已经相当强大了。这个版本的链表并不能有效地支持某些操作（例如 retreat）。本章还将讨论链表的变形，变形版本可以在常数时间内实现前面提到的操作和一些其他操作。

17.3　双向链表和循环链表

> 双向链表在每个结点保存两个链接，从而允许双向遍历。
>
> 对称性要求我们同时使用头和尾，并且支持大约两倍的操作。
>
> 当 advance 越过链表尾时，会碰上 tail 结点而不是 null。
>
> 插入和删除所涉及的链接的改变是单链表的两倍。
>
> remove 操作可以从当前结点开始，因为可以立即得到前一个结点。
>
> 在循环链表中，最后一个结点的 next 链接指向 first。这个操作在环绕问题中很有用。

正如我们在 17.2 节提到的，单链表不能有效支持某些重要操作。例如，虽然很容易到达链表的前端，但到达链表尾端很费时。虽然我们很容易通过 advance 进行前移，但仅有一个 next 链接还是不能高效地实现 retreat。但在有些应用中，这又是很关键的。例如，在设计文本编辑器时，我们可以在内部将文件维护为一个行的链表。我们希望在链表中向上移动能与向下移动一样容易、在一行的前面和后面进行插入而不是只能在后面插入，我们还希望可以快速地到达最后一行。我们马上想到的是，要高效地实现这个过程应该让每个结点维护两个链接：一个指向链表中的下一个结点，另一个指向前一个结点。然后，为了使一切对称，我们不仅应该有头结点还要有尾结点。每个结点保存两个链接从而允许双向遍历的链表称为双向链表（doubly linked list）。图 17.15 展示了表示 a 和 b 的双向链表。每个结点现在有两个链接（next 和 prev），搜索和移动都可以很容易地在两个方向上执行。显然，这是对单链表的重大改变。

首先，空链表现在含有 head 和 tail，其连接如图 17.16 所示。注意，head.prev 和 tail.next 在算法中是不需要的，所以甚至不需要初始化。链表为空的测试现在是

```
head.next == tail
```

或

```
tail.prev == head
```

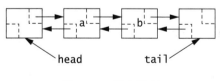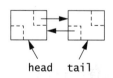

图 17.15　双向链表　　　　　　　　图 17.16　空双向链表

现在我们不再使用 null 来决定 advance 操作是否已经越过表尾。相反，如果 current 是 head 或 tail（回想一下，我们可以朝两个方向走），那么我们已经到头了。retreat 操作可以实现为：

```
current = current.prev;
```

在描述一些可用的附加操作之前，让我们先来考虑如何修改插入和删除操作。自然地，我们现在可以进行 insertBefore 和 insertAfter。在双向链表上执行 insertAfter 所涉及的链接

改动的数量是单链表中的两倍。如果我们显式地编写每个语句，则有

```
newNode = new DoublyLinkedListNode( x );
newNode.prev = current;                 // 设置 x 的 prev 链接
newNode.next = current.next;            // 设置 x 的 next 链接
newNode.prev.next = newNode;            // 设置 a 的 next 链接
newNode.next.prev = newNode;            // 设置 b 的 prev 链接
current = newNode;
```

正如我们之前所展示的，前两个链接改动可以合并到由 new 执行的 DoublyLinkedListNode 的构造中。改变（按次序 1、2、3、4）如图 17.17 所示。

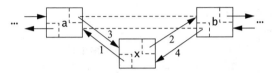

图 17.17　在双向链表中的插入：得到新结点然后按照指示的顺序改变指针

图 17.17 还可用作删除算法的指南。和单链表不同，我们可以删除当前结点，因为可以自动得到前一个结点。所以要执行 remove x，我们必须修改 a 的 next 链接和 b 的 prev 链接。基本的改动是

```
current.prev.next = current.next;       // 设置 a 的 next 链接
current.next.prev = current.prev;       // 设置 b 的 prev 链接
current = head;                         // 所以 current 不再指向原处
```

为了实现双向链表，我们需要决定要支持哪些操作。可以合理地预期，操作数量是单链表中的两倍。每个单独的程序都类似链表中的例程，只有动态操作涉及额外的链接改动。此外，对于许多例程，代码受错误检查的影响。虽然有些检查会改变（例如，我们不针对 null 进行测试），但它们肯定不会变得更复杂。在 17.5 节，我们将使用双向链表实现 Collections API 链表类以及对应的迭代器。那时会有非常多的例程，但大多数都很短。

流行的做法是创建一个循环链表（circularly linked list），其中最后一个结点的 next 链接指向 first，带头结点或不带头结点都可以。通常是不带头结点的，因为头结点的主要目的是确保每个结点都有一个前驱结点，对于非空的循环链表来说，已经是这样的了。没有头结点，我们只有空链表是特例。我们维护一个指向第一个结点的引用，但这与头结点是不同的。我们可以同时使用循环链表和双向链表，如图 17.18 所示。当我们允许环绕搜索时循环链表是有用的，正如某些文本编辑器一样。在练习 17.16 中，要求你实现循环双向链表。

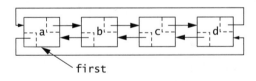

图 17.18　循环双向链表

17.4　有序链表

> 我们从 LinkedList 类派生 SortedLinkedList 类，可以让项有序。

有时我们想让链表中的项排好序，这可以通过有序链表来完成。有序链表和无序链表之间的本质区别在于插入例程。简单地改变已编写的链表类中的插入例程的确能得到一个有序链表。因为 insert 例程是 LinkedList 类的一部分，所以我们应该能从 LinkedList 创建一个新的派生类 SortedLinkedList，如图 17.19 所示。

```
1  package weiss.nonstandard;
2
3  // SortedLinkedList 类
4  //
5  // 构造: 没有初值
6  // 通过 LinkedListIterator 类来访问
7  //
8  // ******************     公有操作      ******************
9  // void insert( x )        --> 插入 x
10 // void insert( x, p )     --> 插入 x (忽略 p)
11 // LinkedList 中其他的所有操作
12 // ****************** 错误 ******************************
13 // 没有特殊的错误
14
15 public class SortedLinkedList<AnyType extends Comparable<? super AnyType>>
16                       extends LinkedList<AnyType>
17 {
18     /**
19      * 在 p 之后插入
20      * @param x: 要插入的项
21      * @param p: 忽略该参数
22      */
23     public void insert( AnyType x, LinkedListIterator<AnyType> p )
24     {
25         insert( x );
26     }
27
28     /**
29      * 按序插入
30      * @param x : 要插入的项
31      */
32     public void insert( AnyType x )
33     {
34         LinkedListIterator<AnyType> prev = zeroth( );
35         LinkedListIterator<AnyType> curr = first( );
36
37         while( curr.isValid( ) && x.compareTo( curr.retrieve( ) ) > 0 )
38         {
39             prev.advance( );
40             curr.advance( );
41         }
42
43         super.insert( x, prev );
44     }
45 }
```

图 17.19　SortedLinkedList 类，其中插入要按序进行

新类有两个版本的 insert。一个版本带一个位置参数但忽略它，插入位置仅由排序的顺序确定。insert 的另一个版本的代码更多。

单参数的 insert 使用两个 LinkedListIterator 对象来遍历相应的链表，直到找到正确的插入点。在那个位置我们可以应用基类的 insert 例程。

17.5　Collections API LinkedList 类的实现

本节我们实现 6.5 节讨论过的 Collections API LinkedList 类。虽然我们给出了大量的代码，不过大多数技术是在本章前面描述过的。

正如之前表明的，我们需要一个类来保存链表的基本结点，一个类用于迭代器，还有一个类用于链表本身。LinkedList 类的框架如图 17.20 所示。LinkedList 实现了 List 和 Queue 接口，而且像往常一样，它扩展了 AbstractCollection。Node 类的声明从第 5 行开始，它是嵌套类且是私有的。LinkedListIterator 类的声明从第 7 行开始，它是私有的内部类。迭代器模式在

第 6 章中描述过。在第 15 章使用内部类实现 **ArrayList** 时使用的也是同一模式。

```
 1  package weiss.util;
 2  public class LinkedList<AnyType> extends AbstractCollection<AnyType>
 3                                   implements List<AnyType>, Queue<AnyType>
 4  {
 5      private static class Node<AnyType>
 6        { /* 图 17.21 */ }
 7      private class LinkedListIterator<AnyType> implements ListIterator<AnyType>
 8        { /* 图 17.30 */ }
 9
10      public LinkedList( )
11        { /* 图 17.22 */ }
12      public LinkedList( Collection<? extends AnyType> other )
13        { /* 图 17.22 */ }
14
15      public int size( )
16        { /* 图 17.23 */ }
17      public boolean contains( Object x )
18        { /* 图 17.23 */ }
19      public boolean add( AnyType x )
20        { /* 图 17.24 */ }
21      public void add( int idx, AnyType x )
22        { /* 图 17.24 */ }
23      public void addFirst( AnyType x )
24        { /* 图 17.24 */ }
25      public void addLast( AnyType x )
26        { /* 图 17.24 */ }
27      public AnyType element( )
28        { /* 加在 Java 5 中, 与 getFirst 一样 */ }
29      public AnyType getFirst( )
30        { /* 图 17.25 */ }
31      public AnyType getLast( )
32        { /* 图 17.25 */ }
33      public AnyType remove( )
34        { /* 加在 Java 5 中, 与 removeFirst 一样 */ }
35      public AnyType removeFirst( )
36        { /* 图 17.27 */ }
37      public AnyType removeLast( )
38        { /* 图 17.27 */ }
39      public boolean remove( Object x )
40        { /* 图 17.28 */ }
41      public AnyType get( int idx )
42        { /* 图 17.25 */ }
43      public AnyType set( int idx, AnyType newVal )
44        { /* 图 17.25 */ }
45      public AnyType remove( int idx )
46        { /* 图 17.27 */ }
47      public void clear( )
48        { /* 图 17.22 */ }
49      public Iterator<AnyType> iterator( )
50        { /* 图 17.29 */ }
51      public ListIterator<AnyType> listIterator( int idx )
52        { /* 图 17.29 */ }
53
54      private int theSize;
55      private Node<AnyType> beginMarker;
56      private Node<AnyType> endMarker;
57      private int modCount = 0;
58
59      private static final Node<AnyType> NOT_FOUND = null;
60      private Node<AnyType> findPos( Object x )
61        { /* 图 17.23 */ }
62      private AnyType remove( Node<AnyType> p )
63        { /* 图 17.27 */ }
64      private Node<AnyType> getNode( int idx )
65        { /* 图 17.26 */ }
66  }
```

图 17.20　标准 LinkedList 类的类框架

链表类将它的大小记录在第 54 行声明的数据成员中。我们使用这个方法，为的是可以在常数时间内执行 size 方法。迭代器使用 modCount 来判定迭代过程中链表是否已经被更改，同样的思路也用在了 ArrayList 中。beginMarker 和 endMarker 对应 17.3 节的 head 和 tail。所有的方法都使用之前展示过的签名。

图 17.21 展示了 Node 类，它类似 ListNode 类。主要的区别在于，因为我们使用的是双向链表，所以要有 prev 和 next 链接。

```
1    /**
2     * 这是双向链表结点
3     */
4    private static class Node<AnyType>
5    {
6        public Node( AnyType d, Node<AnyType> p, Node<AnyType> n )
7        {
8            data = d; prev = p; next = n;
9        }
10
11       public AnyType        data;
12       public Node<AnyType> prev;
13       public Node<AnyType> next;
14   }
```

图 17.21　嵌套在标准 LinkedList 类中的结点类

注意，内部类和嵌套类都被认为是外部类的一部分。所以，无论 Node 的数据域是公有的还是私有的，它们都是 LinkedList 类可见的。因为 Node 类本身是私有的，所以只有 LinkedList 类才能看到 Node 是有效类型。因此，在这个例子中，结点的数据域是公有的还是私有的并不重要。重要的可能是，Node 是否在 LinkedList 的内部被扩展，这更倾向于令数据是私有的。另一方面，在我们的实现中，因为 LinkedList 直接访问 Node 的数据域，而不是调用方法来访问，所以令数据是公有的似乎更合适。

我们从图 17.22 开始实现 LinkedList，其中有构造方法和 clear 方法。总而言之，这里没什么新的内容，我们不过是将大量的非标准 LinkedList 类代码与 17.3 节介绍的概念结合起来。

```
1    /**
2     * 构造一个空的 LinkedList
3     */
4    public LinkedList( )
5    {
6        clear( );
7    }
8
9    /**
10    * 构造一个与另一个 Collection 有相同项的 LinkedList
11    */
12   public LinkedList( Collection<? extends AnyType> other )
13   {
14       clear( );
15       for( AnyType val : other )
16           add( val );
17   }
18
19   /**
20    * 将该集合的大小更改为 0
21    */
22   public void clear( )
23   {
24       beginMarker = new Node<AnyType>( null, null, null );
25       endMarker = new Node<AnyType>( null, beginMarker, null );
```

图 17.22　标准 LinkedList 类的构造方法和 clear 方法

```
26          beginMarker.next = endMarker;
27
28          theSize = 0;
29          modCount++;
30      }
```

图 17.22   标准 LinkedList 类的构造方法和 clear 方法（续）

图 17.23 展示了 size，这是个小方法，还有 contains，这也是个小方法，因为它调用了私有的 findPos 例程来完成所有的工作。findPos 在第 30 ~ 34 行处理 null 值；否则，它的代码只有 4 行。

```
1       /**
2        * 返回该集合中的项数
3        * @return: 该集合中的项数
4        */
5       public int size( )
6       {
7           return theSize;
8       }
9
10      /**
11       * 测试某个项是否在该集合中
12       * @param x: 任意对象
13       * @return true: 该集合中含有等于 x 的项
14       */
15      public boolean contains( Object x )
16      {
17          return findPos( x ) != NOT_FOUND;
18      }
19
20      /**
21       * 返回该集合中与 x 匹配的第一个项的位置
22       * 如果没有找到则返回 NOT_FOUND
23       * @param x: 任意对象
24       * @return: 该集合中与 x 匹配的第一个项的位置
25       * 或者，如果没有找到，则返回 NOT_FOUND
26       */
27      private Node<AnyType> findPos( Object x )
28      {
29          for( Node<AnyType> p = beginMarker.next; p != endMarker; p = p.next )
30              if( x == null )
31              {
32                  if( p.data == null )
33                      return p;
34              }
35              else if( x.equals( p.data ) )
36                  return p;
37
38          return NOT_FOUND;
39      }
```

图 17.23   标准 LinkedList 类的 size 和 contains 方法

图 17.24 展示了各种 add 方法。所有这些最终都汇集到第 39 ~ 47 行的最后一个 add 方法中，它拼接到双向链表中，如 17.3 节所示。它需要一个私有例程 getNode，我们很快会讨论它的实现。getNode 返回下标为 idx 的结点的引用。为了让它适用于 addLast，getNode 从离目标结点最近的一端开始搜索。

图 17.25 详细列出了不同的 get 方法，还有一个 set 方法。这些例程都没有什么特别之处。来自 Queue 接口的 element 方法并没有列出。图 17.26 显示了前面提到的私有 getNode 方法。

add 和 LinkedListIterator 的构造方法特别需要三个参数的版本，更常见的单参数版本用于其他调用 getNode 的方法。如果下标表示结点在链表的前半部分，则第 19～21 行我们向前遍历链表。否则从尾端开始往回遍历，如第 25～27 行所示。

```
1      /**
2       * 将一个项添加在该集合中，在最后
3       * @param x: 任意对象
4       * @return: true.
5       */
6      public boolean add( AnyType x )
7      {
8          addLast( x );
9          return true;
10     }
11
12     /**
13      * 将一个项添加在该集合中，在最前面
14      * 其他的项都滑向更大一个位置
15      * @param x: 任意对象
16      */
17     public void addFirst( AnyType x )
18     {
19         add( 0, x );
20     }
21
22     /**
23      * 将一个项添加到该集合中，在最后
24      * @param x: 任意对象
25      */
26     public void addLast( AnyType x )
27     {
28         add( size( ), x );
29     }
30
31     /**
32      * 将一个项添加到该集合中，在指定位置
33      * 那个位置及之后的项都滑向更大一个位置
34      * @param x: 任意对象
35      * @param idx: 要添加的位置
36      * @throws IndexOutOfBoundsException: 如果 idx
37      *              不在 0 到 size() 之间（包含 0 和 size()）
38      */
39     public void add( int idx, AnyType x )
40     {
41         Node<AnyType> p = getNode( idx, 0, size);
42         Node<AnyType> newNode = new Node<AnyType>( x, p.prev, p );
43         newNode.prev.next = newNode;
44         p.prev = newNode;
45         theSize++;
46         modCount++;
47     }
```

图 17.24　标准 LinkedList 类的 add 方法

```
1      /**
2       * 返回链表中的第一个项
3       * @throws NoSuchElementException: 如果链表为空
4       */
5      public AnyType getFirst( )
6      {
7          if( isEmpty( ) )
```

图 17.25　标准 LinkedList 类的 get 和 set 方法

```
 8              throw new NoSuchElementException( );
 9          return getNode( 0 ).data;
10      }
11
12      /**
13       * 返回链表中的最后一个项
14       * @throws NoSuchElementException: 如果链表为空
15       */
16      public AnyType getLast( )
17      {
18          if( isEmpty( ) )
19              throw new NoSuchElementException( );
20          return getNode( size( ) - 1 ).data;
21      }
22
23      /**
24       * 返回位置 idx 处的项
25       * @param idx: 查找的项所在的下标
26       * @throws IndexOutOfBoundsException: 如果下标越界
27       */
28      public AnyType get( int idx )
29      {
30          return getNode( idx ).data;
31      }
32
33      /**
34       * 修改位置 idx 处的项
35       * @param idx: 要修改项的下标
36       * @param newVal: 新值
37       * @return: 旧值
38       * @throws IndexOutOfBoundsException: 如果下标越界
39       */
40      public AnyType set( int idx, AnyType newVal )
41      {
42          Node<AnyType> p = getNode( idx );
43          AnyType oldVal = p.data;
44
45          p.data = newVal;
46          return oldVal;
47      }
```

图 17.25　标准 LinkedList 类的 get 和 set 方法（续）

```
 1      /**
 2       * 得到位置 idx 处的 Node, idx 必须在 lower 和 upper 之间
 3       * @param idx: 查找的项所在的下标
 4       * @param lower: 最小的有效下标
 5       * @param upper: 最大的有效下标
 6       * @return: 对应 idx 的内部结点
 7       * @throws IndexOutOfBoundsException: 如果 idx
 8       *             不在 lower 和 upper 之间（包含 lower 和 upper）
 9       */
10      private Node<AnyType> getNode( int idx, int lower, int upper )
11      {
12          Node<AnyType> p;
13
14          if( idx < lower || idx > upper )
15              throw new IndexOutOfBoundsException( );
16
17          if( idx < size( ) / 2 )
18          {
19              p = beginMarker.next;
```

图 17.26　标准 LinkedList 类的私有的 getNode 方法

```
20          for( int i = 0; i < idx; i++ )
21              p = p.next;
22      }
23      else
24      {
25          p = endMarker;
26          for( int i = size( ); i > idx; i-- )
27              p = p.prev;
28      }
29
30      return p;
31  }
32
33  /**
34   * 得到位置 idx 处的 Node, idx 必须在 0 和 size( )-1 之间
35   * @param idx: 查找的项所在的下标
36   * @return: 对应 idx 的内部结点
37   * @throws IndexOutOfBoundsException: 如果 idx
38   *         不在 0 和 size()-1 之间（包含 0 和 size()-1）
39   */
40  private Node<AnyType> getNode( int idx )
41  {
42      return getNode( idx, 0, size( ) - 1 );
43  }
```

图 17.26 标准 LinkedList 类的私有的 getNode 方法（续）

remove 方法如图 17.27 和图 17.28 所示，它们都转入一个私有的 remove 方法，如（图 17.27）第 40 ~ 48 行所示，模仿了 17.3 节的算法。

```
1   /**
2    * 删除链表中的第一个项
3    * @return: 集合中被删除的项
4    * @throws NoSuchElementException: 如果链表为空
5    */
6   public AnyType removeFirst( )
7   {
8       if( isEmpty( ) )
9           throw new NoSuchElementException( );
10      return remove( getNode( 0 ) );
11  }
12
13  /**
14   * 删除链表中的最后一项
15   * @return: 集合中被删除的项
16   * @throws NoSuchElementException: 如果链表为空
17   */
18  public AnyType removeLast( )
19  {
20      if( isEmpty( ) )
21          throw new NoSuchElementException( );
22      return remove( getNode( size( ) - 1 ) );
23  }
24
25  /**
26   * 从该集合中删除一个项
27   * @param idx: 对象的下标
28   * @return: 从集合中删除的项
29   */
30  public AnyType remove( int idx )
31  {
32      return remove( getNode( idx ) );
```

图 17.27 标准 LinkedList 类的 remove 方法

```
33          }
34
35          /**
36           * 删除 Node p 中包含的对象
37           * @param p: 该 Node 包含对象
38           * @return: 从集合中删除的项
39           */
40          private AnyType remove( Node<AnyType> p )
41          {
42              p.next.prev = p.prev;
43              p.prev.next = p.next;
44              theSize--;
45              modCount++;
46
47              return p.data;
48          }
```

图 17.27　标准 LinkedList 类的 remove 方法（续）

```
1          /**
2           * 从本集合中删除一个项
3           * @param x: 任何对象
4           * @return true: 如果从集合中删除了这个项
5           */
6          public boolean remove( Object x )
7          {
8              Node<AnyType> pos = findPos( x );
9
10             if( pos == NOT_FOUND )
11                 return false;
12             else
13             {
14                 remove( pos );
15                 return true;
16             }
17         }
```

图 17.28　标准 LinkedList 类的另外的 remove 方法

迭代器工厂如图 17.29 所示。两个都返回一个新构造的 LinkedListIterator 对象。最后，LinkedListIterator 可能是整个实现中最棘手的部分，展示在图 17.30 中。

```
1          /**
2           * 得到一个用来遍历集合的 Iterator 对象
3           * @return: 一个迭代器，定位在第一个元素之前的位置
4           */
5          public Iterator<AnyType> iterator( )
6          {
7              return new LinkedListIterator( 0 );
8          }
9
10         /**
11          * 得到一个 ListIterator 对象
12          * 用来双向遍历集合
13          * @return: 一个迭代器，定位在要求的元素之前的位置
14          * @param idx: 迭代器开始的下标
15          * 使用 size() 完成反向遍历，使用 0 完成正向遍历
16          * @throws IndexOutOfBoundsException:
17          *         如果 idx 不在 0 到 size() 之间（包含 0 和 size()）
18          */
19         public ListIterator<AnyType> listIterator( int idx )
20         {
21             return new LinkedListIterator( idx );
22         }
```

图 17.29　标准 LinkedList 类的迭代器工厂方法

```
1    /**
2     * 这是 LinkedListIterator 的实现
3     * 它维护当前位置记号
4     * 还有对 LinkedList 的隐式引用
5     */
6    private class LinkedListIterator implements ListIterator<AnyType>
7    {
8        private Node<AnyType> current;
9        private Node<AnyType> lastVisited = null;
10       private boolean lastMoveWasPrev = false;
11       private int expectedModCount = modCount;
12
13       public LinkedListIterator( int idx )
14       {
15           current = getNode( idx, 0, size( ) );
16       }
17
18       public boolean hasNext( )
19       {
20           if( expectedModCount != modCount )
21               throw new ConcurrentModificationException( );
22           return current != endMarker;
23       }
24
25       public AnyType next( )
26       {
27           if( !hasNext( ) )
28               throw new NoSuchElementException( );
29
30           AnyType nextItem = current.data;
31           lastVisited = current;
32           current = current.next;
33           lastMoveWasPrev = false;
34           return nextItem;
35       }
36       public void remove( )
37       {
38           if( expectedModCount != modCount )
39               throw new ConcurrentModificationException( );
40           if( lastVisited == null )
41               throw new IllegalStateException( );
42
43           LinkedList.this.remove( lastVisited );
44           lastVisited = null;
45           if( lastMoveWasPrev )
46               current = current.next;
47           expectedModCount++;
48       }
49
50       public boolean hasPrevious( )
51       {
52           if( expectedModCount != modCount )
53               throw new ConcurrentModificationException( );
54           return current != beginMarker.next;
55       }
56
57       public AnyType previous( )
58       {
59           if( !hasPrevious( ) )
60               throw new NoSuchElementException( );
61
62           current = current.prev;
63           lastVisited = current;
64           lastMoveWasPrev = true;
65           return current.data;
66       }
67   }
```

图 17.30　标准 LinkedList 类的迭代器内部类的实现

迭代器维护当前位置，如第 8 行所示。current 表示的结点中含有调用 next 时要返回的项。注意，当 current 位于 endMarker 处时，调用 next 是不合法的，但调用 previous 时应该后退，给出第一项。和在 ArrayList 中一样，迭代器还维它所迭代的链表的 modCount，构造迭代器时对它进行初始化。expectedModCount 变量仅在迭代器执行 remove 时进行更改。lastVisited 用来表示访问过的最后一个结点，这是 remove 要使用的。如果 lastVisited 为 null，则 remove 非法。最后，如果迭代器在 remove 之前的最后一次移动是通过 previous 完成的，则 lastMoveWasPrev 为 true；如果最后一次移动是通过 next 完成的，则为 false。

hasNext 和 hasPrevious 方法都相当常规。如果发现链表被从外部修改了，则两个方法都抛出一个异常。

next 方法在得到所返回（见第 34 行）的结点中的值（见第 30 行）后让 current 前移（见第 32 行）。数据域 lastVisite 和 lastMoveWasPrev 分别在第 31 行和第 33 行更新。previous 的实现并不完全对称，因为对于 previous，我们在得到值之前前移了 current。回想一下，反向迭代的初始状态是让 current 处在 endMarker 处，那这一点就显而易见了。

最后，remove 如第 36 ~ 48 行所示。在强制进行错误检查后，我们使用 LinkedList remove 方法删除 lastVisited 结点。因为迭代器的 remove 隐藏了链表的 remove，所以对外部类的显式引用是必要的。在令 lastVisited 为 null 后，要禁止进行第二次 remove，可以检查最后一次操作是不是 next 或 previous。在后一种情况下（如第 46 行所示）将 current 调整到 previous/remove 组合之前的状态。

总而言之，这里有大量的代码，但也只是 17.2 节非标准 LinkedList 类原始实现的简单完善。

17.6　总结

本章中，我们描述了为什么要实现链表以及如何实现链表，演示了链表、迭代器和结点类之间的交互。我们探讨了不同类型的链表，包括双向链表。双向链表能对链表进行两个方向的遍历。我们还展示了如何从基本链表类轻松地派生有序链表类。最后，我们提供了 Collections API 中 LinkedList 类的大部分实现。

17.7　核心概念

循环链表。最后一个结点的 next 链接指向第一个结点的链表。在环绕问题中这个操作很有用。

双向链表。通过在每个结点保存两个链接从而允许双向遍历的链表。

头结点。链表中没有数据的额外的结点，仅为了满足每个结点都有一个前驱结点这一必要条件。头结点能让我们避免如插入新的第一个结点和删除第一个元素这样的特殊情形。

迭代器类。维护如链表这样的容器中当前位置的类。迭代器类通常与链表类在同一个包中，或是链表类的内部类。

有序链表。表中的项有序排列的链表。有序链表类可以从链表类派生。

17.8　常见错误

- 最常见的链表错误是当执行插入时拼接结点不正确。这个过程对于双向链表尤其棘手。
- 方法中不应允许通过 null 引用访问数据域。执行错误检查捕获这个错误，并根据需要抛出异常。
- 当几个迭代器同时访问链表时，可能导致问题。例如，如果一个迭代器删除了另一个迭代器要访问的结点怎么办？解决这类问题需要做额外的工作，例如使用并发修改计数器。

17.9　网络资源

在网络资源中可以得到单链表类（包括有序链表），以及我们实现的 Collections API 链表。

LinkedList.java。包含 weiss.nonstandard.LinkedList 的实现。

LinkedListIterator.java。包含 LinkedListIterator 的实现。

SortLinkedList.java。包含 SortedLinkedList 的实现。

LinkedList.java。包含 Collections API LinkedList 类和迭代器的实现。

17.10　练习

简答题

17.1　画出带头结点的空链表。

17.2　画出使用头结点和尾结点的空双向链表。

理论题

17.3　编写算法，仅使用常数额外空间按逆序输出单链表。这个指令意味着你不能使用递归，但可以假设你的算法是链表方法。

17.4　一个链表中，如果从某个结点 p 开始，沿着多个 next 链接又回到结点 p，则称链表含有一个环。结点 p 不必是链表的第一个结点。假设你有一个含 N 个结点的链表。不过，N 的值未知。

　　a. 设计 $O(N)$ 的算法判定链表中是否含有一个环。你可以使用 $O(N)$ 额外空间。

　　b. 重做 a，但仅使用 $O(1)$ 额外空间。提示：使用两个迭代器，初始时都在链表的起始位置，但以不同的速度前移。

17.5　实现队列的一个方法是使用循环链表。假设链表不含头结点，你可以为链表维护一个迭代器。对于下列哪种表示，队列所有的基本操作在最差情形下都能在常数时间内完成？证明你的答案。

　　a. 维护一个对应链表第一项的迭代器。

　　b. 维护一个对应链表最后一项的迭代器。

17.6　假设你有一个引用，指向单链表中绝对不是链表中最后一个的结点。没有指向其他任何结点的引用（除非沿着链表下来）。描述一个 $O(1)$ 算法，逻辑上删除链表中这样一个结点中保存的值，保持链表的完整性。提示：涉及下一个结点。

17.7　假设实现的单链表带有头结点和尾结点。使用练习 17.6 描述的思想，描述常数时间的算法来处理

　　a. 将项 x 插入位置 p 之前。

　　b. 删除位置 p 保存的项。

实践题

17.8　修改非标准 LinkedList 类中的 find 例程，返回项 x 最后一次出现的位置。

17.9　修改非标准 LinkedList 类中的 remove，删除 x 的所有出现。

17.10　假设你想将一个链表的一部分拼接到另一个链表上（就是所谓的剪切粘贴操作）。假设三个 LinkedListIterator 参数表示剪切的起始点、剪切的终点及粘贴点。假设所有的迭代器都有效，剪切的项数不会是 0。

　　a. 编写一个不属于 weiss.nonstandard 的剪切粘贴方法，算法的运行时间是多少？

　　b. 编写 LinkedList 类中的一个方法实现剪切粘贴。算法的运行时间是多少？

17.11　SortedLinkedList insert 方法仅使用公有迭代器方法。它能访问迭代器的私有成员吗？

17.12　使用（标准或非标准的）LinkedList 作为数据成员实现高效的 Stack 类。你需要使用一个迭代器，对需要它的任何例程，它可以是数据成员或局部变量。

17.13　使用单链表和相应的迭代器（如练习 17.12），实现高效的 Queue 类。为了达到高效的实现，这些迭代器中有几个必须是数据成员？

17.14　为单链表实现 retreat。注意，它花费线性时间。

17.15 实现非标准的不带头结点的 `LinkedList` 类。

程序设计项目

17.16 实现循环链表和双向链表。

17.17 如果项在链表中保存的次序不重要，常常可以用称为移至前端启发式方法加快搜索速度：当访问一个项时，将它移到链表的最前面。这个动作通常可以带来改善，因为频繁访问的项往往会移到链表的前面，而较少访问的项往往移到链表的后面。因此，最常访问的项需要最少的搜索次数。为链表实现移至前端启发式方法。

17.18 编写例程 `makeUnion` 和 `intersect`，返回两个有序链表的并集和交集。

17.19 编写基于行的文本编辑器。命令语法类似 UNIX 的行编辑器 ed。文件的内部副本维护为行的链表。为了能在文件中上下移动，你必须维护一个双向链表。大多数命令表示为单字符字符串。有些是双字符的，且需要一个或两个参数。图 17.31 显示要支持的命令。

命令	功能
1	到顶
a	在当前行后添加文本，直到遇到句号结束
d	删除当前行
dr num num	删除几行
f name	修改当前文件名（用于下一次写入）
g num	到参数指定的行
h	得到帮助
i	与添加一样，但在当前行前添加
m num	将当前行移到若干行之后
mr num num num	将几行作为整体移到若干行之后
n	切换是否显示行号
p	输出当前行
pr num num	输出若干行
q!	保存并退出
r name	将另一个文件读入和粘贴到当前文件
s text text	用其他文本替换文本
t num	将当前行备份到若干行之后
tr num num num	将若干行备份到若干行之后
w	将文件写入磁盘
x!	写并退出
$	到最后一行
-	向上一行
+	向下一行
=	输出当前行号
/ text	向前搜索模式
? text	向后搜索模式
#	输出文件中的行数和字符数

图 17.31 用于练习 17.19 中编辑器的命令

17.20 为 `ListIterator` 提供一个 add 方法，遵从 Collections API 规范。

17.21 为 `ListIterator` 提供一个 set 方法，遵从 Collections API 规范。

17.22 重新实现标准 `LinkedList` 类
　　a. 带一个头结点但没有尾结点。
　　b. 带一个尾结点但没有头结点。
　　c. 没有头结点也没有尾结点。

树

树是计算机科学中的基本结构。几乎所有的操作系统都将文件存储在树或树状结构中。树还用于编译器设计、文本处理及搜索算法中。我们将在第 19 章讨论其中最后一种应用。

本章中，我们将看到：

- 一般树的定义，并讨论如何将它用在文件系统中。
- 研究二叉树。
- 树操作的实现，使用递归。
- 树的非递归遍历。

18.1　一般树

树可以用非递归的和递归的两种方法定义。非递归定义是更直接的技术，所以我们先从它开始。递归方法允许我们编写简单的算法对树进行操作。

18.1.1　定义

> 树可以非递归地定义为一组结点和一组连接结点的有向边。
>
> 父结点和子结点是自然而然定义的。一条有向边从父结点连接到子结点。
>
> 叶结点没有子结点。
>
> 结点的深度是从根到结点的路径长度。结点的高度是从结点到最深叶结点的路径长度。
>
> 结点的大小是结点拥有的后代个数（包括结点自身）。

非递归地，树（tree）由一组结点和连接结点对的一组有向边组成。本书自始至终仅考虑有根树。有根树有下列特性。

- 将一个结点看作根。
- 除根结点之外的每个结点 c，都由一条恰好来自另一个结点 p 的边相连。结点 p 是 c 的父结点，而 c 是 p 的子结点之一。
- 从根到每个结点都有一条唯一的路径。必须经过的边数是路径长度（path length）。

父结点和子结点是自然而然定义的。一条有向边从父结点连接到子结点。

图 18.1 显示了一棵树。根结点是 A，A 的子结点是 B、C、D 和 E。因为 A 是根，故它没有父结点，所有其他结点都有父结点。例如，B 的父结点是 A。没有子结点的结点称为叶结点。这棵树中的叶结点是 C、F、G、H、I 和 K。从 A 到 K 的路径长度是 3（边），从 A 到 A 的路径长度是 0（边）。

含有 N 个结点的树一定有 $N-1$ 条边，因为除了根结点，每个结点都有一条入边。树中结点的深度（depth of a node）是从根到结点的路径长度。所以根的深度永远是 0，任何结点的深度比其父结点的深度多 1。树中结点的高度（height of a node）是从结点到最深叶结点的路径长度。所以 E 的高度是 2。任何结点的高度是其最高子结点的高度加 1。由此树的高度是根的高度。

有相同父结点的结点称为兄弟，所以 B、C、D 和 E 都是兄弟。如果从结点 u 到结点 v 有一条路径，则 u 是 v 的祖先，且 v 是 u 的后代。如果 $u \neq v$，则 u 是 v 的真祖先，而 v 是 u 的真后代。一个结点的大小是结点拥有的后代个数（包括结点自身）。所以 B 的大小是 3，而 C 的大小是 1。树的大小是根的大小。所以图 18.1 所示的树的大小是根 A 的大小，即 11。

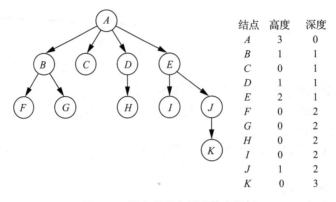

结点	高度	深度
A	3	0
B	1	1
C	0	1
D	1	1
E	2	1
F	0	2
G	0	2
H	0	2
I	0	2
J	1	2
K	0	3

图 18.1　带有高度和深度信息的树

树的另一种定义是递归的：树要么为空，要么包含一个根及 0 或多棵非空子树 $T_1, T_2, \cdots, T_k$，每棵子树的根都由来自根的边相连，如图 18.2 所示。某些情况下（最特别的，本章后面要讨论的二叉树），我们允许有些子树是空的。

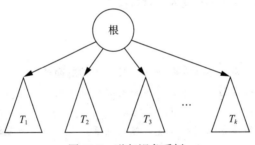

图 18.2　递归视角看树

18.1.2　实现

> 一般树可以使用第一个子结点 / 下一个兄弟结点的方法实现，每个结点要求有两个链接。

实现树的一种方法是，在每个结点内存在指向其每个子结点的链接再加上自己的数据。不过，因为每个结点的子结点个数可能变化很大，而且不能提前知道，使得在数据结构中直接链接子结点的可行性不高——可能有太多的空间浪费。解决方案——称为第一个子结点 / 下一个兄弟结点方法（first child/next sibling method）——是简单的：将每个结点的子结点保存在树结点的一个链表中，每个结点保留两个链接，一个指向其最左子结点（如果它不是叶结点的话），另一个指向其右兄弟结点（如果它不是最右兄弟结点的话）。这种实现如图 18.3 所示。向下的箭头是 firstChild 链接，从左向右的箭头是 nextSibling 链接。我们没有画 null 链接，因为数量太多了。这棵树中，结点 B 有两个链接（指向兄弟结点 C 的和指向最左子结点 F 的），有些结点只有这些链接中的一个，有些

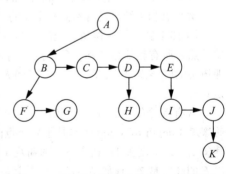

图 18.3　图 18.1 所示树的第一个子结点 / 下一个兄弟结点表示

一个也没有。给定了这个表示，树类的实现就简单了。

18.1.3 应用：文件系统

> 文件系统使用类似树的结构。
>
> 使用递归最容易遍历目录结构。
>
> 在前序遍历树中，在结点处执行的操作早于对其子结点执行的操作。遍历每个结点是常数时间。
>
> 在后序遍历树中，在结点处执行的操作晚于对其子结点执行的操作。遍历每个结点是常数时间。

树有许多应用。其中的一个流行应用是在许多操作系统中使用的目录结构，包括 UNIX、VAX/VMS 和 Windows/DOS。图 18.4 展示了 UNIX 文件系统中的一个典型目录。目录的根是 mark。（名字后面的星号表示 mark 本身是一个目录。）注意，mark 有 3 个子结点：books、courses 和 .login，其中的前两个本身也是目录。所以 mark 含有两个目录和一个常规文件。沿最左子结点链接三次可得到文件名 mark/books/dsaa/ch1。第一个名字之后的每个 / 表示一条边，得到一个路径名。如果路径开始于整个文件系统的根，则它是全路径名；否则，它是相对（于当前目录的）路径名。

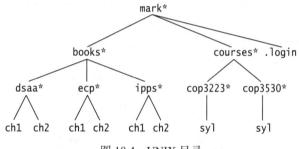

图 18.4 UNIX 目录

这个层次文件系统是流行的，因为它能让使用者逻辑地组织其数据。而且不同目录中的两个文件可以共享相同的名字，因为它们从根开始的路径不同，所以有不同的全路径名。UNIX 文件系统中的目录就是一个带有其子链表的文件⊖，所以目录可以使用递归机制遍历，即我们可以依次迭代每个子结点。实际上，在有些系统中，如果将输出文件的常规命令应用于目录，则输出中会出现目录中的文件名（以及其他非 ASCII 信息）。

假设，我们想列出目录中所有文件的名字（包括它的子目录），并且在我们的输出格式中，深度为 d 的文件会让其名字缩进 d 个制表符。执行这个任务的简短算法列在图 18.5 中。输出图 18.4 所给的目录的结果如图 18.6 所示。

```
1       void listAll( int depth = 0 ) // 深度初始为 0
2       {
3           printName( depth );        // 输出对象的名字
4           if( isDirectory( ) )
5               for each file c in this directory (for each child)
6                   c.listAll( depth + 1 );
7       }
```

图 18.5 列出层次文件中目录及其子目录的例程

⊖ UNIX 文件系统中的每个目录还有一个指向自身的项（.）和另一个指向目录的父目录的项（..），它引入了回路。所以技术上，UNIX 文件系统不是一棵树，而是树状的。对于 Windows/DOS 来说也是一样的。

我们假设已有 FileSystem 类以及 printName 和 isDirectory 方法。printName 按照缩进 depth 个制表符宽度的格式输出当前 FileSystem 对象。isDirectory 测试当前 FileSystem 对象是不是目录，如果是则返回 true。然后可以编写递归例程 listAll。我们需要给它传递参数 depth，表示目录中相对于根的当前层。listAll 例程开始时，参数 depth 的值为 0，这个值表示根没有缩进。这个深度是内部记录的变量，不是调用例程应该知道的参数。所以伪代码说明 depth 的默认值为 0（默认值的指定不是合法的 Java）。

这个算法的逻辑很简单。带有适当缩进地输出当前对象。如果项是目录，则一个接一个地递归处理所有的子结点。这些子结点处于树中更深的一层，所以必须再多缩进一个制表符宽度。我们用 depth+1 进行递归调用。很难想象如此困难的任务能用更短的代码来执行。

在这个称为前序树遍历（preorder tree traversal）的算法技术中，在结点处执行的操作早于对其子结点执行的操作。除了是一个紧凑的算法外，前序遍历也是高效的，因为对每个结点它花费常数时间。本章稍后会讨论原因。

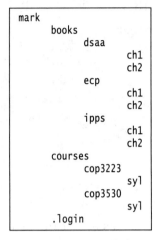

图 18.6　图 18.4 所示树的目录列表

另一个常用的遍历树的方法是后序树遍历（postorder tree traversal），其中在结点处执行的操作晚于对其子结点执行的操作。它对每个结点也花费常数时间。例如，图 18.7 与图 18.4 表示的是同一个目录结构。括号中的数表示每个文件占用的磁盘块数。目录本身是文件，所以它们也使用磁盘块（用来存储其子结点的名字和信息）。

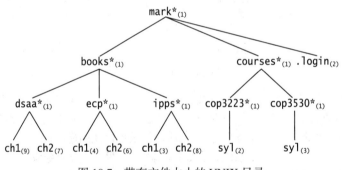

图 18.7　带有文件大小的 UNIX 目录

假设我们想计算示例树中所有文件使用的总块数。完成这件事最自然的方法是找到所有子结点（可能是必须要递归计算的目录）中含有的总块数：books(41)、courses(8) 及 .login(2)。总块数是所有子结点中的总数加上根 (1) 中使用的块数，即 52。图 18.8 中的 size 例程实现了这个策略。如果当前的 FileSystem 对象不是目录，则 size 仅返回它使用的块数。否则，当前目录中的块数要加上所有子结点中（递归）找到的块数。为了说明后序遍历和前序遍历的不同，在图 18.9 中我们展示算法如何产生每个目录（或文件）的大小。我们有一个经典的后序签名，因为一个项的总大小在计算了其子结点的信息后才计算。正如我们之前所指明的，运行时间是线性的。在 18.4 节我们还将继续讨论树的遍历。

```
1      int size( )
2      {
3          int totalSize = sizeOfThisFile( );
```

图 18.8　计算目录中所有文件总大小的例程

```
4
5           if( isDirectory( ) )
6               for each file c in this directory (for each child)
7                   totalSize += c.size( );
8
9           return totalSize;
10      }
```

图 18.8 计算目录中所有文件总大小的例程（续）

```
                        ch1                 9
                        ch2                 7
            dsaa                           17
                        ch1                 4
                        ch2                 6
            ecp                            11
                        ch1                 3
                        ch2                 8
            ipps                           12
books                                      41
                        syl                 2
            cop3223                         3
                        syl                 3
            cop3530                         4
courses                                     8
.login                                      2
mark                                       52
```

图 18.9 size 方法的过程

18.1.4 Java 实现

Java 在 java.io 包中提供了名为 File 的类，可以用来遍历目录层次结构。我们可以用它实现图 18.8 中的伪代码。也可以实现 size 方法，这个在网络资源中提供。File 类提供了一些有用的方法。

可以通过提供文件名来构造一个 File 对象。getName 方法提供 File 对象的名字。它不包含路径中的目录部分，目录部分要通过 getPath 来获得。如果 File 是一个目录，则 isDirectory 返回 true，通过调用 length 可得到它的大小，按字节计算。如果 File 是一个目录，则 listFiles 方法返回代表目录中文件的 File 数组（不包括 . 和 ..）。

为了实现伪代码描述的逻辑，我们简单提供了 printName 和 listAll（两者都有一个公有的驱动程序和一个私有的递归例程），以及 size，如图 18.10 所示。我们还提供了简单的 main，它在当前目录上测试逻辑。

```
1  import java.io.File;
2
3  public class FileSystem
4  {
5          // 采用缩进格式输出文件名
6      public static void printName( String name, int depth )
7      {
8          for( int i = 0; i < depth; i++ )
9              System.out.print( " " );
10         System.out.println( name );
11     }
12
13         // 列出目录中所有文件的公有驱动程序
14     public static void listAll( File dir )
```

图 18.10 用于目录清单的 Java 实现

```
15      {
16          listAll( dir, 0 );
17      }
18
19      // 列出目录中所有文件的递归方法
20      private static void listAll( File dir, int depth )
21      {
22          printName( dir.getName( ), depth );
23
24          if( dir.isDirectory( ) )
25              for( File child : dir.listFiles( ) )
26                  listAll( child, depth + 1 );
27      }
28
29      public static long size( File dir )
30      {
31          long totalSize = dir.length( );
32
33          if( dir.isDirectory( ) )
34              for( File child : dir.listFiles( ) )
35                  totalSize += size( child );
36
37          return totalSize;
38      }
39
40      // 列出当前目录中所有方法的简单的 main
41      public static void main( String [ ] args )
42      {
43          File dir = new File( "." );
44          listAll( dir );
45          System.out.println( "Total bytes: " + size( dir ) );
46      }
47  }
```

图 18.10 用于目录清单的 Java 实现（续）

18.2 二叉树

二叉树中没有结点有多于两个的子结点。

表达式树是二叉树应用的一个例子。这样的树是编译器设计中的核心数据结构。

二叉树的一个重要应用是在其他数据结构中，特别是二叉搜索树和优先队列。

BinaryNode 的许多例程都是递归的。BinaryTree 方法在根上使用 BinaryNode 的例程。

BinaryNode 类的实现与 BinaryTree 类的实现是分开的。BinaryTree 类中唯一的数据成员是指向根结点的引用。

merge 例程按理说是单行的。但是我们还必须处理别名，确保一个结点不在两棵树中，并检查错误。

我们将原始树的 root 设置为 null，这样每个结点都在一棵树中。

如果输入的两棵树是别名，则应该不允许这个操作，除非树是空树。

如果一棵输入树是输出树的别名，则我们必须避免将结果树的 root 设置为 null。

二叉树（binary tree）是没有结点有多于两个子结点的树。因为只有两个子结点，所以我们可以将它们命名为 left 和 right。递归地，二叉树可以是空树，或者由根、左子树及右子树组成。左子树和右子树本身可能是空的，所以有一个子结点的结点可能有左子结点或右子结点。我们在设计二叉树算法时多次用到递归定义。二叉树有许多重要用途，图 18.11 中说明了其中的两个。

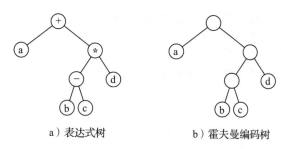

a）表达式树　　　　　　　　b）霍夫曼编码树

图 18.11　二叉树的用途

二叉树的一个用途是表达式树（expression tree），这是编译器设计中的核心数据结构。表达式中的叶结点是操作数（例如常数或变量名），其他的结点含有运算符。这棵树是二叉的，因为所有的操作都是二元的。虽然这种情形最简单，不过结点可以有多于 2 个的子结点（以及，在一元情形中，只有一个子结点）。我们可以通过将根中的运算符应用于递归计算左子树及右子树得到的值，来计算表达式树 T。这样做之后得到表达式 (a+((b-c)*d))。（见 11.2 节关于表达式树构造及其计算的讨论。）

二叉树的第二个用途是霍夫曼编码树（Huffman coding tree），它用来实现简单但相对有效的数据压缩算法。字母表中的每个符号保存在叶结点中。沿着从根到它的路径可得到它的编码。左链接表示一个 0，右链接表示一个 1。所以 b 的编码为 100。（见 12.1 节构造最优树即最优编码的讨论。）

二叉树的其他用途包括二叉搜索树（在第 19 章讨论，它允许在对数时间内插入并访问项）和优先队列（它支持访问并删除项集中的最小值）。优先队列的几种有效实现用到了树（在第 21 ～ 23 章讨论）。

图 18.12 给出了 BinaryNode 类的框架。第 49 ～ 51 行表明每个结点含有一个数据项及两个链接。第 18 ～ 20 行所示的构造方法初始化 BinaryNode 类的数据成员。第 22 ～ 33 行提供了对每个数据成员的访问方法和设置方法。

```
 1 // BinaryNode 类，保存树中的一个结点
 2 //
 3 // 构造: 无参数
 4 //      或一个 Object，左子结点和右子结点
 5 //
 6 // ****************** 公有操作 ********************
 7 // int size( )          --> 返回结点处子树的大小
 8 // int height( )        --> 返回结点处子树的高度
 9 // void printPostOrder( ) --> 输出后序遍历树序列
10 // void printInOrder( )   --> 输出中序遍历树序列
11 // void printPreOrder( )  --> 输出前序遍历树序列
12 // BinaryNode duplicate( )--> 返回一棵复制树
13
14 class BinaryNode<AnyType>
15 {
16     public BinaryNode( )
17       { this( null, null, null ); }
18     public BinaryNode( AnyType theElement,
19               BinaryNode<AnyType> lt, BinaryNode<AnyType> rt )
20       { element = theElement; left = lt; right = rt; }
21
22     public AnyType getElement( )
23       { return element; }
24     public BinaryNode<AnyType> getLeft( )
25       { return left; }
```

图 18.12　BinaryNode 类的框架

```
26      public BinaryNode<AnyType> getRight( )
27        { return right; }
28      public void setElement( AnyType x )
29        { element = x; }
30      public void setLeft( BinaryNode<AnyType> t )
31        { left = t; }
32      public void setRight( BinaryNode<AnyType> t )
33        { right = t; }
34
35      public static <AnyType> int size( BinaryNode<AnyType> t )
36        { /* 图 18.19 */ }
37      public static <AnyType> int height( BinaryNode<AnyType> t )
38        { /* 图 18.21 */ }
39      public BinaryNode<AnyType> duplicate( )
40        { /* 图 18.17 */ }
41
42      public void printPreOrder( )
43        { /* 图 18.22 */ }
44      public void printPostOrder( )
45        { /* 图 18.22 */ }
46      public void printInOrder( )
47        { /* 图 18.22 */ }
48
49      private AnyType             element;
50      private BinaryNode<AnyType> left;
51      private BinaryNode<AnyType> right;
52 }
```

图 18.12 BinaryNode 类的框架（续）

第 39 行声明的 duplicate 方法用来复制以当前结点为根的树的副本。在第 35 行和第 37 行声明的 size 和 height 例程，计算由参数 t 所指结点的大小和高度。我们在 18.3 节实现这些例程。（回想一下，静态方法不需要控制对象。）我们还在第 42 ～ 47 行提供了几个例程，使用几个递归遍历策略输出以当前结点为根的树的内容。我们在 18.4 节讨论树的遍历。为什么我们传递给 size 和 height 的参数设置为 static，但对于遍历和 duplicate 方法却使用当前对象呢？没有什么特别的理由，这只是风格问题，而且我们将两种风格都展示在这里。实验表明，当要对空树执行所需的测试时才显现出它们之间的区别。

本节我们描述 BinaryTree 类的实现。BinaryNode 类单独实现，而不是作为嵌套类实现。BinaryTree 类框架如图 18.13 所示。其中的大部分例程都很短，因为它们调用 BinaryNode 方法。仅在第 44 行声明了一个数据成员——指向 root 结点的引用。

```
 1 // BinaryTree 类, 保存一棵二叉树
 2 //
 3 // 构造: 无参数或
 4 //     要放在单元素树根中的一个对象
 5 //
 6 // ****************** 公有操作 *********************
 7 // 树的遍历、size、height、isEmpty、makeEmpty
 8 // 还有以下棘手的方法
 9 // void merge( Object root, BinaryTree t1, BinaryTree t2 )
10 //               --> 构造一棵新树
11 // ****************** 错误 *********************
12 // 非法合并时要输出的错误信息
13
14 public class BinaryTree<AnyType>
15 {
16     public BinaryTree( )
17       { root = null; }
```

图 18.13 BinaryTree 类, 除了 merge 方法

```
18    public BinaryTree( AnyType rootItem )
19      { root = new BinaryNode<AnyType>( rootItem, null, null ); }
20
21    public BinaryNode<AnyType> getRoot( )
22      { return root; }
23    public int size( )
24      { return BinaryNode.size( root ); }
25    public int height( )
26      { return BinaryNode.height( root ); }
27
28    public void printPreOrder( )
29      { if( root != null ) root.printPreOrder( ); }
30    public void printInOrder( )
31      { if( root != null ) root.printInOrder( ); }
32    public void printPostOrder( )
33      { if( root != null ) root.printPostOrder( ); }
34
35    public void makeEmpty( )
36      { root = null; }
37    public boolean isEmpty( )
38      { return root == null; }
39
40    public void merge( AnyType rootItem,
41                       BinaryTree<AnyType> t1, BinaryTree<AnyType> t2 )
42      { /* 图 18.16 */ }
43
44    private BinaryNode<AnyType> root;
45 }
```

图 18.13　**BinaryTree** 类，除了 **merge** 方法（续）

　　提供了两个基本的构造方法。位于第 16 行和第 17 行的方法创建了一棵空树，位于第 18 行和第 19 行的方法创建了一棵单结点树。遍历树的例程在第 28 ～ 33 行。它们在验证树不为空后，将 **BinaryNode** 的方法应用于 **root**。可以实现的另一个遍历策略是层序遍历。我们在 18.4 节讨论这些遍历例程。给出了生成空树及测试所给的树是否为空的测试例程，它们的内联实现在第 35 ～ 38 行，还给出了计算树的大小及高度的例程。注意，因为 **size** 和 **height** 是 **BinaryNode** 的静态方法，所以我们可以简单地使用 **BinaryNode.size** 和 **BinaryNode.height** 调用它们。

　　类中的最后一个方法是 **merge** 例程，它使用两棵树（**t1** 和 **t2**）和一个元素来创建一棵新树，元素作为根，两棵已有的树作为左子树和右子树。按理说，这是一个单行代码：

```
root = new BinaryNode<AnyType>( rootItem, t1.root, t2.root );
```

如果事情总是这样简单的话，程序员就该失业了。幸运的是，在程序员的职业生涯中存在大量复杂的事情。图 18.14 展示了简单的单行 **merge** 方法的执行结果。问题显而易见：**t1** 和 **t2** 中的结点现在在两棵树中（它们原来的树以及合并后的结果树）。如果我们想删除或改变子树的话，这个共享就是个问题（因为无意中可能会删除或改变多棵子树）。

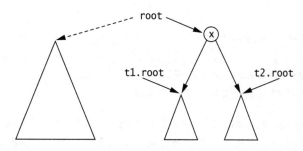

图 18.14　朴素的 **merge** 操作的结果，子树是共享的

解决方案原则上很简单。在 merge 之后将 t1.root 和 t2.root 设置为 null，可以确保结点不出现在两棵树中。

当我们考虑含有别名的某些可能的调用时难题又出现了：

```
t1.merge( x, t1, t2 );
t2.merge( x, t1, t2 );
t1.merge( x, t3, t3 );
```

前两种情形很类似，所以我们仅考虑第一种情形。这种情形的示意图如图 18.15 所示。因为 t1 是当前对象的别名，所以 t1.root 和 root 是别名。故在调用 new 之后，如果我们执行 t1.root=null，则 root 也更改为 null 引用。因此，我们需要非常注意这些情形下的别名。

第三种情形必须被禁止，因为它将 t3 中的所有结点放在 t1 中的两个位置。不过，如果 t3 代表一棵空树，则第三种情形还是允许的。总而言之，我们得到的远超出我们预想的。最后的代码如图 18.16 所示。之前的单行例程已经变得相当庞大了。

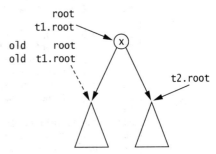

图 18.15　在 merge 操作中的别名问题，t1 也是当前对象

```
1    /**
2     * BinaryTree 类的 merge 例程
3     * 由 rootItem、t1 和 t2 形成一棵新树
4     * 不允许 t1 和 t2 是同一棵树
5     * 正确处理其他的别名条件
6     */
7    public void merge( AnyType rootItem,
8                       BinaryTree<AnyType> t1, BinaryTree<AnyType> t2 )
9    {
10       if( t1.root == t2.root && t1.root != null )
11           throw new IllegalArgumentException( );
12
13           // 分析新结点
14       root = new BinaryNode<AnyType>( rootItem, t1.root, t2.root );
15
16           // 确保每个结点在一棵树中
17       if( this != t1 )
18           t1.root = null;
19       if( this != t2 )
20           t2.root = null;
21   }
```

图 18.16　BinaryTree 类的 merge 例程

18.3　递归与树

> size 和 duplicate 使用递归例程。
> 因为 duplicate 是 BinaryNode 方法，所以我们仅在验证子树不为空后才进行递归调用。
> 画图之后，size 例程用递归很容易实现。
> height 例程用递归也容易实现。空树的高度是 −1。

因为树可以递归定义，所以树的很多例程最容易使用递归实现这点并不奇怪。在这里提供了 BinaryNode 和 BinaryTree 中几乎所有剩余方法的递归实现。产生的例程非常紧凑。

我们从 BinaryNode 类的 duplicate 方法开始。因为它是 BinaryNode 类的方法，所以我们确信，我们正复制的树不是空树。因此递归算法很简单。首先，创建一个与当前根有相同数据域的新结点。然后递归地调用 duplicate 附加左树，并且递归地调用 duplicate 附加右树。在这两种情形下，我们都会在验证确实有要复制的树后，再递归调用。对应这个描述的编码见图 18.17。

```
1      /**
2       * 返回一个指向结点的引用
3       * 它指向以当前结点为根的二叉树的副本的根结点
4       */
5      public BinaryNode<AnyType> duplicate( )
6      {
7          BinaryNode<AnyType> root =
8                  new BinaryNode<AnyType>( element, null, null );
9
10         if( left != null )              // 如果有左子树
11             root.left = left.duplicate( );      // 复制, 附加
12         if( right != null )             // 如果有右子树
13             root.right = right.duplicate( );  // 复制, 附加
14         return root;                           // 返回得到的树
15     }
```

图 18.17 返回以当前结点为根的树的副本的例程

我们要编写的下一个方法是 BinaryNode 类中的 size 例程。它返回以 t 引用的结点为根的树的大小，t 作为参数传递。如果我们递归地画出树，如图 18.18 所示，则能看出树的大小是左子树大小加上右子树大小再加 1 （因为根计数为 1 个结点）。递归例程需要一个不用递归就能求解的基础情形。size 可能要处理的最小树是空树（如果 t 是 null），空树的大小显然是 0。我们应该验证，递归对大小为 1 的树能产生正确答案。这样做很容易，递归例程的实现展示在图 18.19 中。

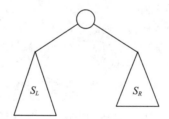

图 18.18 用来计算一棵树大小的递归视图，$S_T = S_L + S_R + 1$。

```
1      /**
2       * 返回以 t 为根的二叉树的大小
3       */
4      public static <AnyType> int size( BinaryNode<AnyType> t )
5      {
6          if( t == null )
7              return 0;
8          else
9              return 1 + size( t.left ) + size( t.right );
10     }
```

图 18.19 计算结点大小的例程

本节给出的最后一个递归例程计算结点的高度。很难以非递归形式实现这个例程，但只要我们画了图，递归实现就会很简单。图 18.20 展示递归查看的树。假设左子树有高度 H_L 且右子树有高度 H_R。任何相对于左子树的根深度为 d 级的结点，相对于整棵树的根深度都是 $d+1$ 级。对于右子树也是如此。所以在原来树中最深结点的路径长度，比其相对于子树根的路径长度多 1。

如果我们对所有的子树计算这个值，则这两个值中的最大者加 1，就是我们想要的答案。实现的代码展示在图 18.21 中。

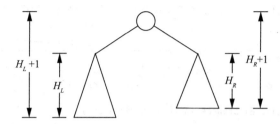

图 18.20   计算结点高度的递归视角，H_T=Max(H_L+1, H_R+1)

```
 1      /**
 2       * 返回以 t 为根的二叉树的高度
 3       */
 4      public static <AnyType> int height( BinaryNode<AnyType> t )
 5      {
 6          if( t == null )
 7              return -1;
 8          else
 9              return 1 + Math.max( height( t.left ), height( t.right ) );
10      }
```

图 18.21   计算结点高度的例程

18.4 树的遍历：迭代器类

> 中序遍历中，在递归调用的中间处理当前结点。
>
> 使用这些策略中的任何一个进行简单遍历都花费线性时间。
>
> 通过自己维护栈可以进行非递归的遍历。
>
> 迭代器类允许一步一步地遍历。
>
> 抽象树迭代器类有类似链表迭代器的方法。每类遍历由一个派生类表示。

本章我们展示了如何用递归来实现二叉树的方法。当应用递归时，我们计算的信息不仅是关于结点的，还是关于其所有后代的。这称为我们正在遍历树（traversing the tree）。我们已经提到过的两种流行的遍历是前序遍历和后序遍历。

在前序遍历中，处理结点，然后递归地处理它的子结点。duplicate 例程是前序遍历的一个示例，因为根是最先创建的。然后递归地复制左子树，接下来复制右子树。

在后序遍历中，在递归地处理了两个子结点后再处理结点。两个例子是 size 方法和 height 方法。这两种情形下，一个结点的信息（如它的大小或高度）仅在知道了其子结点的对应信息之后才能得到。

第三个常见的递归遍历是中序遍历（inorder traversal），其中，递归处理左子结点，处理当前结点，再递归处理右子结点。这个机制用于生成对应表达式树的代数表达式。例如，在图 18.11 中，中序遍历得到 (a+((b-c)*d))。

图 18.22 演示了使用三种递归的树遍历算法输出二叉树中结点的例程。图 18.23 演示了三种策略访问结点的次序。每个算法的运行时间都是线性的。每种情形下，每个结点仅输出一次。所以，任何遍历中，输出语句的总开销是 $O(N)$。因此，每个 if 语句对每个结点最多执行一次，总开销是 $O(N)$。方法调用的总次数（涉及内部运行时栈的入栈和弹出的常数时间）同样是每结点一次，或是 $O(N)$。所以总的运行时间是 $O(N)$。

```
1       // 使用前序遍历，输出以当前结点为根的树
2       public void printPreOrder( )
3       {
4           System.out.println( element );          // 结点
5           if( left != null )
6               left.printPreOrder( );              // 左
7           if( right != null )
8               right.printPreOrder( );             // 右
9       }
10
11      // 使用后序遍历，输出以当前结点为根的树
12      public void printPostOrder( )
13      {
14          if( left != null )                      // 左
15              left.printPostOrder( );
16          if( right != null )                     // 右
17              right.printPostOrder( );
18          System.out.println( element );          // 结点
19      }
20
21      // 使用中序遍历，输出以当前结点为根的树
22      public void printInOrder( )
23      {
24          if( left != null )                      // 左
25              left.printInOrder( );
26          System.out.println( element );          // 结点
27          if( right != null )
28              right.printInOrder( );              // 右
29      }
```

图 18.22　按前序、后序和中序输出结点的例程

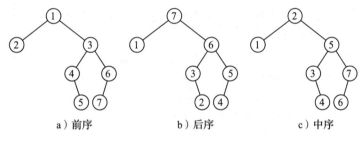

　a）前序　　　　　　　　b）后序　　　　　　　　c）中序

图 18.23　访问路线

　　我们必须递归地实现遍历吗？答案当然是否定的，因为如 7.3 节所讨论的，递归是使用栈实现的。所以，我们可以保留自己的栈 $^\ominus$。我们可能期望得到一个稍快一点的程序，因为我们可以仅将必要的内容放到栈中，而不是让编译器将整个活动记录都放到栈中。递归和非递归的算法间的速度差异很大程度上依赖平台，在现代计算机上可能可以忽略不计。例如，如果使用基于数组的栈，那么对所有数组访问都必须要执行的边界检查不能忽视了；如果主动优化的编译器能证明不可能发生栈下溢，则运行时栈或许就不用进行这样的测试。所以在许多情况下，速度的提升并不能证明是通过消除递归带来的。即使这样，如果你的平台能从消除递归中获益，并且还因为了解如何非递归地实现程序从而对递归有了更清晰的认识，那么了解如何去做也是值得的。

　　我们编写三个迭代器类，每一个都遵循链表的原则。每一个都允许我们到达第一个结点、前移到下一个结点、测试是否已经越过最后一个结点，以及访问当前结点。访问结点的次序由遍历类型决定。我们还实现了一个层序遍历，它天生是非递归的，实际上使用的是一个队列而不是

$\ominus$　我们还可以给树的每个结点添加父链接，避免了递归也避免了栈。本章我们演示递归和栈之间的关系，所以我们不使用父链接。

栈，并且类似前序遍历。

图 18.24 提供了用于树迭代的一个抽象类。每个迭代器保存指向树根的·个引用和当前结点的指示⊖。它们分别在第 47 行和第 48 行声明，并在构造方法中初始化。它们是 protected 的，允许派生类去访问它们。在第 22 ～ 42 行声明了 4 个方法。isValid 和 retrieve 方法在层次结构上是不变的，所以提供了一个实现，并且将它们声明为 final 的。抽象方法 first 和 advance 必须由每类迭代器提供。这个迭代器类似链表迭代器（17.2 节中的 LinkedListIterator），不同之处是，此处的 first 方法是树迭代器的一部分，而在链表中，first 方法是链表类自身的一部分。

```java
 1  import java.util.NoSuchElementException;
 2
 3  // TreeIterator 类，维护“当前位置”
 4  //
 5  // 构造：迭代器要绑定的树
 6  //
 7  // ****************** 公有操作 ******************
 8  //     first 和 advance 是抽象的，其他都是终极的
 9  // boolean isValid( )    --> true：如果是树中的一个有效位置
10  // AnyType retrieve( )   --> 返回当前位置的项
11  // void first( )         --> 将当前位置设置到第一项
12  // void advance( )       --> 前移（前级）
13  // ****************** 错误 ******************************
14  // 因非法访问或前移而抛出的异常
15
16  abstract class TreeIterator<AnyType>
17  {
18      /**
19       * 构造迭代器，当前位置设置为 null
20       * @param theTree：迭代器要绑定的树
21       */
22      public TreeIterator( BinaryTree<AnyType> theTree )
23        { t = theTree; current = null; }
24
25      /**
26       * 测试当前位置是不是指向树中的一个有效项
27       * @return true：如果当前位置不是 null。否则返回 false
28       */
29      final public boolean isValid( )
30        { return current != null; }
31
32      /**
33       * 返回保存在当前位置的项
34       * @return：保存的项
35       * @exception NoSuchElementException：如果当前位置无效
36       */
37      final public AnyType retrieve( )
38      {
39          if( current == null )
40              throw new NoSuchElementException( );
41          return current.getElement( );
42      }
43
44      abstract public void first( );
45      abstract public void advance( );
46
47      protected BinaryTree<AnyType> t;          // 树根
48      protected BinaryNode<AnyType> current;    // 当前位置
49  }
```

图 18.24　树迭代器抽象基类

⊖　在这些实现中，一旦已经构造了迭代器，则在迭代过程中修改树的结构就是不安全的，因为引用可能会过时。

18.4.1 后序遍历

> 后序遍历维护一个栈，用来保存已经访问过但尚未完成递归调用的结点。
>
> 每个结点放入栈中三次。第三次出栈后，结点声明为已访问。其他两次，我们模拟一个递归调用。
>
> 当栈为空时，每个结点都已访问过。
>
> StNode 保存对一个结点的引用和一个计数，后者表示它已经被弹出过的次数。
>
> advance 例程很复杂。它的代码几乎完全遵从前面的描述。

后序遍历通过使用一个保存当前状态的栈来实现。栈顶表示我们在后序遍历的某个时刻正访问的结点。不过，我们可能处在算法的 3 个位置中的一个：

- 要去递归调用左子树。
- 要去递归调用右子树。
- 即将处理当前结点。

因此，在遍历过程中，每个结点放入栈中三次。如果结点第三次从栈中弹出，则我们可以将当前结点设为已访问过的。

否则，结点的弹出要么是第一次要么是第二次。在这种情形下，都还没到访问它的时候，所以我们将它压回栈中，并模拟一次递归调用。如果结点是第一次弹出，则需要将左子结点（如果存在的话）入栈。否则，结点就是第二次弹出，我们将右子结点（如果存在的话）入栈。任何一种情况下，接下来都是出栈，应用同样的测试。注意，当出栈时，我们对相应的子结点模拟递归调用。如果子结点不存在，意味着从未入过栈，则当我们出栈时会再次弹出原来的结点。

最终，程序要么是第三次弹出一个结点，要么是栈为空。后一种情形下，我们已经完成了整棵树的迭代。算法初始化时将对根的引用入栈。图 18.25 演示如何对栈进行操作。

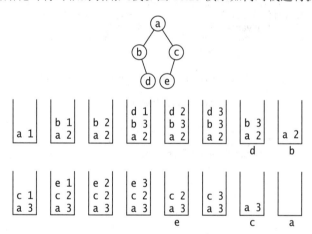

图 18.25　后序遍历过程中的栈状态

快速总结一下，栈含有我们已经遍历但尚未完成的结点。当结点入栈时，次数 1、2 或 3 分别如下：

- 如果我们要去处理结点的左子树。
- 如果我们要去处理结点的右子树。
- 如果我们要去处理结点本身。

让我们跟踪一下后序遍历过程。将根 a 入栈，遍历初始化完成。第一次弹出访问到 a。这是 a 的第一次弹出，所以它被放回栈中，而且将它的左子结点 b 入栈。下一次弹出 b。这是 b 的第一次弹出，所以它被放回栈中。正常情况下，b 的左子结点应该入栈，但 b 没有左子结点，意味着什么也不入栈。所以下一次是 b 的第二次弹出，b 被放回栈中，且它的右子结点 d 要入栈。下一次弹出得到 d 是第一次，d 放回栈中。不执行其他的入栈了，因为 d 没有左子结点。所以第二次 d 弹出，且再放回栈中，但因为它没有右子结点，所以没有入栈。进而，下一次弹出得到 d，这是第三次，d 标记为已访问结点。弹出的下一个结点是 b，因为这次是 b 的第三次弹出，所以它也被标记为已访问。

然后第二次弹出 a，它又被放回栈中，它的右子结点 c 也入栈。接下来，c 弹出第一次，故它又放回栈中，它的左子结点 e 也入栈。现在弹出 e，入栈、弹出、入栈，最后弹出第三次（叶结点的典型过程）。所以 e 标记为已访问结点。接下来第二次弹出 c，且再放回栈中。不过它没有右子结点，所以它立即弹出第三次，并标记为已访问。最后，第三次弹出 a 且标记为已访问。此时，栈为空，后序遍历终止。

PostOrder 类直接从前面描述的算法实现，除了 advance 方法，都显示在图 18.26 中。嵌套类 StNode 表示栈中放置的对象。它含有指向结点的一个引用及用来表示这个项从栈中弹出次数的一个整数。初始化一个 StNode 对象，反映的是它尚未从栈中弹出过。（我们使用第 16 章的非标准 Stack 类。）

```
 1  import weiss.nonstandard.Stack;
 2  import weiss.nonstandard.ArrayStack;
 3
 4  // PostOrder 类，根据后序遍历
 5  //      维护"当前位置"
 6  //
 7  // 构造：迭代器要绑定的树
 8  //
 9  // ****************** 公有操作 *********************
10  // boolean isValid( )    --> true：如果是树中的一个有效位置
11  // AnyType retrieve( )   --> 返回当前位置的项
12  // void first( )         --> 将当前位置设置到第一项
13  // void advance( )       --> 前移（前缀）
14  // ****************** 错误 *************************
15  // 非法访问或前移而抛出的异常
16
17  class PostOrder<AnyType> extends TreeIterator<AnyType>
18  {
19      protected static class StNode<AnyType>
20      {
21          StNode( BinaryNode<AnyType> n )
22            { node = n; timesPopped = 0; }
23          BinaryNode<AnyType> node;
24          int timesPopped;
25      }
26
27      /**
28       * 构造迭代器，当前位置设置为 null
29       */
30      public PostOrder( BinaryTree<AnyType> theTree )
31      {
32          super( theTree );
33          s = new ArrayStack<StNode<AnyType>>( );
34          s.push( new StNode<AnyType>( t.getRoot( ) ) );
35      }
36
37      /**
38       * 将当前位置设置到第一项
39       */
40      public void first( )
```

图 18.26 PostOrder 类（除 advance 外的完整类）

```
41          {
42              s.makeEmpty( );
43              if( t.getRoot( ) != null )
44              {
45                  s.push( new StNode<AnyType>( t.getRoot( ) ) );
46                  advance( );
47              }
48          }
49
50          protected Stack<StNode<AnyType>> s; // StNode 对象的栈
51      }
```

图 18.26 PostOrder 类（除 advance 外的完整类）（续）

PostOrder 类派生于 TreeIterator，并在继承的数据成员外又添加了内部的栈。PostOrder 类初始化时要初始化 TreeIterator 数据成员，然后将根入栈。这个过程由第 30 ～ 35 行的构造方法来说明。而 first 的实现过程是：清空栈，将根入栈，然后调用 advance。

图 18.27 实现了 advance。它几乎完全遵循概述。第 8 行测试空栈。如果栈是空的，则已经完成了迭代，可以将 current 设置为 null 并返回。（如果 current 已经为 null，则我们已经越过终点，要抛出一个异常。）否则，重复执行栈的入栈和出栈操作，直到一个项第三次从栈中弹出。当发生这种情况时，第 22 行的测试成功，可以返回了。否则，第 24 行将结点放回栈中（注意，timesPopped 组件已经在第 22 行加 1 了。）然后实现递归调用。如果结点是第一次弹出，且它有左子结点，那么它的左子结点入栈。类似地，如果结点是第二次弹出，且它有右子结点，则它的右子结点入栈。注意，两种情况下，StNode 对象的构造意味着入栈的结点都有 0 次弹出。

```
1           /**
2            * 根据后序遍历机制
3            *      将当前位置前移到树中的下一个结点
4            * @throws NoSuchElementException: 如果当前位置是 null
5            */
6          public void advance( )
7          {
8              if( s.isEmpty( ) )
9              {
10                 if( current == null )
11                     throw new NoSuchElementException( );
12                 current = null;
13                 return;
14             }
15
16             StNode<AnyType> cnode;
17
18             for( ; ; )
19             {
20                 cnode = s.topAndPop( );
21
22                 if( ++cnode.timesPopped == 3 )
23                 {
24                     current = cnode.node;
25                     return;
26                 }
27
28                 s.push( cnode );
29                 if( cnode.timesPopped == 1 )
30                 {
31                     if( cnode.node.getLeft( ) != null )
32                         s.push( new StNode<AnyType>( cnode.node.getLeft( ) ) );
33                 }
```

图 18.27 PostOrder 迭代器类的 advance 例程

```
34              else  // cnode.timesPopped == 2
35              {
36                  if( cnode.node.getRight( ) != null )
37                      s.push( new StNode<AnyType>( cnode.node.getRight( ) ) );
38              }
39          }
40      }
```

图 18.27　PostOrder 迭代器类的 advance 例程（续）

最后，因为某个结点是第三次弹出，故 for 循环终止。在整个迭代序列中，最多有 3N 次入栈和出栈，这是确立后序遍历是线性时间的另一种方法。

18.4.2　中序遍历

中序遍历类似后序遍历，不同之处在于，结点在它第二次弹出时被声明为已访问的。

中序遍历类似后序遍历，不同之处在于，结点在它第二次弹出时被声明为已访问的。在返回前，迭代器将右子结点（如果存在的话）入栈，以便下次调用 advance 时可以继续遍历右子结点。因为它的动作类似后序遍历，所以我们从 PostOrder 类派生 InOrder 类（即使 IS-A 关系并不存在）。唯一的改变是对 advance 进行了很小的修改。新的类显示在图 18.28 中。

```
 1  // InOrder 类，根据中序遍历
 2  // 维护“当前位置”
 3  //
 4  // 构造：迭代器要绑定的树
 5  //
 6  // ****************** 公有操作  **********************
 7  // 与 TreeIterator 相同
 8  // ****************** 错误 ***************************
 9  // 非法访问或前移而抛出的异常
10
11  class InOrder<AnyType> extends PostOrder<AnyType>
12  {
13      public InOrder( BinaryTree<AnyType> theTree )
14        { super( theTree ); }
15
16      /**
17       * 根据中序遍历机制
18       * 将当前位置前移到树中的下一个结点
19       * @throws NoSuchElementException:
20       * 如果在调用之前迭代已经没有数据了
21       */
22      public void advance( )
23      {
24          if( s.isEmpty( ) )
25          {
26              if( current == null )
27                  throw new NoSuchElementException( );
28              current = null;
29              return;
30          }
31
32          StNode<AnyType> cnode;
33          for( ; ; )
34          {
35              cnode = s.topAndPop( );
36
37              if( ++cnode.timesPopped == 2 )
```

图 18.28　完整的 InOrder 迭代器类

```
38              {
39                  current = cnode.node;
40                  if( cnode.node.getRight( ) != null )
41                      s.push( new StNode<AnyType>( cnode.node.getRight( ) ) );
42                  return;
43              }
44                  // 第一次通过
45              s.push( cnode );
46              if( cnode.node.getLeft( ) != null )
47                  s.push( new StNode<AnyType>( cnode.node.getLeft( ) ) );
48          }
49      }
50  }
```

图 18.28 完整的 InOrder 迭代器类（续）

18.4.3 前序遍历

前序遍历与中序遍历相同，除了在第一次弹出时声明结点为已访问。在返回之前，先右子结点后左子结点入栈。

仅弹出一次使问题简化了。

前序遍历与中序遍历相同，除了在第一次弹出时声明结点为已访问。在返回之前，迭代器将右子结点入栈，然后将左子结点入栈。注意次序，我们想让左子结点在右子结点之前处理，所以我们必须先将右子结点入栈，然后才是左子结点。

我们可以从 InOrder 或 PostOrder 类派生 PreOrder 类，但这样做会有些浪费，因为栈不再需要维护对象被弹出的次数。因此，PreOrder 类直接从 TreeIterator 类派生。得到的类及构造方法和 first 方法的实现如图 18.29 所示。

```
1  // PreOrder 类，维护"当前位置"
2  //
3  // 构造：迭代器要绑定的树
4  //
5  // ******************  公有操作  ************************
6  // boolean isValid( )    --> true: 如果是树中的一个有效位置
7  // AnyType retrieve( )   --> 返回当前位置中的项
8  // void first( )         --> 将当前位置设置到第一项
9  // void advance( )       --> 前移（前缀）
10 // ********************错误*********************************
11 // 非法访问或前移而抛出的异常
12
13 class PreOrder<AnyType> extends TreeIterator<AnyType>
14 {
15     /**
16      * 构造迭代器，当前位置设置为 null
17      */
18     public PreOrder( BinaryTree<AnyType> theTree )
19     {
20         super( theTree );
21         s = new ArrayStack<BinaryNode<AnyType>>( );
22         s.push( t.getRoot( ) );
23     }
24
25     /**
26      * 根据前序遍历机制
27      * 将当前位置设置到第一项
28      */
```

图 18.29 PreOrder 类框架及除 advance 之外的所有成员

```
29    public void first( )
30    {
31        s.makeEmpty( );
32        if( t.getRoot( ) != null )
33        {
34            s.push( t.getRoot( ) );
35            advance( );
36        }
37    }
38
39    public void advance( )
40    { /* 图 18.30 */ }
41
42    private Stack<BinaryNode<AnyType>> s; // BinaryNode 对象的栈
43 }
```

图 18.29　PreOrder 类框架及除 advance 之外的所有成员（续）

在第 42 行，我们添加树结点的栈作为 TreeIterator 的数据域。构造方法和 first 方法与前面已经介绍过的类似。如图 18.30 所说明的，advance 更简单些，我们不再需要 for 循环。在第 17 行一旦结点弹出，它就成为当前结点。然后我们将右子结点和左子结点入栈（如果它们存在的话）。

```
1     /**
2      * 根据前序遍历机制
3      * 将当前位置前移到树中的下一个结点
4      * @throws NoSuchElementException:
5      * 如果在调用之前迭代已经没有数据了
6      */
7     public void advance( )
8     {
9         if( s.isEmpty( ) )
10        {
11            if( current == null )
12                throw new NoSuchElementException( );
13            current = null;
14            return;
15        }
16
17        current = s.topAndPop( );
18
19        if( current.getRight( ) != null )
20            s.push( current.getRight( ) );
21        if( current.getLeft( ) != null )
22            s.push( current.getLeft( ) );
23    }
```

图 18.30　PreOrder 迭代器类的 advance 例程

18.4.4　层序遍历

在层序遍历中，从上到下自左到右地访问结点。层序遍历通过队列实现。遍历是广度优先搜索。

我们最后来实现层序遍历，它从根开始从上到下自左到右地处理结点。它名副其实，我们输出 0 层结点（根），1 层结点（根的子结点），2 层结点（根的孙子结点），以此类推。层序遍历使用队列而不是栈来实现。队列保存尚未被访问的结点。当访问一个结点时，它的子结点放到队尾，当访问了已在队列中的结点后，子结点被访问。这个过程保证按层序访问结点。图 18.31 和图 18.32 中所示的 LevelOrder 类与 PreOrder 类非常像。唯一的区别是我们使用队列替代栈，并且左子结点入队然后右子结点入队，而不是反过来。注意，队列可能会变得非常大，最差情形下，最后一层的所有结点（可能是 $N/2$）可能同时都在队列中。

层序遍历实现了称为广度优先搜索（breadth-first search）的更普遍的技术。在 14.2 节我们在更一般的背景下说明了这个示例。

```
1  // LevelOrder 类，根据层序遍历
2  // 维护"当前位置"
3  //
4  // 构造：迭代器要绑定的树
5  //
6  // ****************** 公有操作 *********************
7  // boolean isValid( )    --> true: 如果是树中的一个有效位置
8  // AnyType retrieve( )   --> 返回当前位置的项
9  // void first( )          --> 将当前位置设置为第一项
10 // void advance( )        --> 前移（前缀）
11 // *****************错误****************************
12 // 非法访问或前移而抛出的异常
13
14 class LevelOrder<AnyType> extends TreeIterator<AnyType>
15 {
16     /**
17      * 构造迭代器
18      */
19     public LevelOrder( BinaryTree<AnyType> theTree )
20     {
21         super( theTree );
22         q = new ArrayQueue<BinaryNode<AnyType>>( );
23         q.enqueue( t.getRoot( ) );
24     }
25
26     public void first( )
27       { /* 图 18.32 */ }
28
29     public void advance( )
30       { /* 图 18.32 */ }
31
32     private Queue<BinaryNode<AnyType>> q; // BinaryNode 对象的队列
33 }
```

图 18.31　LevelOrder 迭代器类框架

```
1      /**
2       * 根据层序遍历机制
3       * 将当前位置设置到第一项
4       */
5      public void first( )
6      {
7          q.makeEmpty( );
8          if( t.getRoot( ) != null )
9          {
10             q.enqueue( t.getRoot( ) );
11             advance( );
12         }
13     }
14
15     /**
16      * 根据层序遍历机制
17      * 将当前位置前移到树中的下一个结点
18      * @throws NoSuchElementException :
19      * 如果在调用之前迭代已经没有数据了
20      */
```

图 18.32　LevelOrder 迭代器类的 first 和 advance 例程

```
21        public void advance( )
22        {
23            if( q.isEmpty( ) )
24            {
25                if( current == null )
26                    throw new NoSuchElementException( );
27                current = null;
28                return;
29            }
30
31            current = q.dequeue( );
32
33            if( current.getLeft( ) != null )
34                q.enqueue( current.getLeft( ) );
35            if( current.getRight( ) != null )
36                q.enqueue( current.getRight( ) );
37        }
```

图 18.32 LevelOrder 迭代器类的 first 和 advance 例程（续）

18.5 总结

本章我们讨论了树，特别是二叉树。我们演示了在很多计算机中如何使用树来实现文件系统，还演示了其他一些应用，如在第三部分全面讨论过的表达式树和编码。在树上很多有效的算法都使用了递归。我们研究了三个递归遍历算法（前序、后序和中序），并展示如何非递归地实现它们。我们还研究了层序遍历，它是构成广度优先搜索这一重要搜索技术的基础。在第 19 章我们将研究另一种基本类型的树——二叉搜索树。

18.6 核心概念

祖先和后代。如果从结点 u 到结点 v 有一条路径，则 u 是 v 的祖先而 v 是 u 的后代。

二叉树。结点不能有多于两个子结点的树。一个方便的定义是递归的。

结点的深度。树中从根到一个结点的路径长度。

第一个子结点 / 下一个兄弟结点方法。通用的树的实现，其中每个结点为每个项保留两个链接：一个指向其最左子结点（如果它不是叶结点），一个指向其右兄弟结点（如果它不是最右兄弟）。

结点的高度。从结点到树中最深叶结点的路径长度。

中序遍历。当前结点的处理在递归调用之间进行。

叶结点。没有子结点的树中结点。

层序遍历。结点按从上到下自左到右来访问。层序遍历使用队列实现。遍历是广度优先的。

父结点和子结点。父结点和子结点是自然而然定义的。有向边从父结点连到子结点。

后序树遍历。对结点执行的操作在其子结点的操作之后进行。遍历每个结点花费常数时间。

前序树遍历。对结点执行的操作在其子结点的操作之前进行。遍历每个结点花费常数时间。

真祖先和真后代。在从结点 u 到结点 v 的路径上，如果 $u \neq v$，则 u 是 v 的真祖先，而 v 是 u 的真后代。

兄弟。有相同父结点的结点。

结点的大小。结点拥有的后代个数（包括结点本身）。

树。非递归定义，一组结点和连接它们的有向边。递归定义，树要么是空的，要么由根和 0 或多棵子树构成。

18.7 常见错误

- 让一个结点同时在两棵树中通常不是个好主意，因为对子树的改变可能无意中导致多棵子树的改变。

- 没能检查空树是一个常见错误。如果这个错误出现在递归算法中，则程序可能会崩溃。
- 使用树时的一个常见错误是，迭代思考而不是递归思考。首先递归地设计算法，如果合适的话，再将它们转为迭代算法。

18.8 网络资源

本章讨论的许多示例都将在第 19 章讨论，那里我们会讨论二叉搜索树。因此，这里只给出用于迭代器的代码。

BinaryNode.java。含有 BinaryNode 类。

BinaryTree.java。含有 BinaryTree 的实现。

TestTreeIterators.java。含有 TreeIterator 层次结构的实现。

18.9 练习

简答题

18.1 对于图 18.33 所示的树，判定下列问题。

　　a. 哪个结点是根。

　　b. 哪些结点是叶结点。

　　c. 树的深度。

　　d. 前序、后序、中序和层序遍历的结果。

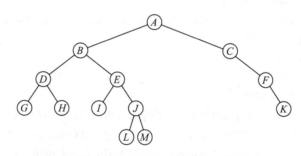

图 18.33 用于练习 18.1 和 18.2 的树

18.2 对于图 18.33 所示树中的每个结点。

　　a. 说出父结点的名字。

　　b. 列出子结点。

　　c. 列出兄弟结点。

　　d. 计算高度。

　　e. 计算深度。

　　f. 计算大小。

18.3 将图 18.34 给出的方法用于图 18.25 中的树时，输出是什么？

```
1    public static <AnyType> void mysteryPrint( BinaryNode<AnyType> t )
2    {
3        if( t != null )
4        {
5            System.out.println( t.getElement( ) );
6            mysteryPrint( t.getLeft( ) );
7            System.out.println( t.getElement( ) );
```

图 18.34 用于练习 18.3 的程序

```
 8                    mysteryPrint( t.getRight( ) );
 9                    System.out.println( t.getElement( ) );
10            }
11      }
```

图 18.34 用于练习 18.3 的程序（续）

18.4 当中序和前序遍历图 18.25 所示的树时，显示栈操作。

理论题

18.5 展示在高度为 H 的二叉树中，结点个数最多为 $2^{H+1}-1$。

18.6 满结点（full node）是有两个子结点的结点。证明，在二叉树中满结点的个数加 1 等于叶结点的个数。

18.7 在有 N 个结点的二叉树中，null 链接有多少个？在含有 N 个结点的 M 叉树中呢？

18.8 假设，二叉树在 $d_1, d_2, \cdots, d_M$ 深度分别有叶结点 $l_1, l_2, \cdots, l_M$。证明

$$\sum_{i=1}^{M} 2^{-d_i} \leqslant 1$$

并确定什么时候等式成立（称为克拉夫特不等式）。

实践题

18.9 编写高效的方法（并给出它们的大 O 运行时间），向其传递指向二叉树根 T 的引用，计算下列问题。

a. T 中叶结点个数。

b. T 中含有一个非 null 子结点的结点数量。

c. T 中含有两个非 null 子结点的结点数量。

18.10 假设二叉树中保存整数。编写高效的方法（并给出它的大 O 运行时间），向其传递指向二叉树根 T 的引用，计算下列问题。

a. 偶数数据项的个数。

b. 树中所有项的和。

c. 两个子结点含有相同值的结点数。

d. 树中路径上的数值为严格递增序列的最长路径长度，路径不必包含根。

e. 树中路径上的数值为严格递增序列的最长路径长度，路径必须包含根。

18.11 实现一些带测试的递归例程，确保在 null 子树上不进行递归调用。修改例程将测试放到递归例程的第一行，与前一种实现方式比较运行时间。

18.12 重写迭代器类，当 first 用于空树时抛出一个异常。解释为什么这不是个好主意。

程序设计项目

18.13 在桌面排版系统中可以由程序自动生成二叉树。你可以编写这个程序，为树的每个结点分配 x-y 坐标，围绕每个坐标画一个圆，将每个非根结点连接到其父结点。假设，你有保存在内存中的二叉树，且每个结点有两个额外的数据成员用来保存坐标。假设，(0, 0) 是左上角。完成下列任务。

a. 通过指定中序遍历数来计算 x 坐标。编写一个例程为树中的每个结点做这件事。

b. 使用结点深度的负数来计算 y 坐标。编写一个例程为树中每个结点做这件事。

c. 用某个假想单位表示图片的尺寸是多大，还要确定如何调整单位使得树的高总是约为其宽的 2/3。

d. 证明，当使用这个系统时，线没有交叉，对任何结点 X，在 X 左子树中的所有元素都出现在 X 的左侧，而 X 的右子树中的所有元素都出现在 X 的右侧。

e. 确定是否能用一个递归方法计算 x 坐标和 y 坐标。

f. 编写通用的树绘制程序，将一棵树转为下列图形汇编指令（圆按其绘制的次序编号）：

```
circle( x, y );   // 绘制圆心在 (x,y) 的圆
drawLine( i, j ); // 在圆 i 到圆 j 间绘制连线
```

g. 编写一个程序,读入图形汇编指令,并在你喜欢的设备上输出树。

18.14 编写一个方法,列出目录中大于指定尺寸的所有文件(包括其子目录)。

18.15 编写一个方法,列出目录中今天修改过的所有文件(包括其子目录)。

18.16 编写一个方法,列出指定目录中所有的空目录(包括其子目录)。

18.17 编写一个方法,返回指定目录中含有的最大文件的完整名字(包含其子目录)。

18.18 实现 du 命令。

18.19 编写一个程序,列出目录中的所有文件(和其子目录),类似 UNIX 中的 ls 命令或 Windows 中的 dir 命令。注意,当遇到一个目录时,我们不立即递归地输出它的内容。而是当我们扫描每个目录时,将子目录放到 List 中。输出完目录项后,再递归处理每个子目录。对列出的每个文件(包括其修改时间、文件大小),如果它是目录,也是这样处理。对每个目录,在输出内容之前输出完整目录名。

Data Structures and Problem Solving Using Java, Fourth Edition

二叉搜索树

对于大量的输入，链表的线性访问时间难以接受。本章介绍链表的替代选择——二叉搜索树（binary search tree）——这是一种简单的数据结构，但可以看作二分搜索算法的扩展，允许插入和删除。大多数操作的平均运行时间是 $O(\log N)$。不幸的是，每种操作的最差时间是 $O(N)$。

本章中，我们将看到：

- 基本的二叉搜索树。
- 添加了次序统计的方法（findKth 操作）。
- 消除 $O(N)$ 最差情形的三种不同方法（AVL 树、红黑树和 AA 树）。
- 实现 Collections API TreeSet 和 TreeMap。
- 使用 B 树快速搜索一个大型数据库。

19.1 基本思想

> 对于二叉搜索树中的任何结点，所有更小的关键字结点在其左子树中，而所有更大的关键字结点在其右子树中。不允许有重复值。

一般来说，我们使用项（或元素）的关键字（key）来搜索它。例如，可以根据学生的 ID 号搜索学生成绩单。这种情形下，ID 号被称为项的关键字。

二叉搜索树（binary search tree）满足搜索次序属性，即对树中的每个结点 X，左子树中所有关键字的值小于 X 中的关键字，而右子树中所有关键字的值大于 X 中的关键字。图 19.1a 所示的树是一棵二叉搜索树，但图 19.1b 中的树不是，因为关键字 8 不属于关键字 7 的左子树。二叉搜索树的属性意味着，树中的所有项的次序是一致的（实际上，中序遍历可以得到有序排列的项）。这个属性还不允许重复的项。允许重复的关键字也很容易，将有相同关键字的不同项保存在二级结构中通常更好。如果这些项是完全重复的，则最好保留一个项并记录重复的个数。

二叉搜索树的次序属性。 在二叉搜索树中，对每个结点 X，X 的左子树中的所有关键字比 X 中的关键字小，而 X 的右子树中的所有关键字比 X 中的关键字大。

19.1.1 操作

> 重复地根据比较结果，向左分岔或向右分岔执行 find 操作。
>
> 当有左子结点时沿着左子结点执行 findMin 操作。findMax 操作与之类似。
>
> remove 操作有些困难，因为非叶结点将树连在一起，而我们不想让树断开。
>
> 如果结点有一个子结点，则让其父结点绕过它就可以删除。根是特例，因为它没有父结点。
>
> 有两个子结点的结点，使用右子树中的最小项来替换。然后删除另一个结点。

在大多数情况下，在二叉搜索树上的操作比较容易想象。我们执行 find 操作，可以从根开始，然后重复地根据比较结果，要么向左分岔，要么向右分岔。例如，为了在图 19.1a 所示的二叉搜索树中找到 5，我们从 7 开始，向左走。这会把我们带到 2，然后我们向右走，这会把我们带到 5。为了查找 6，我们沿同样的路径走。在 5 处，我们向右走并遇到一个 null 链接，所以没有找到 6，如图 19.2a 所示。图 19.2b 显示，6 可以插入搜索失败时停止的地方。

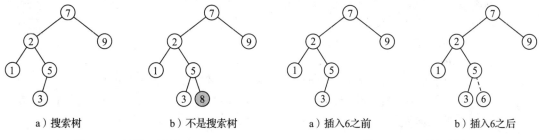

a）搜索树　　　　　　b）不是搜索树　　　　　　a）插入6之前　　　　b）插入6之后

图 19.1　两棵二叉树　　　　　　　　　　图 19.2　二叉搜索树

二叉搜索树高效地支持 findMin 和 findMax 操作。为了执行 findMin，我们从根开始，只要有左子结点就反复沿左分支搜索。停止的位置在最小的元素处。findMax 操作与之类似，不过是沿右分支搜索。注意，所有操作的代价与搜索路径上的结点数成正比。代价往往是对数的，但在最差情形下是线性的。本章后面会证明这个结果。

最难的操作是 remove。一旦我们找到了要删除的结点，就需要考虑几种可能性。问题是，结点的删除可能会断开树的连接。如果出现这种情况，那我们必须小心地再重新让树连接上，以保持二叉搜索树的特性。我们还要避免让树无谓地变深，因为树的深度影响树算法的运行时间。

当设计复杂算法时，先解决最简单的情形往往是最容易的，留下最复杂的情形最后解决。所以，在研究各种情形时，我们从最简单的着手。如果结点是叶结点，它的删除不会让树断开，因此我们可以立即删除它。如果结点有一个子结点，我们可以调整其父结点的子结点链接，绕过这个结点从而删除它。这种情形由图 19.3 来说明，删除的是结点 5。注意 removeMin 和 removeMax 都不复杂，因为受影响的结点要么是叶结点，要么仅有一个子结点。还要注意，根是特例，因为它没有父结点。不过，实现 remove 方法时，特例也自动处理了。

复杂的情形是处理有两个子结点的结点。一般的策略是，用右子树中的最小项（如之前提到过的，这个容易找到）来替换这个结点中的项，然后删除那个结点（现在它逻辑上是空结点）。第二次 remove 容易做到，因为正如刚才所说的，树中的最小结点没有左子结点。图 19.4 展示了最初的树及删除结点 2 之后的结果。我们用右子树中的最小结点（3）替换这个结点，然后从右子树中删除 3。注意，在所有情形中，删除一个结点不会让树更深[⊖]。许多其他的方法可能会令树变得更深，所以这些替换的方法都不是好的选择。

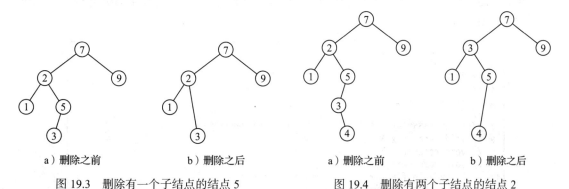

a）删除之前　　　　b）删除之后　　　　　　a）删除之前　　　　b）删除之后

图 19.3　删除有一个子结点的结点 5　　　　图 19.4　删除有两个子结点的结点 2

⊖ 不过，如果删除的是浅结点的话，删除可能增大结点的平均深度。

19.1.2　Java 实现

root 指向树的根，如果树是空树则为 null。

公有的类函数调用隐藏的私有例程。

因为是按值调用，所以实参（root）没有改变。

对于 insert，我们必须返回新的树根并重新连接树。

在 remove 例程中必须返回新子树的根。实际上，我们在递归栈中保存了父结点。

remove 例程的编码有些棘手，如果使用递归的话也不是太难。对于有一个子结点、有一个子结点的根及没有子结点的情况，都在第 22 行一并处理。

原则上，很容易实现二叉搜索树。为了不让 Java 的特性妨碍编码，我们做了一些简化。首先，图 19.5 展示了 BinaryNode 类。在新的 BinaryNode 类中，我们让每个成员都是包可见的。更典型的是，BinaryNode 是一个嵌套类。BinaryNode 类包含通常的数据成员列表（项及两个链接）。

```
 1  package weiss.nonstandard;
 2
 3  // 保存在不平衡的二叉搜索树中的基本结点
 4  // 注意，在本包外
 5  // 不可以访问本类
 6
 7  class BinaryNode<AnyType>
 8  {
 9          // 构造方法
10      BinaryNode( AnyType theElement )
11      {
12          element = theElement;
13          left = right = null;
14      }
15
16      // 数据，可以被包的其他例程访问
17      AnyType              element;  // 结点中的数据
18      BinaryNode<AnyType> left;     // 左孩子
19      BinaryNode<AnyType> right;    // 右孩子
20  }
```

图 19.5　用于二叉搜索树的 BinaryNode 类

BinarySearchTree 类框架列在图 19.6 中。唯一的数据成员是指向树根的引用 root。如果树是空树，则 root 为 null。

```
 1  package weiss.nonstandard;
 2
 3  // BinarySearchTree 类
 4  //
 5  // 构造: 没有初值
 6  //
 7  // ****************** 公有操作 ******************
 8  // void insert( x )        --> 插入 x
 9  // void remove( x )        --> 删除 x
10  // void removeMin( )       --> 删除最小项
11  // Comparable find( x )    --> 返回与 x 匹配的项
12  // Comparable findMin( )   --> 返回最小项
13  // Comparable findMax( )   --> 返回最大项
14  // boolean isEmpty( )      --> 如果为空返回 true, 否则返回 false
15  // void makeEmpty( )       --> 删除所有的项
```

图 19.6　BinarySearchTree 类框架

```
16  // ****************** 错误 ******************************
17  // insert、remove 和 removeMin 抛出的异常，如有必要
18
19  public class BinarySearchTree<AnyType extends Comparable<? super AnyType>>
20  {
21      public BinarySearchTree( )
22        {  root = null; }
23
24      public void insert( AnyType x )
25        { root = insert( x, root ); }
26      public void remove( AnyType x )
27        { root = remove( x, root ); }
28      public void removeMin( )
29        { root = removeMin( root ); }
30      public AnyType findMin( )
31        { return elementAt( findMin( root ) ); }
32      public AnyType findMax( )
33        { return elementAt( findMax( root ) ); }
34      public AnyType find( AnyType x )
35        { return elementAt( find( x, root ) ); }
36      public void makeEmpty( )
37        { root = null; }
38      public boolean isEmpty( )
39        { return root == null; }
40
41      private AnyType elementAt( BinaryNode<AnyType> t )
42        { /* 图 19.7 */ }
43      private BinaryNode<AnyType> find( AnyType x, BinaryNode<AnyType> t )
44        { /* 图 19.8 */ }
45      protected BinaryNode<AnyType> findMin( BinaryNode<AnyType> t )
46        { /* 图 19.9 */ }
47      private BinaryNode<AnyType> findMax( BinaryNode<AnyType> t )
48        { /* 图 19.9 */ }
49      protected BinaryNode<AnyType> insert( AnyType x, BinaryNode<AnyType> t )
50        { /* 图 19.10 */ }
51      protected BinaryNode<AnyType> removeMin( BinaryNode<AnyType> t )
52        { /* 图 19.11 */ }
53      protected BinaryNode<AnyType> remove( AnyType x, BinaryNode<AnyType> t )
54        { /* 图 19.12 */ }
55
56      protected BinaryNode<AnyType> root;
57  }
```

图 19.6 BinarySearchTree 类框架（续）

　　BinarySearchTree 类中的公有方法都实现为调用隐藏的方法。在第 21 行声明的构造方法仅将 root 设置为 null。公有可见的方法见第 24 ～ 39 行。

　　接下来，我们让几个方法对作为参数传递的结点进行操作，这是我们在第 18 章用过的通用的技术，其思想是，公有可见的类例程调用这些隐藏的例程，并传递 root 作为参数。这些隐藏例程完成所有的工作。在几个地方我们使用的是 protected 而不是 private，因为我们在 19.2 节从 BinarySearchTree 派生了另一个类。

　　insert 方法通过调用隐藏的 insert 方法同时再传递一个参数 root，将 x 添加到当前树中。如果 x 已经在树中，则这个操作失败，这种情况下将抛出 DuplicateItemException。findMin、findMax 和 find 操作（分别）返回树中最小值、最大值或指定的项。如果因为树是空树或指定的项不存在而没有找到项，则返回 null。图 19.7 展示了实现 elementAt 逻辑的私有的 elementAt 方法。

　　removeMin 操作从树中删除最小项，如果树是空树则抛出一个异常。remove 操作从树中删除指定的项 x，如有必要则抛出一个异常。makeEmpty 和 isEmpty 方法都是常规的样子。

```
1      /**
2       * 获得 element 域的内部方法
3       * @param t: 结点
4       * @return: 元素域，如果 t 为 null，则返回 null
5       */
6      private AnyType elementAt( BinaryNode<AnyType> t )
7      {
8          return t == null ? null : t.element;
9      }
```

图 19.7   elementAt 方法

与大多数典型的数据结构一样，find 操作比 insert 容易，而 insert 比 remove 容易。图 19.8 说明了 find 例程。只要没有到达 null 链接，那要么匹配成功，要么沿左分支或右分支继续。实现这个算法的代码相当简洁。注意测试的次序。首先必须执行针对 null 的测试，否则，访问 t.element 将是非法的。剩下的测试将最不可能的情形放在最后。递归实现是可行的，但我们使用循环来替代。我们在 insert 和 remove 方法中使用递归。在练习 19.15 中将要求你编写递归的搜索算法。

```
1      /**
2       * 在一棵子树中查找项的内部方法
3       * @param x: 要搜索的项
4       * @param t: 树根所在的结点
5       * @return: 含有匹配项的结点
6       */
7      private BinaryNode<AnyType> find( AnyType x, BinaryNode<AnyType> t )
8      {
9          while( t != null )
10         {
11             if( x.compareTo( t.element ) < 0 )
12                 t = t.left;
13             else if( x.compareTo( t.element ) > 0 )
14                 t = t.right;
15             else
16                 return t;      // 匹配
17         }
18
19         return null;          // 未找到
20     }
```

图 19.8   用于二叉搜索树的 find 操作

乍一看，像 t=t.left 这样的语句似乎改变了树的根。但事实并非如此，因为 t 是按值传递的。初次调用时，t 只是 root 的副本（copy）。虽然 t 改变了，但 root 没有改变。对 findMin 和 findMax 的调用更简单，因为分支都无条件地沿着一个方向走。这些例程如图 19.9 所示。要留意空树的情况是如何处理的。

```
1      /**
2       * 在一棵子树中寻找最小项的内部方法
3       * @param t: 树根所在的结点
4       * @return: 含有最小项的结点
5       */
6      protected BinaryNode<AnyType> findMin( BinaryNode<AnyType> t )
7      {
8          if( t != null )
9              while( t.left != null )
10                 t = t.left;
11
```

图 19.9   用于二叉搜索树的 findMin 和 findMax 方法

```
12          return t;
13      }
14
15      /**
16       * 在一棵子树中寻找最大项的内部方法
17       * @param t: 树根所在的结点
18       * @return: 含有最大项的结点
19       */
20      private BinaryNode<AnyType> findMax( BinaryNode<AnyType> t )
21      {
22          if( t != null )
23              while( t.right != null )
24                  t = t.right;
25
26          return t;
27      }
```

图 19.9　用于二叉搜索树的 findMin 和 findMax 方法（续）

图 19.10 展示了 insert 例程。这里我们使用递归以简化代码。非递归实现也是可行的，本章后面讨论红黑树时我们会应用这项技术。基本算法是简单的。如果树是空树，则我们可以创建单结点树。在第 10 行执行了测试，在第 11 行创建了一个新结点。注意，像前面一样，对 t 的局部修改丢失了。所以在第 18 行我们返回的是新的根 t。

```
1       /**
2        * 插入子树中的内部方法
3        * @param x: 要插入的项
4        * @param t: 树根所在的结点
5        * @return: 新的根
6        * @throws DuplicateItemException: 如果 x 已经存在
7        */
8       protected BinaryNode<AnyType> insert( AnyType x, BinaryNode<AnyType> t )
9       {
10          if( t == null )
11              t = new BinaryNode<AnyType>( x );
12          else if( x.compareTo( t.element ) < 0 )
13              t.left = insert( x, t.left );
14          else if( x.compareTo( t.element ) > 0 )
15              t.right = insert( x, t.right );
16          else
17              throw new DuplicateItemException( x.toString( ) );  // 复制
18          return t;
19      }
```

图 19.10　用于 BinarySearchTree 类的递归 insert

如果树不是空树，则有三种可能。第一，如果要插入的项比结点 t 中的项小，则递归地在左子树上调用 insert。第二，如果项比结点 t 中的项大，则递归地在右子树上调用 insert（这两种情况的代码在第 12～15 行）。第三，如果要插入的项与 t 中的项相等，则抛出一个异常。

剩下的例程涉及删除。如前所述，removeMin 操作是简单的，因为最小结点没有左子结点。所以，仅需要绕过被删除的结点即可，这似乎要求我们在树中下降时要保留当前结点的父结点。不过同样地，通过递归可以避免显式使用父链接。代码如图 19.11 所示。

如果树 t 是空树，则 removeMin 失败。否则，如果 t 有左子结点，则通过在第 13 行的递归调用，递归地删除左子树中的最小项。如果到达第 17 行，则知道当前位于最小项结点，所以 t 是没有左子结点的子树的根。如果我们设置 t 为 t.right，则 t 现在就是缺少了之前最小元素的子树的根。像以前一样，我们返回得到的子树的根。这正是第 17 行所完成的。这样做会断开树吗？答案也是否定的。如果 t 是 root，则返回的是新的 t，并且在公有方法中赋给了 root。如果 t 不是 root,则它是 p.left,其中 p 是递归调用时 t 的父结点。将 p 作为参数的方法(换句话说,调用当前方法的方法)将 p.left 改为新的 t。所以父结点的 left 链接指向 t,树是连接的。总而言之,这是个妙招——我们在递归栈中维护父结点,而不是在迭代循环中显式记录它。

```
1      /**
2       * 从一棵子树中删除最小项的内部方法
3       * @param t: 树根所在的结点
4       * @return: 新的根
5       * @throws ItemNotFoundException: 如果 t 为空
6       */
7      protected BinaryNode<AnyType> removeMin( BinaryNode<AnyType> t )
8      {
9          if( t == null )
10             throw new ItemNotFoundException( );
11         else if( t.left != null )
12         {
13             t.left = removeMin( t.left );
14             return t;
15         }
16         else
17             return t.right;
18     }
```

图 19.11   用于 BinarySearchTree 类的 removeMin 方法

将这个技巧用在简单情形中后,现在可以将它改写为通常的 remove 例程,如图 19.12 所示。如果树是空树,则 remove 是不成功的,在第 11 行抛出一个异常。如果我们没找到,则可以视情况在左子树或右子树上递归调用 remove。否则,到达第 16 行,表明我们已经找到了需要删除的结点。

```
1      /**
2       * 从一棵子树中删除的内部方法
3       * @param x: 要删除的项
4       * @param t: 树根所在的结点
5       * @return: 新的根
6       * @throws ItemNotFoundException: 如果 x 未找到
7       */
8      protected BinaryNode<AnyType> remove( AnyType x, BinaryNode<AnyType> t )
9      {
10         if( t == null )
11             throw new ItemNotFoundException( x.toString( ) );
12         if( x.compareTo( t.element ) < 0 )
13             t.left = remove( x, t.left );
14         else if( x.compareTo( t.element ) > 0 )
15             t.right = remove( x, t.right );
16         else if( t.left != null && t.right != null ) // 两个子结点
17         {
18             t.element = findMin( t.right ).element;
19             t.right = removeMin( t.right );
20         }
21         else
22             t = ( t.left != null ) ? t.left : t.right;
23         return t;
24     }
```

图 19.12   用于 BinarySearchTree 类的 remove 方法

回想一下(如图 19.4 所说明的),如果有两个子结点,则用右子树中的最小元素来替换结点,然后删除右子树中的最小结点(代码在第 18 行和第 19 行)。否则,结点有 1 个或 0 个子结点。如果有左子结点,则将 t 设置为它的左子结点,如在 removeMax 中所做的一样。否则,我们知道没有左子结点，则将 t 设置为其右子结点。这个步骤简洁编码在第 22 行，它也包含了叶结点的情形。

这个实现有两点需要指出。第一，在基本的 insert、find 或 remove 操作中，对访问的每个结点，我们使用两个三向比较以区分 <、= 和 > 的情况。显然我们可以在每个循环迭代计算一次 x.compareTo(t.element)，代价降为每个结点一次三向比较。然而，实际上，我们只能对每个结点进行一次双向比较。这个策略类似于我们在 5.6 节二分搜索算法中所做的。当我们在 19.6.2 节说明 AA 树中的删除算法时，再讨论用于二叉搜索树的技术。

第二，我们不一定非要用递归执行插入。实际上，递归实现可能慢于非递归实现。我们在 19.5.3 节红黑树的部分将讨论 insert 的迭代实现。

19.2 次序统计

> 当更新树时，维护每个结点的大小，可以实现 findKth。

二叉搜索树能找到最小或最大项，它所花费的时间与任意 find 方法相当。有时我们还必须能够访问第 K 小的元素，K 是参数提供的任意值。如果我们能记录树中每个结点的大小则可以完成这件事。

回想一下，18.1 节结点的大小是它后代（包括自身）的个数。假设我们想找到第 K 小的元素，K 至少是 1，最大是树中的结点数。根据 K 和左子树大小 S_L 的关系，图 19.13 显示了三种可能的情形。如果 K 等于 S_L+1，则根是第 K 小的元素，我们可以停止。如果 K 小于 S_L+1（即小于等于 S_L），则第 K 小元素一定在左子树中，则我们可以递归地查找它。（可以避免递归，我们用它简化算法描述。）否则，第 K 小元素是右子树中第 $(K-S_L-1)$ 小元素，则可以递归查找。

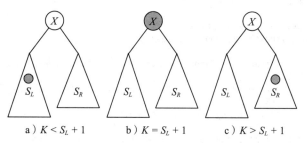

图 19.13 使用 size 数据成员实现 findKth

主要的工作是在改变树的过程中维护结点的大小。在 insert、remove 和 removeMin 操作中会发生这些改变。原则上，这个维护很简单。在 insert 过程中，到插入点的路径上的每个结点在其子树中增加一个结点。所以每个结点的大小加 1，刚插入的结点的大小是 1。在 removeMin 中，到最小项的路径上的每个结点在其子树中失去一个结点，所以每个结点的大小减 1。在 remove 过程中，到物理删除结点的路径上的所有结点也失去了其子树中的一个结点。因此，我们可以花费不大的开销维护大小。

Java 实现

> 我们派生一个新类支持次序统计。
> 一旦知道 size 成员就容易实现 findKth 操作。
> insert 和 remove 操作本质上很棘手，因为如果操作不成功，则不能更新大小信息。

逻辑上，唯一需要改变的是添加 findKth 以及在 insert、remove 和 removeMin 中维护

size 数据成员。我们从 BinarySearchTree 派生一个新类，其类框架列在图 19.14 中。我们提供一个嵌套类，它扩展了 BinaryNode 并且添加了 size 数据成员。

```
 1  package weiss.nonstandard;
 2
 3  // BinarySearchTreeWithRank 类
 4  //
 5  // 构造: 没有初值
 6  //
 7  // ****************** 公有操作 *********************
 8  // Comparable findKth( k )--> 返回第 k 小的项
 9  // 所有其他的操作都是继承的
10  // ****************** 错误 **************************************
11  // 如果 k 超出边界，则抛出 IllegalArgumentException
12
13  public class BinarySearchTreeWithRank<AnyType extends Comparable<? super AnyType>>
14                   extends BinarySearchTree<AnyType>
15  {
16      private static class BinaryNodeWithSize<AnyType> extends BinaryNode<AnyType>
17      {
18          BinaryNodeWithSize( AnyType x )
19            { super( x ); size = 0; }
20
21          int size;
22      }
23
24      /**
25       * 在树中找到第 k 小的项
26       * @param k: 期望的秩 (1 是最小项)
27       * @return: 树中第 k 小的项
28       * @throws IllegalArgumentException: 如果 k 小于 1
29       *         或大于子树的大小
30       */
31      public AnyType findKth( int k )
32        { return findKth( k, root ).element; }
33
34      protected BinaryNode<AnyType> findKth( int k, BinaryNode<AnyType> t )
35        { /* 图 19.15 */ }
36      protected BinaryNode<AnyType> insert( AnyType x, BinaryNode<AnyType> tt )
37        { /* 图 19.16 */ }
38      protected BinaryNode<AnyType> remove( AnyType x, BinaryNode<AnyType> tt )
39        { /* 图 19.18 */ }
40      protected BinaryNode<AnyType> removeMin( BinaryNode<AnyType> tt )
41        { /* 图 19.17 */ }
42  }
```

图 19.14 BinarySearchTreeWithRank 类框架

BinarySearchTreeWithRank 类仅在第 31 行和第 32 行添加了一个公有方法，名为 findKth。其他的所有公有方法都无变化地继承。我们必须覆盖一些 protected 的递归例程（在第 36 ~ 41 行）。

图 19.15 所示的 findKth 方法采用递归编写，不过，显然不需要这样做。它逐行遵循算法描述。第 10 行针对 null 的测试是必要的，因为 k 可能是无效的。第 12 行和第 13 行计算左子树的大小。如果左子树存在，那么访问它的 size 成员能给出需要的答案。如果左子树不存在，则它的大小可以取 0。注意，在我们确认 t 不为 null 后执行这个测试。

insert 操作显示在图 19.16 中。潜在的棘手之处在于，如果插入调用成功，则我们希望 t 的 size 成员加 1。如果递归调用失败，则 t 的 size 成员不改变，并且抛出一个异常。在不成功的插入中，能改变某些子树的大小吗？答案是不能，只有在递归调用成功且没有异常时才能更新 size。注意，当调用 new 分配一个新结点时，由 BinaryNodeWithSize 构造方法将成员 size 设置为 0，然后在第 20 行加 1。

```
1      /**
2       * 在子树中查找第 k 小项的内部方法
3       * @param k: 期望的秩（1 是最小项）
4       * @return: 子树中含有第 k 小项的结点
5       * @throws IllegalArgumentException: 如果 k 小于 1
6       *         或大于子树的大小
7       */
8      protected BinaryNode<AnyType> findKth( int k, BinaryNode<AnyType> t )
9      {
10         if( t == null )
11             throw new IllegalArgumentException( );
12         int leftSize = ( t.left != null ) ?
13                        ((BinaryNodeWithSize<AnyType>) t.left).size : 0;
14
15         if( k <= leftSize )
16             return findKth( k, t.left );
17         if( k == leftSize + 1 )
18             return t;
19         return findKth( k - leftSize - 1, t.right );
20     }
```

图 19.15　具有次序统计的用于搜索树的 findKth 操作

```
1      /**
2       * 插入一棵子树中的内部方法
3       * @param x: 要插入的项
4       * @param tt: 树的根所在的结点
5       * @return: 新的根
6       * @throws DuplicateItemException: 如果 x 已经存在
7       */
8      protected BinaryNode<AnyType> insert( AnyType x, BinaryNode<AnyType> tt )
9      {
10         BinaryNodeWithSize<AnyType> t = (BinaryNodeWithSize<AnyType>) tt;
11
12         if( t == null )
13             t = new BinaryNodeWithSize<AnyType>( x );
14         else if( x.compareTo( t.element ) < 0 )
15             t.left = insert( x, t.left );
16         else if( x.compareTo( t.element ) > 0 )
17             t.right = insert( x, t.right );
18         else
19             throw new DuplicateItemException( x.toString( ) );
20         t.size++;
21         return t;
22     }
```

图 19.16　具有次序统计的用于搜索树的 insert 操作

　　图 19.17 表明相同的技巧可应用于 removeMin。如果递归调用成功，则成员 size 减 1；如果递归调用失败，则 size 不变。remove 操作与之类似，显示在图 19.18 中。

```
1      /**
2       * 从一棵子树中删除最小项的内部方法
3       *     视情况调整 size 域
4       * @param t: 树的根所在的结点
5       * @return: 新的结点
6       * @throws ItemNotFoundException: 如果子树为空
7       */
8      protected BinaryNode<AnyType> removeMin( BinaryNode<AnyType> tt )
9      {
10         BinaryNodeWithSize<AnyType> t = (BinaryNodeWithSize<AnyType>) tt;
```

图 19.17　具有次序统计的用于搜索树的 removeMin 操作

```
11
12          if( t == null )
13              throw new ItemNotFoundException( );
14          if( t.left == null )
15              return t.right;
16
17          t.left = removeMin( t.left );
18          t.size--;
19          return t;
20      }
```

图 19.17　具有次序统计的用于搜索树的 removeMin 操作（续）

```
1       /**
2        * 从一棵子树中删除的内部方法
3        * @param x: 要删除的项
4        * @param t: 树的根所在的结点
5        * @return: 新根
6        * @throws ItemNotFoundException: 如果没有找到 x
7        */
8      protected BinaryNode<AnyType> remove( AnyType x, BinaryNode<AnyType> tt )
9      {
10          BinaryNodeWithSize<AnyType> t = (BinaryNodeWithSize<AnyType>) tt;
11
12          if( t == null )
13              throw new ItemNotFoundException( x.toString( ) );
14          if( x.compareTo( t.element ) < 0 )
15              t.left = remove( x, t.left );
16          else if( x.compareTo( t.element ) > 0 )
17              t.right = remove( x, t.right );
18          else if( t.left != null && t.right != null ) // 两个孩子
19          {
20              t.element = findMin( t.right ).element;
21              t.right = removeMin( t.right );
22          }
23          else
24              return ( t.left != null ) ? t.left : t.right;
25
26          t.size--;
27          return t;
28      }
```

图 19.18　具有次序统计的用于搜索树的 remove 操作

19.3　二叉搜索树操作的分析

　　一个操作的代价与访问的最后一个结点的深度成正比。对于平衡良好的树来说，代价是对数的，但对于退化的树来说，代价可能和线性的一样糟。

　　平均情况下的深度比最优情况差 38%。这个结果与快速排序获得的结果是一样的。

　　内部路径长度用来衡量成功搜索的代价。

　　外部路径长度用来衡量不成功搜索的代价。

　　随机 remove 操作不能维持树的随机性。理论上不能完全证明这些结果，但实践中显然是微不足道的。

　　平衡二叉搜索树结构上增加了一个属性，可以保证最差情形下的对数深度。更新较慢，但访问更快。

　　每个二叉搜索树操作（insert、find 和 remove）的代价与操作期间访问的结点个数成正比。

所以，访问树中任何结点的代价计为其深度加 1（回想一下，深度衡量的是路径上的边数而不是结点个数），这给出成功搜索的代价。

图 19.19 展示了两棵树。图 19.19a 是一棵含 15 个结点的平衡树。访问任何结点的代价最多为 4 个单位，有些结点需要的访问更少。这种情形类似二分搜索算法中出现的情形。如果树是完全平衡的，则访问代价是对数的。

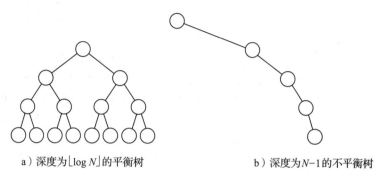

a）深度为 $\lfloor \log N \rfloor$ 的平衡树　　　　　　　　b）深度为 $N-1$ 的不平衡树

图 19.19　两棵树

不幸的是，我们不能保证树是完全平衡的。图 19.19b 中展示的树是不平衡树的典型示例。这里，N 个结点都位于到达最深结点的路径上，所以最差情形搜索时间是 $O(N)$。因为搜索树已经退化为链表，所以在这个特殊示例中，搜索所需的平均时间是最差情形的一半，也是 $O(N)$。所以我们有两个极端：在最优情形下，我们有对数访问代价；在最差情形下，我们有线性访问代价。那么，什么是平均代价呢？大多数二叉搜索树倾向于平衡的还是不平衡的树，或是某个中间值，例如 $\sqrt{N}$？答案与快速排序是一样的，平均情况比最优情况差 38%。

在本节，我们证明，在每棵树都是由随机插入序列创建的假设下（没有 remove 操作），一棵二叉搜索树中所有结点的平均深度是对数的。为了明白这意味着什么，考虑在空二叉搜索树中插入 3 个项的结果。只有它们的相对次序是重要的，所以不失一般性，我们可以假设这 3 个项是 1、2 和 3。则插入次序有 6 种可能：（1, 2, 3）、（1, 3, 2）、（2, 1, 3）、（2, 3, 1）、（3, 1, 2）和（3, 2, 1）。在我们的证明中，假设每个插入次序的可能性是相等的。从这些插入得到的二叉搜索树显示在图 19.20 中。注意，图 19.20c 所示的根为 2 的树，由插入序列（2, 3, 1）或序列（2, 1, 3）生成。所以有些树比其他的树更容易得到结果，如图中所展示的，平衡树比不平衡树更容易出现（不过这个结果在 3 个元素的情况下并不明显）。

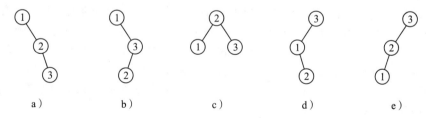

a）　　　　　b）　　　　　c）　　　　　d）　　　　　e）

图 19.20　插入 1、2 和 3 的不同组合能得到的二叉搜索树，c 中显示的平衡树结果似乎是其他树的两倍

我们从以下定义开始。

定义　二叉树的内部路径长度是结点深度之和。

当将树的内部路径长度除以树中结点个数时，可以得到结点的平均深度。将这个平均值加 1 得到树中成功访问的平均代价。所以我们想计算二叉搜索树的平均内部路径长度，这个平均是在所有输入组合上的平均。递归地查看树并使用 8.6 节给出的快速排序分析技术就很容易做到这些。平均内部路径长度由定理 19.1 确定。

定理 19.1   假设所有组合都等概率出现，则二叉搜索树的内部路径长度约为 $1.38N\log N$。

证明： 令 $D(N)$ 是含 N 个结点的树的平均内部路径长度，故 $D(1)=0$。N 个结点的树 T 含有 i 个结点的左子树及 $(N-i-1)$ 个结点的右子树，加上深度为 0 的根，$0 \leqslant i < N$。假设，每个值 i 等概率出现。对于给定的 i，$D(i)$ 是根的左子树平均内部路径长度。在 T 中，所有这些结点的深度都更深一层。所以左子树中所有结点对 T 的内部路径长度的平均贡献是 $(1/N)\sum_{i=0}^{N-1}D(i)$，再加上左子树中每个结点的 1。对于右子树也是如此。所以我们得到递推公式 $D(N)=(2/N)\sum_{i=0}^{N-1}D(i)+N-1$，这与 8.6 节解决的快速排序的递推公式是一样的。结果得到 $O(N\log N)$ 的平均内部路径长度。   □

插入算法隐含着插入的代价等于不成功搜索的代价，后者使用外部路径长度来衡量。在插入或不成功搜索中，最终要到达测试 t==null。回想一下，在含有 N 个结点的树中有 $N+1$ 个 null 链接。外部路径长度衡量访问的总结点数，包括这 $N+1$ 个 null 链接中的每一个 null 结点。有时称 null 结点为外部树结点（external tree node），这解释了术语外部路径长度（external path length）。如本章后面将展示的，用哨兵替换 null 结点可能很方便。

定义   二叉搜索树的外部路径长度是 $N+1$ 个 null 链接深度之和。为此，终端的 null 结点被看作一个结点。

1 加上平均外部路径长度除以 $N+1$ 的结果，得到不成功搜索或插入的平均代价。与二分搜索算法一样，不成功搜索的平均代价仅比成功搜索代价多一点，这由定理 19.2 可知。

定理 19.2   对任意树 T，令 $IPL(T)$ 是 T 的内部路径长度，令 $EPL(T)$ 是其外部路径长度。如果 T 有 N 个结点，则 $EPL(T)=IPL(T)+2N$。

证明： 本定理使用归纳法证明，留作练习 19.7。   □

很容易马上得出，这些结果意味着所有操作的平均运行时间是 $O(\log N)$。这个含义实际上是对的，但还没有实际分析，因为用来证明前面结果的假设并没有考虑删除算法。实际上，仔细考察一下就会知道，我们的删除算法可能存在问题，因为 remove 操作总是用右子树中的一个结点替换有两个子结点的结点。这个结果似乎最终会让树失去平衡，并让其左子树偏沉。事实证明，如果我们建立一棵随机的二叉搜索树，然后执行大约 N^2 对随机的 insert/remove 组合，那么二叉搜索树的期望深度将是 $O(\sqrt{N})$。不过，合理数量的随机 insert 和 remove 操作（其中 insert 和 remove 的次序也是随机的）导致的树的不平衡是你察觉不到的。事实上，对于小的搜索树来说，remove 算法似乎可以平衡树。因此，我们可以合理地假设，对于随机输入，所有操作都以对数平均时间执行，尽管这个结果还没有得到数学证明。在练习 19.25 中，我们描述一些替代的删除策略。

最重要的问题并不是由 remove 算法导致的可能的不平衡，而是如果输入序列是有序的，则会出现最差情形的树。当出现这种情况时，我们将陷入大麻烦中：对（一系列 N 个操作中的）每个操作都有线性时间，而不是对数时间。这种情况类似将项传给快速排序，但执行的却是插入排序。产生的运行时间完全不可接受。另外，不仅有序输入存在问题，任何输入中含有非随机的长序列都存在问题。解决这个问题的一个方案是，满足一个称为平衡（balance）的额外结构条件：任何结点都不允许太深。

几个算法中的任何一个都可以用来实现平衡二叉搜索树（balanced binary search tree），其增加一个结构属性，以保证最差情况下的对数深度。这些算法中的大多数都比标准的二叉搜索树中的算法复杂得多，对于插入和删除操作，平均来说都花费更长时间。不过，它们确实能够防止让二叉搜索树出现简单结构，因其不平衡而有不良性能。另外，因为它们是平衡的，所以给出的访问时间往往比标准树更快。通常，它们的内部路径长度非常接近最优的 $N\log N$，而不是 $1.38N\log N$，所以搜索时间约快 25%。

19.4　AVL 树

AVL 树是第一个平衡二叉搜索树。它具有历史意义，也说明了其他方案中使用的大多数思想。

第一个平衡二叉搜索树是 AVL 树（以它的发明者 Adelson-Velskii 和 Landis 命名），它说明了专用于一大类平衡二叉搜索树的思想。它是一棵附加了平衡条件的二叉搜索树。任何平衡条件必须容易维护，并确保树的深度是 $O(\log N)$。最简单的想法是，要求左子树与右子树有同样的高度。递归规定，这个想法要应用于树中的每个结点，因为每个结点本身就是某棵子树的根。这个平衡条件确保树的深度是对数的。不过，这个限制太强了，因为插入新项的同时还要维持平衡性很困难。所以 AVL 树的定义使用了有些弱的平衡记号，但仍足以保证对数深度。

定义　一棵 AVL 树是附加了平衡属性的一棵二叉搜索树，对树中的任何结点而言，其左子树的高度与右子树的高度最多相差 1。与往常一样，空子树的高度是 −1。

19.4.1　特性

一棵 AVL 树中的每个结点的子树高度最多相差 1。空子树的高度是 −1。

AVL 树的高度比最小值最多高约 44%。

AVL 树中典型结点的深度非常接近最优的 $\log N$。

AVL 树的更新可能会破坏平衡。它必须重新平衡，才能认为操作全部完成。

只有从根到插入点路径上的结点的平衡性可能被改变。

如果我们修正了最深的不平衡结点的平衡性，则整棵树也重新平衡了。我们要修正的情形可能有 4 种，其中的两种是另外两种的镜像。

通过树的旋转恢复平衡。单旋转让父结点与子结点角色转换，同时保持了搜索次序。

图 19.21 展示了两棵二叉搜索树。图 19.21a 中的树满足 AVL 平衡条件，所以是一棵 AVL 树。图 19.21b 中的树是使用通常的算法插入 1 后得到的，它不是 AVL 树，因为深色结点左子树的高度比右子树高 2。如果使用通常的二叉搜索树插入算法插入 13，则结点 16 也违反规则。原因是，左子树的高度是 1，而右子树的高度是 −1。

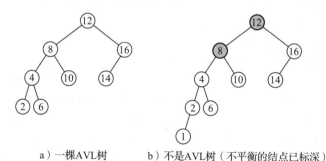

a）一棵 AVL 树　　　b）不是 AVL 树（不平衡的结点已标深）

图 19.21　两棵二叉搜索树

AVL 的平衡条件隐含着树仅有对数深度。为了证明这个断言，我们需要证明高度为 H 的树最少有 C^H 个结点，C 是某个常数，且 $C>1$。换句话说，树中结点个数的最小值是指数为高度的。这样，N 个项的树的最大深度由 $\log_C N$ 给出。定理 19.3 表明高度为 H 的 AVL 树所拥有的结点数。

定理 19.3　高度为 H 的 AVL 树最少有 $F_{H+3}-1$ 个结点，其中 F_i 是第 i 个斐波那契数（见 7.3.4 节）。

证明：令 S_H 是高度为 H 的最小 AVL 树的大小。显然，$S_0=1$ 且 $S_1=2$。□

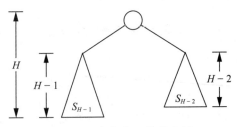

图 19.22 表明，高度为 H 的最小的 AVL 树中，其子树的高度必须是 $H-1$ 和 $H-2$。原因是，一棵子树的高度最多是 $H-1$，而平衡条件隐含着子树高度最多差 1。这些子树本身相对于它们的高度来说也必须有最少的结点数，所以 $S_H=S_{H-1}+S_{H-2}+1$。使用归纳法可完成证明。

图 19.22　高度为 H 的最小树

从练习 7.8 知，$F_i \approx \phi^i / \sqrt{5}$，其中 $\phi = (1+\sqrt{5})/2 \approx 1.618$。因此，高度为 H 的 AVL 树最少有（约）$\phi^{H+3}/\sqrt{5}$ 个结点。因此，它的高度最多是对数的。AVL 树的高度满足

$$H < 1.44\log(N+2) - 1.328 \qquad (19.1)$$

因此，最差情形的树相比最矮可能的二叉树，高度最多高约 44%。

随机构造的 AVL 树中结点的平均深度往往会非常接近 $\log N$。精确的答案尚未经过分析确定。我们甚至不知道形式是 $\log N+C$ 还是 $(1+\varepsilon)\log N+C$，其中 ε 约为 0.01。模拟无法令人信服地证明一种形式比另一种更合理。

这些论据的结论是，对 AVL 树的所有搜索操作，最差情形下都有对数界限。困难的是，像 `insert` 和 `remove` 这样的改变树的操作，不如之前那样简单。原因是，一个插入（或删除）操作可能破坏了树中几个结点的平衡性，如图 19.21 所示。必须恢复平衡，才能认为操作全部完成。这里仅描述插入算法，删除算法留作练习 19.9。

重要的观察结论是，插入后，只有从插入点到根的路径中结点的平衡性可能被改变，因为只有这些结点的子树被改变了。这个结果适用于几乎所有的平衡搜索树算法。当我们沿着路径向上到根并更新平衡信息时，可以找到新的平衡性违反 AVL 条件的一个结点。本节，我们展示如何在第一个这样的（即最深的）结点重新平衡树，并证明这个重新平衡可以确保整棵树满足 AVL 特性。

要重新平衡的结点是 X。因为任何结点最多有两个子结点，并且高度不平衡意味着 X 的两棵子树的差为 2，所以，下列 4 种情况中的任何一种都可能违规：

- 插入 X 的左子结点的左子树中。
- 插入 X 的左子结点的右子树中。
- 插入 X 的右子结点的左子树中。
- 插入 X 的右子结点的右子树中。

第 1 种情形和第 4 种情形相对于 X 是镜像对称的，第 2 种情形和第 3 种情形也是这样。因此，理论上只有两种基本情形。当然，从编程角度来看，仍有 4 种情形及多种特殊情形。

第 1 种情形，插入出现在外部（outside）（即左-左或右-右），这可以通过树的一个单旋转来修正。单旋转（single rotation）让父结点与子结点互换角色，同时保持了搜索次序。第 2 种情形，插入出现在内部（inside）（即左-右或右-左），由稍微复杂的双旋转（double rotation）来处理。在树上的这些基本操作多次用在平衡树算法中。在本节的剩余部分我们描述这些旋转操作，并证明它们足以维持平衡条件。

19.4.2　单旋转

> 单旋转处理外部情形（1 和 4）。我们在一个结点和其子结点之间进行旋转。结果得到满足 AVL 特性的一棵二叉搜索树。
>
> 一个旋转足以修正 AVL 树中的第 1 种情形和第 4 种情形。

图 19.23 展示了修正第 1 种情形的单旋转。在图 19.23a 中，结点 k_2 违反了 AVL 的平衡属性，因为它的左子树比其右子树深 2 层（本节使用虚线标识层）。描述的状况只可能是第 1 种情形的场景，即插入前 k_2 满足 AVL 特性而插入后违反了。子树 A 增加了额外的一层，导致它比 C 深 2 层。子树 B 不能与新的 A 在相同的层，因为如果是那样的话，那么在插入之前 k_2 就应该已经失去平衡了。子树 B 不能与 C 在相同的层，因为如果是那样的话，那么 k_1 应该是路径上违反 AVL 平衡条件的第一个结点（而我们声称 k_2 是）。

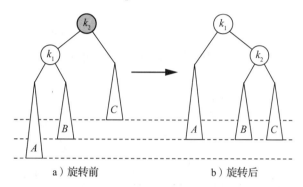

a）旋转前　　　　　　　　　　b）旋转后

图 19.23　修正第 1 种情形的单旋转

理想情况下，为了重新平衡树，我们要将 A 上移一层，而将 C 下移一层。注意，这些操作足以保证 AVL 的特性要求。为此，我们将结点重排到一棵等价的搜索树中，如图 19.23b 所示。这是一个抽象场景：想象树是灵活的，抓住子结点 k_1，闭上眼睛，摇动树，让重力来控制。结果，k_1 将是新的根。二叉搜索树的属性告诉我们，在原来的树中，$k_2 > k_1$，因此在新树中 k_2 成为 k_1 的右子结点。子树 A 和 C 仍分别保持为 k_1 的左孩子和 k_2 的右孩子。含有原树中 k_1 和 k_2 之间的项的子树 B，在新树中可以作为 k_2 的左孩子，并且满足所有的次序要求。

这个工作仅需要改变几个子结点的链接，如图 19.24 中伪代码所示，得到的另一棵二叉树是一棵 AVL 树。这个结果的出现是因为 A 上移了一层，B 保持在同一层，而 C 下移了一层。所以 k_1 和 k_2 不仅满足 AVL 的要求，而且它们的子树还在同一高度。此外，整个子树的新高度，与导致 A 变高的插入操作前原来子树的高度完全相同。所以不需要进一步更新到根的路径上的高度，因此，不需要其他的旋转。本章其他的平衡树算法中，也常常使用这个单旋转。

```
1     /**
2      * 旋转有左孩子的二叉树结点
3      * 对于 AVL 树，这是用于第 1 种情形的单旋转
4      */
5     static BinaryNode rotateWithLeftChild( BinaryNode k2 )
6     {
7         BinaryNode k1 = k2.left;
8         k2.left = k1.right;
9         k1.right = k2;
10        return k1;
11    }
```

图 19.24　用于单旋转（第 1 种情形）的伪代码

图 19.25a 展示将 1 插入 AVL 树后，结点 8 变不平衡了。这显然是第 1 种情形的问题，因为 1 在 8 的左 – 左子树中。所以我们在 8 和 4 之间进行一次单旋转，由此得到 19.25b 所示的树。正如本节之前提到的，第 4 种情形表示一种对称情形。所需要的旋转如图 19.26 所示，实现的伪代码列在图 19.27 中。这个例程与本节的其他旋转一起，复现在本书后面的多个平衡搜索树中。实现几个平衡搜索树的网络资源中，也有这些旋转例程。

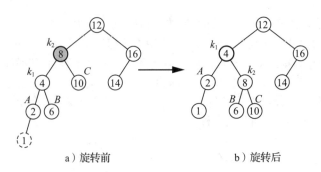

图 19.25   单旋转修正了插入 1 之后的 AVL 树

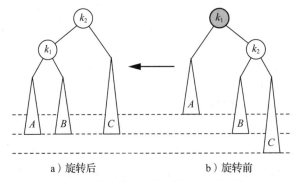

图 19.26   修正第 4 种情形的对称的单旋转

```
1    /**
2     * 旋转有右孩子的二叉树结点
3     * 对于 AVL 树，这是用于第 4 种情形的单旋转
4     */
5    static BinaryNode rotateWithRightChild( BinaryNode k1 )
6    {
7        BinaryNode k2 = k1.right;
8        k1.right = k2.left;
9        k2.left = k1;
10        return k2;
11    }
```

图 19.27   用于单旋转（第 4 种情形）的伪代码

19.4.3   双旋转

单旋转不能修正内部情形（2 和 3）。这些情形需要双旋转，涉及 3 个结点和 4 棵子树。
双旋转等价于两个单旋转。

单旋转有个问题，如图 19.28 所示，它对第 2 种情形（或对称的，第 3 种情形）无效。这个
问题是，子树 Q 太深了，一次单旋转不能让它变浅。解决这个问题的双旋转显示在图 19.29 中。

在图 19.28 的子树 Q 中插入了一个项，这个事实可以保证它不为空。我们可以假设，它有一
个根及两个（可能为空的）子树，所以我们可以将树看作由 3 个结点连接的 4 棵子树。所以将 4
棵树重新命名为 A、B、C 和 D。图 19.29 表明，子树 B 或子树 C 比子树 D 深 2 层（除非两个都
是空树，那种情形下两个都是），但我们不能确定哪棵高。实际上这没有关系，此处 B 和 C 画得
比 D 低 1.5 层。

为了重新平衡，我们不能让 k_3 是根。在图 19.28 中，我们说明了 k_2 和 k_1 之间的旋转无效，

所以唯一的替换方案是，将 k_2 作为新的根。这样做后，强制 k_1 是 k_2 的左子结点，而 k_3 是 k_2 的右子结点。它还确定了 4 棵子树的最终位置，得到的树满足 AVL 特性。另外，和单旋转的情形一样，它将高度恢复为插入前的高度，因此保证所有的重新平衡及高度更新全部完成。

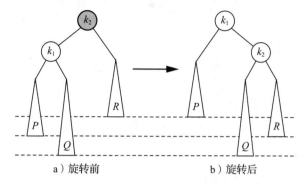

a）旋转前　　　　　b）旋转后

图 19.28　单旋转不能修正第 2 种情形

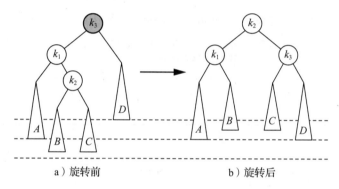

a）旋转前　　　　　b）旋转后

图 19.29　为修正第 2 种情形的左 – 右双旋转

例如，图 19.30a 展示了将 5 插入一棵 AVL 树中的结果。不平衡是由结点 8 引起的，会导致出现第 2 种情形的问题。我们在那个结点执行双旋转，由此得到的树如图 19.30b 所示。

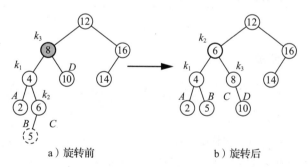

a）旋转前　　　　　b）旋转后

图 19.30　双旋转修正插入 5 后的 AVL 树

图 19.31 说明，对称的第 3 种情形也可以由双旋转修正。最后注意，虽然双旋转表现得复杂，但它与下面的序列是等价的：

- 在 X 的子结点和孙子结点之间的旋转。
- 在 X 和它的新子结点之间的旋转。

实现第 2 种情形双旋转的伪代码经压缩后显示在图 19.32 中。处理第 3 种情形的镜像伪代码列在图 19.33 中。

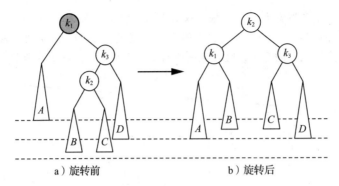

图 19.31   为修正第 3 种情形的右 – 左双旋转

```
1      /**
2       * 双旋转二叉树结点：先是左孩子和它的右孩子
3       * 然后是结点 k3 与新的左孩子
4       * 对于 AVL 树，这是用于第 2 种情形的双旋转
5       */
6      static BinaryNode doubleRotateWithLeftChild( BinaryNode k3 )
7      {
8          k3.left = rotateWithRightChild( k3.left );
9          return rotateWithLeftChild( k3 );
10     }
```

图 19.32   用于双旋转（第 2 种情形）的伪代码

```
1      /**
2       * 双旋转二叉树结点：先是右孩子和它的左孩子
3       * 然后是结点 k1 与新的右孩子
4       * 对于 AVL 树，这是用于第 3 种情形的双旋转
5       */
6      static BinaryNode doubleRotateWithRightChild( BinaryNode k1 )
7      {
8          k1.right = rotateWithLeftChild( k1.right );
9          return rotateWithRightChild( k1 );
10     }
```

图 19.33   用于双旋转（第 3 种情形）的伪代码

19.4.4   AVL 插入的总结

AVL 随意的实现并不复杂，但效率也不高。更好的平衡搜索树已经问世，所以实现 AVL 树并不值得。

下面简单总结一下如何实现 AVL 树的插入。递归算法才是实现 AVL 插入的最简单方法。为了在 AVL 树 T 中插入含有关键字 X 的一个新结点，我们递归地将它插入 T 的合适子树中（表示为 T_{LR}）。如果 T_{LR} 的高度没有改变，则操作完成。如果 T 中出现了高度不平衡，则根据 X、T 以及 T_{LR} 中的关键字进行相应的单旋转或双旋转（以 T 为根），然后操作完成（因为原来的高度与旋转后的高度相等）。这个递归最好描述为随意的实现（casual implementation）。例如，在每个结点我们比较子树的高度。一般来说，在每个结点保存比较结果比维护高度信息更有效率。这个方法可以避免平衡因子的重复计算。此外，递归的开销远多于迭代版本的开销。原因是，实际上我们沿树向下并原路返回，而不是一旦执行旋转就立即停止。因此，实践中会使用其他的平衡搜索树机制。

19.5 红黑树

> 红黑树是 AVL 树的一个很好的替代。因为在插入和删除例程中使用一趟自顶向下的扫描，所以编码细节往往能给出一种更快的实现，
>
> 不允许连续的红色结点，并且所有路径有相同个数的黑色结点。
>
> 本讨论中，带阴影的结点是红色结点。
>
> 可以保证红黑树的深度是对数的。通常，深度与 AVL 树相同。

历史上流行的替代 AVL 树的方法是红黑树（red-black tree），其中在插入和删除例程中使用一趟自顶向下的扫描。这个方法与 AVL 树形成对比。AVL 树中，其中一趟沿树向下的扫描用来确立插入点，第二趟沿树向上的扫描用来更新高度及可能的再平衡。结果，精心实现的非递归的红黑树比 AVL 树的实现更简单也更快。与 AVL 树一样，在红黑树上的操作花费对数最差时间。

红黑树是一棵二叉搜索树，有下列次序属性：

1. 每个结点的颜色要么是红色要么是黑色。

2. 根是黑色的。

3. 如果一个结点是红色的，则它的子结点必须是黑色的。

4. 从一个结点到 null 链接的每条路径必须含有相同个数的黑色结点。

在关于红黑树的讨论中，带阴影的结点表示红色结点。图 19.34 展示一棵红黑树。从根到 null 结点的每条路径都含有 3 个黑色结点。

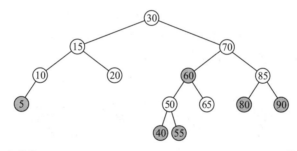

图 19.34　红黑树：插入序列为 10, 85, 15, 70, 20, 60, 30, 50, 65, 80, 90, 40, 5, 55（带阴影的结点是红色结点）

可以通过归纳证明，如果从根到 null 结点的每条路径都含有 B 个黑色结点，则树一定含有至少 2^B-1 个黑色结点。此外，由于根是黑色结点，并且一条路径上不能有两个连续的红色结点，所以红黑树的高度最多为 $2\log(N+1)$。因此，可以保证搜索是对数操作。

像往常一样，困难之处在于操作可能改变树，并且可能破坏颜色属性。这个可能性使得插入操作困难，而且删除操作更为困难。首先，我们实现插入，然后再讨论删除算法。

19.5.1 自底向上的插入

> 新项必须标为红色。如果父结点已经是红色，则必须重标颜色且/或旋转以消除连续的红色结点。
>
> 如果父结点的兄弟结点是黑色的，则像在 AVL 树中一样，单旋转或者双旋转可以修正这些。
>
> 如果父结点的兄弟结点是红色的，则修正之后，会引起更高层出现连续的红色结点。我们需要在树中向上迭代进行修正。

回想一下，新项总是作为叶结点插入树中。如果我们将新项标记为黑色，则违反了属性 4，

因为我们创建了一条更长的黑色结点路径。所以新项必须标记为红色。如果父结点是黑色的，则已经完成。因此，将 25 插入图 19.34 所示的树中很简单。如果父结点已经是红色的，则有连续的红结点违反了属性 3。这种情形下，必须调整树以确保强制满足属性 3，同时这样做又不能违反属性 4。使用的基本操作是颜色改变及树的旋转。

如果父结点是红色的，则我们必须考虑几种情况（每一种都有镜像对称）。首先，假设父结点的兄弟结点是黑色的（我们约定，null 结点是黑色的），这适用于插入 3 或者 8，但不适用于插入 99。令 X 为新插入的叶结点，P 是其父结点，S 是父结点的兄弟结点（如果存在的话），而 G 是祖父结点。这种情形中，只有 X 和 P 是红色结点。G 是黑色的，因为如果不是的话，在插入之前就会有两个连续的红色结点——这违反了属性 3。采用 AVL 树的术语，我们说，相对于 G，X 可以是外部结点或者内部结点$^{\ominus}$。如果 X 是外部孙子结点，则其父结点和祖父结点之间的单旋转再加上颜色改变将恢复属性 3。如果 X 是内部孙子结点，则需要双旋转再加上颜色改变。单旋转如图 19.35 所示，双旋转如图 19.36 所示。尽管 X 是叶结点，但我们画的是更一般的情形，允许 X 在树的中间。在后面的算法中我们使用这个更一般的旋转。

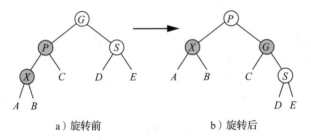

a）旋转前   b）旋转后

图 19.35   如果 S 是黑色的，X 是外部孙子结点，那么在父结点与祖父结点之间进行单旋转及相应的颜色改变，就可以恢复属性 3

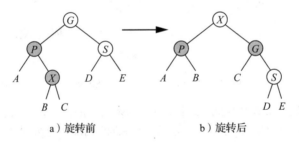

a）旋转前   b）旋转后

图 19.36   如果 S 是黑色结点，X 是内部孙子结点，则涉及 X、父结点和祖父结点的双旋转及相应的颜色改变，就可以恢复属性 3

现在我们先来考虑这些旋转为什么是正确的。我们需要保证永远没有连续的两个红色结点。例如在图 19.36 中，连续红色结点的唯一可能实例在 P 及其子结点之一之间，或者在 G 和 C 之间。但 A、B 和 C 的根必须是黑色的，否则在原来的树中已经违反了属性 3。在原来的树中，从子树的根到 A、B 和 C 的路径上有一个黑色结点，到 D 和 E 的路径上有两个黑色结点。我们可以验证，在旋转及重新着色后这个模式仍保持。

到现在为止，一切尚好。但如果 S 是红色的，当我们尝试在图 19.34 所示的树中插入 79 时会发生什么？单旋转或者双旋转都将无效，因为这两种结果都会导致连续的红色结点。事实上，在这种情形下，三个结点都位于到 D 和 E 的路径上，且只有一个是黑色的。所以 S 和子树的新根一定是红色的。例如，当 X 是外部孙子结点时发生的单旋转如图 19.37 所示。虽然这个旋转似

$\ominus$ 见 19.4.1 节。

乎有效，但存在一个问题：如果子树根的父结点（即 X 原来的曾祖先）也是红色的会发生什么？我们可以将这个过程向上传递到根，直到我们不再有连续的两个红色结点或者到达根（此时会将根重新标记为黑色）为止。但我们会回到在树中向上传递的情形，与在 AVL 树中一样。

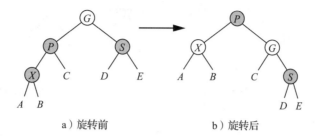

a）旋转前　　　　　　　b）旋转后

图 19.37　如果 S 是红色的，则在父结点和祖父结点间的单旋转及相应的颜色改变，可以恢复
　　　　　X 和 P 之间的属性 3

注意，在最后一种情形下，我们可以简化，因为颜色通过自身改变，没有旋转，产生等效的行为；最重要的是，不管怎样，我们仍需向根部渗透。

19.5.2　自顶向下的红黑树

> 为了避免在树中向上迭代，要保证当我们沿树向下时兄弟结点的父结点不是红色的。通过颜色翻转和／或旋转可以做到。

为了避免可能出现的必须沿树向上进行的旋转，在查找插入点时采用了自顶向下的过程。具体来说，我们保证，当到达叶结点并插入结点时，S 不是红色的。这样，我们可以仅添加一个红色叶结点，并且在必要时使用（单或双）旋转。这个过程在概念上是容易的。

在向下的路径中，当我们看到结点 X 有两个红色的子结点时，就让 X 是红色的，且让它的两个子结点是黑色的。图 19.38 展示了这个颜色翻转。（如果 X 是根，通过这个过程它将被标记为红色。然后我们可以将它重新置为黑色，而不违反红黑树的任何属性。）X 之下路径上黑色结点的个数仍然不改变。不过，如果 X 的父结点是红色的，则我们会引入两个连续的红结点。但在这种情形中，我们可以应用图 19.35 中的单旋转或图 19.36 中的双旋转。但如果 X 的父结点的兄弟结点也是红色的怎么办？这种情形不可能发生。如果在树中向下的路径中，看到结点 Y 有两个红色的子结点，则知道 Y 的孙子结点一定是黑色的。而且因为 Y 的子结点通过颜色翻转已经置黑——即使在可能发生的旋转后——我们也不会在两层中看到另一个红色结点。所以，当看到 X 时，如果 X 的父结点是红色的，那么 X 的父结点的兄弟结点不可能是红色的。

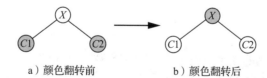

a）颜色翻转前　　　　　　b）颜色翻转后

图 19.38　颜色翻转：仅当 X 的父结点是红色结点时，我们才能继续旋转

例如，假设我们想在图 19.34 所示的树中插入 45。沿树向下的路径上看到结点 50，它有两个红色子结点。所以我们执行颜色翻转，让 50 为红色，而 40 和 55 为黑色。结果显示在图 19.39 中。不过，现在 50 和 60 都是红色的。我们在 60 和 70 之间执行单旋转（因为 50 是外部结点），从而让 60 成为 30 的右子树的黑色根，让 70 成为红色的，如图 19.40 所示。然后继续，如果看到路径上另一个结点含有两个红色子结点，则执行相同的动作。但此处碰巧没有。

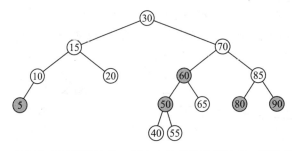

图 19.39　结点 50 的颜色翻转导致违约，因为违约的是外部结点，所以单旋转可以修正它

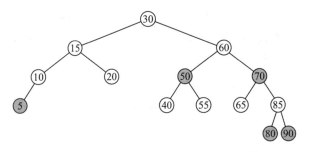

图 19.40　修正违约的结点 50 的单旋转的结果

当到达叶结点时，将 45 插入为红色结点，因为父结点是黑色的，所以操作完成。得到的树如图 19.41 所示。如果父结点是红色结点，则需要执行一次旋转。

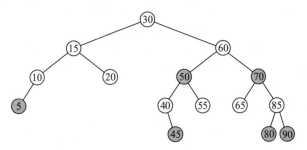

图 19.41　将 45 插入为红结点

如图 19.41 所示，得到的红黑树通常是很平衡的。实验表明，在红黑树的搜索过程中遍历的平均结点数几乎与 AVL 树的平均数相同，尽管红黑树的平衡属性稍微弱一些。红黑树的优点是，执行插入所需的代价相对较低，而且实际上，旋转发生的频率相对较低。

19.5.3　Java 实现

我们为 null 结点使用一个哨兵，且使用一个假根，从而消除了特例。这样做需要对几乎每一个例程都进行小小的修改。

在向下的路径上，我们维护指向当前结点、父结点、祖父结点及曾祖父结点的引用。

针对 null 的测试替换为针对 nullNode 的测试。

当执行 find 操作时，我们将 x 复制到哨兵 nullNode 中，以避免额外的测试。

由于涉及的情形数量及采用非递归实现这一事实，代码会相对紧凑。对于这些原因，红黑树执行良好。

rotate 方法有 4 种可能，?:运算符折叠代码但逻辑上与 if/else 测试等价。

实际的实现是复杂的,不仅因为有许多可能的旋转,还因为有些子树(例如图 19.41 中含有 10 的结点的右子树)可能是空树,以及处理根(除了有其他的情形,还没有父结点)的特例。为了消除特例,我们使用两个哨兵。

- 我们在 null 链接的地方使用 nullNode, nullNode 永远是黑色的。
- 我们用 header 作为假根,它的关键字值是 −∞,右链接指向真的根。

所以即使像 isEmpty 这样的基本例程也需要修改。因此,从 BinarySearchTree 继承没有意义,我们从头编写这个类。嵌套在 RedBlackTree 中的 RedBlackNode 列在图 19.42 中,并且很简单。RedBlackTree 类框架列在图 19.43 中。第 55 行和第 56 行声明了我们之前讨论过的哨兵。在 insert 例程中使用了 4 个引用——current、parent、grand 和 great。它们的声明在第 62 ~ 65 行,允许被 insert 和 handleReorient 例程共享。remove 方法没有实现。

```
1      private static class RedBlackNode<AnyType>
2      {
3          // 构造方法
4          RedBlackNode( AnyType theElement )
5          {
6              this( theElement, null, null );
7          }
8
9          RedBlackNode( AnyType theElement, RedBlackNode<AnyType> lt,
10                                           RedBlackNode<AnyType> rt )
11         {
12             element = theElement;
13             left    = lt;
14             right   = rt;
15             color   = RedBlackTree.BLACK;
16         }
17
18         AnyType                 element;    // 结点中的数据
19         RedBlackNode<AnyType> left;         // 左孩子
20         RedBlackNode<AnyType> right;        // 右孩子
21         int                     color;      // 颜色
22     }
```

图 19.42 RedBlackNode 类

```
1  package weiss.nonstandard;
2
3  // RedBlackTree 类
4  //
5  // 构造:没有参数
6  //
7  // ****************** 公有操作 ******************
8  // 与 BinarySearchTree 相同,为简洁起见省略
9  // ****************** 错误 ******************
10 // 由 insert (如有必要) 和 remove 抛出的异常
11
12 public class RedBlackTree<AnyType extends Comparable<? super AnyType>>
13 {
14     public RedBlackTree( )
15       { /* 图 19.44 */ }
16
17     public void insert( AnyType item )
18       { /* 图 19.47 */ }
19     public void remove( AnyType x )
20       { /* 没有实现 */ }
21
22     public AnyType findMin( )
```

图 19.43 RedBlackTree 类框架

```
23          { /* 见网络资源 */ }
24      public AnyType findMax( )
25          { /* 类似于 findMin */ }
26      public AnyType find( AnyType x )
27          { /* 图 19.46 */ }
28
29      public void makeEmpty( )
30          { header.right = nullNode; }
31      public boolean isEmpty( )
32          { return header.right == nullNode; }
33      public void printTree( )
34          { printTree( header.right ); }
35
36      private void printTree( RedBlackNode<AnyType> t )
37          { /* 图 19.45 */ }
38      private final int compare( AnyType item, RedBlackNode<AnyType> t )
39          { /* 图 19.47 */ }
40      private void handleReorient( AnyType item )
41          { /* 图 19.48 */ }
42      private RedBlackNode<AnyType>
43      rotate( AnyType item, RedBlackNode<AnyType> parent )
44          { /* 图 19.49 */ }
45
46      private static <AnyType>
47      RedBlackNode<AnyType> rotateWithLeftChild( RedBlackNode<AnyType> k2 )
48          { /* 像通常那样实现, 见网络资源 */ }
49      private static <AnyType>
50      RedBlackNode<AnyType> rotateWithRightChild( RedBlackNode<AnyType> k1 )
51          { /* 像通常那样实现, 见网络资源 */ }
52      private static class RedBlackNode<AnyType>
53          { /* 图 19.42 */ }
54
55      private RedBlackNode<AnyType> header;
56      private RedBlackNode<AnyType> nullNode;
57
58      private static final int BLACK = 1;     // BLACK 必须为 1
59      private static final int RED   = 0;
60
61          // 用在 insert 例程和它的支撑方法中
62      private RedBlackNode<AnyType> current;
63      private RedBlackNode<AnyType> parent;
64      private RedBlackNode<AnyType> grand;
65      private RedBlackNode<AnyType> great;
66  }
```

图 19.43   RedBlackTree 类框架（续）

其余的例程类似 BinarySearchTree 类中相应的例程，只是因为哨兵结点而导致实现上有所差别。可以为构造方法提供值 −∞ 来初始化头结点。但我们没有这样做，而是在合适的地方使用定义在第 38 行和第 39 行的 compare 方法。构造方法显示在图 19.44 中。构造方法分配 nullNode 和头结点，然后将头结点的 left 和 right 链接指向 nullNode。

```
1       /**
2        * 构造树
3        */
4       public RedBlackTree( )
5       {
6           nullNode = new RedBlackNode<AnyType>( null );
7           nullNode.left = nullNode.right = nullNode;
8           header       = new RedBlackNode<AnyType>( null );
9           header.left = header.right = nullNode;
10      }
```

图 19.44   RedBlackTree 的构造方法

图 19.45 展示了因使用哨兵而带来的最简单的修改。针对 null 的测试需要替换为针对 nullNode 的测试。

```
1      /**
2       * 按有序次序输出子树的内部方法
3       * @param t: 树根所在的结点
4       */
5      private void printTree( RedBlackNode<AnyType> t )
6      {
7          if( t != nullNode )
8          {
9              printTree( t.left );
10             System.out.println( t.element );
11             printTree( t.right );
12         }
13     }
```

图 19.45 RedBlackTree 类的 printTree 方法

对于图 19.46 所展示的 find 例程，我们使用一个常见技巧。在开始搜索之前，将 x 放在 nullNode 哨兵中。所以我们能保证即使没有找到 x 最终也能匹配 x。如果匹配发生在 nullNode 处，则可以说，项没有找到。我们将这个技巧用在 insert 程序中。

```
1      /**
2       * 查找树中的一个项
3       * @param x: 要搜索的项
4       * @return: 匹配的项；如果没有找到，则返回 null
5       */
6      public AnyType find( AnyType x )
7      {
8          nullNode.element = x;
9          current = header.right;
10
11         for( ; ; )
12         {
13             if( x.compareTo( current.element ) < 0 )
14                 current = current.left;
15             else if( x.compareTo( current.element ) > 0 )
16                 current = current.right;
17             else if( current != nullNode )
18                 return current.element;
19             else
20                 return null;
21         }
22     }
```

图 19.46 RedBlackTree 类的 find 例程。注意 header 和 nullNode 的使用

insert 方法严格遵从我们的描述，显示在图 19.47 中。从第 11 ～ 20 行的 while 循环沿树向下并调用图 19.48 所示的 handleReorient，修正有两个红色子结点的结点。为此，它不仅记录当前结点，还记录父结点、祖父结点及曾祖父结点。注意，在旋转之后，保存在祖父结点和曾祖父结点中的值不再正确。不过，在下次需要时会被恢复。当循环结束时，要么找到了 x（由 current!=nullNode 表示），要么没有找到 x（由 current==nullNode 表示）。如果找到了 x，则我们在第 24 行抛出异常。否则，x 尚未在树中，它需要作为 parent 的子结点。我们分配一个新结点（作为新的 current 结点），将它与父结点连接上，并在第 32 行调用 handleReorient。

在第 11 行和第 14 行我们可以看到调用了 compare，使用它是因为头结点可能是比较中涉及的结点之一。头结点中的值逻辑上是 $-\infty$，但实际上是 null。compare 的实现保证头结点中的值小于任何其他的值。compare 也列在图 19.47 中。

```
 1      /**
 2       * 插入树中
 3       * @param item: 要插入的项
 4       * @throws DuplicateItemException: 如果项已经存在
 5       */
 6      public void insert( AnyType item )
 7      {
 8          current = parent = grand = header;
 9          nullNode.element = item;
10
11          while( compare( item, current ) != 0 )
12          {
13              great = grand; grand = parent; parent = current;
14              current = compare( item, current ) < 0 ?
15                          current.left : current.right;
16
17                  // 检查是否有两个红色的子结点；如果是，修正
18              if( current.left.color == RED && current.right.color == RED )
19                  handleReorient( item );
20          }
21
22              // 如果已经存在，则插入失败
23          if( current != nullNode )
24              throw new DuplicateItemException( item.toString( ) );
25          current = new RedBlackNode<AnyType>( item, nullNode, nullNode );
26
27              // 连接到父结点
28          if( compare( item, parent ) < 0 )
29              parent.left = current;
30          else
31              parent.right = current;
32          handleReorient( item );
33      }
34
35      /**
36       * 将项与 t.element 进行比较，使用 compareTo 方法
37       * 注意，如果 t 是表头，则项永远是大的
38       * 当 t 可能是表头时，才调用本例程
39       * 如果 t 不可能是表头，则直接使用 compareTo
40       */
41      private final int compare( AnyType item, RedBlackNode<AnyType> t )
42      {
43          if( t == header )
44              return 1;
45          else
46              return item.compareTo( t.element );
47      }
```

图 19.47 RedBlackTree 类的 insert 和 compare 例程

```
 1      /**
 2       * 如果结点有两个红色子结点，则插入期间调用的内部例程
 3       * 执行翻转和旋转
 4       * @param item: 正插入的项
 5       */
 6      private void handleReorient( AnyType item )
 7      {
 8              // 进行颜色翻转
 9          current.color = RED;
10          current.left.color = BLACK;
11          current.right.color = BLACK;
12
13          if( parent.color == RED )   // 必须旋转
```

图 19.48 handleReorient 例程，当结点有两个红色子结点或插入新结点时调用该例程

```
14              {
15                  grand.color = RED;
16                  if( ( compare( item, grand ) < 0 ) != ( compare( item, parent ) < 0 ) )
17                      parent = rotate( item, grand );  // 开始 dbl 旋转
18                  current = rotate( item, great );
19
20                  current.color = BLACK;
21              }
22          header.right.color = BLACK; // 让根是黑色的
23      }
```

图 19.48　handleReorient 例程，当结点有两个红色子结点或插入新结点时调用该例程（续）

用来执行单旋转的代码列在图 19.49 中的 rotate 方法中。因为得到的树必须与父结点相连，所以 rotate 将父结点作为参数。在树中下降时不记录旋转类型（左或右），而是将 item 作为一个参数。我们期望插入过程中旋转尽可能少，所以这样做不仅简单实际上也更快。

```
1       /**
2        * 执行单旋转或双旋转的内部例程
3        * 因为结果要连到父结点，所以有 4 种情形
4        * 被 handleReorient 调用
5        * @param item: 在 handleReorient 中的项
6        * @param parent: 旋转子树的根的父结点
7        * @return: 旋转子树的根
8        */
9       private RedBlackNode<AnyType>
10      rotate( AnyType item, RedBlackNode<AnyType> parent )
11      {
12          if( compare( item, parent ) < 0 )
13              return parent.left = compare( item, parent.left ) < 0 ?
14                  rotateWithLeftChild( parent.left )  :  // LL
15                  rotateWithRightChild( parent.left ) ;  // LR
16          else
17              return parent.right = compare( item, parent.right ) < 0 ?
18                  rotateWithLeftChild( parent.right ) :  // RL
19                  rotateWithRightChild( parent.right );  // RR
20      }
```

图 19.49　执行相应旋转的例程

handleReorient 例程必要时调用 rotate，以执行单旋转或双旋转。因为双旋转恰好是两个单旋转，所以我们测试是否有内部情形，如果有，则在当前结点和其父结点之间进行额外的旋转（绕过祖父去旋转）。两种情况下，我们都在父结点和祖父结点间旋转（给 rotate 传递曾祖父结点）。这个动作的简洁编码列在图 19.48 的第 16 行和第 17 行。

19.5.4　自顶向下的删除

删除相当复杂。基本思想是，保证被删除的结点是红色的。
懒惰删除是将项标记为已删除。

红黑树中的删除也可以自顶向下执行。不用说也知道，实际的实现相当复杂，因为最开始对于不平衡搜索树的 remove 算法就不容易。一般二叉搜索树的删除算法删除叶结点或是有一个子结点的结点。回想一下，有两个子结点的结点永远不删除，仅替换了它们的内容。

如果要删除的结点是红色的，则没有什么问题。不过，如果要删除的结点是黑色的，那么它的删除将违背属性 4。这个问题的解决方案是保证我们要删除的任何结点都是红色的。

在整个讨论中，我们令 X 为当前结点，T 是它的兄弟，而 P 是它们的父结点。我们先将哨兵

根结点标记为红色。当沿着树向下移动时，试图保证 X 是红色的。当到达一个新结点时，我们确定 P 是红色的（归纳来说，我们试图保持不变性），且 X 和 T 是黑色的（因为我们不能有两个连续的红色结点）。主要有两种情形，以及通常的对称变形（省略）。

第一种情形，假设 X 有两个黑色子结点。根据 T 的子结点，有 3 种子情况。

- T 有两个黑色子结点：颜色翻转（见图 19.50）。
- T 有一个外部红色子结点：执行一次单旋转（见图 19.51）。
- T 有一个内部红色子结点：执行一次双旋转（见图 19.52）。

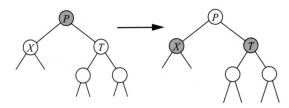

图 19.50 X 有两个黑色子结点，且其兄弟结点的两个子结点都是黑色的。进行颜色翻转

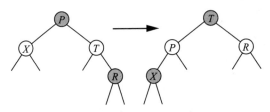

图 19.51 X 有两个黑色子结点，且其兄弟结点的外部子结点是红色的。进行一次单旋转

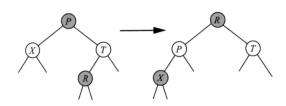

图 19.52 X 有两个黑色子结点，且其兄弟结点的内部子结点是红色的。进行一次双旋转

研究旋转表明，如果 T 有两个红色子结点，则单旋转或者双旋转都是有效的（所以进行单旋转是有意义的）。注意，如果 X 是叶结点，则它的两个子结点都是黑色的，所以我们总能应用这 3 种机制之一令 X 为红色。

第二种情形，假设 X 的一个子结点是红色的。因为第一种主要情形中的旋转总是将 X 标记为红色，如果 X 有一个红色子结点，则会有连续的红色结点。所以我们需要另外一个解决方案。这种情况下，我们降到下一层，得到新的 X、T 和 P。如果幸运，则会降到一个红色结点（至少有 50% 的机会发生），所以令新的当前结点是红色的。否则，我们将遇到图 19.53 所示的情形，即当前的 X 是黑色的，当前的 T 是红色的，而当前的 P 是黑色的。然后可以旋转 T 和 P，所以令 X 的新的父结点是红色的，X 和其新的祖父结点都是黑色的。现在 X 还不是红色的，但我们回到了开始点（虽然是更深的一层）。这个结果足够好了，因为它表明，我们可以迭代地在树中下降。所以，只要我们最终到达一个有两个黑色子结点的结点，或是到达一个红结点，就可以了。这个结果可以保证删除算法，因为最终的两个状态是

- X 是一个叶结点，因为 X 有两个黑色子结点，所以总可以由主要情形处理。
- X 仅有一个子结点，如果子结点是黑色的，则适用于主要情形，我们可以删除 X，如果有

必要，则让子结点为黑色。

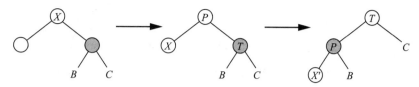

图 19.53　X 是黑色的，且至少有一个红色子结点。如果降到下一层落在红色子结点上，很好；如果不是，则旋转兄弟结点和父结点

有时使用懒惰删除（lazy deletion），即将项标记为已删除但不真的删除。不过，懒惰删除了浪费空间，也使其他例程复杂了（见练习 19.23）。

19.6　AA 树

> 当需要平衡树且能接受不太精致的实现并需要删除操作时，AA 树是可选择的方法。
>
> AA 树中一个结点的层表示到 nullNode 哨兵的路径上的左链接个数。
>
> AA 树中的水平链接连接的是一个结点和其同层的子结点。水平链接应只向右走，并且不应有两个连续的水平链接。

因为可能有很多旋转，所以编写红黑树的代码相当困难。尤其是 remove 操作相当有挑战性。本节我们描述一种简单但更好的平衡搜索树，称为 AA 树。当需要平衡树且能接受不太精致的实现并需要删除操作时，AA 树是可以选择的方法。AA 树在红黑树上添加了一个额外的条件：左孩子可能不是红色的。

这个简单的限制极大地简化了红黑树算法，原因有两条：第一，它减少了大约一半的结构调整；第二，通过去除复杂的情形简化了 remove 算法。即如果内部结点只有一个子结点，则这个子结点必须是红色右子结点，因为红色左子结点现在是非法的，而单一的黑色子结点可能违反红黑树的属性 4。所以我们总是可以将一个内部结点替换为右子树中的最小结点。最小结点要么是叶结点，要么有一个红色子结点，可以很容易地绕过和删除。

为了进一步简化实现，我们用更直接的方法表示平衡信息。我们保存每个结点的层，而不是保存结点的颜色。一个结点的层（level of a node）表示到 nullNode 哨兵的路径上左链接个数，计算如下：

- 如果结点是叶结点，则层为 1。
- 如果结点是红色的，则层为其父结点的层。
- 如果结点是黑色的，则层比其父结点的层小 1。

得到的结果是一棵 AA 树。如果我们将结构要求从颜色转为层，则可以知道，左子结点必须比其父结点的层低 1 层，而右子结点可能比其父结点低 0 层或 1 层（不会更多）。水平链接（horizontal link）是结点和同层子结点之间的连接。颜色属性意味着：

- 水平链接是右链接（因为只有右子结点可能是红色的）。
- 不可能有两个连续的水平链接（因为不可能有连续的红色结点）。
- 层 2 或者更高层的结点必须有两个子结点。
- 如果一个结点没有右水平链接，则它的两个子结点在同一层中。

图 19.54 展示了一个简单的 AA 树。这棵树的根是含关键字 30 的结点。使用普通算法就可以完成搜索。和往常一样，insert 和 remove 更困难，因为自然的二叉搜索树算法可能会导致违反水平链接属性。毫不奇怪，树的旋转可以修正遇到的所有问题。

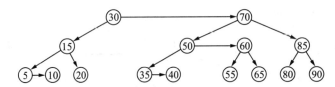

图 19.54　插入 10,85, 15, 70, 20, 60, 30,50, 65, 80, 90, 40, 5,55, 35 得到的 AA 树

19.6.1　插入

使用普通的递归算法及两个方法调用可以完成插入。

skew（在结点和其左子结点间的旋转）删除左水平链接。split（在结点和其右子结点间的旋转）修正连续右水平链接。先完成 skew，然后再完成 split。

这是一个罕见的算法，其中在纸上模拟比在计算机上实现更困难。

新项总是插入最底层。如通常一样，这样可能会导致问题。在图 19.54 所示的树中，插入 2 会创建一个水平左链接，而插入 45 会产生连续的右链接。因此，在将一个结点添加到最底层后，我们可能需要执行某些旋转以恢复水平链接属性。

这两种情况下，都可以用单旋转来修正问题。我们通过在结点及其左子结点之间的旋转删除左水平链接，这个过程称为 skew。我们通过在由两个链接连起来的（三个结点中的）第一个和第二个结点间的旋转修正连续的右水平链接，这个过程称为 split。

skew 过程用图 19.55 来说明，split 过程用图 19.56 来说明。虽然 skew 删除了左水平链接，但它可能产生连续的右水平链接，因为 X 的右子结点可能也是水平的。所以我们应该先完成 skew，然后再完成 split。在 split 后，中间结点增加了层数。因为要么创建了一个左水平链接，要么产生了连续的右水平链接，所以可能会给 X 原来的父结点带来问题，在向上到根的路径上采用 skew/split 策略可以修正这些问题。如果我们使用递归，则可以自动完成，而 insert 的递归实现只比对应的非平衡搜索树的例程多两个方法调用。

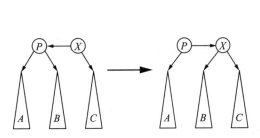

图 19.55　skew 过程是 X 和 P 间的一个简单旋转

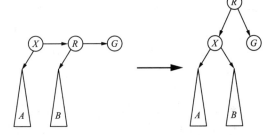

图 19.56　split 过程是 X 和 R 间的一个简单旋转，注意 R 的层加 1

为了展示这个算法，我们在图 19.54 所示的 AA 树中插入 45。在图 19.57 中，当结点 45 添加到最底层时，形成了连续的水平链接。然后从底层向上到根，按需应用 skew/split 对。所以，由于连续的水平右链接，在结点 35 处需要一次 split。执行 split 的结果展示在图 19.58 中。当递归回到结点 50 时，遇到了一个水平左链接。所以，我们在结点 50 处执行 skew，以删除水平左链接（结果显示在图 19.59 中），然后在结点 40 处执行 split，以删除连续的水平右链接。执行 split 后的结果显示在图 19.60 中。执行 split 的结果是：结点 50 在第 3 层，且它是结点 70 的水平左子结点。所以我们需要执行另一个 skew/split 对。在结点 70 处的 skew 过程删除最高层的左水平链接，但产生了连续的右水平结点，如图 19.61 所示。当采用最终的 split

时，删除了连续的水平结点，结点 50 成为树的新根。结果如图 19.62 所示。

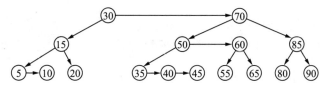

图 19.57 在示例树中插入结点 45 后，出现了从结点 35 开始的连续水平链接

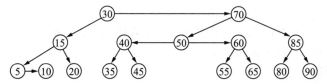

图 19.58 在结点 35 处执行 split 后，出现了结点 50 处的左水平链接

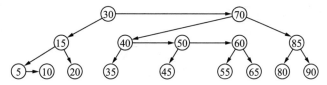

图 19.59 在结点 50 处执行 skew 后，出现了从结点 40 开始的连续水平结点

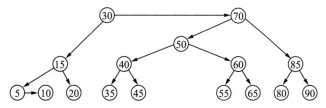

图 19.60 在结点 40 处执行 split 后，结点 50 现在与结点 70 在同一层，出现了非法的左水平链接

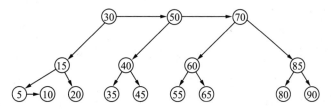

图 19.61 在结点 70 处执行 skew 后，出现了从结点 30 开始的连续水平链接

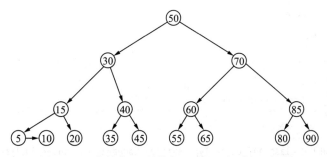

图 19.62 在结点 30 处执行 split 后，插入完成

19.6.2　删除

> 删除变得更容易了，因为一个子结点的情形仅可能出现在第 1 层，并且我们愿意使用递归。在递归删除后，执行三次 skew 和两次 split 操作，可以保证重新平衡。

对于一般的二叉搜索树，remove 算法分为三种情形：要删除的项是叶结点、有一个子结点或有两个子结点。对于 AA 树，我们将一个子结点的情形与两个子结点的情形等同处理，因为一个子结点的情形仅可能出现在第 1 层。另外，两个子结点的情形也很简单，因为用来替换值的结点保证在第 1 层，最差情形下仅有一个右水平链接。所以，所有问题都归结为能够删除第 1 层的结点。显然，这个动作可能会影响平衡性（例如考虑在图 19.62 中删除 20）。

令 T 是当前结点，并使用递归。如果删除已经将 T 的一个子结点的层变为比 T 的层低 2 层，则 T 的层也需要降低（实际上只有递归调用输入的子结点受影响，所以为了简化，我们不记录它）。进一步来说，如果 T 有一个水平右链接，则它的右子结点的层也必须降低。此时，我们可能有 6 个结点在同一层中：T、T 的水平右子结点 R、R 的两个子结点，以及这些子结点的水平右子结点。图 19.63 展示最简单的可能情景。

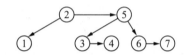

图 19.63　当删除 1 时，所有结点成为第 1 层，所以出现水平左链接

在删除结点 1 后，结点 2 和结点 5 成为第 1 层的结点。首先，我们必须修正出现在结点 5 和结点 3 之间的左水平链接。完成这件事基本上需要两次旋转：一次在结点 5 和结点 3 之间，另一次是在结点 5 和结点 4 之间。本例中，当前结点 T 没有涉及。不过，如果删除来自右侧，则 T 的左结点可能突然间变为水平的，这需要类似的双旋转（从 T 开始）。为了避免测试所有情形，我们仅调用了 skew 三次。一旦已经完成了，则两次调用 split 就足以重新排列水平边。

19.6.3　Java 实现

> 实现相对简单（与红黑树相比较）。
> deletedNode 变量指向含有 x 的结点（如果可以找到 x），或是 nullNode（如果没有找到 x）。lastNode 变量指向替换结点。我们使用双向比较替代三向比较。

AA 树的类框架及一个嵌套的结点类列在图 19.64 中。其中大部分复制了之前树的代码。同样，我们使用 nullNode 哨兵，不过，我们不需要假根。像红黑树一样，构造方法分配 nullNode，并让 root 引用指向它。nullNode 的层为 0。例程使用了私有的辅助方法。

```
 1  package weiss.nonstandard;
 2
 3  // AATree 类
 4  //
 5  // 构造：没有初值
 6  //
 7  // ****************** 公有操作 ******************
 8  // 与 BinarySearchTree 相同，为简洁起见省略
 9  // ****************** 错误 ******************
10  // 如有必要，插入和删除抛出的异常
11
12  public class AATree<AnyType extends Comparable<? super AnyType>>
```

图 19.64　用于 AA 树的类框架

```
13 {
14     public AATree( )
15     {
16         nullNode = new AANode<AnyType>( null, null, null );
17         nullNode.left = nullNode.right = nullNode;
18         nullNode.level = 0;
19         root = nullNode;
20     }
21
22     public void insert( AnyType x )
23       { root = insert( x, root ); }
24
25     public void remove( AnyType x )
26       { deletedNode = nullNode; root = remove( x, root ); }
27     public AnyType findMin( )
28       { /* 常规实现；见网络资源 */ }
29     public AnyType findMax( )
30       { /* 常规实现；见网络资源 */ }
31     public AnyType find( AnyType x )
32       { /* 常规实现；见网络资源 */ }
33     public void makeEmpty( )
34       { root = nullNode; }
35     public boolean isEmpty( )
36       { return root == nullNode; }
37
38     private AANode<AnyType> insert( AnyType x, AANode<AnyType> t )
39       { /* 图 19.65 */ }
40     private AANode<AnyType> remove( AnyType x, AANode<AnyType> t )
41       { /* 图 19.67 */ }
42     private AANode<AnyType> skew( AANode<AnyType> t )
43       { /* 图 19.66 */ }
44     private AANode<AnyType> split( AANode<AnyType> t )
45       { /* 图 19.66 */ }
46
47     private static <AnyType>
48     AANode<AnyType> rotateWithLeftChild( AANode<AnyType> k2 )
49       { /* 常规实现；见网络资源 */ }
50     private static <AnyType>
51     AANode<AnyType> rotateWithRightChild( AANode<AnyType> k1 )
52       { /* 常规实现；见网络资源 */ }
53
54     private static class AANode<AnyType>
55     {
56             // 构造方法
57         AANode( AnyType theElement )
58         {
59             element = theElement;
60             left    = right = nullNode;
61             level   = 1;
62         }
63
64         AnyType          element;    // 结点中的数据
65         AANode<AnyType> left;        // 左孩子
66         AANode<AnyType> right;       // 右孩子
67         int              level;      // 层
68     }
69
70     private AANode<AnyType> root;
71     private AANode<AnyType> nullNode;
72
73     private AANode<AnyType> deletedNode;
74     private AANode<AnyType> lastNode;
75 }
```

图 19.64 用于 AA 树的类框架（续）

insert 方法展示在图 19.65 中，如本节之前提到的，它与递归的二叉搜索树的 insert 方法几乎一样。唯一的不同是，它增加了一次调用 skew，再接一次调用 split。在图 19.66 中使用已有的树的旋转，可以轻松实现 skew 和 split。最后，remove 展示在图 19.67 中。

```
1      /**
2       * 插入一棵子树中的内部方法
3       * @param x: 要插入的项
4       * @param t: 根所在的结点
5       * @return: 新的根
6       * @throws DuplicateItemException: 如果 x 已经存在
7       */
8      private AANode<AnyType> insert( AnyType x, AANode<AnyType> t )
9      {
10         if( t == nullNode )
11             t = new AANode<AnyType>( x, nullNode, nullNode );
12         else if( x.compareTo( t.element ) < 0 )
13             t.left = insert( x, t.left );
14         else if( x.compareTo( t.element ) > 0 )
15             t.right = insert( x, t.right );
16         else
17             throw new DuplicateItemException( x.toString( ) );
18
19         t = skew( t );
20         t = split( t );
21         return t;
22     }
```

图 19.65   用于 AATree 类的 insert 例程

```
1      /**
2       * 用于 AA 树的 skew 原语
3       * @param t: 树根所在的结点
4       * @return: 旋转后的新根
5       */
6      private static <AnyType> AANode<AnyType> skew( AANode<AnyType> t )
7      {
8          if( t.left.level == t.level )
9              t = rotateWithLeftChild( t );
10         return t;
11     }
12
13     /**
14      * 用于 AA 树的 split 原语
15      * @param t: 树根所在的结点
16      * @return: 旋转后的新根
17      */
18     private static <AnyType> AANode<AnyType> split( AANode<AnyType> t )
19     {
20         if( t.right.right.level == t.level )
21         {
22             t = rotateWithRightChild( t );
23             t.level++;
24         }
25         return t;
26     }
```

图 19.66   用于 AATree 类的 skew 和 split 过程

```
1      /**
2       * 从子树中删除的内部方法
3       * @param x: 要删除的项
4       * @param t: 树根所在的结点
5       * @return: 新的根
6       * @throws ItemNotFoundException: 如果没有找到 x
7       */
```

图 19.67   用于 AA 树的 remove 方法

```
 8        private AANode<AnyType> remove( AnyType x, AANode<AnyType> t )
 9        {
10            if( t != nullNode )
11            {
12                // 第1步：向下搜索
13                //       并设置 lastNode 和 deletedNode
14                lastNode = t;
15                if( x.compareTo( t.element ) < 0 )
16                    t.left = remove( x, t.left );
17                else
18                {
19                    deletedNode = t;
20                    t.right = remove( x, t.right );
21                }
22
23                // 第2步：如果到达了树的底部
24                //       且 x 出现，则删除它
25                if( t == lastNode )
26                {
27                    if( deletedNode == nullNode ||
28                                x.compareTo( deletedNode.element ) != 0 )
29                        throw new ItemNotFoundException( x.toString( ) );
30                    deletedNode.element = t.element;
31                    t = t.right;
32                }
33
34                // 第3步：否则，我们没有在树的底部，再平衡
35                else
36                    if( t.left.level < t.level - 1 || t.right.level < t.level - 1 )
37                    {
38                        if( t.right.level > --t.level )
39                            t.right.level = t.level;
40                        t = skew( t );
41                        t.right = skew( t.right );
42                        t.right.right = skew( t.right.right );
43                        t = split( t );
44                        t.right = split( t.right );
45                    }
46            }
47            return t;
48        }
```

图 19.67　用于 AA 树的 remove 方法（续）

为了更好地实现，我们记录两个实例变量 deletedNode 和 lastNode。当遍历右子结点时，调整 deletedNode。因为我们递归调用 remove，直到到达底部（在向下的过程中不进行相等性测试），所以我们可以保证，如果要删除的项在树中，则 deletedNode 将指向含有它的结点。注意，这个技术可用在 find 过程中，将每个结点要完成的三向比较替换为每个结点的双向比较外加一个额外的底部的相等测试。lastNode 指向搜索终止处的第 1 层结点。因为我们在到达底部之前不停止，如果项在树中，则 lastNode 将指向含有替换值且必须从树中删除的第 1 层结点。

给定的递归调用终止后，我们要么在第 1 层，要么不在第 1 层。如果我们在第 1 层，则可以将结点的值备份到要被替换的内部结点中，然后可以绕过第 1 层结点。否则，我们在更高的层，需要判断是否违反了平衡条件。如果是，则恢复平衡然后三次调用 skew 并两次调用 split。如之前所讨论的，这些动作保证能恢复 AA 树的属性。

19.7　Collections API TreeSet 和 TreeMap 类的实现

本节我们提供 Collections API TreeSet 和 TreeMap 合理高效的实现。代码混合了 17.5 节提出的 Collections API 链表实现及 19.6 节提出的 AA 树实现。因为像树的旋转这样的核心私有例

程基本上没有修改，所以有些 AA 树的细节在这里就不重复了。那些例程包含在网络资源中。另外一些例程（例如私有的 insert 和 remove）与 19.6 节给出的稍有不同，我们重写了代码，为的是展现它们的相似性和代码的完整。

其结点、集合和迭代器类的基本实现类似标准 LinkedList 类。不过，类之间有两点主要区别：

- TreeSet 类可以与 Comparator 一起构造，而 Comparator 保存为数据成员。
- TreeSet 迭代例程比 LinkedList 类中的复杂得多。

迭代是最难处理的部分。我们必须决定如何实现遍历。有以下几种选择：

- 使用父结点链接。
- 让迭代器维护一个栈，表示到当前位置路径上的结点。
- 让每个结点维护一个到其中序前驱的链接，这项技术称为线索树（threaded tree）。

为了让代码尽可能像 19.6 节 AA 树的代码，我们选择让迭代器维护栈。我们将使用父结点链接这个选择留作练习 19.32。

图 19.68 展示了 TreeSet 类框架。第 12 行和第 13 行是结点声明，声明体与 19.6 节 AANode 的声明是一样的。第 18 行是保存比较函数对象的数据成员。在第 54～55 行、第 57～58 行、第 62～63 行及第 70～77 行的例程和数据域，与 AA 树中对应的成分基本一样。例如，第 54～55 行的 insert 方法与 AATree 类中的相应方法的区别是：如果插入了重复值，则 AATree 版本抛出一个异常，而这个 insert 方法立即返回，原版本的 insert 维护 size 和 modCount 数据成员，这个新版本使用一个比较器。

```
 1  package weiss.util;
 2
 3  import java.io.Serializable;
 4  import java.io.IOException;
 5
 6  public class TreeSet<AnyType> extends AbstractCollection<AnyType>
 7                          implements SortedSet<AnyType>
 8  {
 9      private class TreeSetIterator implements Iterator<AnyType>
10      { /* 图 19.74 */ }
11
12      private static class AANode<AnyType> implements Serializable
13      { /* 与图 19.64 中的一样 */ }
14
15      private int modCount = 0;
16      private int theSize = 0;
17      private AANode<AnyType> root = null;
18      private Comparator<? super AnyType> cmp;
19      private AANode<AnyType> nullNode;
20
21      public TreeSet( )
22      { /* 图 19.69 */ }
23      public TreeSet( Comparator<? super AnyType> c )
24      { /* 图 19.69 */ }
25      public TreeSet( SortedSet<AnyType> other )
26      { /* 图 19.69 */ }
27      public TreeSet( Collection<? extends AnyType> other )
28      { /* 图 19.69 */ }
29
30      public Comparator<? super AnyType> comparator( )
31      { /* 图 19.69 */ }
32      private void copyFrom( Collection<? extends AnyType> other )
33      { /* 图 19.69 */ }
34
35      public int size( )
36      { return theSize; }
37
```

图 19.68   TreeSet 类框架

```
38      public AnyType first( )
39         { /* 类似 findMin 见网络资源 */ }
40      public AnyType last( )
41         { /* 类似 findMax 见网络资源 */ }
42
43      public AnyType getMatch( AnyType x )
44         { /* 图 19.70 */ }
45
46      private AANode<AnyType> find( AnyType x )
47         { /* 图 19.69 */ }
48      private int compare( AnyType lhs, AnyType rhs )
49         { /* 图 19.69 */ }
50      public boolean contains( Object x )
51         { /* 图 19.69 */ }
52      public boolean add( AnyType x )
53         { /* 图 19.71 */ }
54      private AANode<AnyType> insert( AnyType x, AANode<AnyType> t )
55         { /* 图 19.71 */ }
56
57      private AANode<AnyType> deletedNode;
58      private AANode<AnyType> lastNode;
59
60      public boolean remove( Object x )
61         { /* 图 19.72 */ }
62      private AANode<AnyType> remove( AnyType x, AANode<AnyType> t )
63         { /* 图 19.73 */ }
64      public void clear( )
65         { /* 图 19.72 */ }
66
67      public Iterator<AnyType> iterator( )
68         { return new TreeSetIterator( ); }
69
70      private static <AnyType> AANode<AnyType> skew( AANode<AnyType> t )
71         { /* 与图 19.66 中的一样 */ }
72      private static <AnyType> AANode<AnyType> split( AANode<AnyType> t )
73         { /* 与图 19.66 中的一样 */ }
74      private static <AnyType> AANode<AnyType> rotateWithLeftChild( AANode<AnyType> k2 )
75         { /* 和往常一样 */ }
76      private static <AnyType> AANode<AnyType> rotateWithRightChild( AANode<AnyType> k1 )
77         { /* 和往常一样 */ }
78  }
```

图 19.68　TreeSet 类框架（续）

TreeSet 类的构造方法和 comparator 访问方法列在图 19.69 中，其中还显示了私有辅助方法 copyFrom。图 19.70 实现了公有的 getMatch，它是非标准方法（用来在后面辅助 TreeMap）。私有的 find 方法与 19.6 节中的一样。如果提供了比较器，则 compare 方法使用比较器方法，否则它假设参数是 Comparable，并使用它们的 compareTo 方法。如果没有提供比较器方法，并且参数本身不是 Comparable 的，则抛出 ClassCastException，这种情况下这个动作非常合理。

```
 1      /**
 2       * 构造一个空的 TreeSet
 3       */
 4      public TreeSet( )
 5      {
 6          nullNode = new AANode<AnyType>( null, null, null );
 7          nullNode.left = nullNode.right = nullNode;
 8          nullNode.level = 0;
 9          root = nullNode;
10          cmp = null;
11      }
12
13      /**
```

图 19.69　TreeSet 类的构造方法和比较器方法

```
14        *  构造一个带有指定比较器的空 TreeSet
15        */
16      public TreeSet( Comparator<? super AnyType> c )
17        { this( ); cmp = c; }
18
19      /**
20        *  从另一个 SortedSet 构造一个 TreeSet
21        */
22      public TreeSet( SortedSet<AnyType> other )
23        { this( other.comparator( ) ); copyFrom( other ); }
24
25      /**
26        *  从任意集合构造一个 TreeSet
27        *  使用 O( N log N ) 算法，但可以改进
28        */
29      public TreeSet( Collection<? extends AnyType> other )
30        { this( ); copyFrom( other ); }
31
32      /**
33        *  返回本 TreeSet 使用的比较器
34        *  @return: 比较器，如果使用默认比较器则返回 null
35        */
36      public Comparator<? super AnyType> comparator( )
37        { return cmp; }
38
39      /**
40        *  将任何集合复制到一个新的 TreeSet 中
41        */
42      private void copyFrom( Collection<? extends AnyType> other )
43      {
44          clear( );
45          for( AnyType x : other )
46              add( x );
47      }
```

图 19.69   TreeSet 类的构造方法和比较器方法（续）

```
 1      /**
 2        *  本方法不属于标准 Java
 3        *  与 contains 一样，它检查 x 是否在集合中
 4        *  如果在，它返回指向匹配对象的引用
 5        *  否则返回 null
 6        *  @param x: 要搜索的对象
 7        *  @return: 如果 contains(x) 为 false，则返回值为 null
 8        *  否则，返回值为
 9        *  能让 contains(x) 返回 true 的对象
10        */
11      public AnyType getMatch( AnyType x )
12      {
13          AANode<AnyType> p = find( x );
14          if( p == null )
15              return null;
16          else
17              return p.element;
18      }
19
20      /**
21        *  查找树中的一个项
22        *  @param x: 要搜索的项
23        *  @return: 匹配的项，如果没有找到则返回 null
24        */
25      private AANode<AnyType> find( AnyType x )
26      {
27          AANode<AnyType> current = root;
28          nullNode.element = x;
29
```

图 19.70   TreeSet 类的搜索方法

```
30              for( ; ; )
31              {
32                  int result = compare( x, current.element );
33
34                  if( result < 0 )
35                      current = current.left;
36                  else if( result > 0 )
37                      current = current.right;
38                  else if( current != nullNode )
39                      return current;
40                  else
41                      return null;
42              }
43          }
44
45          private int compare( AnyType lhs, AnyType rhs )
46          {
47              if( cmp == null )
48                  return ((Comparable) lhs).compareTo( rhs );
49              else
50                  return cmp.compare( lhs, rhs );
51          }
```

图 19.70　TreeSet 类的搜索方法（续）

　　公有的 **add** 方法列在图 19.71 中。它简单地调用私有的 **insert** 方法，类似前面在 19.6 节见过的代码。观察得知，**add** 成功，当且仅当集合的大小改变了。

```
1       /**
2        * 将一个项添加到本集合中
3        * @param x: 任意对象
4        * @return true: 如果这个项已经添加到集合中
5        */
6       public boolean add( AnyType x )
7       {
8           int oldSize = size( );
9
10          root = insert( x, root );
11          return size( ) != oldSize;
12      }
13
14      /**
15       * 插入一棵子树中的内部方法
16       * @param x: 要插入的项
17       * @param t: 树根所在的结点
18       * @return: 新的根
19       */
20      private AANode<AnyType> insert( AnyType x, AANode<AnyType> t )
21      {
22          if( t == nullNode )
23          {
24              t = new AANode<AnyType>( x, nullNode, nullNode );
25              modCount++;
26              theSize++;
27          }
28          else
29          {
30              int result = compare( x, t.element );
31
32              if( result < 0 )
33                  t.left = insert( x, t.left );
34              else if( result > 0 )
```

图 19.71　TreeSet 的插入方法

```
35              t.right = insert( x, t.right );
36          else
37              return t;
38      }
39
40      t = skew( t );
41      t = split( t );
42      return t;
43  }
```

图 19.71 TreeSet 的插入方法（续）

图 19.72 展示了公有的 remove 方法和 clear 方法。公有的 remove 方法调用图 19.73 展示的私有的 remove，这个代码非常类似 19.6 节的代码。主要的改变是使用了比较器（通过 compare 方法），附加的代码在第 31 行和第 32 行。

```
1      /**
2       * 从本集合中删除一个项
3       * @param x: 任意对象
4       * @return true: 如果这个项已经从集合中删除
5       */
6      public boolean remove( Object x )
7      {
8          int oldSize = size( );
9
10         deletedNode = nullNode;
11         root = remove( (AnyType) x, root );
12
13         return size( ) != oldSize;
14     }
15
16     /**
17      * 将本集合的大小改为 0
18      */
19     public void clear( )
20     {
21         theSize = 0;
22         modCount++;
23         root = nullNode;
24     }
```

图 19.72 TreeSet 的公有删除方法

```
1      /**
2       * 从子树中删除的内部方法
3       * @param x: 要删除的项
4       * @param t: 树根所在的结点
5       * @return: 新的根
6       */
7      private AANode<AnyType> remove( AnyType x, AANode<AnyType> t )
8      {
9          if( t != nullNode )
10         {
11             // 第 1 步: 在树中向下搜索
12             //        并设置 lastNode 和 deletedNode
13             lastNode = t;
14             if( compare( x, t.element ) < 0 )
15                 t.left = remove( x, t.left );
16             else
17             {
18                 deletedNode = t;
```

图 19.73 TreeSet 的私有 remove 方法

```
19                t.right = remove( x, t.right );
20            }
21
22            // 第 2 步：如果在树的底部
23            //       并且 x 出现，则删除它
24            if( t == lastNode )
25            {
26                if( deletedNode == nullNode ||
27                            compare( x, deletedNode.element ) != 0 )
28                    return t;    // 没有找到项，什么也不做
29                deletedNode.element = t.element;
30                t = t.right;
31                theSize--;
32                modCount++;
33            }
34
35            // 第 3 步：否则，我们没到达底部，再平衡
36            else
37                if( t.left.level < t.level - 1 || t.right.level < t.level - 1 )
38                {
39                    if( t.right.level > --t.level )
40                        t.right.level = t.level;
41                    t = skew( t );
42                    t.right = skew( t.right );
43                    t.right.right = skew( t.right.right );
44                    t = split( t );
45                    t.right = split( t.right );
46                }
47        }
48        return t;
49    }
```

图 19.73　TreeSet 的私有 remove 方法（续）

迭代器类如图 19.74 所示，current 是含有下一个未见项结点的位置。棘手的部分是维护栈 path，它含有到当前结点的路径上的所有结点，但不包括当前结点本身。构造方法只是沿着所有的左链接，将路径上除最后一个结点之外的所有结点入栈。我们还维护已访问项的个数，所以容易进行 hasNext 测试。

```
1     /**
2      * 这是 TreeSetIterator 的实现
3      * 它维护当前位置符号
4      * 当然，还隐含指向 TreeSet 的引用
5      */
6     private class TreeSetIterator implements Iterator<AnyType>
7     {
8         private int expectedModCount = modCount;
9         private int visited = 0;
10        private Stack<AANode<AnyType>> path = new Stack<AANode<AnyType>>( );
11        private AANode<AnyType> current = null;
12        private AANode<AnyType> lastVisited = null;
13
14        public TreeSetIterator( )
15        {
16            if( isEmpty( ) )
17                return;
18
19            AANode<AnyType> p = null;
20            for( p = root; p.left != nullNode; p = p.left )
21                path.push( p );
22
23            current = p;
```

图 19.74　TreeSetIterator 内部类框架

```
24              }
25
26        public boolean hasNext( )
27        {
28            if( expectedModCount != modCount )
29                throw new ConcurrentModificationException( );
30
31            return visited < size( );
32        }
33
34        public AnyType next( )
35        { /* 图 19.75 */ }
36
37        public void remove( )
38        { /* 图 19.76 */ }
39    }
```

图 19.74　TreeSetIterator 内部类框架（续）

核心例程是私有方法 next，如图 19.75 所示。在记录了当前结点中的值并设置了 lastVisited（用于 remove）之后，current 需要前移。如果当前结点有右子结点，则我们向右走一步然后再向左走到头（第 11 ～ 17 行）。否则，如第 21 ～ 32 行所说明的，我们需要向根回退，直到我们找到要向左转的结点。那个结点一定存在，因为那个结点是迭代中的下一个结点，否则第 4 行会抛出一个异常。

```
1         public AnyType next( )
2         {
3             if( !hasNext( ) )
4                 throw new NoSuchElementException( );
5
6             AnyType value = current.element;
7             lastVisited = current;
8
9             if( current.right != nullNode )
10            {
11                path.push( current );
12                current = current.right;
13                while( current.left != nullNode )
14                {
15                    path.push( current );
16                    current = current.left;
17                }
18            }
19            else
20            {
21                AANode<AnyType> parent;
22
23                for( ; !path.isEmpty( ); current = parent )
24                {
25                    parent = path.pop( );
26
27                    if( parent.left == current )
28                    {
29                        current = parent;
30                        break;
31                    }
32                }
33            }
34
35            visited++;
36            return value;
37        }
```

图 19.75　TreeSetIterator 的 next 方法

图 19.76 展示了极为棘手的 remove。相对容易的部分展示在第 3 ～ 15 行，在进行一些错误检查后，在第 11 行从树中删除项。在第 13 行，我们修正了 expectedModCount，这样就不会（仅）为这个迭代器获得后续的 ConcurrentModificationException。在第 14 行，我们减小 visited 的值（这样 hasNext 才有效），在第 15 行，我们将 lastVisited 设置为 null，所以不允许连续的 remove。

```
1          public void remove( )
2          {
3              if( expectedModCount != modCount )
4                  throw new ConcurrentModificationException( );
5
6              if( lastVisited == null )
7                  throw new IllegalStateException( );
8
9              AnyType valueToRemove = lastVisited.element;
10
11             TreeSet.this.remove( valueToRemove );
12
13             expectedModCount++;
14             visited--;
15             lastVisited = null;
16
17             if( !hasNext( ) )
18                 return;
19
20                 // 旋转情况下，剩下的代码恢复栈
21             AnyType nextValue = current.element;
22             path.clear( );
23             AANode<AnyType> p = root;
24             for( ; ; )
25             {
26                 path.push( p );
27                 int result = compare( nextValue, p.element );
28                 if( result < 0 )
29                     p = p.left;
30                 else if( result > 0 )
31                     p = p.right;
32                 else
33                     break;
34             }
35             path.pop( );
36             current = p;
37         }
```

图 19.76　TreeSetIterator 的 remove 方法

如果我们没有删除迭代中的最后一项，则必须重置栈，因为旋转可能重排了树。这个在第 20 ～ 36 行来完成。第 35 行是必要的，因为我们不想让 current 在栈中。

最后，我们提供了 TreeMap 类的实现。TreeMap 是一个简单的 TreeSet，其中我们保存了关键字 / 值对。实际上，相对于 HashSet，HashMap 也有类似的观察结果。所以我们实现了包可见的抽象类 MapImpl，它可以从任何 Set（或 Map）构造。TreeMap 和 HashMap 将扩展 MapImpl，提供了抽象方法的实现。MapImpl 的类框架如图 19.77 和图 19.78 所示。

```
1 package weiss.util;
2
3 /**
4  * MapImpl 在集合的顶端实现 Map
5  * 它应该扩展自 TreeMap 和 HashMap
```

图 19.77　抽象的 MapImpl 辅助类框架（第 1 部分）

```
 6    * 带有对构造方法的调用链
 7    */
 8   abstract class MapImpl<KeyType,ValueType> implements Map<KeyType,ValueType>
 9   {
10       private Set<Map.Entry<KeyType,ValueType>> theSet;
11
12       protected MapImpl( Set<Map.Entry<KeyType,ValueType>> s )
13         { theSet = s; }
14       protected MapImpl( Map<KeyType,ValueType> m )
15         { theSet = clonePairSet( m.entrySet( ) ); }
16
17       protected abstract Map.Entry<KeyType,ValueType>
18                        makePair( KeyType key, ValueType value );
19       protected abstract Set<KeyType> makeEmptyKeySet( );
20       protected abstract Set<Map.Entry<KeyType,ValueType>>
21                        clonePairSet( Set<Map.Entry<KeyType,ValueType>> pairSet );
22
23       private Map.Entry<KeyType,ValueType> makePair( KeyType key )
24         { return makePair( (KeyType) key, null ); }
25       protected Set<Map.Entry<KeyType,ValueType>> getSet( )
26         { return theSet; }
27
28       public int size( )
29         { return theSet.size( ); }
30       public boolean isEmpty( )
31         { return theSet.isEmpty( ); }
32       public boolean containsKey( KeyType key )
33         { return theSet.contains( makePair( key ) ); }
34       public void clear( )
35         { theSet.clear( ); }
36       public String toString( )
37       {
38           StringBuilder result = new StringBuilder( "{" );
39           for( Map.Entry<KeyType,ValueType> e : entrySet( ) )
40               result.append( e + ", " );
41           result.replace( result.length() - 2, result.length(), "}" );
42           return result.toString( );
43       }
44
45       public ValueType get( KeyType key )
46         { /* 图 19.79 */ }
47       public ValueType put( KeyType key, ValueType value )
48         { /* 图 19.79 */ }
49       public ValueType remove( KeyType key )
50         { /* 图 19.79 */ }
```

图 19.77 抽象的 MapImpl 辅助类框架（第 1 部分）(续)

```
51       // Pair 类
52       protected static abstract class Pair<KeyType,ValueType>
53                        implements Map.Entry<KeyType,ValueType>
54       {
55           public Pair( KeyType k, ValueType v )
56             { key = k; value = v; }
57
58           final public KeyType getKey( )
59             { return key; }
60
61           final public ValueType getValue( )
62             { return value; }
63
64           final public ValueType setValue( ValueType newValue )
65             { ValueType oldValue = value; value = newValue; return oldValue; }
66
```

图 19.78 抽象的 MapImpl 辅助类框架（第 2 部分）

```
67          final public String toString( )
68            { return key + "=" + value; }
69
70          private KeyType key;
71          private ValueType value;
72      }
73
74      // 视图
75      public Set<KeyType> keySet( )
76        { return new KeySetClass( ); }
77      public Collection<ValueType> values( )
78        { return new ValueCollectionClass( ); }
79      public Set<Map.Entry<KeyType,ValueType>> entrySet( )
80        {  return getSet( ); }
81
82      private abstract class ViewClass<AnyType> extends AbstractCollection<AnyType>
83        { /* 图 19.80 */ }
84      private class KeySetClass extends ViewClass<KeyType> implements Set<KeyType>
85        { /* 图 19.80 */ }
86      private class ValueCollectionClass extends ViewClass<ValueType>
87        { /* 图 19.80 */ }
88
89      private class ValueCollectionIterator implements Iterator<ValueType>
90        { /* 图 19.81 */ }
91      private class KeySetIterator implements Iterator<KeyType>
92        { /* 图 19.81 */ }
93  }
```

图 19.78 抽象的 MapImpl 辅助类框架（第 2 部分）（续）

第 10 行声明了一个数据成员，即底层集合 theSet。关键字 / 值对由 Map.Entry 类的具体实现表示，这个实现由扩展了 MapImpl 的抽象的 Pair 类（在第 52 ~ 72 行）部分提供。在 TreeMap 中，这个 Pair 类通过提供 compareTo 被进一步扩展，而在 HashMap 中，通过提供 equals 和 hashCode 进行扩展。

在第 17 ~ 21 行声明了 3 个抽象方法，它们是创建了相应具体对象并通过接口类型返回它的工厂方法。例如，在 TreeMap 中，makeEmptyKeySet 返回新构造的 TreeSet，而在 HashMap 中，makeEmptyKeySet 返回新构造的 HashSet。最重要的是，makePair 创建 Map.Entry 类型的表示关键字 / 值对的一个对象。对于 TreeSet，对象是 Comparable 的，且可以对关键字应用 TreeSet 比较方法。这个细节稍后会讨论。

许多映射例程转换为底层集合上的操作，如第 28 ~ 35 行所示。基本例程 get、put 和 remove 显示在图 19.79 中。这些操作简单地转化为集合上的操作。以上这些都需要调用 makePair 去创建与 theSet 中相同类型的对象，put 是这个策略的代表。

```
1   /**
2    * 返回映射中对应关键字的值
3    * @param key: 要搜索的关键字
4    * @return: 与关键字匹配的值
5    * 如果没有找到关键字则返回 null。因为允许有 null 值
6    * 所以，检查返回值是不是 null
7    * 不是查明关键字是否在映射中的安全方法
8    */
9   public ValueType get( KeyType key )
10  {
11      Map.Entry<KeyType,ValueType> match = theSet.getMatch( makePair( key ) );
12
13      if( match == null )
14          return null;
15      else
```

图 19.79 基本 MapImpl 方法的实现

```
16              return match.getValue( );
17      }
18
19      /**
20       * 将关键字 / 值对添加到映射中
21       * 如果关键字已经存在，则覆盖原来的值
22       * @param key: 要插入的关键字
23       * @param value: 要插入的值
24       * @return: 对应关键字的旧值
25       * 如果关键字在本次调用前不存在，则返回 null
26       */
27      public ValueType put( KeyType key, ValueType value )
28      {
29          Map.Entry<KeyType,ValueType> match = theSet.getMatch( makePair( key ) );
30
31          if( match != null )
32              return match.setValue( value );
33
34          theSet.add( makePair( key, value ) );
35          return null;
36      }
37
38      /**
39       * 从映射中删除关键字和其值
40       * @param key: 要删除的关键字
41       * @return: 对应关键字的前一个值
42       * 如果在本次调用前关键字不存在，则返回 null
43       */
44      public ValueType remove( KeyType key )
45      {
46          ValueType oldValue = get( key );
47          if( oldValue != null )
48              theSet.remove( makePair( key ) );
49
50          return oldValue;
51      }
```

图 19.79　基本 MapImpl 方法的实现（续）

MapImpl 类中棘手的部分是提供获取关键字 / 值的视图的能力。在图 19.78 的 MapImpl 类的声明中，我们看到，在第 75 行和第 76 行实现的 keySet 返回指向称为 KeySetClass 的内部类实例的引用，在第 77 行和第 78 行实现的 values 返回指向称为 ValueCollectionClass 内部类实例的引用。KeySetClass 和 ValueCollectionClass 有一些共性，所以它们扩展了称为 ViewClass 的泛型内部类。这 3 个类出现在类声明的第 82 ～ 87 行，它们的实现展示在图 19.80 中。

```
1       /**
2        * 对视图（关键字视图或值视图）建模的抽象类
3        * 实现 size 和 clear 方法，但没有 iterator 方法
4        * 视图委托给底层映射
5        */
6       private abstract class ViewClass<AnyType> extends AbstractCollection<AnyType>
7       {
8           public int size( )
9             { return MapImpl.this.size( ); }
10
11          public void clear( )
12            { MapImpl.this.clear( ); }
13      }
14
15      /**
16       * 对关键字集合视图建模的类
17       * remove 是覆盖的（否则使用的是顺序搜索）
18       * iterator 给出 KeySetIterator（见图 19.81）
```

图 19.80　用于 MapImpl 的视图类

```
19        * getMatch, weiss.util.Set 的非标准部分不是必需的
20        */
21       private class KeySetClass extends ViewClass<KeyType> implements Set<KeyType>
22       {
23           public boolean remove( Object key )
24             { return MapImpl.this.remove( (KeyType) key ) != null; }
25
26           public Iterator<KeyType> iterator( )
27             { return new KeySetIterator( ); }
28
29           public KeyType getMatch( KeyType key )
30             { throw new UnsupportedOperationException( ); }
31       }
32
33       /**
34        * 对值集合视图建模的类
35        * 使用的是顺序搜索的默认 remove
36        * iterator 给出 ValueCollectionIterator (见图 19.81)
37        */
38       private class ValueCollectionClass extends ViewClass<ValueType>
39       {
40           public Iterator<ValueType> iterator( )
41             { return new ValueCollectionIterator( ); }
42       }
```

图 19.80　用于 MapImpl 的视图类 (续)

在图 19.80 中，我们看到，在泛型 ViewClass 中，调用 clear 和 size 都委托给底层映射。这个类是抽象的，因为 AbstractCollection 没有提供 Collection 中指定的 iterator 方法，故 ViewClass 也没有提供。ValueCollectionClass 扩展了 ViewClass<ValueType>，并提供一个 iterator 方法，这个方法返回新构造的内部类 ValueCollectionIterator 的实例（它当然实现了 Iterator 接口）。ValueCollectionIterator 委托调用 next 和 hasNext，如图 19.81 所示（我们很快就会说到）。KeySetClass 扩展了 ViewClass<KeyType>，但因为它是一个 Set，所以除了 iterator 方法外还必须提供（非标准）getMatch 方法。因为 KeySet 类本身不会用来表示一个 Map，故不需要这个方法，所以其实现就是简单抛出一个异常。我们还提供 remove 方法从底层映射中删除关键字/值对。如果没有提供这个方法，则默认从 AbstractCollection 继承，使用的是效率很低的顺序搜索。

图 19.81 提供了 KeySetIterator 和 ValueCollectionIterator 的实现，完成了 MapImpl 类的实现。这两个方法都维护一个迭代器，能查看底层的映射，而且两个都委托对底层映射调用 next、hasNext 和 remove。对于 next，返回映射迭代器查看的 Map.Entry 对象的适当部分。

```
1        /**
2         * 用来迭代整个关键字集合视图的类
3         * 委托底层项集合迭代器
4         */
5        private class KeySetIterator implements Iterator<KeyType>
6        {
7            private Iterator<Map.Entry<KeyType,ValueType>> itr = theSet.iterator( );
8
9            public boolean hasNext( )
10             { return itr.hasNext( ); }
11
12           public void remove( )
13             { itr.remove( ); }
14
15           public KeyType next( )
16             { return itr.next( ).getKey( ); }
```

图 19.81　迭代器类视图

```
17          }
18
19          /**
20           * 用来迭代整个值集合视图的类
21           * 代表底层项集合迭代器
22           */
23          private class ValueCollectionIterator implements Iterator<ValueType>
24          {
25              private Iterator<Map.Entry<KeyType,ValueType>> itr = theSet.iterator( );
26
27              public boolean hasNext( )
28                { return itr.hasNext( ); }
29
30              public void remove( )
31                { itr.remove( ); }
32
33              public ValueType next( )
34                { return itr.next( ).getValue( ); }
35          }
```

图 19.81　迭代器类视图（续）

编写了 MapImpl 后，TreeMap 就简单了，如图 19.82 所示。大部分代码围绕着私有内部类 Pair，它通过扩展 MapImpl.Pair 实现 Map.Entry 接口。如果提供了比较器的话，则 Pair 在关键字上使用它，从而实现 Comparable，否则向下转型到 Comparable。

```
 1  package weiss.util;
 2
 3  public class TreeMap<KeyType,ValueType> extends MapImpl<KeyType,ValueType>
 4  {
 5      public TreeMap( )
 6        { super( new TreeSet<Map.Entry<KeyType,ValueType>>( ) ); }
 7      public TreeMap( Map<KeyType,ValueType> other )
 8        { super( other ); }
 9      public TreeMap( Comparator<? super KeyType> comparator )
10      {
11          super( new TreeSet<Map.Entry<KeyType,ValueType>>( ) );
12          keyCmp = comparator;
13      }
14
15      public Comparator<? super KeyType> comparator( )
16        { return keyCmp; }
17
18      protected Map.Entry<KeyType,ValueType> makePair( KeyType key, ValueType value )
19        { return new Pair( key, value ); }
20
21      protected Set<KeyType> makeEmptyKeySet( )
22        { return new TreeSet<KeyType>( keyCmp ); }
23
24      protected Set<Map.Entry<KeyType,ValueType>>
25          clonePairSet( Set<Map.Entry<KeyType,ValueType>> pairSet )
26        { return new TreeSet<Map.Entry<KeyType,ValueType>>( pairSet ); }
27
28      private final class Pair extends MapImpl.Pair<KeyType,ValueType>
29                          implements Comparable<Map.Entry<KeyType,ValueType>>
30      {
31          public Pair( KeyType k, ValueType v )
32            { super( k ,v ); }
33
34          public int compareTo( Map.Entry<KeyType,ValueType> other )
35          {
36              if( keyCmp != null )
```

图 19.82　TreeMap 的实现

```
37                    return keyCmp.compare( getKey( ), other.getKey( ) );
38                else
39                    return (( Comparable) getKey( )).compareTo( other.getKey( ) );
40            }
41        }
42
43    private Comparator<? super KeyType> keyCmp;
44 }
```

图 19.82 TreeMap 的实现（续）

19.8 B 树

> 当数据太多无法放入内存时，磁盘访问的次数就很重要了。与典型的计算机指令相比，磁盘访问的代价十分昂贵。
>
> 即使是对数性能也是不可接受的。我们需要在三或四次访问内执行搜索。更新可能稍长一些。
>
> M 叉搜索树允许 M 路分支。随着分支数的增加，深度减少。
>
> B 树是用于绑定磁盘搜索的最流行数据结构。
>
> B 树有很多结构属性。
>
> 结点必须半满以保证树不会退化为一棵简单的二叉树。
>
> 我们选择能让结点适合放到一个磁盘块中的最大的 M 和 L。
>
> 如果叶结点中有空间能容纳新项，则将它插入，工作完成。
>
> 如果叶结点满了，则可以分裂叶结点，形成两个半空结点，然后插入新项。
>
> 结点分裂创建了叶结点父结点的额外子结点。如果父结点的子结点数已经满了，则分裂父结点。
>
> 我们可能必须沿树一路向上持续分裂下去（虽然这种可能性不大）。最差情形下，我们分裂根，创建一个有两个子结点的新根。
>
> 删除工作相反，如果叶结点失去了一个子结点，它可能需要与另一个叶结点合并。结点的合并可能沿树一路向上，虽然这个可能性不大。最差情形下，根失去两个子结点中的一个。然后我们删除根，使用另一个子结点作为新根。

到目前为止，我们假设可以在计算机主存中保存全部的数据结构。然而，假设我们拥有的数据超出了主存容量，那么必须将数据结构放在磁盘中。当发生这种情况时，游戏规则改变了，因为大 O 模型不再有意义。

问题是，大 O 分析假设所有的操作都是相等的。不过，事实并非如此，特别是当涉及磁盘 I/O 时。一方面，据推测 500-MIPS 的机器每秒能执行 5 亿条指令。这相当快了，主要是因为速度主要依赖电的性能。另一方面，磁盘是机械的。它的速度主要依赖旋转磁盘及移动磁头所需的时间。许多磁盘的转速是 7200r/min。即 1min 内它旋转 7200 圈，所以转 1 圈需要 1/120s，或 8.3ms。平均而言，我们可能需要将磁盘旋转一半才能找到我们要找的，但这又被磁头移动的时间抵消掉了，所以我们得到 8.3ms 的访问时间。（这个估计已经非常棒了，9～11ms 的访问时间更常见。）因此，每秒可以进行大约 120 次磁盘访问。在与处理器速度相比较之前，磁盘访问次数听上去还不错，不过，我们有 5 亿条指令和 120 次磁盘访问。换句话说，一次磁盘访问约 4 000 000 条指令。当然，这里的计算都是粗略的，但相对速度相当清楚：磁盘访问非常昂贵。另外，处理器速度的增长速度远远快于磁盘访问速度的增长（磁盘大小增长得非常快）。所以我们愿意进行大量的计算以节省磁盘访问。在几乎所有情形下，磁盘访问次数都会决定运行时间。磁盘访问时间减半，运行时间就可以减半。

下面是典型搜索树在磁盘上的执行过程。假设，我们想访问佛罗里达州市民的驾驶记录。假设有 10 000 000 个项，每个关键字为 32 字节（表示名字），一条记录为 256 个字节。我们假设，这个数据集不能装到主存中，我们是系统中 20 位用户之一（所以我们有 1/20 的资源）。所以 1s 内，我们可以执行 25 000 000 条指令或执行 6 次磁盘访问。

不平衡二叉搜索树是个灾难。最差情形下，它有线性深度，所以可能需要 10 000 000 次磁盘访问。平均而言，一次成功搜索需要 1.38logN 次磁盘访问，且因为 log10 000 000 约为 24，故平均搜索需要 32 次磁盘访问，或是 5s。在典型的随机构造的树中，我们预计有一些结点会有 3 倍的深度，它们将需要大约 100 次磁盘访问，或 16s。红黑树会更好些，1.44logN 的最差情形不太可能出现，典型情形非常接近 logN。所以红黑树平均会使用约 25 次磁盘访问，需要 4s。

我们希望将磁盘访问减少到一个非常小的常数，例如三次或四次。我们愿意为此编写复杂的代码，因为机器指令基本上是免费的，只要我们的代码合理。二叉搜索树无效，因为典型的红黑树接近最优高度，而且使用二叉搜索树的话不会低于 log N。解决方案直观上很简单：如果我们的分支越多，则高度就会越低。所以，31 个结点的完全二叉树有 5 层，31 个结点的 5 叉树仅有 3 层，如图 19.83 所示。一棵 M 叉搜索树（M-ary search tree）允许有 M 个分支，随着分支数的增加，深度会减少。而完全二叉树的高度约为 $\log_2 N$，完全 M 叉树的高度约为 $\log_M N$。

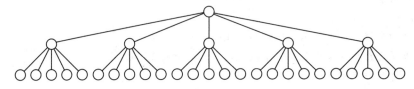

图 19.83   31 个结点的 5 叉树仅有 3 层

我们想用与创建二叉搜索树大致相同的方式创建一棵 M 叉搜索树。在二叉搜索树中，需要一个关键字来决定使用两个分支中的哪一个。在 M 叉搜索树中，需要 M−1 个关键字来决定使用哪个分支。为了让这个机制在最差情形下也有效，必须保证 M 叉搜索树以某种方式保持平衡。否则，像二叉搜索树一样，它可能会退化为一个链表。实际上，我们想要一个更严格的平衡条件。即我们甚至不想让一棵 M 叉搜索树退化为一棵二叉搜索树，因为那样的话，也会被卡在 logN 次访问。

一种实现方式是使用 B 树，这是最流行的绑定磁盘搜索的数据结构。这里我们描述基本的 B 树[⊖]，它有许多变形和改进，而且实现也比较复杂，因为要处理很多种情况。不过，原理上这项技术能保证很少的磁盘访问。

M 阶 B 树是一棵有下列属性的 M 叉树[⊜]。

1. 数据项保存在叶结点中。

2. 非叶结点保存用于指引搜索的多达 M−1 个关键字。关键字 i 表示子树 i+1 中的最小关键字。

3. 根要么是叶结点，要么有 2 ～ M 个子结点。

4.（除根以外的）所有非叶结点有 $\lceil M/2 \rceil$ ～ M 个子结点。

5. 所有的叶结点都有相同的深度，并且对某个 L（稍后描述 L 的规定），有 $\lceil L/2 \rceil$ ～ L 个数据项。

图 19.84 展示了一棵 5 阶 B 树。注意，所有非叶结点有 3 ～ 5 个子结点（所以有 2 ～ 4 个关键字），根可能仅有两个子结点。这里，L=5 意味着在这个示例中 L 和 M 是相同的，但这个条件不是必要的。因为 L 为 5，所以每个叶结点有 3 ～ 5 个数据项。要求结点半满可以保证 B 树不会退化为一棵简单的二叉树。不同的 B 树定义改变了这个结构，大部分是轻微的，不过这里给出的

⊖ 我们描述的通常被称为 B⁺ 树。

⊜ 对于前 L 次插入，必须放松属性 3 和 5。（L 是用在属性 5 中的参数。）

定义是最常用到的几种定义之一。

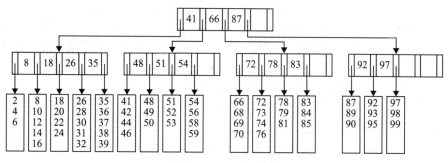

图 19.84　5 阶 B 树

每个结点代表一个磁盘块，所以我们基于要保存项的大小来选择 M 和 L。假设一个块为 8192 个字节。在前面的佛罗里达州例子中，每个关键字使用 32 个字节，所以在 M 阶 B 树中，我们应该有 $M-1$ 个关键字，总共有 $32M-32$ 个字节再加上 M 个分支。因为每个分支实际上是另一个磁盘块的编号，所以我们可以假设一个分支为 4 个字节。所以分支使用了 $4M$ 字节，一个非叶结点所需的总存储是 $36M-32$。让 $36M-32$ 不大于 8192，M 的最大值为 228，所以我们选择 $M=228$。由于每个数据记录为 256 字节，所以我们能在一个块内容纳 32 个记录。故选择 $L=32$。每个叶结点有 16 ～ 32 个数据记录，（除根外的）每个内部结点的分支数最少为 114 个。对于 10 000 000 条记录，最多需要 625 000 个叶结点。因此，最差情形下，叶结点将在第 4 层。更具体来说，最差情形下访问次数大约为 $\log_{M/2}N$，出入最多为 1。

剩下的问题是如何在 B 树中添加和删除项。在思路概述中注意到，之前提出的许多思想再次出现。

我们先来研究插入。假设我们想在图 19.84 所示的 B 树中插入 57。在树中向下搜索表明，57 没有在树中。我们可以将 57 添加为叶结点的第 5 项，但我们可能必须重组叶结点中的所有数据才行。不过，与磁盘访问相比这个代价可以忽略不计，本例中磁盘访问还包括磁盘写入。

那个过程相对来说不难，因为叶结点没有满。假设现在我们想插入 55。图 19.85 说明了一个问题：55 所在的叶结点已经满了。解决方案是简单的：现在我们有 $L+1$ 项，所以我们将它们分裂为两个叶结点，两个都保证具有所需的最少个数数据记录。所以我们形成两个叶结点，每一个都含有 3 个项。需要两次磁盘访问来写入这些叶结点，更新父结点需要第三次磁盘访问。注意，在父结点中，关键字和分支都改变了，不过这些改变能通过轻松计算的可控方式得到。得到的 B 树如图 19.86 所示。虽然分裂结点有些耗时，因为它至少需要两次额外的磁盘写入，但相对来讲很少发生。例如，如果 L 是 32，当结点分裂时，创建了分别含有 16 个项和 17 个项的两个叶结点。对于含有 17 个项的叶结点，我们可以再执行 15 次插入而不需要再分裂。换句话说，对于每一次分裂，大约有 $L/2$ 次不分裂。

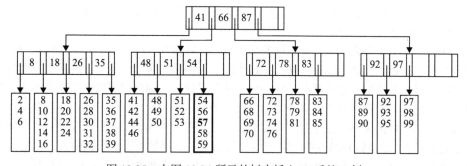

图 19.85　在图 19.84 所示的树中插入 57 后的 B 树

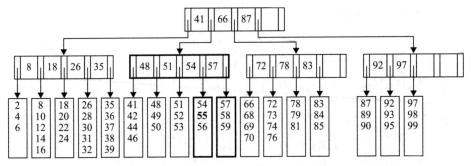

图 19.86   在图 19.85 所示的 B 树中插入 55 导致分裂为两个叶结点

在前面的示例中，一个结点分裂就足够了，因为父结点的子结点没有全满。但是，如果全满又会怎样呢？假设我们在图 19.86 所示的 B 树中插入 40。我们必须将含有关键字 35 ～ 39 和现在的 40 的叶结点分裂为两个叶结点。但这样做会让父结点有 6 个子结点，而它仅允许有 5 个。解决方案是分裂父结点，执行的结果如图 19.87 所示。当父结点分裂时，必须更新关键字的值，以及父结点的父结点中关键字的值，这引起另外两次磁盘写入（所以这次插入需要 5 次磁盘写入）。不过，再说一次，虽然因为涉及的情形比较多而使编写的代码相当复杂，但关键字的改变是在严格可控的方式下进行的。

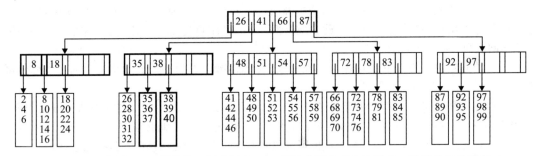

图 19.87   在图 19.86 所示的 B 树中插入 40，导致分裂出两个叶结点，然后分裂父结点

当非叶结点分裂时（就像刚才这个例子这样），其父结点将得到一个子结点。如果父结点已经达到子结点上限时怎么办？我们继续沿树向上分裂结点，直到找到不需要分裂的父结点，或到达根。注意，我们在自底向上的红黑树及 AA 树中介绍过这个思想。如果分裂了根，则有两个根，但显然，这个结果是不可接受的。不过，我们可以创建一个新根，让分裂的根作为它的两个子结点，这就是为什么允许根最少有两个子结点特例的原因。这也是让 B 树长高的唯一途径。不用说，一路向上分裂到根的所有结点是非常罕见的事件，因为有 4 层的树表明在插入整个序列的过程中根已经分裂过两次（假设没有出现过删除）。事实上，任何非叶结点的分裂也是不常见的。

还有其他的方法处理子结点的溢出。一种技术是，将子结点转给有空间的邻居。例如，在图 19.87 所示的 B 树中插入 29，可以将 32 移动到下一个叶结点中，腾出空间。这项技术需要修改父结点，因为关键字受到了影响。不过，它倾向于让结点更满，从长远来看节省空间。

我们可以找到需要删除的项然后删除它，以执行删除操作。问题是，如果项所在的叶结点中数据项的个数达到最小，那么删除后就低于最小值了。如果邻居本身没有达到低限，则我们可以让邻居的项转过来从而纠正这个状况。如果邻居达到了低限，则我们可以合并邻居形成一个满的叶结点。不幸的是，这种情况下，父结点会丢失一个子结点。如果这使父结点降到低限以下，那么我们还得遵从同样的策略。这个过程可能向上一直到根。根不能只有一个子结点（即使允许这样，也是愚蠢的）。如果转移结点的结果使得根只剩下一个子结点，那么删除根，让它的子结点成为树的新根——这是让 B 树降低高度的唯一途径。假设，我们想从图 19.87 所示的 B 树中删除

99。叶结点仅含有两个项，它的邻居也到了最小值 3，所以我们合并项，组成一个含五个项的新叶结点。结果，父结点仅有两个子结点。不过，它可以从邻居转移过来一项，因为邻居有四个子结点。转移过来的结果是，最终两个结点都有三个子结点，如图 19.88 所示。

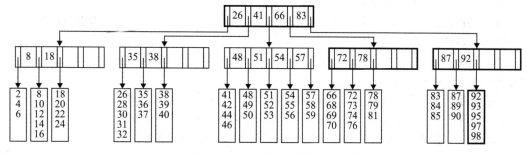

图 19.88　从图 19.87 所示的树中删除 99 后的 B 树

19.9　总结

　　二叉搜索树支持算法设计中几乎所有有用的操作，而且对数平均代价也非常小。搜索树的非递归实现比递归的版本更快一些，但后者更精巧、更优雅，也更易于理解和调试。搜索树的问题是，它们的性能在很大程度上依赖输入的随机性。如果不随机，则运行时间明显增加，甚至到了搜索树变成昂贵的链表的地步。

　　处理这个问题的方法都涉及重构树，来保证每个结点达到某种平衡。通过树的旋转完成重构从而保持二叉搜索树的属性。搜索的代价通常小于不平衡的二叉搜索树，因为平均来讲结点倾向于更接近根。不过，插入和删除的代价通常更大些。对于改变树的那些操作，不同的平衡性给出的实现代码是不一样的。

　　经典的方案是 AVL 树，其中对每个结点，它的左子树与右子树的高度最多相差 1。AVL 树的实际问题是，它们涉及的不同情形数量众多，使得每次插入和删除的开销相对高一些。本章我们讨论两个替代的方案。第一种是自顶向下的红黑树。它的主要优点是可以通过一趟向下扫描树实现重新平衡，而不是传统的向下扫描再向上扫描。这项技术比 AVL 树有更简单的代码和更快的性能。第二种是 AA 树，它类似自底向上的红黑树。它的主要优点是插入和删除的递归实现相对简单。这两种结构都使用哨兵结点以消除恼人的特殊情况。

　　只有在你能确定数据是合理随机的或数据量相对较小时才应该使用不平衡的二叉搜索树。如果你关心的是速度（并且不太关心删除），则使用红黑树。如果在性能可接受的前提下想要一个简单的实现，则使用 AA 树。当数据量太大不能放到主存中时使用 B 树。

　　在第 22 章我们讨论另一种方案——伸展树。这是替代平衡搜索树的一个有意思的方案，代码简单且在实践中有竞争力。在第 20 章我们讨论散列表，这是一种完全不同的实现搜索操作的方法。

19.10　核心概念

　　AA 树。一种平衡搜索树，当需要 $O(\log N)$ 最差情形下，可以接受不太精致的实现，且需要删除操作时选择。

　　AVL 树。一种具有附加平衡属性的二叉搜索树，对于树中的任何结点，左子树和右子树的高度最多差 1。作为第一个平衡搜索树，它有重要的历史意义。它还说明了用在其他搜索树机制中的大多数思想。

　　平衡二叉搜索树。具有附加结构属性、能保证最差情况下有对数深度的树。更新比二叉搜索树要慢，但访问更快。

二叉搜索树。一种数据结构，提供 $O(\log N)$ 平均时间的插入、搜索和删除。对二叉搜索树中的任何结点，所有更小的关键字在左子树中，所有更大的关键字在右子树中。不允许有重复值。

B 树。绑定磁盘搜索的最流行的数据结构。对同一个概念有不同的变形。

双旋转。等价于两次单旋转。

外部路径长度。访问二叉树中所有外部树结点的代价总和，它衡量不成功搜索的开销。

外部树结点。null 结点。

水平链接。在 AA 树中，结点和同层子结点之间的连接。水平链接应该只向右走，并且应该没有两个连续的水平链接。

内部路径长度。在二叉树中结点深度的总和，它衡量成功搜索的开销。

懒惰删除。将项标记为已删除但没有真正删除它们的一种方法。

结点的层。在 AA 树中，到 nullNode 哨兵路径上的左链接个数。

M 叉树。允许有 M 路分支的树，随着分支数的增加，深度减少。

红黑树。一种平衡搜索树，能很好地替代 AVL 树，因为在插入和删除例程中可以使用一趟自顶向下的扫描。结点受限地标记为红色和黑色，以保证对数深度。代码细节往往给出更快的实现。

单旋转。在保持搜索次序的同时转换父结点和子结点的角色。通过树的旋转恢复平衡。

skew。在结点和其左子结点之间执行旋转从而删除左水平链接。

split。在结点和其右子结点之间执行旋转从而修正连续右水平链接。

19.11   常见错误

- 当输入序列不是随机的时，使用不平衡搜索树将导致性能不佳。
- 正确写出 remove 操作的代码非常棘手，特别是对于平衡搜索树。
- 懒惰删除是标准 remove 的很好的替代，但你必须修改其他的例程，例如 findMin。
- 平衡搜索树的代码很容易出错。
- 对私有辅助方法 insert 和 remove，忘记返回对新子树根的引用是个错误。返回值应该赋给 root。
- 使用哨兵然后编写代码忘记哨兵，可能导致无限循环。常见的情形是在应当使用针对 nullNode 哨兵的测试时使用了针对 null 的测试。

19.12   网络资源

本章所有的代码均可在网络资源中获取。

BinarySearchTree.java。含有 BinarySearchTree 的实现，BinaryNode.java 有结点声明。

BinarySearchTreeWithRank.java。添加了次序统计。

Rotations.java。含有基本旋转，作为静态方法。

RedBlackTree.java。含有 RedBlackTree 类的实现。

AATree.java。含有 AATree 类的实现。

TreeSet.java。含有 TreeSet 类的实现。

MapImpl.java。含有抽象 MapImpl 类。

TreeMap.java。含有 TreeMap 类的实现。

19.13   练习

简答题

19.1   展示在初始为空的二叉搜索树中插入 3, 1, 4, 6, 9, 2, 5, 7 后的结果。然后展示删除根的结果。

19.2   画出插入 1, 2, 3, 4 的不同排列得到的所有二叉搜索树。这样的树有几棵？如果所有排列的可能性相等，则每棵树出现的概率是多大？

19.3 画出插入 1, 2, 3 的不同排列得到的所有 AVL 树。这样的树有几棵？如果所有排列的可能性相等，则每棵树出现的概率是多大？

19.4 使用 4 个元素重做练习 19.3。

19.5 展示在初始为空的 AVL 树中插入 2, 1, 4, 5, 9, 3, 6, 7 后的结果。然后展示自顶向下的红黑树的结果。

19.6 使用红黑树重做练习 19.3 和练习 19.4。

理论题

19.7 证明定理 19.2。

19.8 展示在初始为空的 AVL 树中按序插入项 1 ～ 15 的结果。（用证明）归纳这个结果，展示将项 1 ～ 2^k-1 插入初始为空的 AVL 树中的结果。

19.9 给出在 AVL 树中执行 remove 的算法。

19.10 证明红黑树的高度最多约为 2log$N$，并给出达到这个界限的插入序列。

19.11 说明每棵 AVL 树可被着色为红黑树。所有的红黑树都满足 AVL 树的属性吗？

19.12 证明在 AA 树中的删除算法是正确的。

19.13 假设在 AA 树中的 level 数据成员用 8 位的 byte 表示。能让根的数据成员 level 溢出的最小 AA 树是什么？

19.14 M 阶 B* 树是一棵 B 树，其中每个内部结点有 $2M/3$ ～ M 个子结点。叶结点也同样填充。描述用来在 B* 树中执行插入的方法。

实践题

19.15 分别实现 find、findMin 和 findMax。

19.16 使用非递归 find 中用到的相同技术实现非递归的 findKth。

19.17 能完成 findKth 操作的另一种表示是，在每个结点中保存 1 加上左子树的大小。这个方法为什么更好？用这个表示重新编写搜索树类。

19.18 编写带两个关键字 low 和 high 的二叉搜索树方法，输出由 low 和 high 指定的范围内的所有元素 X。你的程序应该在 $O(K+\log N)$ 平均时间内运行，其中 K 是要输出的关键字个数。所以，如果 K 很小，则应该仅检查树中的很少一部分。使用隐藏的递归方法并且不使用中序迭代器。限定你算法的运行时间。

19.19 编写带两个整数 low 和 high 的二叉搜索树方法，构造一个最佳平衡的 BinarySearchTreeWithRank，含有 low 和 high 之间（包括 low 和 high）的所有整数。所有的叶结点应该位于同一层（如果树的大小是 2 的幂次 −1），或是在两个相邻层中。你的例程应该有线性时间。通过求解 13.1 节提出的约瑟夫问题来测试你的例程。

19.20 执行双旋转的例程效率不高，因为它们对子结点链接执行了不必要的改变。重写它们以避免对单旋转例程的调用。

19.21 给出 AA 树非递归自顶向下的实现。与本书中的实现进行简单性及效率方面的比较。

19.22 编写递归的 skew 和 split 过程，以便在 remove 中只需调用一次。

程序设计项目

19.23 重写 BinarySearchTree 类，实现懒惰删除。注意，这样做会影响所有的例程。特别是对 findMin 和 findMax 很有挑战性，这两个例程现在必须使用递归完成。

19.24 实现二叉搜索树，对于 find、insert 和 remove，每层仅使用一次双向比较。

19.25 编写程序，经验性评估下列删除有两个子结点的策略。回想一下，有一个策略涉及用其他的值替换被删结点的值。哪个策略有最好的平衡性？哪个策略处理整个操作序列时 CPU 用时最少？
　　a. 用 T_L 中最大结点 X 的值替换，然后递归删除 X。

　　　b. 要么用 T_L 中最大结点中的值替换，要么用 T_R 中最小结点中的值替换，然后递归删除相应的结点。

　　　c. 要么用 T_L 中最大结点中的值替换，要么用 T_R 中最小结点中的值替换（递归删除相应的结点），随机选择。

19.26　实现允许重复值的二叉搜索树。让每个结点保存含有重复值的项的链表（使用链表中的第一个项）去控制分支。

19.27　为 BinarySearchTree 类实现 toString 方法。保证你的方法在线性时间内运行。提 示：使用私有递归方法，让 Node 和一个 StringBuilder 作为其参数。

19.28　为红黑树编写 remove 方法。

19.29　为你所选择的平衡搜索树，实现带次序统计信息的搜索树操作。

19.30　实现 TreeSet 方法 lower，它返回集合中严格小于给定元素的最大元素。然后实现方法 floor，它返回集合中小于或等于给定元素的最大元素。如果没有这样的元素，则两个例程均返回 null。

19.31　实现 TreeSet 方法 higher，它返回集合中严格大于给定元素的最小元素。然后实现方法 ceiling，它返回集合中大于或等于给定元素的最小元素。如果没有这样的元素，则两个例程均返回 null。

19.32　使用父结点链接重新实现 TreeSet 类。

19.33　重新实现 TreeSet 类，为每个结点添加两个链接——next 和 previous——分别表示中序遍历树时项的后继和前驱。还添加表头结点和表尾结点，以避免最小项和最大项的特例。这大大简化了迭代器实现，但需要修改设置方法。

19.34　修改 TreeSet 和 TreeMap 类，以便它们的迭代器是双向的。

19.35　实现 TreeSet 方法 descendingSet，它返回集合的视图，其迭代器和 toString 方法以降序查看项。对底层集合的改变应该自动反映在视图中，反之亦然。

19.36　实现 TreeSet 方法 descendingIterator，它返回迭代器，以降序查看集合中的项。

19.37　为 TreeSet 类添加 headSet、subSet 和 tailSet 方法。这些方法的动作在 Java API 文件中规范。

19.38　List 方法 subList 返回一个线性表视图，从位置 from（含）到 to（不含）。为第 15 章实现的 ArrayList 添加 subList（你可以修改 weiss.util.ArrayList，或是在另一个包中扩展它，或是扩展 java.util.ArrayList）。在 Java 类库中，subList 使用 List 接口编写的，但你要使用 ArrayList 来编写。你需要定义嵌套类 SubList 并扩展 ArrayList，让 SubList 返回对新 SubList 实例的引用。简单起见，让 SubList 维护到原 ArrayList 的引用，保存子表的大小，并保存到原 ArrayList 的偏移量。你还可以让 SubList 中的所有设置方法抛出一个异常，这样返回的子表实际上是不可变的。你的 SubList 类本身提供一个内部类 SubListIterator，它实现 weiss.util.ListIterator。在图 19.89 所示的方法上测试你的代码。观察得知，子表可以创建子表，所有的都指向同一原 ArrayList 的更小的部分。你编写的代码的运行时间是多少？

```
1    public static Random r = new Random( );
2
3    public static long sum( ArrayList<Integer> arr )
4    {
5        if( arr.size( ) == 0 )
6            return 0;
7        else
8        {
9            int idx = r.nextInt( arr.size( ) );
```

图 19.89　递归和数组子表。练习 19.38 示例

```
10
11              return arr.get( idx ) +
12                  sum( arr.subList( 0, idx ) ) +
13                  sum( arr.subList( idx + 1, arr.size( ) ) );
14          }
15      }
```

图 19.89　递归和数组子表。练习 19.38 示例（续）

19.39　使用你编写的 subList 方法在 ArrayLists 上实现图 7.20 中递归的最大连续子序列和算法。在两个子表上使用迭代器去处理两个循环。注意，在 Java 6 中，如果使用 java.util，那么实现将相当慢，但如果练习 19.38 的实现合理，则应该能让代码与练习 7.20 的实现相当。

19.40　扩展练习 19.38，添加代码检查对原 ArrayList 的结构修改。对原 ArrayList 的结构修改使得所有子表无效。然后将对结构修改的检查添加到子表中，这个修改使得派生的所有子表都失效。

19.41　headSet 方法可用来得到值 x 的秩，通过 TreeSet t: t.headSet(x,true).size()。不过不能保证这是有效的。实现图 19.90 中的代码，对不同的值 N 测试运行时间。关于得到值 x 的秩的代价你有什么结论？描述如何维护 TreeSet 及视图，使得 size 的代价及计算秩的代价是 $O(\log N)$。

```
1       public static void testRank( int N )
2       {
3           TreeSet<Integer> t = new TreeSet<Integer>( );
4
5           for( int i = 1; i <= N; i++ )
6               t.add( i );
7
8           for( int i = 1; i <= N; i++ )
9               if( t.headSet( i, true ).size( ) != i )
10                  throw new IllegalStateException( );
11      }
```

图 19.90　测试秩计算的速度（练习 19.41）

19.42　实现在主存中工作的 B 树。

19.43　实现在磁盘文件中工作的 B 树。

19.14　参考文献

文献 [18] 和文献 [19] 中有很多关于二叉搜索树（特别是树的数学属性）方面的信息。

几篇论文讨论了在二叉搜索树中偏向删除算法导致的失衡的理论。Hibbard [16] 提出了原始的删除算法，建立了保持树的随机性的删除算法。文献 [17] 和文献 [3] 分别给出了 3 个结点和 4 个结点树的完整分析。Eppinger [10] 提供了非随机性早期实验数据，Culberson 和 Munro 的文献 [7] 和文献 [8] 提供了一些分析数据（但不是混合了插入和删除一般情形的完整证明）。文献 [11] 证明了随机二叉搜索树最深结点比平均结点深 3 倍的断言，结果决不简单。

AVL 树由 Adelson-Velskii 和 Landis 在文献 [1] 中提出。删除算法由文献 [19] 提出。文献 [20] 对在 AVL 树中搜索的平均代价分析并不完整，但仍有一些结果。自顶向下的红黑树算法最早由文献 [15] 提出，更容易理解的描述在文献 [21] 中。不带哨兵结点自顶向下的红黑树的实现在文献 [12] 中给出，它使我们确信 nullNode 的有用性。AA 树是基于文献 [4] 中讨论的对称二叉 B 树。本书中展示的实现是对文献 [2] 中描述的修改。文献 [13] 中描述了许多其他平衡搜索树。

B 树最早出现在文献 [5] 中。文献中最先描述的实现允许数据保存在内部结点和叶结点中。这里描述的数据结构有时称为 B$^+$ 树。练习 19.14 中描述的 B* 树的信息可在文献 [9] 中查阅到。

关于不同类型 B 树的研究报告在文献 [6] 中。文献 [14] 中给出了不同方案的实验数据。C++ 版本实现在文献 [12] 中。

[1] G. M. Adelson-Velskii and E. M. Landis, "An Algorithm for the Organization of Information," *Soviet Math. Doklady* **3** (1962), 1259–1263.

[2] A. Andersson, "Balanced Search Trees Made Simple," *Proceedings of the Third Workshop on Algorithms and Data Structures* (1993), 61–71.

[3] R. A. Baeza-Yates, "A Trivial Algorithm Whose Analysis Isn't: A Continuation," *BIT* **29** (1989), 88–113.

[4] R. Bayer, "Symmetric Binary B-Trees: Data Structure and Maintenance Algorithms," *Acta Informatica* **1** (1972), 290–306.

[5] R. Bayer and E. M. McCreight, "Organization and Maintenance of Large Ordered Indices," *Acta Informatica* **1** (1972), 173–189.

[6] D. Comer, "The Ubiquitous B-tree," *Computing Surveys* **11** (1979), 121–137.

[7] J. Culberson and J. I. Munro, "Explaining the Behavior of Binary Search Trees Under Prolonged Updates: A Model and Simulations," *Computer Journal* **32** (1989), 68–75.

[8] J. Culberson and J. I. Munro, "Analysis of the Standard Deletion Algorithm in Exact Fit Domain Binary Search Trees," *Algorithmica* **5** (1990), 295–311.

[9] K. Culik, T. Ottman, and D. Wood, "Dense Multiway Trees," *ACM Transactions on Database Systems* **6** (1981), 486–512.

[10] J. L. Eppinger, "An Empirical Study of Insertion and Deletion in Binary Search Trees," *Communications of the ACM* **26** (1983), 663–669.

[11] P. Flajolet and A. Odlyzko, "The Average Height of Binary Search Trees and Other Simple Trees," *Journal of Computer and System Sciences* **25** (1982), 171–213.

[12] B. Flamig, *Practical Data Structures in C++*, John Wiley & Sons, New York, NY, 1994.

[13] G. H. Gonnet and R. Baeza-Yates, *Handbook of Algorithms and Data Structures,* 2d ed., Addison-Wesley, Reading, MA, 1991.

[14] E. Gudes and S. Tsur, "Experiments with B-tree Reorganization," *Proceedings of ACM SIGMOD Symposium on Management of Data* (1980), 200–206.

[15] L. J. Guibas and R. Sedgewick, "A Dichromatic Framework for Balanced Trees," *Proceedings of the Nineteenth Annual IEEE Symposium on Foundations of Computer Science* (1978), 8–21.

[16] T. H. Hibbard, "Some Combinatorial Properties of Certain Trees with Applications to Searching and Sorting," *Journal of the ACM* **9** (1962), 13–28.

[17] A. T. Jonassen and D. E. Knuth, "A Trivial Algorithm Whose Analysis Isn't," *Journal of Computer and System Sciences* **16** (1978), 301–322.

[18] D. E. Knuth, *The Art of Computer Programming: Vol. 1: Fundamental Algorithms*, 3d ed., Addison-Wesley, Reading, MA, 1997.

[19] D. E. Knuth, *The Art of Computer Programming: Vol. 3: Sorting and Searching*, 2d ed., Addison-Wesley, Reading, MA, 1998.

[20] K. Melhorn, "A Partial Analysis of Height-Balanced Trees Under Random Insertions and Deletions," *SIAM Journal on Computing* **11** (1982), 748–760.

[21] R. Sedgewick, *Algorithms in C++*, Parts 1–4 (Fundamental Algorithms, Data Structures, Sorting, Searching) 3rd ed., Addison-Wesley, Reading, MA, 1998.

散 列 表

第 19 章中，我们讨论了二叉搜索树，它允许在元素集上进行各种操作。本章，我们将讨论散列表，它支持的操作仅是二叉搜索树中允许操作的子集。散列表的实现通常称为哈希（hash），它提供常数平均时间的插入、删除和查找。

与二叉搜索树不同，散列表操作的平均情形运行时间基于统计特性，而不是对随机输入的期望。得到这个改进是以失去元素之间的次序信息为代价的：像 findMin 和 findMax 这样的操作，以及线性时间内按序输出整个表都是不支持的。因此，散列表和二叉搜索树有不同的用途和性能特性。

本章中，我们将看到：
- 实现散列表的几种方法。
- 这些方法的分析比较。
- 哈希法的一些应用。
- 散列表和二叉搜索树的比较。

20.1 基本思想

散列表用来实现一组每个均在常数时间内完成的操作。

散列函数将项转换为一个合适的整数，作为保存项的数组下标。如果散列函数是一对一的，那么我们可以通过它的数组下标来访问项。

因为散列函数不是一对一的，所以几个项会撞到同一个下标处，并导致冲突。

散列表支持获取或删除指定的任意项。我们希望能在常数时间内支持基本操作，就像栈和队列那样。因为访问没有什么限制，所以这个支持似乎是不可能完成的目标。也就是说，当集合大小增加时，在集合中的搜索无疑会花费更长的时间。不过，情况也未必如此。

假设我们要处理的所有项都是小的非负整数，范围为 0～65535。我们可以使用一个简单的数组来实现每个操作，如下所示。首先，将下标为 0～65535 的数组 a 初始化为 0。为了执行 insert(i)，我们执行 a[i]++。注意 a[i] 表示插入 i 的次数。为了执行 find(i)，要验证 a[i] 不是 0。为了执行 remove(i)，要保证 a[i] 是正的然后执行 a[i]--。每个操作的时间显然是常数的，甚至数组初始化的开销也是常数级的（65536 个赋值）。

这个解决方案有两个问题。第一，假设我们有 32 位整数而不是 16 位整数。那么数组 a 必须能装下 40 亿个项，这是不切实际的。第二，如果项不是整数，而是字符串（或更一般的东西），那么它们不能用作数组的下标。

第二个问题根本不是问题。正如数 1234 是数字 1、2、3 和 4 聚在一起，字符串 "junk" 是字符 'j'、'u'、'n' 和 'k' 聚在一起。注意，数 1234 正好是 $1\times10^3+2\times10^2+3\times10^1+4\times10^0$。回想一下 12.1 节，一个 ASCII 字符通常可以用 7 位表示为 0～127 之间的一个数。因为字符基本上是一个小整数，所以我们可以将一个字符串解释为一个整数。一种可能的表示是 $'j'\times128^3+'u'\times128^2+'n'\times128^1+'k'\times128^0$。这个方法支持前面讨论的简单数组实现。

使用这个策略的问题是，所描述的整数表示会得到一个巨大的整数：表示 "junk" 会得到
224 229 227，更长的字符串会生成更大的表示。这个结果让我们回到了第一个问题：如何避免使
用大得离谱的数组？

我们通过使用一个函数，将大数（或解释为数的字符串）映射为更小的、更易于管理的数
来实现这个策略。将项映射为小下标的函数称为散列函数（hash function）。如果 x 是一个任意
（非负）整数，则 x % tableSize 生成介于 0 ~ tableSize-1 之间的一个数，适合作为大小为
tableSize 的数组中的下标。如果 s 是一个字符串，则可以使用前面介绍的方法将 s 转换为一
个大整数 x，然后采用取模运算符（%）得到一个合适的下标。所以，如果 tableSize 为 10 000，
则 "junk" 将对应下标 9227。在 20.2 节我们将详细讨论用于字符串的散列函数的实现。

散列函数的使用带来了复杂性：两个或多个不同的项可能散列到同一个位置，从而导致冲突
（collision）。这种情况永远不可避免，因为项比位置多得多。不过，有许多方法可以快速解决冲
突。我们研究三种最简单的方法：线性探查、二次探查和拉链法。每种方法都易于实现，但每种
方法都会因数组的占满情况而产生不同的性能。

20.2 散列函数

> 通过使用技巧，我们可以有效地计算散列函数并且不产生溢出。
>
> 散列函数必须易于计算，但还要将关键字均匀分布。如果有太多的冲突，则散列表的性
> 能将显著变差。
>
> 表占用 0 ~ tableSize-1。

为字符串计算散列函数有些复杂，String s 到 x 的转换生成一个整数，这个数几乎肯定大
于机器能方便存储的值——因为 $128^4=2^{28}$。仅是这个整数就已是最大的 int 的 8 倍。因此我们不
能期望通过直接计算 128 的幂次来计算散列函数，而是使用下列观察结果。一般的多项式

$$A_3X^3 + A_2X^2 + A_1X^1 + A_0X^0 \qquad (20.1)$$

可以如下这样计算：

$$(((A_3)X + A_2)X + A_1)X + A_0 \qquad (20.2)$$

注意，在式（20.2）中，我们避免直接计算多项式，这有 3 个原因。第一，它避免了大的中
间结果，就像我们已经说明过的，会溢出。第二，式中的计算仅涉及 3 次乘法和 3 次加法，而 N
次多项式要计算 N 次乘法和 N 次加法。与式（20.1）中的计算相比，这些操作更有利。第三，计
算过程从左到右（A_3 对应 'j'，A_2 对应 'u'，以此类推，且 X 为 128）。

不过，溢出问题依然存在：计算结果仍是相同的，可能会非常大。但是我们需要的只是让结
果对 tableSize 取模。在每次乘法（或加法）后应用 % 运算符，可以确保中间结果仍是非常小
的$^{\ominus}$。得到的散列函数如图 20.1 所示。这个散列函数烦人的特性是取模计算很费时。因为允许溢
出（它的结果在给定平台上是一致的），所以我们可以在返回之前立即执行一次取模操作而使散列
函数更快。不幸的是，重复乘以 128 使得前面的字符左移——不在答案中。为了改善这种状况，
我们乘以 37 而不是 128，这使得前面字符的左移变慢。

结果如图 20.2 所示。这不一定是最好的函数。此外，在某些应用中（例如，如果涉及长字符
串），我们可能还想再改善一下。但总的来讲，这个函数还是不错的。注意，溢出可能会得到一
个负数。所以如果取模运算得到一个负值，我们让它变正（第 15 行和第 16 行）。还要注意，允
许溢出并在最后执行取模得到的结果与每一步后都执行取模的结果不相同。所以我们稍微修改了

$\ominus$　7.4 节介绍了取模操作的属性。

散列函数（这不成问题）。

```
1      // 可接受的散列函数
2      public static int hash( String key, int tableSize )
3      {
4          int hashVal = 0;
5
6          for( int i = 0; i < key.length( ); i++ )
7              hashVal = ( hashVal * 128 + key.charAt( i ) )
8                                          % tableSize;
9          return hashVal;
10     }
```

图 20.1　首次尝试实现散列函数

```
1      /**
2       * 用于 String 对象的散列例程
3       * @param key : 要进行散列操作的 String
4       * @param tableSize : 散列表的大小
5       * @return : 散列值
6       */
7      public static int hash( String key, int tableSize )
8      {
9          int hashVal = 0;
10
11         for( int i = 0; i < key.length( ); i++ )
12             hashVal = 37 * hashVal + key.charAt( i );
13
14         hashVal %= tableSize;
15         if( hashVal < 0 )
16             hashVal += tableSize;
17
18         return hashVal;
19     }
```

图 20.2　利用溢出执行得更快的散列函数

　　虽然在设计散列函数时速度是一个重要的考虑因素，但我们还要确保关键字能均匀分布。因此，我们不能让优化做得太极致。图 20.3 中展示了散列函数的一个示例。它简单地将关键字中的各字符相加，结果对 tableSize 取模，然后返回。还有比这更简单的吗？答案是没有。函数易于实现，计算散列值也非常快。不过，如果 tableSize 很大，则函数不能很好地分布关键字。例如，假设 tableSize 为 10 000。还假设所有的关键字长都是 8 个或更少的字符。因为一个 ASCII char 是 0 ~ 127 之间的整数，所以散列函数可以假定值仅在 0 ~ 1016（127 × 8）之间。这个限制肯定不可能合理分布。快速计算散列函数所获得的速度收益，都被解决超出预期的大量冲突要付出的努力所抵消。不过，在练习 20.14 中描述了一个合理的替代方案。

```
1      // 当 tableSize 很大时，一个不好的散列函数
2      public static int hash( String key, int tableSize )
3      {
4          int hashVal = 0;
5
6          for( int i = 0; i < key.length( ); i++ )
7              hashVal += key.charAt( i );
8
9          return hashVal % tableSize;
10     }
```

图 20.3　当 tableSize 太大时，一个不好的散列函数

　　最后，注意 0 是散列函数可能的结果，所以散列表的下标从 0 开始。

java.lang.String 中的 hashCode

在 Java 中，可以合理地插入 HashSet，或是作为关键字插入到 HashMap 的库类型，已经定义了 equals 和 hashCode。特别是 String 类有一个 hashCode，它的实现对涉及 String 的 HashSet 和 HashMap 的性能至关重要。

String hashCode 方法的历史本身就很有指导意义。最早版本的 Java 基本上使用了与图 20.2 相同的实现，包括常量乘数 37，但没有第 14～16 行。后来的实现是"优化的"，所以如果 String 长于 15 个字符，则使用 String 中稍均匀间隔的 8 或 9 个字符来计算 hashCode。这个版本用在 Java 1.0.2 和 Java 1.1 中，但事实证明这不是一个好方案，因为许多应用中含有大量相似的长字符串。举两个这样的例子，一个是像 http://www.cnn.com/ 这样的 URL 作为关键字的映射，另一个是像

/a/file.cs.fiu.edu./disk/storage137/user/weiss/public_html/dsj4/code.

这样的完整的文件名作为关键字的映射。

因为关键字生成的独特的散列码相对太少，所以这些映射的性能大大降低。

在 Java 1.2 中，hashCode 又回到更简单的版本，使用 31 作为常量乘数。不用说，设计 Java 库的程序员是这个星球上最有天赋的人之一，很容易明白设计一个一流的散列函数陷阱重重，而且不像看上去那么简单。

在 Java 1.3 中尝试了新的想法，也获得了更大的成功。因为散列表操作花时间最多的部分是计算 hashCode，所以在 String 类中的 hashCode 方法含有一项重要的优化：每个 String 对象在内部保存其 hashCode 的值。初始时值是 0，如果用过 hashCode，就记住这个值。所以如果第二次对同一个 String 对象计算 hashCode，则可以避免昂贵的重新计算。这项技术称为缓存散列码（caching the hash code），而且代表了另一个经典时空权衡。图 20.4 展示了缓存散列码的 String 类的实现。

```
1       public final class String
2       {
3           public int hashCode( )
4           {
5               if( hash != 0 )
6                   return hash;
7
8               for( int i = 0; i < length( ); i++ )
9                   hash = hash * 31 + (int) charAt( i );
10              return hash;
11          }
12
13          private int hash = 0;
14      }
```

图 20.4 String 类 hashCode 的摘录

缓存散列码只会因为 String 是不可变对象才有效，如果允许修改 String，则会使 hashCode 无效，而且 hashCode 必须重置回 0。虽然有相同状态的两个 String 对象必须独立计算他们的散列码，但在许多情况下，要不断地对同一个 String 对象查询其散列码。缓存散列码这种情况，在再散列时是有帮助的，因为再散列所涉及的所有 String 都已经缓存了它们的散列码。

20.3 线性探查

在线性探查中，解决冲突的办法是，顺序（且环绕）扫描数组，直到找到一个空单元。

> find算法遵从与insert算法相同的探查序列。
>
> 我们必须使用懒惰删除。

现在我们有散列函数了，需要决定当发生冲突时我们做什么。具体来说，如果 X 散列到一个已经被占据的位置，那么应该将它放在哪里呢？最简单的策略可能是线性探查（linear probing），或者说，在数组中顺序搜索，直到找到一个空单元。如果需要的话，搜索会从最后一个位置绕到第一个位置。图 20.5 展示在散列表中使用线性探查时插入关键字 89，18，49，58，9 的结果。假设散列函数返回的是关键字 X 对表的大小取模的结果。图 20.5 包含了散列函数的结果。

```
hash ( 89, 10 ) = 9
hash ( 18, 10 ) = 8
hash ( 49, 10 ) = 9
hash ( 58, 10 ) = 8
hash (  9, 10 ) = 9
```

	插入89后	插入18后	插入49后	插入58后	插入9后
0			49	49	49
1				58	58
2					9
3					
4					
5					
6					
7					
8		18	18	18	18
9	89	89	89	89	89

图 20.5　在每次插入后线性探查散列表

当插入 49 时发生第一次冲突，将 49 放到下一个可用位置——即位置 0，它是开放的。然后 58 与 18，89，49 发生冲突后，才在位置 1 的 3 个位置之外找到一个空位置。解决元素 9 的冲突也是类似的。只要表足够大，总能找到一个空位置。不过，找到一个空位置所需的时间也会非常长。例如，如果表中仅剩一个空位置，那么我们可能需要搜索整个表才能找到它。平均来说我们需要搜索半个表才能找到它，这远超我们希望的每次访问的常数时间。但是，如果表保持相对空一些，那么插入应该不会这样费时。我们将很快讨论这个方法。

find算法几乎遵循与insert算法相同的路径。如果它到达一个空位置，则没有找到我们想要搜索的项；否则，它将会找到匹配的项。例如，要查找 58，我们（如散列函数所示）从位置 8 开始。首先看到一个项，但它不是要找的，所以试着查看位置 9。我们又有了一个项，但它也不是要找的，所以我们试着查看位置 0，然后是位置 1，直到找到相等项。为查找 19，在找到位置 3 的空位置之前，查看过位置 9，0，1，2。所以 19 没有找到。

不能执行标准的删除，因为，与二叉搜索树一样，散列表中的项不仅代表它自己，还在冲突解决期间作为占位符与其他的项有联系。所以，如果我们从散列表中删除 89，剩余的几乎所有的find操作都会失败。因此，我们实现懒惰删除（lazy deletion），或将项标记为已删除而不是从表中物理删除。这个信息记录在另外的数据成员中。每个项要么是活动的（active），要么是已删除的（deleted）。

20.3.1　线性探查的简单分析

> 线性探查的简单分析基于一个假设，即连续探查是独立的。这个假设并不是真的，所以

分析低估了搜索和插入的代价。

探查散列表的装填因子是表中占满的部分。其范围为 0（空）～1（满）。

为了评估线性探查的性能，我们做了两点假设：

1. 散列表很大。

2. 散列表中的每次探查都与之前的探查无关。

假设 1 是合理的，否则我们不会为散列表而感到烦恼。假设 2 是指，如果表中占满的部分是 λ，则每次检查一个单元时，其占用概率也是 λ，与之前的任何探查无关。独立性是重要的统计特性，能大大简化随机事件的分析。不幸的是，正如 20.3.2 节所讨论的，独立性假设不仅不合乎情理，而且也是错误的。所以我们进行的简单分析是不正确的。即使这样，它也是有帮助的，因为它告诉我们，如果我们能更加谨慎地解决冲突，可以期望得到什么。如本章之前所提到的，散列表的性能依赖表满的程度。其占满程度由装填因子给出。

定义 探查散列表的装填因子 λ 是表中占满的部分。装填因子范围为 0（空）～1（全满）。

定理 20.1 可以给出简单但不正确的线性探查分析。

定理 20.1 如果假设探查是独立的，则使用线性探查时，插入过程中检查单元的平均次数为 $1/(1-\lambda)$。

证明： 对于装填因子为 λ 的表，任何单元为空的概率为 $1-\lambda$。因此，找到一个空单元所需的独立试验次数预期值是 $1/(1-\lambda)$。 □

在定理 20.1 的证明中，我们用到的事实是，如果某事件发生的概率为 p 且试验是独立的话，则平均来说，事件发生之前需要 $1/p$ 次试验。例如，假设事件独立，抛硬币得到正面朝上的预期抛掷次数是 2 次，掷单个六面骰子得到 4 的预期抛掷次数是 6 次。

20.3.2 真正发生了什么：基本聚集

基本聚集的结果是，形成了大量的占用单元簇，使得插入聚集中的开销昂贵（然后插入使得簇更大）。

装填因子很大时基本聚集是个问题。对于半空的表，影响不是灾难性的。

不幸的是，独立性不能保持，如图 20.6 所示。a) 展示的是，如果所有连续探查都是独立的，则散列表装满 70% 的结果。b) 展示了线性探查结果。注意簇组，这种现象称为基本聚集（primary clustering）。

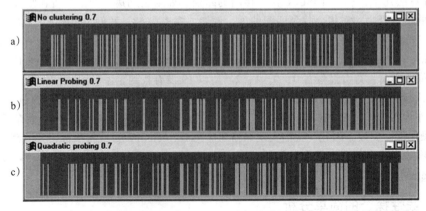

图 20.6 线性探查的没有聚集、基本聚集，以及二次探查中不太明显的二级聚集的图示。长线表示占用的单元，装填因子为 0.7

在基本聚集中，占用单元形成了大块。散列到这个簇中的任何关键字都需要多次尝试解决冲突，然后它又增大了簇的大小。由于相同的散列函数而发生冲突的项不仅会导致性能下降，而且与另一项的替代位置发生冲突的项也会导致性能下降。考虑这个现象的数学分析是复杂的，但已经解决，得到定理 20.2。

定理 20.2 使用线性探查在插入时要检查的单元数平均约为 $(1+1/(1-\lambda)^2)/2$。

证明： 证明超出本书范围。参见文献 [6]。 □

对于半满的表，我们得到插入过程中要检查的单元数平均为 2.5。这个结果与简单分析结果几乎相同。主要的差别出现在当 λ 接近 1 时。例如，如果表为 90% 满，即 $\lambda=0.9$。简单分析表明，需要检查 10 个单元——比较多但还不是完全不可接受。但根据定理 20.2，真正的答案是需要检查 50 个单元。这很过分（特别是这个数仅为平均数，所以有些插入一定更糟）。

20.3.3 find 操作的分析

不成功的 find 操作与插入的代价相同。
成功的 find 操作的代价是在所有较小装填因子下插入代价的平均数。

find 操作的代价不会超出插入的代价。有两类 find 操作：不成功的和成功的。不成功的 find 操作容易分析。X 的不成功搜索时要检查的位置序列与 insert X 时要检查的序列相同。所以对于不成功的 find 操作的代价，我们立即得到答案。

对于成功的 find 操作，事情稍微复杂一些。图 20.5 展示了 $\lambda=0.5$ 的一个表。所以插入的平均代价是 2.5。所以，不管后面还有多少次插入，find 新插入项的平均代价应该是 2.5。找到插入表中第一个项的平均代价永远是 1.0 次探查。所以在有 $\lambda=0.5$ 的表中，有些搜索是容易的，而有些是困难的。具体来说，成功搜索 X 的代价等于插入 X 时它的插入代价。为了找到在装填因子为 λ 的表中执行成功搜索的平均时间，我们必须计算导致 λ 的所有装填因子上的平均插入代价。在此基础上，我们可以计算线性探查的平均搜索时间，如定理 20.3 中的结论和证明所示。

定理 20.3 使用线性探查不成功搜索中要检查的单元数平均约为 $(1+1/(1-\lambda)^2)/2$。成功搜索中要检查的单元数平均约为 $(1+1/(1-\lambda))/2$。

证明： 不成功搜索的代价等于插入的代价。对于成功搜索，我们计算插入序列的平均插入代价。因为表很大，所以我们可以通过计算

$$S(\lambda) = \frac{1}{\lambda} \int_{x=0}^{\lambda} I(x)\mathrm{d}x$$

得到这个平均值。换句话说，在装填因子为 λ 的表中进行成功搜索的平均代价，等于在装填因子为 x 的表中进行成功搜索的代价，对装填因子 x 从 0 到 λ 取平均值。由定理 20.2，我们可以得出下列等式：

$$
\begin{aligned}
S(\lambda) &= \frac{1}{\lambda} \int_{x=0}^{\lambda} \frac{1}{2}\left(1 + \frac{1}{(1-x)^2}\right)\mathrm{d}x \\
&= \frac{1}{2\lambda}\left(x + \frac{1}{(1-x)}\right)\Bigg|_{x=0}^{\lambda} \\
&= \frac{1}{2\lambda}\left(\left(\lambda + \frac{1}{(1-\lambda)}\right) - 1\right) \\
&= \frac{1}{2}\left(\frac{2-\lambda}{1-\lambda}\right) \\
&= \frac{1}{2}\left(1 + \frac{1}{(1-\lambda)}\right)
\end{aligned}
$$

□

我们可以应用同样的技术，得到独立性假设下成功的 find 操作的代价（在定理 20.3 中使用 $I(x)=1/(1-x)$）。如果没有聚集，则线性探查下成功的 find 操作的平均代价为 $-\ln(1-\lambda)/\lambda$。如果装填因子是 0.5，则使用线性探查成功搜索的平均探查次数是 1.5，而无聚集分析给出的是 1.4 次探查。注意，这个平均数不依赖输入关键字的任何次序，它仅依赖散列函数的公平性。还要注意，即使我们有好的散列函数，计算平均值时也必然会遇到更长或更短的探查序列。例如，即使在半空的散列表中，也肯定会有长度为 4、5 和 6 的序列。（确定预期的最长探查序列是个有挑战性的计算。）基本聚集不仅会让平均探查序列更长，而且还更容易出现长探查序列。所以基本聚集的主要问题是，在高装填因子时插入性能严重下降。而且，更有可能遇到一些有更长探查序列（大于平均值）的情况。

为了减少探查次数，我们需要一种避免基本聚集的冲突解决机制。但是注意到，如果表是半空的，那么消除基本聚集的影响，对于插入或不成功搜索，平均仅可以节省半次探查；对于成功搜索，平均仅可以节省十分之一次探查。尽管我们可能期望降低得到更长探查序列的概率，但线性探查并不是一种糟糕的策略。因为它易于实现，所以我们用来去掉基本聚集的任何方法一定是更复杂的。不然的话，我们就会花更多的时间，为的是仅节省几分之一次探查。这样的一个方法是二次探查（quadratic probing）。

20.4　二次探查

二次探查检查距离原始探查点位置距离为 1、4、9 的单元，以此类推。

记住，后续的探查点与原始探查点的距离是整数的二次方。

如果表的大小是素数，且装填因子不大于 0.5，则所有的探查都会在不同的位置，一个项总能被插入。

实现二次探查时可以不使用乘法和取模运算。因为它不受基本聚集的影响，所以实践中它优于线性探查。

一旦装填因子达到 0.5 就扩展表，这称为再散列。总是加倍到素数。素数容易找到。

当扩展散列表时，使用新的散列函数在新表中重新插入。

二次探查（quadratic probing）是一种冲突解决方法，它检查远离原始探查点的某些单元，从而消除了线性探查中的基本聚集问题。它的名字来自为解决冲突而使用的公式 $F(i)=i^2$。具体来说，如果散列函数计算出 H，而在单元 H 中的搜索没有结果，那么我们尝试依次搜索单元 $H+1^2$、$H+2^2$、$H+3^2$、$\cdots$、$H+i^2$（使用环绕）。这个策略不同于线性探查策略搜索 $H+1$、$H+2$、$H+3$、$\cdots$、$H+i$。

图 20.7 展示了当使用二次探查替代线性探查时，插入图 20.5 所示序列时得到的表。当 49 与 89 冲突时，尝试的第一个备选位置是一个单元之外。这个单元是空的，所以 49 放在这里。接下来，58 在位置 8 发生冲突。尝试的单元是位置 9（这是一个单元之外），但出现另一次冲突。下一次单元尝试中找到一个空单元，与原始散列位置的距离是 $2^2=4$。所以 58 放置在单元 2 中。元素 9 也会发生同样的事情。注意，为散列到位置 8 的项寻找替代位置，与为散列到位置 9 的项寻找替代位置是不同的。插入 58 时的长探查序列不影响随后 9 的插入，这与线性探查的情况相反。

在编写代码前我们需要考虑几个细节。

- 在线性探查中，每次探查尝试一个不同的单元。二次探查能保证当尝试一个单元时在当前访问过程中没有访问过它吗？二次探查能保证当我们插入 X 且表不满时，X 可以被插入吗？
- 线性探查容易实现。二次探查似乎需要乘法和取模运算。这种明显增加的复杂性会让二次探查不现实吗？
- 如果装填因子太高了（在线性探查和二次探查中）会发生什么？我们能像其他基于数组的数据结构通常所做的那样，动态扩展表吗？

幸运的是，对上述所有情形的回答都相当的好。如果表的大小是素数，并且装填因子从不超过0.5，则总能放置一个新项 X，且在访问过程中不会有单元被探查两次。不过，为了使这些保证有效，我们需要确保表的大小是一个素数。我们在定理 20.4 中证明这个结论。出于完整性的考虑，图 20.8 展示了一个使用图 9.8 所示的算法生成素数的例程（不需要使用更复杂的算法）。

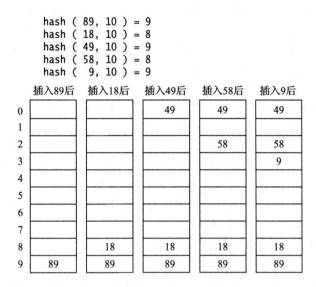

图 20.7　每次插入后的二次探查散列表（注意，表的大小选得不好，因为不是素数）

```
1    /**
2     * 找到至少与 n 等大的一个素数的方法
3     * @param n：开始的数（必须是正的）
4     * @return：大于或等于 n 的一个素数
5     */
6    private static int nextPrime( int n )
7    {
8        if( n % 2 == 0 )
9            n++;
10
11       for( ; !isPrime( n ); n += 2 )
12           ;
13
14       return n;
15   }
```

图 20.8　在二次探查中用来查找大于等于 N 的素数的例程

定理 20.4　如果使用二次探查，并且表的大小是素数，且表至少有一半是空的，则新元素总能被插入。此外，在插入过程中，任何单元都不会被探查两次。

证明：令 M 为表的大小。假设 M 是大于 3 的奇素数。我们证明前 $\lceil M/2 \rceil$ 个备选位置（包括原始位置）是各不相同的。这些位置中的两个分别是 $H+i^2 (\mathrm{mod}\, M)$ 和 $H+j^2 (\mathrm{mod}\, M)$，其中 $0 \leqslant i$, $j \leqslant \lfloor M/2 \rfloor$。反证，假设这两个位置是相同的，但 $i \neq j$。则

$$H + i^2 \equiv H + j^2 (\mathrm{mod}\, M)$$

$$i^2 \equiv j^2 (\mathrm{mod}\, M)$$

$$i^2 - j^2 \equiv 0 (\mathrm{mod}\, M)$$

$$(i - j)(i + j) \equiv 0 (\mathrm{mod}\, M)$$

因为 M 是素数，由此可见，$i-j$ 或 $i+j$ 可被 M 整除。由于 i 和 j 是不同的，且它们的和小于 M，所以这两种情况哪个都不可能发生。因此得到矛盾。由此可见，前 $\lceil M/2 \rceil$ 个备选位置（包括原始位置）是各不相同的，如果表至少有一半是空的，则可以保证插入一定成功。   □

如果表比半满多，则可能让插入失败（虽然失败的可能性极低）。如果我们保持表的大小是素数，并且装填因子低于 0.5，则我们可以保证插入是成功的。如果表的大小不是素数，则备选位置的个数可能会大大减少。例如，如果表的大小是 16，则备选位置只可能是与原始探查点距离为 1、4 或 9 的地方。重申一下，大小并不是真的问题：虽然我们不能保证有 $\lfloor M/2 \rfloor$ 个备选位置，但备选位置通常比需要的更多。不过，最好是谨慎行事，用理论指导我们选择参数。此外，经验还表明，素数对散列表有利，因为它们往往会消除散列函数偶然引发的非随机性。

第二个要考虑的重要问题是效率。回想一下，对于为 0.5 的装填因子，去掉基本聚集仅能节省平均插入的 0.5 次探查及平均成功搜索的 0.1 次探查。我们确实得到了一些额外的优势：遇到长探查序列明显减少。不过，如果使用二次探查执行一次探查时需要花费两倍的时间，那么这样做几乎就没有优势了。实现线性探查时使用的是简单的加法（加 1）和确定是否需要环绕的测试及非常少的减法（如果需要环绕的话）。二次探查的公式表明，我们需要做一次加 1（从 $i-1$ 到 i）、一次乘法（计算 i^2）、另一个加法，然后是取模操作。这些计算似乎过于费时，因此不太实用。不过，我们可以使用下面的技巧，如定理 20.5 所示。

定理 20.5 实现二次探查不用昂贵的乘法和除法就可以实现。

证明：令 H_{i-1} 是最近计算的探查（H_0 是原始散列位置），且 H_i 是我们要去计算的探查。则有

$$H_i = H_0 + i^2 (\bmod M)$$
$$H_{i-1} = H_0 + (i-1)^2 (\bmod M) \tag{20.3}$$

如果让这两个等式相减，则得到

$$H_i = H_{i-1} + 2i - 1 (\bmod M) \tag{20.4}$$

式（20.4）表明，我们不需要 i 的平方，就可以从前一个值 H_{i-1} 计算新值 H_i。虽然我们仍然需要一个乘法，但乘法是乘以 2，这在大多数计算机上是一个很容易实现的操作。取模操作怎么执行呢？答案是它也不需要执行，因为表达式 $2i-1$ 一定比 M 小。所以，如果我们将它加到 H_{i-1} 上，结果要么仍比 M 小（这种情况下不需要取模），要么比 M 大一点（这种情况下，取模计算等价于减去 M）。   □

定理 20.5 表明，我们通过使用一次加法（为了增加 i）、一次位移（计算 $2i$）、一次减 1（计算 $2i-1$）、另一次加法（在原位置上加 $2i-1$）、一次判定是否需要环绕的测试，以及为实现取模操作而很少用到的一次减法，就可以计算下一个要探查的位置。所以，对每次探查来说，差别是一次位移、一次减 1 和一次加法。如果涉及复杂的关键字（比如字符串），则这个操作的代价可能低于额外探查的代价。

要考虑的最后细节是动态扩展。如果装填因子超过 0.5，则我们想倍增散列表的大小。这个方法会带来一些问题。首先，找到另一个素数有多困难？回答是，素数很容易找到。我们希望只需要测试 $O(\log N)$ 个数，就能找到一个素数。因此，图 20.8 中展示的例程非常快。素数测试最多用到 $O(N^{1/2})$ 的时间，所以搜索素数的花费最多是 $O(N^{1/2} \log N)$[⊖]。这个代价远小于将旧表的内容转移到新表中的 $O(N)$ 代价。

一旦分配了一个更大的数组，我们只是复制所有的数据吗？答案肯定是否定的。新数组隐含着新的散列函数，所以我们不能使用旧的数组位置。因此，我们必须检查旧表中的每个元素，计

⊖   如果我们添加一个构造方法，允许用户指定散列表近似的初始大小，则这个例程是需要的。散列表的实现必须保证使用素数。

算它的新散列值，并将它插入新的散列表中。这个过程称为再散列（rehashing）。再散列在 Java 中容易实现。

20.4.1 Java 实现

用户必须为对象提供一个合适的 hashCode 方法。

总的设计类似 TreeSet。

大多数例程只是几行代码，因为它们调用 findPos 执行二次探查。

如果表（半）满，则 add 例程执行再散列。

现在我们准备给出二次探查散列表的完整 Java 实现。我们通过实现 Collections API 中大部分的 HashSet 和 HashMap 来完成。回想一下，HashSet 和 HashMap 都需要一个 hashCode 方法。hashCode 没有 tableSize 参数，散列表算法在使用用户提供的散列函数后，在内部执行最终的取模操作。HashSet 的类框架如图 20.9 所示。为了使算法正确有效，equals 和 hashCode 必须一致，即如果两个对象相等，则它们的散列值必须相等。

```
 1  package weiss.util;
 2
 3  public class HashSet<AnyType> extends AbstractCollection<AnyType>
 4                     implements Set<AnyType>
 5  {
 6      private class HashSetIterator implements Iterator<AnyType>
 7        { /* 图 20.18 */ }
 8      private static class HashEntry implements java.io.Serializable
 9        { /* 图 20.10 */ }
10
11      public HashSet( )
12        { /* 图 20.11 */ }
13      public HashSet( Collection<? extends AnyType> other )
14        { /* 图 20.11 */ }
15
16      public int size( )
17        { return currentSize; }
18      public Iterator<AnyType> iterator( )
19        { return new HashSetIterator( ); }
20
21      public boolean contains( Object x )
22        { /* 图 20.12 */ }
23      private static boolean isActive( HashEntry [ ] arr, int pos )
24        { /* 图 20.13 */ }
25      public AnyType getMatch( AnyType x )
26        { /* 图 20.12 */ }
27
28      public boolean remove( Object x )
29        { /* 图 20.14 */ }
30      public void clear( )
31        { /* 图 20.14 */ }
32      public boolean add( AnyType x )
33        { /* 图 20.15 */ }
34      private void rehash( )
35        { /* 图 20.16 */ }
36      private int findPos( Object x )
37        { /* 图 20.17 */ }
```

图 20.9　用于二次探查散列表的类框架

```
38
39      private void allocateArray( int arraySize )
40        { array = new HashEntry[ arraySize ]; }
41      private static int nextPrime( int n )
42        { /* 图 20.8 */ }
43      private static boolean isPrime( int n )
44        { /* 见网络资源 */ }
45
46      private int currentSize = 0;
47      private int occupied = 0;
48      private int modCount = 0;
49      private HashEntry [ ] array;
50    }
```

图 20.9   用于二次探查散列表的类框架（续）

散列表由 HashEntry 引用数组构成。每个 HashEntry 引用要么是 null，要么是指向保存项的一个对象，且数据成员告诉我们，项要么是活动的，要么是已删除的。因为泛型类型的数组是非法的，所以 HashEntry 不是泛型的。HashEntry 嵌套类如图 20.10 所示。数组在第 49 行声明。我们必须记录 HashSet 的逻辑大小及散列表中的项数（包括标记为已删除的元素），这些值分别保存在 currentSize 和 occupied 中，它们在第 46 行和第 47 行声明。

```
1      private static class HashEntry implements java.io.Serializable
2      {
3          public Object  element;    // 元素
4          public boolean isActive;   // 假，如果标记为已删除
5
6          public HashEntry( Object e )
7          {
8              this( e, true );
9          }
10
11         public HashEntry( Object e, boolean i )
12         {
13             element = e;
14             isActive = i;
15         }
16     }
```

图 20.10   HashEntry 嵌套类

类的其他部分包含散列表例程和迭代器的声明。总的设计类似 TreeSet。

声明了 3 个私有方法，当在类中实现它们时我们再进行描述。现在，我们可以讨论 HashSet 类的实现了。

散列表的构造方法如图 20.11 所示，对此没有什么特别要说明的。搜索例程 contains 和非标准的 getMatch 列在图 20.12 中。contains 使用了图 20.13 所示的私有方法 isActive。contains 和 getMatch 还调用了稍后会展示的 findPos 来实现二次探查。findPos 方法是整个代码中唯一一依赖二次探查的方法。接下来，contains 和 getMatch 将会变得易于实现：如果 findPos 的结果是活动单元，则会找到一个元素（如果 findPos 停在活动单元，则一定是匹配的）。类似地，列在图 20.14 中的 remove 例程很短。我们检查 findPos 返回的是不是活动单元，如果是，则单元标记为已删除；否则，立即返回 false。注意，这会让 currentSize 的值减少，而 occupied 的值不变。另外，如果有很多已删除项，则散列表将在第 16 行和第 17 行重置大小。modCount 的维护与之前实现的其他 Collections API 组件是一样的。clear 从 HashSet 中删除所有的项。

```
1     private static final int DEFAULT_TABLE_SIZE = 101;
2
3     /**
4      * 构造一个空的 HashSet
5      */
6     public HashSet( )
7     {
8         allocateArray( DEFAULT_TABLE_SIZE );
9         clear( );
10    }
11
12    /**
13     * 由任何集合构造一个 HashSet
14     */
15    public HashSet( Collection<? extends AnyType> other )
16    {
17        allocateArray( nextPrime( other.size( ) * 2 ) );
18        clear( );
19
20        for( AnyType val : other )
21            add( val );
22    }
```

图 20.11　散列表初始化

```
1     /**
2      * 本方法不是标准 Java 的一部分
3      * 与 contains 一样，它检查 x 是否在集合中
4      * 如果在，它返回指向匹配对象的引用
5      * 否则，返回 null
6      * @param x : 要搜索的对象
7      * @return : 如果 contains(x) 是 false，则返回值是 null
8      * 否则，返回值是
9      * 令 contains(x) 能返回 true 的对象
10     */
11    public AnyType getMatch( AnyType x )
12    {
13        int currentPos = findPos( x );
14
15        if( isActive( array, currentPos ) )
16            return (AnyType) array[ currentPos ].element;
17        return null;
18    }
19
20    /**
21     * 测试本集合中是否有某个项
22     * @param x : 任何对象
23     * @return true : 如果本集合中含有等于 x 的一个项
24     */
25    public boolean contains( Object x )
26    {
27        return isActive( array, findPos( x ) );
28    }
```

图 20.12　用于二次探查散列表的搜索例程

```
1     /**
2      * 测试位置 pos 是不是活动的
```

图 20.13　用于二次探查散列表的 isActive 方法

```
3      * @param pos ：散列表中的一个位置
4      * @param arr ：数组（在再散列期间，可能是oldArray）
5      * @return true ：如果这个位置是活动的
6      */
7     private static boolean isActive( HashEntry [ ] arr, int pos )
8     {
9         return arr[ pos ] != null && arr[ pos ].isActive;
10    }
```

图 20.13　用于二次探查散列表的 isActive 方法（续）

```
1         /**
2          * 从本集合中删除一个项
3          * @param x ：任何对象
4          * @return true ：如果从集合中删除了项
5          */
6         public boolean remove( Object x )
7         {
8             int currentPos = findPos( x );
9             if( !isActive( array, currentPos ) )
10                return false;
11
12            array[ currentPos ].isActive = false;
13            currentSize--;
14            modCount++;
15
16            if( currentSize < array.length / 8 )
17                rehash( );
18
19            return true;
20        }
21
22        /**
23         * 将本集合的大小改为 0
24         */
25        public void clear( )
26        {
27            currentSize = occupied = 0;
28            modCount++;
29            for( int i = 0; i < array.length; i++ )
30                array[ i ] = null;
31        }
```

图 20.14　用于二次探查散列表的 remove 和 clear 例程

　　图 20.15 展示了 add 例程。在第 8 行我们调用 findPos。如果找到 x，则在第 10 行返回 false，因为不允许有重复值。否则，findPos 给出 x 的插入位置。在第 12 行执行插入。我们在第 13～16 行调整 currentSize、occupied 和 modCount 并返回，除非要进行再散列。如果进行再散列的话，我们调用私有方法 rehash。

```
1         /**
2          * 向本集合中添加一个项
3          * @param x ：任何对象
4          * @return true ：如果项添加到集合中
5          */
6         public boolean add( AnyType x )
7         {
```

图 20.15　用于二次探查散列表的 add 例程

```
8            int currentPos = findPos( x );
9            if( isActive( array, currentPos ) )
10               return false;
11
12           if( array[ currentPos ] == null )
13               occupied++;
14           array[ currentPos ] = new HashEntry( x, true );
15           currentSize++;
16           modCount++;
17
18           if( occupied > array.length / 2 )
19               rehash( );
20
21           return true;
22       }
```

图 20.15　用于二次探查散列表的 add 例程（续）

实现再散列的代码列在图 20.16 中。第 7 行保存对原始表的引用。我们在第 10 ～ 12 行创建一个新的空散列表，当 rehash 结束时，它将有 0.25 的装填因子。然后从头至尾扫描原来的数组，将任何活动元素添加（add）到新表中。add 例程使用新的散列函数（因为它逻辑上基于已经改变的 array 的大小），并自动解决所有冲突。可以肯定，（在第 17 行）递归调用 add 不会发生另一次再散列。或者，我们可以用大括号包围的两行代码替换第 17 行（见练习 20.13）。

```
1        /**
2         * 执行再散列的私有例程
3         * 可以被 add 和 remove 调用
4         */
5        private void rehash( )
6        {
7            HashEntry [ ] oldArray = array;
8
9                // 创建一个新的空表
10           allocateArray( nextPrime( 4 * size( ) ) );
11           currentSize = 0;
12           occupied = 0;
13
14               // 将表复制过来
15           for( int i = 0; i < oldArray.length; i++ )
16               if( isActive( oldArray, i ) )
17                   add( (AnyType) oldArray[ i ].element );
18       }
```

图 20.16　用于二次探查散列表的 rehash 方法

到目前为止，我们所做的事情还没有依赖二次探查。图 20.17 实现了 findPos，它最终处理二次探查算法。我们一直在搜索表，直到找到一个空单元或一个匹配项。第 22 ～ 25 行使用两个加法直接实现了定理 20.5 中描述的方法。这里有点复杂，因为 null 是 HashSet 中的有效项。代码说明了为什么最好要假设 null 是无效的。

```
1        /**
2         * 执行二次探查解决方案的方法
3         * @param x : 要搜索的项
4         * @return : 搜索终止的位置
5         */
```

图 20.17　最后处理二次探查的例程

```
6      private int findPos( Object x )
7      {
8          int offset = 1;
9          int currentPos = ( x == null ) ?
10                           0 : Math.abs( x.hashCode( ) % array.length );
11
12         while( array[ currentPos ] != null )
13         {
14             if( x == null )
15             {
16                 if( array[ currentPos ].element == null )
17                     break;
18             }
19             else if( x.equals( array[ currentPos ].element ) )
20                 break;
21
22             currentPos += offset;              // 计算第 i 次探查
23             offset += 2;
24             if( currentPos >= array.length )   // 实现取模操作
25                 currentPos -= array.length;
26         }
27
28         return currentPos;
29     }
```

图 20.17　最后处理二次探查的例程（续）

图 20.18 给出了迭代器内部类的实现。虽然有些棘手，不过这是相对标准的处理方式。visited 表示调用 next 的次数，而 currentPos 表示由 next 返回的最后一个对象的下标。

```
1      /**
2       * 这是 HashSetIterator 的实现
3       * 它维护当前位置记号
4       * 当然，也隐含指向 HashSet 的引用
5       */
6      private class HashSetIterator implements Iterator<AnyType>
7      {
8          private int expectedModCount = modCount;
9          private int currentPos = -1;
10         private int visited = 0;
11
12         public boolean hasNext( )
13         {
14             if( expectedModCount != modCount )
15                 throw new ConcurrentModificationException( );
16
17             return visited != size( );
18         }
19
20         public AnyType next( )
21         {
22             if( !hasNext( ) )
23                 throw new NoSuchElementException( );
24
25             do
26             {
27                 currentPos++;
```

图 20.18　HashSetIterator 内部类

```
28                } while( currentPos < array.length &&
29                               !isActive( array, currentPos ) );
30
31            visited++;
32            return (AnyType) array[ currentPos ].element;
33        }
34
35        public void remove( )
36        {
37            if( expectedModCount != modCount )
38              throw new ConcurrentModificationException( );
39            if( currentPos == -1 || !isActive( array, currentPos ) )
40                throw new IllegalStateException( );
41
42            array[ currentPos ].isActive = false;
43            currentSize--;
44            visited--;
45            modCount++;
46            expectedModCount++;
47        }
48    }
```

图 20.18　HashSetIterator 内部类（续）

最后，图 20.19 实现了 HashMap。它非常像 TreeMap，除了 Pair 是一个嵌套类而不是内部类（它不需要访问外层类对象），实现了 equals 和 hashCode 方法而不是 Comparable 接口。

```
 1 package weiss.util;
 2
 3 public class HashMap<KeyType,ValueType> extends MapImpl<KeyType,ValueType>
 4 {
 5     public HashMap( )
 6       { super( new HashSet<Map.Entry<KeyType,ValueType>>( ) ); }
 7
 8     public HashMap( Map<KeyType,ValueType> other )
 9       { super( other ); }
10
11     protected Map.Entry<KeyType,ValueType> makePair( KeyType key, ValueType value )
12       { return new Pair<KeyType,ValueType>( key, value ); }
13
14     protected Set<KeyType> makeEmptyKeySet( )
15       { return new HashSet<KeyType>( ); }
16
17     protected Set<Map.Entry<KeyType,ValueType>>
18     clonePairSet( Set<Map.Entry<KeyType,ValueType>> pairSet )
19     {
20         return new HashSet<Map.Entry<KeyType,ValueType>>( pairSet );
21     }
22
23     private static final class Pair<KeyType,ValueType>
24                     extends MapImpl.Pair<KeyType,ValueType>
25     {
26         public Pair( KeyType k, ValueType v )
27           { super( k, v ); }
28
29         public int hashCode( )
30         {
31             KeyType k = getKey( );
```

图 20.19　HashMap 类

```
32              return k == null ? 0 : k.hashCode( );
33          }
34
35          public boolean equals( Object other )
36          {
37              if( other instanceof Map.Entry )
38              {
39                  KeyType thisKey = getKey( );
40                  KeyType otherKey = ((Map.Entry<KeyType,ValueType>) other).getKey( );
41
42                  if( thisKey == null )
43                      return thisKey == otherKey;
44                  return thisKey.equals( otherKey );
45              }
46              else
47                  return false;
48          }
49      }
50 }
```

图 20.19　HashMap 类（续）

20.4.2　二次探查的分析

> 二次探查在 findPos 中实现。它使用之前描述的技巧，避免了乘法和取模。
>
> 在二级聚集中，散列到同一位置的元素探查相同的备选单元。二级聚集是一个较小的理论缺陷。
>
> 双散列是不受二级聚集影响的散列技术。第二个散列函数用于解决冲突。

二次探查尚未进行数学分析，虽然我们知道它消除了基本聚集。在二次探查中，散列到相同位置的元素探查相同的备选单元，这称为二级聚集（secondary clustering）。重申一次，不能假设连续探查的独立性。二级聚集是一个较小的理论缺陷。模拟结果表明，每次搜索时，通常导致不多于 1/2 次的额外探查，且这个增加仅在高装填因子时才成立。图 20.6 说明了线性探查和二次探查之间的区别，并表明二次探查不会像线性探查那样受聚集的影响。

我们也可以使用消除二级聚集的技术。最常见的是双散列（double hashing），其中使用第二个散列函数来解决冲突。具体来说，我们探查距离为 $\text{Hash}_2(X)$、$2\text{Hash}_2(X)$ 等位置。第二个散列函数必须谨慎选择（即它应该永远不会为 0），而且必须能探查所有的单元。像 $\text{Hash}_2(X) = R - (X \bmod R)$ 这样的函数（其中 R 是小于 M 的素数），通常效果都不错。双散列在理论上很有趣，因为可以证明，它的探查次数基本上与线性探查所暗示的纯随机分析相同。不过，它的实现比二次探查复杂些，并且要求注意一些细节。

似乎没有理由不使用二次探查策略，除非难以承担维护半空表的开销。在其他编程语言中，如果存储的项非常多，就会出现这种情况。

20.5　独立链散列

> 独立链散列是二次探查的一种节省空间的替代方案，它维护一个链表数组。它对高装填因子不敏感。
>
> 对于独立链散列来说，合理的装填因子是 1.0。较低的装填因子不会显著提高性能，适度的高装填因子是可接受的，并且可以节省空间。

一种流行且节省空间的二次探查的替代方案是独立链散列（separate chaining hashing），其中维护一个链表数组。对于链表 L_0, L_1, $\cdots$, L_{M-1} 的数组，散列函数告诉我们项 X 将插入哪个链表中，然后在执行 find 时，告诉我们哪个链表会包含 X。它的思想是，虽然搜索链表是一个线性操作，但是如果链表足够短，则搜索时间将是非常快的。特别是，假设装填因子 N/M 是 λ，则它不再以 1.0 为上界。所以链表的平均长度为 λ，使得插入或不成功搜索的期望探查数为 λ，且成功搜索的期望探查数为 $1+\lambda/2$。原因是，成功搜索必须在一个非空链表中，而在这样的一个链表中，我们期望的是必须遍历一半的链表。成功搜索的代价与不成功搜索的代价的对比与众不同，因为如果 $\lambda<2$，则成功搜索将比不成功搜索费时更多。不过这种情况可以理解，因为许多不成功搜索会遇到一个空链表。

通常装填因子是 1.0，较低的装填因子不会显著提高性能，但它会浪费额外的空间。独立链散列的吸引力在于，性能不受适度增大的装填因子的影响，因此可以避免再散列。对于不允许动态扩展数组的语言，这个考虑意义重大。此外，搜索时期望的探查数小于二次探查，尤其是对于不成功搜索。

使用已有的链表类可以实现独立链散列。不过，因为头结点增加了空间开销，且真的不需要，所以，如果空间非常紧张，那么我们选择不重用组件而是实现一个简单的像栈那样的链表。结果证明编码工作非常轻松。另外，空间开销基本上是每个结点一个引用再加上每个链表的一个额外引用。例如，当装填因子是 1.0 时，每个项有两个引用。如果项非常大，则这个特性在其他编程语言中非常重要。在这种情况下，我们要权衡的事情，与使用数组和链表实现栈时要考虑的是一样的。Java Collections API 使用的是独立链，默认装填因子是 0.75。

为了说明独立链散列表的复杂性（说得更正确点，是相对不那么复杂），图 20.20 提供了独立链散列表的基本实现的简短框架。它避开了像再散列这样的问题，没有实现 remove，甚至不记录当前大小。不过，它展示了 add 和 contains 的基本逻辑，这两个都使用散列码来选择对应的单链表。

```
1  class MyHashSet<AnyType>
2  {
3      public MyHashSet( )
4        { this( 101 ); }
5
6      public MyHashSet( int numLists )
7        { lists = new Node[ numLists ]; }
8
9      public boolean contains( AnyType x )
10     {
11         for( Node<AnyType> p = lists[ myHashCode( x ) ]; p != null; p = p.next )
12             if( p.data.equals( x ) )
13                 return true;
14
15         return false;
16     }
17
18     public boolean add( AnyType x )
19     {
20         int whichList = myHashCode( x );
21
22         for( Node<AnyType> p = lists[ whichList ]; p != null; p = p.next )
23             if( p.data.equals( x ) )
24                 return false;
25
26         lists[ whichList ] = new Node<AnyType>( x, lists[ whichList ] );
```

图 20.20　独立链散列表的简化实现

```
27          return true;
28      }
29
30      private int myHashCode( AnyType x )
31        { return Math.abs( x.hashCode( ) % lists.length ); }
32
33      private Node<AnyType> [ ] lists;
34
35      private static class Node<AnyType>
36      {
37          Node( AnyType d, Node<AnyType> n )
38          {
39              data = d;
40              next = n;
41          }
42
43          AnyType data;
44          Node<AnyType> next;
45      }
46  }
```

图 20.20　独立链散列表的简化实现（续）

20.6　散列表对比二叉搜索树

> 如果你不需要次序统计信息，并且担心非随机输入的话，则使用散列表替代二叉搜索树。

我们还可以使用二叉搜索树来实现 insert 和 find 操作。虽然得到的平均时间限是 $O(\log N)$，但二叉搜索树还支持要求次序的例程，所以功能更强。使用散列表，我们不能有效地找到最小元素，或是扩展这个表以允许计算次序统计信息。我们不能有效地搜索字符串，除非知道确切的字符串。二叉搜索树可以快速找到指定范围内的所有项，但散列表不支持这个功能。此外，$O(\log N)$ 的界限不一定比 $O(1)$ 大很多，特别是因为搜索树中不需要进行乘法或除法运算。

散列的最差情形通常是由实现错误引起的，而有序输入可能令二叉搜索树性能变坏。平衡搜索树实现起来代价太高。所以，如果不要求次序信息，并且怀疑输入可能是有序的，那么散列是要选择的数据结构。

20.7　散列应用

> 散列应用很丰富。

散列应用很丰富。编译器使用散列表记录源代码中声明的变量。这个数据结构称为符号表（symbol table）。因为仅执行 insert 和 find 操作，所以散列表是这个问题的理想应用程序。标识符通常很短，因此可以快速计算散列函数。在这个应用中，大多数查找都是成功的。

散列表的另一个常见应用是游戏程序。当程序搜索游戏的不同线路时，基于位置计算散列函数，从而记录已经遇到过的位置（并保存在这个位置的移动）。如果再次出现这个位置，则通常通过简单的走步置换，程序可以避免费时的重新计算。所有游戏程序中的这个一般特征称为置换表（transposition table）。我们在 10.2 节讨论过这个特征，那里我们实现了井字棋算法。

散列的第三个应用是在线拼写检查器。如果拼写错误检测（而不是修正）很重要，则可以预散列一本完整的字典，从而实现在常数时间内检查单词。散列表非常适用于这个目的，因为单词不必按字典序排列。按文档中出现的次序输出拼写错误的单词是可接受的。

20.8　总结

散列表可以用来实现常数平均时间的 insert 和 find 操作。在使用散列表时，注意如装填因子这样的细节非常重要，否则，常数时间界就无意义了。当关键字不是短字符串或整数时，谨慎选择散列函数也很重要。你应该选择一个分布良好且易于计算的函数。

对于独立链散列，装填因子通常接近 1，其性能没有显著下降，除非装填因子变得非常大。对于二次探查，表的大小应该是素数且装填因子应该不超过 0.5。再散列应该用于二次探查，以允许表增大并维护正确的装填因子。如果空间很紧张且不可能声明一个巨大的散列表，那么这种方法很重要。

至此，我们完成了基本搜索算法的讨论。在第 21 章我们将讨论二叉堆，它实现了优先队列，可以提供项集合中最小项的高效访问。

20.9　核心概念

冲突。当散列表中两个或多个项散列到相同位置时的结果。这个问题不可避免，因为项数多于位置数。

双散列。不受二级聚集影响的散列技术。第二个散列函数用来解决冲突。

散列函数。将项转换为整数的函数，整数作为保存项的数组下标。如果散列函数是一对一的，则通过数组下标可以访问项。因为散列函数不是一对一的，所以几个项会在同一个下标处冲突。

散列表。用来以常数时间实现字典的每个操作的表。

散列。执行插入、删除和查找的散列表的实现。

线性探查。通过顺序扫描数组直到找到一个空单元的避免冲突的一种方法。

装填因子。散列表中的元素个数除以散列表数组大小，或表中已满的部分。在探查散列表中，装填因子范围从 0（空）到 1（满）。在独立链散列中，它可能大于 1。

懒惰删除。将元素标记为已删除替代将它们从散列表中物理删除的技术。在探查散列表中是必须的。

基本聚集。线性探查过程中已占用单元形成的大簇，使得在簇中的插入很费时（然后插入又使得簇变得更大）且影响性能。

二次探查。冲突解决方法，检查与原始探查点位置距离 1、4、9 的单元。

二级聚集。当散列到相同位置的元素探查相同的备选单元时出现的簇。这是一个较小的理论缺陷。

独立链。二次探查节省空间的替代方案，其中维护一个链表数组。它对高装填因子不敏感，表现出一些使用数组和链表实现栈时考虑过的权衡。

20.10　常见错误

- 散列函数返回一个 int。因为中间计算允许溢出，所以局部变量应该检查取模运算的结果是非负的，以避免可能存在返回值越界的情况。
- 当装填因子接近 1.0 时探查表的性能严重下降。不要让这个现象发生。当装填因子达到 0.5 时要再散列。
- 所有散列方法的性能依赖一个好的散列函数。一个常见错误是提供一个坏的函数。

20.11　网络资源

二次探查散列表可在网络资源中供您阅读。

HashSet.java。含有 HashSet 类的实现。

HashMap.java。含有 HashMap 类的实现。

20.12 练习

简答题

20.1 大小是 11 的散列表的数组下标是多少?

20.2 如果散列表中项的个数是 10,则相应的探查表的大小是多少?

20.3 解释在两种探查和独立链散列表中如何执行删除操作?

20.4 在装填因子为 0.25 的线性探查表中成功和不成功搜索的期望探查个数是多少?

20.5 给定输入 {4371, 1323, 6173, 4199, 4344, 9679, 1989},表的大小固定是 10,散列函数 $H(X)=$ $X \bmod 10$,展示以下结果。

  a. 线性探查散列表。

  b. 二次探查散列表。

  c. 独立链散列表。

20.6 展示练习 20.5 中探查表再散列的结果。再散列的表的大小是素数。

理论题

20.7 一个可替换的冲突解决策略是,定义一个序列,$F(i)=Ri$,其中,$R_0=0$,而且 R_1,R_2,…,R_{M-1} 是前 $M-1$ 个整数的随机排列(回想一下,表的大小是 M)。

  a. 证明在这个策略下,如果表不满,则冲突总能解决。

  b. 这个策略会消除基本聚集吗?

  c. 这个策略会消除二级聚集吗?

  d. 如果表的装填因子是 λ,则执行插入的期望时间是多少?

  e. 使用 9.4 节的算法生成一个随机排列,会涉及大量(很昂贵)对随机数生成器的调用。给出一个有效算法生成随机排列,避免调用随机数发生器。

20.8 如果装填因子一达到 0.5 就实现再散列,当最后一个元素插入时装填因子至少是 0.25,最多是 0.5。预期的装填因子是多少? 换句话说,装填因子平均是 0.375 吗?

20.9 当实现再散列步骤时,你必须使用 $O(N)$ 次探查,重新插入 N 个元素。给出探查数的评估(即 N、$2N$ 或其他值)。(提示:计算在新表中插入的平均代价。这些插入从装填因子 0 到装填因子 0.25 不等。)

20.10 在某些假设下,插入有二级聚集的散列表中的期望代价由 $1/(1-\lambda)-\lambda-\ln(1-\lambda)$ 给出。不幸的是,这个公式对于二次探查不精确。不过,假设它精确的话,则

  a. 不成功搜索的期望代价是多少?

  b. 成功搜索的期望代价是多少?

20.11 二次探查散列表用来存储 10 000 个 `String` 对象。假设,装填因子是 0.4,字符串的平均长度是 8。判定

  a. 散列表的大小。

  b. 用来存储 10 000 个 `String` 对象的内存数量。

  c. 散列表使用的额外内存数量。

  d. 散列表使用的总内存。

  e. 空间开销。

实践题

20.12 实现线性探查。

20.13 对于探查散列表,在不对 add 进行递归调用的情况下实现再散列编码。

20.14 试验检查字符串中每个其他字符的散列函数。这个选择比本书中给出的那个好吗? 请解释。

20.15 使用下列语句替代图 20.2 中的第 12 行:

```
hashVal = ( hashVal << 5 ) ^ hashVal ^ key.charAt( i );
```

20.16　使用独立链提供 HashSet 的完整实现。

程序设计项目

20.17　自己找一个大型在线字典。选择表的大小是字典的两倍。将本书描述的散列函数应用于每个单词，保存每个位置被散列的次数。你会得到一个分布：某个比例的位置将不会被散列到、某个比例的被散列到一次、某个比例的被散列到两次，以此类推。将这个分布与理论随机数的分布（9.3 节描述）进行比较。

20.18　执行模拟，将观察到的散列性能与理论结果进行比较。声明一个探查散列表，在表中插入 10 000 个随机生成的整数，统计探查使用的平均次数。这个数是成功搜索的平均代价。重复测几次得到良好的平均值。对线性探查和二次探查都运行，并对最终装填因子 0.1、0.2、…、0.9 执行。始终声明表，以便不需要再散列。所以装填因子为 0.4 的测试将声明约为 25 000 大小的一张表（调整到素数）。

20.19　比较在装填因子为 1 的独立链的表以及在装填因子为 0.5 的二次探查表中执行搜索和插入所需的时间。使用简单的整数、字符串和搜索关键字是字符串的复杂记录来进行比较。

20.20　BASIC 语言程序由一系列语句组成，每个语句都按升序编号。使用 goto 或 gosub 加一个语句号传递控制。编写一个程序，读入合法的 BASIC 程序，并对语句重新编号，从编号 F 开始，每个语句比前一个语句编号大 D。输入的语句数可能如 32 位整数这样大，所以你可以假设重新编号的语句个数仍适合 32 位整数。你的程序必须在线性时间内运行。

20.13　参考文献

散列显然很简单，尽管如此，很多分析仍是十分困难的，且很多问题仍未解。另外，还有很多有趣的想法，通常试图让最差情形的散列尽可能不出现。

关于散列的早期论文是文献 [11]。关于这个论题的大量信息（包括线性探查散列的分析）出现在文献 [6] 中。文献 [5] 和文献 [7] 中给出了双散列的分析。另一种冲突解决机制，合并散列（coalesced hashing）在文献 [12] 中描述。这个论题的优秀研究是文献 [8]，文献 [9] 中含有选择散列函数的建议和陷阱。对本章中描述的所有方法的精确分析和模拟结果可在文献 [4] 中找到。不存在簇的均匀散列，对于成功搜索的代价来说是最优的 [13]。

如果预先知道输入关键字，则存在完美散列函数 [1]，其不存在冲突。文献 [2] 和文献 [3] 提出一些更复杂的散列机制，其最差情形不依赖具体输入，而是依赖算法选择的随机数。这些机制保证，最差情形下仅有常数个冲突发生（虽然在不太可能出现的坏随机数情况下，散列函数的构造要花较长时间）。在实现硬件表时是有用的。

实现练习 20.7 的一个方法在文献 [10] 中描述。

[1] J. L. Carter and M. N. Wegman, "Universal Classes of Hash Functions," *Journal of Computer and System Sciences* **18** (1979), 143–154.

[2] M. Dietzfelbinger, A. R. Karlin, K. Melhorn, F. Meyer auf def Heide, H. Rohnert, and R. E. Tarjan, "Dynamic Perfect Hashing: Upper and Lower Bounds," *SIAM Journal on Computing* **23** (1994), 738–761.

[3] R. J. Enbody and H. C. Du, "Dynamic Hashing Schemes," *Computing Surveys* **20** (1988), 85–113.

[4] G. H. Gonnet and R. Baeza-Yates, *Handbook of Algorithms and Data Structures*, 2d ed., Addison-Wesley, Reading, MA, 1991.

[5] L. J. Guibas and E. Szemeredi, "The Analysis of Double Hashing," *Journal of Computer and System Sciences* **16** (1978), 226–274.

[6] D. E. Knuth, *The Art of Computer Programming, Vol 3: Sorting and Searching*, 2d ed., Addison-Wesley, Reading, MA, 1998.

[7] G. Lueker and M. Molodowitch, "More Analysis of Double Hashing," *Combinatorica* **13** (1993), 83–96.

[8] W. D. Maurer and T. G. Lewis, "Hash Table Methods," *Computing Surveys* **7** (1975), 5–20.

[9] B. J. McKenzie, R. Harries, and T. Bell, "Selecting a Hashing Algorithm," *Software-Practice and Experience* **20** (1990), 209–224.

[10] R. Morris, "Scatter Storage Techniques," *Communications of the ACM* **11** (1968), 38–44.

[11] W. W. Peterson, "Addressing for Random Access Storage," *IBM Journal of Research and Development* **1** (1957), 130–146.

[12] J. S. Vitter, "Implementations for Coalesced Hashing," *Information Processing Letters* **11** (1980), 84–86.

[13] A. C. Yao, "Uniform Hashing Is Optimal," *Journal of the ACM* **32** (1985), 687–693.

优先队列：二叉堆

优先队列是一种基础的数据结构，仅允许访问最小项。本章我们讨论优先队列数据结构的一种实现——优雅的二叉堆（binary heap）。二叉堆支持最差情形下对数时间内插入新项和删除最小项。它仅使用数组，并且易于实现。

本章中，我们将看到：

- 二叉堆的基本属性。
- 如何在对数时间内执行 insert 和 deleteMin 操作。
- 堆的线性时间构造算法。
- Java 5 中 PriorityQueue 类的实现。
- 排序算法 heapsort 的简单实现，其运行在 $O(N\log N)$ 时间内但不使用额外的内存。
- 使用堆实现外排序。

21.1 基本思想

> 链表或数组使得有些操作使用线性时间。
> 不平衡的二叉搜索树最差情形不好。平衡的搜索树需要很多工作。
> 优先队列是队列和二叉搜索树属性的折中。
> 二叉堆是用来实现优先队列的经典方法。

如 6.9 节所讨论的，优先队列分别使用 findMin 和 deleteMin 支持对最小项的访问和删除。我们可以使用简单的链表，在常数时间内执行在表头的插入，但查找及 / 或删除最小值都需要对链表进行线性扫描。或者，我们可以始终保持线性表永远有序。这个条件使得访问和删除最小值更省事，但插入又将是线性的。

实现优先队列的另一种方法是使用二叉搜索树，对于两个操作它给出 $O(\log N)$ 的平均运行时间。不过，二叉搜索树是不好的选择，因为输入常常不是随机的。我们可以使用平衡搜索树，但第 19 章所示的结构实现起来很麻烦，而且导致实践中性能低下。（在第 22 章，我们介绍一种数据结构：伸展树。经验证明，它在某些情况下是很好的替代方案。）

一方面，因为优先队列仅支持某些搜索树的操作，所以它的实现成本不应该比搜索树更高。另一方面，优先队列比简单队列功能更强，因为我们可以使用优先队列进行如下操作实现一个队列。首先，我们插入每个项，并标注插入时间。然后基于最小插入时间的 deleteMin 实现 dequeue。因此，我们可以期望能得到一个实现，其属性是对队列和搜索树的折中。这个折中属性由二叉堆实现，它

- 可以使用简单数组实现（像队列一样）。
- 可以在最差情形下 $O(\log N)$ 时间内支持 insert 和 deleteMin（二叉搜索树和队列之间的折中）。
- 可以在平均常数时间内支持 insert，在最差情形下常数时间内支持 findMin。

二叉堆（binary heap）是用来实现优先队列的经典方法，而且（像第 19 章的平衡搜索树结构

一样）它有两个属性：结构属性和次序属性。并且和在平衡搜索树中一样，在二叉堆上的操作可能破坏其中的一个属性，所以当两个属性都符合要求了，二叉堆的操作才算完成。这个结果容易实现。（在本章，提到二叉堆时我们使用堆（heap）这个词。）

21.1.1 结构属性

> 堆是一棵完全二叉树，允许使用简单数组来表示，并保证对数深度。
>
> 父结点在位置 $\lfloor i/2 \rfloor$，左子结点在位置 $2i$，右子结点在位置 $2i+1$。
>
> 使用数组保存树称为隐式表示。

给出动态对数时间界限的唯一结构是树，所以将堆的数据组织为树似乎是自然的。因为我们想要保证最差情形下对数的时间界限，所以树应该是平衡的。

完全二叉树（complete binary tree）是除最底层外完全填满的树，最底层从左至右填充，没有缺少的结点。10 个项的完全二叉树示例如图 21.1 所示。让结点 J 是 E 的右子结点的话，树就不是完全树了，因为缺少了一个结点。

完全树有很多有用的属性。首先，N 个结点的完全二叉树的高度（最长路径长度）最多是 $\lfloor \log N \rfloor$。原因是，高度为 H 的完全树有 $2^H \sim 2^{H+1}-1$ 个结点。这个特征意味着，如果我们将对结构的改变限定在从根到叶结点的路径上，则可以期望最差情形下对数时间内执行动作。

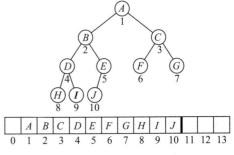

图 21.1   完全二叉树和它的数组表示

第二点同样重要，在完全二叉树中，left 和 right 链接不是必需的。正如图 21.1 所示，我们可以按层序遍历的次序将树保存在一个数组中，从而表示一棵完全二叉树。我们将根放在位置 1 处（位置 0 处常常空闲，稍后讨论原因）。我们还需要维护一个整数，告诉我们树中当前的结点个数。对于数组位置 i 处的元素，它的左子结点可以在位置 2i 处找到。如果这个位置大于树中的结点个数，那么我们知道左子结点不存在。类似地，右子结点紧接在左子结点之后，所以它位于位置 2i+1。我们再次针对树的实际大小来测试，确保子结点的存在。最后，父结点在位置 $\lfloor i/2 \rfloor$ 处。

注意，除根以外的每个结点都有一个父结点。如果根有父结点，则计算时会将它放在位置 0 处。所以我们预留了位置 0 放置虚拟项，作为根结点的父结点。这样做可以简化一个操作。如果我们将根放在位置 0 处，则位置 i 处结点的子结点和父结点的位置稍做改变（在练习 21.15 中要求你来决定新的位置）。

使用数组保存树称为隐式表示（implicit representation）。这个表示的结果，不仅不需要子结点链接，而且遍历树所需要的操作也非常简单，在大多数计算机上可以快速执行。堆实体由一个对象数组和表示当前堆的大小的一个整数组成。

本章中，堆被画成树的样子，让算法易于想象。在这些树的实现中，我们使用数组。我们没有对所有的搜索树使用隐式表示。这样做的一些问题在练习 21.8 中讨论。

21.1.2 堆的次序属性

> 堆的次序属性表明，在堆中，父结点中的项永远不会大于结点中的项。
>
> 根的父结点可以保存在位置 0 处，并且其值为负无穷。

能让操作快速执行的属性是堆的次序属性（heap-order property）。我们希望能够快速找到最小值，所以将最小元素放在根上是有意义的。如果我们认为任何子树也应该（递归）是个堆，则任何结点都应该小于其所有后代。应用这个逻辑，我们得到堆的次序属性。

堆的次序属性　　在堆中，对每个结点 X 及其父结点 P，P 中的关键字小于等于 X 中的关键字。

堆的次序属性如图 21.2 所示。在图 21.3a 中，树是一个堆，但在图 21.3b 中，树不是堆（虚线表明违反了堆的次序）。注意，根没有父结点。在隐式表示中，当实现堆时，我们可以在位置 0 处放置值 $-\infty$，为的是可以去掉这个特例。根据堆的次序属性，我们看到，最小元素总是在根中找到。所以 findMin 是一个常数时间操作。最大堆（max heap）支持对最大元素的访问而不是最小元素。只需小小的修改就可以用来实现最大堆。

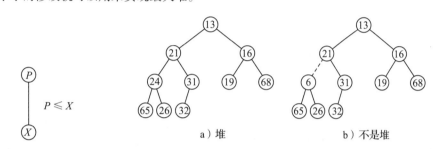

图 21.2　堆的次序属性　　　　　　　　　　图 21.3　两棵完全树

21.1.3　允许的操作

> 我们提供一个构造方法，它接受含有初始项集的集合，并调用 buildHeap。

现在我们已经选定了表示形式，可以开始编写实现自己的 java.util.PriorityQueue 的代码了。我们已经知道，堆支持基本的 insert、findMin 和 deleteMin 操作，及通常的 isEmpty 和 makeEmpty 例程。图 21.4 展示使用了 java.util.PriorityQueue 中命名约定的类框架。提到操作时，我们使用历史沿袭的名字及其在 java.util 中对应的名字。

```
1  package weiss.util;
2
3  /**
4   * 通过二叉堆实现的 PriorityQueue 类
5   */
6  public class PriorityQueue<AnyType> extends AbstractCollection<AnyType>
7                                      implements Queue<AnyType>
8  {
9      public PriorityQueue( )
10       { /* 图 21.5 */ }
11     public PriorityQueue( Comparator<? super AnyType> c )
12       { /* 图 21.5 */ }
13     public PriorityQueue( Collection<? extends AnyType> coll )
14       { /* 图 21.5 */ }
15
16     public int size( )
17       { return currentSize; }
18     public void clear( )
19       { currentSize = 0; }
20     public Iterator<AnyType> iterator( )
21       { /* 见网络资源 */ }
22
23     public AnyType element( )
24       { /* 图 21.6 */ }
```

图 21.4　PriorityQueue 类框架

```
25        public boolean add( AnyType x )
26          { /* 图 21.9 */ }
27        public AnyType remove( )
28          { /* 图 21.13 */ }
29
30        private void percolateDown( int hole )
31          { /* 图 21.14 */ }
32        private void buildHeap( )
33          { /* 图 21.16 */ }
34
35        private int currentSize;    // 堆中的元素个数
36        private AnyType [ ] array; // 堆数组
37        private Comparator<? super AnyType> cmp;
38
39        private void doubleArray( )
40          { /*  见网络资源       */ }
41        private int compare( AnyType lhs, AnyType rhs )
42          { /*  与 TreeSet 中的代码相同，见图 19.70        */ }
43    }
```

图 21.4 PriorityQueue 类框架（续）

我们先研究公有方法。在第 9 ～ 14 行声明了三个构造方法。第三个构造方法接受一个初始时应该存在于优先队列中的项的集合。为什么不是一次插入一个项呢？

原因是，在许多应用中，我们可能在发生下一次 deleteMin 之前添加很多项。在这种情况下，在 deleteMin 发生之前不需要保持堆的次序。在第 32 行声明的 buildHeap 操作恢复堆的次序（不管堆有多么混乱），我们会看到它在线性时间内完成。所以，如果我们在第一次 deleteMin 之前需要在堆中放置 N 个项，则先随意地将它们放在数组中，然后调用一次 buildHeap，比做 N 次插入更高效。

add 方法在第 25 行声明。它将新项 x 添加到堆中，执行必要的操作以维护堆的次序属性。

剩下的操作都符合预期。element 例程在第 23 行声明，它返回堆中的最小项。remove 在第 27 行声明，删除并返回最小项。常见的 size、clear 和 iterator 例程在第 16 ～ 21 行声明。

构造方法如图 21.5 所示。这些构造方法初始化数组、堆的大小及比较器。第三个构造方法还额外复制参数传递的集合中的项，然后调用 buildHeap。图 21.6 展示 element。

```
1        private static final int DEFAULT_CAPACITY = 100;
2
3        /**
4         * 构造一个空的 PriorityQueue
5         */
6        public PriorityQueue( )
7        {
8            currentSize = 0;
9            cmp = null;
10           array = (AnyType[]) new Object[ DEFAULT_CAPACITY + 1 ];
11       }
12
13       /**
14        * 构造一个带有指定比较器的空的 PriorityQueue
15        */
16       public PriorityQueue( Comparator<? super AnyType> c )
17       {
18           currentSize = 0;
19           cmp = c;
20           array = (AnyType[]) new Object[ DEFAULT_CAPACITY + 1 ];
21       }
22
23
```

图 21.5 PriorityQueue 类的构造方法

```
24        /**
25         * 从另一个 Collection 构造一个 PriorityQueue
26         */
27        public PriorityQueue( Collection<? extends AnyType> coll )
28        {
29            cmp = null;
30            currentSize = coll.size( );
31            array = (AnyType[]) new Object[ ( currentSize + 2 ) * 11 / 10 ];
32
33            int i = 1;
34            for( AnyType item : coll )
35                array[ i++ ] = item;
36            buildHeap( );
37        }
```

图 21.5　PriorityQueue 类的构造方法（续）

```
1         /**
2          * 返回优先队列中的最小项
3          * @return: 最小项
4          * @throws NoSuchElementException：如果空
5          */
6         public AnyType element( )
7         {
8             if( isEmpty( ) )
9                 throw new NoSuchElementException( );
10            return array[ 1 ];
11        }
```

图 21.6　element 例程

21.2　基本操作的实现

到目前为止，堆的次序属性看起来很有希望，因为它提供的对最小元素的访问很容易实现。现在我们必须说明，可以高效地提供在对数时间内的插入及 deleteMin 操作。执行两个所需的操作（在概念上及实践中）是容易的：涉及的工作仅仅是确保维护堆的次序属性。

21.2.1　插入

在下一个可用位置创建一个空洞，然后将其上浮到能放置新项的位置且与洞的父结点次序不违反堆次序，从而实现插入。

插入在平均情况下需要常数时间，但最差情形下需要对数时间。

要想在堆中插入元素 X，必须先在树中添加一个结点。唯一的选择是在下一个可用位置创建一个空洞；否则，树不是完全树且我们会违反结构属性。如果 X 可以放置在洞中而不违反堆的次序，那么就可以这样做，操作完成。否则，将空洞的父结点中的元素滑到结点中，空洞向根的方向上浮。继续这个过程，直到 X 能放置在空洞中。图 21.7 展示为插入 14，在堆的下一个可用位置创建一个空洞。将 14 插入洞中会违反堆的次序属性，所以 31 滑到洞中。在图 21.8 中持续使用这个策略，直到找到可以插入 14 的正确位置。

这个一般策略称为向上渗透（percolate up），策略的内容是：在下一个可用位置创建一个空洞，将其在堆中上浮，直到找到正确位置，从而实现插入。图 21.9 展示了 add 方法，它使用非常紧凑的循环实现了向上渗透策略。在第 13 行，我们在位置 0 放置 x 作为哨兵。第 12 行的语句增加当前的大小，并设置洞为新添加的结点。在第 15 行，当父结点中的项大于 x 时，一直迭代循环。第 16 行，将父结点中的项下移到洞中，然后 for 循环中的第三个表达式将洞上移到父结点位置。当循环终止时，第 17 行将 x 放到洞中。

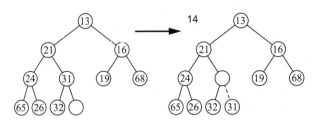

图 21.7　试图插入 14，创建空洞然后空洞上浮

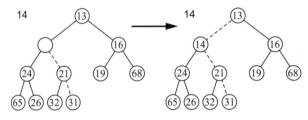

图 21.8　在图 21.7 所示的原始堆中插入 14 所需的剩余两步

```
1      /**
2       * 向这个 PriorityQueue 中添加一个项
3       * @param x : 任何对象
4       * @return:true
5       */
6      public boolean add( AnyType x )
7      {
8          if( currentSize + 1 == array.length )
9              doubleArray( );
10
11          // 向上渗透
12          int hole = ++currentSize;
13          array[ 0 ] = x;
14
15          for( ; compare( x, array[ hole / 2 ] ) < 0; hole /= 2 )
16              array[ hole ] = array[ hole / 2 ];
17          array[ hole ] = x;
18
19          return true;
20      }
```

图 21.9　add 方法

如果要插入的元素是新的最小值，则执行插入所需的时间可能是 $O(\log N)$。原因是，它将沿路一直向上渗透到根。平均来说，向上渗透会提前终止，因为已经证明执行 add 平均需要 2.6 次比较，所以平均来说 add 会将一个元素上移 1.6 层。

21.2.2　deleteMin 操作

> 删除最小项涉及将最后一项放到在根创建的洞中。这个洞经过最小子结点沿树下移，直到放置项时不违反堆的次序属性为止。
> deleteMin 操作在最差情形和平均情形下都是对数的。

deleteMin 操作的处理方式类似插入操作。正如我们前面所说的，找到最小值是容易的，困难的部分是删除它。当删除最小值时，在根创建了一个空洞。现在堆的大小减 1，而且结构属性告诉我们最后结点必须消除。图 21.10 显示了这个状况，最小项是 13，根有一个空洞，最后一项必须放到堆中的某个地方。

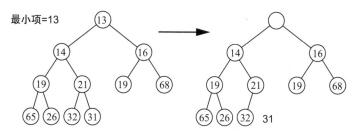

图 21.10　在根创建空洞

　　如果最后一项可以放在洞中，则操作完成。不过那是不可能的，除非堆的大小为 2 或 3，因为底层的元素预期要比第二层的元素大。我们必须做与插入相同的事情：将某个项放在洞中，然后移动空洞。唯一的区别是，对于 deleteMin，我们沿树向下移动。为此，我们找到洞的较小子结点，如果那个子结点小于我们要放置的项，则将子结点移到洞中，将洞下移一层，并重复这些动作，直到项可以被正确放置——这个过程称为向下渗透（percolate down）。在图 21.11 中，我们将较小的子结点（14）放到洞中，将洞下移一层。重复这个动作，将 19 放在洞中，然后在更深的一层创建一个新洞。然后将 26 放在洞中，并且在底层创建一个新洞。最后，我们能将 31 放在洞中，如图 21.12 所示。因为树有对数深度，所以 deleteMin 在最差情况下是对数操作。毫不奇怪，向下渗透很少提前一或两层终止，所以 deleteMin 操作平均也是对数的。

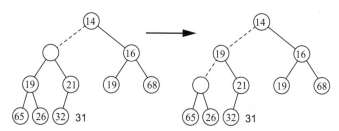

图 21.11　deleteMin 操作中接下来的两步

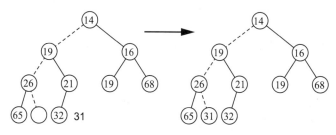

图 21.12　deleteMin 操作中的最后两步

　　图 21.13 显示了这个方法，在标准库中它称为 remove。在 remove 中对空问题的测试是由第 8 行调用 element 自动完成的，在标准库中 element 称为 remove。实际的工作在 percolateDown 中完成，如图 21.14 所示。图中展示的代码思想类似 add 例程中向上渗透的代码。不过，因为有两个子结点而不是一个父结点，所以代码稍微复杂一点。percolateDown 方法带单一参数，指示放置洞的位置。然后移出洞中的项，渗透开始。对于 remove，hole 将位于位置 1。当没有左子结点时，第 10 行的 for 循环终止。第三个表达式将洞移至子结点。在第 13 ~ 15 行找到较小的子结点。必须要小心，因为在偶数大小的堆中最后一个结点是唯一的子结点。我们不能总假设有两个子结点，这就是为什么我们在第 13 行要设置第一个测试。

```
1      /**
2       * 删除优先队列中的最小项
3       * @return: 最小项
4       * @throws NoSuchElementException: 如果为空
5       */
6      public AnyType remove( )
7      {
8          AnyType minItem = element( );
9          array[ 1 ] = array[ currentSize-- ];
10         percolateDown( 1 );
11
12         return minItem;
13     }
```

图 21.13 remove 方法

```
1      /**
2       * 在堆中向下渗透的内部方法
3       * @param hole: 渗透开始的下标位置
4       */
5      private void percolateDown( int hole )
6      {
7          int child;
8          AnyType tmp = array[ hole ];
9
10         for( ; hole * 2 <= currentSize; hole = child )
11         {
12             child = hole * 2;
13             if( child != currentSize &&
14                     compare( array[ child + 1 ], array[ child ] ) < 0 )
15                 child++;
16             if( compare( array[ child ], tmp ) < 0 )
17                 array[ hole ] = array[ child ];
18             else
19                 break;
20         }
21         array[ hole ] = tmp;
22     }
```

图 21.14 用于 remove 和 buildHeap 的 percolateDown 方法

21.3 buildHeap 操作：线性时间构造堆

> 按递层序应用向下渗透例程，可以在线性时间内完成 buildHeap 操作。
> 计算堆中所有结点的高度之和可以证明线性时间界。
> 我们使用标记参数来证明完美树的界。

　　buildHeap 操作的参数是一棵不具有堆次序的完全树，并恢复它。我们想让它成为线性时间操作，因为 N 次插入可以在 $O(N\log N)$ 时间内完成。我们期望 $O(N)$ 是可实现的，因为根据21.2.1 节结尾处所陈述的结果，平均来说，N 个连续插入总共需要 $O(N)$ 时间。N 个连续插入要做的事情比我们需要的多，因为在每次插入之后都要维护堆的次序，而我们仅在一个时间点需要堆的次序。

　　如图 21.15 那样将堆看作递归定义的结构，就可以得到最简单的抽象解决方案：我们在左子堆及右子堆上递归地调用 buildHeap。那时，就可以保证除根外已经全部建立了堆的次序。然后对根调用 percolateDown，就可以全部建立堆的次序。保证递归例程有效的条件是：当应用 percolateDown(i) 时，i 的所有后代都由各自调用 percolateDown 而递归处理过了。不过这个递归不是必须的，有以下理由。如果我们按层倒序在结点上调用 percolateDown，则当处理 percolateDown(i) 时，结点 i 的所有后代都因先前调用 percolateDown 而处理过了。这个过程得出了极其简单的 buildHeap 算法，如图 21.16 所示。注意，percolateDown 并不需要在叶结点上执行。所以我们从编号最高的非叶结点开始。

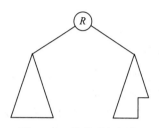

图 21.15　堆的递归视角

```
1    /**
2     * 从任意排列的项建立堆有序属性
3     * 以线性时间运行
4     */
5    private void buildHeap( )
6    {
7        for( int i = currentSize / 2; i > 0; i-- )
8            percolateDown( i );
9    }
```

图 21.16　线性时间 buildHeap 方法的实现

如图 21.17a 所示的树是无序树。从图 21.17b 到图 21.20 中的 7 棵树展示了 7 次 percolateDown 中每一步的结果。每条虚线对应两次比较：一次是找到较小的子结点，一次是比较较小子结点与结点。注意，算法中的 10 条虚线对应 20 次比较。（可能有第 11 条虚线。）

为了界定 buildHeap 的运行时间，我们必须界定虚线的个数。我们需要计算堆中所有结点的高度之和，而这个是虚线的最大数。我们期望得到一个不大的数，因为一半的结点是叶结点，它们的高度为 0，1/4 的结点高度为 1。所以只有（不在前两种情况中统计的）1/4 的结点能贡献多于 1 个单位的高度。特别地，只有一个结点贡献最大的高度 $\lfloor \log N \rfloor$。

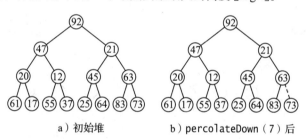

a）初始堆　　　　　　　b）percolateDown（7）后

图 21.17　percolateDown 中的步骤（一）

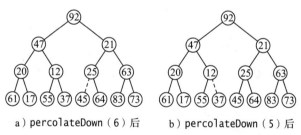

a）percolateDown（6）后　　　　　　b）percolateDown（5）后

图 21.18　percolateDown 中的步骤（二）

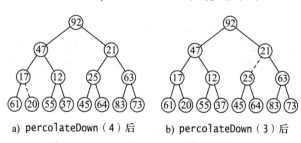

a）percolateDown（4）后　　　　　　b）percolateDown（3）后

图 21.19　percolateDown 中的步骤（三）

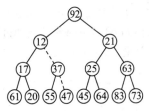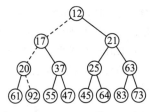

a）percolateDown（2）后　　　b）percolateDown（1）后并且 buildHeap 终止

图 21.20　percolateDown 中的步骤（四）

为了得到 buildHeap 的线性时间界，我们需要确定，一棵完全二叉树中结点的高度之和是 $O(N)$。我们在定理 21.1 中使用标记参数来证明完美树的界，从而得到这个结论。

定理 21.1　对于高度为 H 且含有 $N=2^{H+1}-1$ 个结点的完美二叉树，结点的高度和是 $N-H-1$。

证明：我们使用树标记参数。（也可以使用更直接的蛮力计算，如练习 21.10 所示。）对树中高度为 h 的任何结点，我们按下列方式标黑树的 h 条边。我们沿树的左边下降一层，然后仅沿右边遍历。遍历的每条边都标黑。以高度为 4 的完美树为例。高度为 1 的结点的左边都标黑，如图 21.21 所示。接下来，对高度为 2 的结点，在从结点开始到底的路径上，将一条左边和一条右边标黑，如图 21.22 所示。在图 21.23 中，对每个高度为 3 的结点标黑了 3 条边：从结点出发的第一条左边和从结点开始到底的路径上的 2 条右边。最后，在图 21.24 中标黑了 4 条边：从根出发的一条左边和从结点开始到底的路径上的 3 条右边。注意，任何边都不会被标黑两次，且除右路径之外的每条边都被标黑。因为有 $N-1$ 条树边（除根外每个结点都有进入它的一条边），且在右路径上有 H 条边，故标黑的边数是 $N-H-1$。定理得证。

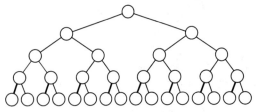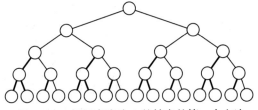

图 21.21　标记高度为 1 的结点的左边　　　图 21.22　标记高度为 2 的结点的第一个左边及后续的右边

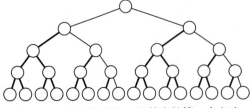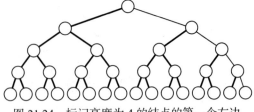

图 21.23　标记高度为 3 的结点的第一个左边及后续的两个右边　　　图 21.24　标记高度为 4 的结点的第一个左边及后续的三个右边

完全二叉树不是完美二叉树，但得到的结果是完全二叉树中结点高度之和的上界。完全二叉树的结点个数在 $2^H \sim 2^{H+1}-1$ 之间，所以这个定理意味着和是 $O(N)$。更严格的论证表明，高度之和是 $N-v(N)$，其中 $v(N)$ 是 N 的二进制表示中 1 的个数。这个结论的证明留作练习 21.12。

21.4　高级操作：decreaseKey 和 merge

在第 23 章中，我们将研究支持两个额外操作的优先队列。decreaseKey 操作降低优先队列中项的值。假设项的位置已知。在二叉堆中，通过向上渗透直到重新建立堆的次序，可以很容易实现这个操作。不过，我们必须仔细完成，因为假设每个项的位置是单独保存的，而且向上渗透所涉及的所有项都改变了它们的位置。我们可以将 decreaseKey 合并到 PriorityQueue 类中。这留作练习 21.30。decreaseKey 操作在实现图的算法（例如，14.3 节提出的 Dijkstra 算法）时很有用。

merge 例程合并两个优先队列。因为堆是基于数组的，所以我们希望通过合并能取得的最好结果是将较小堆中的项复制到较大堆中，并且进行重排。这样做，每个操作至少花费线性时间。如果我们使用结点由链接相连的一般树，则可以将每个操作的上界减少到对数。合并已经用在高级算法设计中。

21.5　内部排序：堆排序

优先队列可用来在 $O(N\log N)$ 时间内完成排序。基于这个思想的算法是堆排序。

通过使用数组中的空闲部分，可以执行原地排序。

如果我们使用最大堆，则得到升序的项。

因为根保存在位置 0，所以需要对堆排序做少量的修改。

可以使用优先队列对 N 个项进行排序，步骤如下：

1. 将每个项插入二叉堆中。

2. 调用 deleteMin 获取每个项，共 N 次，得到排序结果。

使用 21.4 节的观察结果，我们可以更高效地实现这个过程：

1. 将每个项放到二叉堆中。

2. 应用 buildHeap。

3. 调用 deleteMin 方法 N 次，则项按序退出堆。

步骤 1 总共花费线性时间，步骤 2 花费线性时间。在步骤 3 中，每次调用 deleteMin 花费对数时间，所以 N 次调用花费 $O(N\log N)$ 时间。因此我们有了最差时间 $O(N\log N)$ 的排序算法，称为堆排序（heapsort），它与基于比较实现的算法（见 8.8 节）一样好。目前算法存在的一个问题是，排序一个数组需要使用二叉堆数据结构，它自身也会带来一个数组的开销。最好是在输入的数组上模拟堆数据结构——而不是通过堆类结构实现。在下面的讨论中，我们假设已经这样处理过了。

即使我们不直接使用堆类，似乎仍需要第二个数组。原因是，我们必须在第二个数组中记录项退出堆的次序，然后按序复制回原数组。需要的内存是两倍的，这在某些应用中是个关键的问题。注意，将第二个数组复制回第一个数组所花费的额外时间仅为 $O(N)$，所以与归并排序不一样，额外的数组对运行时间（time）的影响不明显，而是要注意空间（space）问题。

避免使用第二个数组的一个聪明的方法是利用以下事实：在每次 deleteMin 后，堆的大小减 1。所以可以使用堆中最后一个单元来保存刚刚删除的元素。例如，假设我们有一个含 6 个元素的堆。第一次 deleteMin 后产生 A_1。因为堆现在只有 5 个元素，所以我们可以将 A_1 放到位置 6。下一次 deleteMin 后产生 A_2。因为堆现在只有 4 个元素，所以我们可以将 A_2 放到位置 5。

当我们使用这个策略时，在最后一次 deleteMin 后数组将含有按递减（decreasing）顺序排序的元素。如果我们想让数组以更经典的递增（increasing）顺序排列，则可以修改次序属性，而让父结点比子结点有更大的关键字。所以我们有最大堆。例如，假设我们想对输入序列 59, 36, 58, 21, 41, 97, 31, 16, 26, 53 进行排序。在将项放到最大堆并应用 buildHeap 后，我们得到如图 21.25 所示的排列。（注意：没有哨兵，我们假定数据从位置 0 开始，和第 8 章描述的其他排序的典型情况一样。）

图 21.26 展示在第一次 deleteMax 后得到的堆。堆中最后的元素是 21。97 已经放到堆数组中的某个部分，技术上这个部分不再属于堆的部分。

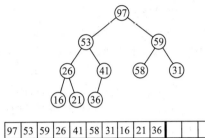

图 21.25 buildHeap 阶段后的最大堆

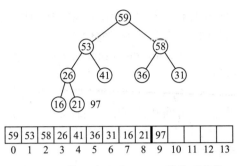

图 21.26 第一次 deleteMax 操作后的堆

图 21.27 展示，在第二次 deleteMax 后，16 成为最后的元素。现在堆中只剩余 8 个项。删除的最大值元素 59 放到数组的界外区。又进行了 7 次 deleteMax 操作后，堆只有一个元素，而数组中剩余的元素将按升序排序。

实现堆排序的操作很简单，因为它基本上遵循堆的操作。这两种操作之间有 3 处稍有不同。第一，由于我们使用的是最大堆，所以需要反转比较逻辑，从 > 变为 <。第二，我们不再假设在位置 0 处有个哨兵。原因是，我们其他的排序算法都在位置 0 处保存

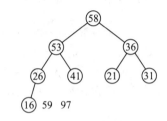

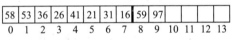

图 21.27 第二次 deleteMax 操作后的堆

数据，所以我们必须假定 heapSort 也没有区别。尽管哨兵不是必需的（没有向上渗透操作），但没有它还是影响了子结点和父结点的计算。即对于位置 i 处的结点，其父结点在位置 $(i-1)/2$ 处，左子结点在位置 $2i+1$ 处，而右子结点紧邻左孩子结点。第三，percDown 中保存当前堆的大小（在每次 deleteMax 迭代中这个值减 1）。percDown 的实现留给作练习 21.23。假设我们已经编写了 percDown，则可以很容易地表达 heapSort，如图 21.28 所示。

```
1    // 标准的 heapsort
2    public static <AnyType extends Comparable<? super AnyType>>
3    void heapsort( AnyType [ ] a )
4    {
5        for( int i = a.length / 2 - 1; i >= 0; i-- )  // 建堆
6            percDown( a, i, a.length );
7        for( int i = a.length - 1; i > 0; i-- )
8        {
9            swapReferences( a, 0, i );                 // deleteMax
10           percDown( a, 0, i );
11       }
12   }
```

图 21.28 heapSort 例程

虽然堆排序不如快速排序快，但它仍是可用的。如 8.6 节所讨论的（在练习 8.20 中详细讨论过），在快速排序中我们可以记录每次递归调用的深度，将任何深度太深的递归调用（约 2log$N$ 嵌套调用）切换到最差情形为 $O(N\log N)$ 的排序。练习 8.20 建议使用归并排序，实际上堆排序是更好的选择。

21.6 外排序

当数据量太大主存容纳不下时，使用外排序。

到目前为止，讨论的所有排序算法都要求输入数据放在主存中。不过，有些应用的输入太大了，主存容纳不下。本节我们讨论外排序（external sorting），它可以用来处理这种非常大量的输入。有些外部排序算法涉及堆的使用。

21.6.1 为什么我们需要新的算法

大部分内排序算法利用了可以直接访问存储这个事实。希尔排序在一个时间单位内比较元素 a[i] 和 a[i-gap]。堆排序在一个时间单位内比较 a[i] 和 a[child=i*2]。采用三元取中枢轴法的快速排序需要在常数时间单位内比较 a[first]、a[center] 和 a[last]。如果输入数据在磁带上，这些操作都会失去它们的效率，因为磁带上的元素只能按顺序访问。即使数据在磁盘上，但由于旋转磁盘及移动磁头导致延迟，效率也会受到影响。

为了演示外部访问实际上有多慢，我们可以创建一个随机文件，这个文件很大，但尚能放到主存中。当我们从文件中读入并使用高效的算法排序时，读入所需要的时间可能明显多于将输入数据排序的时间，即使排序是 $O(N\log N)$ 操作（对希尔排序来说可能更差一点），而读入仅是 $O(N)$ 操作。

21.6.2 外排序模型

> 我们假设排序在磁带上执行。仅允许顺序访问输入。

种类繁多的大容量存储设备使得外排序比内排序更依赖设备。这里考虑的算法适用于磁带，这可能是最受限制的存储介质。通过将磁带缠绕到正确的位置才能够访问磁带上的元素，所以磁带只能（在任何方向上）以顺序方式有效访问。

我们假设，至少有三个磁带驱动器用于排序。我们需要两个驱动器进行高效排序，第三个设备简化了过程。如果仅提供一台磁带驱动器，那我们会遇到麻烦：任何算法都需要 $\Omega(N^2)$ 的磁带访问。

21.6.3 简单算法

> 基本的外排序重复使用二路归并。每组有序记录是一个顺串。一趟扫描的结果是顺串的长度倍增，并且最终只剩下一个顺串。
>
> 在得到一个巨大顺串前，需要在输入上进行 $\lceil \log(N/M) \rceil$ 次扫描。

基本的外排序算法会用到归并排序中的合并例程。假设，我们有 4 个磁带 A_1、A_1、B_1 和 B_2，其中两个是输入磁带，两个是输出磁带。根据算法的意图，A 磁带用于输入，而 B 磁带用于输出，或者相反。进一步假设，数据初始时在 A_1 上，并且内存一次可以容纳（并排序）M 个记录。很自然，第一步是从输入磁带一次读 M 个记录，在内部排序记录，然后将有序记录交替地写到 B_1 和 B_2 中。每一组有序记录称为一个顺串（run）。当完成后，倒回所有磁带。如果我们的输入与希尔排序示例中的相同，则初始排列如图 21.29 所示。如果 $M=3$，则构造顺串后，磁带含有的数据如图 21.30 所示。

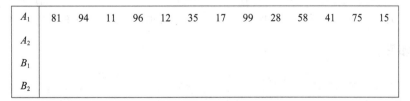

A_1	81	94	11	96	12	35	17	99	28	58	41	75	15
A_2													
B_1													
B_2													

图 21.29 初始磁带排列

A_1							
A_2							
B_1	11	81	94	17	28	99	15
B_2	12	35	96	41	58	75	

图 21.30 将长度为 3 的顺串分配到两个磁带上

现在 B_1 和 B_2 含有顺串组。我们从每个磁带上拿出第一个顺串，合并它们，然后将结果（这是一个两倍长的顺串）写入 A_1。然后从每个磁带上拿出下一个顺串，合并它们，再将结果写入 A_2。继续这个过程，交替输出到 A_1 和 A_2 中，直到 B_1 或 B_2 为空。此时，要么两个磁带为空，要么剩下一个（可能短一些的）顺串。在后一种情况下，我们将这个顺串复制到相应的磁带中。倒回所有的 4 条磁带，重复相同的过程，这次是使用 A 磁带作为输入，而 B 磁带作为输出。这个过程给出 $4M$ 长的顺串。我们继续这个过程，直到得到一个长度为 N 的顺串，此时，顺串表示的是输入数据的有序排列。对于我们的简单输入示例，这个工作过程如图 21.31 ～图 21.33 所示。

A_1	11	12	35	81	94	96	15
A_2	17	28	41	58	75	99	
B_1							
B_2							

图 21.31 第一轮合并后的磁带（顺串长度为 6）

A_1											
A_2											
B_1	11	12	17	28	35	41	58	75	81	94	96	99
B_2	15										

图 21.32 第二轮合并后的磁带（顺串长度为 12）

A_1	11	12	15	17	28	35	41	58	75	81	94	96	99
A_2													
B_1													
B_2													

图 21.33 第三轮合并后的磁带

算法需要 $\lceil \log(N/M) \rceil$ 次扫描，加上初始构造顺串那次。例如，如果我们有 10 000 000 条记录，每条记录有 6400 字节，内存为 200MB，则第一次创建 320 个顺串。我们还需要 9 次扫描才能完成排序。这个公式还正确地告诉我们，图 21.30 中的示例，需要 $\lceil \log(13/3) \rceil$ 或再 3 次扫描。

21.6.4 多路归并

K 路归并减少了扫描次数。当然使用 $2K$ 个磁带实现。

如果我们有额外的磁带，则使用多路（或 K 路）归并（multiway merge）可以减少排序输入数据所需的次数。为此，将基本的（二路）归并扩展为 K 路归并，且使用 $2K$ 个磁带。

合并两个顺串时要将每个输入磁带绕回每个顺串的开头。然后，找到较小的元素并将它放到输出带中，相应的输入带前进。如果有 K 个输入带，则这个策略以同样的方式工作。唯一的不同是，寻找 K 个元素中的最小值稍微复杂一些。我们可以使用优先队列来完成。为了获得下一个要写到输出带上的元素，我们执行 deleteMin 操作。相应的输入带前进，如果那条输入带上的顺串还未结束，则将新元素插入优先队列中。图 21.34 展示如何将之前示例中的输入分配到三条磁带上。图 21.35 和图 21.36 展示完成排序的两次三路合并过程。

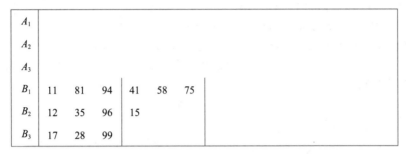

图 21.34　长度为 3 的顺串初始分布到三个磁带上

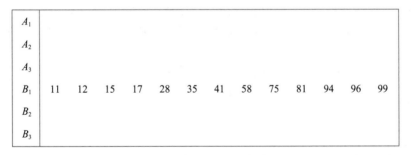

图 21.35　在一轮三路合并后（顺串长度为 9）

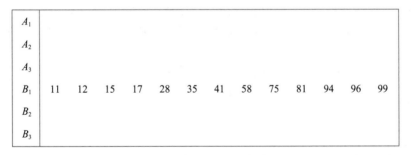

图 21.36　在两次三路合并后

在构造初始顺串之后，使用 K 路归并所需的扫描次数是 $\lceil \log_K (N/M) \rceil$，因为在每一次中，顺串的长度会增大 K 倍。对于我们的示例，公式得到验证，因为 $\lceil \log_3 13/3 \rceil = 2$。如果我们有 10 个磁带，则 $K=5$。对于 21.6.3 节中的更大的示例，320 个顺串将需要 $\log_5 320 = 4$ 次扫描。

21.6.5　多相合并

> 多相合并使用 $K+1$ 条磁带实现 K 路归并。
> 顺串的分布影响性能。最佳分布与斐波那契数有关。

K 路归并策略需要使用 2K 个磁带，这对于某些应用来说是负担不起的。我们可以仅使用 K+1 条磁带来完成，这称为多相合并（polyphase merge）。以用 3 个磁带执行两路归并为例。

假设，我们有三个磁带 T_1、T_2 和 T_3，且可以生成 34 个顺串的输入文件在 T_1 上。一种选择是，在 T_2 和 T_3 各放 17 个顺串。然后可以合并，将结果放到 T_1 上，得到有 17 个顺串的一条磁带。问题是，因为所有的顺串都在一条磁带上，所以我们必须要将一些顺串移到 T_2 上，以便能执行另一次合并。合乎逻辑的做法是，将前 8 个顺串从 T_1 复制到 T_2，然后执行合并。这个方法对我们要处理的每一次扫描都增加了额外的半次扫描。问题是，我们能做得更好吗？

另一种方法是，将原始的 34 个顺串不均匀分开。如果我们将 21 个顺串放到 T_2 上，将 13 个顺串放到 T_3 上，然后在 T_3 变空前可以合并 13 个顺串并放到 T_1 上。然后绕回 T_1 和 T_3，并将有 13 个顺串的 T_1 和有 8 个顺串的 T_2 合并，放到 T_3 上。接下来，可以合并 8 个顺串，直到 T_2 为空，T_1 上留下 5 个顺串，而 8 个顺串在 T_3 上。然后可以合并 T_1 和 T_3，以此类推。图 21.37 展示每次后每一个磁带上的顺串个数。

	顺串数	$T_3 + T_2$	$T_1 + T_2$	$T_1 + T_3$	$T_2 + T_3$	$T_1 + T_2$	$T_1 + T_3$	$T_2 + T_3$
T_1	0	13	5	0	3	1	0	1
T_2	21	8	0	5	2	0	1	0
T_3	13	0	8	3	0	2	1	0

图 21.37 多相合并的顺串个数

顺串的原始分布会有很大的不同。例如，如果 22 个顺串放在 T_2 上，12 个放在 T_3 上，则第一次合并后，我们得到 12 个顺串在 T_1 上，10 个顺串在 T_2 上。再一次合并后，10 个顺串在 T_1 上，而 2 个顺串在 T_3 上。此时，进程会慢下来，因为我们只能合并两组顺串，之后 T_3 就变空了。然后 T_1 有 8 个顺串，而 T_2 有 2 个顺串。然后能合并两组顺串，得到 T_1 有 6 个顺串，而 T_3 有 2 个顺串。再进行 3 次后，T_2 有 2 个顺串，而其他磁带都是空的。我们必须复制 1 个顺串到另一个磁带上。然后合并才能完成。

可以证明我们的第一种分布是最优的。如果顺串数是斐波那契数 F_N，则最好的分布方法是将它们划分为两个斐波那契数 F_{N-1} 和 F_{N-2}。否则，必须用虚拟顺串来填充磁带，以便将顺串数增至斐波那契数。如何在磁带上放置初始顺串集的细节留作练习 21.22。可以将这项技术扩展到 K 路归并，其中分布时我们使用 K 阶斐波那契数。K 阶斐波那契数定义为前 K 个 K 阶斐波那契数之和：

$$F^{(K)}(N) = F^{(K)}(N-1) + F^{(K)}(N-2) + \cdots + F^{(K)}(N-K)$$
$$F^{(K)}(0 \le N \le K-2) = 0$$
$$F^{(K)}(K-1) = 1$$

21.6.6 置换选择

如果足够聪明，则可以让初始构造的顺串长度大于可用的主存容量，这项技术称为置换选择。

本章我们要讨论的最后一个话题是顺串的构造。到目前为止，使用的策略是最简单的：读入尽可能多的元素，排序，然后将结果写入磁带。这似乎是能做到的最好方法，直到我们意识到，一旦第一个元素写入输出磁带，则它使用的内存就可用于另一个元素。如果输入带上的下一个元素大于刚输出的元素，它就能包含在顺串中。

使用上面观察到的结论，我们可以写一个算法来生成顺串，这通常称为置换选择（replacement

selection）。初始时，将 M 个元素读入内存，并通过一次 buildHeap 将元素高效地放置在优先队列中。然后执行 deleteMin，将最小元素写到输出带上。我们从输入带上读入下一个元素。如果它大于刚写出的元素，则可以将它加入优先队列中；否则，它不能加入当前顺串中。因为优先队列少了一个元素，所以这个元素保存在优先队列的界外区中，直到顺串完成，然后它用来构造下一个顺串。将元素保存在界外区中正是堆排序所做的。我们继续这个过程，直到优先队列大小为 0，此时顺串结束。然后使用界外区中的所有元素，用 buildHeap 操作重建一个新的优先队列，开始一个新顺串。

图 21.38 展示了对我们用过的小示例构造顺串的过程，其中 M=3。为下一个顺串保留的元素用阴影表示。使用 buildHeap 放置了元素 11、94 和 81。输出元素 11，然后通过插入操作将 96 放入堆中，因为它大于 11。下一个输出 81，然后读入 12。因为 12 小于刚输出的 81，所以它不能包含在当前顺串中。因此将它放到堆的界外区中。堆现在逻辑上仅含有 94 和 96。在输出它们后，在界外区中，我们有 3 个元素，所以构造一个堆，并且开始构造顺串 2。

	堆数组中的三个元素				
	array[1]	array[2]	array[3]	输出	下一个读入的项
顺串 1	11	94	81	11	96
	81	94	96	81	12
	94	96	12	94	35
	96	35	12	96	17
	17	35	12	顺串结束	重构造
顺串 2	12	35	17	12	99
	17	35	99	17	28
	28	99	35	28	58
	35	99	58	35	41
	41	99	58	41	75
	58	99	75	58	15
	75	99	15	75	磁带结束
	99		15	99	
			15	顺串结束	重构造
顺串 3	15			15	

图 21.38 构造顺串示例

在这个示例中，置换选择仅产生 3 个顺串，相比较之下，排序会得到 5 个顺串。结果，三路归并仅需一次扫描就能完成，而不是两次。如果输入是随机分布的，则置换选择产生平均长度为 2M 的顺串。对于我们的大示例，我们可以期望有 160 个顺串而不是有 320 个顺串，所以五路归并仍需要 4 趟。在这个示例中我们没能节省一次扫描，不过，如果我们幸运地有 125 个或更少的顺串，则可能会节省。因为外排序花费时间很长，所以节省一趟可以显著减少运行时间。

如我们所展示的，置换选择可能不会比标准算法更好。但是输入常常在开始时就接近有序，这种情况下，置换选择只生成几个异常长的顺串。这类输入在外排序中很常见，所以置换选择非常有用。

21.7　总结

本章我们展示优先队列的优雅实现。二叉堆仅使用数组，它还支持最差情形下对数时间的基本操作。堆可以引出一种流行的排序方法——堆排序。在练习 21.26 和练习 21.27 中，将要求你比较堆排序与快速排序的性能。一般来说，堆排序慢于快速排序，但它的实现相当容易。最后，我们展示了优先队列是外排序的重要数据结构。

这就完成了基础及经典数据结构的实现。在第五部分中，我们将研究更复杂的数据结构，我们首先从伸展树开始，这是一种具有某些非凡属性的二叉搜索树。

21.8　核心概念

二叉堆。用来实现优先队列的经典方法。二叉堆有两个属性：结构属性和次序属性。

buildHeap 操作。在完全树中恢复堆次序的过程，通过按逆层序对结点应用向下渗透例程可以在线性时间内完成。

完全二叉树。完全填充且没有遗失结点的树。堆是一棵完全二叉树，它允许使用简单数组表示，并保证对数深度。

外排序。当数据量太大主存容纳不下时使用的一种排序。

堆的次序属性。声明在（最小）堆中，其父结点中的项从不大于结点中的项。

堆排序。基于优先队列的思想，可以在 $O(N\log N)$ 时间内排序的一个算法。

隐式表示。使用数组保存一棵树。

最大堆。支持对最大元素而不是最小元素的访问。

多路归并。减少扫描次数的 K 路合并。容易理解的实现是使用 $2K$ 个磁带。

向下渗透。删除最小项涉及将之前的最后一项放到在根处创建的空洞中。在树中将空洞通过最小子结点下移，直到能放置项的地方不违反堆的次序属性。

向上渗透。通过在下一个可用位置创建一个空洞，然后将它上浮，直到在其中能放置新项且不会违反与空洞的父结点之间的堆的次序，从而实现插入。

多相合并。使用 $K+1$ 个磁带实现 K 路合并。

置换选择。初始构造的顺串长度可以比可用主存量大。如果在主存中能够保存 M 个对象，则可以期望有长度为 $2M$ 的顺串。

顺串。在外排序中的一个有序组。排序结束时，剩下单一顺串。

21.9　常见错误

- 二叉堆最棘手的部分是只有一个子结点时的向下渗透情况。这种情况很少发生，所以实现中的错误也很难发现。
- 对于堆排序来说，数据从位置 0 开始，所以结点 i 的子结点在位置 $2i+1$ 和 $2i+2$ 处。

21.10　网络资源

实现 PriorityQueue 的代码可在网络资源的一个文件中找到。
PriorityQueue.java。含有 PriorityQueue 类的实现。

21.11　练习

简答题

21.1 描述二叉堆的结构属性和次序属性。

21.2 在二叉堆中，对于处于位置 i 的一个项，其父结点、左子结点和右子结点在哪里？

21.3 展示在初始为空的堆中，依次插入 10, 12, 1, 14, 6, 5, 8, 15, 3, 9, 7, 4, 11, 13, 2 的结果。然后展示换用线性时间 buildHeap 算法插入的结果。

21.4 图 21.17 ～图 21.20 中第 11 条虚线应该在哪里？

21.5 最大堆支持 insert、deleteMax 和 findMax（但不是 deleteMin 或 findMin）。详细描述最大堆如何实现。

21.6 展示堆排序算法在练习 21.3 中给出的输入上初始构造并执行两次 deleteMax 操作后的结果。

21.7 堆排序是稳定的排序吗（即如果有重复项，则重复项之间是否保持它们之间的初始次序）？

理论题

21.8 有 N 个元素的一棵完全二叉树，使用数组位置 $1 \sim N$。对下列各种情况，如何决定数组必须有多大？

a. 多出额外两层的二叉树（即稍微有点不平衡）。

b. 二叉树中最深结点的深度是 $2\log N$。

c. 二叉树中最深结点的深度是 $4.1\log N$。

d. 最差情形二叉树。

21.9 展示满足下列条件的堆中的最大项。

a. 它必须是叶结点之一。

b. 正好有 $\lceil N/2 \rceil$ 个叶结点。

c. 要检查每个叶结点才能找到它。

21.10 使用直接求和证明定理 21.1，完成下列工作。

a. 说明有 2^i 个高度为 $H-i$ 的结点。

b. 使用 a 的结果写出高度求和的公式。

c. 计算 b 中的和。

21.11 验证完美二叉树中所有结点的高度和满足 $N-v(N)$，其中 $v(N)$ 是 N 的二进制表示中 1 的个数。

21.12 使用归纳法证明练习 21.11 的界。

21.13 对于堆排序，最差情形下有 $O(N\log N)$ 次比较。推导前导项（即确定它是否为 $N\log N$、$2N\log N$、$3N\log N$，以此类推）。

21.14 说明在堆排序中，有些输入会使每次 percDown 都到达叶结点。（提示：反证法。）

21.15 假设保存二叉堆时根在位置 r 处。给出位置 i 处结点的子结点和父结点的位置公式。

21.16 假设二叉堆由显式链接表示。给出简单算法，找到隐式表示中位置 i 对应的树中结点。

21.17 假设二叉堆由显式链接表示。考虑合并二叉堆 lhs 和 rhs 问题。假设两个堆都是满完全二叉树，分别含有 2^l-1 和 2^r-1 个结点。

a. 如果 $l=r$，则给出 $O(\log N)$ 算法合并两个堆。

b. 如果 $|l-r|=1$，则给出 $O(\log N)$ 算法合并两个堆。

c. 不论 l 和 r 的值如何，给出 $O(\log^2 N)$ 算法合并两个堆。

21.18 d 堆是类似二叉堆的隐式数据结构，区别在于结点有 d 个子结点。所以 d 堆比二叉堆更浅，但要寻找最小子结点时要检查 d 个子结点而不是两个。判定 d 堆中插入操作和 deleteMind 操作的运行时间（以 d 和 N 表示）。

21.19 最小 – 最大堆是以对数开销支持 deleteMin 和 deleteMax 的数据结构。结构与二叉堆相同。最小 – 最大堆的次序属性是：对于偶数深度的任意结点 X，X 中保存的关键字是其子树中的最小值；而对于奇数深度的任意结点 X，X 中保存的关键字是其子树中的最大值。根在偶数深度。完成下列工作。

a. 画出一棵可能的最小 – 最大堆，其中的项是 1, 2, 3, 4, 5, 6, 7, 8, 9, 10。注意，有多个可能的堆。

b. 判定如何找到最小值项和最大值项。

c. 给出在最小 – 最大堆中插入新结点的算法。

d. 给出执行 deleteMin 和 deleteMax 的算法。

e. 给出以线性时间执行 buildHeap 的算法。

21.20 2-D 堆是允许每个项有两个单独关键字的数据结构。可对两个关键字中的任何一个执行 deleteMin 操作。2-D 堆的次序属性是: 对于偶数深度的任何结点 X, 保存在 X 中的项有其子树中最小关键字 #1; 对于奇数深度的任何结点 X, 保存在 X 中的项有其子树中最小关键字 #2。完成下列工作。

a. 对于项 $(1, 10)$, $(2, 9)$, $(3, 8)$, $(4, 7)$, $(5, 6)$, 画出可能的 2-D 堆。

b. 解释如何查找有最小关键字 #1 的项。

c. 解释如何查找有最小关键字 #2 的项。

d. 给出在 2-D 堆中插入新项的算法。

e. 给出针对两个关键字中的任何一个执行 deleteMin 的算法。

f. 给出线性时间内执行 buildHeap 的算法。

21.21 treap 树是一棵二叉搜索树, 其中每个结点保存一个项、两个子结点和构造结点时生成的随机分配的优先级。树中的结点服从通常的二叉搜索树次序, 但它们还必须针对优先级维护堆的次序。treap 树是平衡搜索树很好的替代方案, 因为平衡是基于随机属性, 而不是基于项。所以二叉搜索树的平均情况也适用。完成下列工作。

a. 证明有不同优先级的一组不同的项, 能用唯一的 treap 树来表示。

b. 展示在 treap 树中如何使用自底向上的算法执行插入。

c. 展示在 treap 树中如何使用自顶向下的算法执行插入。

21.22 解释当顺串个数不是斐波那契数时, 如何将顺串初始集放置在两个磁带上。

实践题

21.23 编写带声明的 percDown 例程

```
static void percDown( AnyType [ ] a, int index, int size )
```

回想一下, 最大堆从位置 0 开始, 而不是位置 1。

程序设计项目

21.24 编写程序, 比较使用 PriorityQueue 的单参数构造方法初始化有 N 个项的堆的运行时间, 及从空 PriorityQueue 开始, 执行 N 次独立插入的运行时间。对有序的、逆序的和随机的输入执行你的程序。

21.25 假设你有若干个盒子, 每个可以容纳总重为 1, 还有分别重 w_1, w_2, w_3, ..., w_N 的项 i_1, i_2, i_3, ..., i_N。目标是, 用尽可能少的盒子来装所有的项, 每个盒子中装载的重量不能超出其容量。例如, 如果项有重量 0.4, 0.4, 0.6, 0.6, 则你可以用两个盒子解决问题。实现这个目标是困难的, 目前没有高效的算法。有几个策略给出较优但不是最优的装盒方案。编写程序高效实现下列近似策略。

a. 按照给定的顺序扫描各项。将每个新项放在能接受它而不溢出的最满的盒子中。使用优先队列决定项能进到的盒子。

b. 排序项, 先放置最重的项, 然后使用 a 中的策略。

21.26 实现堆排序和快速排序, 比较它们在有序输入和随机输入上的性能。使用不同类型的数据进行测试。

21.27 假设你在结点 X 处有一个空洞。正常的 percDown 例程是比较 X 的子结点, 然后, 如果子结点大于要放置的元素 (在最大堆情形中), 则将它上移至 X, 因此将空洞下移。当将新元素放到空洞中安全时停止。考虑替代 percDown 的下列策略。不测试新单元是否能插入, 尽可能地将元素上移将洞下移。这个动作使得新单元在叶结点中, 并且可能违反堆的次序。要修正堆的次序, 将新单元按正常方式向上渗透。期望平均来说向上渗透只有一或两层。编写例程来包含这个思想。与堆排序的标准实现比较运行时间。

21.28 重做练习 8.20, 使用堆排序替代归并排序。

21.29 实现外排序。

21.30 让 PriorityQueue 按如下方式支持 decreaseKey。定义实现 PriorityQueue.Position 的嵌套类。使用对象数组来表示二叉堆，其中每个对象保存一个数据项和它的下标。每个 PriorityQueue. Position 对象保存指回数组中对应对象的引用。

21.12 参考文献

二叉堆最早在文献 [8] 的堆排序中描述。线性时间的 buildHeap 算法来自文献 [4]。堆排序中最优、最差及平均情况下，使用的比较和数据移动的精准结果，由文献 [7] 给出。文献 [6] 中详细讨论了外排序。练习 21.18 在文献 [5] 中求解。练习 21.19 在文献 [2] 中求解。练习 21.20 在文献 [3] 中求解。treap 树在文献 [1] 中描述。

[1] C. Aragon and R. Seidel, "Randomized Search Trees," *Algorithmica* **16** (1996), 464–497.

[2] M. D. Atkinson, J. R. Sack, N. Santoro, and T. Strothotte, "Min-Max Heaps and Generalized Priority Queues," *Communications of the ACM* **29** (1986), 996–1000.

[3] Y. Ding and M. A. Weiss, "The k-d Heap: An Efficient Multi-dimensional Priority Queue," *Proceedings of the Third Workshop on Algorithms and Data Structures* (1993), 302–313.

[4] R. W. Floyd, "Algorithm 245: Treesort 3," *Communications of the ACM* **7** (1964), 701.

[5] D. B. Johnson, "Priority Queues with Update and Finding Minimum Spanning Trees," *Information Processing Letters* **4** (1975), 53–57.

[6] D. E. Knuth, *The Art of Computer Programming. Vol. 3: Sorting and Searching*, 2nd ed., Addison-Wesley, Reading, MA, 1998.

[7] R. Schaffer and R. Sedgewick, "The Analysis of Heapsort," *Journal of Algorithms* **14** (1993), 76–100.

[8] J. W. J. Williams, "Algorithm 232: Heapsort," *Communications of the ACM* **7** (1964), 347–348.

高级数据结构

第 22 章　伸展树

第 23 章　合并优先队列

第 24 章　不相交集合类

伸 展 树

本章，我们描述一种称为伸展树（splay tree）的优秀的数据结构，它支持二叉搜索树的所有操作，但不保证 $O(\log N)$ 的最坏性能。相反，它的界是摊销的（amortized）。摊销的含义是，虽然单个操作可能很费时，但任何操作序列能保证序列中的每个操作表现得好像是对数行为一样。因为这个保证比平衡搜索树提供的要弱，所以对于每个项，每个结点仅有数据和两个链接，且代码也更简单。伸展树有其他一些令人感兴趣的属性，我们将在本章中一并介绍。

本章中，我们将看到：

- 摊销和自调整的概念。
- 最简单的自底向上伸展树算法及每个操作有对数摊销代价的证明。
- 自顶向下算法的伸展树的实现，使用完全伸展树实现（包括删除算法）。
- 伸展树与其他数据结构的比较。

22.1 自调整和摊销分析

> 真正的问题是，额外的数据成员增加了复杂性。
>
> 90-10 规则表明，90% 的访问是对 10% 的数据项进行的，不过，平衡搜索树没有利用这条规则。

虽然平衡搜索树提供了每个操作最差情形下对数的运行时间，但它们也有几个限制：

- 它们需要在每个结点保存一些额外的平衡信息。
- 它们实现起来比较复杂。因此，插入和删除费时多且可能容易出错。
- 当出现简单输入时，它们也不会胜出。

让我们来讨论这每一种限制的后果。第一，平衡搜索树需要一个额外的数据成员。虽然在理论上这个成员可以小到只有 1 位这么小（如在红黑树中），但实际中额外的数据成员要使用一个完整的整数来保存，为的是满足硬件限制。因为计算机内存变得很大，所以我们必须要问，担心内存是否还会成为一个大问题。在大多数情形下，这个答案可能都会是否定的，除了维护额外数据成员需要更复杂的代码，并且往往会导致更长的运行时间及更多的错误。实际上，很难确认一棵搜索树的平衡信息是否正确，因为错误只会导致一棵不平衡的树。如果一种情形只有一点错误，则很难发现。所以作为一个实际的问题，允许在不牺牲性能的情况下消除某些复杂性的算法值得认真考虑。

第二，平衡搜索树的最差情形、平均情形和最优情形性能基本上是相同的。以用于某个项 X 的 find 操作为例。我们有理由期待，不仅 find 的代价是对数的，而且，如果我们立即对 X 执行第二次 find，则第二次访问将比第一次更快。不过，在红黑树中，这种情况并不成立。我们还可能期待，如果我们依次访问 X、Y 和 Z，则对相同序列的第二次访问将更容易。因为存在 90-10 规则，所以这个假设很重要。正如实验研究所给出的，90-10 规则表明，实际中 90% 的访问是对 10% 的数据项进行的。所以我们想在 90% 的情形下轻松胜出，但平衡搜索树没有利用这个规则。

90-10 规则在磁盘 I/O 系统中已经应用了很多年。高速缓冲存储器（cache）将某些磁盘块的内容保存在主存中。希望当请求磁盘访问时，能在主存高速缓冲存储器中找到块，以此节省昂贵的磁盘访问开销。当然，仅有相当少的磁盘块能保存在内存中。即使这样，在高速缓冲存储器中保存最近访问的磁盘块，也能极大地改善性能，因为很多相同的磁盘块被重复访问。浏览器利用了同样的思想：通过高速缓冲存储器在本地保存之前访问过的网页。

22.1.1　摊销时间界

摊销分析界定了操作序列的开销，并将这些开销平均分摊给序列中的每个操作。

我们有很多需求：我们想避开平衡信息，同时，我们想利用 90-10 规则。当然，我们应该期望，必须放弃平衡搜索树的某些特征。

我们选择舍弃最差情形对数性能。我们希望，不必维护平衡信息，所以这个舍弃似乎是不可避免的。不过，我们不能接受不平衡二叉搜索树的典型性能。但有一个合理的折中：对单次访问，$O(N)$ 时间是可接受的，只要它不太频繁。特别是，如果任何 M 个操作（从第一个操作开始）总共花费 $O(M\log N)$ 的最差情形时间，那么，某些操作很费时可能也无关紧要。当我们可以证明操作序列的最差情形界优于单独考虑每个操作获得的相应的界，并且可以均匀分摊给序列中的每个操作时，我们进行的是摊销分析（amortized analysis），并且运行时间称为摊销的。在之前的示例中，我们有对数摊销开销，即某些单个操作的开销可能多于对数时间，但我们可以保证，可以通过序列中更早出现的某些更省时的操作进行补偿。

然而，我们并不总是能接受摊销界。具体来说，如果单个不好的操作太费时，则我们确实需要最差情形界而不是摊销界。即使这样，在许多情形中数据结构作为算法的一部分，在算法运行过程中，只有数据结构所使用的时间总量才是重要的。

我们已经提出过摊销界的一个示例。当我们在栈或队列中实现数组倍增时，单次操作的开销，如果不需要倍增则可以是常数，如果需要倍增则是 $O(N)$。不过，对于任意一个 M 次的栈或队列操作的序列，总开销保证是 $O(M)$，得到每个操作常数摊销开销。数组倍增步骤是昂贵的这个事实并不重要，因为它的开销可以分摊给许多更早的不昂贵的操作。

22.1.2　简单自调整策略——无效

旋转到根策略在每次访问后重排二叉搜索树，以便将访问频繁的项向根靠近。
如果 90-10 规则适用，则旋转到根策略是好的，当规则不适用时它可能是个不好的策略。

在二叉搜索树中，我们不能期望将频繁访问的项保存在一个简单表中。原因是，缓存技术得益于主存和磁盘访问时间的巨大差异。回想一下，在二叉搜索树中访问开销与被访问结点的深度成正比。所以我们可以尝试重构树，将频繁访问的项向根移动。虽然这个过程在第一次 find 操作过程中花费了额外的时间，但它在长期运行中是值得的。

将频繁访问的项移向根的最简单方法是，持续地将项与父结点进行旋转，将其移向根，这个过程称为旋转到根策略（rotate-to-root strategy）。然后，如果第二次访问项，则第二次访问会省时，以此类推。即使在再次访问该项之前还进行了一些其他的操作，那个项也仍然靠近根，所以可以被快速找到。旋转到根策略的一个应用是图 22.1 中所示的结点 3[⊖]。

⊖　插入计数为一次访问。所以一个项总是作为叶结点插入，然后立即旋转到根。不成功搜索计数为对搜索终止的叶结点的一次访问。

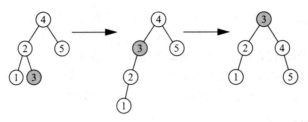

图 22.1　访问结点 3 时旋转到根策略适用

作为旋转的结果，未来对结点 3 的访问会（稍微）省时。不幸的是，在将结点 3 向上移动 2 层的过程中，结点 4 和结点 5 每个都向下移动 1 层。所以，如果访问模式不遵从 90-10 规则，则可能会发生一长串质量不佳的访问。结果，旋转到根规则没能展现出对数摊销行为，这不太能接受。定理 22.1 说明了一种不好的情形。

定理 22.1　存在任意长的序列，其中，M 次旋转到根访问使用了 $\Theta(MN)$ 时间。

证明：考虑之前在初始为空的树中插入 1, 2, 3,…, N 得到的树。得到的是一棵仅包含左子结点的树。这个结果并不坏，因为构造树的时间总共仅为 $O(N)$。

如图 22.2 所说明的，每个新添加的项都是根的一个子结点。然后只需要一次旋转将新项放在根处。如图 22.3 所示，糟糕的情况是访问关键字 1 的结点将花费 N 个时间单位。在旋转完成后，访问关键字 2 的结点将花费 N 个时间单位，而访问关键字 3 的结点花费 $N-1$ 个时间单位。按序访问 N 个关键字的总时间是 $N + \sum_{i=2}^{N} i = \Theta(N^2)$。在访问了它们后，树将恢复为原来的状态，并且我们可以重复这个序列。所以摊销界仅为 $\Theta(N)$。

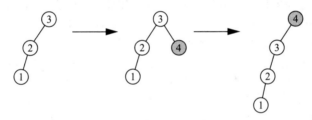

图 22.2　使用旋转到根的策略插入 4

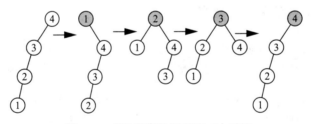

图 22.3　项的顺序访问需要二次时间　　　□

22.2　最简单的自底向上伸展树

在一棵最简单的自底向上伸展树中，使用比简单的旋转到根策略稍复杂的一种方法，将项旋转到根。

zig 和 zig-zag 情形与旋转到根是一样的。

zig-zig 情形是伸展树中独有的。

伸展的效果是，访问路径上大多数结点的深度大约减半，其他一些结点的深度最多增加两层。

实现对数摊销开销似乎是不可能的，因为，当我们通过旋转将一个项向根移动时，另一些项将被推向更深层。看起来，如果没有维护平衡信息的话，总会导致某些结点非常深。令人惊奇的是，我们可以对旋转到根策略简单修正一下，就能获得对数摊销界。实现这个称为伸展（splaying）的稍复杂一点的旋转到根方法，得到最简单的自底向上伸展树（bottom-up splay tree）。

伸展策略类似于简单的旋转到根策略，只有一个细微的差别。我们仍然自底向上沿访问路径进行旋转（本章后面将描述自顶向下的策略）。如果 X 是访问路径上我们正在旋转的非根结点，且 X 的父结点是树的根，则我们只需要旋转 X 和根，如图 22.4 所示。这个旋转是沿访问路径的最后一次，它将 X 放到根的位置。注意，这个动作与旋转到根算法中的操作完全一样，称为 zig 情形。

图 22.4　zig 情形（典型的单旋转）

否则，X 有父结点 P 和祖父结点 G，我们必须考虑两种情形及对称的情形。第一种情形，对应 AVL 树中的内部情形，所以称为 zig-zag 情形。此时，X 是右子结点且 P 是左子结点（或相反）。我们执行与 AVL 双旋转完全一样的双旋转，如图 22.5 所示。注意，因为双旋转与两次自底向上的单旋转一样，所以这种情形与旋转到根策略没有区别。在图 22.1 中，在结点 3 处的伸展是一次 zig-zag 旋转。

最后一种情形，zig-zig 情形，是伸展树中独有的，也是 AVL 树中的外部情形。这里，X 和 P 要么都是左子结点，要么都是右子结点。这种情形下，我们将图 22.6 中的左手树转为右手树。注意，这个方法不同于旋转到根策略。zig-zig 伸展在 P 和 G 间旋转，然后在 X 和 P 间旋转，而旋转到根策略是在 X 和 P 间旋转，然后在 X 和 G 间旋转。

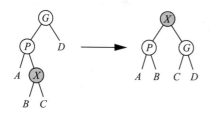

图 22.5　zig-zag 情形（与双旋转相同），省略对称情形

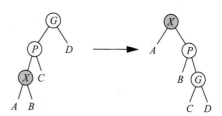

图 22.6　zig-zig 情形（伸展树独有的），省略对称情形

区别似乎很小，这一点令人惊讶。为了明白这个差别，我们考虑给出定理 22.1 不好的结果的序列，即我们在初始为空的树中输入 1, 2, 3, …, N，总花费为线性时间，得到一棵不平衡的仅有左子结点的树。不过，伸展树的结果要好一些，如图 22.7 所示。在结点 1 处伸展后，它访问了 N 个结点，在结点 2 处的伸展仅进行约 $N/2$ 次访问，而不是 $N-1$ 次访问。伸展不仅将访问结点移向根，也使访问路径上的大多数结点的深度减少大约一半（有些较浅的结点最多压深两层）。后面在结点 2 处的伸展将结点带至根的 $N/4$ 范围

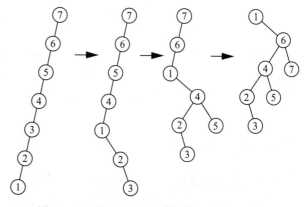

图 22.7　在结点 1 处伸展的结果（三次 zig-zig）

内。重复伸展，直到深度变为约 $\log N$。事实上，复杂的分析表明，对旋转到根算法不好的情形，却是伸展树中好的情形：在伸展树中顺序访问 N 个项总共仅需 $O(N)$ 时间。所以我们在简单输入上获胜了。在 22.4 节，我们将通过精细计算展示不存在不好的访问序列。

22.3 基本的伸展树操作

> 在一个项插入为叶结点后,将它伸展到根。
>
> 所有的搜索操作都包含一次伸展。
>
> 删除操作比通常的更简单。它们也包含一个伸展步骤(有时是两个)。

如之前所提到的,在每次访问之后执行伸展操作。当执行插入时,我们执行一次伸展。结果,新插入的项成为树的根。否则,我们要花费二次时间来构造含 N 个项的树。

对于 find,我们在搜索过程中最后访问的结点处伸展。如果搜索是成功的,则找到的结点被伸展,且成为新的根。如果搜索不成功,则到达 null 引用之前访问的最后结点被伸展,且成为新的根。这个动作是必须的,因为,如若不然,则在图 22.7 所示的初始树中,我们可能对 0 重复地执行 find 操作,且每个操作都使用线性时间。同样地,像 findMin 和 findMax 这样的操作也在访问后执行伸展。

感兴趣的操作是删除。回想一下,deleteMin 和 deleteMax 是优先队列中重要的操作。对于伸展树,这些操作变得简单。我们可以如下实现 deleteMin。首先,执行 findMin。这个操作使得最小项到达根的位置,根据二叉搜索树的属性,它没有左子结点。我们可以使用右子结点作为新的根。类似地,deleteMax 可以通过调用 findMax,并设置根为伸展后根的左子结点来实现。

即使是 remove 操作也是简单的。为了执行删除,我们访问要删除的结点,这会将结点放到根的位置。如果它被删除了,我们得到两棵子树 L 和 R(左和右)。如果我们查找 L 中的最大元素,则使用 findMax 操作,它的最大元素会旋转到 L 的根的位置,且 L 的根没有右子结点。让 R 成为 L 的根的右子结点,从而完成 remove 操作。remove 操作的示例如图 22.8 所示。

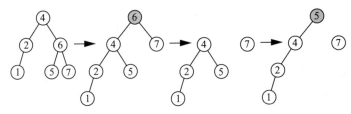

图 22.8 在结点 6 上执行 remove 操作:首先结点 6 伸展到根,留下两棵子树。在左子树上执行 findMax,将结点 5 升为左子树的根,然后可以连接右子树(未显示)

remove 操作的代价是两次伸展。所有其他操作都是一次伸展。所以我们需要分析一系列伸展步骤的代价。下一节展示,一次伸展的摊销开销最多是 $3\log N+1$ 个单旋转。此外,这意味着我们不用担心之前描述的删除算法出现偏差。伸展树的摊销界保证,任何 M 个伸展序列最多使用 $3M\log N+M$ 个树旋转。因此,从空树开始的任何 M 个操作序列总共花费最多 $O(M\log N)$ 时间。

22.4 自底向上伸展的分析

> 伸展树的分析较复杂,是更广泛的摊销分析理论的一部分。
>
> 潜在函数是用来建立所需时间界的计数装置。
>
> 结点的秩是其大小的对数。秩和大小不需要维护,仅用作证明的计数工具。只有伸展路径上的结点才会改变秩。
>
> 在本节所有的证明中,我们使用裂项求和概念。

伸展树算法的分析很复杂,因为每次伸展可能从几次旋转到 $O(N)$ 次旋转不等。每一次伸展都可能彻底改变树的结构。本节我们证明，伸展的摊销开销最多是 3log$N$+1 个单旋转。伸展树的摊销界保证，任何 M 个伸展序列最多使用 3Mlog$N$+M 个树旋转，因此，从空树开始的任何 M 个操作序列总共花费最多 $O(M\log N)$ 时间。

为了证明这个界，我们引入计数函数，称为势函数（potential function）。势函数不由算法维护，仅用作建立所需时间界的计数工具。它的选择并不明显，是大量试验和错误的产物。

对于伸展树中的任何结点 i，令 $S(i)$ 是 i 的后代（包含 i 本身）的个数。势函数是对树 T 中所有结点 i 的 $S(i)$ 的对数求和。具体来说，

$$\Phi(T) = \sum_{i \in T} \log S(i)$$

为简化符号，我们令 $R(i) = \log S(i)$，由此得出

$$\Phi(T) = \sum R(i)$$

术语 $R(i)$ 表示结点 i 的秩，或其大小的对数。注意，根的秩是 $\log N$。回想一下，秩或大小都不由伸展树算法维护（当然，除非需要次序统计信息）。当执行 zig 旋转时，只有旋转涉及的两个结点的秩改变了。当执行 zig-zig 或 zig-zag 旋转时，只有旋转涉及的三个结点的秩改变了。最后，单个伸展由若干个 zig-zig 或 zig-zag 旋转可能再加一个 zig 旋转组成。每个 zig-zig 或 zig-zag 旋转可计数为两个单旋转。

对于定理 22.2，我们令 Φ_i 是树紧接在第 i 次伸展后的势函数，Φ_0 是第一次伸展前的势函数。

定理 22.2　如果第 i 次伸展操作使用了 r_i 次旋转，则 $\Phi_i - \Phi_{i-1} + r_i \leqslant 3\log N + 1$。

在证明定理 22.2 之前，我们先确定它的含义。M 次伸展的代价可以看作 $\sum_{i=1}^{M} r_i$ 次旋转的代价。如果 M 次伸展是连续的（即没有插入或删除穿插其间），则第 i 次伸展后树的势与第 $i+1$ 次伸展前树的势相同。所以我们可以使用定理 22.2 M 次，以获得下面的一系列公式：

$$\begin{aligned}
\Phi_1 - \Phi_0 + r_1 &\leqslant 3\log N + 1 \\
\Phi_2 - \Phi_1 + r_2 &\leqslant 3\log N + 1 \\
\Phi_3 - \Phi_2 + r_3 &\leqslant 3\log N + 1 \\
&\vdots \\
\Phi_M - \Phi_{M-1} + r_M &\leqslant 3\log N + 1
\end{aligned}$$

（22.1）

这些公式是裂项的，所以如果我们将它们相加，可以得到

$$\Phi_M - \Phi_0 + \sum_{i=1}^{M} r_i \leqslant (3\log N + 1)M \tag{22.2}$$

它界定了旋转的总数，即

$$\sum_{i=1}^{M} r_i \leqslant (3\log N + 1)M - (\Phi_M - \Phi_0)$$

现在考虑当插入与查找操作混在一起时会怎样。空树的势为 0，所以当结点插入树中作为叶结点时，伸展之前树的势最多增加 $\log N$（我们稍后证明）。假设一次插入使用 r_i 次旋转，且插入之前的势为 Φ_{i-1}。则插入后，势最多为 $\Phi_{i-1} + \log N$。在将插入结点移至根的伸展后，新的势将满足

$$\begin{aligned}
\Phi_i - (\Phi_{i-1} + \log N) + r_i &\leqslant 3\log N + 1 \\
\Phi_i - \Phi_{i-1} + r_i &\leqslant 4\log N + 1
\end{aligned}$$

（22.3）

进一步假设，有 F 次查找和 I 次插入，Φ_i 表示第 i 次操作后的势。则因为每次 find 由定理 22.2 约束，且每次插入由式（22.3）约束，叠加逻辑表明

$$\sum_{i=1}^{M} r_i \leqslant (3\log N + 1)F + (4\log N + 1)I - (\Phi_M - \Phi_0) \tag{22.4}$$

另外，在第一次操作之前势为 0，因为它永远不会是负数，故 $\Phi_M - \Phi_0 \geqslant 0$。因此，我们得到

$$\sum_{i=1}^{M} r_i \le (3\log N + 1)F + (4\log N + 1)I \tag{22.5}$$

它表明查找和插入的任何序列的开销，每个操作最多是对数的。删除等价于两次伸展，所以它也是对数的。因此我们必须证明两个悬而未决的断言——即定理 22.2 和结点的插入使得势最多增加 $\log N$ 这一事实。我们使用裂项论据来证明两个定理。先考虑插入断言，如定理 22.3 所述。

定理 22.3   在树中插入第 N 个结点作为叶结点，树的势最多增加 $\log N$。

证明：秩受影响的结点，只是那些从插入的叶结点到根路径上的结点。令 $S_1, S_2, \cdots, S_k$ 是插入之前它们的大小，注意，$S_k = N-1$ 且 $S_1 < S_2 < \cdots < S_k$。令 $S_1', S_2', \cdots, S_k'$ 是插入后的大小。显然，对于 $i<k$，有 $S_i' \le S_{i+1}$，因为 $S_i' = S_i + 1$。因此，$R_i' \le R_{i+1}$。所以势的改变是

$$\sum_{i=1}^{k}(R_i' - R_i) \le R_k' - R_k + \sum_{i=1}^{k-1}(R_{i+1} - R_i) \le \log N - R_1 \le \log N \qquad \square$$

为了证明定理 22.2，我们将每次伸展步骤分解为 zig、zig-zag 和 zig-zig 部分，并建立每类旋转代价的界。通过叠加这些界，我们得到伸展的界。在继续之前，我们需要一个技术定理，即定理 22.4。

定理 22.4   如果 $a+b \le c$，且 a 和 b 都是正整数，则 $\log a + \log b \le 2\log c - 2$。

证明：根据算术几何平均不等式，$\sqrt{ab} \le (a+b)/2$。所以有 $\sqrt{ab} \le c/2$。两边平方，得到 $ab \le c^2/4$。然后两边取对数，定理得证。 $\qquad \square$

现在我们准备证明定理 22.2。

伸展界的证明

首先，如果要伸展的结点已经在根的位置，则不需要旋转，势也不改变。所以定理显然为真，我们可以假设至少有一次旋转。令 X 是伸展时涉及的根。我们需要证明，如果执行 r 次旋转（zig-zig 或 zig-zag 计为两次旋转），r 加上势的改变最多为 $3\log N + 1$。接下来，令 Δ 为由任何 zig、zig-zag 或 zig-zig 伸展步骤引起的势的改变。最后，令 $R_i(X)$ 和 $S_i(X)$ 是伸展步骤之前任意结点 X 的秩和大小，而 $R_f(X)$ 和 $S_f(X)$ 是伸展步骤之后任意结点 X 的秩和大小。下面是要证明的界。

对于提升结点 X 的 zig 步骤，有 $\Delta \le 3(R_f(X) - R_i(X))$。对于其他两个步骤，有 $\Delta \le 3(R_f(X) - R_i(X)) - 2$。当将这些界添加到伸展所包含的所有步骤上时，和将叠加到所需的界。我们在定理 22.5～定理 22.7 中分别证明每个界。则应用这个叠加和就可以完成定理 22.2 的证明。

定理 22.5   对于 zig 步骤，有 $\Delta \le 3(R_f(X) - R_i(X))$。

证明：如本节之前提到的，在 zig 步骤中，秩改变的结点只有 X 和 P。因此，势的改变为 $R_f(X) - R_i(X) + R_f(P) - R_i(P)$。从图 22.4 可知，$S_f(P) < S_i(P)$，所以它满足 $R_f(P) - R_i(P) < 0$。因此，势的改变满足 $\Delta \le R_f(X) - R_i(X)$。因为 $S_f(X) > S_i(X)$，它满足 $R_f(X) - R_i(X) > 0$，所以 $\Delta \le 3(R_f(X) - R_i(X))$。 $\qquad \square$

zig-zag 和 zig-zig 步骤更复杂，因为会影响到三个结点的秩。首先，我们证明 zig-zag 情形。

定理 22.6   对于 zig-zag 步骤，有 $\Delta \le 3(R_f(X) - R_i(X)) - 2$。

证明：如前所述，有三个结点改变，故由下式给出势的改变：

$$\Delta = R_f(X) - R_i(X) + R_f(P) - R_i(P) + R_f(G) - R_i(G)$$

从图 22.5 得知，$S_f(X) = S_i(G)$，所以它们的秩一定相等。故我们得到

$$\Delta = -R_i(X) + R_f(P) - R_i(P) + R_f(G)$$

而且 $S_i(P) \ge S_i(X)$。因此，$R_i(P) \ge R_i(X)$。将这些代入，得到

$$\Delta \le R_f(P) + R_f(G) - 2R_i(X) \tag{22.6}$$

由图 22.5 可知，$S_f(P) + S_f(G) \le S_f(X)$。应用定理 22.4，我们得到 $\log S_f(P) + \log S_f(G) \le 2\log S_f(X) - 2$，由秩的定义，有

$$R_f(P) + R_f(G) \leq 2R_f(X) - 2 \tag{22.7}$$

将式（22.7）代入式（22.6）得到

$$\Delta \leq 2R_f(X) - 2R_i(X) - 2 \tag{22.8}$$

因为对于 zig 旋转，有 $R_f(X) - R_i(X) > 0$，所以可以将它加到式（22.8）的右侧的因子中，得到

$$\Delta \leq 3(R_f(X) - R_i(X)) - 2 \qquad \square$$

最后，我们来证明 zig-zig 情形的界。

定理 22.7 对于 zig-zig 步骤，有 $\Delta \leq 3(R_f(X) - R_i(X)) - 2$。

证明： 如前所述，有三个结点改变，故由下式给出势的改变

$$\Delta = R_f(X) - R_i(X) + R_f(P) - R_i(P) + R_f(G) - R_i(G)$$

由图 22.6 可知，$S_f(X) = S_i(G)$，它们的秩一定相等，所以得到

$$\Delta = -R_i(X) + R_f(P) - R_i(P) + R_f(G)$$

我们还能得到 $R_i(P) > R_i(X)$ 及 $R_f(P) < R_f(X)$。将这些代入，得到

$$\Delta < R_f(X) + R_f(G) - 2R_i(X) \tag{22.9}$$

由图 22.6 可知，$S_i(X) + S_f(G) \leq S_f(X)$，应用定理 22.4，得到

$$R_i(X) + R_f(G) \leq 2R_f(X) - 2 \tag{22.10}$$

整理式（22.10），我们得到

$$R_f(G) \leq 2R_f(X) - R_i(X) - 2 \tag{22.11}$$

将式（22.11）代入式（22.9），得到

$$\Delta \leq 3(R_f(X) - R_i(X)) - 2 \qquad \square$$

现在，我们对每个伸展步骤都建立了界，然后就可以完成定理 22.2 的最终证明了。

定理 22.2 的证明：

令 $R_0(X)$ 是伸展之前 X 的秩。令 $R_i(X)$ 是第 i 次伸展步骤后 X 的秩。最后一次伸展步骤前，所有的伸展步骤必须是 zig-zag 或是 zig-zig。假设共有 k 个这样的步骤。则此刻执行的旋转总数是 $2k$。势的总改变是 $\sum_{i=1}^{k}(3(R_i(X) - R_{i-1}(X)) - 2)$。裂项和为 $3(R_k(X) - R_0(X)) - 2k$。此时，旋转总次数加上势的总改变上界是 $3R_k(X)$，因为去掉了项 $2k$，且 X 的初始秩非负。如果最后的旋转是 zig-zig 或是 zig-zag，则继续叠加，得到 $3R(\text{root})$。注意，在这里，一方面，在势增加中的 -2 抵消了两次旋转的开销。另一方面，这个抵消在 zig 中并没有出现，所以我们可以得到 $3R(\text{root})+1$ 的总开销。根的秩是 $\log N$，则最差情形下旋转总次数加上伸展过程中势的改变最多是 $3\log N+1$。 $\square$

虽然这个证明复杂，但伸展树界的证明说明了令人感兴趣的几点。首先，zig-zig 情形显然是最费时的。它贡献了前导常数 3，而 zig-zag 情形贡献的是 2。如果我们试着将它用于旋转到根算法，则证明将失败，因为在 zig 情形中，旋转次数加上势的改变是 $R_f(X) - R_i(X) + 1$。在最后的 1 不能叠加，所以我们不能得出对数界。这是幸运的，因为我们已经知道，对数界是不正确的。

摊销分析技术非常有趣，已经开发了一些一般性原理，用来形式化准则。参考文献中有更详细的介绍。

22.5 自顶向下伸展树

就红黑树来说，自顶向下伸展树实际上比自底向上的树更高效。

> 在自顶向下的扫描中我们维护三棵树。
>
> 最后，这三棵树重新组合为一棵。

直接实现自底向上的伸展策略时，需要在树中向下执行一次访问，然后第二次在树中向上返回。通过维护父结点链接，在栈中保存访问路径，或使用更聪明的技巧保存路径（使用被访问结点中的可用链接），可以完成这两次扫描。不幸的是，这些方法都需要花费大量的开销，并且要处理很多特例。回想一下 19.5 节，使用一次自顶向下的扫描实现搜索树算法是一种较好的方法，我们可以利用虚拟结点来避免特例。本节中，我们描述自顶向下伸展树（top-down splay tree），它保持对数摊销界，实际速度更快，且仅使用常数额外空间。这是伸展树发明者推荐的方法。

自顶向下伸展树所依托的基本思想是，在树中向下搜索某结点 X 时，必须将访问路径上的结点及其子树移出路径。还必须执行某些树的旋转以保证摊销时间界。

在伸展过程中的任何时刻，当前结点 X 是其子树的根，在图中它表示为中间树。树 L 保存小于 X 的结点。类似地，树 R 保存大于 X 的结点。初始时，X 是 T 的根，而 L 和 R 为空。一次沿树下降两层，我们遇到一对结点。根据这些结点是小于或大于 X，将其放在 L 或 R 中，以及不在 X 的访问路径上的子树。所以，在搜索路径上的当前结点总是中间树的根。当最终到达 X 时，可以将 L 和 R 连接到中间树的底部。结果，X 移至根。剩下的工作是放置 L 和 R 中的结点，并在最后再次连接，如图 22.9 中的树所示。按惯例，省略三种对称情形。

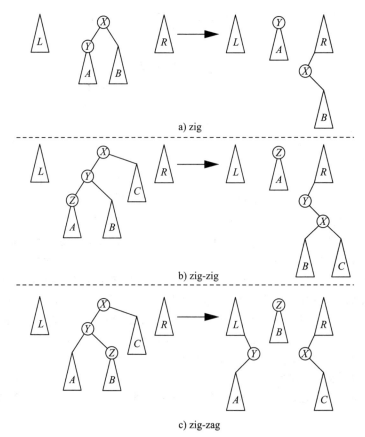

图 22.9   自顶向下伸展旋转

在所有的图中，X 是当前结点，Y 是其子结点，而 Z 是孙子结点（如果存在适用的结点的话）。在讨论 zig 情形时，明确了适用（applicable）一词的确切含义。

如果旋转应该是 zig，则以 Y 为根的树变为中间树的新根。结点 X 和子树 B 连接到 R 中最小值项的左子结点，X 的左子结点逻辑上为 null$^\ominus$。结果，X 是 R 中新的最小元素，使得未来的连接更容易。

注意，在应用 zig 情形时 Y 不必是叶结点。如果在 Y 中找到项，则应用 zig 情形，即使 Y 有子结点。如果要找的项小于 Y，且 Y 没有左子结点，即使 Y 有右子结点也应该使用 zig 情形，它还适用于对称情形。

类似的讨论也适用于 zig-zig 情形。关键的一点是，要在 X 和 Y 间执行旋转。zig-zag 情形将底部的结点 Z 带到中间树的顶部，并分别将子树 X 和 Y 连接到 R 和 L 中。注意，Y 连接到 L 并成为其中的最大项。

因为不执行旋转，所以 zig-zag 步骤可以简化一点。不是让 Z 成为中间树的根，而是让 Y 作为根，如图 22.10 所示。这个动作简化了代码，因为 zig-zag 情形与 zig 情形一样，且似乎更方便，因为测试大量的情形很费时。这样做的缺点是，仅下降一层导致伸展过程需要更多迭代。

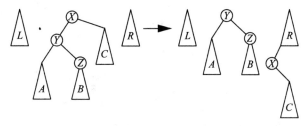

图 22.10 简化的自顶向下 zig-zag

一旦执行了最后的伸展步骤，则 L、R 和中间树重新形成一棵树，如图 22.11 所示。注意，结果与自底向上伸展得到的树不同。关键的事实是，仍保留 $O(\log N)$ 摊销界（见练习 22.3）。

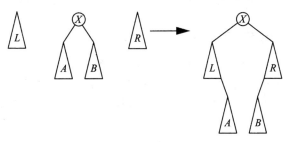

图 22.11 自顶向下伸展的最终安排

简化的自顶向下伸展算法的示例如图 22.12 所示。当试图访问结点 19 时，第一步是 zig-zag。根据图 22.10 的对称版本，我们将以结点 25 为根的子树变为中间树的根，并将结点 12 及其左子树连接到 L 上。

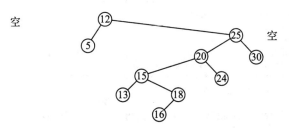

图 22.12 在自顶向下伸展树中的步骤（访问最上面树中的结点 19）

$\ominus$ 这里所写的代码中，R 中最小结点没有 null 左链接，因为不需要。

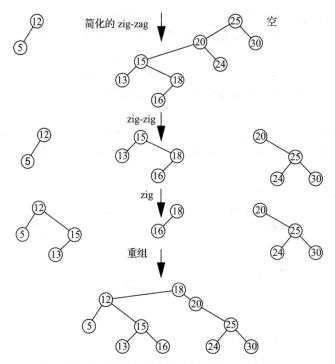

图 22.12 在自顶向下伸展树中的步骤（访问最上面树中的结点 19）（续）

接下来，我们有 zig-zig：结点 15 升高到中间树的根，在结点 20 和结点 25 之间执行旋转，得到的子树连接到 R 上。然后搜索结点 19，导致最后的 zig。中间树的新根是结点 18，结点 15 及其左子树连接为 L 中最大结点的右子结点。如图 22.11 所示的重组完成了伸展步骤。

22.6 自顶向下伸展树的实现

伸展树类框架如图 22.13 所示。方法仍是通常那样的，不同之处在于 find 是设置方法而不是访问方法。BinaryNode 类是标准的包可见结点类，含有数据和两个子结点引用，但没有显示在图中。为了消除烦人的特例，我们维护一个 nullNode 哨兵。在构造方法中分配并初始化哨兵，如图 22.14 所示。

```
1  package weiss.nonstandard;
2
3  // SplayTree 类
4  //
5  // 构造：没有初值
6  //
7  // ****************** 公有操作 ********************
8  // void insert( x )        --> 插入 x
9  // void remove( x )        --> 删除 x
10 // Comparable find( x )    --> 返回与 x 匹配的项
11 // boolean isEmpty( )      --> 如果空则返回 true，否则返回 false
12 // void makeEmpty( )       --> 删除所有的项
13 // ****************** 错误 ********************
14 // insert 和 remove 抛出的异常，如有必要
15
16 public class SplayTree<AnyType extends Comparable<AnyType>>
17 {
18     public SplayTree( )
19       { /* 图 22.14 */ }
```

图 22.13 自顶向下 SplayTree 类框架

```
20
21      public void insert( AnyType x )
22        { /* 图 22.15 */ }
23      public void remove( AnyType x )
24        { /* 图 22.16 */ }
25      public AnyType find( AnyType x )
26        { /* 图 22.18 */ }
27
28      public void makeEmpty( )
29        { root = nullNode; }
30      public boolean isEmpty( )
31        { return root == nullNode; }
32
33      private BinaryNode<AnyType> splay( AnyType x, BinaryNode<AnyType> t )
34        { /* 图 22.17 */ }
35
36      private BinaryNode<AnyType> root;
37      private BinaryNode<AnyType> nullNode;
38    }
```

图 22.13   自顶向下 SplayTree 类框架（续）

```
1      /**
2       * 构造树
3       */
4      public SplayTree( )
5      {
6          nullNode = new BinaryNode<AnyType>( null );
7          nullNode.left = nullNode.right = nullNode;
8          root = nullNode;
9      }
```

图 22.14   SplayTree 类构造方法

图 22.15 展示插入项 x 的方法。分配了一个新结点（newNode），如果树是空树，则创建单结点树。否则，我们围绕 x 伸展。如果树中新根中的数据等于 x，则有重复值。这种情形下，我们不想插入 x，在第 39 行抛出一个异常。我们使用实例变量，以便下一次调用 insert 时可以避免调用 new，这种情况下 insert 因为重复项而失败。（通常，我们不会如此关注这种例外情况，不过一个合理的替代方法是使用 Boolean 返回值而不是使用异常。）

```
1        // 在两次不同的插入之间使用
2      private BinaryNode<AnyType> newNode = null;
3
4      /**
5       * 插入树中
6       * @param x：要插入的项
7       * @throws DuplicateItemException：如果 x 已经存在
8       */
9      public void insert( AnyType x )
10     {
11         if( newNode == null )
12             newNode = new BinaryNode<AnyType>( null );
13         newNode.element = x;
14
15         if( root == nullNode )
16         {
17             newNode.left = newNode.right = nullNode;
18             root = newNode;
19         }
20         else
21         {
```

图 22.15   自顶向下 SplayTree 类插入例程

```
22              root = splay( x, root );
23              if( x.compareTo( root.element ) < 0 )
24              {
25                  newNode.left = root.left;
26                  newNode.right = root;
27                  root.left = nullNode;
28                  root = newNode;
29              }
30              else
31              if( x.compareTo( root.element ) > 0 )
32              {
33                  newNode.right = root.right;
34                  newNode.left = root;
35                  root.right = nullNode;
36                  root = newNode;
37              }
38              else
39                  throw new DuplicateItemException( x.toString( ) );
40          }
41          newNode = null;    // 所以下一次的插入要调用 new
42      }
```

图 22.15　自顶向下 SplayTree 类插入例程（续）

如果新根含有大于 x 的值，则新根及其右子树成为 newNode 的右子树，根的左子树成为 newNode 的左子树。如果新根含有小于 x 的值，则采用类似的逻辑。在两种情形中，将 newNode 赋给 root，表示它是新的根。然后，在第 41 行让 newNode 为 null，以便下一次调用 insert 时调用 new。

图 22.16 显示了伸展树的删除例程。删除过程很少比对应的插入过程短。接下来是自顶向下的伸展例程。

```
1       /**
2        * 从树中删除
3        * @paramx: 要删除的项
4        * @throws ItemNotFoundException: 如果没有找到 x
5        */
6       public void remove( AnyType x )
7       {
8           BinaryNode<AnyType> newTree;
9
10              // 如果找到了 x，它将在根
11          if (find(x) == null)
12              throw new ItemNotFoundException( x.toString( ) );
13
14          if( root.left == nullNode )
15              newTree = root.right;
16          else
17          {
18              // 找到左子树中的最大值
19              // 将它伸展到根，然后连接右孩子
20              newTree = root.left;
21              newTree = splay( x, newTree );
22              newTree.right = root.right;
23          }
24          root = newTree;
25      }
```

图 22.16　自顶向下 SplayTree 类删除例程

如图 22.17 所示的实现，使用了有左、右链接的头结点，含有最终左树及右树的根。这些树初始时是空树，头结点用来分别对应在这个初始状态下右树中的最小值或左树中的最大值。用这个方法，我们可以避免检查空树。第一次左树非空时，初始化头结点的右链接，未来不再改变。

所以在自顶向下搜索结束时它含有左树的根。类似地，头结点的左链接最后包含右树的根。变量 header 不是局部的，因为我们想在整个伸展序列中仅分配一次。

```
1    private BinaryNode<AnyType> header = new BinaryNode<AnyType>( null );
2
3    /**
4     * 执行自顶向下伸展的内部方法
5     * 最后访问的结点成为新根
6     * @param x: 伸展围绕的目标项
7     * @param t: 要伸展的子树的根
8     * @return: 伸展后的子树
9     */
10   private BinaryNode<AnyType> splay( AnyType x, BinaryNode<AnyType> t )
11   {
12       BinaryNode<AnyType> leftTreeMax, rightTreeMin;
13
14       header.left = header.right = nullNode;
15       leftTreeMax = rightTreeMin = header;
16
17       nullNode.element = x;      // 保证匹配
18
19       for( ; ; )
20           if( x.compareTo( t.element ) < 0 )
21           {
22               if( x.compareTo( t.left.element ) < 0 )
23                   t = Rotations.rotateWithLeftChild( t );
24               if( t.left == nullNode )
25                   break;
26               // 链接 Right
27               rightTreeMin.left = t;
28               rightTreeMin = t;
29               t = t.left;
30           }
31           else if( x.compareTo( t.element ) > 0 )
32           {
33               if( x.compareTo( t.right.element ) > 0 )
34                   t = Rotations.rotateWithRightChild( t );
35               if( t.right == nullNode )
36                   break;
37               // 链接 Left
38               leftTreeMax.right = t;
39               leftTreeMax = t;
40               t = t.right;
41           }
42           else
43               break;
44
45       leftTreeMax.right = t.left;
46       rightTreeMin.left = t.right;
47       t.left = header.right;
48       t.right = header.left;
49       return t;
50   }
```

图 22.17　自顶向下伸展算法

在伸展的最后重新组合之前，header.left 和 header.right 分别指向 R 和 L（这没有写错——跟随链接）。注意，我们使用的是简化版的自顶向下伸展。图 22.18 所示的 find 方法完成了伸展树的实现。

```
1    /**
2     * 寻找树中的一个项
3     * @param x: 要搜索的项
4     * @return: 匹配项, null: 如果没找到
```

图 22.18　用于自顶向下伸展树的 find 例程

```
 5        */
 6      public AnyType find( AnyType x )
 7      {
 8          root = splay( x, root );
 9
10          if( isEmpty( ) || root.element.compareTo( x ) != 0 )
11              return null;
12
13          return root.element;
14      }
```

图 22.18 用于自顶向下伸展树的 find 例程（续）

22.7 伸展树与其他搜索树的比较

前面提出的实现表明，伸展树没有红黑树那么复杂，几乎与 AA 树一样简单。它们值得使用吗？答案尚未完全给出，但如果访问模式是非随机的，那么实践中伸展树似乎执行得更好。与性能相关的一些属性也能够进行分析证明。非随机访问包括那些遵从 90-10 规则的访问，还有几种特殊情形，例如顺序访问、双端访问及在某类事件模拟中典型的优先队列的显而易见的访问模式。在练习中，将要求你详细研究这个问题。

伸展树并不完美。它们的一个问题是，由于伸展步骤，导致 find 操作是昂贵的。所以，当访问序列随机并且一致时，伸展树不如其他平衡树执行得好。

22.8 总结

本章我们讨论了伸展树，这是平衡搜索树最新的替代方案。伸展树有几个可以证明的引人注目的属性，包括它们每个操作都是对数代价的。其他的属性在练习中给出。一些研究提出，伸展树可以用在广泛的应用中，因为它们适应简单访问序列的表现能力。

在第 23 章，我们描述两个优先队列，与伸展树一样，它们有不好的最差情形性能和好的摊销性能。其中之一是配对堆，它似乎是某些应用的绝佳选择。

22.9 核心概念

90-10 规则。90% 的访问是对 10% 的数据项进行的，不过，平衡搜索树没有利用这条规则。

摊销分析。界定一系列操作的开销，并将开销平均分摊给序列中的每个操作。

自底向上伸展树。一种树，其中的项旋转到根使用的方法，比简单的旋转到根策略更为复杂。

势函数。用来建立摊销时间界的计数设备。

秩。在伸展树分析中，结点大小的对数。

旋转到根策略。在每次访问后重排二叉搜索树，将频繁访问的项移近根。

伸展。能获得对数摊销界的旋转到根策略。

自顶向下伸展树。实践中比自底向上更高效的一类伸展树，红黑树就是例子。

zig 和 zig-zag。与旋转到根情形一样的情形。当 X 是根的子结点时使用 zig，而当 X 是内部（孙子）结点时使用 zig-zag。

zig-zig。伸展树中的独特情形，当 X 是外部（孙子）结点时使用。

22.10 常见错误

- 每次访问后都必须执行伸展，即使是不成功的访问，否则，性能界无效。
- 代码仍然棘手。
- 在 SplayTree 类中，无法安全使用递归私有方法，因为树的深度可能很大，即使性能还是可接受的。

22.11 网络资源

SplayTree 类已在网络资源中提供。代码包括 findMin 和 findMax，它对摊销的实现很高效，但没有进行完全的优化。

SplayTree.java。含有 SplayTree 类的实现。

22.12 练习

简答题

22.1 展示将 3, 1, 4, 5, 2, 9, 6, 8 插入下列树中的结果。

    a. 自底向上伸展树。

    b. 自顶向下伸展树。

22.2 展示从练习 22.1 所示的自底向上和自顶向下两个版本的伸展树中删除 3 后的结果。

理论题

22.3 证明自顶向下伸展的摊销开销是 $O(\log N)$。

22.4 证明如果伸展树中的所有结点都按顺序访问，则得到的树由左子结点链组成。

22.5 假设为了节省时间，每两次树操作后进行一次伸展。摊销成本还能保持是对数的吗？

22.6 结点 1 到 $N=1024$ 形成左子结点伸展树。

    a. 树的内部路径长度是多少（精确计算）？

    b. 当执行自底向上伸展时，在每次 find(1)、find(2) 和 find(3) 后计算内部路径长度。

22.7 修改势函数，可以证明伸展的不同界。令权函数 $W(i)$ 是分配给树中每个结点的某个函数，而 $S(i)$ 是以 i 为根的子树中所有结点（包括 i 本身）的权之和。对于所有结点，特殊情况 $W(i)=1$ 对应用在伸展界证明中的函数。令 N 是树中结点个数，而 M 是访问次数。证明下面两个定理。

    a. 总的访问时间是 $O(M+(M+N)\log N)$。

    b. 如果 q_i 是访问项 i 的总次数，且对所有的 i，$q_i>0$，则总的访问次数是 $O(M + \sum_{i=1}^{N} q_i \log(M / q_i))$。

实践题

22.8 使用伸展树实现优先队列类。

22.9 修改伸展树，以支持次序统计。

程序设计项目

22.10 根据经验，将 22.6 节实现的简化版自顶向下伸展树，与 22.5 节讨论的原始自顶向下伸展树进行比较。

22.11 与平衡搜索树不一样，伸展树在 find 操作过程中带来开销，而如果访问序列足够随机，那么这个就不可取了。尝试一个策略，仅在自顶向下搜索遍历一定深度 d 之后，在 find 操作中伸展。伸展不将访问的项一路移动到根，而是移动到伸展开始的深度 d 的位置。

22.12 根据经验，使用下述操作，比较自顶向下伸展树优先队列实现与二叉堆。

    a. 随机的 insert 和 deleteMin 操作。

    b. 对应事件驱动模拟的 insert 和 deleteMin 操作。

    c. 对应 Dijkstra 算法的 insert 和 deleteMin 操作。

22.13 参考文献

伸展树在文献 [3] 中描述。摊销分析的概念在调查文献 [4] 中讨论，文献 [5] 给出了更详细的内容。伸展树与 AVL 树的比较在文献 [1] 中给出，而文献 [2] 表明在某类事件驱动模拟中伸展树执行得很好。

[1] J. Bell and G. Gupta, "An Evaluation of Self-Adjusting Binary Search Tree Techniques," *Software-Practice and Experience* **23** (1993), 369–382.

[2] D. W. Jones, "An Empirical Comparison of Priority-Queue and Event-Set Implementations," *Communications of the ACM* **29** (1986), 300–311.

[3] D. D. Sleator and R. E. Tarjan, "Self-adjusting Binary Search Trees," *Journal of the ACM* **32** (1985), 652–686.

[4] R. E. Tarjan, "Amortized Computational Complexity," *SIAM Journal on Algebraic and Discrete Methods* **6** (1985), 306–318.

[5] M. A. Weiss, *Data Structures and Algorithm Analysis in Java*, 2nd ed., Addison-Wesley, Reading, MA, 2007.

合并优先队列

　　本章我们研究支持一个附加操作——merge 操作——的优先队列，这个操作在高级算法设计中非常重要，它将两个优先队列合并为一个（逻辑上毁掉原始的）。我们将优先队列表示为一般树，这在某种程度上简化了 decreaseKey 操作，在某些应用中是重要的。

　　本章中，我们将看到：

- 斜堆（skew 堆）——使用二叉树实现的可合并的优先队列——是如何工作的。
- 配对堆——基于 M 叉树的可合并的优先队列——是如何工作的。即使不需要 merge 操作，配对堆似乎也是二叉堆的实用替代方案。

23.1　斜堆

> 斜堆是有堆的次序但没有平衡条件的二叉树，以对数摊销时间支持所有操作。

　　斜堆是有堆的次序但没有平衡条件的二叉树。在这棵树上没有结构限制（不像堆或平衡二叉树那样），不保证树的深度是对数的。不过，它以对数摊销时间支持所有操作。所以斜堆有点类似伸展树。

23.1.1　合并是基础

> decreaseKey 操作通过将一棵子树从其父结点处分离，然后使用合并来实现。

　　如果用一棵有堆的次序但结构不受限的二叉树来表示一个优先队列，则合并将变为基础操作。这是因为，我们可以如下执行其他操作：

- h.insert(x)。创建包含 x 的单结点树，并将这棵树合并到优先队列中。
- h.findMin()。返回根中的项。
- h.deleteMin()。删除根，并合并左子树与右子树。
- h.decreaseKey(p, newVal)。假设 p 是指向优先队列中一个结点的引用，则我们可以适当降低 p 的关键字值，然后将 p 与其父结点分离。这样做产生两个可以合并的优先队列。注意，p（是指位置）不会因此操作而改变（与二叉堆中等效的操作相反）。

　　我们仅需要说明如何实现合并，其他的操作都不在话下。在一些高级应用中，decreaseKey 操作是重要的。我们在 14.3 节给出了一个示例——求图中最短路径的 Dijkstra 算法。在我们的实现中没有使用 decreaseKey 操作，因为维护每个项在二叉堆中的位置是复杂的。在合并堆时，位置可以维护为指向树结点的引用，与在二叉堆中不同，位置永远不变。

　　本节中，我们讨论使用二叉树来实现可合并的优先队列：斜堆。首先，我们说明，如果不涉及效率，那么合并两个堆次序的树是容易的。接下来，我们介绍简单的修改（斜堆），以避免原算法中明显的低效。最后，我们给出证明，用于斜堆的 merge 操作在摊销意义下是对数的，并对这个结果的现实意义进行评述。

23.1.2　堆次序树的简单合并

> 两棵树使用递归容易合并。
> 结果是，右路径被合并。我们必须小心，不要创建过长的右路径。

假设我们需要将两个堆次序的树 H_1 和 H_2 进行合并。显然，如果两棵树中有一棵是空的，那么另外一棵就是合并的结果。否则，为了合并两棵树，我们要比较它们的根。递归地将有较大根的树合并到有较小根的右子树中[⊖]。

图 23.1 展示了这个递归策略的效果：两个优先队列的右路径合并，形成新的优先队列。右路径上的每个结点保留其原来的左子树，仅移动右路径上的结点。仅使用插入和合并得不到显示在图 23.1 中的结果，因为我们前面提到过，合并时不添加左子结点。实际的效果是，看起来是堆次序的二叉树，实际上是仅由单一右路径组成的有序排列。所以所有的操作花费线性时间。幸运的是，简单的修改可以确保右路径不总是这么长。

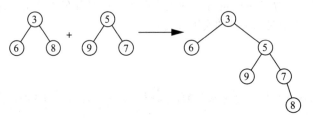

图 23.1　堆次序树的简化合并——合并右路径

23.1.3　斜堆——简单的修改

> 为避免右路径过长的问题，我们让 merge 操作后得到的右路径变为左路径。这样的合并得到一个斜堆。
> 仍有可能出现长的右路径。不过，它很少出现，并且之前一定有很多次短右路径的合并。

图 23.1 中所示的合并创建了一棵临时的合并树。我们可以对这个操作进行简单的修改，过程如下。在完成合并之前，对得到的临时树的右路径上的每个结点，交换其左子结点和右子结点。重申一次，只有在原始右路径中的那些结点，才在临时树的右路径中。交换的结果如图 23.2 所示，然后，这些结点组成结果树的左路径。当以这种方式执行合并时，堆次序树也称为斜堆（skew heap）。

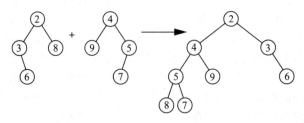

图 23.2　斜堆的合并。合并右路径，得到的结果成为左路径

递归视角如下。如果令 L 是有较小根的树，R 是其他的树，则下列结论为真。

1. 如果一棵树为空，则另一棵树可以作为合并结果。

⊖　显然，两棵子树都可以使用。我们任选使用了右子树。

2. 否则，令 Temp 是 L 的右子树。

3. 让 L 的左子树成为它的新右子树。

4. 让 Temp 和 R 递归合并的结果成为 L 的新左子树。

我们希望子结点交换的结果是右路径的长度不再一直过长。例如，如果我们合并一对长右路径树，则路径中涉及的结点在未来相当长一段时间内不会再出现在右路径上。仍有可能得到一棵树，具有每个结点都出现在右路径上这一属性，不过，那只能是大量相对简单的合并的结果。在23.1.4 节，我们通过确定合并操作的摊销开销仅为对数的，来严格证明这个断言。

23.1.4　斜堆的分析

合并的实际开销是要合并的两棵树中右路径上的结点个数。

势函数是重结点的个数。只有合并路径上的结点才会改变它们重或轻的状态。右路径上轻结点数是对数的。

找到一个有用的势函数是分析中最困难的部分。

应该使用非递归算法，因为可能会耗尽栈空间。

假设我们有两个堆 H_1 和 H_2，在各自的右路径上分别有 r_1 和 r_2 个结点。执行合并所需的时间与 r_1+r_2 成正比。当我们为右路径上的每个结点计费 1 个单位时，合并的代价与计费数成正比。因为树没有经过精心组织，所以两棵树中的所有结点可能都在右路径上。这个条件将给出合并树的 $\Theta(N)$ 最坏情况界（在练习 23.4 中要求你构造一棵这样的树）。正如我们马上要说明的，合并两个斜堆所需的摊销时间是 $O(\log N)$。

与在伸展树中一样，我们引入势函数，以消除斜堆操作成本的差异。我们希望势函数的增长总和为 $O(\log N)-(r_1+r_2)$，这样合并代价和势变化的总和仅为 $O(\log N)$。如果在第一次操作之前势最小，则应用裂项即能保证对任意 M 个操作的总代价是 $O(M\log N)$，与伸展树一样。

我们需要的是能捕获斜堆操作影响的势函数。找到这样一个函数十分有挑战性。一旦我们找到一个，证明相对来说就会变得非常短。

定义　如果结点的右子树结点个数多于左子树的结点个数，则结点为重结点（heavy node）。否则，它是轻结点（light node）。如果结点的子树有相同的结点数，则结点是轻的。

在图 23.3 中，合并前，结点 3 和结点 4 都是重的。合并后，只有结点 3 是重的。容易说明三个事实。第一，由于合并，只有右路径上的结点可能改变它们重或轻的状态，因为其他结点的子树都不受影响。第二，叶结点是轻的。第三，一棵含 N 个结点的树中，右路径上轻结点的个数最多为 $\lfloor \log N \rfloor +1$。原因是，轻结点的右子结点的大小小于轻结点本身大小的一半，因此适用对半原则。额外的 +1 是因为叶结点是轻结点。有了这些预备内容，现在可以陈述并证明定理 23.1 和定理 23.2 了。

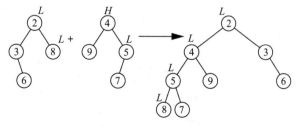

图 23.3　合并后结点重或轻状态的改变

定理 23.1　令 H_1 和 H_2 是分别有 N_1 和 N_2 个结点的两个斜堆，它们的合计大小是 N（即 N_1+N_2）。假设 H_1 的右路径有 l_1 个轻结点和 h_1 个重结点，总数是 l_1+h_1，而 H_2 的右路径有 l_2 个轻

结点和 h_2 个重结点，总数是 l_2+h_2。如果势定义为斜堆集合中重结点的总数，则合并操作最多为 $2\log N+(h_1+h_2)$，势的改变最多为 $2\log N-(h_1+h_2)$。

证明：合并的代价仅是右路径上的结点总数，即 $l_1+l_2+h_1+h_2$。轻结点个数是对数的，所以 $l_1 \leqslant \lfloor \log N_1 \rfloor +1$ 且 $l_2 \leqslant \lfloor \log N_2 \rfloor +1$。所以 $l_1+l_2 \leqslant \log N_1+\log N_2+2 \leqslant 2\log N$，其中最后一个不等式来自定理 22.4。所以合并代价最多为 $2\log N+(h_1+h_2)$。势改变的界根据以下事实：仅有合并中涉及的结点才改变它们的重/轻状态，路径上的任何重结点一定变为轻结点，因为它的子结点交换了。即使所有的轻结点都变为重结点，势改变仍界定为 $l_1+l_2-(h_1+h_2)$。基于之前相同的论点，它最多为 $2\log N-(h_1+h_2)$。   □

定理 23.2 斜堆对于 merge、insert 和 deleteMin 操作的摊销代价最多为 $4\log N$。

证明：令 Φ_i 是斜堆集合第 i 次操作后的势。注意，$\Phi_i=0$ 且 $\Phi_i \geqslant 0$。一次插入创建一个单结点树，根据定义它的根为轻结点，所以在合并前不会改变势。deleteMin 操作在合并之前丢掉根，所以它不会提高势值（事实上可能会降低它）。我们仅需要考虑合并情形。令 c_i 是第 i 次操作发生的合并的代价。则 $c_i+\Phi_i-\Phi_{i-1} \leqslant 4\log N$。任意 M 次操作的裂项和得到 $\sum_{i=1}^{M} c_i \leqslant 4M\log N$，因为 $\Phi_M-\Phi_0$ 不是负的。   □

斜堆是算法简单但分析不易理解的一个不同寻常的示例。不过一旦我们定义了相应的势函数，分析就会变得易于进行。不幸的是，还没有通用的理论能让我们确定势函数。在找到一个可用函数之前，通常要试验许多不同的函数。

要说明一下：虽然算法最初是用递归描述的，并且递归提供了最简单的代码，但实际中并没有使用递归。原因是，当实现递归时，一个操作的线性最坏时间可能引起运行时栈的溢出。因此，必须使用非递归算法。我们不去研究这种可能性，而是讨论替代的稍复杂一些的数据结构——配对堆。这个数据结构没有完整分析过，但实践中它似乎表现得很好。

23.2 配对堆

> 配对堆是没有结构约束的堆次序的 M 叉树。它的分析不全面，但实践中似乎表现得很好。配对堆使用左孩子/右兄弟表示法。第三个链接用于 decreaseKey。

配对堆（pairing heap）是没有结构约束的堆次序的 M 叉树，除删除之外的所有操作最坏情况下都是常数时间。虽然 deleteMin 最差情形可能是线性时间的，但配对堆操作的任何序列（sequence）有对数摊销性能。有人推测（但没经过证明）肯定有更好的性能。不过，最好的方案（即除 deleteMin 之外的所有操作都有常数摊销开销，而 deleteMin 有对数摊销开销）最近被证明没有事实根据。

图 23.4 显示一个抽象配对堆。实际的实现使用左孩子/右兄弟表示法（见第 18 章）。我们稍后要讨论的 decreaseKey 方法需要每个结点维护一个额外的链接。作为最左孩子的结点含有一个到其父结点的链接；否则，结点是右兄弟结点且含有到其左兄弟结点的链接。这个表示法显示在图 23.5 中，其中变黑了的线表示连接一对结点的两个链接（一个方向一个）。

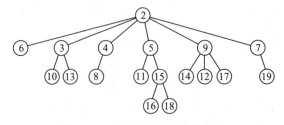

图 23.4 配对堆示例的抽象表示

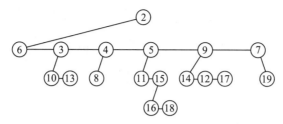

图 23.5 图 23.4 所示的配对堆的实际表示，黑线表示连接结点的两个方向上的一对链接

23.2.1 配对堆操作

> 合并很简单：将有较大根的树连接为有较小根树的左孩子。插入和删除也很简单。
>
> deleteMin 操作的代价高，因为新根可能是老根的 c 个孩子中的任意一个。我们需要进行 $c-1$ 次合并。
>
> 配对堆子树的合并次序很重要。最简单的算法是二次合并。
>
> 已经提出了几个替代方案。大多数都没有亮眼之处，但使用一次从左到右的扫描肯定不行。

原则上，配对堆的基本操作很简单，这也是配对堆在实践中执行得很好的原因。为了合并两个配对堆，我们让有较大根的堆成为有较小根的堆的新的第一个子结点。插入是合并的特例。为了执行 decreaseKey 操作，我们减少所请求结点的值。因为我们没有为所有顶点维护父链接，所以我们不知道这个动作是否违反了堆的次序。因此我们将调整后的结点与其父结点分离，然后合并得到的两个配对堆从而完成 decreaseKey。图 23.5 表明，将一个结点与其父结点分离，意味着本质上将它从子结点链表中删除。到目前为止状态良好：描述的每个操作都使用常数时间。不过，在 decreaseKey 操作上我们就没有如此幸运了。

为了执行 deleteMin，我们必须删除树的根，创建一个堆的集合。如果根有 c 个子结点，则将这些堆合并为一个堆需要 $c-1$ 次合并。所以，如果根有很多子结点，则 deleteMin 操作将很费时。如果插入序列是 1, 2, …, N，则 1 位于根，且所有其他的项在根的子结点中。因此，deleteMin 为 $O(N)$ 时间。我们能够希望的最好情况是安排合并的次序，这样我们就不必重复地进行费时的 deleteMin 操作了。

配对堆子树的合并次序是重要的。在已经提出的许多方法中，最简单和最实用的是两趟合并（two-pass merging），其中第一趟扫描从左到右合并子结点对[⊖]，然后第二趟扫描从右到左执行，以完成合并。在第一趟扫描之后，我们有一半的树要合并。第二趟扫描，每一步，我们将第一趟扫描得到的最右边的树与当前合并结果进行合并。例如，如果我们有子结点 c_1, …, c_8，那么第一趟扫描执行 c_1 和 c_2、c_3 和 c_4、c_5 和 c_6，以及 c_7 和 c_8 的合并。得到结果是 d_1、d_2、d_3 和 d_4。执行第二趟扫描，合并 d_3 和 d_4。然后合并 d_2 与刚才的结果，再然后合并 d_1 与上一次合并的结果，从而完成 deleteMin 操作。图 23.6 展示在图 23.5 所示的配对堆上使用 deleteMin 的结果。

还可能有其他的合并策略。例如，我们可以将每棵子树（对应一个子结点）放在队列中，重复地出队列两棵树，然后将合并结果入队列。在 $c-1$ 次合并后，队列中只留有一棵树，它是 deleteMin 的结果。不过，要用栈替代队列就不行了，因为结果树的根可能有 $c-1$ 个子结点。如果出现一系列这种情况，则 deleteMin 操作会有每操作线性摊销开销，而不是对数摊销开销。在练习 23.8 中要求你构造一个这样的序列。

⊖ 如果有奇数个子结点，则必须小心。当出现这种情况时，我们将最后一个子结点与最右边的合并结果合并，至此第一次扫描才完成。

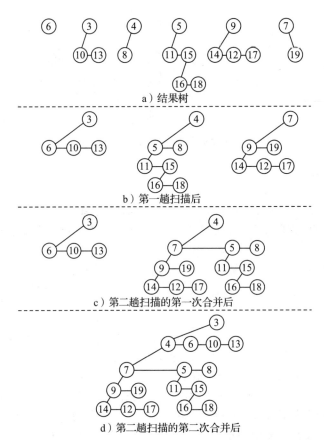

图 23.6 在 deleteMin 后重组兄弟结点。在每次合并中，让较大根的树成为较小根树的左子结点

23.2.2 配对堆的实现

> 数据成员 prev 链接到左兄弟或者父结点。
>
> 调用 combineSiblings 来实现 deleteMin 操作。

PairingHeap 类框架如图 23.7 所示。PairNode 嵌套类实现了嵌套的 Position 接口，后者在第 16 行和第 17 行声明。

```
 1  package weiss.nonstandard;
 2
 3  // PairingHeap 类
 4  //
 5  // 构造：没有初值
 6  //
 7  // ****************** 公有操作 **********************
 8  // 用于优先队列的一般方法，还有
 9  // void decreaseKey( Position p, newVal )
10  //              --> 减少结点 p 中的值
11  // ****************** 错误 ***************************
12  // 如有必要，抛出的异常
13
14  public class PairingHeap<AnyType extends Comparable<? super AnyType>>
15  {
16      public interface Position<AnyType>
17        { AnyType getValue( ); }
```

图 23.7 PairingHeap 类框架

```
18
19      private static class PairNode<AnyType> implements Position<AnyType>
20      { /* 图 23.8 */ }
21
22      private PairNode<AnyType> root;
23      private int       theSize;
24
25      public PairingHeap( )
26      { root = null; theSize = 0; }
27
28      public boolean isEmpty( )
29      { return root == null; }
30      public int size( )
31      { return theSize; }
32      public void makeEmpty( )
33      { root = null; theSize = 0; }
34
35      public Position<AnyType> insert( AnyType x )
36      { /* 图 23.10 */ }
37      public AnyType findMin( )
38      { /* 图 23.9 */ }
39      public AnyType deleteMin( )
40      { /* 图 23.11 */ }
41      public void decreaseKey( Position<AnyType> pos, AnyType newVal )
42      { /* 图 23.12 */ }
43
44      private PairNode<AnyType> compareAndLink( PairNode<AnyType> first,
45                                               PairNode<AnyType> second )
46      { /* 图 23.14 */ }
47      private PairNode [ ] doubleIfFull( PairNode [ ] array, int index )
48      { /* 如常实现，见网络资源 */ }
49      private PairNode<AnyType> combineSiblings( PairNode<AnyType> firstSibling )
50      { /* 图 23.15 */ }
51 }
```

图 23.7　PairingHeap 类框架（续）

在配对堆中，insert 返回一个 Position，这是新创建的 PairNode。

图 23.8 所示的配对堆的基本结点 PairNode，由一个项和三个链接组成。其中的两个链接是左子结点和右兄弟结点。第三个链接是 prev，如果结点是第一个子结点，则它指向父结点，否则指向其左兄弟结点。

```
1       /**
2        * 用于 PairingHeap 的私有静态类
3        */
4       private static class PairNode<AnyType> implements Position<AnyType>
5       {
6           /**
7            * 构造 PairNode
8            * @param theElement : 结点中保存的值
9            */
10          public PairNode( AnyType theElement )
11          {
12              element     = theElement;
13              leftChild   = null;
14              nextSibling = null;
15              prev        = null;
16          }
17
18          /**
19           * 返回这个位置保存的值
20           */
21          public AnyType getValue( )
```

图 23.8　PairNode 嵌套类

```
22            {
23                return element;
24            }
25
26        public AnyType          element;
27        public PairNode<AnyType> leftChild;
28        public PairNode<AnyType> nextSibling;
29        public PairNode<AnyType> prev;
30      }
```

图 23.8   PairNode 嵌套类（续）

findMin 例程的编码在图 23.9 中。最小值在根处，所以例程很容易实现。图 23.10 所示的 insert 例程，创建了单结点树，并将它与 root 合并，得到一棵新树。如本节之前提过的，insert 返回指向新分配结点的引用。注意，我们必须处理在空树中进行插入的特例。

```
1        /**
2         * 查找优先队列中的最小项
3         * @return : 最小项
4         * @throws UnderflowException : 如果配对堆为空
5         */
6        public AnyType findMin( )
7        {
8            if( isEmpty( ) )
9                throw new UnderflowException( );
10           return root.element;
11       }
```

图 23.9   PairingHeap 类的 findMin 方法

```
1        /**
2         * 插入优先队列中
3         * 并返回可用在 decreaseKey 中的 Position
4         * 允许重复值
5         * @param x : 要插入的项
6         * @return : 含有最近插入项的结点
7         */
8        public Position<AnyType> insert( AnyType x )
9        {
10           PairNode<AnyType> newNode = new PairNode<AnyType>( x );
11
12           if( root == null )
13               root = newNode;
14           else
15               root = compareAndLink( root, newNode );
16
17           theSize++;
18           return newNode;
19       }
```

图 23.10   PairingHeap 类的 insert 例程

图 23.11 实现了 deleteMin 例程。如果配对堆是空的，则发生错误。在将找到的值保存在根中（第 11 行）以后，在第 12 行清除值，并在第 16 行调用 combineSiblings，以合并根的子树，并将结果赋给新的根。如果没有子树，则仅需将 root 设置为 null（在第 14 行）。

decreaseKey 的实现展示在图 23.12 中。如果新值大于原来的值，则可能破坏了堆的次序。如果不检查所有的子结点，则没有办法知道这一点。因为可能存在许多子结点，那么这样做可能效率不高。所以我们假设，尝试使用 decreaseKey 增加关键字总是错误的。（在练习 23.9 中要求你描述一个 increaseKey 算法。）执行这个测试后，降低了结点中的值。如果结点是根，我们就完成了。否则，将结点从所在的子结点列表中剪切出来，对应的代码在第 21 ～ 28 行。这样处理后，只需合并结果树与根。

```
1        /**
2         * 从优先队列中删除最小项
3         * @return：最小项
4         * @throws UnderflowException：如果配对堆为空
5         */
6        public AnyType deleteMin( )
7        {
8            if( isEmpty( ) )
9                throw new UnderflowException( );
10
11           AnyType x = findMin( );
12           root.element = null; // So decreaseKey can detect stale Position
13           if( root.leftChild == null )
14               root = null;
15           else
16               root = combineSiblings( root.leftChild );
17
18           theSize--;
19           return x;
20       }
```

图 23.11　PairingHeap 类的 deleteMin 方法

```
1        /**
2         * 改变配对堆中保存的项的值
3         * @param pos：insert 返回的任何 Position
4         * @param newVal：新值
5         *        它一定比当前保存的值更小
6         * @throws IllegalArgumentException：如果 pos 为 null
7         * @throws IllegalValueException：如果新值大于原来的值
8         */
9        public void decreaseKey( Position<AnyType> pos, AnyType newVal )
10       {
11           if( pos == null )
12               throw new IllegalArgumentException( );
13
14           PairNode<AnyType> p = (PairNode<AnyType>) pos;
15
16           if( p.element == null || p.element.compareTo( newVal ) < 0 )
17               throw new IllegalValueException( );
18           p.element = newVal;
19           if( p != root )
20           {
21               if( p.nextSibling != null )
22                   p.nextSibling.prev = p.prev;
23               if( p.prev.leftChild == p )
24                   p.prev.leftChild = p.nextSibling;
25               else
26                   p.prev.nextSibling = p.nextSibling;
27
28               p.nextSibling = null;
29               root = compareAndLink( root, p );
30           }
31       }
```

图 23.12　PairingHeap 类的 decreaseKey 方法

　　剩下的两个例程是合并两棵树的 compareAndLink，以及当给定第一个兄弟后合并所有兄弟结点的 combineSiblings。图 23.13 展示两个子堆如何合并。这个过程是通用的，允许第二个子堆有兄弟结点（对于两次合并中的第二趟扫描，这是需要的）。如本章之前提到的，有较大根的子堆成为其他子堆的最左子结点，相应的代码在图 23.14 中。注意，在几种情况下，在访问

prev 数据成员前，要测试链接引用是不是 null。这个操作表明，设置 nullNode 哨兵（在实现高级搜索树时的常用做法）可能是有用的。这个可能性留在练习 23.12 中研究。

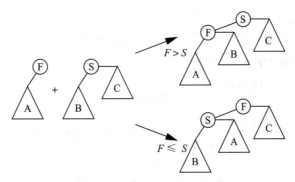

图 23.13   compareAndLink 方法合并两棵树

```
1     /**
2      * 为维护次序的基本操作的内部方法
3      * 将 first 和 second 链接在一起，满足堆的次序
4      * @param first：树 1 的根，它不能是 null
5      *     first.nextSibling 进入时一定是 null
6      * @param second：树 2 的根，它可能是 null
7      * @return：树合并的结果
8      */
9     private PairNode<AnyType> compareAndLink( PairNode<AnyType> first,
10                                              PairNode<AnyType> second )
11    {
12        if( second == null )
13            return first;
14
15        if( second.element.compareTo( first.element ) < 0 )
16        {
17            // 将 first 拼接为 second 的最左孩子
18            second.prev = first.prev;
19            first.prev = second;
20            first.nextSibling = second.leftChild;
21            if( first.nextSibling != null )
22                first.nextSibling.prev = first;
23            second.leftChild = first;
24            return second;
25        }
26        else
27        {
28            // 将 second 拼接为 first 的最左孩子
29            second.prev = first;
30            first.nextSibling = second.nextSibling;
31            if( first.nextSibling != null )
32                first.nextSibling.prev = first;
33            second.nextSibling = first.leftChild;
34            if( second.nextSibling != null )
35                second.nextSibling.prev = second;
36            first.leftChild = second;
37            return first;
38        }
39    }
```

图 23.14   compareAndLink 例程

最后，图 23.15 实现了 combineSiblings。我们使用 treeArray 数组来保存子树。首先分离子树，然后使用第 16 ～ 22 行的循环将它们保存到 treeArray 中。假设，我们有多个兄弟要合并，则在第 28 行和第 29 行从左到右扫描。奇数个树的特例在第 31 ～ 36 行处理。在第 40 行和第 41 行从右到左扫描从而完成合并。一旦我们完成了，结果将位于数组位置 0 处，可以将其返回。

```
1           // 用于 combineSiblings 的树数组
2       private PairNode [ ] treeArray =  new PairNode[ 5 ];
3
4       /**
5        * 实现两次合并的内部方法
6        * @param firstSibling : conglomerate 的根
7        *      假设不是 null
8        */
9       private PairNode<AnyType> combineSiblings( PairNode<AnyType> firstSibling )
10      {
11          if( firstSibling.nextSibling == null )
12              return firstSibling;
13
14              // 将子树保存在数组中
15          int numSiblings = 0;
16          for( ; firstSibling != null; numSiblings++ )
17          {
18              treeArray = doubleIfFull( treeArray, numSiblings );
19              treeArray[ numSiblings ] = firstSibling;
20              firstSibling.prev.nextSibling = null;  // 断开链接
21              firstSibling = firstSibling.nextSibling;
22          }
23          treeArray = doubleIfFull( treeArray, numSiblings );
24          treeArray[ numSiblings ] = null;
25
26              // 每次合并两棵子树，从左到右
27          int i = 0;
28          for( ; i + 1 < numSiblings; i += 2 )
29              treeArray[ i ] = compareAndLink( treeArray[ i ], treeArray[ i + 1 ] );
30
31          int j = i - 2;
32
33              // j 有上一次 compareAndLink 的结果
34              // 如果树的个数是奇数，则取最后一棵
35          if( j == numSiblings - 3 )
36              treeArray[ j ] = compareAndLink( treeArray[ j ], treeArray[ j + 2 ] );
37
38              // 现在从右到左，合并最后一棵树与倒数第二棵树
39              // 结果成为新的最后一棵树
40          for( ; j >= 2; j -= 2 )
41              treeArray[ j - 2 ] = compareAndLink( treeArray[ j - 2 ], treeArray[ j ] );
42
43          return (PairNode<AnyType>) treeArray[ 0 ];
44      }
```

图 23.15 配对堆算法的核心。在给定第一个兄弟时，实现两次合并来合并所有的兄弟结点

23.2.3 应用：Dijkstra 最短带权路径算法

decreaseKey 操作是对 Dijkstra 算法的一种改进，用于有很多调用的情况。

为了展示如何使用 decreaseKey 操作，我们重写了 Dijkstra 算法（见 14.3 节）。回想一下，在任何时刻，我们维护 Path 对象的优先队列，按 dist 数据成员进行排序。对图中的每个顶点，

任何时刻仅需要优先队列中的一个 Path 对象，但为方便我们有多个 Path 对象。本节，我们重写代码，如果顶点 w 的距离变小了，则找到它在优先队列中的位置，然后为其对应的 Path 对象执行 decreaseKey 操作。

新代码如图 23.16 所示，所有的修改相对不多。首先，第 6 行我们声明 pq 是配对堆而不是二叉堆。注意，Vertex 对象有一个附加数据成员 pos，它表示在优先队列中的位置（且如果 Vertex 不在优先队列中，则为 null）。初始时，所有的位置都为 null（这由 clearAll 完成）。当将顶点插入配对堆中时，调整它的 pos 数据成员（在第 13 行和第 35 行）。算法本身是简化的。现在只要配对堆不为空，我们只需调用 deleteMin，而不是重复调用 deleteMin 直到一个未见过的顶点出现。因此，我们不再需要 scratch 数据成员。比较第 15 ～ 18 行与图 14.27 中给出的代码中的对应地方。剩余要做的事情就是在第 28 行后进行更新，表示修改是有序的。如果顶点从未被放置在优先队列中，则将它首次插入，更新其 pos 数据成员。否则，仅需在第 37 行调用 decreaseKey。

```
1      /**
2       * 使用配对堆的单源带权最短路径算法
3       */
4      public void dijkstra( String startName )
5      {
6          PairingHeap<Path> pq = new PairingHeap<Path>( );
7
8          Vertex start = vertexMap.get( startName );
9          if( start == null )
10             throw new NoSuchElementException( "Start vertex not found" );
11
12         clearAll( );
13         start.pos = pq.insert( new Path( start, 0 ) ); start.dist = 0;
14
15         while ( !pq.isEmpty( ) )
16         {
17             Path vrec = pq.deleteMin( );
18             Vertex v = vrec.dest;
19
20             for( Edge e : v.adj )
21             {
22                 Vertex w = e.dest;
23                 double cvw = e.cost;
24
25                 if( cvw < 0 )
26                     throw new GraphException( "Graph has negative edges" );
27
28                 if( w.dist > v.dist + cvw )
29                 {
30                     w.dist = v.dist + cvw;
31                     w.prev = v;
32
33                     Path newVal = new Path( w, w.dist );
34                     if( w.pos == null )
35                         w.pos = pq.insert( newVal );
36                     else
37                         pq.decreaseKey( w.pos, newVal );
38                 }
39             }
40         }
41     }
```

图 23.16 Dijkstra 算法，使用配对堆和 decreaseKey 操作

Dijkstra 算法的二叉堆实现是否快于配对堆实现取决于几个因素。一项研究（见参考文献）

提出，当二者都实现得很好时，配对堆比二叉堆稍快。结果很大程度上依赖代码细节和调用 decreaseKey 操作的频率。在实践中什么时候使用配对堆合适还需要更多的研究。

23.3 总结

本章我们描述了两种支持合并且在摊销意义下高效的数据结构：斜堆和配对堆。两种都容易实现，因为它们缺少严格的结构属性。配对堆似乎有实用价值，但它的完整分析仍是一个有趣的开放问题。

在第 24 章，我们描述用来维护不相交集合的数据结构，它也有显著的摊销分析。

23.4 核心概念

配对堆。结构不受约束的堆次序 M 叉树，其中除删除外的所有操作都有最坏情况下的常数时间。它的分析并不完整，但它在实践中似乎执行得很好。

斜堆。没有平衡条件的堆次序的二叉树，以对数摊销时间支持所有操作。

两次合并。配对堆子树的合并次序很重要。最简单的算法是两趟合并，它从左到右扫描，然后从右到左扫描，合并成对的子树以完成合并。

23.5 常见错误

- 在实际中不能使用斜堆的递归实现，因为递归深度可能是线性的。
- 要小心，不要丢失斜堆中的 prev 链接。
- 必须在整个配对堆代码中进行测试，以确保引用不是 null。
- 当执行合并时，结点不应在两个配对堆中。

23.6 网络资源

可在网络资源中得到配对堆类及其测试程序。图 23.16 是第 14 章所示的 Graph 类（Graph.java）的一部分。PairingHeap.java。包含 PairingHeap 类的实现。

23.7 练习

简答题

23.1 展示从下列插入序列建立的斜堆的结果。

　　a. 1, 2, 3, 4, 5, 6, 7。

　　b. 4, 3, 5, 2, 6, 7, 1。

23.2 展示从下列插入序列建立的配对堆的结果。

　　a. 1, 2, 3, 4, 5, 6, 7。

　　b. 4, 3, 5, 2, 6, 7, 1。

23.3 对于练习 23.1 和练习 23.2 中的每个堆，展示两次 deleteMin 操作的结果。

理论题

23.4 给出一个操作序列，使得 merge 需要线性时间，从而说明斜堆操作的对数摊销界不是最坏时间界。

23.5 说明斜堆可在对数摊销时间内支持 decreaseKey 和 increaseKey 操作。

23.6 描述用于斜堆的线性时间 buildHeap 算法。

23.7 说明为树中的每个结点保存右路径长度，可以强加平衡条件，故产生最坏情况下每操作对数时间。这样的一个结构称为左倾堆（leftist heap）。

23.8 说明使用栈为配对堆实现 combineSiblings 操作不好。构造有每操作线性摊销开销的序列。

23.9   描述如何为配对堆实现 increaseKey。

实践题

23.10   为 PairingHeap 类添加公有的 merge 方法。确定一个结点只出现在一棵树中。

程序设计项目

23.11   实现斜堆算法的非递归版本。

23.12   实现带 nullNode 哨兵的配对堆算法。

23.13   为 combineSiblings 实现队列算法，比较它与图 23.15 中所示的两次扫描算法的性能。

23.14   如果不支持 decreaseKey 操作，则父结点链接就不是必需的。实现不带父结点链接的配对堆算法，比较它与二叉堆及 / 或斜堆及 / 或伸展树算法的性能。

23.8   参考文献

左倾堆 [1] 是第一个有效的可合并优先队列。它与练习 23.7 中给出的斜堆的最坏时间不同。斜堆在文献 [6] 中描述，它还含有练习 23.4 和练习 23.5 的解决方案。

文献 [3] 描述了配对堆并证明了当使用两次合并时，所有操作的摊销开销是对数的。长久以来一直猜测除 deleteMin 以外的所有操作的摊销开销，实际上是常数的，而 deleteMin 是对数的，所以 D 个 deleteMin 和 I 个其他操作的任意序列将花费 $O(I+D\log N)$ 时间。不过，这个猜测最近被证明是假的 [2]。能达到这个界的数据结构是斐波那契堆 [4]，但在实践中太复杂了。希望配对堆是理论上有趣的斐波那契堆的实际替代方案，即使它的最差情形稍微不太好。左倾堆和斐波那契堆都在文献 [7] 中讨论。

文献 [5] 使用非常类似 Dijkstra 算法的方法，比较了在求解最小生成树问题（在 24.2.2 节讨论）时不同的优先队列。

[1]   C. A. Crane, "Linear Lists and Priority Queues as Balanced Binary Trees," *Technical Report STAN-CS-72-259,* Computer Science Department, Stanford University, Palo Alto, CA, 1972.

[2]   M. L. Fredman, "On the Efficiency of Pairing Heaps and Related Data Structures," *Journal of the ACM* **46** (1999), 473–501.

[3]   M. L. Fredman, R. Sedgewick, D. D. Sleator, and R. E. Tarjan, "The Pairing Heap: A New Form of Self-adjusting Heap," *Algorithmica* **1** (1986), 111–129.

[4]   M. L. Fredman and R. E. Tarjan, "Fibonacci Heaps and Their Uses in Improved Network Optimization Algorithms," *Journal of the ACM* **34** (1987), 596–615.

[5]   B. M. E. Moret and H. D. Shapiro, "An Empirical Analysis of Algorithms for Constructing a Minimum Spanning Tree," *Proceedings of the Second Workshop on Algorithms and Data Structures* (1991), 400–411.

[6]   D. D. Sleator and R. E. Tarjan, "Self-adjusting Heaps," *SIAM Journal on Computing* **15** (1986), 52–69.

[7]   M. A. Weiss, *Data Structures and Algorithm Analysis in Java,* 2nd ed., Addison-Wesley, Reading, MA, 2007.

不相交集合类

本章我们描述一种高效求解等价问题的数据结构——不相交集合类。这个数据结构易于实现，每个例程仅需要几行代码。它的实现还非常快，每个操作平均只需要常数时间。这个数据结构从理论角度看也非常令人感兴趣，因为它的分析非常困难，最差情形的函数形式也与本书到目前为止讨论的任何形式都不一样。

本章中，我们将看到：

- 不相交集合类的三个简单应用。
- 不用花大力气就能实现不相交集合类的一种方法。
- 利用观察得到的两个结果，提升不相交集合类速度的一个方法。
- 不相交集合类的快速实现的运行时间分析。

24.1 等价关系

集合中，如果每对元素要么相关要么不相关，则定义了关系。等价关系是自反的、对称的和传递的。

关系（relation）R 定义在集合 S 上，对于每对元素 (a, b)，$a, b \in S$，$a R b$ 要么为真要么为假。如果 $a R b$ 为真，则我们说 a 与 b 相关。

等价关系（equivalence relation）是满足下列三个属性的关系 R。

- 自反性（Reflexive）。对于所有的 $a \in S$，$a R a$ 为真。
- 对称性（Symmetric）。$a R b$ 当且仅当 $b R a$。
- 传递性（Transitive）。$a R b$ 且 $b R c$，则意味着 $a R c$。

所有连接都是通过金属线进行的电气连接是一种等价关系。关系显然是自反的，因为任何部件都连接到自身。如果 a 电连接到 b，则 b 也一定电连接到 a，所以关系是对称的。最后，如果 a 与 b 连接且 b 与 c 连接，则 a 与 c 连接。

同样地，通过双向网络的连接形成连通分量的等价类。不过，如果网络中的连接是定向的（即从 v 到 w 的连接不意味着从 w 到 v 的连接），则我们没有等价关系，因为对称性不成立。如果从 a 镇到 b 镇可以通过公路旅行，那么 a 镇与 b 镇之间的关系就是一个例子。如果公路是双向的，则这个关系是等价关系。

24.2 动态等价及应用

集合 S 中元素 x 的等价类，是包含与 x 有关系的所有元素的 S 的子集。等价类组成不相交集合。

不相交集合类的两个基本操作是 union 和 find。

在一个在线算法中，必须为每一次查询提供答案，然后才能查看下一个查询。

集合元素按序编号，从 0 开始。

对用~表示的任何等价关系，要问的一个问题自然是，对任何的 a 和 b，确定是否有 $a \sim b$。如果使用二维 Boolena 变量数组保存关系，则可以在常数时间内测试等价关系。问题是，关系通常是隐式而不是显式定义的。

例如，在含 5 个元素的集合 $\{a_1, a_2, a_3, a_4, a_5\}$ 上定义了一个等价关系。这个集合产生 25 个元素对，每一对要么有关系要么没有关系。不过，如果给出所有有关系的 $a_1 \sim a_2$，$a_3 \sim a_4$，$a_1 \sim a_5$ 及 $a_4 \sim a_2$，则这个信息意味着所有的元素对都是有关系的。我们希望能快速推断出这种状态。

元素 $X \in S$ 的等价类（equivalence class）是包含与 x 有关系的所有元素的 S 的子集。注意，等价类形成 S 的一个划分：S 的每个元素仅出现在一个等价类中。我们要判断是否有 $a \sim b$，只需检查 a 和 b 是否在同一个等价类中。这个信息提供了求解等价问题的策略。

初始时输入的是 N 个集合的集合，每个集合仅有一个元素。在这个初始表示中，所有关系（除自反关系）都是假的。每个集合都有不同的元素，所以 $S_i \cap S_j = \varnothing$，且这样的集合（其中任意两个集合都不含相同元素）称为不相交集合（disjoint set）。

不相交集合类的两个基本操作是 find（它返回包含给定元素的集合（即等价类）的名字）和 union（它添加关系）。如果我们要在关系列表中添加二元对 (a, b)，则首先要判断 a 和 b 是否已经有关系了。通过在 a 和 b 上执行 find 操作，并查明它们是不是在同一个等价类中就能判定。如果它们没有关系，则应用 union。这个操作将包含 a 和 b 的两个等价类合并为一个新的等价类。用集合来表示，结果是创建了一个新的集合 $S_k = S_i \cup S_j$，同时毁掉原来的，并且保留所有的不相交集合。完成这个操作的数据结构常称为不相交集合的并 / 查数据结构（union/find data structure）。通过在不相交集合数据结构内处理并 / 查请求来执行并 / 查算法（union/find algorithm）。

这个算法是动态的（dynamic），因为在算法的执行过程中，集合可以通过 union 操作改变。算法还必须作为在线算法（online algorithm）来运行，以便在执行 find 时，在查看下一次请求之前给出答案。另一种可能是离线算法（offline algorithm），其中 union 和 find 请求的整个序列都是可见的。它为每次 find 提供的答案都必须与执行 find 之前所有的 union 保持一致。不过，算法可以在处理了所有问题之后给出所有答案。这种差别类似于笔试（通常是离线的，因为你只需在时间终止之前给出答案）与口试（通常是在线的，因为你必须回答当前问题才能继续下一个问题）之间的差别。

注意，我们不执行任何操作来比较元素间相对的值，只需要知道它们的位置。出于这个原因，我们可以假设所有元素都按顺序编号，从 0 开始，且使用一些散列机制可以很容易地确定编号。

在描述如何实现 union 和 find 操作之前，我们提供这个数据结构的三个应用。

24.2.1 应用：生成迷宫

使用并 / 查数据结构的一个示例是生成迷宫，图 24.1 中展示了一个例子。起始点在左上角，结束点在右下角。可以将迷宫看作一个 50×88 的单元格矩形，其中左上角单元格连通到右下角单元格，并且单元格与相邻单元格通过墙隔开。

生成迷宫的一个简单算法，是从到处是墙（除了入口和出口）开始。然后不断地随机选择一段墙，如果墙隔开的单元格没有互相连通则推倒这段墙。如果重复这个过程，直到起始点和结束点连通，则我们就会生成一个迷宫。继续推倒墙，直到每个单元格都可以由其他单元格可达，实际上这样会更好，因为这样做会在迷宫中产生更多的错误相通信息。

我们用一个 5×5 的迷宫来说明算法，图 24.2 是初始布局。我们使用并 / 查数据结构来表示相互连通的单元格集合。初始时，任何一处都有墙，所以每个单元格都在自己的等价类中。

图 24.3 显示算法推倒了几段墙后的状态。假设，在这个状态下，我们随机选中连接单元格 8

和 13 之间的墙。因为单元格 8 和 13 已经连通了（它们在同一个集合中），所以我们不会移除墙，因为这样做只会使迷宫变简单。假设下一次我们随机命中单元格 18 和 13。通过执行两次 find 操作，我们判断这些单元格在不同的集合中，所以单元格 18 和 13 尚未连通。于是我们推倒分隔它们的墙，如图 24.4 所示。这个操作的结果是，含有单元格 18 和 13 的集合是由 union 操作合并的。原因是，之前与单元格 18 连通的所有单元格，现在已经和之前与 13 连通的所有单元格连通了。算法的最后，如图 24.5 所展示的，所有的单元格都连通了，我们生成了一个迷宫。

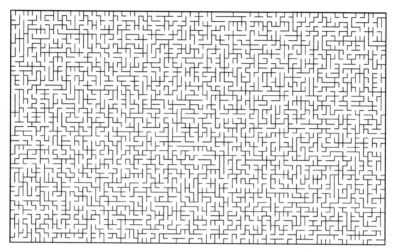

图 24.1 一个 50 × 88 的迷宫

0	1	2	3	4
5	6	7	8	9
10	11	12	13	14
15	16	17	18	19
20	21	22	23	24

{0} {1} {2} {3} {4} {5} {6} {7} {8} {9} {10} {11} {12} {13} {14}
{15} {16} {17} {18} {19} {20} {21} {22} {23} {24}

图 24.2 初始状态。所有的墙都立起来，所有的单元都在各自的集合中

0	1	2	3	4
5	6	7	8	9
10	11	12	13	14
15	16	17	18	19
20	21	22	23	24

{0, 1} {2} {3} {4, 6, 7, 8, 9, 13,14} {5} {10, 11, 15} {12}
{16, 17, 18, 22} {19} {20} {21} {22} {23} {24}

图 24.3 在算法的某个时刻，有几段墙被推倒了，合并集合。此时，如果随机选择单元格 8 和 13 之间的墙，则这个墙不会被推倒，因为 8 和 13 已经连通了

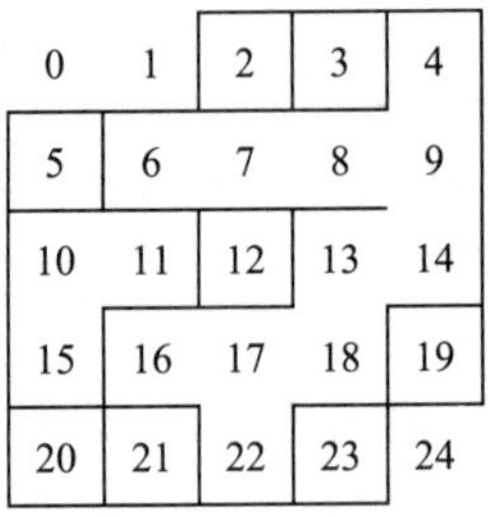

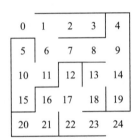

{0,1} {2} {3} {5} {10, 11, 15} {12}
{4, 6, 7, 8, 9, 13, 14, 16, 17, 18, 22} {19} {20} {21} {23} {24}

图 24.4　在图 24.3 中随机选择单元格 18 和 13 之间的墙，这个墙已经被推倒了，因为单元格
　　　　18 和 13 间没有连通，并且它们的集合合并

```
 0  1   2  3   4
 5  6   7  8   9
10 11  12 13  14
15 16  17 18  19
20 21  22 23  24
```

{0, 1, 2, 3, 4, 5, 6, 7, 8, 9, 10, 11, 12, 13, 14, 15, 16, 17, 18,
19, 20, 21, 22, 23, 24}

图 24.5　最终，推倒了 24 段墙，所有的元素都在同一个集合中

　　算法的运行时间由并 / 查的代价决定。并 / 查整个体系的大小是单元格个数。find 操作的
个数与单元格个数成正比，因为移除的墙数比单元格数少 1。如果我们仔细查看，可以看到，墙
数是最初单元格数的两倍。所以，如果 N 是单元格数，且每次随机命中墙时有两次 find，则我
们估计整个算法 find 操作介于（约）$2N$ 和 $4N$ 之间。所以，算法的运行时间依赖 $O(N)$ 的 union
和 $O(N)$ 的 find 操作的开销。

24.2.2　应用：最小生成树

> 最小生成树是 G 的连通子图，以最小的总代价支撑所有顶点。
> 克鲁斯卡尔算法按代价递增的顺序选择边，如果边没有创建回路，则将边添加到树中。
> 可以对边进行排序，或使用优先队列。
> 使用并 / 查数据结构可以完成回路的测试。

　　无向图的生成树（spanning tree）是由图中连通所有顶点的图边组成的树。与第 14 章中的图
不同，图 G 中的边 (u, v) 与边 (v, u) 是一样的。生成树的代价是树中边的代价之和。最小生成树
（minimum spanning tree）是以最小代价支撑所有顶点的 G 的连通子图。仅当 G 的子图连通时最
小生成树才存在。正如我们稍后要说明的，测试图的连通性是计算最小生成树工作的一部分。

　　图 24.6b 是 24.6a 的最小生成树（它碰巧是唯一的，如果图中有多条边的代价相等，则这很
不寻常）。注意，最小生成树中的边数是 $|V|-1$。最小生成树是树，因为它是无环的。它也是支撑
的（spanning），因为它覆盖了每个顶点。而且它还是最小的，原因很明显。假设，我们需要用公
路连接几个镇，要使总工程造价最小，且只能在镇上转到另一条公路上（换句话说，没有额外的
交叉路口）。则我们需要求解最小生成树问题，其中每个顶点是一个镇，每条边是修建它所连接
的两个城镇公路的费用。

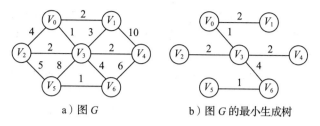

a）图 G　　　　　　　　b）图 G 的最小生成树

图 24.6　图与最小生成树

相关的问题是最小斯坦纳树问题（minimum Steiner tree problem），它很像最小生成树问题，只是求解方案中可以创建交叉路口。求解最小斯坦纳树问题困难得多。不过，可以证明，如果连接的费用与欧几里得距离成正比，那么最小生成树最多比最小斯坦纳树成本高 15%。因此易于计算的最小生成树为难以计算的最小斯坦纳树提供了一个好的近似解。

一个简单的算法——通常称为克鲁斯卡尔算法（Kruskal's algorithm）——不断地按最小权值次序来选择边，如果边不导致回路，则将它添加到树中。形式上，克鲁斯卡尔算法维护一个森林——树的集合。初始时，有 $|V|$ 棵单结点树。添加一条边则将两棵树合并为一棵。当算法终止时，仅有一棵树，它是最小生成树[⊖]。通常对已接受的边进行计数，可以判定算法何时终止。

图 24.7 展示克鲁斯卡尔算法在图 24.6 所示的图上的动作。最前面的 5 条边都被接受了，因为它们没有生成回路。接下来的两条边 (v_1, v_3)（代价为 3）和 (v_0, v_2)（代价为 4）都被拒绝了，因为每条边都在树中生成回路。考虑的下一条边被接受，因为它是 7 个顶点图的第 6 条边。至此，我们可以终止算法了。

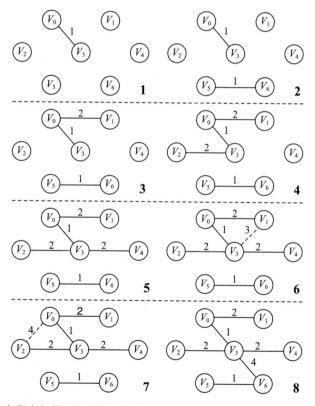

图 24.7　克鲁斯卡尔算法考虑每一条边后。步骤从左到右，从上到下，如编号所示

⊖　如果图不连通，则算法以多棵树终止。每棵树表示图的每个连通分量的一棵最小生成树。

为了测试，对边进行排序非常简单。可以花费 $|E|\log|E|$ 的时间进行排序，然后逐步遍历排序的边数组。或者，可以构造一个有 $|E|$ 条边的优先队列，然后重复地调用 deleteMin 获取边。虽然最坏情况界不能改变，但使用优先队列有时更好，因为克鲁斯卡尔算法对随机图往往只测试其中的一小部分边。当然，最差情形下，所有的边可能都要测试到。例如，如果存在一个额外的顶点 v_8 及权值 100 的边（v_5, v_8），就必须检查所有的边。在这种情形下，一开始使用快速排序会更快。实际上，在优先队列及初始排序上进行选择，就是在赌有多少边可能需要检查。

更有趣的是，如何决定一条边（u, v）应该被接受还是被拒绝。显然，当（且仅当）在当前生成森林（forest，即树的集合）中 u 和 v 已经连通了，则添加边（u, v）会导致一个回路。所以我们只将生成森林中的每个连通分量维护为不相交集合。初始时，每个顶点在自己的不相交集合中。如果 u 和 v 在同一个不相交集合中（这可由两次 find 操作判定），则边被拒绝，因为 u 和 v 已经连通了。否则，边被接受，在包含 u 和 v 的两个不相交集合上执行 union 操作，实际上是将两个连通分量组合在一起。结果就是我们想要的，因为一旦边（u, v）被添加到生成森林中，如果 w 连接到 u 且 x 连接到 v，则 x 和 w 一定连通，所以属于同一个集合。

24.2.3 应用：最近共同祖先问题

> NCA 的求解在图算法和计算生物学应用中具有重要意义。
>
> 后序遍历可以用来求解问题。
>
> 已访问（但不一定标记）的结点 v 的锚点是当前访问路径上最接近 v 的结点。
>
> 并/查算法用来维护有共同锚点的结点集。
>
> 伪代码是紧凑的。

并/查数据结构的另一个例子是离线**最近共同祖先**（Nearest common ancestor NCA）问题。

离线最近共同祖先问题　给定一棵树和树中的结点对列表，找到每对顶点的最近共同祖先。

例如，图 24.8 显示了一棵树及含有 5 个请求的结点对表。对于结点对 u 和 z，结点 C 是双方最近的祖先。（A 和 B 也是祖先，但它们不是最近的。）问题是离线的，因为在提供第一个答案之前我们能看到整个请求序列。这个问题的求解方案在图论应用和计算生物学（其中树表示进化）应用中具有重要意义。

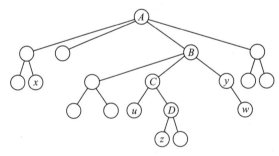

图 24.8　结点对序列 $(x, y), (u, z), (w, x), (z, w)$ 和 (w, y) 中，每对的最近共同祖先分别是 A, C，A, B 和 y

算法通过执行树的后序遍历来完成。当即将从处理结点返回时，检查结点对列表，确定是否要进行任何的祖先计算。如果 u 是当前结点，（u, v）在结点对列表中，并且我们已经完成了对 v 的递归调用，则我们就有足够的信息来判定 NCA（u, v）了。

图 24.9 有助于理解算法是如何工作的。这里，我们要完成对 D 的递归调用。所有标为阴影的结点已经被递归调用访问过了，除了在到 D 的路径上的结点外，所有的递归调用都已经完成

了。在递归调用完成后我们给结点做标记。如果 v 已经标记过了，则 NCA(D, v) 就是到 D 的路径上的某个结点。已访问（但不一定标记）的结点 v 的锚点是当前访问路径上最接近 v 的结点。在图 24.9 中，p 的锚点是 A，q 的锚点是 B，而 r 没有锚点，因为它还未被访问，我们可以说在第一次访问 r 时 r 的锚点是 r。当前访问路径上的每个结点都是一个锚点（至少是其自身的）。另外，访问过的结点形成等价类：如果两个结点有相同的锚点，则它们是有关系的，并且我们可以将每个未访问的结点看作在它自己的类中。现在再次假设 (D, v) 在结点对表中。则我们有三种情形。

- v 未标记，所以我们没有计算 NCA(D, v) 的信息。不过，当标记 v 时，我们就能判定 NCA(v, D) 了。
- v 被标记，但不在 D 的子树中，所以 NCA(D, v) 是 v 的锚点。
- v 在 D 的子树中，所以 NCA(D, v)=D。注意，这不是特例，因为 v 的锚点是 D。

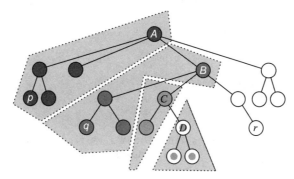

图 24.9　对 D 的递归调用即将返回之前的集合。D 标记为已访问，且 NCA(D, v) 是 v 在当前路径上的锚点

剩下要做的就是确保在任何时刻，我们都能确定任何已访问结点的锚点。使用并/查算法很容易实现这件事。在递归调用返回后，我们调用 union。例如，在图 24.9 中对 D 的递归调用返回后，D 中的所有结点的锚点都从 D 改为 C。新的状况如图 24.10 所示。因此我们需要将两个等价类合并为一个。在任何时刻，通过调用不相交集合 find 可以获得顶点 v 的锚点。因为 find 返回集合编号，我们使用数组 anchor 来保存对应特定集合的锚点。

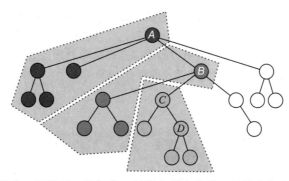

图 24.10　递归调用从 D 返回后，我们将 D 的锚点集合并到 C 的锚点集中，然后对在完成 C 的递归调用之前标记的结点 v，计算所有的 NCA(C, v)

实现 NCA 算法的伪代码列在图 24.11 中。正如本章之前提到过的，find 操作通常基于集合元素是 0, 1, …, $N-1$ 的假设，所以在计算树大小的预处理阶段，在树的每个结点中保存先序编号。面向对象方法可能尝试给 find 添加映射，但我们不这样做。我们还假设，有一个保存了 NCA 请求列表的数组，即表 i 保存了树结点 i 的请求。如果将这些细节都处理好，代码将变得相当短。

```
1     //  最近共同祖先问题算法
2     //
3     //  前提条件（和全局对象）
4     //  1. 并 / 查结构已初始化
5     //  2. 所有的结点初始时都未标记
6     //  3. 在 num 域中已经指定了前序编号
7     //  4. 每个结点都可以保存它的标记状态
8     //  5. 结点对列表全局可用
9
10    DisjSets s = new DisjSets( treeSize );  // 并 / 查
11    Node [ ] anchor = new Node[ treeSize ]; // 每个集合的锚点
12
13    // 在必要的初始化后
14    // 主例程调用 NCA(root)
15
16    void NCA( Node u )
17    {
18        anchor[ s.find( u.num ) ] = u;
19
20        // 进行后序遍历调用
21        for( each child v of u )
22        {
23            NCA( v );
24            s.union( s.find( u.num ), s.find( v.num ) );
25            anchor[ s.find( u.num ) ] = u;
26        }
27
28        // 对涉及 u 的每个结点对进行 nca 计算
29        u.marked = true;
30        for( each v such that NCA( u, v ) is required )
31            if( v.marked )
32                System.out.println( "NCA( " + u + ", " + v +
33                    " ) is " + anchor[ s.find( v.num ) ] );
34    }
```

图 24.11　最近共同祖先问题的伪代码

当第一次访问结点 u 时，它成为自己的锚点，如图 24.11 第 18 行所示。然后通过第 23 行的调用递归处理它的子结点 v。在每次递归调用返回后，子树合并到 u 当前的等价类中，且我们确保锚点已在第 24 行和第 25 行更新。当所有的子结点都递归处理完了，我们可以在第 29 行将 u 标记为已处理，并在第 30 ～ 33 行检查涉及 u 的所有 NCA 请求[⊖]。

24.3　快查算法

> 　　等价类每项最多可能修改 $\log N$ 次这一结论，也用在快并算法中。快查是个简单的算法，但快并更好。

在本节和 24.4 节中，我们为并 / 查数据结构的高效实现奠定基础。求解并 / 查问题有两个基本方法。第一个方法是使用快查算法（quick-find algorithm），保证 find 指令可以在最差情形常数时间内执行。另一个方法是使用快并算法（quick-union algorithm），保证 union 操作可以在最差情形常数时间内执行。已经证明两个方法不能同时在最差情形（甚至是摊销）常数时间内执行。

为了让 find 操作更快，我们可以在数组内为每个元素维护等价类的名字。然后 find 就是

⊖ 严格来说，应该在最后一条语句标记 u，但较早地标记它来处理恼人的 NCA (u, u) 请求。

一个简单的常数时间查找。假设我们想执行 union (a, b)。再假设 a 在等价类 i 中，而 b 在等价类 j 中。这样，我们就可以扫描数组，将所有的 i 改为 j。不幸的是，这个扫描花费线性时间。所以 $N-1$ 次 union 操作（最大值，因为所有的元素在一个集合中）的序列将花费二次时间。在典型示例中，其中的 find 的次数是次二次的，这个时间显然不可接受。

一种可能是将在同一等价类中的所有元素保存在一个链表中。这个方法在更新时节省时间，因为我们不必搜索整个数组。它本身不能减少渐近运行时间，因为在算法执行过程中仍有可能执行 $\Theta(N^2)$ 次等价类的更新。

如果我们还记录等价类的大小，并且执行的 union 操作是将较小类的名字改为较大类的名字时，则 N 次 union 花费的总时间是 $O(N\log N)$。原因是，每个元素可能最多让其等价类修改 $\log N$ 次，因为每次它的类改变时，新等价类的大小至少是原类的两倍（所以适用重复加倍原理）。

这个策略提供的是最多 M 次 find 和 $N-1$ 次 union 操作的任何序列最多花费 $O(M+N\log N)$ 时间。如果 M 是线性的（或稍微非线性的），这个方案仍是费时的。它还有些凌乱，因为我们必须维护链表。在 24.4 节中，我们将研究让 union 操作更容易但 find 操作困难的求解并 / 查问题的一个方法——快并算法。即使这样，最多 M 次 find 和 $N-1$ 次 union 操作的任何序列的运行时间也只比 $O(M+N)$ 时间长，而且仅使用一个整数数组。

24.4　快并算法

> 树由表示父结点的整数数组表示。树中任何结点的集合名是树的根。
> union 操作花费常数时间。
> find 的开销依赖所访问结点的深度，可能是线性的。

回想一下，并 / 查问题不需要 find 操作返回任何具体的名字，它只要求两个元素上的 find 操作当且仅当它们在同一集合时返回相同的答案。一种可能是用一棵树来表示一个集合，因为树中的每个元素都有相同的根，而且可以用根来命名集合。

每个集合由一棵树来表示（回想一下，树的集合称为森林（forest））。集合的名字由根结点给出。我们的树不要求是二叉树，但它们的表示是简单的，因为我们需要的唯一信息是父结点。所以我们只需要一个整数数组：数组中的每个项 p[i] 表示元素 i 的父结点，我们可以使用 -1 表示根的父结点。图 24.12 显示一个森林及表示它的数组。

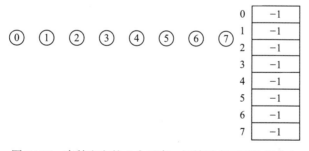

图 24.12　森林和它的 8 个元素，初始时在不同的集合中

为了执行两个集合的 union 操作，我们合并两棵树，让一棵树的根成为另一棵树根的子结点。这个操作显然是常数时间的。图 24.13～图 24.15 表示 union（4，5）、union（6，7）和 union（4，6）各步后的森林，其中我们采用惯例，即 union (x, y) 后的新根是 x。

在元素 x 上执行 find 操作将返回包含 x 的树的根。这个操作的执行时间与从 x 到根路径上的结点个数成正比。之前概述的 union 策略让我们创建一棵新树，其每个结点都位于到 x 的路径上，这导致了每次 find 操作最差情形运行时间是 $\Theta(N)$。通常（如前一个应用所示），运行时间是对 M 个混合指令序列来计算的。最差情形下，M 个连续操作可能会花费 $\Theta(MN)$ 的时间。

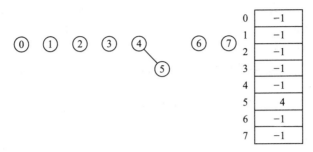

图 24.13　根为 4 和 5 的树执行 union 后的森林

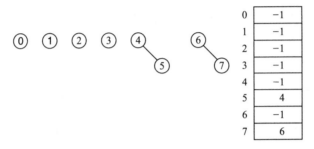

图 24.14　根为 6 和 7 的树执行 union 后的森林

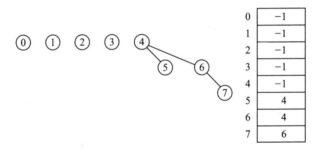

图 24.15　根为 4 和 6 的树执行 union 后的森林

对于一系列操作，二次的运行时间通常不能接受。幸运的是，有几种方法可以轻松保证这个运行时间不会发生。

24.4.1　聪明的 union 算法

> 按大小合并保证对数的查找。
>
> 不是在根中保存 −1，而是保存大小的负数。
>
> 按高度合并也能保证对数的 find 操作。

我们执行前面的 union 时很主观地让第二棵树成为第一棵树的子树。一种简单的改进方法是称为按大小合并（union-by-size）的方法，它总是让较小的树是较大的树的子树，相等时则任意处理。前三次 union 操作都是等大的，所以我们可以认为它们也是按大小执行的。如果下一次操作为 union（3，4），则形成如图 24.16 所示的森林。如果不使用启发式的大小，就会形成更深的森林（会有三个结点的深度加 1，而不是一个结点的深度加 1）。

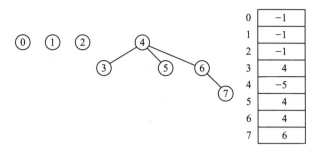

图 24.16　使用按大小合并形成的森林，大小编码为负数

如果 union 操作按大小执行，则任何结点的深度永远不会大于 $\log N$。一个结点初始时深度为 0，当由于 union 的结果而使它的深度增加时，它被放到至少是原树两倍大的树中。所以它的深度最多增加 $\log N$ 次。（我们在 24.3 节的快查算法中也使用了这个论点。）这个结果预示着，find 操作的运行时间是 $O(\log N)$，M 个操作的序列将最多花费 $O(M\log N)$ 时间。图 24.17 所示的树说明了 15 次 union 操作后可能出现的最差情形，如果每次 union 都在两个大小相等的树中进行，则可得到这样的树。（最差情形树称为二项树（binomial tree）。二项树在高级数据结构中有其他的应用。）

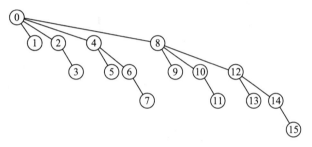

图 24.17　$N=16$ 的最差情形树

为了实现这个策略，我们需要记录每棵树的大小。因为我们仅使用一个数组，所以我们可以用根的数组项来保存树大小的负数，如图 24.16 所示。所以树的初始表示全是 −1 也是合理的。当执行 union 操作时，我们检查大小，新的大小是原来的和。按大小合并实现起来一点也不困难，并且不需要额外的空间。它的平均速度也很快，因为，当执行随机 union 操作时，在整个算法中，通常是非常小（常常是一个元素）的集合合并到大集合中。这个过程的数学分析相当复杂，本章结尾的参考文献提供了资料。

另一个也能保证对数深度的实现是按高度合并（union-by-height），其中记录树的高度而不是大小，并且执行 union 操作是让较浅的树成为较深树的子树。这个算法易于编码和使用，因为仅当两个相同深度的树合并时树的高度才增加（且高度加 1）。所以按高度合并是对按大小合并进行小小的修改。因为高度从 0 开始，所以我们保存结点个数的负值而不是最深路径的高度，如图 24.18 所示。

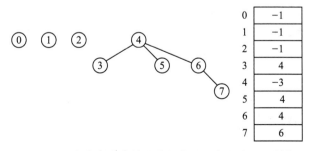

图 24.18　由按高度合并形成的森林，高度编码为负数

24.4.2　路径压缩

> 路径压缩使得每个访问结点成为根的子结点，直到另一次 union 发生。
>
> 路径压缩保证对每个 find 操作有对数摊销开销。
>
> 路径压缩和聪明的合并规则基本上保证了每操作常数摊销代价（即一连串操作可以在几乎线性时间内执行）。

到目前为止所描述的并 / 查算法对大部分情况都是可接受的。它非常简单，对于含 M 个指令的序列平均是线性的。不过，最差情形仍然没有吸引力。原因是，某些特殊应用（如 NCA 问题）中出现的 union 操作序列显然不是随机的（实际上，对某些树来说，它远不是随机的）。所以我们必须为 M 个操作的序列找到一个更好的最差情形界。看起来对合并算法来说已经没什么能改进的了，因为当合并相同的树时，就达到最差情形。因此在不完全修改数据结构的情况下，加速算法的唯一方法是对 find 操作进行巧妙处理。

那个巧妙处理就是路径压缩（path compression）。显然，在 x 上执行 find 后，将 x 的父结点改为根是有道理的。这样，第二次在 x 上或 x 子树中的任何项上执行 find 时，会变得更容易。然而，也没必要就此止步。我们还可以改变访问路径上所有结点的父结点。在路径压缩中，从 x 到根的路径上的每个结点，其父结点都改为根。图 24.19 显示对图 24.17 所示的通常最差树上执行 find（14）后，路径压缩的结果。随着额外两个父结点的改变，结点 12 和结点 13 现在位于更接近根的位置，并且结点 14 和结点 15 现在也在更近的位置上。未来对结点的快速访问，付出的（我们希望）是执行路径压缩的额外工作。注意，后续的 union 会将结点推得更深。

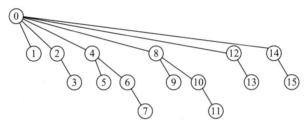

图 24.19　在图 24.17 所示的树中进行 find（14）导致的路径压缩

当 union 随意进行时，路径压缩是个好主意，因为存在大量的深结点，通过路径压缩将它们带到离根近的地方。已经证明，这种情形下执行路径压缩时，M 个操作序列最多需要 $O(M\log N)$ 时间，所以路径压缩本身可以保证 find 操作的对数摊销开销。

路径压缩与按大小合并完全兼容。所以可以同时实现两个例程。不过，路径压缩与按高度合并不完全兼容，因为路径压缩可能改变树的高度。我们不知道如何有效地重新计算它们，所以我们不尝试这样做。这样，为每棵树保存的高度变为估计高度，称为秩（rank），这不是问题。当执行压缩时，由按高度合并算法得到按秩合并（union-by-rank）算法。正如在 24.6 节所显示的，聪明的合并规则加上路径压缩，给出了 M 个操作序列的运行时间差不多是线性时间的保证。

24.5　Java 实现

> 不相交集合的实现相对容易。

不相交集合类的类框架在图 24.20 中给出，其实现在图 24.21 中。整个算法惊人的短。

```
1   package weiss.nonstandard;
2
3   // DisjointSets 类
4   //
5   // 构造: 用 int 表示初始的集合数
6   //
7   // ***************** 公有操作*********************
8   // void union( root1, root2 ) --> 合并两个集合
9   // int find( x )               --> 返回包含 x 的集合
10  // ***************** 错误********************************
11  // 执行错误检查或参数
12
13  public class DisjointSets
14  {
15      public DisjointSets( int numElements )
16        { /* 图 24.21 */ }
17
18      public void union( int root1, int root2 )
19        { /* 图 24.21 */ }
20
21      public int find( int x )
22        { /* 图 24.21 */ }
23
24      private int [ ] s;
25
26
27      private void assertIsRoot( int root )
28      {
29          assertIsItem( root );
30          if( s[ root ] >= 0 )
31              throw new IllegalArgumentException( );
32      }
33
34      private void assertIsItem( int x )
35      {
36          if( x < 0 || x >= s.length )
37              throw new IllegalArgumentException( );
38      }
39  }
```

图 24.20　不相交集合类框架

```
1     /**
2      * 构造不相交集合对象
3      * @param numElements: 不相交集合的初始个数
4      */
5     public DisjointSets( int numElements )
6     {
7         s = new int[ numElements ];
8         for( int i = 0; i < s.length; i++ )
9             s[ i ] = -1;
10    }
11
12    /**
13     * 使用高度启发法合并两个不相交集
14     * root1 和 root2 是不相交集合, 且表示集合名
```

图 24.21　不相交集合类的实现

```
15          * @param root1: 集合 1 的根
16          * @param root2: 集合 2 的根
17          * @throws IllegalArgumentException: 如果 root1 或 root2
18          * 不是不相交集的根
19          */
20         public void union( int root1, int root2 )
21         {
22             assertIsRoot( root1 );
23             assertIsRoot( root2 );
24             if( root1 == root2 )
25                 throw new IllegalArgumentException( );
26
27             if( s[ root2 ] < s[ root1 ] )  // root2 更深
28                 s[ root1 ] = root2;        // 让 root2 成为新的根
29             else
30             {
31                 if( s[ root1 ] == s[ root2 ] )
32                     s[ root1 ]--;          // 如果相同，则更新高度
33                 s[ root2 ] = root1;        // 让 root1 成为新的根
34             }
35         }
36
37         /**
38          * 执行带路径压缩的 find
39          * @param x: 正搜索的元素
40          * @return: 包含 x 的集合
41          * @throws IllegalArgumentException: 如果 x 无效
42          */
43         public int find( int x )
44         {
45             assertIsItem( x );
46             if( s[ x ] < 0 )
47                 return x;
48             else
49                 return s[ x ] = find( s[ x ] );
50         }
```

图 24.21　不相交集合类的实现（续）

在我们的例程中，union 在树根上执行。这个操作有时实现为，给它传递任意两个元素，然后让 union 执行 find 操作以决定根。

有趣的过程是 find。在递归执行 find 后，array[x] 被设置为根，然后返回。因为这个过程是递归的，所以路径上的所有结点都将各自的项设置为根。

24.6　按秩合并和路径压缩的最差情形

> 阿克曼函数增长得非常快，并且它的逆基本上最多是 4。

当两个启发式算法都使用时，算法的最差情形差不多是线性的。具体来说，处理最多 $N-1$ 个 union 操作和 M 个 find 操作序列所需要的时间，最差情形下是 $\Theta(M\alpha(M, N))$（设 $M \geq N$），其中 $\alpha(M, N)$ 是阿克曼函数（Ackermann's function）的反函数，阿克曼函数增长得非常快，定义如下[⊖]：

$$A(1, j) = 2^j \qquad\qquad j \geq 1$$
$$A(i, 1) = A(i-1, 2) \qquad i \geq 2$$

⊖　阿克曼函数常定义为 $A(1,j)=j+1, j \geq 1$。我们在本书中使用的形式增长更快，所以反函数增长更慢。

$$A(i,j) = A(i-1, A(i, j-1)) \quad i, j \geqslant 2$$

从前文中可知，我们定义

$$\alpha(M, N) = \min\{i \geqslant 1 \mid (A(i, \lfloor M/N \rfloor) > \log N)\}$$

你可能想计算某些值，但实际上，$\alpha(M,N) \leqslant 4$，这才是真正重要的。例如，对于任意的 $j>1$，我们有

$$A(2, j) = A(1, A(2, j-1))$$
$$= 2^{A(2, j-1)}$$
$$= 2^{2^{2^{\cdots}}}$$

其中，指数中 2 的个数是 j。函数 $F(N)=A(2, N)$ 常称为单变量阿克曼函数（single-variable Ackermann's function）。反单变量阿克曼函数有时写为 log*N，是 N 取对数直到 $N \leqslant 1$ 时的次数。所以 log*65 536=4，因为 loglogloglog65 536=1，且 log*$2^{65\,536}$=5。但请记住 $2^{65\,536}$ 有超过 20 000 个数字。函数 $\alpha(M, N)$ 的增长甚至比 log*N 还慢。例如，$A(3,1) = A(2,2) = 2^{2^2} = 16$。所以对于 $N<2^{16}$，$\alpha(M,N) \leqslant 3$。进一步，因为 $A(4, 1)= A(3, 2)= A(2, A(3, 1))= A(2, 16)$，这个值是 2 的 16 个 2 叠在一起的幂次，实际上，$\alpha(M,N) \leqslant 4$。不过当 M 略大于 N 时，$\alpha(M,N)$ 不是常数，所以运行时间不是线性的⊖。

在本节剩余的部分中，我们证明相当弱一些的结果。我们说明，由 $M=\Omega(N)$ 个 union 和 find 操作组成的任何序列将共需要 $O(M\log^*N)$ 时间。如果我们用按大小合并替换按秩合并，则仍保持同样的界。这个分析可能是本书中最复杂的，也是有史以来将真正复杂的分析用于本质上很容易实现的算法分析的实例之一。推广这项技术，我们能够展示之前声明过的更好的界。

并 / 查算法的分析

> 秩大的结点数并不太多，而且在向上到根的任意路径上秩递增。
>
> 硬币被用作势函数使用。硬币的总数是总时间。
>
> 我们有美国和加拿大的两种硬币。加拿大的硬币用来统计结点压缩的前几次，美国的硬币用来统计后面的压缩或不压缩。
>
> 秩被分组。实际的组在证明结束时确定。组 0 只有秩为 0。
>
> 当一个结点被压缩时，它的新父结点将比原来的父结点有更大的秩。
>
> 用于美国和加拿大的存款规则。
>
> 美国的收费受不同组个数的限制。加拿大的收费受组大小的限制。我们最终需要平衡这些花销。
>
> 现在我们可以指定秩组来最小化界。我们的选择不是完全最小的，但很接近。

本节我们为 $M=\Omega(N)$ 的 union 和 find 操作序列的运行时间建立一个相当严格的界。union 和 find 操作可能以任意次序进行，但 union 是按秩进行的，而 find 的执行带有路径压缩。

我们从有关秩 r 的结点数的定理开始。直观来看，因为按秩合并规则，小秩的结点数比大秩的结点数更多。特别地，可能最多有一个结点的秩为 log$N$。我们想做的是，对任何特定的秩 r 的结点数，产生尽可能精确的界。因为仅当执行 union 操作（并且仅当两棵树有相同的秩）时秩才改变，所以我们可以通过忽略路径压缩来证明这个界。我们在定理 24.1 中完成。

定理 24.1 在没有路径压缩时，当执行 union 指令时，秩为 r 的结点必须有 2^r 个后代（包括自身）。

⊖ 但是请注意，如果 $M=N\log^*N$，则 $\alpha(M,N)$ 最多为 2。所以，只要 M 略大于线性的，运行时间就是按 M 计线性的。

证明：通过归纳证明。归纳基础，$r=0$ 显然成立。令 T 是秩为 r 且有最少后代结点的树，x 是 T 的根。假设，涉及 x 的最后一次 union 在 T_1 和 T_2 之间。假设，T_1 的根是 x。如果 T_1 有秩 r_1，则 T_1 将是秩为 r 且比 T 有更少后代的树。这个条件与 T 是有最少后代树的假设相矛盾。所以 T_1 的秩最多是 $r-1$。T_2 的秩最多是 T_1 的秩，因为是按秩合并。因为 T 有秩 r，并且秩只能因为 T_2 而增加，由此可见，T_2 的秩是 $r-1$。则 T_1 的秩也是 $r-1$。由归纳假设，每棵树最少有 2^{r-1} 个后代，得出共 2^r，定理得证。   □

定理 24.1 是说，如果没有执行路径压缩，则秩为 r 的结点一定至少有 2^r 个后代结点。当然，路径压缩可能改变这个条件，因为它可能删除结点的后代。不过，当执行 union 操作时——即使带路径压缩——我们使用秩或估算高度。这些秩的行为就像是没有路径压缩一样。所以当秩为 r 的结点数有界时，可以忽略路径压缩，如定理 24.2 所示。

定理 24.2   秩为 r 的结点数最多是 $N/2^r$。

证明：没有路径压缩，秩为 r 的每个结点是最多有 2^r 个结点的子树的根。子树中没有其他的结点秩为 r。所以秩为 r 的结点的所有子树都是不相交的。所以最多有 $N/2^r$ 棵不相交的子树，因此秩为 r 的结点数最多是 $N/2^r$。   □

定理 24.3 似乎很明显，但对分析至关重要。

定理 24.3   在并 / 查算法的任何一点，从叶结点到根的路径上结点的秩单调增加。

证明：如果没有路径压缩，则定理显而易见。如果在路径压缩后，某个结点 v 是 w 的后代，则当仅考虑 union 操作时，显然 v 一定已经是 w 的后代。所以 v 的秩严格小于 w 的秩。   □

以下是初步结果的总结。定理 24.2 描述了可以指定秩为 r 的结点个数。因为秩仅通过 union 操作指定，其不依赖路径压缩，所以定理 24.2 对并 / 查算法的任何阶段都有效——即使在路径压缩的过程中。定理 24.2 关于对任意秩 r 的结点数为 $N/2^r$ 这一点是严密的。它还有一点不太严格，因为这个界并不能对所有秩为 r 的结果同时成立。定理 24.2 描述了秩为 r 的结点个数，而定理 24.3 指出秩为 r 的结点的分布。如预期的那样，结点的秩沿从叶到根的路径严格增加。

现在，我们准备证明主定理，且我们基本的计划如下。在任意结点 v 的 find 操作花费的时间与从 v 到根的路径上结点的个数成正比。在每次 find 过程中，从 v 到根的路径上访问每个结点的开销是 1 个单位。为了帮助计数开销，在路径上每个结点中放置一个虚拟硬币。这完全是一个计数技巧，不属于程序的部分。某种程度上这相当于在伸展树和斜堆的摊销分析中使用一个势函数。当算法完成时，我们收集放置的所有硬币以判定总的时间。

作为进一步计数的方法，我们放置美国的硬币和加拿大的硬币。我们说明，在算法运行过程中，在每次 find 操作中我们可以仅放置一定数量的美国硬币（不管有多少个结点）。我们还将说明，对每个结点，我们可以仅放置一定数量的加拿大硬币（不管有多少次 find 操作）。这两个总数相加得到能够放置的硬币总数。

现在我们更详细地概述计数机制。我们首先按结点的秩来划分结点。然后将秩分为秩组。在每次 find 时，在一般结点中放置一些美国硬币，而在特殊结点上放置一些加拿大硬币。为了计算放置的加拿大硬币总数，我们计算每个结点的硬币数。通过将秩 r 中每个结点放置的硬币相加，可以得到每个秩 r 的硬币总数。然后计算组 g 中每个秩 r 的所有硬币数，则得到每个秩组 g 中硬币总数。最后，计算每个秩组 g 中的所有硬币数得到森林中放置的加拿大硬币总数。加上一般结点中的美国硬币总数得到答案。

正如我们之前提到的，我们将秩划分为组。秩 r 进到组 $G(r)$ 中，而 G 在以后确定（为了平衡美国硬币和加拿大硬币）。在任何秩组 g 中最大的秩是 $F(g)$，其中 $F=G^{-1}$ 是 G 的逆。所以，在任何秩组 $g>0$ 中秩的数是 $F(g)-F(g-1)$。显然，$G(N)$ 是最大秩组中非常宽的上界。假设，我们将秩按图 24.22 所示进行划分。这种情况下，$G(r)=\lfloor\sqrt{r}\rfloor$。组 g 中最大的秩是 $F(g)=g^2$。另外，观察组 $g>0$ 含有秩 $F(g-1)+1$ 到 $F(g)$。这个公式不适用于秩组 0，所以为方便起见，秩组 0 仅含有秩

0 的元素。注意，这些组包含连续的秩。

组	秩
0	0
1	1
2	2,3,4
3	5～9
4	10～16
i	$(i-1)^2 \sim i^2$

图 24.22 秩到组的可能划分

如本章之前提到的，只要每个根都记录它的秩，每个 union 指令就花费常数时间。所以根据本证明，union 操作本质上是不花时间的。

每个 find 操作所花的时间，与从表示被访问项 i 的结点到根的路径上的结点个数成正比。我们给路径上的每个结点加上一个硬币。不过，如果这就是所做的全部，则不能对界有过高的期望，因为我们没有利用路径压缩。所以我们必须在分析中利用路径压缩的某些事实。最重要的观察结果是，作为路径压缩的结果，结点获得一个新的父结点，而新的父结点保证比原来的父结点有更高的秩。

为了将这个事实纳入证明中，我们使用下面的计数方法：对于被访问结点 i 到根的路径上的每个结点 v，我们在两个账户之一放置一枚硬币。

- 如果 v 是根，或如果 v 的父结点是根，或如果 v 的父结点与 v 在不同的秩组中，则根据本条规则收取一个单位并在普通账户中放置一枚美国硬币。
- 否则，在结点中放置一枚加拿大硬币。

定理 24.4 表明，计数是准确的。

定理 24.4 对于任意的 find 操作，在普通账户或结点中放置的硬币总数，恰等于 find 过程中访问的结点数。

证明： 显而易见。 □

所以我们仅需要将根据规则 1 放置的所有美国硬币，和根据规则 2 放置的所有加拿大硬币相加。在继续证明之前，我们先概述思想。当结点被压缩且其父结点与结点在相等的秩组中时，在结点中放置加拿大硬币。因为结点在每次路径压缩后得到更高秩的父结点，并且因为秩组的大小是有限的，最终结点得到一个不在自己秩组中的父结点。因此，一方面，在任意结点中只能放置有限的加拿大硬币。这个数约等于结点秩组的大小。另一方面，美国收费也是有限的，本质上受秩组的个数限制。所以我们想选择小的秩组（来限制加拿大收费）和少数秩组（来限制美国收费）。现在准备使用一系列定理（定理 24.5～定理 24.10）来补充细节。

定理 24.5 整个算法中，规则 1 下美国硬币放置的总数是 $M(G(N)+2)$。

证明： 对于任意的 find 操作，由于根及其子结点，故最多放置 2 枚美国硬币。根据定理 24.3，沿路径向上的结点的秩是单调递增的，所以秩组永远不会随我们沿路径向上而减少。因为（除了组 0 外）最多有 $G(N)$ 个秩组，故对于任何具体的 find 操作，只有 $G(N)$ 个其他结点可以根据规则 1 来放置。所以，对于 M 个 find 的序列，最多有 $M(G(N)+2)$ 个美国硬币可以根据规则 1 来放置。 □

定理 24.6 对于秩组 g 中的任意单个结点，放置的加拿大硬币的总数最多是 $F(g)$。

证明： 如果加拿大硬币在规则 2 下放置在结点 v 处，则 v 将被路径压缩所移动，并得到一个新的父结点，其秩比老的父结点更高。因为在它的组中最大的秩是 $F(g)$，所以我们可以保证，在

放置了 $F(g)$ 硬币后，v 的父结点将不再在 v 的秩组中。 □

定理 24.6 中的界可以通过仅使用秩组大小，而不是其最大的成员来改进。不过，这个修改不能改善并 / 查算法获得的界。

定理 24.7 在秩组 $g>0$ 中结点个数 $N(g)$ 最多是 $N/2^{F(g-1)}$。

证明：根据定理 24.2，最多有 $N/2^r$ 个秩 r 的结点。将组 g 中各秩相加，得到

$$
\begin{aligned}
N(g) &\leqslant \sum_{r=F(g-1)+1}^{F(g)} \frac{N}{2^r} \\
&\leqslant \sum_{r=F(g-1)+1}^{\infty} \frac{N}{2^r} \\
&\leqslant N \sum_{r=F(g-1)+1}^{\infty} \frac{1}{2^r} \\
&\leqslant \frac{N}{2^{F(g-1)+1}} \sum_{s=0}^{\infty} \frac{1}{2^s} \\
&\leqslant \frac{2N}{2^{F(g-1)+1}} \\
&\leqslant \frac{N}{2^{F(g-1)}}
\end{aligned}
$$

□

定理 24.8 在秩组 g 中所有结点放置的加拿大硬币最大数最多是 $NF(g)/2^{F(g-1)}$。

证明：由定理 24.6 和定理 24.7 得到的数量进行简单的乘法，可得到结果。 □

定理 24.9 规则 2 下放置的总数最多是 $N\sum_{g=1}^{G(N)} F(g)/2^{F(g-1)}$ 个加拿大硬币。

证明：因为秩组 0 仅含有秩 0 的元素，它对规则 2 的收费没有贡献（它不能在同一秩组中有父结点）。将其他秩组加和得到界。 □

所以，我们有规则 1 和规则 2 下的放置数。总数是

$$
M(G(N)+2) + N\sum_{g=1}^{G(N)} \frac{F(g)}{2^{F(g-1)}} \tag{24.1}
$$

我们仍然没有指定 $G(N)$ 或它的逆 $F(N)$。显然，我们实际上可以自由选择任何想要的，但选择 $G(N)$ 来最小化式（24.1）中的界是有意义的。不过，如果 $G(N)$ 太小了，则 $F(N)$ 会很大，破坏了界。显然，一个好的选择是 $F(i)$ 是由 $F(0)$ 和 $F(i)=2^{F(i-1)}$ 递归定义的函数，它给出 $G(N)=1+\lfloor\log^*N\rfloor$。图 24.23 展示，这个选择如何划分秩。注意，组 0 仅含有秩 0，这个需要我们在定理 24.9 中进行证明。还要注意，F 与单变量阿克曼函数非常类似，仅在基本情况的定义上不同。有了 F 和 G 的这个选择，我们可以完成定理 24.10 中的分析。

组	秩
0	0
1	1
2	2
3	3, 4
4	5 ～ 6
5	17 ～ 65 536
6	65 537 ～ $2^{65\,536}$
7	很大

图 24.23 用在证明中的按秩实际划分为组

定理 24.10　$M=\Omega(N)$ 次 find 操作的并 / 查算法的运行时间是 $O(M\log^* N)$。

证明：在式（24.1）中插入 F 和 G 的定义。美国硬币的总数是 $O(MG(N))=O(M\log^* N)$。因为 $F(g)=2^{F(g-1)}$，加拿大硬币的总数是 $NG(N)=O(N\log^* N)$，且因为 $M=\Omega(N)$，则界如图 24.23 所示。□

注意，美国硬币比加拿大硬币多。函数 $\alpha(M,N)$ 起的平衡作用，这就是为什么它给出了更好的界。

24.7　总结

本章我们讨论了一种用来维护不相交集合的简单数据结构。当执行 union 操作时，就正确性而言，哪个集合保留名字并不重要。这里应该吸取的宝贵经验是，当具体步骤没有完全指定时，考虑备选方案是非常重要的。union 步骤是灵活的。利用这种灵活性，我们可以得到一个更高效的算法。

路径压缩是最早的自调整形式之一，我们在其他地方也使用过（伸展树和斜堆）。从理论角度来看，它在这里的使用非常有趣，因为它是算法简单但最差情形分析并不那么简单的最早示例之一。

24.8　核心概念

阿克曼函数。增长非常快的一个函数。它的逆基本上最多为 4。

不相交集合类操作。不相交集合操作需要的两个基本操作：union 和 find。

不相交集合。具有每个元素仅出现在一个集合中属性的集合。

等价类。集合 S 中元素 x 的等价类，是包含与 x 相关的所有元素的 S 的子集。

等价关系。一种自反的、对称的及传递的关系。

森林。一批树。

克鲁斯卡尔算法。用来按递增代价选择边的一个算法，如果边没有产生回路则将边添加到树中。

最小生成树。以最小的总代价贯穿所有顶点的 G 的连通子图。它是图论问题的基础。

最近公共祖先问题。给定一棵树及树中结点对列表，找到每对顶点的最近公共祖先。这个问题的解决方案在图算法及计算生物学应用中很重要。

离线算法。一个算法，在需要第一个答案之前，整个查询序列都是可见的。

在线算法。一个算法，必须对每个查询提供答案，然后才能看下一个查询。

路径压缩。使得每个被访问的结点成为根的子结点，直到发生另一次 union。

快查算法。并 / 查实现，其中 find 是常数时间操作。

快并算法。并 / 查实现，其中 union 是常数时间操作。

秩。在不相交集合算法中，结点估算的高度。

关系。定义在一个集合上，每对元素相关或不相关。

生成树。由连接无向图中所有顶点的图边组成的树。

按高度合并。在 union 操作期间，让较浅的树成为较深树的根结点的子结点。

按秩合并。当执行路径压缩时按高度合并。

按大小合并。在 union 操作期间，让较小的树成为较大树的根结点的子结点。

并 / 查算法。在并 / 查数据结构中处理 union 和 find 操作时执行的一个算法。

并 / 查数据结构。用来操作不相交集合的一个方法。

24.9　常见错误

● 在使用 union 时，我们常假设它的参数是树的根结点。如果我们用非根作为参数来调用这样一个 union，会导致程序损坏。

24.10 网络资源

可在网络资源中得到不相交集合类。下面是文件名。

DisjointSets.java。含有不相交集合类。

24.11 练习

简答题

24.1 当执行 union 操作时，给出按下列方式执行指令序列 union（1，2），union（3，4），union（3，5），union（1，7），union（3，6），union（8，9），union（1，8），union（3，10），union（3，11），union（3，12)，union（3，13）union（14，15），union（16，0），union（14，16），union（1，3）和 union（1，14）的结果。

    a. 任意地。

    b. 按高度。

    c. 按大小。

24.2 对练习 24.1 中的每棵树，在最深的结点使用路径压缩执行 find 操作。

24.3 找到图 24.24 所示的图的最小生成树。

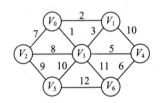

图 24.24   用于练习 24.3 的图 G

24.4 对于图 24.8 中给出的数据，展示 NCA 算法的操作。

理论题

24.5 证明对于 24.2.1 节给出的算法生成的迷宫，从开始点到结束点的路径是唯一的。

24.6 设计一个生成迷宫的算法，生成从开始点到结束点没有路径的一个迷宫，但具有对移除预先指定的墙生成唯一路径的特性。

24.7 证明克鲁斯卡尔算法是正确的。在你的证明中，你假设边权值非负了吗？

24.8 说明如果按高度执行 union 操作，则任何树的深度都是对数的。

24.9 说明如果所有的 union 操作都在 find 操作之前，则带路径压缩的不相交算法是线性的。即使 union 是任意执行的。注意，算法没有改变，只是改变了性能。

24.10 假设你想添加一个额外的操作 remove(x)，它将 x 从它当前集合中删除，并将其放置在自己的集合中。说明如何修改并 / 查算法，使得 M 个 union、find 和 remove 操作序列的运行时间仍是 $O(M\alpha(M, N))$。

24.11 证明如果按大小执行 union 操作，并且执行路径压缩，则最差情形运行时间仍是 $O(M\log^* N)$。

24.12 假设你在 find(i) 上实现了部分路径压缩，将从 i 到根的路径上每个其他结点的父结点改为祖父结点（这样做是有意义的）。这个过程称为路径减半（path halving）。证明如果在 find 中执行路径减半，并且使用任意一个启发式的 union 操作，则最差情形运行时间仍是 $O(M\log^* N)$。

实践题

24.13 实现非递归的 find 操作。在运行时间上有明显差异吗？

24.14 假设你想添加一个额外的 deunion 操作，它撤销上一个尚未撤销的 union 操作。完成这件事的一个办法是，使用按秩合并但无压缩的 find，并使用一个栈保存 union 之前的原状态。从栈中弹出以恢复原来的状态从而实现 deunion。

a. 为什么不能使用路径压缩？

b. 实现并 / 查 / 撤销算法。

程序设计项目

24.15 编写一个程序，确定路径压缩和各种 union 策略的效果。你的程序应该使用讨论的所有策略（包括练习 24.12 中介绍的路径减半），处理一长串等价操作。

24.16 实现克鲁斯卡尔算法。

24.17 另一个最小生成树算法来自 Prim[12]。它的工作原理是相继增大树。首先选取任意一个结点作为根结点。在一个阶段的开始，某些结点是树的一部分，而其他结点不是。在每个阶段，添加连续树结点和非树结点间具有最小权值的边。Prim 算法的实现与 14.3 节给出的 Dijkstra 最短路径算法基本相同，但有一个更新规则：

$$d_w = \min(d_w, c_{v,w})$$

（而不是 $d_w = \min(d_w, d_v + c_{v,w})$）。另外，因为图是无向的，所以每条边出现在两个邻接表中。实现 Prim 算法，并将它的性能与克鲁斯卡尔算法进行比较。

24.18 编写一个程序求解关于二叉树的离线 NCA 问题。构造一棵有 10 000 个元素的随机二叉搜索树，并执行 10 000 次祖先查询，来测试其效率。

24.12 参考文献

每个集合使用一棵树来表示是在文献 [8] 中提出的。文献 [1] 将路径压缩归功于 McIlroy 和 Morris，并且含有并 / 查数据结构的几个应用。克鲁斯卡尔算法在文献 [11] 中提出，练习 24.17 中讨论的替代方法来自文献 [12]。NCA 算法在文献 [2] 中描述。其他的应用在文献 [15] 中描述。

并 / 查问题的 $O(M\log^*N)$ 界来自于文献 [9]。Tarjan[13] 得到了 $O(M\alpha(M, N))$ 的界，并说明了界是紧的。文献 [14] 中证明了界是一般问题固有的，不能通过其他算法来改进。对于 $M<N$ 的更精确的界在文献 [3] 和文献 [16] 中。用于路径压缩和 union 的各种其他策略达到了相同的界，详细内容见 [16]。文献 [7] 中提出，如果提前知道了 union 操作序列，则并 / 查问题可以在 $O(M)$ 时间解决。这个结果可用来说明，离线 NCA 问题可在线性时间内求解。

并 / 查问题的平均情形结果出现在文献 [6]、文献 [10]、文献 [17] 和文献 [5] 中。文献 [4] 中给出了任何单个操作（相对于整个序列）的运行时间界的结果。

[1] A. V. Aho, J. E. Hopcroft, and J. D. Ullman, *The Design and Analysis of Computer Algorithms,* Addison-Wesley, Reading, MA, 1974.

[2] A. V. Aho, J. E. Hopcroft, and J. D. Ullman, "On Finding Lowest Common Ancestors in Trees," *SIAM Journal on Computing* **5** (1976), 115–132.

[3] L. Banachowski, "A Complement to Tarjan's Result about the Lower Bound on the Set Union Problem," *Information Processing Letters* **11** (1980), 59–65.

[4] N. Blum, "On the Single-Operation Worst-Case Time Complexity of the Disjoint Set Union Problem," *SIAM Journal on Computing* **15** (1986), 1021–1024.

[5] B. Bollobas and I. Simon, "Probabilistic Analysis of Disjoint Set Union Algorithms," *SIAM Journal on Computing* **22** (1993), 1053–1086.

[6] J. Doyle and R. L. Rivest, "Linear Expected Time of a Simple Union Find Algorithm," *Information Processing Letters* **5** (1976), 146–148.

[7] H. N. Gabow and R. E. Tarjan, "A Linear-Time Algorithm for a Special Case of Disjoint Set Union," *Journal of Computer and System Sciences*

30 (1985), 209–221.

[8] B. A. Galler and M. J. Fischer, "An Improved Equivalence Algorithm," *Communications of the ACM* **7** (1964), 301–303.

[9] J. E. Hopcroft and J. D. Ullman, "Set Merging Algorithms," *SIAM Journal on Computing* **2** (1973), 294–303.

[10] D. E. Knuth and A. Schonage, "The Expected Linearity of a Simple Equivalence Algorithm," *Theoretical Computer Science* **6** (1978), 281–315.

[11] J. B. Kruskal, Jr., "On the Shortest Spanning Subtree of a Graph and the Traveling Salesman Problem," *Proceedings of the American Mathematical Society* **7** (1956), 48–50.

[12] R. C. Prim, "Shortest Connection Networks and Some Generalizations," *Bell System Technical Journal* **36** (1957), 1389–1401.

[13] R. E. Tarjan, "Efficiency of a Good but Not Linear Set Union Algorithm," *Journal of the ACM* **22** (1975), 215–225.

[14] R. E. Tarjan, "A Class of Algorithms Which Require Nonlinear Time to Maintain Disjoint Sets," *Journal of Computer and System Sciences* **18** (1979), 110–127.

[15] R. E. Tarjan, "Applications of Path Compression on Balanced Trees," *Journal of the ACM* **26** (1979), 690–715.

[16] R. E. Tarjan and J. van Leeuwen, "Worst Case Analysis of Set Union Algorithms," *Journal of the ACM* **31** (1984), 245–281.

[17] A. C. Yao, "On the Average Behavior of Set Merging Algorithms," *Proceedings of the Eighth Annual ACM Symposium on the Theory of Computation* (1976), 192–195.

附　录

Data Structures and Problem Solving Using Java, Fourth Edition

附录 A　运算符

附录 B　图形用户界面

附录 C　按位运算符

运　算　符

图 A.1 显示了所讨论的常见 Java 运算符的优先级和结合律。按位运算符在附录 C 中讨论。

类型	示例	结合律
引用操作	. []	Left to right
一元	++ -- ! - (type)	Right to left
乘除类	* / %	Left to right
加减类	+ -	Left to right
移位（按位）	<< >>	Left to right
关系	< <= > >= instanceof	Left to right
相等	== !=	Left to right
布尔（或按位）与	&	Left to right
布尔（或按位）异或	^	Left to right
布尔（或按位）或	|	Left to right
逻辑与	&&	Left to right
逻辑或	||	Left to right
条件	?:	Right to left
赋值	= *= /= %= += -=	Right to left

图 A.1　按优先级从最高到最低列出的 Java 运算符

图形用户界面

> 图形用户界面（GUI）是终端 I/O 的现代替代品，允许程序与其使用者进行交流。

图形用户界面（Graphical User Interface，GUI）是终端 I/O 的现代替代品，允许程序与其使用者进行交流。在 GUI 中会创建一个窗口应用程序。执行输入的一些方法包括从备选项列表中选择、按下按钮、选中复选框、在文本域中键入以及使用鼠标。可以通过写入文本域以及绘制图形来执行输出。在 Java 1.2 或更高版本中，实现 GUI 编程使用的是 Swing 包。

本节中，我们将看到：

- Swing 中基本的 GUI 组件。
- 这些组件如何传递信息。
- 这些组件在窗口中如何排列。
- 如何绘制图形。

B.1　抽象窗口工具包和 Swing

> 抽象窗口工具包是所有 Java 系统都提供的 GUI 工具包。
>
> GUI 程序设计是事件驱动的。
>
> 事件模型从 Java 1.0 变化到 Java 1.1 时是不兼容的。这里描述的是后一个版本。
>
> Swing 是 Java 1.2 提供的 GUI 包，它构建在 AWT 之上，提供更灵活的组件。

抽象窗口工具包（Abstract Window Toolkit，AWT）是所有 Java 系统都提供的 GUI 工具包。它提供了能让用户进行界面编程的基本类。这些类包含在包 **java.awt** 中[⊖]。AWT 设计为可移植的，且可以跨多个平台工作。对于相对简单的界面，AWT 易于使用。GUI 可以在不借助可视化开发工具的情况下编写代码，并显著改进基本终端界面。

在使用终端 I/O 的程序中，程序通常提示用户进行输入，然后执行一条语句从终端读入一行。当读入这一行时，它随即就被处理了。这种情况下的控制流易于跟随。GUI 编程就比较困难了。在 GUI 编程中，可以在窗口中布置输入组件。窗口显示后，程序等待一个事件，例如按下按钮，此时调用事件处理程序。这意味着控制流在 GUI 程序中不太明显。程序员必须提供事件处理程序来执行某些代码片段。

Java 1.0 提供了一个使用很不方便的事件模型。在 Java 1.1 中，它被更鲁棒的事件模型所替代。毫不奇怪，这些模型不是完全兼容的。具体来说，Java 1.0 编译器不能成功编译使用了新事件模型的代码。Java 1.1 编译器会诊断出 Java 1.0 的构造。不过，编译过的 Java 1.0 代码可以在 Java 1.1 的虚拟机上运行。本节仅描述更新的事件模型。新事件模型需要的许多类包含在 **java. awt.event** 包中。

AWT 提供了一个简单的 GUI，但因为先天不足及性能低下而饱受诟病。在 Java 1.2 中，被

⊖　本节中的代码使用通配符 **import** 指令以节省版面。

称为 `javax.swing` 的新包中加入了一组改进的组件。这些组件称为 Swing。在 Swing 中的组件看上去比对应的 AWT 组件好得多。有些新的 Swing 组件是 AWT 中没有的（例如滑块和进度条），而且还有了更多的选择（例如简单的工具提示和助记符）。另外，Swing 提供了外观概念，其中，程序员可以按 Windows、X-Motif、Macintosh、与平台无关的（Metal 语言）甚至是定制的风格显示 GUI，而不管底层平台是什么（虽然，因为版权问题以及 Sun 和 Microsoft 之间的积怨，Windows 观感只能在 Windows 系统上工作）。

　　Swing 建立在 AWT 之上，因此，事件处理模型没有改变。在 Swing 中编程非常类似在 Java 1.1 的 AWT 中编程，除了改变了很多名字之外。在本节中，我们仅描述 Swing 编程。Swing 是一个很大的库，只讨论这个主题的书也不鲜见，所以我们展示的只是用户界面设计所涉及问题中的冰山一角。

　　图 B.1 展示了 Swing 提供的一些基本组件。这些组件包括 JComboBox（图中选中的是 Circle）、JList（图中选中的是 blue）、用于输入的基本的 JTextField、三个 JRadioButton 和一个 JCheckBox，还有一个 JButton（图中名为 Draw）。接在按钮后面的是 JTextField，它只用于输出（所以它比上面用于输入的 JTextField 颜色更暗）。在左上角是一个 JPanel 对象，它用来画图并处理鼠标输入。

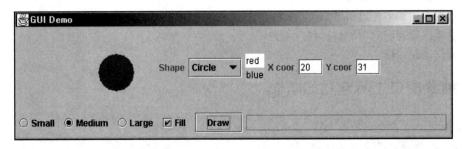

图 B.1　Swing 的一些基本组件的 GUI

　　本节描述 Swing API 的基本组织。它涵盖了不同类型的对象、如何用它们来执行输入和输出、这些对象在窗口中如何排列及如何处理事件。

B.2　Swing 中的基本对象

　　AWT 和 Swing 使用类层次结构来组织。这个层次结构的压缩版如图 B.2 所示。这是压缩的，因为没有显示一些中间类。例如，在完整的层次结构中，JTextField 和 JTextArea 从 JTextComponent 中派生，而处理字体、颜色和其他对象的许多类，以及不在 Component 层次中的类，都完全没有显示。定义在 java.awt 包中的类 Font 和 Color 从 Object 中派生。

B.2.1　Component

　　Component 类是一个抽象类，它是许多 AWT 对象的超类。它表示有位置、大小并能绘制在屏幕上的对象，以及能接收输入事件的对象。

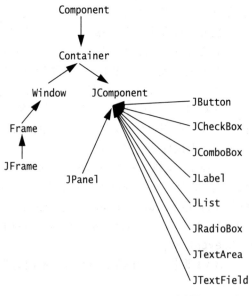

图 B.2　压缩的 Swing 层次结构

Component 类是一个抽象类，它是许多 AWT 对象的超类，所以也是 Swing 对象的超类。因为它是抽象的，所以不能实例化。Component 表示有位置、大小并能绘制在屏幕上的对象，以及能接收输入事件的对象。从图 B.2 能明确地看到 Component 的一些示例。

Component 类包含许多方法。其中有一些可以用来指定颜色或字体，另外一些用来处理事件。一些重要的方法如下所示：

```
void setSize( int width, int height );
void setBackground( Color c );
void setFont( Font f );
void setVisible( boolean isVisible );
```

setSize 方法用来改变对象的大小。它适用于 JFrame 对象，但像 JButton 这样的使用自动布局的对象不应该调用它。对于那些对象，要使用 setPreferredSize，这个方法带一个 Dimension 对象的参数，对象本身由长度和宽度（定义在 JComponent 中）构造。setBackground 方法和 setFont 方法分别用来改变背景色和与 Component 相关的字体。它们分别需要 Color 和 Font 对象。最后，show 方法使得组件可见。它通常用于 JFrame。

B.2.2 Container

> Container 是一个抽象超类，表示可以容纳其他组件的所有组件。

在 AWT 中，Container（容器）是一个抽象超类，表示可以容纳其他组件的所有组件。AWT Container 的一个示例是 Window 类，它表示顶层窗口。如层次结构所表明的，Container IS-A Component。Container 对象的具体实例将保存 Component 集合及其他的 Container。

容器有一个有用的辅助对象，称为 LayoutManager，它是一个类，用来将组件放置在容器内。一些有用的方法如下所示：

```
void setLayout( LayoutManager mgr );
void add( Component comp );
void add( Component comp, Object where );
```

布局管理器在 B.3.1 节描述。容器必须先定义容器中的对象如何布置。使用 setLayout 来完成。然后使用 add 将对象一个个添加到容器中。可以将容器看作一个箱子，可以向其中添加衣服。将布局管理器看作收纳专家，可以说明衣服如何放到箱子中。

B.2.3 顶层容器

> 基本的容器是顶层 Window 和 JComponent。典型的重量级组件是 JWindow、JFrame 和 JDialog。

如图 B.2 所示，有两类 Container 对象：
- 顶层窗口，最终到达 JFrame。
- JComponent，最终到达其他的大多数 Swing 组件。

JFrame 是"重量级组件"的一个示例，而 JComponent 层次结构中所有的 Swing 组件都是"轻量级"的。重量级组件和轻量级组件之间的基本区别是，轻量级组件可以完全通过 Swing 画在画布中，而重量级组件与本机窗口系统交互。因此，轻量级组件可以添加其他轻量级组件（例如，你可以使用 add 将几个 JButton 对象放在一个 JPanel 中），但你不能直接 add 到一个重量级组件中，而是获得一个代表它的"内容窗格"的 Container，然后 add 到内容窗格中，允许 Swing 去更新内容窗格。所以本机窗口系统不参与更新（如果你试图添加到一个重量级组件中，会得到一个运行时异常），提升了更新性能。

只有几种基本的顶层窗口，包括：

- JWindow。没有边框的顶层窗口。
- JFrame。有边框还可以有关联的 JMenuBar⊖的顶层窗口。
- JDialog。用来创建对话的顶层窗口。

使用 Swing 界面的应用应该有一个 JFrame（或从 JFrame 派生的一个类）作为最外层的容器。

B.2.4　JPanel

> JPanel 用来保存对象集合，但不创建边框。因此，它是最简单的 Container 类。

Container 的另一个子类是 JComponent。JPanel 就是这样一个 JComponent，它用来保存对象集合，但并不创建边框，所以它是最简单的 Container 类。

JPanel 的主要用途是将对象组织到一个单元中。例如，考虑一个需要姓名、地址、社保号，以及家庭和工作电话号码的登记表。表的所有组件可以生成一个 PersonPanel。然后登记表可以包含若干个 PersonPanel 项，允许多人登记。

作为例子，图 B.3 展示图 B.1 中所示的组件如何组织到一个 JPanel 类中，并说明了创建 JPanel 子类的一般技术。其余的工作是构造对象、将它们美观地布局并处理按下按钮事件。

```java
1  import java.awt.*;
2  import java.awt.event.*;
3  import javax.swing.*;
4
5  class GUI extends JPanel implements ActionListener
6  {
7      public GUI( )
8      {
9          makeTheObjects( );
10         doTheLayout( );
11         theDrawButton.addActionListener( this );
12     }
13         // 构建所有对象
14     private void makeTheObjects( )
15       { /* 实现在图 B.4 中 */ }
16
17         // 安排所有的对象
18     private void doTheLayout( )
19       { /* 实现在图 B.7 中 */ }
20
21         // 处理按下 Draw 按钮
22     public void actionPerformed( ActionEvent evt )
23       { /* 实现在图 B.9 中 */ }
24
25     private GUICanvas    theCanvas;
26     private JComboBox    theShape;
27     private JList        theColor;
28     private JTextField   theXCoor;
29     private JTextField   theYCoor;
30     private JRadioButton smallPic;
31     private JRadioButton mediumPic;
32     private JRadioButton largePic;
33     private JCheckBox    theFillBox;
34     private JButton      theDrawButton;
35     private JTextField   theMessage;
36  }
```

图 B.3　图 B.1 所示的基本 GUI 类

⊖ 本节中没有讨论菜单（menu）。

注意，GUI 实现了 `ActionListener` 接口。这意味着，它知道如何处理一个动作事件（action event），在本例中是按下按钮。一个类要实现 `ActionListener` 接口，必须提供 `actionPerformed` 方法。另外，当按钮生成一个动作事件时，它必须知道哪个组件将接收该事件。本例中，通过在第 11 行的调用（见图 B.3），含有 `JButton` 的 GUI 对象告诉 Button，要将事件发送给它。这些事件处理的细节在 B.3.3 节讨论。

`JPanel` 的第二个用途是为了简化布局而将对象组织到一个单元中。这将在 B.3.5 节讨论。

实际上，几乎所有的 `JPanel` 功能都是从 `JComponent` 继承的。这包括用于绘制、调整大小、事件处理的例程，及设置工具提示的方法：

```
void setToolTipText( String txt );
void setPreferredSize( Dimension d );
```

B.2.5　重要的 I/O 组件

Swing 提供了一组可用来执行输入和输出的组件。这些组件易于设置和使用。图 B.4 中的代码说明了如何构造图 B.1 中所示的基本组件。通常，这涉及调用构造方法及应用方法去定制组件。这个代码没有指定项在 `JPanel` 中如何布局或如何检查组件的状态。回想一下，GUI 编程包括画出界面然后等待事件的发生。组件布局及事件处理将在 B.3 节讨论。

```
1       // 构建所有的对象
2      private void makeTheObjects( )
3      {
4          theCanvas = new GUICanvas( );
5          theCanvas.setBackground( Color.green );
6          theCanvas.setPreferredSize( new Dimension( 99, 99 ) );
7
8          theShape = new JComboBox( new String [ ]
9                                  { "Circle", "Square" } );
10
11         theColor = new JList( new String [ ] { "red", "blue" } );
12         theColor.setSelectionMode(
13                      ListSelectionModel.SINGLE_SELECTION );
14         theColor.setSelectedIndex( 0 ); // make red default
15
16         theXCoor = new JTextField( 3 );
17         theYCoor = new JTextField( 3 );
18
19         ButtonGroup theSize = new ButtonGroup( );
20         smallPic = new JRadioButton( "Small", false );
21         mediumPic = new JRadioButton( "Medium", true );
22         largePic = new JRadioButton( "Large", false );
23         theSize.add( smallPic );
24         theSize.add( mediumPic );
25         theSize.add( largePic );
26
27         theFillBox = new JCheckBox( "Fill" );
28         theFillBox.setSelected( false );
29
30         theDrawButton = new JButton( "Draw" );
31
32         theMessage = new JTextField( 25 );
33         theMessage.setEditable( false );
34     }
```

图 B.4　构造图 B.1 中对象的代码

JLabel

`JLabel` 是将文本放置在容器中的组件。它的主要用途是给其他组件贴标签。

JLabel 是将文本放置在容器中的组件。它的主要用途是给其他组件（如 JComboBox、JList、JTextField 或 JPanel）贴标签（很多其他组件已经用某些方式显示了自己的名字）。在图 B.1 中，Shape、X coor 和 Y coor 都是标签。JLabel 使用一个可选的 String 来构造，还可以使用 setText 方法来修改。这些方法是：

```
JLabel( );
JLabel( String theLabel );
void setText( String theLabel );
```

JButton

> JButton 用来创建一个带标签的按钮。当按下时，产生一个动作事件。

JButton 用来创建一个带标签的按钮。图 B.1 含有标签为 Draw 的 JButton。当按下 JButton 时，会产生一个动作事件。B.3.3 节将描述如何处理动作事件。JButton 使用一个可选的 String 来构造，在这点上 JButton 类似于 JLabel。JButton 标签可以使用 setText 方法来修改。这些方法是：

```
JButton( );
JButton( String theLabel );
void setText( String theLabel );
void setMnemonic( char c );
```

JComboBox

> JComboBox 用来通过一个弹出式选项列表选择单个字符串。

JComboBox 用来通过一个弹出式选项列表选择单个对象（通常是一个字符串）。任何时候都只能选择一个选项，默认情况下，可以选择的只能是选项中的一个对象。如果 JComboBox 是可编辑的，则用户可以输入不是选项中的项。在图 B.1 中，图形的类型是 JComboBox 对象，Circle 是图中当前选中的。一些 JComboBox 方法是：

```
JComboBox( );
JComboBox( Object [ ] choices );
void    addItem( Object item );
Object getSelectedItem( );
int    getSelectedIndex( );
void    setEditable( boolean edit );
void    setSelectedIndex( int index );
```

构造 JComboBox 时不带参数或带一个选项数组。然后可以将 Object（通常是字符串）添加到 JComboBox 选项列表中（或从中删除）。当调用 getSelectedItem 时，返回代表当前所选项的 Object（或者，如果没有选中的话为 null）。调用 getSelectedIndex，不是返回实际的 Object，而是返回它的下标（按调用 addItem 的次序计算）。添加的第一个项的下标是 0，以此类推。这个可能很有用，因为如果一个数组保存的是对应每个选项的信息，则可以使用 getSelectedIndex 去索引这个数组。setSelectedIndex 方法用来指定默认选择。

JList

> JList 组件允许从 Object 的滚动列表中选择。可以将其设置为允许选定一个项或者是多个项。

JList 组件允许从 Object 的滚动列表中选择。在图 B.1 中，颜色的选择表示为一个 JList。JList 与 JComboBox 的不同体现在三个基本方面：

- JList 可以设置为允许选择一个选项或多个选项（默认是多个选项）。

- JList 允许用户一次看到多个选项。
- JList 占用的屏幕实际空间比 Choice 要多。

JList 的基本方法有：

```
JList( );
JList( Object [ ] items );
void        setListData( Object [ ] items );
int         getSelectedIndex( );
int [ ]     getSelectedIndices( );
Object      getSelectedValue( );
Object [ ]  getSelectedValues( );
void        setSelectedIndex( int index );
void        setSelectedValue( Object value );
void        setSelectionMode( int mode );
```

构造 JList 时可以不带参数或带有一个项数组（还有其他更复杂的构造方法）。列出的大部分方法与 JComboxBox 中对应的方法都有相同的行为（可能只是名字不同）。如果没有选中项，则 getSelectedValue 返回 null。getSelectedValues 用来处理多个选项，它返回对应所选项的 Object 的一个数组（长度可能为 0）。和 JComboxBox 一样，使用其他的公有方法可以获得下标而不是 Object。

setSelectionMode 只允许选择单个项。下面是范例代码：

```
lst.setSelectionMode( ListSelectionModel.SINGLE_SELECTION );
```

JCheckBox 和 JRadioButton

> 复选框是有一个选中状态和一个未选中状态的 GUI 组件。ButtonGroup 可以包含一组按钮，其中一次仅有一个是 true。

JCheckBox（复选框）是有一个选中状态和一个未选中状态的 GUI 组件。选中状态为 true，而未选中状态为 false。可以将它看作按钮（AbstractButton 类定义在 Swing API 中，从它派生了 JButton、JCheckBox 和 JRadioButton）。JRadioButton 类似于复选框，区别在于 JRadioButton 是圆的。我们使用复选框作为一般术语来描述二者。图 B.1 包含了 4 个复选框对象。在这个图中，Fill 复选框当前为 true，另外三个复选框都在 ButtonGroup 中：含 3 个按钮的组中只有一个复选框可能是 true。当选中组中的一个复选框时，组内其他所有的都不会被选中。构造 ButtonGroup 时没有参数。注意，它不是一个 Component，它只是一个从 Object 扩展来的辅助类。

用于 JCheckBox 的常见方法类似于 JRadioButton 的方法，包括：

```
JCheckBox( );
JCheckBox( String theLabel );
JCheckBox( String theLabel, boolean state );
boolean isSelected( );
void    setLabel( String theLabel );
void    setSelected( boolean state );
```

构造一个独立的 JCheckBox 时带有一个可选的标签。如果没有提供标签，则可以在稍后使用 setLabel 来添加。setLabel 还可以用来改变 JCheckBox 已有的标签。setSelected 最常用于为独立的 JCheckBox 设置默认值。isSelected 返回 JCheckBox 的状态。

可以按通常的方式，构造作为 ButtonGroup 一部分的 JCheckBox，然后使用 ButtonGroup 的 add 方法将其添加到 ButtonGroup 对象中。ButtonGroup 的方法是：

```
ButtonGroup( );
void add( AbstractButton b );
```

Canvas

> Canvas 组件表示屏幕上的一个空白矩形区域，应用程序可以在其中绘制图形或者接收输入事件。

在 AWT 中，Canvas 组件表示屏幕上的一个空白矩形区域，应用程序可以在其中绘制图形。在 B.3.2 节将描述基本的图形。Canvas 还可以接收用户鼠标和键盘事件形式的输入。Canvas 从不直接使用，而是由程序员定义有适当功能的 Canvas 的子类。子类覆盖的公有方法是：

```
void paint( Graphics g );
```

在 Swing 中，这已不再流行。通过扩展 JPanel 并覆盖下面的公有方法也可以获得相同的效果：

```
void paintComponent( Graphics g );
```

虽然这适用于任何组件，但使用首选大小的 JPanel，程序可以避免绘制图形时超出"画布区域"的边界。

JTextField 和 JTextArea

> JTextField 是为用户提供单行文本的组件。JTextArea 是有类似功能的允许多行文本的组件。

JTextField 是为用户提供单行文本的组件。JTextArea 是有类似功能的允许多行文件的组件。所以这里仅介绍 JTextField。默认情况下，文本可以由用户编辑，但也可以设置文本为不可编辑的。在图 B.1 中，有三个 JTextField 对象：两个对象用于坐标，一个不能被用户编辑的对象用来传递出错信息。不可编辑文本域与可编辑文本域的背景色不同。与 JTextField 相关的常用方法有：

```
JTextField( );
JTextField( int cols );
JTextField( String text, int cols );
String  getText( );
boolean isEditable( );
void    setEditable( boolean editable );
void    setText( String text );
```

构造 JTextField 时可以没有参数，也可以指定初始可选的文本及列数。可以使用 setEditable 方法禁止在 JTextField 中输入，使用 setText 方法从 JTextField 中输出信息，使用 getText 方法读取 JTextField 中的信息。

B.3 基本原理

本节探讨 AWT 编程的三个重要方面。首先，讨论对象在一个容器内如何排列。然后，探讨如何处理像按下按钮这样的事件。最后，描述如何在画布对象中绘制图形。

B.3.1 布局管理器

> 布局管理器自动排列容器内的组件。setLayout 方法将布局管理器与容器相关联。

布局管理器（layout manager）自动排列容器内的组件。它通过发出 setLayout 命令与一个容器相关联。例如，我们可以使用如下方式调用 setLayout：

```
setLayout( new FlowLayout( ) );
```

注意，指向布局管理器的引用不需要保存。应用了 setLayout 命令的容器，将它保存为一个私有数据成员。当使用布局管理器时，像按钮这样的许多组件，对调整大小这样的请求将不起作用，因为布局管理器将为组件选择它认为合适的大小。其思想是，布局管理器确定能让布局符合规范的最佳尺寸。

可以把布局管理器看作容器雇佣的收纳专家，可以决定如何收拾将要添加到容器中的项。

FlowLayout

> 最简单的布局是 FlowLayout，它在一行中从左至右添加组件。

最简单的布局是 FlowLayout。当一个容器使用 FlowLayout 排列时，它的组件在一行中从左到右添加。当一行中没有剩余空间时，将形成下一行。默认情况下，每行居中排列。这个可以通过在构造方法中提供值为 FlowLayout.LEFT 或 FlowLayout.RIGHT 的额外参数来修改。

使用 FlowLayout 的问题是，换行的位置不尽如人意。例如，如果一行太短，则在 JLabel 和 JTextField 间可能会断开，即使逻辑上它们应该总是相邻的。避免出现这种情况的一种办法是，创建一个带有这两个元素的单独的 JPanel，然后将 JPanel 添加到容器中。使用 FlowLayout 的另一个问题是，很难垂直排列组件。

JPanel 默认使用的是 FlowLayout。

BorderLayout

> BorderLayout 是 Window 层次中如 JFrame 和 JDialog 这些对象的默认选择。它布置容器的方式是将组件放在 5 个位置之一。
>
> 当使用 BorderLayout 时，不带 String 的 add 命令默认是 "Center" 的。

BorderLayout 是 Window 层次中如 JFrame 和 JDialog 这些对象的默认选择。它布置容器的方式是将组件放在 5 个位置之一。为此，add 方法必须提供 "North"、"South"、"East"、"West" 和 "Center" 之一作为第二个参数。如果没有提供，则第二个参数默认是 "Center"（所以一个单参数的 add 是有效的，但几个 add 方法会将项放到其他项的最上面）。图 B.5 展示了使用 BorderLayout 将 5 个按钮添加到 Frame 中。生成这个布局的代码如图 B.6 所示。注意，我们使用了典型的习惯用法，先添加到轻量级的 JPanel 中，然后将 JPanel 添加到顶层 JFrame 的内容窗格中。通常，5 个位置中有一些未使用。另外，放到一个位置中的组件通常是 JPanel，它含有使用其他布局的其他组件。

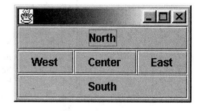

图 B.5 使用 BorderLayout 布置的 5 个按钮

```
1  import java.awt.*;
2  import javax.swing.*;
3
4     // 产生图 B.5
5  public class BorderTest extends JFrame
6  {
7      public static void main( String [ ] args )
8      {
9          JFrame f = new BorderTest( );
10         JPanel p = new JPanel( );
11
12         p.setLayout( new BorderLayout( ) );
13         p.add( new JButton( "North" ), "North" );
14         p.add( new JButton( "East" ), "East" );
15         p.add( new JButton( "South" ), "South" );
16         p.add( new JButton( "West" ), "West" );
```

图 B.6 说明 BorderLayout 的代码

```
17          p.add( new JButton( "Center" ), "Center" );
18
19          Container c = f.getContentPane( );
20          c.add( p );
21          f.pack( );      // 将框架调整为最小尺寸
22          f.setVisible( true );   // 显示 frame
23      }
24 }
```

图 B.6　说明 BorderLayout 的代码（续）

例如，图 B.7 中的代码展示了图 B.1 中的对象是如何安排的。图中我们有两行，但我们想保证复选框、按钮和输出文本域位于 GUI 其他组件的下方。思想是，创建一个 JPanel 保存应该在上半部分的项，另一个 JPanel 保存下半部分的项。两个 JPanel 可以使用 BorderLayout 将它们放在各位置的顶部。

```
 1          // 安排所有的对象
 2      private void doTheLayout( )
 3      {
 4          JPanel topHalf    = new JPanel( );
 5          JPanel bottomHalf = new JPanel( );
 6
 7          // 安排上半部分
 8          topHalf.setLayout( new FlowLayout( ) );
 9          topHalf.add( theCanvas );
10          topHalf.add( new JLabel( "Shape" ) );
11          topHalf.add( theShape );
12          topHalf.add( theColor );
13          topHalf.add( new JLabel( "X coor" ) );
14          topHalf.add( theXCoor );
15          topHalf.add( new JLabel( "Y coor" ) );
16          topHalf.add( theYCoor );
17
18          // 安排下半部分
19          bottomHalf.setLayout( new FlowLayout( ) );
20          bottomHalf.add( smallPic );
21          bottomHalf.add( mediumPic );
22          bottomHalf.add( largePic );
23          bottomHalf.add( theFillBox );
24          bottomHalf.add( theDrawButton );
25          bottomHalf.add( theMessage );
26
27          // 现在安排 GUI
28          setLayout( new BorderLayout( ) );
29          add( topHalf, "North" );
30          add( bottomHalf, "South" );
31      }
```

图 B.7　安排图 B.1 中对象的代码

第 4 行和第 5 行创建了两个 JPanel 对象 topHalf 和 bottomHalf。每个 JPanel 对象分别使用 FlowLayout 来安排。注意，setLayout 和 add 方法应用于对应的 JPanel。因为 JPanel 使用 FlowLayout 来安排，所以如果没有足够的水平空间的话，它们可能会占用多行。这可能导致在 JLabel 和 JTextField 之间不合理地断开。将创建额外的 JPanel，保证不要在 JLabel 及其标识的组件之间断开，留给读者作为练习。完成 JPanel 后，我们使用 BorderLayout 将它们排好。这个工作在第 28 ～ 30 行完成。还要注意，两个 JPanel 的内容都是居中的。这是 FlowLayout 的结果。为了让 JPanel 的内容左对齐，第 8 行和第 19 行构造 FlowLayout 时使用了参数 FlowLayout.LEFT。

当使用 BorderLayout 时，不带 String 的 add 命令使用 "Center" 作为默认值。如果提

供了 String，但它不是可接受的 5 个值之一（包括大小写正确），则会抛出运行时异常⊖。

null 布局

> null 布局用来执行精准定位。

null 布局用来执行精准定位。在 null 布局中，每个对象使用 add 添加到容器中。然后，它的位置和大小可以通过调用 setBounds 方法来设置：

```
void setBounds( int x, int y, int width, int height );
```

这里，x 和 y 表示对象左上角相对于其容器左上角的位置。且 width 和 height 表示对象的大小。所有的单位都是像素。

null 布局依赖平台，通常，这会有些麻烦。

复杂布局

> 其他的布局模拟标签索引卡，允许在任意网格中安排。

Java 还提供了 CardLayout、GridLayout 和 GridBagLayout。CardLayout 模拟 Windows 应用程序中流行的标签索引卡。GridLayout 将组件添加到网格中，但让每个网格项是同样的大小。这意味着，组件有时会以不自然的方式拉伸。当没有这方面的问题时，它非常有用，例如由二维网格按钮组成的计算器键盘。GridBagLayout 将组件添加到网格中，但允许组件覆盖多个网格。它比其他的布局复杂得多。

可视化工具

商业产品包括了像 CAD 这样的系统绘制布局的工具。然后工具可以生成 Java 代码去构造对象并提供一个布局。即使有了这个系统，程序员仍然必须编写大部分的代码（包括事件处理），但可以从计算对象精确位置所涉及的苦海中解脱出来。

B.3.2 Graphics

> 通过定义一个从 JPanel 扩展的类来绘制图形。新类覆盖 paintComponent 方法，并提供从画布的容器中能够调用的一个公有方法。
> Graphics 是一个定义了多个绘制图形方法的抽象类。
> 在 Java 中，坐标是相对于组件左上角度量的。
> paintComponent 的第一行调用父类的 paintComponent，这一点很重要。
> repaint 方法安排组件清除，然后调用 paintComponent。

如 B.2.5 节提到的，使用 JPanel 对象可以绘制图形。具体来说，要生成图形，程序员必须定义扩展 JPanel 的一个新类。这个新类提供一个构造方法（如果默认是不可接受的），覆盖名为 paintComponent 的方法，并提供从画布的容器中能够调用的一个公有方法。paintComponent 方法是：

```
void paintComponent( Graphics g );
```

Graphics 是一个抽象类，其中定义了几个方法。一些方法是：

```
void drawOval( int x, int y, int width, int height );
void drawRect( int x, int y, int width, int height );
void fillOval( int x, int y, int width, int height );
```

⊖ 注意，在 Java 1.0 中，add 的参数是相反的，而且缺失或不正确的 String 被悄悄忽略，所以调试很困难。

```
void fillRect( int x, int y, int width, int height );
void drawLine( int x1, int y1, int x2, int y2 );
void drawString( String str, int x, int y );
void setColor( Color c );
```

在 Java 中，坐标是相对于组件左上角度量的。drawOval、drawRect、fillOval 和 fillRect 都是绘制一个对象，它们有指定的 width 和 height，左上角在由 x 和 y 给定的坐标处。drawLine 和 drawString 分别绘制线段及文本。setColor 用来改变当前颜色；新的颜色被所有绘图例程使用，直到它被改变。

paintComponent 的第一行调用父类的 paintComponent，这一点很重要。

图 B.8 说明如何实现图 B.1 中的画布。新类 GUICanvas 扩展了 JPanel。它提供了不同的私有数据成员，描述画布的当前状态。GUICanvas 默认的构造方法是合理的，所以我们接受它。

```
 1  class GUICanvas extends JPanel
 2  {
 3      public void setParams( String aShape, String aColor, int x,
 4                             int y, int size, boolean fill )
 5      {
 6          theShape = aShape;
 7          theColor = aColor;
 8          xcoor = x;
 9          ycoor = y;
10          theSize = size;
11          fillOn = fill;
12          repaint( );
13      }
14
15      public void paintComponent( Graphics g )
16      {
17          super.paintComponent( g );
18          if( theColor.equals( "red" ) )
19              g.setColor( Color.red );
20          else if( theColor.equals( "blue" ) )
21              g.setColor( Color.blue );
22
23          theWidth = 25 * ( theSize + 1 );
24
25          if( theShape.equals( "Square" ) )
26              if( fillOn )
27                  g.fillRect( xcoor, ycoor, theWidth, theWidth );
28              else
29                  g.drawRect( xcoor, ycoor, theWidth, theWidth );
30          else if( theShape.equals( "Circle" ) )
31              if( fillOn )
32                  g.fillOval( xcoor, ycoor, theWidth, theWidth );
33              else
34                  g.drawOval( xcoor, ycoor, theWidth, theWidth );
35      }
36
37      private String theShape = "";
38      private String theColor = "";
39      private int xcoor;
40      private int ycoor;
41      private int theSize;   // 0 = small, 1 = med, 2 = large
42      private boolean fillOn;
43      private int theWidth;
44  }
```

图 B.8　图 B.1 左上角显示的基本画布

数据成员由公有方法 setParams 设置，提供这个方法是为了容器（即保存 GUICanvas 的

GUI 类）可以将各种不同输入组件的状态传递给 GUICanvas。setParams 列在第 3 ～ 13 行。setParams 的最后一行调用方法 repaint。

repaint 方法安排组件清除，然后调用 paintComponent。所以，我们所要做的就只是编写 paintComponent 方法，它按照类数据成员的指定去绘制画布。从第 15 ～ 35 行的实现中可以看到，在链接到超类后，paintComponent 简单调用本节之前描述的 Graphics 方法。

B.3.3 事件

> Java 最初的事件处理系统很麻烦，后来已经完全重新设计了。
> 当用户按下 JButton 时生成一个动作事件，它由 actionListener 处理。
> 当关闭应用程序时生成窗口关闭事件。
> 窗口关闭事件由实现了 WindowListener 接口的类来处理。
> CloseableFrame 扩展了 JFrame，且实现了 WindowListener。
> 鉴于 JFrame 中的组件，pack 方法只是让 JFrame 尽可能地缩紧。show 方法显示 JFrame。

当用户在键盘上输入或使用鼠标时，操作系统产生一个事件。Java 最初的事件处理系统很麻烦，后来已经完全重新设计了。从 Java 1.1 开始的新模型在程序上比老模型更简单。注意，两个模型是不兼容的：Java 1.1 的事件不能被 Java 1.0 的编译器理解。基本的规则如下：

- 想要提供代码处理事件的任何类，必须 implement 一个监听器接口。例如，监听器接口有 ActionListener、WindowListener 和 MouseListener。通常，实现一个接口意味着类必须定义接口中的所有方法。
- 想要处理由组件生成的事件的对象，必须给生成事件的组件发送一条 addListener 信息来注册它的意愿。当组件生成一个事件时，事件将被发送给已经注册了要接受它的对象。如果没有对象注册接受它，则它被忽略。

作为一个示例，考虑动作事件，当用户按下一个 JButton、在 JTextField 中点击回车，或从 JList 或 JMenuItem 中进行选择时生成。处理单击 JButton 的最简单方法是让它的容器实现 ActionListener，即提供 actionPerformed 方法，并将自己注册为 JButton 的事件处理程序。

下面将展示图 B.1 中示例的运行。回想图 B.3，我们已经完成了两件事。在第 5 行，GUI 声明它实现了 ActionListener，在第 11 行，GUI 的实例将自己注册为 JButton 的动作事件处理程序。在图 B.9 中，我们让 actionPerformed 调用 GUICanvas 类中的 setParam，从而实现监听器。这个示例因为仅有一个 JButton 而简化了，所以当调用 actionPerformed 时，我们知道要做什么。如果 GUI 含有几个 JButton，且它注册为从所有这些 JButton 中接收事件，那么 actionPerformed 将必须检查 evt 参数以确定要处理哪个 JButton 事件：这可能涉及一系列的 if/else 测试[⊖]。evt 参数（此时是一个 ActionEvent 引用）总是传给事件处理程序。事件将特定于处理程序的类型（ActionEvent、WindowEvent 等），但它总是 AWTEvent 的子类。

```
1      // 处理按下 Draw 按钮
2      public void actionPerformed( ActionEvent evt )
3      {
4          try
5          {
6              theCanvas.setParams(
7                  (String) theShape.getSelectedItem( ),
8                  (String) theColor.getSelectedValue( ),
```

图 B.9 处理图 B.1 中按下 Draw 按钮时的代码

⊖ 完成这件事的一个方法是使用 evt.getSource()，它返回一个引用，指向生成该事件的对象。

```
9                       Integer.parseInt( theXCoor.getText( ) ),
10                      Integer.parseInt( theYCoor.getText( ) ),
11                      smallPic.isSelected( ) ? 0 :
12                              mediumPic.isSelected( ) ? 1 : 2,
13                      theFillBox.isSelected( ) );
14
15              theMessage.setText( "" );
16          }
17          catch( NumberFormatException e )
18              { theMessage.setText( "Incomplete input" ); }
19      }
```

图 B.9 处理图 B.1 中按下 Draw 按钮时的代码 (续)

需要处理的一个重要事件是窗口关闭事件。当按下应用程序窗口右上角的☒而关闭应用程序时生成这个事件。不幸的是，默认情况下，这个事件被忽略了，所以如果没有提供事件处理程序，则关闭应用程序的正常机制将不起作用。

窗口关闭是与 WindowListener 接口相关的几个事件之一。因为实现接口要求我们提供许多方法的实现 (可能是空方法体)，所以，最合理的做法是，从 JFrame 扩展定义一个类，并实现 WindowListener 接口。这个类 CloseableFrame 如图 B.10 所示。关闭窗口事件处理程序易于编写——它仅调用 System.exit。剩余的其他方法没有什么要特别实现的。构造方法注册，它将接收窗口关闭事件。现在我们可以使用 CloseableFrame，而不是 JFrame 了。

```
1  // 在窗口关闭事件中关闭的框架
2
3  public class CloseableFrame extends JFrame
4                         implements WindowListener
5  {
6      public CloseableFrame( )
7        { addWindowListener( this ); }
8
9      public void windowClosing( WindowEvent event )
10       { System.exit( 0 ); }
11      public void windowClosed( WindowEvent event )
12       { }
13      public void windowDeiconified( WindowEvent event )
14       { }
15      public void windowIconified( WindowEvent event )
16       { }
17      public void windowActivated( WindowEvent event )
18       { }
19      public void windowDeactivated( WindowEvent event )
20       { }
21      public void windowOpened( WindowEvent event )
22       { }
23 }
```

图 B.10 CloseableFrame 类，与 JFrame 相同，但处理窗口关闭事件

注意，CloseableFrame 的代码有些复杂。稍后我们会再次讨论，并了解匿名类的用法。

图 B.11 提供了 main，它用来启动图 B.1 中的应用程序。我们将它放到一个称为 BasicGUI 的类中。BasicGUI 扩展自 CloseableFrame 类。mian 简单地创建一个 JFrame，在其中我们放置一个 GUI 对象。然后在 JFrame 的内容窗格中添加一个无名的 GUI 对象，并对 JFrame 调用 pack。鉴于 JFrame 中的组件，pack 方法只是让 JFrame 尽可能地缩紧。show 方法显示 JFrame。

```
1  class BasicGUI extends CloseableFrame
2  {
```

图 B.11 用于图 B.1 的 main 例程

```
3      public static void main( String [ ] args )
4      {
5          JFrame f = new BasicGUI( );
6          f.setTitle( "GUI Demo" );
7
8          Container contentPane = f.getContentPane( );
9          contentPane.add( new GUI( ) );
10         f.pack( );
11         f.show( );
12     }
13 }
```

图 B.11　用于图 B.1 的 main 例程（续）

B.3.4　事件处理：适配器和匿名内部类

监听器适配器类提供所有监听方法的默认实现。

CloseableFrame 类很混乱。为了监听 WindowEvent，我们必须声明一个类实现了 WindowListener 接口，实例化这个类，然后将这个对象注册到 CloseableFrame。因为 Window-Listener 接口有 7 个方法，所以我们必须实现这 7 个方法中的每一个，即使我们只对 7 个方法中的一个感兴趣。

可以想象当一个大型程序处理大量事件时会出现的混乱代码。问题是，每个事件处理策略对应一个新类，让许多类拥有大量的仅声明了 {} 的方法会很奇怪。

因此，java.awt.event 包定义了一组监听器适配器类（listener adapter class）。有多个方法的每个监听器接口都由相应的监听器适配器类通过空方法体来实现。所以，不是我们自己提供空方法体，而是可以简单地扩展适配器类并覆盖我们感兴趣的方法。本例中，我们需要扩展 WindowAdapter。给出了 CloseableFrame 的实现（有瑕疵），如图 B.12 所示。

```
1 // 在窗口关闭事件中关闭的框架（有瑕疵）
2 public class CloseableFrame extends JFrame, WindowAdapter
3 {
4     public CloseableFrame( )
5       { addWindowListener( this ); }
6
7     public void windowClosing( WindowEvent event )
8       { System.exit( 0 ); }
9 }
```

图 B.12　使用 WindowAdapter 的 CloseableFrame 类。这不起作用，因为 Java 中没有多重继承

图 B.12 中的代码不成功，因为实现多重继承在 Java 中是非法的。不过这不是严重的问题，因为我们不需要 CloseableFrame 是处理自己事件的对象。相反，它可以委托给函数对象。

图 B.13 说明了这个方法。ExitOnClose 类扩展了 WindowAdapter，从而实现了 WindowListener 接口。那个类的实例创建并注册为框架窗口的监听器。ExitOnClose 声明为一个内部类，而不是嵌套类。这会让它在需要的情况下能访问 CloseableFrame 中的任何实例成员。事件处理模型是一个典型的函数对象使用示例，而且正是因为这个，内部类才被认为是语言的重要补充（回想一下，内部类和新的事件模型在 Java 1.1 中同时出现）。

```
1 // 在窗口关闭事件中关闭的框架（有效）
2 public class CloseableFrame extends JFrame
3 {
4     public CloseableFrame( )
```

图 B.13　使用 WindowAdapter 和内部类的 CloseableFrame 类

```
 5          { addWindowListener( new ExitOnClose( ) ); }
 6
 7     private class ExitOnClose extends WindowAdapter
 8     {
 9          public void windowClosing( WindowEvent event )
10          { System.exit( 0 ); }
11     }
12 }
```

图 B.13   使用 WindowAdapter 和内部类的 CloseableFrame 类（续）

继续这个逻辑，使用匿名内部类的情况如图 B.14 所示。这里我们添加了 WindowListener，并在下一行代码中解释 WindowListener 的功能。这是匿名内部类的典型用法。大括号、圆括号和分号的污染是可怕的，但是有经验的 Java 代码读者跳过这些语法细节，很容易明白事件处理代码的功能。这里主要的好处是，如果有很多小的事件处理方法，则它们不需要分散在顶层类中，而是可以放在靠近引发这些事件的对象的地方。

```
 1 // 在窗口关闭事件中关闭的框架（有效）
 2 public class CloseableFrame extends JFrame
 3 {
 4     public CloseableFrame( )
 5     {
 6          addWindowListener( new WindowAdapter( )
 7             {
 8               public void windowClosing( WindowEvent event )
 9               { System.exit( 0 ); }
10             }
11          );
12     }
13 }
```

图 B.14   使用 WindowAdapter 和匿名内部类的 CloseableFrame 类

B.3.5   总结：集成起来

现在我们来总结一下，如何创建一个 GUI 应用程序。将 GUI 功能放在一个扩展自 JPanel 的类中。对这个类，完成下列工作：

- 确定基本的输入元素和文本输出元素。如果相同的元素使用了两次，则创建一个额外的类来保存公共功能，并在那个类上应用这些原则。
- 如果使用图形，则让额外的类扩展自 JPanel。那个类必须提供 paintComponent 方法和一个公有方法，容器能使用这个方法与它进行通信。它还可能需要提供构造方法。
- 挑选一个布局，并发出 setLayout 命令。
- 使用 add 将组件添加到 GUI 中。
- 处理事件。最简单的处理事件的方法是使用 JButton，并用 actionPerformed 来捕捉按下按钮。

一旦写好了 GUI 类，应用程序去定义一个扩展自 CloseableFrame 的类，并带有 main 例程。main 例程简单创建这个扩展的框架类的一个实例，将 GUI 面板放到框架的内容窗格中，对这个框架发出 pack 命令及 show 命令。

B.3.6   这就是我们需要知道的关于 Swing 的一切吗

到目前为止，我们所描述的都能应付入门级的用户界面，并且是对基于控制台应用程序的改进。但有很多非常复杂的问题，专业应用程序的程序员必须要处理。

布局管理器很少会让你满意。通常你必须添加额外的子面板来修补。为了提供帮助，通过精心设计的布局管理器，Swing 定义了间隔、支柱等元素，能让你更精确地定位元素。使用这些元素非常具有挑战性。

其他的 Swing 组件包括滑块、进度条、滚动条（可以添加到任何 JComponent 中）、密码文本字域、文件选择器、选项窗格和对话框、树结构（就像在 Windows 系统的文件管理器中看到的）、表格等。Swing 还支持图像采集和显示。另外，程序员还常常需要了解字体、颜色及正在使用的屏幕环境。

此外，还有一个重要问题，即如果发生事件，事件处理程序会发生什么？事实证明事件是排队的。不过，如果你陷在事件处理程序中很长时间，你的应用程序可能看起来反应迟钝，我们在应用程序代码中都已经见过了。例如，如果按钮处理代码有一个无限循环，则你不能关闭窗口。为了解决这个问题，通常程序员使用称为多线程（multithreading）的技术，这又带来一个新的棘手的问题。

B.4 总结

本节剖析了能进行 GUI 编程的 Swing 包的基本内容。这使得程序看起来比简单的终端 I/O 更具有专业性。

GUI 应用程序与终端 I/O 应用程序不同，原因是它们是事件驱动的。为了设计一个 GUI，我们编写一个类。我们必须确定基本的输入元素和输出元素，挑选一个布局，并发出 setLayout 命令，使用 add 将组件添加到 GUI 中，处理事件。所有这些都是类的一部分。从 Java 1.1 开始，事件处理由事件监听器完成。

一旦这个类编写好了，应用程序定义一个扩展了 JFrame 的类，带有 main 例程及事件处理程序。事件处理程序处理窗口关闭事件。做这个的最简单方法是使用图 B.14 中的 CloseableFrame 类。main 例程简单创建这个扩展的框架类的一个实例，将类（其构造方法可能创建一个 GUI 面板）的实例放到框架的内容窗格中，并为框架发出 pack 命令和 show 命令。

这里仅讨论 Swing 的基本内容。Swing 可以作为一整本书的主题。

B.5 核心概念

抽象窗口工具包（AWT）。所有 Java 系统都提供的 GUI 工具包。提供了允许实现用户界面的基本类。

ActionEvent。当用户按下一个 JButton、在 JTextField 中点击回车，或是从 JList 或 JMenuItem 中进行选择时生成。应该被实现了 ActionListener 接口的类中的 actionPerformed 方法处理。

ActionListener 接口。用来处理动作事件的接口。含有抽象方法 actionPerformed。

actionPerformed。用来处理动作事件的方法。

AWTEvent。保存关于事件信息的对象。

BorderLayout。默认用于 Window 层次结构中的对象。用来安排一个容器，将组件放在 5 个位置之一（"North""South""East""West""Center"）。

ButtonGroup。用来将按钮对象集合分组的对象，保证任何时候只能有一个在选中状态。

画布。屏幕上的一个空白矩形区域，应用程序可以在其中绘制图形或者接收来自用户在键盘和鼠标事件的输入。在 Swing 中，这由扩展 JPanel 而实现。

Component。抽象类，是很多 AWT 对象的超类。表示有位置和大小，并可以在屏幕上绘制也能接受输入事件的对象。

容器。抽象超类，表示可以容纳其他组件的所有组件。通常有一个关联的布局管理器。

事件。由操作系统为所发生的各种事情产生（例如输入操作）并传给 Java。

FlowLayout JPanel。默认使用的布局管理器。用来布局一个容器，将组件在一行中从左到右添加。当一行中没有空间时，形成一个新行。

图形用户界面（GUI）。终端 I/O 的现代替代品，允许程序与其使用者通过按钮、复选框、文本域、选项列表、菜单和鼠标进行交流。

Graphics。定义可用来绘制图形的若干方法的抽象类。

JButton。用来创建带标签按钮的组件。当按下按钮时，生成一个动作事件。

JCheckBox。有选中状态和未选中状态的组件。

JComboBox。用来通过弹出的选项列表选择单一字符串的组件。

JComponent。是轻量级 Swing 对象的超类的抽象类。

JDialog。用于创建对话的顶层窗口。

JFrame。有一个边框且还能有相应的 JMenuBar 的顶层窗口。

JLabel。用来为如 JComboBox、JList、JTextField 或 JPanel 等其他组件加标签的组件。

JList。允许从滚动字符串列表中进行选择的组件。可以允许一个或多个选项，但使用的屏幕实际空间比 JComboBox 多。

JPanel。用来保存对象集合的容器，但不能创建边框。也用于画布。

JTextArea。提供给用户含几行文本的组件。

JTextField。提供给用户含一行文本的组件。

JWindow。没有边框的顶层窗口。

布局管理器。自动在窗口内排列组件的辅助对象。

监听器适配器类。为有多个方法的监听器接口提供默认实现。

null 布局。用来执行精确定位的布局管理器。

pack。用来根据其给定的组件，将 JFrame 紧缩到最小尺寸的方法。

paintComponent。用来在组件上绘制图形的方法。通常由扩展自 JPanel 的类来覆盖。

repaint。用来清除并重绘组件的方法。

setLayout。将布局与容器相关联的方法。

show。让组件可视的方法。

WindowAdapter。提供默认实现 WindowListener 接口的类。

WindowListener **接口**。用来指定处理窗口事件的接口，如窗口关闭。

B.6 常见错误

- 忘记设置布局管理器是常见错误。如果你忘记了，会得到一个默认的。不过，它可能不是你想要的。
- 布局管理器必须出现在调用 add 之前。
- 应用 add 或设置布局管理器应用到错误的容器是一个常见错误。例如，在含有面板的容器中，应用 add 方法时没有指定面板，意味着 add 是应用于主容器的。
- BorderLayout 的 add 方法中缺少 String，将使用"Center"作为默认值。常见的错误是指定它时出现大小写错误，如"north"。5 个有效参数是"North""South""East""West"和"Center"。在 Java 1.1 中，如果 String 是第二个参数，则运行时异常将捕获错误。如果使用老的风格，其中 String 在第一个，则可能发现不了错误。
- 需要特殊的代码处理窗口关闭事件。

B.7 网络资源

本节中的所有代码都可在网络资源中获取。

BorderTest.java。BorderLayout 的简单说明，如图 B.6 所示。

BasicGUI.java。本章使用的 GUI 应用程序的主要示例，及图 B.14 中的 CloseableFrame。

B.8 练习

简答题

B.1 什么是 GUI?

B.2 列出可以用于 GUI 输入的不同的 JComponent 类。

B.3 描述重量级组件和轻量级组件间的不同，并给出各自的示例。

B.4 JList 和 JComboBox 组件间的不同是什么?

B.5 ButtonGroup 的用途是什么?

B.6 解释设计 GUI 所采取的步骤。

B.7 解释 FlowLayout、BorderLayout 和 null 布局管理器如何排列组件。

B.8 描述将一个图形组件放在 JPanel 内的步骤。

B.9 当事件发生时，默认行为是什么? 默认值是如何改变的?

B.10 什么事件生成 ActionEvent?

B.11 窗口关闭事件如何处理?

实践题

B.12 可以为任何组件编写 paintComponent。说明当在 GUI 类中而不是其画布上绘制圆形时会发生什么。

B.13 处理在 GUI 类的 y 坐标文本域中按下 Enter 键。

B.14 为 GUI 类中形状的坐标添加默认值 $(0, 0)$。

程序设计项目

B.15 编写一个程序，可用来输入两个日期并输出它们之间的天数。使用练习 3.29 中的 Date 类。

B.16 编写一个程序，允许你在画布中用鼠标绘制直线。第一次单击开始画线，第二次单击结束画线。可在画布上绘制多条线。为了做到这些，扩展 JPanel 类并实现 MouseListener 以处理鼠标事件。还应该记录 ArrayList 维护已经绘制的直线集合，使用它来引导 paintComponent。添加清除画布的按钮。

B.17 编写一个含有两个 GUI 对象的应用程序。当 GUI 对象中的一个出现动作时，另一个 GUI 对象保存它原来的状态。你需要在 GUI 类中添加 copyState 方法，其复制 GUI 域中所有的状态，并重新绘制画布。

B.18 编写一个程序，含有一个画布和一组 10 个 GUI 输入组件，每一个组件都指定形状、颜色、坐标及大小，还有一个指示哪个组件处于活跃状态的复选框。然后在画布上画出输入组件的合集。使用带访问方法的类来表示 GUI 输入组件。main 程序应该有一个数组，保存这些输入组件和画布。

B.9 参考文献

除了第 1 章标准参考文献集之外，[1] 中提供了完整的 Swing 教程。

[1] K. Walrath and M. Campione, *The JFC Swing Tutorial*, Addison-Wesley, Reading, MA, 1999.

按位运算符

Java 提供了按位运算符用于整数的逐位操作。这个过程允许将几个 Boolean 对象压到一个整型类型中。

Java 提供了按位运算符（bitwise operator）用于整数的逐位操作。这个过程允许将几个 Boolean 对象压到一个整型类型中。运算符包括 ~（一元补）、<< 和 >>（左移和右移）、&（按位与）、^（按位异或）、|（按位或），以及对应除一元补之外的所有其他运算符的赋值运算符。图 C.1 说明了使用这些运算符的结果。注意，>> 看作符号位移，最高位填充的值取决于符号位。>>> 看作无符号位移，用来保证最高位用 0 来填充。

```
//假设 int 是 16 位的
int a = 3737;      // 0000111010011001
int b = a << 1;    // 0001110100110010
int c = a >> 2;    // 0000001110100110
int d = 1 << 15;   // 1000000000000000
int e = a | b;     // 0001111110111011
int f = a & b;     // 0000110000010000
int g = a ^ b;     // 0001001110101011
int h = ~g;        // 1110110001010100
```

图 C.1　按位运算符示例

按位运算符的优先级和结合律有些随意。程序中用到时，最好使用括号。

图 C.2 展示了如何使用按位运算符将信息压到一个 16 位整数中。通常，一所大学会因为各种各样的原因维护这样的信息，包括州和联邦政府授权。很多项需要简单的是 / 否回答，所以逻辑上可表示为一个位。如图 C.2 所示。10 个位可用来表示 10 类。一名教员可以有 4 个可能职位之一（助教、副教授、教授，以及非全职人员），所以需要两位。其余的 4 位用来表示大学中 16 个可能的学院之一。

第 24 行和第 25 行展示如何表示 tim。tim 是文理学院的一名终身副教授。他拥有博士学位，是美国公民，工作在大学主校区。他不是少数族裔、残疾人或退伍军人。他有一份 12 个月的合同。所以 tim 的位模式由

0011 10 1 0 1 1 1 1 0 0 0 0

或 0x3af0 给出。在相应的域上应用 OR 运算符就可以形成这个位模式。

第 28 行和第 29 行展示，当 tim 当之无愧地晋升为教授时使用的逻辑。RANK 类有两个职级位设置为 1，其他的所有位设置为 0，或是

0000 11 0 0 0 0 0 0 0 0 0 0

所以它的补（~RANK）是

1111 00 1 1 1 1 1 1 1 1 1 1

将这个模式与 tim 当前的设置进行按位与，会关闭 tim 的职位位，得到

0011 00 1 0 1 1 1 1 0 0 0 0

第29行的按位 OR 运算符的结果,使得 tim 为教授,而不改变其他任何的位,得到

0011 11 1 0 1 1 1 1 0 0 0 0

我们了解到,tim 是终身副教授,因为 tim&TENURED 是非零值。通过右移12位然后查看结果中的低4位,我们还发现,tim 在 College #3 中。注意,括号是需要的。表达式是 (tim>>12)&0xf。

```
1        // 教员属性域
2    static int SEX          = 0x0001;  // On 如果是女性
3    static int MINORITY     = 0x0002;  // On 如果是少数族裔
4    static int VETERAN      = 0x0004;  // On 如果是退伍军人
5    static int DISABLED     = 0x0008;  // On 如果是残疾人
6    static int US_CITIZEN   = 0x0010;  // On 如果是本国公民
7    static int DOCTORATE    = 0x0020;  // On 如果拥有博士学位
8    static int TENURED      = 0x0040;  // On 如果是终身任职
9    static int TWELVE_MON   = 0x0080;  // On 如果是12个月的合同
10   static int VISITOR      = 0x0100;  // On 如果是访问学者
11   static int CAMPUS       = 0x0200;  // On 如果工作在主校区
12
13   static int RANK         = 0x0c00;  // 2位表示职级
14   static int ASSISTANT    = 0x0400;  // 助理教授
15   static int ASSOCIATE    = 0x0800;  // 副教授
16   static int FULL         = 0x0c00;  // 教授
17
18   static int COLLEGE      = 0xf000;  // 代表16个学院
19        ...
20   static int ART_SCIENCE  = 0x3000;  // 艺术&科学: College 3
21        ...
22
23        // 稍后在方法中初始化相应的域
24   tim = ART_SCIENCE | ASSOCIATE | CAMPUS | TENURED |
25           TWELVE_MON | DOCTORATE | US_CITIZEN;
26
27        // tim 晋升为教授
28   tim &= ~RANK;        // 关闭职级域
29   tim |= FULL;         // 打开职级域
```

图 C.2 压缩教员属性位

推荐阅读

数据结构与算法分析：C语言描述（原书第2版）典藏版

作者：Mark Allen Weiss ISBN：978-7-111-62195-9 定价：79.00元

数据结构与算法分析：Java语言描述（原书第3版）

作者：Mark Allen Weiss ISBN：978-7-111-52839-5 定价：69.00元

数据结构与算法分析——Java语言描述（英文版·第3版）

作者：Mark Allen Weiss ISBN：978-7-111-41236-6 定价：79.00元